Springer-Lehrbuch

Mathematik für Physiker und Ingenieure

Herausgegeben von Helmut Neunzert

$$\frac{b-a}{6}\left[f(a)+4f\left(\frac{a+b}{2}\right)+f(b)\right]$$

Die Abbildung zeigt die Messung des Inhalts von Fässern und wurde dem Titelblatt des 1531 in Nürnberg gedruckten Visierbüchleins von Johann Frey entnommen. Die Formel zur Berechnung des Rauminhalts ist die Keplersche (Faß-) Regel (siehe Seite 111)

H. Neunzert W. G. Eschmann
A. Blickensdörfer-Ehlers K. Schelkes

Analysis 1

Ein Lehr- und Arbeitsbuch
für Studienanfänger

Zweite, korrigierte Auflage
Mit 172 Abbildungen

Springer-Verlag
Berlin Heidelberg New York
London Paris Tokyo
Hong Kong Barcelona
Budapest

Helmut Neunzert
Winfried G. Eschmann
Fachbereich Mathematik der Universität Kaiserslautern
Postfach 30 49
W-6750 Kaiserslautern, Deutschland

Arndt Blickensdörfer-Ehlers
Brucknerstraße 64
W-6450 Hanau, Deutschland

Klaus Schelkes
Bundesanstalt für Geowissenschaften und Rohstoffe
Stilleweg 2
W-3000 Hannover 51, Deutschland

Dieser Band erschien bisher in der Reihe *Mathematik für Physiker und Ingenieure*

Mathematics Subject Classification (1991):
26-01, 30-01, 33-01, 34-01, 40-01, 42-01, 70-01, 78-01

ISBN 3-540-56212-5 Springer-Verlag Berlin Heidelberg New York

ISBN 3-540-10396-1 1. Auflage Springer-Verlag Berlin Heidelberg New York

Die Deutsche Bibliothek – CIP-Einheitsaufnahme
Analysis: ein Lehr- und Arbeitsbuch für Studienanfänger / H. Neunzert ... –
Berlin; Heidelberg; New York; London; Paris; Tokyo; Hong Kong;
Barcelona; Budapest: Springer.
NE: Neunzert, Helmut
1. – 2., korrigierte Aufl. – 1993
(Springer-Lehrbuch) ISBN 3-540-56212-5

Gesamtherstellung: Beltz Offsetdruck, Hemsbach/Bergstr.
44/3140 - 5 4 3 2 1 0 – Gedruckt auf säurefreiem Papier

Inhaltsverzeichnis

Vorwort zur zweiten Auflage

Zwölf Jahre sind seit dem ersten Erscheinen des Buches vergangen, sicher mehr als 30.000 Studenten der Physik und der Ingenieurwissenschaften haben versucht, mit seiner Hilfe Mathematik zu lernen (offenbar waren auch ein paar Mathematikstudenten dabei). Nur noch zwei der vier Autoren sind am Geburtsort des Buches tätig und dort mit der Ausbildung von Studenten beschäftigt. Lohnt eine neue Auflage eines zwölf Jahre alten Buches in einer Zeit, in der die Wissenschaft schneller denn je fortschreitet? Man sagt doch, daß die wissenschaftlichen Kenntnisse eines Naturwissenschaftlers oder Ingenieurs nach 10 Berufsjahren zu veralten beginnen und der Nachbesserung (z.B. durch wissenschaftliche Weiterbildung) bedürfen. Widerspricht das nicht der Idee, dieses Buch nach Korrektur vieler kleinerer Fehler im Gesamtkonzept unverändert neu herauszugeben? Die Antworten auf diese Frage fallen nicht eindeutig aus, die Zweifel können nur teilweise beseitigt werden.
Unsere Grundeinstellung zu der Frage, wie Mathematik für Nichtmathematiker vermittelt wird, hat sich gegenüber der im ersten Vorwort formulierten Auffassung kaum verändert. Vielleicht ist uns jetzt noch klarer als damals: Die Arbeitsweise von Naturwissenschaftlern und Technikern ist heute mehr denn je bestimmt durch die Aufstellung "mathematischer Modelle" und durch die Auswertung solcher Modelle mittels Computer - eben durch "mathematisches Modellieren" und "wissenschaftliches Rechnen", wie dies moderne Schlagworte bezeichnen. Natürlich entstehen solche Modelle nur durch Beobachtung der Realität, und sie müssen an der Realität gemessen, im Experiment überprüft werden. Aber man versucht doch in zunehmendem Maße, diese Realexperimente durch Computersimulationen zu ersetzen - es ist letztlich billiger, Crashtests im Rechner nachzuspielen als echte Autos gegen Wände fahren zu lassen, es ist sogar absolut notwendig, die Umströmung einer Raumfähre vor ihrem Jungfernflug zu berechnen, da Windkanalexperimente die realen Verhältnisse nicht herstellen können.

Im Prinzip ist dieses Modellieren schon immer die Basis naturwissenschaftlichen Arbeitens. So schreibt schon der bekannte Physiker Heinrich Hertz in der Einleitung zu seinen "Prinzipien der Mechanik" von 1897: "Es ist die nächste und in gewissem Sinne wichtigste Aufgabe unserer bewußten Naturerkenntnis, daß sie uns befähige, zukünftige Erfahrungen vorauszusehen, um nach dieser Voraussicht unser gegenwärtiges Handeln einrichten zu können. Als Grundlage für die Lösung jener Aufgabe der Erkenntnis benutzen wir unter allen Umständen vorangegangene Erfahrungen, gewonnen durch zufällige Beobachtungen oder durch absichtlichen Versuch. Das Verfahren aber, dessen wir uns zur Ableitung des Zukünftigen aus dem Vergangenen und damit zur Erlangung der erstrebten Voraussicht stets bedienen, ist dieses: Wir machen uns innere Scheinbilder oder Symbole der äußeren Gegenstände, und zwar machen wir sie von solcher Art, daß die denknotwendigen Folgen der Bilder stets wieder die Bilder seien von den naturnotwendigen Folgen der abgebildeten Gegenstände."
Für "Scheinbilder" sagen wir heute eben "Modelle", und der Rohstoff dieser Modelle ist - auch dies war Hertz natürlich klar - die Mathematik. Mit diesem "Rohstoff" muß man umgehen können; man muß sein Handwerk lernen, wenn man Naturwissenschaftler oder Techniker werden will. Deshalb bleibt richtig, was wir vor 12 Jahren schrieben: Mathematik lernt man durch Tun - Mathematik ist mehr als eine Sammlung von Kochrezepten - das Unterrichten von Nichtmathematikern muß sich an den Bedürfnissen des Anwenders orientieren, aber es sollte sich diesen Bedürfnissen nicht vollständig unterordnen - usw.
Fundierte Kenntnisse über den Rohstoff Mathematik zu vermitteln, um komplexe Modelle entwikkeln zu können - dies war und ist das Ziel des Buches, das es, so hoffen wir, immer noch erreichen kann. Vielleicht würde man heute einige grundlegende Kapitel doch lieber der Schule überlassen (wenn man Leistungskurse in Mathematik voraussetzt - und dies sollte bei Physikern und Ingenieuren eigentlich möglich sein -, so wird etwa ein Drittel überflüssig) und dafür etwas mehr diskrete Mathematik und algebraische Begriffsbildungen aufnehmen. Im großen und ganzen ist - und das zeigen auch verwandte Bücher anderer Autoren, die in den letzten Jahren er-

schienen - die Auswahl der Inhalte noch einigermaßen zeitgerecht. Der Hauptvorteil unseres Buches ist ja der relativ breite Stil, der ausführliche Erklärungen zuläßt und deshalb ein Selbststudium ermöglicht - jedenfalls war dies aus dem Echo, das wir von den Studenten zurückbekamen, deutlich herauszuhören. Soweit also doch Zufriedenheit und Rechtfertigung einer Neuauflage.

Wir haben allerdings noch nicht erwähnt, warum dieses "modelling" in den letzten Jahren so in Mode kam. Dies liegt natürlich an dem, was das zweite Schlagwort, "scientific computing", andeutet: Mit der Steigerung der Leistungsfähigkeit der Rechner wurde es möglich, Modelle auszuwerten, Gleichungen wenigstens näherungsweise, "numerisch", zu lösen, die reale, dreidimensionale Situationen und Geräte mit sehr hoher Genauigkeit beschreiben. Weil Computer in vorher unvollstellbarer Weise schneller und flexibler wurden, aber auch weil Mathematiker, Physiker und Ingenieure lernten, mit diesen Computern sehr viel besser umzugehen, spielt heute Computersimulation eine so zentrale Rolle: Man simuliert das Verhalten von Festkörpern und die Änderungen des Klimas, die Umströmung von Raumfähren wie die Herstellung und das Verhalten von Megachips, die Ausbreitung und Eindämmung von Krankheiten und (dies noch recht unvollständig) die Arbeitsweise eines Nervensystems. Um dies tun zu können, um Simulationssoftware sachgemäß nutzen oder selbst entwickeln zu können, muß man lernen, die Gleichungen mittels Rechner schnell und so exakt wie nötig zu lösen: Man muß das Handwerk eines numerischen Mathematikers erlernen, man muß verstehen, was effiziente Algorithmen sind und wie man sie entwickelt. Viele, vielleicht die meisten Naturwissenschaftler, Ingenieure, Mathematiker und Informatiker in den F&E-Abteilungen der Industrie tun genau das: Algorithmen anwenden, verbessern, entwickeln, um Computersimulationen durchführen zu können. Da dies - im Gegensatz zu einem häufig anzutreffenden Irrglauben - eine echt mathematische Aufgabe ist, muß sie auch als solche gelehrt werden. Dazu ist die an vielen deutschen Hochschulen zu findende 4-stündige Vorlesung über numerische Mathematik nicht ausreichend. Natürlich kann andererseits eine solche Numerik auch die Lehre der mathematischen Grundlagen nicht verdrängen. Was wir aber doch erreichen müßten: Gleichzeitig mit den Grundlagen das numerische Denken, den Blick für das Algorithmische zu schärfen. Würden wir das Buch neu schreiben, würden wir dies verstärkt versuchen (wir tun dies zumindest in Ansätzen in unseren Vorlesungen): Folgen wären auch Rekursionen oder dynamische Systeme, die man auf dem Rechner gut simulieren kann, man müßte erläutern, warum numerische Integration soviel problemloser ist als numerische Differentiation, Zahlen wären auch Zahlen des Rechners, ein wenig Differentialgeometrie wäre nützlich für CAD (Computer Aided Design) usw.

Wir schreiben das Buch nicht neu, weil uns die Zeit fehlt: Die Lehre der Mathematik für Ingenieure kann nur gut und zeitgemäß sein, wenn sie von der entsprechenden Forschung im Bereich der Technomathematik begleitet wird - da bleibt kaum Freiraum für ein neues Buch. Deshalb haben wir ja auch bis heute unser Versprechen, eine Analysis 3 vorzulegen, nicht eingehalten, aber das Vorhaben nicht aufgegeben: Vielleicht wird dieses Buch das erste, das zeigt, wie man mit Mathematik modelliert <u>und</u> rechnet. Wir waren aber auch für ein neues Buch nur halbherzig motiviert, weil das alte, jetzt neu aufgelegte, eben einen wichtigen Teil der Mathematikausbildung noch recht gut abdeckt. Und weil es, wie es uns doch recht viele Studenten bestätigen, unserem wichtigsten Anliegen gerecht wird: den Spaß an der Mathematik, am mathematischen Tun, der für viele durch eine zu formale, "bedeutungsarme" Schulmathematik recht geschrumpft ist, ein wenig zu steigern. Was wir in anderem Zusammenhang formuliert haben (Neunzert/Rosenberger: Schlüssel zur Mathematik), sollte auch in diesem Buch erfahrbar sein: "Mathematik ist voll neuer Ideen, ist wie das Spiel, wie die Kunst ein Bestandteil, ja vielleicht sogar ein besonders sensibler Repräsentant der Kultur und nicht zuletzt ein unersetzliches Hilfsmittel der Naturwissenschaften, der Technik und der Wirtschaft. Mathematik ist Werkzeug und Spiel ... ."

Wir danken den vielen Lesern, die uns geschrieben, auf Fehler oder Unklarheiten aufmerksam gemacht, uns gelobt oder getadelt haben. Fast alle Korrekturen gehen auf solche Hinweise zurück. Aber trotz dieser ist das Buch aus den erwähnten Gründen nicht optimal: Nobody (and nothing) is perfect!

Kaiserslautern, im Sommer 1992

W.G. Eschmann, H. Neunzert

Vorwort zur ersten Auflage

Dieses Buch entstand aus "Studienbriefen", die im Rahmen des Projektes "Fernstudium im Medienverbund" für Fernstudenten des Faches Elektrotechnik entwickelt wurden. Inhaltlich sollten durch diese Studienbriefe etwa 2 bis 3 Semester der normalen Mathematikausbildung von Studenten der Elektrotechnik an deutschen technischen Hochschulen und Universitäten abgedeckt werden; in ihrer Darstellungsform, ihrer didaktischen Gestaltung aber sollten die Studienbriefe auf Fernstudenten abgestellt sein - auf Studenten also, die mit Ausnahme weniger Präsenzphasen fern von jedem Hochschulort, ohne Besuch von Vorlesungen nur mittels solcher Texte studieren. Fernstudium in dieser Form ist weitgehend auch Selbststudium, deshalb sollte dieses Buch, dank seiner Entstehungsgeschichte, dem Prädikat "zum Selbststudium geeignet" genügen.

Mathematik lernt man nicht nur dadurch, daß man sich Definitionen und Sätze einprägt, Algorithmen oder gar Beweise auswendig lernt: Mathematik lernt man durch eigenes Tun. Wie es für einen Fahrschüler von entscheidender Bedeutung ist, neben dem Erlernen von Verkehrsregeln und technischen Daten eine gewisse Fahrpraxis zu gewinnen, so muß derjenige, der Mathematik erlernen will, Praxis im Umgang mit Mathematik erwerben. Diese Aussage gilt, unabhängig davon, ob man Mathematik um ihrer selbst willen oder als Hilfsmittel zur Lösung naturwissenschaftlicher, technischer oder ökonomischer Probleme erlernen will. Was "Praxis" allerdings bedeutet, ist abhängig von der Zielsetzung, und wir werden unsere Vorstellung von der Rolle der Mathematik als Grundlage für Physik und Technik kurz erläutern. Aber schon aus dem bisher gesagten folgt, daß ein Mathematiktext, der zum Selbststudium geeignet ist, das folgende Merkmal hat: Er regt den Leser immer wieder dazu an, einzelne Gedankenschritte selbst zu vollziehen, Gedanken weiterzuführen, Verbindungen herzustellen, Rechnungen nachzuvollziehen, die eigenen Kenntnisse zu überprüfen. Dazu ist unseres Erachtens weder der sogenannte "Definition-Satz-Beweis"-Stil noch ein Text im Sinne des "programmierten Lernens" geeignet. Ob es uns nun gelungen ist, dieser Forderung gerecht zu werden, muß der Leser beurteilen; alle Anregungen, die wir in dieser Hinsicht von Lesern der Studienbriefe - Kollegen verschiedener Fachrichtungen und Studenten - erhielten, versuchten wir zu berücksichtigen.

Doch nun zu der Frage, welche Rolle nach unserer Meinung die Mathematik in der Ausbildung von Physikern und Ingenieuren spielt und was praktischer Umgang mit dieser Mathematik für Studenten dieser Fachrichtungen bedeutet.
Die mathematische Ausbildung von Naturwissenschaftlern und Technikern unterscheidet sich von der Ausbildung von Mathematikern. Ein Mathematikstudent muß lernen, Mathematik zu schaffen, mathematische Fragestellungen herauszuarbeiten und Lösungstheorien zu entwickeln - der Ingenieur- oder Physikstudent muß lernen, die Mathematik für seine Wissenschaft nutzbar zu machen. Um bei dem Beispiel des Fahrschülers zu bleiben: Jemand, der ein Auto nutzen will, muß nicht lernen wie ein Auto entwickelt und konstruiert wird (umgekehrt ist es für den Konstrukteur allerdings schon vorteilhaft zu wissen, wozu sein Produkt später praktisch gebraucht wird - ein Aspekt, der in der modernen Ausbildung von Mathematikern oft zu kurz kommt). Er muß lernen, wie er es optimal nutzt, er muß Leistungsvermögen und Grenzen kennen.
Natürlich ist die Verflechtung von Mathematik und Physik oder Technik komplex und sicher muß insbesondere der Physikstudent im weiteren Verlauf seines Studiums auch lernen, die Mathematik seinen physikalischen Problemen entsprechend zu entwickeln und zu formen. Für die mathematischen Anfangsgründe einer wissenschaftlichen Ausbildung in diesen Fächern genügt aber der Benutzerstandpunkt völlig.
Das bedeutet nach unserer Meinung jedoch keineswegs, daß Mathematik als Sammlung von Rechenvorschriften, sogenannten Kochrezepten zu vermitteln ist.
Wir zitieren einen bekannten Vertreter der angelsächsischen angewandten Mathematik, Sir James Lighthill (*"Unterweisung im Entwerfen und im Gebrauch mathematischer Beschreibungen technischer Sy-*

steme" in W.H. Böhme (ed): Ingenieure für die Zukunft, TH Darmstadt 1980):

"Vorher möchte ich Sie jedoch daran erinnern, daß Mathematik, als ein Fach für sich, fast völlig auf Logik gründet. Es ist teilweise dieser einseitige Zugang, der reine Mathematik unbrauchbar macht als Background für Ingenieure. In Wirklichkeit wissen wir, daß Ingenieure ihre Entscheidungen vor dem Hintergrund einer Mischung aus logischer Analyse, experimentellen Daten und jener Art "Querdenken", das man oft als "Intuition des Ingenieurs" bezeichnet, treffen müssen. Angewandte Mathematik sucht ein Gleichgewicht herzustellen, das näher bei dem liegt, was der Ingenieur braucht, weil es auf der Idee beruht, daß Fortschritt erreicht werden muß, indem man Informationen aufgrund logischer Analyse mit Informationen integriert, die auf Experiment und Beobachtung basiert.
Ich betone jedoch, daß der grundsätzliche logische "Geschmack" der Mathematik auf jeden Fall erhalten bleiben muß, und ihr logischer Charakter muß in der Ingenieurausbildung nahegebracht werden. Auf alle, die zur Erkenntnis der logischen Elemente eines mathematischen Arguments gekommen sind, kann man sich verlassen, wenn es zum Beispiel darauf ankommt, eine Hypothese zu bewerten, nicht nur auf Grundlage experimenteller Beweise, sondern auch auf der Grundlage experimenteller Beweise unter Berücksichtigung der logischen Konsequenzen der Hypothese. Man kann sich darauf verlassen, daß sie bei ihren ersten überlegungen auf die Grundprinzipien zurückgehen werden, anstatt sich in aufwendige Berechnungen auf der Basis oberflächlicher Grundlagen zu stürzen. Dementsprechend kann ich nicht mit jenen Extremisten übereinstimmen, die angewandte Mathematik als eine Sammlung empirischer Formeln lehren möchten! Ebenso unbrauchbar ist die strikte logische Entwicklung des Themas als eine Reihe von Theoremen und Beweisen. Wir brauchen einen Kurs der Mitte, bei dem wichtige Aspekte der logischen Natur mathematischer Analyse beibehalten werden, ohne den Studenten in einem Meer deduktiver Einzelheiten zu ertränken".

Wir haben versucht, einen solchen "Kurs der Mitte" zu steuern:

1) Um die Brücke zu den den Studenten primär interessierenden Wissenschaften zu schlagen, haben wir uns in Stoffauswahl und Reihenfolge so weit wie möglich an den Bedürfnissen dieser Wissenschaften orientiert und viele konkrete Beispiele aufgenommen. Natürlich sind diesem Vorhaben Schranken gesetzt: Einmal durch die Eigengesetzlichkeit des Aufbaus der Mathematik, zum anderen durch die relativ geringen Kenntnisse, die ein Studienanfänger auch in seinem eigenen Studienfach im allgemeinen hat. Um dies an Beispielen zu verdeutlichen: Man kann nicht gleich zu Beginn über Differentialgleichungen sprechen, wenn der Begriff der Differentiation vorher nicht klar ist; man kann einen Studenten kaum zur Beschäftigung mit Taylorreihen motivieren, indem man zeigt, daß die klassische Mechanik aus der speziellen Relativitätstheorie durch Abbruch einer Taylorreihe nach dem zweiten Glied entsteht, wenn dieser Student noch nie etwas von spezieller Relativitätstheorie gehört hat.
Bei diesem Weg zwischen Theorie und Praxis hatten wir wertvolle Hilfe insbesondere von Kollegen der Elektrotechnik. Vor allem gilt hier unser Dank den Herren Professoren W. Heinlein, J. Stepina und W. Freise vom Fachbereich Elektrotechnik der Universität Kaiserslautern und Professor H.-G. Bausch und Diplom-Ingenieur U. Schneider von der TU Hannover.

2) Um den "logischen Geschmack der Mathematik" zu erhalten, haben wir versucht, den im modernen Sinn exakten Aufbau der Mathematik zu erhalten; Definitionen sollten logisch einwandfrei sein (wenn auch Funktionen noch "Zuordnungen", nicht "Teilmengen eines kartesischen Produktes" sein werden), Sätze sollten vollständig formuliert sein. Beweise allerdings werden dann weggelassen, wenn sie weder dem Verständnis des Satzes noch dem Einüben bestimmter Schlußweisen oder Begriffe dienen. Wir hoffen dadurch "das Meer deduktiver Einzelheiten" auf ein erträgliches, aber notwendiges Maß reduziert zu haben.
Auch für diese Aufgabe konnten wir uns auf zahlreiche Hilfe stützen: Die Studienbriefe entstanden im Rahmen eines Teilprojektes zum Projekt "Fernstudium im Medienverbund der Mathematik" und gründen inhaltlich auf dem Basistext "Analysis" dieses Projektes. Den Mitarbeitern dieses Projekts, insbesondere dem Projektleiter Dr. J. Scheiba (Mainz) gebührt unser Dank ebenso wie den Mitgliedern der zugehörigen Fachkommissionen, insbesondere ihrem Vorsitzenden Prof. M. Barner (Universität Freiburg) und den Herren Professoren H. Heuser (Karlsruhe), C. Müller (Aachen) und W. Thimm (Kaiserslautern).
Ganz herzlich danken wir auch Frau C. Kranz, Frau I. Schaumlöffel und Frau R. Stürmer, ohne deren Mühe und Geduld beim Schreiben der Texte dieses Buch sicher nicht zustandegekommen wäre.

Schließlich wollen wir noch einige allgemeine Gesichtspunkte zitieren, die sicherlich für einen beliebigen Lehrtext ihre Gültigkeit haben. Die Formulierung ist ziemlich genau 200 Jahre alt und stammt aus "Die Erziehung des Menschengeschlechts". Lessing hat natürlich an ein Buch ganz anderen Inhalts gedacht, trotzdem - wir könnten es gewiß nicht besser ausdrücken und bitten nur den Leser, die Bezeichnung "Kind", die Leserschaft, die Bezeichnung "kindliches Volk" zu verzeihen.

"Ein Elementarbuch für Kinder darf gar wohl dieses oder jenes wichtige Stück der Wissenschaft oder Kunst, die es vorträgt, mit Stillschweigen übergehen, von dem der Pädagog urteilte, daß es den Fähigkeiten der Kinder, für die er schrieb, noch nicht angemessen sei. Aber es darf schlechterdings nichts enthalten, was den Kindern den Weg zu den zurückbehaltnen wichtigen Stücken versperre oder verlege. Vielmehr müssen ihnen alle Zugänge zu denselben sorgfältig offen gelassen werden; und sie nur von einem einzigen dieser Zugänge ableiten oder verursachen, daß sie denselben später betreten, würde allein die Unvollständigkeit des Elementarbuchs zu einem wesentlichen Fehler desselben machen. ...

Eine Anspielung nenne ich, was bloß die Neugierde reizen und eine Frage veranlassen sollte. Einen Fingerzeig nenne ich, was schon irgendeinen Keim enthält, aus welchem sich die noch zurückgehaltne Wahrheit entwickeln läßt. In solchen Vorübungen, Anspielungen, Fingerzeigen besteht die <u>positive</u> Vollkommenheit eines Elementarbuchs; sowie die obenerwähnte Eigenschaft, daß es den Weg zu den noch zurückgehaltenen Wahrheiten nicht erschwere oder versperre, die <u>negative</u> Vollkommenheit desselben war.

Setzt man hierzu noch die Einkleidung und den Stil -
1) die Einkleidung der nicht wohl zu übergehenden abstrakten Wahrheiten in Allegorien und lehrreiche einzelne Fälle, die als wirklich geschehen erzählet werden.
2) den Stil - bald plan und einfältig, bald poetisch, durchaus voll Tautologieen, aber solchen, die den Scharfsinn üben, indem sie bald etwas anders zu sagen scheinen und doch das nämliche sagen, bald das nämliche zu sagen scheinen und im Grunde etwas anders bedeuten oder bedeuten können: Und ihr habt alle gute Eigenschaften eines Elementarbuchs sowohl für Kinder als für ein kindliches Volk.

Aber jenes Elementarbuch ist nur für ein gewisses Alter. Das ihm entwachsene Kind länger, als die Meinung gewesen, dabei zu verweilen, ist schädlich. Denn um dieses auf eine nur einigermaßen nützliche Art tun zu können, muß man mehr hineinlegen, als darin liegt, mehr hineintragen, als es fassen kann. Man muß der Anspielungen und Fingerzeige zu viel suchen und machen, die Allegorieen zu genau ausschütteln, die Beispiele zu umständlich deuten, die Worte zu stark pressen. Das gibt dem Kinde einen kleinlichen, schiefen, spitzfindigen Verstand; das macht es geheimnisreich, abergläubisch, voll Verachtung gegen alles Faßliche und Leichte.
Ein beßrer Pädagog muß kommen und dem Kinde das erschöpfte Elementarbuch aus den Händen reißen.

Kaiserslautern im September 1980

Die Autoren

Die Gedichte auf den Seiten 132, 145 und 172 sind aus der Sammlung "Carmina Mathematica" von Hubert Cremer (5.Auflage, 1977). Wir danken dem Verlag I.A.Mayer, Aachen für die freundliche Genehmigung zum Abdruck.

Wie arbeiten Sie mit diesem Buch?

insbesondere beim Selbststudium zu beachten

Während Ihres Studiums der Mathematik sollten Sie eine möglichst große Sicherheit im Umgang mit mathematischen Methoden und Ergebnissen erlangen. Um dieses Ziel auch schon für den in diesem Buch vorliegenden Stoff zu erreichen, finden Sie im Text viele Aufgaben. Diese sind in der Randspalte durch ein A gekennzeichnet. Halten Sie also beim Lesen und Lernen stets Bleistift und Papier bereit! Die Aufgaben sind mit dem (bis zu der jeweiligen Aufgabe) gebrachten Stoff zu lösen.

Am Ende des Buches (ab Seite 269) finden Sie die "Lösungen der Aufgaben". Diese Lösungen gliedern sich für die meisten Aufgaben in "1) Hinweise" und "2) Lösung". Sollte Ihnen bei einer Aufgabe nach einigen Anläufen eine eigene Lösung nicht gelingen, so sollten Sie zunächst die "Hinweise" lesen und dann neue Lösungsversuche unternehmen. Wenn Ihnen auch die "Hinweise" nicht weiterhelfen, (was durchaus mehrfach vorkommen kann), so ziehen Sie die komplette Lösung zu Rate und vergleichen diese mit Ihren zuvor angestellten Überlegungen. Sehen Sie sich jedoch die Lösung auch dann an, wenn Ihnen die Bearbeitung der Aufgabe gelingt. Zum einen erkennen Sie vielleicht, welchen anderen (eventuell kürzeren) Lösungsweg es noch gibt; zum anderen schleichen sich beim Erlernen der Mathematik sehr leicht Denkfehler ein, die Sie beim Überprüfen entdecken können.

Sie werden bald merken, daß das bloße Durchlesen des Lehrtextes noch kein Verstehen oder Lernen des Stoffes ausmacht. Sie sollten deshalb Ihnen schwer verständliche Passagen noch einmal selbständig (eventuell ausführlicher) Schritt für Schritt aufschreiben. Unterstreichen von Textstellen ist kein Ersatz für dieses Nachvollziehen. Manchmal ist es auch hilfreich, sich an einer schwierigen Stelle nicht festzubeißen, sondern erst einmal weiterzulesen. Nachdem Sie dann ein Beispiel nachvollzogen, eine Aufgabe selbst gerechnet oder weitere Informationen gelesen haben, nehmen Sie sich diese Stelle noch einmal vor. Und siehe da ...
Solche Aha-Erlebnisse lassen gelegentlich auch etwas länger auf sich warten.

Wenn Sie beim Lesen auf Begriffe oder Ergebnisse stoßen, die Ihnen nicht ganz klar sind, sollten Sie sofort nachschlagen. Bei dieser Suche helfen Ihnen die im Text stehenden Zitate (z.B. bedeutet (4.22) ein Ergebnis aus Kapitel 4), das Sachverzeichnis ab Seite 333 und die Marginalien in den Randspalten.
Kursiv gedruckte Textpassagen enthalten keinen Lehrtext sondern geben Ihnen Erläuterungen, Hinweise oder Beschreibungen.
Klein gedruckte Textpassagen können Sie beim ersten Lesen überschlagen.

Wir wünschen Ihnen viel Erfolg!

Kapitel 1. Die reellen Zahlen

§ 1 MENGEN

Wir werden in diesem Abschnitt eine Reihe von Begriffen aus der Mengenlehre zusammenstellen, ohne dieses Teilgebiet der Mathematik zu vertiefen. Im Text werden die Begriffe und zugehörigen Symbole jeweils als eine Art Stenographie verwendet. Für Sie ist es deshalb wichtig, die Bedeutung der Begriffe und Symbole gut zu kennen.

Menge

Wir unternehmen nicht den Versuch, den Begriff *Menge* exakt zu definieren. Wir erinnern lediglich an eine von G. Cantor (in: Beiträge zur Begründung der transfiniten Mengenlehre, 1895) gegebene Erklärung:

> Unter einer *Menge* verstehen wir jede Zusammenfassung von bestimmten wohlunterschiedenen Objekten unserer Anschauung oder unseres Denkens zu einem Ganzen.

Elemente

Die Objekte, die zu einer Menge zusammengefaßt worden sind, heißen *Elemente* dieser Menge.

BEISPIELE in diesem Sinn sind etwa:
- die Menge der Bürger der Stadt Bonn am 30.9.1979
- die Menge aller Primzahlen
- die Menge, die aus den Zahlen 3,19,-12,34,8 besteht.

Bezeichnungen für Mengen

Wir werden Mengen überwiegend mit Großbuchstaben bezeichnen und folgende Schreibweisen verwenden:

(1) explizite Angabe der Elemente zwischen geschweiften Klammern, etwa
$M := \{3,19,-12,34,8\}$.
(Das Symbol := bedeutet: definitionsgemäß gleich. Also: M ist definitionsgemäß gleich der Menge, die die Elemente 3,19,-12,34 und 8 enthält.)

(2) Angabe charakteristischer Eigenschaften aller Elemente, etwa

$$P := \{x \mid x \text{ ist Primzahl}\} .$$

(lies: P ist definitionsgemäß gleich der Menge aller x mit der Eigenschaft: x ist Primzahl).

Die Tatsache, daß 7 ein Element von P ist, schreiben wir in der Form

$$7 \in P$$

Element von

(lies: 7 (ist) Element (von) P, kurz: 7 (ist) aus P). Dagegen ist 7 kein Element von M

$$7 \notin M$$

nicht Element von

(lies: 7 nicht Element (von) M, kurz: 7 nicht aus M).

DEFINITION.- Eine Menge A heißt *Teilmenge* einer Menge B (in Zeichen $A \subseteq B$), wenn jedes Element von A auch ein Element von B ist. (1.1) Teilmenge

Die Beziehung "$\subseteq$" heißt *Inklusion*.
Weitere Sprechweisen für den Sachverhalt $A \subseteq B$ sind:

A (ist) enthalten in B,
B enthält A.

Denken wir uns die Mengen A und B als Punktmengen der Ebene gegeben (die Elemente sind die von der jeweiligen Linie eingeschlossenen Punkte), so ergibt sich für "$A \subseteq B$" etwa folgendes Bild:

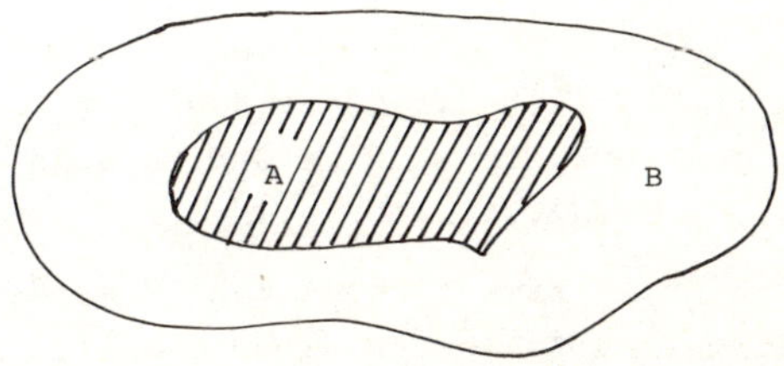

Bild 1.- $A \subseteq B$; jeder Punkt aus A ist auch ein Punkt aus B.

BEISPIELE.- (1) Ist $A := \{2,3,4\}$ und $B := \{1,4,3,5,2\}$, so gilt $A \subseteq B$, denn: für jedes Element $x \in A$ (nämlich $x = 2$ oder $x = 3$ oder $x = 4$) gilt auch $x \in B$. (1.2)

(2) Betrachten Sie noch einmal die oben definierten Mengen M und P. Es ist $8 \in M$, aber $8 \notin P$, da 8 keine Primzahl ist. Es gibt also ein Ele-

ment (*) von M, das nicht in P enthalten ist. Das bedeutet: nicht jedes Element von M ist auch ein Element von P. Deshalb ist M nicht Teilmenge von P (in Zeichen: $M \nsubseteq P$).

Die anschauliche Vorstellung, daß zwei Mengen gleich sind, wenn beide genau dieselben Elemente enthalten, formulieren wir folgendermaßen:

(1.3) DEFINITION.- Die Mengen A und B heißen *gleich* (in Zeichen: $A = B$), wenn $A \subseteq B$ und $B \subseteq A$ gilt.

(1.4) BEMERKUNGEN.- (1) Die Definition (1.3) legt fest, was Sie tun müssen, wenn Sie die Gleichheit zweier Mengen A und B nachweisen wollen: Sie müssen die Gültigkeit zweier Inklusionen nachweisen, nämlich $A \subseteq B$ und $B \subseteq A$. Wir werden später darauf zurückkommen.

(2) Ist $A \subseteq B$, aber $B \nsubseteq A$, also A ungleich B (in Zeichen: $A \neq B$), so sagt man auch: A ist eine

echte Teilmenge *echte Teilmenge* von B (oder A ist echt enthalten in B) (in Zeichen: $A \subset B$).

In Bild 1 gilt nicht nur $A \subseteq B$, sondern sogar $A \subset B$.

Im folgenden Beispiel listen wir bestimmte Mengen von Zahlen auf, die Ihnen immer wieder begegnen werden.

(1.5) BEISPIELE.- (1) $\mathbb{N} := \{n \mid n \text{ ist natürliche Zahl}\}$ ist die Menge der natürlichen Zahlen. Natürliche

$\mathbb{N}$ Zahlen sind die Zahlen 1,2,3,4,5,.... .

$\mathbb{N}_0$ (2) $\mathbb{N}_0 := \{n \mid n \text{ ist natürliche Zahl oder } n = 0\}$ ist die Menge aller natürlichen Zahlen einschließlich der Zahl Null.

$\mathbb{Z}$ (3) $\mathbb{Z} := \{q \mid q \text{ ist die ganze Zahl}\}$ ist die Menge der ganzen Zahlen. Ganze Zahlen sind die Zahlen ...,-4,-3,-2,-1,0,1,2,3,4,... .

$\mathbb{Q}$ (4) $\mathbb{Q} := \{x \mid x \text{ ist rationale Zahl}\}$ ist die Menge der rationalen Zahlen. Rationale Zahlen sind die Zahlen $\frac{p}{q}$, wobei $p \in \mathbb{Z}$ und $q \in \mathbb{Z}$ sind und

Zahlenmenge $q \neq 0$ ist, also z.B. $\frac{1}{2}, -\frac{4}{9}, \frac{23}{11}, \frac{48}{108}, \frac{3}{1}$.

$\mathbb{R}$ (5) $\mathbb{R} := \{x \mid x \text{ ist reelle Zahl}\}$ ist die Menge der reellen Zahlen. Reelle Zahlen sind Zahlen der Art $4; -7; -8; 327; \frac{16}{17}$; $\sqrt{2} = 1{,}414213562..$; $\pi = 3{,}141592653589...$; $0{,}\overline{4271} = 0{,}4271\ 4271 ...$.

(*) Die Formulierung "es gibt ein ... " wird in der Mathematik immer in der Bedeutung " es gibt mindestens ein ..." verwendet. Es kann also auch mehrere Elemente dieser Art geben.

BEMERKUNG.- Die Eigenschaften der Menge $\mathbb{R}$ der reellen Zahlen werden wir in Kapitel 1 und 5 genau untersuchen. Diese Eigenschaften bilden die Grundlage für die Entwicklung der Analysis.

EIGENSCHAFT DER INKLUSION.- Für Mengen A,B und (1.6)
C gilt:

$$A \subseteq B \text{ und } B \subseteq C \implies A \subseteq C. \quad (*)$$

Überprüfen Sie diese Eigenschaft der Inklusion noch einmal an den Mengen von Beispiel (1.5). Z.B.: jede natürliche Zahl ist rational, jede rationale Zahl ist reell. Also ist jede natürliche Zahl reell.

DEFINITION.- A und B seien Mengen. $A \cup B$ (lies: (1.7)
A vereinigt mit B) besteht aus allen Elementen, die mindestens in einer der Mengen enthalten sind; kurz:

$$A \cup B := \{x \mid x \in A \quad \text{oder} \quad x \in B\}. \quad (**)$$

$A \cup B$ heißt *Vereinigung von A und B*.

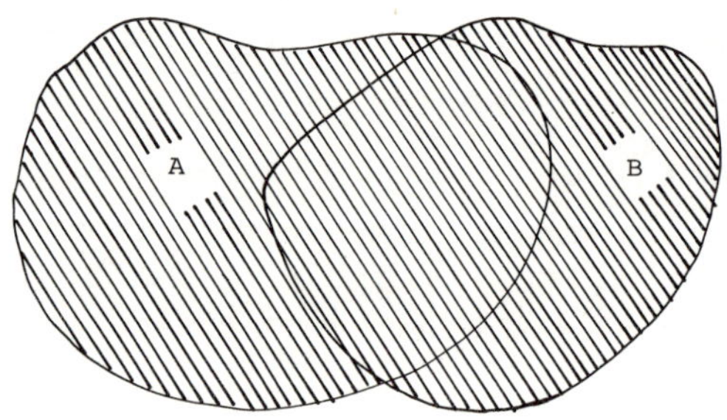

Bild 2.- $A \cup B$ (schraffiert).

DEFINITION.- A und B seien Mengen. $A \cap B$ (lies: (1.8)
A durchschnitten B) besteht aus allen Elementen, die sowohl in A als auch in B enthalten sind; kurz:

$$A \cap B := \{x \mid x \in A \quad \text{und} \quad x \in B\}$$

$A \cap B$ heißt *Durchschnitt von A und B*.

(*) Das Symbol "$\Rightarrow$" bedeutet: "daraus folgt" oder "dann". Also hier: aus $A \subseteq B$ und $B \subseteq C$ folgt $A \subseteq C$; oder: wenn $A \subseteq B$ und $B \subseteq C$, dann $A \subseteq C$.

(**) Das Wort "oder" wird in der Mathematik stets im nichtausschließenden Sinne gebraucht, d.h. es schließt die Bedeutung "und" ein. "$x \in A$ oder $x \in B$" bedeutet also: x ist nur Element von A oder nur Element von B oder Element von A und von B. Wollen Sie "oder" im ausschließenden Sinn verwenden, so empfiehlt sich der Gebrauch von "entweder - oder".

Die in Bild 4 skizzierte Situation bedeutet, daß es kein x gibt, das sowohl in A als auch in B liegt. Man sagt in diesem Fall: die Menge $A \cap B$ ist *leer* und nennt die Mengen A und B *disjunkt* (elementfremd). Für die Menge, die kein Element enthält, verwendet man das Symbol $\emptyset$ (lies: *leere Menge*). Beispiel: Die Menge der Einhörner im Frankfurter Zoo.

disjunkt

leere Menge

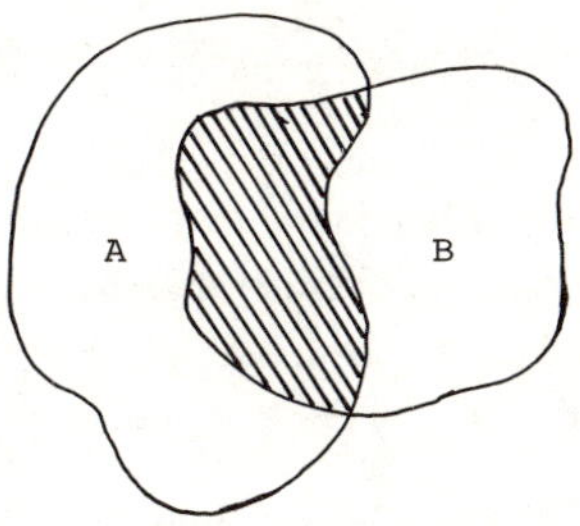

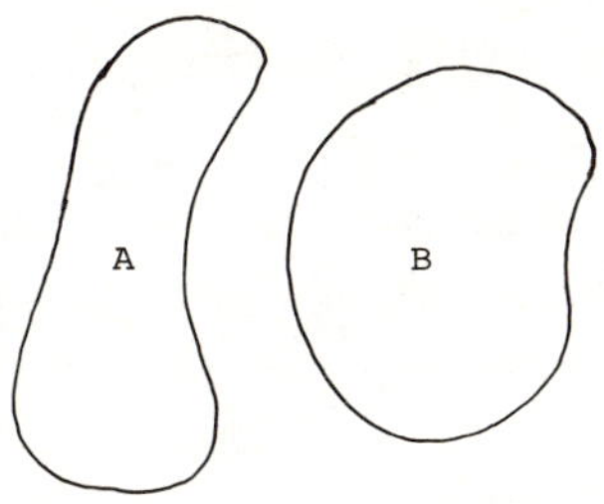

Bild 3.- $A \cap B$ (schraffiert) Bild 4.- $A \cap B = \emptyset$

Eine weitere Möglichkeit zur Bildung neuer Mengen ergibt sich aus

(1.9) DEFINITION.- A und B seien Mengen. $A \setminus B$ (lies: A ohne B) besteht aus allen Elementen, die in A, aber nicht in B enthalten sind; kurz:

$$A \setminus B := \{x \mid x \in A \text{ und } x \notin B\}.$$

Differenz

$A \setminus B$ heißt *Differenz von A und B*. (*)

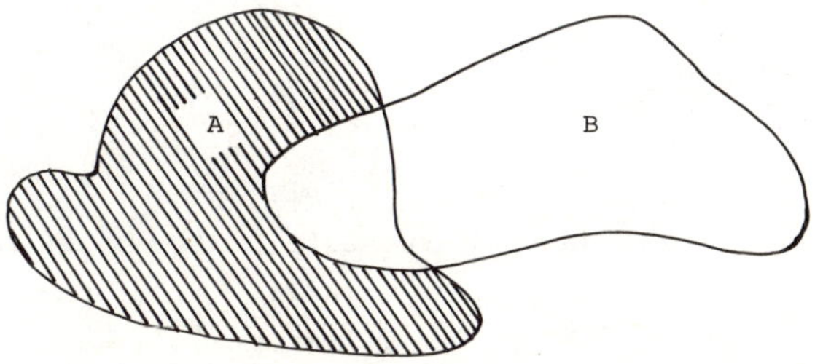

Bild 5.- $A \setminus B$ (schraffiert).

(1.10) BEISPIELE.- (1) Es ist $\mathbb{N} \cup \{0\} = \mathbb{N}_0$ und $\mathbb{N} \cap \{0\} = \emptyset$.

(2) $\{x \mid x \in \mathbb{R} \text{ und } x^2 - 1 = 0\} \cap \{x \mid x \in \mathbb{R} \text{ und } 2x + 2 = 0\} = \{-1\}$.

(3) $\mathbb{R} \setminus \{0\}$ ist die Menge aller von null verschiedenen reellen Zahlen.

BEMERKUNG.- Für die definierten Mengenoperationen Vereinigung, Durchschnitt und Differenz gilt eine Fülle von Gesetzmäßigkeiten, die wir hier jedoch nicht aufführen wollen.

(*) $A \setminus B$ wird auch *Komplement* von B bezüglich A genannt.

Aufgabe 1.- Sei $A := \{1,3,5,7\}$ und $B := \{2,3,4,5,6\}$. Bilden Sie die Mengen $A \cup B$, $B \cup A$, $A \cap B$, $B \cap A$, $A \setminus B$, $B \setminus A$. A 1

Zum Schluß dieses Abschnitts stellen wir noch ein Konstruktionsprinzip für "neue" Mengen bereit, das "Produkt von Mengen". Wir beschreiben zunächst eine Anwendung und geben anschließend die allgemeine Definition.

BEISPIEL.- Die Lage eines Punktes P der Ebene läßt sich durch zwei reelle Zahlen beschreiben, wenn man ein kartesisches Koordinatensystem eingeführt hat. Das sind zwei senkrecht aufeinanderstehende Geraden (die Koordenatenachsen), wobei die waagerechte Gerade x-Achse (auch x_1-Achse) und die dazu senkrechte y-Achse (auch x_2-Achse) genannt wird. (1.11)

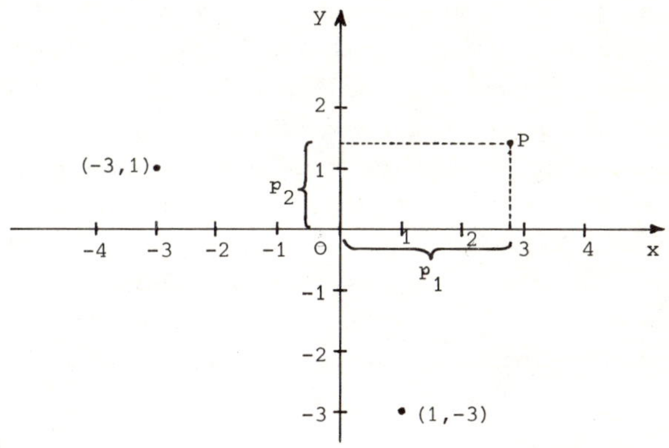

Bild 6.- Beschreibung eines Punktes P in der Ebene mit kartesischem Koordinatensystem.

Der Abstand p_1 von P zur y-Achse heißt erste oder x-Koordinate von P, wobei p_1 negativ zu wählen ist, wenn P links von der y-Achse liegt. Der Abstand p_2 von P zur x-Achse heißt zweite oder y-Koordinate von P, wobei p_2 negativ zu wählen ist, wenn P unterhalb der x-Achse liegt. Das Zahlenpaar (p_1,p_2) beschreibt den Punkt P:

$$P = (p_1,p_2).$$

Sie sehen sofort, daß man die beiden Koordinaten p_1 und p_2 nicht vertauschen darf, wenn der Punkt P dadurch beschrieben werden soll. So sind z.B. (-3,1) und (1,-3) verschiedene Punkte. Man spricht deshalb von einem *geordneten* Paar reeller Zahlen.

Solche geordneten Paare lassen sich nicht nur aus reellen Zahlen bilden und werden in diesem

Buch auch aus anderen Objekten gebildet und benötigt.

geordnetes Paar

Sind A und B beliebige Mengen, so nennt man ein Paar (a,b) mit $a \in A$ und $b \in B$ ein *geordnetes Paar* (*), wenn man für solche Paare folgendermaßen eine Gleichheit festlegt: Die Paare (a_1,b_1) und (a_2,b_2) heißen *gleich*, wenn

$$a_1 = a_2 \text{ und } b_1 = b_2$$

gilt. Wir schreiben dann auch $(a_1,b_1) = (a_2,b_2)$.

(1.12) **Definition.-** Die Menge aller geordneten Paare

$$A \times B := \{(a,b) \mid a \in A \text{ und } b \in B\}$$

Produktmenge

(lies: A Kreuz B) heißt *Produkt(menge) von A und B.*

In unserem vorangegangenen Beispiel war also $A = B = \mathbb{R}$. Wir hatten plausibel gemacht, daß jedem Punkt der Ebene (mit Koordinatensystem) ein geordnetes Paar reeller Zahlen entspricht. Umgekehrt ist klar, daß nach Wahl eines Koordinatensystems durch jedes geordnete Zahlenpaar ein Punkt der Ebene festgelegt wird. Wir können daher die Menge der Punkte der Ebene mit der Menge $\mathbb{R} \times \mathbb{R}$ der geordneten Paare reeller Zahlen identifizieren (gleichsetzen). Das kommt bereits in der Schreibweise $P = (p_1,p_2)$ zum Ausdruck.

Sie werden sich erinnern, daß man Punkte im Raum durch drei reelle Zahlen (Koordinaten) beschreiben kann. Für eine Beschreibung von Zuständen gewisser physikalischer Systeme werden häufig auch mehr als drei reelle Zahlen nötig sein. Es ist deshalb nützlich, nicht nur den Begriff des geordneten Paares, sondern allgemein den eines geordneten Systems

$$(x_1,\dots,x_n)$$

von Objekten $x_1,x_2,\dots,x_n$ zur Verfügung zu haben.

Sind $A_1,\dots,A_n$ endlich viele Mengen, so nennt man ein System $(a_1,\dots,a_n)$ mit $a_1 \in A_1,\dots,a_n \in A_n$ ein *geordnetes n-Tupel* wenn man für solche Systeme folgendermaßen eine Gleichheit definiert: $(a_1,\dots,a_n)$ und $(a_1',\dots,a_n')$ heißen *gleich*, wenn $a_1 = a_1',\dots,a_n = a_n'$ ist. (**) Wir schreiben dann auch

$$(a_1,\dots,a_n) = (a_1',\dots,a_n').$$

(*) mit a als erster Koordinate (Komponente) und b als zweiter Koordinate (Komponente).

(**) Für die letzte Bedingung schreiben wir auch: wenn $a_i = a_i'$ für $i = 1,\dots,n$ (lies: für i gleich 1 bis n).

Definition.- Die Menge aller geordneten n-Tupel $A_1 \times \dots \times A_n := \{(a_1,\dots,a_n) \mid a_1 \in A_1,\dots,a_n \in A_n\}$ (lies: A_1 Kreuz undsoweiter Kreuz A_n) heißt *Produkt der Mengen A_1 bis A_n*. (1.13) $A_1 \times \dots \times A_n$

Ein geordnetes 2-Tupel ist also ein geordnetes Paar. Geordnete 3-Tupel heißen auch *geordnete Tripel*. Wir werden häufig den Zusatz "geordnet" weglassen.

Aufgabe 2.- Sei $A = B := \{2,3,4\}$. Bestimmen Sie alle Elemente der Menge $A \times B$ und zeichnen Sie diese Elemente als Punkte der Ebene (mit kartesischem Koordinatensystem). A 2

Sind n gleiche Mengen, etwa $A_1 = A_2 = \dots = A_n = A$ gegeben, so schreibt man statt $A_1 \times \dots \times A_n$ kürzer A^n. Statt $\mathbb{R} \times \mathbb{R}$ also $\mathbb{R}^2$ (lies: R (hoch) zwei) $\mathbb{R}^2$

§ 2 Funktionen

Definitionen und Beispiele

Der Begriff der Funktion wird in der gesamten Mathematik sowie in ihren Anwendungen in anderen Wissenschaften ständig benutzt.

Beispiel.- Aus ihrem Physikunterricht wissen Sie sicher, daß der freie Fall eines Körpers durch das Gesetz (1.14) freier Fall

$$s = \frac{1}{2} g t^2 \qquad (1)$$

beschrieben wird; hierbei sei $g = 9{,}81 \frac{m}{sec^2}$ die Erdbeschleunigung, t die Zeit in Sekunden und s der vom Zeitpunkt $t = 0$ im freien Fall zurückgelegte Weg des Körpers (in Metern). Jedem Zeitpunkt t ist also durch das Fallgesetz (1) eine bestimmte Entfernung $s = s(t)$ zugeordnet. Etwas ungenau sagt man deshalb auch: die *Funktion* $s(t) = \frac{1}{2} g t^2$ beschreibt den freien Fall.

Wir werden anschließend eine hinreichend allgemeine Definition des Begriffs Funktion geben, die sowohl den Ansprüchen der Analysis als auch denen der linearen Algebra genügt.

Definition.- Seien A und B Mengen. Eine *Funktion* f *von* A *nach* B ist eine Vorschrift, die jedem $x \in A$ genau ein Element von B, das wir f(x) nennen, zuordnet. Wir verwenden die Schreibweisen (1.15) Funktion

$$f: A \longrightarrow B$$

(lies: f von A nach B)

oder

$$x \mapsto f(x) \quad \text{für } x \in A$$

(lies: x wird zugeordnet (oder: geht über in) f von x).

Statt "Funktion" finden Sie in der mathematischen Literatur auch den Begriff "Abbildung". Wir kommen später darauf zurück.

(1.16) genau ein — BEMERKUNG.- Die vorstehende Definition verwendet die Formulierung "genau ein"; das bedeutet: "höchstens ein und mindestens ein". Also hier: einem Element $x \in A$ dürfen nicht zwei oder mehr (verschiedene) Elemente von B zugeordnet sein. Andererseits darf auch nicht der Fall auftreten, daß einem $x \in A$ kein Element von B zugeordnet ist

Wenn wir uns die Mengen A und B wieder als Punktmengen der Ebene vorstellen, so können wir eine Funktion $f: A \longrightarrow B$ dadurch veranschaulichen, daß wir von jedem $x \in A$ einen Pfeil zu dem zugeordneten Element $f(x) \in B$ zeichnen (vgl. Bild 7).

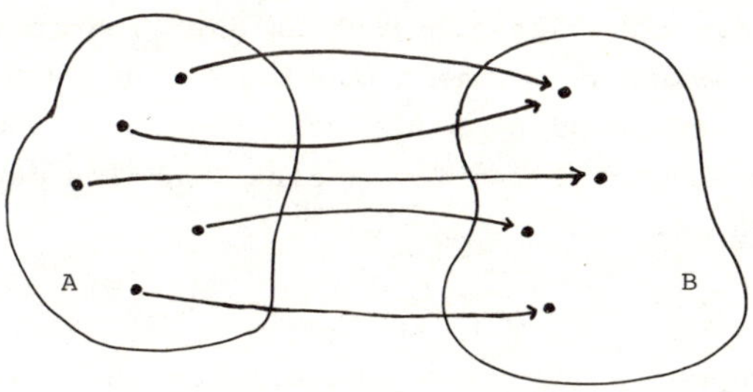

Bild 7.- Veranschaulichung einer Funktion $f: A \longrightarrow B$.

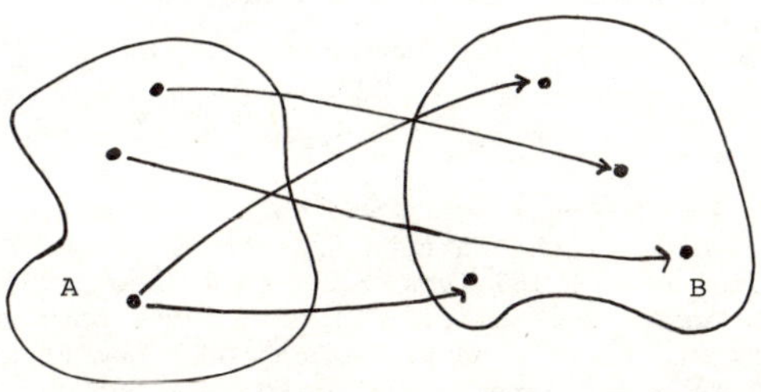

Bild 8.- Eine Zuordnung, die keine Funktion ist: von einem Element $x \in A$ gehen Pfeile zu zwei verschiedenen Elementen von B.

Zur besseren Verständigung benötigen wir noch einige Bezeichnungen und Sprechweisen: Sei $f: A \longrightarrow B$ eine Funktion von A nach B. Die Menge A heißt *Definitionsbereich* von f, und man sagt: f(x) ist für jedes $x \in A$ definiert oder f kann auf jedes $x \in A$ angewendet werden. Die Elemente von A heißen *Argumente* von f.

Definitionsbereich

Ein Element $y \in B$, zu dem es ein $x \in A$ gibt, so daß $y = f(x)$ gilt, heißt *Bild von x unter f* oder *Funktionswert von f an der Stelle x*.

Funktionswert

Die Menge $W_f := \{y \mid y \in B$, es gibt ein $x \in A$, so daß $y = f(x)\}$ oder kürzer

$$W_f := \{f(x) \mid x \in A\}$$

ist die Menge aller Funktionswerte von f und heißt der *Wertebereich von f*. Es ist also $W_f \subseteq B$. Wertebereich

Betrachten wir nicht alle Funktionswerte f(x), sondern nur solche, für die x alle Elemente einer Teilmenge $C \subseteq A$ durchläuft, so erhalten wir das *Bild von C* unter der Funktion f, das ist die Menge

$$f(C) := \{f(x) \mid x \in C\}.$$

Es ist also insbesondere $f(A) = W_f$.

BEISPIELE.- Es gibt verschiedene Möglichkeiten, Funktionen zu definieren (anzugeben). (1.17)

(1) In Beispiel (1.14) auf Seite 4 hatten wir festgestellt, daß dem Fallgesetz die Funktion $t \mapsto s(t)$, $s(t) := \frac{1}{2}gt^2$ zu Grunde liegt. Sehen wir für den Augenblick von den physikalischen Dimensionen ab, so wird jedem $t \in \mathbb{R}$ genau eine reelle Zahl s(t) zugeordnet (z.B. ist $s(-3) = \frac{1}{2} \cdot 9{,}81 \cdot (-3)^2 = 44{,}145$). Wir haben es also mit einer Funktion $s: \mathbb{R} \longrightarrow \mathbb{R}$ zu tun. Berücksichtigen wir jedoch den physikalischen Zusammenhang, so ist s nicht mehr für alle $t \in \mathbb{R}$ definiert. Denn: Nach unserer Vereinbarung beginnt der freie Fall erst zum Zeitpunkt $t = 0$. Zu einem bestimmten Zeitpunkt t_o (t_o größer bzw. später als $t = 0$) hat der fallende Körper die Erdoberfläche erreicht - der freie Fall ist beendet, der zurückgelegte Weg s(t) nimmt nicht mehr zu.
In dieser Situation ist also die Funktion

$$t \mapsto s(t) = \frac{1}{2}\, g\, t^2$$

nur für t zwischen 0 und t_o definiert (vgl. die nachfolgende Aufgabe 3).

(2) Ist $A := \{3, -7, 2, \frac{1}{4}\}$ und $B := \{1,2,3,4,5,6\}$, so kann man z.B. eine Funktion $f: A \longrightarrow B$ definieren durch

$$f(3) := 2,\quad f(-7) := 3,\quad f(2) := 4 \text{ und } f(\tfrac{1}{4}) := 3.$$

Sie sehen, jedem $x \in A$ ist durch die Definition von f(x) genau ein Element von B zugeordnet. Die Tatsache, daß zwei verschiedenen Elementen von A (nämlich -7 und $\frac{1}{4}$) dasselbe Element von B (nämlich 3) zugeordnet ist, verletzt nicht den oben definierten Begriff der Funktion !
Da als Funktionswerte nur die Zahlen 2,3 und 4 vorkommen, ist der Wertebereich $W_f = \{2,3,4\}$. Nicht jedes Element von B kommmt als Funktionswert von f vor. Aber auch dies widerspricht der Definition des Begriffes Funktion nicht.
(*Lesen Sie noch einmal Definition (1.15) und betrachten Sie Bild 7*).

(3) Eine recht einfache Funktion ist die folgende: Sei A eine Menge. Durch

$$\mathrm{id}_A : A \longrightarrow A$$
$$x \longmapsto x$$

wird eine Funktion von A nach A definiert, die jedem $x \in A$ als Funktionswert wieder x zuordnet. Es gilt also $\mathrm{id}_A(x) = x$ für alle $x \in A$. id_A heißt *identische Funktion* (auf A).

identische Funktion

A 3

Aufgabe 3.- Ein Körper bewege sich aus einer Ruhelage in einer Höhe von 490,5 m zur Zeit t = 0 im freien Fall zur Erde. Dann wird seine Höhe h(t) über der Erdoberfläche zu "jedem" Zeitpunkt t (größer als 0) gegeben durch

$$h(t) := 490{,}5 - \frac{1}{2} g t^2 .$$

a) Wann erreicht der Körper die Erdoberfläche ?

b) Welches ist ein physikalisch sinnvoller Definitionsbereich für die Funktion $t \longmapsto h(t)$?

Sind A und B Teilmengen reeller Zahlen, so kann man eine Funktion $f: A \longrightarrow B$ graphisch darstellen. Man zeichnet in der Ebene mit kartesischem Koordinatensystem die Punkte $(x, f(x))$ für jedes $x \in A$, (vgl. (1.12) auf Seite 4).

(1.18) **Beispiel.-** Sei $f: \mathbb{R} \longrightarrow \mathbb{R}$ gegeben durch $x \longmapsto f(x) := 2x$. Dann hat f die folgende graphische Darstellung:

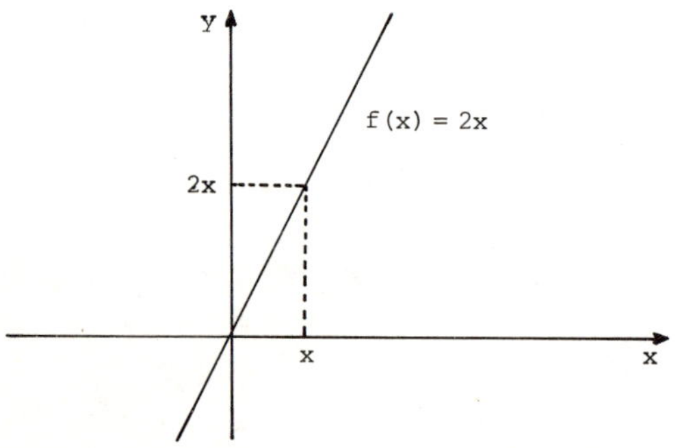

Die graphische Darstellung von Funktionen wird noch einmal ausführlich in Kapitel 4 behandelt.

Um mit Funktionen arbeiten zu können, müssen wir festlegen, wann zwei Funktionen gleich sind.

(1.19) **Definition.-** Seien $f: A \longrightarrow B$ und $g: A \longrightarrow B$ zwei Funktionen von A nach B. f und g heißen *gleich* (in Zeichen: $f = g$), wenn

$$f(x) = g(x) \quad \text{für jedes } x \in A.$$

Gleichheit von Funktionen

Beachten Sie: Zur "Gleichheit" zweier Funktionen gehört auch, daß sie den gleichen Definitionsbereich haben.

Bemerkung.- Aus Definition (1.19) ergibt sich: Die beiden Funktionen f und g sind nicht gleich (in Zeichen: $f \neq g$), wenn es (mindestens) ein $x \in A$ gibt, so daß $f(x) \neq g(x)$ ist. $f \neq g$

A 4

Aufgabe 4.- Die Funktion f und g seien gegeben durch

$$x \longmapsto f(x) := \frac{1}{2} x^2 + x - 2, \quad x \in \mathbb{R}, \text{ und}$$

$$x \longmapsto g(x) := \frac{1}{2}(x + 1 + \sqrt{5})(x + 1 - \sqrt{5}), \quad x \in \mathbb{R}.$$

Zeigen Sie, daß $f = g$ ist.

Abschließend behandeln wir noch zwei wichtige Verfahren zur Bildung neuer Funktionen aus gegebenen Funktionen:
die Komposition von Funktionen und die Bildung der Umkehrfunktion.

Die Komposition von Funktionen

Wir beginnen mit einem Beispiel: Sie wissen, daß sich die Höhe der jährlich an das Finanzamt abzuführenden Einkommensteuer nach der Höhe des (zu versteuernden) Einkommens richtet. Genauer: Die Einkommensteuer E ist eine Funktion des Einkommens x, also

$$x \longmapsto E = f(x) . \qquad (*)$$

Andererseits ist (zugegebenermaßen stark vereinfacht) die Höhe des Einkommens x eine Funktion der Arbeitszeit t, (wer in gleicher Position weniger arbeitet, erhält weniger Geld):

(*) Diese Funktion f ist - wie sollte es anders sein - außerordentlich exakt in §32a Abs. (1) des Einkommensteuergsetzes 1977 vom 05.12.1977 (neu gefaßt durch das Gesetz vom 30.11.1978) definiert. Dort heißt es: "(1) Die tarifliche Einkommensteuer bemißt sich nach dem zu versteuernden Einkommen. Sie beträgt ... jeweils in Deutsche Mark

1. für zu versteuernde Einkommen bis 3690 Deutsche Mark: 0;
2. für zu versteuernde Einkommen von 3691 Deutsche Mark bis 16 000 Deutsche Mark: $0{,}22x - 812$
3. für zu versteuernde Einkommen von 16 001 Deutsche Mark bis 47 999 Deutsche Mark: $\{[(10{,}86y - 154{,}42)y + 925]y + 2\,200\}y + 2708$;
4. für zu versteuernde Einkommen von 48 000 Deutsche Mark bis 129 999 Deutsche Mark: $\{[(0{,}1z - 6{,}07)z + 109{,}95]z + 4\,800\}z + 15\,298$;
5. für zu versteuernde Einkommen von 130000 Deutsche Mark an: $0{,}56x - 13\,644$.

"x" ist das abgerundete zu versteuernde Einkommen. "y" ist ein Zehntausendstel des 16 000 Deutsche Mark übersteigenden Teils des abgerundeten zu versteuernden Einkommens. "z" ist ein Zehntausendstel des 48 000 Deutsche Mark übersteigenden Teils des abgerundeten zu versteuernden Einkommens."

Glücklicherweise schreibt das Gesetz auch die Erstellung von Einkommensteuer-Tabellen vor. Aus diesen Tabellen lassen sich die Funktionswerte mühelos ablesen.

$$t \longmapsto x = g(t) \qquad (*)$$

Insgesamt ist also die zu zahlende Einkommensteuer auch eine Funktion der Arbeitszeit:

$$t \longmapsto E = f(g(t)).$$

Wir haben "$g(t)$ in $f(x)$ eingesetzt", bzw. wir haben f und g "nacheinander angewandt".

Wir definieren nun allgemein, wie man durch Einsetzen einer Funktion in eine andere bzw. durch die Hintereinanderschaltung zweier Funktionen eine neue Funktion erhält.

(1.20) DEFINITION.- Seien $g: A \longrightarrow B$ und $f: C \longrightarrow D$ zwei Funktionen. Es gelte $W_g \subseteq C$.

Dann wird durch

$$x \longmapsto f(g(x)) \qquad \text{für } x \in A$$

eine Funktion

$$f \circ g: A \longmapsto D$$

definiert. $f \circ g$ (lies: f nach g oder: f Kreis g) heißt *Komposition von f und g*. Komposition

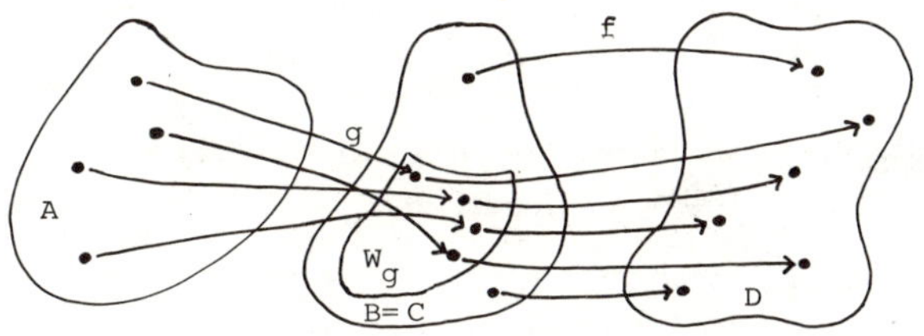

Bild 9.- Zur Komposition zweier Funktionen.

BEMERKUNGEN.- (1) Wesentlich an der Definition ist die Voraussetzung $W_g \subseteq C$: der Wertebereich von g muß im Definitionsbereich von f liegen. Diese Voraussetzung garantiert, daß $f(g(x))$ ein sinnvoller Ausdruck ist: Man wendet zunächst g auf $x \in A$ an und erhält den Funktionswert $g(x)$. Da $g(x)$ ein Element von C ist, kann f darauf angewendet werden. Man erhält den Funktionswert $f(g(x))$ von f an der Stelle $g(x)$. Nach der vorstehenden Definition schreibt man

$$f \circ g(x) = f(g(x))$$

oder zur Verdeutlichung auch

$$(f \circ g)(x) = f(g(x)).$$

(2) Ist $B = C$, so ist die Voraussetzung $W_g \subseteq C$ stets erfüllt. Dieser Fall liegt häufig vor.

(3) Beachten Sie, daß es auf die Reihenfolge beider Funktionen ankommt. Wir geben im Anschluß Beispiele dazu.

BEISPIELE.- (1) Die Funktionen $g: \mathbb{R}\setminus\{0\} \longrightarrow \mathbb{R}$ und $f: \mathbb{R} \longrightarrow \mathbb{R}$ seien gegeben durch (1.21)

$$x \longmapsto g(x) := \frac{1}{x} \text{ und } x \longmapsto f(x) := 2x - 1.$$

Es ist $W_g \subseteq \mathbb{R}$ und deshalb $f \circ g$ definiert, und zwar gilt für $x \in \mathbb{R}\setminus\{0\}$:

$$(f \circ g)(x) = f(g(x)) = f(\tfrac{1}{x}) = 2\,\frac{1}{x} - 1 = \frac{2-x}{x}.$$

Dagegen ist $g \circ f$ nicht definiert, denn es ist

$$W_f \not\subseteq \mathbb{R}\setminus\{0\};$$

Begründung: Für $x = \frac{1}{2}$ ist $f(x) = 2\,\frac{1}{2} - 1 = 0$. 0 ist also ein Funktionswert von f, d.h. $0 \in W_f$, aber $0 \notin \mathbb{R}\setminus\{0\}$. Deshalb ist W_f keine Teilmenge von $\mathbb{R}\setminus\{0\}$.

(2) Sei $f: \mathbb{R} \longrightarrow \mathbb{R}$, $x \longmapsto f(x) := x + 1$
und $g: \mathbb{R} \longrightarrow \mathbb{R}$, $x \longmapsto g(x) := 2x$.

Aus den Definitionen von f und g folgt $W_f \subseteq \mathbb{R}$ und $W_g \subseteq \mathbb{R}$. Also sind $g \circ f$ und $f \circ g$ definiert. Es gilt aber:

$$(f \circ g)(x) = f(g(x)) = f(2x) = 2x + 1 \quad \text{und}$$
$$(g \circ f)(x) = g(f(x)) = g(x+1) = 2(x+1) = 2x + 2$$

Sie sehen z.B. für $x = 0$: $(f \circ g)(0) = 1 \neq 2 = (g \circ f)(0)$. Mit der Bemerkung hinter Definition (1.19) auf Seite 6 erhält man $f \circ g \neq g \circ f$.

(3) Wenn Sie das einführende Beispiel zu diesem Abschnitt noch einmal durchlesen, werden Sie sehen, daß es dort sinnlos ist, die Komposition $g \circ f$ zu bilden. (In g wird "Arbeitszeit eingesetzt", und man "erhält DM". In f wird "DM eingesetzt" und man "erhält DM").

AUFGABE 5.- Für welche Funktionen f und g ist f o g definiert? Bestimmen Sie gegebenenfalls (f o g)(x) für x aus dem Definitionsbereich von f o g. A 5

a) $A := \{-4,3,1,0\}$, $B := \{-7,0,-1,3,19,24,811\}$
$g: A \longrightarrow \mathbb{R}$, $x \longmapsto g(x) := x(x-2)$,
$f: B \longrightarrow \mathbb{R}$, $x \longmapsto f(x) := x + 2$

b) $f: \mathbb{N} \longrightarrow \mathbb{N}$, $n \longmapsto f(n) := 1 \cdot 2 \cdot \ldots \cdot n$,
$g: \mathbb{R} \longrightarrow \mathbb{R}$, $x \longmapsto g(x) := -22$.

(Falls Ihnen die Aufgabenstellung unklar ist, lesen Sie zunächst auch die Hinweise im Lösungsteil).

(*) Die Festlegung der Funktion g erfolgt für die meisten Berufsgruppen in den jährlichen Tarifverhandlungen zwischen den Arbeitgebern und Gewerkschaften. Bei nicht vorhandener Interessenvertretung wird g auch beim Einstellungsgespräch definiert.

Die Umkehrfunktion

An den Beispielen (etwa (1.17)(2) auf Seite 5) haben Sie gesehen, daß eine Funktion $f: A \Longrightarrow B$ <u>verschiedenen</u> Argumenten <u>denselben</u> Funktionswert zuordnen kann. D.h. Zu einem $b \in B$ kann es $x_1 \in A$ und $x_2 \in A$ geben mit $x_1 \neq x_2$, so daß

$$f(x_1) = b \quad \text{und} \quad f(x_2) = b$$

gilt. Man sagt in dieser Situation auch: Die Gleichung $f(x) = b$ ist nicht eindeutig lösbar, (es gibt nämlich mindestens die zwei verschiedenen "Lösungen" x_1 und x_2). (*)

Wissen wir dagegen von der Funktion $f: A \Longrightarrow B$, daß sie

(1) <u>verschiedenen</u> Argumenten auch <u>verschiedene</u> Funktionswerte zuordnet,

dann kann es zu einem $b \in B$ nicht zwei verschiedene Elemente von A geben, die auf b abgebildet werden. (D.h. zu $b \in B$ gibt es <u>höchstens ein</u> $x \in A$, so daß $f(x) = b$ gilt). Also: wenn es überhaupt ein $x \in A$ gibt mit $f(x) = b$, so ist dieses Element x eindeutig bestimmt. Funktionen, die die Eigenschaft (1) haben, und die - wie Sie gesehen haben - in einem Zusammenhang zur <u>eindeutigen</u> Lösbarkeit von Gleichungen stehen, erhalten einen besonderen Namen.

(1.22) injektiv

DEFINITION.- Die Funktion $f: A \Longrightarrow B$ heißt *injektiv* (oder: *eineindeutig*), wenn für alle $x_1, x_2 \in A$ mit $x_1 \neq x_2$ folgt: $f(x_1) \neq f(x_2)$. (**)

Machen Sie sich noch einmal klar, daß Definition (1.22) nur die mathematische Formulierung für "verschiedene Argumente haben verschiedene Funktionswerte" ist.

(1.23) 2.Formulierung injektiv

BEMERKUNG.- In praktischen Rechnungen wendet man Definition (1.22) oft in dieser Form an: Die Funktion f ist *injektiv*, wenn für alle $x_1, x_2 \in A$ mit $f(x_1) = f(x_2)$ folgt: $x_1 = x_2$.

(1.24)

BEISPIEL.- Behauptung: die Funktion $f: \mathbb{R} \Longrightarrow \mathbb{R}$, $x \longmapsto f(x) := 2x - 3$, ist injektiv.
Beweis: Wir wollen zeigen, daß die in Bemerkung (1.23) genannte Bedingung erfüllt ist. Dazu seien $x_1, x_2 \in \mathbb{R}$ mit $f(x_1) = f(x_2)$. Hieraus muß $x_1 = x_2$ gefolgert werden. Das geht so:
$f(x_1) = f(x_2)$ bedeutet nach Definition von f

$$2x_1 - 3 = 2x_2 - 3.$$

Also ist $2x_1 = 2x_2$, und es folgt $x_1 = x_2$. Das war zu zeigen.

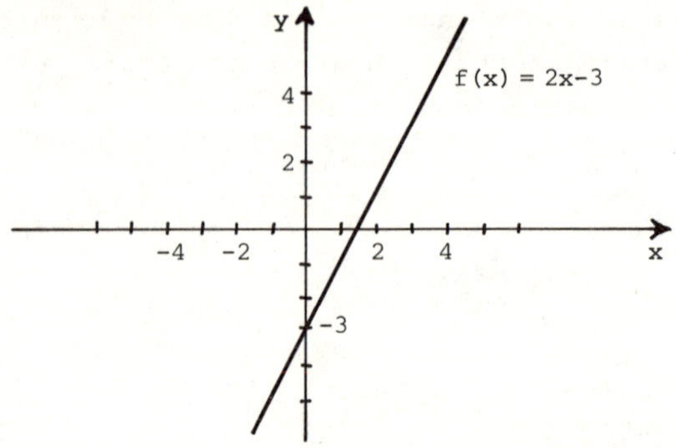

Bild 10.- Die injektive Funktion $x \longmapsto f(x) := 2x - 3$, $x \in \mathbb{R}$.

Betrachten Sie Bild 10 und machen Sie sich auch anschaulich klar, daß Definition (1.22) bzw. die Umformulierung in (1.23) erfüllt ist.

<u>Aufgabe 6</u>.- a) Zeigen Sie, daß die Funktion $f: \mathbb{R} \Longrightarrow \mathbb{R}$ A 6
$x \longmapsto f(x) := \dfrac{-4x+5}{7}$, injektiv ist.

b) Ist die Funktion $g: A \Longrightarrow \mathbb{R}$ aus Aufgabe 5a) injektiv? Begründen Sie Ihre Antwort.

Um den Begriff der Umkehrfunktion definieren zu können, stellen wir die folgenden Überlegungen an: Der Begriff der injektiven Funktion wurde gerade so definiert, daß zu jedem Element y des Wertebereichs von f <u>genau ein</u> Element des Definitionsbereichs von f existiert, das auf y abgebildet wird. Denn zu jedem $y \in W_f$ gibt es natürlich <u>mindestens</u> ein $x \in A$ mit $f(x) = y$. (So ist

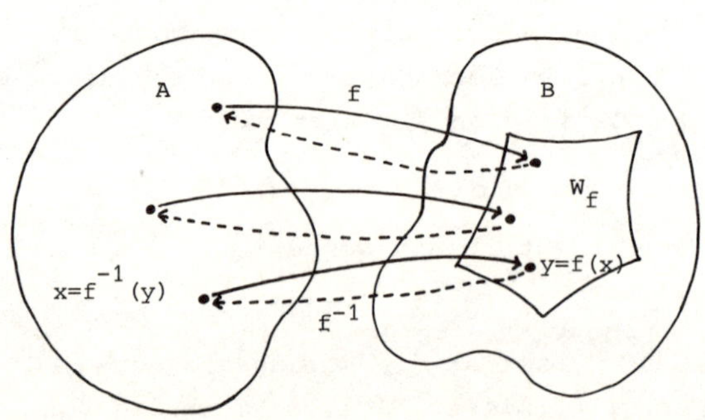

Bild 11.- Bei einer injektiven Funktion f endet bei jedem $y \in W_f$ genau ein Pfeil. Die Umkehrfunktion f^{-1} ordnet jedem $y = f(x) \in W_f$ das Element x $(= f^{-1}(y))$ zu.

(*) Falls Ihnen diese Ausführungen zu abstrakt sind, denken Sie etwa an die Funktion $x \longmapsto f(x) := x^2$, $x \in \mathbb{R}$. Die Gleichung $f(x) = 4$, also $x^2 = 4$, hat zwei verschiedene Lösungen, nämlich -2 und 2. Anders ausgedrückt: f ordnet -2 und 2 denselben Funktionswert zu.

(**) $x_1, x_2 \in A$ ist eine Kurzschreibweise für: $x_1 \in A$ und $x_2 \in A$. Sinngemäß verfahren wir bei mehr als zwei Elementen.

gerade W_f definiert !) Andererseits kann es <u>nicht mehr</u> Elemente von A mit dieser Eigenschaft geben, wenn f injektiv ist.

Lesen Sie jetzt noch einmal die Definition des Begriffes Funktion auf Seite 4 ! Dann erkennen Sie, daß die folgende Definition sinnvoll ist:

(1.25) Umkehrfunktion

DEFINITION.- Sei $f: A \to B$ eine injektive Funktion. Die *Umkehrfunktion*

$$f^{-1}: W_f \to A$$

(lies: f hoch minus 1) definieren wir so:
$f^{-1}(y) := x$ genau dann, wenn $y = f(x)$ für $x \in A$.

Bei einer injektiven Funktion f folgt also aus $y = f(x)$ stets $x = f^{-1}(y)$ und aus $x = f^{-1}(y)$ folgt $y = f(x)$. Betrachten Sie Bild 11 !

Insbesondere gilt

$$f^{-1}(f(x)) = x \qquad \text{für alle } x \in A$$

und

$$f(f^{-1}(y)) = y \qquad \text{für alle } y \in W_f.$$

Diese letzten beiden Aussagen können wir mit Hilfe der Komposition von Funktionen auch in folgender Form schreiben:

$$f^{-1} \circ f = id_A \quad \text{und} \quad f \circ f^{-1} = id_{W_f}.$$

(1.26) BEISPIEL.- Wir wollen die Umkehrfunktion von

$$f: \mathbb{R} \to \mathbb{R},\ x \mapsto f(x) := 2x - 3$$

bestimmen. Sie wissen bereits, daß diese Funktion injektiv ist (vgl. Beispiel (1.24) auf Seite 8). Also existiert die Umkehrfunktion $f^{-1}: W_f \to \mathbb{R}$.

Bestimmung der Umkehrfunktion

Wir wollen die Zuordnungsvorschrift bestimmen:
Zu $y \in W_f$ ist ein $x \in \mathbb{R}$ zu finden, so daß $f(x) = y$, also $2x - 3$ gilt.
Auflösen (*) nach x ergibt $x = \frac{y+3}{2}$. Für dieses x gilt in der Tat

$$f(x) = f\left(\frac{y+3}{2}\right) = 2\cdot\frac{y+3}{2} - 3 = y.$$

Deshalb erhalten wir

$$f^{-1}: W_f \to \mathbb{R},\quad y \mapsto f^{-1}(y) = \frac{y+3}{2}.$$

Falls es Ihnen angenehmer sein sollte, die Argumente einer Funktion mit x zu bezeichnen, können Sie natürlich auch schreiben

$$f^{-1}: W_f \to \mathbb{R},\quad x \mapsto f^{-1}(x) = \frac{x+3}{2}.$$

(*) Lesen Sie die einleitenden Sätze dieses Abschnitts über die Umkehrfunktion.

Wie Sie die Argumente bezeichnen, ist völlig gleichgültig. Für die vorangegangene Rechnung war es zur Unterscheidung sinnvoll, die Argumente von f mit x und die Argumente von f^{-1} (also die Funktionswerte von f) mit y zu bezeichnen.

<u>Aufgabe 7</u>.- Bestimmen Sie die Umkehrfunktion der Funktion aus Aufgabe 6a). Berechnen Sie dann für jedes $x \in \mathbb{R}$ $f^{-1} \circ f(x)$ und für jedes $y \in W_f$ $f \circ f^{-1}(y)$. Skizzieren Sie in <u>einem</u> Koordinatensystem die graphischen Darstellungen von f und f^{-1}. A 7

BEMERKUNG.- Das explizite Bestimmen der Umkehrfunktion, wie in Beispiel (1.26), stößt gelegentlich auf erhebliche Schwierigkeiten. Betrachten Sie etwa die injektive Funktion $f: \mathbb{R} \to \mathbb{R},\ x \mapsto f(x) := x^3 + x + 1$, bei der schon der Nachweis der Injektivität ohne weitere mathematische Hilfsmittel recht schwierig ist. Sie brauchen den Nachweis jetzt noch nicht führen zu können.

Weitere Beispiele und Eigenschaften sowie die Darstellung von Funktionen werden Sie in Kapitel 4 kennenlernen.

Zusammenfassung

Wir fassen noch einmal zusammen: Injektive Funktionen ordnen verschiedenen Argumenten verschiedene Funktionswerte zu. ($x \mapsto x^2$, $x \in \mathbb{R}$, ist <u>keine</u> injektive Funktion, weil z.B. die Argumente 3 und -3 denselben Funktionswert, nämlich 9, haben).
Zu jeder injektiven Funktion existiert die Umkehrfunktion. Die Umkehrfunktion läßt sich in manchen Fällen durch Auflösen der Gleichung $y = f(x)$ nach x bestimmen.

BIJEKTIVE FUNKTIONEN

Diesen Abschnitt brauchen Sie erst dann zu lesen, wenn die hier definierten Begriffe "bijektive Funktion" und "surjektive Funktion" zum ersten Mal verwendet werden.

Bei einer injektiven Funktion $f: A \to B$ konnte der Wertebereich W_f eine echte Teilmenge von B sein (vgl. Bild 11).

"B *kann mehr, aber nicht weniger Elemente als* A *haben*".

Abbildungen, bei denen $W_f = B$ ist, erhalten einen besonderen Namen.

(1.27) surjektiv

DEFINITION.- Eine Funktion $f: A \to B$ heißt <u>*surjektiv*</u> (*) wenn jedes Element von B ein Funktionswert von f ist ($W_f = B$).

(*) französisch: sur = auf

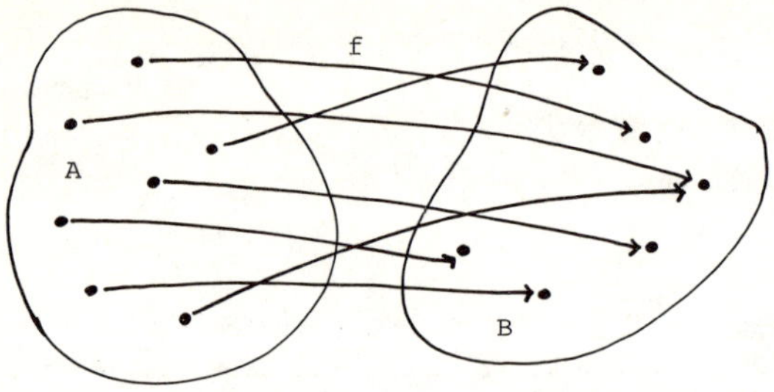

Bild 12.- Bei einer surjektiven Abbildung endet bei jedem Element von B mindestens ein Pfeil.

(1.28) bijektiv

DEFINITION.- Eine Funktion, die sowohl injektiv als auch surjektiv ist, heißt *bijektiv*.

Die Funktionen f aus Beispiel (1.24) bzw. Aufgabe 6a) sind bijektiv. Die Injektivität wurde bewiesen. Daß jedes $y \in \mathbb{R}$ ein Funktionswert ist, folgt aus

$$f\left(\frac{y+3}{2}\right) = y \quad \text{bzw. aus} \quad f\left(\frac{5-7y}{4}\right) = y.$$

Wenn Sie sich eine bijektive Funktion $f: A \to B$ analog zu den Bildern 11 und 12 veranschaulichen wollen, so muß bei jedem Element von B genau ein Pfeil enden.

§ 3 DIE REELLEN ZAHLEN

DIE ZAHLENGERADE

Für die Analysis sind die reellen Zahlen von grundlegender Bedeutung. Wir werden hier nicht definieren, was eine reelle Zahl ist, weil dazu gute mathematische Kenntnisse benötigt werden. Wir gehen vielmehr davon aus, daß Ihnen reelle Zahlen bekannt sind.

reelle Zahl als Maßzahl

Stark vereinfacht kann man sagen: Jede Zahl, die man als Maßzahl (*) für die Länge einer Strecke erhält, ist eine positive reelle Zahl. Umgekehrt gibt es zu jeder positiven reellen Zahl eine Strecke von genau dieser Länge. Zusammen mit den entsprechenden negativen Zahlen und der Null hat man alle reellen Zahlen.

(1.29) Zahlengerade

Diese Vorstellung führt zur Veranschaulichung der reellen Zahlen auf der *Zahlengeraden*:
Auf einer Geraden legen wir einen Nullpunkt 0 und einen Einheitspunkt 1 rechts von 0 fest. Die Strecke von 0 bis 1 heißt Einheitsstrecke. Wir verabreden: ist x eine positive reelle Zahl, so wird x an den Punkt der Geraden geschrieben, der x mal die Länge der Einheitsstrecke von 0 entfernt und rechts von 0 liegt. Ist y eine negative reelle Zahl, so wird y an den Punkt der Geraden geschrieben, der y mal die Länge der Einheitsstrecke von 0 entfernt und links von 0 liegt. Auf Grund dieser Veranschaulichung werden wir häufig von einem Punkt $x \in \mathbb{R}$ statt von der reellen Zahl x reden.

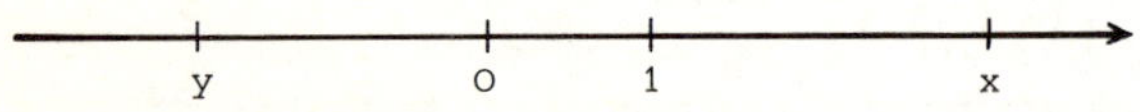

Bild 13.- Die Zahlengerade.

(*) nach Festlegung einer Maßeinheit, z.B. cm, und bei absoluter Meßgenauigkeit.

Das in (1.12) auf Seite 4 beschriebene kartesische Koordinatensystem besteht also aus zwei senkrecht aufeinanderstehenden Zahlengeraden.

(1.30) Veranschaulichung der Addition

Sehr einfach läßt sich die Addition zweier reeller Zahlen x und y durch Aneinandersetzen entsprechender Strecken auf der Zahlengeraden veranschaulichen. Bild 14 zeigt dies für positives x und negatives y.

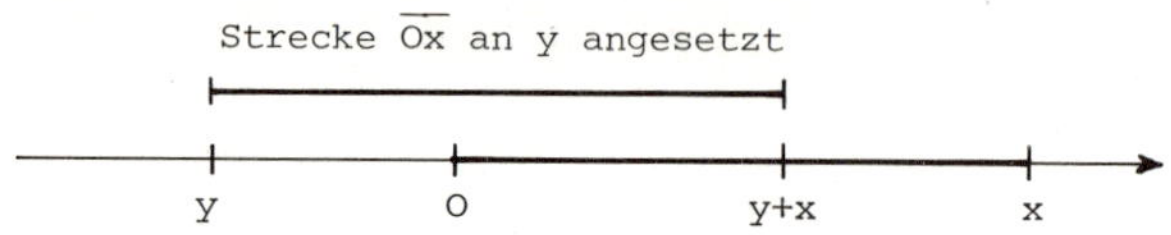

Bild 14.- Veranschaulichung der Addition zweier reeller Zahlen x und y durch Aneinandersetzen entsprechender Strecken.

BEMERKUNG.- In unseren Überlegungen haben wir die anschaulichen Begriffe "rechts" und "links", "Gerade", "Länge" usw. benutzt. Diese sind bisher nicht definiert worden. (*) Wir brauchen dies auch nicht zu tun, da wir die Zahlengerade ausschließlich zur Veranschaulichung von Begriffen, Sachverhalten oder Beweisideen heranziehen werden. Die rein analytisch formulierten Aussagen und Beweise der Analysis werden keinen Gebrauch davon machen. Dennoch ist es für das Lernen und Behalten außerordentlich hilfreich zu wissen, welche geometrische Situation durch eine abstrakte Formulierung beschrieben wird.

DIE ARITHMETISCHEN EIGENSCHAFTEN VON IR

In diesem Abschnitt geht es um das Rechnen mit reellen Zahlen. Wie schon erwähnt, werden wir die reellen Zahlen nicht definieren, sondern als gegeben annehmen. Wir studieren und beschreiben ihre Eigenschaften: als erstes einige Gesetzmäßigkeiten für die Addition und die Multiplikation reeller Zahlen. Das Überraschende ist, daß sich alle weiteren Rechenregeln aus diesen wenigen Gesetzen (Axiomen) herleiten

(*) Für die Begriffe "Gerade", "Länge", "parallel" werden Sie mathematische Beschreibungen im Band Analysis 2, Kapitel 15 und 16, kennenlernen.

lassen.

Wir erwarten von Ihnen nicht, daß Sie diese Herleitungen durchführen können. Wir erwarten jedoch, daß Sie mit den Rechenregeln für reelle Zahlen umgehen können (daß Sie rechnen können).

In der Menge $\mathbb{R}$ der reellen Zahlen sind zwei "Verknüpfungen" erklärt: die *Addition* und die *Multiplikation* . Die Addition ordnet je zwei reellen Zahlen x und y eindeutig ihre *Summe* $x+y \in \mathbb{R}$ und die Multiplikation ihr *Produkt* $x \cdot y \in \mathbb{R}$ zu.

(1.31) AXIOME DER ADDITION UND DER MULTIPLIKATION.- Für beliebige reelle Zahlen x,y und z gilt:

Axiome der Addition

(1) $x+y = y+x$ (Kommutativgesetz)

(2) $x+(y+z) = (x+y)+z$ (Assoziativgesetz)

(3) Es gibt genau eine reelle Zahl 0 mit der Eigenschaft

$$x+0 = x \quad \text{für alle } x \in \mathbb{R}.$$

(4) Zu jedem $x \in \mathbb{R}$ gibt es genau ein $y \in \mathbb{R}$, so daß gilt:

$$x+y = 0.$$

Axiome der Multiplikation

(5) $xy = yx$ (Kommutativgesetz)

(6) $x(yz) = (xy)z$ (Assoziativgesetz)

(7) Es gibt genau eine von 0 verschiedene reelle Zahl 1 mit der Eigenschaft

$$x \cdot 1 = x \quad \text{für alle } x \in \mathbb{R}.$$

(8) Zu jedem $x \in \mathbb{R}$, $x \neq 0$, gibt es genau ein $y \in \mathbb{R}$, so daß gilt:

$$x \cdot y = 1.$$

(9) $x(y+z) = xy+xz$ (Distributivgesetz)

(1.32) BEMERKUNGEN.- (1) Nach Axiom (4) gibt es zu jedem $x \in \mathbb{R}$ genau ein $y \in \mathbb{R}$, so daß $x+y=0$ gilt. Diese Zahl y wird mit -x bezeichnet. Axiom (4) lautet dann: Für jedes $x \in \mathbb{R}$ gilt

$$x+(-x) = 0$$

(2) Nach Axiom (8) gibt es zu jedem $x \in \mathbb{R}$, $x \neq 0$, genau ein $y \in \mathbb{R}$, so daß $xy=1$ ist. Diese Zahl y wird mit x^{-1} oder mit $\frac{1}{x}$ bezeichnet.
Axiom (8) lautet dann: Für jedes $x \in \mathbb{R}$, $x \neq 0$, gilt

$$xx^{-1} = x \cdot \frac{1}{x} = 1.$$

Die in Axiom (8) wesentliche Voraussetzung $x \neq 0$ nennt man auch: Das *Verbot der Division durch Null*.

Das Verbot der Division durch Null

(3) Wir verwenden folgende Bezeichnungsweisen: Für $x,y \in \mathbb{R}$ sei

$$x-y := x+(-y).$$

Diese Zahl heißt *Differenz* (von x und y). Differenz

Für $x,y \in \mathbb{R}$, $x \neq 0$, sei

$$\frac{y}{x} := y \cdot \frac{1}{x} = y \cdot x^{-1}.$$

Diese Zahl heißt *Quotient* (von y durch x). Quotient

(4) Wenn in einer Menge A zwei Verknüpfungen (*) erklärt sind, so daß für beliebige Elemente $x,y,z \in A$ (statt $\in \mathbb{R}$) die Axiome (1) bis (9) gelten, so sagt man: diese Menge ist ein *Körper* Körper
Wir werden deshalb gelegentlich auch vom Körper $\mathbb{R}$ der reellen Zahlen reden.

(5) Außer $\mathbb{R}$ kennen Sie einen weiteren Körper nämlich die Menge $\mathbb{Q}$ der rationalen Zahlen (vgl. (1.5)(4)). Denn Summe und Produkt zweier rationaler Zahlen sind wieder rational, und es gelten für $x,y,z \in \mathbb{Q}$ die Axiome (1) bis (9). (**)

(Sie werden in Kapitel 3 den Körper $\mathbb{C}$ der komplexen Zahlen kennenlernen).

Bevor wir im nächsten Abschnitt mit der Beschreibung von $\mathbb{R}$ fortfahren, stellen wir eine Liste von Rechenregeln, die Ihnen sicher bekannt sind, zusammen. Noch einmal: All diese Regeln lassen sich mit Hilfe der Axiome beweisen. Wir werden dies jedoch nur für zwei Aussagen vorführen und einige andere Regeln kommentieren.

EINIGE RECHENREGELN FÜR REELLE ZAHLEN.- (1.33)
Es seien $x,y,z,w \in \mathbb{R}$. Dann gilt

(1) Aus $x+y = x+z$ folgt $y=z$.

(2) $-(-x) = x$ und $-x = (-1)x$.

(3) Aus $xy = xz$ und $x \neq 0$ folgt: $y=z$.

(4) Aus $xy=0$ folgt $x=0$ oder $y=0$.

(5) Die Gleichung $a+x=b$ mit $a,b \in \mathbb{R}$ ist eindeutig lösbar. Die Lösung ist $x=b-a$.

(6) Die Gleichung $ax=b$ mit $a,b \in \mathbb{R}$ und $a \neq 0$ ist eindeutig lösbar. Die Lösung ist $x = \frac{b}{a}$.

(7) Für $y \neq 0$ und $w \neq 0$ gilt $\frac{x}{y} + \frac{z}{w} = \frac{xw+zy}{yw}$.

BEWEIS.- Wir beweisen nur die Aussagen (1) und (6).
Zu (1): Aus $x+y = x+z$ folgt durch Addition von -x auf beiden Seiten der Gleichung:

$$(-x)+(x+y) = (-x)+(x+z),$$

also nach Axiom (2)

(*) Diese Verknüpfung nennt man dann wieder Addition bzw. Multiplikation.

(**) $\mathbb{Z}$ ist kein Körper, denn Axiom (8) ist nicht erfüllt: z.B. gibt es zu $x=4 \in \mathbb{Z}$ kein $y \in \mathbb{Z}$, so daß $x \cdot y = 1$ erfüllt ist.

$$((-x)+x)+y = ((-x)+x)+z.$$

Da $(-x)+x = x+(-x) = 0$ ist (Axiom (1) mit Bemerkung (1.32)(1)), gilt

$$0+y = 0+z,$$

also

$$y = z \quad \text{nach Axiom (1) und (3).}$$

Zu (6): Die in (6) formulierte Behauptung soll zunächst erläutert werden: "Die Gleichung $ax = b$ ist lösbar" bedeutet: Es gibt wenigstens eine reelle Zahl x, so daß $a\cdot x = b$ richtig ist. Eine solche Zahl x heißt dann Lösung der Gleichung.

Existenz einer Lösung

"... ist eindeutig lösbar" bedeutet: Es gibt nicht mehrere verschiedene Zahlen, die alle Lösungen von $a\cdot x = b$ sind Oder anders ausgedrückt: Hat man zwei Zahlen y und z, die beide Lösung von $ax = b$ sind (für die also $ay = b$ und $az = b$ richtig sind), so muß $y = z$ sein.

Eindeutigkeit der Lösung

Nun zum Beweis von (6): Wir zeigen zunächst, daß die angegebene Zahl $x = \frac{b}{a}$ $(a \neq 0)$ eine Lösung der Gleichung $ax = b$ ist (daß es also überhaupt eine Lösung gibt). Dies geschieht durch Einsetzen und Ausrechnen:

$$a\cdot x = a\cdot\frac{b}{a} = a\cdot(\frac{1}{a}\cdot b) = (a\cdot\frac{1}{a})\cdot b = 1\cdot b = b.$$

Jetzt muß noch gezeigt werden, daß es keine weiteren Lösungen gibt. Diese Eindeutigkeit der Lösung folgt aus der Aussage (3) des Satzes (1.33).
Sind etwa y und z zwei Lösungen der Gleichung $a\cdot x = b$, d.h. gilt $a\cdot y = b$ und $a\cdot z = b$, so folgt

$$ay = az.$$

Da $a \neq 0$ ist, folgt mit (3):

$$y = z.$$

(1.34) BEMERKUNGEN zu Satz (1.33).- (1) Die Aussage (1) kann man als Kürzungsregel für die Addition bezeichnen: Wenn man auf beiden Seiten einer Gleichung eine beliebige Zahl subtrahiert (bzw. addiert) erhält man wieder eine Gleichung.

(2) Die entsprechende Kürzungsregel für die Multiplikation ist die Aussage (3) von (1.33). Sie enthält eine wesentliche Einschränkung: Nur wenn man beide Seiten einer Gleichung durch eine von Null verschiedene Zahl dividiert, erhält man stets wieder eine Gleichung. (Wir zeigen Ihnen weiter unten, was passiert, wenn Sie diese Einschränkung einmal vergessen).

Verbot der Division durch Null

(3) Auch Aussage (4) sollten Sie sich merken: Wenn ein Produkt gleich Null ist, so ist wenigstens einer der Faktoren gleich Null. Z.B. kann man damit folgende Frage leicht beantworten: "Für welche $x \in \mathbb{R}$ ist $(x-4)(x+1) = 0$?" Es muß $x-4 = 0$ oder $x+1 = 0$ sein, also muß $x = 4$ oder $x = -1$ sein. Durch Einsetzen sehen Sie, daß 4 und -1 die verlangte Eigenschaft haben. Wir werden dieses Problem später wieder aufgreifen.

Merke !

(4) Aussage (5) ist analog zu (6), jedoch ohne Einschränkung über a und b.

(5) Aussage (7) ist eine von mehreren Regeln der Bruchrechnung.

Wir werden im folgenden die Axiome (1) bis (9) und die in Satz (1.33) genannten sowie weitere Rechenregeln benutzen, ohne dies jeweils zu erwähnen. Wichtig ist jedoch, daß Sie sich vor dem Dividieren davon überzeugen, daß der Nenner von Null verschieden ist (Axiom (8), Satz (1.33)(3)) Denn sonst führen Sie "Beweise" wie den folgenden (Behauptung: $1 = 2$):

Sei $x \in \mathbb{R}$, $x \neq 0$. *Dann gilt* $x^2 - x^2 = x(x-x)$ *und* $x^2 - x^2 = (x+x)(x-x)$, also $x(x-x) = 2x(x-x)$. *Division durch die in Klammern stehende Differenz ergibt*

So nicht !

$$x = 2x.$$

Nochmalige Division durch x *liefert*

$$1 = 2.$$

Nanu ?

Aufgabe 8.- *Wo steckt der Fehler im voranstehenden "Beweis" ?* A 8

UNGLEICHUNGEN

In diesem Abschnitt wollen wir eine weitere Eigenschaft der reellen Zahlen beschreiben: Sie lassen sich anordnen. Durch die Veranschaulichung der reellen Zahlen auf der Zahlengeraden haben Sie bereits eine Vorstellung davon, wann eine Zahl x kleiner, gleich oder größer als eine andere Zahl y ist (in Zeichen: $x < y$, $x = y$, $x > y$). Liegt z.B. x links von y, so ist x kleiner als y.

Anordnung der reellen Zahlen

Bild 15.- $x < y$, $0 > x$, $0 < y$ (Die Anordnung der reellen Zahlen).

Sie werden in späteren Paragraphen der Analysis sehen, daß es selten darum geht, wann eine Zahl x "echt" kleiner als y ist, sondern meist darum, wann x kleiner oder (höchstens) gleich y ist. Wir werden deshalb nicht die Beziehung $x < y$ sondern $x \leq y$ (lies: x kleiner (oder) gleich y) zur Beschreibung der Anordnung reeller Zahlen heranziehen.

$x \leq y$

Wir gehen ähnlich wie im letzten Abschnitt vor und stellen zunächst grundlegende Gesetzmäßigkeiten (Axiome) zusammen, aus denen sich dann wieder viele weitere Aussagen folgern lassen.

Da Ihnen der Umgang mit der Anordnung der reellen Zahlen ("das Rechnen mit Ungleichungen") weniger geläufig sein wird als das Rechnen mit reellen Zahlen, sollten Sie die nachfolgenden Gesetzmäßigkeiten sowie deren Folgerungen intensiv studieren.

Die Numerierung der Axiome in (1.31) wird hier fortgesetzt.

(1.35) ANORDNUNGSAXIOME.- Für $x, y, z \in \mathbb{R}$ gilt

Anordnungsaxiome

(10) $x \leq x$.

(11) Aus $x \leq y$ und $y \leq x$ folgt: $x = y$.

(12) Aus $x \leq y$ und $y \leq z$ folgt: $x \leq z$.

(13) Es gilt $x \leq y$ oder $y \leq x$.

(14) Aus $x \leq y$ folgt: $x + z \leq y + z$.

(15) Aus $x \leq y$ <u>und $0 \leq z$</u> folgt: $xz \leq yz$.

(1.36) BEMERKUNGEN.- (1) Axiom (11) zeigt eine Möglichkeit, die Gleichheit zweier Zahlen x und y zu beweisen: Es sind die zwei Aussagen $x \leq y$ und $y \leq x$ nachzuweisen. Sie werden dies in Aufgabe 13 auf Seite 15 zum ersten Mal benutzen.

(2) Die Axiome (14) und (15) schließlich stellen Verbindungen zwischen der Anordnung und der Addition bzw. Multiplikation von reellen Zahlen her. Man nennt (14) auch das *Monotoniegesetz der Addition* und (15) das *Monotoniegesetz der Multiplikation*.

Monotoniegesetze

Achtung !

Achten Sie darauf: Das Monotoniegesetz der Multiplikation gilt nur unter der zusätzlichen Voraussetzung $0 \leq z$.

A 9

AUFGABE 9.- Machen Sie sich an der Zahlengeraden klar, welche Aussage (kleiner oder größer) Sie erhalten, wenn Sie beide Seiten von $3 \leq 4$ mit einer Zahl z multiplizieren, die links von Null liegt.

Bezeichnungen

Wir legen nun noch einige Bezeichnungen fest, die den Umgang mit der Beziehung $\leq$ erleichtern.

$y \geq x$

Statt $x \leq y$ schreiben wir auch $y \geq x$ (lies: y größer (oder) gleich x).

$x < y$

Gilt $x \leq y$ und $x \neq y$, so schreiben wir entweder $x < y$ (lies: x kleiner y) oder $y > x$ (lies: y größer x).

Ungleichungskette

Eine Aussage der Form $x \leq y$, $x \geq y$, $x < y$ oder $x > y$ heißt *Ungleichung* . Wir werden häufig auch *Ungleichungsketten* verwenden, z.B. schreiben wir

$$x \leq y < z \quad \text{für} \quad x \leq y \quad \text{und} \quad y < z.$$

Ebenso sind Ungleichungsketten der Form $x = y < z$ usw. zugelassen. (*)

Ungleichungen der Form $x < y$ oder $x > y$ heißen *strikte* oder *strenge* Ungleichungen.

Eine reelle Zahl x heißt *positiv*, wenn $x > 0$ ist, und x heißt *negativ* , wenn $x < 0$ ist.

positiv

negativ

FRAGE.- Wann ist eine Zahl nicht negativ ?

Wir werden in den nachfolgenden Paragraphen des Kurses Analysis häufig auf Ungleichungen zur Beschreibung mathematischer Sachverhalte zurückgreifen. Da außerdem für die Anwendung der Mathematik gute Kenntnisse im Umgang mit Ungleichungen notwendig sind, werden wir die Eigenschaften der Anordnung der reellen Zahlen genau untersuchen.

BEMERKUNG.- Unmittelbar klar sind Ihnen die folgenden beiden Aussagen, die man zwar auch leicht aus den Axiomen herleiten kann, was wir aber hier nicht tun wollen: (1.37)

(1) Für zwei reelle Zahlen x und y gilt <u>genau eine</u> der drei Beziehungen $x < y$, $x = y$, $x > y$.

Diese Aussage hat z.B. folgende Konsequenz: Wenn Sie wissen, daß eine Zahl x nicht kleiner als eine Zahl y ist, so muß $x > y$ oder $x = y$, also $x \geq y$ gelten.

(2) Für alle natürlichen Zahlen $n \in \mathbb{N}$ gilt $-n < 0 < n$.

Machen Sie sich noch einmal klar, daß die folgenden Ungleichungen alle richtig sind:

$1 \geq 0$, $1 \geq 1$, $2 \leq 3$, $-1 \leq 0$, $-3 \leq -3$, $-3 < -2$, $3 > 2$, $3 \geq 2$.

Als nächstes formulieren wir zwei nützliche Regeln für den Umgang mit Ungleichungsketten, die Sie sich leicht an der Zahlengeraden veranschaulichen können.

SATZ.- Für $x, y, z \in \mathbb{R}$ gilt: (1.38)

(1) Aus $x < y \leq z$ folgt: $x < z$.

(2) Aus $x \leq y < z$ folgt: $x < z$.

BEWEIS.- *Wir beweisen die erste Aussage. Und dies auch nur deshalb, um Ihnen in einem besonders einfachen Fall die Beweismethode des "indirekten Beweises" vorzuführen. Auf den (analogen) Beweis der zweiten Aussage verzichten wir.*

(*) Nicht zugelassen sind Ungleichungsketten der Form $x \leq y \geq z$. Denn aus einer solchen Beziehung läßt sich nichts über eine Größer-oder Kleiner-Beziehung zwischen x und z schließen (vgl. Axiom (12) und Satz (1.38).

Zu (1): Nach Voraussetzung gilt $x < y$, also erst recht $x \leq y$. (*) Da auch $y \leq z$ gilt, liefert Axiom (12): $x \leq z$. Wir müssen nur noch zeigen, daß $x \neq z$ ist. Dies tun wir indirekt.
Wir nehmen an, es gilt

$$x = z.$$

Dann folgt aus der Voraussetzung $y \leq z$, daß $y \leq x$ ist. Da auch $x \leq y$ gilt, ergibt sich mit Axiom (11): $x = y$. Dies ist ein Widerspruch zur Voraussetzung $x < y$, da $x < y$ insbesondere $x \neq y$ bedeutet. Also muß unsere Annahme $x = z$ falsch sein. Es gilt $x \neq z$. Also folgt mit $x \leq z$, die Aussage: $x < z$.

(1.39) **BEMERKUNG.-** *Sie haben soeben einen indirekten Beweis (auch: Beweis durch Widerspruch) kennengelernt. Das Prinzip eines solchen Beweises ist recht einfach, wenn auch zunächst etwas ungewohnt. Für das Verständnis dieses Prinzips müssen Sie zweierlei akzeptieren:*

1. *In der Mathematik gibt es keine Aussage, die zugleich wahr (= richtig) und falsch ist.*
2. *Wenn eine Aussage falsch ist, so ist ihr Gegenteil (**) wahr.*

Prinzip eines indirekten Beweises

Ein indirekter Beweis verläuft etwa folgendermaßen: Eine Aussage A ist zu beweisen. (In unserem Fall war A die Aussage: $x \neq z$).

Annahme

Dazu machen wir die Annahme, daß A falsch ist, also daß das Gegenteil von A wahr ist. (Die Verneinung der Aussage $x \neq z$ lautet: $x = z$).

Folgerung

Hieraus werden (unter Verwendung der Voraussetzungen und eventueller Zwischenergebnisse) logisch richtige Folgerungen gezogen, bis man zu einer Aussage B gelangt, von der bereits feststeht, daß ihr Gegenteil gilt. B ist also falsch. (In unserem Fall war B die Aussage: $x = y$. Das Gegenteil von B, also $x \neq y$, folgt aus $x < y$).

Widerspruch

Dies ist ein Widerspruch, da die Aussage B nicht zugleich wahr und falsch sein kann.

Annahme falsch

Nun kommt die Folgerung aus dieser Feststellung: Die Annahme, daß A falsch ist, muß falsch gewesen sein. D.h. A ist richtig. (***)

Da das Rechnen mit Ungleichungen ein Schwerpunkt dieses Kapitels ist, listen wir im nächsten Satz weitere Regeln für das Rechnen mit Ungleichungen auf. Die ersten fünf Aussagen sollten Sie sich an der Zahlengeraden veranschaulichen. (Betrachten Sie vorher noch einmal die Veranschaulichung der Addition in Bild 14 auf Seite 10).

(*) Aus "kleiner" folgt "kleiner oder gleich": Es gilt $x \leq y$, wenn $x < y$ oder wenn $x = y$ ist. Da nach Voraussetzung $x < y$ gilt, trifft also die erste Alternative von $x \leq y$ zu, d.h. es gilt $x \leq y$.

(**) genauer: ihre Verneinung

(***) "Doppelte Verneinung" = "Bejahung".

SATZ.- Seien $x, y, z, w \in \mathbb{R}$. Dann gilt (1.40)

(1) Aus $x < y$ folgt: $x + z < y + z$.

(2) Aus $x < y$ und $z \leq w$ folgt: $x + z < y + w$. Addition von Ungleichungen

(3) Aus $y > 0$ und $w \geq 0$ folgt: $y + w > 0$.

(4) Aus $x < y$ folgt: $-x > -y$.

(5) Aus $x < y$ und $z \leq w$ folgt: $x - w < y - z$.

(6) Aus $x < y$ und $z > 0$ folgt: $xz < yz$. Multiplikation einer Ungleichung

(7) Aus $x < y$ und $z < 0$ folgt: $xz > yz$.

(8) Aus $0 < x < y$ folgt: $0 < \frac{1}{y} < \frac{1}{x}$.

Die Aussagen (1) bis (7) bleiben richtig, wenn man überall "<" bzw. ">" durch "≤" bzw. "≥" ersetzt.

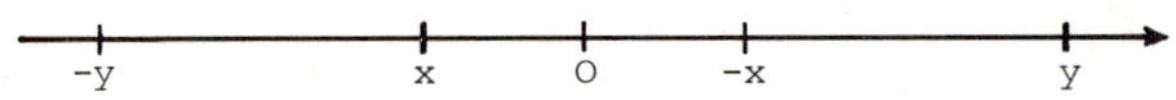

Bild 16.- Veranschaulichung von (1.40)(4).

BEWEIS.- *Um Sie mit der Technik des Beweisens etwas vertrauter zu machen, beweisen wir die Aussagen (6) und (7):*

Merkregeln hierzu: Bei Multiplikation mit positiven Zahlen bleiben Ungleichungen erhalten, bei Multiplikation mit negativen Zahlen werden Ungleichungen umgekehrt (aus "kleiner" wird "größer"). Merke !

Zu (6): Aus $x < y$ folgt $x \leq y$ und aus $z > 0$ folgt $z \geq 0$. Deshalb ist nach Axiom (15)

$$xz \leq yz.$$

Angenommen es gilt $xz = yz$. Dann ist wegen $z \neq 0$ auch $x = y$. Das ist ein Widerspruch zu $x < y$. Also gilt $xz \neq yz$ und folglich

$$xz < yz.$$

Zu (7): (*) Wir führen (7) auf (6) zurück. Dazu bemerken wir, daß aus $z < 0$ mit Aussage (4) dieses Satzes

$$-z > 0$$

folgt.
Aus dieser Ungleichung und aus $x < y$ ergibt sich mit (6)

$$x(-z) < y(-z),$$

also

$$-xz < -yz.$$

(*) Sehen Sie sich noch einmal die Lösung von Aufgabe 9 an.

Nochmaliges Anwenden von (4) liefert
$-(-xz) > -(-yz)$ also

$$xz > yz.$$

BEMERKUNG.- Betrachten Sie noch einmal die Aussage (6) von (1.40). Wird die Ungleichung $x < y$ mit $z \geq 0$ multipliziert (*), so folgt natürlich $xz \leq yz$. Denn bei $z = 0$ steht auf beiden Seiten die Null, und es gilt das Gleichheitszeichen.

A 10 *AUFGABE 10.- Es seien a und b reelle Zahlen mit $0 < a < b$. Dann gilt mit (1.40)(6) auch $a^2 < ab$. Hieraus folgt $a^2 - b^2 < ab - b^2$, also $(a-b)(a+b) < (a-b)b$. Wegen $a < b$ ist $a - b \neq 0$. Division durch $a - b$ ergibt daher $a + b < b$. Daraus folgt $a < 0$ im Widerspruch zur Voraussetzung $a > 0$. Wo steckt der Fehler in der vorstehenden Argumentation? Begründen Sie Ihre Antwort!*

Die Aussage im folgenden Beispiel werden Sie beim Umgang mit Ungleichungen oft benutzen können. Achten Sie auf die Voraussetzungen!

(1.41) BEISPIEL.- Seien $a,b,c,d \in \mathbb{R}$. Wir behaupten: Aus $0 \leq a < b$ und $0 \leq c < d$ folgt $ac < bd$.

Merkregel *("Gleichartige" Ungleichungen zwischen nicht-negativen Zahlen dürfen multipliziert werden).*

Lesen Sie den nachstehenden Beweis als Übung im Umgang mit Ungleichungen. Sie haben den Beweis verstanden, wenn Sie folgende Frage beantworten können. Welche drei Folgerungen im Beweis führen zum behaupteten Ergebnis?

BEWEIS.- Durch Multiplikation mit $c \geq 0$ folgt aus $a < b$

erstes Ergebnis

$$ac \leq bc.$$

Aus $0 \leq a < b$ folgt $b > 0$. Hieraus und aus $c < d$ erhält man

zweites Ergebnis

$$bc < bd.$$

Beide Ungleichungen liefern

$$ac < bd.$$

A 11 *AUFGABE 11.- Geben Sie reelle Zahlen a,b,c,d an, die die Eigenschaften $0 \leq a < b$ und $c < d$ haben, so daß $ac < bd$ falsch ist.*

A 12 *AUFGABE 12.- Seien $a,b \in \mathbb{R}$ mit $a < b$. Zeigen Sie, daß*

$$a < \frac{a+b}{2} < b.$$

(*) Dies ist die Kurzsprechweise für: "Werden die Zahlen x und y auf beiden Seiten der Ungleichung $x < y$ mit z, $z \geq 0$, multipliziert,..."
Analoge Kursprechweise bei der Addition.

Die Zahl $\frac{a+b}{2}$ heißt *arithmetisches Mittel* der Zahlen a und b. arithmetisches Mittel

Lesen Sie das folgende Beispiel (einschließlich Beweis) sehr sorgfältig. Es enthält - ebenso wie die nachfolgende Aufgabe - für die Analysis typische Formulierungen und Schlußweisen.

BEISPIEL.- Es seien $a,b \in \mathbb{R}$. Für jede positive Zahl ε gelte $a < b + \varepsilon$. Dann ist $a \leq b$. (1.42)

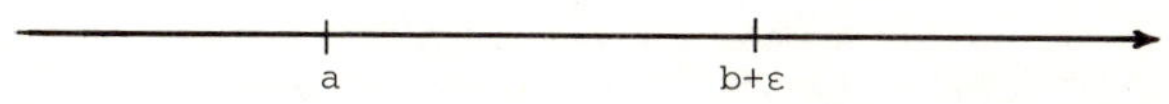

Bild 17.- Wenn $a < b + \varepsilon$ für jedes $\varepsilon > 0$ ist, kann b nicht links von a liegen.

BEWEIS.- Es ist $a \leq b$ zu beweisen. Wir führen einen indirekten Beweis durch.
Annahme: $a > b$. Dann ist $a - b > 0$. Da nach Voraussetzung $a < b + \varepsilon$ für jedes $\varepsilon > 0$ gilt, gilt diese Ungleichung insbesondere für die positive reelle Zahl $\varepsilon := a - b$. Also

$$a < b + \varepsilon = b + (a - b) = a.$$

Wir haben damit $a < a$ erhalten. Das ist ein Widerspruch. Unsere Annahme $a > b$ ist daher falsch, und es gilt das Gegenteil: $a \leq b$.

AUFGABE 13.- Seien $a,b \in \mathbb{R}$. Für jedes $\varepsilon > 0$ gelte A 13

$$b - \varepsilon < a < b + \varepsilon.$$

Zeigen Sie, daß $a = b$ gilt.
(Hinweis: (1.36)(1)).

Die beiden Aussagen des nächsten Satzes kann man als "Vorzeichenregeln" deuten. Wir wollen sie nicht beweisen.

SATZ.- Seien $x,y \in \mathbb{R}$. (1.43)

(1) Es gilt $xy > 0$ genau dann, wenn $x > 0$ und $y > 0$
oder wenn $x < 0$ und $y < 0$. Vorzeichenregeln

(2) Es gilt $xy < 0$ genau dann, wenn $x > 0$ und $y < 0$
oder wenn $x < 0$ und $y > 0$.

BEMERKUNG.- *Die Formulierung "genau dann, wenn" faßt zwei Aussagen zusammen (am Beispiel von (1.43)(1)):*

(1) Wenn $xy > 0$ ist, dann ist ($x > 0$ und $y > 0$) oder ($x < 0$ und $y < 0$).

(2) Wenn ($x > 0$ und $y > 0$) oder ($x < 0$ und $y < 0$) dann ist

$xy > 0$. (*)

Im nachfolgenden Beispiel werden wir Satz (1.43) anwenden.

(1.44) BEISPIEL.- Eine Kugel K_1 werde zur Zeit $t = 0$ aus einer Höhe von 9,81 m über der Erdoberfläche mit einer Anfangsgeschwindigkeit von 14,715 m/sec senkrecht nach oben katapultiert. Ihre Höhe h_1 über der Erdoberfläche wird dann (bei Berücksichtigung der Erdanziehung und bei Vernachlässigung der Luftreibung und anderer Faktoren) für $t \geq 0$ gegeben durch

$$t \longmapsto h_1(t) := 9{,}81 + 14{,}715 \cdot t - \frac{1}{2} gt^2. \qquad (**)$$

Eine zweite Kugel K_2 werde zum selben Zeitpunkt aus einer Tiefe von 49,05 m (= Höhe von -49,05 m über der Erdoberfläche) mit der konstanten Geschwindigkeit von 9,81 m/sec senkrecht nach oben geführt. Die Höhe h_2 der Kugel K_2 wird für $t \geq 0$ gegeben durch

$$t \longmapsto h_2(t) := -49{,}05 + 9{,}81 \cdot t.$$

Sie sehen durch Ausrechnen von $h_1(0)$ und $h_2(0)$, daß sich K_1 zur Zeit $t = 0$ in größerer Höhe als K_2 befindet.

FRAGE: Für welche Zeiten $t \geq 0$ befindet sich K_1 in größerer Höhe als K_2?

Es ist also gefragt: Für welche $t \geq 0$ ist $h_1(t) > h_2(t)$ bzw.

$$9{,}81 + 14{,}715 \cdot t - \frac{1}{2}\, 9{,}81 \cdot t^2 > -49{,}05 + 9{,}81 \cdot t\ ?$$

Zur Vereinfachung multiplizieren wir die letzte Ungleichung mit $-\frac{2}{9{,}81}$ und erhalten die äquivalente Ungleichung (vgl. (1.40)(7)):

$$-2 - 3t + t^2 < 10 - 2t.$$

Es bleibt das Problem: Für welche $t \geq 0$ ist

$$t^2 - 3t - 2 < 10 - 2t\ ?$$

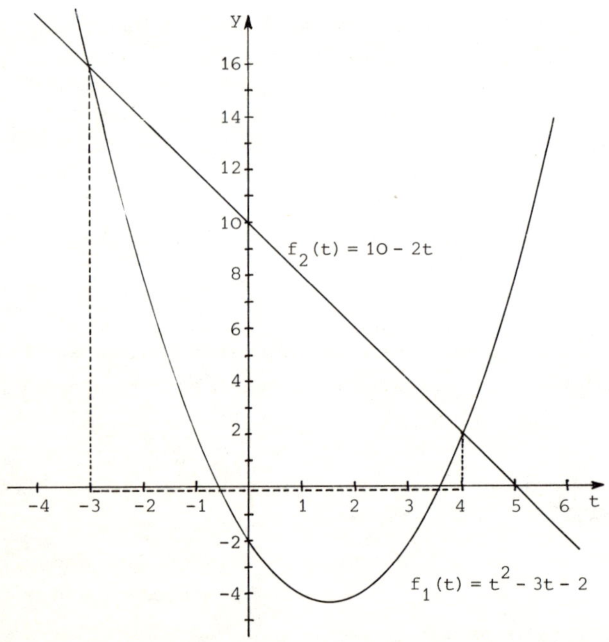

Bild 18.- Etwa für t zwischen -3 und 4 ist $f_1(t) < f_2(t)$.

(*) Statt "genau dann, wenn" werden auch die folgenden Formulierungen verwendet: "dann und nur dann, wenn"; "ist äquivalent zu". Im Englischen "if and only if", auch "iff".

(**) Für "große" t ist h_1 nicht mehr so definiert, da K_1 dann wieder bis auf die Starthöhe von K_2 zurückgefallen sein wird. (Daß dies möglich ist, wollen wir annehmen).

Indem man sich die graphischen Darstellungen der Funktionen $t \longmapsto f_1(t) := t^2 - 3t - 2,\ t \in \mathbb{R}$, und $t \longmapsto f_2(t) := 10 - 2t,\ t \in \mathbb{R}$, skizziert, erhält man einen ersten Anhaltspunkt für die Anwort auf diese Frage. (*) Für die gesuchten t muß nämlich $f_1(t)$ unterhalb von $f_2(t)$ liegen.

Zur exakten Beantwortung der Frage:
Für welche $x \in \mathbb{R}$ gilt

$$x^2 - 3x - 2 < 10 - 2x\ ?$$

kann man folgende Methode anwenden:

Man setzt zunächst voraus, daß es eine reelle Zahl x gibt, die die Ungleichung erfüllt. Dann werden Umformungen durchgeführt und Folgerungen gezogen bis man Methode

1. *einen Widerspruch erhält. In diesem Fall können wir folgern, es gibt keine reelle Zahl, die der Ungleichung genügt.*

Oder

2. *eine oder mehrere relativ einfache Bedingungen für die Zahl x erhält. In diesem Fall vermuten wir: Alle Zahlen die den gefundenen Bedingungen genügen, erfüllen die gegebene Ungleichung. Dies versucht man zu beweisen, indem man überprüft, ob alle Schritte, die zur Herleitung der Bedingungen geführt haben, umkehrbar sind und dies aufschreibt. In unserem Beispiel sieht das so aus:*

Es gebe ein $x \in \mathbb{R}$, so daß die behauptete Ungleichung richtig ist. es gebe ein x

Aus $x^2 - 3x - 2 < 10 - 2x$ folgt dann durch Addition von $-10 + 2x$, Zusammenfassen und anschließendes Umformen:

$$x^2 - 3x - 2 - 10 + 2x < 0$$ Umformungen

$$x^2 - x - 12 < 0$$

$$(x+3)(x-4) < 0.$$

Nach (1.43)(2) sind zwei Fälle möglich:

1. Fall: $x + 3 > 0$ und $x - 4 < 0$, also $x > -3$ und $x < 4$, d.h. $-3 < x < 4$. Bedingungen für x

2. Fall: $x + 3 < 0$ und $x - 4 > 0$, also $x < -3$ und $x > 4$. Es gibt jedoch keine reelle Zahl, die kleiner als -3 und größer als 4 ist. Widerspruch

Der zweite Fall tritt also nicht ein, und wir haben erhalten: Wenn ein $x \in \mathbb{R}$ der gegebenen Ungleichung genügt, dann liegt x zwischen -3 und 4.

Es steht noch nicht fest, ob tatsächlich alle x zwischen -3 und 4 der Ungleichung genügen. Das muß jetzt gezeigt werden, (d.h. wir zeigen, daß alle oben durchgeführten Schritte umkehrbar sind). Ziel

(*) Mehr als einen Anhaltspunkt liefert diese zeichnerische Methode tatsächlich nicht; denn im allgemeinen werden sich bei ähnlichen Fragestellungen die auftretenden Funktionen weder einfach noch exakt skizzieren lassen.

BEHAUPTUNG.- Für alle $x \in \mathbb{R}$ mit $-3 < x < 4$ gilt

$$x^2 - 3x - 2 < 10 - 2x.$$

Bedingungen

BEWEIS.- Sei also $x \in \mathbb{R}$ mit $-3 < x < 4$. Wegen $-3 < x$ ist $x + 3 > 0$ und wegen $x < 4$ ist $x - 4 < 0$. Deshalb folgt mit (1.43)(2)

$$(x + 3)(x - 4) < 0,$$

also

Umformungen

$$x^2 - x - 12 < 0.$$

"Aufspalten der linken Seite" ergibt

$$x^2 - 3x - 2 - 10 + 2x < 0.$$

Ergebnis

Daraus folgt durch Addition von $10 - 2x$ die Behauptung.

Die Antwort auf unser physikalisches Problem lautet nun: Für alle t mit $0 \leq t < 4$ ist $h_1(t) > h_2(t)$. Da $h_1(4) = -9{,}81$m ist, befindet sich K_1 noch oberhalb der Starthöhe von K_2.

A 14

AUFGABE 14.- Für welche $x \in \mathbb{R}$ gilt $x(x+1) < 24 - x$? (Hinweis: $x^2 + 2x - 24 = (x+6)(x-4)$).

INTERVALLE

Die Beantwortung der in Beispiel (1.44) auf Seite 16 und Aufgabe 14 gestellten Fragen führte jeweils auf Teilmengen von $\mathbb{R}$. So in (1.44) auf die Teilmenge

$$M := \{x \mid x \in \mathbb{R} \text{ und } -3 < x < 4\} .$$

M enthält also alle reellen Zahlen, die zwischen -3 und 4 liegen.

Intervalle

Diese "überschaubaren" Teilmengen, die alle Zahlen zwischen zwei festen reellen Zahlen a und b enthalten, nennt man *Intervalle*. Da wir noch oft mit Intervallen zu tun haben werden, legen wir folgende abkürzende Bezeichnungen und Redeweisen fest:

BEZEICHNUNG.- Seien $a,b \in \mathbb{R}$ mit $a < b$. Dann heißt

abgeschlossenes Intervall

$[a,b] := \{x \mid a \leq x \leq b\}$ *abgeschlossenes Intervall*,

offenes Intervall

$]a,b[:= \{x \mid a < x < b\}$ *offenes Intervall*,

halboffene Intervalle

$[a,b[:= \{x \mid a \leq x < b\}$ *(rechts) halboffenes Intervall*,

$]a,b] := \{x \mid a < x \leq b\}$ *(links) halboffenes Intervall*,

(Beachten Sie die Stellung der eckigen Klammern !)

Endpunkte und Länge eines Intervalls

In allen vier Fällen nennt man a und b die *Endpunkte* der Intervalle und die positive Zahl $b - a$ die *Länge* des jeweiligen Intervalls.

Zu einem abgeschlossenen Intervall gehören also auch seine Endpunkte. Ein offenes Intervall enthält seine Endpunkte nicht. Ein halboffenes Intervall enthält jeweils nur einen seiner Endpunkte.

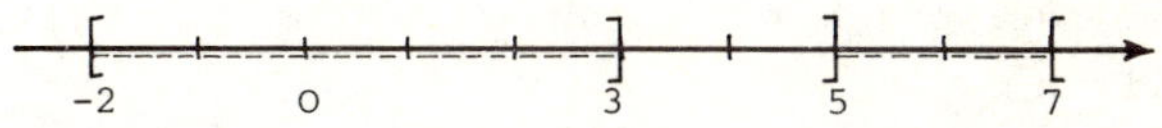

Bild 19.- Das abgeschlossene Intervall $[-2,3]$ und das offene Intervall $]5,7[$.

AUFGABE 15.- Skizzieren Sie auf der Zahlengeraden die "Lösungsmenge" für die Ungleichung von Aufgabe 14. Geben Sie die Länge diesesIntervalls an. A 15

Wir fassen zusammen: Für das Rechnen mit Ungleichungen sind neben den Axiomen der Anordnung (Seite 13) die in Satz (1.40), Seite 14 und Satz (1.43), Seite 15, genannten Eigenschaften wichtig. Ganz besonders müssen Sie sich merken, daß Ungleichungen bei Multiplikation mit einer negativen Zahl umgekehrt werden. Zusammenfassung

DEFINITION UND EIGENSCHAFTEN DER WURZEL

Wir formulieren im nächsten Satz noch vier weitere Aussagen über Ungleichungen. Die ersten beiden sind für die Definition und das Rechnen mit Wurzeln von Bedeutung. Die erste Aussage werden wir auch in anderem Zusammenhang noch sehr häufig benutzen. (Gut merken !)

SATZ.- (1) Für jedes $x \in \mathbb{R}$ gilt $x^2 \geq 0$. (1.45)
Es ist $x^2 > 0$ genau dann, wenn $x \neq 0$ ist.

(2) Für $x,y \in \mathbb{R}$, $x \geq 0$ und $y \geq 0$ gilt $x < y$ genau dann, wenn $x^2 < y^2$.

(3) Aus $x \in \mathbb{R}$ und $0 < x < 1$ folgt $x^2 < x$.

(4) Aus $x \in \mathbb{R}$ und $x > 1$ folgt $x^2 > x$.

BEWEIS.- Wir beweisen die zweite Aussage, um die Definition der Wurzel vorzubereiten.

Zu (2): Beachten Sie stets die Voraussetzungen $x \geq 0$ und $y \geq 0$. Zunächst ist zu zeigen: aus $x < y$ folgt $x^2 < y^2$. Dies ergibt sich jedoch unmittelbar aus Beispiel (1.41). erste Behauptung

(Setzen Sie dort $a := c := x$ und $b := d := y$).

Es ist nun noch die Umkehrung zu beweisen: zweite Behauptung

aus $x^2 < y^2$ folgt $x < y$.

Wir zeigen diese Aussage indirekt.
Angenommen, es gilt das Gegenteil von $x < y$, also $x \geq y$. Dann ergeben sich daraus durch Multiplikation mit x bzw. y die Ungleichungen $x^2 \geq xy$ und $xy \geq y^2$, also

$$x^2 \geq y^2$$

im Widerspruch zur Voraussetzung $x^2 < y^2$. Also gilt $x < y$.

A 16 *AUFGABE 16.- Seien $y,z \in \mathbb{R}$, $y \geq 0$, $z \geq 0$ und $y^2 = z^2$. Zeigen Sie, daß dann $y = z$ gilt.*
(Hinweis: Nehmen Sie das Gegenteil an (es sind zwei Fälle möglich) und wenden Sie (1.45)(2) an. "Wurzelziehen" steht noch nicht zur Verfügung).

(1.46) BEMERKUNGEN.- (1) Mit Aufgabe 16 haben Sie folgendes gezeigt: Gibt es zu einer nicht-negativen (*) Zahl x eine nicht-negative Zahl y mit $y^2 = x$, so ist diese Zahl y eindeutig bestimmt.

Begründung: Denn hat man zwei Zahlen, etwa y und z, mit der Eigenschaft $y^2 = x$ und $z^2 = x$, so erhält man die Gleichung $y^2 = z^2$ und hieraus nach Aufgabe 16 $y = z$, also die Eindeutigkeit.

(2) Wegen (1.45)(1), Seite 17, hat es nur Sinn für nicht-negative Zahlen x nach reellen Zahlen y zu suchen, so daß $y^2 = x$ gilt.

(3) Man kann beweisen: Zu jedem $x \in \mathbb{R}$, $x \geq 0$, gibt es genau ein $y \in \mathbb{R}$, $y \geq 0$, mit

$$y^2 = x.$$

Den Beweis können wir an dieser Stelle noch nicht führen, da wir eine wesentliche Eigenschaft der reellen Zahlen noch nicht beschrieben haben. Sie werden im Kapitel 5 der Analysis, das das Supremumsaxiom behandelt, diese Eigenschaft kennenlernen.

Berücksichtigt man die in der Bemerkung (1.46) notierten Aussagen, so ist folgende Definition sinnvoll:

(1.47) DEFINITION.- Sei $x \in \mathbb{R}$, $x \geq 0$. Die eindeutig bestimmte nicht-negative reelle Zahl y mit der Eigenschaft $y^2 = x$ heißt *Wurzel aus x* (in Zeichen: $\sqrt{x} := y$). (**)

Wurzel

BEMERKUNG.- Nach dieser Definition ist $\sqrt{16} = 4$, denn 4 ist diejenige nicht-negative reelle Zahl, die die Eigenschaft $4^2 = 16$ hat.
Merken Sie sich:

Es gibt zwar zwei verschiedene Zahlen, nämlich 4 und -4, die quadriert 16 ergeben; es gibt jedoch nach Definition (1.47) nur eine Wurzel aus 16, nämlich 4. Merke !

Aus der Definition der Wurzel erhält man die folgenden Eigenschaften:

FOLGERUNG.- Für $x \geq 0$ gilt: (1.48) einfache Eigenschaften der Wurzel

$$\sqrt{x} \geq 0, \quad (\sqrt{x})^2 = x \quad \text{und} \quad \sqrt{x^2} = x.$$

FRAGE.- Läßt sich mit Hilfe von Definition (1.47) $\sqrt{(-3)^2}$ berechnen ? Wenn ja, geben Sie das Ergebnis an.

Sie sehen: für $x < 0$ ist $\sqrt{x^2} \neq x$. Genauer gilt:

$$\sqrt{x^2} = -x \qquad \text{für } x < 0.$$

A 17 *AUFGABE 17.- Welche der folgenden Gleichungen ist richtig, welche falsch?*

a) $\sqrt{6,25} = 2,5$ *b)* $\sqrt{1,11} = 1,1$ *c)* $\sqrt{-4} = -2$
d) $\sqrt{\frac{1}{9}} = \pm\frac{1}{3}$ *e)* $-\sqrt{(-5)^2} = -5$ *f)* $\sqrt{(a+b)^2} = a+b$.

Beim Umgang mit Ungleichungen, "die Wurzeln enthalten", verwendet man häufig die Aussage des folgenden Satzes.

SATZ.- Seien $x,y \in \mathbb{R}$, $x \geq 0$ und $y \geq 0$. Dann gilt (1.49)

$$\sqrt{x} < \sqrt{y} \quad \text{genau dann, wenn } x < y.$$

BEWEIS.- Da $\sqrt{x} \geq 0$ und $\sqrt{y} \geq 0$ ist, gilt nach (1.45)(2), Seite 17, $\sqrt{x} < \sqrt{y}$ genau dann, wenn $(\sqrt{x})^2 < (\sqrt{y})^2$, also wenn $x < y$.

Wir werden in Kapitel 4 sowie in weiteren Kapiteln der Analysis die Funktion $x \mapsto \sqrt{x}$, $x \geq 0$, noch genauer untersuchen.

A 18 *AUFGABE 18.- Zeigen Sie, daß für $a,b \in \mathbb{R}$ mit $0 \leq a \leq b$ gilt*

$$a \leq \sqrt{ab} \leq b.$$

Die Zahl $\sqrt{ab}$ heißt *geometrisches Mittel* der nicht-negativen reellen Zahlen a und b. geometrisches Mittel

Im nächsten Beispiel geben wir Ihnen einige Hinweise, wie man den Beweis für eine Ungleichung auffinden kann.

BEISPIEL.- Wir behaupten: Für nicht-negative (1.50)

(*) Sie erinnern sich: Eine Zahl $x \in \mathbb{R}$ heißt nicht-negativ, wenn $x \geq 0$ ist. "Positiv" meint $x > 0$.

(**) Statt $\sqrt{x}$ schreibt man oft auch $x^{1/2}$. Die Nützlichkeit dieser Schreibweise können Sie erst später einsehen.

Zahlen a und b ist das geometrische Mittel kleiner oder gleich dem arithmetischen Mittel:

$$\sqrt{ab} \leq \frac{a+b}{2} .$$

Methode

Eine gängige Methode zum Auffinden eines Beweises für eine Ungleichung besteht darin, zunächst von ihrer Richtigkeit auszugehen. (Vergleichen Sie mit der in Beispiel (1.44) auf Seite 16 geschilderten Methode). Dann formt man solange um, bis man zu einer Aussage gelangt, deren Gültigkeit bereits feststeht, z.B. "das Quadrat einer reellen Zahl ist nicht negativ". Der Beweis besteht darin festzustellen, ob alle Schritte, die zu der letzten Aussage geführt haben, umkehrbar sind und dies aufzuschreiben. In unserem Beispiel sieht das so aus:

Wenn $\sqrt{ab} \leq \frac{a+b}{2}$ *richtig ist, folgt* $2\sqrt{ab} \leq a+b$ *und hieraus mit (1.45)(2) auf Seite 17*

$$4ab \leq (a+b)^2 = a^2 + 2ab + b^2 \quad \textit{oder}$$

$$0 \leq a^2 - 2ab + b^2,$$

also

$$0 \leq (a-b)^2.$$

Dies ist die Aussage, deren Richtigkeit uns bekannt ist: Quadrate sind nicht-negativ. Hiervon gehen wir aus und formulieren den eigentlichen Beweis wie folgt:

Es ist $0 \leq (a-b)^2 = a^2 - 2ab + b^2$. Hieraus folgt (durch Addition von 4ab)

$$4ab \leq a^2 + 2ab + b^2,$$

also

$$4ab \leq (a+b)^2.$$

Da $4ab \geq 0$ und $a+b \geq 0$ ist, folgt mit Satz (1.49)

$$2\sqrt{ab} \leq a+b.$$

und daraus durch Multiplikation mit $\frac{1}{2}$ die Behauptung.

A 19

AUFGABE 19.- Wenn Sie sich den Beweis zu Aufgabe 18 noch einmal ansehen, so ergibt sich für $0 < a < b$ die Aussage $a < \sqrt{ab} < b$. Analog entnimmt man dem eben vorgeführten Beweis in Beispiel (1.50), daß für zwei verschiedene nicht-negative Zahlen a und b gilt: $\sqrt{ab} < \frac{a+b}{2}$. Die Gültigkeit dieser strengen Ungleichung (unter den genannten Bedingungen) setzen wir voraus.
Sei $0 < a < b$. Welches der Intervalle $[a, \sqrt{ab}]$, $[\sqrt{ab}, b]$ hat eine größere Länge? Beweisen Sie Ihre Antwort!

Für die Bearbeitung der nächsten Aufgabe sollten Sie sich etwas mehr Zeit nehmen. Sie entspricht im Schwierigkeitsgrad dem, was Sie nach Durcharbeiten dieses Abschnitts können sollten.

A 20

AUFGABE 20.- Zeigen Sie, daß für $a, b \in \mathbb{R}$ mit $0 \leq a \leq b$ die Ungleichungskette

$$\frac{a+b}{2} \leq \sqrt{\frac{a^2+b^2}{2}} \leq b$$

richtig ist. (Wann benötigen Sie die Voraussetzung $a \leq b$, wann nicht? Was folgt daraus?)

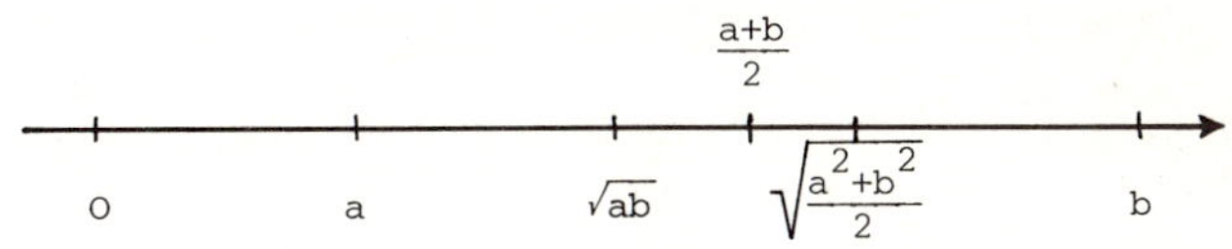

Bild 20.- Die Lage von $\sqrt{ab}$, $\frac{a+b}{2}$ und $\sqrt{\frac{a^2+b^2}{2}}$ auf der Zahlengeraden für $0 < a < b$.

Der Betrag

Wir haben schon bei der Veranschaulichung von reellen Zahlen schon mehrfach vom "Abstand" von Punkten geredet. Es ist klar, daß dieser Abstand stets eine nicht-negative reelle Zahl sein muß. So hat z.B. der Punkt -5 auf der Zahlengeraden den Abstand 5 (Einheiten) vom Nullpunkt. Diese Vorstellung des Abstands einer Zahl vom Nullpunkt (oder allgemeiner: des Abstands zweier reeller Zahlen) wird durch die Definition des absoluten Betrags (kurz: Betrag) einer reellen Zahl präzisiert.

DEFINITION.- Sei $x \in \mathbb{R}$. Dann heißt (1.51)

$$|x| := \begin{cases} x, & \text{falls } x \geq 0 \\ -x, & \text{falls } x < 0 \end{cases}$$ Betrag

(lies: Betrag x) der *Betrag von* x.

Weil $-5 < 0$ ist, ist also $|-5| = -(-5) = 5$. Allgemein gilt nach dieser Definition für beliebiges $x \in \mathbb{R}$

$$|x| \geq 0 \quad \text{und} \quad -|x| \leq x \leq |x|. \ (*)$$

Als Vorbereitung für den nächsten Satz stellen wir folgende Überlegungen an: Ist $a > 0$ und x ein Punkt der Zahlengeraden zwischen -a und a, also $x \in]-a, a[$, so sehen Sie sofort, daß der Abstand von x zum Nullpunkt kleiner als a ist. Anschauung

(*) Sie können sich diese beiden Aussagen klar machen, wenn Sie die in der Definition des Betrages durchgeführte Fallunterscheidung ($x \geq 0$, $x < 0$) hier ebenfalls durchführen. Für die Ungleichungskette sieht das z.B. so aus:

Ist $x \geq 0$, so gilt $-|x| \leq 0 \leq x = |x|$
Ist $x < 0$, so gilt $-|x| = -(-x) = x < 0 < -x = |x|$ $\Big\} \Rightarrow -|x| \leq x \leq |x|$.

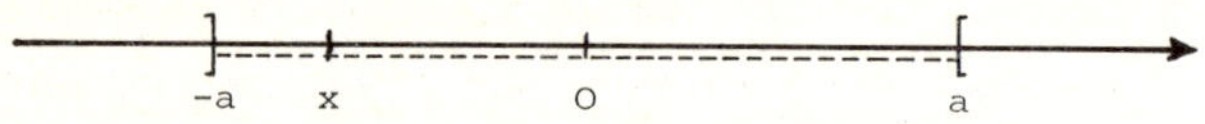

Bild 21.- $]-a,a[= \{x \mid |x| < a\}$.

Umgekehrt, wenn der Abstand von x zum Nullpunkt kleiner als a ist, so liegt x zwischen -a und a. Die genaue analytische Formulierung dieser Tatsache lautet folgendermaßen:

(1.52) SATZ.- Seien $a, x \in \mathbb{R}$, $a > 0$. Dann gilt

$|x| < a$ genau dann, wenn $-a < x < a$.

Der Satz bleibt richtig, wenn überall ">" bzw. "<" durch "≥" bzw. "≤" ersetzt wird.

Wir beweisen Satz (1.52) nicht. Machen Sie sich klar, daß (1.52) wiederum nur die mathematische Formulierung der Anschauung in Bild 21 ist. Lesen Sie dazu $|x|$ als "Abstand von x zum Nullpunkt" und $-a < x < a$ als "x zwischen -a und a".

Eine wichtige Folgerung aus (1.52), die wir in der Analysis noch häufig verwenden werden, ist die folgende Aussage:

(1.53) FOLGERUNG.- Seien $x, x_o, a \in \mathbb{R}$, $a > 0$. Dann gilt $|x - x_o| \leq a$ genau dann, wenn $x_o - a \leq x \leq x_o + a$.

BEWEIS.- Mit (1.52) gilt

$|x - x_o| \leq a$ genau dann, wenn $-a \leq x - x_o \leq a$.

Die letzte Ungleichungskette gilt genau dann, wenn (Addition bzw. Subtraktion von x_o)

$$x_o - a \leq x \leq x_o + a.$$

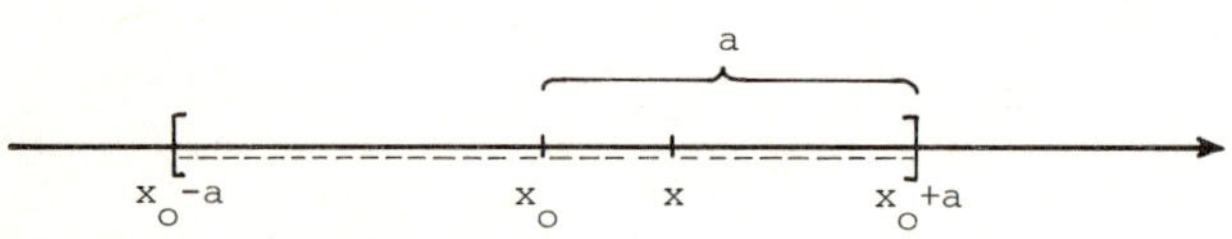

Bild 22.- $[x_o - a, x_o + a] = \{x \mid |x - x_o| \leq a\}$.

Die Aussage von (1.53) können Sie sich gut merken, wenn Sie sich ihre geometrische Bedeutung auf der Zahlengeraden einprägen: $|x - x_o|$ ist der Abstand der Punkte x und x_o auf der Zahlengeraden. (Z.B. haben $x = 4$ und $x_o = 13$ den Abstand $9 = |-9| = |4 - 13|$.
(1.53) bedeutet dann z.B. für $a = 3$: x hat genau dann einen Abstand zu x_o, der kleiner als 3 ist, wenn x zwischen $x_o - 3$ und $x_o + 3$ liegt. Vergleichen Sie auch mit Bild 22.

AUFGABE 21.- Sei $a \geq 0$. Für welche $x \in \mathbb{R}$ gilt $|x| > a$? Skizzieren Sie die Punktmenge auf der Zahlengeraden. A 21

AUFGABE 22.- Skizzieren Sie die folgenden Punktmengen auf der Zahlengeraden: A 22

a) $\{x \in \mathbb{R} \mid |x - 3| \leq 2\}$, *b)* $\{x \in \mathbb{R} \mid |x + 2| < 2\}$,
c) $\{x \in \mathbb{R} \mid |x + 1| < 4\}$, *d)* $\{x \in \mathbb{R} \mid |x - 1| \leq 3\}$.

Für das Rechnen mit Beträgen und Ungleichungen sollten Sie die folgenden Gesetzmäßigkeiten kennen. Die ersten vier Aussagen müssen Ihnen in "Fleisch und Blut" übergehen. Insbesondere die Dreiecksungleichung (4) werden Sie oft benutzen. Die letzten beiden Aussagen sind zum Nachschlagen.

SATZ.- Seien $x, y \in \mathbb{R}$. Dann gilt (1.54)

(1) $|xy| = |x| \cdot |y|$.

(2) $\left|\frac{x}{y}\right| = \frac{|x|}{|y|}$, falls $y \neq 0$.

(3) $|x| = \sqrt{x^2}$

(4) $|x + y| \leq |x| + |y|$. Dreiecksungleichung

(5) $|x - y| \geq |x| - |y|$.

(6) $|x + y| \geq ||x| - |y||$.

BEWEIS.- Wir beweisen die Dreiecksungleichung und die Aussage (5).

Zu (4): Nach Bemerkungen im Anschluß an die Definition des Betrages (1.51) gilt

$$-|x| \leq x \leq |x|$$

und

$$-|y| \leq y \leq |y|.$$

Durch Addition dieser Ungleichungen folgt (vgl. (1.40)(2), Seite 14)

$$-(|x| + |y|) \leq x + y \leq |x| + |y|.$$

Da $|x| + |y| \geq 0$ ist, können wir Satz (1.52) anwenden (*) und erhalten

$$|x + y| \leq |x| + |y|.$$

Zu (5): Ein oft benutzter Trick (Addition von 0) führt hier zum Ziel: Es ist Trick

$$x = (x - y) + y.$$

Also folgt mit der Dreiecksungleichung

$$|x| = |(x - y) + y| \leq |x - y| + |y|.$$

(*) Ersetzen Sie in (1.52) a durch $|x| + |y|$ und x durch $x + y$.

Subtraktion von $|y|$ liefert die behauptete Ungleichung.

(1.55) **BEMERKUNG.-** Da $|-y| = |y|$ für jedes $y \in \mathbb{R}$ gilt, gelten die Ungleichungen (1.54)(4) - (6) auch in der Form

Dreiecksungleichung

(4') $|x - y| \leq |x| + |y|$

(5') $|x + y| \geq |x| - |y|$

(6') $|x - y| \geq ||x| - |y||$.

Die nächste Aufgabe ist sehr einfach. Sie sollten sie auf jeden Fall bearbeiten.

A 23

AUFGABE 23.- *Begründen Sie (1.54)(3) !*

(1.56) **BEISPIEL.-** Wir bestimmen alle reellen Zahlen x, für die gilt

$$|x - 5| < |x + 1|.$$

"geometrische Lösung"

Einige einfache geometrische Überlegungen liefern uns hierfür bereits die Lösung: Sie wissen, $|x - 5|$ ist der Abstand von x zur Zahl 5, und $|x + 1| = |x - (-1)|$ ist der Abstand von x zur Zahl -1.

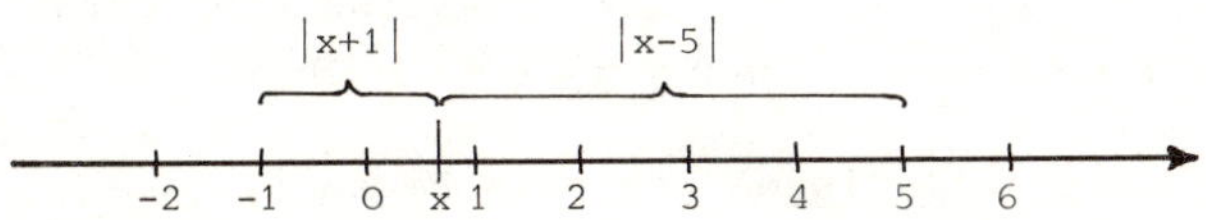

Wir haben uns also zur Aufgabe gestellt, alle $x \in \mathbb{R}$ zu bestimmen, die von 5 einen kleineren Abstand haben als von -1. Offensichtlich hat die Zahl 2 denselben Abstand von 5 wie von -1 nämlich 3 (Einheiten). Ebenso klar ist dann, daß alle Punkte rechts von der 2 einen kleineren

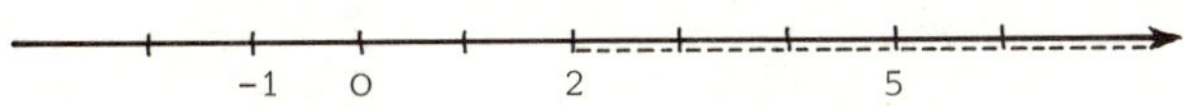

Abstand von der 5 als von der -1 haben. Die Antwort lautet also: Für alle $x > 2$ gilt $|x - 5| < |x + 1|$.

Da sich Ungleichungen zwischen Beträgen reeller Zahlen jedoch nicht immer so einfach interpretieren lassen, führen wir Ihnen auch eine systematische Untersuchung vor.

Wir unterteilen die Zahlengerade in drei Abschnitte:

- alle Zahlen $x < -1$,
- alle Zahlen im Intervall $[-1, 5[$ und
- alle Zahlen $x \geq 5$. (*)

Jeden dieser Abschnitte untersuchen wir darauf, ob er Zahlen enthält, die der gegebenen Ungleichung genügen.

Fallunterscheidung

<u>1. Fall: $x < -1$</u>. In diesem Fall ist $x - 5 < -6 < 0$ und $x + 1 < 0$. Also lautet die zu untersuchende Ungleichung (vgl. Definition (1.51) Seite 19)

$$-(x - 5) < -(x + 1) \quad \text{bzw.} \quad -x + 5 < -x - 1.$$

Die letzte Ungleichung gilt genau dann, wenn $5 < -1$ gilt. Das ist jedoch falsch. Also gibt es kein $x < -1$, das der Ungleichung genügt. (Vgl. die kursiv gedruckte Methoden-Beschreibung in Beispiel (1.44) auf Seite 16).

<u>2. Fall: $-1 \leq x < 5$</u>. Jetzt ist $x < 5$, also $x - 5 < 0$, und $-1 \leq x$, also $x + 1 \geq 0$. Die zu untersuchende Ungleichung lautet dann

$$-x + 5 < x + 1.$$

Diese Ungleichung gilt genau dann, wenn

$$4 < 2x,$$

somit genau dann, wenn

$$2 < x.$$

Wir haben in diesem zweiten Fall erhalten: Alle Zahlen x mit $2 < x < 5$ genügen der gegebenen Ungleichung.

erstes Ergebnis

<u>3. Fall: $x \geq 5$</u>. Hier ist $x - 5 \geq 0$ und $x + 1 \geq 6 > 0$, so daß die zu untersuchende Ungleichung lautet:

$$x - 5 < x + 1.$$

Dies gilt genau dann, wenn $-5 < 1$, was offensichtlich (unabhängig von x) richtig ist. Also folgern wir:

<u>Alle</u> Zahlen $x \geq 5$ genügen der gegebenen Ungleichung.

zweites Ergebnis

Dem 2. und 3. Fall entnehmen wir als Ergebnis: Für alle $x \in \mathbb{R}$ mit $x > 2$ gilt

Gesamtergebnis

$$|x - 5| < |x + 1|.$$

Dieses Ergebnis ist in bester Übereinstimmung mit dem zu Beginn durch geometrische Überlegungen erzielten Resultat.

A 24

AUFGABE 24.- *a) Wie kommt man in Beispiel (1.56) auf die Unterteilung der Zahlengeraden in die genannten drei Abschnitte ?*

b) Skizzieren Sie in einem kartesischen Koordinatensystem die graphische Darstellung der Funktionen $x \mapsto f(x) := |x - 5|$, $x \in \mathbb{R}$, und $x \mapsto g(x) := |x + 1|$. Bestimmen Sie auf diese Art zeichnerisch alle $x \in \mathbb{R}$, für die $|x - 5| < |x + 1|$ gilt.

Zur Bearbeitung der nächsten Aufgabe benötigen Sie wieder etwas mehr Zeit. Falls Sie wenig

(*) Wie man gerade auf diese Unterteilung an der Zahlengerade kommt, sollen Sie sich im Anschluß an dieses Beispiel in Aufgabe 24 überlegen.

Zeit haben, lesen Sie auch die Hinweise im Lösungsteil.

A 25

AUFGABE 25.- Bestimmen Sie alle $x \in \mathbb{R}$ mit der Eigenschaft

$$\frac{3}{|x-9|} > \frac{2}{x+2}$$

(Hinweis: Welche reellen Zahlen scheiden von vornherein aus ?)

(1.57) BEZEICHNUNG.- Zum Schluß dieses Abschnitts legen wir noch ein paar Bezeichnungen fest. Wir wollen auch die Menge aller reellen Zahlen, die größer (kleiner) als eine feste Zahl sind, als Intervall bezeichnen. Zur Unterscheidung von den schon früher definierten Intervallen, werden wir dann von *unbeschränkten Intervallen* sprechen.

unbeschränkte Intervalle

Sei $a \in \mathbb{R}$. Es sind

$$[a,\infty[\ := \{x \mid x \geq a\}$$
$$]-\infty,a]\ := \{x \mid x \leq a\}$$
abgeschlossene Intervalle

und

$$]a,\infty[\ := \{x \mid x > a\}$$
$$]-\infty,a[\ := \{x \mid x < a\}$$
offene Intervalle.

offene Intervalle

Das Symbol "∞" (lies: unendlich) ist lediglich als (suggestive) Bezeichnungshilfe zu verstehen ∞ ist keine reelle Zahl. Deshalb sind auch $[a,\infty]$ bzw. $[-\infty,a]$ sinnlos.

Das Ergebnis von Aufgabe 25 kann man nun in der folgenden Form schreiben:
Die gegebene Ungleichung gilt für alle

$$x \in\ ]-\infty,-2[\ \cup\ ]\tfrac{12}{5},9[\ \cup\ ]9,\infty[.$$

A 26

AUFGABE 26.- Sei $a>0$. Schreiben Sie die Menge $\{x \in \mathbb{R} \mid |x| > a\}$ als Vereinigung zweier unbeschränkter Intervalle.

ZUSAMMENFASSUNG

In diesem ersten Kapitel haben Sie zunächst einige Begriffe und Symbole aus der Mengenlehre kennengelernt. Sie sollten die Mengenschreibweise mit Hilfe geschweifter Klammern kennen (Seite 1). Darüberhinaus sollten Sie wissen, was eine Teilmenge ist und wann zwei Mengen gleich sind ((1.1), Seite 1 und (1.3), Seite 2). Schließlich sollten Sie die Symbole $\in, \notin, \subseteq, \cup, \cap, \setminus, \times$ sowie ihre Bedeutung "Element von"; "nicht Element von"; "Inklusion", "Vereinigung", "Durchschnitt", "Differenz" und "Produkt" von Mengen kennen.

Ziel 1

Ziel 2

Der Begriff der Funktion wird Ihnen in den verschiedensten Zusammenhängen immer wieder begegnen. Sie sollten deshalb die allgemeine Definition ((1.15) auf Seite 4) einer Funktion $f: A \to B$, wobei A und B beliebige Mengen sind, auswendig können:

> Die Funktion f ordnet jedem $x \in A$ genau ein Element $f(x) \in B$ zu, in Zeichen: $x \mapsto f(x)$, $x \in A$.

Unter welchen Voraussetzungen man eine Funktion in eine andere einsetzen kann, haben Sie in Definition (1.20) auf Seite 7 erfahren. Sie sollten die Komposition zweier Funktionen bilden können, sofern dies möglich ist.

Schließlich haben Sie gelernt, daß eine Funktion, die verschiedenen Argumenten verschiedene Funktionswerte zuordnet, eine Umkehrfunktion besitzt. Sie sollten die Definition einer injektiven Funktion ((1.22), Seite 8) sowie die Definition der Umkehrfunktion ((1.25), Seite 9) gut kennen. In einfachen Fällen erhält man die Zuordnungsvorschrift der Umkehrfunktion durch Auflösen der Gleichung $y = f(x)$ nach x.

Ziel 3

Im Hauptteil dieses Kapitels haben Sie wesentliche Eigenschaften der reellen Zahlen kennengelernt. Diese Eigenschaften, die die Rechenoperationen Addition und Multiplikation sowie die Anordnung betreffen, sind Axiome. Das sind grundlegende Aussagen, da man nicht beweist. Aus diesen Axiomen lassen sich alle weiteren Gesetzmäßigkeiten herleiten (z.B. Satz (1.33) auf Seite 11 oder Satz (1.40) auf Seite 14).

Ziel 4

Sie sollten wissen: Die wichtigste Einschränkung bei den arithmetischen Eigenschaften ist das Verbot der Division durch Null. Besonderheit beim Umgang mit Ungleichungen: das Monotoniegesetz der Multiplikation gilt nur bei der Multiplikation mit einer nicht-negativen Zahl ((1.35)(15) auf Seite 13 und (1.40)(6) auf Seite 14). Bei Multiplikation mit negativen Zahlen werden Ungleichungen umgekehrt. Die in den Sätzen (1.40), Seite 14; (1.43), Seite 15 und (1.45), Seite 17, genannten Regeln für das Rechnen mit Ungleichungen sollten Sie anwenden können.

Ziel 5

In den letzten beiden Abschnitten dieses Kapitels haben wir die Wurzel aus einer nicht-negativen reellen Zahl (Definition (1.47), Seite 18) und den Betrag einer reellen Zahl (Definition

(1.51) auf Seite 19) definiert.

Ziel 6 Sie sollten wissen: $\sqrt{x}$ ist nur für $x \geqq 0$ definiert. Und für $x \geqq 0$ gilt $\sqrt{x} \geqq 0$. Dagegen gilt für alle $x \in \mathbb{R}$

$$\sqrt{x^2} = |x| .$$

Für das Rechnen mit Wurzeln und Ungleichungen enthält Satz (1.49) auf Seite 18 die wichtige Aussage: Für $x \geqq 0$ und $y \geqq 0$ gilt $\sqrt{x} < \sqrt{y}$ genau dann, wenn $x < y$.

Ziel 7 Für das Rechnen mit Beträgen sind die Aussagen des Satzes (1.54) auf Seite 20 von Bedeutung. Wegen ihrer Wichtigkeit sollten Sie insbesondere die Dreiecksungleichung ((1.54)(4)) auswendig können:

$$|x+y| \leqq |x| + |y| .$$

Sie sollten die anschauliche Bedeutung von $|x|$ bzw. $|x - x_o|$ auf der Zahlengeraden als "Abstand des Punktes x zum Nullpunkt" bzw. als "Abstand der Punkte x und x_o" kennen sowie einfache Ungleichungen zwischen Beträgen reeller Zahlen anschaulich interpretieren können. So z.B. die wichtige Aussage Ziel 8

$$|x - x_o| \leqq a \quad \text{genau dann, wenn } x_o - a \leqq x \leqq x_o + a .$$

Im Laufe dieses Kapitels haben Sie auch verschiedene Beweismethoden kennengelernt. Neben dem normalen (dem direkten) Beweis haben wir den indirekten Beweis gebracht (siehe (1.39), Seite 14). Wie man oft versucht, den Beweis für eine Ungleichung aufzufinden, haben wir auf Seite 16 geschildert.

Kapitel 2. Vollständige Induktion

Nachdem wir im ersten Kapitel unter anderem die arithmetischen Eigenschaften und die Anordnung der reellen Zahlen untersucht und beschrieben haben, wenden wir uns nun der Teilmenge $\mathbb{N}$ der natürlichen Zahlen zu. Wir werden mit Hilfe der Eigenschaften der natürlichen Zahlen ein Beweis-Prinzip (das "Prinzip der vollständigen Induktion") formulieren. Dieses Beweis-Prinzip sollten Sie sich gut einprägen, denn es ist die Grundlage zahlreicher Beweise.

Eine Variante der vollständigen Induktion gestattet "rekursive Definitionen". Diese werden wir in Kapitel 6 schon wieder benötigen. Weiter werden Eigenschaften der n-ten Potenz und der n-ten Wurzel beschrieben. Außerdem wird die binomische Formel behandelt.

§ 1 BEWEIS DURCH VOLLSTÄNDIGE INDUKTION

Wie schon erwähnt, sollen Sie in diesem Paragraphen ein wichtiges Beweisprinzip kennen- und anwenden lernen. Wir beginnen dazu mit einem Gedankenexperiment (*), das auf den ersten Blick nicht allzu viel mit Mathematik zu tun hat.

(2.1) BEISPIEL.- Sie kennen sicherlich alle das Domino-Spiel. Es geht uns hier weniger um das Spielen nach den exakten Spielregeln als um eine bestimmte Verwendung der Domino-Spielsteine.

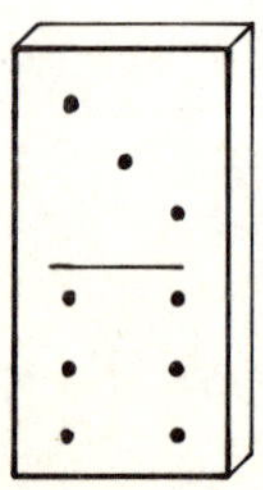

Hochkant stehender Dominostein

Versuchsanordnung: Wir stellen die Dominosteine auf ihrer Schmalseite hochkant hintereinander auf; und zwar in einem solchen Abstand, daß folgende Bedingung erfüllt ist: Wird ein Stein in Richtung auf den nächsten Stein gekippt, so kippt auch dieser Stein um. Etwas anders ausgedrückt, die Steine werden so aufgestellt, daß gilt:

(⁂) Kippt der n-te Stein, dann kippt auch der (n+1)-te Stein.

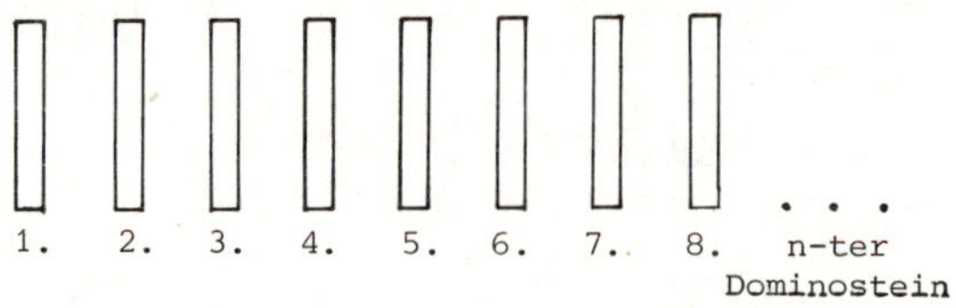

Die im beschriebenen Abstand hintereinanderstehenden Dominosteine (von der Seite gesehen).

Versuch und Ergebnis: Es ist nun klar, daß nach Kippen des ersten Steines alle weiteren Steine auch umkippen (Kettenreaktion). Ebenso ist klar, daß nach Kippen (z.B.) des 4. Steines alle Steine mit einer Nummer $n > 4$ ebenfalls umkippen, während die Steine 1 bis 3 stehen bleiben.

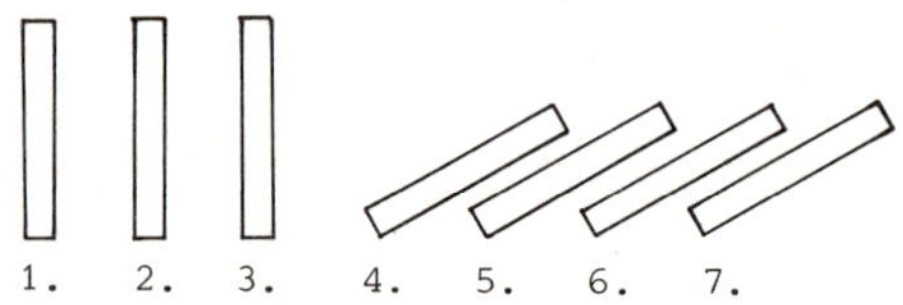

Position der Dominosteine nach Antippen des 4. Steines (in Richtung auf den 5.).

Analyse: Daß unser Experiment so gut funktioniert, liegt an der Voraussetzung (Versuchsanordnung) (⁂): Die Steine seien so aufgestellt, daß gilt: Kippt der n-te Stein, dann kippt auch der (n+1)-te Stein.

Was hat dieses Experiment mit Mathematik zu tun?

In der Mathematik kommen häufig Aussagen (z.B. Gleichungen, Ungleichungen, Folgerungen usw.) vor, die "von natürlichen Zahlen abhängen". Beispiele hierfür sind die Aussagen:

(A) Die Summe der ersten n natürlichen Zahlen beträgt $\frac{1}{2}\,n\,(n+1)$,

oder

(B) Die Summe der Quadrate der ersten n natürlichen Zahlen ist größer als $\frac{n^3}{3}$.

(*) ... das Sie mit ein wenig Geschick und Geduld auch tatsächlich nachvollziehen können.

Bei genauer Betrachtung von (A) bzw. (B) erkennen Sie: dort ist nicht nur jeweils eine Aussage formuliert, sondern zu jeder natürlichen Zahl n ist eine entsprechende Aussage formuliert.

Also im ersten Fall

$A(n): \quad 1 + 2 + \ldots + (n-1) + n = \frac{1}{2}n(n+1)$ (*)

und im zweiten Fall

$B(n): \quad 1^2 + 2^2 + \ldots + (n-1)^2 + n^2 > \frac{n^3}{3}.$

Problem

Das Problem lautet nun: Wie beweist man, daß die Aussage A(n) für jede natürliche Zahl n richtig ist?

Durch Einsetzen und Ausrechnen überzeugen wir uns schnell von der Richtigkeit der Aussage A(n), wenn $n = 1$ oder $= 2$ oder $= 3$ ist:

$A(1): \quad 1 = \frac{1}{2} \cdot 1 \cdot 2$

$A(2): \quad 1 + 2 = 3 = \frac{1}{2} \cdot 2 \cdot 3$

$A(3): \quad 1 + 2 + 3 = 6 = \frac{1}{2} \cdot 3 \cdot 4$

So könnten wir, wenn wir Zeit hätten, fortfahren. Aber auch wenn die Richtigkeit der Gleichung A(n) für $n = 1980$ nachgewiesen ist, bleibt ungewiß, ob sie für $n = 1981$ oder für $n = 328\,412 \cdot 10^{32}$ immer noch richtig ist.

Hier hilft das Experiment mit den Dominosteinen weiter:

Mathematik und Experiment

Wir stellen uns vor, das Umkippen des n-ten Steines sei gleichbedeutend mit der Richtigkeit der Gleichung A(n).

Da wir A(1), A(2) und A(3) schon als richtig erkannt haben, kippen also die ersten drei Dominosteine um. Nach unserem Versuchsergebnis kippen dann aber alle Steine um, d.h. alle Aussagen A(n) sind richtig.

Wir brauchen uns nur noch zu überlegen, welche Bedeutung die (wesentliche) Versuchsanordnung (***) "Kippt der n-te Stein, so kippt auch der (n+1)-te Stein" für die Aussagen A(n) hat.

Auf Grund unserer Vereinbarung "Kippen des n-ten Steines = Richtigkeit von A(n)" lautet die wesentliche Voraussetzung nun:

Ist A(n) richtig, so ist auch A(n+1) richtig.

(*) Die Schreibweise A(n) soll andeuten, daß die dahinterstehende Gleichung die Aussage (A) für die natürliche Zahl n ist, also etwa A(4):

$1 + 2 + 3 + 4 = \frac{1}{2} \cdot 4 \cdot 5.$

Entsprechendes gilt für B(n).

Wir fassen zusammen und formulieren

(2.2) Prinzip der vollständigen Induktion

DAS PRINZIP DER VOLLSTÄNDIGEN INDUKTION:

Will man die Richtigkeit der Aussage A(n) für jedes $n \in \mathbb{N}$ beweisen, so geht man wie folgt vor:

- Man zeigt die Richtigkeit von A(1).
- Man zeigt: aus der Richtigkeit von A(n) für ein beliebiges $n \in \mathbb{N}$ folgt die Richtigkeit von A(n+1).

Einen Beweis nach dieser Methode nennt man *Beweis durch vollständige Induktion* (über n) kurz: *Induktionsbeweis*.

Wie dieses Prinzip angewendet wird, zeigen wir nun an den eingangs genannten Beispielen.

(2.3) Beispiel eines Induktionsbeweises

BEISPIEL.- Wir behaupten: Für jedes $n \in \mathbb{N}$ gilt

$A(n): \quad 1 + 2 + \ldots + (n-1) + n = \frac{n(n+1)}{2}$

BEWEIS.- Durch vollständige Induktion über n.

INDUKTIONSANFANG: *Hier ist die Richtigkeit von A(1) zu zeigen.*

Es ist $1 = \frac{1 \cdot 2}{2} = \frac{1 \cdot (1+1)}{2}$, und dies ist A(1).

INDUKTIONSVORAUSSETZUNG: Für ein (beliebiges) $n \in \mathbb{N}$ gelte

$A(n): \quad 1 + 2 + \ldots + (n-1) + n = \frac{n(n+1)}{2}.$

INDUKTIONSBEHAUPTUNG: Dann gilt auch

$A(n+1): \quad 1 + 2 + \ldots + n + (n+1) = \frac{(n+1)((n+1)+1)}{2}.$

INDUKTIONSSCHLUSS: *Hier muß die Induktionsbehauptung unter der Verwendung der Induktionsvoraussetzung bewiesen werden.*

Aus der Induktionsvoraussetzung ergibt sich durch Addition der Zahl n+1:

$1 + 2 + \ldots + (n-1) + n + (n+1) = \frac{n(n+1)}{2} + (n+1).$

Durch weiteres Ausrechnen der rechten Seite erhält man:

$$1 + 2 + \ldots + n + (n+1) = \frac{n(n+1) + 2(n+1)}{2} = \frac{(n+1)(n+2)}{2} = \frac{(n+1)((n+1)+1)}{2}$$

Das war die Induktionsbehauptung.

Nach dem Prinzip der vollständigen Induktion ist nun die Aussage A(n) für alle $n \in \mathbb{N}$ richtig. Diese Folgerung schreibt man meist nicht mehr in den Beweis.

Machen Sie sich noch einmal klar, wie das Prinzip der vollständigen Induktion im Beweis von (2.3) verwirklicht ist.

Überlegen Sie sich: Es genügt nicht zu beweisen: A(n) richtig ⟹ A(n+1) richtig. Denn dies bedeutet (in unserem Experiment mit den Dominosteinen) lediglich, daß alle Steine im richtigen Abstand hintereinander aufgestellt sind. Es muß außerdem wenigstens ein Stein umkippen, damit alle nachfolgenden auch umkippen, und es muß der erste Stein umkippen, wenn alle Steine umfallen sollen. D.h. es muß auch die Richtigkeit von A(1) bewiesen werden, damit A(n) für alle $n \in \mathbb{N}$ richtig ist.

Das Prinzip der vollständigen Induktion enthält keinen Hinweis, wie die Beweise von "A(1) richtig" und "A(n) richtig ⟹ A(n+1) richtig" zu führen sind. Das hängt von der Art der zu beweisenden Aussage A(n) ab.

Gehen Sie in der folgenden Aufgabe formal ähnlich wie in Beispiel (2.3) vor.

A 1

AUFGABE 1.- a) Zeigen Sie, daß für jedes $n \in \mathbb{N}$ gilt:

B(n): $1^2 + 2^2 + \ldots + n^2 > \frac{n^3}{3}$.

b) Zeigen Sie: Es gilt $2 + 4 + 6 + \ldots + 2(n-1) + 2n = n(n+1)$ *für alle* $n \in \mathbb{N}$.

Erklärung des Summenzeichens

Den Inhalt dieses Abschnitts können Sie unabhängig von der Lektüre des vorangegangenen Abschnitts lesen. Wir erläutern hier eine Schreibweise, die wir im folgenden noch oft benutzen werden. Wenn Sie mit dem Summenzeichen schon vertraut sind, können Sie diesen Abschnitt überspringen und auf Seite 27 fortfahren. Bearbeiten Sie zu Ihrer eigenen Kontrolle jedoch die Aufgaben 2 und 3 auf Seite 26/27.

In Beispiel (2.3) und in Aufgabe 1 haben wir für die Summe von n reellen Zahlen $a_1, \ldots, a_n$ jeweils

$$a_1 + a_2 + \ldots + a_n$$

geschrieben.

Für eine kompaktere Schreibweise verwendet man den griechischen Buchstaben Σ (großes sigma für "Summe") als *Summenzeichen* und schreibt Summenzeichen

$$\sum_{k=1}^{n} a_k := a_1 + a_2 + \ldots + a_n.$$

(lies: Summe über a_k von k gleich 1 bis n oder: Summe von k gleich 1 bis n über a_k).

Der Buchstabe k in $\sum_{k=1}^{n} a_k$ heißt *Summationsindex* Summationsindex

Er kann durch jedes andere Symbol (ausgenommen "n") ersetzt werden.

BEISPIELE.- (1) Ist $a_k = k$, so erhält man (2.4)

$$\sum_{k=1}^{n} a_k = \sum_{k=1}^{n} k = 1 + 2 + \ldots + n.$$

Ist darüber hinaus z.B. $n = 6$, so erhält man

$$\sum_{k=1}^{6} k = 1 + 2 + 3 + 4 + 5 + 6.$$

Wollen wir erst ab $k = 3$ summieren, so schreiben wir

$$\sum_{k=3}^{6} k = 3 + 4 + 5 + 6.$$

(2) Es ist $\sum_{j=1}^{n} j^2 = 1^2 + 2^2 + \ldots + (n-1)^2 + n^2$.

(3) $$\sum_{s=0}^{3} \frac{s+1}{(s+2)(s+3)} = \frac{0+1}{(0+2)(0+3)} + \frac{1+1}{(1+2)(1+3)} + \frac{2+1}{(2+2)(2+3)} + \frac{3+1}{(3+2)(3+3)} = \frac{1}{2\cdot 3} + \frac{2}{3\cdot 4} + \frac{3}{4\cdot 5} + \frac{4}{5\cdot 6}.$$

Sie sehen, diese Summe kann man auch in der Form

$$\sum_{k=1}^{4} \frac{k}{(k+1)(k+2)}$$

schreiben.

(4) Für $n = 1$ ist $\sum_{k=1}^{n} a_k = \sum_{k=1}^{1} a_k = a_1$.

Also $\sum_{k=1}^{1} (k+4)^2 = (1+4)^2$.

(5) Ist $c \in \mathbb{R}$ und $a_k = c$ für $k = 1, \ldots, n$, so ist

$$\sum_{k=1}^{n} a_k = a_1 + a_2 + \ldots + a_n = \underbrace{c + c + \ldots + c}_{n\text{-mal}} = n \cdot c.$$

Kurz: $\sum_{k=1}^{n} c = nc$.

AUFGABE 2.- a) Geben Sie den Zahlenwert der folgenden Summen an A 2

aa) $\sum_{k=1}^{5} (3k-9)$, *ab)* $\sum_{k=3}^{5} \frac{k+1}{k-2}$, *ac)* $\sum_{k=1}^{1400} 5$,

ad) $\sum_{j=1}^{2} (j^3 + 2j^2 - j + 4)$, *ae)* $\sum_{i=1}^{6} (1 + (-1)^i)$.

b) Schreiben Sie folgende Summen mit Hilfe des Summenzeichens:

ba) $2^3 + 3^3 + 4^3 + 5^3$, *bb)* $1 + \frac{1}{2} + \frac{1}{3} + \frac{1}{4} + \frac{1}{5} + \frac{1}{6}$,

bc) $\frac{2}{1\cdot 3} + \frac{3}{2\cdot 4} + \frac{4}{3\cdot 5} + \frac{5}{4\cdot 6} + \dots + \frac{n}{(n-1)(n+1)}$,

bd) $1 + \sqrt{2} + \sqrt{3} + \sqrt{4}$.

c) Seien $a_1,\dots,a_n$ *reelle Zahlen. Welche der folgenden Summen sind gleich?*

$$\sum_{k=1}^{n} a_k, \quad \sum_{s=0}^{n-1} a_{s+1}, \quad \sum_{j=2}^{n+1} a_{j-1}, \quad a_1 + \sum_{k=0}^{n-2} a_{n-k} .$$

(2.5) BEMERKUNG.- Für das Rechnen mit dem Summenzeichen gelten einige "offensichtliche" Regeln, etwa

Rechenregeln für das Summenzeichen

$$\sum_{k=1}^{n+1} a_k = \sum_{k=1}^{n} a_k + a_{n+1}$$

(in Worten: Eine Summe über n+1 Summanden ist gleich der Summe über die ersten n Summanden plus dem letzten Summanden.)

$$\sum_{k=1}^{n} a_k \pm \sum_{k=1}^{n} b_k = \sum_{k=1}^{n} (a_k \pm b_k)$$

$$a \cdot \sum_{k=1}^{n} a_k = \sum_{k=1}^{n} (a \cdot a_k) ,$$

dabei sind a, a_k, b_k reelle Zahlen.

A 3

AUFGABE 3.- Benutzen Sie die letzten beiden Rechenregeln für das Summenzeichen und Beispiel (2.3), Seite 25, um die Summe

$$\sum_{k=1}^{n} (2k - 1)$$

zu berechnen. (Hinweis: Sie müssen n^2 *erhalten.)*

Nach diesem Abstecher zum Summenzeichen kehren wir zur vollständigen Induktion zurück.

§ 2 REKURSIVE DEFINITIONEN

In diesem Abschnitt wird das Prinzip der vollständigen Induktion in Definitionen verwendet, die "von natürlichen Zahlen abhängen".

Ein einfaches Beispiel ist die Definition der n-ten Potenz einer reellen Zahl x. Auf der Schule haben Sie vermutlich gelernt: Für jedes $n \in \mathbb{N}$ ist $x^n = \underbrace{x \cdot x \cdot \ldots \cdot x}_{n\text{-mal}}$.

Wie man dies als Ergebnis einer *Definition durch vollständige Induktion* erhält, zeigen wir Ihnen jetzt.

DEFINITION.- Für $x \in \mathbb{R}$ und $n \in \mathbb{N}$ sei die *n-te Potenz* x^n (lies: x hoch n) von x definiert durch (2.6)

n-te Potenz

(1) $x^1 := x$,

(2) $x^{n+1} := x^n \cdot x$.

Man setzt außerdem für jedes $x \in \mathbb{R}$: $x^0 := 1$. (Insbesondere gilt dann $0^0 = 1$).

BEMERKUNG.- Bei der vorstehenden Definition ging man so vor: Zunächst wurde x^n für $n = 1$ definiert. Unter (2) definierte man x^{n+1} unter der Voraussetzung, daß x^n bereits definiert war. (2.7)

Da $x^1 = x$ ist, erhält man mit (2)

$$x^2 = x^{1+1} = x^1 \cdot x = x \cdot x,$$

und hieraus wieder mit (2)

$$x^3 = x^{2+1} = x^2 \cdot x = (x \cdot x) \cdot x = x \cdot x \cdot x,$$

also $x^4 = x^{3+1} = x^3 \cdot x = x \cdot x \cdot x \cdot x$ usw.

und daher das oben erwähnte Ergebnis.

Definition (2.6) liefert also nichts Neues, jedoch ermöglicht erst sie, exakte Beweise zu führen.

Statt Definition durch vollständige Induktion sagt man oft auch *Definition durch Rekursion* (*) oder *rekursive Definition*. Wir formulieren das allgemeine

PRINZIP DER REKURSIVEN DEFINITION: Hat man für jede natürliche Zahl n eine Definition D(n) zu treffen, so kann man folgendermaßen vorgehen: (2.8)

Prinzip der rekursiven Definition

- Zunächst legt man D(1) fest,
- dann definiert man D(n+1) unter der Voraussetzung, daß D(n) schon festgelegt ist.

Nach dem Induktionsprinzip (Seite 25) ist dann D(n) für alle $n \in \mathbb{N}$ festgelegt.

BEISPIEL.- Wir wollen eine Funktion $f : \mathbb{N} \to \mathbb{R}$ definieren. (**) (2.9)

Dies tun wir, indem wir die Funktionswerte f(n) rekursiv definieren. Es sei

$$f(1) := 2 \quad \text{und}$$

$$f(n+1) := \frac{1}{2}\left(f(n) + \frac{2}{f(n)}\right) \quad \text{für } n \in \mathbb{N} .$$

(*) durch "Zurückgehen von n+1 auf n".

(**) Solche Funktionen spielen eine wichtige Rolle in der Analysis. Sie werden im Kapitel 6 "Folgen" behandelt.

Nach dem Prinzip der rekursiven Definition ist $f(n)$ für alle $n \in \mathbb{N}$ definiert. (*)

Wollen Sie zum Beispiel den Funktionswert $f(10)$ berechnen, so erhalten Sie

$$f(10) = f(9+1) = \frac{1}{2}(f(9) + \frac{2}{f(9)}) .$$

Man muß also zunächst $f(9)$ berechnen.

$$f(9) = f(8+1) = \frac{1}{2}(f(8) + \frac{2}{f(8)}) .$$

Auch $f(9)$ läßt sich erst berechnen, wenn man $f(8)$ kennt usw. Wir müssen also Schritt für Schritt $f(2)$, $f(3)$, $f(4)$, $f(5)$, ... bestimmen. Es ist

$$f(2) = f(1+1) = \frac{1}{2}(f(1) + \frac{2}{f(1)}) = \frac{1}{2}(2 + \frac{2}{2}) = \frac{3}{2}.$$

Hieraus folgt (mit der Definition von $f(n+1)$ für $n = 2$):

$$f(3) = f(2+1) = \frac{1}{2}(f(2) + \frac{2}{f(2)}) = \frac{1}{2}(\frac{3}{2} + \frac{2 \cdot 2}{3}) = \frac{17}{12}$$

Berechnen Sie noch $f(4)$.

(Sie müssen $f(4) = \frac{577}{408}$ erhalten.)

Obwohl man - wie Sie gesehen haben - die Funktionswerte von f nicht "direkt" berechnen kann, lassen sich gewisse Eigenschaften der Funktion f nachweisen. Zum Beispiel sind alle Funktionswerte von f größer oder gleich $\sqrt{2}$.

Behauptung: Für alle $n \in \mathbb{N}$ gilt $f(n) \geq \sqrt{2}$.

Beweis: $f(1) = 2 > \sqrt{2}$. Sei $n \in \mathbb{N}$, dann folgt aus

$$f(n+1) = \frac{1}{2}(f(n) + \frac{2}{f(n)}) = \frac{(f(n))^2 + 2}{2f(n)}$$

$$2f(n)\ f(n+1) = (f(n))^2 + 2.$$

Hieraus folgt:

$$\begin{aligned} 0 &= (f(n))^2 - 2f(n)f(n+1) + 2 \\ &= (f(n))^2 - 2f(n)f(n+1) + (f(n+1))^2 - (f(n+1))^2 + 2 \\ &\qquad \text{(Addition von 0)} \\ &= (f(n) - f(n+1))^2 - (f(n+1))^2 + 2. \end{aligned}$$

Jetzt ist $(f(n+1))^2 - 2 = (f(n) - f(n+1))^2$ und somit $0 \leq (f(n) - f(n+1))^2 = (f(n+1))^2 - 2$, also $2 \leq (f(n+1))^2$, woraus wegen $f(n+1) > 0$ folgt $\sqrt{2} \leq f(n+1)$, d.h. $f(n+1) \geq \sqrt{2}$.

A 4

<u>AUFGABE 4.-</u> Die Funktion $g: \mathbb{N} \longrightarrow \mathbb{R}$ werde rekursiv definiert durch

a) $g(1) := 1,\ g(n+1) := \frac{(g(n))^2}{1+g(n)}$, $n \in \mathbb{N}$.

b) $g(1) := 1,\ g(n+1) := \frac{(g(n))^2}{1+g(n)} + \frac{g(n)}{2}$, $n \in \mathbb{N}$.

Berechnen Sie jeweils $g(n)$ für $1 \leq n \leq 4$. Welche Vermutung können Sie im Fall b) anstellen?

(*) Denn der Nenner ist $\neq 0$, da man leicht durch vollständige Induktion über n zeigt, daß alle Funktionswerte $f(n)$ positiv sind: $f(1)$ ist positiv. Und wenn $f(n)$ positiv ist, dann ist auch $f(n+1) = \frac{1}{2}(f(n) + \frac{2}{f(n)})$ positiv.

In Definition (2.18) werden wir eine weitere Funktion rekursiv definieren.

§ 3 N-TE POTENZ UND N-TE WURZEL

EIGENSCHAFTEN DER N-TEN POTENZ

Für die in (2.6) auf Seite 27 definierte n-te Potenz gelten die nachfolgenden Gesetzmäßigkeiten, die Sie sicherlich von der Schule her kennen und die wir nicht beweisen werden.

Wer den Beweis selbst versuchen möchte, tue dies z.B. in den Fällen (3) und (4) mit vollständiger Induktion über n.

SATZ.- Seien $x, y \in \mathbb{R}$ und $n, m \in \mathbb{N}_0$. Dann gilt (2.10)

Rechenregeln für das Potenzieren

(1) $x^n \cdot x^m = x^{n+m}$,

(2) $(x^n)^m = x^{n \cdot m}$,

(3) $(xy)^n = x^n y^n$,

(4) Ist $y \neq 0$, so ist $(\frac{x}{y})^n = \frac{x^n}{y^n}$.

<u>AUFGABE 5.-</u> a) Zeigen Sie, daß für $q \in \mathbb{R}$, $q \neq 1$, und alle $n \in \mathbb{N}$ die <u>geometrische Summenformel</u> gilt: A 5

geometrische Summenformel

$$\sum_{k=0}^{n} q^k = \frac{1 - q^{n+1}}{1 - q} .$$

(Gilt diese Formel auch für $n = 0$?)

b) Berechnen Sie mit Hilfe von a)

$$\sum_{k=1}^{7} 2^k .$$

Der nächste Satz stellt Beziehungen zwischen dem Potenzieren und der Anordnung (Größer-Kleiner-Beziehung) der reellen Zahlen her. (Vergleichen Sie auch mit Satz (1.45) auf Seite 17.)

SATZ.- Seien $x, y \in \mathbb{R}$ und $n, m \in \mathbb{N}$. Dann gilt: (2.11)

Rechenregeln für Potenzen und Ungleichungen

(1) Aus $0 < x < y$ folgt: $0 < x^n < y^n$.

(2) Aus $0 < x < 1$ folgt: $x^n < x < 1$, falls $n \geq 2$.

(3) Aus $x > 1$ folgt: $x^n > x > 1$, falls $n \geq 2$.

(4) Aus $x > 1$ und $m > n$ folgt: $x^m > x^n$.

(5) Aus $0 < x < 1$ und $m > n$ folgt: $x^m < x^n$.

BEWEIS: Wir beweisen nur die erste Aussage.

Zu (1): Sei $0 < x < y$. Durch vollständige Induktion wird bewiesen, daß die Aussage

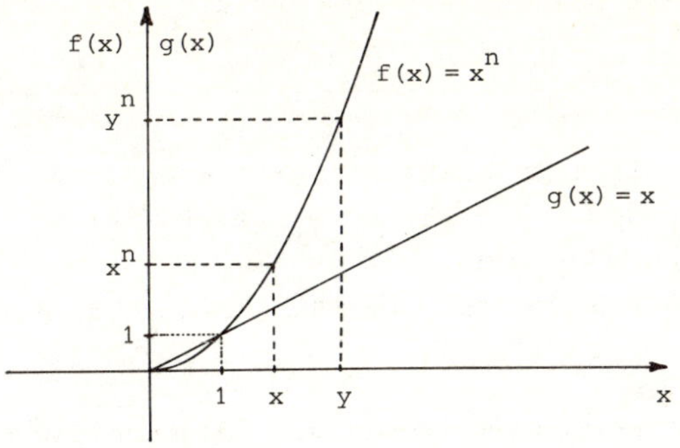

Bild 1.- Illustration der Aussagen (1) bis (3) von Satz (2.11) für $n = 2$:
Zu (2): Für x zwischen 0 und 1 liegt $f(x)$ unterhalb von $g(x) = x$.
Zu (3): Für $x > 1$ liegt $f(x)$ oberhalb von $g(x) = x$.

$A(n)$: $\quad 0 < x^n < y^n$

für jedes $n \in \mathbb{N}$ richtig ist.

INDUKTIONS-ANFANG: Wegen $x^1 = x$ und $y^1 = y$ ergibt sich die Richtigkeit der Aussage $A(1)$ unmittelbar aus der Voraussetzung $0 < x < y$.

INDUKTIONS-VORAUSSETZUNG: Für ein $n \in \mathbb{N}$ gelte $0 < x^n < y^n$.

INDUKTIONS-BEHAUPTUNG: Dann gilt $0 < x^{n+1} < y^{n+1}$.

INDUKTIONS-SCHLUSS: Aus der Voraussetzung $x < y$ folgt durch Multiplikation mit $x^n > 0$ (Induktions-Voraussetzung):

$$x^n \cdot x < x^n \cdot y, \text{ also } x^{n+1} < x^n \cdot y.$$

Aus der Induktions-Voraussetzung $x^n < y^n$ folgt durch Multiplikation mit $y > 0$

$$x^n \cdot y < y^n \cdot y = y^{n+1}.$$

Zusammen erhalten wir $x^{n+1} < y^{n+1}$. Da außerdem $x^{n+1} = x^n \cdot x > 0$ ist, gilt $0 < x^{n+1} < y^{n+1}$, also $A(n+1)$.

Eine weitere wichtige Ungleichung stellen wir im nächsten Beispiel vor.

(2.12) BEISPIEL.- Es gilt die *strikte Bernoullische Ungleichung* (*):
Für alle $x > -1$, $x \neq 0$, und für alle $n \in \mathbb{N}$, $n \geq 2$, ist

strikte Bernoullische Ungleichung

$$\boxed{(1 + x)^n > 1 + n \cdot x.}$$

Wir bemerken zunächst, daß die strikte Bernoullische Ungleichung tatsächlich <u>*nicht*</u> *für $n = 1$ gilt, weil dann auf beiden Seiten $1 + x$ steht und $1 + x > 1 + x$ falsch ist.*

BEWEIS der Bernoullischen Ungleichung.- Durch vollständige Induktion über n.

Der Induktionsanfang muß nun bei $n=2$ liegen. (**) Sei $x \in \mathbb{R}$, $x > -1$ und $x \neq 0$.

INDUKTIONS-ANFANG: Dann gilt für $n = 2$:

$$(1+x)^2 = 1 + 2x + x^2 > 1 + 2x,$$

denn wegen $x \neq 0$ ist $x^2 > 0$.

INDUKTIONS-VORAUSSETZUNG: Für ein (beliebiges) $n \in \mathbb{N}$, $n \geq 2$, gelte

$$(1+x)^n > 1 + nx.$$

INDUKTIONS-BEHAUPTUNG: Dann gilt

$$(1+x)^{n+1} > 1 + (n+1)x.$$

INDUKTIONS-SCHLUSS: Weil $x > -1$ vorausgesetzt ist, gilt $1 + x > 0$.
Deshalb folgt aus der Induktions-Voraussetzung durch Multiplikation mit $1 + x$:

$$(1+x)^n (1+x) > (1+nx)(1+x),$$

also nach Ausrechnen beider Seiten

$$(1+x)^{n+1} > 1 + nx + x + nx^2 = 1 + (n+1)x + nx^2.$$

Wegen $x \neq 0$ ist $nx^2 > 0$, so daß

$$1 + (n+1)x + nx^2 > 1 + (n+1)x$$

ist. Wir erhalten daher

$$(1+x)^{n+1} > 1 + (n+1)x.$$

Das war die Induktions-Behauptung.

BEMERKUNG.- Lassen wir in der eben bewiesenen Ungleichung auch die Gleichheit zu (d.h. ersetzen wir ">" durch "≥"), so gilt diese Ungleichung auch für $x = -1$ und für $x = 0$ und für $n = 1$. Genauer: Für alle $x \geq -1$ und alle $n \in \mathbb{N}$ gilt die <u>*Bernoullische Ungleichung*</u> (2.13)

Bernoullische Ungleichung

$$\boxed{(1+x)^n \geq 1 + nx.}$$

In der folgenden Aufgabe sollen Sie die strikte Bernoullische Ungleichung anwenden, um eine wichtige Ungleichung, die in Kapitel 6 benötigt

---

(*) Jakob Bernoulli (1654-1705), studiert Theologie und nur heimlich Mathematik. Er lehrt ab 1687 Mathematik und veröffentlicht wesentliche mathematische Ergebnisse. Jakob Bernoulli ist wohl der erste der (nach jahrelangem Studium) die Leibnizsche Differentialrechnung versteht.

(**) Denken Sie wieder an das Prinzip der Kettenreaktion bei den Dominosteinen: Wenn wir wissen, daß der zweite Stein kippt und daß die Steine - ab dem zweiten - so aufgestellt sind, daß der $(n+1)$-te kippt, wenn der n-te kippt, dann kippen alle Steine mit $n \geq 2$ (egal, wo der 1. Stein steht).

wird, zu beweisen. (Es ist kein Induktionsbeweis nötig!)

A 6

AUFGABE 6.- Zeigen Sie, daß für alle $n \in \mathbb{N}$, $n \geq 2$ gilt:

$$\left(1 + \frac{1}{n-1}\right)^{n-1} < \left(1 + \frac{1}{n}\right)^{n} .$$

(Gehen Sie dazu folgendermaßen vor: Zeigen Sie zunächst mit Hilfe von (2.12), daß $\left(1 - \frac{1}{n^2}\right)^n > 1 - \frac{1}{n}$ ist; formen Sie dann die linke Seite um: $\left(1 - \frac{1}{n^2}\right) = \left(1 + \frac{1}{n}\right)\left(1 - \frac{1}{n}\right)$; folgern Sie schließlich durch weitere Umformungen (Bruchrechnung) die behauptete Ungleichung.)

DIE N-TE WURZEL

Analog zur Definition der Wurzel aus einer nicht-negativen reellen Zahl (vgl. Definition (1.47) auf Seite 18) können wir "höhere" Wurzeln definieren. Es gilt nämlich der folgende Satz, den wir an dieser Stelle noch nicht beweisen können (vergleichen Sie auch Folgerung (10.27)).

(2.14) **SATZ.-** (1) Zu jedem $x \in \mathbb{R}$, $x \geq 0$, und zu jeder geraden natürlichen Zahl n gibt es genau ein $y \in \mathbb{R}$, $y \geq 0$, mit der Eigenschaft $y^n = x$.

(2) Zu jedem $x \in \mathbb{R}$ und zu jeder ungeraden natürlichen Zahl n gibt es genau ein $y \in \mathbb{R}$ mit der Eigenschaft $y^n = x$. (*)

BEMERKUNG.- Beachten Sie die Unterschiede der Aussagen (1) und (2).
Bei geradem n gibt es nur zu $x \geq 0$ ein y, (das dann auch nicht-negativ ist), so daß $y^n = x$ ist.
Bei ungeradem n gibt es zu jedem x ein y mit $y^n = x$.
Zum Beispiel gilt für $x = -64$ und $n = 3$:

$$(-4)^3 = -64, \text{ also } y = -4.$$

(2.15) **DEFINITION.-** Sei $n \in \mathbb{N}$.
(1) Ist n gerade, so wird die durch $x \in \mathbb{R}$, $x \geq 0$, eindeutig bestimmte Zahl $y \geq 0$, für die $y^n = x$ gilt, mit $\sqrt[n]{x}$ bezeichnet.
(2) Ist n ungerade, so wird die durch $x \in \mathbb{R}$ eindeutig bestimmte Zahl y, für die $y^n = x$ gilt, mit $\sqrt[n]{x}$ bezeichnet.

In beiden Fällen heißt $y = \sqrt[n]{x}$ die *n-te Wurzel aus* x. n-te Wurzel

Machen Sie sich klar: Die n-te Wurzel aus x ist bei geradem n nur für $x \geq 0$ definiert (und $\sqrt[n]{x}$ ist dann auch ≥ 0).
Bei ungeradem n ist $\sqrt[n]{x}$ für jedes $x \in \mathbb{R}$ definiert.

Der Definition entnehmen wir folgende Eigenschaften der n-ten Wurzel: einfache Eigenschaften von $\sqrt[n]{x}$

$\sqrt[2]{x} = \sqrt{x}$ für $x \geq 0$;
$(\sqrt[n]{x})^n = x$, wobei $x \geq 0$ sein muß, falls n gerade ist;
$\sqrt[n]{x^n} = x$ für alle $x \in \mathbb{R}$, falls n ungerade;
$\sqrt[n]{x^n} = |x|$ für alle $x \in \mathbb{R}$, falls n gerade.

AUFGABE 7.- Welche der folgenden Gleichungen sind richtig, welche falsch? A 7

a) $\sqrt[3]{27} = 3$, b) $\sqrt[3]{-27} = -3$, c) $-\sqrt[3]{-27} = 3$,
d) $\sqrt[3]{-27} = 3$, e) $\sqrt[6]{-64} = -2$, f) $\sqrt[6]{64} = 2$,
g) $\sqrt[6]{(-2)^6} = 2$, h) $\sqrt[4]{1{,}4641} = 1{,}1$; i) $\sqrt[4]{(a-b)^4} = b-a$.

Aus den Potenzregeln in den Sätzen (2.10) und (2.11) auf Seite 28 folgen nun entsprechende Regeln für n-te Wurzeln. Um die jeweils notwendigen Fallunterscheidungen zu vermeiden, formulieren wir sie nur für nicht-negative reelle Zahlen. Auf Beweise verzichten wir auch hier.

SATZ.- Seien $x, y \in \mathbb{R}$, $x \geq 0$, $y \geq 0$, und $n, m \in \mathbb{N}$. (2.16)
Dann gilt

(1) $\sqrt[n]{xy} = \sqrt[n]{x}\ \sqrt[n]{y}$. Rechenregeln für höhere Wurzeln

(2) $\sqrt[n]{\sqrt[m]{x}} = \sqrt[n\cdot m]{x}$.

(3) $\sqrt[n]{x^m} = (\sqrt[n]{x})^m$.

(4) $x < y$ genau dann, wenn $\sqrt[n]{x} < \sqrt[n]{y}$.

(5) Aus $0 < x < 1$ und $m < n$ folgt: $\sqrt[m]{x} < \sqrt[n]{x}$.

(6) Aus $x > 1$ und $m < n$ folgt: $\sqrt[m]{x} > \sqrt[n]{x}$.

BEISPIEL.- Analog zur Definition des arithmetischen bzw. geometrischen Mittels (vergleiche Seite 31) für zwei reelle Zahlen (*), definiert man diese Begriffe für n reelle Zahlen. (2.17)

Seien $a_1, \ldots, a_n \in \mathbb{R}$. Die reelle Zahl

(*) Eine ganze Zahl p heißt gerade, wenn sie sich in der Form $p = 2 \cdot q$, $q \in \mathbb{Z}$, schreiben läßt. p heißt ungerade, falls $p = 2 \cdot q + 1$ mit $q \in \mathbb{Z}$.

(*) Diese beiden reellen Zahlen müssen im Fall des geometrischen Mittels nicht-negativ sein.

arithmetisches Mittel

$$A_n := \frac{a_1 + a_2 + \ldots + a_n}{n}$$

heißt <u>arithmetisches Mittel</u> der Zahlen $a_1,\ldots,a_n$.
Sind $a_1,\ldots,a_n$ nicht-negativ, so heißt

geometrisches Mittel

$$G_n := \sqrt[n]{a_1 \cdot a_2 \cdot \ldots \cdot a_n}$$

<u>geometrisches Mittel</u> der Zahlen $a_1,\ldots,a_n$.

Man kann beweisen: Für jedes $n \in \mathbb{N}$ und nicht-negative reelle Zahlen $a_1,\ldots,a_n$ gilt die "Ungleichung vom arithmetischen und geometrischen Mittel":

$$\sqrt[n]{a_1 \cdot a_2 \cdot \ldots \cdot a_n} \leq \frac{a_1 + a_2 + \ldots + a_n}{n} .$$

Wir führen den Beweis nicht durch.

ZUSAMMENFASSUNG.- Fassen Sie noch einmal zusammen:

- Wie ist die n-te Wurzel definiert?
- Für welche $x \in \mathbb{R}$ ist $\sqrt[n]{x}$ definiert, wenn n ungerade ist?
- Für welche $x \in \mathbb{R}$ ist $\sqrt[n]{x}$ definiert, wenn n gerade ist?

DIE BINOMISCHE FORMEL

In diesem Abschnitt behandeln wir eine Gesetzmäßigkeit, die Beziehungen zwischen der Addition reeller Zahlen und dem Potenzieren herstellt. Es geht darum, eine Potenz $(a+b)^n$ zu "berechnen".

Sie wissen alle von der Schule her, daß

binomische Formel für n = 2

$$(a+b)^2 = a^2 + 2ab + b^2$$

ist. Sicherlich wissen Sie auch noch (*), daß

binomische Formel für n = 3

$$(a+b)^3 = a^3 + 3a^2b + 3ab^2 + b^3$$

gilt. Will man noch höhere Potenzen hinschreiben, so scheint es um das Einprägen (Merken) der entsprechenden Formel schon recht schlecht bestellt zu sein. Andererseits ist das Ausmultiplizieren von zum Beispiel $(a+b)^7$ sehr mühsam.

Um eine allgemeine Gesetzmäßigkeit für solche Potenzen (einer Summe zweier Zahlen a, b) aufzudecken, rechnen wir zunächst einmal mehrere Potenzen aus und ordnen die Summanden nach "fallenden" Potenzen von a.

$n = 1$: $(a+b)^1 = \underline{1} \cdot a + \underline{1} \cdot b$

$n = 2$: $(a+b)^2 = \underline{1} \cdot a^2 + \underline{2}ab + \underline{1} \cdot b^2$

$n = 3$: $(a+b)^3 = \underline{1} \cdot a^3 + \underline{3} \cdot a^2b + \underline{3} \cdot ab^2 + \underline{1} \cdot b^3$

$n = 4$: $(a+b)^4 = \underline{1} \cdot a^4 + \underline{4} \cdot a^3b + \underline{6} \cdot a^2b^2 + \underline{4} \cdot ab^3 + \underline{1} \cdot b^4$

$n = 5$: $(a+b)^5 = \underline{1} \cdot a^5 + \underline{5} \cdot a^4b + \underline{10} \cdot a^3b^2 + \underline{10} \cdot a^2b^3 + \underline{5} \cdot ab^4 + \underline{1} \cdot b^5$

Wenn wir uns nun die (jeweils unterstrichenen) Koeffizienten in derselben Anordnung herausschreiben, erhalten wir das <u>*Pascalsche Dreieck*</u>:(**)

Pascalsches Dreieck

(P)

```
            1   1
          1   2   1
        1   3   3   1
      1 ↘ ↙4   6   4   1
    1   5   10  10  5   1
```

Jede Zeile beginnt und endet mit einer 1. Darüber hinaus gilt z.B. für die Zahlen der fünften Zeile:

Die zweite Zahl (5) ist die Summe aus 1. und 2. Zahl der 4. Zeile (1+4).
Die dritte Zahl (10) ist die Summe aus der 2. und 3. Zahl der 4. Zeile (4+6).
Die vierte Zahl (10) ist die Summe aus 3. und 4. Zahl der 4. Zeile (6+4).
Die fünfte Zahl (5) ist die Summe aus 4. und 5. Zahl der 4. Zeile (4+1).

Allgemein gilt für die Zahlen im Pascalschen Dreieck:

(PD) Die k-te Zahl der n-ten Zeile ist die Summe aus der (k-1)-ten und der k-ten Zahl der (n-1)-ten Zeile $(2 \leq k \leq n-1)$.
Die erste und die letzte Zahl jeder Zeile ist eine 1.

Überprüfen Sie (PD) noch einmal an der 4. Zeile!

<u>AUFGABE 8</u>.- Ergänzen Sie das Pascalsche Dreieck (P) durch die 6. und 7. Zeile. Wie lautet demnach die binomische Formel für $n = 7$? A 8

Wir werden nun eine Definition angeben, die es gestattet, die Koeffizienten der binomischen Formeln (die "Binomialkoeffizienten") direkt auszurechnen.

Wir benötigen zuvor folgende rekursive Definition:

DEFINITION.- Für $n \in \mathbb{N}$ seien natürliche Zahlen n! (lies: <u>n Fakultät</u>) rekursiv definiert durch (2.18) n Fakultät

(1) $1! := 1$
(2) $(n+1)! := n!(n+1)$.

Außerdem setzt man $0! := 1$.

(*) Wenn nicht, dann erhalten Sie das Ergebnis durch Ausmultiplizieren.

(**) Blaise Pascal, 1623-1662, wächst als "Wunderkind" auf. Neben bedeutenden Arbeiten in Mathematik und Physik erfindet er 1641 eine Additions- und Subtraktionsmaschine.

(2.19) BEMERKUNG.- Nach dem Prinzip der rekursiven Definition (vgl. (2.8) auf Seite 27) ist n! für alle $n \in \mathbb{N}$ definiert.
Setzt man in der Gleichung (2) von Definition (2.18) nacheinander $n = 1, 2, 3, \ldots$ ein, so erhält man

$$2! = (1+1)! = 1!(1+1) = 1\cdot 2 \qquad (=2)$$
$$3! = (2+1)! = 2!(2+1) = 1\cdot 2\cdot 3 \qquad (=6)$$
$$4! = (3+1)! = 3!(3+1) = 1\cdot 2\cdot 3\cdot 4 \qquad (=24)$$

n! ist also das Produkt der ersten n natürlichen Zahlen.

(2.20) DEFINITION.- Für $n, k \in \mathbb{N}_0$ sei der *Binomialkoeffizient* $\binom{n}{k}$ (lies: n über k) definiert durch:

$$\binom{n}{k} := \frac{n!}{k!(n-k)!}, \quad \text{falls } k \leq n.$$

Binomialkoeffizient

(2.21) BEISPIELE.- Es ist $6! = 4!\cdot 5\cdot 6$. Deshalb gilt

$$\binom{6}{2} = \frac{6!}{2!(6-2)!} = \frac{6!}{2!4!} = \frac{4!\cdot 5\cdot 6}{2!\,4!} = \frac{5\cdot 6}{1\cdot 2} = 15.$$

Analog erhält man:

$$\binom{18}{3} = \frac{18!}{3!(18-3)!} = \frac{18!}{3!\,15!} = \frac{15!\cdot 16\cdot 17\cdot 18}{3!\,15!} = \frac{16\cdot 17\cdot 18}{1\cdot 2\cdot 3}.$$

Sie sehen: Indem man in $\binom{n}{k} = \frac{n!}{k!(n-k)!}$ den Faktor $(n-k)!$ gegen einen Teil der Faktoren von n! im Zähler kürzt, erhält man:

$$\binom{n}{k} = \frac{n\cdot(n-1)\cdot(n-2)\cdot\ \ldots\ \cdot(n-k+1)}{1\cdot 2\cdot 3\cdot\ \ldots\ \cdot k}.$$

D.h. im Nenner steht das Produkt $k! = 1\cdot 2\cdot\ldots\cdot k$; im Zähler steht ebenfalls ein Produkt aus k Zahlen, von denen die erste gleich n und jede weitere um 1 kleiner ist. Zum Beispiel

$$\binom{23}{4} = \frac{23\cdot 22\cdot 21\cdot 20}{1\cdot 2\cdot 3\cdot 4}.$$

(2.22) BEMERKUNGEN.- (1) Wegen $0! = 1! = 1$ folgt aus Definition (2.20) sofort: Für alle $n \in \mathbb{N}$ ist

$$\binom{n}{0} = 1, \quad \binom{n}{n} = 1 \quad \text{und} \quad \binom{n}{1} = n.$$

(2) Aus der Definition der Binomialkoeffizienten folgt außerdem:
Für alle $n, k \in \mathbb{N}_0$ mit $k \leq n$ ist

$$\binom{n}{k} = \binom{n}{n-k}.$$

Also gilt (mit $k = n-1$) auch

$$\binom{n}{n-1} = n.$$

(3) Die bisher berechneten Binomialkoeffezienten waren (*obwohl als Bruch definiert!*) stets wieder natürliche Zahlen. Das gilt ganz allgemein: für alle $n, k \in \mathbb{N}_0$ mit $k \leq n$ ist $\binom{n}{k} \in \mathbb{N}$.
(Dies kann man durch vollständige Induktion über n beweisen.)

AUFGABE 9.- a) Berechnen Sie für $0 \leq k \leq 5$ alle Binomialkoeffizienten $\binom{5}{k}$. Vergleichen Sie mit den Zahlen in der fünften Zeile des Pascalschen Dreiecks. A 9

b) Bestimmen Sie $\sum_{k=0}^{2} \binom{2}{k} a^{2-k} b^k$ und $\sum_{k=0}^{3} \binom{3}{k} a^{3-k} b^k$.

Das Ergebnis von Aufgabe 9 erhärtet die Vermutung, daß der Binomialkoeffizient $\binom{n}{k}$ gerade die k-te Zahl in der n-ten Zeile des Pascalschen Dreiecks ist. (*)

Wir beweisen nun allgemein, daß die Zahlen $\binom{n}{k}$ die Eigenschaft (PD) auf Seite 31 haben. Der Beweis zeigt Ihnen, daß das Rechnen mit Binomialkoeffizienten lediglich Rechnen mit Brüchen ist.

SATZ.- Für $n, k \in \mathbb{N}$ mit $k \leq n$ gilt (2.23)

$$\binom{n+1}{k} = \binom{n}{k-1} + \binom{n}{k}.$$

BEWEIS.- Den Beweis führen wir durch Einsetzen der Definition der Binomialkoeffizienten und Ausrechnen der rechten Seite. Es ist

$$\binom{n}{k-1} + \binom{n}{k} =$$

$$= \frac{n!}{(k-1)!(n-(k-1))!} + \frac{n!}{k!(n-k)!} \qquad \textit{nach Definition (2.20)}$$

$$= \frac{n!\,k}{k!(n-k+1)!} + \frac{n!(n-k+1)}{k!(n-k+1)!} \qquad \textit{Erweitern mit } k \textit{ bzw. mit } n-k+1 \textit{ u. Definition (2.18)}$$

$$= \frac{n!}{k!(n-k+1)!}(k + (n-k+1)) \qquad \textit{Ausklammern}$$

$$= \frac{n!(n+1)}{k!(n+1-k)!} \qquad n-k+1 = n+1-k$$

$$= \frac{(n+1)!}{k!((n+1)-k)!} = \binom{n+1}{k}. \qquad \textit{Definition (2.18) und (2.20)}$$

Wir sind nun in der Lage, die allgemeine binomische Formel zu beweisen (Für das Rechnen mit dem Summenzeichen lesen Sie gegebenenfalls noch einmal die Seiten 26/27.)

(*) Die Numerierung der n+1 Zahlen in der n-ten Zeile des Pascalschen Dreiecks ist dabei so zu wählen, daß man die 1 am Anfang als 0-te Zahl, die nächste als erste Zahl usw. bezeichnet.

(2.24) binomische Formel

SATZ.- Seien $x,y \in \mathbb{R}$. Für alle $n \in \mathbb{N}$ gilt

$$(x+y)^n = \sum_{k=0}^{n} \binom{n}{k} x^{n-k}y^k.$$

Diese Formel sollten Sie auswendig kennen und den Beweis als Beispiel eines Induktionsbeweises durcharbeiten.

BEWEIS.- Natürlich führen wir einen Induktionsbeweis. (*)

"n = 1": Es gilt

$$\sum_{k=0}^{1} \binom{1}{k} x^{1-k}y^k = \binom{1}{0} x^1y^0 + \binom{1}{1} x^0y^1 = x+y = (x+y)^1,$$

also die behauptete Gleichung für $n = 1$.

"n ⟶ n+1": Wir setzen die Gültigkeit der binomischen Formel für $n \in \mathbb{N}$ voraus und müssen daraus herleiten, daß auch

$$(x+y)^{n+1} = \sum_{k=0}^{n+1} \binom{n+1}{k} x^{n+1-k}y^k .$$

Durch Multiplikation der Induktionsvoraussetzung

$$(x+y)^n = \sum_{k=0}^{n} \binom{n}{k} x^{n-k}y^k$$

mit $(x+y)$ erhalten wir:

$$(x+y)^{n+1} = (x+y) \cdot \sum_{k=0}^{n} \binom{n}{k} x^{n-k}y^k$$

$$= \sum_{k=0}^{n} \left((x+y) \binom{n}{k} x^{n-k}y^k\right)$$

$$= \sum_{k=0}^{n} \left(\binom{n}{k} x^{n-k+1}y^k + \binom{n}{k} x^{n-k}y^{k+1}\right)$$

$$= \sum_{k=0}^{n} \binom{n}{k} x^{n+1-k}y^k + \sum_{k=0}^{n} \binom{n}{k} x^{n-k}y^{k+1} .$$

Setzt man in der zweiten Summe $k = j - 1$, so "läuft" j von 1 bis $n+1$, und man erhält

$$(x+y)^{n+1} = \sum_{k=0}^{n} \binom{n}{k} x^{n+1-k}y^k + \sum_{j=1}^{n+1} \binom{n}{j-1} x^{n-j+1}y^j .$$

Da die Benennung des Summationsindex ohne Bedeutung für die Summe ist, schreiben wir jetzt für j wieder k und "spalten" von der ersten Summe den ersten Summanden und von der zweiten Summe den letzten Summanden ab:

$$(x+y)^{n+1} = \binom{n}{0} x^{n+1}y^0 + \sum_{k=1}^{n} \binom{n}{k} x^{n+1-k}y^k +$$

$$+ \sum_{k=1}^{n} \binom{n}{k-1} x^{n+1-k}y^k + \binom{n}{n} x^0y^{n+1}$$

$$= x^{n+1} + \sum_{k=1}^{n} \left(\binom{n}{k} x^{n+1-k}y^k + \binom{n}{k-1} x^{n+1-k}y^k\right) + y^{n+1}$$

$$= x^{n+1} + \sum_{k=1}^{n} \left(\binom{n}{k} + \binom{n}{k-1}\right) x^{n+1-k}y^k + y^{n+1}$$

$$= x^{n+1} + \sum_{k=1}^{n} \binom{n+1}{k} x^{n+1-k}y^k + y^{n+1} \qquad \text{wegen (2.23)}$$

$$= \binom{n+1}{0} x^{n+1}y^0 + \sum_{k=1}^{n} \binom{n+1}{k} x^{n+1-k}y^k + \binom{n+1}{n+1} x^0y^{n+1}$$

$$= \sum_{k=0}^{n+1} \binom{n+1}{k} x^{n+1-k}y^k .$$

Daß die Binomialkoeffizienten nicht nur im Zusammenhang mit der binomischen Formel von Interesse sind, sehen Sie daran: Die Anzahl der Möglichkeiten, 6 verschiedene Zahlen aus 49 Zahlen auszuwählen (Lotto), beträgt $\binom{49}{6}$. (*)
Allgemeiner: Eine Menge mit n Elementen enthält $\binom{n}{k}$ Teilmengen mit genau k ($\leq n$) Elementen.

AUFGABE 10.- Leiten Sie aus der binomischen Formel (2.24) Gleichungen für $\sum_{k=0}^{n} \binom{n}{k}$ und $\sum_{k=0}^{n} (-1)^k \binom{n}{k}$ her. A 10

(Hinweis: Wählen Sie spezielle reelle Zahlen x und y.)

Zum Schluß dieses Kapitels beweisen wir noch die Richtigkeit einer Ungleichungskette, die wir in Kapitel 7 wieder benötigen werden. Es genügt, wenn Sie die Lektüre des Beweises bis dahin aufschieben.

Der Schwierigkeitsgrad des Beweises ist relativ hoch, (wohl hauptsächlich wegen der Verwendung des noch ungewohnten Summenzeichens im Zusammenhang mit Ungleichungen). Sie sollten bei intensivem Studium dennoch in der Lage sein, den Beweis nachzuvollziehen und zu verstehen.

BEISPIEL.- Wir behaupten: Für alle $n,p \in \mathbb{N}$ gilt (2.25)

$$\sum_{k=1}^{n} (k-1)^p \leq \frac{n^{p+1}}{p+1} \leq \sum_{k=1}^{n} k^p.$$

Wir werden nur die zweite Ungleichung beweisen; die erste sei Ihnen zur Übung überlassen (vgl. Aufgabe 11).

(*) Wir verkürzen den Formalismus eines solchen Beweises: Statt "Induktionsanfang" schreiben wir kurz "n=1". Induktionsvoraussetzung, -behauptung und Induktionsschluß werden durch das Symbol "n→n+1" zusammengefaßt. Dennoch empfiehlt es sich, wie wir es auch tun werden, (die vorausgesetzte und) die zu beweisende Aussage noch einmal hinzuschreiben. Dann hat man nämlich vor Augen, was man beweisen muß.

(*) Ohne Gewähr: $\binom{49}{6} = 13\,983\,816$.

Wir wollen für beliebiges $p \in \mathbb{N}$ durch vollständige Induktion über n zeigen: Für alle $n \in \mathbb{N}$ gilt

$$\frac{n^{p+1}}{p+1} \leq \sum_{k=1}^{n} k^p .$$

BEWEIS.- "n = 1": Es gilt

$$\sum_{k=1}^{1} k^p = 1^p = 1 \geq \frac{1}{p+1} = \frac{1^{p+1}}{p+1} .$$

"$n \longrightarrow n+1$": Aus der Induktionsvoraussetzung

$$\frac{n^{p+1}}{p+1} \leq \sum_{k=1}^{n} k^p$$

für ein $n \in \mathbb{N}$ muß

$$\frac{(n+1)^{p+1}}{p+1} \leq \sum_{k=1}^{n+1} k^p$$

gefolgert werden.

Wir verwenden die Induktionsvoraussetzung und die binomische Formel:

$$\sum_{k=1}^{n+1} k^p = \sum_{k=1}^{n} k^p + (n+1)^p$$

$$\geq \frac{n^{p+1}}{p+1} + (n+1)^p = \frac{n^{p+1}}{p+1} + (1+n)^p$$

$$= \frac{n^{p+1}}{p+1} + \sum_{k=0}^{p} \binom{p}{k} 1^{p-k} \cdot n^k$$

$$= \frac{1}{p+1} \left(n^{p+1} + (p+1) \sum_{k=0}^{p} \binom{p}{k} n^k\right)$$

$$= \frac{1}{p+1} \left(n^{p+1} + \sum_{k=0}^{p} (p+1) \binom{p}{k} n^k\right).$$

Wir berechnen: $(p+1)\binom{p}{k} = \frac{(p+1)p!}{k!(p-k)!}$

$$= \frac{(p+1)!}{k!(p+1-k)!} (p+1-k) = \binom{p+1}{k} (p+1-k).$$

Also haben wir erhalten:

$$\sum_{k=1}^{n+1} k^p \geq \frac{1}{p+1} \left(n^{p+1} + \sum_{k=0}^{p} \binom{p+1}{k} (p+1-k) n^k\right).$$

In der Summe auf der rechten Seite sind alle Summanden positiv. Ferner sind alle Faktoren $p+1-k \geq 1$. Deshalb gilt für jeden Summanden

$$\binom{p+1}{k} (p+1-k) n^k \geq \binom{p+1}{k} n^k .$$

Daher gilt

$$\sum_{k=1}^{n+1} k^p \geq \frac{1}{p+1} \left(n^{p+1} + \sum_{k=0}^{p} \binom{p+1}{k} n^k\right)$$

$$= \frac{1}{p+1} \left(\binom{p+1}{p+1} n^{p+1} + \sum_{k=0}^{p} \binom{p+1}{k} n^k\right)$$

$$= \frac{1}{p+1} \sum_{k=0}^{p+1} \binom{p+1}{k} n^k$$

$$= \frac{1}{p+1} \sum_{k=0}^{p+1} \binom{p+1}{k} 1^{p+1-k} n^k$$

$$= \frac{(n+1)^{p+1}}{p+1} \quad \text{nach der binomischen Formel.}$$

Und das wollten wir zeigen!

A 11

AUFGABE 11.- Beweisen Sie für alle $n,p \in \mathbb{N}$ die Ungleichung

$$\sum_{k=1}^{n} (k-1)^p \leq \frac{n^{p+1}}{p+1} .$$

(Hinweis: Beginnen Sie im Induktionsschluß mit der rechten Seite der Ungleichung und berechnen Sie $(1+n)^{p+1}$ mit Hilfe der binomischen Formel.)

ZUSAMMENFASSUNG

Zu Beginn dieses Kapitels haben Sie das Prinzip der vollständigen Induktion kennengelernt ((2.2) Seite 25):

> Gilt eine Aussage A(n), die von natürlichen Zahlen abhängt, für eine feste natürliche Zahl n_o und folgt aus der Richtigkeit von A(n) für beliebiges $n \geq n_o$ auch die Richtigkeit von A(n+1), so ist A(n) für alle $n \in \mathbb{N}$, $n \geq n_o$, richtig.

Sie sollten das Prinzip der vollständigen Induktion kennen und erläutern können. (Denken Sie dabei durchaus auch an die Kettenreaktion bei den kippenden Dominosteinen, Beispiel (2.1) ab Seite 24). Ziel 1

Darüber hinaus sollten Sie dieses Prinzip beim Nachweis von Aussagen (Gleichungen, Ungleichungen, Folgerungen etc.) anwenden können. Ziel 2

Als Beispiele für solche Anwendungen haben Sie u.a. kennengelernt:

die Gleichung

$$\sum_{k=1}^{n} k = \frac{n(n+1)}{2}$$ in (2.3) auf Seite 25;

die geometrische Summenformel

$$\sum_{k=0}^{n} q^k = \frac{1-q^{n+1}}{1-q}, \quad q \neq 1,$$ in Aufgabe 5 auf Seite 28;

die strikte Bernoullische Ungleichung

$$(1+x)^n > 1+nx, \quad x > -1, \quad x \neq 0, \quad n \geq 2,$$ in (2.12) auf Seite 29;

die binomische Formel

$$(x+y)^n = \sum_{k=0}^{n} \binom{n}{k} x^{n-k} y^k$$ in (2.24) auf Seite 33.

Die genannten vier Ergebnisse sollten Sie auswendig können. Ziel 3

Das Prinzip der vollständigen Induktion wird auch verwendet, um Definitionen zu treffen, die von natürlichen Zahlen abhängen. Man spricht dann von rekursiven Definitionen ((2.8), Seite 27).

Ziel 4 Sie sollten in der Lage sein, mit rekursiv definierten "Größen" umzugehen (bisher: n-te Potenz, n Fakultät).

Ziel 5 Die in Satz (2.10) auf Seite 28 aufgeführten Rechenregeln für das Potenzieren sollten Sie kennen und ohne Schwierigkeiten bei Rechnungen benutzen können.

Ziel 6 Sie sollten wissen, daß die n-te Wurzel aus x für alle $x \in \mathbb{R}$ definiert ist, falls n ungerade ist, aber nur für alle $x \geq 0$ definiert ist, falls n gerade ist.

Ziel 7 Die auf Seite 30 genannten einfachen Eigenschaften sowie die in Satz (2.16) auf Seite 30 aufgelisteten Rechenregeln für n-te Wurzeln gehören zu Ihrem Wissensstoff.

Für eine kurze Schreibweise der Summe von n reellen Zahlen $a_1,\ldots,a_n$ haben Sie das Summenzeichen kennengelernt (Seiten 26/27).

$$\sum_{k=1}^{n} a_k = a_1 + a_2 + \ldots + a_n.$$

Es ist tatsächlich nur eine neue (und nützliche) Schreibweise, wenn Sie damit zunächst auch einige Schwierigkeiten hatten (haben).

Das Summenzeichen müssen Sie kennen, und Sie müssen wissen, wie man damit rechnet. Allerdings darf sich dieser Lern- bzw. Gewöhnungsprozess über einige Kapitel hinziehen. Ziel 8

Kapitel 3. Die komplexen Zahlen

Einleitung

Die Anfänge der Suche nach den komplexen Zahlen liegen im 16. Jahrhundert. Zu dieser Zeit wurden sogenannte "imaginäre Zahlen" verwendet, um allgemeine Lösungen von Gleichungen zweiten oder dritten Grades angeben zu können. Wie Sie aus dem ersten Kapitel wissen, ist das Quadrat jeder reellen Zahl eine nicht-negative reelle Zahl, folglich hat die Gleichung $x^2 + 1 = 0$, also $x^2 = -1$, keine reelle Zahl als Lösung.

Anfangs versuchte man zu komplexen Zahlen zu gelangen, indem man zu den reellen Zahlen das Symbol $\sqrt{-1}$ hinzunahm und damit wie mit reellen Zahlen rechnete. Das führte jedoch sehr schnell zu Widersprüchen wie

$$-1 = (\sqrt{-1})^2 = \sqrt{-1} \cdot \sqrt{-1} = \sqrt{(-1)(-1)} = \sqrt{1} = 1.$$

Der Mathematiker L. Euler führte zur Vermeidung solcher Widersprüche im Jahre 1777 das Symbol i mit der Eigenschaft $i^2 = -1$ ein. i konnte also keine reelle Zahl mehr sein. Die Lösungen der Gleichung $x^2 = -1$ waren nun die beiden Symbole +i und -i. i wurde "imaginäre Einheit" genannt, und die "neuen Zahlen" a+ib mit $a,b \in \mathbb{R}$ waren die imaginären Zahlen. Das "Imaginäre" oder "Unwirkliche" dieser Zahlen wurde erst beseitigt, nachdem es Carl Friedrich Gauß (1777 - 1855) gelungen war, eine sehr einfache geometrische Veranschaulichung dieser Zahlen als Punkte der Ebene $\mathbb{R}^2$ zu geben. Genau von dieser Vorstellung der komplexen Zahlen als geordnete Paare reeller Zahlen - siehe (1.12), Seite 4, und (1.13), Seite 4 - werden wir auch ausgehen. (*)

Von komplexen Zahlen wird unter anderem in der Wechselstromrechnung der Elektrotechnik in großem Umfang Gebrauch gemacht. Eine komplexe Zahl, zum Beispiel die komplexe Amplitude eines Wechselstroms gegebener Frequenz, enthält hierbei beide Informationen über den Wechselstrom, nämlich die reelle Amplitude und die Phase. Ferner werden die praktischen Berechnungen erheblich einfacher als die oft umständlichen und langwierigen Rechenwege für reelle Zahlen.

(*) Die Briefmarkensammler unter Ihnen erinnern sich vielleicht, daß die Deutsche Bundespost den Mathematiker C. F. Gauß zu seinem 200. Geburtstag mit der Herausgabe einer Sondermarke am 14.04.1977 geehrt hat. Das Motiv der Sondermarke ist die Darstellung komplexer Zahlen in der "Gauß'schen Zahlenebene".

§ 1 Definition und Veranschaulichung

Wir werden im folgenden die komplexen Zahlen definieren, indem wir angeben, welche Objekte komplexe Zahlen sein sollen und wie sie addiert und multipliziert werden.

Definition.- Die Elemente der Menge (3.1)

$$\mathbb{R}^2 = \mathbb{R} \times \mathbb{R} = \{(a,b) \mid a,b \in \mathbb{R}\}$$

heißen *komplexe Zahlen*, wenn wir für (a,b) und $(c,d) \in \mathbb{R}^2$ die Verknüpfungen "+" (Addition) und "$\cdot$" (Multiplikation) definieren durch

komplexe Zahl

$$(a,b) + (c,d) := (a+c, b+d)$$

Addition

und

$$(a,b) \cdot (c,d) := (ac-bd, ad+bc)$$

Multiplikation

Die Menge aller komplexen Zahlen wird mit $\mathbb{C}$ bezeichnet.

Die etwas seltsame Formel bei der Definition der Multiplikation von komplexen Zahlen braucht Sie nicht zu erschrecken, denn Sie werden weiter unten sehen (Seite 39), wie man auf einfache Weise damit rechnet.

Veranschaulichung

Die Veranschaulichung der komplexen Zahlen erfolgt gemäß (1.12) auf Seite 4 als Punkte der (Gauß'schen Zahlen-)Ebene mit kartesischem Koordinatensystem. Dabei ist es oft nützlich, eine komplexe Zahl $z = (a,b)$ durch einen Pfeil

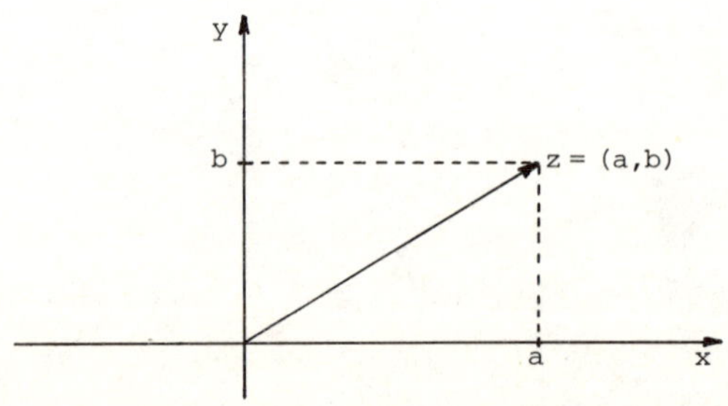

Bild 1.- Darstellung einer komplexen Zahl.

zu kennzeichnen, der im "Ursprung" des Koordinatensystems beginnt und dessen Spitze die komplexe Zahl z markiert (siehe Bild 1).

In der Elektrotechnik wird häufig auch von der "Zeigerdarstellung" der komplexen Zahl z gesprochen. Mit dieser Darstellung erhalten wir eine einfache geometrische Veranschaulichung der Addition komplexer Zahlen $z_1 = (a,b)$ und $z_2 = (c,d)$ (siehe Bild 2):

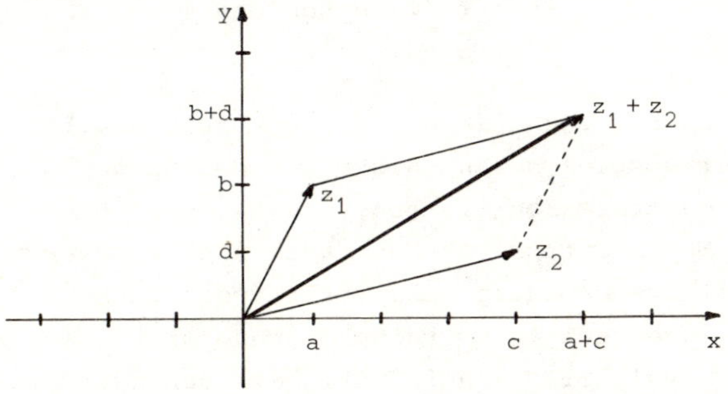

Bild 2.- Addition der komplexen Zahlen $z_1 = (a,b)$ und $z_2 = (c,d)$.

Beschreibung: Man zeichnet z_1 und z_2 und verschiebt den Pfeil z_2 parallel so, daß sein Anfangspunkt an die Spitze von z_1 gelangt. Die Spitze des verschobenen Pfeils z_2 markiert dann die komplexe Zahl $z_1 + z_2$. In Bild 2 ist $z_1 = (1,2)$ und $z_2 = (4,1)$.

Eine solche Art der (zeichnerischen) Addition kennen Sie vielleicht von der Schule her. Denken Sie an das Kräfteparallelogramm. - In der Linearen Algebra wird Ihnen diese Art der Addition im Rahmen der Vektorrechnung wieder begegnen.

A 1 *AUFGABE 1.- Addieren Sie zeichnerisch:*

a) (2,-3) + (1,2) , *b) (2,3) + (-3,-2).*

Für die Multiplikation geben wir später (auf Seite 46) eine anschauliche Interpretation.

§ 2 DER KÖRPER $\mathbb{C}$ DER KOMPLEXEN ZAHLEN

RECHENGESETZE IN $\mathbb{C}$

Für die Theorie der komplexen Zahlen ist der folgende Satz von entscheidender Bedeutung.

(3.2) SATZ.- Für beliebige komplexe Zahlen x, y, z und für die in (3.1) definierte Addition und Multiplikation gelten die in (1.31), Seite 11, aufgeschriebenen Axiome der Addition und der Multiplikation. $\mathbb{C}$ ist deshalb ein Körper. (*)

BEWEIS.- Wir werden hier nicht alle neun Gesetze beweisen, sondern uns nur einige herausgreifen, die mit der Multiplikation zu tun haben. Die übrigen werden Sie dann auch selbst zeigen können.

1. BEHAUPTUNG: Für die komplexe Zahl (1,0) gilt (siehe (1.31)(7))

$$z\cdot(1,0) = z \qquad \text{für alle } z \in \mathbb{C}.$$

BEWEIS: Sei $z = (a,b)$. Dann ergibt sich mit der Definition der Multiplikation in $\mathbb{C}$

$$z\cdot(1,0) = (a,b)\cdot(1,0) = (a\cdot 1-b\cdot 0, a\cdot 0+b\cdot 1) = (a,b) = z.$$

2. BEHAUPTUNG: Zu jedem $z \in \mathbb{C}$, $z \neq (0,0)$, gibt es ein $z' \in \mathbb{C}$, so daß gilt (siehe (1.31)(8))

$$z\cdot z' = (1,0).$$

BEWEIS: Sei $z \in \mathbb{C}$, etwa $z = (a,b)$. Wegen $(a,b) \neq (0,0)$ ist $a \neq 0$ oder $b \neq 0$ (**), auf jeden Fall also $a^2 + b^2 > 0$. Setzt man

$$z' := \left(\frac{a}{a^2+b^2}, \frac{-b}{a^2+b^2}\right),$$

so erhält man in der Tat

$$z\cdot z' = (a,b)\cdot\left(\frac{a}{a^2+b^2}, \frac{-b}{a^2+b^2}\right)$$

$$= \left(a\cdot\frac{a}{a^2+b^2} - b\cdot\frac{-b}{a^2+b^2}, a\cdot\frac{-b}{a^2+b^2} + b\cdot\frac{a}{a^2+b^2}\right)$$

$$= (1,0).$$

AUFGABE 2.- Zeigen Sie: Für $z,w \in \mathbb{C}$ gilt (siehe (1.31)(5)) A 2

$$z\cdot w = w\cdot z.$$

BEMERKUNGEN.- (1) Es ist klar, daß $z + (0,0) = z$ für alle $z \in \mathbb{C}$. Das "Nullelement" (0,0) und das "Einselement" (1,0) sind eindeutig bestimmt. Wir haben dies nicht bewiesen. (3.3)

(2) Ist $z = (a,b)$ und $z'' = (-a,-b)$, so gilt $z + z'' = (0,0)$. Wir bezeichnen die durch z eindeutig bestimmte komplexe Zahl z" mit -z, so daß für $z = (a,b)$

$$-z = (-a,-b)$$

und

$$z + (-z) = (0,0)$$

gilt (siehe Bild 3).

(*) Siehe (1.32)(4) auf Seite 11.

(**) nach Definition der Gleichheit von geordneten Paaren, siehe Seite 4.

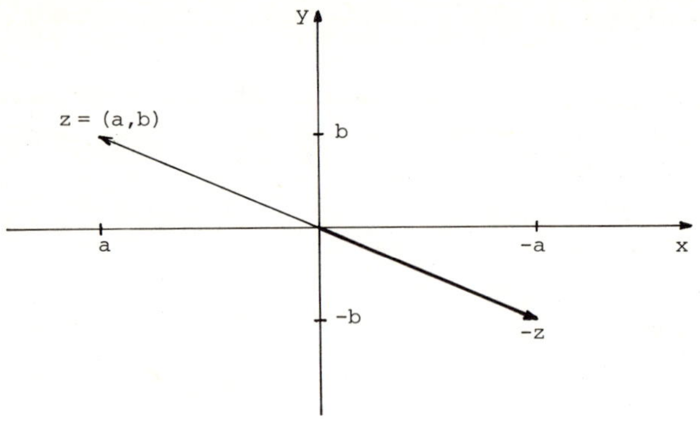

Bild 3.- Man erhält -z aus z durch "Spiegelung am Nullpunkt".

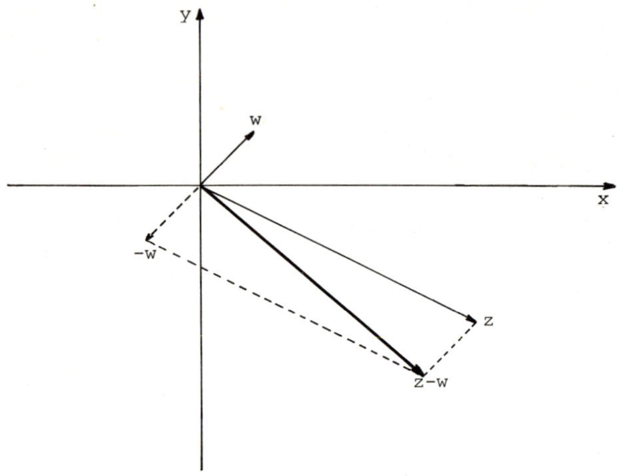

Bild 4.- Darstellung der Differenz $z-w = z+(-w)$.

Differenz

(3) Wie im Reellen ist für $z,w \in \mathbb{C}$

$$z - w := z + (-w)$$

die *Differenz* von z und w (siehe Bild 4).

(4) Die zu $z \in \mathbb{C}$, $z \neq (0,0)$, existierende komplexe Zahl z' mit der Eigenschaft $z \cdot z' = (1,0)$ ist auch eindeutig bestimmt. Wir bezeichnen sie mit $\frac{1}{z}$, so daß für $z = (a,b)$

$$\frac{1}{z} = \left(\frac{a}{a^2+b^2}, \frac{-b}{a^2+b^2}\right)$$

und $z \cdot \frac{1}{z} = (1,0)$ gilt.

Quotient

(5) Sind $w,z \in \mathbb{C}$ und ist $z \neq 0$, so heißt wie im Reellen

$$\frac{w}{z} := w \cdot \frac{1}{z}$$

der *Quotient* von w durch z, und es gilt mit $w = (c,d)$ und $z = (a,b)$

$$\frac{w}{z} = (c,d) \cdot \left(\frac{a}{a^2+b^2}, \frac{-b}{a^2+b^2}\right) = \left(\frac{ac+bd}{a^2+b^2}, \frac{ad-bc}{a^2+b^2}\right).$$

Bisher wissen wir, daß die komplexen Zahlen mit den in Definition (3.1) auf Seite 36 definierten Verknüpfungen denselben Gesetzmäßigkeiten genügen wie reelle Zahlen (die Elemente von $\mathbb{R}$ und von $\mathbb{C}$ erfüllen die Körperaxiome). Dennoch ist ein "Zusammenhang" zwischen reellen und komplexen Zahlen (letztere sind ja Zahlenpaare) nicht zu sehen. Diesen Zusammenhang herzustellen und die übliche Schreibweise für komplexe Zahlen herzuleiten, dienen die folgenden Überlegungen.

nächstes Ziel

$\mathbb{R}$ ALS TEILMENGE VON $\mathbb{C}$

Anschauung

Denken Sie noch einmal an die Veranschaulichung einer komplexen Zahl als Punkt der Ebene (mit kartesischem Koordinatensystem). Jedem Punkt der Ebene entspricht dann auch eine komplexe Zahl. Insbesondere entspricht jedem Punkt auf der waagerechten Koordinatenachse eine komplexe Zahl (vgl. Bild 1 auf Seite 36), und zwar eine komplexe Zahl der Gestalt

$$(a,0)\ ,\quad a \in \mathbb{R}\ .$$

Wir können nun die waagerechte Koordinatenachse als (reelle) Zahlengerade auffassen, so daß also (in einer noch zu beschreibenden Weise) $\mathbb{R} \subseteq \mathbb{C}$ gilt. Dabei kommen wir mit den Rechenregeln in $\mathbb{C}$ nicht in Konflikt:
Sind zwei Punkte der waagerechten Koordinatenachse gegeben, etwa $(a,0)$ und $(b,0) \in \mathbb{C}$, dann gilt mit den Definitionen in (3.1) auf Seite 36

$$(a,0) + (b,0) = (a+b,0)$$

und

$$(a,0) \cdot (b,0) = (ab-0\cdot 0, a\cdot 0+0\cdot b) = (ab,0)\ .$$

D.h. Summe und Produkt sind wieder Punkte der waagerechten Koordinatenachse und die in $\mathbb{C}$ definierte Addition bzw. Multiplikation stimmt für Punkte der waagerechten Koordinatenachse im wesentlichen (*) mit der Addition bzw. Multiplikation in $\mathbb{R}$ überein.

Vereinbarung

Wir vereinbaren deshalb, einen Punkt $(a,0) \in \mathbb{C}$, der also auf der waagerechten Koordinatenachse liegt, mit der reellen Zahl (oder mit dem Punkt) a gleichzusetzen:

$(a,0) = a$

$$\boxed{(a,0) = a \quad \text{für alle } a \in \mathbb{R}\ .}$$

Insbesondere gilt dann $(0,0) = 0$ und $(1,0) = 1$.

Diese Vereinbarung kommt Ihnen vielleicht eher als Taschenspielertrick, denn als Mathematik vor. Es läßt sich

(*) d.h. wenn man die Null in der zweiten Komponente ignoriert.

aber mit etwas mehr Formalismus eine mathematisch abgesicherte Begründung geben. Diese ist jedoch für unsere Zwecke überflüssig. Die getroffene Vereinbarung bietet große Vorteile für das Rechnen mit komplexen Zahlen, wie Sie gleich sehen werden.

Die komplexe Zahl (0,1) hat die überraschende Eigenschaft

$$(0,1)\cdot(0,1) = (0\cdot 0-1\cdot 1, 0\cdot 1+1\cdot 0) = (-1,0) = -1, \ (*)$$

also, wenn wir zur Abkürzung

$$i := (0,1)$$

setzen:

$$i^2 = -1.$$

imaginäre Einheit

Die komplexe Zahl i heißt *imaginäre Einheit*. (**)

Darüber hinaus gilt für jede komplexe Zahl (a,b)

neue Schreibweise $(a,b)=a+i\cdot b$

$$(a,b) = (a,0) + (0,b) = (a,0) + (0,1)(b,0) = a + i\cdot b.$$

Und dies ist die Schreibweise für komplexe Zahlen, die wir überwiegend verwenden werden. Der Vorteil dieser Schreibweise liegt in einer formalen Erleichterung der Addition und der Multiplikation komplexer Zahlen.

Sind etwa $a+ib$ und $c+id$ gegeben und addieren und multiplizieren wir, wie wir es von den reellen Zahlen gewöhnt sind, so ergibt sich bei Berücksichtigung von $i^2=-1$:

(A) $$(a+ib) + (c+id) = a+ib+c+id = (a+c) + i(b+d),$$

(M) $$(a+ib)\cdot(c+id) = ac+iad+ibc+i^2bd = (ac-bd) + i(ad+bc).$$

Diese Ergebnisse sind – wie es auch sein muß – in bester Übereinstimmung mit den Definitionen in (3.1).

Jetzt wird Ihnen vielleicht auch die Definition der Multiplikation verständlicher – sie ist im nachhinein betrachtet nur die Folge der Gleichung $i^2=-1$.

A 3

AUFGABE 3.– Seien $a+ib$, $c+id \in \mathbb{C}$ und sei $a+ib \neq 0$. Zeigen Sie, daß

$$\frac{c+id}{a+ib} = \frac{ac+bd}{a^2+b^2} + i\,\frac{ad-bc}{a^2+b^2}$$

und vergleichen Sie dies mit (3.3)(5).

(Hinweis: 1. Aus $a+ib \neq 0$ folgt auch $a-ib = a+i(-b) \neq 0$.

2. Berechnen Sie dann die rechte Seite von

Trick!

$$\frac{c+id}{a+ib} = \frac{c+id}{a+ib}\cdot\frac{a-ib}{a-ib}\ .)$$

(*) Das letzte Gleichheitszeichen ergibt sich aus der zuvor getroffenen Vereinbarung (a,0)=a für alle $a \in \mathbb{R}$.

(**) In der Elektrotechnik schreibt man für die imaginäre Einheit meist j an Stelle von i, um Verwechslungen mit der Stromstärke i zu vermeiden.

ZUSAMMENFASSUNG.– Jeder komplexen Zahl auf der waagerechten Koordinatenachse entspricht genau eine reelle Zahl und umgekehrt. Wir schreiben deshalb

$$(a,0) = a \quad \text{für alle } a \in \mathbb{R}\,.$$

Mit dieser Identifizierung gilt $\mathbb{R} \subseteq \mathbb{C}$, und jede komplexe Zahl (a,b) hat eine eindeutige Darstellung der Form

$$(a,b) = a+ib \quad \text{mit } a,b \in \mathbb{R}\,, \ (*)$$

wobei $i^2=-1$ gilt. Man kann mit den komplexen Zahlen $a+ib$ rechnen wie mit reellen Zahlen, wenn man nur $i^2=-1$ berücksichtigt.

§ 3 REALTEIL, IMAGINÄRTEIL, BETRAG

REALTEIL, IMAGINÄRTEIL, KONJUGIERTE

DEFINITION.– Ist $z = a+ib \in \mathbb{C}$ mit $a,b \in \mathbb{R}$, so heißt die reelle Zahl a *Realteil von z* (in Zeichen: Re z := a) und die reelle Zahl b *Imaginärteil von z* (in Zeichen: Im z := b). Die komplexe Zahl (3.4) Realteil Imaginärteil

$$\bar{z} := a - ib$$

(lies: z quer) heißt *konjugiert komplexe Zahl zu z* (kurz: Konjugierte zu z). (**) Konjugierte

ERLÄUTERUNG.– Sie sehen in Bild 5, daß Realteil bzw. Imaginärteil einer komplexen Zahl gerade die erste bzw. zweite Koordinate des entsprechenden Punktes der Ebene ist. Die Konjugierte $\bar{z}$ erhält man aus z durch "Spiegelung an der waagerechten Achse".

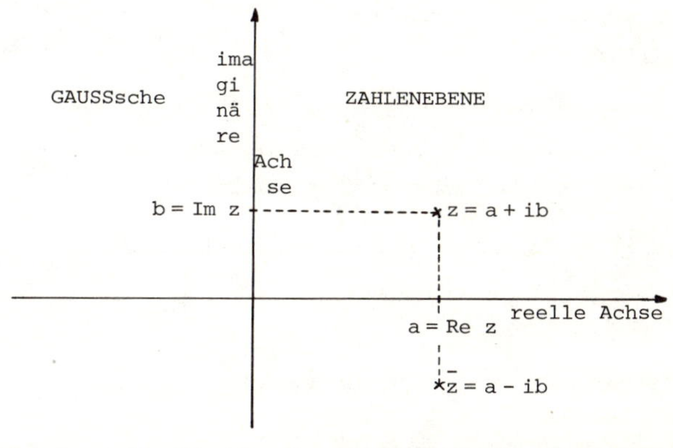

Bild 5.– Realteil, Imaginärteil, Konjugierte.

(*) Wir werden statt $a+ib$ häufig auch $a+bi$ schreiben.

(**) In der Elektrotechnik schreibt man für die Konjugierte einer komplexen Zahl z überwiegend z^* an Stelle von $\bar{z}$. In der Mathematik ist die Schreibweise $\bar{z}$ üblich.

(3.5) BEMERKUNGEN.- (1) Mit Hilfe der Begriffe "Realteil" und "Imaginärteil" kann man die Gleichheit von komplexen Zahlen so kennzeichnen:

Gleichheit komplexer Zahlen

> Zwei komplexe Zahlen z_1 und z_2 sind genau dann gleich, wenn sie in Realteil und Imaginärteil übereinstimmen (also wenn $\operatorname{Re} z_1 = \operatorname{Re} z_2$ und $\operatorname{Im} z_1 = \operatorname{Im} z_2$).

Hiervon macht man beim Rechnen mit komplexen Zahlen häufig Gebrauch.

(2) Wegen $i = (0,1)$ liegt i auf der senkrechten Koordinatenachse.
Alle Punkte auf dieser Achse haben die Darstellung

$$(0,b) = (0,1)\cdot(b,0) = ib,\ b \in \mathbb{R}\ .$$

rein imaginäre komplexe Zahlen
imaginäre Achse
reelle Achse

Solche komplexe Zahlen, (deren Realteil gleich Null ist,) heißen *rein imaginär*. Deshalb nennt man die senkrechte Koordinatenachse auch *imaginäre Achse* und aus analogen Gründen die waagerechte Achse auch *reelle Achse* (siehe Bild 5).

A 4

AUFGABE 4.- Berechnen Sie für die folgenden komplexen Zahlen z jeweils $z\cdot\bar{z}$:
$-2+i$, $4i-3+5i$, i, $7-i$ und $a+ib$ mit $a,b \in \mathbb{R}$.

Was stellen Sie fest?

(3.6) BEISPIEL.- Wir berechnen Real- und Imaginärteil der komplexen Zahl $z := \frac{2+3i}{1-2i}$.

Betrachten Sie dazu noch einmal Aufgabe 3. Dort haben Sie bereits von einem Quotienten zweier komplexer Zahlen den Real- und den Imaginärteil bestimmt.

$\frac{w}{z} = \frac{w\cdot\bar{z}}{z\cdot\bar{z}}$

Der Trick bestand in dem Erweitern mit der Konjugierten des Nenners, denn $z\cdot\bar{z}$ ist nach Aufgabe 4 stets eine positive reelle Zahl für $z \neq 0$.

Da Sie die Formel von Aufgabe 3 sicherlich nicht auswendig lernen (das brauchen Sie auch nicht), rechnen wir noch einmal:

$$z = \frac{2+3i}{1-2i} = \frac{(2+3i)(1+2i)}{(1-2i)(1+2i)} = \frac{2+4i+3i-6}{1^2+2^2} =$$
$$= -\frac{4}{5} + \frac{7}{5}i\ .$$

Also ist $\operatorname{Re} z = -\frac{4}{5}$ und $\operatorname{Im} z = \frac{7}{5}$.

Falsch!

Der Imaginärteil ist nicht: $\frac{7}{5}i$.

A 5

AUFGABE 5.- Berechnen Sie Real- und Imaginärteil der komplexen Zahlen $2(1-i)+3(2+i)$, $\frac{1}{i}$, $\frac{1}{1-\sqrt{3}i}$ und
$\frac{(-2+5i)(1+3i)}{2+3i} - \left(\frac{2}{13} - \frac{3}{13}i\right)$.

BEMERKUNGEN.- (1) Die n-te Potenz einer komplexen Zahl z definiert man genauso wie für reelle Zahlen, also $z^1 := z$, $z^{n+1} := z^n\cdot z$ für $n \in \mathbb{N}$, $z^0 := 1$. Es gelten die zu (2.10) auf Seite 28 analogen Potenzgesetze. (3.7)

n-te Potenz

(2) Ebenso gilt (mit dem gleichen Beweis wie für reelle Zahlen in (2.24) auf Seite 33) für $z,w \in \mathbb{C}$ die *binomische Formel*

binomische Formel

$$(z+w)^n = \sum_{k=0}^{n} \binom{n}{k} z^{n-k} w^k \quad \text{für alle } n \in \mathbb{N}\ .$$

BEISPIEL.- Wegen $i^2 = -1$ lassen sich alle Potenzen i^n, $n \in \mathbb{N}_0$, explizit berechnen. Wir werden später davon Gebrauch machen. (3.8)

Berechnung von i^n

Es ist
$i^0 = 1$ nach Definition
$i^1 = i$ auch nach Definition,
$i^2 = -1$ Eigenschaft von i,
$i^3 = i^2\cdot i = -i$
$i^4 = i^3\cdot i = -i\cdot i = -i^2 = 1$
$i^5 = i^4\cdot i = i$

Da $i^4 = i^0$ und $i^5 = i^1 = i$ ist, liegt die Vermutung nahe, daß in einem "Vierer-Rhythmus" die Potenzen i^n die komplexen Zahlen 1, i, -1, -i ergeben.
Dies formulieren und beweisen wir so:

Ergebnis

Für alle $m \in \mathbb{N}_0$ gilt

$$i^{4m} = (i^4)^m = 1^m = 1,$$
$$i^{4m+1} = i^{4m}\cdot i = 1\cdot i = i,$$
$$i^{4m+2} = i^{4m}\cdot i^2 = 1\cdot(-1) = -1,$$
$$i^{4m+3} = i^{4m}\cdot i^3 = 1\cdot(-i) = -i.$$

Kurz: $i^{4m+k} = i^k$ für alle $m \in \mathbb{N}_0$ und $0 \leq k \leq 3$.

Mit diesem Ergebnis erhalten Sie z.B. leicht $(1+i)^{12} = -2^6$. Denn
$(1+i)^{12} = ((1+i)^2)^6 = (2i)^6 = 2^6\cdot i^{4\cdot1+2} = -2^6$.

Im folgenden Satz stellen wir eine Reihe von häufig benutzten Gesetzmäßigkeiten für das Rechnen mit Real- bzw. Imaginärteilen und Konjugierten von komplexen Zahlen zusammen.

Sie sollten diesen Satz bei entsprechenden Rechnungen mit komplexen Zahlen so oft nachschlagen, bis Sie alle Aussagen auswendig können.

(3.9) **SATZ.-** Seien $z,w \in \mathbb{C}$. Dann gilt

(1) $\operatorname{Re} z = \frac{1}{2}(z+\bar{z})$, $\operatorname{Im} z = \frac{1}{2i}(z-\bar{z})$.

(2) $\operatorname{Re}(z+w) = \operatorname{Re} z + \operatorname{Re} w$,
$\operatorname{Im}(z+w) = \operatorname{Im} z + \operatorname{Im} w$.

(3) $z \in \mathbb{R}$ genau dann, wenn $z = \bar{z}$.

(4) $z \cdot \bar{z} = a^2 + b^2$ für $z = a + ib$.

Rechenregeln für Konjugierte

(5) $\bar{\bar{z}} = z$.

(6) $\overline{z+w} = \bar{z} + \bar{w}$.

(7) $\overline{zw} = \bar{z} \cdot \bar{w}$.

(8) Falls $w \neq 0$ ist: $\overline{\left(\frac{z}{w}\right)} = \frac{\bar{z}}{\bar{w}}$.

(9) $\overline{z^n} = (\bar{z})^n$ für alle $n \in \mathbb{N}_0$.

BEWEIS.- Die Gleichungen in (1) ergeben sich durch Ausrechnen der jeweiligen rechten Seite. So gilt z.B. für die zweite Gleichung in (1) mit $z = a + ib$

$$\frac{1}{2i}(z-\bar{z}) = \frac{1}{2i}(a + ib - (a - ib)) = \frac{1}{2i}\, 2ib = b = \operatorname{Im} z.$$

Von den übrigen Aussagen beweisen wir nur noch (7):

$$\overline{zw} = \bar{z} \cdot \bar{w}.$$

Sei $z = a+ib$ und $w = c+id$ mit $a,b,c,d \in \mathbb{R}$. Dann gilt mit Gleichung (M) auf Seite 39:

$$\overline{zw} = (ac - bd) - i(ad + bc).$$

Andererseits ist

$$\bar{z} \cdot \bar{w} = (a - ib) \cdot (c - id) = ac - iad - ibc - bd$$
$$= (ac - bd) - i(ad + bc).$$

A 6 *AUFGABE 6.- a) Beweisen Sie die zweite Gleichung von (3.9) (2).*

b) Gilt für beliebige komplexe Zahlen z,w auch
$\operatorname{Re}(z \cdot w) = \operatorname{Re} z \cdot \operatorname{Re} w$ oder $\operatorname{Im}(z \cdot w) = \operatorname{Im} z \cdot \operatorname{Im} w$?

DER BETRAG

Wir haben bisher arithmetische Eigenschaften der komplexen Zahlen behandelt. Würden wir ein ähnliches Vorgehen wie bei der Beschreibung der reellen Zahlen im ersten Kapitel anstreben, so müßten wir jetzt für komplexe Zahlen eine Anordnung definieren. Es zeigt sich jedoch:

Achtung! Komplexe Zahlen können nicht angeordnet werden!

Die komplexen Zahlen lassen sich nicht anordnen, d.h. für komplexe Zahlen läßt sich keine Beziehung "≤" definieren, so daß für $x,y,z \in \mathbb{C}$ die Aussagen (1.35)(10)-(15) auf Seite 13 gelten.

BEMERKUNG.- Den Beweis, daß komplexe Zahlen sich nicht anordnen lassen, kann man indirekt so führen: Angenommen, $\mathbb{C}$ läßt sich anordnen. Dann folgt aus Axiom (12) in (1.35) auf Seite 12 (mit $x = 0$ und $y = z$): (3.10)

$$0 \leq z^2 \text{ für jedes } z \in \mathbb{C}.$$

Insbesondere gilt dann $0 \leq i^2 = -1$, also $0 \leq -1$, im Widerspruch zu der ebenfalls aus den Axiomen folgenden Ungleichung $-1 < 0$. Also ist die Annahme falsch und damit gezeigt, daß $\mathbb{C}$ sich nicht anordnen läßt.

Als (sehr nützlichen) Ersatz werden wir jeder komplexen Zahl eine reelle Zahl zuordnen. Und diese reellen Zahlen können wir dann wieder mit Hilfe der Anordnung von $\mathbb{R}$ vergleichen.

Anschauung

Denken Sie noch einmal an die Darstellung einer komplexen Zahl gemäß Bild 1 auf Seite 36. Wir können feststellen, wann eine komplexe Zahl weiter vom Nullpunkt entfernt ist als eine andere. Der Satz des Pythagoras liefert für $z = a + ib$ als *Abstand vom Nullpunkt* die nicht-negative reelle Zahl $\sqrt{a^2 + b^2}$.

Abstand vom Nullpunkt

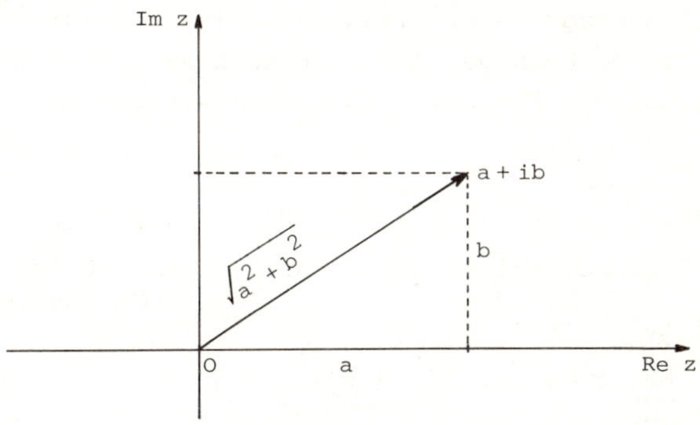

Bild 6.- Der Abstand vom Nullpunkt.

(3.11) **DEFINITION.-** Für $z = a + ib \in \mathbb{C}$ mit $a,b \in \mathbb{R}$ heißt

$$|z| := \sqrt{a^2 + b^2}$$

Betrag

(lies: Betrag (von) z) der *Betrag* von z.

A 7 *AUFGABE 7.- Skizzieren Sie die folgenden komplexen Zahlen als Punkte der Ebene und berechnen Sie ihre Beträge:*
$1-i\sqrt{3}$, $i+i^2+i^3+i^4+i^5$, $\frac{3+i\sqrt{7}}{4}$ und $-2-\frac{3}{2}i$.

(3.12) **BEMERKUNGEN.-** (1) Für reelle Zahlen stimmt die Definition in (3.11) mit der in (1.51) überein. Denn ist $z \in \mathbb{R}$, also $z = a + i \cdot 0$, so gilt $|z| = \sqrt{a^2} = |a|$, wobei $|a|$ der Betrag der reellen Zahl $a = z$ gemäß (1.51) auf Seite 19 ist.

(2) Wegen $|z| = \sqrt{z\bar{z}}$ (nach Satz (3.9)(4)) gilt

$$|z|^2 = z\bar{z} \quad \text{für alle } z \in \mathbb{C}.$$

$|z|^2 = z\bar{z}$

(3) $|w-z|$ ist der Abstand der Punkte w und z aus $\mathbb{C}$, denn: Sind $z = a + ib$ und $w = c + id$, so ist

der (euklidische) Abstand r dieser beiden Punkte wieder mit dem Satz des Pythagoras (vgl. Bild 7)

$$r = \sqrt{(c-a)^2 + (d-b)^2} = |(c-a) + i(d-b)|$$

$$= |(c+id) - (a+ib)| = |w-z|.$$

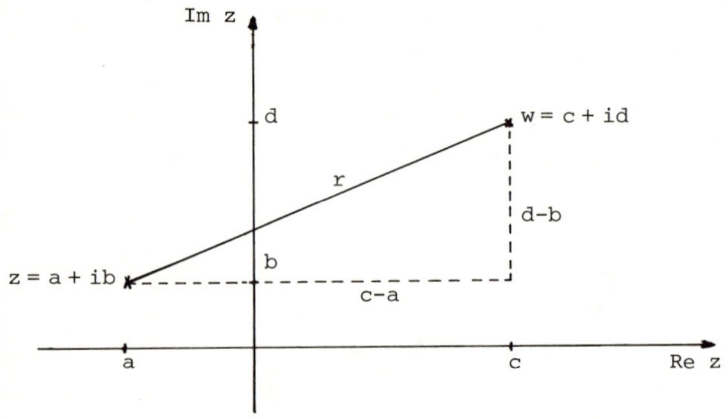

Bild 7.- Abstand $r = |w-z|$.

Der Betrag von komplexen Zahlen genügt den folgenden Gesetzmäßigkeiten, die Sie sich zum Teil gut an Punkten der Zahlenebene klar machen können und von denen wir zwei beweisen werden.

(3.13) **SATZ.-** Seien $z, w \in \mathbb{C}$. Dann gilt

Rechenregeln und Eigenschaften des Betrages

(1) $|z| \geq 0$. $|z| = 0$ genau dann, wenn $z = 0$ ist.

(2) $|wz| = |w| \cdot |z|$.

(3) Für $z \neq 0$ ist $\left|\frac{w}{z}\right| = \frac{|w|}{|z|}$.

(4) $|\bar{z}| = |z|$.

(5) $|w-z| = |z-w|$.

(6) $-|z| \leq \text{Re } z \leq |z|, \quad -|z| \leq \text{Im } z \leq |z|$.

Dreiecksungleichung

(7) $|w+z| \leq |w| + |z|$.

(8) $|w-z| \geq ||w| - |z||$.

BEWEIS.- Wir beweisen nur die Aussagen (2) und (7).

Zu (2): Wegen $|z|^2 = z\bar{z}$ für jedes $z \in \mathbb{C}$ gilt

$$|wz|^2 = wz \cdot \overline{wz} = w z \bar{w} \bar{z} = w \bar{w} z \bar{z} = |w|^2 \cdot |z|^2$$

$$= (|w| \cdot |z|)^2.$$

Hieraus folgt (mit Aussage (1) dieses Satzes) durch Wurzelziehen

$$|wz| = |w| \cdot |z|.$$

Zu (7): Wegen $|z|^2 = z\bar{z}$ berechnen wir zunächst $|w+z|^2$. Es ist

$$|w+z|^2 = (w+z)\,\overline{(w+z)} = (w+z)(\bar{w}+\bar{z})$$

$$= |w|^2 + w\bar{z} + \overline{w\bar{z}} + |z|^2 \qquad \textit{da } \bar{w}z = \overline{w\bar{z}}$$

$$= |w|^2 + 2 \cdot \text{Re}(w\bar{z}) + |z|^2 \qquad \textit{nach (3.9)(1) mit } w\bar{z} \textit{ an Stelle von } z$$

$$\leq |w|^2 + 2|w\bar{z}| + |z|^2 \qquad \textit{nach (3.13)(6) mit } w\bar{z} \textit{ statt } z$$

$$= |w|^2 + 2|w| \cdot |\bar{z}| + |z|^2 \qquad \textit{nach (3.13)(2)}$$

$$= |w|^2 + 2|w| \cdot |z| + |z|^2 \qquad \textit{nach (3.13)(4)}$$

$$= (|w| + |z|)^2.$$

Insgesamt haben wir erhalten

$$|w+z|^2 \leq (|w| + |z|)^2.$$

Daraus folgt wegen $|w+z| \geq 0$ und $|w| + |z| \geq 0$ durch Wurzelziehen die Dreiecksungleichung:

$$|w+z| \leq |w| + |z|.$$

Auch die Aussagen von Satz (3.13) sollten Sie bald auswendig können.

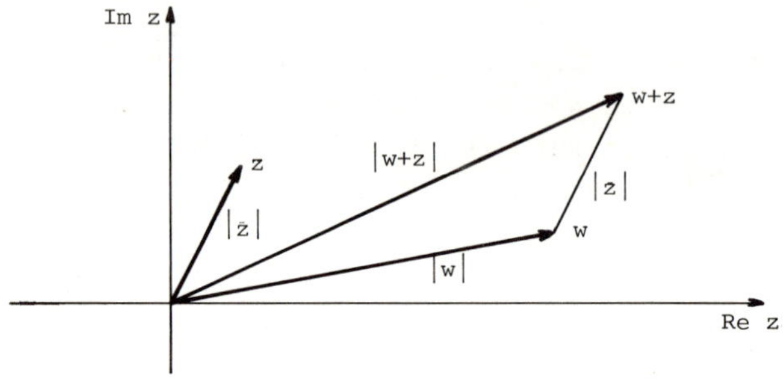

Bild 8.- Zur Dreiecksungleichung.

BEISPIEL.- Als eine Anwendung für das Rechnen mit Beträgen von komplexen Zahlen beweisen wir die *Parallelogramm-Identität* (*) (3.14)

Parallelogramm-Identität

$$|z+w|^2 + |z-w|^2 = 2(|z|^2 + |w|^2)$$

für alle $z, w \in \mathbb{C}$.

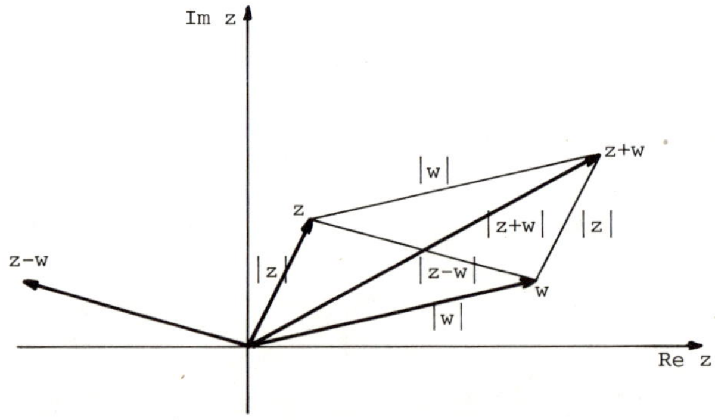

Bild 9.- Das durch z und w aufgespannte Parallelogramm.

BEWEIS.- $|z+w|^2 + |z-w|^2 = (z+w)\,\overline{(z+w)} + (z-w)\,\overline{(z-w)}$

$$= (z+w)(\bar{z}+\bar{w}) + (z-w)(\bar{z}-\bar{w})$$

$$= z\bar{z} + w\bar{w} + z\bar{w} + w\bar{z} + z\bar{z} + w\bar{w} - z\bar{w} - w\bar{z}$$

$$= 2|z|^2 + 2|w|^2 = 2(|z|^2 + |w|^2).$$

(*) in unpräziser, aber suggestiver Formulierung: In einem Parallelogramm ist die Summe der Quadrate über den Diagonalen gleich der Summe der Quadrate über allen vier Seiten.

HINWEIS: Wesentlich an diesem Beweis ist, daß wir die komplexen Zahlen z und w nicht mehr in Real- und Imaginärteil zerlegt haben. Die Beziehung $|z|^2 = z\bar{z}$ hat die Rechnung entscheidend erleichtert.

A 8 *AUFGABE 8.- Zeigen Sie, daß für $a,b \in \mathbb{C}$ gilt*

$$|a-b|^2 = |a|^2 + |b|^2 - 2\cdot Re(a\bar{b}).$$

Plan

Im folgenden wollen wir mit der jetzt zur Verfügung stehenden analytischen Formulierung für den "Abstand zweier komplexer Zahlen" gewisse Punktmengen der Ebene beschreiben.

(3.15) BEISPIELE.- (1) Sei $r \in \mathbb{R}$, $r > 0$. Weil $|z|$ der Abstand des Punktes z vom Nullpunkt ist, ist

Kreis um den Nullpunkt

$$\{z \in \mathbb{C} \mid |z| = r\}$$

die Menge aller Punkte der Ebene, die vom Nullpunkt den (festen) Abstand r haben, also ein *Kreis* (*) *um den Nullpunkt* mit dem Radius r.

(2) Sei $z_o \in \mathbb{C}$ und $r \in \mathbb{R}$, $r > 0$. Weil $|z-z_o|$ den Abstand der Punkte z und z_o angibt, ist

$$\{z \in \mathbb{C} \mid |z-z_o| = r\}$$

die Menge aller Punkte der Ebene, die von einem festen Punkt z_o den Abstand r haben, also ein Kreis mit dem Mittelpunkt z_o und dem Radius r.

(3) Sei $z_o \in \mathbb{C}$ und $r \in \mathbb{R}$, $r > 0$. Dann ist

$$\overline{K_r}(z_o) := \{z \in \mathbb{C} \mid |z-z_o| \leq r\}$$

abgeschlossene Kreisscheibe

die Menge aller Punkte der Ebene, die von z_o einen Abstand haben, der kleiner oder gleich r ist, die *abgeschlossene* (**) *Kreisscheibe* um z_o mit Radius r.

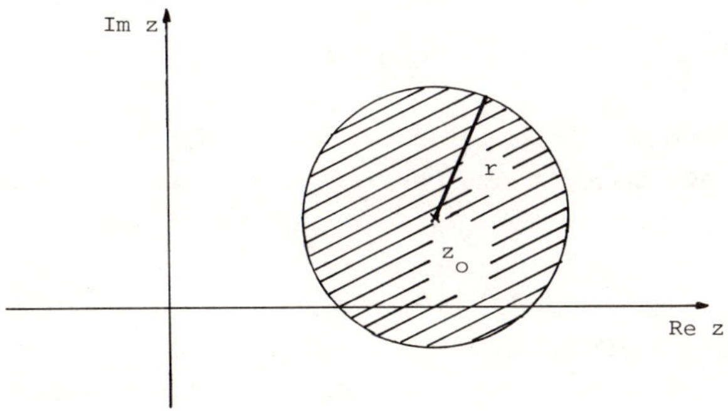

Bild 10.- Die Punktemenge $\{z \in \mathbb{C} \mid |z-z_o| \leq r\}$ ist die abgeschlossene Kreisscheibe um den Punkt z_o mit Radius r.

(*) genauer: eine Kreislinie

(**) d.h. die Kreislinie gehört auch zur Punktmenge $\overline{K_r}(z_o)$.

Entsprechend nennen wir

$$K_r(z_o) := \{z \in \mathbb{C} \mid |z-z_o| < r\}$$

die *offene Kreisscheibe* um z_o mit Radius r, d.h. die Kreislinie gehört nicht mehr zu $K_r(z_o)$.

offene Kreisscheibe

A 9 *AUFGABE 9.- Skizzieren Sie in der Gaußschen Zahlenebene die Menge aller Punkte $z \in \mathbb{C}$, für die sowohl $|z-1-i| \leq \sqrt{2}$ als auch $|z-1| < 1$ ist.*

(3.16) BEISPIEL.- Wir wollen alle $z \in \mathbb{C}$ bestimmen, für die

$$|z+1| = |z-1|$$

gilt.
Auf Grund der geometrischen Interpretation des Betrages ($|z+1|$ ist der Abstand von z zu -1 und $|z-1|$ ist der Abstand von z zu 1) können wir sofort feststellen: die Menge

$$\{z \in \mathbb{C} \mid |z+1| = |z-1|\}$$

enthält genau alle Punkte z der Ebene, die von -1 und von +1 denselben Abstand haben.
Machen Sie sich eine Skizze: Sie erkennen, daß alle Punkte auf der imaginären Achse von -1 und von +1 denselben Abstand haben.

Deshalb die BEHAUPTUNG:

$$\{z \in \mathbb{C} \mid |z+1| = |z-1|\} = \{iy \mid y \in \mathbb{R}\}.$$

BEWEIS.- *Nach Definition der Gleichheit von Mengen müssen wir zwei Inklusionen nachweisen. Es ist zu zeigen:*
(a) Gilt für ein $z \in \mathbb{C}$ $|z+1| = |z-1|$, so hat z die Gestalt $z = iy$ mit $y \in \mathbb{R}$.
(b) Ist $z = iy$ mit $y \in \mathbb{R}$, so gilt $|z+1| = |z-1|$.
Diese beiden Beweise können wir gleichzeitig führen, indem wir die Gleichung $|z+1| = |z-1|$ durch äquivalente Gleichungen (*) ersetzen, bis wir die Gleichung $z = iy$ erhalten.

Sei $z = x + iy \in \mathbb{C}$ mit $x,y \in \mathbb{R}$. Dann gilt

$$\begin{aligned}
|z+1| = |z-1| &\iff |z+1|^2 = |z-1|^2 \\
&\iff (z+1)\overline{(z+1)} = (z-1)\overline{(z-1)} \\
&\iff (z+1)(\bar{z}+1) = (z-1)(\bar{z}-1) \\
&\iff z\bar{z} + z + \bar{z} + 1 = z\bar{z} - z - \bar{z} + 1 \\
&\iff 2(z+\bar{z}) = 0 \\
&\iff z + \bar{z} = 0 \iff 2\cdot Re\, z = 0 \\
&\iff x = Re\, z = 0 \iff z = iy.
\end{aligned}$$

(*) Man nennt zwei Aussagen A und B äquivalent (gleichbedeutend), wenn A genau dann gilt, wenn B gilt (in Zeichen: $A \Leftrightarrow B$). In unserem Fall: Jede im Beweis vorkommende Gleichung gilt genau dann, wenn die nachfolgende (bzw. vorangehende) Gleichung gilt. (Vgl. Sie auch die Fußnote auf Seite 16.)

äquivalent

A 10 *AUFGABE 10.- Begründen Sie die ersten drei "$\Leftrightarrow$"-Zeichen im Beweis von (3.16).*

A 11 *AUFGABE 11.- Bestimmen Sie alle komplexen Zahlen z, für die*

$$|z+3-3i| = |z-1-3i|$$

gilt. Skizzieren Sie die gefundene Punktmenge und beweisen Sie Ihre Behauptung.

(3.17) BEMERKUNG.- Ist die Menge aller $z \in \mathbb{C}$ zu bestimmen, für die z.B.

$$|z+2| < |z+4|$$

gilt, so ergibt die geometrische Interpretation dieser Ungleichung: Gesucht ist die Menge aller z, die vom Punkt -2 einen kleineren Abstand haben als vom Punkt -4.
In Bild 11 sind dies alle rechts der gestrichelten Linie (*) liegenden Punkte,

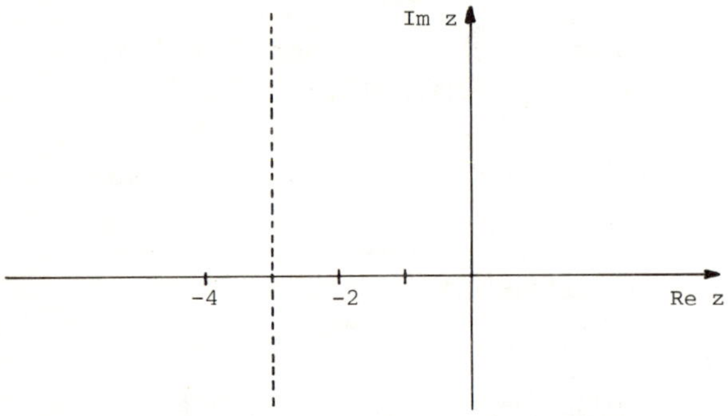

Bild 11.- Die Menge $\{z \in \mathbb{C} \mid |z+2| < |z+4|\}$ ist die Menge aller Punkte rechts von der gestrichelten Linie.

also

$$\{z \in \mathbb{C} \mid |z+2| < |z+4|\} = \{z \in \mathbb{C} \mid \operatorname{Re} z > -3 = \frac{-4+(-2)}{2}\}$$

Der Beweis hierfür läßt sich analog zum Beweis in (3.16) führen.

ZUSAMMENFASSUNG.- Für komplexe Zahlen gibt es keine Anordnung. Wir vergleichen komplexe Zahlen, indem wir ihre Beträge miteinander vergleichen. Der Betrag einer komplexen Zahl ist eine nicht-negative reelle Zahl. Er hat die anschauliche Bedeutung des Abstandes (des entsprechenden Punktes) vom Nullpunkt. $|z_1-z_2|$ hat die anschauliche Bedeutung des Abstandes der Punkte z_1 und z_2.
Beim Rechnen mit Beträgen benutzt man seltener die Definition $|z| = \sqrt{x^2+y^2}$, wenn $z = x+iy$ ist, als vielmehr die Beziehung $|z|^2 = z \cdot \bar{z}$.

Noch einmal der Hinweis: Ungleichungen zwischen Beträgen komplexer Zahlen sind Ungleichungen zwischen reellen Zahlen.

(*) Die gestrichelte Linie ist die Mittelsenkrechte der Verbindungsstrecke der Punkte -4 und -2.

§ 4 DIE POLARFORM

In diesem Paragraphen behandeln wir eine weitere Darstellung komplexer Zahlen. Sie wird es u.a. erlauben, eine anschauliche Interpretation der Multiplikation komplexer Zahlen zu geben. Diese Darstellung wird z.B. auch häufig in der Elektrotechnik verwendet.

VORBEMERKUNGEN.- *Sie sind es von der Schule her vermutlich gewöhnt, Winkel in Grad zu messen. Wir werden die Größe eines Winkels (wie es überwiegend in der Mathematik getan wird) durch eine reelle Zahl beschreiben, und zwar durch die Länge desjenigen Bogens, die der Winkel aus einem Kreis mit dem Radius 1 (Einheitskreis) herausschneidet (vgl. Bild 12).* (3.18)

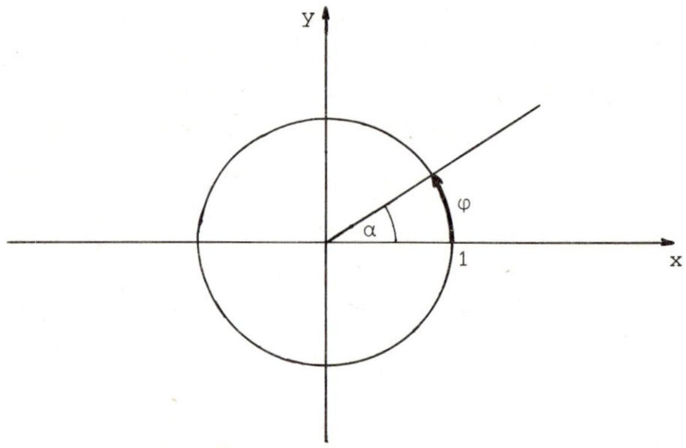

Bild 12.- Die Bogenlänge φ.

Die Bogenlänge φ ist positiv zu wählen, wenn der Winkel gegen den Uhrzeigersinn (in "mathematisch positiver Richtung") abgetragen wird.
Der Umfang des Einheitskreises, also die Länge des Kreisbogens, der zum Winkel $\alpha = 360^0$ gehört, beträgt 2π. Wir setzen für diesen Abschnitt voraus, daß Sie die Zahl π kennen. Dann entspricht dem Winkel α, in Grad gemessen, die Bogenlänge (man sagt auch: das Bogenmaß) Winkel in Bogenmaß

$$\varphi = \frac{\alpha}{360} \cdot 2\pi \, .$$

Wir sprechen auch hier vom Winkel φ.

Kleine Aufgabe: Bestimmen Sie das Bogenmaß, das zu den Winkeln von 30^0, 45^0, 60^0, 90^0, 120^0, 180^0 gehört. A

Wir setzen hier ferner voraus, daß Sie wissen, wie man im rechtwinkligen Dreieck den Sinus bzw. Cosinus eines Winkels berechnet (*), *und welchen Gesetzmäßigkeiten Sinus und Cosinus genügen:*

Additionstheoreme

Additionstheoreme:

$$\sin(\varphi+\psi) = \sin\varphi\cdot\cos\psi + \cos\varphi\cdot\sin\psi,$$
$$\cos(\varphi+\psi) = \cos\varphi\cdot\cos\psi - \sin\varphi\cdot\sin\psi,$$

Periode 2π:

$$\sin(\varphi+2\pi) = \sin\varphi \quad \text{und}$$
$$\cos(\varphi+2\pi) = \cos\varphi \quad \text{für alle } \varphi$$

und zum Beispiel

$$\sin(-\varphi) = -\sin\varphi\,, \quad \cos(-\varphi) = \cos\varphi\,.$$

(3.19) HERLEITUNG DER POLARFORM einer komplexen Zahl.- Betrachten Sie Bild 13:
Sei $z \neq 0$, also $|z| > 0$.

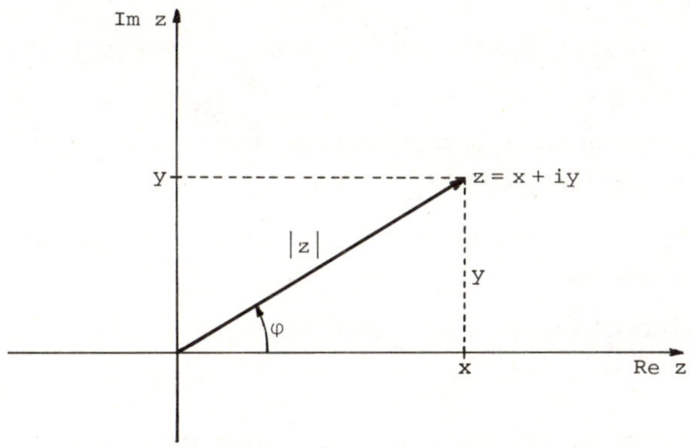

Bild 13.- Zur Herleitung der Polarform von z.

Der Pfeil, der die komplexe Zahl z kennzeichnet, bildet mit der (positiven) reellen Achse einen Winkel φ und hat die Länge $|z|$. Es gilt

$$\cos\varphi = \frac{x}{|z|} \quad \text{und} \quad \sin\varphi = \frac{y}{|z|}$$

also

$$x = |z|\cdot\cos\varphi \quad \text{und} \quad y = |z|\cdot\sin\varphi$$

Hieraus folgt

$$z = x + iy = |z|\cdot\cos\varphi + i\,|z|\cdot\sin\varphi$$
$$= |z|\cdot(\cos\varphi + i\sin\varphi)\,.$$

Polarform

Die Darstellung

$$z = |z|\cdot(\cos\varphi + i\sin\varphi)$$

heißt *Polarform* der komplexen Zahl z.

(*) $\sin = \frac{\text{Gegenkathete}}{\text{Hypotenuse}}$, $\cos = \frac{\text{Ankathete}}{\text{Hypotenuse}}$. Exakte Definitionen für Sinus und Cosinus und deren Eigenschaften erhalten Sie (unabhängig von rechtwinkligen Dreiecken) in Kapitel 9.

Sie sollten diese Darstellung genauso gut kennen wie die "Zerlegung" in Real- und Imaginärteil, also die Darstellung $z = x + iy$. In der Polarform wird z also durch das Paar reeller Zahlen $(|z|, \varphi)$ beschrieben, wenn man $z = |z|(\cos\varphi + i\sin\varphi)$ setzt. Das bedeutet zeichnerisch (vgl. Bild 13): Man trägt den Winkel φ an die positive x-Achse an und trägt auf dem freien Schenkel die Länge $|z|$ ab. Man erhält z.

φ heißt *Argument von z* (in Zeichen: $\arg z := \varphi$). Argument

φ ist nicht eindeutig bestimmt, da wegen der Periodizität von Cosinus und Sinus z.B. für $\varphi' := \varphi + 2\pi$ ebenfalls

$$z = |z|(\cos\varphi' + i\sin\varphi')$$

gilt.

Allgemein gilt:

> Das Argument einer komplexen Zahl ist nur bis auf die Addition von ganzzahligen Vielfachen von 2π bestimmt.
> φ ist dann eindeutig bestimmt, wenn man zusätzlich fordert
>
> $$-\pi < \varphi \leq \pi\,.$$

$z = 0$ besitzt kein Argument.

BEISPIELE.- Es ist (Zeichnen Sie!): (3.20)

komplexe Zahlen in Polarform

$$i = \cos\frac{\pi}{2} + i\sin\frac{\pi}{2}\,,$$
$$1+i = \sqrt{2}\,(\cos\frac{\pi}{4} + i\sin\frac{\pi}{4})\,,$$
$$1-i = \sqrt{2}\,(\cos(-\frac{\pi}{4}) + i\sin(-\frac{\pi}{4}))$$
$$= \sqrt{2}\,(\cos\frac{\pi}{4} - i\sin\frac{\pi}{4})\,,$$
$$\sqrt{3}+i = 2(\cos\frac{\pi}{6} + i\sin\frac{\pi}{6})\,,$$
$$1 = \cos 0 + i\sin 0\,.$$

DIE PRODUKTFORMEL für komplexe Zahlen in Polarform. (3.21)
Sind $z, w \in \mathbb{C}$, $z \neq 0$, $w \neq 0$ und sind

$$z = |z|\cdot(\cos\varphi + i\sin\varphi)$$
$$w = |w|\cdot(\cos\psi + i\sin\psi)$$

Darstellungen in Polarform, so liefern die Additionstheoreme wegen:

$$zw = |z|\,|w|\,(\cos\varphi + i\sin\varphi)(\cos\psi + i\sin\psi)$$
$$= |z|\,|w|\,(\cos\varphi\cos\psi - \sin\varphi\sin\psi + i(\sin\varphi\cos\psi + \cos\varphi\sin\psi))$$

die Produktformel:

Produktformel

$$zw = |z|\,|w|\,(\cos(\varphi+\psi) + i\sin(\varphi+\psi))\,.$$

Formuliert man dieses Ergebnis mit Worten, so ergibt sich unmittelbar die anschauliche Interpretation der Multiplikation, wie sie in Bild 14 dargestellt ist und die Sie sich gut merken sollten:

Regel

Bei der Multiplikation werden die Beträge (als reelle Zahlen) miteinander multipliziert und die Argumente (= Winkel in Bogenmaß) addiert.

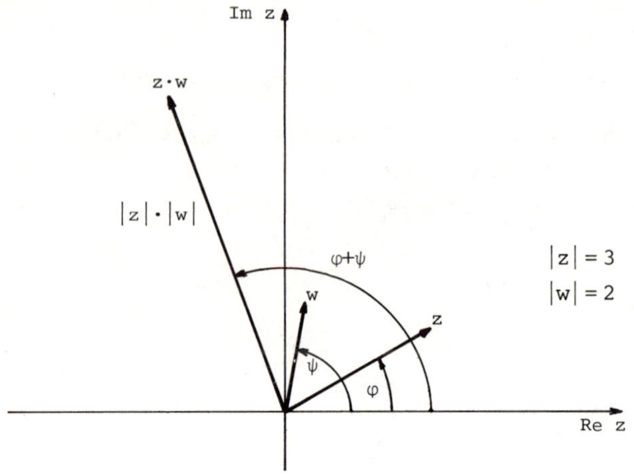

Bild 14.- Multiplikation komplexer Zahlen.

A 12

AUFGABE 12.- a) Begründen Sie mit Hilfe der Polarform von i, daß $i^2 = -1$ ist (Zeichnung!)
b) Seien z und w wie in (3.21). Berechnen Sie die Polarform von $\frac{z}{w}$ und beschreiben Sie das Ergebnis mit Worten.

(3.22) BEMERKUNG.- Nach (3.20) ist $i = \cos\frac{\pi}{2} + i\sin\frac{\pi}{2}$. Deshalb bedeutet die Multiplikation einer komplexen Zahl $z \neq 0$ mit i, daß z um den Winkel $\frac{\pi}{2}$ (gegen den Uhrzeigersinn) gedreht wird. Der Betrag bleibt wegen $|i| = 1$ unverändert (siehe Aufgabe 12a).

Wir ziehen nun einige für den nächsten Paragraphen wichtige Folgerungen aus der Produktformel in (3.21). Führen Sie die anschließend skizzierten Beweise ausführlich durch.

(3.23) FOLGERUNGEN.- (1) Sei $z \in \mathbb{C}$, $z \neq 0$, $z = |z|(\cos\varphi + i\sin\varphi)$. Dann gilt für alle $n \in \mathbb{N}$

$$z^n = |z|^n(\cos n\varphi + i\sin n\varphi).$$

Moivre-Formel

(2) Für $z = \cos\varphi + i\sin\varphi$ gilt die <u>*Moivre-Formel*</u>

$$(\cos\varphi + i\sin\varphi)^n = \cos n\varphi + i\sin n\varphi \quad \text{für alle } n \in \mathbb{N}.$$

(3) $$(\cos\frac{\psi}{n} + i\sin\frac{\psi}{n})^n = \cos\psi + i\sin\psi \quad \text{für alle } n \in \mathbb{N}.$$

(4) $$(\cos\frac{2\pi}{n} + i\sin\frac{2\pi}{n})^n = 1 \quad \text{für alle } n \in \mathbb{N}.$$

Wir deuten die BEWEISE nur an: (1) erhalten Sie mit vollständiger Induktion unmittelbar aus der Produktformel.
Für z in (2) gilt $|z| = 1$, weil dort $|z|^2 = \cos^2\varphi + \sin^2\varphi = 1$ ist. Also folgt (2) aus (1). Setzen Sie in (2) $\varphi := \frac{\psi}{n}$, dann erhalten Sie (3). Wenn Sie in (3) $\psi := 2\pi$ setzen, ergibt sich (4).

A 13

AUFGABE 13.- Sei

$$z := \frac{(1-i)^6}{(\sqrt{3}+i)^5}.$$

Geben Sie die Polarform von z an mit einem Argument φ, das $-\pi < \varphi \leq \pi$ erfüllt.

ZUSAMMENFASSUNG.- Fassen Sie zusammen:
- Wie lautet die Polarform einer komplexen Zahl $z \neq 0$?
- Wie lautet die Produktformel (in Worten) für komplexe Zahlen in Polarform?
- Welche anschauliche Interpretation liefert die Produktformel?
- Wie berechnet man die n-te Potenz von z in Polarform?
- Welche Aussage macht die Moivre-Formel?

§ 5 N-TE WURZELN EINER KOMPLEXEN ZAHL

Diskussion

Die obige Folgerung (3.23) (4) hat ein interessantes Ergebnis geliefert: Wir haben zu jedem $n \in \mathbb{N}$ eine komplexe Zahl z erhalten, nämlich

$$z = \cos\frac{2\pi}{n} + i\sin\frac{2\pi}{n},$$

mit der Eigenschaft

$$z^n = 1.$$

Wenn Sie nun noch einmal die Definition (2.15) auf Seite 30 (n-te Wurzel einer reellen Zahl) durchlesen, verstehen Sie, daß wir die hier gefundene komplexe Zahl z als "n-te Wurzel aus 1" bezeichnen <u>könnten</u>. Es gibt aber noch mehr komplexe Zahlen, deren n-te Potenz gleich 1 ist: Sei

$$\omega_k := \cos\frac{2\pi k}{n} + i\sin\frac{2\pi k}{n} \quad \text{für } k = 1,2,\ldots,n.$$

Dann gilt mit der Moivre-Formel

$$(\omega_k)^n = (\cos\frac{2\pi k}{n} + i\sin\frac{2\pi k}{n})^n = \cos 2\pi k + i\sin 2\pi k = 1$$

Ohne Beweis sei noch vermerkt: Alle komplexen Zahlen $\omega_1,\ldots,\omega_n$ sind verschieden voneinander.

Die Zahlen ω_k erhalten einen besonderen Namen. Wegen $(\omega_k)^n = 1$ treffen wir folgende Definition:

(3.24) n-te Einheitswurzeln

DEFINITION.- Sei $n \in \mathbb{N}$. Die n komplexen Zahlen

$$\omega_k := \cos\frac{2\pi k}{n} + i \sin\frac{2\pi k}{n} \quad \text{für } k = 1,2,\dots,n$$

heißen *n-te Einheitswurzeln* (*).

Die n-ten Einheitswurzeln lassen sich als Eckpunkte eines dem Einheitskreis einbeschriebenen regelmäßigen n-Ecks veranschaulichen, wobei eine Ecke bei 1 liegt (siehe Bild 15 für n = 6).

ω_1 ist derjenige Punkt auf dem Einheitskreis, dessen Winkel mit der x-Achse $\frac{2\pi}{n}$ beträgt. ω_2 erhält man aus ω_1, indem man von ω_1 auf dem Einheitskreis um den Winkel $\frac{2\pi}{n}$ "weitergeht", denn

$$\omega_2 = \cos\left(\frac{2\pi}{n} + \frac{2\pi}{n}\right) + i \sin\left(\frac{2\pi}{n} + \frac{2\pi}{n}\right) = \omega_1 \cdot \omega_2$$

(vgl. die Veranschaulichung der Multiplikation auf Seite 46). ω_3 erhält man, indem analog von ω_2 auf dem Einheitskreis um den Winkel $\frac{2\pi}{n}$ "weitergeht" usw.

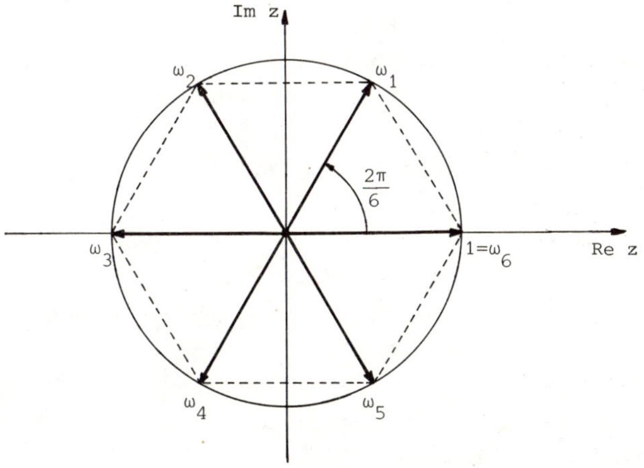

Bild 15.- Die 6-ten Einheitswurzeln.

Allgemeiner als in (3.24) definiert man

(3.25) n-te Wurzeln

DEFINITION.- Sei $a \in \mathbb{C}$ und $n \in \mathbb{N}$. Jedes $z \in \mathbb{C}$ mit der Eigenschaft

$$z^n = a$$

heißt *eine n-te Wurzel* aus a.

Der nächste Satz gibt an, wie man alle n-ten Wurzeln aus $a \neq 0$ berechnen kann, wenn man die Polarform von a kennt. Wir werden diesen Satz nicht beweisen. Sie sollten seine Aussage sowie deren anschauliche Interpretation jedoch gut beherrschen.

(3.26) Bestimmung der n-ten Wurzeln

SATZ.- Sei $a = |a|(\cos\alpha + i \sin\alpha)$ die Polarform der komplexen Zahl $a \neq 0$ und sei $n \in \mathbb{N}$. Dann gibt es genau n komplexe Zahlen, die eine n-te Wurzel aus a sind, und zwar

$$z_k := \sqrt[n]{|a|}\left(\cos\frac{\alpha+2\pi k}{n} + i \sin\frac{\alpha+2\pi k}{n}\right) \quad \text{für } k = 1,\dots,n.$$

(3.27) **BEMERKUNG.-** Wir wollen uns das wichtige Ergebnis dieses Satzes veranschaulichen. Dazu schreiben wir z_k in der Form

$$z_k = \sqrt[n]{|a|}\left(\cos\left(\frac{\alpha}{n} + \frac{2\pi}{n}\cdot k\right) + i \sin\left(\frac{\alpha}{n} + \frac{2\pi}{n}\cdot k\right)\right).$$

Zeichnerische Bestimmung der n-ten Wurzeln

Sie sehen, jedes z_k hat den Betrag $\sqrt[n]{|a|}$, d.h. alle z_k liegen auf einem Kreis um den Nullpunkt mit dem Radius $\sqrt[n]{|a|}$. Wegen $\arg z_1 = \frac{\alpha}{n} + \frac{2\pi}{n}$ erhält man z_1 als denjenigen Punkt dieses Kreises, der zum Winkel $\frac{\alpha}{n} + \frac{2\pi}{n}$ gehört (Addition von $\frac{2\pi}{n}$ zu $\frac{\alpha}{n} = \frac{\arg a}{n}$).

Wegen $\arg z_2 = \frac{\alpha}{n} + \frac{2\pi}{n}\cdot 2 = \frac{\alpha}{n} + \frac{2\pi}{n} + \frac{2\pi}{n} = \arg z_1 + \frac{2\pi}{n}$ braucht man auf dem genannten Kreis nur noch einmal um $\frac{2\pi}{n}$ weiterzugehen, und man erhält z_2. Geht man wieder um $\frac{2\pi}{n}$ weiter, so erhält man z_3 usw.

(3.28) **BEISPIEL.-** Wir berechnen die vier 4-ten Wurzeln aus der komplexen Zahl -16.
Wegen $-1 = \cos\pi + i \sin\pi$ ist $-16 = 16(\cos\pi + i \sin\pi)$ die Polarform der komplexen Zahl -16.
Also ergibt sich mit Satz (3.26)

$$z_k = \sqrt[4]{16}\left(\cos\frac{\pi+2\pi k}{4} + i \sin\frac{\pi+2\pi k}{4}\right) \quad \text{für } k = 1,2,3,4.$$

Wir erhalten daher als 4-te Wurzeln aus -16 die komplexen Zahlen

$$z_1 = 2\left(\cos\tfrac{3}{4}\pi + i \sin\tfrac{3}{4}\pi\right) = 2\left(-\tfrac{1}{2}\sqrt{2} + i\tfrac{1}{2}\sqrt{2}\right) = -\sqrt{2} + i\sqrt{2} = \sqrt{2}(-1+i),$$

$$z_2 = 2\left(\cos\tfrac{5}{4}\pi + i \sin\tfrac{5}{4}\pi\right) = 2\left(-\tfrac{1}{2}\sqrt{2} + i\left(-\tfrac{1}{2}\sqrt{2}\right)\right) = -\sqrt{2}(1+i),$$

$$z_3 = 2\left(\cos\tfrac{7}{4}\pi + i \sin\tfrac{7}{4}\pi\right) = \dots = \sqrt{2}(1-i),$$

$$z_4 = 2\left(\cos\tfrac{9}{4}\pi - i \sin\tfrac{9}{4}\pi\right) = 2\left(\cos\tfrac{\pi}{4} + i \sin\tfrac{\pi}{4}\right) = \dots = \sqrt{2}(1+i).$$

Die zeichnerische Darstellung dieser n-ten Wurzeln zeigt Bild 16.

(*) eigentlich müßte man $\omega_k^{(n)}$ statt ω_k schreiben, da die n-ten Wurzeln natürlich von n abhängen.

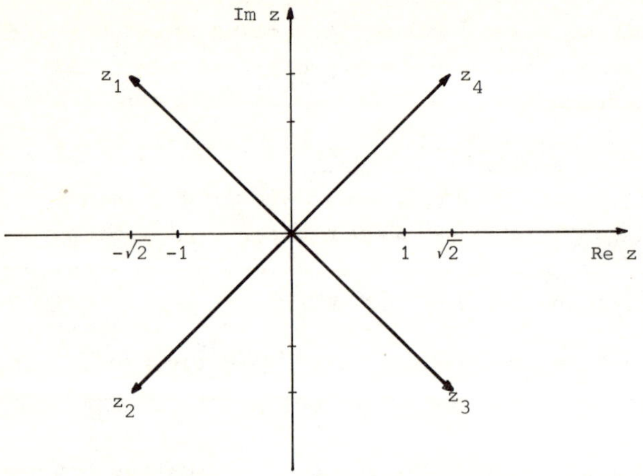

Bild 16.- Die vier 4-ten Wurzeln aus -16.

Denken Sie daran: Für die reelle Zahl -16 ist die reelle vierte Wurzel aus -16 nicht definiert.

A 14 *AUFGABE 14.- Berechnen Sie alle drei 3-ten Wurzeln aus i und zeichnen Sie das Ergebnis auf. Wie erhalten Sie das Ergebnis ohne Rechnung (nur zeichnerisch!)?*

BEMERKUNG.- Ist z eine n-te Wurzel aus $a \neq 0$, so gilt $z^n = a$, also $z^n - a = 0$. Man sagt auch: z ist "eine Lösung der Gleichung n-ten Grades $z^n - a = 0$". Nach Satz (3.26) hat die Gleichung $z^n - a = 0$ genau n Lösungen und zwar die dort angegebenen Zahlen z_k, $1 \leq k \leq n$. Wir werden im nächsten Kapitel hierauf noch genauer eingehen.

Zum Schluß ein Beispiel zur Anwendung der komplexen Zahlen in der Wechselstromlehre. Der mathematische Inhalt dieses Beispiels ist es, den Betrag einer komplexen Zahl zu berechnen und komplexe Zahlen zeichnerisch zu addieren. Dies finden Sie auf der Seite 49. Der größere Teil des Beispiels besteht darin, die physikalischen Sachverhalte zu bezeichnen und mit Hilfe komplexer Zahlen zu beschreiben.

(3.29) BEISPIEL.- *Wir verwenden in diesem Beispiel die in der Elektrotechnik üblichen Bezeichnungen, d.h. i für den Strom und j für die imaginäre Einheit.*

Elektrische Stromkreise mit Wechselstrom werden häufig unter Verwendung komplexer Zahlen untersucht und beschrieben. Hierdurch ergeben sich erhebliche Vereinfachungen gegenüber dem Rechnen mit reellen Zahlen.

Es seien

$u = \hat{u}\cos(\omega t+\alpha)$ und $i = \hat{\imath}\cos(\omega t+\alpha-\varphi)$

die tatsächlichen (reellen) Augenblickswerte von Spannung u und Strom i. Hierbei sind $\hat{u}$ bzw. $\hat{\imath}$ die reellen Scheitelwerte (Amplituden) von Spannung bzw. Strom; ω die Kreisfrequenz; α der Nullphasenwinkel; φ der Phasenverschiebungswinkel zwischen Spannung und Strom; t die Zeit.

Diese reellen Augenblickswerte u und i ergänzt man folgendermaßen zu komplexen Augenblickswerten:

$$\underline{u} := \hat{u}(\cos(\omega t+\alpha) + j\sin(\omega t+\alpha)) = \underline{\hat{u}}(\cos\omega t + j\sin\omega t)$$

mit $\underline{\hat{u}} := \hat{u}(\cos\alpha + j\sin\alpha)$; (*)

$$\underline{i} := \hat{\imath}(\cos(\omega t + \alpha - \varphi) + j\sin(\omega t + \alpha - \varphi)) = \underline{\hat{\imath}}(\cos\omega t + j\sin\omega t)$$

mit $\underline{\hat{\imath}} := \hat{\imath}(\cos(\alpha-\varphi) + j\sin(\alpha-\varphi))$. (*)

Die Unterstreichung kennzeichnet "komplexe Größen" und das Dach kennzeichnet Amplituden. $\underline{\hat{u}}$ bzw. $\underline{\hat{\imath}}$ sind also die komplexen Scheitelwerte (Amplituden) der komplexen Spannung $\underline{u}$ bzw. des komplexen Stromes $\underline{i}$.

Der Vorteil des Rechnens mit komplexen Größen ist (was wir hier nicht beweisen werden), daß man die Wirkung von Induktivitäten L (Spule) und Kapazitäten C (Kondensator) in Wechselstromkreisen ähnlich wie bei Ohmschen Widerständen auch durch Widerstandsgrößen $\underline{Z}$ beschreiben kann. Man erhält für

- einen Ohmschen Widerstand: $\underline{Z} = R$, *(wie üblich)*,
- einen induktiven Widerstand (Wirkung von L): $\underline{Z} = j\omega L$
- einen kapazitiven Widerstand (Wirkung von C): $\underline{Z} = \frac{1}{j\omega C} = -j\frac{1}{\omega C}$.

Mit diesen Widerständen und den komplexen Spannungen und Strömen kann man wie in der Gleichstromtechnik rechnen:

Es gilt z.B. das *Ohmsche Gesetz* in der Form

$$\underline{\hat{u}} = \underline{Z} \cdot \underline{\hat{\imath}},$$ Ohmsches Gesetz

wobei $\underline{Z}$ der (komplexe) Gesamtwiderstand ist. $\underline{Z}$ wird nach den *Kirchhoffschen Regeln* bestimmt:

- bei einer Reihenschaltung von Widerständen addieren sich die Widerstände zum Gesamtwiderstand,
- bei einer Parallelschaltung von Widerständen addieren sich die Kehrwerte der Widerstände zum Kehrwert des Gesamtwiderstandes.

(*) Weil $\hat{u}$ bzw. $\hat{\imath}$ reell und positiv ist, ist $\underline{\hat{u}}$ bzw. $\underline{\hat{\imath}}$ in der Polarform gegeben, und es gilt $|\underline{\hat{u}}| = \hat{u}$ bzw. $|\underline{\hat{\imath}}| = \hat{\imath}$.

Zum Beispiel gilt für

- eine Reihenschaltung von Ohmschem Widerstand R, Induktivität L und Kapazität C:

$$\underline{Z} = R + j\omega L + \frac{1}{j\omega C} = R + j\left(\omega L - \frac{1}{\omega C}\right);$$

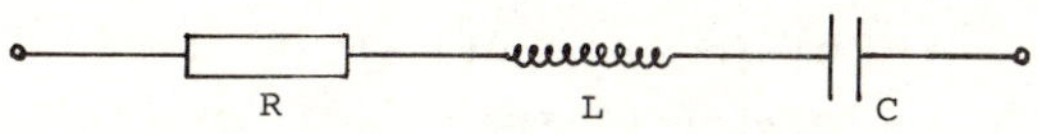

- eine Parallelschaltung von Ohmschem Widerstand R und Kapazität C:

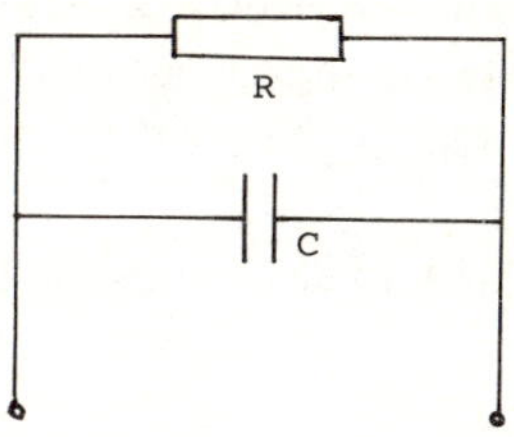

$$\frac{1}{\underline{Z}} = \frac{1}{R} + \frac{1}{\frac{1}{j\omega C}},$$

also

$$\underline{Z} = \frac{1}{\frac{1}{R} + j\omega C}.$$

(1) Nach diesen Erläuterungen berechnen wir nun für eine Reihenschaltung von R,L,C und eine vorgegebene Spannung

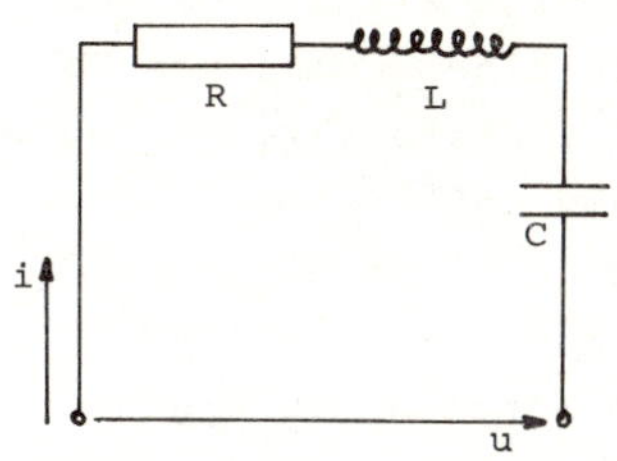

$$u = \hat{u}\cos(\omega t + \alpha)$$

den Scheitelwert $\hat{\imath}$ des Stromes

$$i = \hat{\imath}\cos(\omega t + \alpha - \varphi).$$

Dazu berechnen wir mit Hilfe des Ohmschen Gesetzes zunächst die komplexe Amplitude $\underline{\hat{\imath}}$. Ihr Betrag ist dann $\hat{\imath}$ (vgl. Fußnote auf Seite 48).

Nach der Kirchhoffschen Regel für die Reihenschaltung von Widerständen ist

$$\underline{Z} = R + j\left(\omega L - \frac{1}{\omega C}\right), \text{ also}$$

$$\underline{\hat{\imath}} = \frac{\underline{\hat{u}}}{\underline{Z}} = \frac{\underline{\hat{u}}}{R + j\left(\omega L - \frac{1}{\omega C}\right)}$$

Hieraus folgt

$$\hat{\imath} = |\underline{\hat{\imath}}| = \frac{|\underline{\hat{u}}|}{\left|R + j\left(\omega L - \frac{1}{\omega C}\right)\right|} = \frac{\hat{u}}{\sqrt{R^2 + \left(\omega L - \frac{1}{\omega C}\right)^2}}.$$

(2) Für den in (1) beschriebenen Wechselstromkreis ermitteln wir den Gesamtwiderstand $\underline{Z}$ zeichnerisch (in der "komplexen Widerstandsebene"). Wir zeichnen zunächst $R + j\omega L$ und dann $\underline{Z}$ durch weitere zeichnerische Addition von $\frac{1}{j\omega C}$ (vgl. Bild 17).

A 15 *AUFGABE 15.- a) Bestimmen Sie den Gesamtwiderstand $\underline{Z}$ für eine Parallelschaltung von R,L,C.*

b) Bestimmen Sie den Kehrwert des komplexen Gesamtwiderstandes zeichnerisch.

c) Berechnen Sie für die Parallelschaltung von a) bei vorgegebener Spannung $u = \hat{u}\cos(\omega t + \alpha)$ den Scheitelwert $\hat{\imath}$ des Stromes i.

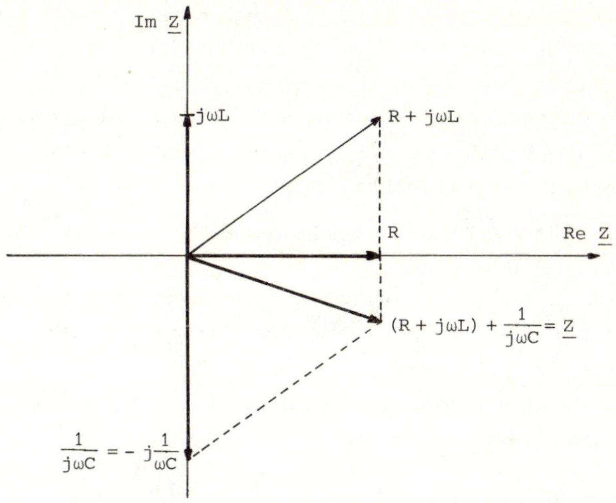

Bild 17.- Zeichnerische Ermittlung des Gesamtwiderstandes $\underline{Z} = R + j\left(\omega L - \frac{1}{\omega C}\right)$ für eine Reihenschaltung von R,L,C.

ZUSAMMENFASSUNG

In diesem Kapitel haben Sie komplexe Zahlen als Paare reeller Zahlen kennengelernt, für die in (3.1) auf Seite 36 eine Addition und eine Multiplikation definiert worden ist.

Jede komplexe Zahl $z = (a,b)$ mit $a,b \in \mathbb{R}$ läßt sich in der Form

$$z = a + ib$$

schreiben, wenn man die Punkte $(x,0)$ der reellen Achse mit der reellen Zahl x identifiziert (gleichsetzt).

In der Schreibweise $a + ib$ mit $a,b \in \mathbb{R}$ rechnet man mit komplexen Zahlen genauso wie mit reellen Zahlen, wenn man nur

$$i^2 = -1$$

berücksichtigt (siehe Seite 39).

Dieses Rechnen mit komplexen Zahlen sollte Ihnen nach Durcharbeiten des Kapitels keine Schwierigkeiten mehr machen. Insbesondere sollten Sie von komplexen Zahlen den Real- bzw. Imaginärteil bestimmen können. (Bei Quotienten komplexer Zahlen ist hierfür meist ein Erweitern mit der Konjugierten des Nenners nötig.) Ziel 1

Die in Satz (3.9) auf Seite 41 formulierten Aussagen über Real- und Imaginärteile sowie die Konjugierte komplexer Zahlen sollten Sie auswendig können, um sie bei entsprechenden Rechnungen anwenden zu können. Ziel 2

Sie sollten sich komplexe Zahlen als Punkte der Ziel 3

Gauß'schen Zahlenebene veranschaulichen können (Bild 1 auf Seite 39). Hierbei hat die komplexe Zahl $z = (a,b) = a + ib$ die Koordinaten $x = \operatorname{Re} z = a$ und $y = \operatorname{Im} z = b$.

Der Betrag einer komplexen Zahl hat die geometrische Bedeutung: Abstand des betreffenden Punktes vom Nullpunkt, also

$$|z| = \sqrt{a^2 + b^2} \quad \text{, falls } z = a + ib \text{ mit } a,b \in \mathbb{R}.$$

Ziel 4 Beim Rechnen mit Beträgen (von komplexen Zahlen) sollten Sie die Aussagen des Satzes (3.13) auf Seite 42 jederzeit anwenden können. In diesem Zusammenhang benutzt man häufig die für alle $z \in \mathbb{C}$ gültige Gleichung

$$|z|^2 = z \cdot \bar{z} \ .$$

Ziel 5 Außerdem sollten Sie geometrische Interpretationen einfacher Gleichungen bzw. Ungleichungen zwischen Beträgen angeben können (vgl. etwa (3.16) auf Seite 43 oder (3.17) auf Seite 44).

Sie haben die Beschreibung einer komplexen Zahl durch ihren Betrag und den Winkel φ (in Bogenmaß) mit der positiven reellen Achse, die Polarform

$$z = |z| \cdot (\cos \varphi + i \sin \varphi)$$

kennengelernt (Seite 45). Für das "Umrechnen" und das Zeichnen komplexer Zahlen ist es oft nützlich, wenn Sie einen gewissen Vorrat an komplexen Zahlen in Polarform haben (z.B. (3.20), Seite 45).

Schließlich sollten Sie die Produktformel für komplexe Zahlen in Polarform kennen: Ziel 6

Ist $z = |z| \cdot (\cos \varphi + i \sin \varphi)$ und
$w = |w| \cdot (\cos \psi + i \sin \psi)$, so ist
$zw = |z| \cdot |w| \cdot (\cos(\varphi + \psi) + i \sin(\varphi + \psi))$.

Die hieraus abgeleitete Merkregel: Ziel 7

> Bei der Multiplikation komplexer Zahlen werden die Beträge miteinander multipliziert und die Argumente (= Winkel in Bogenmaß) addiert.

sollten Sie bei entsprechenden Zeichnungen benutzen können.

Über die Moivre-Formel

$$(\cos \varphi + i \sin \varphi)^n = \cos n\varphi + i \sin n\varphi \quad \text{für alle } n \in \mathbb{N}$$

in (3.23)(2) auf Seite 46 sind wir zur Definition von n-ten Wurzeln aus einer komplexen Zahl gelangt (Definition (3.25), Seite 47). Sie sollten diese Definition kennen und wissen, daß es Ziel 8 - im Gegensatz zum Reellen - nicht die n-te Wurzel, sondern zu jeder komplexen Zahl $a \neq 0$ genau n verschiedene n-te Wurzeln aus a gibt (Satz (3.26), Seite 47). Die geometrische Interpretation der n-ten Wurzeln aus a sollte Ihnen Ziel 9 für ein gegebenes $a \in \mathbb{C}$, $a \neq 0$, möglich sein: siehe Bemerkung (2.37) und Beispiel (3.28) auf Seite 47.

Kapitel 4. Reelle und komplexe Funktionen

Einleitung

In diesem Kapitel beschäftigen wir uns zunächst mit reellen Funktionen, das sind auf Teilmengen von $\mathbb{R}$ definierte reellwertige Funktionen. Solche Funktionen kennen Sie sicherlich von der Schule her. Wir werden unter anderem einige einfache Eigenschaften bestimmter reeller Funktionen mathematisch beschreiben, so z.B. die Eigenschaft einer Funktion, keine beliebig großen oder beliebig kleinen Funktionswerte zu besitzen.
Im weiteren Verlauf der Analysis werden Sie mathematische Hilfsmittel kennenlernen, die es gestatten, die verschiedensten Eigenschaften reeller Funktionen immer detaillierter zu untersuchen und zu beschreiben.

Ein Abschnitt ist einer sehr wichtigen "Sorte" von reellen Funktionen, den Polynomen, gewidmet. In den Anwendungen wie auch in der Mathematik selbst ist man häufig bemüht, Zusammenhänge durch Polynome zu beschreiben oder zumindest angenähert zu beschreiben. Der Grund hierfür ist darin zu sehen, daß Polynome zu den relativ gut "überschaubaren" Funktionen gehören. Aus diesem Grund werden wir uns in mehreren Kapiteln auch mit Polynomen beschäftigen. Hier werden Sie unter anderem ein Verfahren (Horner-Schema) kennenlernen, mit dessen Hilfe man Funktionswerte von Polynomen recht einfach berechnen kann.

§1 Definition der reellen Funktion und Beispiele

Im ersten Kapitel haben Sie mit Definition (1.15) auf Seite 4 den allgemeinen Begriff der Funktion f von A nach B kennengelernt. Wir werden uns in diesem Abschnitt mit dem Fall beschäftigen, daß A eine Teilmenge von $\mathbb{R}$ und B gleich $\mathbb{R}$ ist.

(4.1) reelle Funktion

Definition.- Sei A eine Teilmenge von $\mathbb{R}$. (*) Eine Funktion $f : A \to \mathbb{R}$ heißt dann *reelle Funktion*.

(*) Insbesondere kann A gleich $\mathbb{R}$ sein.

Von der Schule her kennen Sie eine Fülle von Beispielen für diesen Funktionentyp; wir werden gleich mehrere Beispiele angeben. Zuvor erinnern wir an folgendes: Es ist üblich und nützlich, sich eine reelle Funktion durch ihre "graphische Darstellung" zu veranschaulichen. Deshalb definieren wir:

(4.2) Graph

Definition.- Für eine reelle Funktion $f : A \to \mathbb{R}$ heißt die Menge

$$G_f := \{(x, f(x)) \in \mathbb{R}^2 \mid x \in A\}$$

der *Graph* der Funktion f.

G_f ist also eine Teilmenge von $\mathbb{R}^2$ und läßt sich in den "meisten Fällen" (*) in der Ebene mit kartesischem Koordinatensystem zeichnen.

(4.3) konstante Funktion

Beispiele.- (1) $f : \mathbb{R} \to \mathbb{R}$ mit $f(x) := 2$. Diese konstante Funktion hat als Graph

$$G_f = \{(x, 2) \mid x \in \mathbb{R}\}.$$

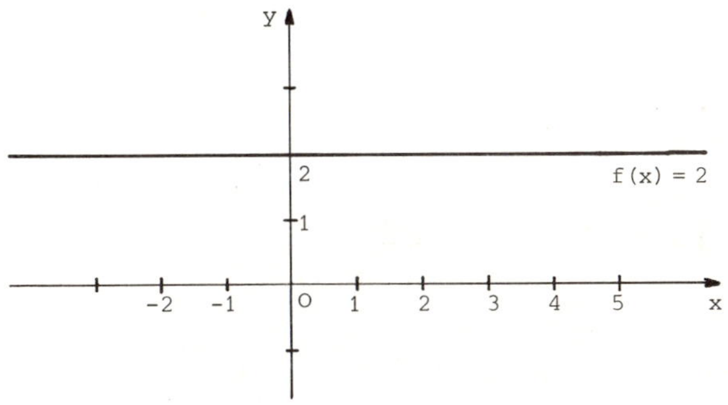

Bild 1.- Der Graph der reellen Funktion $x \mapsto 2$, $x \in \mathbb{R}$.

(2) $f : [0,3] \to \mathbb{R}$ mit $f(x) := -2x+1$. Hierbei ist

$$G_f = \{(x, -2x+1) \mid x \in [0,3]\}.$$

(*) Sie werden auch Funktionen kennenlernen, deren Graph man nicht zeichnen kann.

"lineare" Funktion

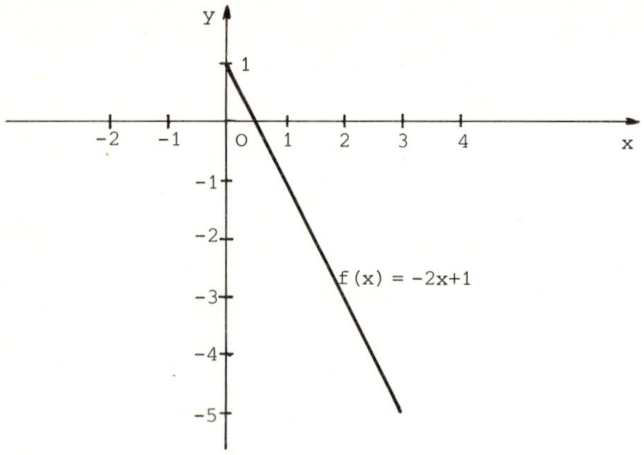

Bild 2.- Der Graph der Funktion $x \mapsto -2x+1,\ x \in [0,3]$.

(3) Nach Definition (1.47) auf Seite 18 ist zu jedem nicht-negativen $x \in \mathbb{R}$ die nicht-negative Zahl $\sqrt{x}$ eindeutig bestimmt. Deshalb ist die <u>*Wurzelfunktion*</u> $f : [0,\infty[\longrightarrow \mathbb{R}$ mit $f(x) := \sqrt{x}$ definiert.

Achten Sie darauf: Für positive x verläuft der Graph von f nur oberhalb der x-Achse, denn dann ist $\sqrt{x} > 0$.

Wurzelfunktion

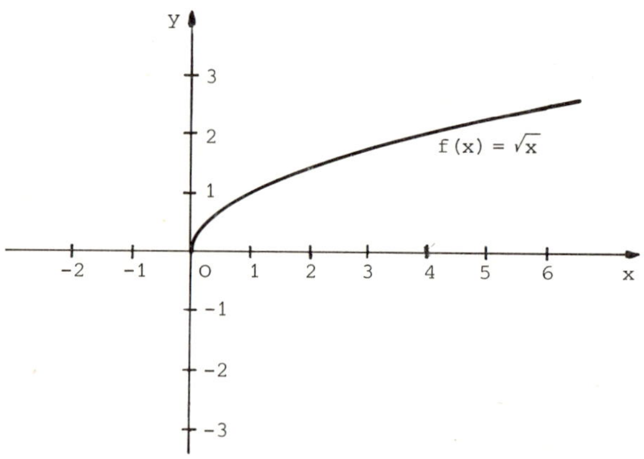

Bild 3.- Der Graph der Wurzelfunktion.

(4) $f : \mathbb{R} \longrightarrow \mathbb{R}$ mit $f(x) := |x|$, die <u>*Betragsfunktion*</u>. Skizzieren Sie den Graphen dieser Funktion! Vergleichen Sie Ihre Skizze mit der Skizze im Lösungsteil. Korrigieren Sie gegebenenfalls Ihr Ergebnis.

Betragsfunktion

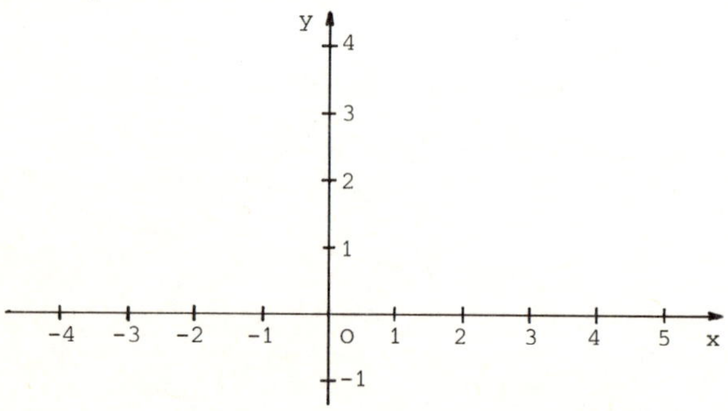

Bild 4.- Der Graph der Betragsfunktion (vom Leser zu zeichnen).

(5) $f : [-2,4[\longrightarrow \mathbb{R}$ mit

$$f(x) := \begin{cases} 1 & \text{für } -2 \leq x < \frac{1}{2} \\ 3 & \text{für } x = \frac{1}{2} \\ \frac{5}{2} - x & \text{für } \frac{1}{2} < x < 4. \end{cases}$$

"abschnittweise" definierte Funktion

Wir skizzieren den Graphen G_f von f folgendermaßen (beachten Sie insbesondere die Situation "in der Nähe von $x = \frac{1}{2}$"):

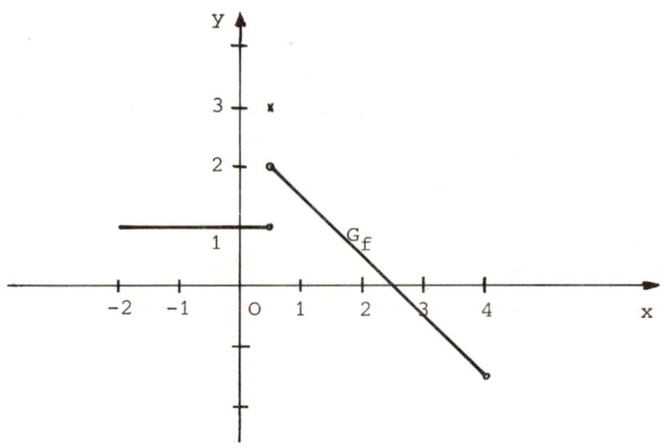

Bild 5.- Der Graph der Funktion f aus Beispiel (5).

(6) Die "Gebühren-Funktion" bei der Briefbeförderung innerhalb der Bundesrepublik Deutschland mit Berlin (West). Nach dem Stand vom 1. Januar 1979 hat die Gebührentabelle der Deutschen Bundespost folgendes Aussehen:

<u>Standardbriefe</u>		0,60 DM
<u>andere Briefe</u>	bis 50 g	1,00 DM
	über 50 g bis 100 g	1,40 DM
	über 100 g bis 250 g	1,80 DM
	über 250 g bis 500 g	2,30 DM
	über 500 g bis 1000 g	2,80 DM

Die Höhe der Gebühr richtet sich also nach dem Gewicht des Briefes. Das zulässige Höchstgewicht für einen Inlandsbrief beträgt 1000 g, das (theoretische) Minimalgewicht ist natürlich 0 g.

Sei F die Gebühren-Funktion, die jedem Gewicht x (in Gramm) eines "anderen Briefes" die vorgeschriebene Gebühr zuordnet.

Wir müssen aus unseren Überlegungen den Standardbrief herauslassen, denn er wird durch die Post so definiert: Gewicht bis 20 g; Länge zwischen 14 und 23,5 cm, Breite zwischen 9 und 12 cm, Höhe bis 0,5 cm; Länge mindestens das 1,41 fache der Breite.
Es gibt also Briefe bis 20 g, die eine Gebühr von 0,60 DM verlangen und "andere Briefe", die 1,00 DM verlangen. Wir hätten also <u>keine eindeutige</u> Zuordnung einer Gebühr zu ein und demselben Gewicht und daher <u>keine</u> Funktion.

Die Funktion F ist auf dem Intervall $]0,1000]$ definiert und hat folgenden Graphen:

Gebühren-funktion

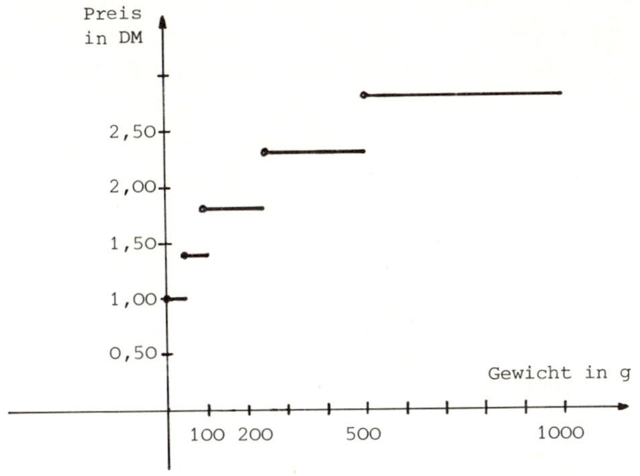

Bild 6.- Graph der Gebühren-Funktion (für die Briefbeförderung innerhalb der Bundesrepublik Deutschland mit Berlin (West) nach dem Stand vom 1. Januar 1979).

(4.4) BEMERKUNGEN zu den Beispielen: Bedenken Sie bitte, daß Funktion, Graph der Funktion und Skizze des Graphen drei verschiedene Dinge sind. (Dennoch werden wir "Graph" und "Skizze des Graphen" häufig synonym verwenden.)
Mit der Skizzierung des Graphen verschafft man sich einen ungefähren Überblick über das "Verhalten" oder den "Verlauf" einer Funktion. "Ungefähr" u.a. deshalb, weil man stets nur für einige Argumente x die zugehörigen Funktionswerte f(x) berechnet und den restlichen Verlauf intuitiv ergänzt. Das hat bei den recht einfachen Beispielen kaum Schwierigkeiten bereitet, ist bei komplizierten Funktionen jedoch problematisch.
Deshalb werden Sie im Laufe des Kurses Analysis auch lernen, wie man das "Verhalten" oder einzelne Eigenschaften einer Funktion mathematisch beschreiben kann. Wir vermitteln Ihnen im folgenden hiervon eine erste Vorstellung.

§ 2 MONOTONE FUNKTIONEN

Betrachten Sie die Skizzen zu den Beispielen (3) und (6) von (4.3).
Je größer die Argumente der Wurzelfunktion werden, desto größer werden die zugehörigen Funktionswerte. Eine ähnliche Tendenz zeigt die Gebühren-Funktion. Allerdings gibt es bei dieser Funktion Intervalle, z.B. das Intervall [300,400], wo bei größer werdendem Argument die zugehörigen Funktionswerte nicht größer werden, sondern gleich bleiben.
Wir werden die Gebühren-Funktion "monoton wachsend", dagegen die Wurzelfunktion "streng monoton wachsend" nennen.
Diese beiden Phänomene sollen mathematisch exakt beschrieben werden:

DEFINITION.- Sei $f : A \to \mathbb{R}$ eine reelle Funktion. f heißt *monoton wachsend*, wenn aus $x_1, x_2 \in A$ und $x_1 > x_2$ folgt: $f(x_1) \geq f(x_2)$. (4.5)
f heißt *streng monoton wachsend*, wenn aus $x_1, x_2 \in A$ und $x_1 > x_2$ folgt: $f(x_1) > f(x_2)$.

(streng) monoton wachsend

AUFGABE 1.- Begründen Sie mit Satz (1.49) auf Seite 18 die Aussage: Die Wurzelfunktion ist streng monoton wachsend. A 1

Analog zum monotonen Wachsen wird das monotone Fallen einer Funktion erklärt (*mit größer werdendem Argument werden die Funktionswerte kleiner*):

DEFINITION.- Sei $f : A \to \mathbb{R}$ eine reelle Funktion. f heißt *monoton fallend*, wenn aus $x_1, x_2 \in A$ und $x_1 > x_2$ folgt: $f(x_1) \leq f(x_2)$. (4.6)
f heißt *streng monoton fallend*, wenn aus $x_1, x_2 \in A$ und $x_1 > x_2$ folgt: $f(x_1) < f(x_2)$.

(streng) monoton fallend

Die vier in (4.5) und (4.6) definierten Funktionstypen werden zusammengefaßt unter dem Oberbegriff *monotone Funktionen*. Man spricht von *streng monotonen Funktionen*, wenn sie entweder streng monoton wachsend oder streng monoton fallend sind.

(streng) monotone Funktionen

AUFGABE 2.- Zeigen Sie, daß die Funktion in Beispiel (4.3)(2) streng monoton fallend ist. (Schreiben Sie sich hierfür zunächst auf, was in diesem konkreten Fall zu beweisen ist.) A 2

In der nächsten Aufgabe sollen Sie überprüfen, ob Sie die richtige anschauliche Vorstellung von den Begriffen "monoton" bzw. "streng monoton" haben.

AUFGABE 3.- Welche der folgenden Funktionen ist monoton wachsend, monoton fallend, streng monoton wachsend, streng monoton fallend? (Ohne Begründung.) A 3

a) $x \mapsto -3x+9,\ x \in \mathbb{R}$; b) $x \mapsto x^3,\ x \in \mathbb{R}$;

c) $x \mapsto \begin{cases} 0 & \text{für } x \leq 0 \\ 1 & \text{für } x > 0; \end{cases}$ d) $x \mapsto x^2,\ x \in \mathbb{R}$;

e) $x \mapsto \frac{1}{x},\ x > 0$; f) $x \mapsto \begin{cases} x+2 & \text{für } x \leq -1 \\ 1 & \text{für } -1 < x < 1 \\ -x+2 & \text{für } x \geq 1 \end{cases}$.

Die streng monotonen Funktionen haben eine (z. B. für die eindeutige Lösung von Gleichungen) wichtige Eigenschaft: Sie sind injektiv und besitzen deshalb eine Umkehrfunktion (vgl. die Seiten 8 und 9 des ersten Kapitels).

(4.7) **SATZ.-** Die reelle Funktion $f: A \to \mathbb{R}$ sei streng monoton. Dann ist f injektiv.

streng monoton ⇒ injektiv

BEWEIS.- Da f als streng monoton vorausgesetzt ist, ist f also entweder streng monoton wachsend oder streng monoton fallend. Führen Sie den Beweis für eine streng monoton fallende Funktion durch (siehe Aufgabe 4).

A 4 *AUFGABE 4.- Beweisen Sie Satz (4.7) für eine streng monoton fallende reelle Funktion.*
(Hinweis: 1. Definition (4.6) auf Seite 53.
2. Nutzen Sie aus, daß $x_1 \neq x_2$ bedeutet: entweder $x_1 > x_2$ oder $x_2 > x_1$.)

Anschaulich bedeutet die Injektivität einer reellen Funktion f, daß jede Parallele zur x-Achse den Graphen von f in höchstens einem Punkt schneidet. Denn würde eine Parallele zur x-Achse den Graphen in zwei verschiedenen Punkten schneiden, so gäbe es zwei verschiedene Argumente, die denselben Funktionswert haben, und das widerspricht der Definition der Injektivität.
Machen Sie sich dies auch am Graphen der Betragsfunktion (nicht injektiv) und am Graphen der Wurzelfunktion (injektiv) klar.

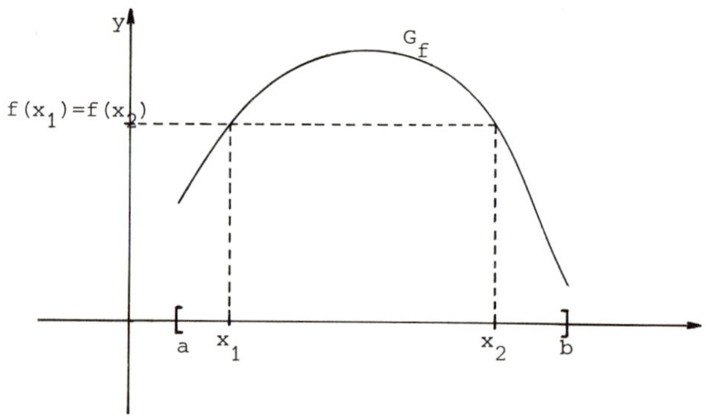

f nicht injektiv

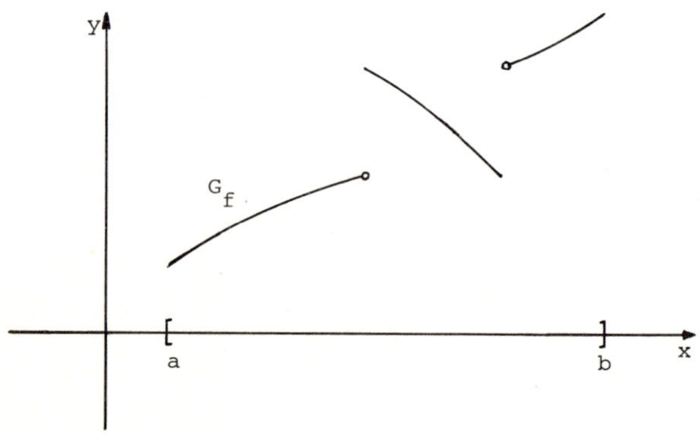

f injektiv

BEMERKUNG.- Die Umkehrung von Satz (4.7) gilt <u>nicht</u>, d.h. eine injektive Funktion braucht nicht streng monoton zu sein. Dies erkennen Sie, wenn Sie den Graphen der Funktion

$$x \mapsto \begin{cases} x+1 & \text{für } x < -1 \\ -x & \text{für } -1 \leq x \leq 0 \\ x & \text{für } x > 1 \end{cases}$$

skizzieren.

§ 3 BEISPIELE AUS DER WECHSELSTROMLEHRE

Wir betrachten hier zwei Beispiele aus der Wechselstromlehre, die weitere Aspekte des Umgangs mit reellen Funktionen verdeutlichen werden.

BEISPIELE.- (1) Schaltet man in einen Stromkreis eine Wechselspannungsquelle, so fließt ein Wechselstrom i (den wir als "sinusförmig" annehmen wollen). (4.8)

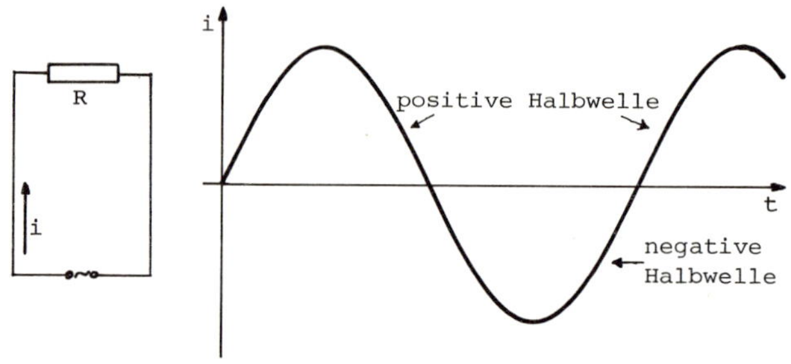

sinusförmiger Wechselstrom

Wir wollen vereinbaren, daß einer positiven Halbwelle ein Stromfluß in Pfeilrichtung entspricht. Einer negativen Halbwelle entspricht dann ein Stromfluß in entgegengesetzter Richtung.
Schalten wir in diesen Stromkreis eine Diode (—▶|—), so läßt diese nur Strom in <u>einer</u> Richtung (Pfeilrichtung) fließen und sperrt die Gegenrichtung:

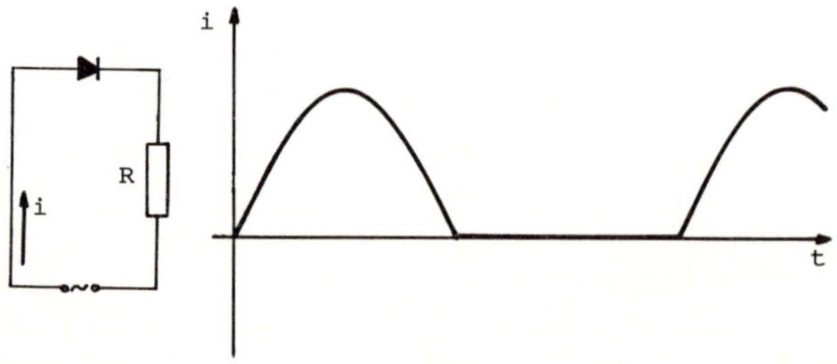

mit Einweggleichrichter

Dieser *Einweggleichrichter* liefert einen pulsierenden Strom in gleichbleibender Richtung (Gleichstrom) mit Zeitintervallen, in denen gar kein Strom fließt ($i = 0$).

Bevor wir versuchen, den Übergang vom Wechselstrom zum "gleichgerichteten" Strom mathematisch zu beschreiben, sehen wir uns das folgende Beispiel an, das technisch ein wenig komplizierter, mathematisch aber einfacher zu beschreiben ist.

mit Doppelweggleichrichter

(2) Die Situation sei wie zuvor. Nur schalten wir nun in den Wechselstromkreis einen aus vier Dioden D_1 bis D_4 bestehenden *Doppelweggleichrichter*. Bei einer positiven Halbwelle des Stromes i haben wir also einen Stromfluß von der Spannungsquelle über $A\,D_2\,\underline{B\,R\,D}\,D_4\,C$ zur Spannungsquelle, da D_1 und D_3 sperren. Bei Umkehrung der Stromrichtung haben wir einen Stromfluß von der Spannungsquelle über $C\,D_3\,\underline{B\,R\,D}\,D_1\,A$ zur Spannungsquelle, da D_2 und D_4 sperren.

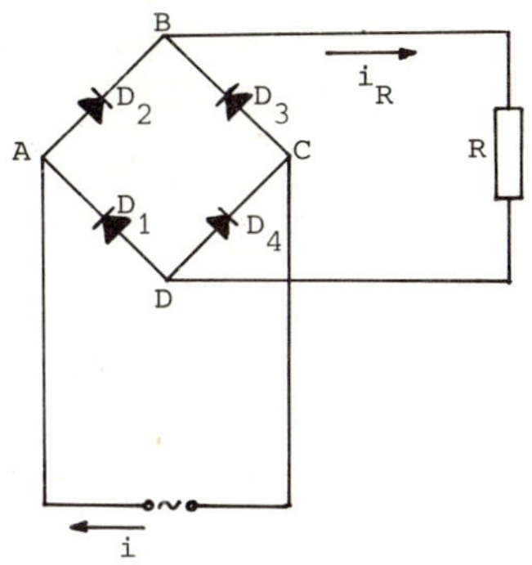

Im Stromkreisteil $B\,R\,D$ fließt der Strom i_R also immer in derselben Richtung, was folgendem Strom-Zeit-Diagramm entspricht:

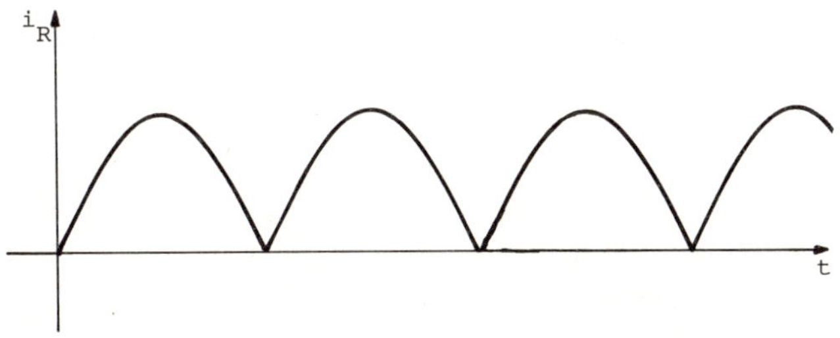

Ziel: mathematische Beschreibung

Wir suchen nun nach einer mathematischen Beschreibung "der Tätigkeit des Doppelweggleichrichters". Was ist nach Einsetzen dieses Gleichrichters geschehen?
Positive Halbwellen sind unverändert geblieben, negative wurden zu positiven Halbwellen. Anders ausgedrückt: Positive Funktionswerte blieben unverändert, negative Funktionswerte wurden mit einem Minuszeichen versehen und damit positiv.

Fazit: Ist g die den Wechselstrom beschreibende Funktion (*), so mißt man "hinter" dem Doppelweggleichrichter $|g(t)|$.
D.h. $g(t)$ wird in die Betragsfunktion $f: \mathbb{R} \longrightarrow \mathbb{R}$, $f(x) := |x|$, eingesetzt.
Also bewirkt der Doppelweggleichrichter die Komposition $f \circ g$ (vgl. Definition (1.20) auf Seite 7).

(*) etwa $g(t) = \sin \omega t$, $t \geq 0$; ω die Kreisfrequenz des Wechselstroms.

Betrag einer reellen Funktion

Allgemein definiert man für eine reelle Funktion $g: A \longrightarrow \mathbb{R}$ deren Komposition mit der Betragsfunktion durch

$$|g|: A \longrightarrow \mathbb{R}$$
$$x \longmapsto |g|(x) := |g(x)|$$

(lies: *Betrag* g).

A 5

AUFGABE 5.- Skizzieren Sie die Graphen der Funktion $g: [-2,4] \to \mathbb{R}$ mit $g(x) := (x-1)^2 - 4$ und von $|g|$.

Nun zu einer mathematischen Beschreibung des ersten Beispiels von (4.8): Sei wie zu Beginn des Beispiels $t \mapsto g(t) := \sin \omega t$, $t \geq 0$, die den Wechselstrom (ohne Diode) beschreibende Funktion (ω die Kreisfrequenz).

A 6

AUFGABE 6.- Skizzieren Sie dann den Graphen der Funktion

$$t \mapsto g_+(t) := \tfrac{1}{2}(g(t) + |g(t)|), \ t \geq 0.$$

Berechnen Sie hierfür keine Funktionswerte, sondern machen Sie die Fallunterscheidung: 1. $g(t) \geq 0$ und 2. $g(t) < 0$. Kommentieren Sie Ihr Ergebnis!

Man nennt für eine reelle Funktion $g: A \longrightarrow \mathbb{R}$ die Funktion $g_+: A \longrightarrow \mathbb{R}$ mit $g_+(x) := \frac{1}{2}(g(x) + |g(x)|)$ den positiven Anteil von g. (Siehe Aufgabe 6.)

Die mathematische Beschreibung der Wirkungsweise des Einweggleichrichters auf den Stromfluß ergab, daß man die Funktionswerte zweier Funktionen (nämlich von g und $|g|$) addieren und anschließend durch 2 dividieren mußte. Dieser "Verknüpfung" zweier Funktionen zu einer neuen Funktion liegt ein allgemeines Prinzip zu Grunde: Man kann reelle Funktionen addieren, subtrahieren, multiplizieren und (bei Beachtung einer "Vorsichtsmaßregel") auch dividieren. Wir definieren dies im nächsten Paragraphen.

Zur Untersuchung von Funktionen

Auf diese Weise lassen sich aus "einfachen" Funktionen "beliebig kompliziertе" Funktionen zusammensetzen. Dies ist allerdings nicht das Ziel dieser Art der Verknüpfung von Funktionen. Ziel ist vielmehr der umgekehrte Vorgang, nämlich einer komplizierten Funktion anzusehen, aus welchen einfachen Funktionen sie sich zusammensetzt. Man versucht dann, aus bekannten Eigenschaften der einfache-

ren Funktionen auf entsprechende Eigenschaften der zusammengesetzten Funktion zu schließen. Diese Vorgehensweise wird Ihnen in den weiteren Kapiteln noch häufig begegnen.

§ 4 RECHNEN MIT REELLEN FUNKTIONEN

(4.9) DEFINITION.- Seien f und g reelle Funktionen mit demselben Definitionsbereich $A \subseteq \mathbb{R}$. Dann wird

(1) Die Addition von f und g definiert durch

Summe

$$f+g : A \longrightarrow \mathbb{R} \quad \text{(lies: f plus g)}$$
$$x \longmapsto (f+g)(x) := f(x) + g(x),$$

(2) die Subtraktion von f und g definiert durch

Differenz

$$f-g : A \longrightarrow \mathbb{R} \quad \text{(lies: f minus g)}$$
$$x \longmapsto (f-g)(x) := f(x) - g(x),$$

(3) die Multiplikation von f und g definiert durch

Produkt

$$f \cdot g : A \longrightarrow \mathbb{R} \quad \text{(lies: f mal g)}$$
$$x \longmapsto (f \cdot g)(x) := f(x) \cdot g(x),$$

(4) die Division von f durch g definiert durch

Quotient

$$\frac{f}{g} : A^* \longrightarrow \mathbb{R} \quad \text{(lies: f durch g)}$$
$$x \longmapsto \left(\frac{f}{g}\right)(x) := \frac{f(x)}{g(x)},$$

dabei ist $A^* := \{x \mid x \in A \text{ und } g(x) \neq 0\}$.

Diese formalen Definitionen haben das Rechnen mit Funktionen auf das Rechnen mit den jeweiligen Funktionswerten, also mit reellen Zahlen, zurückgeführt, so daß sich außer bei der Besonderheit beim Quotienten (man darf nicht durch 0 dividieren!) keine Schwierigkeiten ergeben.

(4.10) BEISPIEL.- Seien $f : \mathbb{R} \longrightarrow \mathbb{R}$ mit $f(x) := x^2$, und $g : \mathbb{R} \longrightarrow \mathbb{R}$ mit $g(x) := 4x+4$ gegeben. Dann gilt:

(1) $(f+g)(x) = f(x) + g(x) = x^2+4x+4 = (x+2)^2$, also $f+g : \mathbb{R} \longrightarrow \mathbb{R}$ mit $(f+g)(x) = (x+2)^2$.

(2) $(f-g)(x) = f(x) - g(x) = x^2-4x-4$, $x \in \mathbb{R}$.

(3) $(f \cdot g)(x) = x^2 \cdot (4x+4) = 4x^3+4x^2$, $x \in \mathbb{R}$.

(4) Wenn $A^* = \{x \in \mathbb{R} \mid g(x) \neq 0\} = \{x \in \mathbb{R} \mid x \neq -1\}$ ist, dann gilt

$$\left(\frac{f}{g}\right)(x) = \frac{f(x)}{g(x)} = \frac{x^2}{4x+4} \quad \text{für } x \in A^*.$$

A 7 *AUFGABE 7.- Berechnen Sie $f+g$ und $\frac{f}{g}$ für*

(a) $x \longmapsto f(x) := x$, $x \in \mathbb{R}$, und $x \longmapsto g(x) := -x$, $x \in \mathbb{R}$.

(b) $x \longmapsto f(x) := \frac{8}{x}$, $x \in \mathbb{R}$, $x \neq 0$, und $x \longmapsto g(x) := \frac{2x-2}{x^2}$, $x \in \mathbb{R}$, $x \neq 0$.

(c) $x \longmapsto f(x) := x^4-1$, $x \in \mathbb{R}$ und $x \longmapsto g(x) := 1+x^2$, $x \in \mathbb{R}$.

Als erstes Beispiel dafür, wie sich Eigenschaften von Funktionen auf zusammengesetzte Funktionen übertragen, formulieren wir

SATZ.- Die Summe zweier monoton wachsender Funktionen ist wieder monoton wachsend. (4.11)

A 8 *AUFGABE 8.- Beweisen Sie Satz (4.11). (Hinweis: Schreiben Sie sich zunächst mit Hilfe der Definitionen (4.9)(1) und (4.5) auf, was Sie beweisen müssen.)*

FRAGE: Gilt eine analoge Aussage wie in (4.11) auch für das Produkt zweier monoton wachsender Funktionen? Warum oder warum nicht?

Wir definieren weitere wichtige Eigenschaften von reellen Funktionen, die wir dann daraufhin untersuchen, wie sie sich bei Summen- und Produktbildung verhalten.
Wenn Sie sich noch einmal die Graphen der Wurzelfunktion oder der Betragsfunktion ansehen, so stellen Sie fest, daß beide Funktionen "beliebig große" Funktionswerte haben. Dagegen nimmt die Gebühren-Funktion (nach dem Stand vom Januar 1979) auf keinen Fall Funktionswerte an, die größer als 2,9 sind. Diese Funktion werden wir - der Anschauung entsprechend - "nach oben beschränkt" nennen.

DEFINITION.- Sei $f : A \longrightarrow \mathbb{R}$ eine reelle Funktion. f heißt (4.12)

(1) *nach oben beschränkt*, wenn es eine reelle Zahl K gibt, so daß

$$f(x) \leq K \quad \text{für alle } x \in A,$$

(2) *nach unten beschränkt*, wenn es eine reelle Zahl L gibt, so daß

$$f(x) \geq L \quad \text{für alle } x \in A, \text{ (*)}$$

(3) *beschränkt*, wenn f nach oben und nach unten beschränkt ist.

beschränkte Funktion

Die Zahlen K bzw. L nennt man auch *eine obere Schranke* bzw. *eine untere Schranke von f*.

Schranke

(*) Bei der Gebühren-Funktion wäre z.B. 2,9 (DM) eine solche Zahl K und 0,6 (DM) eine Zahl L.

FRAGE: Weshalb "eine" obere und nicht "die" obere Schranke?

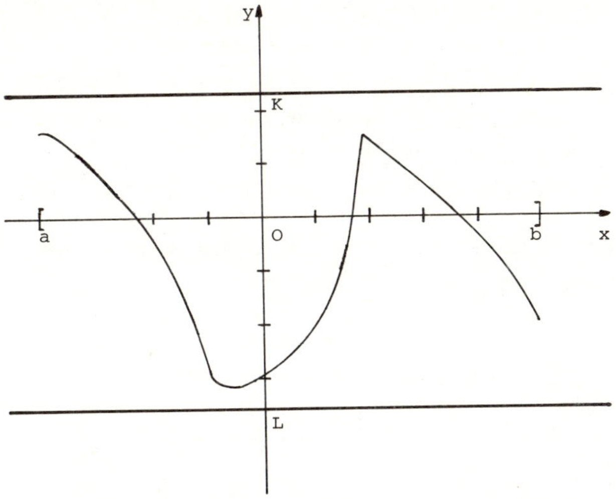

Bild 7.- Der Graph einer beschränkten Funktion $f:[a,b] \longrightarrow \mathbb{R}$ verläuft zwischen zwei Parallelen zur x-Achse.

A 9 *AUFGABE 9.- Welche der folgenden Funktionen ist beschränkt? Geben Sie nur im Fall a) eine mathematische Begründung Ihrer Aussage.*

a) $x \mapsto f(x) := \frac{1}{x}, \; x \geq 2;$

b) $x \mapsto g(x) := \sqrt{r^2 - x^2}\;, \; |x| \leq r, \; r > 0;$

c) $x \mapsto h(x) := x^2 - 3, \; x \in \mathbb{R}.$

(4.13) BEMERKUNG.- Eine reelle Funktion $f: A \longrightarrow \mathbb{R}$ ist also beschränkt, wenn es reelle Zahlen K und L gibt, so daß

beschränkt $L \leq f(x) \leq K$ für alle $x \in A$.

Wir benötigen also zwei Zahlen, nämlich L und K, zur Beschreibung der Beschränktheit einer Funktion. Wenn wir nicht den Ehrgeiz haben, "möglichst gute Schranken" anzugeben, d.h. eine möglichst kleine obere Schranke und eine möglichst große untere Schranke, genügt eine reelle Zahl zur Beschreibung der Beschränktheit einer Funktion.

Den genannten Ehrgeiz werden wir in einem ähnlichen Zusammenhang in Kapitel 5 haben und fundamentale Folgerungen daraus ziehen.

Wir wählen einfach den größeren der beiden Abstände von K bzw. L zum Nullpunkt, (in Bild 7 ist dies $|L| = -L$).
Sei also $R := \max\{|L|, |K|\}$. (*)

(*) Dabei gilt für reelle Zahlen a,b:
$\max\{a,b\} := \begin{cases} a, & \text{falls } a \geq b \\ b, & \text{falls } b > a \end{cases}$ (lies: Maximum von a,b)

Wir wissen dann, daß $R \geq 0$ und daß

$-R \leq f(x) \leq R$ für alle $x \in A$

gilt. Wenn Sie Satz (1.52) auf Seite 19 noch einmal genau lesen, so ist dies gleichbedeutend mit:

$|f(x)| \leq R$ für alle $x \in A$.

Zusammenfassend haben wir damit die Aussage:

SATZ.- Eine reelle Funktion $f: A \longrightarrow \mathbb{R}$ ist genau dann beschränkt, wenn es eine reelle Zahl $R \geq 0$ gibt, so daß (4.14)

beschränkte Funktion

$|f(x)| \leq R$ für alle $x \in A$.

AUFGABE 10.- Skizzieren Sie nachfolgend (analog zu Bild 7) die sich aus den Schranken L und K (in der Skizze unten) ergebenden Schranken R und -R. Zeichnen Sie (unabhängig von K und L) eine weitere Zahl R' ein, die dieselben Eigenschaften wie R hat. A 10

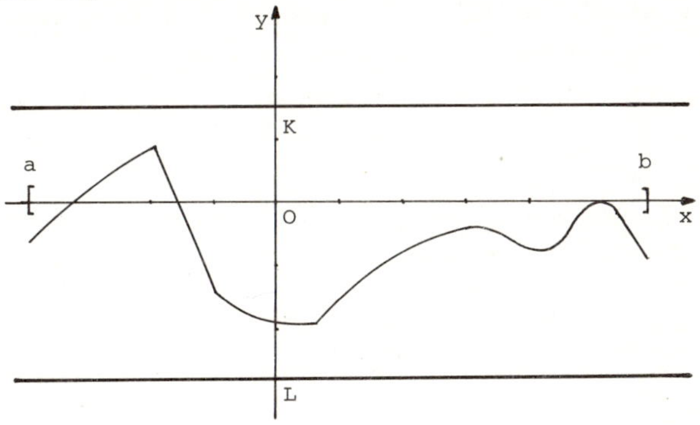

Wir untersuchen nun die "Vererbung" von Eigenschaften bei Summen und Produkten von Funktionen.

SATZ.- Summe und Produkt beschränkter Funktionen sind wieder beschränkte Funktionen. (4.15)

Summe und Produkt beschränkt

BEWEIS.- Wenn $f: A \longrightarrow \mathbb{R}$ und $g: A \longrightarrow \mathbb{R}$ beschränkte Funktionen sind, dann gibt es nicht-negative reelle Zahlen R_1 und R_2 mit

$|f(x)| \leq R_1$ für alle $x \in A$ und
$|g(x)| \leq R_2$ für alle $x \in A$.

Also gilt mit der Dreiecksungleichung

$|(f+g)(x)| = |f(x)+g(x)| \leq |f(x)| + |g(x)| \leq R_1 + R_2$
für alle $x \in A$.

Setzt man $R := R_1 + R_2$, so ist R eine nicht-negative reelle Zahl, und für alle $x \in A$ gilt

$|(f+g)(x)| \leq R,$

d.h. nach dem zuvor hergeleiteten Satz (4.14): f+g ist beschränkt.

A 11

AUFGABE 11.- Beweisen Sie Satz (4.15) für das Produkt beschränkter Funktionen.

Achtung!

Wir haben Satz (4.15) gleich für beschränkte Funktionen formuliert. Bei nach oben bzw. nach unten beschränkten Funktionen gilt eine entsprechende Aussage nur noch für die Summe, i.a. nicht mehr für das Produkt. Betrachten Sie z.B. das Produkt der Funktionen $x \mapsto f(x) := -\frac{1}{x}$, $x > 0$, *und* $x \mapsto g(x) := -1$, $x > 0$. *Skizze!*

§ 5 POLYNOME

Wir behandeln nun eine Klasse von reellen Funktionen, die man vom Standpunkt des Praktikers aus als "eine der wichtigsten" überhaupt bezeichnen kann. Die numerische Berechnung von Funktionen (*) ersetzt man in den meisten Fällen durch die Berechnung eines "hinreichend gut approximierenden Polynoms".
Das Problem der Approximation (Annäherung) durch Polynome wird in späteren Kapiteln der Analysis wieder aufgegriffen.

(4.16) Polynom

DEFINITION.- Seien $n \in \mathbb{N}_0$ und $a_0, a_1, \ldots, a_n$ reelle Zahlen. Die Funktion

$$p : \mathbb{R} \to \mathbb{R} \text{ mit } p(x) := \sum_{k=0}^{n} a_k x^k$$

heißt *reelles Polynom*, kurz: *Polynom*. (**)

Zum Beispiel gilt für $n=0$: $p(x) = a_0$, *d.h.* p *ist eine konstante Funktion. Für* $n=1$ *hat* p *die Gestalt* $p(x) = a_0 + a_1 x$ *und für* $n=2$: $p(x) = a_0 + a_1 x + a_2 x^2$.

Überlegen Sie sich, daß Summe, Produkt und Differenz von Polynomen wieder Polynome sind. Dagegen ist der Quotient zweier Polynome i.a. kein Polynom mehr.

rationale Funktion

Den Quotienten zweier Polynome nennt man *rationale Funktion*.

FRAGE: Wo sind rationale Funktionen definiert?

In (1.19) auf Seite 6 hatten wir definiert, daß zwei Funktionen gleich sind, wenn sie an allen Stellen ihres Definitionsbereichs jeweils dieselben Funktionswerte haben.
Es könnte nun sein, daß man weitere, von den $a_0, \ldots, a_n$ verschiedene, reelle Zahlen $b_0, b_1, \ldots, b_m$ finden kann, so daß das Polynom

$$x \mapsto q(x) := \sum_{k=0}^{m} b_k x^k$$

mit dem Polynom $x \mapsto p(x) = \sum_{k=0}^{n} a_k x^k$ übereinstimmt, d.h. für jedes $x \in \mathbb{R}$ dieselben Funktionswerte wie p hat. Daß dieser unangenehme Fall nie eintritt, garantiert der folgende Satz, den wir nicht beweisen.

(4.17) Satz vom Koeffizientenvergleich

SATZ.- Zwei Polynome $x \mapsto p(x) = \sum_{k=0}^{n} a_k x^k$ und $x \mapsto q(x) = \sum_{k=0}^{m} b_k x^k$, $x \in \mathbb{R}$, sind genau dann gleich, wenn $m = n$ und $a_k = b_k$ für $k = 0, 1, \ldots, n$.

Ein Polynom $p(x) = \sum_{k=0}^{n} a_k x^k$ ist also bereits durch die Zahlen $a_0, a_1, \ldots, a_n$ eindeutig bestimmt.

(4.18) Koeffizienten

BEZEICHNUNGEN.- (1) Die reellen Zahlen $a_0, a_1, \ldots, a_n$ des Polynoms p mit $p(x) = \sum_{k=0}^{n} a_k x^k$ nennt man die Koeffizienten des Polynoms p. *(Daher der Name von Satz (4.17).)*

Grad eines Polynoms; höchster Koeffizient

(2) Ist $a_n \neq 0$, so nennt man n den Grad des Polynoms p (in Zeichen: Grad $p := n$) und p ein Polynom n-ten Grades. a_n wird höchster Koeffizient genannt. *(a_n steht bei der höchsten Potenz von x, die in p vorkommt).*

(4.19)

BEMERKUNG.- Die Polynome vom Grad 0 sind also alle konstanten Polynome $p(x) = a_0 \neq 0$. Das konstante Polynom $p(x) = 0$ (*Nullpolynom*) besitzt keinen Grad. Polynome vom Grad 1 heißen auch *lineare Polynome*; ihr Graph ist eine Gerade (siehe Beispiel (4.3)(2) auf Seite 51). Polynome vom Grad 2 bzw. 3 heißen auch *quadratische* bzw. *kubische Polynome*.

Wir nennen im folgenden drei Probleme, die sich sehr schnell beim Umgang mit Polynomen ergeben:

Probleme

- Die möglichst einfache Berechnung des Funktionswertes eines gegebenen Polynoms an einer gegebenen Stelle.
- Die Bestimmung der Stellen, an denen ein ge-

(*) genauer: der Funktionswerte von Funktionen
(**) statt "Polynom" finden Sie in manchen Lehrbüchern auch die Bezeichnung "ganzrationale Funktion".

gebenes Polynom gegebene Werte, insbesondere den Wert 0 annimmmt.

- Die Ermittlung eines Polynoms, das an gegebenen Stellen vorgegebene Funktionswerte, z.B. Meßwerte, annimmt (Stichwort: Interpolation).

Wir werden einige Aspekte dieser Probleme behandeln.

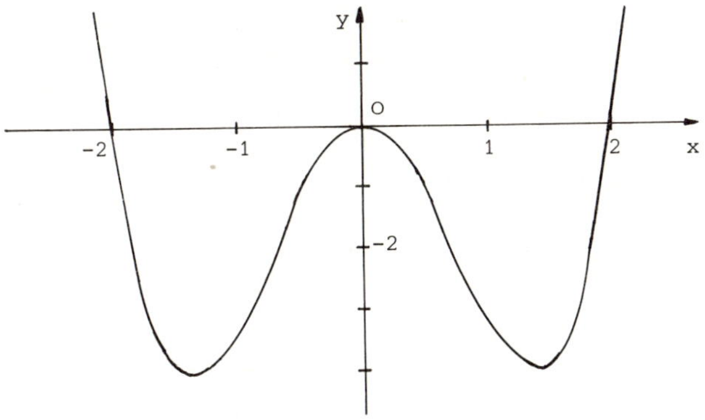

Bild 8.- Beispiel eines Graphen eines Polynoms 4-ten Grades ($p(x) = x^4 - 4x^2$, $x \in \mathbb{R}$).

Das Horner - Schema

Wollen Sie z.B. den Funktionswert des Polynoms

$$p(x) := 3x^5 - 4x^4 + 2x^2 - 7x - 16$$

an der Stelle $x_0 = 2$ berechnen, so ist der nächstliegende Weg, $3 \cdot 2^5 - 4 \cdot 2^4 + 2 \cdot 2^2 - 7 \cdot 2 - 16$ zu berechnen. Sie müssen in diesem Fall (zählen Sie nach!) 12 Multiplikationen und 4 Additionen durchführen.

Wir werden Ihnen gleich eine unter dem Namen "Horner-Schema" bekannte Rechenmethode vorstellen, die bei unserem Beispiel nur 5 Multiplikationen und 5 Additionen benötigt, also auch z.B. bei Programmierung dieses Vorgangs weniger Rechenzeit braucht. Diese Rechenmethode ergibt sich aus der Umformung (fortgesetztes Ausklammern von x):

$$\begin{aligned} p(x) &= (3x^4 - 4x^3 + 2x - 7)x - 16 \\ &= ((3x^3 - 4x^2 + 2)x - 7)x - 16 \qquad (1) \\ &= \ldots = ((((3x-4)x+0)x+2)x-7)x-16. \end{aligned}$$

Das sieht vielleicht schlimmer aus als vorher, bringt aber die genannten Vorteile. Diese Umformung dient lediglich dazu, Ihnen das nachfolgend erklärte Horner-Schema einsichtiger zu machen, und wird später nicht mehr benötigt.

Das *Horner-Schema* (*) besteht aus drei Zeilen:

In die erste Zeile schreibt man alle Koeffizienten des Polynoms p - mit dem höchsten Koeffizienten beginnend. (Vergessen Sie dabei nicht den Koeffizienten 0 bei x^3.) Vor dieser Zeile wird die Stelle $x_0 = 2$ notiert, an der der Funktionswert zu berechnen ist:

Beschreibung des Horner-Schemas

Ausgangsposition des Horner-Schemas

$x_0 = 2$	3	-4	0	2	-7	-16	1. Zeile
							2. Zeile
	3						3. Zeile

Der höchste Koeffizient steht noch einmal zu Beginn der dritten Zeile.

Wenn Sie nun die Umformung (1) betrachten und mit der "innersten Klammer" beginnen, so ist zur Berechnung von $p(x_0)$

- der höchste Koeffizient (hier: 3) mit x_0, also mit 2, zu multiplizieren
- und das Ergebnis zum nächsten Koeffizienten (hier: -4) zu addieren:

1. Schritt

$x_0 = 2$	3	-4	0	2	-7	-16
		+ 6				
	3	2				

- dieses Resultat ist wieder mit $x_0 = 2$ zu multiplizieren
- und das Ergebnis zum dritten Koeffizienten (hier: 0) zu addieren:

2. Schritt

$x_0 = 2$	3	-4	0	2	-7	-16
		6	+ 4			
	3	2	4			

3. Schritt

$x_0 = 2$	3	-4	0	2	-7	-16
		6	4	+ 8		
	3	2	4	10		

4. und 5. Schritt

$x_0 = 2$	3	-4	0	2	-7	-16
		6	4	8	+ 20	+ 26
	3	2	4	10	13	<u>10</u>

Die letzte Zahl der dritten Zeile (hier: 10) ist der gesuchte Funktionswert $p(x_0)$ (hier: p(2)).

(*) William George Horner (1786-1837). 1819 Veröffentlichung des nach ihm benannten Verfahrens. Schon 1804 wurde von Paolo Ruffini (1765-1822) dasselbe Verfahren angegeben.

(4.20) **BEISPIEL.-** Wir berechnen mit Hilfe des Horner-Schemas den Funktionswert des Polynoms $p(x) = 2x^7 - 3x^5 + 25x^4 - 500x + 20$ an der Stelle $x_o = -3$.

$x_o = -3$	2	0	-3	25	0	0	-500	20
		-6	18	-45	60	-180	540	-120
	2	-6	15	-20	60	-180	40	-100 =p(-3)

A 12 *AUFGABE 12.- Berechnen Sie mit Hilfe des Horner-Schemas die Funktionswerte p(2) und p(-2) für das Polynom* $p(x) = x^4 - 5x^3 + 5x^2 + 5x - 6$.

Die Rechenmethode, die wir bisher nur an Beispielen plausibel gemacht haben, läßt sich folgendermaßen für ein beliebiges Polynom p n-ten Grades, $n \geq 2$, und $x_o \in \mathbb{R}$ formulieren:
Sei $p(x) = \sum_{k=0}^{n} a_k x^k$, dann hat die Ausgangsposition des Horner-Schemas die Gestalt

x_o	a_n	a_{n-1}	a_{n-2}	a_{n-3} … a_1	a_o
	a_n				

Gehen wir nun Schritt für Schritt vor wie bisher - Multiplikation mit x_o, Addition usw. - und bezeichnen wir die Ergebnisse in der dritten Zeile mit $b_{n-1}, b_{n-2}, b_{n-3}, \ldots, b_o$, so ergibt sich

x_o	a_n	a_{n-1}	a_{n-2}	a_{n-3} …	a_1	a_o
		+	+	+	+	+
		$b_{n-1} \cdot x_o$	$b_{n-2} \cdot x_o$		$b_1 \cdot x_o$	$b_o \cdot x_o$
	$a_n = b_{n-1}$	b_{n-2}	b_{n-3}	…	b_o	$p(x_o)$
	↑	↑	↑		↑	
	$k=n-1$	$k=n-2$	$k=n-3$		$k=0$	

(4.21) **ZUSAMMENFASSUNG.-** Ist $p(x) = \sum_{k=0}^{n} a_k x^k$ ein Polynom n-ten Grades, $n \geq 2$, und $x_o \in \mathbb{R}$ und definiert man die Zahlen b_k rekursiv durch

Satz zum Horner-Schema

$$b_{n-1} := a_n$$

$$b_k := b_{k+1} \cdot x_o + a_{k+1}$$

für $k = n-2, n-3, \ldots, 2, 1, 0$, so gilt

$$p(x_o) = b_o \cdot x_o + a_o.$$

Die Rekursionsformel für die reellen Zahlen b_k in (4.21) kann man als Programmieranweisung für das Horner-Schema verwenden.

Faßt man die Zahlen b_k in der dritten Zeile des Horner-Schemas von p als Koeffizienten eines Polynoms auf, so erhält man eine wichtige Aussage über das "Ausklammern des Linearfaktors $(x-x_o)$".

FOLGERUNG.- Sei p ein Polynom n-ten Grades, $n \geq 2$, und $x_o \in \mathbb{R}$. Sind $b_{n-1}, b_{n-2}, \ldots, b_1, b_o$ die Zahlen in der dritten Zeile des Horner-Schemas zu p und x_o (*), so gilt (4.22)

Ausklammern von $(x-x_o)$

$$p(x) - p(x_o) = (x-x_o) \sum_{k=0}^{n-1} b_k x^k \quad \text{für alle } x \in \mathbb{R}.$$

Insbesondere gilt

$$p(x) = (x-x_o) \sum_{k=0}^{n-1} b_k x^k \quad \text{für alle } x \in \mathbb{R},$$

falls $p(x_o) = 0$ ist.

Mit dem Polynom p aus Beispiel (4.20) gilt also

$$2x^7 - 3x^5 + 25x^4 - 500x + 120$$
$$= (x+3)(2x^6 - 6x^5 + 15x^4 - 20x^3 + 60x^2 - 180x + 40)$$

Wenn Sie von der Schule her die Polynomdivision kennen, so erhalten Sie das Polynom $q(x) := \sum_{k=0}^{n-1} b_k x^k$ *in (4.22) indem Sie die Division* $(p(x) - p(x_o)) : (x - x_o)$ *durchführen.*

AUFGABE 13.- In Aufgabe 12 haben Sie für das dort gegebene Polynom p festgestellt, daß p(2) = 0 ist. (Oder etwa nicht?) Schreiben Sie p(x) als A 13

$$p(x) = (x-2) \cdot q(x),$$

indem Sie die Koeffizienten des Polynoms q(x) dem entsprechenden Horner-Schema von Aufgabe 12 entnehmen. Überprüfen Sie die Gleichung durch Ausmultiplizieren der rechten Seite.

Lesen Sie noch einmal die Fußnote (*) auf Seite 6 . Dort wurde die Funktion angegeben, die jedem zu versteuernden Einkommen die Einkommensteuer zuordnet. Es handelt sich um eine abschnittweise definierte Funktion, die über jedem Abschnitt als Polynom definiert ist (vgl. die Umformung (1) auf Seite 59). Die nächste Aufgabe, die Ihnen eine aktuelle Anwendung des Horner-Schemas aufzeigt, sollten Sie nur bearbeiten, wenn Sie nicht unter Zeitdruck stehen.

(*) bis auf die letzte Zahl in der dritten Zeile, denn diese ist gleich $p(x_o)$.

A 14

AUFGABE 14.- Bestimmen Sie gemäß §32a des Einkommensteuergesetzes 1977 (in der Fassung vom 30.11.1978) die tarifliche Einkommensteuer eines zu versteuernden Einkommens von 36.316 DM (vgl. Fußnote (*) auf Seite 6). Geben Sie dazu ein Polynom p und eine Stelle t_o an, so daß $p(t_o)$ die Höhe der Einkommensteuer in DM ist.

(Um die Aufgabe exakt lösen zu können, benötigen Sie zwei weitere Informationen, nämlich die Absätze (2) und (3) des bereits zitierten §32a EStG:

"(2) Das zu versteuernde Einkommen ist
1. auf den nächsten durch 30 ohne Rest teilbaren vollen Deutsche-Mark-Betrag abzurunden, wenn es nicht mehr als 48.000 Deutsche Mark beträgt und nicht bereits durch 30 ohne Rest teilbar ist.
2. auf den nächsten durch 60 ohne Rest teilbaren vollen Deutsche-Mark-Betrag abzurunden, wenn es mehr als 48.000 Deutsche Mark beträgt und nicht bereits durch 60 ohne Rest teilbar ist.

(3) Die zur Berechnung der tariflichen Einkommensteuer erforderlichen Rechenschritte sind in der Reihenfolge auszuführen, die sich nach dem Horner-Schema ergibt. Dabei sind die sich aus den Multiplikationen ergebenden Zwischenergebnisse für jeden weiteren Rechenschritt mit drei Dezimalstellen anzusetzen; die nachfolgenden Dezimalstellen sind fortzulassen. Der sich ergebende Steuerbetrag ist auf den nächsten vollen Deutsche-Mark-Betrag abzurunden.")

Zusammenfassung

Wir fassen noch einmal zusammen: Mit Hilfe des Horner-Schemas lassen sich relativ einfach Funktionswerte von Polynomen berechnen. Dem Horner-Schema entnimmt man ferner in der dritten Zeile die Koeffizienten eines Polynoms q(x) vom Grad n-1 (wenn grad p = n ist), so daß $p(x) - p(x_o) = (x-x_o)q(x)$ gilt.

Wenn $p(x_o) = 0$ ist, so gilt

$$p(x) = (x-x_o)\cdot q(x).$$

Die letzte Aussage hat eine wichtige Konsequenz für die Nullstellen eines reellen Polynoms.

Nullstellen von Polynomen

Wir haben schon mehrfach den Fall $p(x_o) = 0$ erwähnt. Hierfür legt man die folgende Bezeichnung fest.

(4.23) Nullstelle

DEFINITION.- Für eine reelle Funktion $f: A \to \mathbb{R}$ heißt ein Punkt $x_o \in A$ *Nullstelle von f*, wenn $f(x_o) = 0$ ist.

Mit (4.22) erhalten wir nun

SATZ.- Sei $n \in \mathbb{N}$. Jedes Polynom n-ten Grades hat höchstens n Nullstellen. (4.24)

BEWEIS.- Den Beweis führt man mit vollständiger Induktion über n.

"n=1": In diesem Fall haben wir ein Polynom 1. Grades. Es hat die Gestalt $p(x) = a_1x + a_o$ mit $a_o, a_1 \in \mathbb{R}$, $a_1 \neq 0$. Es gilt $p(x) = 0$ genau dann, wenn $x = -\frac{a_o}{a_1}$ ist. p besitzt also genau eine und damit erst recht höchstens eine Nullstelle.

genau ein $\Rightarrow$ höchstens ein

"n ⟶ n+1": Sei $n \in \mathbb{N}$. Wir setzen voraus, daß jedes Polynom n-ten Grades höchstens n Nullstellen hat und müssen beweisen, daß dann jedes Polynom (n+1)-ten Grades höchstens n+1 Nullstellen hat.

Ind.-Voraussetzung

Dazu sei p ein solches Polynom (n+1)-ten Grades. Besitzt p überhaupt keine Nullstellen, so ist die Induktionsbehauptung bereits bewiesen. (*)

Besitzt p eine Nullstelle, etwa x_o, so wissen wir als Konsequenz des Horner-Schemas, daß sich p schreiben läßt als

(1) $\quad p(x) = (x-x_o)\cdot q(x)$

mit einem Polynom q n-ten Grades (n = grad p - 1). Auf dieses Polynom q wenden wir die Induktionsvoraussetzung an und erhalten:

q hat höchstens n Nullstellen.

Wegen (1) ist $p(x) = 0$ genau dann, wenn $x-x_o = 0$ oder wenn $q(x) = 0$ ist. D.h. x ist Nullstelle von p genau dann, wenn $x = x_o$ oder wenn x Nullstelle von q ist. Also hat p die Nullstelle x_o und die höchstens n Nullstellen von q; insgesamt höchstens n+1 Nullstellen.

A 15

AUFGABE 15.- Wieviele Nullstellen (und gegebenenfalls welche) besitzen die Polynome $p_1(x) = x^2 + x + 1$, $p_2(x) = 2x^2 + 6x - 20$, $p_3(x) = x^2 - 2x + 1$?

Sprechweise: An Stelle von "x_o ist eine Nullstelle des Polynoms $p(x) = \sum_{k=0}^{n} a_kx^k$" sagt man auch: x_o ist *eine Lösung* der Gleichung $\sum_{k=0}^{n} a_kx^k = 0$. Man spricht von einer *Gleichung n-ten Grades*, wenn $a_n \neq 0$ ist.

Lösung einer Gleichung n-ten Grades

Von der Schule her ist Ihnen bekannt, wie man die Lösungen von Gleichungen 1. bzw. 2. Grades ermittelt (sofern es Lösungen gibt).

A 16

AUFGABE 16.- Jede Gleichung 2. Grades

$$a_2x^2 + a_1x + a_o = 0, \quad a_2 \neq 0,$$

läßt sich durch Division durch a_2 überführen in eine

(*) Denn "höchstens n+1 Nullstellen" enthält insbesondere den Fall "keine Nullstelle".

Gleichung der Gestalt

$$x^2 + px + q = 0.$$

Geben Sie Bedingungen an, unter denen es keine, eine, zwei reelle Lösungen gibt. Geben Sie jeweils die Lösung(en) an!

Es gibt noch Lösungsverfahren zur Ermittlung aller Nullstellen von Polynomen dritten und vierten Grades. Wir gehen wegen der Kompliziertheit dieser Verfahren nicht darauf ein. (*)

§ 6 KOMPLEXE FUNKTIONEN

Die bisher von uns untersuchten Polynome hatten jeweils als Definitionsbereich die Menge $\mathbb{R}$ aller reellen Zahlen. Deshalb konnten Nullstellen auch nur reelle Zahlen sein. In Aufgabe 15 haben Sie das Polynom $p(x) = x^2 + x + 1$ auf Nullstellen untersucht und festgestellt, daß die Gleichung

$$x^2 + x + 1 = 0$$

keine reellen Lösungen hat.

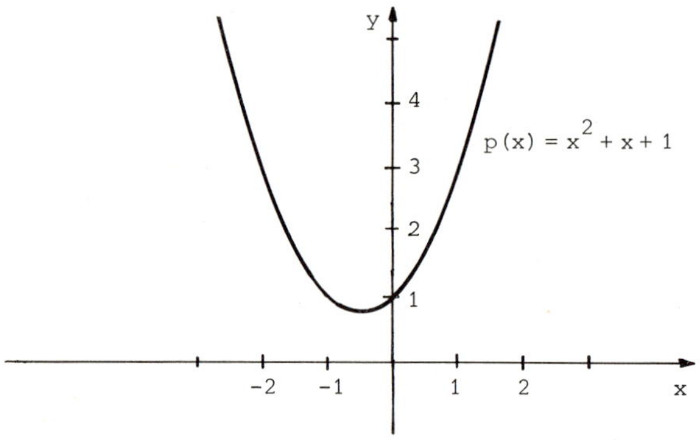

Bild 9.- Der Graph des Polynoms $p(x) = x^2+x+1$.

Lassen wir auch komplexe Zahlen als Lösungen zu, so liefern $i^2 = -1$ und die Überlegungen im Zusammenhang mit Aufgabe 16 die Lösungen

$$z_1 := -\frac{1}{2} + i\frac{1}{2}\sqrt{3} \text{ und } z_2 := -\frac{1}{2} - i\frac{1}{2}\sqrt{3}.$$

Um in diesem Zusammenhang auch noch von den Nullstellen oder den Funktionswerten eines Polynoms reden zu können, definieren wir in völliger Analogie zum Begriff des reellen Polynoms:

(*) Genaueres hierzu finden Sie z.B. in dem Lehrbuch von A. DUSCHEK, Vorlesungen über höhere Mathematik, Band I, 4. Auflage, Springer Wien 1965, auf den Seiten 310-314 und 308.

DEFINITION.- Seien $n \in \mathbb{N}_0$ und $a_0, a_1, \ldots, a_n$ komplexe Zahlen. Die Funktion (4.25)

$$p : \mathbb{C} \longrightarrow \mathbb{C} \text{ mit } p(z) := \sum_{k=0}^{n} a_k z^k$$

heißt *komplexes Polynom*.

komplexes Polynom

Reelle Polynome sind also spezielle komplexe Polynome, da man die reellen Koeffizienten als komplexe Zahlen auffassen kann.

Die Begriffe "Grad", "höchster Koeffizient" usw. erklärt man genauso wie für reelle Polynome. Überhaupt gelten unsere bisherigen Aussagen über reelle Polynome - entsprechend formuliert - auch für komplexe Polynome. Insbesondere gilt der Satz vom Koeffizientenvergleich, das Horner-Schema läßt sich durchführen, und wenn p eine Nullstelle z_0 hat, läßt sich der Linearfaktor $z-z_0$ ausklammern:

$$p(z) = (z-z_0)\cdot q(z).$$

Es gilt sogar eine gegenüber der Aussage (4.24) auf Seite 61 schärfere Aussage für komplexe Polynome:

> Jedes komplexe Polynom n-ten Grades hat genau n Nullstellen.

Diese Aussage, in der noch präzisiert werden muß, wie man Nullstellen "zählt", ist als *Fundamentalsatz der Algebra* bekannt und kann im Rahmen dieses Kurses nicht bewiesen werden. Wir formulieren den Satz in folgender Form:

SATZ.- Sei $n \in \mathbb{N}$ und $p(z) := \sum_{k=0}^{n} a_k z^k$ ein komplexes Polynom n-ten Grades. Dann gibt es komplexe Zahlen $z_1, \ldots, z_n$, so daß (4.26)

$$p(z) = \sum_{k=0}^{n} a_k z^k = a_n(z-z_1)(z-z_2)\cdot\ldots\cdot(z-z_n)$$

für alle $z \in \mathbb{C}$.

Fundamentalsatz der Algebra

Die Kurzform von Satz (4.26) lautet: Jedes komplexe Polynom läßt sich (vollständig) in Linearfaktoren zerlegen.

BEMERKUNGEN.- In (4.26) sind die komplexen Zahlen $z_1, \ldots, z_n$ die Nullstellen von p. Die z_i brauchen nicht alle voneinander verschieden zu sein. Ist etwa $z_1 = z_2 \neq z_j$ für $j > 2$, so heißt z_1 eine *2-fache Nullstelle*. 2 heißt in diesem Fall die *Vielfachheit der Nullstelle* z_1. (4.27)
Allgemein sagt man: Das Polynom p hat die

k-fache Nullstelle
Vielfachheit

k-fache Nullstelle z_o (oder: die Nullstelle z_o mit der *Vielfachheit k*), wenn es ein Polynom q gibt, so daß

$$q(z_o) \neq 0 \text{ und } p(z) = (z-z_o)^k q(z) \text{ für alle } z.$$

Das in Bild 8 auf Seite 59 dargestellte reelle Polynom $p(x) = x^4 - 4x^2$ hat wegen

$$p(x) = x^2(x^2-4) = (x-0)^2(x^2-4)$$

im Nullpunkt eine 2-fache Nullstelle; hier ist $q(x) = x^2 - 4$.

Das Polynom

$$p(z) := z^3 - 12z^2 + 48z - 64 = (z-4)^3$$

hat die 3-fache Nullstelle $z_o = 4$ oder anders formuliert: die Nullstelle $z_o = 4$ hat die Vielfachheit 3.

A 17 *AUFGABE 17.- Bestimmen Sie alle Nullstellen des komplexen Polynoms*

$$p(z) := 4z^2 + (8+12i)z - 5 + 11i.$$

(Hinweis: Quadratische Ergänzung sowie (3.20) und (3.26) auf den Seiten 45 und 47.)

A 18 *AUFGABE 18.- Sei $p(z) := \sum_{k=0}^{n} a_k z^k$ ein komplexes Polynom mit reellen Koeffizienten (d.h. $a_k \in \mathbb{R}$ für $k = 0,1,\ldots,n$). Zeigen Sie: Ist z_o eine Nullstelle von p, so ist auch $\bar{z}_o$ eine Nullstelle von p.*

Die komplexen Polynome sind spezielle komplexe Funktionen.

(4.28) **DEFINITION.-** Sei A eine Teilmenge von $\mathbb{C}$. Eine Funktion

komplexe Funktion

$$f : A \longrightarrow \mathbb{C}$$

heißt *komplexe Funktion*.

Analog zu Definition (4.9) auf Seite 56 definiert man für komplexe Funktionen mit demselben Definitionsbereich Summe, Differenz, Produkt und Quotient.

(4.29) **BEISPIELE.-** (1) Die Funktion $f : \mathbb{C} \longrightarrow \mathbb{C}$ mit $f(z) := |z|$ nennen wir auch *Betragsfunktion*.

Betragsfunktion

Welche Teilmenge von $\mathbb{C}$ ist der Wertebereich der Betragsfunktion?
Welches "geometrische Gebilde" erhalten Sie im Raum ($=\mathbb{R}^3$), wenn Sie den Funktionswert $|z|$ senkrecht über jedem Punkt z der Zahlenebene abtragen?

(2) Die komplexe Funktion

rationale Funktion

$$z \longmapsto f(z) := \frac{z^2 - 9}{4(z-3i)}, \quad z \in \mathbb{C} \setminus \{3i\},$$

ist ein Beispiel einer (komplexen) rationalen Funktion, da sie ein Quotient zweier (komplexer) Polynome ist. Weil das Polynom im Nenner eine Nullstelle bei 3i hat, ist f nur für alle $z \in \mathbb{C}$ mit $z \neq 3i$ definiert.

(3) Die Funktion $z \longmapsto g(z) := \frac{1}{\bar{z}}$, $z \in \mathbb{C}$, $z \neq 0$, heißt *Inversion* (auch: *Spiegelung*) *am Einheitskreis* (und taucht in den Anwendungen der Elektrotechnik auf).

Inversion am Einheitskreis

Die Bezeichnung ergibt sich aus folgender Konstruktion (*), zu deren elementargeometrischer Begründung man den Kathetensatz und den zweiten Strahlensatz heranziehen muß. Wir geben lediglich die Konstruktion an, die Begründung lassen wir aus:
Vom Punkt z (mit $|z| > 1$) zeichnet man die Tangenten an den Einheitskreis. Die Verbindungsstrecke der beiden Berührpunkte und die Verbindungsstrecke von 0 und z schneiden sich im Punkt $\frac{1}{\bar{z}}$.

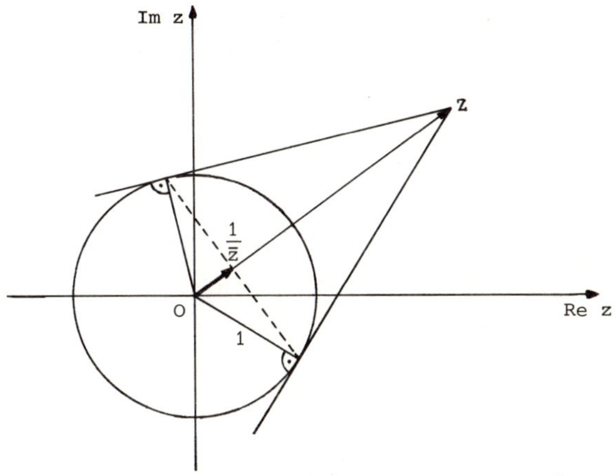

Bild 10.- Inversion am Einheitskreis: $z \mapsto \frac{1}{\bar{z}}$, $z \neq 0$.

Wer sich für Eigenschaften der Funktion g interessiert (das könnte nach unseren Erfahrungen ein Student der Elektrotechnik sein), kann versuchen, Antworten auf die folgenden Fragen zu finden.

Eigenschaften der Inversion am Einheitskreis

FRAGEN: - Wie wird man $\frac{1}{\bar{z}}$ für einen Punkt z mit $|z| < 1$ konstruieren?

- Welche "Bewegung" führt $\frac{1}{\bar{z}}$ aus, wenn sich z weiter vom Nullpunkt entfernt, sich dem Nullpunkt nähert?
- Auf welche Punktmenge wird also eine Gerade durch den Nullpunkt (unter der Abbildung g) abgebildet?
- Welche Punktmenge ist g(E), $E := \{z \in \mathbb{C} \mid z\bar{z} = 1\}$?
- Welche Punktmenge erhält man als Bild einer Geraden, die nicht durch den Nullpunkt geht?

(Hinweis: Spiegeln Sie mindestens vier oder fünf weit auseinanderliegende Punkte der Geraden.)

- Ist $g : \mathbb{C} \setminus \{0\} \longrightarrow \mathbb{C} \setminus \{0\}$ bijektiv?

(*) Die Konstruktion liefert auch $\frac{1}{z}$, wenn Sie $\frac{1}{\bar{z}}$ anschließend noch an der reellen Achse spiegeln. (Warum?)

Komplexe Funktionen mit reellen Argumenten

Sie wissen, jede komplexe Zahl z läßt sich eindeutig in der Form

$$z = \text{Re } z + i \text{ Im } z$$

schreiben. Genauso kann man bei jeder komplexen Funktion $f : A \longrightarrow \mathbb{C}$ mit $A \subseteq \mathbb{C}$ die Funktionswerte f(z) eindeutig in der Form

$$f(z) = \text{Re } f(z) + i \text{ Im } f(z)$$

schreiben.

(4.30) **Bezeichnungen.-** Weil Re f(z) und Im f(z) reelle Zahlen sind, erhält man auf diese Weise zwei reellwertige Funktionen

Realteil und Imaginärteil komplexer Funktionen

$$\text{Re } f : A \longrightarrow \mathbb{R} \quad \text{und}$$
$$\text{Im } f : A \longrightarrow \mathbb{R}, \ (*)$$

wobei für $z \in A$

$$(\text{Re } f)(z) := \text{Re } f(z) \quad \text{und}$$
$$(\text{Im } f)(z) := \text{Im } f(z)$$

gesetzt wird.
Ferner definiert man die zu f *konjugierte Funktion*

$$\overline{f} : A \longrightarrow \mathbb{C}$$

durch

$$z \longmapsto \overline{f}(z) := \overline{f(z)}\ . \ (**)$$

Also ist $\overline{f}(z) = \text{Re } f(z) - i \text{ Im } f(z)$

(4.31) **Beispiele.-** (1) Für die komplexe Funktion $z \longmapsto f(z) := z,\ z \in \mathbb{C}$, gilt
Re f(z) = Re z und Im f(z) = Im z.

(2) Die komplexe Funktion $z \longmapsto f(z) := z\overline{z},\ z \in \mathbb{C}$, hat nur reelle Werte (siehe (3.9)(4) auf Seite 41). Deshalb sind die Funktionen

$$z \longmapsto (\text{Re } f)(z) = z\overline{z},\ z \in \mathbb{C},$$

der Realteil von f und

$$z \longmapsto (\text{Im } f)(z) = 0,\ z \in \mathbb{C},$$

der Imaginärteil von f.

(3) Für die Inversion am Einheitskreis

$$z \longmapsto g(z) := \frac{1}{\overline{z}},\ z \in \mathbb{C} \setminus \{0\},$$

gilt

$$g(z) = \frac{1}{\overline{z}} = \frac{z}{z\overline{z}} = \frac{\text{Re } z + i \text{Im } z}{z\overline{z}}\ .$$

Also

$$g(z) = \frac{\text{Re } z}{z\overline{z}} + i\ \frac{\text{Im } z}{z\overline{z}}$$

Daher ist $z \longmapsto \frac{\text{Re } z}{z\overline{z}},\ z \in \mathbb{C} \setminus \{0\}$, der Realteil von g und

$$z \longmapsto \frac{\text{Im } z}{z\overline{z}},\ z \in \mathbb{C} \setminus \{0\}, \text{ der Imaginärteil von g.}$$

Schließlich gilt für die konjugierte $\overline{g} : \mathbb{C} \setminus \{0\} \to \mathbb{C}$

$$\overline{g}(z) = \overline{g(z)} = \overline{\left(\frac{1}{\overline{z}}\right)} = \frac{1}{\overline{\overline{z}}} = \frac{1}{z}\ .$$

AUFGABE 19.- Bestimmen Sie den Realteil und Imaginärteil sowie die Konjugierte der folgenden komplexen Funktionen. A 19

a) $z \longmapsto f_1(z) := \frac{1}{1-z},\ z \in \mathbb{C} \setminus \{1\}$.

b) $z \longmapsto f_2(z) := \frac{z + 2i}{z + 2},\ z \in \mathbb{C} \setminus \{-2\}$.

Im allgemeinen sind der Realteil und der Imaginärteil einer komplexen Funktion keine reellen Funktionen, da der Definitionsbereich keine Teilmenge von $\mathbb{R}$ ist. Dies trifft jedoch auf die im folgenden Beispiel untersuchten Funktionen mit reellen Argumenten zu.

Beispiele.- Von besonderer Bedeutung in der Elektrotechnik, aber auch in der Theorie der komplexen Funktionen, sind komplexe Funktionen, deren Definitionsbereich $\mathbb{R}$ oder eine Teilmenge von $\mathbb{R}$ ist. (4.32)
Diese Funktionen haben (gegenüber den allgemeinen komplexen Funktionen) noch die Vorteile,
- daß sie sich gut veranschaulichen lassen, indem man ihren Wertebereich in der Gauß'schen Zahlenebene zeichnet und
- daß der Real- und Imaginärteil reelle Funktionen sind.

(1) Sei $f : [0,3] \longrightarrow \mathbb{C}$ mit $f(t) := t\cdot(2+i)$ gegeben.

Der Wertebereich von f hat dann folgende Gestalt

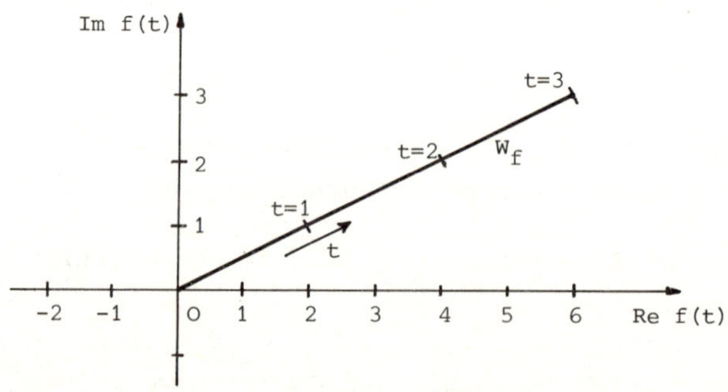

Bild 11.- Der Wertebereich der Funktion $t \longmapsto f(t) = t\cdot(2+i),\ t \in [0,3]$

(*) lies: Realteil (von) f bzw. Imaginärteil (von) f.

(**) Statt $\overline{f}$ schreibt man in der Elektrotechnik meist f^*, also $f^* = \text{Re } f - j \text{ Im } f$.

Hierbei ist für jedes $t \in [0,3]$ die komplexe Zahl $f(t) = 2t + it$ gezeichnet worden. Der Pfeil längs W_f deutet an, in welcher Richtung W_f durchlaufen wird, wenn t "von 0 bis 3 läuft". Die Funktionswerte, die zu den Argumenten t=1 bzw. t=2 bzw. t=3 gehören, sind entsprechend markiert.

(2) $f :]0,\infty[\longrightarrow \mathbb{C}$ mit $f(t) := 2 + i(t - \frac{1}{t})$.

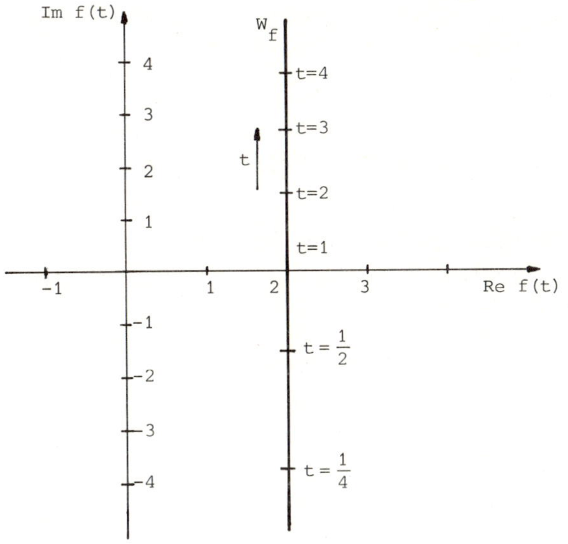

Bild 12.- Der Wertebereich der Funktion $t \longmapsto f(t) = 2 + i(t - \frac{1}{t})$, $t > 0$.

Für diese Funktion f gilt

$$\text{Re } f(t) = 2 \quad \text{für alle } t \in]0,\infty[\text{ und}$$
$$\text{Im } f(t) = t - \frac{1}{t} \quad \text{für alle } t \in]0,\infty[.$$

(3) $f : \mathbb{R} \longrightarrow \mathbb{C}$ mit $f(t) := t(1 + it)$.
Für jedes $t \in \mathbb{R}$ gilt also

$$f(t) = t + it^2,$$

so daß der Wertebereich die folgende Gestalt hat

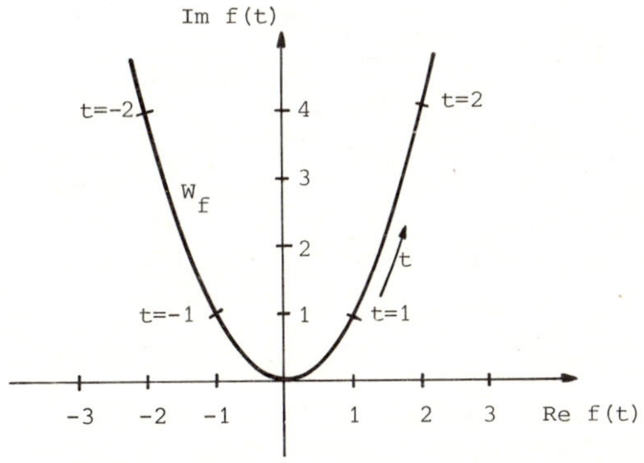

Bild 13.- Der Wertebereich der Funktion $t \longmapsto f(t) = t(1 + it)$, $t \in \mathbb{R}$.

(4) Der kapazitive Anteil des komplexen Widerstands in einem Wechselstromkreis wurde durch

$\underline{Z} = \frac{1}{i\omega C} = -\frac{1}{\omega C} i$ beschrieben (siehe Seite 48).
Wenn man nun die Abhängigkeit des Widerstands von der Frequenz ω untersucht, erhält man die komplexe Funktion

$$\underline{Z} :]0,\infty[\longrightarrow \mathbb{C}$$
$$\omega \longmapsto -\frac{1}{\omega} \cdot \frac{i}{C},$$

deren Darstellung (Wertebereich) die negative imaginäre Achse ergibt. Machen Sie eine Skizze (mit z.B. $C = 3$)!

Die graphische Darstellung des Wertebereichs einer komplexen Funktion mit reellen Argumenten wird in der Elektrotechnik als *Ortskurve* bezeichnet. Ortskurve

A 20

AUFGABE 20.- a) Skizzieren Sie den Wertebereich der Funktion $f : [0,2\pi] \longrightarrow \mathbb{C}$ mit $f(t) := \cos t + i \sin t$.

b) Bestimmen Sie Real- und Imaginärteil der Funktion $t \longmapsto f(t) := \frac{1}{t-i}$, $t \in \mathbb{R}$.

ZUSAMMENFASSUNG

Dieses Kapitel war den reellen und den komplexen Funktionen gewidmet; das sind Funktionen $f : A \longrightarrow \mathbb{R}$ bzw. $f : A \longrightarrow \mathbb{C}$, wobei A eine Teilmenge von $\mathbb{R}$ bzw. von $\mathbb{C}$ ist.
Reelle Funktionen sollten Sie sich, soweit möglich, veranschaulichen können, indem Sie den Graphen skizzieren. Die Skizze liefert oft erste Anhaltspunkte für eine genauere Untersuchung der Funktionen. Ziel 1
Bisher haben Sie (streng) monotone Funktionen und (nach oben oder nach unten) beschränkte Funktionen kennengelernt. Sie sollten die exakten Definitionen sowie anschauliche Interpretationen angeben können. Darüberhinaus sollten Sie in der Lage sein, von den in diesem Kapitel genannten und ähnlichen Funktionen die Eigenschaften "monoton" bzw. "beschränkt" nachzuweisen oder zu folgern, daß diese Eigenschaften nicht vorliegen. Ziel 2 Ziel 3
In Definition (4.9) auf Seite 56 wurde festgelegt, wie man mit reellen Funktionen rechnet. Sie sollten wissen, ob und wie sich die Eigenschaften "monoton" bzw. "beschränkt" auf die Summe und das Produkt von Funktionen überträgt (siehe Satz (4.11), Seite 56, und Satz (4.15), Seite 57). Ziel 4

Das Resultat: "streng monotone Funktionen sind injektiv" sollten Sie im Gedächtnis haben. Ziel 5

Ziel 6

Sie haben gelernt, daß man komplexe Funktionen in Realteil und Imaginärteil zerlegen kann, (siehe (4.30), Seite 64). Sie sollten den Realteil und den Imaginärteil einer komplexen Funktion bestimmen können.
Ist die komplexe Funktion $f : A \longrightarrow \mathbb{C}$ auf einer Teilmenge $A \subseteq \mathbb{R}$ definiert, so sind Real- und Imaginärteil reelle Funktionen. Solche Funktionen lassen sich durch Skizzieren des Wertebereichs veranschaulichen.

Als besonders wichtige "Sorte" von Funktionen haben Sie die Polynome kennengelernt (siehe (4.16), Seite 58, und (4.25), Seite 62).

Ziel 7

Sie sollten mit Hilfe des Horner-Schemas (ab Seite 59) Funktionswerte von Polynomen berechnen können.

Ziel 8

Ferner sollten Sie - ebenfalls mit Hilfe des Horner-Schemas - von einem Polynom p einen Linearfaktor $(x-x_o)$ "abspalten" können, wenn x_o eine Nullstelle von p ist. D.h. Sie sollen ein Polynom q bestimmen können, so daß

$$p(x) = (x-x_o)\cdot q(x) \quad \text{für alle } x \in \mathbb{R}\,.$$

Ziel 9

Daß ein komplexes Polynom n-ten Grades genau n Nullstellen, ein reelles Polynom n-ten Grades jedoch höchstens n Nullstellen hat, müssen Sie wissen (das sind die Aussagen der Sätze (4.24), Seite 61, und (4.26), Seite 62).

Zum Beispiel hat das reelle Polynom $p(x) = x^2 + 1$ keine Nullstelle. Dagegen hat das komplexe Polynom $q(z) := z^2 + 1$ die beiden Nullstellen $z_1 = i$ und $z_2 = -i$.

Ziel 10

Von reellen und komplexen Polynomen zweiten Grades sollten Sie die Nullstellen berechnen können.

Kapitel 5. Das Supremum

Einleitung

Wir werden hier die im ersten Kapitel begonnene Beschreibung der reellen Zahlen fortsetzen. Sie erinnern sich, daß wir bisher nur die arithmetischen Eigenschaften und die Anordnung von $\mathbb{R}$ betrachtet haben. Da alle diese Eigenschaften auch auf die Elemente des Körpers $\mathbb{Q}$ der rationalen Zahlen zutreffen, geht es diesmal um ein Unterscheidungs-Merkmal zwischen $\mathbb{R}$ und $\mathbb{Q}$. Die Formulierung dieses letzten Axioms für die reellen Zahlen ist jedoch nicht der einzige Zweck des Kapitels. Wir werden wichtige Folgerungen daraus ziehen; denn Sie werden beim weiteren Studium erfahren, daß dieses Axiom den "Schlüssel zur Analysis" darstellt.

$\sqrt{2}$ ist irrational

Sie wissen sicherlich, daß es reelle Zahlen gibt, die keine rationalen Zahlen sind. $\sqrt{2}$ ist das einfachste Beispiel hierfür. (*) Solche Zahlen nennt man *irrationale Zahlen*. Dennoch werden Sie in der Praxis nie mit der reellen Zahl $\sqrt{2}$ gerechnet haben, sondern stets nur mit "Näherungswerten", etwa $\sqrt{2} \approx 1{,}4$ oder $\sqrt{2} \approx 1{,}41$ oder $\sqrt{2} \approx 1{,}414213$ oder ... .
All diese "endlichen Dezimalzahlen" sind rationale Zahlen. Und intuitiv ist klar, daß man $\sqrt{2}$ immer näher kommt, je mehr Dezimalstellen man verwendet. Sei M diejenige Menge rationaler Zahlen, die man erhält, wenn man die "unendliche") Dezimalzahl $\sqrt{2}$ jeweils nach der 1., 2., 3., 4., ... Stelle abschneidet, also

$M = \{1{,}4;\ 1{,}41;\ 1{,}414;\ 1{,}4142;\ 1{,}41421;\ \ldots\}$

(*) Daß $\sqrt{2}$ nicht rational ist, beweist man (durch Widerspruch) so:
Angenommen, $\sqrt{2}$ ist rational. Dann gilt $\sqrt{2} = \frac{p}{q}$ mit $p, q \in \mathbb{N}$, wobei wir den Bruch $\frac{p}{q}$ als gekürzt voraussetzen, d.h. p und q enthalten keine gemeinsamen Faktoren. Durch Quadrieren folgt $2 = \frac{p^2}{q^2}$ und $2q^2 = p^2$. Also ist p^2 eine gerade Zahl. Dann ist auch p eine gerade Zahl, läßt sich daher in der Form $p = 2 \cdot r$ mit $r \in \mathbb{N}$ schreiben. Jetzt ist $2q^2 = 4r^2$ bzw. $q^2 = 2r^2$, so daß q^2 und damit auch q eine gerade Zahl ist. q enthält also auch den Faktor 2 im Widerspruch zur Voraussetzung, daß $\frac{p}{q}$ gekürzt war.

Jedes Element $x \in M$ hat noch die Eigenschaft $x < \sqrt{2}$. Sie werden deshalb gefühlsmäßig der folgenden Aussage zustimmen:

"$\sqrt{2}$ ist etwas Ähnliches wie ein größtes Element von M."

Auf dem Weg, die Unklarheiten und Widersprüchlichkeiten dieser Aussage zu beseitigen (*), werden wir über den Begriff des größten Elements von gewissen Mengen reeller Zahlen zu dessen Verallgemeinerung, dem "Supremum", gelangen. Danach können wir das noch fehlende Axiom der reellen Zahlen formulieren, das den Unterschied zwischen $\mathbb{R}$ und $\mathbb{Q}$ feststellt.

§ 1 Schranken, Maximum, Minimum, Supremum, Infimum

Wiederholung: nach oben beschränkt

Schreiben Sie noch einmal die Definition einer nach oben beschränkten reellen Funktion $f : A \longrightarrow \mathbb{R}$ auf!

Wenn Sie Schwierigkeiten damit haben, schauen Sie sich (4.12) und Bild 7 auf Seite 57 an.

Es wird also verlangt, daß alle Funktionswerte von f nicht größer als eine feste Zahl K werden: $f(x) \leq K$ für alle $x \in A$.
Da die Menge aller Funktionswerte von f gerade der Wertebereich $W_f = f(A)$ ist, können wir die Definition auch so formulieren:

nach oben beschränkt

Die reelle Funktion f heißt nach oben beschränkt, wenn es eine reelle Zahl K gibt, so daß $y \leq K$ für alle $y \in W_f$.

Wir hatten K eine obere Schranke von f genannt. Und in der vorstehenden Formulierung sehen Sie, daß man K ebenso gut als "eine obere Schranke" der Menge W_f reeller Zahlen ansehen kann.

(*) $\sqrt{2}$ kann nicht (größtes) Element von M sein, da M nach Definition nur rationale Zahlen enthält, und $\sqrt{2}$ keine rationale Zahl ist.

weiteres Vorgehen

Wir werden deshalb die Begriffe "nach oben beschränkt", "obere Schranke" usw. für Teilmengen von $\mathbb{R}$ definieren und später wieder zu den speziellen Teilmengen W_f und damit zu Funktionen zurückkehren.

(5.1) **DEFINITION.-** Sei A eine Teilmenge von $\mathbb{R}$.

nach oben beschränkt

(1) A heißt *nach oben beschränkt*, wenn es eine reelle Zahl K gibt, so daß $x \leq K$ für alle $x \in A$. K heißt dann *eine obere Schranke von A*.

nach unten beschränkt

(2) A heißt *nach unten beschränkt*, wenn es eine reelle Zahl L gibt, so daß $L \leq x$ für alle $x \in A$. L heißt dann *eine untere Schranke von A*.

beschränkt

(3) A heißt *beschränkt*, wenn A sowohl nach oben als auch nach unten beschränkt ist.

Anschaulich (fertigen Sie sich eine Skizze auf der Zahlengeraden an!) bedeutet "A ist nach oben beschränkt": Alle x∈A liegen links von einer festen Zahl K. Entsprechend bedeutet "A ist nach unten beschränkt": Alle x∈A liegen rechts von einer festen Zahl L. Somit bedeutet "A ist beschränkt": Alle x∈A liegen zwischen zwei festen Zahlen L und K.

(5.2) **BEISPIELE.-** (1) Seien $a,b \in \mathbb{R}$ mit $a < b$, dann entnehmen Sie der Definition z.B. des Intervalls $]a,b] = \{x \in \mathbb{R} \mid a < x \leq b\}$ unmittelbar die Aussagen:

a ist eine untere Schranke von $]a,b]$,
b ist eine obere Schranke von $]a,b]$.

Bild 1.- Die Endpunkte sind eine untere bzw. obere Schranke von Intervallen.

(2) Die Mengen $\mathbb{R}$, $\mathbb{Z}$, $\mathbb{Q}$ sind weder nach oben noch nach unten beschränkt.

(3) Sei $A := \{1 - \frac{1}{n} \mid n \in \mathbb{N}\}$. Wir setzen zur Abkürzung $x_n := 1 - \frac{1}{n}$. Dann ist - betrachten Sie Bild 2 - auf jeden Fall $K := 2$ eine obere Schranke von A und $L := -0{,}5$ eine untere Schranke von A.

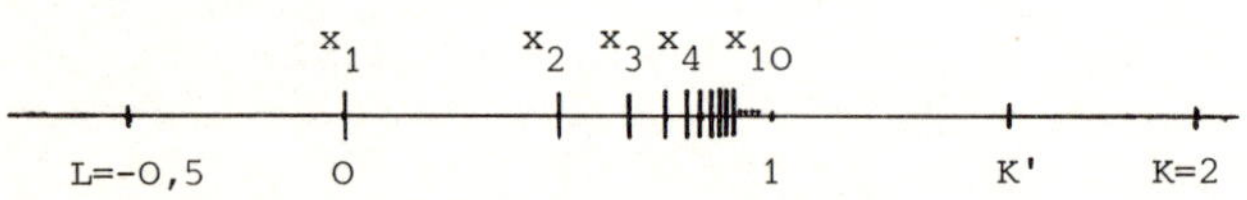

Bild 2.- Obere und untere Schranken von $A = \{1 - \frac{1}{n} \mid n \in \mathbb{N}\}$.

A ist nach oben <u>und</u> nach unten beschränkt, also beschränkt.

Ein weiteres Beispiel einer nicht nach oben beschränkten Teilmenge von $\mathbb{R}$ ist die Menge $\mathbb{N}$ der natürlichen Zahlen. Wegen seiner Wichtigkeit formulieren wir dieses Ergebnis als Satz: (*)

SATZ.- Zu jeder reellen Zahl x gibt es ein $n \in \mathbb{N}$ mit (5.3)

$$n > x.$$

$\mathbb{N}$ ist nicht nach oben beschränkt

Wir können den Satz an dieser Stelle noch nicht beweisen, weil dazu das erst auf Seite 70 formulierte Supremumsaxiom (5.11) benötigt wird.

AUFGABE 1.- Wann ist eine reelle Zahl K^* keine obere Schranke einer Teilmenge $A \subseteq \mathbb{R}$? A 1

DISKUSSION.- Es ist unmittelbar klar, daß eine nach oben beschränkte Menge beliebig viele obere Schranken hat. Denn ist z.B. K' <u>eine</u> obere Schranke (betrachten Sie Bild 2), so ist <u>jede</u> größere Zahl K ($K > K'$) ebenfalls eine obere Schranke. Entsprechendes gilt für untere Schranken. (Notieren Sie den "entsprechenden" Sachverhalt!) (5.4)

"größere" obere Schranken

Wie sieht es jedoch mit Zahlen K aus, die kleiner als K' sind?
In Bild 2 können wir mit K "von rechts bis zur Zahl 1 an die Menge A heranfahren". $K = 1$ ist auch noch eine obere Schranke von $A = \{1-\frac{1}{n} \mid n \in \mathbb{N}\}$; <u>denn</u>: aus $\frac{1}{n} > 0$ für alle $n \in \mathbb{N}$ folgt:

"kleinere" obere Schranken

$1 - \frac{1}{n} < 1 = K$ für alle $n \in \mathbb{N}$.

Diese obere Schranke $K = 1$ hat eine bemerkenswerte Eigenschaft:

Sie ist die <u>kleinste</u> obere Schranke von A, d.h. <u>jede</u> Zahl $K^* < 1$ ist <u>keine</u> obere Schranke mehr. (**)

"kleinste" obere Schranke

Wir können dies beweisen: Sei also $K^* < 1$. Wir müssen nun ein Element von A, (also eine Zahl der Gestalt $1 - \frac{1}{n}$), finden, das größer als K^* ist. Aus $K^* < 1$ folgt: $1 - K^* > 0$. Weil $\mathbb{N}$ nicht nach oben beschränkt ist, gibt es dann zu der reellen Zahl $\frac{1}{1-K^*}$ ein $n \in \mathbb{N}$ mit $n > \frac{1}{1-K^*}$. Hieraus

---

(*) Der Satz ist die Verneinung der Definition des Begriffs "nach oben beschränkt".

(**) Dahinter steckt die anschauliche Vorstellung, daß die Elemente $1 - \frac{1}{n}$ von A der Zahl 1 "von links her beliebig nahe kommen".

folgt nach den Rechenregeln für Ungleichungen: $1 - K^* > \frac{1}{n}$ bzw. $1 - \frac{1}{n} > K^*$. Das wollten wir zeigen.

"Fahren wir (in Bild 2) mit unteren Schranken L von links an die Menge heran", so erreichen wir mit $L = 0 = x_1$ die "Endstellung":

"größte" untere Schranke

> $L = 0$ ist die <u>größte</u> untere Schranke von A, d.h. <u>jede</u> Zahl $L' > 0$ ist <u>keine</u> untere Schranke mehr. (*)

Ergebnisse

ZUSAMMENFASSUNG: Die Menge $A = \{1 - \frac{1}{n} \mid n \in \mathbb{N}\}$ hat 0 als größte untere Schranke. Wegen $0 = x_1 \in A$ ist die größte untere Schranke ein Element von A.
A hat 1 als kleinste obere Schranke, aber es gilt $1 \notin A$.

Es gibt natürlich auch Teilmengen von $\mathbb{R}$, z.B. das halboffene Intervall $]3,5]$, bei denen die kleinste obere Schranke (hier: 5) zur Teilmenge gehört, die größte untere Schranke (hier: 3) aber nicht.

In den folgenden beiden Definitionen legen wir die mathematischen Fachausdrücke für die während der vorstehenden Diskussion zu Tage getretenen Phänomene fest.

(5.5) Supremum

DEFINITION.- Sei $A \subseteq \mathbb{R}$.
(1) Eine reelle Zahl s heißt *Supremum von A* (in Zeichen: $s =: \sup A$), wenn s kleinste obere Schranke von A ist, d.h. wenn
(i) s eine obere Schranke von A ist,
(ii) Jede reelle Zahl $K^* < s$ keine obere Schranke von A ist.

Infimum

(2) Eine reelle Zahl r heißt *Infimum von A* (in Zeichen: $r =: \inf A$), wenn r größte untere Schranke von A ist, d.h. wenn
(i) r eine untere Schranke von A ist,
(ii) Jede reelle Zahl $L^* > r$ keine untere Schranke von A ist.

Wir sagen auch: A hat (besitzt) das Supremum s bzw. das Infimum r.

(*) Die Begründung dafür ist ganz einfach: Zu jedem $L' > 0$ gibt es ein Element von A, das kleiner als L' ist, nämlich das Element $x_1 = 0$.

DEFINITION.- Sei $A \subseteq \mathbb{R}$. Besitzt A das Supremum s und gilt $s \in A$, so heißt s *Maximum von A* (in Zeichen: $\max A := s$). Besitzt A das Infimum r und gilt $r \in A$, so heißt r *Minimum von A* (in Zeichen: $\min A := r$). (5.6) Maximum Minimum

Wir sagen auch hier: A hat (besitzt) das Maximum s bzw. das Minimum r.

Lesen Sie nun noch einmal die Diskussion (5.4), und zwar unter den Gesichtspunkten:
- *Was kennzeichnet eine kleinste obere, eine größte untere Schranke?*
- *Kleinste obere oder größte untere Schranke von A sind Element von A, sind nicht Element von A.*

BEMERKUNGEN - (1) Natürlich hat nicht jede Teilmenge $A \subseteq \mathbb{R}$ ein Supremum oder ein Infimum. Damit z.B. ein Supremum existieren kann, muß A nach oben beschränkt sein; denn das Supremum ist insbesondere eine obere Schranke. (5.7)

(2) Eine Menge braucht kein Maximum (Minimum) zu haben, wenn sie ein Supremum (Infimum) hat: Denken Sie an das diskutierte Beispiel
$A = \{1 - \frac{1}{n} \mid n \in \mathbb{N}\}$: $\min A = \inf A = 0$, aber $\sup A = 1$ und A besitzt <u>kein</u> Maximum.

(3) Eine reelle Zahl K ist genau dann das Maximum (Minimum) von A, wenn K obere (untere) Schranke von A und $K \in A$ ist.

BEISPIELE.- (1) Die Mengen $\mathbb{R}, \mathbb{Q}, \mathbb{Z}$ besitzen weder eine obere noch eine untere Schranke, folglich weder Supremum oder Maximum noch Infimum oder Minimum. (5.8) $\mathbb{R}, \mathbb{Q}, \mathbb{Z}$

(2) $\mathbb{N}$ ist nach unten beschränkt. Es gilt $\mathbb{N}$

$$\inf \mathbb{N} = \min \mathbb{N} = 1.$$

(3) Für jedes Intervall I mit den Endpunkten $a,b \in \mathbb{R}$, $a < b$, gilt Intervalle

$$\inf I = a \quad \text{und} \quad \sup I = b.$$

Ob I ein Maximum oder Minimum besitzt hängt wesentlich davon ab, um was für ein Intervall es sich handelt (offen, abgeschlossen, halboffen).

<u>AUFGABE 2</u>.- Geben Sie von den folgenden Mengen jeweils eine obere bzw. untere Schranke an und, falls sie existieren, auch Supremum, Infimum, Maximum, Minimum. A 2

a) $\{x \in \mathbb{R} \mid x \geq 0\}$, b) $\{-3; -7; 0{,}74; -17; \frac{3}{4}\}$,
c) $]1,5]$, d) $]-\infty, -\frac{12}{7}[$,
e) $\{1 + \frac{1}{n} \mid n \in \mathbb{N}\}$, f) $\{(-\frac{1}{2})^n \mid n \in \mathbb{N}\}$,

g) $\{(-1)^n \mid n \in \mathbb{N}\}$, *h)* $\{n+\frac{1}{n} \mid n \in \mathbb{N}\}$.

(5.9) **Beispiel.-** Die Menge $A := \{\frac{1}{n} \mid n \in \mathbb{N}\}$ ist beschränkt; es gilt $\max A = 1$, A besitzt kein Minimum, aber 0 ist die größte untere Schranke von A, also $0 = \inf A$.

Die letzte Aussage sieht man so ein: Wegen $\frac{1}{n} > 0$ für alle $n \in \mathbb{N}$ ist 0 eine untere Schranke.
Es ist nun noch zu zeigen, daß jede positive Zahl keine untere Schranke mehr ist. Anders ausgedrückt: Es ist zu zeigen, daß es zu jeder (noch so kleinen) positiven Zahl ε ein Element $\frac{1}{n} \in A$ gibt mit $\frac{1}{n} < \varepsilon$.

Wegen der besonderen Bedeutung dieser Aussage machen wir einen Satz daraus. Prägen Sie sich seine Aussage gut ein!

(5.10) $\inf\{\frac{1}{n} \mid n \in \mathbb{N}\} = 0$

Satz.- Zu jedem $\varepsilon > 0$ gibt es ein $n \in \mathbb{N}$, so daß $\frac{1}{n} < \varepsilon$ ist.

Beweis.- Weil $\mathbb{N}$ nicht nach oben beschränkt ist (vgl. Satz (5.3) auf Seite 68), gibt es ein $n \in \mathbb{N}$, so daß $n > \frac{1}{\varepsilon}$ ist. Für dieses n folgt: $\frac{1}{n} < \varepsilon$.

§ 2 Das Supremumsaxiom

Wir erläutern im folgenden, daß wir mit dem Begriff des Supremums (endlich) den entscheidenden Unterschied zwischen der Menge $\mathbb{Q}$ der rationalen Zahlen und der Menge $\mathbb{R}$ der reellen Zahlen formulieren können.

Dazu betrachten wir noch einmal die schon in der Einleitung dieses Kapitels genannte Menge rationaler Zahlen

$$M = \{1{,}4;\ 1{,}41;\ 1{,}414;\ 1{,}4142;\ 1{,}41421;\ \ldots\}.$$

Man kann sich überlegen, daß es keine rationale Zahl gibt, die kleinste obere Schranke von M ist. Dagegen ergibt sich aus der angegebenen "Konstruktion" von M (das ist kein Beweis!), daß die reelle (irrationale) Zahl $\sqrt{2}$ Supremum von M ist.

Unterscheidungsmerkmal

In $\mathbb{Q}$ gibt es also nach oben beschränkte Teilmengen, die kein Supremum in $\mathbb{Q}$ haben.

Daß dieser Fall für nach oben beschränkte Teilmengen reeller Zahlen nicht eintritt, ist anschaulich völlig klar:

"Wir fahren auf der Zahlengeraden mit einer oberen Schranke (von rechts her) so dicht wie möglich an A heran. Die erreichte Endstellung der oberen Schranke ist die kleinste obere Schranke, also das Supremum von A. (Diese reelle Zahl ist entweder rational oder irrational.)"

Diese anschaulich beschriebene Eigenschaft von Teilmengen von $\mathbb{R}$ formulieren wir als weitere (nicht zu beweisende) Grundregel, als Axiom von $\mathbb{R}$.

Supremumsaxiom.- Jede nach oben beschränkte, nicht-leere Teilmenge $A \subset \mathbb{R}$ besitzt ein Supremum in $\mathbb{R}$. (5.11) Supremumsaxiom

Sie können natürlich an dieser Stelle noch nicht erkennen, welche fundamentale Bedeutung diesem recht einfach klingenden Axiom zukommt. Da wir jedoch oft mit diesem Axiom argumentieren werden, benötigen wir mehrere Eigenschaften des Supremums und mathematische "Charakterisierungen", wann eine reelle Zahl das Supremum einer Menge ist. (Wir setzen weiterhin alle Teilmengen als nicht-leer voraus.)

§ 3 Eigenschaften von Supremum und Infimum

Zunächst bemerken wir, daß bereits als Folge des Supremumsaxioms jede nach unten beschränkte, nichtleere Teilmenge von $\mathbb{R}$ ein Infimum besitzt. Existenz des Infimums

Die Richtigkeit dieser Aussage sowie die Beweisidee lassen sich an der Zahlengeraden gut veranschaulichen: Sei A die nach unten beschränkte Teilmenge von $\mathbb{R}$. Dann erhält man durch Spiegelung am Nullpunkt die Menge

$$-A := \{-x \mid x \in A\}.$$

$-A$ ist nach oben beschränkt, besitzt also nach dem

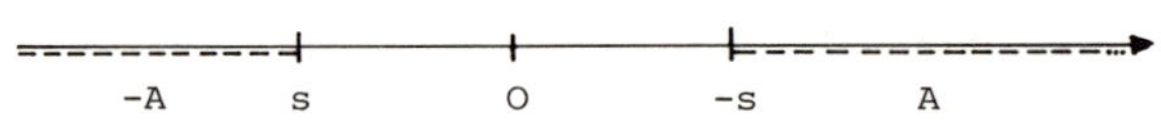

Supremumsaxiom ein Supremum s. Folglich ist die reelle Zahl $-s$ das Infimum von A.

Im nächsten Satz geben wir ein Kriterium an, wann eine obere Schranke s die kleinste obere Schranke, also das Supremum einer Teilmenge $A \subset \mathbb{R}$ ist. Es handelt sich dabei um eine Umformulierung von Definition (5.5). Sie brauchen nur zu berücksichtigen, daß sich jede Zahl $K^* < s$ in der Form $K^* = s - \varepsilon$ mit $\varepsilon > 0$ schreiben läßt. Lesen Sie außerdem Ihr Ergebnis (bzw. die Lösung) von Aufgabe 1 auf Seite 68.

(5.12) ε-Charakterisierung von sup und inf

SATZ.- Sei $A \subset \mathbb{R}$.

(1) Eine obere Schranke s von A ist genau dann das Supremum von A, wenn es zu jedem $\varepsilon > 0$ ein $x \in A$ gibt mit $x > s-\varepsilon$ (siehe Bild 3).

(2) Eine untere Schranke r von A ist genau dann das Infimum von A, wenn es zu jedem $\varepsilon > 0$ ein $x \in A$ gibt mit $x < r+\varepsilon$.

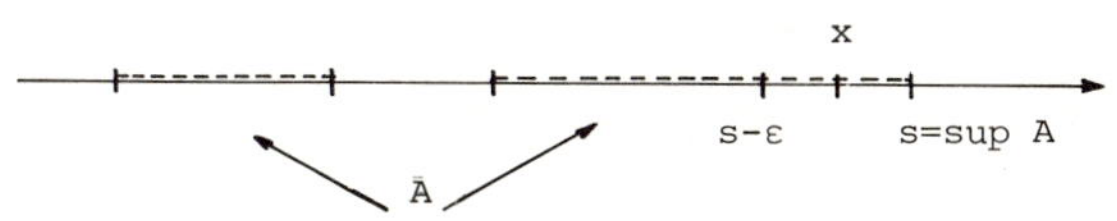

Bild 3.- Zur ε-Charakterisierung von sup A.

Auf einen formalen Beweis von Satz (5.12) verzichten wir, aber Sie sollten (5.12) so lange studieren, bis Sie die Aussage verstanden haben.

Der folgende einfache und anschauliche Satz spielt - zusammen mit dem gleich danach folgenden Kriterium - eine wesentliche Rolle für unseren Aufbau der Analysis. (Wir werden beide Sätze schon in Kapitel 7 wieder benötigen.)

(5.13) A links von B $\Longrightarrow$ sup A $\leq$ inf B

SATZ.- Es seien A und B Teilmengen von $\mathbb{R}$, und es liege A links von B (d.h. es gelte $a \leq b$ für alle $a \in A$ und $b \in B$). Dann gilt

$$\sup A \leq \inf B.$$

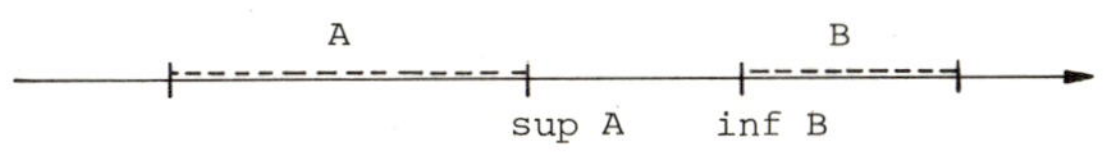

Bild 4.- A links von B.

BEWEIS.- *Orientieren Sie sich bei den einzelnen Stationen der Beweisskizze an Bild 4.*

(1) Jedes Element von A ist eine untere Schranke von B. B ist also nach unten beschränkt und besitzt das Infimum inf B.

(2) Jedes Element von B ist eine obere Schranke von A. A ist also nach oben beschränkt und besitzt das Supremum sup A.

(3) sup A ist die kleinste obere Schranke von A, folglich ist $\sup A \leq b$ für alle (oberen Schranken) $b \in B$ (von A).

(4) Die letzte Zeile besagt: sup A ist eine untere Schranke von B.

(5) Da sup A nicht unbedingt die größte untere Schranke von B zu sein braucht, gilt

$$\sup A \leq \inf B.$$

In Bild 4 liegen die beiden Mengen A und B "weit" auseinander. Zwischen ihnen hat noch das gesamte Intervall [sup A, inf B] Platz. Das folgende Kriterium gibt eine Bedingung an, wann A und B "aneinanderstoßen", wann also $\sup A = \inf B$ ist.

SATZ.- Seien A und B Teilmengen von $\mathbb{R}$ und A liege links von B. Es gilt (5.14) Allgemeines Riemann-Kriterium

$$\sup A = \inf B$$

genau dann, wenn es zu jedem $\varepsilon > 0$ ein $a \in A$ und ein $b \in B$ gibt, so daß $b-a < \varepsilon$ ist. (*)

Wir beweisen diesen Satz nicht.

AUFGABE 3.- Sei $A := [2,3[$ und $B :=]3,4]$. Offensichtlich liegt A links von B, und es gilt $\sup A = \inf B$. (Skizze!) Geben Sie zu $\varepsilon := 0{,}01$ ein $a \in A$ und ein $b \in B$ an, so daß $b-a < \varepsilon$ ist. A 3

In Satz (5.14) genügt es nicht, zu einem $\varepsilon > 0$ die Elemente a und b zu finden, sondern zu jedem $\varepsilon > 0$ müssen Elemente $a \in A$ und $b \in B$ gefunden werden, so daß $b-a < \varepsilon$ ist. Achtung!

§ 4 SUPREMUM UND MAXIMUM BEI FUNKTIONEN

In diesem Abschnitt übertragen wir die bisher für Mengen definierten Begriffe, wie Maximum und Minimum, Supremum und Infimum, auf Funktionen. Wir werden diese Begriffe und die dazugehörigen Aussagen überwiegend in Kapitel 7 benötigen.

DEFINITION.- Eine reelle Funktion $f : A \to \mathbb{R}$ besitzt ein *Maximum* (*Minimum*) oder *Supremum* (*Infimum*), wenn ihr Wertebereich W_f ein Maximum (Minimum) oder Supremum (Infimum) besitzt. (5.15) Maximum, Supremum, Minimum, Infimum bei Funktionen

Wir verwenden hierfür folgende (für sich sprechende) Symbole:

$\max f := \max W_f = \max \{f(x) \mid x \in A\}$,
$\min f := \min W_f = \min \{f(x) \mid x \in A\}$,
$\sup f := \sup W_f$,
$\inf f := \inf W_f$,
(lies: Maximum von f, Minimum von f usw.).

(*) Wesentlich ist in der Formulierung von (5.14), daß es zu jedem beliebig kleinen $\varepsilon > 0$ ein $a \in A$ und ein $b \in B$ gibt ...

(5.16) **BEISPIEL.-** Wir untersuchen, ob die Funktion

$$f : [2,5] \longrightarrow \mathbb{R} \text{ mit } f(x) := -3x+8$$

Maximum (Minimum) oder Supremum (Infimum) besitzt.

f ist monoton fallend (Skizze! besser: Beweis!). Also gilt

$$f(2) \geq f(x) \geq f(5) \qquad \text{für alle } x \in [2,5].$$

Daher ist $f(5) = -7$ eine untere und $f(2) = 2$ eine obere Schranke von W_f. Da $f(2)$ und $f(5)$ Elemente von W_f sind, gilt mit (5.7)(3):

$$-7 = \min f = \inf f \quad \text{und} \quad 2 = \max f = \sup f.$$

(5.17) **BEZEICHNUNGEN.-** Ist B eine Teilmenge des Definitionsbereiches A von f, so wird die *Einschränkung von f auf B* definiert durch

Einschränkung $f|_B$

$$f|_B : B \longrightarrow \mathbb{R} \text{ (lies: f eingeschränkt auf B)}$$
$$x \longmapsto f(x).$$

D.h. während bei f als Argumente alle $x \in A$ zugelassen sind, sind bei der Einschränkung $f|_B$ nur Argumente $x \in B$ zugelassen. $f|_B$ und f sind verschiedene Funktionen!!

Für solche Funktionen sei

$\max\limits_B f := \max f|_B = \max \{f(x) \mid x \in B\} = \max f(B)$,

(lies: Maximum von f über B oder: Maximum von f eingeschränkt auf B),

$\min\limits_B f := \min f|_B = \min f(B)$, (lies entsprechend),

$\sup\limits_B f := \sup f|_B = \sup f(B)$,

$\inf\limits_B f := \inf f|_B = \inf f(B)$.

(5.18) **BEISPIEL.-** $x \longmapsto f(x) := x^2$, $x \in \mathbb{R}$.

Dann gilt:

f ist nach unten beschränkt und

$$\min f = \inf f = 0.$$

Dagegen besitzt f weder Maximum noch Supremum. Für die Einschränkung von f auf das Intervall $[1,3[$ gilt $f|_{[1,3[}$ ist beschränkt,

$f|_{[1,3[}$ besitzt kein Maximum

aber: $\sup\limits_{[1,3[} f = 9$ (siehe Bild 5).

A 4 *AUFGABE 4.- Geben Sie von allen Funktionen in Beispiel (4.3) ab Seite 51 an, ob sie (und wenn ja, welches) Maximum, Minimum, Supremum, Infimum besitzen.*

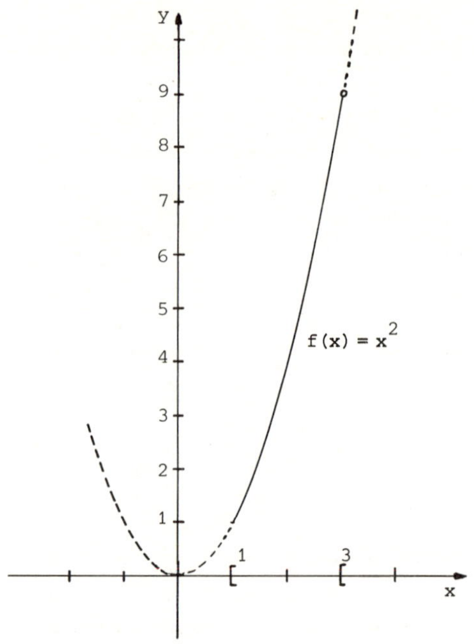

Bild 5.- $\sup\limits_{[1,3[} f = 9$.

(5.19) **BEMERKUNGEN.-** (1) Eine reelle Funktion $f:A \to \mathbb{R}$ braucht, wie Sie gesehen haben, weder Maximum noch Minimum zu besitzen. Besitzt sie jedoch z.B. ein Maximum, so ist max f ein Funktionswert, d.h. es gibt ein $x_o \in A$ mit $f(x_o) = \max f$ (größter Funktionswert).

(2) Besitzt f ein Supremum, so braucht sup f kein Funktionswert zu sein (siehe Bild 5).

(3) Jede beschränkte Funktion besitzt Infimum und Supremum, und es gilt

$$\inf f \leq \sup f.$$

(4) Sei $f : A \longrightarrow \mathbb{R}$ und $B \subseteq A$. Dann gilt

$$\inf f \leq \inf_B f \leq \sup_B f \leq \sup f.$$

Die beiden äußeren Ungleichungen können Sie sich so überlegen: f hat "mehr" Funktionswerte als die Einschränkung $f|_B$. Deshalb hat f u.U. kleinere und größere Funktionswerte als $f|_B$.

Im nächsten Satz stellen wir eine "Liste" von Eigenschaften des Supremums und Infimums von Funktionen zusammen. Sie sollten die jeweilige Aussage dieses Satzes erst dann intensiv studieren, wenn Sie in späteren Paragraphen benötigt und zitiert wird.

SATZ.- Seien $f,g : A \longrightarrow \mathbb{R}$ reelle Funktionen. (5.20)

(1) Sind f und g beschränkt und gilt $f(x) \leq g(x)$ für alle $x \in A$, so ist

$$\inf f \leq \inf g \quad \text{und}$$
$$\sup f \leq \sup g.$$

(2) Sind f und g beschränkt, so gilt

$$\inf f + \inf g \leq \inf(f+g) \leq \sup(f+g) \leq \sup f + \sup g.$$

(3) Sei ferner $c \in \mathbb{R}$.

(i) Ist $c \geq 0$, so gilt:

$\sup cf = c \cdot \sup f$, falls f nach oben beschränkt ist.

$\inf cf = c \cdot \inf f$, falls f nach unten beschränkt ist.

(ii) Ist $c < 0$, so gilt:

$\sup cf = c \cdot \inf f$, falls f nach unten beschränkt ist.

$\inf cf = c \cdot \sup f$, falls f nach oben beschränkt ist.

BEWEIS von (3)(ii) für den Fall einer nach unten beschränkten Funktion f:
Da f nach unten beschränkt ist, existiert inf f, und es gilt

$\inf f \leq f(x)$ für alle $x \in A$.

Also folgt mit $c < 0$

$c \cdot \inf f \geq cf(x)$ für alle $x \in A$.

Die letzte Zeile bedeutet: Die reelle Zahl $c \cdot \inf f$ ist eine obere Schranke von cf. D.h. die Funktion cf ist nach oben beschränkt und folglich existiert sup cf.

Da $c \cdot \inf f$ nicht die kleinste obere Schranke von cf zu sein braucht, gilt

$\sup cf \leq c \cdot \inf f.$ (+)

Andererseits gilt

$cf(x) \leq \sup cf$ für alle $x \in A$

und daher wegen $c < 0$

$f(x) \geq \frac{1}{c} \sup cf$ für alle $x \in A$.

Also ist $\frac{1}{c} \sup cf$ eine untere Schranke von f, aber nicht unbedingt die größte, so daß

$\frac{1}{c} \sup cf \leq \inf f.$

Multiplikation mit $c < 0$ ergibt

$\sup cf \geq c \cdot \inf f.$

Dieses Ergebnis zusammen mit (+) liefert

$\sup cf = c \cdot \inf f.$

§ 5 DUAL-, DEZIMAL- UND HEXADEZIMALZAHLEN

Darstellung reeller Zahlen

Mit der Formulierung des Supremumsaxioms ist die Beschreibung der reellen Zahlen beendet. Eine andere Frage ist die Darstellung reeller Zahlen. Wir haben bisher ausschließlich die allen geläufige Dezimaldarstellung verwendet.
Sie wissen, daß es andere Möglichkeiten gibt, Zahlen darzustellen. Denken Sie etwa an die römischen Zahlen I,V, X,M,C,... oder an die Zahlzeichen anderer Kulturen.

Dezimalsystem

Wir werden uns in diesem Abschnitt kurz mit solchen Systemen beschäftigen, die dem Dezimalsystem sehr ähnlich sind, mit sogenannten Stellenwertsystemen. Neben dem Wert einer Ziffer in der natürlichen Zahl 83107 spielt die Stelle, an der die Ziffer steht, eine entscheidende Rolle. Bei den Dezimalzahlen hat jede Stelle (vor dem Komma) den Wert einer Zehnerpotenz:

$$83107 = 8 \cdot 10^4 + 3 \cdot 10^3 + 1 \cdot 10^2 + 0 \cdot 10^1 + 7 \cdot 10^0.$$

Die Zahl 10 heißt *Basis* des Dezimalsystems.
Es erscheint plausibel, daß man jede andere natürliche Zahl $b \geq 2$ ebenfalls als Basis für die Zahlendarstellung wählen kann. Besondere Bedeutung haben in der Computer-Technik die Basen $b = 2$ und $b = 16$ erlangt.

b-System

Zur Darstellung einer Zahl im "b-System" werden b "Ziffern" (= eingliedrige Zeichen) benötigt, also für

$b = 10$: 0,1,2,3,4,5,6,7,8,9;

$b = 2$: 0,1;

$b = 16$: 0,1,2,...,9,A,B,C,D,E,F.

BEISPIEL.- Im *Dualsystem* $(b = 2)$ ist (5.21)

$$11011 = 1 \cdot 2^4 + 1 \cdot 2^3 + 0 \cdot 2^2 + 1 \cdot 2^1 + 1 \cdot 2^0$$

oder $11000110 = 1 \cdot 2^7 + 1 \cdot 2^6 + 0 \cdot 2^5 + 0 \cdot 2^4 + 0 \cdot 2^3 + 1 \cdot 2^2 + 1 \cdot 2^1 + 0 \cdot 2^0.$

Umrechnung: dual - dezimal

Durch Ausrechnen der jeweiligen rechten Seite erhalten Sie eine natürliche Zahl im Dezimalsystem. Diese Arbeit des Umrechnens vom Dual- ins Dezimalsystem können Sie sich wieder mit Hilfe des Horner-Schemas erleichtern.
Bei der Dualzahl 11011 ist für das Polynom
$1 \cdot x^4 + 1 \cdot x^3 + 0 \cdot x^2 + 1 \cdot x + 1$ der Funktionswert an der Stelle 2 zu berechnen:

2	1	1	0	1	1
		2	6	12	26
	1	3	6	13	27

In der ersten Zeile stehen gerade die Ziffern der Dualzahl (als Dezimalzahlen aufgefaßt). Es ist also

$$11011|_2 = 27|_{10}$$

Die Zahl hinter dem senkrechten Strich deutet das System an, in dem die Zahl dargestellt ist.

A 5

AUFGABE 5.- Berechnen Sie mit Hilfe des Horner-Schemas die Dezimaldarstellung von $11000110|_2$ *und* $100001|_2$.

hexadezimal - dezimal

Völlig analog können Sie vorgehen, um *Hexadezimalzahlen* $(b = 16)$ in Dezimalzahlen umzurechnen. Sie müssen dabei die Dezimaldarstellungen der Ziffern A,B,C,D,E,F berücksichtigen:

$A|_{16} = 10|_{10}$, $B|_{16} = 11|_{10}$, $C|_{16} = 12|_{10}$ usw.

Dann ist

$$1BE|_{16} = 1 \cdot 16^2 + B \cdot 16^1 + E = 16^2 + 11 \cdot 16 + 14|_{10} = 446|_{10}.$$

Bei "längeren" Hexadezimalzahlen empfiehlt sich zur Umrechnung wieder das Horner-Schema (Funktionswert eines Polynoms an der Stelle 16).

UMWANDLUNGEN VON DEZIMALZAHLEN in Dual- bzw. Hexadezimalzahlen.- (5.22)
Die Division (mit Rest) einer natürlichen Zahl durch 2 liefert folgendermaßen die Darstellung im Dualsystem:

52 : 2 = 26 Rest 0
26 : 2 = 13 Rest 0
13 : 2 = 6 Rest 1
6 : 2 = 3 Rest 0
3 : 2 = 1 Rest 1
1 : 2 = 0 Rest 1

dezimal - dual

Die "Reste" von unten nach oben nebeneinandergeschrieben liefern

$$52|_{10} = 110100|_2.$$

Prüfen Sie's nach!
Analog erhalten Sie

45054 : 16 = 2815 Rest 14
2815 : 16 = 175 Rest 15
175 : 16 = 10 Rest 15
10 : 16 = 0 Rest 10 .

Also

dezimal - hexadezimal

$$45054|_{10} = AFFE|_{16} .$$

A 6

AUFGABE 6.- Bestimmen Sie die Dualdarstellung von $77|_{10}$ *und die Hexadezimaldarstellung von* $2989|_{10}$.

Übrigens: Die Babylonier sollen das Hexagesimalsystem ($b = 60$) verwendet haben. Keine Angst! Sie brauchen nichts umzurechnen.

Genauso wie es Dezimalbrüche gibt, gibt es "gebrochene" Dual- bzw. Hexadezimalzahlen.
Im Dezimalsystem ist

$$2{,}314|_{10} = 2\cdot 10^0 + 3\cdot 10^{-1} + 1\cdot 10^{-2} + 4\cdot 10^{-3},$$

dabei ist $10^{-n} := \frac{1}{10^n}$.

Entsprechend erhält man

$$101{,}11|_2 = 1\cdot 2^2 + 0\cdot 2^1 + 1\cdot 2^0 + 1\cdot 2^{-1} + 1\cdot 2^{-2}$$
$$= 1\cdot 2^2 + 1 + 2^{-1} + 2^{-2} = 5{,}75|_{10}\,.$$

Wir gehen auf Umrechnungsverfahren nicht ein. Es sei nur so viel vermerkt: Wenn man beweisen will, daß sich jede reelle Zahl in einen (endlichen oder unendlichen) Dual- bzw. Hexadezimalbruch verwandeln läßt, benötigt man das Supremumsaxiom.

(5.23) Multiplikation bei arabischen Teppichhändlern.- Arabische Teppichhändler verwendeten (vor der Verbreitung des Taschenrechners!) eine raffinierte Rechenmethode, um Multiplikationen "größerer Zahlen" auszuführen:

(1) Sie konnten addieren.
(2) Sie konnten jede (natürliche) Zahl mit 2 multiplizieren.
(3) Sie dividierten auch durch 2, allerdings ignorierten sie einen hierbei eventuell auftretenden Rest 1 völlig:
 34 arabisch dividiert durch 2 war 17,
 23 arabisch dividiert durch 2 war 11,
 27 arabisch dividiert durch 2 war 13.
 War das Ergebnis einer Division durch 2 eine gerade Zahl, so ging es beim Teppichverkauf noch mystischer zu:

DENN: "Alles Gerade (nach Divisionen) ist des Teufels!!" sagten sie.

12 arabisch dividiert durch 2 war 6 und somit "des Teufels",
25 arabisch dividiert durch 2 war 12 und somit "des Teufels".

Deshalb ermittelten die Teppichhändler ein Produkt $19\cdot 7$ folgendermaßen:
Bei jedem Rechenschritt wird der erste Faktor arabisch durch 2 dividiert und der zweite Faktor mit 2 multipliziert. Das geschieht so lange, bis man bei den arabischen Divisionen des ersten Faktors bei 1 ankommt.
Jetzt muß jeder Rechenschritt, der ein Ergebnis lieferte, das des Teufels ist, schnell herausgestrichen werden.

Zum Schluß werden in Ruhe alle Verdoppelungen des zweiten Faktors, die nicht herausgestrichen worden sind, addiert, und der Teppichhändler hatte das Ergebnis:

0. Rechenschritt	19 ·	7	
1. Rechenschritt	9	14	
2. Rechenschritt	~~4~~	~~28~~	des Teufels!!
3. Rechenschritt	~~2~~	~~56~~	des Teufels!!
4. Rechenschritt	1	112	
		133, also 19 · 7 = 133.	

Berechnen Sie nach der Methode der arabischen Teppichhändler das Produkt $49\cdot 21$. Finden Sie eine Begründung für diese Methode?? Weshalb berechneten die Teppichhändler meist das Produkt $7\cdot 19$ an Stelle von $19\cdot 7$?

ZUSAMMENFASSUNG

In Kapitel 5 wurden die Begriffe Supremum, Infimum, Maximum und Minimum für Teilmengen von $\mathbb{R}$ sowie für reelle Funktionen definiert und diskutiert.
Sie sollten neben der Kenntnis der Definitionen ((5.5) und (5.6) auf Seite 69 sowie (5.15) auf Seite 71) und des Supremumsaxioms (5.11) auf Seite 70 gute anschauliche Vorstellungen dieser Begriffe haben und in der Lage sein, z.B. eine Funktion anzugeben, die kein Maximum, aber ein Supremum besitzt. Ziel 1
Als besonders wichtiges Resultat sollten Sie sich die Folgerung aus der Unbeschränktheit der Menge $\mathbb{N}$ merken (Satz (5.10), Seite 70): Zu jedem $\varepsilon > 0$ gibt es ein $n \in \mathbb{N}$, so daß $\frac{1}{n} < \varepsilon$ ist. Ziel 2

Die Sätze (5.13) und (5.14) auf Seite 71 sowie Satz (5.20) auf Seite 72 müssen Sie spätestens bei der Lektüre von Kapitel 7 noch einmal intensiv studieren.

Der abschließende "Ausflug" zu den Dual- und Hexadezimalzahlen müßte ausreichen, damit Sie natürliche Zahlen im Dual-, Dezimal- und Hexadezimalsystem darstellen und jeweils umrechnen können. Ziel 3

Kapitel 6. Folgen

Einleitung

Approximation — Ein zentraler Begriff der Analysis ist die *Approximation*: eine gesuchte Größe (zum Beispiel eine schwierig zu berechnende Zahl) wird angenähert durch bekannte Größen.

Beispiel Kreisfläche — Ein Beispiel zur Approximation ist das Problem, die Fläche I eines Kreises zu bestimmen. Eine Lösungsmöglichkeit ist es, dem Kreis regelmäßige Dreiecke, Sechsecke, Zwölfecke,... einzubeschreiben:

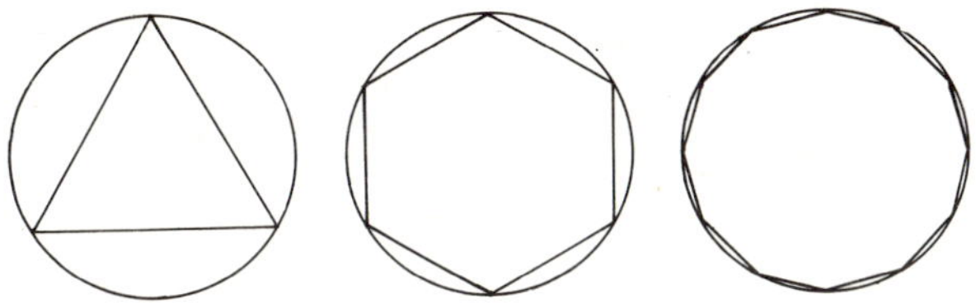

Die Flächen $I_1, I_2, I_3, \ldots$ der Vielecke nähern offenbar die Fläche des Kreises beliebig genau an. Wir werden später sagen: *die Folge $I_1, I_2, I_3, \ldots$ hat den Grenzwert I (oder: die Folge konvergiert gegen I)*.

Merkmale der Approximation — Charakteristisch für die Approximation ist erstens, daß sie beliebig fortgesetzt werden kann (im Beispiel: zu jeder natürlichen Zahl n können Sie ein $(3 \cdot 2^{n-1})$-Eck einbeschreiben und seine Fläche bestimmen). Das zweite Merkmal ist, daß die Annäherung beliebig genau geschehen kann (im Beispiel: je größer n ist, umso weniger unterscheiden sich die Flächen I_n und I).

Folge — Als *Folge* werden wir eine Funktion f bezeichnen, die jeder natürlichen Zahl n eine reelle Zahl f(n) zuordnet (im Beispiel: $f(n) = I_n$).

Die Theorie der *konvergenten Folgen* (im Beispiel: die Folge (I_n) konvergiert gegen I) ist Grundlage und Hilfsmittel für die Integration —> Kapitel 7, die Theorie der stetigen Funktionen —> Kapitel 10 und die Differenzierbarkeit —> Kapitel 11.

§ 1 DEFINITION

Folgen sind spezielle Funktionen: eine Funktion von $\mathbb{N}$ nach $\mathbb{R}$ heißt *Folge*. Die schon für Funktionen in Kapitel 4 erklärten Begriffe "monoton" und "beschränkt" gelten damit auch für Folgen. Auf diese Eigenschaften hin werden Folgen vor allem untersucht. Man gelangt dabei zu dem wichtigen Begriff der *konvergenten Folge*.

DEFINITION.- Eine Funktion von $\mathbb{N}$ nach $\mathbb{R}$ heißt *reelle Folge*. (*) (6.1) reelle Folgen

Jede Funktion von $\mathbb{N}$ nach $\mathbb{R}$ ist also ein Beispiel für eine Folge. Wir geben jetzt einige einfache, aber grundlegende Beispiele an. Anhand dieser Beispiele werden dann auch alle weiteren Eigenschaften von Folgen studiert.

BEISPIEL.- Die Funktion $f: \mathbb{N} \longrightarrow \mathbb{R}$, $f(n) := n$, ist eine Folge. Wenn Sie sich klar machen wollen, wie diese Folge "aussieht", können Sie (6.2)

erstens die Funktionswerte aufschreiben, also

$f(1) = 1,\ f(2) = 2,\ f(3) = 3, \ldots$,

zweitens die Funktionswerte auf der Zahlengeraden eintragen,

drittens den Graphen dieser Funktion zeichnen, also

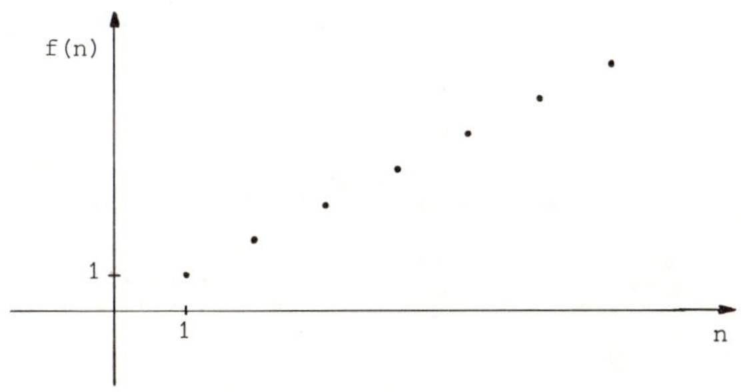

Bild 1.- Folge $a_n = n$

BEISPIEL.- Die Funktion $f: \mathbb{N} \longrightarrow \mathbb{R}$, $f(n) := \frac{1}{n}$ ist eine Folge. Wie sieht sie aus? (6.3)

erstens: $f(1) = 1,\ f(2) = \frac{1}{2},\ f(3) = \frac{1}{3}, \ldots$

(*) häufig werden wir kurz von einer Folge sprechen.

zweitens:

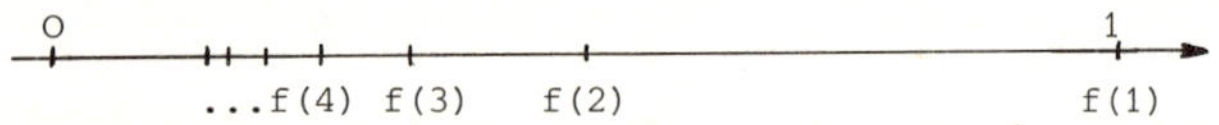

drittens:

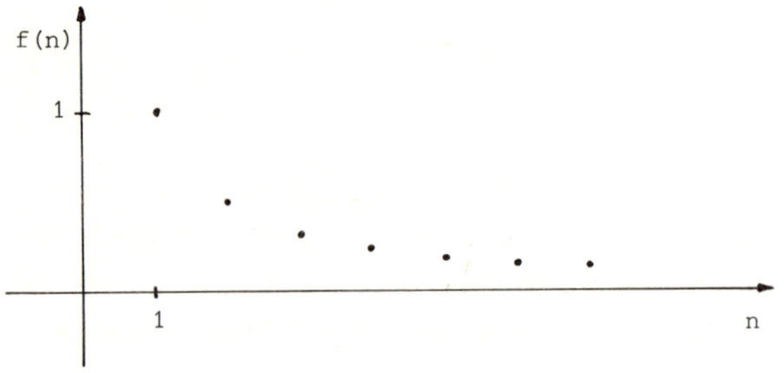

Bild 2.- Folge $a_n = \frac{1}{n}$

(6.4) **BEISPIEL.-** Die Funktion $f: \mathbb{N} \to \mathbb{R}$, $f(n) := (-1)^n$, ist eine Folge. Wie sieht sie aus?

erstens: $f(1) = -1$, $f(2) = 1$, $f(3) = -1$, $f(4) = 1, \ldots$ *(es ist ja nirgends verboten, daß eine Funktion einen bestimmten Funktionswert mehrmals annimmt!)*

zweitens:

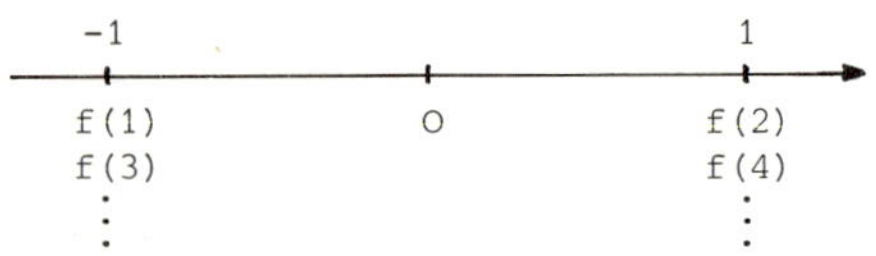

(die zweite Methode nützt hier also nur wenig, um diese Folge zu veranschaulichen),

drittens:

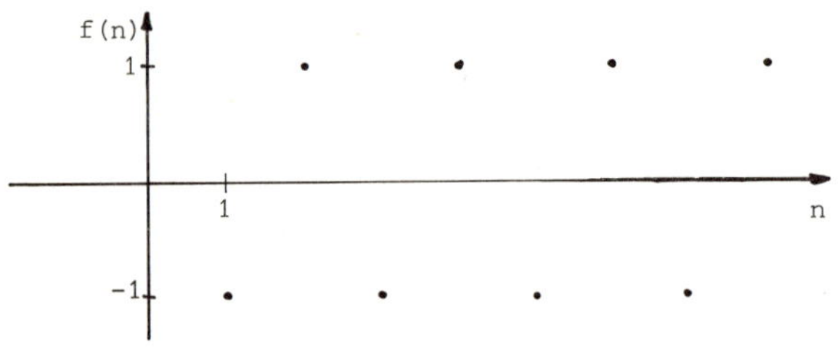

Bild 3.- Folge $a_n = (-1)^n$

A 1 *AUFGABE 1.- Veranschaulichen Sie sich in gleicher Weise wie in den ersten Beispielen die Folgen $f: \mathbb{N} \to \mathbb{R}$, $f(n) := n^2 - n$ und $f: \mathbb{N} \to \mathbb{R}$, $f(n) := 2^n$.*

BEZEICHNUNGEN.- Da Folgen schon ein recht altes Thema der Mathematik sind, haben sich im Laufe der Zeit einige Vereinbarungen eingebürgert, wie man eine Folge schreibt: Während eine Funktion meistens mit f bezeichnet wird, kürzt man eine Folge mit a ab. Zum Beispiel: $a: \mathbb{N} \to \mathbb{R}$, $a(n) := \frac{1}{2n}$ ist eine Folge. Weiterhin schreibt man a_n statt $a(n)$, also zum Beispiel $a: \mathbb{N} \to \mathbb{R}$, $a_n := \frac{1}{2n}$. Noch kürzer ist (a_n) statt $a: \mathbb{N} \to \mathbb{R}$. Insgesamt lautet die gängige Schreibweise also

$$(a_n),\ a_n := \frac{1}{2n}$$

oder schlicht

$$\left(\frac{1}{2n}\right).$$

Der Funktionswert a_n heißt auch *Glied der Folge*. Folgenglied
So ist z.B. $a_2 = \frac{1}{4}$ das zweite Glied der Folge $(\frac{1}{2n})$.

BEISPIEL.- Eine Stahlkugel fällt aus einer Höhe von $h_o = 1$ m auf eine Glasplatte und prallt zurück. Infolge der Energieverluste beim Aufprall erreicht sie nicht mehr die volle Höhe von 1 m, sonder nur noch $\frac{3}{4}$ der Höhe h_o. Berechnen Sie die Höhe h_n, wenn die Kugel n-mal aufgesprungen ist! (6.5) springende Kugel

Antwort: $h_n = h_o \left(\frac{3}{4}\right)^n$.

Wir werden in Aufgabe 7 sehen, daß die *Folge* (h_n) monoton fallend ist (die Sprunghöhen werden immer kleiner) und daß sie nach unten beschränkt ist (die Sprunghöhen sind immer ≥ 0).

§ 2 MONOTONIE UND BESCHRÄNKTHEIT

BESCHRÄNKTHEIT

Sie haben im letzten Abschnitt einige einfache Beispiele für Folgen kennengelernt. Die nächsten Abschnitte bereiten alle den zentralen Begriff *Konvergenz* vor. Übersicht

Weil Folgen spezielle Funktionen sind, lautet die Definition für eine nach oben oder nach unten beschränkte Folge analog zu der Ihnen bekannten Definition (4.12) auf Seite 56.

DEFINITION.- Eine reelle Folge (a_n) heißt *nach oben beschränkt*, wenn es eine reelle Zahl K gibt, so daß $a_n \leq K$ für alle $n \in \mathbb{N}$ gilt. Eine Folge heißt *nach unten beschränkt*, wenn es eine Zahl L gibt mit $a_n \geq L$ für alle $n \in \mathbb{N}$. (6.6) beschränkte Folge

BEISPIELE.- Wir wollen prüfen, ob die Standardbeispiele nach oben oder nach unten beschränkt sind. (6.7)

(1) Ist die Folge (a_n), $a_n = n$ nach oben beschränkt, nach unten beschränkt? Wenn a_n nach oben beschränkt wäre, dann müßte für eine feste Zahl K gelten: $n \leq K$ für alle $n \in \mathbb{N}$. Eine solche

Zahl K, die größer ist als jede natürliche Zahl n, gibt es aber nicht ((5.10) auf Seite 70). Sie sehen das auch am Graphen der Folge:

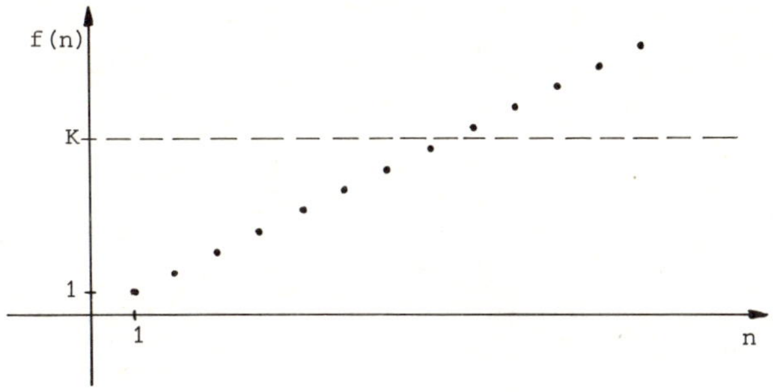

Wie groß Sie auch K wählen, die Folge übersteigt von einem bestimmten Glied an den Wert K. Die Folge ist also nicht nach oben beschränkt.

Die Skizze beantwortet auch gleich die Frage, ob (a_n), $a_n = n$ nach unten beschränkt ist. Alle Werte der Folge liegen oberhalb der x-Achse, d.h. $n \geq 0$ für alle $n \in \mathbb{N}$. Diese wohlbekannte Eigenschaft natürlicher Zahlen heißt also, daß die Folge (n) nach unten beschränkt ist.

Die Zahl K aus der Definition (6.6), die die Folge nach unten beschränkt, ist hier als $K=0$ gewählt. Jede negative Zahl, z.B. $K=-5$, leistet das gleiche: $n \geq -5$ für alle $n \in \mathbb{N}$. Wenn es also überhaupt eine Zahl K gibt, die eine Folge nach unten beschränkt, dann gibt es gleich unendlich viele davon. Der Begriff "infimum" aus Kapitel 5 diente dazu, unter diesen unteren Schranken die "größte" herauszufinden. (Ähnliches gilt für obere Schranken und den Begriff "supremum", dies steht alles auf den Seiten 67 ff des Kapitels 5).

Wir fassen zusammen: die Folge (a_n), $a_n = n$, ist nach unten, aber nicht nach oben beschränkt.

(2) Die Folge (a_n), $a_n = \frac{1}{n}$, ist nach oben und nach unten beschränkt. Es gilt nämlich $\frac{1}{n} \leq 1$ für alle $n \in \mathbb{N}$ und $\frac{1}{n} \geq 0$ für alle $n \in \mathbb{N}$.

(3) Die Folge (a_n), $a_n = (-1)^n$ ist nach oben und nach unten beschränkt. Warum?

A 2 *AUFGABE 2.- Sind die Folgen aus Aufgabe 1 nach oben oder nach unten beschränkt?*

A 3 *AUFGABE 3.- Geben Sie ein Beispiel an für eine Folge, die nach oben, aber nicht nach unten beschränkt ist.*

MONOTONIE

Wiederum: Weil Folgen spezielle Funktionen sind, lautet die Definition für eine monotone Folge genauso wie die Ihnen bekannte Definition (4.6) aus Kapitel 4.

DEFINITION.- Eine reelle Folge (a_n) heißt *monoton wachsend*, wenn $a_n \leq a_{n+1}$ für alle $n \in \mathbb{N}$ gilt. Eine Folge heißt *monoton fallend*, wenn $a_n \geq a_{n+1}$ für alle $n \in \mathbb{N}$ gilt. (6.8) monotone Folge

BEISPIELE.- Wir untersuchen zunächst wieder, ob die Standardbeispiele monoton wachsend oder monoton fallend sind, d.h. ob die Glieder der Folge immer größer oder immer kleiner werden. (6.9)

(1) Die Folge (a_n), $a_n = n$, ist monoton wachsend, denn es gilt $n \leq n+1$ für alle $n \in \mathbb{N}$.

(2) Die Folge (a_n), $a_n = \frac{1}{n}$, ist monoton fallend, denn es gilt $\frac{1}{n} \geq \frac{1}{n+1}$ für alle $n \in \mathbb{N}$.

(3) Die Folge (a_n), $a_n = (-1)^n$, ist weder monoton wachsend noch monoton fallend. Sie sehen das am besten, wenn Sie sich diese Folge noch einmal in einer Zeichnung veranschaulichen.

BEISPIEL.- *Wenn Sie sich die Folge (a_n), $a_n = n^2 - n$, aus Aufgabe 1 veranschaulicht haben, sehen Sie, daß die Vermutung nahe liegt, daß diese Folge monoton wachsend ist. Die Glieder der Folge werden immer größer, der Graph steigt an ... . Trotzdem muß man das auch noch exakt beweisen, denn keine dieser Veranschaulichungen wird Ihnen sagen können, ob z.B. auch noch $a_{615} \leq a_{616}$ gilt.* (6.10)

BEHAUPTUNG.- (a_n), $a_n = n^2 - n$, ist monoton wachsend.

BEWEIS.- Zu zeigen ist, daß gilt: $a_n \leq a_{n+1}$ für alle $n \in \mathbb{N}$.

Ein gängiges Verfahren, Ungleichungen zu beweisen, ist Ihnen aus Kapitel 1 hoffentlich bekannt: man schreibt die Behauptung hin, setzt die Definitionen ein, rechnet alle Ausdrücke aus und formt schließlich so um, daß zuletzt eine Ungleichung dasteht, von der bekannt ist, daß sie richtig ist. Von dieser richtigen Ungleichung aus muß man wieder zu der Behauptung zurückschließen können. Dieses Verfahren führen wir jetzt noch einmal vor. Zu zeigen ist also: Ungleichungen beweisen

$$n^2 - n \leq (n+1)^2 - (n+1) \qquad \text{für alle } n \in \mathbb{N}$$

Rechte Seite ausgerechnet ergibt die neue Behauptung:

$$n^2 - n \leq n^2 + 2n + 1 - n - 1 \qquad \text{für alle } n \in \mathbb{N}$$

Rechte Seite zusammengefaßt:

$$n^2 - n \leq n^2 + n \qquad \text{für alle } n \in \mathbb{N}$$

Diese letzte Ungleichung ist sicher richtig. Aus der letzten Zeile folgt die mittlere, aus dieser die erste Zeile. Also ist die Folge (n^2-n) monoton wachsend.

Der exakte Beweis lautet:

BEHAUPTUNG.- (a_n), $a_n = n^2 - n$, ist monoton wachsend.

BEWEIS.- Zu zeigen ist, daß gilt

$$a_n \leq a_{n+1} \qquad \text{für alle } n \in \mathbb{N}.$$

Es gilt sicher:

$$-n \leq n \qquad \text{für alle } n \in \mathbb{N}$$

Daraus folgt:

$$n^2 - n \leq n^2 + n = n^2 + 2n + 1 - n - 1 \qquad \text{für alle } n \in \mathbb{N}.$$

Rechte Seite zusammengefaßt:

$$n^2 - n \leq (n+1)^2 - (n+1) \qquad \text{für alle } n \in \mathbb{N}.$$

Das ist nach Definition:

$$a_n \leq a_{n+1} \qquad \text{für alle } n \in \mathbb{N}.$$

Warnung

Der Lösungsweg für Ungleichungen, die Behauptung solange umzuformen, bis etwas Richtiges dasteht, ist nicht unproblematisch. Sie müssen sich stets vergewissern, daß sich alle Schlüsse - so wie eben vorgeführt - umkehren lassen.
Ein entsprechendes Gegenbeispiel ist die sicherlich falsche Behauptung

$$0 \geq 1.$$

Sie läßt sich "beweisen", indem man mit 0 multipliziert:

$$0 \geq 0$$

ist sicherlich richtig! Sie können jedoch von $0 \geq 0$ nicht auf $0 \geq 1$ zurückschließen, denn die Umkehrung der Multiplikation mit 0 wäre die Division durch 0 - die ist aber nicht möglich.

A 4 *AUFGABE 4.- Prüfen Sie nach, ob die Folge (a_n), $a_n = 2^n$ aus Aufgabe 1 monoton wachsend oder monoton fallend ist.*

A 5 *AUFGABE 5.- Zeigen Sie, daß die Folge (a_n), $a_n := 1 - \frac{1}{n}$ nach oben beschränkt und monoton wachsend ist.*

MONOTONE BESCHRÄNKTE FOLGEN

"Wachsen" einer Folge

Die Folgen (n) und $(1 - \frac{1}{n})$ sind beide monoton wachsend, ihre Graphen (siehe nächste Spalte oben) zeigen jedoch einen charakteristischen Unterschied:

Die Folge (n) wächst "über alle Grenzen", während sich die Glieder der Folge $(1 - \frac{1}{n})$ "immer mehr dem Wert 1 nähern".

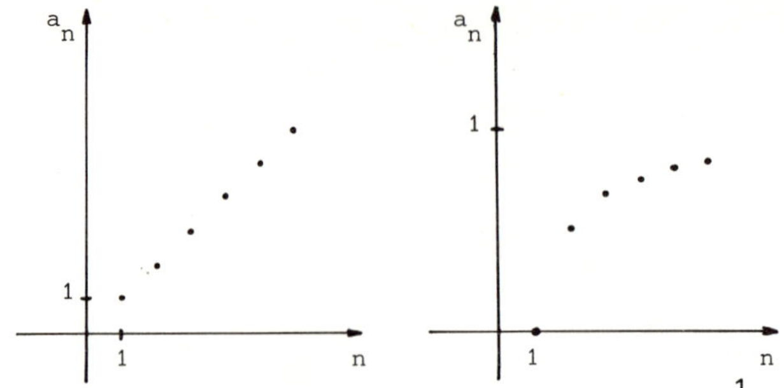

Folge (n) Folge $(1 - \frac{1}{n})$

Der Unterschied wird auch bei dieser Veranschaulichung deutlich:

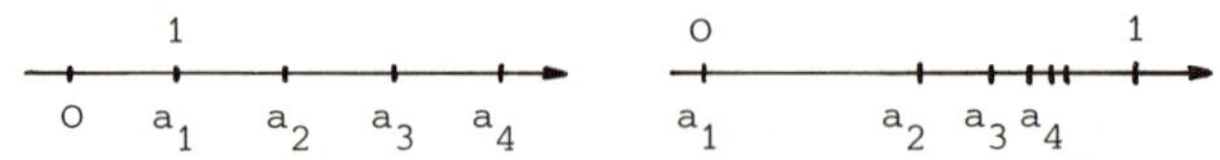

Folge (n) Folge $(1 - \frac{1}{n})$

Mathematisch haben wir den Unterschied zwischen den beiden Folgen bisher nur dadurch beschrieben, daß die Folge $(1 - \frac{1}{n})$ nach oben beschränkt ist, die Folge (n) aber nicht. Es bleibt die Aufgabe, die Begriffe in den Anführungszeichen mathematisch zu erfassen. Was heißt genau "wachsen" und "nähern"? Daß es wichtig sein kann, diese Untersuchungen durchzuführen, soll Ihnen das nächste Beispiel zeigen. Ziel

BEISPIEL.- Herr Iks hat eine Geldsumme K auf seinem Sparkonto. Wenn er pro Jahr einen bestimmten Zinssatz p erhält, so weiß er, daß er nach einem Jahr $K + K \cdot p = K(p+1)$ an Geld auf der Bank hat. Herr Iks überlegt: wenn ich schon nach einem halben Jahr auf die Bank gehe, meine Zinsen verlange und diese meinem Kapital K hinzufüge, so habe ich (6.11) Zinseszins-Beispiel

$$K + K \cdot \frac{p}{2} = K(1 + \frac{p}{2})$$

an Geld, das ich nun das zweite Halbjahr auf der Bank lasse und für das ich auch wieder Zinsen bekomme. Insgesamt habe ich dann nach einem Jahr

$$K(1 + \frac{p}{2}) + K(1 + \frac{p}{2})\frac{p}{2} = K(1 + \frac{p}{2})(1 + \frac{p}{2}) = K(1 + \frac{p}{2})^2.$$

Herr Iks rechnet nach und stellt fest, daß er mit dieser Methode am Jahresende mehr erspart hat.
Wenn ich nun jeweils nach einem drittel Jahr die Zinsen zum Kapital schlagen lasse, rechne ich aus, daß das Guthaben nach einem Jahr

$$K(1 + \frac{p}{3})^3$$

beträgt. Und so weiter (hier erspart sich Herr Iks einen Beweis durch vollständige Induktion).

Wenn ich also n-mal im Jahr die abgelaufenen Zinsen dem Kapital hinzufüge, habe ich zum Jahresende

$$K(1+\frac{p}{n})^n$$

auf dem Konto. Und jetzt hat Herr Iks die gleichen Fragen wie in der Einleitung zu diesem Abschnitt: lohnt es sich, immer wieder zur Bank zu rennen ? D.h.: ist die Folge

$$(a_n),\ a_n := K(1+\frac{p}{n})^n \quad (*)$$

monoton wachsend ? Kann ich auf diese Weise Millionär, Milliardär,... werden ? D.h.: ist die Folge (a_n) nach oben unbeschränkt ? Wenn die Folge monoton wachsend und nach oben beschränkt ist, welchen Gewinn kann ich dann "im äußersten Fall" erreichen (d.h. in dem Fall, indem ich Tag und Nacht am Bankschalter stehe und andauernd meine Zinsen verlange)? D.h. Herr Iks fragt nach dem Supremum der Menge aller Folgenglieder a_n:

$$\sup\{a_n \mid n \in \mathbb{N}\}\ .$$

Wiederholen Sie: Das Supremum einer Menge und seine Beschreibung in Kapitel 5 . Das Supremumsaxiom:

> Wenn eine Folge (a_n) nach oben beschränkt ist, d.h. wenn die Menge $\{a_n \mid n \in \mathbb{N}\}$ eine obere Schranke hat, so existiert
> $\sup(a_n) := \sup\{a_n \mid n \in \mathbb{N}\}$.

Wiederholen Sie jetzt den Satz (5.12).

Folge und Supremum

DISKUSSION.- Sei (a_n) eine monoton wachsende, nach oben beschränkte Folge. Dann existiert die Zahl $\sup(a_n)$. Diese Zahl soll α heißen,

$$\alpha = \sup(a_n)\ .$$

Der Satz (5.12) beschreibt nun die Beziehung zwischen der Folge (a_n) und der Zahl α: zu jedem $\varepsilon > 0$ gibt es mindestens ein Element der Menge $\{a_n \mid n \in \mathbb{N}\}$, d.h. ein Folgenglied, das a_{n_ε} heißen soll, mit der Eigenschaft

$$\alpha - \varepsilon < a_{n_\varepsilon}\ .$$

BEISPIEL.- (a_n) sei die Folge $a_n = 1 - \frac{1}{n}$. Dann ist $\alpha = \sup(a_n) = 1$. Satz (5.12) sagt, daß es zu jedem ε - also auch zu dem in Bild 4 eingezeichneten ε - ein Folgenglied a_{n_ε} gibt mit

(*) $\quad 1 - \varepsilon < a_{n_\varepsilon}$.

In Bild 4 ist $a_{n_\varepsilon} = a_7$ gewählt (auch alle weiteren Folgenglieder $a_8, a_9, \ldots$ erfüllen (*)).

(*) Dieses Beispiel wird später, nachdem der Begriff "Konvergenz" eingeführt ist, für den Fall K=1, p=1, d.h. $a_n = (1+\frac{1}{n})^n$, weiter diskutiert: Beispiel (6.28).

In Bild 4 ist dargestellt, daß "sich die Glieder der Folge $(1-\frac{1}{n})$ immer mehr der Zahl 1 nähern". Die folgenden Überlegungen sollen diese Anschauung in mathematische Begriffe übersetzen. Das Ergebnis wird Satz (6.12) sein.

Der Abstand zweier Zahlen wurde in Kapitel 1 durch den Betrag der Differenz beschrieben. Ein Folgenglied a_n ist der Zahl α "näher" als ein Folgenglied a_m, wenn

$$|a_n - \alpha| < |a_m - \alpha|\ .$$

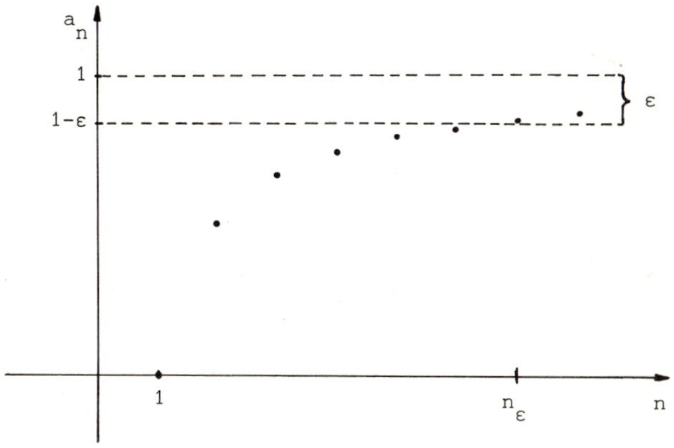

Bild 4.- Folge $(1-\frac{1}{n})$

Im Beispiel ist $|a_{10} - 1| = \frac{1}{10}$ und $|a_5 - 1| = \frac{1}{5}$, a_{10} ist also näher an 1 als a_5.

"immer mehr nähern"

"Immer mehr nähern" heißt zunächst einmal, daß es zu <u>jeder</u> Zahl $\varepsilon > 0$ ein Folgenglied a_{n_ε} gibt, so daß

(+) $$|a_{n_\varepsilon} - \alpha| < \varepsilon$$

gilt. D.h. wie klein auch immer ε gewählt wird, es gibt ein Folgenglied a_{n_ε}, das nicht weiter als ε von α entfernt ist. Dies gilt für $\varepsilon = 0{,}1$, für $\varepsilon = 0{,}01$, für $\varepsilon = 0{,}005$ usw. Die Ungleichung (+) beschreibt das "sich nähern" noch nicht vollständig. Dies geschieht erst in der Aussage (++) weiter unten und im Satz (6.12).

Das Folgenglied heißt a_{n_ε}, um deutlich zu machen, daß der Index n_ε von ε abhängt. Im allgemeinen wird, wenn ε kleiner wird, der Index n_ε größer werden müssen, d.h. ein passendes a_{n_ε} wird erst weiter rechts im Graphen zu finden sein.

Zurück zu dem Beispiel (a_n), $a_n = 1 - \frac{1}{n}$ und $\alpha = \sup(a_n) = 1$. Welches Folgenglied liegt um weniger als $\varepsilon = \frac{1}{10}$ von α entfernt ? Gesucht ist damit eine natürliche Zahl (Index oder auch Nummer genannt) n_ε mit der Eigenschaft

$$|a_{n_\varepsilon} - \alpha| < \varepsilon$$

Diese Ungleichung lautet im Beispiel:

$$|1 - \frac{1}{n_\varepsilon} - 1| < \frac{1}{10}\ .$$

Dadurch ist n_ε bestimmt, denn die Ungleichung ist äquivalent zu

$$\frac{1}{n_\varepsilon} < \frac{1}{10}$$

oder

$$n_\varepsilon > 10.$$

Wenn also $n_\varepsilon > 10$ ist, so hat das zugehörige Folgenglied a_{n_ε} einen Abstand von α, der kleiner als $\frac{1}{10}$ ist.

FOLGERUNG.- Die Rechnung sagt zunächst, daß

$$|a_{11} - 1| < \frac{1}{10}$$

gilt. Sie sagt aber darüberhinaus, daß diese Ungleichung für alle a_n mit $n > 10$ gilt (also auch für $a_{12}, a_{13}, \ldots, a_{16}, \ldots$), denn für jedes $n \geq n_\varepsilon$ gilt $\frac{1}{n} < \frac{1}{10}$ und damit $|a_n - 1| < \frac{1}{10}$.

ERGEBNIS.- Zu $\varepsilon = \frac{1}{10}$ gibt es einen Index n_ε, nämlich $n_\varepsilon = 11$, so daß

(++) $|a_n - 1| < \varepsilon$ für alle $n \geq n_\varepsilon$ gilt.

(6.12) Zusammenfassung

SATZ.- Sei (a_n) eine monoton wachsende, nach oben beschränkte Folge.

(1) Dann existiert $\alpha := \sup\,(a_n)$.

(2) Es gilt: zu jedem $\varepsilon > 0$ gibt ein n_ε, so daß $|a_n - \alpha| < \varepsilon$ für alle $n \geq n_\varepsilon$. (*)

BEWEIS.- (1) folgt aus dem Supremumsaxiom.
(2) Auf Grund der Charakterisierung des Supremums hatten wir schon festgestellt, daß es zu ε ein Folgenglied a_{n_ε} gibt mit $\alpha - \varepsilon < a_{n_\varepsilon}$. Da α Supremum der Menge $\{a_n\}$ ist, gilt auch $a_{n_\varepsilon} \leq \alpha$, d.h. $\alpha - \varepsilon < a_{n_\varepsilon} \leq \alpha$.

Die eine Voraussetzung an die Folge (a_n), "nach oben beschränkt", wird beim Beweis von (1) ausgenutzt; jetzt kommt die Monotonie:

Da (a_n) monoton wachsend ist, gilt: $a_{n_\varepsilon} \leq a_n$ für alle $n \geq n_\varepsilon$. Wiederum ist $a_n \leq \alpha$ für alle n, weil α Supremum ist. Insgesamt gilt also

$\alpha - \varepsilon < a_n$ für alle $n \geq n_\varepsilon$

oder

$0 \leq \alpha - a_n < \varepsilon$ für alle $n \geq n_\varepsilon$,

d.h.

$|a_n - \alpha| < \varepsilon$ für alle $n \geq n_\varepsilon$. (**)

A 6 *AUFGABE 6.- Gegeben ist die Folge (a_n), $a_n := -\frac{2n^2+n}{n^2}$.*

(a) Beweisen Sie, daß die Folge monoton wachsend und nach oben beschränkt ist.

(b) Was ist $\alpha := \sup\,(a_n)$?

(c) Wenn $\varepsilon = 0{,}01$ vorgegeben ist, wie groß muß n_ε gewählt werden, damit gilt $|a_n - \alpha| < \varepsilon$ für alle $n \geq n_\varepsilon$?

(Hinweis: Teil (c) entspricht der Rechnung vor Satz (6.12)).

§ 3 KONVERGENZ UND DIVERGENZ

KONVERGENZ

BEISPIEL.- Die Folge (a_n), $a_n := (-1)^n \cdot 1/n^2$, ist zwar nach oben (und auch nach unten) beschränkt, aber weder monoton wachsend noch monoton fallend (siehe Bild 5). (6.13)

Offensichtlich nähern sich die Folgenglieder dem Wert 0. Ziel ist es, dieses Verhalten in ähnlicher Weise zu beschreiben, wie es Satz (6.12)(2) für den speziellen Fall einer nach oben beschränkten und monoton wachsenden Folge tut. Ziel

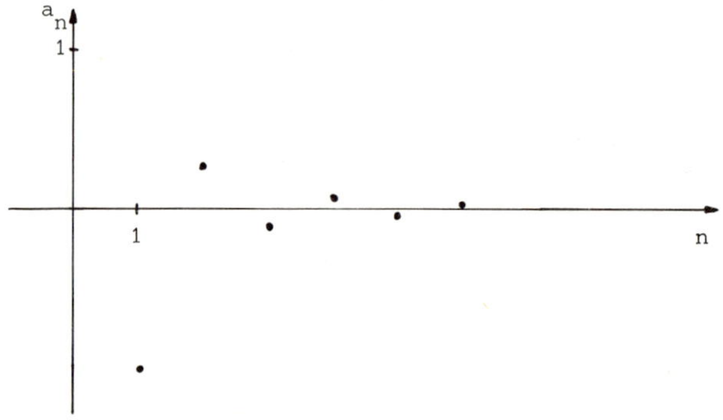

Bild 5.- Folge $a_n = (-1)^n \cdot 1/n^2$

BEHAUPTUNG.- Für die Folge (a_n), $a_n := (-1)^n \cdot 1/n^2$, und die Zahl $\alpha = 0$ gilt: zu jedem $\varepsilon > 0$ gibt es ein n_ε mit

$|a_n - \alpha| < \varepsilon$ für alle $n \geq n_\varepsilon$.

BEWEIS.- Setzen Sie $a_n = (-1)^n \cdot 1/n^2$ und $\alpha = 0$ ein, so lautet die Behauptung: zu jedem $\varepsilon > 0$ gibt es ein n_ε mit

$|(-1)^n \cdot 1/n^2 - 0| < \varepsilon$ für alle $n \geq n_\varepsilon$.

Sei also $\varepsilon > 0$ vorgegeben. Wie immer schreiben wir die behauptete Ungleichung und ihre Umformungen untereinander, bis wir eine Ungleichung gefunden haben, die n_ε bestimmt:

$|(-1)^n \cdot 1/n^2 - 0| < \varepsilon$.

Verkürzt:

$|1/n^2| < \varepsilon$.

$1/n^2$ ist aber stets positiv, also

$1/n^2 < \varepsilon$

(*) Ein entsprechender Satz verbindet eine monoton fallende, nach unten beschränkte Folge (a_n) mit der Zahl $\inf\,(a_n)$.

(**) Die einzelnen Rechenschritte zwischen den letzten Ungleichungen noch einmal ausführlich:
$\alpha - \varepsilon < a_n \leq \alpha \implies$ (stets α subtrahiert) $-\varepsilon < a_n - \alpha \leq 0$
$\implies$ (mit -1 multipliziert) $0 \leq \alpha - a_n < \varepsilon$
$\implies |\alpha - a_n| < \varepsilon$
$\implies$ (weil $|\alpha - a_n| = |a_n - \alpha|$) $|a_n - \alpha| < \varepsilon$.

oder

$$n > \sqrt{1/\varepsilon} \quad .$$

Jetzt lesen wir all diese Ungleichungen von unten nach oben und können die Behauptung beweisen: wenn $\varepsilon > 0$ vorgegeben ist, so wähle man $n_\varepsilon > \sqrt{1/\varepsilon}$. Aus dieser Ungleichung folgt dann

$$|(-1)^n \cdot 1/n^2 - 0| < \varepsilon \quad \text{für alle } n \geq n_\varepsilon . \text{ (*)}$$

(6.14) Grenzwert einer Folge

DEFINITION.- Sei (a_n) eine Folge. Eine Zahl $a \in \mathbb{R}$ heißt *Grenzwert* (oder *Limes*) der Folge (a_n), wenn es zu jedem $\varepsilon > 0$ ein $n_\varepsilon \in \mathbb{N}$ gibt mit $|a_n - a| < \varepsilon$ für alle $n \geq n_\varepsilon$.

Im Beispiel (6.13) war also $a = 0$ ein Grenzwert der Folge. Wir werden gleich in (6.16) sehen, daß eine Folge entweder keinen oder genau einen Grenzwert hat. Wenn a Grenzwert der Folge (a_n) ist, schreibt man kurz

Schreibweise

$$a = \lim_{n\to\infty} a_n .$$

Wann existiert der Grenzwert ?

Satz (6.12) sagt, daß für eine nach oben beschränkte und monoton wachsende Folge (a_n) die Zahl $\alpha := \sup (a_n)$ der Grenzwert der Folge ist - dies zeigt der Vergleich zwischen (6.12) und (6.14). Entsprechend ist für eine nach unten beschränkte monoton fallende Folge (a_n) die Zahl $\inf (a_n)$ der Grenzwert der Folge.
Zusammengefaßt erhalten Sie ein wichtiges (weil häufig anwendbares) Verfahren:

(1) Sie sollen feststellen, ob eine gegebene Folge einen Grenzwert hat.

(2) Sie rechnen nach, ob die Folge monoton wachsend/fallend ist und ob sie nach oben/unten beschränkt ist. Wenn ja, so sind Sie fertig, denn:

(3) Sie wissen nach Satz (6.12), daß der Grenzwert existiert und gleich $\sup (a_n)$ oder $\inf (a_n)$ ist.

Zu diesem Verfahren die nächsten Beispiele:

(6.15)

BEISPIELE.- (1) Die Folge (a_n), $a_n = 1 - \frac{1}{n}$, ist nach oben beschränkt und monoton wachsend. Es ist $\sup (a_n) = 1$, nach Satz (6.12) also

$$\lim_{n\to\infty} \left(1 - \frac{1}{n}\right) = 1.$$

(*) "wähle $n_\varepsilon > \sqrt{1/\varepsilon}$" meint folgendes: $\sqrt{1/\varepsilon}$ ist eine bestimmte reelle Zahl, zum Beispiel 18,37. Dann ist zum Beispiel 30 eine mögliche Wahl der natürlichen Zahl n_ε mit $n_\varepsilon > \sqrt{1/\varepsilon}$. Auf keinen Fall müssen Sie immer die kleinste Zahl n_ε mit dieser Eigenschaft finden.

Entsprechend gilt für die Folge aus Aufgabe 6, daß

$$\lim_{n\to\infty} \left(- \frac{2n^2 + n}{n^2}\right) = -2.$$

In Beispiel (6.13) haben wir ausgerechnet, daß für die Folge (a_n), $a_n = (-1)^n \cdot 1/n^2$ die Zahl 0 genau die Bedingung der Definition (6.14) erfüllt. Also

$$\lim_{n\to\infty} ((-1)^n \cdot 1/n^2) = 0.$$

(2) Noch einmal das Beispiel der springenden Kugel aus (6.5). Aus physikalischen Gründen ist es klar, daß der Grenzwert der Folge (h_n), $h_n = h_0 \cdot (\frac{3}{4})^n$ gleich null ist. Die folgende Aufgabe soll deshalb nur dazu dienen, Beweistechniken zu üben.

AUFGABE 7.- (1) Ist die Folge (h_n) aus Beispiel (6.5) nach oben/unten beschränkt ? Hat sie einen Grenzwert ? (Hinweis: Zeigen Sie durch vollständige Induktion, daß $h_n > 0$ und $h_n \leq h_0$ für alle n gilt und verwenden Sie $\inf (h_n) = 0$. Siehe A 11). A 7

(2) Beweisen Sie ähnlich wie in Beispiel (6.13), daß

$$\lim_{n\to\infty} \frac{1}{n} = 0.$$

BEZEICHNUNGEN.- Hat die Folge (a_n) einen Grenzwert, so heißt die Folge *konvergent* ; hat sie keinen Grenzwert, so heißt die Folge *divergent*. Hat die Folge (a_n) den Grenzwert a, so sagt man auch: (a_n) *konvergiert gegen* a.

konvergent

divergent

SATZ.- Eine konvergente Folge besitzt genau einen Grenzwert.

(6.16) Grenzwert ist eindeutig

BEWEIS.- *Der Beweis beruht auf folgender Idee: Angenommen, eine konvergente Folge (a_n) hat zwei verschiedene Grenzwerte a und b . Die Punkte a und b haben einen festen Abstand voneinander, zum Beispiel $|a-b| = 2$.*

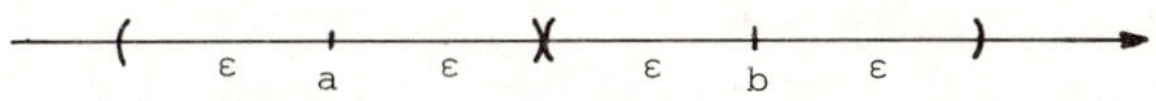

Wir betrachten nun die Hälfte dieses Abstands, $\varepsilon := \frac{1}{2}|a-b| = 1$. a ist Grenzwert, also müssen ab einem gewissen Folgenglied, zum Beispiel ab a_7, alle Folgenglieder einen Abstand kleiner als 1 von a haben. b ist Grenzwert, also müssen ab einem gewissen Folgenglied, zum Beispiel ab a_{16}, alle Folgenglieder einen Abstand kleiner als 1 von b haben. Widerspruch ! Denn ein Folgenglied wie zum Beispiel a_{20} muß jetzt sowohl von a als auch von b einen Abstand kleiner als 1 haben. Es wird Ihnen nicht gelingen, a_{20} in der Skizze oben so einzutragen, daß $|a - a_{20}| < \varepsilon$ und $|b - a_{20}| < \varepsilon$ erfüllt ist. Bevor Sie jetzt den eigentlichen Beweis lesen, sollten Sie selbständig versuchen, die

Beweisidee in allgemeiner Form aufzuschreiben.

Angenommen, (a_n) ist eine Folge mit zwei verschiedenen Grenzwerten, d.h. angenommen es gilt

$$\lim_{n\to\infty} a_n = a, \quad \lim_{n\to\infty} a_n = b \quad \text{und } a \neq b.$$

Als erstes nutzen wir für beide Grenzwerte die Definition (6.14) aus: Sei $\varepsilon := \frac{|a-b|}{2}$. Dann ist ε positiv und zu diesem ε gibt es ein N_1 mit

$$|a_n - a| < \varepsilon \quad \text{für alle } n \geq N_1,$$

und es gibt ein N_2 mit

$$|a_n - b| < \varepsilon \quad \text{für alle } n \geq N_2.$$

Für $N := \max\{N_1, N_2\}$ gilt sowohl $|a_N - a| < \varepsilon$ als auch $|a_N - b| < \varepsilon$.

Zur nachfolgenden Rechnung: man "addiert null":

$$a - b = a - b + 0 = a - b + (a_N - a_N) = (a_N - b) - (a_N - a).$$

Damit kann man nämlich die Dreiecksungleichung aus Kapitel 1 geeignet anwenden, d.h. man kann die Ergebnisse $|a_N - b| < \varepsilon$ und $|a_N - a| < \varepsilon$ ausnutzen. Niemand verlangt von Ihnen, daß Sie jetzt schon auf diese Idee kommen; Sie sollen nur verstehen, wie sie funktioniert.

Man rechnet folgendermaßen:

$$|a - b| = |(a_N - b) - (a_N - a)| \leq |a_N - b| + |a_N - a|$$
$$< 2\varepsilon = |a - b| .$$

Vergleichen Sie Anfang und Ende dieser Ungleichungskette: $|a - b| < |a - b|$. Widerspruch ! Also war die Annahme falsch, daß eine konvergente Folge zwei verschiedene Grenzwerte hat. Es gilt $a = b$.

DIVERGENZ

Alle Beispiele konvergenter Folgen in (6.15) haben eine gemeinsame Eigenschaft: Sie sind nach oben <u>und</u> nach unten beschränkt. Der nächste Satz zeigt, daß dies für alle konvergenten Folgen richtig ist.

beschränkte Folge

In Übereinstimmung mit (4.12) heißt eine Folge *beschränkt*, wenn sie nach oben und nach unten beschränkt ist. Aus (4.13) folgt, daß es eine Zahl K gibt mit $|a_n| < K$ für alle $n \in \mathbb{N}$.

(6.17) konvergent ⟹ beschränkt

SATZ.- Jede konvergente Folge ist beschränkt.

BEWEIS.- *Wie der Beweis von (6.16) ist auch dieser Beweis eine Übung darin, eine Anschauung in Formeln zu fassen. Der Beweis interpretiert nur in geeigneter Weise die Voraussetzung "Konvergenz", er kann Ihnen deshalb helfen, den Begriff "Konvergenz" besser zu verstehen.*

Auch wenn Sie den Beweis nicht durcharbeiten, müssen Sie zumindest die Aussage des Satzes (6.17) im Kopf behalten. Wie die folgenden Beispiele zeigen, dient (6.17) nämlich dazu, divergente Folgen zu erkennen.

Sei (a_n) eine konvergente Folge. Dann existiert eine Zahl a mit der Eigenschaft: Zu jedem $\varepsilon > 0$ gibt es ein n_ε mit $|a_n - a| < \varepsilon$ für $n \geq n_\varepsilon$. Ab der Nummer n_ε sind also alle Glieder a_n in dem Intervall $]a - \varepsilon, a + \varepsilon[$ enthalten, d.h. ab der Nummer n_ε sind die a_n nach unten durch $a - \varepsilon$ und nach oben durch $a + \varepsilon$ beschränkt. Sei zum Beispiel $n_\varepsilon = 7$ für ein festes ε. Dann können nur noch $a_1, a_2, \ldots, a_6$ außerhalb des Intervalls $]a - \varepsilon, a + \varepsilon[$ liegen:

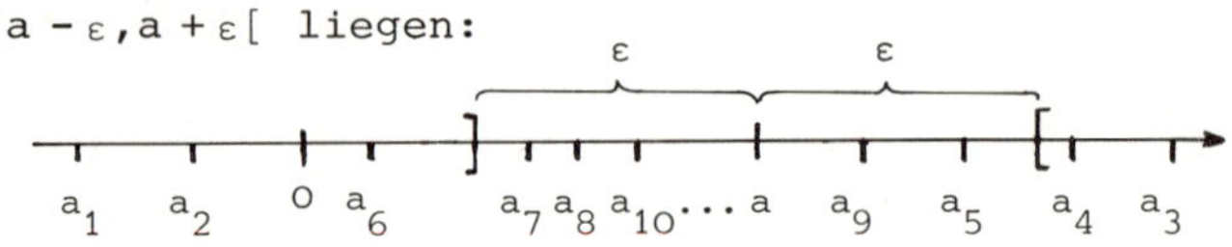

Die endlich vielen Zahlen $a_1, \ldots, a_6$ sind auch beschränkt: nach unten durch die kleinste dieser Zahlen (im Bild: a_1), nach oben durch die größte dieser Zahlen (im Bild: a_3).

Sie wissen, daß (a_n) beschränkt ist, wenn es eine feste Zahl K gibt mit $|a_n| < K$ für alle n.

Sei L die größte unter den Zahlen $|a_1|, |a_2|, \ldots, |a_6|$; allgemein soll L die größte unter den endlich vielen Zahlen $|a_1|, \ldots, |a_{n_\varepsilon - 1}|$ sein. Dann gilt

$$|a_n| < L \quad \text{für } n = 1, \ldots, n_\varepsilon - 1.$$

Ab der Nummer n_ε gilt

$$|a_n| < \max\{|a - \varepsilon|, |a + \varepsilon|\} \quad \text{für } n \geq n_\varepsilon.$$

Die größere der beiden Schranken L und $\max\{\ldots\}$ beschränkt dann alle Folgenglieder:

$$|a_n| < \max\{L, |a - \varepsilon|, |a + \varepsilon|\} \quad \text{für alle } n.$$

(Im Bild oben ist $|a_n| < |a_3|$ für alle n).

BEMERKUNG.- Jede konvergente Folge ist also beschränkt. Eine Folge, die nicht beschränkt ist, ist deshalb nicht konvergent, d.h. sie ist divergent. In dieser Form wenden wir Satz (6.17) an: Kriterium für Divergenz

BEISPIELE.- (1) Die Folge (a_n), $a_n = n$, ist divergent, denn sie ist nicht nach oben beschränkt (siehe (6.6)). (6.18)

(2) Die Folgen (a_n), $a_n = n^2 - n$, und (a_n), $a_n = 2^n$, sind divergent, denn sie sind nicht nach oben beschränkt (siehe Aufgabe 2).

Eine nicht beschränkte Folge ist divergent. Vorsicht !
Aber auch beschränkte Folgen können divergent sein ! :

(6.19) **Beispiel.-** *Die Folge (a_n), $a_n = (-1)^n$, ist beschränkt - es gilt $|a_n| = 1$. Die Folge ist trotzdem nicht konvergent. Dies zeigt schon ihr Graph: die Folge springt zwischen 1 und -1 hin und her und "nähert" sich deshalb keiner bestimmten Zahl. Der Beweis übersetzt diese Anschauung.*

BEHAUPTUNG.- Die Folge (a_n), $a_n = (-1)^n$, ist divergent.

BEWEIS.- Angenommen, die Folge sei konvergent. Es sei $a := \lim_{n\to\infty} a_n$. Dann gibt es zu $\varepsilon = \frac{1}{2}$ eine Zahl n_ε mit

$$|a_n - a| < \frac{1}{2} \quad \text{für alle } n \geq n_\varepsilon .$$

Die folgende Argumentation verläuft ähnlich wie im Beweis von Satz (6.16).

Wir betrachten zwei aufeinanderfolgende Glieder a_m und a_{m+1}, wobei $m > n_\varepsilon$ sein soll. Es gilt dann

$$|a_m - a| < \frac{1}{2} \quad \text{und} \quad |a_{m+1} - a| < \frac{1}{2}$$

$$\Longrightarrow \quad |a_m - a_{m+1}| \leq |a_m - a| + |a_{m+1} - a| < 1 .$$

Aber: der Abstand zweier aufeinanderfolgender Glieder ist immer 2. Denn entweder ist $a_m = 1$ oder $a_m = -1$, dann ist entweder $a_{m+1} = -1$ oder $a_{m+1} = 1$. Stets gilt $|a_m - a_{m+1}| = 2$ im Widerspruch zur letzten Ungleichung. Also war es falsch, Konvergenz anzunehmen.

A 8 *AUFGABE 8.- (1) Zeigen Sie, daß die Folge (a_n),*

$$a_n := \begin{cases} \frac{1}{n} & \text{für } n \text{ gerade} \\ -(3 + \frac{1}{n}) & \text{für } n \text{ ungerade} \end{cases}$$

beschränkt und divergent ist.

(2) Zeigen Sie, daß die Folge (a_n), $a_n := 2 - (-2)^n$, nicht beschränkt und divergent ist.
(Hinweis: gleiche Lösungsmethode wie in (1)).

(3) Zeigen Sie mit Hilfe von (6.17) und (6.18), daß die Folge (a_n)

$$a_n := \begin{cases} n & \text{für } n \text{ gerade} \\ -n & \text{für } n \text{ ungerade} \end{cases}$$

divergent ist.

Rechenregeln für konvergente Folgen

Sie werden in diesem Abschnitt sehen, daß unter gewissen Voraussetzungen die elementaren Rechenoperationen mit konvergenten Folgen und ihren Grenzwerten genauso durchgeführt werden können wie mit Zahlen. Beispiele zeigen dann, daß diese Rechenregeln nützlich sind, um Grenzwerte zahlreicher Folgen zu bestimmen.

Beweisen Sie zunächst: Eine Folge (a_n) konvergiert genau dann gegen eine Zahl a, wenn die Folge $(a_n - a)$ gegen 0 konvergiert.

Definition.- Eine Folge (a_n) heißt *Nullfolge*, wenn sie gegen 0 konvergiert. (6.20) Nullfolge

Wenn man also das Verhalten der Nullfolgen kennt, weiß man auch über das Verhalten aller konvergenten Folgen Bescheid. Ausgangspunkt dazu ist der folgende Satz.

Satz.- Für Folgen (a_n) und (b_n) gilt (6.21) Rechenregeln für Nullfolgen

(1) Sind (a_n) und (b_n) Nullfolgen, so auch die Folge $(a_n + b_n)$.

(2) Ist (a_n) eine Nullfolge und (b_n) beschränkt, so ist auch $(a_n \cdot b_n)$ eine Nullfolge.

(3) Gilt $|b_n| \leq |a_n|$ für alle $n \in \mathbb{N}$ und ist (a_n) eine Nullfolge, so auch (b_n).

Bemerkung.- Eine Nullfolge (a_n) ist so definiert: Zu jedem $\varepsilon > 0$ gibt es ein n_ε mit

$$|a_n - 0| = |a_n| < \varepsilon \quad \text{für alle } n \geq n_\varepsilon .$$

Da die Zahl ε beliebig sein soll, kann man statt ε auch die Zahl $\frac{\varepsilon}{K}$ wählen, wobei K eine positive Konstante ist. (a_n) ist eine Nullfolge, wenn es zu jedem $\varepsilon > 0$ ein $n_0 := n_{\varepsilon/K}$ gibt mit

$$|a_n| < \frac{\varepsilon}{K} \quad \text{für alle } n \geq n_0 .$$

(In Teil (1) des folgenden Beweises ist zum Beispiel $K = 2$).

Beweis von (6.21).- *Sie können in dem Beweis noch einmal die Definition der Konvergenz einüben.*

(1) Zu zeigen ist, daß die Folge $(a_n + b_n)$ eine Nullfolge ist, d.h. daß es zu jedem $\varepsilon > 0$ ein n_ε gibt mit $|(a_n + b_n) - 0| < \varepsilon$ für alle $n \geq n_\varepsilon$. Nach der Dreiecksungleichung gilt

$$|a_n + b_n| \leq |a_n| + |b_n| \quad \text{für alle } n \in \mathbb{N} .$$

Die Summanden auf der rechten Seite gehören nach Voraussetzung zu Nullfolgen, d.h. es gilt: zu $\varepsilon > 0$ gibt es ein n_1 mit

$$|a_n| < \frac{\varepsilon}{2} \quad \text{für alle } n \geq n_1 ,$$

und zu $\varepsilon > 0$ gibt es ein n_2 mit

$$|b_n| < \frac{\varepsilon}{2} \quad \text{für alle } n \geq n_2 .$$

Sei nun $n_\varepsilon := \max\{n_1, n_2\}$. Dann gilt: zu jedem $\varepsilon > 0$ gibt es die Zahl n_ε mit

$$|a_n + b_n| \leq |a_n| + |b_n| < \frac{\varepsilon}{2} + \frac{\varepsilon}{2} = \varepsilon \quad \text{für alle } n \geq n_\varepsilon .$$

Das bedeutet, daß $(a_n + b_n)$ eine Nullfolge ist.

(2) Zu zeigen ist, daß es zu jedem $\varepsilon > 0$ ein n_ε gibt mit $|(a_n \cdot b_n)| < \varepsilon$ für alle $n \geq n_\varepsilon$.

Wieder beginnt der Beweis damit, die Voraussetzungen ausführlich aufzuschreiben:

(b_n) ist beschränkt, d.h. es gibt eine Zahl K mit $|b_n| < K$ für alle $n \in \mathbb{N}$.

(a_n) ist eine Nullfolge, d.h. zu jeder Zahl $\varepsilon > 0$ gibt es ein n_0 mit $|a_n| < \frac{\varepsilon}{K}$ für alle $n \geq n_0$.

Es folgt: zu jedem $\varepsilon > 0$ gibt es die Zahl $n_\varepsilon := n_0$ mit $|a_n \cdot b_n| = |a_n| \cdot |b_n| < \frac{\varepsilon}{K} \cdot K = \varepsilon$ für alle $n \geq n_\varepsilon$.

A 9 *AUFGABE 9.- Beweisen Sie Teil (3) von Satz (6.21).*

Das nächste Beispiel soll zeigen, wie der Satz (6.21) dazu dienen kann, Folgen zu "zerlegen", die auf den ersten Blick etwas schwierig aussehen.

(6.22) BEISPIEL.- Gegeben ist die Folge (a_n), $a_n = \frac{n^2 + 2n}{n^4 + 8}$.

BEHAUPTUNG.- (a_n) ist eine Nullfolge.

BEWEIS.- Für alle $n \in \mathbb{N}$ gilt:

$$|a_n| = \left|\frac{n^2 + 2n}{n^4 + 8}\right| =$$

Bei Aufgaben dieses Typs kürzt man stets mit der größten auftretenden Potenz von n, das ist in diesem Fall n^4:

$$= \left|\frac{1/n^2 + 2/n^3}{1 + 8/n^4}\right| = \frac{1/n^2 + 2/n^3}{1 + 8/n^4} < \frac{1}{n^2} + \frac{2}{n^3}$$

(das <-Zeichen folgt, weil im Nenner $8/n^4 > 0$ weggelassen wurde).

Jetzt rechnen wir von "unten": $(1/n)$ ist eine bekannte Nullfolge (Aufgabe 7 !), nach Satz (6.21) ist dann auch $(1/n \cdot 1/n) = (1/n^2)$ eine Nullfolge, ebenso $(1/n^3)$. Die konstante Folge $(a_n), a_n = 2$ ist beschränkt, also ist nach Satz (6.21) ihr Produkt mit der Nullfolge $(1/n^3)$ wieder eine Nullfolge. Wieder nach Satz (6.21) ist auch die Summe der Nullfolgen $(1/n^2)$ und $(2/n^3)$ eine Nullfolge, die wir $(b_n) := (1/n^2 + 2/n^3)$ nennen. Unsere Rechnung oben sagt dann: für alle $n \in \mathbb{N}$ ist $|a_n| < |b_n|$, wobei (b_n) eine Nullfolge ist. Satz (6.21) sagt, daß dann auch (a_n) eine Nullfolge ist.

Zusammenfassung und Rechentip

Ist eine Folge (a_n) wie im Beispiel (6.22) gegeben als Quotient zweier Polynome in n und ist der Grad des Polynoms im Nenner größer als im Zähler, so ist (a_n) eine Nullfolge. Zum Beweis kürzen Sie mit der größten auftretenden Potenz von n und verfahren wie in (6.22). (Siehe auch (6.24) und die daran anschließende Aufgabe 10).

Das in Satz (6.21) beschriebene Verhalten von Nullfolgen bestimmt das Verhalten aller konvergenten Folgen:

(6.23) Rechenregeln für konvergente Folgen

SATZ.- Für Folgen (a_n) und (b_n) gilt

(1) Konvergieren (a_n) und (b_n), so konvergiert auch $(a_n + b_n)$, und es gilt

$$\lim_{n\to\infty} (a_n + b_n) = \lim_{n\to\infty} a_n + \lim_{n\to\infty} b_n.$$

(2) Konvergieren (a_n) und (b_n), so konvergiert auch $(a_n \cdot b_n)$, und es gilt

$$\lim_{n\to\infty} (a_n \cdot b_n) = \lim_{n\to\infty} a_n \cdot \lim_{n\to\infty} b_n.$$

(3) Konvergieren (a_n) und (b_n), <u>und gilt</u> $a_n \neq 0$ <u>für alle</u> $n \in \mathbb{N}$ <u>und</u> $\lim_{n\to\infty} a_n \neq 0$, so konvergiert auch b_n/a_n, und es gilt

$$\lim_{n\to\infty} \frac{b_n}{a_n} = \lim_{n\to\infty} b_n / \lim_{n\to\infty} a_n.$$

BEWEIS.- (1) Konvergieren (a_n) gegen a und (b_n) gegen b, so sind $(a_n - a)$ und $(b_n - b)$ Nullfolgen. Nach Satz (6.21) ist dann auch $(a_n - a) + (b_n - b) = ((a_n + b_n) - (a + b))$ eine Nullfolge, d.h. $(a_n + b_n)$ konververgiert gegen $a + b$.

(2) Sei $a = \lim_{n\to\infty} a_n$ und $b = \lim_{n\to\infty} b_n$. Zu zeigen ist, daß $(a_n b_n - a \cdot b)$ eine Nullfolge ist. Für alle $n \in \mathbb{N}$ gilt (rechnen Sie zur Probe die rechte Seite der folgenden Gleichung aus !):

$$(\Delta) \quad a_n \cdot b_n - a \cdot b = a(b_n - b) + b_n(a_n - a);$$

also gilt für die Folgen

$$(a_n \cdot b_n - a \cdot b) = (a) \cdot (b_n - b) + (b_n) \cdot (a_n - a).$$

Die konstante Folge (a) ist beschränkt, ebenso die konvergente Folge (b_n) (nach Satz (6.17)). Die Folgen $(b_n - b)$ und $(a_n - a)$ sind nach Voraussetzung Nullfolgen. Nach Satz (6.21) sind dann auch die Produkte $(a) \cdot (b_n - b)$ und $(b_n) \cdot (a_n - a)$ Nullfolgen, ebenso ihre Summe $(a_n \cdot b_n - a \cdot b)$. Das ist aber die Behauptung: $(a_n \cdot b_n)$ konvergiert gegen $a \cdot b$.

Die Anfangszeile (Δ) ist ein Trick, zugegeben. Sogar ein häufig gebrauchter: auch in den Beweisen von (6.16) und (6.19) haben wir "Null addiert"; in (Δ): $0 = a \cdot b_n - b_n \cdot a$. Noch einmal: niemand verlangt von Ihnen, daß Sie jetzt schon "von selbst" auf solche Beweiszeilen kommen. Im Augenblick ist es nur wichtig, daß Sie erkennen, wie auf Grund der Zeile (Δ) die Voraussetzungen " $(b_n - b)$ und $(a_n - a)$ Nullfolgen" mit der Behauptung " $(a_n \cdot b_n - a \cdot b)$

Nullfolge" verknüpft werden.

Den Beweis von (3) lassen wir aus.

BEISPIELE

Die Beispiele in diesem Abschnitt beziehen sich alle auf die vorangegangenen Rechenregeln. Sie behandeln einige wichtige Grenzwerte von Folgen, die Sie immer wieder brauchen werden.

(6.24) BEISPIEL.- Das Beispiel (a_n), $a_n = \frac{n}{n^2-5}$, wiederholt noch einmal das Verfahren von (6.22):

$$\frac{n}{n^2-5} = \frac{1/n}{1-5/n^2} \qquad (*)$$

$(1/n)$ ist eine Nullfolge, ebenso $(-5/n^2)$, denn es gilt: $\lim\limits_{n\to\infty} (-5/n^2) = \lim\limits_{n\to\infty} (-5) \cdot \lim\limits_{n\to\infty} (1/n^2) = -5 \cdot 0 = 0$.

Im Nenner steht dann

$$\lim_{n\to\infty} (1-5/n^2) = \lim_{n\to\infty} 1 + \lim_{n\to\infty} (-5/n^2) = 1 + 0 = 1.$$

Also ist $a_n = b_n/c_n$, wobei $\lim\limits_{n\to\infty} b_n = 0$ und $\lim\limits_{n\to\infty} c_n = 1$ ist. Daraus folgt $\lim\limits_{n\to\infty} a_n = 0$.

A 10 *AUFGABE 10.- Bestimmen Sie die Grenzwerte*

(1) $\lim\limits_{n\to\infty} \frac{6n^2+5n}{4n^2+n+1}$; *(2)* $\lim\limits_{n\to\infty} \frac{8n^5+9n^3+7}{n^6+3n}$;

(3) $\lim\limits_{n\to\infty} \left(\frac{8n}{3n+1}\right)^3$; *(4)* $\lim\limits_{n\to\infty} \left(\frac{2n(n+1)}{n+2} - \frac{2n^3}{n^2+2}\right)$;

(5) $\lim\limits_{n\to\infty} (\sqrt{n+1} - \sqrt{n})$.

Rechentip *(Hinweis zu (5): Wurzelausdrücke dieser Art formt man meistens so um:*

$$\sqrt{n+1} - \sqrt{n} = \frac{(\sqrt{n+1}-\sqrt{n})(\sqrt{n+1}+\sqrt{n})}{\sqrt{n+1}+\sqrt{n}} = \frac{1}{\sqrt{n+1}+\sqrt{n}}.$$

Jetzt können Sie herleiten, daß die Folge (5) eine Nullfolge ist).

Im nächsten Beispiel ist eine Folge (a_n) "eingeklemmt" zwischen den Folgen (1) und $(1+1/n)$:

$$1 \le a_n \le 1 + 1/n \quad \text{für alle } n.$$

Es ist $\lim\limits_{n\to\infty} 1 = 1$ und $\lim\limits_{n\to\infty} (1+1/n) = 1$. Der folgende Satz sagt, daß auch für den Grenzwert "dazwischen" $\lim\limits_{n\to\infty} a_n = 1$ gilt:

(6.25) SATZ.- (a_n), (b_n) und (c_n) seien Folgen mit $a_n \le b_n \le c_n$ für alle $n \in \mathbb{N}$. Konvergieren (a_n) und (c_n) gegen denselben Grenzwert a, so konvergiert auch (b_n) gegen a.

$a_n \le b_n \le c_n$
$\downarrow \qquad \downarrow$
$a \qquad a$

(*) Wo immer ein Bruch auftritt, muß sichergestellt sein, daß der Nenner $\neq 0$ ist. Es ist $n^2 - 5 \neq 0$ für alle n, weil es keine natürliche Zahl gibt, deren Quadrat 5 ist.

BEWEIS.- *Lesen Sie den Beweis zunächst Schritt für Schritt durch. Die Bemerkung am Ende des Beweises zeigt Ihnen, wie der Beweis zu "verstehen" ist.*

Für alle $n \in \mathbb{N}$ gilt $c_n - a_n = c_n - a + a - a_n$. Nach Voraussetzung sind $(c_n - a)$ und $(a - a_n)$ Nullfolgen, also ist auch $(c_n - a_n)$ Nullfolge. Für alle $n \in \mathbb{N}$ gilt nach Voraussetzung

$$(\Delta) \qquad 0 \le b_n - a_n \le c_n - a_n.$$

Daraus folgt, weil $(c_n - a_n)$ eine Nullfolge ist, daß auch $(b_n - a_n)$ eine Nullfolge ist. Aus $\lim\limits_{n\to\infty} (b_n - a_n) = 0$ und $\lim\limits_{n\to\infty} a_n = a$ folgt mit

$$(+) \qquad b_n = (b_n - a_n) + a_n,$$

daß $\lim\limits_{n\to\infty} b_n = a$.

Die eigentliche Beweisidee ist die Zeile (+). Von dort aus erkennen Sie, daß man $\lim\limits_{n\to\infty} (b_n - a_n) = 0$ zeigen muß. Dies ist leicht mit der Abschätzung (Δ) möglich, wenn man $\lim\limits_{n\to\infty} (c_n - a_n) = 0$ gezeigt hat. Viele mathematische Beweise lassen sich in dieser Weise "im Zurückgehen" verstehen.

BEISPIEL.- Sei $x > 0$ fest vorgegeben. Wir wollen zeigen, daß die Folge (a_n), $a_n = \sqrt[n]{x}$, konvergiert und den Grenzwert 1 hat. (6.26)

Fortgesetztes Wurzelziehen aus einer festen Zahl, zum Beispiel mittels eines Taschenrechners, macht diese Vermutung plausibel.

Der Grenzwert läßt sich veranschaulichen durch die Graphen der Funktionen $f(x) = \sqrt[n]{x}$ für wachsendes n:

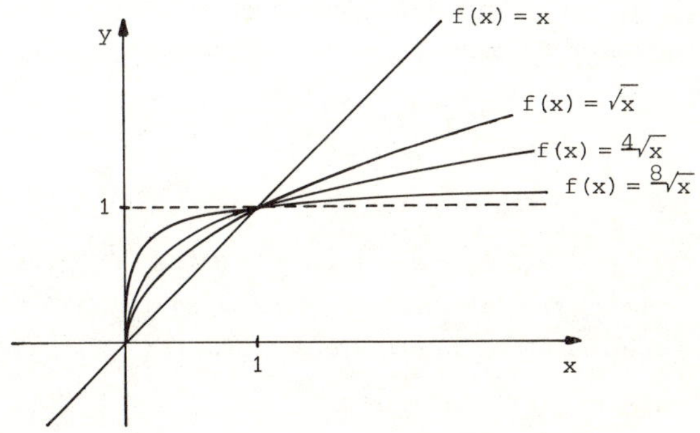

Bild 6.- $\sqrt[n]{x}$

Die Graphen der Funktionen nähern sich für wachsendes n immer mehr der Geraden $y = 1$. Für einen festen Punkt x erhalten wir wieder die Vermutung $\lim\limits_{n\to\infty} \sqrt[n]{x} = 1$. Da für $x \ge 1$ auch $\sqrt[n]{x} \ge 1$ ist und für $x < 1$ auch $\sqrt[n]{x} < 1$ ist, unterscheidet auch der Beweis diese Fälle. (*)

(*) Aus $r \ge 1$ folgt $\sqrt[n]{r} \ge 1$, denn aus der Annahme $\sqrt[n]{r} < 1$ folgt der Widerspruch $r = (\sqrt[n]{r})^n < 1$.

(1) Sei $x \geq 1$. Für alle $n \in \mathbb{N}$ gilt nach der Bernoullischen Ungleichung

$$x = (\sqrt[n]{x})^n = (1 + (\sqrt[n]{x} - 1))^n \geq 1 + n(\sqrt[n]{x} - 1)$$
$$\geq n \cdot (\sqrt[n]{x} - 1).$$

Zusammen mit $\sqrt[n]{x} \geq 1$ folgt daraus

$$1 \leq \sqrt[n]{x} \leq 1 + \frac{x}{n}.$$

Mit Hilfe von Satz (6.25) können Sie folgern

$$\lim_{n\to\infty} \sqrt[n]{x} = 1, \text{ falls } x \geq 1.$$

(2) Ist $x < 1$, so ist $\frac{1}{x} > 1$, und wir wissen aus Teil (1), daß

$$\lim_{n\to\infty} \sqrt[n]{1/x} = 1.$$

Mit Hilfe der dritten Rechenregel aus (6.23) folgt, daß

$$\lim_{n\to\infty} \sqrt[n]{x} = \lim_{n\to\infty} \frac{1}{\sqrt[n]{1/x}} = \frac{1}{\lim_{n\to\infty} \sqrt[n]{1/x}} = \frac{1}{1} = 1.$$

BEMERKUNG.- *Sollen Sie den Beweis in Beispiel (6.26) nun auswendig aufschreiben können? Nein. Der Beweis soll Sie im Umgang mit konvergenten Folgen üben; wichtiger sind die Anschauung in Bild 6 und das Ergebnis selbst, das Sie nicht mehr vergessen sollten. Entsprechendes gilt auch für die anderen Beispiele.*

A 11 *AUFGABE 11.- Sei $x \in \mathbb{R}$ fest. Die Folge (a_n), $a_n = x^n$ soll auf Konvergenz untersucht werden.*
Zeichnen Sie entsprechend dem Beispiel (6.26) die Graphen der Funktionen $f(x) = x^n$ für wachsendes n auf (z.B. für n = 1,2,4,8). Wie verhalten sich die Graphen der Funktion $x \to x^n$ und $x \to \sqrt[n]{x}$? Welche Fallunterscheidung erscheint nach Ihrer Zeichnung sinnvoll? Versuchen Sie anhand Ihrer Zeichnung, $\lim_{n\to\infty} x^n$ zu bestimmen. Beweisen Sie das Ergebnis:

a) $\lim_{n\to\infty} x^n = 0$ für $|x| < 1$;

b) $\lim_{n\to\infty} x^n = 1$ für $x = 1$;

c) für $x = -1$ und für $|x| > 1$ ist die Folge (x^n) divergent.
(Hinweis zu a): Zeigen Sie zunächst, daß $\lim_{n\to\infty} |x|^n$ für $|x| < 1$ existiert. Folgern Sie dann aus der Gleichung

$$\lim_{n\to\infty} |x| \cdot |x|^n = |x| \cdot \lim_{n\to\infty} |x|^n,$$

daß $(|x|^n)$ eine Nullfolge ist).

Beweismethode

BEMERKUNG.- Die Beweismethode in Teil a) der Aufgabe 11 wird häufig gebraucht: Der Grenzwert einer Folge (a_n) soll bestimmt werden. Als erstes wird gezeigt, daß die Folge konvergent ist - meist mit dem Argument, daß sie nach oben oder nach unten beschränkt und monoton wachsend oder fallend ist.
Der Grenzwert der Folge ist noch nicht bekannt, aber weil die Folge konvergent ist, wissen Sie schon, daß $a = \lim_{n\to\infty} a_n$ existiert. Deshalb können Sie mit a wie mit einer Unbekannten rechnen, z.B. wie in Aufgabe 11 eine Gleichung für a aufstellen und daraus Bedingungen an a ableiten. Dieses Verfahren ist besonders hilfreich bei rekursiv definierten Folgen, für die es zahlreiche Beispiele aus der Praxis gibt (siehe nächster Abschnitt).

BEISPIEL.- Die Folge (a_n), $a_n = \sqrt[n]{n}$ konvergiert und hat den Grenzwert 1 (vgl. mit (6.26)). (*) (6.27)
Für den Beweis gibt es zwei Wege:

(1) mit Hilfe der Bernoullischen Ungleichung ähnlich wie im Beispiel (6.26).

(2) mit Hilfe der Exponential- und der Logarithmusfunktion.

Der Beweis (2) ist kürzer und interessanter; er setzt allerdings voraus, daß Sie die Funktionen e^x und $\ln x$ schon kennen, die erst in Kapitel 10 untersucht werden. Sie können den Beweis übergehen:

Aus $\sqrt[n]{n} = e^{1/n \cdot \ln n}$ und $\lim_{n\to\infty} \frac{\ln n}{n} = 0$ folgt

$$\lim_{n\to\infty} \sqrt[n]{n} = \lim_{n\to\infty} e^{1/n \cdot \ln n} = e^0 = 1.$$

A 12 *AUFGABE 12.- Begründen Sie:*

(a) $\lim_{n\to\infty} (\sqrt{9n^4 + 3} - 3n^2) = 0$.

(Hinweis: Erweitern Sie mit $\sqrt{9n^4 + 3} + 3n^2$ und wenden Sie Satz (6.25) an).

(b) die Folge (a_n), $a_n = \frac{n^4 + 1}{8n^3 + 2}$, ist divergent.

(c) $\lim_{n\to\infty} \frac{1}{n^p} = 0$ für alle $p \in \mathbb{N}$.

(d) $\lim_{n\to\infty} \frac{n!}{n^n} = 0$.

BEISPIEL.- Zum Abschluß die Folge (a_n), $a_n = (1 + \frac{1}{n})^n$ aus Beispiel (6.11). (6.28)

Sie können die Rechnung, eine Übung in Ungleichungen, übergehen. Den Grenzwert dieser Folge allerdings müssen Sie sich einprägen.

ERSTE BEHAUPTUNG.- $((1 + \frac{1}{n})^n)$ ist monoton wachsend.

BEWEIS.- Aufgabe 6 in Kapitel 2.

ZWEITE BEHAUPTUNG.- $((1 + \frac{1}{n})^n)$ ist nach oben beschränkt.

BEWEIS.- (1) Ein üblicher Weg für den Beweis ist, zunächst noch zu zeigen, daß auch die Folge (b_n), $b_n = (1 - \frac{1}{n})^n$ monoton wachsend ist. Für alle $n \geq 2$ gilt nämlich (**)

(*) Beachten Sie, daß hier auch der Radikand wächst.

(**) Wegen der Voraussetzung $n \geq 2$ muß b_1 getrennt behandelt werden. Prüfen Sie, daß $b_1 \leq b_2$ gilt.

$$\frac{b_{n+1}}{b_n} = \left(\frac{1-\frac{1}{n+1}}{1-\frac{1}{n}}\right)^{n+1} \cdot (1-\frac{1}{n}) = \ldots$$

(der Nenner $1-\frac{1}{n}$ ist ungleich null wegen der Voraussetzung $n \geq 2$)

$$\ldots = \left(\frac{n^2}{n^2-1}\right)^{n+1} \cdot (1-\frac{1}{n}) = \left(1+\frac{1}{n^2-1}\right)^{n+1} \cdot (1-\frac{1}{n}) > \ldots$$

Die Bernoullische Ungleichung ergibt:

$$\ldots > \left(1+\frac{n+1}{n^2-1}\right) \cdot (1-\frac{1}{n}) = 1.$$

(2) Weil die Folge $((1-\frac{1}{n})^n)$ monoton wachsend ist, gilt speziell

$$(1-\frac{1}{2})^2 = \frac{1}{4} < (1-\frac{1}{n})^n \quad \text{für alle } n \geq 3.$$

Diese Ungleichung wird mit $(1+\frac{1}{n})^n$ multipliziert:

$$\frac{1}{4}(1+\frac{1}{n})^n < (1-\frac{1}{n})^n(1+\frac{1}{n})^n = (1-\frac{1}{n^2})^n < 1 \quad \text{für alle } n \geq 3.$$

Es folgt (Multiplikation mit 4):

$$(1+\frac{1}{n})^n < 4 \quad \text{für alle } n \geq 3.$$

Weil (a_n) monoton wachsend ist, gilt diese Abschätzung auch für die Glieder a_1 und a_2, d.h.

$$(1+\frac{1}{n})^n < 4 \quad \text{für alle } n \in \mathbb{N}.$$

Die Folge (a_n) ist also nach oben beschränkt. Beide Behauptungen zusammen ergeben, daß $\lim_{n\to\infty} a_n$ existiert.

Definition der Eulerschen Zahl e

> Dieser wichtige Limes hat einen besonderen Namen: Die *Eulersche Zahl*
>
> $$e := \lim_{n\to\infty} (1+\frac{1}{n})^n.$$
>
> Die Zahl e wird im Kapitel "Potenzreihen und spezielle Funktionen" berechnet.

Rekursiv definierte Folgen

rekursiv definierte Folge

Eine Funktion $f: \mathbb{N} \longrightarrow \mathbb{R}$ läßt sich auch *rekursiv definieren*, zum Beispiel

$$f(1) := 0, \; f(n+1) := \frac{1}{3}(f(n)+1) \quad \text{für alle } n.$$

Rekursive Definitionen haben Sie schon bei der vollständigen Induktion in Kapitel 2 kennengelernt; die Definition von n! zum Beispiel lautet:

$$1! := 1, \; (n+1)! := (n+1)\cdot n! \quad \text{für alle } n.$$

Andere Beispiele in Kapitel 2 sind ...?

(6.29) BEISPIEL.- Der Grenzwert der Folge (a_n), $a_1 := 0$, $a_{n+1} := \frac{1}{3}(a_n+1)$, ist zu bestimmen. Wenn Sie die ersten Folgenglieder ausrechnen,

$$a_1 = 0, \; a_2 = \frac{1}{3}, \; a_3 = \frac{4}{9}, \; a_4 = \frac{13}{27}, \ldots$$

kommen Sie zu der Vermutung, daß (a_n) monoton wachsend ist und den Grenzwert $\frac{1}{2}$ hat. Daraus ergibt sich der Beweisaufbau:

Beweismethode

> (1) (a_n) ist nach oben beschränkt (durch $\frac{1}{2}$).
>
> (2) (a_n) ist monoton wachsend.
>
> *Aus (1) und (2) folgt, daß $a := \lim_{n\to\infty} a_n$ existiert. Der Grenzwert wird wie in Aufgabe 11 bestimmt, indem man a in die Gleichung einsetzt, die die Folge definiert:*
>
> (3) $a := \lim_{n\to\infty} a_n$ genügt der Gleichung $a = \frac{1}{3}(a+1)$.
>
> *In diesen drei Schritten werden die Grenzwerte der meisten rekursiv definierten Folgen bestimmt.*

Grenzwerte rekursiver Folgen

Zu (1): Wir zeigen durch Induktion, daß $a_n < \frac{1}{2}$ für alle n. Zunächst ist $a_1 = 0 < \frac{1}{2}$. Sei jetzt $a_n < \frac{1}{2}$. Unter dieser Voraussetzung gilt dann auch für a_{n+1}:

$$a_{n+1} = \frac{1}{3}(a_n+1) < \frac{1}{3}(\frac{1}{2}+1) = \frac{1}{2}.$$

Zu (2): (a_n) ist monoton wachsend, denn es gilt

$$\frac{a_{n+1}}{a_n} > 1 \quad \text{für alle } n \ldots$$

(Bei anderen Folgen kann es günstig sein, die Monotonie über die Ungleichung $a_{n+1}-a_n > 0$ zu zeigen.)

$$\ldots \frac{a_{n+1}}{a_n} = \frac{\frac{1}{3}(a_n+1)}{a_n} = \frac{1}{3} + \frac{1}{3a_n} > \frac{1}{3} + \frac{2}{3} = 1.$$

(Die Division durch a_n ist erlaubt, wenn Sie $a_n > 0$ mit vollständiger Induktion gezeigt haben. Die Abschätzung folgt aus (1).)

Zu (3): Aus $a_{n+1} = \frac{1}{3}(a_n+1)$ folgt

(*) $\lim_{n\to\infty} a_{n+1} = \frac{1}{3}(\lim_{n\to\infty} a_n + 1)$, d.h. $a = \frac{1}{3}(a+1)$

Ausgerechnet: $a = \lim_{n\to\infty} a_n = \frac{1}{2}$.

AUFGABE 13.- Bestimmen Sie den Grenzwert der rekursiv definierten Folgen (a_n), A 13

(1) $a_1 := 1$, $a_{n+1} := \sqrt{2a_n}$

(2) $a_0 := 0$, $a_1 := 1$, $a_n := a_{n-1} + a_{n-2}$ für alle $n \geq 2$.

Diese Folge 0,1,1,2,3,5,8,13,... heißt Folge der Fibonacci-Zahlen. (**)

Es folgen drei "praktische" Beispiele für rekursiv definierte Folgen. Da die Grenzwerte stets mit der in (6.29) beschriebenen Methode gewonnen werden, müssen Sie nicht alle drei Beispiele durcharbeiten.

(*) Es ist $a = \lim_{n\to\infty} a_n = \lim_{n\to\infty} a_{n+1}$, weil (a_n) und (a_{n+1}), nur um ein Glied verschoben, die gleichen Folgen sind.

(**) Fibonacci (Leonardo von Pisa) (1180 ? - 1250 ?)

(6.30) Vierpole

BEISPIEL.- Schaltet man n aus zwei gleichen Widerständen R bestehende Vierpole in Kette,

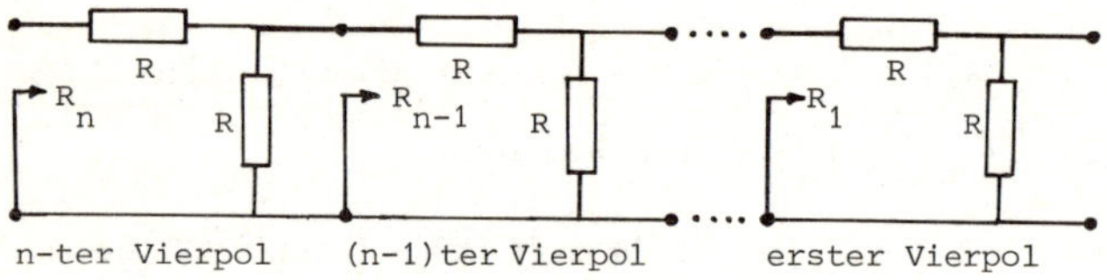

Bild 7.- Kettenschaltung von Vierpolen

so ergibt sich als Eingangswiderstand dieser Schaltung der Wert R_n, wobei (für $R > 0$)

$$R_1 = 2R, \quad R_{n+1} = \frac{R \cdot R_n}{R+R_n} + R \qquad \text{für alle } n$$

(Ergebnis der Elektrotechnik). Existiert der Grenzwert dieser rekursiv definierten Folge (R_n), wie groß ist $\lim\limits_{n\to\infty} R_n$?

Der Beweis gliedert sich entsprechend der in (6.29) beschriebenen Methode in drei Teile: In (1) und (2) zeigen wir mit vollständiger Induktion, daß (R_n) monoton fallend und nach unten beschränkt ist, in (3) wird $\lim\limits_{n\to\infty} R_n$ ausgerechnet.

(1) Behauptung: Für alle n gilt $R_{n+1} \le R_n$. Für $n = 1$ können Sie $R_2 \le R_1$ leicht nachrechnen.

Die folgenden Ungleichungen sind so zu lesen: Die erste Ungleichung $R_{n+1} \le R_n$ ist die Induktionsbehauptung, diese wird solange umgeformt, bis als letzte Ungleichung die Induktionsvoraussetzung $R_n \le R_{n-1}$ dasteht. Ihre Aufgabe ist es, nachzuprüfen, ob aus der letzten Ungleichung die vorletzte und so weiter die erste Ungleichung folgt.

$$R_{n+1} \le R_n$$

$$R_{n+1} - R_n \le 0,$$

Definition von R_{n+1}, R_n einsetzen:

$$\left(R + \frac{R \cdot R_n}{R+R_n}\right) - \left(R + \frac{R \cdot R_{n-1}}{R+R_{n-1}}\right) = R\left(\frac{R_n}{R+R_n} - \frac{R_{n-1}}{R+R_{n-1}}\right) \le 0$$

$$\frac{R_n}{R+R_n} \le \frac{R_{n-1}}{R+R_{n-1}}, \quad \text{da } R > 0,$$

$$\frac{R+R_n}{R_n} \ge \frac{R+R_{n-1}}{R_{n-1}}.$$

Brüche ausrechnen, durch R dividieren:

$$\frac{1}{R_n} \ge \frac{1}{R_{n-1}}$$

$$R_n \le R_{n-1}.$$

(2) Für alle n gilt $R_n \ge R$, denn zunächst gilt für $n = 1$ nach Definition $R_1 \ge R$. Sei nun $R_n \ge R$. Zu zeigen ist $R_{n+1} \ge R$.

$$R_{n+1} = R + \frac{R \cdot R_n}{R+R_n} \ge R,$$

denn der Bruch ist positiv wegen $R_n \ge R > 0$.

(3) Aus (1) und (2) folgt, daß $r := \lim\limits_{n\to\infty} R_n$ existiert. Deshalb können wir auf beiden Seiten der Gleichung für R_{n+1} den Grenzwert bilden:

$$r = \lim_{n\to\infty} R_{n+1} = \lim_{n\to\infty}\left(R + \left(\frac{R \cdot R_n}{R+R_n}\right)\right) = R + \frac{R \cdot r}{R+r}. \quad (*)$$

Damit ist r Lösung einer quadratischen Gleichung: $r_{1,2} = \frac{1}{2}(1 \pm \sqrt{5})R$.

Da die Folge (R_n) nach unten durch $R > 0$ beschränkt ist, scheidet die Lösung

$$r_2 = \frac{1-\sqrt{5}}{2} R < 0$$

aus. Das Ergebnis lautet

$$r = \lim_{n\to\infty} R_n = \frac{1+\sqrt{5}}{2} R.$$

BEMERKUNG.- Sie haben drei Methoden zur Verfügung, die Konvergenz einer Folge zu beweisen: Zusammenfassung der Konvergenzkriterien

(1) Wenn die Folge monoton und beschränkt ist, wissen Sie, daß der Grenzwert existiert - Beispiele (6.29), (6.30).

(2) Mit Hilfe von Rechenregeln können Sie zu bekannten Folgen und ihren Grenzwerten gelangen - Beispiele (6.22), (6.24), siehe auch Satz (6.25), die Beispiele (6.26) und Aufgabe 12.

(3) Den Grenzwert a erraten Sie durch eine Vorüberlegung und beweisen dann, daß $|a_n - a| < \varepsilon$ für $n > N$ gilt - Beispiel (6.13).

Es gibt noch ein Kriterium für die Konvergenz von Folgen, das *Cauchy-Kriterium*, das sich wie (1) anwenden läßt, wenn der Grenzwert nicht bekannt ist. Das Cauchy-Kriterium ist vor allem wichtig, um die Theorie konvergenter Folgen weiterzuführen. Wir brauchen es zunächst nicht.

SATZ.- Eine Folge (a_n) ist konvergent genau dann, wenn es zu jedem $\varepsilon > 0$ eine Zahl N gibt mit Cauchy-Kriterium

$$|a_n - a_m| < \varepsilon \quad \text{für alle } n > N \text{ und für alle } m > N.$$

(6.31) Transport von Ladung

BEISPIEL.- Ein Bandgenerator liefert die elektrische Spannung U_B. Mit Hilfe eines Löffels L (Kapazität C_1) soll eine Kugel K (Kapazität C_2) geladen werden, indem die Ladungen mit dem Löffel vom Bandgenerator auf die Kugel K transportiert werden. Die Anfangsspannung von K sei $U_0 = 0$.

a) Berechnen Sie die Ladung Q_n und die Spannung U_n nach dem n-ten Ladungschritt.

(*) Es gilt wieder $r = \lim\limits_{n\to\infty} R_n = \lim\limits_{n\to\infty} R_{n+1}$.

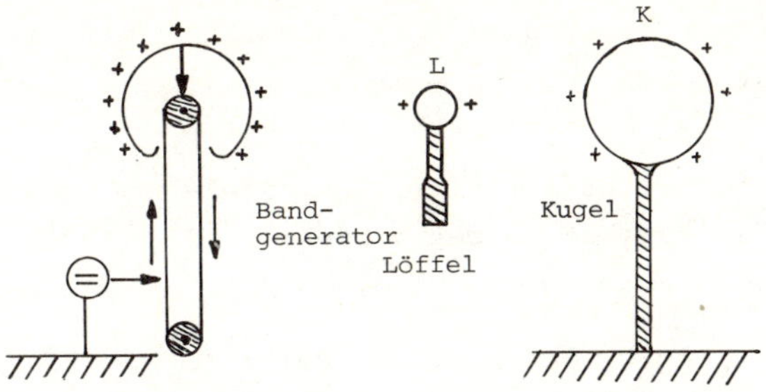

b) Zeigen Sie, daß die Folgen (Q_n) und (U_n) konvergieren und bestimmen Sie die Grenzwerte.

Hinweis: Für einen Kondensator gilt $Q=C\cdot U$, $Q=$ Ladung auf dem Kondensator, $C=$ Kapazität des Kondensators, $U=$ Spannung am Kondensator. Der Löffel L und die Kugel K lassen sich als Kondensatoren auffassen.

LÖSUNG: a) Berechnung der Folge (U_n).
Die Spannung der Kugel K sei U_n. Dann ist die Ladung auf K: $C_2\cdot U_n$. Die Ladung des Löffels beträgt $C_1\cdot U_B$. Daraus folgt

$$(C_1+C_2)U_{n+1} = C_1\cdot U_B + C_2\cdot U_n$$

oder

$$U_{n+1} = \frac{C_1\cdot U_B + C_2\cdot U_n}{C_1+C_2} .$$

Die Folge (Q_n) ergibt sich aus $Q = C\cdot U$ zu

$$Q_{n+1} = \frac{C_2}{C_1+C_2}(C_1\cdot U_B + Q_n) .$$

b) Zum Beweis der Konvergenz genügt es zu zeigen, daß die Folgen monoton und beschränkt sind.

Monotonie: Die Folge (U_n) ist monoton steigend, denn $U_{n+1} > U_n$ für alle n (Beweis durch Induktion).
$U_1 > U_o$ durch Nachrechnen. Sei $U_n > U_{n-1}$. Die Behauptung $U_{n+1} > U_n$ ist äquivalent zu

$$C_1\cdot U_B + C_2\cdot U_n - C_1\cdot U_B - C_2\cdot U_{n-1} > 0$$

oder $U_n > U_{n-1}$. Aus der Umkehrung der Reihenfolge der Ungleichungen folgt, daß $U_o = 0$ und $Q_o = 0$ untere Schranken der Folgen sind. Wir beweisen durch Induktion, daß U_B eine obere Schranke ist: $U_n < U_B$ für alle n.
$U_1 < U_B$ durch Ausrechnen. Sei $U_n < U_B$. Die Behauptung $U_{n+1} < U_B$ ist äquivalent zu

$$\frac{C_1\cdot U_B + C_2\cdot U_n}{C_1+C_2} = \frac{C_1\cdot U_B}{C_1+C_2} + \frac{C_2\cdot U_n}{C_1+C_2} < U_B$$

oder $C_1\cdot U_B + C_2\cdot U_n < C_1\cdot U_B + C_2\cdot U_B$

oder $U_n < U_B$. Aus der Umkehrung der Ungleichungen folgt die Behauptung. Analog für (Q_n).

Für die Grenzwerte ergibt sich dann: $\lim_{n\to\infty} U_n = U_B$ und $\lim_{n\to\infty} Q_n = C_2\cdot U_B$.

AUFGABE 14.- Ein Behälter mit dem Volumen V enthält Luft, die unter dem Außendruck p_o steht. Mit Hilfe einer Kolbenpumpe mit dem wirksamen Zylindervolumen Z soll der Behälter evakuiert werden. A 14

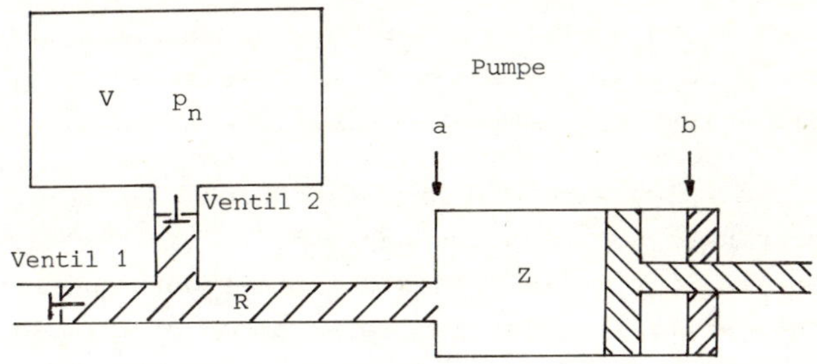

Der schraffierte Raum zwischen den Ventilen 1 und 2 und der Pumpe habe das Volumen R.

Beschreibung der Funktion: Der Kolben befinde sich in Stellung b, Ventil 2 sei geschlossen, Ventil 1 sei offen. Wenn sich der Kolben von b nach a bewegt, wird Luft mit dem Zylindervolumen Z nach außen gestoßen. Die Luft im Volumen R bleibt im System und steht stets unter dem Druck p_o, wenn Ventil 1 offen ist. Ventil 1 wird geschlossen und Ventil 2 geöffnet. Dabei findet ein Druckausgleich zwischen dem Behälter und dem Volumen R statt. Bewegt sich der Kolben dann von a nach b, wird das Volumen im System um das Volumen Z vergrößert und der Druck im Gesamtsystem verringert sich. Ventil 2 wird wieder geschlossen, Ventil 1 geöffnet, und der eben beschriebene Prozeß läuft erneut ab. Auf diese Weise wird der Druck im Behälter schrittweise verringert. Der Druck nach n Schritten wird mit p_n bezeichnet.

a) Bestimmen Sie die Folge (p_n).

b) Untersuchen Sie (p_n) auf Konvergenz oder Divergenz.

c) Berechnen Sie den Grenzwert $\lim_{n\to\infty} p_n = p$.

d) Welche Folgerungen für die Konstruktion einer Evakuierungspumpe lassen sich aus c) schließen?

(Hinweis: Wenden Sie das Gesetz von Boyle-Mariotte an:

$$p\cdot V = m\cdot C$$

(m ist dabei die Masse des Gases, C eine Konstante)).

§ 4 KOMPLEXE FOLGEN

Wir prüfen die Begriffe und Sätze für reelle Folgen darauf hin, ob sie auch für komplexe Folgen gelten.

Da im wesentlichen nur die Ergebnisse für reelle Folgen wiederholt werden, hat der Abschnitt nicht das gleiche Gewicht wie die vorangegangen.

DFINITION.- Eine Funktion von $\mathbb{N}$ nach $\mathbb{C}$ heißt *komplexe Folge*. (6.32) komplexe Folgen

Im Gegensatz zu den reellen Zahlen gibt es für die komplexen Zahlen keine "$\leq$"-Beziehung: es ist für zwei komplexe Zahlen z und w nicht möglich, zu sagen, daß z größer (oder kleiner) als w ist (siehe Kapitel 3). Daraus folgt: diejenigen Begriffe und Sätze für reelle Folgen, die benutzen, daß es in $\mathbb{R}$ eine Ordnung gibt, sind nicht auf komplexe Folgen übertragbar.

Erste Opfer sind die Begriffe "nach oben beschränkt" und "monoton wachsend". Beide Begriffe sind für reelle Folgen definiert durch Ungleichungen, die es für komplexe Folgen nicht geben kann. Aber: der Begriff "beschränkt" ist für eine reelle Folge definiert über den Betrag der Glieder. Den Begriff "Betrag" gibt es auch für komplexe Zahlen:

(6.33) beschränkte komplexe Folge

DEFINITION.- Eine komplexe Folge (a_n) heißt *beschränkt*, wenn es eine Zahl K gibt mit

$$|a_n| < K \text{ für alle } n \in \mathbb{N}.$$

Beschränktheit

"Beschränkt" heißt für reelle Folgen, daß alle Glieder a_n innerhalb des Intervalls $]-K,K[$ liegen:

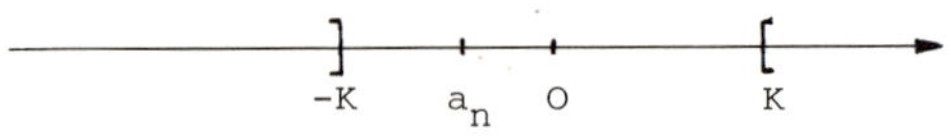

Für komplexe Zahlen heißt "beschränkt", daß alle Glieder a_n innerhalb eines Kreises mit Radius K liegen:

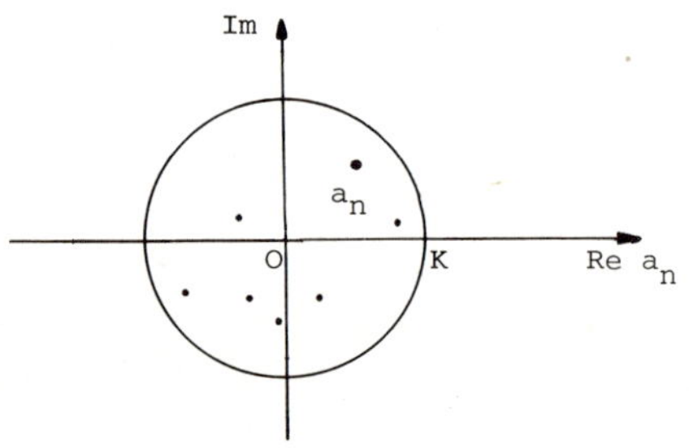

Der Betrag einer komplexen Zahl ist eine reelle Zahl. Wie Definition (6.33) zeigt, ist der Betrag deshalb ein Hilfsmittel, Fragen für komplexe Folgen auf Fragen für reelle Zahlen zurückzuführen.

(6.34) BEISPIEL.- Die komplexe Folge (a_n),

$$a_n = \frac{in}{i+4n},$$

ist beschränkt, denn für alle $n \in \mathbb{N}$ gilt

$$|a_n| = \left|\frac{in}{i+4n}\right| = \frac{|in|}{|i+4n|} = \frac{n}{\sqrt{1+16n^2}} \leq \frac{n}{4n} = \frac{1}{4}.$$

Beschränktheit nachweisen

Eine komplexe Folge (a_n) ist beschränkt, wenn die reelle Folge $(|a_n|)$ beschränkt ist. Da für alle $z \in \mathbb{C}$

$$|z| \leq |Re(z)| + |I_m(z)|$$

gilt, ist es oft hilfreich, Real- und Imaginärteil getrennt zu betrachten:

BEISPIEL.- Die komplexe Folge (a_n), (6.35)

$$a_n = \frac{1}{4^n} + \frac{i}{n}$$

ist beschränkt, denn für alle $n \in \mathbb{N}$ gilt

$$|a_n| \leq |Re(a_n)| + |Im(a_n)| = \left|\frac{1}{4^n}\right| + \left|\frac{1}{n}\right| = \frac{1}{4^n} + \frac{1}{n}.$$

Die reellen Folgen $(\frac{1}{4^n})$ und $(\frac{1}{n})$ sind beschränkt.

BEISPIEL.- Die komplexe Folge (a_n), (6.36)

$$a_n = (-1)^n \cdot 3n - \frac{i}{n+3}$$

ist nicht beschränkt, denn für alle $n \in \mathbb{N}$ gilt

$$|a_n| = \left|(-1)^n \cdot 3n - \frac{i}{n+3}\right| \geq |(-1)^n \cdot 3n| - \left|\frac{i}{n+3}\right|$$
$$= 3n - \frac{1}{n+3} > 2n.$$

Kriterium für "nicht beschränkt"

Eine komplexe Folge (a_n) ist nicht beschränkt, wenn $|a_n| \geq |b_n|$ für alle $n \in \mathbb{N}$, wobei (b_n) eine reelle Folge ist, die nicht beschränkt ist. (Diese wichtige Regel gilt natürlich auch für reelle Folgen (a_n)).

DEFINITION.- Sei (a_n) eine komplexe Folge. Eine Zahl $a \in \mathbb{C}$ heißt *Grenzwert* (oder *Limes*) der Folge (a_n), wenn es zu jedem $\varepsilon > 0$ ein $n_\varepsilon \in \mathbb{N}$ gibt mit (6.37) Grenzwert

$$|a_n - a| < \varepsilon \quad \text{für alle } n \geq n_\varepsilon.$$

Die Definition (6.37) entspricht dem reellen Fall, ebenso sind die Bezeichnungen die gleichen wie im reellen Fall: wenn die Folge (a_n) einen Grenzwert a hat, so heißt sie *konvergent*, anderenfalls *divergent*.

Auch für komplexe Folgen ist $a = \lim_{n\to\infty} a_n$ eindeutig bestimmt (der Beweis des entsprechenden "reellen" Satzes (6.16) läßt sich wörtlich übernehmen).

BEISPIEL.- Ist die komplexe Folge (a_n), (6.38)

$$a_n = \frac{in}{i+n}$$

konvergent ?

Wir wollen die Konvergenz direkt mit der Definition nachweisen, obwohl es mit den bekannten Rechenregeln, die auch für komplexe Folgen gelten, schneller ginge. Der direkte Weg führt nämlich dazu, einen sehr nützlichen Satz zu vermuten ... .

Rechentip

Es ist sicher von Vorteil, vor dem eigentlichen Konvergenzbeweis schon durch Einsetzen zu sehen, was der Grenzwert der Folge (a_n) *sein könnte. Damit die* a_n *als komplexe Zahl deutlich mit Real- und Imaginärteil dastehen, multipliziert man mit der Konjugierten des Nenners:*

$$a_n = \frac{in}{i+n} = \frac{in\,(-i+n)}{(i+n)\,(-i+n)} = \frac{n}{1+n^2} + i\cdot\frac{n^2}{1+n^2}\ .$$

Es ist dann

$$a_1 = \frac{1}{2} + i\cdot\frac{1}{2},\quad a_2 = \frac{2}{5} + i\cdot\frac{4}{5},\quad a_3 = \frac{3}{10} + i\cdot\frac{9}{10},\ldots$$

Vermutlich ist der Grenzwert $a = 0 + i\cdot 1 = i$.

Diese Vermutung wird erhärtet, wenn man Real- und Imaginärteil von a_n *getrennt betrachtet. Die Folge* $(\frac{n}{1+n^2})$ *hat den Grenzwert 0 und die Folge* $(\frac{n^2}{1+n^2})$ *den Grenzwert 1. Der nächste Satz zeigt, daß sich der Grenzwert einer komplexen Folge tatsächlich aus den Grenzwerten von Real- und Imaginärteil zusammensetzen läßt.*

BEHAUPTUNG.- $\lim\limits_{n\to\infty} \frac{in}{i+n} = i$.

BEWEIS.- Sei $\varepsilon > 0$ vorgegeben. Gesucht ist ein n_ε mit

$$(\Delta)\qquad \left|\frac{in}{i+n} - i\right| < \varepsilon \qquad \text{für alle } n \geq n_\varepsilon.$$

Diese Ungleichung wird umgeformt, bis man erkennt, wie n_ε *zu wählen ist.*

Für alle $n \in \mathbb{N}$ gilt

$$\left|\frac{in}{i+n} - i\right| = |i|\left|\frac{n}{i+n} - 1\right| = \left|\frac{-i}{i+n}\right| = \frac{1}{|i+n|}\ .$$

Damit die Ungleichung (Δ), gilt, muß also

$$|i+n| > \frac{1}{\varepsilon}$$

sein. Wegen $|i+n| \geq n-1$ ist das sicher erfüllt, wenn gilt $n-1 > \frac{1}{\varepsilon}$, also $n > \frac{1}{\varepsilon} + 1$.

Wenn also $n \geq n_\varepsilon > \frac{1}{\varepsilon} + 1$ ist, so gilt - jetzt müssen Sie alle Ungleichungen und Gleichungen von unten nach oben lesen - die Abschätzung (Δ).

(6.39) komplexe Nullfolge

SATZ.- Die komplexe Folge (a_n) ist genau dann eine Nullfolge, wenn $(\mathrm{Re}(a_n))$ und $(\mathrm{Im}(a_n))$ Nullfolgen sind.

BEWEIS.- (1) Wenn (a_n) eine Nullfolge ist, dann ist auch $(|a_n|)$ eine Nullfolge. Dann sind auch $(\mathrm{Re}(a_n))$ und $(\mathrm{Im}(a_n))$ Nullfolgen, denn es gilt für alle $n \in \mathbb{N}$

$$|\mathrm{Re}(a_n)| \leq |a_n| \quad \text{und} \quad |\mathrm{Im}(a_n)| \leq |a_n|$$

(siehe Rechenregel (3) von (6.21)).

(2) Sei nun vorausgesetzt, daß $(\mathrm{Re}(a_n))$ und $(\mathrm{Im}(a_n))$ Nullfolgen sind. Für alle $n \in \mathbb{N}$ gilt

$$|a_n| \leq |\mathrm{Re}(a_n)| + |\mathrm{Im}(a_n)|\ .$$

Damit ist $(|a_n|)$ und deshalb auch (a_n) eine Nullfolge.

Aus diesem Satz folgt sofort der allgemeinere Satz:

(6.40) Kriterium für Konvergenz

SATZ.- Eine komplexe Folge (a_n) konvergiert genau dann, wenn $(\mathrm{Re}(a_n))$ und $(\mathrm{Im}(a_n))$ konvergieren. Es gilt dann

$$\lim_{n\to\infty} a_n = \lim_{n\to\infty} \mathrm{Re}(a_n) + i\cdot\lim_{n\to\infty} \mathrm{Im}(a_n).$$

BEWEIS.- (a_n) konvergiert genau dann gegen eine Zahl α, wenn $(a_n - \alpha)$ eine Nullfolge ist. Das ist nach (6.39) genau dann der Fall, wenn die Folgen

$$(\mathrm{Re}(a_n - \alpha)) = (\mathrm{Re}(a_n) - \mathrm{Re}(\alpha))$$

und

$$(\mathrm{Im}(a_n - \alpha)) = (\mathrm{Im}(a_n) - \mathrm{Im}(\alpha))$$

Nullfolgen sind. Das ist wieder äquivalent dazu, daß $(\mathrm{Re}(a_n))$ gegen $\mathrm{Re}(\alpha)$ und $(\mathrm{Im}(a_n))$ gegen $\mathrm{Im}(\alpha)$ konvergiert.

BEISPIELE.- (1) Die Folge (a_n), $a_n = \frac{1}{4^n} + \frac{i}{n}$, ist eine Nullfolge, denn $(\mathrm{Re}(a_n))$ und $(\mathrm{Im}(a_n))$ sind Nullfolgen. (6.41)

(2) Die Folge (a_n), $a_n = \frac{in}{i+n}$, konvergiert gegen i, denn es gilt

$$a_n = \frac{in}{i+n} = \frac{i}{i/n + 1} \qquad \text{für alle } n.$$

Die Rechenregeln (6.23) gelten auch für komplexe Folgen. Es existieren die Grenzwerte $\lim\limits_{n\to\infty} i = i$ und $\lim\limits_{n\to\infty} \frac{i}{n} = i\cdot\lim\limits_{n\to\infty}\frac{1}{n} = 0$. Also Rechenregeln

$$\lim_{n\to\infty} a_n = \lim_{n\to\infty} \frac{i}{i/n + 1} = i.$$

(3) Die Folge (a_n), $a_n = \frac{in^3}{8i+2n}$, ist nicht beschränkt:

$$|a_n| = \left|\frac{in^3}{8i+2n}\right| = \frac{n^3}{|8i+2n|} \geq \frac{n^3}{8+2n} \geq \frac{n^3}{10n} = \frac{n^2}{10} \qquad \text{für alle } n.$$

Also ist (a_n) divergent, denn wie im Reellen gilt: Eine komplexe Folge ist divergent, wenn sie nicht beschränkt ist.

Kriterium für Divergenz

A 15

AUFGABE 15.- Prüfen Sie die Folgen (a_n) *auf Konvergenz.*

(a) $a_n = (\frac{n^2+1}{2n^2+1}) + i(2+(-1)^{n-1})n$;

(b) $a_n = \sqrt{\frac{n^2+1}{n^2+2}} + i\sqrt[3]{(\frac{1}{2})^n}$;

(c) $a_n = \frac{i^n}{n \cdot i+1}$; (d) $a_n = (\frac{3+i}{\sqrt{3}})^{n+2}$

Zusammenfassung

Eine Folge ist eine Funktion von $\mathbb{N}$ nach $\mathbb{R}$. Die Schreibweise (a_n) meint die Funktion $n \longmapsto a_n$. Zahlreiche Folgen, die im Bereich der Anwendungen auftreten, sind rekursiv definiert.
Ziel 1 Können Sie ein Beispiel einer rekursiv definierten Folge frei aufschreiben?

"Konvergenz" ist der zentrale Begriff dieses Kapitels und einer der wichtigsten der gesamten Analysis.

Eine Folge (a_n) *heißt konvergent, wenn es eine Zahl* a *gibt mit der Eigenschaft: zu jedem* $\varepsilon > 0$ *gibt es ein* N *mit*

$$|a_n - a| < \varepsilon \quad \text{für alle } n \geq N.$$

Die Zahl a *heißt Grenzwert der Folge,* $a := \lim_{n\to\infty} a_n$.

Ziel 2 Diese Definition der Konvergenz sollten Sie nicht mehr vergessen, Sie müssen sie veranschaulichen können.

Wie für Funktionen gibt es auch für Folgen die
Ziel 3 Begriffe "monoton" und "beschränkt". *Eine nach oben beschränkte und monoton wachsende Folge ist konvergent (ebenso eine nach unten beschränkte und monoton fallende Folge).* Diesen Satz brauchen Sie häufig, um nachzuweisen, daß eine Folge konvergent ist - Satz (6.12).

Ziel 4 Nicht konvergente Folgen heißen divergent. Wichtigstes Kriterium: *Wenn* (a_n) *nicht beschränkt ist, so ist* (a_n) *divergent.*

Ziel 5 Konvergente Folgen und ihre Grenzwerte können Sie wie reelle Zahlen addieren und multiplizieren - Satz (6.23). Mit Hilfe dieser Rechenregeln lassen sich die Grenzwerte zahlreicher Folgen bestimmen - Beispiel (6.22).

Ob Sie die Ziele 3,4 und 5 erreicht haben, können Sie überprüfen, indem Sie die Aufgabe im Text frei zu lösen versuchen.

Einige wichtige Grenzwerte:

$$\lim_{n\to\infty} \frac{1}{n} = 0, \quad \lim_{n\to\infty} \sqrt[n]{r} = 1, \quad \lim_{n\to\infty} \sqrt[n]{n} = 1,$$

$$\lim_{n\to\infty} x^n = 0 \quad \text{für } |x| < 1,$$

$$\lim_{n\to\infty} \left(1 + \frac{1}{n}\right)^n = e .$$

Eine komplexe Folge ist eine Funktion von $\mathbb{N}$ nach $\mathbb{C}$. Für komplexe Zahlen gibt es keine $\leq$-Beziehung! Für konvergente Folgen gelten die gleichen Rechenregeln wie für konvergente reelle Folgen. Real- und Imaginärteil komplexer Folgen können Sie getrennt behandeln - Satz (6.40).

Ein Vorschlag

Die "Zusammenfassung" kann und soll nicht ersetzen, daß Sie selbst versuchen, sich einen Überblick über das Kapitel zu verschaffen. Wie Sie die Ergebnisse Ihrer Arbeit mit konvergenten Folgen schriftlich festhalten wollen, müssen Sie selbst entscheiden. Betrachten Sie den folgenden Text als Anregung, für dieses und alle anderen Kapitel einen ähnlichen Text selbständig zu schreiben.

Ich als Anfänger schreibe mir heraus: die Rechenmethoden und Rechentips, die Grundgedanken der Theorie; Beispiele, auf die wiederholt Bezug genommen wird oder die wichtig genannt werden. Ich schreibe auch eigene "Ergebnisse" auf: zum Beispiel, daß eine Folge, die als Quotient gegeben ist, $a_n = \frac{n^p + \dots}{n^q + \dots}$ *, konvergiert, wenn der größere Exponent von* n *im Nenner steht, und divergiert, wenn er im Zähler steht. Ich schreibe nicht auf, was mir klar erscheint und was ich schon fest im Kopf habe, zum Beispiel* $\lim_{n\to\infty} \frac{1}{n} = 0$.

Eine Anregung, sich mit Folgen zu beschäftigen, kommt vom Problem der Approximation. Beispiel Kreisfläche. Kennzeichen: zu jedem n wird eine Zahl I_n bestimmt, die I_n nähern den Kreisflächeninhalt I an.

"Annähern" wird mathematisch beschrieben durch den Begriff der Konvergenz: die Folge (I_n) konvergiert gegen I,

$$I = \lim_{n\to\infty} I_n,$$

falls es zu jeder Genauigkeitsschranke ε eine Nummer n_ε gibt, ab der alle I_n sich von I höchstens um ε unterscheiden:

$$|I_n - I| < \varepsilon \quad \text{für alle } n \geq n_\varepsilon .$$

Ähnliches Beispiel: die Folge $(1 + \frac{1}{n})^n$ mit dem Grenzwert e im Problem der Zinseszinsen.
Die Begriffe "monoton" und "beschränkt" übertragen sich auf Folgen, weil Folgen spezielle Funktionen sind (auf $\mathbb{N}$ definiert). Zum Beispiel heißt (a_n) beschränkt, wenn es ein $K \in \mathbb{R}$ gibt mit $|a_n| \leq K$ für alle n.

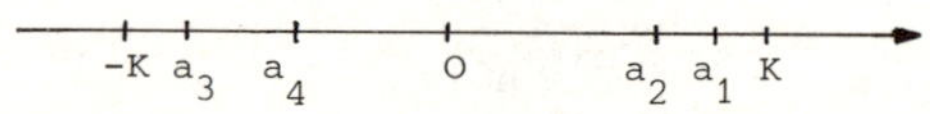

Kein Folgenglied a_n liegt außerhalb des Intervalls $[-K,K]$.

Um zu zeigen, daß eine Folge (a_n) monoton wachsend ist, kann man $a_{n+1} > a_n$ oder $a_{n+1} - a_n > 0$ oder $a_{n+1}/a_n > 1$ als Ansatz wählen.

Beweistechniken für Ungleichungen aus Kapitel 1 wiederholen. Warnung auf Seite 78!

Wenn (a_n) monoton wachsend und nach oben beschränkt ist, so ist $\lim_{n\to\infty} a_n = \sup (a_n)$. Die Beschreibungen von sup in Kapitel 5 und $\lim_{n\to\infty} a_n$ stimmen genau überein, beidesmal wird das Annähern ausgedrückt. Entsprechende Stellen in Kapitel 5 wiederholen.

Kriterium: beschränkt und monoton $\Longrightarrow$ konvergent. Beschränktheit und Monotonie werden oft mit vollständiger Induktion nachgewiesen. Dieser Satz liefert aber nur die Existenz, nicht den Wert von $\lim_{n\to\infty} a_n$.

Satz: Jede konvergente Folge ist beschränkt. Beweisidee: Ab n_ε liegen alle a_n im ε-Intervall um den Grenzwert. Bleiben endlich viele Anfangsglieder $a_1, a_2, \ldots, a_{n_\varepsilon - 1}$, die sich einzeln abschätzen lassen.

Folgerung (und wichtiges Kriterium): eine nicht beschränkte Folge ist divergent.

Beispiel für beschränkt <u>und</u> divergent: $a_n = (-1)^n$.

Rechenregeln, wie man sie erwartet. Wenn die Grenzwerte der einzelnen Summanden und Faktoren existieren, dann auch der Grenzwert der Summe und des Produkts. Nullfolgen als Grundlagen: aus jeder konvergenten Folge mit $\lim_{n\to\infty} a_n = a$ wird über $(a_n - a)$ eine Nullfolge.

Bei Quotienten prüfen, wo der höchste Exponent steht: im Nenner $\Longrightarrow$ konvergent, im Zähler $\Longrightarrow$ divergent. Beispiele:

$$\frac{n^5+n^3+\ldots}{n^2+n+\ldots} \text{ divergent}, \quad \frac{n}{n^2+1} \longrightarrow 0.$$

Durch höchste Potenz kürzen:

$$\frac{n^5+3n}{n^7+2} = \frac{\frac{1}{n^2}+\frac{3}{n^6}}{1+\frac{2}{n^7}} \longrightarrow 0.$$

Trick:

$$\sqrt{n+1} - \sqrt{n} = \frac{(\sqrt{n+1}-\sqrt{n})(\sqrt{n+1}+\sqrt{n})}{\sqrt{n+1}+\sqrt{n}}$$

Der Satz:

$$a_n \leq b_n \leq c_n, \ \lim_{n\to\infty} a_n = \lim_{n\to\infty} c_n = r \Longrightarrow \lim_{n\to\infty} b_n = r$$

wird zum Beispiel angewendet, um Nullfolgen zu erkennen: statt a_n betrachtet man $|a_n|$ und schätzt nach oben durch bekannte Nullfolgen ab. Beispiel:

$$0 \leq |a_n| \leq \frac{1}{n^2}.$$

In den Beispielen $(\sqrt[n]{x})$ und $x^n)$ diskutiert man das Konvergenzverhalten, indem man für verschiedene n die Funktionen $x \longrightarrow \sqrt[n]{x}$, $x \longrightarrow x^n$ untersucht. Nachlesen in (6.26), Aufgabe 11.

Wenn man weiß, daß der Grenzwert existiert, kann man ihn manchmal durch "Einsetzen" bestimmen. Beispiel in Aufgabe 11:

$\lim_{n\to\infty} x^n$ existiert $\Longrightarrow \lim_{n\to\infty} x \cdot x^n = x \lim_{n\to\infty} x^n$.

Diese Gleichung gilt für die Fälle $x = 1$ und $\lim_{n\to\infty} x^n = 0$.

Merken: $\lim_{n\to\infty} \sqrt[n]{n} = 1$.

Rekusiv definierte Folgen nach dem Schema von Beispiel (6.29) behandeln.

Komplexe Folgen: es gibt für komplexe Zahlen z und w keine Aussage der Form $z \leq w$. Mit Beträgen rechnen! Einziger neuer Satz:

(a_n) konvergiert $\Longleftrightarrow$ $(\mathrm{Re}(a_n))$ und $(\mathrm{Im}(a_n))$ konvergieren.

Es gilt

$$\lim_{n\to\infty} (a_n) = \lim_{n\to\infty} \mathrm{Re}(a_n) + i \cdot \lim_{n\to\infty} \mathrm{Im}(a_n).$$

Trick: mit Konjugierten des Nenners multiplizieren.

Beispiel:

$$\frac{in}{i+n} = \frac{in(-i+n)}{(i+n)(-i+n)} = \frac{n}{1+n^2} + i\,\frac{n^2}{1+n^2}.$$

Wegen $\frac{n}{1+n^2} \longrightarrow 0$ und $\frac{n^2}{1+n^2} \longrightarrow 1$ gilt hier

$$\frac{in}{i+n} \longrightarrow 0 + i \cdot 1.$$

Kapitel 7. Einführung in die Integralrechnung

Einleitung

Schon in der Antike beschäftigten sich Mathematiker mit dem Problem, den Flächeninhalt beispielsweise von Kreisen zu bestimmen. Dieses Problem werden wir als Ausgangspunkt nehmen, um ein Verfahren zu finden, mit dem sich der Flächeninhalt ebener Flächen, die von Graphen bestimmter Funktionen begrenzt sind, berechnen lassen. Das Verfahren wird als *Integration* bezeichnet.

Auch auf andere Bereiche - wie die Berechnung der physikalischen Arbeit - läßt sich dieses Verfahren anwenden. Sie werden schließlich sehen, daß die Integrierbarkeit, d.h. die Möglichkeit der Integration, sich als eine Eigenschaft bestimmter Funktionen erweist. Zum Beispiel sind monotone Funktionen integrierbar.

In diesem Kapitel wird es jedoch nur für einige elementare Funktionen (z.B. $f(x) = x^2$) gelingen, das Integral zu berechnen. Daher werden wir uns auch mit *"numerischen Verfahren"* beschäftigen, die es ermöglichen, das Integral anderer integrierbarer Funktionen wenigstens *näherungsweise* zu bestimmen (zu *approximieren*).

Es ist nicht allgemein üblich, die Integration schon so früh in einem Kurs über Analysis zu behandeln. Sie haben aber mit dieser Studieneinheit frühzeitig die Integration und ihre Regeln an der Hand, um sie in anderen Studienfächern anzuwenden.

§ 1 Beispiele

Sie haben sich schon in der Schule damit befaßt, Flächeninhalte einfacher geometrischer Figuren, wie Rechteck oder Trapez zu berechnen. Hier sollen Inhalte von Flächen bestimmt werden, wie sie etwa Bild 1 zeigt.

Es handelt sich um Flächen, die begrenzt sind durch die x-Achse, die vertikalen Geraden durch a und b und den Graphen einer gegebenen Funktion f über dem Intervall $[a,b]$.
Voraussetzung dabei sei vorläufig:

$$f(x) \geq 0 \qquad \text{für alle } x \in [a,b] .$$

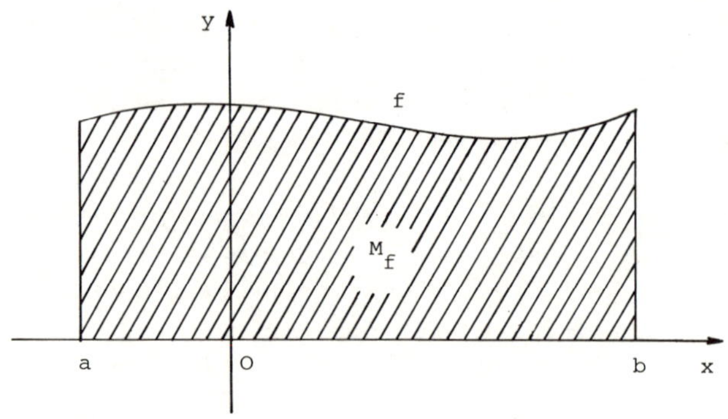

Bild 1.- Beispiel einer Fläche.

Die Menge der Punkte in der schraffierten Fläche in Bild 1 ist gegeben durch:

$$M_f := \{(x,y) \mid a \leq x \leq b,\ 0 \leq y \leq f(x)\} .$$ M_f

PROBLEM.- Erstes Ziel ist es, den "Inhalt der Menge M_f", den wir mit $I(M_f)$ bezeichnen wollen, mathematisch exakt zu definieren. Dabei wird das Supremumsaxiom aus Kapitel 5, Seite 70ff, eine große Rolle spielen. $I(M_f)$

ELEMENTARE DEFINITION.- Der Flächeninhalt eines Rechtecks ist das Produkt der beiden Seitenlängen. Flächeninhalt eines Rechtecks

Damit können wir für eine besonders einfache Funktion f den Inhalt $I(M_f)$ bestimmen:
Wir wählen $f(x) = c$ für alle $x \in [a,b]$, wobei c konstant und positiv sein soll. Es ergibt sich:

$$I(M_f) = c(b-a)$$

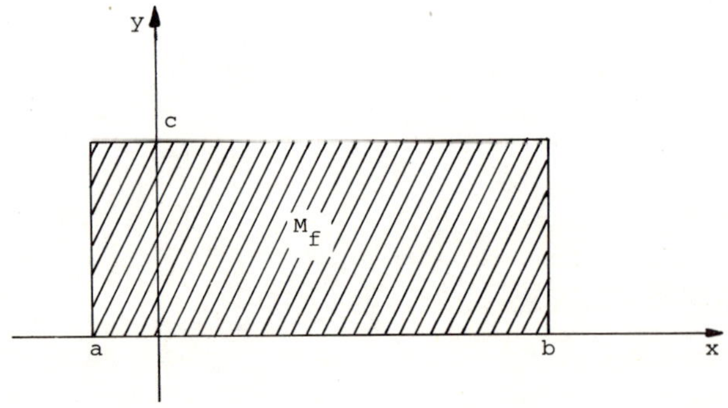

Bild 2.- Rechteckfläche.

Die Idee zur Lösung unseres Problems besteht nun darin, ein beliebiges M_f möglichst gut durch Vereinigung von Rechteckflächen "anzunähern".
Wir wollen uns das zunächst an einem einfachen Beispiel verdeutlichen.

(7.1) BEISPIEL.- Sei $f: [0,b] \longrightarrow \mathbb{R}$ mit $f(x) := x$ gegeben.

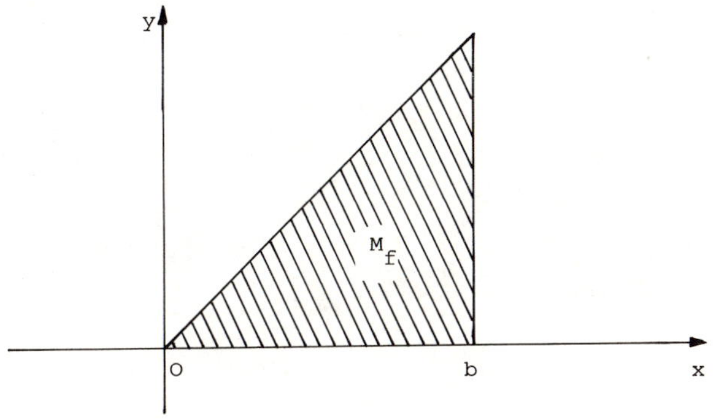

Bild 3.- Dreiecksfläche.

Dann ist M_f das Dreieck:

$$M_f = \{(x,y) \mid 0 \le x \le b,\ 0 \le y \le f(x) = x\}.$$

Der *Flächeninhalt* $I(M_f)$ dieses Dreiecks ist *elementargeometrisch* bekannt. $I(M_f)$ ist die Hälfte des Flächeninhalts des Rechtecks mit den Seitenlängen b und $f(b) = b$. Also $I(M_f) = \frac{b^2}{2}$.

FRAGE.- Können wir dieses Ergebnis nun auch dadurch erreichen, daß wir M_f durch Vereinigung von Rechtecken "annähern" ?

BEMERKUNG.- Dieser Arbeitsaufwand zur Berechnung des Flächeninhalts eines Dreiecks ist nur scheinbar überflüssig. Denn für ein allgemeines f steht kein "geometrischer Trick" - d.h. keine verwendbare elementare Definition des Flächeninhalts - zur Flächeninhaltsbestimmung zur Verfügung.

Zerlegung in Teilintervalle

VERFAHREN.- Man "zerlegt" das Intervall $[0,b]$ in n Teilintervalle, die gleichlang sein sollen. Also im Beispiel $n = 4$

$$x_0 = 0,\ x_1 = \frac{b}{4},\ x_2 = \ldots,\ x_3 = \ldots .$$

(In Bild 4.1 und 4.2 dargestellt).
Jedes Teilintervall hat die Länge $\frac{b}{n}$.
Die Endpunkte dieser Intervalle sind dann

$$x_k = k \cdot \frac{b}{n}\ ,\ k \in \{0,1,\ldots,n\}\ .$$

In jedem Intervall $[x_{k-1}, x_k]$ nimmt die monoton wachsende Funktion $f(x) = x$ alle Werte zwischen $f(x_{k-1}) = x_{k-1}$ und $f(x_k) = x_k$ an.

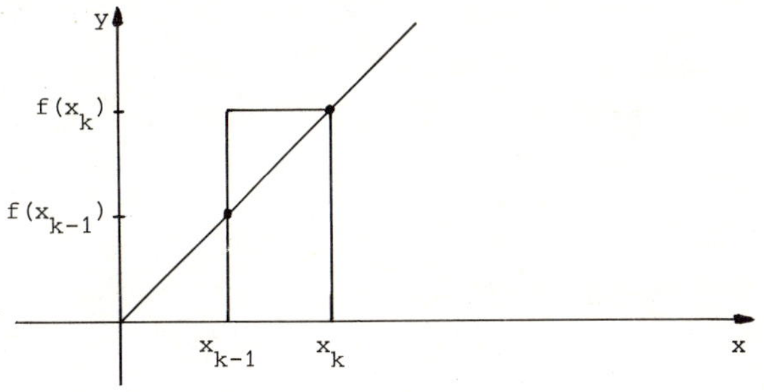

Wählen wir nun über dem Intervall $[x_{k-1}, x_k]$ das Rechteck mit der Höhe x_{k-1}, so liegt dieses ganz in M_f.

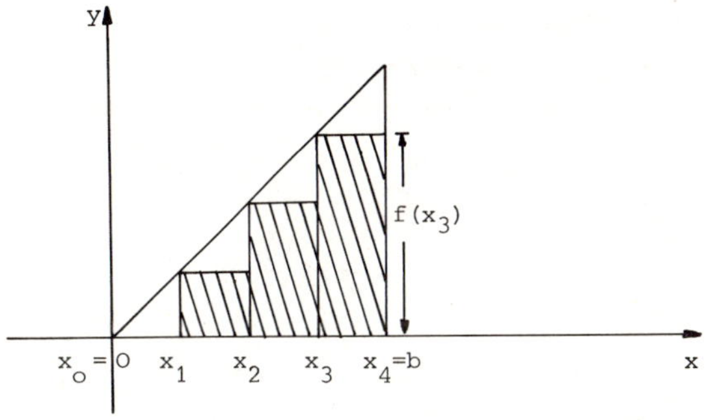

Bild 4.1.- Dreiecksfläche enthält Vereinigung der Rechtecke.

Wählen wir andererseits das Rechteck mit der Höhe x_k, so liegt umgekehrt die Menge

$$\{(x,y) \mid x_{k-1} \le x \le x_k,\ 0 \le y \le f(x) = x\}$$

ganz in diesem Rechteck.

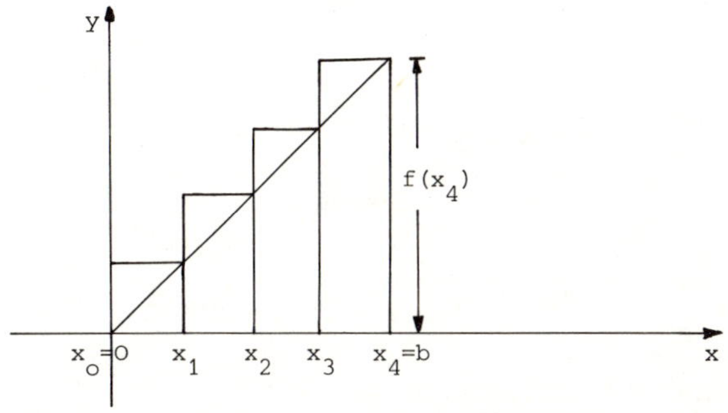

Bild 4.2.- Vereinigung der Rechtecke enthält Dreiecksfläche.

Der Flächeninhalt aller "kleinen" Rechtecke in Bild 4.1 ist einfach auszurechnen. Wir wollen ihn mit s bezeichnen:

$$s = f(x_0)(x_1 - x_0) + f(x_1)(x_2 - x_1) + \ldots +$$
$$+ f(x_{n-1})(x_n - x_{n-1}) =$$
$$= x_0 \cdot (x_1 - x_0) + x_1 \cdot (x_2 - x_1) + \ldots + x_{n-1} \cdot (x_n - x_{n-1}) =$$

$$= 0\cdot\frac{b}{n}\cdot\frac{b}{n} + 1\cdot\frac{b}{n}\cdot\frac{b}{n} + \ldots + (n-1)\frac{b}{n}\cdot\frac{b}{n} =$$
$$= \frac{b^2}{n^2}\,(1+2+\ldots+(n-1)).$$

Ebenso ergibt sich der Flächeninhalt aller "großen" Rechtecke in Bild 4.2, den wir mit S bezeichnen wollen:

$$S = f(x_1)(x_1 - x_o) + f(x_2)(x_2 - x_1) + \ldots +$$
$$+ f(x_n)(x_n - x_{n-1}) =$$
$$= x_1\cdot(x_1 - x_o) + x_2\cdot(x_2 - x_1) + \ldots + x_n\cdot(x_n - x_{n-1}) =$$
$$= 1\cdot\frac{b}{n}\cdot\frac{b}{n} + 2\cdot\frac{b}{n}\cdot\frac{b}{n} + \ldots + n\cdot\frac{b}{n}\cdot\frac{b}{n} =$$
$$= \frac{b^2}{n^2}\,(1+2+\ldots+n).$$

M_f liegt anschaulich zwischen den "großen" und den "kleinen" Rechtecken. Also soll auch für jeden vernünftigen Begriff von "Fläche" $I(M_f)$ zwischen s und S liegen:

Ungleichung für $I(M_f)$

$$s \le I(M_f) \le S.$$

Wir werden sehen, daß aus dieser anschaulichen Forderung an eine Zahl $I(M_f)$, die den Flächeninhalt des Dreiecks M_f beschreiben soll, bereits $I(M_f) = \frac{b^2}{2}$ folgt.

Mit den berechneten Summen gilt:

$$\frac{b^2}{n^2}(1+2+\ldots+(n-1)) \le I(M_f) \le \frac{b^2}{n^2}(1+2+\ldots+n).$$

Da wir am Anfang ein beliebiges n gewählt haben, gilt die Ungleichung für alle n.

Wir wissen bereits aus (2.3), Seite 25,

$$1+2+\ldots+(n-1) = \sum_{k=1}^{n-1} k = \frac{n(n-1)}{2}$$

und

$$1+2+\ldots+n = \sum_{k=1}^{n} k = \frac{n(n+1)}{2}.$$

Setzen wir diese Summenwerte ein, so lautet die Ungleichung:

$$\frac{b^2}{n^2}\cdot\frac{(n-1)n}{2} \le I(M_f) \le \frac{b^2}{n^2}\cdot\frac{n(n+1)}{2}$$

und das ist gleichbedeutend mit

$$\frac{b^2}{2}(1-\frac{1}{n}) \le I(M_f) \le \frac{b^2}{2}(1+\frac{1}{n}).$$

Sehen wir uns den ersten Teil der Ungleichung an:

$$\frac{b^2}{2}(1-\frac{1}{n}) \le I(M_f).$$

Da die Ungleichung für jedes n gilt, ist $I(M_f)$ eine obere Schranke von $\{\frac{b^2}{2}(1-\frac{1}{n}) \mid n \in \mathbb{N}\}$.

Aus dem Kapitel über Folgen wissen Sie bereits (siehe Satz (6.12) und Definition (6.14)):

Die monoton wachsende und nach oben beschränkte Folge $(\frac{b^2}{2}(1-\frac{1}{n}))_{n\in\mathbb{N}}$ besitzt ein Supremum und es gilt:

$$\sup\{\frac{b^2}{2}(1-\frac{1}{n}) \mid n\in\mathbb{N}\} = \lim_{n\to\infty}(\frac{b^2}{2}(1-\frac{1}{n})) = \frac{b^2}{2}.$$

Damit erhalten wir:

$$(1)\quad I(M_f) \ge \frac{b^2}{2}.$$

Ebenso ist $I(M_f)$ untere Schranke von

$\{\frac{b^2}{2}(1+\frac{1}{n}) \mid n\in\mathbb{N}\}$, also:

$$(2)\quad I(M_f) \le \inf\{\frac{b^2}{2}(1+\frac{1}{n}) \mid n\in\mathbb{N}\} =$$
$$= \lim_{n\to\infty}(\frac{b^2}{2}(1+\frac{1}{n})) = \frac{b^2}{2}$$

(nach Satz (6.12) und Definition (6.14)).

Es folgt aus (1) und (2):

$$\frac{b^2}{2} \le I(M_f) \le \frac{b^2}{2}$$

und daher:

$$I(M_f) = \frac{b^2}{2}.$$

$I(M_f) = \frac{b^2}{2}$

Also scheint das Verfahren anschaulich - und durch dieses eine Beispiel mathematisch belegt- für Dreiecke den gleichen Flächeninhalt zu liefern wie die elementargeometrische Definition.

Zusammenfassung

Sie haben durch das Beispiel eine Methode zur Berechnung des Flächeninhaltes eines Dreiecks mit Hilfe von Rechteckflächeninhalten kennengelernt.
Dabei wurde in Bild 3 das Intervall $[0,b]$ in n gleiche Teilintervalle unterteilt. Danach wurden mit Hilfe der Funktionswerte in den Randpunkten die "kleinen" und "großen" Rechtecke gebildet.
Die Vereinigung der "kleinen" Rechtecke war in M_f enthalten, die Vereinigung der "großen" Rechtecke enthielt M_f. Es ergab sich sodann eine für alle n geltende Ungleichung für die Flächeninhalte. Mit Hilfe des Supremumsaxioms und den Ergebnissen aus dem Paragraphen über Folgen erhielten wir dann den gleichen "Flächeninhalt" $I(M_f)$ wie er elementargeometrisch bekannt war.

FRAGEN.- Wie konstruieren wir allgemein Rechtecke, deren Vereinigung M_f einschließt, beziehungsweise Rechtecke, deren Vereinigung in M_f enthalten ist?
Muß dabei das Intervall $[a,b]$ stets in gleichlange Teilintervalle zerlegt werden oder gibt es auch andere Möglickeiten?

Für welche Funktionen f streben die Flächeninhalte der Vereinigung der "großen" Rechtecke und der Vereinigung der "kleinen" Rechtecke bei einer kleiner werdenden Unterteilung des gegebenen Intervalls $[a,b]$ gegen den gleichen Wert, den wir sinnvollerweise als Flächeninhalt $I(M_f)$ definieren werden ?

Diese Fragen tauchen aber nicht nur beim Problem der Flächeninhaltsbestimmung auf. Sie ergeben sich genauso bei Fragestellungen aus anderen Bereichen wie zum Beispiel der Physik:

(7.2) Arbeit bei Ausdehnung einer Feder

BEISPIEL.- Gesucht ist die Arbeit W, die bei der Ausdehnung einer Feder um die Länge s geleistet wird.

(1) Voraussetzung: An der Feder wirkt eine Kraft F konstant, geradlinig und parallel zum Weg s.

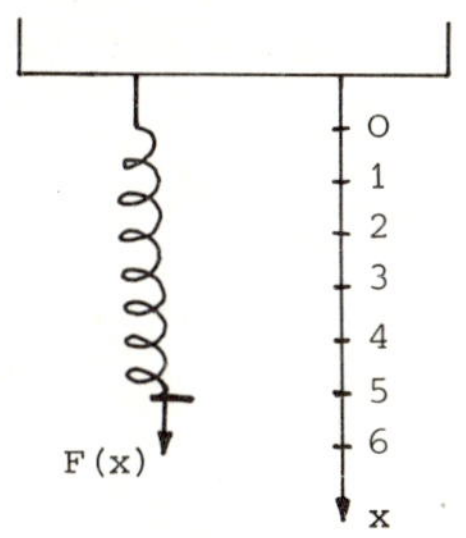

Bild 5.- Feder

Bekanntlich gilt dann:

$$W = F \cdot s$$

(2) Voraussetzung: Die Kraft, mit der das Federende aus einer Position a in eine Position b gebracht wird, ist nicht mehr konstant, sondern eine monoton wachsende Funktion des Ortes

$$F: [a,b] \longrightarrow \mathbb{R}.$$

Zum Beispiel:

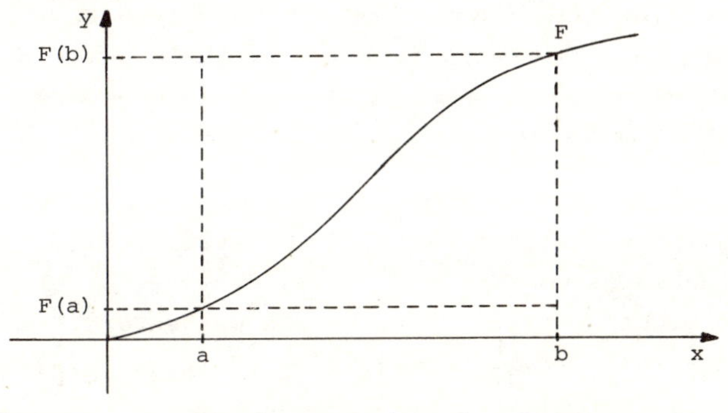

Bild 6.- Kraft als Funktion des Ortes.

Für konstante Kräfte ist die geleistete Arbeit bekannt:

Arbeit = Kraft mal Weg

$F(a)(b-a)$ ist bestimmt kleiner als die gesuchte Arbeit W, die Arbeit $F(b)(b-a)$ ist sicher größer, d.h.

$$F(a)(b-a) \leq W \leq F(b)(b-a).$$

Um die geleistete Arbeit W genauer zu bestimmen, teilen wir jetzt die Strecke $(b-a)$ in n Teilstrecken auf mit den Eckpunkten $x_0 = a$, $x_1, x_2, \ldots, x_n = b$ (siehe Bild 7 für $n = 4$).

Nun nehmen wir an, daß die Kraft auf den Teilstrecken $[x_{k-1}, x_k]$ konstant gleich der Kraft am linken Randpunkt x_{k-1}, also $F(x_{k-1})$ ist.

Die so geleistete Arbeit ist dann gegeben durch die Summe der Einzelarbeiten, d.h. gleich

$$\sum_{k=1}^{n} F(x_{k-1})(x_k - x_{k-1}).$$

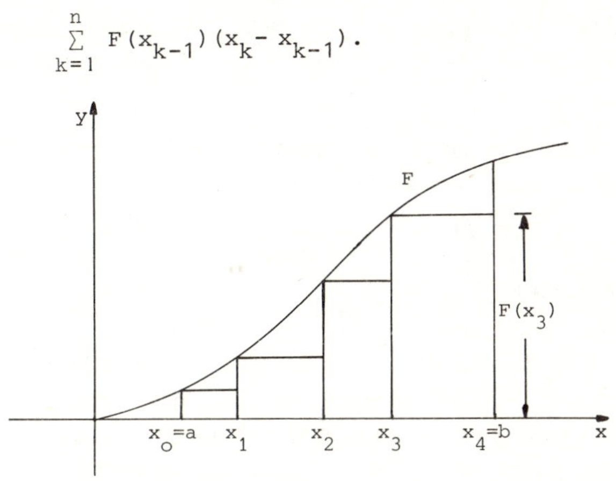

Bild 7.- Näherung an die gesuchte Arbeit.

Wenn wir annehmen, daß die Kraft auf den Teilstrecken $[x_{k-1}, x_k]$ konstant gleich $F(x_k)$ ist, ist die geleistete Arbeit gleich

$$\sum_{k=1}^{n} F(x_k)(x_k - x_{k-1}).$$

Die gesuchte Arbeit muß nun - anschaulich gesprochen - zwischen diesen beiden Werten liegen, also

$$(*) \quad \sum_{k=1}^{n} F(x_{k-1})(x_k - x_{k-1}) \leq W \leq \sum_{k=1}^{n} F(x_k)(x_k - x_{k-1}).$$

Die Frage ist nun: Wie erhalten wir den richtigen Wert für unsere Arbeit W ?

Eine Lösungsmöglichkeit könnte sein, daß wir die Strecken, auf denen wir F als konstant annehmen, immer kleiner werden lassen.
Vielleicht konvergieren dann im Grenzwert, d.h. wenn die Länge der Strecken immer kleiner wird, die Summen gegen

die gesuchte Arbeit W .

A 1

AUFGABE 1.- Versuchen Sie mit diesem Lösungsansatz die Arbeit W zu bestimmen, wenn $F(x) = c \cdot x^2$, $c > 0$, $c \in \mathbb{R}$, $x \in [0,b]$ ist. Ferner sei die Länge der Teilstrecken für jedes n gleich $\frac{b}{n}$, d.h. die Teilstrecken seien gleichlang.

Flächeninhalt = Arbeit

Beziehungen zwischen den Beispielen (7.1) und (7.2):

Wir können die linke Seite von (∗) auch als Summe von Rechteckflächen mit den Seitenlängen $F(x_{k-1})$ und $(x_k - x_{k-1})$ denken, ebenso die rechte Seite von (∗) als Summe von Rechteckflächen mit den Seitenlängen $F(x_k)$ und $(x_k - x_{k-1})$ und die gesuchte Arbeit W schließlich als Flächeninhalt der Fläche unter dem Graphen von F. Auch das vorgeschlagene Lösungsverfahren - allerdings mit ungleichlangen Teilintervallen - entspricht dem Verfahren aus Beispiel (7.1). Damit beenden wir die Betrachtung von Beispiel (7.2).

Wir kommen also zu den gleichen Fragen wie beim Problem der Flächeninhaltsbestimmung auf Seite 96. Es soll jetzt versucht werden, mathematisch exakt zu einer Lösung dieses Problems zu kommen.

Die allgemeine Definition des Flächeninhaltes wird auch für Funktionen gelten, die negative Werte annehmen (wie in Bild 8 dargestellt).

Integral

Die Zahl, die wir in diesem Fall erhalten und als "Integral von f über [a,b]" bezeichnen werden, hat dann nicht mehr unmittelbar die geometrische Bedeutung eines Flächeninhaltes. Man kann sie aber auffassen als eine Differenz der Flächeninhalte oberhalb der x-Achse (im Bild durch M_+ bezeichnet) und der Flächeninhalte unterhalb der x-Achse (im Bild durch M_- bezeichnet).

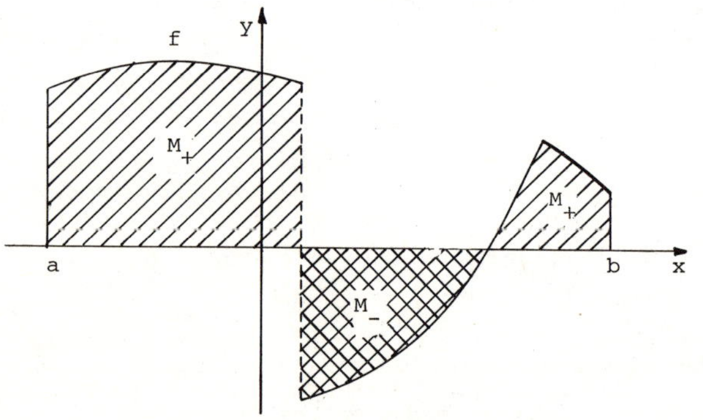

Bild 8.- Integral als Differenz von Flächeninhalten.

§ 2 OBERSUMME UND UNTERSUMME

Wir schlagen den Weg ein, der im Beispiel (7.2) als Lösungsvorschlag gemacht und im Beispiel (7.1) - jedoch mit einer speziellen Unterteilung - durchgeführt wurde. Dabei muß ein gegebenes Intervall [a,b] - das war beispielsweise in (7.2) die Strecke, während der die Kraft wirkte - in n Teilintervalle "zerlegt" werden. Genau wie in den Beispielen wählt man dazu (n-1) Zwischenpunkte, die im Innern des Intervalls [a,b] liegen:

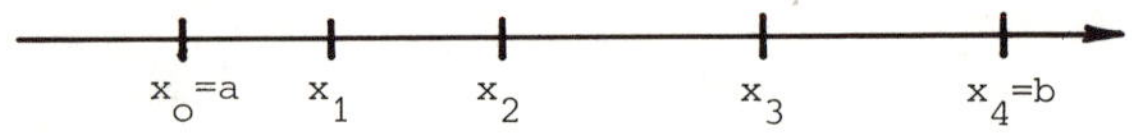

Bild 9.- Zerlegung von [a,b] in 4 Teilintervalle.

Aus Gründen der Vereinfachung wird $x_o := a$ und $x_n := b$ gesetzt. Damit kommen wir zu folgender Definition:

DEFINITION.- Sei $a < b$. Eine *Zerlegung Z von [a,b]* ist eine Menge von Punkten $\{x_o, x_1, x_2, \ldots, x_n\}$, wobei die Punkte der Bedingung (7.3) Zerlegung

$$a = x_o < x_1 < x_2 < \ldots < x_{n-1} < x_n = b$$

genügen.

BEMERKUNG.- Durch eine Zerlegung $Z = \{x_o, x_1, \ldots, x_n\}$ werden n abgeschlossene Teilintervalle Teilintervalle

$$[x_o, x_1] , [x_1, x_2] , \ldots , [x_{n-1}, x_n]$$

von [a,b] festgelegt.

Das zweimalige Erscheinen der Randpunkte etwa x_1 in $[x_o, x_1]$ und $[x_1, x_2]$ ist ohne Bedeutung für den weiteren Verlauf, außer daß es die Darstellung vereinfacht. Den Beweis dafür, daß es gleich ist, halboffene oder abgeschlossene Intervalle zu betrachten, bringt Beispiel (7.15).

BEISPIEL.- Nehmen wir das Intervall [0,1]. (7.4)
Dann ist etwa $Z = \{0, \frac{1}{32}, \frac{1}{16}, \frac{1}{8}, \frac{1}{4}, \frac{1}{2}, 1\}$ eine Zerlegung von [0,1]. Durch sie werden die Teilintervalle $[0,\frac{1}{32}], [\frac{1}{32},\frac{1}{16}], [\frac{1}{16},\frac{1}{8}], [\frac{1}{8},\frac{1}{4}], [\frac{1}{4},\frac{1}{2}], [\frac{1}{2},1]$ festgelegt.

Für spätere Rechnungen oft sehr vorteilhaft ist eine spezielle Zerlegung, die im folgenden Beispiel erläutert ist.

(7.5) **BEISPIEL.-** Wir zerlegen das Intervall $[a,b]$ durch $(n-1)$ Zwischenpunkte so, daß der Abstand für zwei benachbarte Punkte immer gleich ist. Das bedeutet:

$$x_k - x_{k-1} = \frac{b-a}{n} \quad \text{für alle } k \in \{1,2,\dots,n\}.$$

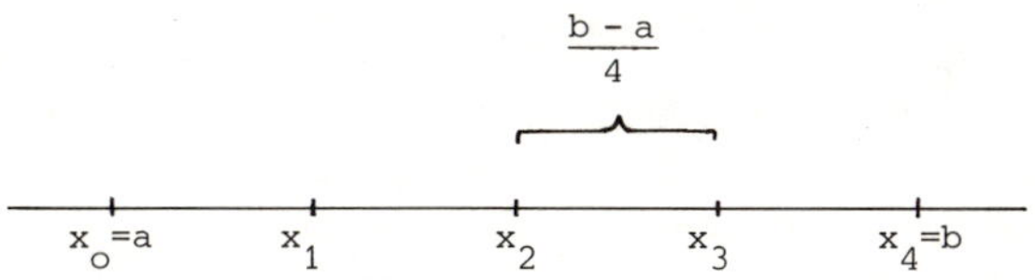

Bild 10.- Äquidistante Zerlegung.

Eine Zerlegung dieser Art mit $a=0$ haben Sie bereits im Beispiel (7.1) kennengelernt.

äquidistante Zerlegung

Wir nennen Zerlegungen, die der Bedingung $x_k - x_{k-1} = \frac{b-a}{n}$ für $k \in \{1,2,\dots,n\}$ genügen, *äquidistante* Zerlegungen.

A 2

AUFGABE 2.- Bestimmen Sie im Falle $n=6$ die äquidistante Zerlegung für das Intervall $[-1,1]$.

VORAUSSETZUNG.- Im weiteren Verlauf dieser Studieneinheit betrachten wir nur Funktionen $f\colon [a,b] \longrightarrow \mathbb{R}$, die beschränkt sind (weil nur dann das hier beschriebene Verfahren zu einem Ergebnis führt!).

Es existieren dann $m, M \in \mathbb{R}$ so, daß

$$m \leq f(x) \leq M$$

für alle $x \in [a,b]$ gilt.

Daraus können wir sofort folgern, daß f auf jedem Teilintervall von $[a,b]$ beschränkt ist.

Bereits aus Kapitel 5 wissen Sie:

Da f auf jedem Teilintervall beschränkt ist, existieren dort Supremum und Infimum von f.

Diese Kenntnis werden wir ausnutzen bei der Verallgemeinerung der Rechteckkonstruktion aus Beispiel (7.1) und (7.2).

BEZEICHNUNG.- Zunächst wollen wir einige Abkürzungen einführen. Sei dazu $Z = \{x_o, x_1, \dots, x_n\}$ eine Zerlegung des Intervalls $[a,b]$. Dann sei

m_k, M_k

$$m_k := \inf\,\{f(x) \mid x_{k-1} \leq x \leq x_k\}$$
$$M_k := \sup\,\{f(x) \mid x_{k-1} \leq x \leq x_k\}$$
$$\text{für alle } k \in \{1,2,\dots,n\}.$$

ERLÄUTERUNG.- *Die in den Einleitungsbeispielen für die Rechteckkonstruktion verwendeten Funktionswerte $f(x_i)$ in den Randpunkten der Teilungsintervalle erweisen sich für die allgemeine Darstellung als unzweckmäßig, da die Funktionen jetzt nicht wie in den Beispielen (7.1) und (7.2) monoton sein müssen und daher die größten bzw. kleinsten Funktionswerte nicht unbedingt am Rande der Teilungsintervalle liegen. Siehe das folgende Bild 11. Das Infimum und Supremum verwenden wir hier, um eventuell auftretenden Schwierigkeiten aus dem Weg zu gehen. Es könnte sein, daß das Minimum oder das Maximum auf einem der Teilungsintervalle nicht existiert, da wir f nur als beschränkt vorausgesetzt haben. Überlegen Sie sich selbst ein Beispiel einer beschränkten Funktion dieser Art.*

Erinnern Sie sich jetzt noch einmal an das Einleitungsbeispiel (7.1). Dort hatten wir die Summe der Flächeninhalte der "kleinen", in Bild 4.1 schraffierten Rechtecke gebildet und ebenso der "großen" in Bild 4.2 dargestellten Rechtecke.

Genauso werden wir auch für den allgemeinen Fall bei dem die Funktion f nur als beschränkt vorausgesetzt ist, verfahren. Jedoch sind die Höhen der Rechtecke jetzt durch das jeweilige Infimum beziehungsweise Supremum gegeben:

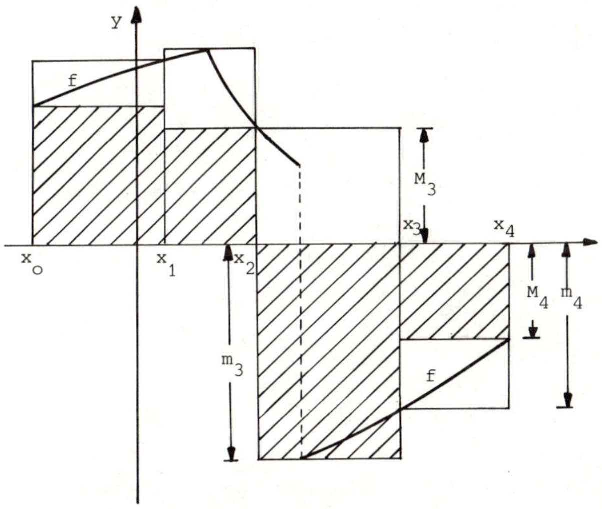

Bild 11.- Unterteilung in Rechtecke.

Für die Summen führen wir Abkürzungen ein:

(7.6) **DEFINITION.-** Sei f auf $[a,b]$ beschränkt und $Z = \{x_o, x_1, \dots, x_n\}$ eine Zerlegung von $[a,b]$. Dann heißen

$U(Z,f) := \sum_{k=1}^{n} m_k (x_k - x_{k-1})$ *Untersumme von f bzgl. Z* — Untersumme $U(Z,f)$

$O(Z,f) := \sum_{k=1}^{n} M_k (x_k - x_{k-1})$ *Obersumme von f bzgl. Z.* — Obersumme $O(Z,f)$

Für monoton wachsende Funktionen sehen wir uns einmal die Unter- und Obersummen an.

(7.7) **Beispiel.-** Sei f eine auf [a,b] *monoton wachsende* Funktion. Sei Z eine Zerlegung: $Z = \{x_0, x_1, \ldots, x_n\}$.

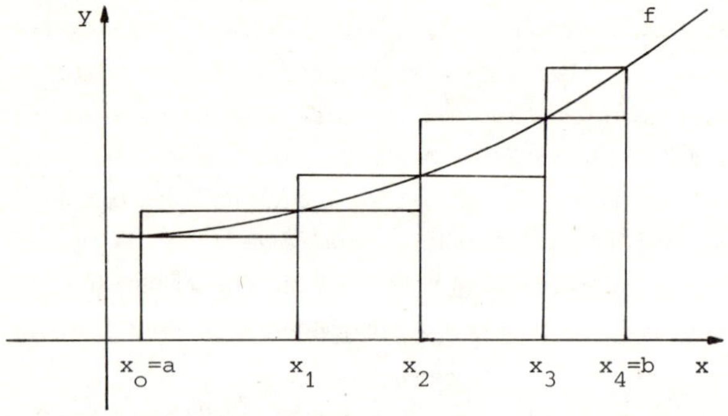

Bild 12.- Unter- und Obersummen bei monoton wachsender Funktion.

Da die Funktion monoton wächst, nimmt sie in jedem Teilintervall ihr Infimum im linken Randpunkt und ihr Supremum im rechten Randpunkt an. Also gilt:

$$m_k = f(x_{k-1}),\quad M_k = f(x_k),\quad k \in \{1,2,\ldots,n\}.$$

Die Länge der einzelnen Intervalle ist $(x_k - x_{k-1})$. Damit ist die Untersumme gegeben durch

$$U(Z,f) = \sum_{k=1}^{n} m_k(x_k - x_{k-1}) = \sum_{k=1}^{n} f(x_{k-1})(x_k - x_{k-1})$$

und die Obersumme durch

$$O(Z,f) = \sum_{k=1}^{n} M_k(x_k - x_{k-1}) = \sum_{k=1}^{n} f(x_k)(x_k - x_{k-1})\ .$$

Sie sehen, daß die Beispiele (7.1) und (7.2) gerade Spezialfälle dieses Beispiels sind.

A 3 *AUFGABE 3.- Wie sehen für eine auf [a,b] monoton fallende Funktion f die Unter- und Obersummen aus a) bei einer beliebigen Zerlegung Z, b) bei einer äquidistanten Zerlegung Z ?*

Wir werden uns jetzt mit Eigenschaften der Ober- und Untersummen beschäftigen.

Eigenschaften von Ober- und Untersummen

(7.8) **Hilfssatz.-** Sei f auf [a,b] beschränkt und Z eine Zerlegung von [a,b]. Dann gilt:

Untersumme ≤ Obersumme

$$U(Z,f) \leq O(Z,f).$$

Diese Eigenschaft, die in Bild 13 dargestellt ist, ist Ihnen anschaulich sicher sofort klar, Sie brauchen sie also nicht zu "lernen". Auch der Beweis wiederholt nur die Anschauung.

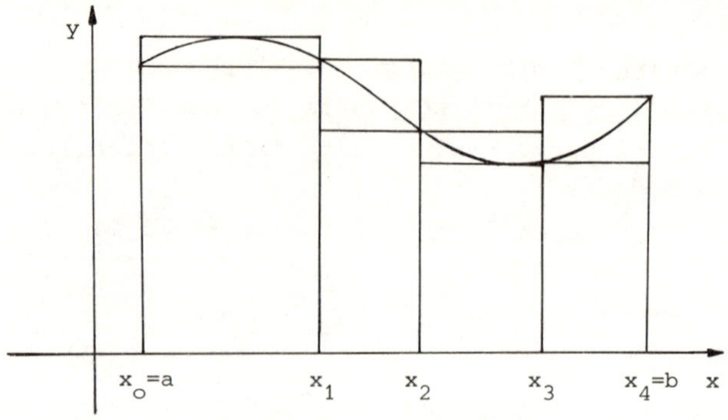

Bild 13.- Untersumme ≤ Obersumme.

BEWEIS.- Es ist zu zeigen:

$$O(Z,f) - U(Z,f) \geq 0.$$

Für alle $k \in \{1,\ldots,n\}$ ist

$$x_k - x_{k-1} > 0 \quad \text{und } M_k \geq m_k.$$

Daher gilt

$$(M_k - m_k)(x_k - x_{k-1}) \geq 0.$$

Es folgt:

$$O(Z,f) - U(Z,f) = \sum_{k=1}^{n} (M_k - m_k)(x_k - x_{k-1}) \geq 0\ ,$$

also die Behauptung.

Problem.- Um *Grenzwerte* betrachten zu können, brauchen wir einen Vergleich zwischen Unter- und Obersummen zu verschiedenen Zerlegungen: Gegeben seien zwei beliebige Zerlegungen Z und Z' von [a,b]; gilt dann auch

Vergleich von Ober- und Untersummen

$$U(Z,f) \leq O(Z',f)\ ?$$

Können Sie diese Ungleichung an einer Skizze erläutern? Die Ungleichung ist, wenn Sie an positive Funktionen denken, naheliegend. Anschaulich gesprochen ist U(Z,f) eine Summe von Flächeninhalten, deren Flächen in der gesuchten Fläche M_f enthalten sind. Andererseits ist O(Z',f) immer Summe von Flächeninhalten, deren Flächen in ihrer Vereinigung die Fläche M_f enthalten. Man kann daraus folgern, daß U(Z,f) kleiner und O(Z',f) größer als $I(M_f)$ ist. Damit haben wir die Behauptung, wenn $I(M_f)$ schon definiert ist. Für die Definition sind wir aber gerade auf die Ungleichung angewiesen!

Bevor wir die Aussage $U(Z,f) \leq O(Z',f)$ beweisen können, benötigen wir eine Vorüberlegung.

Bezeichnung.- Fügen wir in eine gegebene Zerlegung Z zusätzliche Teilungspunkte ein, so erhalten wir eine neue Zerlegung Z' von [a,b]. Diese neue Zerlegung Z' heißt *feiner* als Z. Das kann auch so ausgedrückt werden: Eine Zerlegung Z' heißt *feiner* als Z, falls $Z \subset Z'$.

feinere Zerlegung

Zwei Beispiele sollen das verdeutlichen.

(7.9) **BEISPIELE.-** (1) Es sei $Z = \{0, \frac{1}{2}, 1\}$ eine Zerlegung von $[0,1]$.
Wir nehmen die Punkte $\frac{1}{8}$, $\frac{1}{4}$ dazu. Damit erhalten wir:

$$Z' = \{0, \tfrac{1}{8}, \tfrac{1}{4}, \tfrac{1}{2}, 1\}.$$

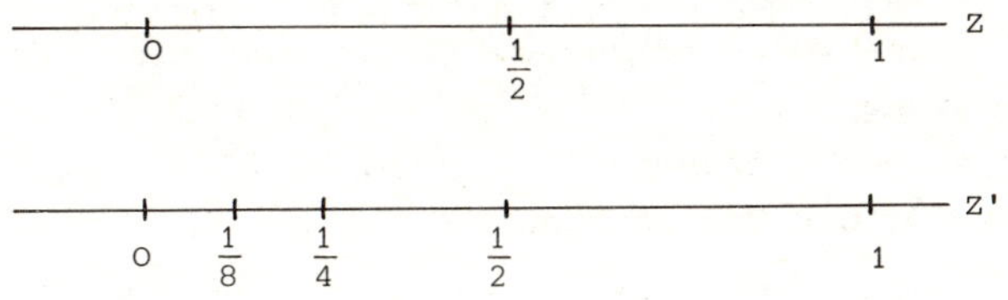

Bild 14.- Z' feiner als Z.

(2) Bei einem Intervall $[a,b]$ kann durch "fortgesetzte Halbierung" von $[a,b]$ eine Folge feiner werdender Zerlegungen konstruiert werden.

Das Beispiel zeigt, wie eine Anschauung in Formeln übersetzt wird.

Es sei $Z_1 = \{a, x_1^{(1)}, b\}$ mit $x_1^{(1)} = a + \frac{b-a}{2}$.
Durch "Halbierung" der Teilintervalle erhalten wir

$$Z_2 = \{a, x_1^{(2)}, x_2^{(2)}, x_3^{(2)}, b\} \quad \text{mit}$$

$$x_k^{(2)} = a + k\frac{b-a}{2^2} \quad \text{für } k \in \{1,2,3\}.$$

Es gilt: $x_2^{(2)} = x_1^{(1)}$. Also ist $Z_1 \subset Z_2$ und daher Z_2 feiner als Z_1:

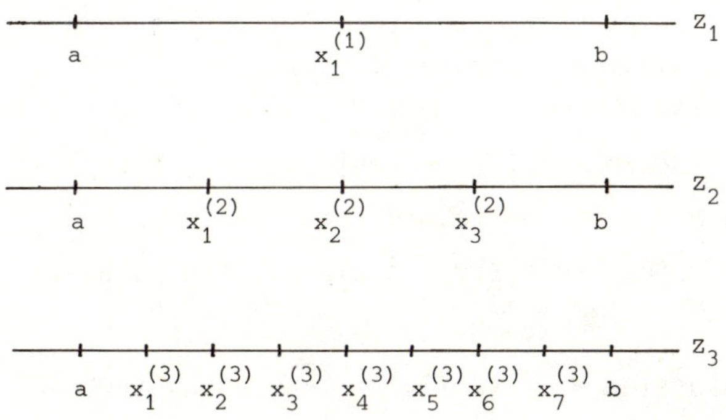

Bild 15.- Feinere Zerlegung durch fortgesetzte Halbierung.

Nach der n-ten Halbierung erhalten wir:

$$Z_n = \{a, x_1^{(n)}, x_2^{(n)}, \ldots, x_k^{(n)}, \ldots, b\} \quad \text{mit}$$

$$x_k^{(n)} = a + k\frac{b-a}{2^n} \quad \text{für } k \in \{1,2,\ldots,2^n-1\}.$$

Das ergibt eine Folge feiner werdender Zerlegungen:

$$Z_1 \subset Z_2 \subset \ldots \subset Z_n \subset Z_{n+1} \subset \ldots \quad .$$

AUFGABE 4.- Gegeben sei die äquidistante Zerlegung $Z = \{x_o, \ldots, x_n\}$ mit $(x_i - x_{i-1}) = \frac{b-a}{n}$ für alle $i \in \{1,\ldots,n\}$ des Intervalls $[a,b]$. Überlegen Sie, ob es sich hier bei wachsendem n um eine Folge feiner werdender Zerlegungen handelt. Begründen Sie Ihre Entscheidung ! A 4

DISKUSSION.- Wir kommen jetzt zu der Frage, wie sich Unter- und Obersummen bei feiner werdender Zerlegung verhalten. Sei dazu Z eine Zerlegung von $[a,b]$ und Z' eine Verfeinerung von Z. Im Bild 16 ist $Z = \{x_o, x_1, x_2, x_3\}$ und $Z' = \{x_o, y_1, x_1, y_2, x_2, x_3\}$, d.h. Z' enthält die zusätzlichen Teilungspunkte y_1 und y_2.

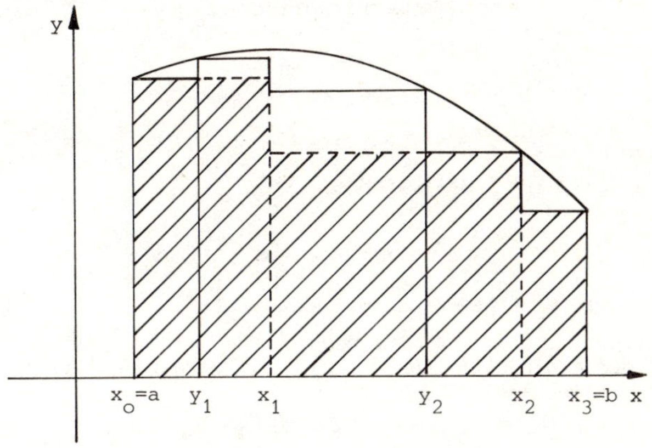

Bild 16.- Untersummen bei feinerer Zerlegung.

Sie erkennen sofort, daß die Untersumme $U(Z,f)$, die Summe der schraffierten Rechteckflächen, kleiner ist als $U(Z',f)$, die Summe der Rechteckflächen, die durch die durchgezogene Linie begrenzt sind. Der folgende Hilfssatz wiederholt nur diese Anschauung, Sie brauchen ihn nicht zu "lernen":

Die Untersummen wachsen mit feiner werdender Zerlegung. Die Obersummen fallen mit feiner werdender Zerlegung.

HILFSSATZ.- Sei f auf $[a,b]$ beschränkt. Seien Z und Z' Zerlegungen von $[a,b]$ mit $Z \subset Z'$. Dann gilt: (7.10)

a) $U(Z,f) \leq U(Z',f)$

b) $O(Z,f) \geq O(Z',f)$.

Untersummen wachsen Obersummen fallen

BEWEIS.- Wir beweisen Teil a). Es genügt, den Fall zu betrachten, daß die Zerlegung Z' einen Teilungspunkt mehr als Z enthält, denn den allgemeinen Fall kann man ohne große Schwierigkeiten auf diesen Spezialfall zurückführen, indem man Zerlegungen "dazwischenschiebt", die jeweils nur einen Punkt mehr enthalten.

Sei $Z = \{x_o, x_1, \ldots, x_n\}$. Sei Z' die Zerlegung, die den zusätzlichen Teilungspunkt u enthält. Der Punkt u muß in einem der Teilintervalle liegen, die durch die Zerlegung Z definiert sind.
Sei etwa $u \in]x_{k-1}, x_k[$, also Element des k-ten Teil-

intervalls und m_k wie üblich gegeben durch

$$m_k = \inf \{f(x) \mid x_{k-1} \le x \le x_k\}.$$

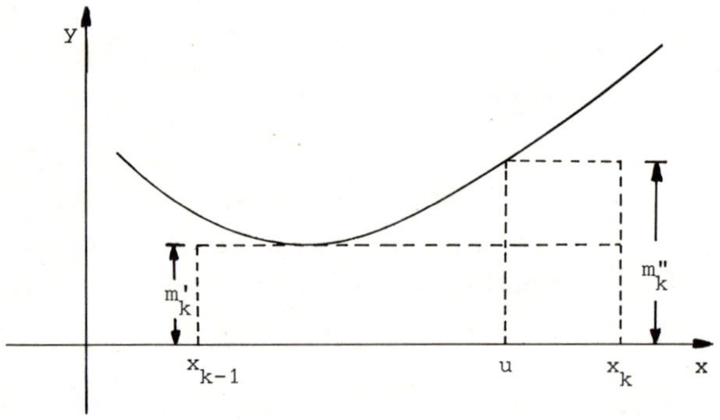

Bild 17.- Verhalten der Infima bei zusätzlichem Zwischenpunkt u.

Wie in Bild 17 dargestellt ist, setzen wir

$$m_k' := \inf \{f(x) \mid x_{k-1} \le x \le u\} \quad \text{und}$$

$$m_k'' := \inf \{f(x) \mid u \le x \le x_k\}.$$

Da nun

$$\{f(x) \mid x_{k-1} \le x \le u\} \subset \{f(x) \mid x_{k-1} \le x \le x_k\}$$

ist, gilt $m_k \le m_k'$ und entsprechend $m_k \le m_k''$.
Hier wird Satz (5.16) benutzt, der besagt, daß das Infimum einer Teilmenge nie kleiner als das der Gesamtmenge sein kann).

Daher ist:

$$\begin{aligned} & U(Z,f) - U(Z',f) = \\ & = m_k(x_k - x_{k-1}) - m_k'(u - x_{k-1}) - m_k''(x_k - u) \quad (*) \\ & = m_k(x_k - u) + m_k(u - x_{k-1}) - m_k'(u - x_{k-1}) - m_k''(x_k - u) \\ & = (m_k - m_k'')(x_k - u) + (m_k - m_k')(u - x_{k-1}) \\ & \le 0 \qquad \text{(wegen } m_k \le m_k', m_k''\text{)}. \end{aligned}$$

Also gilt: $U(Z,f) \le U(Z',f)$.

A 5 *AUFGABE 5.- Beweisen Sie Teil b) des Hilfssatzes (7.10). Der Beweis dürfte Ihnen nach Kenntnis des Beweises von Teil a) nicht schwerfallen.*

Jetzt können wir beweisen: die Untersumme bezüglich einer beliebigen Zerlegung Z kann nie größer werden als die Obersumme bezüglich einer beliebigen anderen Zerlegung Z'.

(7.11) Untersumme ≤ Obersumme

SATZ.- Seien Z und Z' beliebige Zerlegungen von [a,b]. f sei beschränkt auf [a,b]. Dann gilt: $U(Z,f) \le O(Z',f)$.

BEWEIS.- Gegeben sind die beliebigen Zerlegungen Z und Z', aus diesen wird eine neue Zerlegung Z^* durch Vereinigung gebildet:

$$Z^* = Z \cup Z'.$$

Diese Zerlegung Z^* benötigen wir zur Anwendung unserer Hilfssätze. Nach Hilfssatz (7.8) gilt nämlich für Z^*:

(a) $U(Z^*,f) \le O(Z^*,f)$.

Da Z^* Vereinigung von Z und Z' ist, ist Z^* sowohl eine Verfeinerung von Z als auch eine Verfeinerung von Z'.
Wir wenden Hilfssatz (7.10) an. Da $Z \subset Z^*$ ist, gilt für die Untersummen:

(b) $U(Z,f) \le U(Z^*,f)$.

Ebenso gilt, weil $Z' \subset Z^*$ ist, für die Obersummen:

(c) $O(Z^*,f) \le O(Z',f)$.

Aus den Ungleichungen (a), (b) und (c) folgt:

$$U(Z,f) \le U(Z^*,f) \le O(Z^*,f) \le O(Z',f).$$

Das ist aber die Behauptung.

§ 3 DIE DEFINITION DES INTEGRALS

Die Eigenschaften der Unter- und Obersummen wollen wir jetzt für die Definition des Integrals ausnutzen.

BEZEICHNUNGEN.- Die Menge der Untersummen für eine gegebene Funktion f: [a,b] ⟶ ℝ bezeichnen wir mit

$$\mathfrak{U} := \{U(Z,f) \mid Z \text{ Zerlegung von } [a,b]\}\,, \qquad \mathfrak{U}$$

die Menge der Obersummen mit

$$\mathfrak{O} := \{O(Z,f) \mid Z \text{ Zerlegung von } [a,b]\}. \qquad \mathfrak{O}$$

DISKUSSION.- Satz (7.11) kann jetzt auch so interpretiert werden:
Jede beliebige Untersumme ist eine untere Schranke von $\mathfrak{O}$.
Jede beliebige Obersumme ist eine obere Schranke von $\mathfrak{U}$.

Wir greifen jetzt auf Kapitel 5 zurück. Dort besagt Satz (5.13):

Gilt $A \neq \emptyset$, $B \neq \emptyset$ und liegt A links von B, so gilt $\sup A \le \inf B$.

Wenden wir diese Aussage auf den vorliegenden Fall an, so folgt:

$$\sup \mathfrak{U} \le \inf \mathfrak{O}.$$

(*) Die anderen Summanden der Untersummen heben sich gegenseitig weg, wenn Sie die Summen ausführlich hinschreiben.

Es können zwei Möglichkeiten auftreten.

Wenn $\sup \mathfrak{U} = \inf \mathfrak{O}$

dann ist eine <u>einzige</u> Zahl gefunden, die "zwischen" den Untersummen und den Obersummen liegt. Diese Zahl wäre natürlich ein besonders guter Kandidat für den gesuchten Flächeninhalt $I(M_f)$. Im Fall $\sup \mathfrak{U} < \inf \mathfrak{O}$ können wir zu keiner vernünftigen Definition des Flächeninhalts kommen.

BEISPIEL für $\sup \mathfrak{U} < \inf \mathfrak{O}$.- Sie vermuten vielleicht, daß dieser Fall nie eintritt und daher ausgeschlossen werden kann. Das ist leider nicht richtig. Um ein Gegenbeispiel zu finden, müssen wir allerdings zu einer recht künstlich wirkenden Konstruktion

Dirichlet-Funktion

greifen. Als Beispiel wird meistens die sogenannte "Dirichlet-Funktion" betrachtet:

$$f(x) := \begin{cases} 0, & \text{falls } x \text{ irrational} \\ 1, & \text{falls } x \text{ rational} \end{cases}, \quad x \in [0,1].$$

Versuchen Sie, eine Skizze des Graphen von f zu zeichnen. Welche Schwierigkeit ergibt sich ?

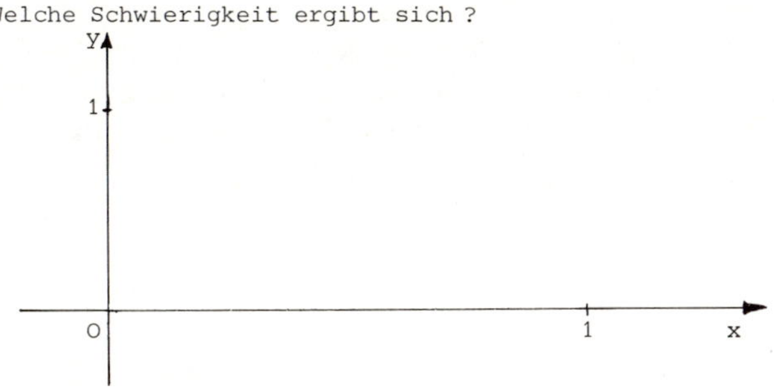

Bild 18.- Dirichlet-Funktion.

$Z = \{x_0, \ldots, x_n\}$ sei eine beliebige Zerlegung von $[0,1]$. Es gilt: $m_k = 0$ und $M_k = 1$, weil in jedem Teilintervall mindestens eine rationale und eine irrationale Zahl liegt. Daraus ergibt sich:

$$U(Z,f) = \sum_{k=1}^{n} m_k (x_k - x_{k-1}) = 0$$

und

$$O(Z,f) = \sum_{k=1}^{n} M_k (x_k - x_{k-1}) = \sum_{k=1}^{n} (x_k - x_{k-1}) = 1$$

oder

$$0 = U(Z,f) < O(Z,f) = 1$$

für alle Zerlegungen Z von $[0,1]$.

Wir können also unsere Theorie der Flächenbestimmung nur fortsetzen für Funktionen f mit $\sup \mathfrak{U} = \inf \mathfrak{O}$.

(7.12) integrierbar

DEFINITION.- Sei f eine auf $[a,b]$ beschränkte Funktion. f heißt *integrierbar über* $[a,b]$, falls $\sup \mathfrak{U} = \inf \mathfrak{O}$ ist.

Integral

Diese Zahl heißt dann *Integral von f über* $[a,b]$. Wir bezeichnen sie mit dem Symbol

$$\int_a^b f(x)\,dx := \sup \mathfrak{U} = \inf \mathfrak{O}. \quad (*)$$

(*) Der hier verwandte Integralbegriff geht auf Riemann zurück. Es handelt sich um das sogenannte <u>Riemann-Integral</u>. Im Text ist "integrierbar" immer gleich "<u>Riemann-integrierbar</u>". Es gibt auch noch andere Integralbegriffe, z.B. das <u>Lebesguesche Integral</u>. Für unsere Zwecke reicht aber das Riemannsche Integral.

Diese Definition ist die Grundlage der Integrationstheorie. Sie müssen verstanden haben, wie sie zustande gekommen ist.

DEFINITION.- Gilt zusätzlich $f(x) \geq 0$ für alle $x \in [a,b]$, so setzen wir (7.12a)

$$I(M_f) := \int_a^b f(x)\,dx.$$

Das bedeutet, daß für positives f das Integral gerade die exakte Definition unseres gesuchten Flächeninhaltes gibt.

Das Zeichen $\int$, *das wie das gesamte Symbol* $\int_a^b f(x)\,dx$ *auf den Mathematiker Leibniz zurückgeht, stammt vom Buchstaben S aus dem Wort Summe. Der Zusammenhang zwischen Summation und Integration ist schon mit der Herleitung gegeben, wird aber später noch klarer.*

BEZEICHNUNGEN.- Die Zahlen a und b heißen *untere* bzw. *obere Integrationsgrenze*. Der Buchstabe x in $\int_a^b f(x)\,dx$ wird *Integrationsvariable* genannt. Integrationsgrenze Integrationsvariable

Der Buchstabe x in $\int_a^b f(x)\,dx$ spielt für die Definition des Integrals keine wesentliche Rolle. Es könnte dort genauso gut jeder andere Buchstabe stehen. Oft werden t, y, u, z, α und ähnliche verwandt. So besagt etwa $\int_a^b f(t)\,dt$ oder $\int_a^b f(\alpha)\,d\alpha$ das gleiche wie $\int_a^b f(x)\,dx$. Auch die Buchstaben t, y, u, z, α heißen dann natürlich Integrationsvariable. Änderung der Integrationsvariablen

<u>*AUFGABE 6*</u>.- *Zeigen Sie die Integrierbarkeit von* $f(x) = c$, $c \in \mathbb{R}$, *über* $[a,b]$. *Was ergibt der Vergleich mit der elementaren Definition auf Seite 94 ?* A 6

BEISPIEL.- Wir wollen zeigen, daß es sich bei der Funktion $f(x) = x$ aus Beispiel (7.1) um eine über $[0,b]$ integrierbare Funktion handelt mit (7.13) $\int_0^b x\,dx$

$$\int_0^b x\,dx = \frac{b^2}{2}.$$

Schauen Sie sich dazu Beispiel (7.1) noch einmal an. Dort hatten wir nur äquidistante Zerlegungen

$Z_n = \{0, 1\cdot\frac{b}{n}, 2\cdot\frac{b}{n}, \ldots, (n-1)\cdot\frac{b}{n}, b\}$ betrachtet. Es ergab sich (siehe in Beispiel (7.1) s und S)

$$U(Z_n,f) = \frac{b^2}{2}\left(1 - \frac{1}{n}\right)$$
$$O(Z_n,f) = \frac{b^2}{2}\left(1 + \frac{1}{n}\right).$$

Daraus folgte:

$$\sup\{U(Z_n,f) \mid n \in \mathbb{N}\} = \sup\{\tfrac{b^2}{2}(1 - \tfrac{1}{n}) \mid n \in \mathbb{N}\} = \frac{b^2}{2}$$
(1)
$$\inf\{O(Z_n,f) \mid n \in \mathbb{N}\} = \inf\{\tfrac{b^2}{2}(1 + \tfrac{1}{n}) \mid n \in \mathbb{N}\} = \frac{b^2}{2}$$

Nun ist $\{U(Z_n,f) \mid n \in \mathbb{N}\} \subset \mathcal{U}$ und
und $\{O(Z_n,f) \mid n \in \mathbb{N}\} \subset \mathcal{O}$,
d.h. die Menge der Untersummen (Obersummen) mit äquidistanter Zerlegung ist eine Teilmenge der Menge aller Untersummen $\mathcal{U}$ (Obersummen $\mathcal{O}$).

Dann besagt Bemerkung (5.19) aus Kapitel 5 ($f = id$):

$$\sup\{U(Z_n,f) \mid n \in \mathbb{N}\} \le \sup \mathcal{U}$$
(2)
$$\inf\{O(Z_n,f) \mid n \in \mathbb{N}\} \ge \inf \mathcal{O}.$$

Aus (1) und (2) folgt nun:

$$\inf \mathcal{O} \overset{(2)}{\le} \inf\{O(Z_n,f) \mid n \in \mathbb{N}\} \overset{(1)}{=} \frac{b^2}{2}$$
$$\overset{(1)}{=} \sup\{U(Z_n,f) \mid n \in \mathbb{N}\} \overset{(2)}{\le} \sup \mathcal{U},$$

also

(3) $\inf \mathcal{O} \le \frac{b^2}{2} \le \sup \mathcal{U}$.

Nach Satz (7.1) gilt immer

(4) $\sup \mathcal{U} \le \inf \mathcal{O}$.

Aus (3) und (4) folgt daher:

$$\sup \mathcal{U} = \inf \mathcal{O} = \frac{b^2}{2}.$$

Nach Definition (7.2) ist deshalb $f(x) = x$ über $[0,b]$ integrierbar und

$$\int_0^b x\,dx = \frac{b^2}{2}.$$

A 7

$\int_0^b cx^2 dx$

AUFGABE 7.- Zeigen Sie, daß es sich bei der Funktion $f(x) = cx^2$ aus Aufgabe 1 um eine über $[0,b]$ integrierbare Funktion handelt mit $\int_0^b cx^2 dx = \frac{cb^3}{3}$.

Zusammenfassung

Sie haben gesehen, wie wir unter Verwendung des Supremumsaxioms über die Unter- und Obersummen zu einer exakten Definition des Integrals und des Flächeninhaltes gekommen sind. Dabei haben Sie auch schon Beispiele integrierbarer und nicht integrierbarer Funktionen kennengelernt. So sind die Funktionen $f(x) = c$ über $[a,b]$, $f(x) = x$ über $[0,b]$ und $f(x) = cx^2$ über $[0,b]$ integrierbare Funktionen. Mit der "Dirichlet-Funktion" haben Sie andererseits eine nicht integrierbare Funktion kennengelernt.

Probleme

Jedoch sind wir auf Grund der Definition im allgemeinen nicht ohne weiteres in der Lage, festzustellen, welche Funktionen integrierbar sind. Auch wenn wir dann bereits wissen, daß eine Funktion integrierbar ist, haben wir das Integral noch zu berechnen. Diese Probleme werden in den nächsten Abschnitten behandelt.

§ 4 DAS RIEMANNSCHE INTEGRABILITÄTSKRITERIUM

Erinnern Sie sich an Kapitel 5. Dort war in Satz (5.14) gezeigt worden:

> Gilt $A \neq \emptyset$, $B \neq \emptyset$ und liegt A links von B, so ist $\sup A = \inf B$ genau dann, wenn es zu jedem $\varepsilon > 0$ ein $a \in A$ und ein $b \in B$ gibt mit $b - a < \varepsilon$.

Diesen Satz wollen wir auf unser Problem übertragen. Er führt auf das Riemannsche Integrabilitätskriterium.

(7.14)

Riemannsches Kriterium

SATZ.- Eine auf $[a,b]$ beschränkte Funktion f ist genau dann über $[a,b]$ integrierbar, wenn es zu jedem $\varepsilon > 0$ eine Zerlegung Z_ε von $[a,b]$ gibt mit

$$O(Z_\varepsilon,f) - U(Z_\varepsilon,f) < \varepsilon.$$

BEWEIS.- *Der Beweis wendet den zitierten Satz (5.14) auf den speziellen Fall $\sup \mathcal{U} = \inf \mathcal{O}$ an. Es ist eine Wiederholung in den Gleichungen und der Definition der Integrabilität.*

a) "$\Longrightarrow$": Sei f integrierbar über $[a,b]$. Nach Definition (7.12) gilt dann

$$\sup \mathcal{U} = \inf \mathcal{O}.$$

Ferner ist $\mathcal{U} \neq \emptyset$, $\mathcal{O} \neq \emptyset$ und $\mathcal{U}$ liegt links von $\mathcal{O}$ (nach Satz 7.11).

Also folgt aus Satz (5.14), daß es zu jedem $\varepsilon > 0$ Zerlegungen Z_1 und Z_2 gibt mit

(α) $O(Z_2,f) - U(Z_1,f) < \varepsilon$.

Hier tauchen verschiedene Zerlegungen Z_1 und Z_2 von $[a,b]$ auf. (7.14) behauptet jedoch, daß es zu jedem $\varepsilon > 0$ <u>eine</u> Zerlegung Z_ε gibt mit $O(Z_\varepsilon,f) - U(Z_\varepsilon,f) < \varepsilon$.

Dazu bilden wir:

$$Z_\varepsilon = Z_1 \cup Z_2.$$

Da Z_ε eine Verfeinerung sowohl von Z_1 als auch von Z_2 ist, gilt nach Hilfssatz (7.10):

$$U(Z_1,f) \le U(Z_\varepsilon,f) \text{ und } O(Z_\varepsilon,f) \le O(Z_2,f).$$

Daraus folgt unter Verwendung von Satz (1.40):

$$O(Z_\varepsilon,f) - U(Z_\varepsilon,f) \le O(Z_2,f) - U(Z_1,f) < \varepsilon.$$

Damit ist die 1. Richtung bewiesen.

b) "$\Leftarrow$": Gegeben ist: f ist beschränkt auf $[a,b]$ und zu $\varepsilon > 0$ existiert ein Z_ε mit

$$O(Z_\varepsilon, f) - U(Z_\varepsilon, f) < \varepsilon .$$

Nach Satz (7.11) gilt: $\mathfrak{U}$ liegt links von $\mathfrak{O}$, wobei $\mathfrak{U}$ und $\mathfrak{O}$ nicht leer sind.
Also folgt nach Satz (5.14):

$$\sup \mathfrak{U} = \inf \mathfrak{O} .$$

Das heißt nach Definition gerade: f ist integrierbar über $[a,b]$.

Integrierbarkeit feststellen

BEMERKUNG.- *Durch Satz (7.14) haben wir eine äquivalente Aussage zur Integrierbarkeit erhalten. Satz (7.14) könnte also auch als Definition für die Integrierbarkeit genommen werden, was oftmals getan wird. Er ist zur Feststellung der Integrierbarkeit einfacher Funktionen manchmal brauchbarer als unsere frühere Definition (7.12). Betrachten wir dazu ein Beispiel, an dem Sie gleichzeitig sehen können, daß die Änderung einer Funktion in* <u>*einem*</u> *Punkt des Intervalls $[a,b]$ keine Auswirkungen auf das Integral der Funktion über $[a,b]$ hat.*

(7.15) BEISPIEL.- Sei $c > 0$ konstant und $p \in]a,b[$. Sei f auf $[a,b]$ definiert durch

$$f(x) = \begin{cases} 0, & \text{falls } x \neq p \\ c, & \text{falls } x = p \end{cases} , \quad x \in [a,b]$$

(siehe Bild 19).

Wir wollen die Integrierbarkeit von f zeigen. Dazu müssen wir nach Satz (7.14) zeigen, daß es zu einem beliebigen $\varepsilon > 0$ eine Zerlegung Z_ε von $[a,b]$ gibt mit

$$O(Z_\varepsilon, f) - U(Z_\varepsilon, f) < \varepsilon .$$

Sei $\varepsilon > 0$ vorgegeben. Wir betrachten zunächst eine beliebige Zerlegung $Z = \{x_0, \dots, x_n\}$.
Der Punkt p soll im i-ten Teilungsintervall liegen: $p \in]x_{i-1}, x_i[$.

Es gilt dann für die Infima und Suprema:
$m_k = M_k = 0$ für alle $k \in \{1, \dots, n\}$ mit $k \neq i$. Im i-ten Teilintervall hingegen ist $m_i = 0$, $M_i = c$ $(c > 0!)$.

Damit lauten die Unter- und Obersummen:

$$U(Z,f) = \sum_{k=1}^{n} m_k (x_k - x_{k-1}) = 0$$

$$O(Z,f) = \sum_{k=1}^{n} M_k (x_k - x_{k-1}) = c \cdot (x_i - x_{i-1}) .$$

Also gilt für die Differenz:

$$O(Z,f) - U(Z,f) = c \cdot (x_i - x_{i-1}) .$$

Wir wählen jetzt zu $\varepsilon > 0$ die Zerlegung Z so, daß

$$(x_i - x_{i-1}) < \frac{\varepsilon}{c}$$

ist (siehe Bild 19).

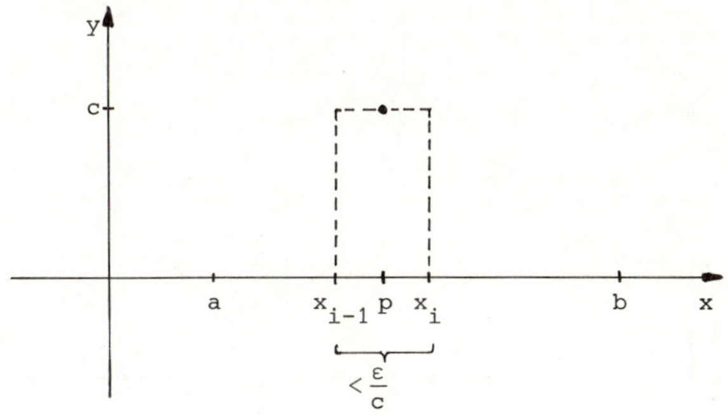

Bild 19.- Bedingung für Z_ε.

Dann folgt:

$$O(Z,f) - U(Z,f) = c(x_i - x_{i-1}) < c \cdot \frac{\varepsilon}{c} = \varepsilon .$$

Also haben wir zu $\varepsilon > 0$ eine Zerlegung $Z = Z_\varepsilon$ gefunden mit

$$O(Z_\varepsilon, f) - U(Z_\varepsilon, f) < \varepsilon .$$

f ist somit integrierbar.

Sie haben gesehen, wie man den Abstand der Teilungspunkte geeignet wählt, damit sich zum Schluß genau eine Zahl kleiner als ε ergibt. Oft steht in mathematischen Beweisen direkt am Anfang: Wir wählen den Abstand gleich ... und dann folgt ein Ausdruck (hier etwa $\frac{\varepsilon}{c}$), den Sie sich nicht erklären können. Der übliche Weg ist jedoch der, daß man <u>zuerst</u> die Unter- und Obersummen berechnet. Dann wählt man den Abstand geeignet. Anschließend prüft man nach, ob eine solche spezielle Wahl im Beweis keine Schwierigkeiten macht. Beim späteren Aufschreiben wird dann der gewählte Abstand direkt nach vorne in den Beweis genommen. Zur richtigen Wahl der Zerlegung Z_ε

Integral berechnen

Berechnen wir noch das Integral: Für jede beliebige Zerlegung Z von $[a,b]$ gilt nach der obigen Überlegung:

$$U(Z,f) = 0 .$$

Da f integrierbar ist, gilt wegen $\mathfrak{U} = \{0\}$

$$\int_a^b f(x)\,dx = \sup \mathfrak{U} = 0 .$$

BEMERKUNGEN.- 1) Das gleiche Ergebnis wie in Beispiel (7.15) erhalten wir, wenn die Funktion f auf $[a,b]$ <u>*in endlich vielen Stellen von Null verschieden*</u> ist. Dann folgt auch: f ist integrierbar über $[a,b]$ und $\int_a^b f(x)\,dx = 0$.

2) Daraus ergibt sich ferner: <u>*Ändern wir eine integrierbare Funktion in endlich vielen Stellen*</u> ab, so bleibt die Funktion integrierbar und das Integral ändert sich dadurch nicht.

Ein leichter Beweis dieser Aussage ergibt sich im Anschluß an Satz (7.24). Sei beispielsweise auf [0,2]

$$f(x) = x \quad \text{und} \quad g(x) = \begin{cases} x, & x \neq 1 \\ 2, & x = 1 \end{cases}$$

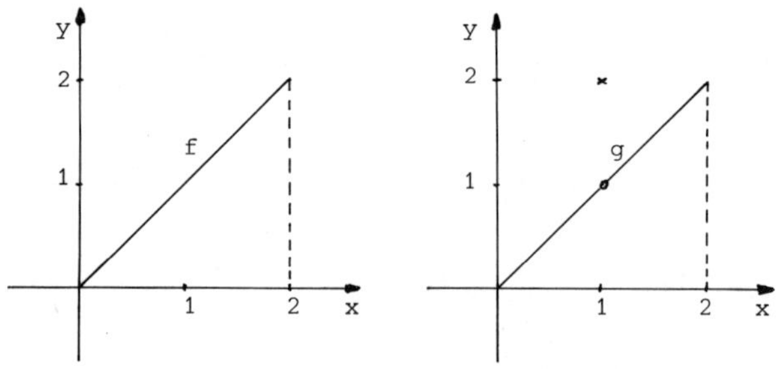

Bild 20.- Gleiche Integrale.

g(x) ist integrierbar und

$$\int_0^2 f(x)\,dx = \int_0^2 g(x)\,dx \quad (= 2).$$

A 8 *AUFGABE 8.- Zeigen Sie mit Hilfe des Riemann-Kriteriums, daß die Funktion*

f(x) = sgn x

$$f(x) = \operatorname{sgn} x = \begin{cases} 1, & x > 0 \\ 0, & x = 0 \\ -1, & x < 0 \end{cases}$$

integrierbar über [a,b] ist.

(sgn ist die Abkürzung für signum = Vorzeichen).

Integrierbarkeit monotoner Funktionen

Als weitere Anwendung des Riemann-Kriteriums wollen wir zeigen, daß die monotonen Funktionen integrierbar sind. Die meisten Funktionen, die in der Praxis vorkommen, sind monotone Funktionen oder Summen monotoner Funktionen.

(7.16) **Satz.-** Sei f eine auf [a,b] monotone Funktion. Dann ist f integrierbar über [a,b].

monoton ⟹ integrierbar

Beweis.- *Lesen Sie den Beweis, um sich in den Begriffen und der Argumentation zu üben.*

Wir werden den Beweis nur für monoton wachsende Funktionen führen.

Zu gegebenem $\varepsilon > 0$ ist eine Zerlegung Z_ε zu konstruieren, so daß $O(Z_\varepsilon,f) - U(z_\varepsilon,f) < \varepsilon$ ist.

Wir verfahren dazu wie in Beispiel (7.7) und wählen für beliebiges n eine äquidistante Zerlegung von [a,b], deren Teilintervalle die Länge $\frac{b-a}{n}$ haben. Es gilt dann für die Unter- und Obersummen:

$$U(Z,f) = \frac{b-a}{n} \sum_{k=1}^{n} f(x_{k-1})$$

$$O(Z,f) = \frac{b-a}{n} \sum_{k=1}^{n} f(x_k).$$

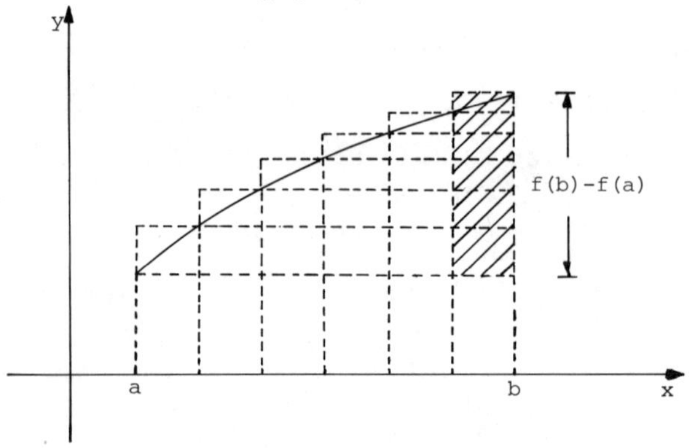

Bild 21.- Unter- und Obersumme für monoton wachsendes f.

Für die Differenz erhalten wir:

$$O(Z,f) - U(Z,f) = \frac{b-a}{n} \sum_{k=1}^{n} (f(x_k) - f(x_{k-1})).$$

Nun ist aber

$$\sum_{k=1}^{n} (f(x_k) - f(x_{k-1})) = f(b) - f(a) \quad (*)$$

(siehe auch Bild 21).

Deshalb ist

$$O(Z,f) - U(Z,f) = \frac{b-a}{n}(f(b) - f(a)).$$

Setzen wir $c := (b-a)(f(b) - f(a))$, so erhalten wir

$$O(Z,f) - U(Z,f) = \frac{c}{n}.$$

Wählen wir nun eine Zerlegung $Z_\varepsilon = \{x_o,\dots,x_n\}$, bei der $n > \frac{c}{\varepsilon}$ ist, so folgt:

$$O(Z_\varepsilon,f) - U(Z_\varepsilon,f) = \frac{c}{n} < c\cdot\frac{\varepsilon}{c} = \varepsilon, \quad c \neq 0.$$

Das ist unsere Behauptung. (Falls $c = 0$ ist, folgt die Behauptung sofort).

AUFGABE 9.- Was ändert sich im Beweis, wenn wir monoton fallende Funktionen betrachten? A 9

Sie haben jetzt das Riemannsche Kriterium kennengelernt, mit dessen Hilfe Sie im Prinzip ei- Zusammenfassung

(*) Denn es ist:

$$\sum_{k=1}^{n} (f(x_k) - f(x_{k-1})) =$$
$$= (f(x_1) - f(x_o)) + (f(x_2) - f(x_1)) + (f(x_3) - f(x_2)) +$$
$$+ \dots + (f(x_{n-1}) - f(x_{n-2})) + (f(x_n) - f(x_{n-1})).$$

Es heben sich alle Summanden bis auf $-f(x_o) + f(x_n)$ gegeneinander weg. Also

$$\sum_{k=1}^{n} (f(x_k) - f(x_{k-1})) = f(x_n) - f(x_o) = f(b) - f(a).$$

ne Funktion auf Integrierbarkeit untersuchen können. Zum Beispiel wurde damit die Integrierbarkeit der monotonen Funktion nachgewiesen.

Im wesentlichen aber ist für Sie das Riemannsche Kriterium ein Prüfstein dafür, ob Sie die Definition der Integrierbarkeit und des Integrals verstanden haben. Im weiteren Verlauf werden Sie handlichere Methoden kennenlernen, die Integrierbarkeit einer Funktion nachzuweisen und ihr Integral zu berechnen.

§ 5 INTEGRAL ALS GRENZWERT EINER FOLGE

Integrale berechnen

Wir wenden uns jetzt der Frage zu: Wie können wir das Integral berechnen, wenn wir wissen, daß die Funktion integrierbar ist ?

INTEGRAL ALS GRENZWERT EINER FOLGE VON UNTER- ODER OBERSUMMEN

Dieses Problem behandeln wir zunächst für den speziellen Fall der monotonen Funktionen.

BEZEICHNUNG.- Sei $Z_n = \{x_o,\ldots,x_n\}$ eine Zerlegung von $[a,b]$. Dann bezeichnen wir die maximale Länge der Teilintervalle mit

$\rho(Z_n)$

$$\rho(Z_n) := \max\{(x_i - x_{i-1}) \mid i\in\{1,\ldots,n\}\}\ .$$

Es war etwa in Beispiel (7.9)(2) $\rho(Z_n) = \dfrac{b-a}{2^n}$ *oder in Satz (7.16)* $\rho(Z_n) = \dfrac{b-a}{n}$.

(7.17) Integral monotoner Funktionen als Grenzwert

SATZ.- Sei f monoton auf $[a,b]$. Dann gilt für jede Folge (Z_n) von Zerlegungen von $[a,b]$ mit $\lim\limits_{n\to\infty}\rho(Z_n) = 0$:

$$\int_a^b f(x)\,dx = \lim_{n\to\infty} U(Z_n,f) = \lim_{n\to\infty} O(Z_n,f)\ .$$

Das bedeutet also: Für eine Folge von Zerlegungen, bei denen mit zunehmender Anzahl von Zwischenpunkten der maximale Abstand zwischen zwei Punkten gegen Null konvergiert, können wir das Integral als Grenzwert der zugehörigen Folgen der Unter- oder Obersummen finden.

BEWEIS.- *Im Beweis können Sie erneut üben, mit der Definition des Integrals umzugehen. Wir beschränken uns auf den Fall monoton wachsender Funktionen.*

(1) Nach Satz (7.14) ist f integrierbar über $[a,b]$. Also gilt für alle $n\in\mathbb{N}$:

$$U(Z_n,f) \le \int_a^b f(x)\,dx \le O(Z_n,f)\ .$$

Durch Subtraktion von $U(Z_n,f)$ erhält man:

$$0 \le \int_a^b f(x)\,dx - U(Z_n,f) \le O(Z_n,f) - U(Z_n,f)\ .$$

(2) $O(Z_n,f) - U(Z_n,f)$ wird abgeschätzt:

$$O(Z_n,f) - U(Z_n,f) = \sum_{k=1}^{n} (f(x_k) - f(x_{k-1}))(x_k - x_{k-1})$$

$$\le \rho(Z_n)\cdot\sum_{k=1}^{n}(f(x_k) - f(x_{k-1})) =$$

$$= \rho(Z_n)(f(b) - f(a))\ ,$$

da $f(x_k) - f(x_{k-1}) \ge 0$ und $(x_k - x_{k-1}) \le \rho(Z_n)$ für alle $k\in\{1,\ldots,n\}$ ist.

(3) Damit ergibt sich:

$$0 \le \int_a^b f(x)\,dx - U(Z_n,f) \le \rho(Z_n)(f(b) - f(a))$$

und durch Grenzwertbildung:

$$0 \le \int_a^b f(x)\,dx - \lim_{n\to\infty} U(Z_n,f) \le \lim_{n\to\infty}[\rho(Z_n)(f(b) - f(a))] = 0$$

Also ist

$$\lim_{n\to\infty} U(Z_n,f) = \int_a^b f(x)\,dx\ .$$

AUFGABE 10.- Beweisen Sie die Aussage von Satz (7.17) für die Obersummen im Fall monoton wachsender Funktionen. A 10

Das folgende Beispiel soll zeigen, wie Satz (7.17) angewandt wird. Das Ergebnis des Beispiels müssen Sie sich merken.

(7.18) Integral von $f(x) = x^p$

BEISPIEL.- Sei $f(x) = x^p$, $p\in\mathbb{N}$, im Intervall $[0,b]$ gegeben. Zu berechnen ist das Integral mit Hilfe von Satz (7.17).

Da f monoton wachsend in $[0,b]$ ist für alle $p\in\mathbb{N}$, gilt nach Satz (7.16), daß f integrierbar über $[0,b]$ ist.
Sei $Z_n = \{x_o, x_1,\ldots,x_n\}$ eine äquidistante Zerlegung von $[0,b]$ mit

$$x_k = k\cdot\frac{b}{n} \qquad \text{für } k\in\{0,1,\ldots,n\}\ .$$

Es gilt:

$$\lim_{n\to\infty}\rho(Z_n) = \lim_{n\to\infty}\frac{b}{n} = 0.$$

Die Bedingung für die Zerlegungsfolge in (7.17) ist also erfüllt.
Für die Unter- und Obersummen erhalten wir:

$$U(Z_n,f) = \sum_{k=1}^{n} f(x_{k-1})(x_k - x_{k-1}) = \sum_{k=1}^{n}\left[(k-1)\cdot\frac{b}{n}\right]^p\cdot\frac{b}{n} =$$

$$= \sum_{k=1}^{n}(k-1)^p\,\frac{b^p}{n^p}\cdot\frac{b}{n} = \frac{b^{p+1}}{n^{p+1}}\sum_{k=1}^{n}(k-1)^p,$$

$$O(Z_n,f) = \sum_{k=1}^{n} f(x_k)(x_k - x_{k-1}) = \sum_{k=1}^{n}\left[k\cdot\frac{b}{n}\right]^p\cdot\frac{b}{n}$$

$$= \sum_{k=1}^{n} k^p\,\frac{b^p}{n^p}\cdot\frac{b}{n} = \frac{b^{p+1}}{n^{p+1}}\sum_{k=1}^{n}k^p.$$

Im Beispiel (2.25) auf Seite 33f war gezeigt worden:

$$\sum_{k=1}^{n} (k-1)^p \le \frac{n^{p+1}}{p+1} \le \sum_{k=1}^{n} k^p .$$

Diese Ungleichung nutzen wir aus. Dazu multiplizieren wir die Ungleichung mit $\frac{b^{p+1}}{n^{p+1}}$ und erhalten

$$\frac{b^{p+1}}{n^{p+1}} \sum_{k=1}^{n} (k-1)^p \le \frac{b^{p+1}}{p+1} \le \frac{b^{p+1}}{n^{p+1}} \sum_{k=1}^{n} k^p .$$

Das ist aber genau:

$$U(Z_n, f) \le \frac{b^{p+1}}{p+1} \le O(Z_n, f)$$

und zwar für alle $n \in \mathbb{N}$. Es folgt

$$\lim_{n\to\infty} U(Z_n, f) \le \frac{b^{p+1}}{p+1} \le \lim_{n\to\infty} O(Z_n, f) .$$

Da nach Satz (7.17) $\lim_{n\to\infty} U(Z_n, f) = \lim_{n\to\infty} O(Z_n, f) = \int_0^b f(x)\,dx$ ist, folgt:

$\int_0^b x^p dx = \frac{b^{p+1}}{p+1}$

$$\int_0^b x^p\,dx = \frac{b^{p+1}}{p+1} .$$

BEMERKUNG.- Ebenso kann man zeigen: Für $a < 0$ ist

$\int_a^0 x^p dx = -\frac{a^{p+1}}{p+1}$

$$\int_a^0 x^p dx = -\frac{a^{p+1}}{p+1} .$$

A 11

<u>AUFGABE 11</u>.- Zeigen Sie, daß die Funktion $f(x) = \sqrt{x}$ integrierbar über $[0,b]$ ist und bestimmen Sie mit Satz (7.17) den Flächeninhalt $\int_0^b \sqrt{x}\,dx$.

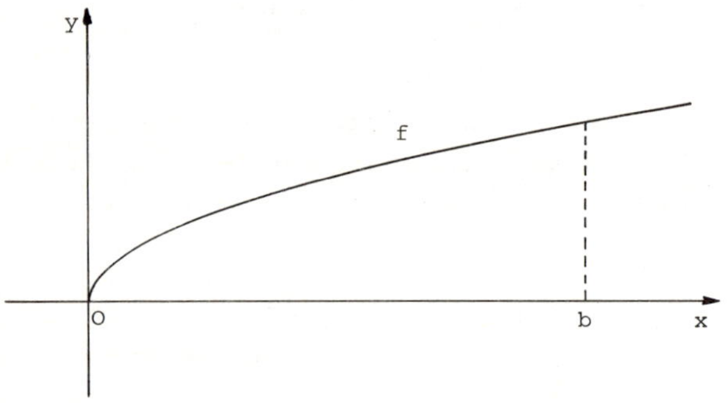

Bild 22.- $f(x) = \sqrt{x}$

Hinweis: Wählen Sie als Zerlegung speziell: $Z_n = \{x_0,\dots,x_n\}$ mit $x_k = b\cdot\frac{k^2}{n^2}$, $k = \{0,\dots,n\}$. Erfüllt sie die Bedingung aus Satz (7.17)?

Satz (7.17) gibt ein Prinzip, das Integral monotoner Funktionen zu bestimmen.

Ein äquivalenter Satz kann auch allgemein für integrierbare Funktionen erhalten werden. Es soll hier ohne Beweis zitiert werden.

(7.19) Integral integrierbarer Funktionen

SATZ.- Sei f über $[a,b]$ integrierbar und (Z_n) eine Folge von Zerlegungen mit $\lim_{n\to\infty} \rho(Z_n) = 0$. Dann gilt:

$$\lim_{n\to\infty} U(Z_n, f) = \lim_{n\to\infty} O(Z_n, f) = \int_a^b f(x)\,dx .$$

Nun ist für nicht monotone Funktionen das Supremum beziehungsweise Infimum der Funktion in den Teilintervallen, die wir zur Bestimmung der Unter- bzw. Obersummen benötigen, oft nicht einfach zu berechnen. Eine einfachere Methode zur Bestimmung des Integrals ist das sogenannte "Riemannsche Summen-Kriterium". Dieses Kriterium verwendet anstelle der Infima und Suprema beliebige Funktionswerte in den Teilintervallen.

einfachere Methode zur Integration

DAS RIEMANNSCHE SUMMEN-KRITERIUM

BEZEICHNUNGEN.- Sei $Z = \{x_0,\dots,x_n\}$ eine Zerlegung von $[a,b]$. Wir wählen in jedem Teilintervall $[x_{k-1}, x_k]$ einen Zwischenpunkt t_k:

$$x_{k-1} \le t_k \le x_k .$$

Die Menge von Zwischenpunkten zu der Zerlegung Z bezeichnen wir mit $T_Z := \{t_1,\dots,t_n\}$. Zwischenpunkte T_Z

Sei Z eine Zerlegung von $[a,b]$ und T_Z eine Menge von Zwischenpunkten zu der Zerlegung Z. Sei $f\colon [a,b] \longrightarrow \mathbb{R}$ eine beschränkte Funktion.
Dann heißt

$$S(T_Z, f) := \sum_{k=1}^{n} f(t_k)(x_k - x_{k-1})$$ $S(T_Z,f)$

die zu Z und T_Z gehörende <u>*Riemannsche Summe von f*</u>. Riemannsche Summe

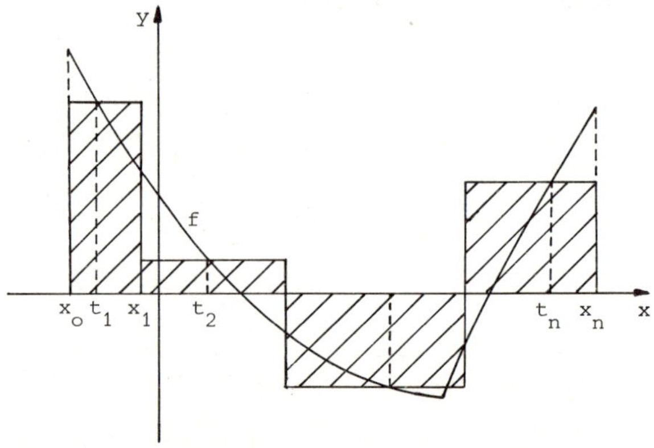

Bild 23.- Riemannsche Summe.

Jetzt können wir die einfachere Methode zur Integralbestimmung angeben.

(7.20) Riemannsches Summen-Kriterium

SATZ.- Sei f integrierbar über $[a,b]$. Für jede Folge (Z_n) von Zerlegungen von $[a,b]$ mit $\lim_{n\to\infty} \rho(Z_n) \to 0$ und jede Wahl von Mengen T_{Z_n} von Zwischenpunkten zu Z_n gilt:

$$\lim_{n\to\infty} S(T_{Z_n}, f) = \int_a^b f(x)\,dx .$$

BEWEIS.- *Der Beweis übersetzt die Anschauung von Bild 23.*

Sei $Z = \{x_o,...,x_m\}$ eine beliebige Zerlegung von $[a,b]$. Da für die Zwischenpunkte t_k, $k \in \{1,...,m\}$, gilt:

$$x_{k-1} \le t_k \le x_k,$$

folgt:

$$m_k = \inf \{f(x) \mid x_{k-1} \le x \le x_k\} \le f(t_k) \le$$
$$\le \sup \{f(x) \mid x_{k-1} \le x \le x_k\} = M_k.$$

Daraus ergibt sich:

$$U(Z,f) \le \sum_{k=1}^{m} f(t_k)(x_k - x_{k-1}) \le O(Z,f).$$

Also gilt für alle n unserer Zerlegungsfolge (Z_n)

$$U(Z_n,f) \le \sum_{k=1}^{m_n} f(t_k)(x_k - x_{k-1}) \le O(Z_n,f). \quad (*)$$

Wir bilden wieder den Grenzwert:

$$\lim_{n\to\infty} U(Z_n,f) \le \lim_{n\to\infty} \sum_{k=1}^{m_n} f(t_k)(x_k - x_{k-1}) \le \lim_{n\to\infty} O(Z_n,f).$$

Da f integrierbar ist und $\lim_{n\to\infty} \rho(Z_n) = 0$ gilt, können wir Satz (7.17) anwenden:

$$\lim_{n\to\infty} U(Z_n,f) = \lim_{n\to\infty} O(Z_n,f) = \int_a^b f(x)\,dx.$$

Daher erhalten wir:

$$\lim_{n\to\infty} S(T_{Z_n},f) = \int_a^b f(x)\,dx,$$

also unsere Behauptung.

Als Beispiel für die Anwendung von Satz (7.20) können Sie die folgende Aufgabe ansehen.

A 12 *AUFGABE 12.- Sei $f(x) = \alpha x + \beta$ mit α und β als beliebigen Konstanten auf $[a,b]$ gegeben. Berechnen Sie mit Hilfe von Satz (7.20) das Integral. Verwenden Sie dabei eine Folge äquidistanter Zerlegungen und als Zwischenpunkte die jeweiligen Intervallmitten. Was ist auffällig bei der Berechnung ?*

BEMERKUNG.- Sie sollten Satz (7.20) anwenden können, weil auch *numerische Verfahren* auf diesem Satz beruhen. Im nächsten Abschnitt werden wir darauf eingehen.

§ 6 NUMERISCHE INTEGRATION

Oft kann das Integral einer integrierbaren Funktion nicht genau bestimmt werden. Dann geht man dazu über, das Integral wenigstens *näherungsweise zu berechnen* (das heißt *numerische Integration*).

(*) $Z_n = \{x_o,x_1,...,x_{m_n}\}$, wobei $m_n \ge n$ ist, d.h. die n-te Zerlegung kann mehr als n Teilintervalle haben.

Einige einfache Näherungsverfahren werden Sie in diesem Abschnitt kennenlernen.

Rechteck-, Trapez- und Simpsonregel sollen Sie nicht "auswendig lernen". Sie müssen verstehen, wie sie abgeleitet werden, und Sie müssen sie nachschlagen und anwenden können.

DIE RECHTECKREGEL

Eine erste Näherungsformel kann direkt aus dem Riemannschen Summenkriterium hergeleitet werden.

HERLEITUNG.- Sei f eine über $[a,b]$ integrierbare Funktion, $Z_n = \{x_o,...,x_n\}$ eine äquidistante Zerlegung von $[a,b]$ mit $(x_k - x_{k-1}) = \frac{b-a}{n}$ für alle $k \in \{1,...,n\}$ und $T_{Z_n} = \{t_1,...,t_n\}$ eine Menge von Zwischenpunkten zur Zerlegung Z_n. Dann gilt nach Satz (7.20):

$$\lim_{n\to\infty} \sum_{k=1}^{n} f(t_k)(x_k - x_{k-1}) = \lim_{n\to\infty} \left(\frac{b-a}{n} \sum_{k=1}^{n} f(t_k)\right) = \int_a^b f(x)\,dx.$$

Somit ist jede endliche Summe

$$\frac{b-a}{n} \sum_{k=1}^{n} f(t_k) = S(T_{Z_n},f)$$

eine Näherung an das gesuchte Integral $\int_a^b f(x)dx$. Die Rechenregel sagt, daß es für eine Näherung genügt, statt des Integrals diese endliche Summe zu berechnen. Rechteckregel

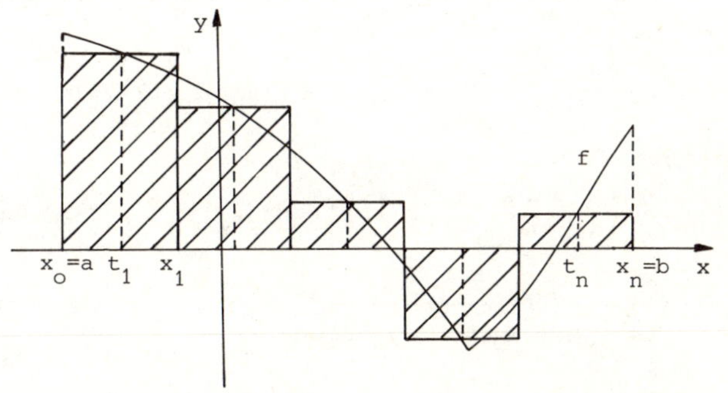

Bild 24.- Rechteckregel. (*)

BEMERKUNG.- Als Menge der Zwischenpunkte T_{Z_n} kann man zum Beispiel wählen: Zwischenpunkte

1) die linken Randpunkte der Intervalle, d.h.

(*) Da hier die Näherung mit Hilfe von Rechtecken durchgeführt wird, spricht man von der *Rechteckregel*.

$t_k = x_{k-1}$,

2) die rechten Randpunkte der Intervalle, d.h.

$t_k = x_k$,

3) die Intervallmitten, d.h. $t_k = \frac{x_k + x_{k-1}}{2}$.

Intervallmitten als Zwischenpunkte

In praktischen Berechnungen nimmt man im allgemeinen als Menge der Zwischenpunkte die Intervallmitten. An der folgenden Aufgabe können Sie sehen, daß die Näherung dann oft besser ist.

A 13

AUFGABE 13.- Sie kennen $\int_0^3 x^2 dx$. Berechnen Sie mit den Fällen 1,2 und 3 als Zwischenpunkte für $n = 6$ Näherungen an das Integral. Vergleichen Sie die Fehler!

Die Trapezregel

Aus der Rechteckregel können wir uns leicht ein weiteres Näherungsverfahren herleiten.

HERLEITUNG.- Sei $Z_n = \{x_0, \ldots, x_n\}$ eine äquidistante Zerlegung von $[a,b]$ mit $(x_k - x_{k-1}) = \frac{b-a}{n}$ für alle $k \in \{1,\ldots,n\}$. Sei $f: [a,b] \longrightarrow \mathbb{R}$ über $[a,b]$ integrierbar.

Nach dem Riemannschen Summen-Kriterium gilt:

$$\lim_{n\to\infty} \left(\frac{b-a}{n}\right) \sum_{k=1}^{n} f(x_{k-1})) = \int_a^b f(x)\,dx = \lim_{n\to\infty} \left(\frac{b-a}{n}\right) \sum_{k=1}^{n} f(x_k)),$$

d.h. die Riemann-Summen mit den linken bzw. rechten Intervallrandpunkten als Zwischenpunkten streben gegen das Integral. Daraus ergibt sich:

$$\lim_{n\to\infty} \left(\frac{b-a}{n} \sum_{k=1}^{n} f(x_{k-1})\right) + \lim_{n\to\infty} \left(\frac{b-a}{n} \sum_{k=1}^{n} f(x_k)\right) =$$

$$\lim_{n\to\infty} \left[\frac{b-a}{n} \sum_{k=1}^{n} (f(x_{k-1}) + f(x_k))\right] = 2\int_a^b f(x)\,dx$$

oder

$$\lim_{n\to\infty} \frac{1}{2}\left[\frac{b-a}{n} \sum_{k=1}^{n} (f(x_{k-1}) + f(x_k))\right] = \int_a^b f(x)\,dx.$$

Trapezregel

Also ist jede endliche Summe

$$\frac{1}{2} \cdot \frac{b-a}{n} \sum_{k=1}^{n} (f(x_{k-1}) + f(x_k))$$

eine Näherung an das gesuchte Integral $\int_a^b f(x)\,dx$.

Diese Näherungsformel heißt *Trapezregel* (siehe Bild 25), weil für jedes $k \in \{1,\ldots,n\}$ die Zahl $\left[\frac{b-a}{n} \cdot \frac{f(x_{k-1}) + f(x_k)}{2}\right]$ gerade dem Flächeninhalt des Trapezes über dem Intervall $[x_{k-1}, x_k]$ mit den Seitenlängen $f(x_{k-1})$ und $f(x_k)$ entspricht.

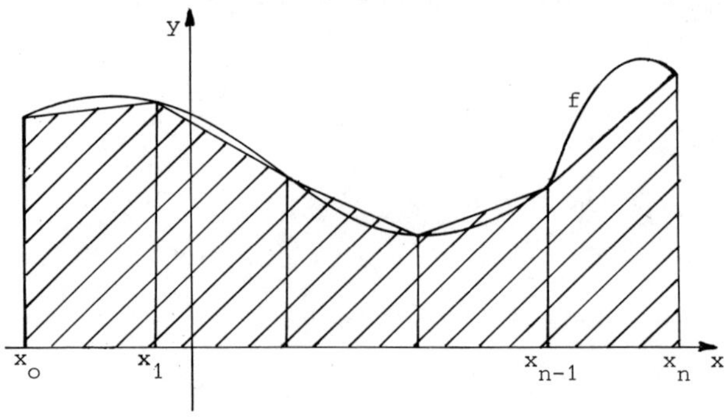

Bild 25.- Trapezregel.

BEMERKUNG.- Bei monotonen Funktionen ist die Trapezregel im allgemeinen für hinreichend großes n eine bessere Näherungsformel als die Rechteckregel mit den Zwischenpunkten aus 1) und 2) von Seite 109, da es sich bei der Trapezregel um die Mittelwerte dieser beiden Fälle handelt. Jedoch ist sie etwa gleich gut wie die Rechteckregel mit den Intervallmitten als Zwischenpunkten. Dazu ein Beispiel.

BEISPIEL.- In Aufgabe 13 haben Sie mit der Rechteckregel und den Intervallmitten als Zwischenpunkten für $\int_0^3 x^2 dx = 9$ mit $n = 6$ die Näherung 8,9375 erhalten. Mit der Trapezregel ergibt sich nun $(n = 6, a = 0, b = 3)$ (7.21)

$$\frac{1}{2} \cdot \frac{b-a}{n} \sum_{k=1}^{n} (f(x_{k-1}) + f(x_k)) =$$

$$= \frac{1}{4}(\underbrace{0^2 + (\tfrac{1}{2})^2}_{k=1} + \underbrace{(\tfrac{1}{2})^2 + 1^2}_{k=2} + \underbrace{1^2 + (\tfrac{3}{2})^2}_{k=3} + \underbrace{(\tfrac{3}{2})^2 + 2^2}_{k=4} + \underbrace{2^2 + (\tfrac{5}{2})^2}_{k=5} + \underbrace{(\tfrac{5}{2})^2 + 3^2}_{k=6})$$

$$= \frac{1}{4}(0 + \frac{1}{4} + \frac{1}{4} + 1 + 1 + \frac{9}{4} + \frac{9}{4} + 4 + 4 + \frac{25}{4} + \frac{25}{4} + 9)$$

$= 9{,}125.$

Der Fehler gegenüber dem richtigen Wert ist hier etwa $12 \cdot 10^{-2}$, im ersten Fall $7 \cdot 10^{-2}$, also ungefähr von der gleichen Größenordnung.

VARIANTE.- Fast jeder Wert der Summe kommt zweimal vor, wie Sie in diesem Beispiel sehen konnten. Das nutzen wir aus, um die Trapezregel in eine einfachere Form umzuschreiben. Es gilt nämlich:

$$\frac{1}{2} \cdot \left(\frac{b-a}{n} \sum_{k=1}^{n} (f(x_{k-1}) + f(x_k))\right) =$$

$$= \frac{1}{2} \cdot \frac{b-a}{n} (\underbrace{f(a) + f(x_1)}_{k=1} + \underbrace{f(x_1) + f(x_2)}_{k=2} + \ldots + \underbrace{f(x_{n-2}) + f(x_{n-1})}_{k=n-1} + \underbrace{f(x_{n-1}) + f(b)}_{k=n})$$

$$= \frac{1}{2} \cdot \frac{b-a}{n} (f(a) + 2f(x_1) + 2f(x_2) + \ldots + 2f(x_{n-1}) + f(b)) =$$

$$= \frac{b-a}{n}\left(\frac{1}{2} f(a) + \sum_{k=1}^{n-1} f(x_k) + \frac{1}{2} f(b)\right).$$

Setzen wir jetzt noch $x_k = a + k\frac{b-a}{n}$, so erhalten wir die Trapezregel, wie sie im allgemeinen geschrieben wird.

Trapezregel $T(\frac{b-a}{n})$

Jede endliche Summe

$$T\left(\frac{b-a}{n}\right) := \frac{b-a}{n}\left(\frac{1}{2} f(a) + \sum_{k=1}^{n-1} f\left(a + k\frac{b-a}{n}\right) + \frac{1}{2} f(b)\right)$$

ist eine Näherung an das gesuchte Integral $\int_a^b f(x)\,dx$.

In einem Beispiel wollen wir uns die Trapezregel noch einmal ansehen. Dabei wird der genaue Wert des Integals, den wir jetzt noch nicht bestimmen können, vorgegeben, um zu sehen, wie sich die Trapezsummen dem richtigen Wert annähern.

(7.22) **BEISPIEL.-** Gegeben ist

$$\int_0^1 \frac{1}{1+x^2}\,dx = \frac{\pi}{4} = 0{,}78539816\ldots$$

Wie verhält sich die Trapezregel für $n = 2$ bzw. $n = 4$, d.h. wie groß ist der Näherungsfehler ?

($\frac{1}{1+x^2}$ *ist über* $[0,1]$ *integrierbar, weil monoton !*)

Wir berechnen die Näherung für $n = 2$, $b = 1$, $a = 0$:

$$\begin{aligned}
T\left(\frac{b-a}{n}\right) &= T\left(\frac{1}{2}\right) = \\
&= \frac{1}{2}\left(\frac{1}{2} f(0) + \sum_{k=1}^{1} f\left(0 + 1\cdot\frac{1}{2}\right) + \frac{1}{2} f(1)\right) \\
&= \frac{1}{2}\left(\frac{1}{2}\cdot\frac{1}{1+0^2} + \frac{1}{1+(\frac{1}{2})^2} + \frac{1}{2}\cdot\frac{1}{1+1^2}\right) \\
&= \frac{1}{2}\left(\frac{1}{2} + \frac{4}{5} + \frac{1}{4}\right) = 0{,}775.
\end{aligned}$$

Der Fehler zum richtigen Wert beträgt ungefähr $\frac{14}{1000}$. Berechnen wir nun die Näherung für $n = 4$, $b = 1$, $a = 0$:

$$\begin{aligned}
T\left(\frac{b-a}{n}\right) &= T\left(\frac{1}{4}\right) = \\
&= \frac{1}{4}\left(\frac{1}{2}\cdot f(0) + \sum_{k=1}^{3} f\left(0 + k\cdot\frac{1}{4}\right) + \frac{1}{2} f(1)\right) = \\
&= \frac{1}{4}\left(\frac{1}{2} + \frac{1}{1+(\frac{1}{4})^2} + \frac{1}{1+(\frac{1}{2})^2} + \frac{1}{1+(\frac{3}{4})^2} + \frac{1}{4}\right) = \\
&= \frac{1}{4}\left(\frac{1}{2} + \frac{16}{17} + \frac{4}{5} + \frac{16}{25} + \frac{1}{4}\right) = \\
&= 0{,}78279411\ldots .
\end{aligned}$$

Der Fehler beträgt jetzt nur noch ca. $26\cdot 10^{-4}$, ist also um eine Stelle hinter dem Komma besser als für $n = 2$.

A 14 *AUFGABE 14.- Bestimmen Sie mit der Trapezregel für $n = 2$, 4 und 8 Näherungen von*

$$\int_0^1 \frac{1}{2-x^2}\,dx = 0{,}623225\ldots .$$

Wie groß sind die Fehler ?

DIE SIMPSONREGEL

Mit Hilfe der Trapezregel können wir eine weitere Näherungsformel ableiten, die im allgemeinen bessere Resultate liefert. Wir wollen die Regel nicht herleiten, sondern nur angeben. (*) Es ist die sogenannte *Simpsonregel*.

$S(\frac{b-a}{n})$ Simpsonregel

Jede endliche Summe

$$S\left(\frac{b-a}{n}\right) := \frac{1}{3}\left(4T\left(\frac{b-a}{2n}\right) - T\left(\frac{b-a}{n}\right)\right)$$

ist eine Näherung für $\int_a^b f(x)\,dx$

ERLÄUTERUNG.- Es wird die Trapezregel auf die halbierten Teilintervalle angewendet und mit 4 multipliziert. Davon wird die Trapezregel - angewendet auf die ganzen Teilintervalle - subtrahiert und schließlich das Ergebnis durch 3 dividiert.

BEMERKUNGEN.- Man legt in der Simpsonregel zwischen Stützstellen "möglichst gute" Parabelbögen.

1) Sie können leicht erkennen, daß aus der Konvergenz der Trapezsumme die Konvergenz der Simpsonsumme gegen das Integral folgt. Denn

$$S\left(\frac{b-a}{n}\right) = \frac{1}{3}\left(4T\left(\frac{b-a}{2n}\right) - T\left(\frac{b-a}{n}\right)\right) \xrightarrow{n\to\infty} \frac{1}{3}\left(4\int_a^b f(x)\,dx - \int_a^b f(x)\,dx\right) = \int_a^b f(x)\,dx .$$

Keplersche Regel

2) Für den Fall $n = 1$ ist die Simpsonregel bekannt unter dem Namen "Keplersche Regel". Zur Verdeutlichung ist der Fall $n = 1$ einmal im Bild 26 dargestellt. Dabei ist f ein Polynom 3.Grades; die Näherungsfläche ist eine Fläche unterhalb einer Parabel g. In Aufgabe 20 dieses Kapitels, Seite 116, werden wir den Fall n=1 noch einmal untersuchen.

(*) Die genaue Entwicklung der Simpsonregel geht von der Näherung einer beliebigen Funktion bei gewissen bekannten Funktionswerten ("Stützstellen") durch Polynome aus ("Polynomapproximation"). Dabei führt die Näherung durch ein lineares Polynom (2 Stützstellen; am Anfang und Ende der Teilintervalle) auf die Trapezregel, die Näherung durch ein quadratisches Polynom (3 Stützstellen; am Anfang, Ende und in der Mitte der jeweiligen Teilintervalle) auf die Simpsonregel. Wir werden darauf später noch zurückkommen.

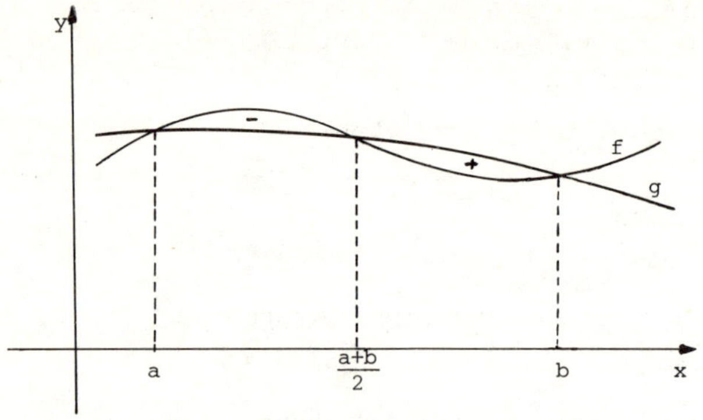

Bild 26.- Simpsonregel für $n = 1$.

Wir wollen uns an dem Integral aus Beispiel (7.22) verdeutlichen, daß die Simpsonregel im allgemeinen bessere Resultate liefert.

(7.23) BEISPIEL.- Gegeben ist

$\int_0^1 \frac{1}{1+x^2}\,dx = \frac{\pi}{4} = 0{,}78539816\ldots$. Wie verhält sich jetzt die Simpsonregel für $n = 2$ bzw. $n = 4$? Aus Beispiel (7.22) wissen wir bereits, daß:

$T(\frac{1}{2}) = 0{,}775$ und $T(\frac{1}{4}) = 0{,}78279411\ldots$ ist.

Damit können wir direkt $S(\frac{b-a}{n})$ berechnen; die Formel

$$S\left(\frac{b-a}{n}\right) = \frac{1}{3}\left(4T\left(\frac{b-a}{2n}\right) - T\left(\frac{b-a}{n}\right)\right)$$

mit $b = 1$, $a = 0$ und $n = 2$ lautet:

$$S\left(\tfrac{1}{2}\right) = \tfrac{1}{3}\left(4T\left(\tfrac{1}{4}\right) - T\left(\tfrac{1}{2}\right)\right)$$
$$= \tfrac{1}{3}(4 \cdot 0{,}78279411\ldots - 0{,}775)$$
$$= 0{,}7853921\ldots \; .$$

Damit ist der Fehler gegenüber dem richtigen Wert nur $7 \cdot 10^{-6}$, also 4 Dezimalen besser als bei der Trapezregel.

Bestimmen wir noch die Simpsonregel für $n = 4$. Dazu benötigen wir $T(\frac{1}{8})$. Es gilt (Sie können sich durch Nachrechnen überzeugen):

$$T\left(\tfrac{1}{8}\right) = 0{,}7847471\ldots \; .$$

Es folgt daher:

$$S\left(\tfrac{1}{4}\right) = \tfrac{1}{3}\left(4T\left(\tfrac{1}{8}\right) - T\left(\tfrac{1}{4}\right)\right) =$$
$$= \tfrac{1}{3}(4 \cdot 0{,}7847471\ldots - 0{,}78279411\ldots)$$
$$= 0{,}78539813\ldots \; .$$

Hier ist die Genauigkeit schon bis zur 7.Stelle hinter dem Komma gegeben. Im Gegensatz dazu war die Genauigkeit für $n = 4$ bei der Trapezregel erst bis zur 2. Stelle hinter dem Komma. Der Fehler bewegt sich also jetzt in der Größenordnung von $3 \cdot 10^{-7}$.

AUFGABE 15.- A 15

a) Bestimmen Sie mit der Simpsonregel Näherungen für $n = 2$ und $n = 4$ des Integrals aus Aufgabe 14. Wie groß sind jetzt die Fehler ?

b) Bestimmen Sie Näherungen des Integrals $\int_0^2 \frac{x}{(x^2+4)^2}\,dx$ mit Hilfe der Simpsonregel für $n = 2,4,8$ (auf 8 Stellen hinter dem Komma). Können Sie aus diesen Ergebnissen schon Schlüsse für den genauen Wert ziehen ?

Damit wollen wir vorläufig die Betrachtung der numerischen Integration, von der Sie die einfachen Verfahren Rechteckregel, Trapezregel und Simpsonregel kennengelernt haben, abschließen. In den folgenden Abschnitten werden wir uns mit Eigenschaften des Integrals, die auch die Berechnung vereinfachen, beschäftigen.

§ 7 EIGENSCHAFTEN DES INTEGRALS

EIGENSCHAFTEN DES INTEGRALS BEZÜGLICH DES INTEGRATIONSINTERVALLS

Als erstes Problem betrachten wir:
Ist eine Funktion f integrierbar über $[a,b]$, falls sie über $[a,c]$ und über $[c,b]$ integrierbar ist ($a < c < b$)?

Betrachten Sie dazu Bild 27. Anschaulich ist klar, daß sich die Flächen über $[a,c]$ und über $[c,b]$ zur Fläche über $[a,b]$ vereinigen.

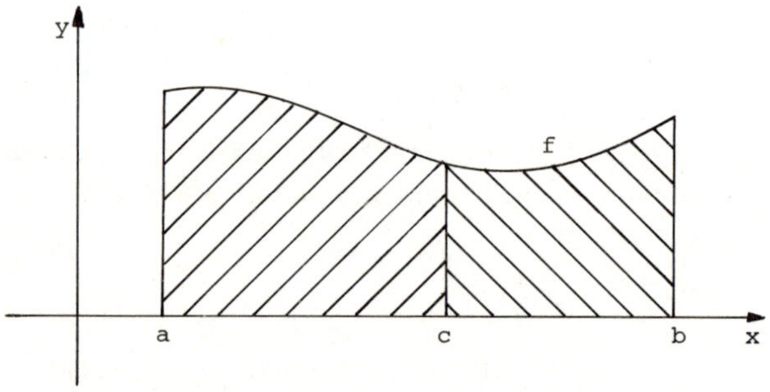

Bild 27.- Additivität bezüglich des Intervalls

Sie können daher vermuten:

$$\int_a^b f(x)\,dx = \int_a^c f(x)\,dx + \int_c^b f(x)\,dx ,$$

falls die einzelnen Integrale existieren. Diese Vermutung wollen wir in einem Satz formulieren und beweisen.

(7.24) Additivität bezüglich des Intervalls

SATZ.- Sei $a < c < b$. Sei $f\colon [a,b] \longrightarrow \mathbb{R}$ beschränkt. f ist genau dann über $[a,b]$ integrierbar, wenn f über $[a,c]$ und über $[c,b]$ integrierbar ist. Es gilt:

$$\int_a^b f(x)\,dx = \int_a^c f(x)\,dx + \int_c^b f(x)\,dx$$

BEWEIS.- *Sie können den Beweis ohne Nachteil überschlagen.*
Es wird nur die Beweisrichtung mit der Voraussetzung: "f ist integrierbar über $[a,b]$" gezeigt. Dabei wird das Riemann-Kriterium (7.14) verwandt.

1) Sei f integrierbar über $[a,b]$. Dann existiert nach (7.14) zu jedem $\varepsilon > 0$ eine Zerlegung $Z_\varepsilon = \{x_0,\ldots,x_n\}$ von $[a,b]$ mit

$$O(Z_\varepsilon,f) - U(Z_\varepsilon,f) < \varepsilon.$$

Wir können annehmen, daß c selbst Teilungspunkt ist. (*)
Also existiert ein $j \in \{1,\ldots,n-1\}$ mit $x_j = c$.

Durch die Zerlegung Z_ε erhalten wir eine Zerlegung $Z'_\varepsilon = \{x_0,\ldots,x_j\}$ von $[a,c]$ und eine Zerlegung $Z''_\varepsilon = \{x_j,\ldots,x_n\}$ von $[c,b]$:

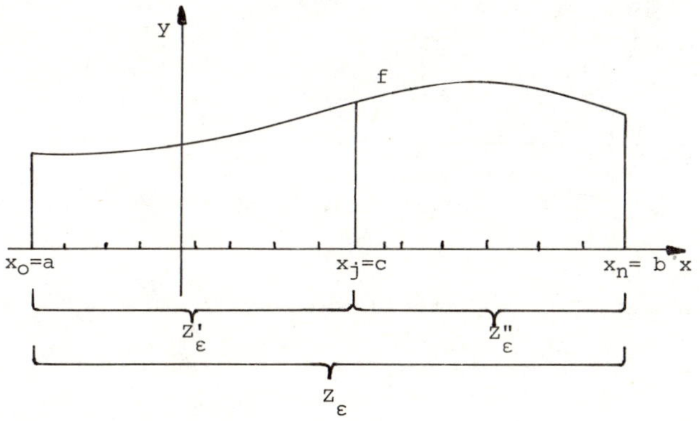

Bild 28.- Zerlegungen Z'_ε und Z''_ε.

2) Es gilt die Beziehung

$$(\alpha)\quad \begin{aligned} U(Z_\varepsilon,f) &= U(Z'_\varepsilon,f) + U(Z''_\varepsilon,f) \\ O(Z_\varepsilon,f) &= O(Z'_\varepsilon,f) + O(Z''_\varepsilon,f). \end{aligned}$$

Damit erhalten wir:

$$[O(Z'_\varepsilon,f) - U(Z'_\varepsilon,f)] + [O(Z''_\varepsilon,f) - U(Z''_\varepsilon,f)] = O(Z_\varepsilon,f) - U(Z_\varepsilon,f) < \varepsilon$$

(Da die Ausdrücke in den eckigen Klammern positiv sind, ist jeder einzelne kleiner als ε).
Also existiert zu beliebigem $\varepsilon > 0$ eine Zerlegung Z'_ε von $[a,c]$ (und ebenso eine Zerlegung Z''_ε von $[c,b]$), die die Bedingung des Riemann-Kriteriums erfüllt. f ist somit über $[a,c]$ und über $[c,b]$ integrierbar.

$\int_a^b f(x)\,dx = \int_a^c f(x)\,dx + \int_c^b f(x)\,dx$

3) Wir müssen jetzt noch zeigen:

$$\int_a^b f(x)\,dx = \int_a^c f(x)\,dx + \int_c^b f(x)\,dx.$$

Sei (Z'_n) Zerlegungsfolge von $[a,c]$, (Z''_n) Zerlegungsfolge von $[c,b]$ mit $\lim_{n\to\infty} \rho(Z'_n) = \lim_{n\to\infty} \rho(Z''_n) = 0$. Dann ist (Z_n) mit $Z_n = Z'_n \cup Z''_n$ eine Zerlegungsfolge von $[a,b]$ mit $\lim_{n\to\infty} \rho(Z_n) = 0$. Es folgt mit Satz (7.19):

$$\int_a^c f(x)\,dx + \int_c^b f(x)\,dx = \lim_{n\to\infty} U(Z'_n,f) + \lim_{n\to\infty} U(Z''_n,f) =$$
$$= \lim_{n\to\infty} (U(Z'_n,f) + U(Z''_n,f)) = \lim_{n\to\infty} U(Z_n,f) = \int_a^b f(x)\,dx.$$

Das ist die Behauptung.

(*) Falls das nicht der Fall ist, sei $\overline{Z}$ die Zerlegung, die die Punkte $x_0,\ldots,x_n$ und zusätzlich c enthält. Dann ist $\overline{Z}$ feiner als Z und daher
$O(\overline{Z},f) - U(\overline{Z},f) \leq O(Z,f) - U(Z,f) < \varepsilon$.
Es wird dann anstelle von Z die Zerlegung $\overline{Z}$ genommen.

BEMERKUNG.- Satz (7.24) gilt natürlich auch, wenn wir das Intervall $[a,b]$ in endlich viele Teilintervalle zerlegen. Der Beweis ergibt sich mit Induktion.

Bisher ist das Integral nur definiert, falls $a < b$ gilt. Um das Integral allgemeiner, also unabhängig von dieser Bedingung, fassen zu können, führen wir folgende Definition ein.

DEFINITION.- Ist $a > b$ und f integrierbar über $[b,a]$, so setzt man (7.25)

$$\int_a^b f(x)\,dx := -\int_b^a f(x)\,dx.$$

Ist $a = b$, soll $\int_a^a f(x)\,dx = 0$ gelten.

Sie erkennen etwa an Beispiel (7.15), daß der Zusatz $\int_a^a f(x)\,dx = 0$ *sinnvoll ist.*

BEMERKUNG.- Mit Definition (7.25) gilt die Gleichung

$$\int_a^b f(x)\,dx = \int_a^c f(x)\,dx + \int_c^b f(x)\,dx$$

aus Satz (7.24) für beliebige $a,b,c \in \mathbb{R}$. Ist z.B. $a < b \leq c$, so ist

$$\int_a^c f(x)\,dx = \int_a^b f(x)\,dx + \int_b^c f(x)\,dx = \int_a^b f(x)\,dx - \int_c^b f(x)\,dx$$

oder

$$\int_a^c f(x)\,dx + \int_c^b f(x)\,dx = \int_a^b f(x)\,dx$$

genau wie in Satz (7.24).

Als Beispiel zu Satz (7.24) wollen wir uns die "Sägezahnfunktion" ansehen.

BEISPIEL.- Sei $f(x) = x - [x]$ auf $[a,b] = [-\frac{1}{2}, \frac{7}{2}]$ (*) (7.26)
Hierbei bedeutet $[x]$ die größte ganze Zahl, die $\leq x$ ist, etwa $[\frac{12}{5}] = 2$ oder $[-\frac{4}{5}] = -1$.

Sägezahnfunktion

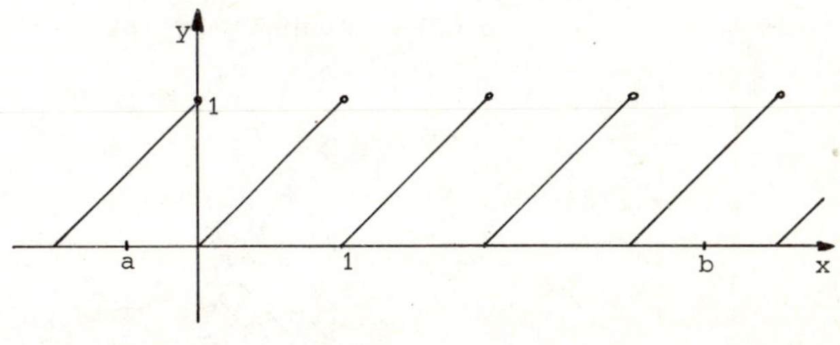

Bild 29.- $f(x) = x - [x]$.

(*) Selbstverständlich kann die Sägezahnfunktion auch auf anderen Intervallen definiert werden.

1) Zur Integrierbarkeit von f:
Es gibt ein kleinstes $n \in \mathbb{Z}$ und ein größtes $m \in \mathbb{N}_0$, so daß

$$a \leq n \leq n+m \leq b$$

gilt. Für das Intervall $[-\frac{1}{2}, \frac{7}{2}]$ ist $n = 0$ und $m = 3$.
Betrachten wir jetzt f auf den Teilintervallen $[a,n], [n,n+1], \ldots, [n+m-1, n+m], [n+m, b]$, so ist f dort jeweils monoton bis auf den rechten Randpunkt, da $f(n) = 0 \neq 1$.

Eine Änderung von f an einer Stelle wirkt sich nach Bemerkung 2 hinter Beispiel (7.15) nicht auf die Integrierbarkeit und das Integral aus. Also ist f über jedem Teilintervall integrierbar [Satz (7.16)].

2) Es folgt nach Satz (7.24):
f ist integrierbar über [a,b] und es gilt:

$$\int_a^b f(x)\,dx = \int_a^n f(x)\,dx + \int_n^{n+1} f(x)\,dx + \ldots + \int_{n+m-1}^{n+m} f(x)\,dx + \int_{n+m}^{b} f(x)\,dx$$

$$= \int_a^n f(x)\,dx + \sum_{k=0}^{m-1} \int_{n+k}^{n+k+1} f(x)\,dx + \int_{n+m}^{b} f(x)\,dx\,.$$

A 16 *AUFGABE 16.-*

a) Bestimmen Sie $\int_a^b x^p dx$, $a,b \in \mathbb{R}$, $p \in \mathbb{N}_0$, falls $f(x) = x^p$ über [a,b] integrierbar ist.

b) Bestimmen Sie damit die Ladung eines Kondensators,

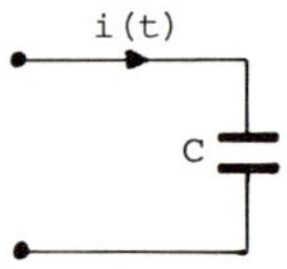

die gegeben ist durch $\int_{t_1}^{t_2} i(t)\,dt\,[As]$, in dem Zeitintervall [2,4], wobei sich der Strom wie die 3. Potenz in t verhält.

c) Gesucht ist das Integral von $f(x) = [x]$ über [0,4], falls f über [0,4] integrierbar ist.

Der nächste Satz wird Aufschluß geben über zwei weitere Probleme: Im ersten Fall untersuchen wir, ob das Integral gegenüber einer Verschiebung parallel zur x-Achse unabhängig ist:

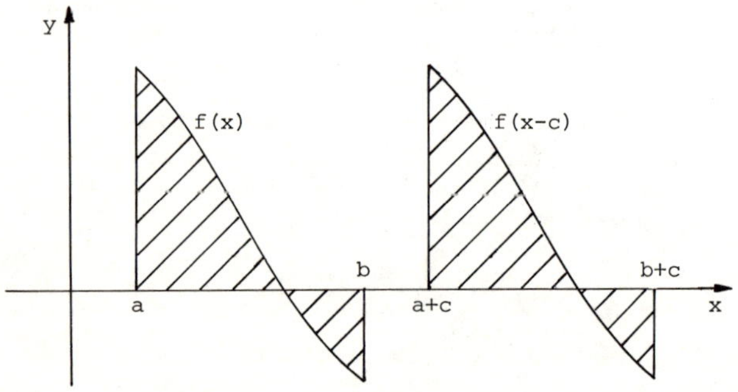

Bild 30.- Parallelverschiebung bzgl. x-Achse.

Im zweiten Fall handelt es sich um die Frage: Was passiert, wenn das Argument der integrierbaren Funktion gestreckt wird? Also: x geht über in $\frac{x}{k}$, $k \neq 0$:

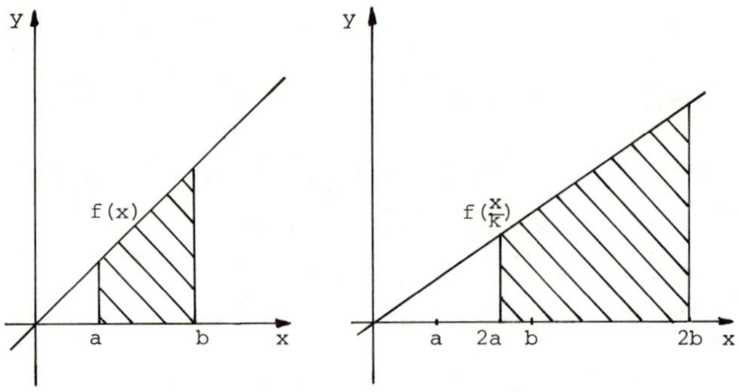

Bild 31.- $f(x) = x$ $f(\frac{x}{k}) = \frac{x}{2}$, $k = 2$

SATZ.- Sei f über [a,b] integrierbar. Es gilt: (7.27)

a) $\int_a^b f(x)\,dx = \int_{a+c}^{b+c} f(x-c)\,dx$ für alle $c \in \mathbb{R}$ Verschiebung

b) $\int_a^b f(x)\,dx = \frac{1}{k} \int_{k \cdot a}^{k \cdot b} f(\frac{x}{k})\,dx$ für alle $k \in \mathbb{R}$, $k \neq 0$. (*) Streckung

BEWEIS.- Lassen wir aus.

AUFGABE 17.- Bestimmen Sie mit Satz (7.27) A 17

a) $\int_2^6 (x+4)^4 dx$ *b)* $\int_{-1}^{2} (\frac{x+3}{4})^2 dx.$

EIGENSCHAFTEN BEZÜGLICH DES INTEGRANDEN

Im nächsten Satz untersuchen wir Summe und Vielfaches integrierbarer Funktionen.

SATZ.- Seien f und g über [a,b] integrierbar. Dann gilt: (7.28)

a) f + g ist über [a,b] integrierbar und Summe und Vielfaches integrierbar

$$\int_a^b (f+g)(x)\,dx = \int_a^b f(x)\,dx + \int_a^b g(x)\,dx.$$

b) Für beliebiges $\lambda \in \mathbb{R}$ ist $\lambda \cdot f$ über [a,b] integrierbar und

$$\int_a^b \lambda \cdot f(x)\,dx = \lambda \cdot \int_a^b f(x)\,dx.$$

(*) Diejenigen von Ihnen, die sich schon etwas in der Integration auskennen, werden feststellen, daß es sich hierbei um Spezialfälle der sogenannten "Substitutionsmethode" handelt.

BEWEIS von (a).- *Der Beweis verläuft nach bekanntem Schema.*

1) Zu Anfang eine Vorüberlegung für die Unter- und Obersummen. Sei $Z = \{x_o,\dots,x_n\}$ eine beliebige Zerlegung von $[a,b]$. Es seien ferner für alle $k \in \{1,\dots,n\}$

$$m_k = \inf\{(f+g)(x) \mid x_{k-1} \le x \le x_k\}$$

$$m_k' = \inf\{f(x) \mid x_{k-1} \le x \le x_k\}$$

$$m_k'' = \inf\{g(x) \mid x_{k-1} \le x \le x_k\}$$

und ebenso M_k, M_k', M_k'' die zugehörigen Suprema. Nach Kapitel 5, Satz (5.17) gilt dann:

$$m_k' + m_k'' \le m_k$$

$$M_k' + M_k'' \ge M_k .$$

2) Damit ergibt sich für die Unter- und Obersummen mit

$$U(Z,f) = \sum_{k=1}^{n} m_k'(x_k - x_{k-1})$$

und analog $U(Z,g)$, $U(Z,f+g)$ usw:

$$U(Z,f) + U(Z,g) \le U(Z,f+g)\ ,\ O(Z,f) + O(Z,g) \ge O(Z,f+g)$$

oder anders geschrieben:

$$U(Z,f) + U(Z,g) \le U(Z,f+g) \le O(Z,f+g) \le O(Z,f) + O(Z,g),$$

woraus folgt:

$$O(Z,f+g) - U(Z,f+g) \le$$

$$\le [O(Z,f) - U(Z,f)] + [O(Z,g) - U(Z,g)] .$$

3) Wir kommen jetzt zum Beweis der Integrierbarkeit von $f+g$. Um diese zu zeigen, müssen wir nach (7.14) zu beliebigem $\varepsilon > 0$ eine Zerlegung Z_ε von $[a,b]$ mit

$$O(Z_\varepsilon, f+g) - U(Z_\varepsilon, f+g) < \varepsilon$$

angeben. Sei also $\varepsilon > 0$ vorgegeben. Wegen (7.14) folgt aus der Integrierbarkeit von f und g: Es existieren zu $\varepsilon > 0$ Zerlegungen Z_ε', Z_ε'' von $[a,b]$ mit

$$O(Z_\varepsilon', f) - U(Z_\varepsilon', f) < \frac{\varepsilon}{2}$$

$$O(Z_\varepsilon'', f) - U(Z_\varepsilon'', f) < \frac{\varepsilon}{2} .$$

Mit $Z_\varepsilon = Z_\varepsilon' \cup Z_\varepsilon''$ gilt daher (Z_ε ist Verfeinerung von Z_ε' und Z_ε''):

$$O(Z_\varepsilon, f) - U(Z_\varepsilon, f) < \frac{\varepsilon}{2}$$

$$O(Z_\varepsilon, g) - U(Z_\varepsilon, g) < \frac{\varepsilon}{2} .$$

Durch Addition ergibt sich:

$$\beta)\quad [O(Z_\varepsilon, f) - U(Z_\varepsilon, f)] + [O(Z_\varepsilon, g) - U(Z_\varepsilon, g)] < \varepsilon .$$

Ungleichung (β) in (α) eingesetzt ((α) galt für beliebige Zerlegungen) ergibt:

$$O(Z_\varepsilon, f+g) - U(Z_\varepsilon, f+g) < \varepsilon.$$

Also ist $(f+g)$ nach Satz (7.14) integrierbar, weil wir zu einem beliebigen vorgegebenen $\varepsilon > 0$ eine Zerlegung Z_ε gefunden haben mit $O(Z_\varepsilon, f+g) - U(Z_\varepsilon, f+g) < \varepsilon$.

4) Es bleibt der zweite Teil zu zeigen:

$\int_a^b (f+g)(x)\,dx = \int_a^b f(x)\,dx + \int_a^b g(x)\,dx$

$$\int_a^b (f+g)(x)\,dx = \int_a^b f(x)\,dx + \int_a^b g(x)\,dx .$$

Dazu sei (Z_n) eine Zerlegungsfolge von $[a,b]$ mit $\lim_{n\to\infty} \rho(Z_n) = 0$ und (T_{Z_n}) eine Folge von Zwischenpunkten zu Z_n. Mit Hilfe der Integrierbarkeit folgt dann nach Satz (7.20) (Riemannsches Summen-Kriterium):

$$\int_a^b (f(x) + g(x))\,dx = \lim_{n\to\infty} S(T_{Z_n}, f+g) =$$

$$= \lim_{n\to\infty} \left(\sum_{k=1}^{n} (f(t_k) + g(t_k))(x_k - x_{k-1}) \right) =$$

$$= \lim_{n\to\infty} \left(\sum_{k=1}^{n} f(t_k)(x_k - x_{k-1}) + \sum_{k=1}^{n} g(t_k)(x_k - x_{k-1}) \right) =$$

$$= \lim \sum_{k=1}^{n} f(t_k)(x_k - x_{k-1}) + \lim \sum_{k=1}^{n} g(t_k)(x_k - x_{k-1}) =$$

$$= \int_a^b f(x)\,dx \qquad + \int_a^b g(x)\,dx ,$$

also die Behauptung.

A 18

AUFGABE 18.- Beweisen Sie Teil b) von Satz (7.28). Hinweis: Der Beweis ist einfacher als der von Teil a). Denken Sie wieder an die Riemannschen Kriterien. Unterscheiden Sie beim Beweis die Fälle $\lambda \ge 0$ und $\lambda \le 0$! Warum?

BEMERKUNG.- Eine Folgerung aus Satz (7.28) ist: Jede endliche Linearkombination von über $[a,b]$ integrierbaren Funktionen ist wieder über $[a,b]$ integrierbar. D.h. sind $\alpha_i \in \mathbb{R}$, $i \in \{1,\dots,n\}$, und $f_i\colon [a,b] \to \mathbb{R}$ integrierbar über $[a,b]$, so ist $\sum_{i=1}^{n} \alpha_i f_i$ integrierbar über $[a,b]$ und es gilt:

endliche Linearkombinationen integrierbar

$$\int_a^b \left(\sum_{i=1}^{n} \alpha_i f_i(x) \right) dx = \sum_{i=1}^{n} \alpha_i \int_a^b f_i(x)\,dx .$$

Als Anwendung das folgende Beispiel:

BEISPIEL.- Jedes Polynom $f(x) = \sum_{k=0}^{n} \alpha_k x^k$ mit beliebigen $\alpha_k \in \mathbb{R}$, $k \in \{0,\dots,n\}$, ist über $[a,b]$ integrierbar und es gilt: (7.29)

Integral von Polynomen

$$\int_a^b \left(\sum_{k=0}^{n} \alpha_k x^k \right) dx = \sum_{k=0}^{n} \alpha_k \frac{b^{k+1} - a^{k+1}}{k+1}$$

BEWEIS.- Da die Funktion x^p für beliebiges $p \in \mathbb{N} \cup \{0\}$ integrierbar über $[a,b]$ ist (siehe A 16), gilt nach Satz (7.28) und der Bemerkung vor diesem Beispiel:

$$a_o x^o + a_1 x^1 + \dots + a_n x^n = f(x)$$

ist über $[a,b]$ integrierbar. Nach Aufgabe 16 ist

$$\int_a^b x^k\,dx = \frac{b^{k+1} - a^{k+1}}{k+1} \qquad \text{für } k \in \mathbb{N}_o .$$

Damit gilt:

$$\int_a^b \left(\sum_{k=0}^{n} \alpha_k x^k \right) dx = \sum_{k=0}^{n} \alpha_k \int_a^b x^k\,dx = \sum_{k=0}^{n} \alpha_k \frac{b^{k+1} - a^{k+1}}{k+1} .$$

A 19

AUFGABE 19.- a) Trägheitsmomente eines Flächenstückes: Für ein Flächenstück unter dem Graphen einer Funktion $f\colon [\alpha,\beta] \to \mathbb{R}^+$ definiert man in der Mechanik das Moment p-ten Grades M_p bezüglich der y-Achse durch folgendes Integral:

Trägheitsmoment

$M_p := \int_\alpha^\beta x^p \cdot f(x)\,dx$

Berechnen Sie das Trägheitsmoment M_2 für das Rechteck mit den Seiten a und b bezüglich einer Mittellinie als Achse.

b) Formänderungsarbeit bei Balkenbiegung: Ein Balken der Länge ℓ mit dem Elastizitätsmodul E und dem konstanten Flächenmoment I sei an einem Ende eingespannt. Am anderen Ende wirke eine Einzellast F:

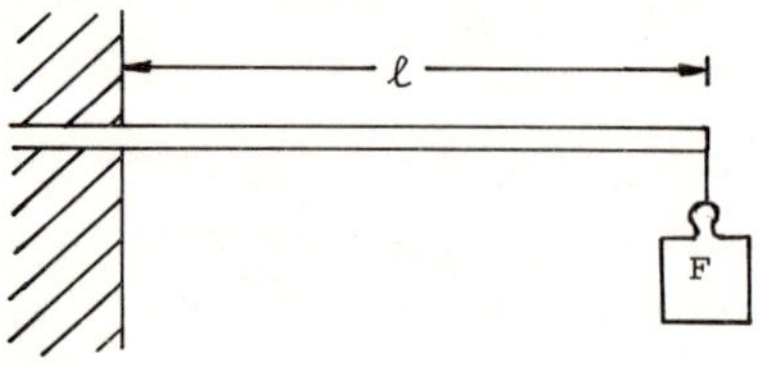

Bild 32.- Balkenbiegung

Die Formänderungsarbeit W ist definiert durch

Formänderungsarbeit

$W := \frac{1}{2EI} \int_0^\ell f^2(x)\,dx$

Berechnen Sie W für f: $[0,\ell] \longrightarrow \mathbb{R}^+$ mit $f(x) := F\cdot(\ell - x)$.

A 20

AUFGABE 20.- Sei f eine beliebige Funktion auf [a,b]. Zeigen Sie, daß es ein Polynom p(x) 2.Grades (also $p(x) = \alpha x^2 + \beta x + \gamma$) gibt mit $p(a) = f(a)$, $p(b) = f(b)$, $p(\frac{a+b}{2}) = f(\frac{a+b}{2})$, so daß gilt:

$\int_a^b p(x)\,dx = \frac{b-a}{6}[f(a) + 4f(\frac{a+b}{2}) + f(b)] \overset{!}{=} S(\frac{b-a}{1})$.

Bemerkung: Es handelt sich um ein Polynom 2.Grades, dessen Integral gerade der Simpsonsumme für n = 1 (Keplersche Regel !) entspricht.

Flächeninhaltsbestimmung

BEMERKUNG.- Den Flächeninhalt können wir jetzt mit Satz (7.28) auch für Punktmengen, die "zwischen den Graphen zweier Funktionen f und g" liegen, bestimmen; also für Mengen der Form

$M_{f,g} := \{(x,y) \mid a \leq x \leq b,\ f(x) \leq y \leq g(x)\}$:

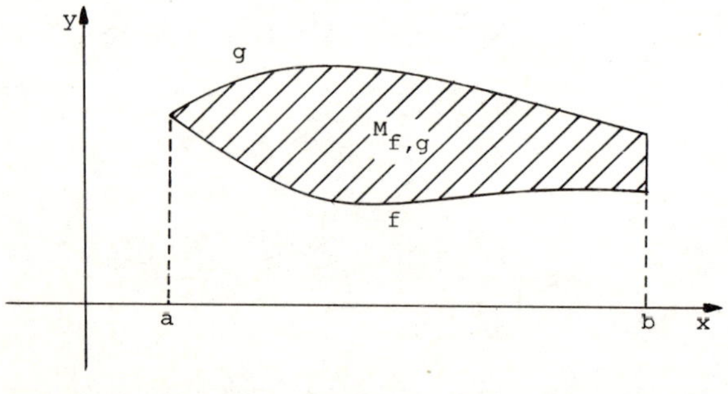

Bild 33.- Fläche zwischen zwei Graphen

Man sieht sofort, daß

$I(M_{f,g}) = I(M_g) - I(M_f) = \int_a^b g(x)\,dx - \int_a^b f(x)\,dx = \int_a^b (g(x) - f(x))\,dx$.

Versuchen Sie zu diesem Problemkreis die folgende Aufgabe zu lösen.

AUFGABE 21.- 1) Bestimmen Sie den Flächeninhalt der Fläche, die durch die Graphen der Funktionen A 21

a) $f_1(x) = x^2$ und $f_2(x) = 2x + 3$

b) $f_1(x) = |x|$ und $f_2(x) = x^2 - 1$

eingeschlossen wird.

2) Prüfen Sie nach, daß der Flächeninhalt eines Kreises mit Radius r das r^2-fache des Flächeninhaltes des Einheitskreises ist, (Sie brauchen das Integral nicht zu berechnen. Verwenden Sie Satz (7.27)!).

Es soll noch ein Satz über das Produkt zweier integrierbarer Funktionen ohne Beweis erwähnt werden.

SATZ.- Seien f und g über [a,b] integrierbar. Dann ist f·g über [a,b] integrierbar. (7.30)

Produkt integrierbar

AUFGABE 22.- a) Seien $f(t) = [t]$ und $g(t) = (t - [t])$ für $t \in [0,4]$ gegeben. Bestimmen Sie das Integral über [0,4] von f·g. A 22

b) Die Energie eines Ohmschen Widerstandes R ist im Zeitraum [0,T] gegeben durch

$\int_0^T i(t)\cdot u(t)\,dt \quad [Ws]$.

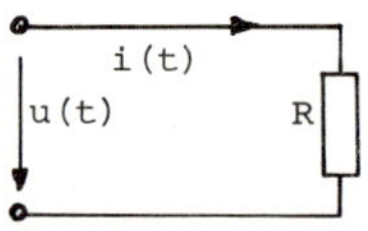

Bestimmen Sie die Energie im Zeitraum [0,3], wenn i(t) gegeben ist durch

$$i(t) = \begin{cases} \sqrt{t} & , 0 \leq t \leq 1 \\ 1 & , 1 \leq t \leq 2 \\ t^2 - 6t + 9 & , 2 \leq t \leq 3 \end{cases} \quad [A].$$

Wir gehen jetzt zu Ungleichungen für Integrale über.

UNGLEICHUNGEN FÜR INTEGRALE

Wir formulieren die Ungleichungen sofort in einem Satz.

(7.31) **SATZ.-** Seien f und g über $[a,b]$ integrierbar mit $a < b$. Dann gelten:

a) $|f|$ ist über $[a,b]$ integrierbar und

$$\left| \int_a^b f(x)\,dx \right| \leq \int_a^b |f(x)|\,dx .$$

b) Falls $f(x) \geq 0$ für alle $x \in [a,b]$ ist, so ist

$$\int_a^b f(x)\,dx \geq 0.$$

c) Aus $f(x) \leq g(x)$ für alle $x \in [a,b]$ folgt:

$$\int_a^b f(x)\,dx \leq \int_a^b g(x)\,dx .$$

d) Sei $m \leq f(x) \leq M$ für alle $x \in [a,b]$. Dann ist:

$$m(b-a) \leq \int_a^b f(x)\,dx \leq M(b-a).$$

e) Aus $|f(x)| \leq c$ für alle $x \in [a,b]$ folgt:

$$\left| \int_a^b f(x)\,dx \right| \leq c(b-a).$$

Ungleichungen anschaulich

Zur Veranschaulichung der Aussage sollen die folgenden Bilder dienen.

Zu (7.25) a) :

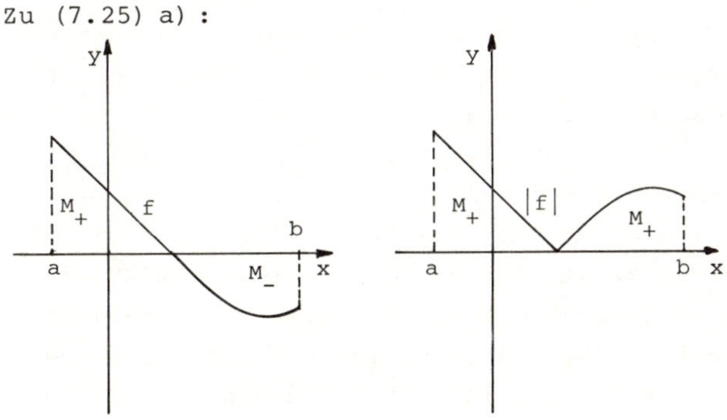

Bild 34.- Integral von f über $[a,b]$. Integral von $|f|$ über $[a,b]$.

Zu (7.25) c) (Zur Verdeutlichung sind f,g positiv):

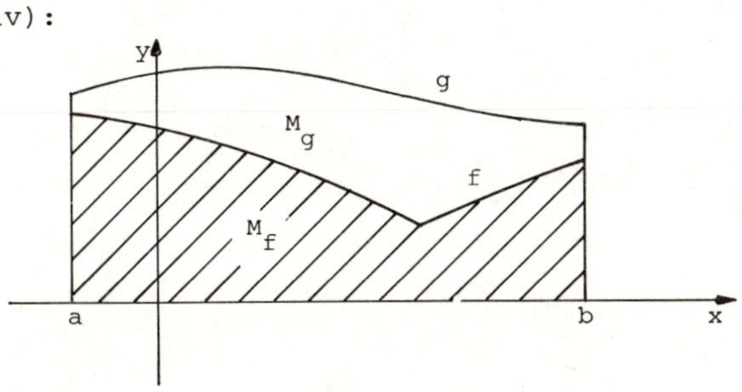

Bild 35.- $\int_a^b f(x)\,dx \leq \int_a^b g(x)\,dx$.

Zu (7.25) d) (Zur Verdeutlichung ist f positiv):

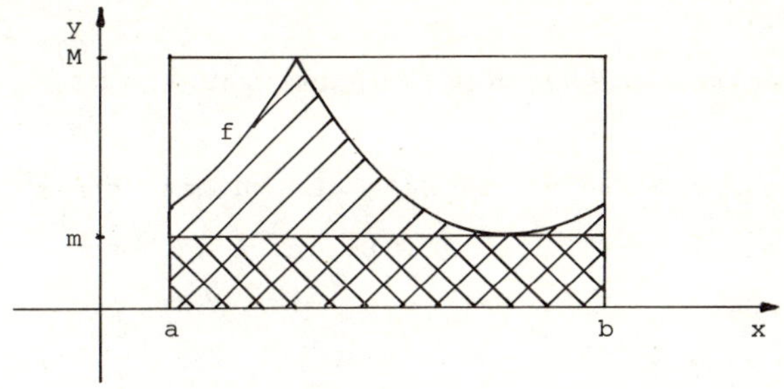

Bild 36.- $m(b-a) \leq \int_a^b f(x)\,dx \leq M(b-a)$

Zu (7.25) e) :

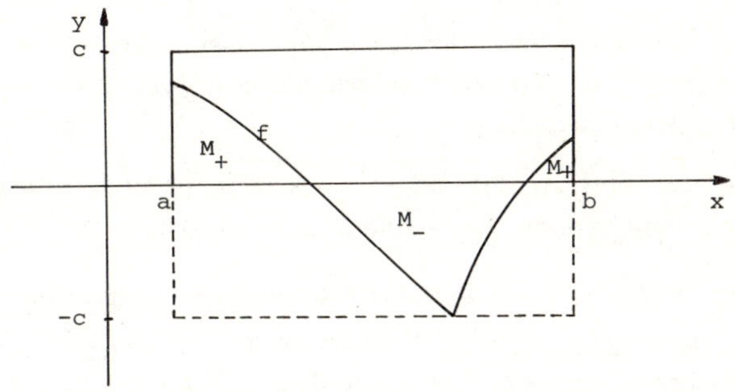

Bild 37.- $\left| \int_a^b f(x)\,dx \right| \leq c(b-a)$

BEWEIS.- Die Beweise werden nur kurz angedeutet.

a) Mit Hilfe der Dreiecksungleichung folgt über Unter- und Obersummen die Integrierbarkeit von $|f|$. Die Ungleichung ergibt sich mit $-|f(x)| \leq f(x) \leq |f(x)|$.

b) Da $|f| = f$, folgt die Behauptung mit a).

c) Aussage b) angewandt auf $g - f$ ergibt die Behauptung.

d) folgt aus c) mit $g(x) = m$, bzw. $g(x) = M$ für alle $x \in [a,b]$.

e) ergibt sich direkt aus d).

Die wichtigsten Ergebnisse dieser Studieneinheit sollen jetzt noch einmal zusammengefaßt werden. Allgemeinere Regeln und weitere Berechnungsmöglichkeiten, sowie andere integrierbare Funktionen werden Sie im späteren Verlauf noch kennenlernen.

ZUSAMMENFASSUNG

Sie haben gesehen, wie die Definition des Integrals auf dem Supremumsaxiom und der Theorie der Folgen beruht. Der Weg, den wir dabei beschritten haben, sollte Ihnen klar sein, und die dabei benötigten Hilfsmittel, die auch später wieder gebraucht wurden, wie *Zerlegung* (7.3), *Unter- und Obersumme* (7.6) sollten Sie kennen. Ziel 1

Dabei konnte *Integrierbarkeit* definiert werden, (7.12):

Eine Funktion f *ist über* [a,b] *integrierbar, falls* $\sup \mathfrak{U} = \inf \mathfrak{O}$.

Diese Zahl nennt man *Integral* und bezeichnet

Ziel 2 sie mit $\int_a^b f(x)\,dx$. Die Definition müssen Sie kennen.

Da die in der Definition angegebene Eigenschaft einer Funktion oft schwer nachprüfbar ist, wurde das zur Definition äquivalente *Riemannsche-Kriterium* (7.14) bewiesen:

Eine Funktion f *ist genau dann über* [a,b] *integrierbar, wenn zu jedem* $\varepsilon > 0$ *eine Zerlegung* Z *von* [a,b] *existiert mit* $O(Z,f) - U(Z,f) < \varepsilon$.

Ziel 3 Sie sollten in der Lage sein, mit diesem Kriterium Funktionen auf Integrierbarkeit zu prüfen.

Ziel 4 Den wichtigen Satz (7.16) über die *Integrierbarkeit monotoner Funktionen*, den wir mit (7.14) leicht beweisen konnten, sollten Sie im Gedächtnis behalten.

Um das Integral einer *integrierbaren* Funktion zu berechnen, gibt es mehrere Möglichkeiten ((7.17), (7.19), (7.20)), von denen das *Riemannsche-Summen-Kriterium* (7.20) die weitreichendste ist:

Sei f *über* [a,b] *integrierbar. Sei* (Z_n) *eine Zerlegungsfolge von* [a,b] *mit* $\lim_{n\to\infty} \rho(Z_n) = 0$ *und* (T_{Z_n}) *eine Folge von zugehörigen Zwischenpunkten. Dann gilt:*

$$\lim_{n\to\infty} S(T_{Z_n}, f) = \int_a^b f(x)\,dx .$$

Ziel 5 Sie sollten Integrale mit diesen Verfahren berechnen können.

Die numerischen Verfahren (*Rechteckregel*, *Trapezregel*, *Simpsonregel*) erlauben eine näherungsweise Berechnung von Integralen. Sie sollten diese einfachsten numerischen Verfahren beherrschen. Ziel 6

Die letzten Abschnitte beschäftigen sie mit *Eigenschaften* von Integralen *bezüglich der Integrationsgrenzen*, *bezüglich der Integranden* und *bezüglich Ungleichungen*. Wichtige Ergebnisse hierbei sind etwa die Aussagen von Satz (7.28) oder die Abschätzung (7.31) a):

$$\left|\int_a^b f(x)\,dx\right| \le \int_a^b |f(x)|\,dx ,$$ Ziel 7

die Ihnen später noch häufig begegnen wird. Außerdem haben Sie in diesen Sätzen die *Integrierbarkeit von* $f+g$, $\lambda\cdot f$, $|f|$ *und* $f\cdot g$ kennengelernt.

Ein wichtiges, oft benötigtes Ergebnis, das Sie wissen sollten, steht in Beispiel (7.29): Ziel 8

Polynome $f(x) = \sum_{k=0}^{n} \alpha_k x^k$ *sind integrierbar über* [a,b] *und es gilt:*

$$\int_a^b \left(\sum_{k=0}^{n} \alpha_k x^k\right) dx = \sum_{k=0}^{n} \alpha_k \frac{b^{k+1} - a^{k+1}}{k+1}$$

Damit schließen wir die Betrachtung von Integralen vorläufig ab. In den folgenden Kapiteln werden wir, sobald es jeweils möglich ist, an diese Ergebnisse anknüpfen, wie etwa in der Untersuchung "stetiger" Funktionen auf Integrierbarkeit in Kapitel 10. Schließlich sind wir dann nach dem Kapitel über Differentation in der Lage, die Integration in $\mathbb{R}$, so weit sie für Sie wichtig ist, abschließend zu behandeln. Dabei werden Sie unter anderem weitere Integrationsregeln und Integrationstechniken kennenlernen. Ausblick

Kapitel 8. Reihen

EINLEITUNG

(ZENON'S PARADOXON)

Reihen sind spezielle Folgen. Sie werden so definiert: Gegeben ist eine Folge (a_n) mit den Gliedern

$$a_1, a_2, a_3, \ldots;$$

daraus bildet man durch schrittweise Addition die "Partialsummen"

$$s_1 := a_1, s_2 := a_1 + a_2, s_3 := a_1 + a_2 + a_3, \ldots$$

Die Folge der Partialsummen (s_n), $s_n := a_1 + a_2 + \ldots + a_n$, heißt *Reihe*. Als Beispiel sei die Folge (a_n), $a_n = \frac{1}{n}$, vorgegeben. Dann lauten die ersten Glieder der Reihe (s_n), $s_n = a_1 + \ldots + a_n$:

Reihe

$$s_1 = 1,\ s_2 = 1 + \frac{1}{2},\ s_3 = 1 + \frac{1}{2} + \frac{1}{3},\ s_4 = 1 + \frac{1}{2} + \frac{1}{3} + \frac{1}{4}, \ldots$$

Übersicht

Reihen sind - zumindest vom Gesichtspunkt des Praktikers aus - die wichtigste Art von Folgen. Der entscheidende Begriff für Folgen war in Kapitel 6 die Konvergenz, dieses Kapitel wird sich deshalb vor allem mit der Konvergenz von Reihen befassen.

Das folgende Beispiel soll zeigen, welche Fragestellungen auf den Begriff der Reihe führen. Sie werden erkennen, daß schon einfache Probleme aus der Praxis ohne Reihen mathematisch nicht gelöst werden können.

(8.1) BEISPIEL.- Der griechische Philosoph Zenon (495 - 435 v.Chr.) verblüffte seine Zeitgenossen und Mathematiker bis zum 17. Jahrhundert mit dem Beweis seiner Behauptung:

Zenon's Paradoxon

> ein Läufer kann niemals das Ende einer Rennstrecke erreichen !

Zenon argumentierte so: wir denken uns den Läufer als einen Punkt, der das Intervall [0,1] von rechts nach links durchlaufen soll. Start ist bei 1, Ziel ist die Null.

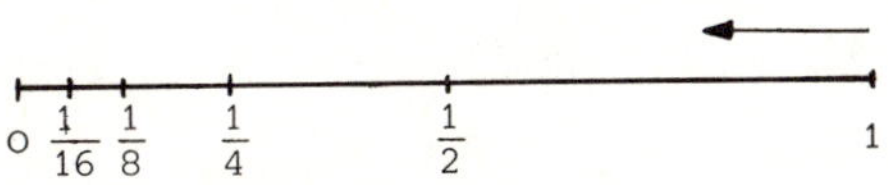

Wenn der Läufer bei $\frac{1}{2}$ angelangt ist, muß er noch die Hälfte der Strecke zurücklegen; wenn er bei $\frac{1}{4}$ angelangt ist, muß er noch ein Viertel der Strecke zurücklegen usw. Das Intervall [0,1] ist damit in die unendlich vielen Teilintervalle

$$[\tfrac{1}{2},1]\ ,\ [\tfrac{1}{4},\tfrac{1}{2}]\ ,\ [\tfrac{1}{8},\tfrac{1}{4}]\ ,\ \ldots$$

zerlegt.

Zenon fährt fort: der Läufer braucht für jedes Teilintervall eine bestimmte Zeit zum Durchlaufen. Die Zeit, die er für die gesamte Strecke [0,1] braucht, ist dann die Summe all dieser einzelnen Zeitspannen. Triumphierend schließt er: die Gesamtzeit ist die Summe von unendlich vielen positiven Zeiteinheiten, die Summe von unendlich vielen positiven Zahlen kann aber keine endliche Zahl sein. Die Zeit, die der Läufer von 1 nach 0 braucht, ist also nicht endlich, d.h. der Läufer kommt nie in 0 an ! (*)

Da die Behauptung von Zenon ziemlich krass unseren Erfahrungen widerspricht, muß irgendwo in seiner Argumentation ein Fehler versteckt sein.

Wir überprüfen den Beweis von Zenon Schritt für Schritt so, wie jeder mathematische Beweis überprüft wird:

Hinweise, einen Beweis zu überprüfen

1) beweist Zenon nur einen Spezialfall, von dem aus nicht auf den allgemeinen Fall geschlossen werden kann? Nein, denn die Argumentation gilt nicht nur für das Intervall [0,1], d.h. für einen 100 m-Lauf, sondern genauso für jede andere Strecke. Auch daß der Läufer durch einen Punkt ersetzt ist, tut der Argumentation keinen Abbruch. Zenon kann das gleiche Paradoxon für eine (beliebig kleine) rollende Kugel aufstellen.

2) werden im Beweis mathematische Sätze verwendet, deren Voraussetzungen nicht erfüllt sind? Werden vielleicht Begriffe verwendet, die noch gar nicht definiert sind? Hier hapert es bei Zenon: nachdem er das Intervall [0,1] in unendlich viele Teilintervalle zerlegt hat, spricht er von der Summe von unendlich vielen positiven Zahlen.

(*) Zenon führte sein Paradoxon noch weiter aus: aus den gleichen Gründen kann der schnelle Läufer Achill niemals eine Schildkröte einholen, wenn diese mit einem Vorsprung starten darf. Denn während Achill diesen Vorsprung durchläuft, hat die Schildkröte schon wieder einen neuen - wenn auch kleineren - Vorsprung gewonnen und so fort bis in alle Ewigkeit (die weder Achill noch die Schildkröte erleben).

Was soll heißen "unendlich viele"? Was soll heißen "Summe von unendlich vielen Zahlen"? Bisher kennen wir nur die Summe von zwei oder von endlich vielen reellen Zahlen, auch Zenon kannte damals die Definition einer "unendlichen Summe" noch nicht.

Lösung des Paradoxons

Angenommen, der Läufer läuft mit einer konstanten Geschwindigkeit und er braucht für das erste Teilintervall $[\frac{1}{2},1]$ eine Zeit von T Minuten. Dann braucht er für das nächste Teilintervall $[\frac{1}{4},\frac{1}{2}]$ eine Zeit von $\frac{T}{2}$ Minuten, für $[\frac{1}{8},\frac{1}{4}]$ eine Zeit von $\frac{T}{4}$ Minuten usw. ... Wie lauten nun die Zwischenzeiten des Läufers?

im Punkt $\frac{1}{2}$: T Minuten

im Punkt $\frac{1}{4}$: $T+\frac{T}{2}$ Minuten

im Punkt $\frac{1}{8}$: $T+\frac{T}{2}+\frac{T}{4}$ Minuten

.
.
.

im Punkt $\frac{1}{2^n}$: $T+\frac{T}{2}+\frac{T}{4}+\ldots+\frac{T}{2^{n-1}}$ Minuten.

Hier steht doch eine Folge und ihre Reihe! Die Folge ist (a_n),

$$a_n := \frac{T}{2^{n-1}}$$

und die Reihe ist (s_n),

$$s_n := T+\frac{T}{2}+\ldots+\frac{T}{2^{n-1}} .$$

Sie sehen: die Zwischenzeiten bilden eine ganz bestimmte Folge, eben diese Reihe, und die Gesamtzeit muß der Limes dieser Folge sein.

FRAGE.- Was ist $\lim\limits_{n\to\infty} s_n$?

ANTWORT.- Zu Beginn der Einleitung haben wir die Zwischenzeiten s_n Partialsummen genannt. Die ersten Partialsummen ergeben ausgerechnet:

$$s_1 = T$$
$$s_2 = T+\frac{T}{2}=\frac{3}{2}T$$
$$s_3 = T+\frac{T}{2}+\frac{T}{4}=\frac{7}{4}T$$
$$s_4 = T+\frac{T}{2}+\frac{T}{4}+\frac{T}{8}=\frac{15}{8}T.$$

Sie können auch noch s_5 usw. ausrechnen, vielleicht vermuten Sie aber auch schon jetzt, daß

$$\lim_{n\to\infty} s_n = 2T.$$

Diese Vermutung unterstützt die Erfahrung: wenn ein Läufer - wie vorausgesetzt - für $[\frac{1}{2},1]$ die Zeit T braucht, dann braucht er für die doppelte Strecke $[0,1]$ die Zeit 2T - immer konstante Geschwindigkeit vorausgesetzt.

Diese Erfahrung war natürlich Zenon nicht fremd, der mathematische Beweis im folgenden Beispiel (8.3) mit Hilfe von Folgen, Reihen und Konvergenz scheint deshalb reichlich überflüssig, aber:

neue Frage

was ist, wenn wir annehmen, daß der Läufer ermüdet? D.h. wir nehmen an, daß seine Geschwindigkeit immer mehr abnimmt:

für $[\frac{1}{2},1]$ soll er T Minuten brauchen.

für $[\frac{1}{4},\frac{1}{2}]$ eine Zeit von $\frac{T}{2}$ Minuten,

für $[\frac{1}{8},\frac{1}{4}]$ eine Zeit von $\frac{T}{3}$ Minuten, allgemein:

für $[\frac{1}{2^n},\frac{1}{2^{n-1}}]$ eine Zeit von $\frac{T}{n}$ Minuten.

A 1

AUFGABE 1.- Wie sehen die Zwischenzeiten s_n für das letzte Beispiel aus? Der Limes welcher Folge gibt die Gesamtzeit an?

Das nachfolgende Beispiel (8.4) beantwortet die Frage, ob dieser immer schwächer werdende Läufer überhaupt an's Ziel kommt!

§ 1 BEISPIELE

(8.2)

DEFINITION.- Für jede reelle Folge (a_n) heißt die Folge (s_n),

$$s_n := a_1 + a_2 + \ldots + a_n$$

die zu (a_n) gehörende Reihe.

Reihe

BEZEICHNUNGEN.- In der abkürzenden Schreibweise gilt

$$s_n = \sum_{k=1}^{n} a_k .$$

Die Zahl s_n heißt n-te Partialsumme.

Partialsumme

In der Diskussion des Beispiels (8.1), des Paradoxons von Zenon, haben Sie zwei Reihen kennengelernt. Interessant war jeweils der Limes der Folge ihrer Partialsummen.

(8.3)

BEISPIEL.- Gegeben sei die Folge (a_n), $a_n = \frac{1}{2^{n-1}}$. Die zugehörige Reihe ist dann die Folge (s_n),

$$s_n = \sum_{k=1}^{n} \frac{1}{2^{k-1}} .$$

BEHAUPTUNG.- Es gilt für den Limes der Partialsummen

$$\lim_{n\to\infty} s_n = 2 \qquad (*)$$

(*) Zu dieser Behauptung führt die Diskussion in (8.1), wobei $T=1$.

BEWEIS.- *Mit den Rechenregeln für konvergente Folgen aus Kapitel 6 läßt sich*

$$\lim_{n\to\infty} s_n = \lim_{n\to\infty} \left(1+\frac{1}{2}+\frac{1}{4}+\ldots+\frac{1}{2^{n-1}}\right)$$

zunächst nicht behandeln, denn die Zahl der Summanden Hinweis *auf der rechten Seite ist nicht fest. Die Partialsumme* s_n *muß so umgeformt werden, daß die Regeln aus Kapitel 6 angewendet werden können. Für die ersten Partialsummen gilt zunächst*

$$s_1 = 1,\; s_2 = \frac{3}{2},\; s_3 = \frac{7}{4},\; s_4 = \frac{15}{8},\; \ldots .$$

Vielleicht sehen Sie, daß diese Glieder auch so geschrieben werden können

$$s_1 = 2-1,\; s_2 = 2-\frac{1}{2},\; s_3 = 2-\frac{1}{4},\; s_4 = 2-\frac{1}{8},\; \ldots$$

(der Erfinder dieses Tricks hat sich einfach an den Läufer aus Beispiel (8.1) erinnert, der insgesamt $2T = 2$ *Minuten für die gesamte Strecke braucht. Die Zwischenzeiten* s_n *ergeben sich dann als Differenz von* $2T$ *und der Zeit für das verbleibende Wegstück). Diese Vermutung, daß*

$$s_n = 2 - \frac{1}{2^{n-1}} \quad \text{für alle } n \in \mathbb{N}$$

gilt, müssen Sie mit vollständiger Induktion beweisen. Die entscheidende Beweiszeile ist

$$s_{n+1} = s_n + \frac{1}{2^n} = 2 - \frac{1}{2^{n-1}} + \frac{1}{2^n} = 2 - \frac{1}{2^n}$$

(das erste Gleichheitszeichen ist die Definition von s_{n+1}*).*

Es gilt für alle $n \in \mathbb{N}$

$$s_n = 1 + \frac{1}{2} + \ldots + \frac{1}{2^{n-1}} = 2 - \frac{1}{2^{n-1}}$$

und deshalb

$$\lim_{n\to\infty} s_n = \lim_{n\to\infty} \left(2 - \frac{1}{2^{n-1}}\right) =$$

Da jetzt für alle $n \in \mathbb{N}$ stets zwei Summanden rechts stehen, also eine feste Anzahl von Summanden im Gegensatz zur ersten Zeile dieses Beweises, lassen sich die Rechenregeln für konvergente Folgen anwenden:

$$= \lim_{n\to\infty} 2 - \lim_{n\to\infty} \frac{1}{2^{n-1}} = 2 - 0 = 2.$$

(8.4) BEISPIEL.- Gegeben sei die Folge (a_n), $a_n = \frac{1}{n}$. Die zugehörige Reihe ist dann die Folge (s_n),

$$s_n = \sum_{k=1}^{n} \frac{1}{k}.$$

langsamer werdender Läufer

Ob dieser Limes dieser Partialsummen s_n *existiert, ist schwieriger zu bestimmen als in Beispiel (8.3), denn erstens fehlt uns die physikalische Anschauung, welche Gesamtzeit ein immer langsamer werdender Läufer für die Strecke* $[0,1]$ *braucht.* (*) *Zweitens fehlt uns die Formel, die wie in (8.3) die Partialsumme* s_n *durch eine feste Anzahl von Summanden bestimmt.*
Wenn Sie bei einem Beweis nicht weiter wissen, so ist es nicht verwerflich, einmal in Lehrbüchern für Analysis nachzuschlagen, wie's dort gemacht wird.

(*) bezieht sich auf die Diskussion dieser Reihe am Ende von (8.1) und in Aufgabe 1.

BEHAUPTUNG.- Die Folge der Partialsummen s_n,

$$s_n = \sum_{k=1}^{n} \frac{1}{k}$$

konvergiert nicht (d.h. $\lim_{n\to\infty} s_n$ existiert nicht).

BEWEIS.- Nach Satz (6.17) muß eine konvergente Folge beschränkt sein; die Behauptung ist also bewiesen, wenn gezeigt ist, daß die Folge (s_n) nicht beschränkt ist.
Im folgenden werden nur noch die speziellen Partialsummen s_n für $n = 2^{k+1}$ betrachtet. Für $k = 1$ ist $n = 4$, für $k = 2$ ist $n = 8$, für $k = 3$ ist $n = 16$, ... Man betrachtet also die Partialsummen $s_4, s_8, s_{16}, \ldots$. Die Summanden in diesen Partialsummen faßt man trickreich zusammen, z.B. für s_{16}

$$s_{16} = 1 + \frac{1}{2} + \left(\frac{1}{3}+\frac{1}{4}\right) + \left(\frac{1}{5}+\frac{1}{6}+\frac{1}{7}+\frac{1}{8}\right) + \left(\frac{1}{9}+\ldots+\frac{1}{16}\right).$$

Die erste Klammer ist $\geq \frac{1}{2}$, denn sie enthält zwei Summanden $\geq \frac{1}{4}$. Die zweite Klammer ist $\geq \frac{1}{2}$, denn sie enthält vier Summanden $\geq \frac{1}{8}$. Die dritte Klammer ist $\geq \frac{1}{2}$, denn ... . Insgesamt also

$$s_{16} \geq 1 + \frac{1}{2} + 3\cdot\frac{1}{2} > 1 + \frac{3}{2}.$$

Dieses Verfahren gilt also für alle s_n mit $n = 2^{k+1}$:

$$s_{2^{k+1}} = 1 + \frac{1}{2} + \left(\frac{1}{3}+\frac{1}{4}\right) + \left(\frac{1}{5}+\frac{1}{6}+\frac{1}{7}+\frac{1}{8}\right) + \ldots +$$

$$+ \left(\sum_{m=2^k+1}^{2^{k+1}} \frac{1}{m}\right) \geq 1 + \frac{1}{2} + k\cdot\frac{1}{2} > 1 + \frac{k}{2}.$$

Die Abschätzung

$$s_{2^{k+1}} > 1 + \frac{k}{2} \qquad \text{für alle } k \in \mathbb{N}$$

zeigt: mit der Folge $(1 + \frac{k}{2})$ ist auch die Folge $(s_{2^{k+1}})$ nicht nach oben beschränkt. Es gibt also keine Zahl M, so daß $s_n < M$ für alle $n \in \mathbb{N}$, also ist die Folge (s_n) nicht beschränkt.

Der Läufer aus Aufgabe 1 ermüdet also zu schnell, um je anzukommen: die "Zwischenzeiten" s_n *überschreiten jede Grenze.*

BEZEICHNUNGEN.- Das unterschiedliche Verhalten der Reihen in den Beispielen (8.3) und (8.4) haben wir schon allgemein in Kapitel 6 für Folgen mit Namen versehen:

eine Reihe (s_n) heißt <u>konvergent</u>, wenn $\lim_{n\to\infty} s_n$ existiert, anderenfalls <u>divergent</u>. konvergent divergent

(8.5) **DEFINITION.-** Es sei (a_n) eine reelle Folge und die zugehörige Reihe (s_n),

$$s_n = \sum_{k=1}^{n} a_k,$$

Summe der Reihe

sei konvergent. Die Zahl $\lim_{n\to\infty} s_n$ heißt *Summe der Reihe* (s_n). Man schreibt:

$$\lim_{n\to\infty} s_n = \lim_{n\to\infty} \sum_{k=1}^{n} a_k := \sum_{k=1}^{\infty} a_k. \quad (*)$$

BEMERKUNG.- Das Symbol $\sum_{k=1}^{\infty} a_k$ bezeichnet traditionsgemäß nicht nur die Summe der Reihe, sondern auch die Reihe selbst. Im Beispiel (8.3) haben wir in dieser Sprechweise also bewiesen:

Die Reihe $\sum_{k=1}^{\infty} \frac{1}{2^{k-1}}$ ist konvergent und für ihre Summe gilt

$$\sum_{k=1}^{\infty} \frac{1}{2^{k-1}} = 2.$$

Die Reihe $\sum_{k=1}^{\infty} \frac{1}{k}$ ist divergent.

$\sum_{k=1}^{\infty} a_k$ bedeutet demnach zweierlei: erstens die Folge $\sum_{k=1}^{n} a_k$ der Partialsummen, d.h. die Reihe, zweitens den Limes $\lim_{n\to\infty} \sum_{k=1}^{n} a_k$, d.h. die Summe der Reihe.

Übersicht

Konvergenzkriterien

Die mühsamen Beweise in den Beispielen (8.3) und (8.4) zeigen, daß ein Bedarf an allgemeinen Kriterien für Konvergenz und Divergenz von Reihen besteht. Da Reihen spezielle Folgen sind, gelten erstens alle Sätze über die Konvergenz von Folgen auch für die Konvergenz von Reihen. Ein Beispiel dafür ist der Beweis der Behauptung in Beispiel (8.3): dort wird der Satz gebraucht, daß eine konvergente Folge beschränkt ist. Ein weiteres Beispiel sind die Rechenregeln für konvergente Folgen, die noch einmal für Reihen wiederholt werden.

Vergleichskriterien

Die zweite und wichtigste Art von Konvergenzkriterien ist die, die gegebene Reihe "mit einer geometrischen Reihe zu vergleichen". Die geometrische Reihe ist die wichtigste konvergente Reihe, sie wird deshalb in einem besonderen Abschnitt behandelt. Die Abschnitte "Wurzelkriterium" und "Quotientenkriterium" enthalten die erwähnten Vergleichskriterien.

(*) sprich: Summe k gleich 1 bis unendlich a_k.

§ 2 KONVERGENTE REIHEN

GEOMETRISCHE REIHEN

Die geometrische Reihe entsteht so: Ein $x \in \mathbb{R}$ sei fest gewählt. Die Folge (a_n) sei definiert durch $a_n := x^{n-1}$. Also $a_1 = 1$, $a_2 = x$, $a_3 = x^2$, ... Die zugehörige Reihe ist die Folge (s_n), $s_n := \sum_{k=1}^{n} x^{k-1}$. Also $s_1 = 1$, $s_2 = 1 + x$, $s_3 = 1 + x + x^2$, .. Gemäß unserer neuen Schreibweise wird diese Reihe mit

$$\sum_{k=1}^{\infty} x^{k-1}$$

bezeichnet. Für jede Wahl von x ergibt sich eine andere Reihe.

Die geometrische Reihe, vor allem Satz (8.7), sollten Sie nicht mehr vergessen.

DEFINITION.- Jede Reihe der Form $\sum_{k=1}^{\infty} x^{k-1}$, $x \in \mathbb{R}$, heißt *geometrische Reihe*. (*) (8.6) geometrische Reihe

A 2

AUFGABE 2.- Finden Sie eine Zahl $x \in \mathbb{R}$ so, daß die Reihe $\sum_{k=1}^{\infty} x^{k-1}$ konvergent ist. Finden Sie eine Zahl $y \in \mathbb{R}$ so, daß die Reihe $\sum_{k=1}^{\infty} y^{k-1}$ divergent ist.

Konvergenz von $\sum_{k=1}^{\infty} x^{k-1}$

DISKUSSION.- *Sie werden in den nachfolgenden Punkten (1) bis (4) sehen, daß die Reihe $\sum_{k=1}^{\infty} x^{k-1}$ für verschiedene Werte von x auch ein unterschiedliches Konvergenzverhalten zeigt.*

In Aufgabe 8 auf Seite 127 und Aufgabe 9 auf Seite 128 lernen Sie weitere Beweise dafür kennen, daß eine Reihe und ihr Konvergenzverhalten von einer reellen Zahl abhängt. Im nächsten Paragraphen werden Sie statt der Reihe die Funktion

$$x \longmapsto \sum_{k=1}^{\infty} x^{k-1}$$

studieren. Durch Reihen können so wichtige Funktionen wie exp, sin und cos definiert werden; deshalb vor allem untersuchen wir Reihen.

Fall $x = 1$

(1) Sei $x = 1$. Die entsprechende geometrische Reihe $\sum_{k=1}^{\infty} 1$ divergiert, denn die Partialsummen

(*) häufig wird eine geometrische Reihe mit dem Symbol $\sum_{m=0}^{\infty} x^m$ bezeichnet, der Zusammenhang mit (8.6) wird in der nachfolgenden Bemerkung (8.8) erläutert.

sind

$$s_n = 1 + x + \ldots + x^{n-1} = n \qquad \text{für alle } n \in \mathbb{N}$$

und der lim $s_n = \lim\limits_{n\to\infty} n$ existiert nicht, wie Sie aus Kapitel 6 wissen.

Fall $x = -1$ (2) Sei $x = -1$. Die entsprechende geometrische Reihe $\sum\limits_{k=1}^{\infty} (-1)^{k-1}$ divergiert.

A 3 *AUFGABE 3.- Beweisen Sie (2).*

Fall $|x| < 1$ (3) Sei $|x| < 1$.

BEHAUPTUNG.- Für alle $x \in \mathbb{R}$ mit $|x| < 1$ ist die geometrische Reihe $\sum\limits_{k=1}^{\infty} x^{k-1}$ konvergent. Für ihre Summe gilt

$$\sum_{k=1}^{\infty} x^{k-1} = \frac{1}{1-x} \qquad \text{für } |x| < 1.$$

BEWEIS.- *Die Partialsummen können wie im Beispiel (8.3) so umgeformt werden, daß sich Rechenregeln für konvergente Folgen anwenden lassen.*

Es gilt für alle Partialsummen s_n:

$$s_n = 1 + x + x^2 + x^3 + \ldots + x^{n-1}$$

$$x \cdot s_n = \quad x + x^2 + x^3 + \ldots + x^{n-1} + x^n .$$

s_n *und* $x \cdot s_n$ *sind so untereinandergeschrieben, daß Sie leicht die Differenz bilden können - fast alles hebt sich weg:*

$$s_n - x \cdot s_n = 1 - x^n$$

$$s_n = \frac{1 - x^n}{1 - x} .$$

Die Division durch $1 - x$ *ist erlaubt wegen der Voraussetzung* $x \neq 1$.

Sie wissen, daß für $|x| < 1$ gilt: $\lim\limits_{n\to\infty} x^n = 0$. Für den Limes der Partialsummen s_n folgt

$$\lim_{n\to\infty} s_n = \lim_{n\to\infty} \frac{1 - x^n}{1 - x} = \frac{1 - \lim x^n}{1 - x} = \frac{1}{1 - x} .$$

Nur weil $\lim\limits_{n\to\infty} x^n$ *existiert, darf das* $\lim\limits_{n\to\infty}$ *- Zeichen in den Bruch "hineingezogen" werden!*

Fall $|x| > 1$ (4) Sei $|x| > 1$. Wiederum gilt für die Partialsummen

$$s_n = \frac{1 - x^n}{1 - x} .$$

Da für $|x| > 1$ die Folge (x^n) nicht beschränkt ist, ist auch die Folge (s_n) nicht beschränkt. Also kann die Reihe $\sum\limits_{k=1}^{\infty} x^{k-1}$ nicht konvergent sein.

SATZ.- Sei $x \in \mathbb{R}$. Die geometrische Reihe (8.7) Zusammenfassung

$$\sum_{k=1}^{\infty} x^{k-1}$$

ist divergent für $|x| \geq 1$. Sie ist konvergent für $|x| < 1$ und für ihre Summe gilt

$$\sum_{k=1}^{\infty} x^{k-1} = \frac{1}{1-x} \qquad \text{für } |x| < 1$$

BEMERKUNG.- Eine geometrische Reihe wird häufig in der Form (8.8)

$$\sum_{m=0}^{\infty} x^m$$

geschrieben. Damit ist die Folge der Partialsummen

$$s_0 = x^0 = 1 ,$$

$$s_1 = 1 + x ,$$

$$s_2 = 1 + x + x^2 , \ldots$$

gemeint, also die gleiche Folge wie in der Schreibweise

$$\sum_{k=1}^{\infty} x^{k-1} .$$

(Setze $k - 1 = m$).

DIE "SCHNEEFLOCKENKURVE"

Die "Schneeflockenkurve" zeigt, daß eine endliche Fläche einen "unendlichen Umfang" haben kann. Das Beispiel ist kein "Lehrstoff"; Sie können es überschlagen, denn die auftretenden geometrischen Reihen führen nicht über die Beispiele des nächsten Abschnitts hinaus.

BEISPIEL.- Die "Schneeflockenkurve" entsteht in einem fortlaufenden Konstruktionsverfahren. Sie beginnen mit einem gleichseitigen Dreieck S_1 der Seitenlänge 1:

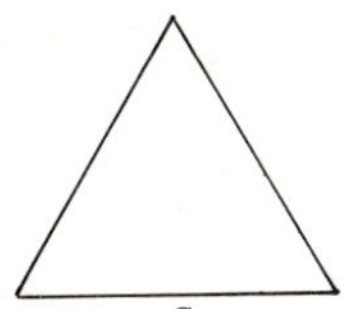

s_1

Jetzt dritteln Sie jede Seite und errichten über dem Mittelstück einer jeden Seite ein gleichseitiges Dreieck, dessen Seitenlänge gleich $\frac{1}{3}$ ist:

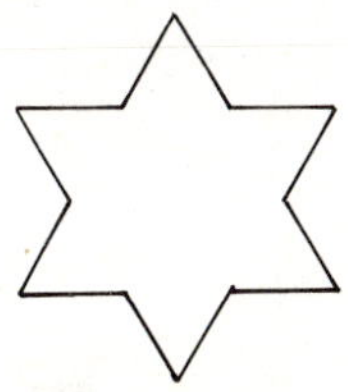

s_2

Wenn Sie noch die Basis eines jeden der kleinen Dreiecke ausradieren, erhalten Sie aus S_1 den sechszackigen Stern S_2. In S_2 dritteln Sie wieder alle geraden Begrenzungslinien, konstruieren (zwölf!) kleinere Dreiecke und erhalten den achtzehnzackigen Stern S_3:

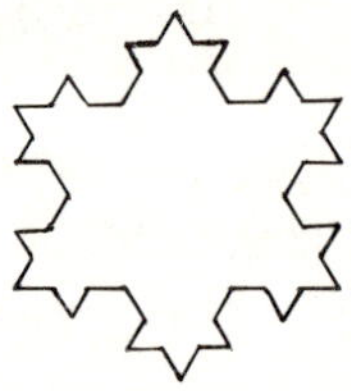

S_3

Und so weiter für S_4, S_5, ... , S_n, ...

Die Anschauung sagt, daß die Umfänge der Figuren S_n immer mehr zunehmen und daß auch die Flächen der S_n immer größer werden. Sie können sicher sein, daß die Folge (F_n) der Flächeninhalte nach oben beschränkt ist - die Sterne werden nie größer als zum Beispiel das Quadrat mit der Seitenlänge 5. Wie steht es aber mit der Folge (U_n) der Umfänge ? Kann U_n für wachsendes n nicht eine unendlich lange Kurve werden, die dennoch auf diesem Blatt Papier Platz findet ? Beide Folgen sollen auf ihren Grenzwert hin untersucht werden.

Berechnung der Flächeninhalte

(1) Wir beginnen mit der *Berechnung der Flächeninhalte* F_n. S_1 ist ein gleichseitiges Dreieck mit der Grundseite $g = 1$, für dessen Fläche F_1 gilt

$$F_1 = \frac{1}{4}\sqrt{3}\cdot g^2 = \frac{1}{4}\sqrt{3}.$$

In der Figur S_2 kommen zu S_1 drei gleichseitige Dreiecke mit der Grundseite $\frac{1}{3}$ hinzu:

$$F_2 = F_1 + 3\left(\frac{1}{4}\sqrt{3}\cdot\frac{1}{9}\right).$$

Auf jeder dieser Seiten der Figur S_2

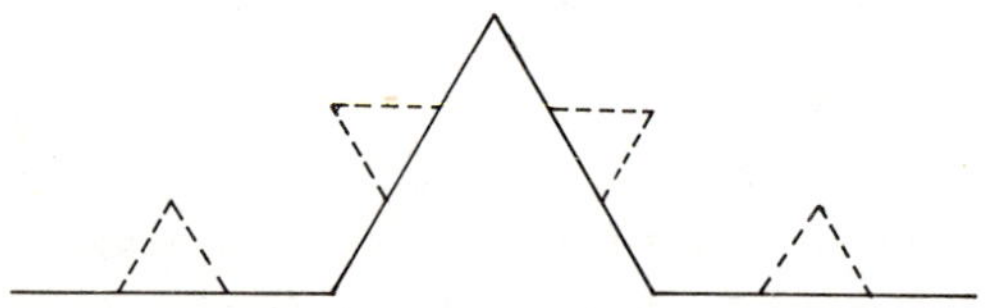

kommen bei S_3 vier neue kleine Dreiecke hinzu, deren Grundseite jeweils wieder nur ein Drittel der vorhergehenden ist - deshalb die Faktoren 4 und $\frac{1}{9} = \left(\frac{1}{3}\right)^2$ in der nächsten und allen folgenden Gleichungen:

$$F_3 = F_2 + 3\cdot 4\left(\frac{1}{4}\sqrt{3}\cdot\frac{1}{9^2}\right)$$

$$F_4 = F_3 + 3\cdot 4^2\left(\frac{1}{4}\sqrt{3}\cdot\frac{1}{9^3}\right)$$

$$F_5 = F_4 + 3\cdot 4^3\left(\frac{1}{4}\sqrt{3}\cdot\frac{1}{9^4}\right) \quad \text{usw.}$$

Sie sehen, daß die Gesetzmäßigkeit dieser Formeln erst bei $F_2, F_3, \ldots$ beginnt. Wir schreiben die Folge so um, daß sich der Grenzwert der Folge der Fläche F_n erkennen läßt:

$$F_2 - F_1 := Z_o = 3\left(\frac{1}{4}\sqrt{3}\cdot\frac{1}{9}\right),$$

Z_1 sei der Zuwachs an Fläche von F_3 gegenüber F_1:

$$F_3 - F_1 := Z_1 = Z_o + 3\cdot 4\left(\frac{1}{4}\sqrt{3}\cdot\frac{1}{9^2}\right)$$

...

$$F_{n+2} - F_1 := Z_{n-1} + 3\cdot 4^n\left(\frac{1}{4}\sqrt{3}\cdot\frac{1}{9}\cdot\frac{1}{9^n}\right)$$

$$= Z_{n-1} + \frac{1}{3}\cdot\frac{1}{4}\sqrt{3}\left(\frac{4}{9}\right)^n.$$

In dieser Schreibweise erkennen Sie sicher, daß die Z_n Partialsummen der Reihe

$$\frac{1}{3}\cdot\frac{1}{4}\sqrt{3}\sum_{k=0}^{\infty}\left(\frac{4}{9}\right)^k$$

sind. Das ist eine *konvergente geometrische Reihe*, für deren Summe nach (8.7) gilt - es ist $x = \frac{4}{9}$:

$$Z = \frac{1}{3}\cdot\frac{1}{4}\sqrt{3}\cdot\frac{1}{1-\frac{4}{9}} = \frac{3}{20}\cdot\sqrt{3}.$$

Z gibt den Gesamtzuwachs der Fläche gegenüber $F_1 = \frac{1}{4}\cdot\sqrt{3}$ an. Der Vergleich zeigt, daß bei fortgesetzter Verfeinerung der Sternfigur die Fläche auf das 1,6·fache wächst.

Berechnung der Umfänge

(2) Die *Berechnung der Umfänge* U_n der Figuren S_n wird ergeben, daß diese um wesentlich mehr als den Faktor 1,6 wachsen ! In der gleichen Weise wie unter (1) erhalten Sie:

$$U_1 = 3$$

$$U_2 = 4 = U_1 + \left(\frac{4}{3}\right)^0 \qquad (*)$$

$$U_3 = 4 + \frac{4}{3} = U_2 + \left(\frac{4}{3}\right)^1$$

...

$$U_n = U_{n-1} + \left(\frac{4}{3}\right)^{n-2}.$$

Wiederum ist es zweckmäßig, jeweils die Zunahmen des Umfangs gegenüber U_1 zu betrachten. Das sind die Partialsummen der Reihe

$$\sum_{k=0}^{\infty}\left(\frac{4}{3}\right)^k.$$

Da $\frac{4}{3} > 1$, ist diese geometrische Reihe divergent; der Umfang wächst also unbeschränkt.

Mit wachsendem n wird die Schneeflockenkurve immer zackiger, so daß sich schließlich in keinem Punkt der Kurve mehr eine Tangente anlegen läßt.

RECHENREGELN FÜR KONVERGENTE REIHEN

Rechenregeln für konvergente Reihen sind Rechenregeln für konvergente Folgen. Der nächste Satz wiederholt also nur noch einmal die bekannten Regeln.

SATZ.- Es seien $\sum_{k=1}^{\infty} a_k$ und $\sum_{k=1}^{\infty} b_k$ konvergente Reihen mit den Summen $a = \sum_{k=1}^{\infty} a_k$ und $b = \sum_{k=1}^{\infty} b_k$. Dann folgt: (8.9)

(1) die Reihe $\sum_{k=1}^{\infty}(a_k + b_k)$ ist konvergent und für ihre Summe gilt

Rechenregeln

$$\sum_{k=1}^{\infty}(a_k + b_k) = \sum_{k=1}^{\infty} a_k + \sum_{k=1}^{\infty} b_k = a + b.$$

(2) Für jedes $c \in \mathbb{R}$ ist die Reihe $\sum_{k=1}^{\infty} c\cdot a_k$ konvergent, für ihre Summe gilt

$$\sum_{k=1}^{\infty} c\cdot a_k = c\sum_{k=1}^{\infty} a_k = c\cdot a.$$

(3) Wenn $a_k \leq b_k$ für alle $k \in \mathbb{N}$ gilt, so folgt für die Summen der zugehörigen Reihen

$$\sum_{k=1}^{\infty} a_k \leq \sum_{k=1}^{\infty} b_k.$$

BEWEIS.- *Der Beweis von (1) wird Ihnen zeigen, wie sich diese Behauptungen auf konvergente Folgen zurückführen lassen, die Beweise von (2) und (3) lassen wir aus.*

(*) 1 ist in der Form $\left(\frac{4}{3}\right)^0$ geschrieben, damit das Bildungsgesetz der Folge (U_n) deutlich wird.

Die Reihe $\sum_{k=1}^{\infty}(a_k+b_k)$ ist konvergent, wenn der Limes ihrer Partialsummen existiert, d.h. wenn

$$\lim_{n\to\infty}\sum_{k=1}^{n}(a_k+b_k)$$

existiert. Nach Voraussetzung existieren

$\lim\limits_{n\to\infty}\sum_{k=1}^{n} a_k$ und $\lim\limits_{n\to\infty}\sum_{k=1}^{n} b_k$ und es gilt für alle $n \in \mathbb{N}$

$$\sum_{k=1}^{n}(a_k+b_k) = \sum_{k=1}^{n} a_k + \sum_{k=1}^{n} b_k .$$

Die Rechenregeln für konvergente Folgen sagen dann

$$\lim_{n\to\infty}\sum_{k=1}^{n}(a_k+b_k) = \lim_{n\to\infty}\sum_{k=1}^{n} a_k + \lim_{n\to\infty}\sum_{k=1}^{n} b_k = a+b.$$

Das ist die Behauptung.

Anwendung der Rechenregeln

BEMERKUNG.- Die Rechenregeln von Satz (8.9) sind aus zwei Gründen wichtig. Erstens stellen sie ein Konvergenzkriterium dar: die *Konvergenz* der Reihe $\sum_{k=1}^{\infty}(a_k+b_k)$ folgt aus der Konvergenz der Reihen $\sum_{k=1}^{\infty} a_k$ und $\sum_{k=1}^{\infty} b_k$. Zweitens können Sie die *Summe* der Reihe $\sum_{k=1}^{\infty}(a_k+b_k)$ aus der Summe der Reihen $\sum_{k=1}^{\infty} a_k$ und $\sum_{k=1}^{\infty} b_k$ berechnen.

Unter diesen beiden Gesichtspunkten sollten Sie die folgenden Beispiele und Aufgaben bearbeiten und sich die Rechenregeln (8.9) einprägen.

BEISPIEL.- Konvergiert oder divergiert die Reihe

$$\sum_{k=0}^{\infty}\frac{2^k+3}{4^k} ;$$

was ist ihre Summe ?

Lösung: die gegebene Reihe hat die Gestalt

$\sum_{k=0}^{\infty}(a_k+b_k)$, wobei

$$a_k = \frac{2^k}{4^k} = \left(\frac{1}{2}\right)^k \quad \text{und} \quad b_k = 3\cdot\left(\frac{1}{4}\right)^k .$$

Die Reihen $\sum_{k=0}^{\infty} a_k = \sum_{k=0}^{\infty}\left(\frac{1}{2}\right)^k$ und $\sum_{k=0}^{\infty} b_k = 3\cdot\sum_{k=0}^{\infty}\left(\frac{1}{4}\right)^k$ (siehe (2) in (8.9) !) sind geometrische Reihen und konvergieren nach Satz (8.7). Also konvergiert nach (8.9)(1) auch die gegebene Reihe.

Berechnen Sie die Summe der Reihen $\sum_{k=0}^{\infty} a_k$ und $\sum_{k=0}^{\infty} b_k$ mit (8.7) und (8.8).

Aus (8.9)(1) folgt dann

$$\sum_{k=0}^{\infty}\frac{2^k+3}{4^k} = 6$$

AUFGABE 4.- Konvergieren die folgenden Reihen ? Was ist ihre Summe ? A 4

a) $\sum_{k=1}^{\infty}\frac{2}{3^{k-1}}$, *b)* $\sum_{k=1}^{\infty}\frac{2^k+3^k}{6^k}$.

NOTWENDIGES KONVERGENZKRITERIUM

Sie wissen, daß die geometrische Reihe $\sum_{k=1}^{\infty} x^{k-1}$ für $|x|>1$ divergiert. Neben dem direkten Beweis auf Seite 123 gibt es noch den Weg über den folgenden wichtigen Satz.

> **SATZ.-** Die Reihe $\sum_{k=1}^{\infty} a_k$ sei konvergent. Dann ist die Folge (a_n) eine Nullfolge. (8.10)

BEWEIS.- Da die Reihe konvergiert, existiert der Grenzwert der Partialsummen $\lim\limits_{n\to\infty} s_n := a$. Für alle $n \geq 2$ gilt $a_n = s_n - s_{n-1}$, also

$$\lim_{n\to\infty} a_n = \lim_{n\to\infty} s_n - \lim_{n\to\infty} s_{n-1} = a - a = 0. \qquad (*)$$

BEMERKUNG.- Der Satz (8.10) sagt, daß für alle konvergenten Reihen $\sum_{k=1}^{\infty} a_k$ die Folge (a_k) eine Nullfolge ist. Er schließt nicht aus, daß auch für eine divergente Reihe $\sum_{k=1}^{\infty} a_k$ die Folge (a_k) eine Nullfolge ist. Das wichtigste Beispiel dafür ist die Reihe $\sum_{k=1}^{\infty}\frac{1}{k}$ aus Beispiel (8.4):

BEZEICHNUNG.- Die Reihe

$$\sum_{k=1}^{\infty}\frac{1}{k}$$

heißt *harmonische Reihe* . Sie ist divergent nach (8.4), obwohl $\lim\limits_{k\to\infty}\frac{1}{k} = 0$. harmonische Reihe

BEMERKUNG.- (8.10) ist ein notwendiges Kriterium: den Satz (8.10) können Sie also nicht dazu verwenden, die Konvergenz einer Reihe zu beweisen, denn die Konvergenz ist in (8.10) schon vorausgesetzt. Der Satz ist aber in seiner Verneinung sehr nützlich, um eine divergente Reihe zu erkennen:

(*) Es gilt für jede konvergente Folge (s_n) mit $\lim\limits_{n} s_n = a$, daß auch die Folge (s_{n-1}), die - nur um eins verschoben - die gleiche Folge ist, gegen a konvergiert.

Kriterium für Divergenz

> Wenn die Folge (a_k) keine Nullfolge ist, dann ist die zugehörige Reihe $\sum_{k=1}^{\infty} a_k$ divergent.

A 5

AUFGABE 5.- a) Finden Sie neben der harmonischen Reihe ein Beispiel einer divergenten Reihe $\sum_{k=1}^{\infty} a_k$, für die $\lim_{n\to\infty} a_n$ existiert.

b) Zeigen Sie mit Hilfe von Satz (8.10) nochmals, daß die geometrische Reihe $\sum_{k=1}^{\infty} x^{k-1}$ für $|x| > 1$ divergiert.

c) Konvergiert oder divergiert die Reihe

$$\sum_{k=1}^{\infty} \left(\frac{1}{k} + \frac{1}{3^k}\right) ?$$

§ 3 KONVERGENZKRITERIEN

VERGLEICHSKRITERIEN

Lesen Sie noch einmal die Übersicht auf Seite 122 durch.

(8.11) Kriterium für Konvergenz

> SATZ.- Es seien (a_n) und (b_n) reelle Folgen mit $0 \leq a_n \leq b_n$ für alle $n \in \mathbb{N}$.
> Dann gilt: wenn die Reihe $\sum_{k=1}^{\infty} b_k$ konvergent ist, so ist auch die Reihe $\sum_{k=1}^{\infty} a_k$ konvergent.

BEWEIS.- Die Abschätzung für die a_n überträgt sich definitionsgemäß auf die Partialsummen

$s_n := a_1 + \ldots + a_n \leq t_n := b_1 + \ldots + b_n$ für alle n.

Nach Voraussetzung existiert $\lim_{n\to\infty} t_n = \sum_{k=1}^{\infty} b_k$.

Es gilt $0 \leq s_n \leq \lim_{n\to\infty} t_n$ für alle n.

Die Folge (s_n) ist also beschränkt und monoton wachsend (*) und deshalb konvergent, d.h.

$$\lim_{n\to\infty} s_n = \sum_{k=1}^{\infty} a_k$$

existiert.

(8.12)

BEISPIEL.- Die Reihe

$$\sum_{n=1}^{\infty} \frac{1}{2^n + n^2 + \sqrt{n}}$$

ist konvergent, denn es gilt die Abschätzung

$$0 \leq \frac{1}{2^n + n^2 + \sqrt{n}} \leq \frac{1}{2^n} \quad \text{für alle } n \in \mathbb{N}.$$

(*) (s_n) ist monoton wachsend, weil alle Summanden a_n positiv sind: $s_n - s_{n-1} = a_n \geq 0$ für alle n.

Hinweis

Abschreckend komplizierte Reihen (wie sie zum Beispiel in Prüfungsaufgaben erscheinen) können Sie häufig abschätzen, indem Sie wie in (8.12) den Nenner verkleinern oder den Zähler vergrößern oder bekannte Ungleichungen benutzen ; z.B. ist

$$\sum_{k=1}^{\infty} \frac{\sin^2(k^3+5)}{3^k+1}$$

konvergent, denn

$$0 \leq \frac{\sin^2(n^3+5)}{3^n+1} \leq \frac{1}{3^n} \quad \text{für alle } n \in \mathbb{N}.$$

$\sum_{k=1}^{\infty} \frac{1}{3^k}$ ist eine geometrische Reihe ! (Hier ist die Abschätzung $0 \leq \sin^2 x \leq 1$ verwendet worden).

BEMERKUNG.- Die wichtige Voraussetzung $0 \leq a_n$ in (8.11) für die Reihe $\sum_{k=1}^{\infty} a_k$ wäre für $a_n = \frac{\sin(n^3+5)}{3^n+1}$ nicht erfüllt, sie gilt aber noch für die Reihe $\sum_{k=1}^{\infty} |a_k|$. Solche Reihen untersucht der Abschnitt über "absolut konvergente" Reihen.

absolut konvergent

A 6

AUFGABE 6.- Untersuchen Sie mit Hilfe von (8.11) auf Konvergenz:

a) $\sum_{n=1}^{\infty} \frac{1}{2^n - 1}$ *b)* $\sum_{n=1}^{\infty} \frac{1}{n!}$ *c)* $\sum_{k=1}^{\infty} \frac{1}{k^k}$

Logisch äquivalent zu Satz (8.11) ist

(8.13) Kriterium für Divergenz

> SATZ.- Es seien (a_n) und (b_n) reelle Folgen mit
> $$0 \leq a_n \leq b_n \quad \text{für alle } n \in \mathbb{N}.$$
> Dann gilt: wenn die Reihe $\sum_{k=1}^{\infty} a_k$ divergent ist, so ist auch die Reihe $\sum_{k=1}^{\infty} b_k$ divergent.

(8.14)

BEISPIEL.- Die Reihe

$$\sum_{k=1}^{\infty} \frac{1}{\sqrt{k}}$$

ist divergent, denn es gilt $0 \leq \frac{1}{n} \leq \frac{1}{\sqrt{n}}$ für alle $n \in \mathbb{N}$; die harmonische Reihe $\sum_{k=1}^{\infty} \frac{1}{k}$ ist divergent.

A 7

AUFGABE 7.- Untersuchen Sie mit Hilfe von (8.13) auf Divergenz:

a) $\sum_{k=1}^{\infty} \frac{k+3}{k(k+1)}$ *b)* $\sum_{k=1}^{\infty} \frac{k}{8k^2-2}$ *c)* $\sum_{n=1}^{\infty} \frac{n+2}{n\sqrt{4n-1}}$

Bemerkung.- *Um die Vergleichskriterien (8.11) und (8.13) anwenden zu können, brauchen Sie einen Vorrat an konvergenten und divergenten Reihen. "Standard"- Vergleichsreihen sind die geometrische und die harmonische Reihe, weitere in (8.16).*

Wurzelkriterium

Das Wurzelkriterium entsteht aus dem Vergleichskriterium (8.11), wenn man die geometrische Reihe als konvergente Vergleichsreihe wählt:

Es sei $\sum_{k=1}^{\infty} a_k$ eine Reihe mit

$$0 \leq a_n \leq x^n \quad \text{wobei } 0 < x < 1.$$

Dann sagt (8.11), daß $\sum_{k=1}^{\infty} a_k$ konvergiert. Die Ungleichungen sind äquivalent zu

$$0 \leq \sqrt[n]{a_n} \leq x \qquad \text{für } 0 < x < 1.$$

Wenn noch vorausgesetzt ist, daß die Folge $(\sqrt[n]{a_n})$ konvergiert, so steht da:

$$0 \leq \lim_{n\to\infty} \sqrt[n]{a_n} \leq x < 1.$$

Dies ist ein Kriterium für die Konvergenz einer Reihe, das auch ohne x, d.h. ohne eine Vergleichsreihe formuliert werden kann:

(8.15) **Satz.-** Es sei (a_n) eine reelle Folge mit $0 \leq a_n$ für alle n und es sei (falls dieser Grenzwert existiert)

$$r := \lim_{n\to\infty} \sqrt[n]{a_n}.$$

Wurzelkriterium

Dann gilt:

(1) Ist $r < 1$, so konvergiert die Reihe $\sum_{k=1}^{\infty} a_k$.

(2) Ist $r > 1$, so divergiert die Reihe $\sum_{k=1}^{\infty} a_k$.

(3) Ist $r = 1$, so kann mit dem Wurzelkriterium nicht entschieden werden, ob die Reihe konvergiert oder divergiert.

Beweis.- (1) ist durch die Vorbemerkung bewiesen (*)

(2) Aus $\lim_{n\to\infty} \sqrt[n]{a_n} > 1$ folgt, daß (a_n) keine Nullfolge sein kann (**) . Also divergiert die Reihe – siehe (8.10).

(3) Die Reihe $\sum_{k=1}^{\infty} \frac{1}{k}$ ist ein Beispiel für eine <u>divergente</u> Reihe mit $\lim_{n\to\infty} \sqrt[n]{a_n} = 1$ und die Reihe $\sum_{k=1}^{\infty} \frac{1}{k^2}$ ist ein Beispiel für eine <u>*konvergente*</u> Reihe (Beweis folgt !) mit $\lim_{n\to\infty} \sqrt[n]{a_n} = 1$.

Beispiel.- Die Reihe (8.16)

$$\sum_{k=1}^{\infty} \frac{1}{k^m}$$

konvergiert für alle natürlichen Zahlen $m > 1$.

Das Ergebnis ist wichtig, denn Reihen wie $\sum_{k=1}^{\infty} \frac{1}{k^2}$ treten häufig auf, wenn Sie das Vergleichskriterium (8.11) anwenden. Den Beweis jedoch können Sie zumindest beim ersten Lesen übergehen, zumal er als Aufgabe aufgeschrieben ist:
überlegen Sie, daß es genügt, sich auf die nachfolgenden Partialsummen zu beschränken, prüfen Sie alle = und ≤ nach und schließen Sie auf die Behauptung.

Der Beweis von (8.16) zeigt, daß diese Partialsummen beschränkt sind:

$$\sum_{k=1}^{2^{l+1}-1} \frac{1}{k^m} = 1 + \left(\frac{1}{2^m} + \frac{1}{3^m}\right) + \ldots + \left(\sum_{k=2^l}^{2^{l+1}-1} \frac{1}{k^m}\right) \leq$$

$$\sum_{s=0}^{l} \frac{2^s}{(2^s)^m} = \sum_{s=0}^{l} \frac{1}{2^{s(m-1)}} = \sum_{s=0}^{l} \left(\frac{1}{2^{m-1}}\right)^s \leq$$

$$\sum_{s=0}^{\infty} \left(\frac{1}{2^{m-1}}\right)^s = \frac{1}{1 - \frac{1}{2^{m-1}}} = \frac{2^{m-1}}{2^{m-1} - 1}$$

Beispiel.- Das Wurzelkriterium soll auf die Reihe (8.17)

$$\sum_{n=1}^{\infty} \left(\frac{n}{n+1}\right)^{n^2}$$

angewendet werden. Es ist

$$\sqrt[n]{a_n} = \left(\frac{n}{n+1}\right)^{n^2/n} = \frac{1}{\left(1+\frac{1}{n}\right)^n}.$$

Den entsprechenden Grenzwert kennen Sie:

$$\lim_{n\to\infty} \sqrt[n]{a_n} = \lim_{n\to\infty} \frac{1}{\left(1+\frac{1}{n}\right)^n} = \frac{1}{e}.$$

Da $\frac{1}{e} < 1$, konvergiert die Reihe. Über die Summe der Reihe wird hier nichts gesagt.

<u>Aufgabe 8.-</u> Untersuchen Sie die folgenden Reihen mit dem Wurzelkriterium auf Konvergenz: A 8

a) $\sum_{n=1}^{\infty} \frac{n^2}{2^n}$, *b)* $\sum_{k=1}^{\infty} \frac{a^{2k}}{(1+a^2)^{k-1}}$, *für welche $a \in \mathbb{R}$ konvergiert diese Reihe ?*

(*) Ein detaillierter Beweis zeigt:
Nach Voraussetzung ist $r := \lim_{n\to\infty} \sqrt[n]{a_n} < 1$. Es gibt dann eine Zahl x zwischen r und 1,

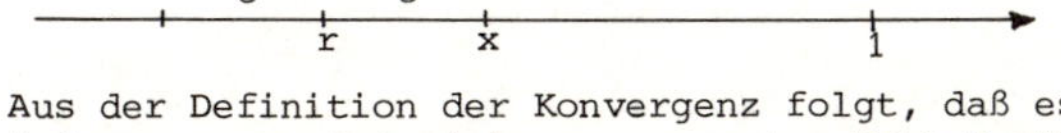

Aus der Definition der Konvergenz folgt, daß es zu jedem ε - zum Beispiel ε = x-r - eine Zahl N gibt, so daß alle $\sqrt[n]{a_n}$ für $n \geq N$ im Intervall (r-ε, r+ε) liegen. Es gilt dann

$$\sqrt[n]{a_n} \leq x < 1 \qquad \text{für alle } n \geq N.$$

(**) ... denn die a_n können dann ab einem gewissen Index nicht kleiner als 1 werden.

Quotientenkriterium

Auch das Quotientenkriterium entsteht aus dem Vergleichskriterium (8.11), wenn man die geometrische Reihe als konvergente Vergleichsreihe wählt:

(8.18) **Satz.-** Es sei (a_n) eine reelle Folge mit $0 < a_n$ für alle n und

$$s := \lim_{n\to\infty} \frac{a_{n+1}}{a_n} .$$

Quotienten-kriterium

Dann gilt:

(1) Ist $s < 1$, so konvergiert die Reihe $\sum_{k=1}^{\infty} a_k$.

(2) Ist $s > 1$, so divergiert die Reihe $\sum_{k=1}^{\infty} a_k$.

(3) Ist $s = 1$, so kann mit dem Quotientenkriterium nicht entschieden werden, ob die Reihe konvergiert oder divergiert.

Beweis.- *Sie können den Beweis beim ersten Lesen übergehen.*

(1) Nach Voraussetzung gibt es ein x mit $\lim_{n\to\infty} \frac{a_{n+1}}{a_n} < x < 1$. Das gilt dann ab einer Zahl N auch für die einzelnen Quotienten:

$$\frac{a_{n+1}}{a_n} < x < 1 \qquad \text{für alle } n \geq N. \qquad (*)$$

Wir wollen annehmen, daß diese Abschätzung für alle $n \in \mathbb{N}$ gilt (dies bedeutet, daß wir höchstens die ersten - endlich vielen - Summanden $a_1, \ldots, a_{N-1}$ ändern, und das verändert das Konvergenzverhalten der Reihe nicht).
Mit vollständiger Induktion können Sie jetzt schließen, daß

$$a_{n+1} \leq a_1 \cdot x^n \qquad \text{für alle } n.$$

Daraus folgt, daß $\sum_{k=1}^{\infty} a_1 \cdot x^k$ eine Majorante von $\sum_{k=1}^{\infty} a_k$ ist. Diese Majorante ist konvergent: Sie müssen zeigen können, daß

$$\sum_{k=1}^{\infty} a_1 \cdot x^k = a_1 \cdot \frac{x}{1-x} .$$

Die Behauptung (1) folgt nun aus (8.11).

(2) Aus $s > 1$ folgt $a_{n+1} > a_n$ für alle $n \geq N$, weswegen (a_n) keine Nullfolge sein kann.

(3) Gleiche Beispiele wie für das Wurzelkriterium.

(*) Aus der Definition der Konvergenz folgt, daß es zu jedem ε - zum Beispiel $\varepsilon = \frac{x-s}{2}$ - ein N gibt,

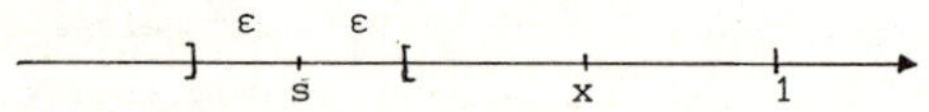

so daß alle $\frac{a_{n+1}}{a_n}$ für $n \geq N$ im Intervall $]s-\varepsilon, s+\varepsilon[$ liegen. Es gilt dann $\frac{a_{n+1}}{a_n} < x < 1$ für alle $n \geq N$.

Beispiel.- Das Quotientenkriterium soll auf die Reihe (8.19)

$$\sum_{k=1}^{\infty} \frac{1}{k!}$$

angewendet werden. Es ist

$$\frac{a_{n+1}}{a_n} = \frac{n!}{(n+1)!} = \frac{1}{n+1}$$

und deshalb

$$\lim_{n\to\infty} \frac{a_{n+1}}{a_n} = 0.$$

Also konvergiert die Reihe.

Aufgabe 9.- Untersuchen Sie die folgenden Reihen mit dem Quotientenkriterium auf Konvergenz: A 9

a) $\sum_{n=1}^{\infty} \frac{n!}{n^n}$

b) Für welche Zahlen $x > 0$ konvergiert die Reihe

$\sum_{k=0}^{\infty} \frac{x^k}{k!}$?

c) $\sum_{k=1}^{\infty} \frac{k}{3^k}$ d) $\sum_{k=1}^{\infty} \frac{k!}{2^k}$

Alternierende Reihen

Definition.- Eine Reihe der Form (8.20)

$$\sum_{k=1}^{\infty} (-1)^{k-1} a_k$$

mit $a_n \geq 0$ für alle n heißt *alternierende Reihe*.

alternierende Reihe

Eine alternierende Reihe ist also eine Folge von Partialsummen, deren Summanden abwechselnd positiv oder negativ sind:

$$s_1 = a_1, \quad s_2 = a_1 - a_2, \quad s_3 = a_1 - a_2 + a_3,$$
$$s_4 = a_1 - a_2 + a_3 - a_4, \ldots$$

Für diese Reihen gibt es das *Leibniz-Kriterium*:

Satz.- Wenn die Folge (a_n) eine monoton fallen- (8.21)

Leibniz-Kriterium

de Nullfolge (*) ist, dann konvergiert die Reihe

$$\sum_{k=1}^{\infty} (-1)^{k-1} a_k.$$

BEWEIS.- *Die Beweisidee ist, die Partialsummen s_{2n} und s_{2n-1} getrennt zu betrachten.*

(1) Die Partialsummen s_{2n} bestehen aus einer geraden Anzahl von Summanden, sie bilden eine monoton wachsende Folge (s_{2n}), denn

$$s_{2n+2} = s_{2n} + a_{2n+1} - a_{2n+2} \geq s_{2n}.$$

Die Partialsummen s_{2n-1} bestehen aus einer ungeraden Anzahl von Summanden, sie bilden eine monoton fallende Folge (s_{2n-1}), denn

$$s_{2n+1} = s_{2n-1} - a_{2n} + a_{2n+1} \leq s_{2n-1}$$

(Sehen Sie, wo die Voraussetzung "(a_n) monoton fallend" eingeht?)

(2) Beide Folgen (s_{2n}) und (s_{2n-1}) von Partialsummen sind nach unten durch s_2 und nach oben durch s_1 beschränkt:

$$s_2 \leq s_{2n} = s_{2n+1} - a_{2n+1} \leq s_{2n+1} \leq s_1 \quad \text{für alle } n.$$

(1) und (2) führen zu folgendem Bild:

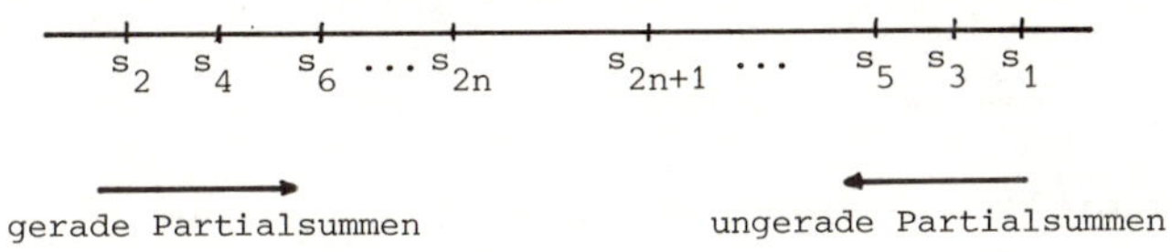

(3) Aus Monotonie und Beschränktheit folgt, daß die Grenzwerte $s' := \lim_{n\to\infty} s_{2n}$ und $s'' := \lim_{n\to\infty} s_{2n-1}$ existieren. Die Grenzwerte der geraden und ungeraden Partialsummen stimmen überein, weil ihre Differenz durch die Nullfolge (a_n) bestimmt ist:

$$s' - s'' = \lim_{n\to\infty} s_{2n} - \lim_{n\to\infty} s_{2n-1} = \lim_{n\to\infty} (s_{2n} - s_{2n-1}) = \lim_{n\to\infty} (-a_{2n}) = 0.$$

Die Folge der Partialsummen setzt sich nun aus diesen beiden "Teil"-folgen zusammen: jede Partialsumme ist ein Glied der Folge (s_{2n}) oder der Folge (s_{2n-1}); also ist $s' = s''$ der Grenzwert der Folge (s_n) aller Partialsummen:

$$\lim_{n\to\infty} s_n = s' = s''.$$

Satz (8.21) ist damit bewiesen.

A 10

AUFGABE 10.- Konvergieren oder divergieren die folgenden Reihen:

a) $\sum_{k=1}^{\infty} (-1)^k \frac{1}{\sqrt{k}}$, *b)* $\sum_{k=1}^{\infty} (-1)^k \frac{k^2}{1+k^2}$?

(*) und damit positiv.

Der Beweis des Leibniz-Kriteriums gibt auch Abschätzungen für den Grenzwert:

SATZ.- (a_n) sei eine monoton fallende Nullfolge. Die alternierende Reihe $\sum_{k=1}^{\infty} (-1)^{k-1} a_k$ ist konvergent, ihre Summe sei s. Dann gilt für jede Partialsumme s_n (8.22)

$$0 \leq (-1)^n (s - s_n) \leq a_{n+1} \, .$$

Fehlerabschätzung

ERLÄUTERUNG.- Die Ungleichung sagt Ihnen, wie groß die Differenz zwischen der Summe s der alternierenden Reihe und einer Partialsumme s_n ist. Sie schätzt den Fehler ab, der entsteht, wenn Sie s durch s_n annähern (approximieren) wollen - siehe Beispiel (8.23) und (8.24).

Das Vorzeichen des Fehlers ist positiv bei geraden Partialsummen (denn diese sind stets kleiner als die Summe), es ist negativ bei ungeraden Partialsummen (denn diese sind stets größer als die Summe). Da s immer zwischen s_n und s_{n+1} liegt, ist der Betrag des Fehlers $|s - s_n|$ immer kleiner als a_{n+1}.

BEWEIS von (8.22).- Aus der Monotonie der Folgen (s_{2n}) und (s_{2n-1}) folgt (siehe Beweis von (8.21)):

$$s_{2n} \leq s_{2n+2} \leq s \quad \text{und} \quad s \leq s_{2n+1} \leq s_{2n-1}.$$

Leiten Sie daraus die Ungleichungen

$$0 \leq s - s_{2n} \leq s_{2n+1} - s_{2n} = a_{2n+1}$$

und

$$0 \leq s_{2n-1} - s \leq s_{2n-1} - s_{2n} = a_{2n}$$

ab. Nach geraden und ungeraden Partialsummen aufgeteilt steht die Behauptung da.

Wenn Sie die Logarithmus-Funktion noch nicht kennen, können Sie das folgende Beispiel ohne Schaden auch nach Kapitel 10 lesen.

BEISPIEL.- Ein Standardbeispiel für das Leibniz-Kriterium ist die *alternierende harmonische Reihe* (8.23)

alternierende harmonische Reihe

$$\sum_{k=1}^{\infty} (-1)^{k-1} \cdot \frac{1}{k} \, .$$

Diese Reihe ist konvergent, denn sie ist alternierend und $(\frac{1}{n})$ ist eine monoton fallende Nullfolge. Sie werden später sehen, daß für die Summe dieser Reihe gilt

$$s := \sum_{k=1}^{\infty} (-1)^{k-1} \cdot \frac{1}{k} = \ln 2.$$

Berechnung von ln 2

Der Satz (8.22) kann nun dazu dienen, ln 2 zu berechnen. Die Konvergenz der Partialsummen gegen ihren Grenzwert s ist allerdings in diesem Beispiel ziemlich "schlecht". So ist z.B.

$$s_6 = a_1 - a_2 + a_3 - a_4 + a_5 - a_6$$
$$= 1 - \frac{1}{2} + \frac{1}{3} - \frac{1}{4} + \frac{1}{5} - \frac{1}{6} = 0{,}6167\,.$$

Nach der Abschätzung in (8.22) gilt

$$s - 0{,}6167 < a_7 = 0{,}1428,$$

s_6 approximiert also s mit einem großen Fehler. Der genaue Wert ist $s = \ln 2 = 0{,}6931\ldots$.

(8.24) BEISPIEL.- Die Reihe

$$\sum_{k=0}^{\infty} (-1)^k \cdot \frac{1}{k!}$$

ist nach dem Leibniz-Kriterium konvergent. Sie werden im nächsten Kapitel sehen, daß für ihre Summe gilt

$$s := \sum_{k=0}^{\infty} (-1)^k \cdot \frac{1}{k!} = \frac{1}{e}$$

Berechnung von $\frac{1}{e}$

Die Konvergenz der Partialsumme gegen ihren Grenzwert ist hier wesentlich besser als im letzten Beispiel, denn schon die vierte Partialsumme approximiert genauer als in (8.23) die sechste Partialsumme. Es ist

$$s_4 = a_0 - a_1 + a_2 - a_3 + a_4$$
$$= 1 - 1 + \frac{1}{2} - \frac{1}{6} + \frac{1}{24} = 0{,}3751.$$

Der Fehler ist gegeben durch

$$0 < 0{,}3751 - s < a_5 = \frac{1}{5!} = 0{,}0083 \qquad (*)$$

Der genaue Wert ist $s = \frac{1}{e} = 0{,}3678\ldots$.

§ 4 ABSOLUT KONVERGENTE REIHEN

Mit den alternierenden Reihen und dem zugehörigen Leibniz-Kriterium ist unsere Sammlung von Typen von Reihen und von entsprechenden Konvergenzkriterien vorerst abgeschlossen. Komplexe Reihen werden ähnlich behandelt wie komplexe Folgen: bei ihrer Untersuchung geht man meist zum Betrag der komplexen Zahlen über und kann dann wieder wie im Reellen rechnen.

(8.25) komplexe Reihe

DEFINITION.- Sei (a_n) eine komplexe Folge. Die Folge (s_n),

$$s_n := a_1 + a_2 + \ldots + a_n$$

heißt die zu (a_n) gehörende *komplexe Reihe*.

BEZEICHNUNGEN.- Existiert der Limes der Partialsummen s_n, $s := \lim_{n\to\infty} s_n$, so sagt man, daß die Reihe (s_n) *konvergiert*. Auch in den übrigen Bezeichnungen besteht kein Unterschied zu reellen Reihen: Das Symbol

$$\sum_{k=1}^{\infty} a_k$$

bezeichnet wieder zweierlei: erstens die Folge $\sum_{k=1}^{\infty} a_k$ der Partialsummen, d.h. die komplexe Reihe, zweitens den $\lim_{n\to\infty} \sum_{k=1}^{n} a_k$, d.h. die *Summe s der komplexen Reihe*.

Übersicht

Schon bei der Verallgemeinerung der reellen Folgen auf die komplexen Folgen haben Sie gesehen, daß diejenigen Sätze nicht in $\mathbb{C}$ gelten können, die die $\leq$ - Beziehung enthalten. Wenn Sie sich noch einmal kurz die Vergleichskriterien, Wurzel- und Quotientenkriterium, auch das Leibniz-Kriterium (... *monotone* Nullfolge ...), ansehen, so müssen Sie feststellen, daß diese Aussagen die Existenz der $\leq$ -Beziehung voraussetzen . Die entscheidende Idee ist es wieder, statt einer komplexen Zahl z die reelle Zahl $|z| \geq 0$ zu betrachten: anstelle der komplexen Reihe $\sum_{k=1}^{\infty} z_k$ also die reelle Reihe $\sum_{k=1}^{\infty} |z_k|$.

Damit ist auch die wichtige Voraussetzung "$a_n > 0$" in den verschiedenen Vergleichskriterien erfüllbar!

(8.26) absolut konvergente Reihe

DEFINITION.- Sei (a_n) eine reelle oder eine komplexe Folge. Die zugehörige Reihe $\sum_{k=1}^{\infty} a_k$ heißt *absolut konvergent* wenn die Reihe $\sum_{k=1}^{\infty} |a_k|$ konvergent ist.

BEMERKUNG.- Für Reihen mit nicht-negativen Gliedern bedeuten die Begriffe "konvergent" und "absolut konvergent" das Gleiche.

(8.27) BEISPIEL.- Gegeben ist die komplexe Folge (a_n),

$$a_n := \frac{z^n}{n^2}$$

wobei $z \in \mathbb{C}$ mit $|z| \leq 1$. Die zugehörige Reihe $\sum_{k=1}^{\infty} \frac{z^k}{k^2}$ konvergiert absolut, denn nach dem Vergleichskriterium (8.11) gilt für die Reihe $\sum_{k=1}^{\infty} \left|\frac{z^k}{k^2}\right|$:

(*) Da die Summation in diesem Beispiel bei k=0 und nicht wie in (8.22) bei k=1 beginnt, sind die geraden Partialsummen größer als s. In der Abschätzung (8.22) gilt also das entgegengesetzte Vorzeichen.

$$0 \leq \left|\frac{z^n}{n^2}\right| = \frac{|z^n|}{n^2} \leq \frac{1}{n^2} \quad \text{für alle } n.$$

Die Reihe $\sum_{k=1}^{\infty} \frac{1}{k^2}$ konvergiert, also konvergiert auch $\sum_{k=1}^{\infty} \left|\frac{z^k}{k^2}\right|$.

Für absolut konvergente Reihen kann man eine *Dreiecksungleichung* beweisen.

(8.28) **SATZ.-** Jede absolut konvergente Reihe $\sum_{k=1}^{\infty} a_k$ ist konvergent, und es gilt

Dreicksungleichung

$$\left|\sum_{k=1}^{\infty} a_k\right| \leq \sum_{k=1}^{\infty} |a_k| .$$

BEWEIS.- Lassen wir aus; zu finden z.B. bei Blatter, Analysis I auf Seite 90.

BEMERKUNG.- Wir haben gerade gesehen, daß $\sum_{k=1}^{\infty} \frac{z^k}{k^2}$ für $|z| \leq 1$ absolut konvergent ist. Nach Satz (8.28) ist dann

$$\sum_{k=1}^{\infty} \frac{z^k}{k^2}$$

für alle $z \in \mathbb{C}$ mit $|z| \leq 1$ konvergent. Ebenso folgt z.B. die Konvergenz von $\sum_{k=1}^{\infty} (-1)^k \frac{1}{k!}$ auch ohne Leibniz-Kriterium jetzt unmittelbar aus der Konvergenz von $\sum_{k=1}^{\infty} \frac{1}{k!}$.

Der Satz (8.28) ist vor allem wichtig für die Reihen, die im nächsten Kapitel zur Definition von Funktionen verwendet werden.

(8.29) **BEMERKUNG.-** In Beispiel (8.27) haben Sie gesehen, wie Sie das *Vergleichskriterium* auf komplexe Reihen anwenden können: Es sei $\sum_{k=1}^{\infty} a_k$ eine konvergente Reihe mit $a_n \geq 0$ für alle n. Es sei (b_n) eine Folge komplexer Zahlen mit $|b_n| \leq a_n$ für alle n. Dann konvergiert die Reihe $\sum_{k=1}^{\infty} b_k$ absolut.

Konvergenzkriterien

Ebenso läßt sich das Quotientenkriterium einsetzen: Es sei $\sum_{k=1}^{\infty} a_k$ eine Reihe komplexer Zahlen mit $a_n \neq 0$ für alle n. Es gebe ein $x \in \mathbb{R}$, $0 < x < 1$, so, daß

$$\left|\frac{a_{n+1}}{a_n}\right| \leq x \quad \text{für } n \geq N.$$

(Siehe hierzu den Beweis von (8.18)). Dann konvergiert die Reihe $\sum_{k=1}^{\infty} a_k$ absolut.

Zum Beispiel ist für jedes $z \in \mathbb{C}$ die Reihe

$$\sum_{k=1}^{\infty} \frac{z^k}{k!}$$

absolut konvergent. Für $z = 0$ ist die Behauptung klar, für $z \neq 0$ ergibt das Quotientenkriterium

$$\left|\frac{a_{n+1}}{a_n}\right| = \left|\frac{z^{n+1} \cdot n!}{(n+1)! \cdot z^n}\right| = \frac{|z|}{n+1},$$

also $\lim_{n\to\infty} \left|\frac{a_{n+1}}{a_n}\right| = 0$.

BEISPIEL.- Auch mit dem *Wurzelkriterium* kann man absolute Konvergenz beweisen (und damit nach Satz (8.28) die Konvergenz einer komplexen Reihe). (8.30)

Die Reihe

$$\sum_{k=1}^{\infty} \left(\frac{z}{k}\right)^{k-1}$$

Hinweis

verlangt offensichtlich das Wurzelkriterium - bei jeder Reihe mit einer Potenz sollten Sie als erstes das Wurzelkriterium versuchen:

BEHAUPTUNG.- Die Reihe $\sum_{k=1}^{\infty} \left(\frac{z}{k}\right)^{k-1}$ ist für alle $z \in \mathbb{C}$ konvergent.

BEWEIS.- Für $z = 0$ offensichtlich. Sei $z \neq 0$. Es gilt

$$\sqrt[n]{|a_n|} = \sqrt[n]{\left|\left(\frac{z}{n}\right)^{n-1}\right|} = \sqrt[n]{\left|\frac{z}{n}\right|^{n-1}} = \sqrt[n]{\left|\frac{z}{n}\right|^{n}\left|\frac{n}{z}\right|} =$$

$$= \frac{|z|}{n} \cdot \frac{\sqrt[n]{n}}{\sqrt[n]{|z|}} .$$

Für die einzelnen Faktoren gilt

$$\lim_{n\to\infty} \frac{|z|}{n} = 0, \quad \lim_{n\to\infty} \sqrt[n]{n} = 1, \quad \lim_{n\to\infty} \sqrt[n]{|z|} = 1,$$

insgesamt also

$$\lim_{n\to\infty} \sqrt[n]{|a_n|} = \lim_{n\to\infty} \frac{|z|}{n} \cdot \frac{\lim_{n\to\infty} \sqrt[n]{n}}{\lim_{n\to\infty} \sqrt[n]{|z|}} = 0.$$

Nach dem Wurzelkriterium ist dann $\sum_{k=1}^{\infty} \left|\frac{z}{k}\right|^{k-1}$ konvergent: $\sum_{k=1}^{\infty} \left(\frac{z}{k}\right)^{k-1}$ ist absolut konvergent und damit konvergent.

AUFGABE 11.- Es ist zwar jede absolut konvergente Reihe konvergent, aber die Umkehrung gilt nicht: Es gibt konvergente Reihen, die nicht absolut konvergent sind. Wieso ist die Reihe A 11

$$\sum_{k=1}^{\infty} (-1)^k \frac{1}{k+1}$$

ein Beispiel für diesen Satz ?

Ausblick

Sie werden festgestellt haben, daß sich fast alle Beispiele in diesem Paragraphen darauf beschränken, zu beweisen, daß eine Reihe $\sum_{k=1}^{\infty} a_k$ konvergiert (oder divergiert). D.h. wir haben nur gezeigt, daß der Limes der Partialsumme $\sum_{k=1}^{\infty} a_k$ existiert.

Es ist uns selten gelungen, festzustellen, wie groß die Summe der Reihe ist, d.h. die reelle oder komplexe Zahl a zu finden mit

$$a = \sum_{k=1}^{\infty} a_k .$$

Dieser Mangel wird in den nächsten Kapiteln behoben. Dort wird gezeigt, daß sich zahlreiche elementare Funktionen (Exponentialfunktion, Logarithmus, Sinus, Cosinus,...) durch spezielle Reihen, sogenannte Potenzreihen, definieren lassen (Satz von Taylor).

Sie lernen dann Gleichungen kennen wie zum Beispiel

$$e = \sum_{k=0}^{\infty} \frac{1}{k!} \text{ , das ist Beispiel (8.29) für } z=1.$$

$$\frac{1}{e} = \sum_{k=0}^{\infty} (-1)^k \frac{1}{k!} \text{ , das ist Beispiel (8.24).}$$

$$\ln 2 = \sum_{k=0}^{\infty} (-1)^k \frac{1}{k+1} \text{ , das ist Beispiel (8.23).}$$

$$\ln (1+x) = \sum_{k=1}^{\infty} (-1)^{k-1} \frac{x^k}{k} \quad \text{für } -1 < x \leq 1.$$

$$\frac{\pi}{2} = \sum_{k=0}^{\infty} (-1)^{k-1} \frac{1}{2k-1}$$

$$\sin x = \sum_{k=1}^{\infty} (-1)^{k-1} \frac{x^{2k-1}}{(2k-1)!} \quad \text{für alle } x \in \mathbb{R}.$$

Wegen dieser und ähnlicher Gleichungen vor allem sind Reihen wichtig (und interessant ?).

(8.31) **Beispiel.-** In einem späteren Kapitel über Integration werden Sie das Verfahren der *Partialbruchzerlegung* kennenlernen. Ein Beispiel für diese Zerlegung eines Bruchs in Teilbrüche ist

Partialbruchzerlegung

$$\frac{1}{n(n+1)} = \frac{1}{n} - \frac{1}{n+1}$$

für alle n (*Rechnen Sie nach!*)

Damit läßt sich die Summe der Reihe

$$\sum_{n=1}^{\infty} \frac{1}{n(n+1)}$$

bestimmen:

$$\sum_{n=1}^{\infty} \frac{1}{n(n+1)} = \sum_{n=1}^{\infty} \left(\frac{1}{n} - \frac{1}{n+1}\right) .$$

Wenn Sie die Partialsummen ausrechnen, erhalten Sie

$$s_1 = 1 - \frac{1}{2}$$

$$s_2 = 1 - \frac{1}{2} + \frac{1}{2} - \frac{1}{3} = 1 - \frac{1}{3}$$

$$s_3 = 1 - \frac{1}{2} + \frac{1}{2} - \frac{1}{3} + \frac{1}{3} - \frac{1}{4} - 1 - \frac{1}{4}$$

$$\vdots$$

$$s_n = 1 - \frac{1}{n+1} \quad \text{für alle n.}$$

Es folgt

$$\sum_{n=1}^{\infty} \frac{1}{n(n+1)} = \lim_{n\to\infty} s_n = 1$$

Dieses Beispiel soll Ihnen nur zeigen, daß es neben den Ihnen bekannten Kriterien (Vergleichs-, Wurzel- und Quotientenkriterium, Leibniz-Kriterium für alternierende Reihen) weitere Verfahren gibt, Reihen zu untersuchen. Die Partialbruchzerlegung selbst ist Stoff eines späteren Kapitels.

AUFGABE 12.- Sinn dieser letzten Aufgabe ist es, Sie selbständig entscheiden zu lassen, welches der zahlreichen Kriterien für Konvergenz Sie auf eine gegebene Reihe anwenden müssen. A 12

a) Für welche $a \in \mathbb{R}$ konvergiert die Reihe

$$\sum_{k=1}^{\infty} \frac{1}{(a+k)(a+k+1)} ,$$

was ist ihre Summe ?

b) Folgern Sie aus der Konvergenz von $\sum_{k=1}^{\infty} \frac{1}{k(k+1)}$, daß die Reihe $\sum_{k=1}^{\infty} \frac{1}{k^2}$ konvergiert.

c) Untersuchen Sie die Reihen $\sum_{k=1}^{\infty} \frac{1}{k^a}$, $a \in \mathbb{Z}$, auf Konvergenz und Divergenz.

Und nun noch eine heitere Wendung zum Anfang dieses Kapitels ....

Achilles und die Schildkröte

Aufgabe: *"Auf welchem Trugschluß beruht das Sophisma des Zenon vom Wettlauf des Achilles mit der Schildkröte?"*

Lösung: *A. EINLEITUNG*

Wieder einmal geb ich die Sporen
dem geplagten Pegasus,
knall die Peitsch ihm um die Ohren,
daß er fort mich tragen muß,
dorthin, dorthin, denn ich will es,
wo man keinen Mangoldt kennt,
wo die Kröte mit Achilles
um den Preis Olympias rennt.

B. AUSFÜHRUNG

Der Zenon, den ein jeder kennt,
war zu Elea einst Dozent.
Er schrieb gar viel, was schön und wichtig,
es war nur leider niemals richtig.
Die Mathematische Wissenschaft
war ihm noch ziemlich schleierhaft;
jedoch, als ob er was verstände,
schrieb er darüber ganze Bände.

Als einstens er beim Morgenfraß
mal recht vergnügt im Schlafrock saß
und im Athener Tageblatt

das Wichtigste gelesen hatte
(die marathonische Keilerei,
den Aufruf der "Griechischen Volkspartei"),
sprach schmunzelnd er: Hm, hm, ja, ja,
jetzt mach' ich mal so'n Sophisma!

Schildkröten sind uns hierzuland
als plump und langsam wohlbekannt.
Achill, so schließ ich, weil ich hell,
läuft sicherlich zehnmal so schnell.
Je nun, er rennt, so denk ich mir
mal um die Wette mit dem Tier.
Zehn Meter Vorsprung geb' er bloß;
dies Zugeständnis scheint nicht groß.
Die Glocke tönt, der Kampf fängt an,
nun, gute Kröte halt' Dich ran!
Zehn Meter läuft Achilles heiter;
die Kröte ist 'nen Meter weiter.
Auch diesen läuft Achill in Eil;
die Kröte läuft den zehnten Teil.
Auch dieses Stück durchmißt Achill,
doch ach, das Vieh steht auch nicht still;
sie ist trotz allem etwas weiter;
Achilles ist schon nicht mehr heiter.
So wiederholt sich stets dies Spiel,
und nimmer kommt der Held zum Ziel. (*)
Nimmt er der Kröte alten Ort,
schwupp! ist sie auch schon wieder fort.
Er kommt in Wut bis zur Ekstase;
die Kröte dreht ihm eine Nase.
Sie bleibt ihm stets ein Stück voraus;
Achilles schleicht geknickt nach Haus;
die Kröte aber triumphiert
und wird mit Orden dekoriert."

Als Zenon dies verfertigt hat,
schickt er es gleich dem Tageblatt;
die Redaktion, dieweil sie helle,
zahlt eine Drachme auf der Stelle
und bringt das Zeug nach einer Weile
recht groß im Unterhaltungsteile.
Man liest's, soweit man gut gelaunt,
man räuspert sich und ist erstaunt,
doch weiß man nicht, weshalb's nicht stimmt.

Das kam, weil, das ist sonnenklar,
der Mangoldt nicht erfunden war!
Hätt man gehört bei Dr. Feigl, (**)
der Zenon trüg kein Lorbeerzweigl (au!);
man hätt gewußt was uns verständlich:
Der Wert der Reihe ist ja endlich!

(*) Der Schluß ist ja impertinent!
Die Reihe ist doch konvergent!

(**) Mangoldt ist Coautor des Standardwerkes: "Mangoldt-Knopp",
Feigl war Lehrer des "Dichters".

Ihr Limes ist, so schließ ich schlau,
sogar der Treffpunkt ganz genau.
Da in der Reihe, wie wir sehn,
nur positve Glieder stehn,
die Teilsumme, wie Ihr wohl wißt,
stets kleiner als der Limes ist.
Indem er nun nur Stellen Zählt,
die vor dem Treffpunkt sind gewählt,
lügt er dem biedern Publiko
nun vor, es bliebe immer so!
und das besagte Publikum
glaubt ihm das alles, weil es dumm.
Wir glauben's nicht, denn wir sind schlau;
wir wissen so was ganz genau.

C. SCHLUß

Und die Moral von der Geschicht:
Es geht halt ohne Mangoldt nicht!
So kauf ihn Dir noch heute drum;
sonst kostet's mehr, und das wär dumm.

Es muß ja nicht der Mangoldt sein, uns fällt sogar was Bess'res ein.

ZUSAMMENFASSUNG

Reihen sind spezielle Folgen. Sie werden so definiert: Gegeben ist eine reelle Folge (a_n), dann heißt die Folge (s_n),

$$s_n := a_1 + a_2 + \ldots + a_n$$

die zu (a_n) gehörende Reihe. Die Glieder der Folge (s_n) heißen *Partialsummen*.

Wie für Folgen ist auch für Reihen die Konvergenz die wichtigste Eigenschaft: eine Reihe (s_n), $s_n = \sum_{k=1}^{n} a_k$, heißt *konvergent*, wenn — Ziel 1

$$s := \lim_{n\to\infty} s_n$$

existiert. Auswendig lernen!

Das Symbol $\sum_{k=1}^{\infty} a_k$ bezeichnet erstens die Reihe, d.h. die Folge der Partialsummen, zweitens den Grenzwert s, die *Summe* der Reihe. Beide Bedeutungen müssen Sie sich einprägen. — Ziel 2

Konvergente Reihen und ihre Summen lassen sich - wie konvergente Folgen - addieren und mit reellen Zahlen multiplizieren. Die *Rechenregeln* (8.9) müssen Sie in Beispielen anwenden können, vergleiche Aufgabe 4. — Ziel 3

Eines der wichtigsten Beispiele ist die *geometrische Reihe*

$$\sum_{k=1}^{\infty} x^{k-1},$$

Ziel 4 wobei $x \in \mathbb{R}$. Ihr Konvergenzverhalten beschreibt der Satz (8.7), den Sie auswendig können müssen, weil er immer wieder gebraucht wird:

SATZ.- Sei $x \in \mathbb{R}$.

(1) die geometrische Reihe $\sum_{k=1}^{\infty} x^{k-1}$ ist divergent für $|x| \geq 1$.

(2) Sie ist konvergent für $|x| < 1$ und für ihre Summe gilt dann

$$\sum_{k=1}^{\infty} x^{k-1} = \frac{1}{1-x}.$$

Ein häufig nützliches *Kriterium für Divergenz*, mit dem zum Beispiel auch die Aussage (1) für geometrische Reihen bewiesen werden kann, ist Satz (8.10):

SATZ.- Ist die Folge (a_n) keine Nullfolge, so

Ziel 5 ist die Reihe $\sum_{k=1}^{\infty} a_k$ divergent.

Das Standardbeispiel für eine divergente Reihe ist die *harmonische Reihe*

Ziel 6

$$\sum_{k=1}^{\infty} \frac{1}{k}.$$

Nicht mehr vergessen!

Die meisten Kriterien für die Konvergenz einer Reihe beruhen auf dem *Vergleichskriterium* (8.11) - - siehe auch (8.13).

SATZ.- Gilt $0 \leq a_n \leq b_n$ und ist $\sum_{k=1}^{\infty} b_k$ konvergent, so ist auch $\sum_{k=1}^{\infty} a_k$ konvergent.

Ziel 7 *Die Beispiele zeigen Ihnen, wie Sie mit diesem Satz arbeiten können. Auch bei den folgenden Kriterien ist es vor allem wichtig, daß Sie diese Sätze auf Beispiele anwenden können. Beispiele stehen im Text und in den Aufgaben!*

Wurzelkriterium: Gegeben eine Reihe $\sum_{k=1}^{\infty} a_k$ mit $a_k \geq 0$. Sie rechnen den Grenzwert $r := \lim_{n\to\infty} \sqrt[n]{a_n}$ aus und prüfen:

(1) Wenn $r < 1$, dann $\sum_{k=1}^{\infty} a_k$ konvergent.

(2) Wenn $r > 1$, dann $\sum_{k=1}^{\infty} a_k$ divergent.

(3) Wenn $r = 1$, hilft Ihnen dieser Satz nicht weiter.

Quotientenkriterium: Gegeben eine Reihe $\sum_{k=1}^{\infty} a_k$ mit $a_n > 0$. Sie rechnen den Grenzwert $s := \lim_{n\to\infty} \frac{a_{n+1}}{a_n}$ aus und prüfen:

(1) Wenn $s < 1$ ... weiter wie im Wurzelkriterium.

Im wesentlichen müssen Sie jetzt Vergleichs-, Wurzel- und Quotientenkriterium auf Beispiele anwenden können. Dazu kommt noch ein Kriterium für alternierende Reihen:

Sei $a_n > 0$. Eine Reihe der Form

$$\sum_{k=1}^{\infty} (-1)^{k-1} a_k$$

heißt *alternierende Reihe*.

Leibniz-Kriterium: eine alternierende Reihe konvergiert, wenn (a_n) eine monoton fallende Nullfolge ist.

Für alternierende Reihen gibt es eine Abschätzung der Summe, die später häufig gebraucht wird. Sie müssen also wissen, wo sie steht: (8.22). Ziel 8

Komplexe Reihen

$$\sum_{k=1}^{\infty} a_k,$$

$a_n \in \mathbb{C}$, werden meistens so untersucht, daß man die Reihe der Beträge $|a_n|$ bildet: Eine Reihe $\sum_{k=1}^{\infty} a_k$, $a_n \in \mathbb{R}$ oder $a_n \in \mathbb{C}$, heißt *absolut konvergent*, wenn die Reihe

$$\sum_{k=1}^{\infty} |a_k|$$

konvergent ist. Aus der absoluten Konvergenz folgt die Konvergenz einer Reihe. Es genügt also stets, wenn Sie die absolute Konvergenz mit dem Ihnen bekannten Kriterium nachprüfen. (Sie ersetzen a_n durch $|a_n|$).

Sie brauchen eine Vorrat an Ihnen bekannten Reihen, zum Beispiel: Ziel 9

$\sum_{k=1}^{\infty} \frac{1}{k}$ ist divergent ... harmonische Reihe.

$\sum_{k=1}^{\infty} (-1)^{k-1} \cdot \frac{1}{k}$ ist konvergent.

$\sum_{k=1}^{\infty} \frac{1}{k^m}$ ist konvergent für $m > 1$.

$\sum_{k=1}^{\infty} x^{k-1} = \frac{1}{1-x}$ ist konvergent für $|x| < 1$... geometrische Reihe.

$\sum_{k=1}^{\infty} \frac{1}{k!}$ ist konvergent.

$\sum_{k=1}^{\infty} \frac{z^k}{k^2}$ ist konvergent für $|z| \leq 1$.

$\sum_{k=1}^{\infty} (\frac{z}{k})^{k-1}$ ist konvergent für alle $z \in \mathbb{C}$.

Kapitel 9. Potenzreihen und spezielle Funktionen

Einleitung

Wert einer Funktion

Wie erhalten Sie den Wert einer Funktion $f: \mathbb{R} \to \mathbb{R}$ an der Stelle $x_o \in \mathbb{R}$? Für das Beispiel $f: \mathbb{R} \to \mathbb{R}$, $f(x) = 4x^3 + 8$ und $x_o = 1$ ist $f(x_o)$ durch Multiplikation und Addition leicht zu bestimmen: $f(1) = 12$.

In der gleichen Weise können Sie für jedes Polynom $p: \mathbb{R} \to \mathbb{R}$,

$$p(x) = a_o + a_1 x + \ldots + a_n x^n$$

den Wert $p(x)$ für alle $x \in \mathbb{R}$ ausrechnen.

Polynome kennen Sie aus Kapitel 4. Die Zahlen $a_o, a_1, \ldots, a_n \in \mathbb{R}$ heißen die Koeffizienten des Polynoms. Im Beispiel oben ist $a_o = 8$, $a_1 = 0$, $a_2 = 0$, $a_3 = 4$, $a_n = 0$ für $n \geq 4$. Das Horner-Schema aus Kapitel 4 hat Ihnen gezeigt, wie Sie die Werte des Polynoms rasch bestimmen können.

Wichtige Funktionen wie Exponentialfunktion, Logarithmus, Sinus oder Cosinus lassen sich jedoch nicht in so einfacher Weise wie Polynome berechnen. (*) Wie stellen Sie zum Beispiel den Wert

$$\sin 18$$

fest? Die Zahl sin 18 ist geometrisch definiert, aber ob Sie nun in einer Tafel nachschlagen oder selbst zu rechnen anfangen, Sie werden - ganz im Gegensatz zu der Situation bei Polynomen - stets nur einen angenäherten Wert erhalten (d.h. bis auf die soundsovielte Stelle hinter dem Komma genau).

Übersicht

Ziel dieses Kapitels ist es zunächst, die näherungsweise Berechnung von Funktionswerten gewisser Funktionen auf die Berechnung von Funktionswerten von Polynomen zurückzuführen.

Rückführung auf Polynome

Wie geschieht nun diese Zurückführung auf Polynome? Man betrachtet Reihen, deren Partialsummen Polynome sind! Beispiel:

$$s_o = a_o$$
$$s_1 = a_o + a_1 x$$
$$s_2 = a_o + a_1 x + a_2 x^2$$
$$\vdots$$
$$s_n = \sum_{k=0}^{n} a_k x^k$$

Die zugehörige Reihe

$$\sum_{n=0}^{\infty} a_n x^n$$

Potenzreihe

heißt <u>Potenzreihe</u>. Ein Beispiel für Potenzreihen kennen Sie schon: die geometrische Reihe

$$\sum_{n=0}^{\infty} x^n,$$

hier sind alle Koeffizienten a_n gleich 1. Nach Kapitel 8 gilt

$$\sum_{n=0}^{\infty} x^n = \frac{1}{1-x} \quad \text{für } |x| < 1.$$

Man sagt: *die Funktion $\frac{1}{1-x}$ wird in dem Intervall* $]-1,1[$ *durch die Potenzreihe $\sum_{n=0}^{\infty} x^n$ dargestellt.* (Die Funktion ist also auf dem Konvergenzbereich der Potenzreihe definiert!)

Probleme bei Potenzreihen

> Zwei Probleme werden uns bei Potenzreihen beschäftigen:
>
> (1) Eine Potenzreihe ist vorgegeben. Für welche x konvergiert die Reihe? Was ist ihre Summe? Welche Eigenschaften hat die Funktion, die durch eine Potenzreihe dargestellt wird?
>
> (2) Eine Funktion ist vorgegeben. Gibt es eine Potenzreihe, die diese Funktion darstellt?

Das Problem (1) wird vor allem in diesem und dem folgenden Kapitel behandelt. Das Problem (2) ist Thema der Taylor-Entwicklung in Kapitel 14. Es wird sich herausstellen, daß viele der in der Praxis auftretenden Funktionen durch Potenzreihen dargestellt werden können.

Die wichtigsten Beispiele zu Problem (1) sind nun gerade die Funktionen exp, sin und cos. Diese Funktionen können nämlich durch Potenzreihen

---

(*) Es ist nicht vorausgesetzt, daß Sie diese Funktionen schon kennen - auch wenn das die Lektüre der Einleitung erleichtert. Die Funktionen exp, log, sin und cos werden im folgenden erst definiert und dann in allen Eigenschaften beschrieben.

definiert werden. Es wird zum Beispiel gelten

$$\sin x = \sum_{n=0}^{\infty} a_n x^n \quad \text{für alle } x \in \mathbb{R},$$

wobei jetzt noch nicht wichtig ist, wie die Koeffizienten a_n im einzelnen aussehen. Im Punkt x_0 ist dann $\sin x_0$ der Grenzwert der Partialsummen:

$$\sin x_0 = \lim_{n\to\infty} \left(\sum_{k=0}^{n} a_k x_0^k\right).$$

Um $\sin x_0$ mit einer vorgegebenen Genauigkeit zu erhalten, muß man also Polynome

$$\sum_{k=0}^{n} a_k x^k$$

genügend großen Grades an der Stelle x_0 berechnen. Man sagt:
die Funktion sin *wird durch Polynome approximiert.*

Die Einleitung hat Ihnen gezeigt, daß in diesem Kapitel spezielle Reihen das zentrale Thema sind. Sie müssen also zumindest die in der Zusammenfassung des Kapitels "Reihen" genannten Begriffe und Sätze kennen, um hier arbeiten zu können.

A 1 *AUFGABE 1.- Suchen Sie in Kapitel 8 neben den geometrischen Reihen weitere Beispiele für Potenzreihen.*

§ 1 POTENZREIHEN

Potenzreihen sind spezielle Reihen.

(9.1) komplexe Potenzreihe

DEFINITION.- Sei $c_0, c_1, c_2, \ldots$ eine komplexe Folge, sei $z \in \mathbb{C}$. Die Reihe

$$\sum_{n=0}^{\infty} c_n z^n$$

heißt *komplexe Potenzreihe*.

BEMERKUNG.- Sie haben in Kapitel 3 gesehen, daß die reellen Zahlen mit komplexen Zahlen identifiziert werden können: der reellen Zahl x entspricht die komplexe Zahl $x + i0$ oder $(x,0)$. Definition (9.1) gilt deshalb auch im Reellen:

$a_0, a_1, a_2, \ldots$ eine reelle Folge, $x \in \mathbb{R}$,

$$\sum_{n=0}^{\infty} a_n x^n$$

reelle Potenzreihe — heißt *reelle Potenzreihe*.

Eine komplexe Potenzreihe (ebenso eine reelle Potenzreihe) ist also entsprechend der Definition einer Reihe in Kapitel 8 die Folge der Partialsummen

$$s_0 = c_0,\ s_1 = c_0 + c_1 z,\ s_2 = c_0 + c_1 z + c_2 z^2, \ldots$$

An Beispielen für komplexe Potenzreihen haben Sie in Kapitel 8 schon kennengelernt (als geometrische Reihe)

$$\sum_{n=0}^{\infty} z^n.$$

Sie ist absolut konvergent (*) für $|z| < 1$ und divergent für $|z| \geq 1$.

AUFGABE 2.- Zeigen Sie mit Hilfe des Quotientenkriteriums, daß die komplexe Potenzreihe A 2

$$\sum_{n=0}^{\infty} \frac{z^n}{n!}$$

absolut konvergent ist für alle $z \in \mathbb{C}$. (Der Summand ist $z^n/n!$).

AUFGABE 3.- Zeigen Sie, daß die reelle Potenzreihe A 3

$$\sum_{n=0}^{\infty} n^n x^n$$

für keine reelle Zahl x konvergiert, abgesehen von dem Fall $x = 0$.

BEISPIEL.- Eine typische Aufgabe ist die Frage: für welche $x \in \mathbb{R}$ ist die reelle Potenzreihe (9.2)

$$\sum_{k=1}^{\infty} (-1)^{k-1} \frac{(x-1)^k}{k}$$

konvergent ?

Zunächst: dies ist zwar eine "Potenzreihe in $(x-1)$", wenn Sie aber $y := x-1$ als neue Variable einführen, so erhalten Sie eine Potenzreihe in y, die genau der Definition (9.1) entspricht:

$$\sum_{k=1}^{\infty} (-1)^{k-1} \frac{(y)^k}{k}$$

Sodann wissen Sie aus Kapitel 7, daß für Reihen, deren Summanden Potenzen sind, häufig das Wurzelkriterium zuständig ist. Bei verschiedenen Vorzeichen der Summanden prüfen wir die Reihe zunächst auf absolute Konvergenz.

Die vorgegebene Reihe hat die Gestalt $\sum_{n=1}^{\infty} a_n$ mit

$$a_n = (-1)^{n-1} \frac{(x-1)^n}{n}.$$

Für das Wurzelkriterium brauchen wir den Grenzwert

$$a := \lim_{n\to\infty} \sqrt[n]{|a_n|} = \lim_{n\to\infty} \sqrt[n]{\frac{|x-1|^n}{n}} = |x-1| \lim_{n\to\infty} \sqrt[n]{\frac{1}{n}} \quad (**)$$

Den Grenzwert der Folge $\left(\sqrt[n]{\frac{1}{n}}\right)$ kennen Sie aus Kapitel 6.

(*) Siehe Kapitel 6: eine Reihe $\sum_{k=0}^{\infty} a_k$ heißt absolut konvergent, wenn die Reihe $\sum |a_k|$ konvergent ist. Im Beispiel ist $a_n = z^n$.

(**) Wieso tritt der Faktor $(-1)^{n-1}$ nicht mehr auf ?

Es folgt $a = |x-1|$. Das Wurzelkriterium sagt, daß die Reihe konvergent ist für $a = |x-1| < 1$, und divergent ist für $a = |x-1| > 1$. Also: Konvergenz für $0 < x < 2$ und Divergenz für $x < 0$ und $x > 2$.

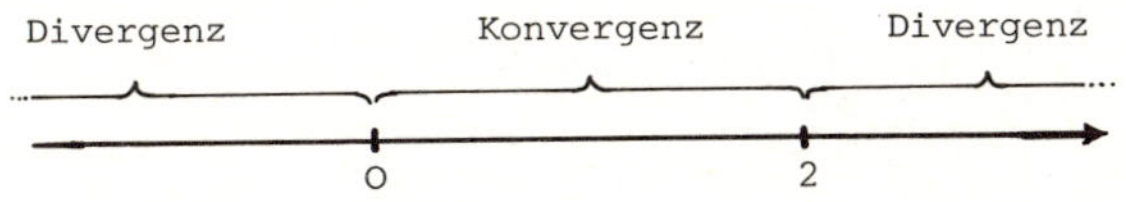

Die Randpunkte $x = 0$ und $x = 2$ müssen getrennt untersucht werden (denn für $a = 1$ trifft das Wurzelkriterium keine Aussage). Für $x = 0$ ist

$$a_n = (-1)^{n-1}\frac{(-1)^n}{n} = -\frac{1}{n},$$

die gegebene Reihe ist in diesem Punkt gleich (-1) mal der harmonischen Reihe und deshalb divergent. Für $x = 2$ ist

$$a_n = (-1)^{n-1}\frac{1}{n},$$

die Reihe ist konvergent nach dem Leibniz-Kriterium. Ergebnis: Die gegebene reelle Potenzreihe ist konvergent für $0 < x \leq 2$ und divergent für $x \leq 0$ und $x > 2$; sie definiert so eine Funktion auf $]0,2]$.

Konvergenz von Potenzreihen

Daß Potenzreihen ein sehr unterschiedliches Konvergenzverhalten haben können, zeigen die letzten Beispiele: Die komplexe Potenzreihe

$$\sum_{n=0}^{\infty} z^n$$

ist absolut konvergent (und damit konvergent) innerhalb des Kreises $|z| < 1$ und divergent für $|z| > 1$, also außerhalb dieses Kreises:

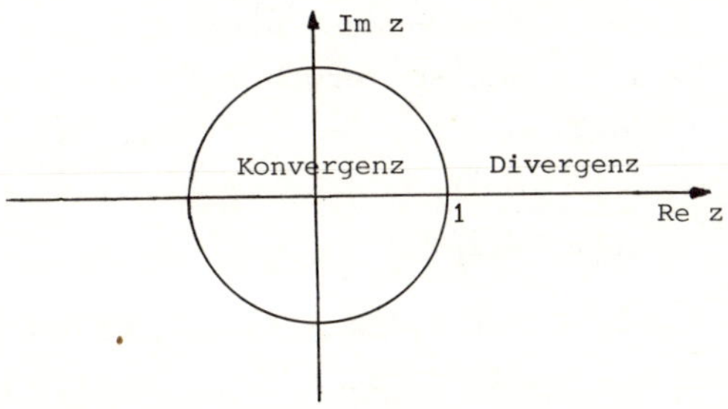

Die komplexe Potenzreihe

$$\sum_{n=0}^{\infty} \frac{z^n}{n!}$$

ist für alle $z \in \mathbb{C}$, also in der ganzen komplexen Ebene absolut konvergent.

Die reelle Potenzreihe

$$\sum_{n=0}^{\infty} n^n x^n$$

konvergiert nur für $x = 0$. Jede Potenzreihe $\sum_{n=0}^{\infty} a_n z^n$ konvergiert für $z = 0$.

Die reelle Potenzreihe aus Beispiel (9.2).

$$\sum_{k=1}^{\infty} (-1)^{k-1}\frac{(x-1)^k}{k}$$

ist konvergent in dem Intervall $]0,2]$ und divergent außerhalb. Setzt man wieder $y = x - 1$, so erhält man, daß die reelle Potenzreihe

$$\sum_{k=1}^{\infty} (-1)^{k-1}\frac{(y)^k}{k}$$

für $|y| < 1$ konvergiert und für $|y| > 1$ divergiert. Im Randpunkt $y = -1$ ist sie divergent und im Randpunkt $y = 1$ ist sie konvergent.

Es gibt weitere Beispiele für komplexe Potenzreihen, die nur im Punkt $z = 0$ konvergieren, und für reelle Potenzreihen, die auf der gesamten Zahlengeraden, also für alle $x \in \mathbb{R}$ konvergieren. Der nachfolgende wichtige Satz faßt das Konvergenzverhalten komplexer Potenzreihen zusammen:

Satz.- Für jede komplexe Potenzreihe der Gestalt (9.3)

$$\sum_{n=0}^{\infty} c_n z^n$$

gilt eine der folgenden Aussagen:

(a) Die Reihe konvergiert nur für $z = 0$. Konvergenzverhalten

(b) Die Reihe konvergiert absolut für alle $z \in \mathbb{C}$.

(c) Es gibt eine Zahl $R > 0$, so daß die Reihe absolut konvergiert für $|z| < R$ und divergiert für $|z| > R$.

Beweis.- Da die vorangegangenen Beispiele diesen Satz erläutern, verzichten wir auf den Beweis. Sie finden ihn bei Blatter, Analysis II auf Seite 129.

Bemerkung.- Teil (c) des Satzes sagt, daß die Reihe innerhalb des Kreises $|z| < R$ konvergiert und außerhalb divergiert.

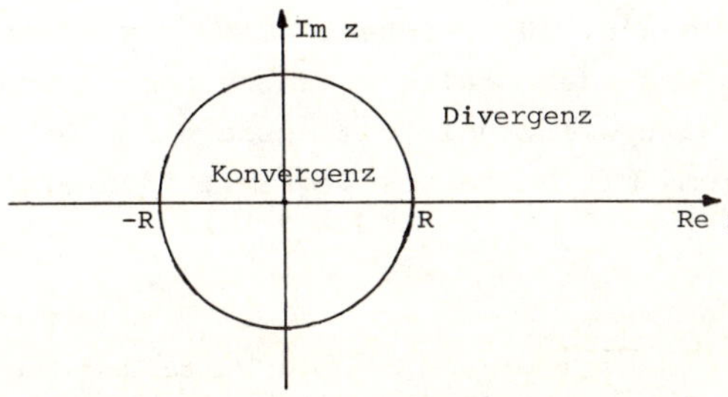

In (9.3) wird keine Aussage darüber getroffen, wie das Konvergenzverhalten auf der Kreislinie $|z| = R$ ist. Es gibt Potenzreihen, die für manche z mit $|z| = R$ konvergieren und für andere z dieser Kreislinie divergieren.

Konvergenzradius- und -kreis

BEZEICHNUNGEN.- Die Zahl R in Satz (9.3) heißt *Konvergenzradius*; die Menge $\{z \in \mathbb{C} \mid |z| < R\}$ heißt *Konvergenzkreis*.
Im Fall (a) von Satz (9.3) sagt man: der Konvergenzradius R ist 0. Im Fall (b) sagt man: der Konvergenzradius R ist ∞ (vergl. Kap. 1 , S.22)

Konvergenzintervall

BEMERKUNG.- Der Satz (9.3) gilt natürlich auch für den Spezialfall reeller Potenzreihen, der Konvergenzkreis wird zum *Konvergenzintervall*:

Konvergenzverhalten

Für jede reelle Potenzreihe

$$\sum_{n=0}^{\infty} a_n x^n$$

gilt eine der folgenden Aussagen:

(a) Die Reihe konvergiert nur für $x = 0$.

(b) Die Reihe konvergiert absolut für alle $x \in \mathbb{R}$.

(c) Es gibt eine Zahl $R > 0$ so, daß die Reihe absolut konvergiert für $|x| < R$ und divergiert für $|x| > R$.

Teil (c) sagt, daß die Reihe konvergiert innerhalb des Intervalls $]-R,R[$ und divergiert außerhalb.

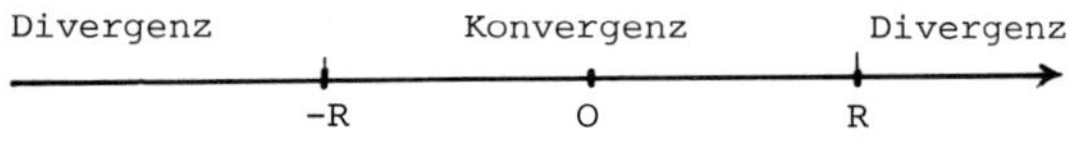

Das Beispiel (9.2) hat gezeigt, daß die Randpunkte -R und R getrennt untersucht werden müssen und daß durchaus in einem Randpunkt die Reihe konvergent und in dem anderen divergent sein kann.

Der folgende *Satz von Cauchy/Hadamard* (*) gibt Ihnen eine Formel, aus der Sie in vielen Fällen ablesen können, für welche $z \in \mathbb{C}$ oder $x \in \mathbb{R}$ eine komplexe oder reelle Potenzreihe konvergiert. Der Satz wiederholt die Aussage des Wurzelkriteriums mit Hilfe des Begriffs "Konvergenzradius".

(*) Jacques Hadamard (1865-1963) lebte lange, ist aber kein Zeitgenosse von Augustin Louis Cauchy (1789-1875) gewesen.

(9.4)

Formel von Cauchy/Hadamard

SATZ.- Es sei $\sum_{n=0}^{\infty} a_n z^n$ eine komplexe oder reelle Potenzreihe. Für den Konvergenzradius R gilt dann

(a) Wenn $\lim_{n\to\infty} \sqrt[n]{|a_n|}$ existiert und ungleich null ist, so ist

$$R = \frac{1}{\lim_{n\to\infty} \sqrt[n]{|a_n|}}$$

Wenn $\lim_{n\to\infty} \sqrt[n]{|a_n|}$ existiert und gleich null ist, so ist $R = \infty$.

(b) Wenn die Folge $(\sqrt[n]{|a_n|})$ nach oben nicht beschränkt ist, so ist $R = 0$.

BEWEIS.- *Der Beweis stützt sich, wie Sie schon aus der Formel in (a) sehen, auf das Wurzelkriterium.*

(a) Vorausgesetzt ist, daß $\lim_{n\to\infty} \sqrt[n]{|a_n|}$ existiert und ungleich null ist. Wegen

$$\lim_{n\to\infty} \sqrt[n]{|a_n z^n|} = |z| \lim_{n\to\infty} \sqrt[n]{|a_n|}$$

existiert dann auch der Grenzwert $\lim_{n\to\infty} \sqrt[n]{|a_n z^n|}$.
Deshalb können wir auf die gegebene Reihe $\sum_{n=0}^{\infty} a_n z^n$ *das Wurzelkriterium anwenden.*

Wenn $\lim_{n\to\infty} \sqrt[n]{|a_n z^n|} < 1$, dann konvergiert die Reihe. D.h. aus $|z| \lim_{n\to\infty} \sqrt[n]{|a_n|} < 1$ folgt Konvergenz. Oder: aus

$$|z| < \frac{1}{\lim_{n\to\infty} \sqrt[n]{|a_n|}}$$

folgt Konvergenz.
Auf die gleiche Weise können Sie herleiten: Aus

$$|z| > \frac{1}{\lim_{n\to\infty} \sqrt[n]{|a_n|}}$$

folgt Divergenz. Die Zahl $\frac{1}{\lim_{n\to\infty} \sqrt[n]{|a_n|}}$ kennzeichnet also die Grenze zwischen dem Konvergenz- und dem Divergenzbereich. Genau so ist in Satz (9.3) (c) der Konvergenzradius R beschrieben. Deshalb

$$R = \frac{1}{\lim_{n\to\infty} \sqrt[n]{|a_n|}}$$

Wenn $\lim_{n\to\infty} \sqrt[n]{|a_n|} = 0$, dann folgt mit der gleichen Argumentation, daß

$$|z| \lim_{n\to\infty} \sqrt[n]{|a_n|} < 1 \quad \text{für alle } z.$$

Die Reihe konvergiert deshalb nach dem Wurzelkriterium für alle z.

(b) Mit der Folge $(\sqrt[n]{|a_n|})$ ist auch die Folge

(a_n) nicht beschränkt. Für alle $z \neq 0$ ist dann auch die Folge $(\sqrt[n]{|a_n z^n|})$ und (Beweis durch Widerspruch!) die Folge $(|a_n z^n|)$ nicht nach oben beschränkt. Die Summanden bilden also keine Nullfolge, die Reihe $\sum_{n=0}^{\infty} a_n z^n$ muß deshalb divergieren.

(9.5) **Beispiel.-** Die Formel von Hadamard gilt für reelle wie für komplexe Potenzreihen.
Die reelle Potenzreihe

$$\sum_{n=1}^{\infty} \frac{x^n}{n}$$

ist dem Beispiel (9.2) sehr ähnlich. Sie sehen, daß $a_n = 1/n$, und erhalten deshalb für den Konvergenzradius R

$$R = \frac{1}{\lim\limits_{n\to\infty} \sqrt[n]{\frac{1}{n}}} = 1.$$

Damit wissen Sie, daß die Reihe für $|x| < 1$ konvergiert und für $|x| > 1$ divergiert. Wie immer müssen die Randpunkte gesondert untersucht werden: Für $x = 1$ divergiert, für $x = -1$ konvergiert die Reihe.
<u>Ergebnis</u>: Die Reihe $\sum^{\infty} \frac{x^n}{n}$ konvergiert für $-1 \leq x < 1$ und divergiert außerhalb dieses Intervalls.

A 4 *<u>Aufgabe 4</u>.- Überprüfen Sie noch einmal mit der Formel von Hadamard, für welche $x \in \mathbb{R}$ die geometrische Reihe*

$$\sum_{n=0}^{\infty} x^n$$

konvergiert.

A 5 *<u>Aufgabe 5</u>.- Zeigen Sie, daß für die reelle Potenzreihe*

$$\sum_{n=0}^{\infty} (-1)^n x^{2n}$$

der Konvergenzradius R gleich 1 ist. Zeigen Sie weiterhin, daß für $x \in]-R,R[$ gilt

$$\frac{1}{1+x^2} = \sum_{n=0}^{\infty} (-1)^n x^{2n}.$$

(Hinweis: Setzen Sie $y = x^2$ und prüfen Sie die entsprechende Reihe mit der Formel von Hadamard. Danach können Sie die Gleichung für die Summe einer geometrischen Reihe verwenden.)

(9.6) **Bemerkung.-** Der Beweis der Formel von Hadamard zeigt, daß sie eine unmittelbare Folge des Wurzelkriteriums ist. Deshalb können Sie meistens den Konvergenzkreis oder das Konvergenzintervall einer Potenzreihe mit dem Wurzelkriterium genauso gut wie mit der Formel von Hadamard bestimmen. Zum Beispiel bei der komplexen Potenzreihe

$$\sum_{n=0}^{\infty} \frac{1}{n^n} z^n.$$

Mit dem Wurzelkriterium:

$$0 \leq \lim_{n\to\infty} \sqrt[n]{\left|\frac{1}{n^n} z^n\right|} = |z| \lim_{n\to\infty} \frac{1}{n} = 0.$$

Die Reihe ist damit für alle $z \in \mathbb{C}$ konvergent.
Mit der Formel von Hadamard:

$$0 \leq \lim_{n\to\infty} \sqrt[n]{\left|\frac{1}{n^n}\right|} = 0.$$

Der Konvergenzradius ist damit nach Satz (9.4) gleich ∞, d.h. die Reihe konvergiert für alle $z \in \mathbb{C}$.

Zusammenfassung: Potenzreihen als Funktionen

In der Einleitung zu diesem Kapitel ist das Problem genannt, Eigenschaften von Funktionen zu entdecken, die durch Potenzreihen definiert werden. Nachdem Sie nun in den beiden letzten Abschnitten Potenzreihen und ihre Konvergenzeigenschaften kennengelernt haben, können wir im nächsten Abschnitt am Beispiel der Exponentialfunktion erneut diesen Fragenkomplex aufgreifen.

Bemerkung.- $\sum_{n=0}^{\infty} a_n z^n$ sei eine komplexe Potenzreihe mit dem Konvergenzradius R. Der Konvergenzkreis soll K_R heißen: (9.7)

$$K_R := \{z \in \mathbb{C} \mid |z| < R\}.$$

Sie wissen, daß dann für z aus K_R die Reihe konvergiert, d.h. für jedes $z \in K_R$ existiert die <u>Zahl</u> $\sum_{n=0}^{\infty} a_n z^n$ (die Summe der Reihe, der Grenzwert der Partialsummen). Damit ist die Funktion $f: K_R \longrightarrow \mathbb{C}$ definiert: Potenzreihe als Funktion

$$f(z) = \sum_{n=0}^{\infty} a_n z^n \quad \text{für } z \in K_R.$$

Das gleiche gilt für eine reelle Potenzreihe $\sum_{n=0}^{\infty} a_n x^n$ mit dem Konvergenzradius R. Es sei

$$I_R := \{x \in \mathbb{R} \mid |x| < R\}$$

das Konvergenzintervall. Dann ist eine Funktion $f: I_R \longrightarrow \mathbb{R}$ definiert durch

$$f(x) = \sum_{n=0}^{\infty} a_n x^n.$$

Man sagt dann: Die Funktion $f\colon K_R \longrightarrow \mathbb{C}$ wird durch die komplexe Potenzreihe $\sum_{n=0}^{\infty} a_n z^n$ dargestellt; ebenso: Die Funktion $f\colon I_R \longrightarrow \mathbb{R}$ wird durch die reelle Potenzreihe $\sum_{n=0}^{\infty} a_n x^n$ dargestellt.

BEISPIEL.- In Aufgabe 5 wird die Funktion $f\colon]-1,1[\longrightarrow \mathbb{R}$, $f(x) = \frac{1}{1+x^2}$, dargestellt durch die Potenzreihe

$$\sum_{n=0}^{\infty} (-1)^n x^{2n}.$$

Es gilt nämlich

$$f(x) = \sum_{n=0}^{\infty} (-1)^n x^{2n} \quad \text{für } x \in]-1,1[\; .$$

§ 2 EXPONENTIALFUNKTION

DEFINITION DER EXPONENTIALFUNKTION

Exponentialfunktion als Potenzreihe

Die Exponentialfunktion soll durch eine Potenzreihe definiert werden.
Die Beispiele aus der Praxis, in denen die Exponentialfunktion auftritt, beschäftigen sich häufig mit Wachstum oder Zerfall (aber auch mit Schwingungsvorgängen zum Beispiel). Sie haben folgende Ausgangssituation gemeinsam. Gegeben ist eine Menge $f(t)$, welche sich mit der Zeit t vermehrt oder vermindert. Dabei soll die Menge in gleichen Zeitabschnitten (zum Beispiel von 0 bis t und von s bis $s+t$) um den gleichen Prozentsatz zu- oder abnehmen:

$$\frac{f(t)}{f(0)} = \frac{f(s+t)}{f(s)} \quad \text{für alle } s,t \in \mathbb{R}.$$

(Wie folgt diese Gleichung aus der Voraussetzung an die Zu- oder Abnahme ?)

Üblicherweise setzt man noch $f(0) = 1$; dies bedeutet nur, daß die Menge zum Zeitpunkt $t = 0$ als Maßeinheit genommen wird. Mit dieser Normierung gilt dann

$$f(s+t) = f(s) \cdot f(t) \quad \text{für alle } s,t \in \mathbb{R}.$$

Beispiele zur Exponentialfunktion

Wachstum oder Zerfall gemäß dieser Regel tritt häufig auf: Ein Beispiel ist der Zerfall einer radioaktiven Substanz. $f(t)$ ist hier die Menge der Substanz zum Zeitpunkt t. Ein anderes Beispiel aus der Chemie: ein Stoff (zum Beispiel Rohrzucker) ist in einem Lösungsmittel (Wasser) gelöst und verwandelt sich (in Invertzucker). $f(t)$ ist die Menge des zur Zeit t noch nicht umgewandelten Rohrzuckers. Ein weiteres Beispiel ist die Abkühlung oder Erwärmung eines Körpers in einem umgebenden Medium (der Körper wird in ein Bad von gegebener konstanter Temperatur getaucht). $f(t)$ ist die Temperaturdifferenz zwischen Körper und Bad zum Zeitpunkt t.

ZUSAMMENFASSUNG DER BEISPIELE.- Exponentielles Wachstum oder exponentielle Abnahme ist dadurch gekennzeichnet, daß die Zunahme Δc der betreffenden Menge (oder die Abnahme) je Zeiteinheit proportional ist der Gesamtmenge c:

$$\Delta c \sim c.$$

Zur Definition der Exponentialfunktion

BEWEISSKIZZE.- Man kann zeigen, daß die Exponentialfunktion die einzige Funktion ist, die der Gleichung $f(s+t) = f(s)\cdot f(t)$ genügt und durch eine Potenzreihe dargestellt werden kann.

Die Funktion $f\colon \mathbb{R} \longrightarrow \mathbb{R}$, $f(x) = x^2$ zum Beispiel erfüllt diese Gleichung nicht: es gibt $s,t \in \mathbb{R}$ mit

$$f(s+t) = (s+t)^2 \neq s^2\cdot t^2 = f(s)\cdot f(t).$$

Wir suchen also eine Funktion $f\colon \mathbb{R} \longrightarrow \mathbb{R}$, die der Gleichung

$$f(x+y) = f(x)\cdot f(y)$$

für alle $x,y \in \mathbb{R}$ genügt. Als erstes probiert der Mathematiker ein Polynom; da dieses das Verlangte nicht leistet, versucht er es mit Grenzwerten von Polynomen, also Potenzreihen. Die entscheidende Idee ist, die Potenzreihe in die Gleichung einzusetzen. Für f soll also gelten

$$f(x+y) = \sum_{n=0}^{\infty} a_n (x+y)^n = \Big(\sum_{n=0}^{\infty} a_n x^n\Big)\Big(\sum_{n=0}^{\infty} a_n y^n\Big) = f(x)\cdot f(y). \; (*)$$

Aus dieser Gleichung lassen sich die Koeffizienten a_n bestimmen !

ERGEBNIS.- Für jedes $c \in \mathbb{R}$ ist $f_c\colon \mathbb{R} \longrightarrow \mathbb{R}$,

$$f_c\colon x \longrightarrow \sum_{n=0}^{\infty} \frac{c^n}{n!} x^n$$

eine Funktion, die der Gleichung

$$f_c(x+y) = f_c(x)\cdot f_c(y)$$

für alle $x,y \in \mathbb{R}$ genügt. Vereinfachung: Da $f_c(x) = f_1(cx)$ gilt (setzen Sie cx in die Potenzreihe $f_1(x) = \sum_{n=0}^{\infty} \frac{x^n}{n!}$ ein), werden sich

(*) Hier muß man wissen, wie man Potenzreihen multipliziert - siehe unter dem Stichwort "Produkt zweier Reihen" bei Blatter, Analysis I, S. 100.

die Eigenschaften der Funktion f_c aus den Eigenschaften von f_1 ergeben. Wir untersuchen deshalb nur

$$f_1(x) = \sum_{n=0}^{\infty} \frac{x^n}{n!} .$$

(9.8) **Definition.-** Die durch eine reelle Potenzreihe definierte Funktion exp: $\mathbb{R} \longrightarrow \mathbb{R}$,

$$\exp(x) := \sum_{n=0}^{\infty} \frac{x^n}{n!}$$

heißt *reelle Exponentialfunktion*.

Bemerkungen.- Zwei Bemerkungen sind nötig:
(1) exp ist für alle $x \in \mathbb{R}$ definiert, weil die Reihe

$$\sum_{n=0}^{\infty} \frac{x^n}{n!}$$

für alle $x \in \mathbb{R}$ konvergiert. Das wissen wir aus Kapitel 8. Sie können es auch noch einmal mit Hilfe des Quotientenkriteriums beweisen.

(2) Die Funktion exp hat tatsächlich die Eigenschaft

$$\exp(x+y) = \exp(x) \cdot \exp(y)$$

(was wir nicht beweisen können); diese Eigenschaft entspricht der bekannten Regel für Potenzen

$$a^{n+m} = a^n \cdot a^m, \quad a \in \mathbb{R};\ m \in \mathbb{N}.$$

Deshalb der Name Exponentialfunktion.

Eigenschaften der Exponentialfunktion

Der Graph der reellen Exponentialfunktion sieht so aus:

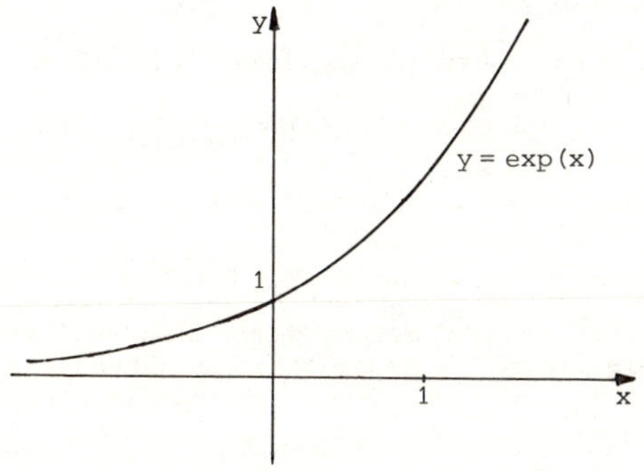

Bild 1.- Graph der Funktion $y = \exp(x)$.

Dieses Bild wird sich aus den Eigenschaften ergeben, die wir in diesem Abschnitt und im nächsten Kapitel gewinnen.

Satz.- (9.9)

$$\exp(1) = e, \quad (*)$$

exp(1) = e

Beweis.- *Wichtig ist, daß Sie sich* exp(1) = e *merken, der Beweis ist nur eine Übung im Abschätzen von Summen.*

Es ist $e = \lim_{n\to\infty} a_n$ mit $a_n = (1+\frac{1}{n})^n$ und $\exp(1) = \lim_{n\to\infty} s_n$ mit $s_n = \sum_{k=0}^{n} \frac{1}{k!}$.

Der Beweis gliedert sich in zwei Teile.

(1) Es gilt $a_n \leq s_n$ und deshalb für die Grenzwerte dieser Folgen $e \leq \exp(1)$.

(2) Es gilt $e \geq s_n$ für alle n und deshalb $e \geq \exp(1)$.

Aus (1) und (2) folgt $e = \exp(1)$.

Zu (1): Auf die Glieder der Folge (a_n) läßt sich der binomische Lehrsatz (Kapitel 2, Seite 33) anwenden.

$$a_n = \left(1+\frac{1}{n}\right)^n = \sum_{k=0}^{n} \binom{n}{k} \frac{1}{n^k} \qquad (**)$$

$$= 1 + \sum_{k=1}^{n} \frac{1}{k!}\left(1-\frac{1}{n}\right)\left(1-\frac{2}{n}\right)\ldots\left(1-\frac{k-1}{n}\right) \qquad (***)$$

$$\leq 1 + \sum_{k=1}^{n} \frac{1}{k!} = s_n \quad \text{für alle } n.$$

Zu (2): Sei n fest gewählt und $N \geq n$. Dann ist zunächst wie in (1)

$$a_N = \left(1+\frac{1}{N}\right)^N = 1 + \sum_{k=1}^{N} \frac{1}{k!}\left(1-\frac{1}{N}\right)\left(1-\frac{2}{N}\right)\ldots\left(1-\frac{k-1}{N}\right) \geq$$

Jetzt wird in der Summe nur bis k=n addiert.

$$\geq 1 + \sum_{k=1}^{n} \frac{1}{k!}\left(1-\frac{1}{N}\right)\ldots\left(1-\frac{k-1}{N}\right) .$$

Bei festem n gilt dann für den Grenzwert

$$e = \lim_{N\to\infty} a_N \geq 1 + \sum_{k=1}^{n} \frac{1}{k!} \lim_{N\to\infty}\left(\left(1-\frac{1}{N}\right)\ldots\left(1-\frac{k-1}{N}\right)\right)$$

$$= 1 + \sum_{k=1}^{n} \frac{1}{k!} = s_n \quad \text{für alle } n.$$

Aufgabe 6.- Sie wissen, daß $\exp(1) = e$ *und* $\exp(x+y) = \exp(x)\cdot\exp(y)$ *für alle* $x, y \in \mathbb{R}$*. Leiten Sie daraus ab (mit vollständiger Induktion), daß* A 6

$$\exp(n) = e^n \quad \text{für alle } n \in \mathbb{N}.$$

Mit dieser Gleichung können Sie dann zeigen, daß

$$\exp(r) = e^r \quad \text{für alle } r \in \mathbb{Q},\ r > 0 .$$

(Hinweis: Eine rationale Zahl hat die Form $r = \frac{p}{q}$, $p \in \mathbb{N}$ *und* $q \in \mathbb{N}$*. Ein üblicher Beweis beginnt mit*

$$\exp\left(q\cdot\frac{1}{q}\right) = \exp(\underbrace{\frac{1}{q} + \ldots + \frac{1}{q}}_{q\text{-mal}}) .$$

Beide Seiten dieser Gleichung können umgeformt werden).

(*) Sie wissen: Die Zahl exp(1) ist nach (9.8) die Summe einer Reihe, die Zahl e ist der Limes einer Folge.

(**) Die Umformung folgt aus der Definition der Binomialkoeffizienten
$$\binom{n}{k} = \frac{n!}{k!\,(n-k)!} .$$

(***) Die Zahlen in den Klammern sind alle ≤ 1.

Das Ergebnis dieser Aufgabe ist wichtig, überschlagen Sie deshalb nicht die Lösung.

e^x

DEFINITION.- Im Anschluß an die Gleichung $\exp(r) = e^r$ für alle $r \in \mathbb{Q}$ definiert man für eine beliebige reelle Zahl

$$e^x := \exp(x) \quad \text{für alle } x \in \mathbb{R}.$$

(9.10) Eigenschaften der reellen Exponentialfunktion

SATZ.- Die reelle Exponentialfunktion hat die Eigenschaften

(a) $\exp(x) \neq 0$ und $\exp(-x) = \dfrac{1}{\exp(x)}$ für alle $x \in \mathbb{R}$.

(b) exp ist für negative x kleiner 1, für positive x größer 1:

$$0 < \exp(x) < 1 \quad \text{für } x < 0,$$
$$\exp(x) = 1 \quad \text{für } x = 0,$$
$$\exp(x) > 1 \quad \text{für } x > 0.$$

(c) exp ist eine streng monton wachsende Funktion.

BEWEIS.- (a) Es gilt zunächst für ein beliebiges $x \in \mathbb{R}$

$$\exp(x) \cdot \exp(-x) = \exp(x-x) = \exp(0) = \sum_{n=0}^{\infty} \frac{0^n}{n!} = 1,$$

also $\exp(x) \cdot \exp(-x) = 1$. Diese Gleichung zeigt, daß $\exp(x) \neq 0$ ist. Aus derselben Gleichung folgt dann

$$\exp(-x) = \frac{1}{\exp(x)} .$$

(b) $$\exp(x) = \sum_{k=0}^{\infty} \frac{x^k}{k!} = 1 + \sum_{k=0}^{\infty} \frac{x^{k+1}}{(k+1)!} \quad (*)$$

Ist nun $x > 0$, so ist $\sum_{k=0}^{\infty} \frac{x^{k+1}}{(k+1)!} > 0$ und deshalb $\exp(x) > 1$. Ist $x < 0$, so ist $-x > 0$ und deshalb $\exp(-x) > 1$. Dann folgt mit (a), daß

$$0 < \exp(x) < 1 \quad \text{für } x < 0.$$

(c) Für $x, y \in \mathbb{R}$ mit $x < y$ gilt nach (b)

$$e^{y-x} > 1.$$

Es folgt

$$\exp(y) = \exp(y - x + x) = \exp(y-x) \cdot \exp(x) > \exp(x).$$

Damit gilt wie gewünscht, daß aus $x < y$ folgt $\exp(x) < \exp(y)$.

A 7

AUFGABE 7.- Im letzten Satz sind Eigenschaften der reellen Exponentialfunktion zusammengefaßt; dazu gehören noch $\exp(x+y) = \exp(x) \cdot \exp(y)$ und $\exp(x) = e^x$. Überzeugen Sie sich sich davon, daß alle diese Eigenschaften zu dem Graphen der reellen Exponentialfunktion passen, wie er zu Beginn dieses Abschnitts angegeben ist.

Eine Frage, die erst im nächsten Kapitel vollständig beantwortet wird: Sehen Sie einen Grund, warum der Graph nicht so verlaufen kann?

Zusammenfassung und Frage

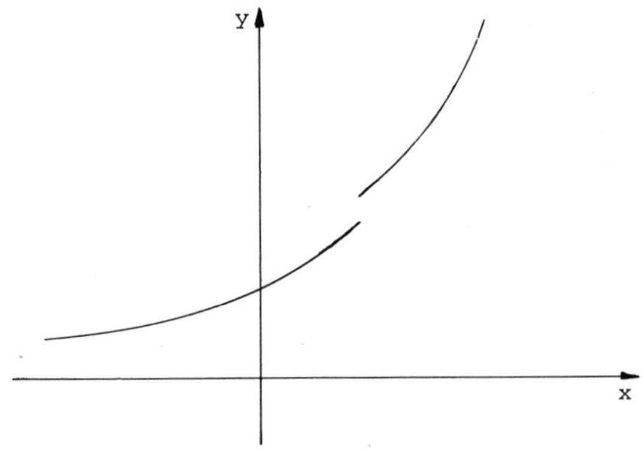

Bild 2.- Zu Aufgabe 7

Sie wissen aus Aufgabe 2, daß die komplexe Potenzreihe $\sum_{n=0}^{\infty} \frac{z^n}{n!}$ für alle $z \in \mathbb{C}$ absolut konvergent ist. Die folgende Definition ist deshalb sinnvoll.

(9.11) komplexe Exponentialfunktion e^z

DEFINITION.- Die Funktion $\exp: \mathbb{C} \longrightarrow \mathbb{C}$,

$$\exp(z) := \sum_{n=0}^{\infty} \frac{z^n}{n!}$$

heißt *komplexe Exponentialfunktion*. In Analogie zum Reellen definiert man

$$e^z := \exp(z) \quad \text{für } z \in \mathbb{C}.$$

(9.12)

SATZ.- Die komplexe Exponentialfunktion hat die Eigenschaften

(a) $\exp(u+z) = \exp(u) \cdot \exp(z)$ für alle $u, z \in \mathbb{C}$.

(b) $\exp(z) \neq 0$ und $\exp(-z) = \dfrac{1}{\exp(z)}$ für alle $z \in \mathbb{C}$.

BEWEIS.- (a) Man setzt die Reihendarstellung ein und verwendet das Produkt zweier Reihen. Den ausführlichen Beweis finden Sie bei Blatter, Analysis I, Seite 100.

(b) Wie in (9.10)(a).

VORSCHLAG.- Sie erhalten eine gute Überleitung zum nächsten Abschnitt, wenn Sie gemäß (9.11) die Reihe für e^i aufstellen und daraus zwei neue Reihen zu gewinnen versuchen.

(*) Sie verstehen das Gleichheitszeichen, wenn Sie die ersten Glieder beider Reihen aufschreiben.

§ 3 SINUS UND COSINUS

Sicher sind Ihnen die *trigonometrischen Funktionen* sin: $\mathbb{R} \to \mathbb{R}$ und cos: $\mathbb{R} \to \mathbb{R}$ schon über geometrische Beziehungen in der folgenden Figur bekannt:

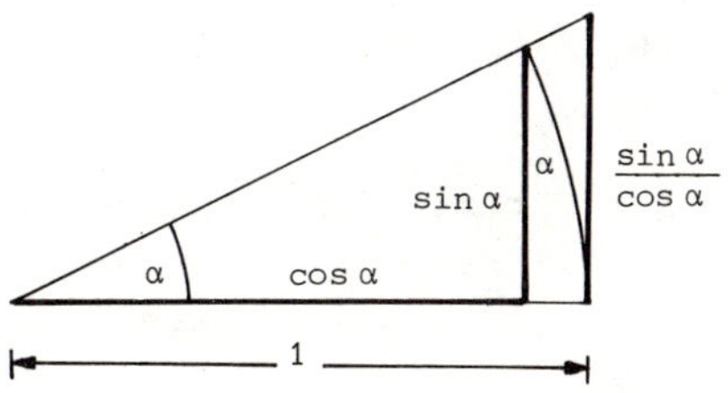

Bild 3.- Trigonometrische Funktionen.

Wir haben sie auch schon in früheren Kapiteln benutzt. Der Abschnitt ist deshalb knapp geschrieben; er beschränkt sich im wesentlichen auf eine exakte Definition dieser Funktionen im Reellen und danach auch im Komplexen.

Der erste, für die Definition von sin und cos wichtige Satz sagt, daß die komplexen Zahlen der Form exp(ix) für $x \in \mathbb{R}$ auf dem Einheitskreis (Mittelpunkt in O, Radius 1) liegen. Üblicherweise schreibt man in diesem Zusammenhang e^{ix} statt exp(ix).

(9.13) SATZ.- Für alle $x \in \mathbb{R}$ gilt

$$|e^{ix}| = 1.$$

BEWEIS.- Nach Kapitel 3 gilt allgemein für den Betrag einer komplexen Zahl z, daß $|z|^2 = z \cdot \bar{z}$. Speziell:

$$|e^{ix}|^2 = e^{ix} \cdot \overline{e^{ix}} = e^{ix} \cdot e^{-ix} = e^0 = 1 .$$

Zu dieser Rechnung noch eine Bemerkung. Es gilt $\overline{e^{ix}} = e^{-ix}$ wegen des Hilfssatzes

$$\overline{\exp(z)} = \exp(\bar{z}) \qquad \text{für alle } z \in \mathbb{C}.$$

Zum Beweis sei $s_k(z) = \sum_{n=0}^{k} \frac{z^n}{n!}$ und $\tilde{s}_k(z) = \sum_{n=0}^{k} \frac{(\bar{z})^n}{n!}$

Wieso gilt dann

$$\tilde{s}_k(z) = \overline{s_k(z)} \ ?$$

Wie folgt daraus

$$\exp(\bar{z}) = \overline{\exp(z)} \ ?$$

BEMERKUNG.- Sinus und Cosinus können auf sehr verschiedene Arten definiert werden. Für Sie wichtig sind vor allem die Eigenschaften dieser Funktionen, denn die einzelnen Definitionen sind untereinander äquivalent.

Definition von sin und cos am Einheitskreis

Die folgende geometrische Definition verbindet die trigonometrischen Funktionen mit einem Winkel. Nach Satz (9.13) liegt die komplexe Zahl e^{ix} auf dem Einheitskreis. Der im Nullpunkt eingezeichnete Winkel ist bestimmt durch die Länge des Bogens zwischen den Punkten 1 und e^{ix}. Es gilt nun, daß diese Bogenlänge gleich x ist (der Begriff "Bogenlänge" wird in einem späteren Kapitel diskutiert).

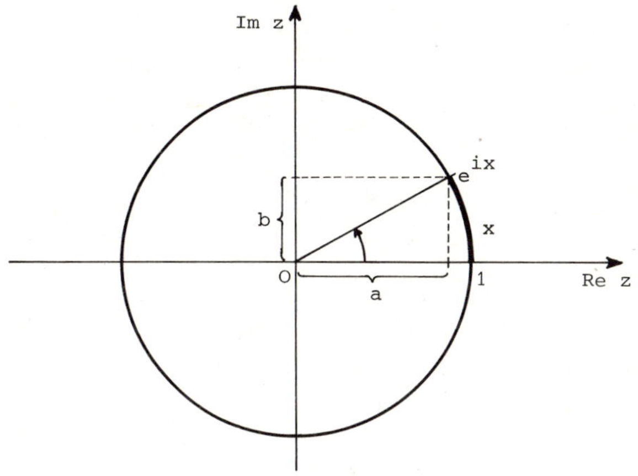

Bild 4.- Einheitskreis und e^{ix}

Die Ihnen wohl bekannte Definition sagt, daß für $0 < x < 2\pi$ $\cos x = a$ und $\sin x = b$ gilt. Diese Werte sind Abszisse und Ordinate des Punktes e^{ix}!

DEFINITION.- Die Funktionen Cosinus und Sinus sind so definiert, daß jeder reellen Zahl x der Real- oder Imaginärteil der Zahl e^{ix} zugeordnet wird: (9.14)

cos x $\cos x := \operatorname{Re}(e^{ix})$

sin x $\sin x := \operatorname{Im}(e^{ix})$. (*)

Eulersche Formel

Aus dieser Definition folgt sofort die *Eulersche Formel*

$$e^{ix} = \cos x + i \sin x.$$

(*) In den Anwendungen ist häufig x proportional der Zeit t. Da x als Argument der Sinusfunktion dimensionslos sein muß, wählt man x als "normierte Zeit": $x = t_{abs}/t_{norm}$ (z.B. $t_{norm} = 1/\omega$). So erklärt sich auch die Schreibweise $\sin \omega t$.

FOLGERUNGEN.- Einige Eigenschaften der trigonometrischen Funktionen können Sie unmittelbar aus (9.14) herleiten:

Da $e^{i0} = 1$, gilt $\cos 0 = 1$ und $\sin 0 = 0$.

Da $\overline{e^{ix}} = e^{-ix}$, gilt $\cos(-x) = \cos x$ und $\sin(-x) = -\sin x$ für alle $x \in \mathbb{R}$.

Aus $|e^{ix}| = 1$ folgt die wichtige Beziehung

$$\cos^2 x + \sin^2 x = 1 \quad \text{für alle } x \in \mathbb{R}.$$

Insbesondere gilt $|\sin x| \le 1$ und $|\cos x| \le 1$ für alle $x \in \mathbb{R}$.

(9.15) SATZ.- Es gelten die bekannten *Additionstheoreme*:

Additionstheoreme

$$\cos(x+y) = \cos x \cos y - \sin x \sin y,$$
$$\sin(x+y) = \sin x \cos y + \cos x \sin y$$
$$\text{für alle } x,y \in \mathbb{R}.$$

A 8 *AUFGABE 8.- Beweisen Sie (9.15).*

Der nächste Satz gibt Reihendarstellungen von Sinus und Cosinus, die Sie auch - wie es häufig in Lehrbüchern geschieht - als Definitionen dieser Funktionen ansehen können. Diese analytische Definition nimmt keinen direkten Bezug mehr auf die Geometrie.

Wie die Definition der Exponentialfunktion aus der Funktionalgleichung $f(s+t) = f(s) \cdot f(t)$ gewonnen wird, so können auch die Potenzreihen für Sinus und Cosinus aus Funktionalgleichungen (den Additionstheoremen) für diese Funktionen bestimmt werden.

(9.16) SATZ.- Es gilt für alle $x \in \mathbb{R}$

sin und cos als Potenzreihen

$$\cos x = \sum_{k=0}^{\infty} (-1)^k \frac{x^{2k}}{(2k)!}$$
$$\sin x = \sum_{k=0}^{\infty} (-1)^k \frac{x^{2k+1}}{(2k+1)!}$$

Diese Reihen konvergieren absolut für alle $x \in \mathbb{R}$.

BEWEIS.- Es gilt

$$e^{ix} = \sum_{n=0}^{\infty} \frac{(ix)^n}{n!} = \sum_{n=0}^{\infty} i^n \frac{x^n}{n!} =$$

(*Sie wissen noch aus Kapitel* 3, *daß sich die Potenzen* i^n *zyklisch verhalten:*

$$i^n = \begin{cases} 1 & \text{falls } n = 4m \\ i & \text{falls } n = 4m+1 \\ -1 & \text{falls } n = 4m+2 \\ -i & \text{falls } n = 4m+3,\ m \in \mathbb{N}; \end{cases}$$

die Reihe läßt sich deshalb so in gerade und ungerade Potenzen aufteilen:)

$$= \sum_{k=0}^{\infty} (-1)^k \frac{x^{2k}}{(2k)!} + i \sum_{k=0}^{\infty} (-1)^k \frac{x^{2k+1}}{(2k+1)!}$$

Die beiden Summanden sind Real- und Imaginärteil von e^{ix}, aus (9.14) folgt der erste Teil der Behauptung.
Die absolute Konvergenz der Reihen für cos x und sin x folgt aus der absoluten Konvergenz der Potenzreihe für die reelle Exponentialfunktion (wenn $\sum a_n x^n$ absolut konvergiert, dann konvergiert auch $\sum a_{2n} x^{2n}$ absolut).

AUSBLICK.- Für die weitere Diskussion der trigonometrischen Funktionen sind vor allem ihre Nullstellen wichtig. Diese werden im folgenden Kapitel bestimmt.

§ 4 HYPERBELFUNKTIONEN

Der Abschnitt hat den Charakter eines Lexikons; Sie sollen ihn nicht jetzt lesen, sondern erst, wenn Sie in späteren Kapiteln (zum Beispiel bei der Integration) die hier definierten Funktionen Sinus hyperbolicus und Cosinus hyerbolicus brauchen.

DEFINITION.- Für jedes $x \in \mathbb{R}$ sind die Funktionen *Sinus hyperbolicus* und *Cosinus hyperbolicus* definiert durch (9.17)

$$\sinh x := \tfrac{1}{2}(e^x - e^{-x})$$ sinh
$$\cosh x := \tfrac{1}{2}(e^x + e^{-x})$$ cosh

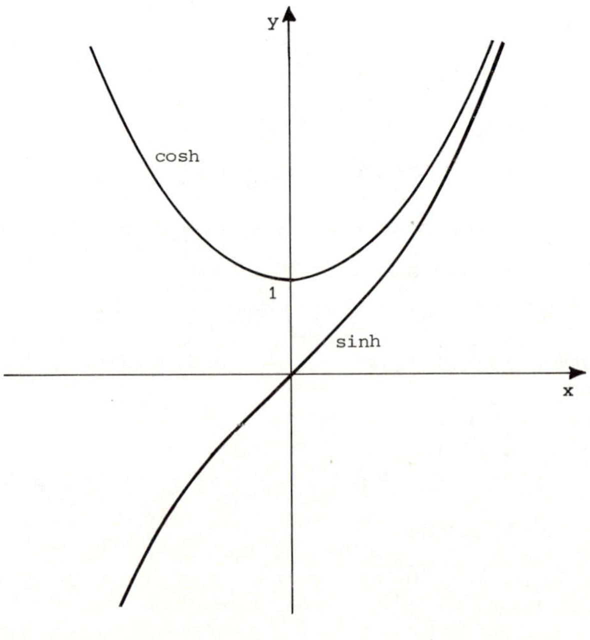

Bild 5.- cosh und sinh

BEMERKUNG.- Da die Schwerkraft eine Kette in solch einer Kurve durchhängen läßt, heißt der Graph von cosh auch *Kettenlinie*.

BEMERKUNG.- Der Name "hyperbolicus" erklärt sich daraus, daß diese Funktionen in ähnlicher Weise mit einer Hyperbel verknüpft sind wie die trigonometrischen Funktionen mit einem Kreis:

Wegen der Formel $\cos^2 t + \sin^2 t = 1$ für alle $t \in \mathbb{R}$ liegen alle Punkte $(\cos t, \sin t)$ auf dem Kreis K vom Radius 1:

$$K := \{(x,y) \mid x^2 + y^2 = 1\}.$$

Ist t der Winkel (gemessen im Bogenmaß) und wird der Punkt (x,y) durch die "Parameterdarstellung"

$$\left.\begin{array}{l} x = \cos t \\ y = \sin t \end{array}\right\} \text{ für alle } t \text{ mit } 0 \le t < 2\pi$$

beschrieben, so ist der Flächeninhalt des entsprechenden Kreissektors durch $t/2$ gegeben (dies kann erst später mit der Integralrechnung gezeigt werden).

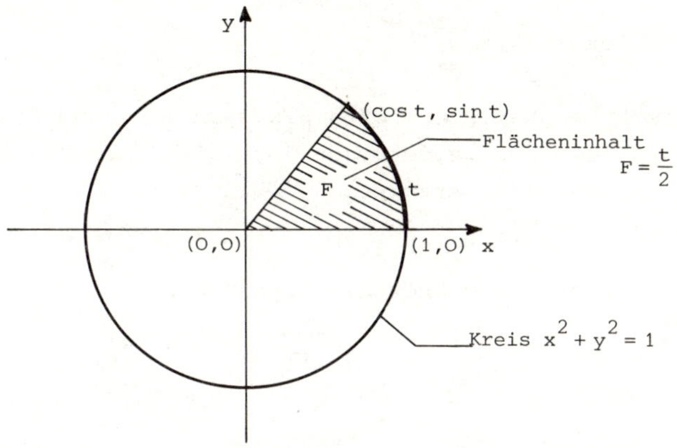

Bild 6.- Kreisfunktionen

In gleicher Weise liegen wegen $\cosh^2 t - \sinh^2 t = 1$ für alle $t \in \mathbb{R}$ alle Punkte $(\cosh t, \sinh t)$ auf dem Hyperbelzweig H:

$$H := \{(x,y) \mid x^2 - y^2 = 1\}.$$

Ist t der im Bogenmaß gemessene Winkel und $x = \cosh t$, $y = \sinh t$ die Parameterdarstellung des Punktes (x,y), so lassen t, cosh t und sinh t dieselbe geometrische Interpretation zu: Die Fläche F des von (0,0), (1,0), (cosh t, sinh t) und dem rechten Zweig der Hyperbel H beschriebenen Sektors ist wieder durch $t/2$ gegeben:

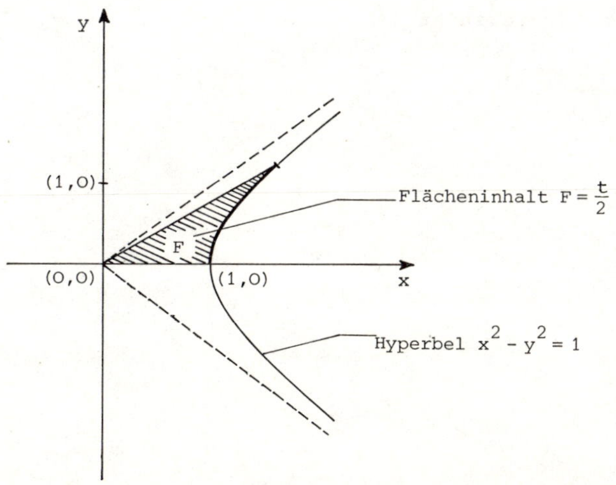

Bild 7.- Hyperbelfunktionen

Aus der Definition und den Eigenschaften von exp, sin und cos folgt diese Liste:

SATZ.- Für alle $x, y \in \mathbb{R}$ gilt (9.18)

sinh und cosh als Potenzreihen und ihre Eigenschaften

(a) $$\sinh x = \sum_{n=0}^{\infty} \frac{x^{2n+1}}{(2n+1)!}$$

$$\cosh x = \sum_{n=0}^{\infty} \frac{x^{2n}}{(2n)!}$$

(b) $$\cosh(-x) = \cosh x$$
$$\sinh(-x) = -\sinh x$$

(c) $$\sinh(x+y) = \sinh x \cosh y + \cosh x \sinh y$$
$$\cosh(x+y) = \cosh x \cosh y + \sinh x \sinh y$$

(d) $$\cosh^2 x - \sinh^2 x = 1$$

BEWEIS.- Lassen wir bis auf (d) aus:

<u>*AUFGABE 9.*</u>- *Beweisen Sie zwei dieser Gleichungen:* A 9

$\cos x = \cosh(ix)$, $\cosh x = \cos(ix)$

$\sin x = -i \sinh(ix)$, $\sinh x = -i \sin(ix)$

für alle $x \in \mathbb{R}$.

Zeigen Sie, daß daraus folgt: $\cosh^2 x - \sinh^2 x = 1$ für alle $x \in \mathbb{R}$. (Siehe auch Fußnote auf Seite 216).

PHYSIKALISCHER REIHENSTOLZ

Ihr dauert mich, arme Kollegen,
Ihr Reihen von der Mathematik;
denn ich bin aus besserem Hause,
ich stamme von der Physik.

Sie trauen Euch armen Schluckern
nicht über den Jordan-Weg,
drum müßt Euer Recht Ihr beweisen
mühselig in jedem Kolleg.

Mich aber kümmert kein Kummer,
mir macht kein Knopp die Cour,
mir schenkte das Konvergieren
die gütige Mutter Natur.

Quotienten- und Wurzelkriterium,
ich brauche von alledem nichts,-
ich weiß, daß ich konvergiere,
die innere Stimme spricht's. (*)

(*) Jordan, Kummer und Knopp sind Mathematiker.

ZUSAMMENFASSUNG

Potenzreihen sind spezielle Reihen. Sei $c_o, c_1, c_2 \ldots$ eine komplexe Folge, sei $z \in \mathbb{C}$. Dann heißt die Reihe

Ziel 1

$$\sum_{n=0}^{\infty} c_n z^n$$

eine komplexe Potenzreihe. Entsprechend wird eine reelle Potenzreihe $\sum_{n=0}^{\infty} a_n x^n$ definiert.

Für welche $z \in \mathbb{C}$ oder $x \in \mathbb{R}$ konvergiert eine gegebene komplexe oder reelle Potenzreihe? Satz (9.3) sagt, daß eine komplexe Potenzreihe $\sum\limits^{\infty} a_n z^n$ entweder nur für $z = 0$ konvergiert oder für alle $z \in \mathbb{C}$ oder für alle z innerhalb eines Kreises mit Radius R, wobei

Ziel 2

$$R = \frac{1}{\lim\limits_{n\to\infty} \sqrt[n]{|a_n|}}, \text{ falls der Limes existiert.}$$

Diese drei möglichen Fälle sind im Satz von Cauchy/Hadamard in (9.4) genau beschrieben. Im reellem Fall tritt an die Stelle des Konvergenzkreises das Konvergenzintervall $]-R,R[$.

Für alle z aus dem Konvergenzkreis K_R existiert die Zahl

Ziel 3

$$\sum_{n=0}^{\infty} a_n z^n .$$

Damit ist die Funktion $f: K_R \rightarrow \mathbb{C}$ definiert:

$$f(z) := \sum_{n=0}^{\infty} a_n z^n .$$

Ein typisches Beispiel (über die Summe einer geometrischen Reihe) dafür ist in Aufgabe 5 gegeben:

$$\frac{1}{1+x^2} = \sum_{n=0}^{\infty} (-1)^n x^{2n} \quad \text{für } |x| < 1.$$

Man sagt: die Funktion f wird durch eine Potenzreihe dargestellt.

Die reelle Exponentialfunktion $\exp: \mathbb{R} \rightarrow \mathbb{R}$ wird sogar durch eine Potenzreihe definiert

$$\exp(x) := \sum_{n=0}^{\infty} \frac{x^n}{n!} .$$ Ziel 4

Eigenschaften dieser wichtigen Funktion sind:

$$\exp(x+y) = \exp(x) \cdot \exp(y)$$

$$\exp(1) = e$$

$$\exp(x) = e^x$$

$$\exp(x) \neq 0$$

Ferner $0 < e^x < 1$ für $x < 0$ und $e^x > 1$ für $x > 0$. exp ist eine streng monoton wachsende Funktion.

Die komplexe Exponentialfunktion $\exp: \mathbb{C} \rightarrow \mathbb{C}$ wird entsprechend definiert:

$$\exp(z) := \sum_{n=0}^{\infty} \frac{z^n}{n!}$$

Die bekannten Funktionen Sinus und Cosinus können für $x \in \mathbb{R}$ geometrisch über die Exponentialfunktion definiert werden Ziel 5

$$\cos x := \mathrm{Re}(e^{ix}), \quad \sin x := \mathrm{Im}(e^{ix})$$

oder analytisch über die Potenzreihen

$$\cos x = \sum_{k=0}^{\infty} (-1)^k \frac{x^{2k}}{(2k)!}$$ Ziel 6

$$\sin x = \sum_{k=0}^{\infty} (-1)^k \frac{x^{2k+1}}{(2k+1)!} .$$

Die meisten Eigenschaften sind wohlbekannt:

$$\cos 0 = 1 \quad \text{und} \quad \sin 0 = 0$$

$$\cos^2 x + \sin^2 x = 1$$

$$e^{ix} = \cos x + i \sin x.$$

Weitere Eigenschaften der Funktionen exp, sin und cos lernen Sie im nächsten Kapitel kennen, nachdem dort der Wertebereich dieser Funktionen genau untersucht ist.

Kapitel 10. Stetige Funktionen

EINLEITUNG

Wiederholung und Übersicht

Sie haben im ersten Kapitel den Begriff "Funktion" kennengelernt, danach unter dem Namen "Folgen" die Funktionen $f: \mathbb{N} \to \mathbb{R}$. Eine Reihe ist die Folge ihrer Partialsummen, also eine spezielle Folge. Im letzten Kapitel haben Sie gesehen, wie Funktionen auf $\mathbb{R}$ durch Potenzreihen definiert werden können, zum Beispiel die Exponentialfunktion und die trigonometrischen Funktionen.

Probleme

Offen geblieben sind in Kapitel 9 zum Beispiel die Fragen nach dem Wertebereich der Exponentialfunktion (siehe Aufgabe 7 in Kapitel 9) und nach den Nullstellen der trigonometrischen Funktionen. Außerdem ist eine so wichtige Funktion wie der Logarithmus noch nicht definiert. Die Frage nach dem Wertebereich der Exponentialfunktion hängt zusammen mit dem Problem der Gleichungsauflösung: gibt es zu vorgegebenem y_0 eine Lösung x der Gleichung $y_0 = e^x$?

Beispiel

Auf dieses Problem führt zum Beispiel die Aufgabe, die Halbwertszeit bei radioaktivem Zerfall zu bestimmen. Der Zerfall einer radioaktiven Substanz geschieht (bis auf Konstanten) nach dem Zerfallsgesetz $q(t) = q_0 e^{-\lambda t}$, $q(t)$ ist dabei die zur Zeit t noch nicht zerfallene Substanz, q_0 die Substanz zur Zeit $t = 0$, λ eine Konstante. Charakteristisch für die radioaktive Substanz ist unter anderem die Halbwertszeit T, d.h. derjenige Zeitpunkt, zu dem die Hälfte der Substanz zerfallen ist. T soll also eine Lösung der Gleichung

$$\frac{1}{2} = e^{-\lambda t}$$

sein (es sei $q_0 = 1$). Gibt es eine Lösung dieser Gleichung?

Methode

Die Gleichungsauflösung bei der Exponentialfunktion und die anderen erwähnten Fragen werden so angegangen, daß die einzelnen Funktionen exp, sin, cos, ... zunächst nicht getrennt behandelt werden. Diese Funktionen gehören zu einer Klasse von Funktionen, den *stetigen Funktionen*, und dieses Kapitel versucht, als erstes die wesentlichen Eigenschaften stetiger Funktionen festzustellen. Im zweiten Schritt wird untersucht, welche Konsequenzen diese allgemeinen Sätze für die einzelnen Funktionen haben.

Ein ähnliches Verfahren haben Sie - wenn auch in geringerem Umfang - schon im Kapitel 6 "Folgen" kennengelernt. Die Folge (1/n) gehört zur Klasse der konvergenten Folgen. Eine allgemeine Eigenschaft konvergenter Folgen ist z.B. der Satz, daß eine konvergente Folge beschränkt ist. (1/n) ist also beschränkt.

Das Wort "stetig" hat in der Mathematik den gleichen Sinn wie in der Alltagssprache: ein Vorgang läuft stetig ab, wenn er ohne sprunghafte Veränderungen abläuft. Nicht stetig ist zum Beispiel der Verlauf der Telefonkosten, die Ihnen entstehen, wenn der 8-Minuten-Takt eingeführt ist:

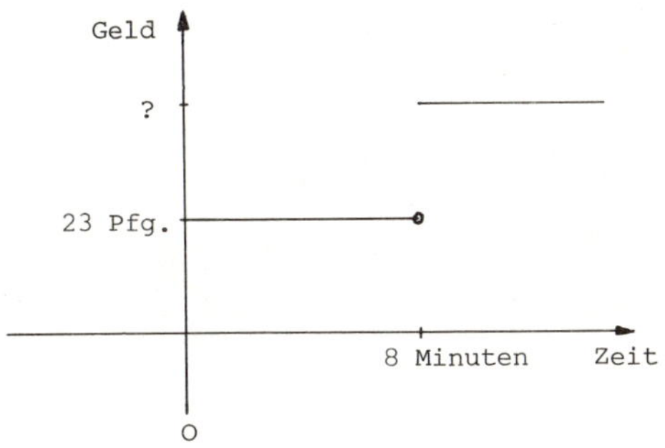

Bild 1.- Telefonkosten

Nach Ablauf von 8 Minuten schnellt der Preis plötzlich auf einen anderen Wert. Wir werden später sagen, daß diese Funktion an der Stelle $t = 8$ min. "unstetig" ist.

Eine Funktion $f: \mathbb{R} \to \mathbb{R}$ wird "stetig" in einem Punkt $x_0 \in \mathbb{R}$ genannt, wenn an der Stelle x_0 "keine plötzliche Veränderung der Funktionswerte auftritt":

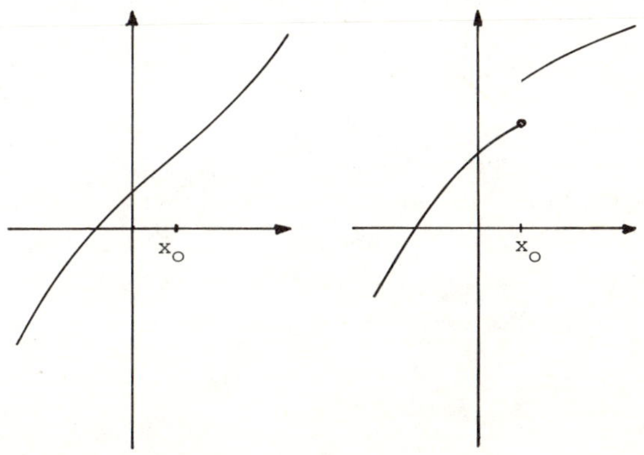

Bild 2.- Stetig, nicht stetig in x_0

Idee

Diese Sprechweise muß in mathematische Begriffe übersetzt werden: Ausgangspunkt ist die Überlegung, daß wir "eine plötzliche Veränderung an der Stelle x_o" nur dann feststellen können, wenn wir den Funktionswert an der Stelle x_o mit den Funktionswerten für Punkte x nahe bei x_o vergleichen.

Beispiel: Wasser läuft in ein Becken ein. Das Becken wird allmählich gefüllt - ein stetiger Vorgang in der Alltagssprache. $I(t_o)$, den Inhalt zum Zeitpunkt $t_o = 3$ Minuten, können Sie ungefähr bestimmen, wenn Sie wissen, daß das Becken nach 2,9 Minuten 1 Liter und nach 3,1 Minuten 1,5 Liter enthält (auch wenn in dieser Zeitspanne jemand den Wasserhahn stärker auf- oder zudreht).

Sie können den Inhalt $I(t_o)$ auch dann bestimmen, wenn Sie nur alle Werte vor dem Zeitpunkt $t_o = 3$ Minuten kennen. Zum Beispiel

$$I(2{,}9\ \text{min}) = 1{,}0\ \text{l}$$
$$I(2{,}95\ \text{min}) = 1{,}3\ \text{l}$$
$$I(2{,}98\ \text{min}) = 1{,}35\ \text{l}$$
$$I(2{,}995\ \text{min}) = 1{,}36\ \text{l}, \ldots$$

Zwischenergebnis

Das Wort "stetig" meint also in diesem Fall, daß sich die Werte $I(t)$ dem Wert $I(t_o)$ nähern, wenn t immer näher an t_o heranrückt.

Bei der Konvergenz von Folgen haben Sie eine ähnliche Situation kennengelernt. Als Beispiel die Folge (a_n), $a_n = \frac{1}{n}$ *mit*

$$0 = \lim_{n\to\infty} a_n .$$

Die Werte a_n *nähern sich dem Wert* 0, *wenn* n *"immer näher an* ∞ *heranrückt", d.h. wenn* n *immer größer wird.*

Ergebnis

Die Übersetzung des Wortes "stetig" in mathematische Begriffe kann deshalb folgendermaßen geschehen: In Analogie zum Grenzwert einer konvergenten Folge verwenden wir bei unserem Wasserbeispiel ein Symbol $\lim\limits_{t\to t_o}$ und schreiben

$$I(t_o) = \lim_{t\to t_o} I(t). \qquad (*)$$

Allgemein werden wir dann eine Funktion $f: \mathbb{R} \longrightarrow \mathbb{R}$ "stetig" in $x_o \in \mathbb{R}$ nennen, wenn

$$f(x_o) = \lim_{x\to x_o} f(x)$$

Plan

Damit liegt der Arbeitsplan dieses Kapitels fest. Als erstes wird der Begriff "Grenzwert einer Funktion", $\lim\limits_{x\to x_o} f(x)$ definiert, wobei wir uns an dem schon bekannten Begriff "Grenzwert einer Folge", $\lim\limits_{n\to\infty} a_n$, orientieren können. Danach definieren wir, wann eine Funktion in einem Punkt stetig ist. Es folgen Sätze, die wesentliche Eigenschaften stetiger Funktionen beschreiben, zum Beispiel der *Zwischenwertsatz*:

Sei $f: \mathbb{R} \longrightarrow \mathbb{R}$ in jedem Punkt des Intervalls $[a,b]$ stetig, sei $f(a) < f(b)$:

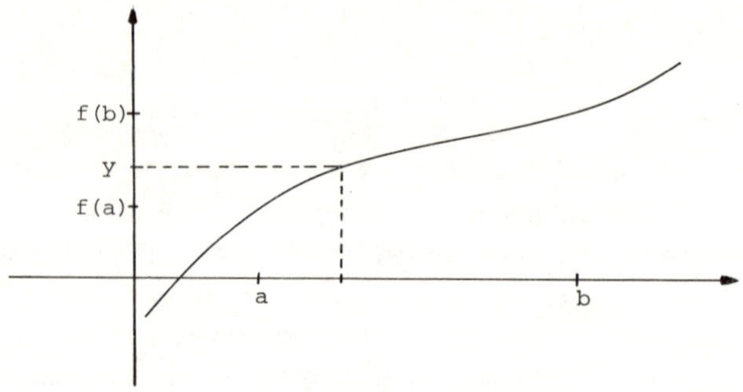

Bild 3.- Zwischenwertsatz

Dann ist jede Zahl y *zwischen* f(a) und f(b) ein *Wert* der Funktion. D.h. es gibt ein $x \in [a,b]$ mit $y = f(x)$.

Der Zwischenwertsatz beantwortet die Frage nach der Existenz einer Lösung für eine ganze Klasse von Funktionen: Wenn f in jedem Punkt des Intervalls $[a,b]$ stetig ist, dann gibt es zu jeder vorgegebenen Zahl y_o zwischen f(a) und f(b) eine Lösung x_o der Gleichung $y_o = f(x)$.

Beispiele

Für unsere Wasserfunktion I bedeutet dieser Satz zum Beispiel: aus $I(2{,}9\ \text{min}) = 1\ \text{l}$ und $I(3{,}1\ \text{min}) = 1{,}5\ \text{l}$ folgt, daß es zwischen 2,9 und 3,1 Minuten einen Zeitpunkt t gegeben hat, zu dem genau 1,2 Liter im Becken waren - auch wenn in dieser Zeitspanne einmal Wasser abgeflossen ist:

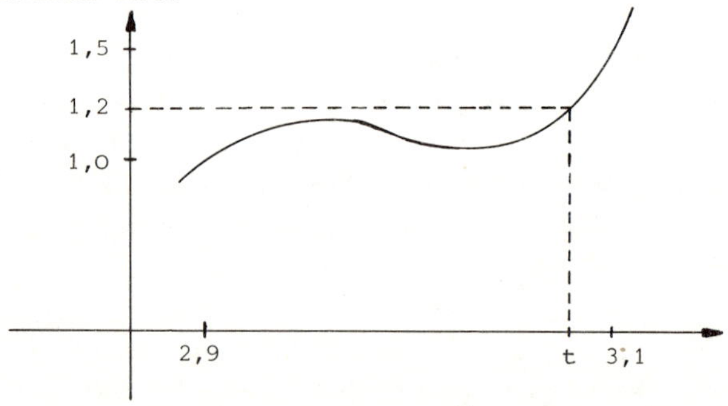

Bild 4.- Zwischenwertsatz

Das klingt sehr einleuchtend: jede Zahl y zwischen 1 und 1,5 tritt als Wert der Funktion I auf; der Grund dafür ist, daß die Funktion I "stetig" in dem abgeschlossenen Intervall [2,9/3,1] ist! (*) So ist zum Beispiel dieser

(*) Sprich: "limes t gegen t_o".

(*) Die Anführungszeichen sollen daran erinnern, daß der Begriff "stetige Funktion" noch nicht definert ist.

Satz nicht mehr richtig für die folgende Funktion f:

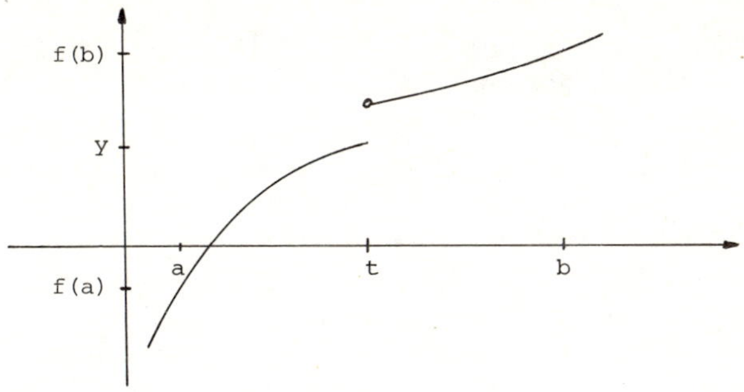

Bild 5.- Unstetigkeit in $x = t$

f ist im Punkt t "nicht stetig". Die Zahl y ist, obwohl sie zwischen f(a) und f(b) liegt, kein Wert der Funktion f. Es gibt kein x mit $y = f(x)$.

Anwendungen

Der zweite Teil des Kapitels bringt die Anwendungen dieser Theorie.

exp und log

Die Diskussion sollte Ihnen zeigen, daß Stetigkeit und Zwischenwertsatz die theoretischen Grundlagen dafür sind, den Wertebereich einer Funktion zu bestimmen, zum Beispiel den Wertebereich der Exponentialfunktion. (Siehe auch Aufgabe 7 in Kapitel 9). Erst wenn das geschehen ist, können wir den Logarithmus als Umkehrfunktion der Exponentialfunktion definieren.

sin und cos

Ein weiteres offenes Problem aus Kapitel 9 sind die *Nullstellen* der trigonometrischen Funktionen. Auch hier ist der Zwischenwertsatz hilfreich, in dieser Form:

Sei $f: \mathbb{R} \longrightarrow \mathbb{R}$ in jedem Punkt des Intervalls $[a,b]$ stetig, sei $f(a) < 0$ und $f(b) > 0$.

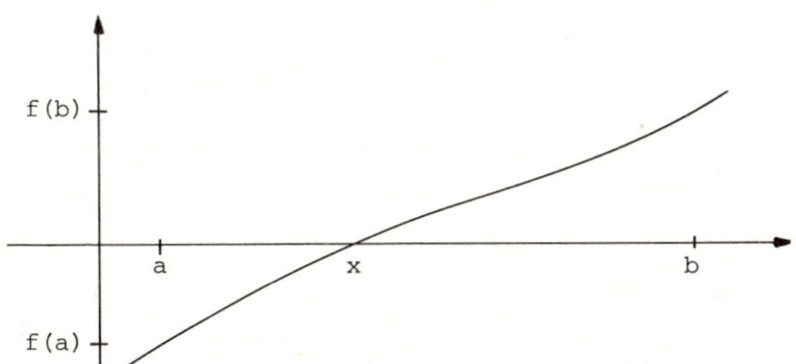

Bild 6.- Nullstelle einer stetigen Funktion.

Dann ist die Zahl 0 zwischen f(a) und f(b) ein Wert der Funktion. D.h. es gibt ein $x \in [a,b]$ mit $f(x) = 0$. x ist also Nullstelle der Funktion!

Dementsprechend werden wir bei der Funktion Sinus Zahlen a,b suchen mit $\sin(a) < 0$, $\sin(b) > 0$. Zwischen diesen Zahlen muß dann eine Nullstelle der Funktion liegen (falls Sinus stetig ist. Er ist's!).

π

Die bekannte Zahl π läßt sich als eine Nullstelle der trigonometrischen Funktionen definieren.

§ 1 STETIGKEIT

GRENZWERTE VON FUNKTIONEN

Die Definition von "eine Funktion f ist stetig in einem Punkt x_o" geschieht gemäß der Einleitung mit Hilfe des Symbols

$$\lim_{x \to x_o} f(x).$$

Dieses Symbol wird definiert und an Beispielen mit der anschaulichen Vorstellung von "Stetigkeit" in Zusammenhang gebracht.

DEFINITION.- Es sei $x_o \in [a,b]$. Eine reellwertige Funktion f sei auf $[a,b]$ oder $[a,b] \setminus \{x_o\}$ definiert. Man schreibt (10.1)

$$\lim_{x \to x_o} f(x) = c,$$ $\lim_{x \to x_o} f(x)$

falls für <u>jede</u> Folge (x_n) in $[a,b]$ mit $\lim_{n \to \infty} x_n = x_o$ gilt, daß

$$\lim_{n \to \infty} f(x_n) = c.$$

BEMERKUNGEN.- (1) Die Glieder der Folgen (x_n) müssen in $[a,b]$ liegen, damit $f(x_n)$ definiert ist; wenn f in x_o nicht definiert ist, soll $x_n \neq x_o$ für alle n gelten.

(2) Die gleiche Definition gilt auch für eine Funktion f, die auf ganz $\mathbb{R}$ definiert ist oder auf einem offenen Intervall $]a,b[$. Im letzten Fall kann x_o auch einer der Randpunkte a oder b sein.

ERLÄUTERUNG.- Die Definition (10.1) ist genauso wichtig wie die Definition einer konvergenten Folge. Deshalb noch einmal: Der Punkt x_o ist fest gewählt. Es reicht nun nicht, daß die Folge der $f(x_n)$ für <u>eine</u> Folge (x_n) konvergiert. <u>Zwei</u> Bedingungen müssen erfüllt sein: Bedingungen für $\lim_{x \to x_o} f(x)$

(1) Die Folgen $(f(x_n))$ konvergieren für <u>jede</u> gegen x_o konvergente Folge (x_n).

(2) Die Grenzwerte der Folgen $(f(x_n))$ sind stets die gleiche Zahl. (*)

Diese Zahl ist dann gleich $\lim_{x \to x_o} f(x)$:

$$\lim_{x \to x_o} f(x) = \lim_{n \to \infty} f(x_n).$$

(*) Die Bedingung (2) folgt aus (1).

(10.2) BEISPIEL.- Die Definition (10.1) soll an der Funktion f: $[a,b] \longrightarrow \mathbb{R}$, $f(x) := 2x$ vorgerechnet werden.

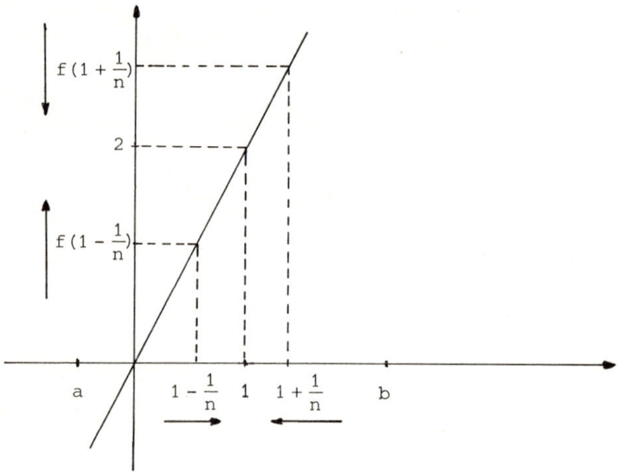

Bild 7.- $\lim_{x\to 1} f(x) = 2$.

Die Stelle $x_o = 1$ ist willkürlich herausgegriffen. Sie werden nach der Rechnung sehen, daß die Argumentation für jedes $x_o \in [a,b]$ ähnlich verläuft. Was ist also $\lim_{x\to x_o} f(x)$?

Die Definition verlangt, daß wir für jede Folge (x_n) *mit* $\lim_{n\to\infty} x_n = 1$

$$\lim_{n\to\infty} f(x_n)$$

ausrechnen. Um einen Überblick zu erhalten, beginnen wir mit einer typischen Folge: (a_n), $a_n := 1 - \frac{1}{n}$, *hat den Grenzwert 1, die Folge "nähert sich von links der Stelle 1". Für die Funktionswerte gilt*

$$f(a_n) = f(1 - \tfrac{1}{n}) = 2(1 - \tfrac{1}{n}) = 2 - \tfrac{2}{n}$$

für alle n. Also ist

$$\lim_{n\to\infty} f(a_n) = \lim_{n\to\infty} (2 - \tfrac{2}{n}) = 2.$$

Die Folge $(f(a_n))$ *"nähert sich von unten her dem Wert 2"*

Jetzt können Sie sicher ausrechnen, daß auch für die Folge (b_n), $b_n = 1 + \frac{1}{n}$, *die "von rechts her an 1 herankommt", gilt:* $\lim_{n\to\infty} f(b_n) = 2$.

Die Folge (c_n), $c_n = 1 + (-1)^n \cdot \frac{1}{n}$ *kommt weder von rechts noch von links immer näher an 1 heran, sondern "springt immer enger um 1 herum". Rechnen Sie aus, daß auch für diese Folge gilt:* $\lim_{n\to\infty} f(c_n) = 2$.

Definition (10.1) verlangt, daß das gleiche Ergebnis auch für eine <u>beliebige</u> Folge (x_n) mit $\lim_{n\to\infty} x_n = 1$ hält: Nach Definition von f gilt, daß $f(x_n) = 2x_n$. Daraus folgt

$$\lim_{n\to\infty} f(x_n) = \lim_{n\to\infty} 2x_n = 2 \lim_{n\to\infty} x_n = 2\cdot 1 = 2.$$

Der Grenzwert $\lim_{n\to\infty} f(x_n)$ *existiert, weil nach Voraussetzung der Grenzwert* $\lim_{n\to\infty} x_n$ *existiert.*

Anschaulich ist die Funktion f: $[a,b] \longrightarrow \mathbb{R}$, $f(x) = 2x$ im Punkt $x_o = 1$ stetig. Wir haben ausgerechnet, daß $\lim_{x\to 1} f(x) = 2$. 2 ist der Wert der Funktion an der Stelle 1, es gilt also $\lim_{x\to 1} f(x) = f(1)$.

<u>AUFGABE 1.</u>- Rechnen Sie das Beispiel (10.2) für die Funktion f: $\mathbb{R} \longrightarrow \mathbb{R}$, $f(x) = x^2$ *und für eine beliebige Stelle* $x_o \in \mathbb{R}$ *durch. Sie erhalten* A 1

$$\lim_{x\to x_o} f(x) = f(x_o).$$

Das Ergebnis des Beispiels (10.2) kann Ihnen helfen, den noch nicht definierten Begriff "stetig" mathematisch zu fassen. Schauen Sie sich das Ergebnis noch einmal an im Hinblick auf die folgende Aussage: Übersicht

Eine Funktion f ist "stetig" im Punkt x_o, wenn $\lim_{x\to x_o} f(x)$ existiert und gleich $f(x_o)$ ist. "stetig"

Dieser Satz wird unsere Definition von "stetig in x_o" werden. Vor diesem Schritt ist es aber sinnvoll, nachzuschauen, wie es mit

$$\lim_{x\to x_o} f(x)$$

steht, wenn die Funktion an der Stelle x_o offensichtlich "unstetig" ist.

BEISPIEL.- Gegeben sei die Funktion f: $\mathbb{R} \longrightarrow \mathbb{R}$, (10.3)

$$f(x) = \begin{cases} x & \text{für } x \le 1 \\ x+1 & \text{für } x > 1 \end{cases}$$

Daß der Punkt $x_o = 1$ eine interessante Stelle für diese Funktion ist, springt in's Auge:

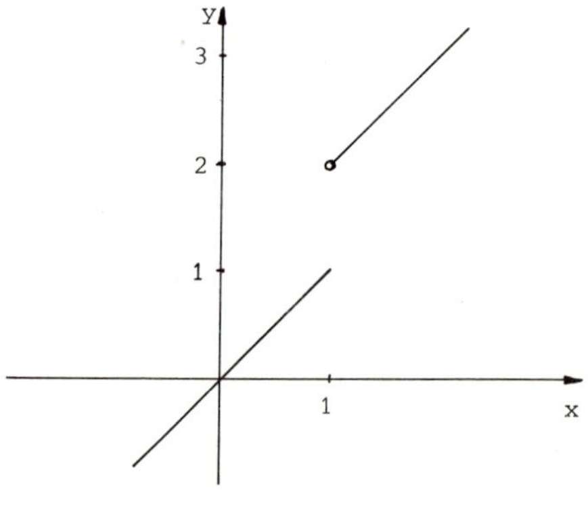

Bild 8.- Unstetigkeit in $x = 1$.

Erstens ist der Verlauf der Funktion an der Stelle $x_o = 1$ anschaulich "unstetig". Zweitens kann dort der Grenzwert $\lim_{x\to x_o} f(x)$ nicht existieren, denn wenn wir eine Folge (a_n) wählen, die von links her gegen 1 konvergiert, so liegen die Funktionswerte $f(a_n)$ auf dem unteren Ast, "unstetig" und es wird gelten $\lim_{n\to\infty} f(a_n) = 1$. Für eine Folge (b_n), die von rechts her gegen 1 konvergiert, liegen die Funktionswerte $f(b_n)$ auf dem oberen Ast und es wird gelten $\lim_{n\to\infty} f(b_n) = 2$. Es gibt also keinen gemeinsamen Grenzwert bei diesen beiden Folgen und somit keinen gemeinsamen Grenzwert $\lim_{n\to\infty} f(x_n)$ für Folgen (x_n), die gegen 1 konvergieren.

BEHAUPTUNG.- Der Grenzwert $\lim_{x\to 1} f(x)$ existiert nicht.

BEWEIS.- *Wir fassen die vorausgegangene Argumentation in Formeln.*

Sei (a_n) eine Folge mit $\lim_{n\to\infty} a_n = 1$ und $a_n < 1$, d.h. (a_n) "konvergiert von links her" gegen 1. Aus $a_n < 1$ folgt $f(a_n) = a_n$ für alle n und deshalb

$$\lim_{n\to\infty} f(a_n) = \lim_{n\to\infty} a_n = 1.$$

Sei nun (b_n) eine Folge mit $\lim_{n\to\infty} b_n = 1$ und $b_n > 1$, d.h. (b_n) "konvergiert von rechts her" gegen 1. Aus $b_n > 1$ folgt $f(b_n) = b_n + 1$ für alle n und deshalb

$$\lim_{n\to\infty} f(b_n) = \lim_{n\to\infty} (b_n + 1) = (\lim_{n\to\infty} b_n) + 1 = 2.$$

Die Folgen (a_n), (b_n) konvergieren beide gegen 1, es ist aber $\lim_{n\to\infty} f(a_n) \neq \lim_{n\to\infty} f(b_n)$. Der Grenzwert $\lim_{x\to 1} f(x)$ existiert deshalb nicht, denn Definition (10.1) sagt: $\lim_{x\to 1} f(x)$ ist gleich der Zahl c, falls für jede Folge (x_n) mit $\lim_{n\to\infty} x_n = 1$ gilt: $\lim_{n\to\infty} f(x_n) = c$.

Zusammenfassung

In Beispiel (10.2): die Funktion ist anschaulich in x_o "stetig" und es gilt: $\lim_{x\to x_o} f(x)$ existiert und ist gleich $f(x_o)$.
In Beispiel (10.3): die Funktion ist anschaulich in $x_o = 1$ nicht "stetig" und es gilt: $\lim_{x\to x_o} f(x)$ existiert nicht.

(10.4) BEISPIEL.- Aus der anschaulich gesehen überall "stetigen" Funktion $\overline{f}: \mathbb{R} \longrightarrow \mathbb{R}$, $\overline{f}(x) := x^2$ wird der Wert $\overline{f}(0)$ herausgenommen und neu definiert, so daß eine "Unstetigkeit" entsteht:

$$f(x) := \begin{cases} x^2 & \text{für } x \neq 0 \\ 1 & \text{für } x = 0 \end{cases}$$

Die Zeichnung des Graphen (siehe nächste Seite) läßt schon vermuten, daß hier im Gegensatz zu Beispiel (10.3) sowohl für Folgen (a_n), die von links her, als auch für Folgen (b_n), die von rechts her gegen 0 konvergieren, die Grenzwerte $\lim_{n\to\infty} f(x_n)$ übereinstimmen werden. Es sieht aber so aus, als ob dieser Grenzwert nicht gleich

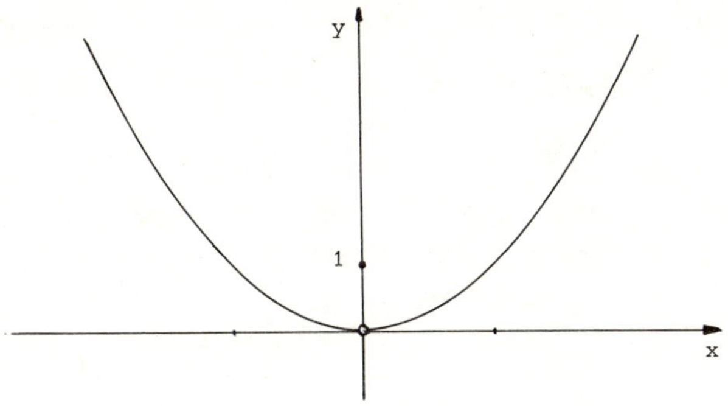

Bild 9.- Unstetigkeit in $x = 0$

$f(0) = 1$, sondern gleich 0 ist.

BEWEIS für $\lim_{x\to 0} f(x) \neq f(0)$.- Sei (x_n) eine beliebige Folge mit $x_n \neq 0$ und $\lim_{n\to\infty} x_n = 0$. Dann gilt $f(x_n) = x_n^2$ für alle n und deshalb

$$\lim_{n\to\infty} f(x_n) = \lim_{n\to\infty} f(x_n^2) = (\lim_{n\to\infty} x_n)^2 = 0 \neq f(0).$$

Die letzten drei Beispiele zeigen, daß der anschauliche Begriff "eine Funktion f ist stetig in x_o" zusammenfällt mit dem mathematischen Begriff Zusammenfassung

$$\lim_{x\to x_o} f(x) = f(x_o),$$

falls f in x_o definiert ist. Deshalb die folgende Definition:

DEFINITION.- Eine Funktion $f: [a,b] \longrightarrow \mathbb{R}$ heißt *stetig in einem Punkt* $x_o \in [a,b]$, wenn (10.5) stetig in x_o

$$\lim_{x\to x_o} f(x) = f(x_o) \quad . \qquad (*)$$

Diese Definition wird im nächsten Abschnitt anhand von Beispielen und Aufgaben untersucht. Hier nur noch einmal eine Bemerkung zum Inhalt der Definition, wie er in den letzten Beispielen dargestellt ist:
Die Funktion f ist in x_o nicht stetig, wenn es eine Folge (x_n) so gibt, daß $(f(x_n))$ nicht konvergiert, oder wenn es eine Folge (x_n) so gibt, daß zwar $(f(x_n))$ konvergiert, aber $\lim_{n\to\infty} f(x_n)$ ungleich $f(x_o)$ ist.

EINSEITIGE UND UNEIGENTLICHE GRENZWERTE

Zum Abschluß der Definition der Stetigkeit vereinbaren wir einige Bezeichnungen, die Sie aber erst später bei

(*) Gleiche Definition für eine Funktion f, die auf einem offenen Intervall oder auf ganz $\mathbb{R}$ definiert ist.

einzelnen Beispielen und danach im Kapitel "Differentiation" brauchen werden. Lesen Sie den Abschnitt also nur kurz durch.

(10.6) BEZEICHNUNGEN.- In Beispiel (10.3) haben Sie gesehen, daß für Folgen (x_n), die einmal von links und einmal von rechts her gegen x_o konvergieren, der Grenzwert $\lim_{n\to\infty} f(x_n)$ verschieden war. Für den *linksseitigen Grenzwert* schreibt man

linksseitiger Grenzwert

$$c = \lim_{\substack{x\to x_o\\ x<x_o}} f(x)$$

Das bedeutet: für jede Folge (x_n) mit $x_n < x_o$ und $\lim_{n\to\infty} x_n = x_o$ gilt $\lim_{n\to\infty} f(x_n) = c$.

rechtsseitiger Grenzwert

Entsprechend wird der *rechtsseitige Grenzwert*

$$d = \lim_{\substack{x\to x_o\\ x>x_o}} f(x)$$

definiert. Beispiel:

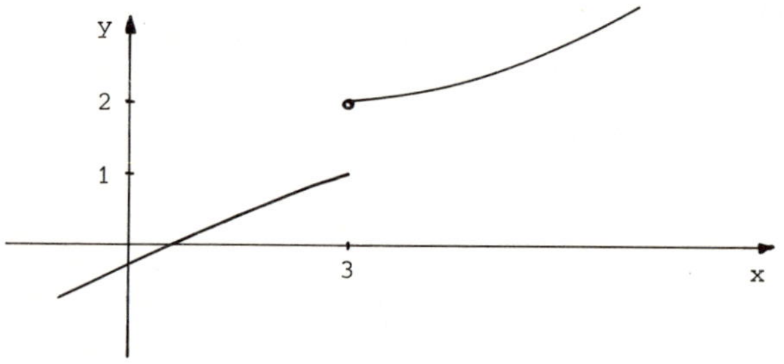

Bild 10.- $\lim_{\substack{x\to 3\\ x<3}} f(x) = 1$ und $\lim_{\substack{x\to 3\\ x>3}} f(x) = 2$

$\lim_{x\to\infty} f(x)$

Dann hat man noch die Schreibweise

$$\lim_{x\to\infty} f(x) = c,$$

wenn man das Verhalten einer Funktion "im Unendlichen" untersuchen will. Beispiel:

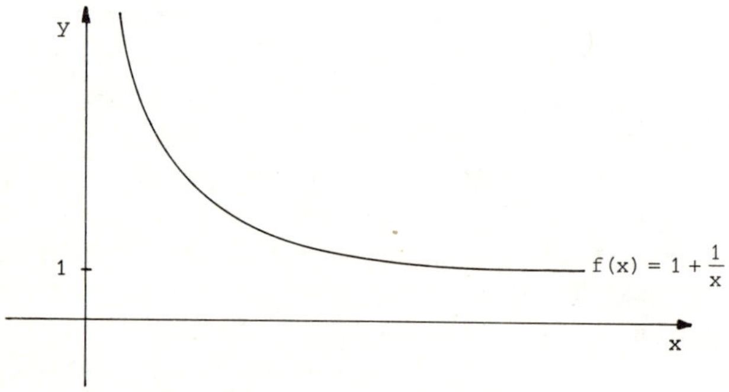

Bild 11.- $\lim_{x\to\infty} f(x) = 1$

$\lim_{x\to\infty} f(x) = c$ bedeutet, daß für jede Folge (x_n) mit $x_n \to \infty$ gilt:

$$\lim_{n\to\infty} f(x_n) = c.$$

Dabei meint $x_n \to \infty$ oder $\lim_{n\to\infty} x_n = \infty$, daß es zu jedem $M \in \mathbb{R}$ ein $m \in \mathbb{N}$ so gibt, daß $x_n > M$ für alle $n \geq m$. Man sagt, (x_n) besitzt ∞ als *uneigentlichen Grenzwert*.

Entsprechend sollen Sie das Symbol $\lim_{x\to-\infty} f(x) = c$ erklären, Beispiel: $\lim_{x\to-\infty} f(x)$

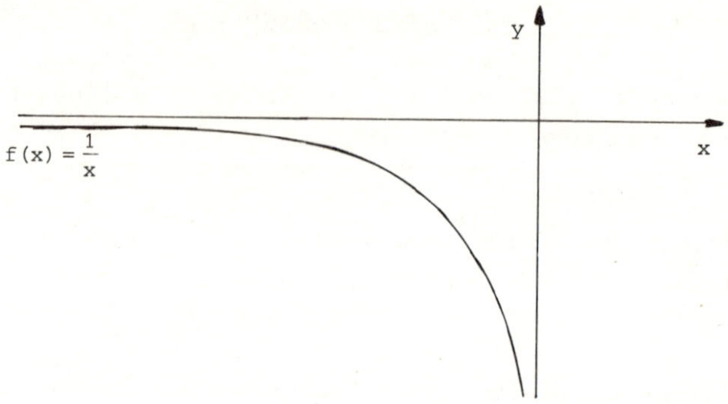

Bild 12.- $\lim_{x\to-\infty} f(x) = 0$

Versuchen Sie auch den *uneigentlichen Grenzwert*

$$\lim_{x\to x_o} f(x) = \infty$$

zu definieren.

Beispiele für Grenzwerte von Funktionen finden Sie in den Abschnitten "Exponentialfunktion" und "Trigonometrische Funktionen".

BEMERKUNG.- Im nächsten Kapitel werden Sie den Satz brauchen, daß eine Funktion f in einem Punkt x_o stetig ist, wenn in x_o linksseitiger und rechtsseitiger Grenzwert existieren und gleich $f(x_o)$ sind. Dies folgt aus Definition (10.5), wie Sie sich selbst überlegen sollten. (10.7)

STETIGE FUNKTIONEN

Eine Funktion f ist stetig in x_o, wenn $\lim_{x\to x_o} f(x)$ existiert und gleich $f(x_o)$ ist. Der Grenzwert $\lim_{x\to x_o} f(x)$ ist dabei bestimmt durch $\lim_{n\to\infty} f(x_n)$, wobei (x_n) eine beliebige gegen x_o konvergente Folge ist. Übersicht

In der Praxis werden Sie nur selten beweisen, daß eine Funktion stetig ist, indem Sie auf die Definition Bezug nehmen - ein Beispiel ist die Funktion $x \to |x|$ in (10.10). Häufiger werden Sie die allgemeinen Sätze aus diesem Abschnitt verwenden. Wie die Definition der Stetigkeit selbst, so beruhen auch viele Sätze über stetige Funktionen auf der Theorie der konvergenten Folgen - zum Beispiel der Satz (10.8), daß Summe und Produkt stetiger Funktionen stetig sind. Aus diesem Satz folgt dann, daß alle rationalen Funktionen stetig sind.

Es gibt keine allgemeine Regel, die Stetigkeit einer Funktion zu beweisen. Deshalb müssen Sie noch eine dritte Methode lernen, die mit Satz

(10.12) beginnt: Stetigkeit wird durch Ungleichungen beschrieben. Auf diese Weise läßt sich dann zum Beispiel unmittelbar zeigen, daß die trigonometrischen Funktionen stetig sind.
Sie werden sehen: Polynome sind stetige Funktionen. Summe, Produkt und Quotient stetiger Funktionen sind stetig. Rationale Funktionen sind stetig. Die Komposition stetiger Funktionen ist stetig. Potenzreihen stellen stetige Funktionen dar.

stetig

Dabei wird eine Funktion f kurz *stetig* genannt, wenn sie in jedem Punkt ihres Definitionsbereiches stetig ist.

BEISPIEL.- In Beispiel (10.2) und Aufgabe 1 haben Sie erfahren, daß die Funktion $f\colon \mathbb{R} \to \mathbb{R}$, $f(x) := x$ stetig ist in jedem Punkt $x_o \in \mathbb{R}$. Es gilt

$$\lim_{x\to x_o} x = x_o \quad \text{für alle } x_o \in \mathbb{R}$$

A 2

AUFGABE 2.- Beweisen Sie, daß die konstante Funktion $f\colon \mathbb{R} \to \mathbb{R}$, $f(x) = a$ stetig ist in jedem Punkt $x_o \in \mathbb{R}$. (Schreiben Sie die Definition so ausführlich wie möglich hin!)

Zusammenfassung

Sie wissen jetzt: Die konstanten Funktionen $x \mapsto a$ sind stetig, die identische Funktion $x \mapsto x$ ist stetig, ebenso in Verallgemeinerung von Beispiel (10.2) Funktionen der Gestalt $x \mapsto a\cdot x$. Wenn Sie die Beispiele (10.3) und (10.4) noch einmal ansehen, werden Sie keine Mühe haben, zu beweisen, daß auch die Funktionen $x \mapsto x+a$ und $x \mapsto x^2$ stetig sind (siehe Aufgabe 1).

Polynome stetig

VERMUTUNG.- Jedes Polynom $f\colon \mathbb{R} \to \mathbb{R}$,

$$f(x) = a_n x^n + a_{n-1}x^{n-1} + \ldots + a_o, \quad a_i \in \mathbb{R}$$

ist stetig. Diese Vermutung entsteht so:

(1) Ein Polynom wird über Additionen und Multiplikationen zusammengesetzt aus den Funktionen $x \mapsto a$ und $x \mapsto x$.
(2) Die Funktionen $x \mapsto a$ und $x \mapsto x$ sind stetig in jedem Punkt $x_o \in \mathbb{R}$.
(3) Stetigkeit in x_o ist definiert über Grenzwerte von Folgen. Jetzt müssen Sie sich erinnern, daß konvergente Folgen addiert und multipliziert werden können (→ Rechenregeln (6.23)). Es folgt dann leicht (*), daß auch Summe und Produkt von stetigen Funktionen wieder stetig sind:

SATZ.- Seien f und g Funktionen, die in einem Punkt x_o stetig sind.
Dann sind auch die Funktionen $f+g$ und $f\cdot g$ in x_o stetig. Ist $g(x_o) \neq 0$, so ist auch die Funktion $\frac{f}{g}$ in x_o stetig. (10.8)

Rechenregeln

Siehe auch die nachstehende Ergänzung.

BEWEIS.- Der Satz folgt aus den Rechenregeln (6.23) für konvergente Folgen. Der Beweis lautet zum Beispiel für das Produkt $f\cdot g$:

$$\lim_{n\to\infty} (f\cdot g)(x_n) = \lim_{n\to\infty} (f(x_n)\cdot g(x_n)) =$$

nach den Rechenregeln für konvergente Folgen:

$$= \lim_{n\to\infty} f(x_n) \cdot \lim_{n\to\infty} g(x_n) =$$

jetzt brauchen Sie die Voraussetzung, daß f und g in x_o stetig sind:

$$= f(x_o)\cdot g(x_o) = (f\cdot g)(x_o).$$

ERGÄNZUNG.- Wir werden häufig folgende Aussagen benutzen: Sind f und g in x_o nicht definiert, existieren jedoch $\lim_{x\to x_o} f(x)$ und $\lim_{x\to x_o} g(x)$, so existieren auch die folgenden Grenzwerte, und es gelten die Gleichungen: (10.8a)

Rechenregeln für Grenzwerte von Funktionen

$$\lim_{x\to x_o} (f+g)(x) = \lim_{x\to x_o} f(x) + \lim_{x\to x_o} g(x),$$

$$\lim_{x\to x_o} (f\cdot g)(x) = (\lim_{x\to x_o} f(x))\cdot(\lim_{x\to x_o} g(x))$$

$$\lim_{x\to x_o} \frac{f}{g}(x) = \frac{\lim_{x\to x_o} f(x)}{\lim_{x\to x_o} g(x)}, \text{ falls } \lim_{x\to x_o} g(x) \neq 0.$$

BEISPIEL.- Aus (10.8) folgt, daß jede rationale Funktion (= Quotient von Polynomen) stetig ist, zum Beispiel die Funktion $f\colon \mathbb{R} \to \mathbb{R}$, $f(t) := 8t^3 - 2t + 5$ und die Funktion $f\colon \mathbb{R} \setminus \{-1,1\} \to \mathbb{R}$, (10.9)

$$g(x) := \frac{2x}{x^2-1}.$$

rationale Funktionen stetig

BEISPIEL.- *Zeichnen Sie den Graphen der (Absolut-) Betragsfunktion* abs: $\mathbb{R} \to \mathbb{R}$, $\text{abs}(x) := |x|$. *Anschaulich ist klar, daß die Funktion* abs *stetig ist, denn sie stimmt für negative* x *mit der Funktion* $x \mapsto -x$ *überein und für positive* x *mit der Funktion* $x \mapsto x$. *Und für* $x=0$? (10.10)

Betragsfunktion stetig

(*) "Leicht" meint, daß es Ihnen leicht fallen sollte, den Beweis des Satzes (10.8) zu verstehen. Wenn er Ihnen Mühe bereitet, so wiederholen Sie die Rechenregeln für konvergente Folgen, die Definition der Stetigkeit und die entsprechenden Beispiele.

BEHAUPTUNG.- Die Funktion abs ist stetig.

BEWEIS.- Zu zeigen ist, daß für jeden Punkt aus dem Definitionsbereich der Funktion, in diesem Fall also für alle $x_o \in \mathbb{R}$, gilt

$$\lim_{x\to x_o} |x| = |x_o| .$$

Entsprechend der Anschauung unterscheidet der Beweis die Fälle $x_o < 0$, $x_o > 0$ und $x_o = 0$.

(1) Sei $x_o < 0$. Für jede Folge (x_n), die gegen x_o konvergiert, sind dann ab einem Index N alle Glieder x_n negativ. (*) Aus $x_n < 0$ für $n \geq N$ folgt

$$\lim_{n\to\infty} |x_n| = \lim_{n\to\infty} (-x_n) = -x_o = |x_o| . \qquad (**)$$

(2) Sei $x_o > 0$. Sie können den Beweis parallel zu (1) führen.

(3) Sei $x_o = 0$. Für jede Nullfolge (x_n) gilt dann

$$\lim_{n\to\infty} |x_n| = 0 = |x_o| .$$

WEITERE BEISPIELE.- Die Funktion $x \longmapsto |x|$ ist stetig. Jetzt muß aber nicht noch im Einzelnen bewiesen werden, daß auch Funktionen wie $x \longmapsto |x^4 - 2x|$ oder $x \longmapsto \frac{x}{|x+1|}$ stetig sind. Die Funktion $f: \mathbb{R} \longrightarrow \mathbb{R}$, $f(x) = |x^4 - 2x|$ ist nämlich die Komposition der Funktion $g: \mathbb{R} \longrightarrow \mathbb{R}$, $g(x) := x^4 - 2x$ und der Funktion $h: \mathbb{R} \longrightarrow \mathbb{R}$, $h(x) := |x|$,

$$f(x) = h(g(x)) \qquad \text{für alle } x \in \mathbb{R} .$$

Die Funktion f ist stetig als Komposition der stetigen Funktionen g und h; dieser Satz wird wieder mit Hilfe konvergenter Folgen bewiesen. Für den Beweis ist es nützlich, daß wir uns noch einmal die Definition der Stetigkeit ansehen:

Diskussion der Stetigkeit

DISKUSSION.- f ist stetig in x_o, wenn $\lim_{n\to\infty} f(x_n) = f(x_o)$ für eine beliebige Folge (x_n) mit $\lim_{n\to\infty} x_n = x_o$. D.h. f ist stetig in x_o, wenn

$$\lim_{n\to\infty} f(x_n) = f(\lim_{n\to\infty} x_n) .$$

Man sagt zu dieser suggestiven Schreibweise, daß bei einer stetigen Funktion Limes und Funktion "vertauscht werden können". Solche Vertauschungssätze werden später in der Analysis (Integration, Differentation) eine große Rolle spielen.
Die Zeile $\lim_{n\to\infty} f(x_n) = f(x_o)$ kann auch noch so gelesen werden: Vorausgesetzt ist, daß (x_n) gegen x_o konvergiert. Diese konvergente Folge bleibt konvergent, wenn darauf f angewandt wird: die Folge $(f(x_n))$ konvergiert gegen $f(x_o)$.

SATZ.- Sind g und h stetige Funktionen, so ist auch die Komposition $f := g \circ h$ eine stetige Funktion. (*) (10.11)

Komposition stetig

BEWEIS.- Die Behauptung lautet, daß für jeden Punkt x_o aus dem Definitionsbereich von f gilt

$$\lim_{x\to x_o} f(x) = f(x_o) .$$

Der Beweis schreibt wieder nur alle Definitionen ausführlich hin. Sei (x_n) eine beliebige gegen x_o konvergierende Folge,

$$\lim_{x\to x_o} f(x) = \lim_{n\to\infty} f(x_n) = \lim_{n\to\infty} h(g(x_n)) =$$

(x_n) konvergiert gegen x_o. Dann konvergiert die Folge $(g(x_n))$ - weil g stetig ist - gegen $g(x_o)$. Dann konvergiert die Folge $(h(g(x_n)))$ - weil h stetig ist - gegen $h(g(x_o))$.
Das gleiche Ergebnis erhalten Sie, wenn Sie stets Funktion und Limes "vertauschen":

$$= h(\lim_{n\to\infty} g(x_n)) = h(g(\lim_{n\to\infty} x_n)) = h(g(x_o)) = f(x_o) .$$

Die nächsten Beispiele als "nächsthöhere" Funktionen nach den Polynomen sind die trigonometrischen Funktionen und die Exponentialfunktion. Deren Stetigkeit folgt sofort aus dem Satz

SATZ.- Jede Potenzreihe stellt im Innern ihres Konvergenzkreises eine stetige Funktion dar. (10.11 a)

Potenzreihe stetig

Den allgemeinen Beweis lassen wir aus (siehe Blatter, Analysis II, Seite 132). Die Stetigkeit der wichtigsten Potenzreihen - sin, cos und exp - beweisen wir im folgenden Abschnitt.

TRIGONOMETRISCHE FUNKTIONEN UND EXPONENTIALFUNKTION SIND STETIG

Die Funktionen sin, cos und exp sind stetig. Die Beweise beruhen auf der Methode, daß man zuerst zeigt, daß die Funktion stetig im Nullpunkt ist. Daraus folgt dann die Stetigkeit in

---

(*) Zum Beispiel: die Folge (a_n),

$$1, 0, -1, (-1-\tfrac{1}{2}), (-1-\tfrac{1}{3}), (-1-\tfrac{1}{4}), \ldots$$

konvergiert gegen -1. Ab dem Index 3, $a_3 = -1$, sind alle Glieder negativ. Allgemein: Nur eine Folge, deren Glieder ab einem gewissen Index alle negativ sind, kann einen negativen Grenzwert haben.

(**) $-x_o = |x_o|$, weil $x_o < 0$ vorausgesetzt.

(*) In (1 . 20) steht die Bedingung dafür, daß die Komposition zweier Funktionen h und g definiert ist.

allen anderen Punkten mit Hilfe charakteristischer Gleichungen für die Funktion, zum Beispiel mit Hilfe der Additionstheoreme bei den trigonometrischen Funktionen und mit Hilfe der Gleichung $\exp(x+y) = \exp(x) \cdot \exp(y)$ bei der Exponentialfunktion.
Daß die Sinusfunktion im Nullpunkt stetig ist, folgt aus einer wichtigen Abschätzung:

(10.12) **HILFSSATZ.-** Für alle $x \in \mathbb{R}$ gilt

$$|\sin x| \leq |x|.$$

Da Ihnen der Graph der Funktion sin sicher schon bekannt ist, können wir die Behauptung des Satzes an dieser Zeichnung darstellen:

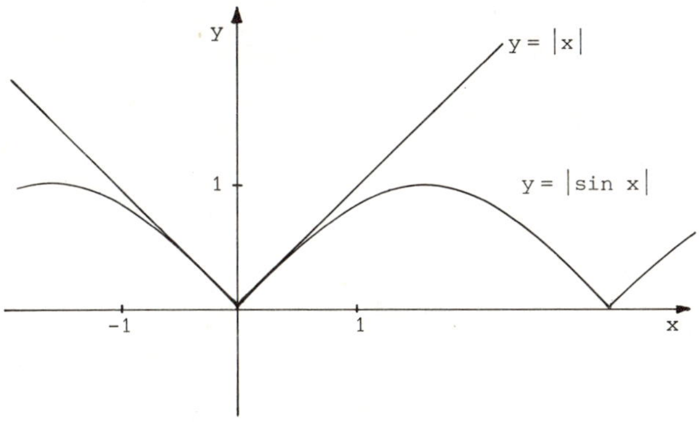

Bild 13.- $|\sin x| \leq |x|$ für alle $x \in \mathbb{R}$.

BEWEIS.- Aus der Definition von sin x als Imaginärteil von e^{ix} folgt sofort

$$|\sin x| = |\operatorname{Im} e^{ix}| \leq |e^{ix}| = 1$$

Also ist der Hilfssatz für alle x mit $|x| \geq 1$ klar.
Sie wissen, daß die Sinusfunktion auch über eine Potenzreihe definiert werden kann,

$$\sin x = \sum_{k=1}^{\infty} (-1)^{k-1} \frac{x^{2k-1}}{(2k-1)!} .$$

Für $0 \leq x < 1$ ist $\sin x$ die Summe einer alternierenden Reihe, die der Voraussetzung von (8.22) genügt (warum?). Deshalb kann - dies ist die Aussage von (8.22) - der Fehler |Funktion-Partialsumme| abgeschätzt werden:

Die allgemeine Zeile $0 < (-1)^n(s-s_n) < a_{n+1}$ lautet für $n=2$

$$0 < s-s_2 < a_3 \quad \text{oder} \quad s_2 < s < s_2+a_3.$$

Es ist $s = \sin x$, $s_2 = x - \frac{x^3}{3!}$ und $a_3 = \frac{x^5}{5!}$, also

$$x - \frac{x^3}{3!} < \sin x < x - \frac{x^3}{3!} + \frac{x^5}{5!} .$$

Für $0 \leq x < 1$ ist $(-\frac{x^3}{3!} + \frac{x^5}{5!}) \leq 0$ (warum?), deshalb ist

$$0 \leq x - \frac{x^3}{3!} \leq \sin x \leq x \quad \text{für } 0 \leq x < 1.$$

Daraus folgt - wenn Sie noch Aufgabe 3 lösen - die Behauptung

$$|\sin x| \leq |x| \quad \text{für alle } x .$$

AUFGABE 3.- Zeigen Sie mit Hilfe von $-\sin x = \sin(-x)$, daß aus $0 \leq \sin x \leq x$ für $0 \leq x < 1$ folgt A 3

$$0 \geq \sin x \geq x \quad \text{für } -1 < x < 0.$$

HILFSSATZ.- Die Funktion $\sin: \mathbb{R} \to \mathbb{R}$ ist im Nullpunkt stetig. (10.13)

BEWEIS.- Die Behauptung lautet $\lim_{x \to 0} \sin x = \sin 0$.
Für eine beliebige Nullfolge (x_n) ist also zu zeigen $\lim_{n \to \infty} \sin x_n = 0$.
Der Beweis beginnt so: (x_n) ist eine Nullfolge. Sie können dann Satz (10.12) anwenden und erhalten

$$0 \leq |\sin x_n| \leq |x_n| \quad \text{für alle } n.$$

$$0 \leq \lim_{n\to\infty} |\sin x_n| \leq \lim_{n\to\infty} |x_n| = 0.$$

Daraus folgt die Behauptung.

HILFSSATZ.- Die Funktion $\cos: \mathbb{R} \to \mathbb{R}$ ist im Nullpunkt stetig. (10.14)

BEWEIS als Aufgabe.- Sie können den Beweis ähnlich wie für die Sinusfunktion in (10.12) und (10.13) führen oder indem Sie die nachfolgende Aufgabe bearbeiten:

AUFGABE 4.- Sie wissen, daß sin im Nullpunkt stetig ist. Leiten Sie aus den Additionstheoremen (9.15) ab: A 4

$$\cos 2x = 1 - 2 \sin^2 x.$$

Verwenden Sie dann die Sätze aus dem Abschnitt "Beispiele stetiger Funktionen", um zu zeigen, daß aus dieser Formel folgt, daß cos im Nullpunkt stetig ist.

FOLGERUNG.- Die Funktion $\sin: \mathbb{R} \to \mathbb{R}$ ist stetig. (10.15) sin ist stetig

BEWEIS.- Sei $x_0 \in \mathbb{R}$. Zu zeigen ist $\lim_{n\to\infty} \sin x_n = \sin x_0$ für eine beliebige gegen x_0 konvergente Folge (x_n). Um auszunutzen, daß die trigonometrischen Funktionen im *Nullpunkt* stetig sind, betrachtet man statt (x_n) die Nullfolge (h_n), $h_n := x_n - x_o$, und wendet ein Additionstheorem an:

$$\sin x_n = \sin(x_o + h_n) = \sin x_o \cdot \cos h_n + \cos x_o \cdot \sin h_n$$

In dieser Zeile gilt nun nach (10.13) und (10.14)

$$\lim_{n\to\infty} \cos h_n = \cos 0 = 1 \quad \text{und} \quad \lim_{n\to\infty} \sin h_n = \sin 0 = 0.$$

Also (mit den Rechenregeln für konvergente Folgen):

$$\lim_{n\to\infty} \sin x_n = \sin x_o .$$

(10.16) cos ist stetig

FOLGERUNG.- Die Funktion $\cos\colon \mathbb{R} \longrightarrow \mathbb{R}$ ist stetig.

BEWEIS.- Wie (10.15), nur mit dem Additionstheorem für Cosinus.

Der Beweis, daß die Exponentialfunktion stetig ist, gliedert sich wie bei der Sinusfunktion in drei Teile: aus einer Abschätzung folgt die Stetigkeit im Nullpunkt und daraus die Stetigkeit in jedem Punkt $x_o \in \mathbb{R}$.

(10.17) **HILFSSATZ.-** Für alle $x \in \mathbb{R}$ mit $|x| \le 1$ gilt

$$|e^x - 1| \le 2|x| .$$

Diese Abschätzung "fällt nicht vom Himmel"; sie entsteht, weil man die Stetigkeit der Exponentialfunktion im Nullpunkt, d.h.

$$\lim_{x\to 0} e^x = 1$$

beweisen will. Anders gesagt: man will $|e^x - e^0| = |e^x - 1|$ *abschätzen und gelangt zu dem Ergebnis des Hilfssatzes. Wenn Sie die Konvergenz einer Folge* (a_n),

$$\lim_{n\to\infty} a_n = a$$

nachweisen wollen, so schätzen Sie auch - wie in (10.17) - die Differenz

$$|a_n - a|$$

ab.

BEWEIS.- *Es ist wichtig, daß Sie die Methode dieses etwas schwierigen Beweises verstehen.*
Sie kennen die Definition der Exponentialfunktion

$$e^x = \sum_{n=0}^{\infty} \frac{x^n}{n!}$$

Daraus folgt

$$|e^x - 1| = \left|\left(1 + \sum_{n=1}^{\infty} \frac{x^n}{n!}\right) - 1\right| = \left|\sum_{n=1}^{\infty} \frac{x^n}{n!}\right| \le \quad (*)$$

$$\le |x|\left(1 + \frac{|x|}{2!} + \frac{|x|^2}{3!} + \ldots + \frac{|x|^k}{(k+1)!} + \ldots\right)$$

$$\le |x|\left(1 + \frac{|x|}{2} + \left(\frac{|x|}{2}\right)^2 + \ldots + \left(\frac{|x|}{2}\right)^k + \ldots\right)$$

Warum ist $(k+1)! \ge 2^k$?

$$\le |x|\left(1 + \frac{1}{2} + \frac{1}{4} + \ldots + \frac{1}{2^k} + \ldots\right) \quad \text{für } |x| \le 1$$

$$= |x| \sum_{k=0}^{\infty} \left(\frac{1}{2}\right)^k = |x| \frac{1}{1-\frac{1}{2}} = 2|x| .$$

HILFSSATZ.- Die Funktion $\exp\colon \mathbb{R} \longrightarrow \mathbb{R}$ ist im Nullpunkt stetig. (10.18)

AUFGABE 5.- Beweisen Sie (10.18) mit Hilfe der Ungleichung in (10.17). A 5
Hinweis: Stetigkeit kann über die Konvergenzkriterien für Folgen gezeigt werden.

FOLGERUNG.- Die Funktion $\exp\colon \mathbb{R} \longrightarrow \mathbb{R}$ ist stetig. (10.19) exp ist stetig

BEWEIS.- Sei $x_o \in \mathbb{R}$. Wie in (10.15) für die Sinusfunktion verwandelt man eine beliebige gegen x_o konvergente Folge (x_n) in eine Nullfolge $(x_n - x_o)$. Aus (10.18) folgt $\lim_{n\to\infty} \exp(x_n - x_o) = 1$.
Für den gesuchten Grenzwert gilt dann

$$\lim_{n\to\infty} \exp(x_n) = \lim_{n\to\infty} (\exp x_o \cdot \exp(x_n - x_o)) =$$

$$= \exp x_o \cdot \lim_{n\to\infty} \exp(x_n - x_o) = \exp x_o$$

Das war zu zeigen.

Zusammenfassung

Aus den stetigen Funktionen, die Sie bisher kennen - Polynome, Potenzreihen, trigonometrische Funktionen, Exponentialfunktion, Betragsfunktion - können Sie durch Addition, Multiplikation und Komposition zahllose weitere stetige Funktionen erhalten, zum Beispiel

$$x \mapsto e^{|\sin x|},\quad x \mapsto \frac{x^2+5}{e^x},\quad x \mapsto \sin x \cdot (\cos x)^2,$$

$$x \mapsto \cos(x^3 + |x|), \ldots .$$

Um nachzuweisen, daß eine gegebene Funktion stetig ist, werden Sie häufig umgekehrt verfahren: Sie zerlegen eine komplizierte Funktion in einfachere, als stetig bekannte, Funktionen.

(*) Beachten Sie den Summationsanfang und (8.28).

STETIG AUF [a,b]: DREI SÄTZE

stetig auf [a,b]

Sprechweise: eine Funktion f heißt *stetig auf einem abgeschlossenen Intervall* [a,b], wenn f in jedem Punkt $x \in [a,b]$ stetig ist. (*)

Wiederholung und Übersicht

Sie kennen die Definition einer stetigen Funktion und einige Beispiele stetiger Funktionen. Wie geht es weiter? In der Einleitung dieses Paragraphen ist beschrieben, wie die Frage nach dem Wertebereich der Exponentialfunktion oder jeder anderen Funktion f zusammenhängt mit der Frage, ob die Gleichung $y = f(x)$ lösbar ist. Die Lösbarkeit von Gleichungen behandelt - für stetige Funktionen - der schon in der Einleitung erwähnte *Zwischenwertsatz*.

Der Zwischenwertsatz beschreibt eine *Eigenschaft* von Funktionen, die auf einem abgeschlossenen Intervall stetig sind. Noch zwei weitere Eigenschaften werden in diesem Abschnitt angegeben: jede auf einem abgeschlossenen Intervall stetige Funktion ist beschränkt und jede auf einem abgeschlossenen Intervall stetige Funktion nimmt ihr Maximum und ihr Minimum an. Als erster soll der Satz von der Beschränktheit vorgestellt werden.

(10.20) Satz von der Beschränktheit

SATZ.- Sei $f: [a,b] \longrightarrow \mathbb{R}$ eine stetige Funktion. Dann ist f beschränkt.

Sie wissen: Die Funktion f heißt beschränkt, wenn die Menge der Funktionswerte $\{f(x) \mid x \in [a,b]\}$ beschränkt ist. D.h. es gibt eine Konstante M mit $|f(x)| < M$ für alle $x \in [a,b]$. Auch die Begriffe obere und untere Schranke aus Kapitel 5 brauchen Sie jetzt wieder.

BEWEIS.- (Blatter, Analysis I, Seite 123).
Es genügt, wenn Sie die folgenden Beispiele lesen. Sie sollen eine Vorstellung davon gewinnen, wie sich eine stetige Funktion auf einem abgeschlossenen Intervall verhält.

(10.21) BEISPIELE.- (1) Die Funktion $f: [1,2] \longrightarrow \mathbb{R}$, $f(x) := \frac{1}{x}$ ist als rationale Funktion auf [1,2] stetig.

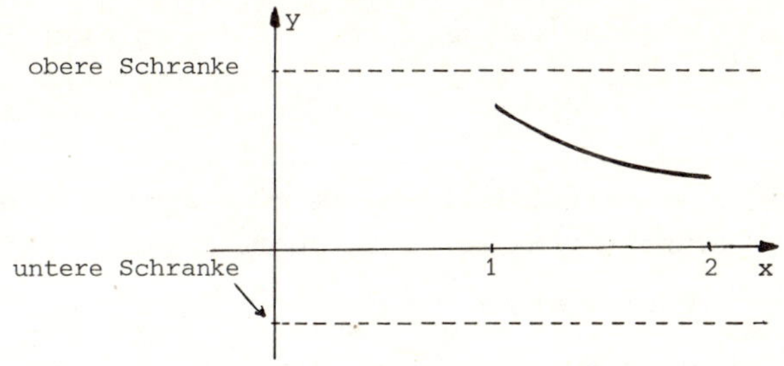

Bild 14.- Stetig auf [a,b] $\Longrightarrow$ beschränkt.

Die Funktion ist beschränkt; eine obere und eine untere Schranke sind eingezeichnet. Es gilt zum Beispiel $|f(x)| < 5$ für alle $x \in [1,2]$.

Das nächste Beispiel zeigt, daß schon eine Unstetigkeit in einem einzigen Punkt die Aussage von (10.20) zu Fall bringt.

(2) Die Funktion $f: [0,1] \longrightarrow \mathbb{R}$, $f(x) := \frac{1}{x}$ für $x \neq 0$ und $f(0) := 0$, ist stetig für alle $x \neq 0$. Die Funktion ist nicht beschränkt.

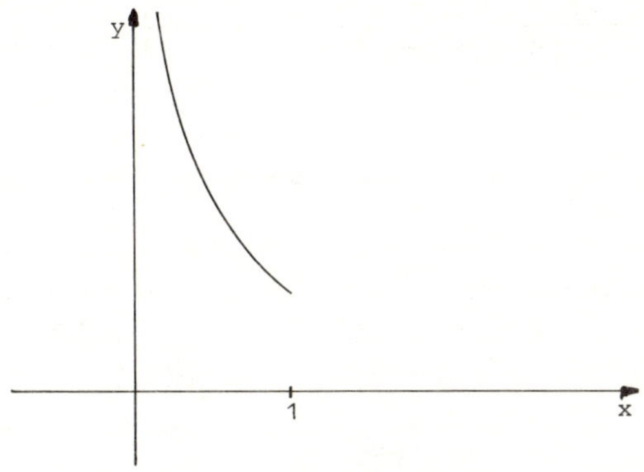

Bild 15.- Nicht beschränkte Funktion.

Im Nullpunkt ist die Funktion nicht stetig, denn der rechtsseitige Grenzwert $\lim\limits_{\substack{x \to 0 \\ x > 0}} \frac{1}{x}$ existiert nicht, während $f(0) = 0$. (*)

Sei weiterhin f stetig auf [a,b]. Nach Satz (10.20) ist die Menge $\{f(x) \mid x \in [a,b]\}$ beschränkt. Es existieren deshalb wegen des Supremumsaxioms die Zahlen sup f und inf f

$$\sup f := \sup \{f(x) \mid x \in [a,b]\}$$

$$\inf f := \inf \{f(x) \mid x \in [a,b]\}.$$

Dies steht in der Bemerkung nach (5.1). Auf den Seiten 68, 69 des Kapitels 5 wird auch diskutiert, daß Supremum und Infimum einer Menge nicht immer Elemente dieser Menge sind.

(*) Die Forderung "f ist stetig in jedem $x \in [a,b]$" bedeutet natürlich insbesondere, daß f für alle $x \in [a,b]$ definiert sein muß.

(*) Der linksseitige Grenzwert $\lim\limits_{\substack{x \to 0 \\ x < 0}} \frac{1}{x}$ ist nicht definiert, weil f nur für positive x definiert ist.

Der Satz vom Maximum (und Minimum) sagt nun, wann die Zahlen sup f und inf f <u>Werte</u> der Funktion sind:

(10.22) Satz vom Maximum

SATZ.- Sei $f: [a,b] \longrightarrow \mathbb{R}$ eine stetige Funktion. Dann gibt es einen Punkt $p \in [a,b]$ mit

$$f(p) = \sup f$$

und einen Punkt $q \in [a,b]$ mit

$$f(q) = \inf f.$$

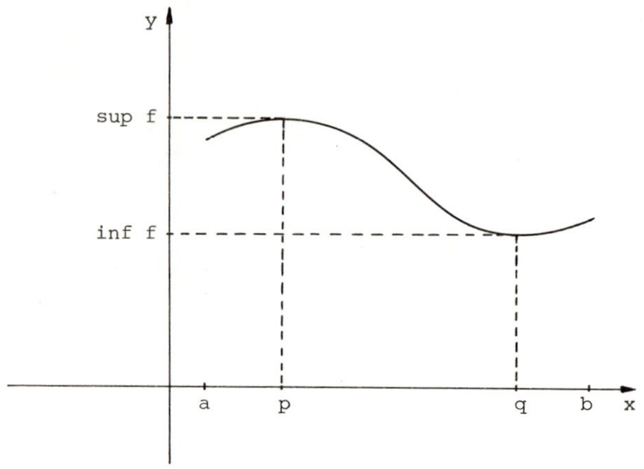

Bild 16.- Maximum und Minimum einer Funktion.

BEWEIS.- (Blatter, Analysis I, Seite 121).
Um ein "Gefühl" für diesen Satz zu gewinnen, genügt es wieder, wenn Sie die folgenden Beispiele lesen.

Maximum und Minimum einer Funktion

Der Satz zeigt, daß die Zahlen sup f und inf f Elemente der Menge $\{f(x) \mid x \in [a,b]\}$ sind. Entsprechend den Bezeichnungen in Kapitel 5 ist deshalb sup f das *Maximum* der Funktion, inf f das *Minimum* der Funktion. Man sagt: Die Funktion f nimmt ihr Maximum im Punkt p an, ihr Minimum im Punkt q.

(10.23)

BEISPIELE.- (1) Der Punkt p, in dem das Maximum angenommen wird, muß nicht eindeutig bestimmt sein (ebensowenig der Punkt q für das Minimum).
Die stetige Funktion $f: [0,2] \longrightarrow \mathbb{R}$,

$$f(x) := \begin{cases} x & \text{für } x \leq 1 \\ 1 & \text{für } x > 1 \end{cases}$$

nimmt die Zahl sup f = 1 in jedem Punkt p mit $1 \leq p \leq 2$ an; inf = 0 wird in q = 0 angenommen:

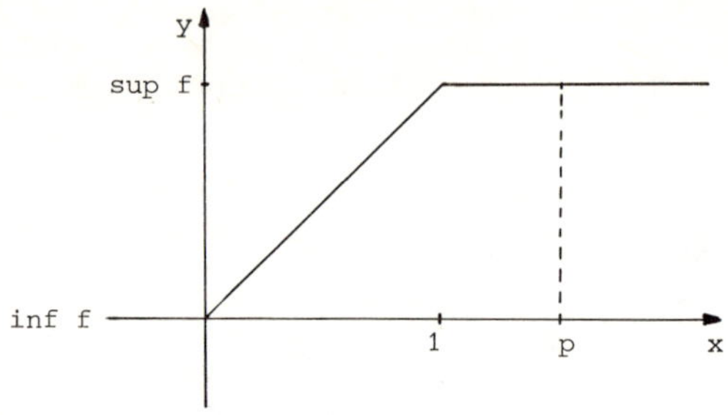

Bild 17.- Nicht eindeutige Maximumsstellen.

(2) Die Funktion $f:]0,1[\longrightarrow \mathbb{R}$, $f(x) := x$ ist stetig auf einem offenen Intervall. Sie nimmt weder sup f = 1 noch inf f = 0 an.

(3) Die Funktion $f:]0,2] \longrightarrow \mathbb{R}$, $f(x) = \frac{1}{x}$ ist stetig, aber nicht nach oben beschränkt. Deshalb existiert sup f nicht. Im Punkt 2 wird $\inf f = \frac{1}{2}$ angenommen.

Ausblick

Satz (10.22) sagt nur, daß es Punkte p und q gibt mit f(p) = sup f und f(q) = inf f. Er sagt nichts darüber, wie wir diese Punkte finden können. Tatsächlich gibt es auch kein allgemeines Verfahren, für eine beliebige auf [a,b] stetige Funktion die Stellen p und q zu bestimmen, in denen Maximum und Minimum angenommen werden. Für eine große Klasse stetiger Funktionen, die differenzierbaren Funktionen, werden Sie allerdings in Kapitel 11 lernen, wie Sie diese Stellen bestimmen können.

Wie schon die vorausgegangenen Sätze über die Beschränktheit und die Existenz von Maximum und Minimum stetiger Funktionen formuliert auch der Zwischenwertsatz eine Eigenschaft, die selbstverständlich zu sein scheint. Sie gilt allgemein, aber nur für <u>auf einem abgeschlossenen Intervall stetige Funktionen</u>.

Anschauung

Nehmen Sie ein Blatt Papier und zeichnen Sie ein Koordinatenkreuz auf. Sie sollen den Graph einer stetigen Funktion einzeichnen, die über einem abgeschlossenen Intervall definiert ist, zum Beispiel über [1,4]. In dem einen Endpunkt soll der Funktionswert negativ sein, zum Beispiel f(1) = -2, im anderen positiv, zum Beispiel f(4) = 5.

Zeichnen Sie nun einen beliebigen Graphen ein - beginnend im Punkt (1,-2), endend im Punkt (4,5). Der Zwischenwertsatz sagt unter anderem einfach, daß ihr Graph die x-Achse kreuzt.

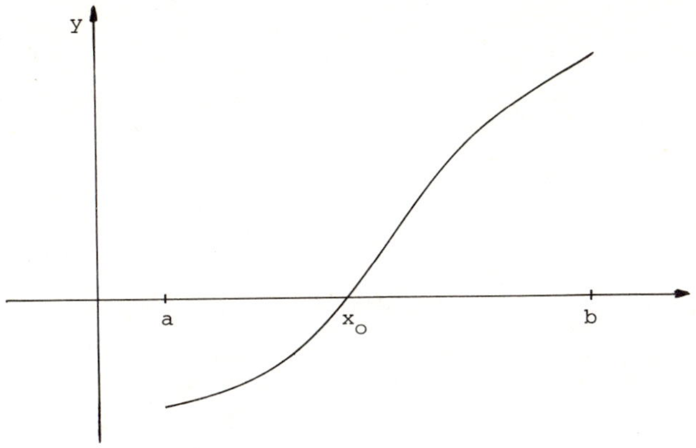

Bild 18.- Mindestens eine Nullstelle x_o, wenn $f(a) < 0$ und $f(b) > 0$.

(10.24) Zwischenwertsatz

SATZ.- Sei $f: [a,b] \longrightarrow \mathbb{R}$ eine stetige Funktion. Sei $f(a) < 0$ und $f(b) > 0$. Dann gibt es einen Punkt $x_o \in [a,b]$ mit $f(x_o) = 0$. Kurz: f hat eine Nullstelle in x_o.

Beweisidee

BEWEIS.- Im linken Endpunkt des Intervalls $[a,b]$ ist f negativ, im rechten positiv: $f(a) < 0$, $f(b) > 0$. Um näher an den gesuchten Punkt x_o heranzurücken, halbiert man das Intervall $[a,b]$. Für eine Hälfte gilt dann wieder, daß f in den beiden Endpunkten verschiedene Vorzeichen hat: Man betrachtet den Mittelpunkt m des Intervalls $[a,b]$, $m = \frac{1}{2}(a+b)$. Wenn $f(m) \geq 0$, so wählt man das Halbintervall $[a,m]$. Wenn $f(m) < 0$, so wählt man das Halbintervall $[m,b]$. (*)

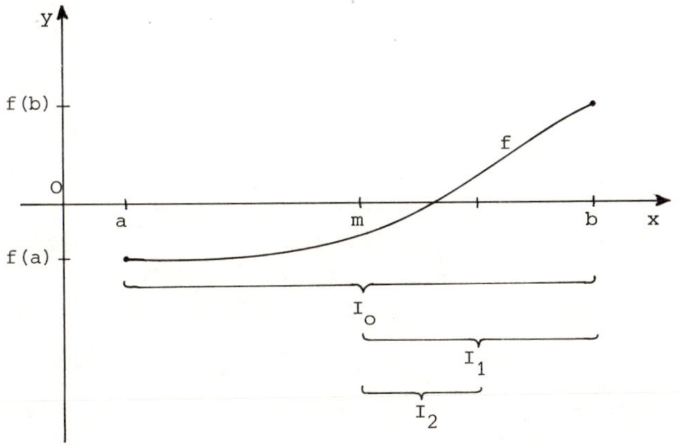

Bild 19.- Intervallschachtelung.

Man halbiert nun wieder und entscheidet sich wieder für das Halbintervall mit verschiedenen Vorzeichen in den Endpunkten usw.

(*) Was ist mit dem Fall $f(m) = 0$?

Sie sehen, daß eine Folge von Intervallen $I_o, I_1, I_2, \ldots$ entsteht. Die Endpunkte dieser Intervalle bilden zwei Folgen, die gegen denselben Punkt konvergieren (weil die Länge der Intervalle immer kleiner wird). Dieser Punkt ist eine gesuchte Nullstelle x_o.

Ausführung an einem Beispiel

Das eben skizzierte Beweisverfahren soll an einem Beispiel durchgerechnet werden. Das Beispiel sei die Funktion $x \longmapsto x^2 - 2$ auf dem Intervall $[1,2]$,

$$f: [1,2] \longrightarrow \mathbb{R}, \ f(x) = x^2 - 2 .$$

Die Voraussetzungen von (10.24) sind erfüllt, denn f ist stetig und in den Endpunkten gilt $f(1) = -1$ und $f(2) = 2$. Der Mittelpunkt des Intervalls $I_o = [1,2]$ ist $\frac{3}{2}$, es ist $f(\frac{3}{2}) = \frac{1}{4}$. Da die Funktion im Mittelpunkt von I_o positiv und im linken Rand von I_o negativ ist, entscheiden Sie sich für die linke Hälfte von I_o: Sie wählen als nächstes Intervall $[1,\frac{3}{2}]$ und halbieren wieder ...

Es entsteht so eine Folge von Intervallen

$$I_o = [1,2], \ I_1 = [1,\tfrac{3}{2}], \ I_2 = [\tfrac{5}{4},\tfrac{3}{2}], \ \ldots$$

mit den Eigenschaften

(1) Die Intervalle sind ineinander enthalten:

$$I_n \supset I_{n+1} \quad \text{für alle } n.$$

(2) Die Intervalle entstehen durch fortgesetzte Halbierung.

(3) Die Funktion hat in den Endpunkten der Intervalle verschiedene Vorzeichen.

A 6

AUFGABE 6.- Bestimmen Sie in unserem Beispiel die Intervalle $I_o, I_1, \ldots$ bis I_6. Bezeichnen Sie jeweils die Randpunkte eines Intervalls I_n mit a_n und b_n,

$$I_n = [a_n, b_n],$$

und schreiben Sie die Folgen (a_n) und (b_n) der linken und der rechten Randpunkte bis zum sechsten Glied auf. Warum ist die Folge (a_n) monoton wachsend und beschränkt, die Folge (b_n) monoton fallend und beschränkt?

Fortsetzung des Beispiels.- Aus Aufgabe 6 folgt, daß (a_n) und (b_n) konvergieren. Also existieren $\lim_{n\to\infty} a_n$ und $\lim_{n\to\infty} b_n$. Diese beiden Zahlen sind gleich wegen der Eigenschaft (2):

Es ist nämlich $b_o - a_o = 1$, $b_1 - a_1 = \frac{1}{2}, \ldots, b_n - a_n = \frac{1}{2^n}$, also

$$0 = \lim_{n\to\infty} (b_n - a_n) = \lim_{n\to\infty} a_n - \lim_{n\to\infty} b_n .$$

Linke und rechte Randpunkte rücken immer näher zusammen; wir haben bewiesen, daß sie gegen dieselbe Zahl konvergieren. Es sei

$$x_o = \lim_{n\to\infty} a_n = \lim_{n\to\infty} b_n .$$

Bleibt zu zeigen, daß x_o die gesuchte Nullstelle ist. Zunächst ergibt die Stetigkeit in f

$$\lim_{n\to\infty} f(a_n) = \lim_{n\to\infty} f(b_n) = f(x_o).$$

Wegen der Eigenschaft (3) und wegen $f(a_o) < 0 < f(b_o)$ ist

$$0 \geq \lim_{n\to\infty} f(a_n) = f(x_o)$$

$$0 \leq \lim_{n\to\infty} f(b_n) = f(x_o),$$

zusammengenommen also $0 = f(x_o)$.

Zusammenfassung.- Im Beweis des Zwischenwertsatzes (10.24) wird gezeigt, daß ein Punkt $x_o \in [a,b]$ existiert mit $f(x_o) = 0$. Der Beweis ist konstruktiv; das angewendete Verfahren heißt *Intervallschachtelung*: die Endpunkte geeigneter Intervalle konvergieren gegen eine Nullstelle x_o. Im Beispiel wird die Lösung $x_o = \sqrt{2}$ der Gleichung $x^2 - 2 = 0$ angenähert durch die Folgen (a_n) und (b_n) aus Aufgabe 6; die Glieder a_6 und b_6 zum Beispiel heißen *Näherungslösungen* dieser Gleichung. (*)

Intervallschachtelung

Näherungslösungen

Der Zwischenwertsatz gilt - wenn Sie anstelle des Wertes 0 eine geeignete Zahl c setzten - nicht nur für Nullstellen, sondern auch für beliebige "c-Stellen" (im Beweis betrachten Sie anstelle von f die Funktion f - c):

(10.25) Zwischenwertsatz

FOLGERUNG.- Sei f: [a,b] —> ℝ eine stetige Funktion. Sei c eine reelle Zahl zwischen f(a) und f(b). (**) Dann existiert eine Zahl $p \in [a,b]$ mit

$$f(p) = c$$

ERLÄUTERUNG.- Jede Zahl c <u>zwischen</u> f(a) und f(b) tritt als <u>Wert</u> der Funktion f auf: $c = f(p)$.

(*) Um die Nullstelle einer Funktion zu bestimmen, gibt es neben der Intervallschachtelung weitere Verfahren (Regula falsi oder lineare Interpolation, Newton-Verfahren), bei denen die Näherungslösungen oft wesentlich schneller gegen die gesuchte Nullstelle konvergieren.

(**) "c zwischen f(a) und f(b)" meint die beiden Fälle $f(a) < c < f(b)$ oder $f(b) < c < f(a)$. Ebenso gilt auch der Zwischenwertsatz (10.24) für den Fall $f(b) < f(a)$.

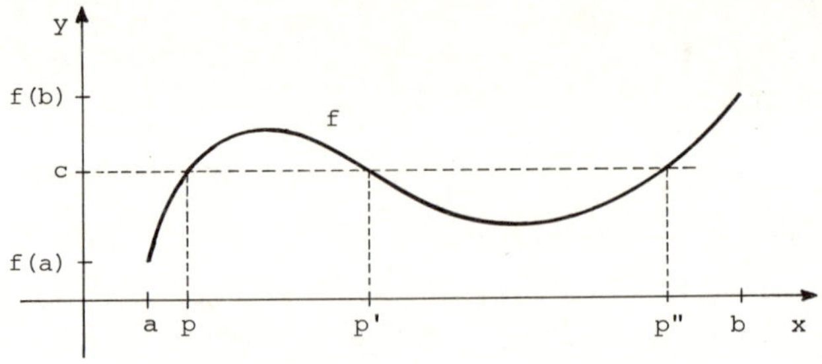

Bild 20.- Lösungen der Gleichung $c = f(x)$.

Man sagt: <u>die Gleichung</u> $f(x) = c$ <u>hat eine Lösung</u> p. Bild 20 zeigt Ihnen schon, daß im allgemeinen unter der Voraussetzung von (10.25) die Lösung p nicht eindeutig bestimmt ist: p' und p" sind auch Lösungen der Gleichung $f(x) = c$. Ebensowenig ist auch im Zwischenwertsatz (10.24) die Nullstelle x_o eindeutig bestimmt, wie die folgende Skizze zeigt:

Lösung einer Gleichung und Eindeutigkeit

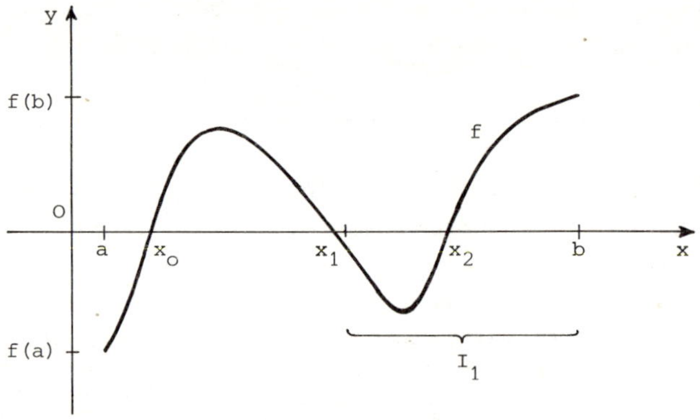

Bild 21.- Nullstellen und Intervallschachtelung.

Das Verfahren der Intervallschachtelung, wie es im Beweis von (10.24) beschrieben ist, liefert Ihnen nur die Nullstelle x_2.

Kann die Situation von Bild 21 auch bei monotonen stetigen Funktionen auftreten?

FOLGERUNG.- Sei f: [a,b] —> ℝ eine stetige Funktion. Sei c eine reelle Zahl zwischen f(a) und f(b). Wenn f streng monoton wachsend (oder fallend) ist, dann hat die Gleichung $f(x) = c$ eine eindeutige Lösung p. (10.26)

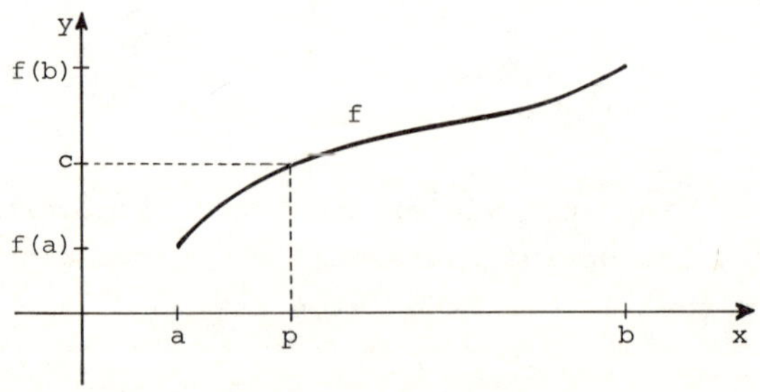

Bild 22.- Eindeutige Lösung der Gleichung $f(x) = c$.

Eine erste Anwendung des Zwischenwertsatzes ist die Existenz der n-ten Wurzel:

(10.27) FOLGERUNG.- Sei $n \in \mathbb{N}$ und $c > 0$. Dann gibt es genau eine positive Zahl p mit $p^n = c$. (*)
Die Zahl p heißt *n-te Wurzel*.

Wurzel

BEWEIS.- Die Beweisidee wird klar, wenn man die Behauptung so formuliert: die Funktion $f: \mathbb{R}_+ \longrightarrow \mathbb{R}$, $f(x) := x^n$ nimmt den Wert c genau einmal an!

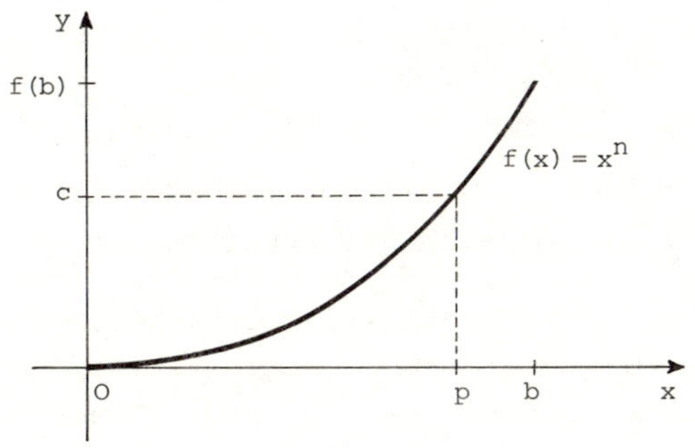

Bild 23.- $p^n = c$.

Um (10.26) anwenden zu können, müssen wir f auf einem geeigneten Intervall betrachten. Es gibt sicher eine Zahl $b > 0$ mit $f(b) > c$ (wenn $c > 1$, so wählen Sie $b > c$; wenn $c < 1$, so wählen Sie $b = 1$). Damit haben wir: die Funktion $f: [0,b] \longrightarrow \mathbb{R}$, $f(x) := x^n$ ist stetig, außerdem streng monoton wachsend. Also gibt es zu der Zahl c zwischen 0 und f(b) eine eindeutig bestimmte Zahl $p \in [0,b]$ mit $p^n = c$.

Ausblick

Wie der Zwischenwertsatz dazu dient, den Wertebereich einer stetigen Funktion zu bestimmen, sehen Sie in (10.27) und im nächsten Abschnitt am Beispiel der Exponentialfunktion. Wie Sie mit seiner Hilfe eine Nullstelle einer stetigen Funktion finden und berechnen können, zeigt Ihnen am Beispiel der Cosinusfunktion der darauf folgende Abschnitt über trigonometrische Funktionen.

(*) Genauso ergibt sich, daß es zu jeder ungeraden natürlichen Zahl n und zu jedem $c \in \mathbb{R}$ genau ein $p \in \mathbb{R}$ gibt mit $p^n = c$.

§ 2 ANWENDUNG AUF SPEZIELLE FUNKTIONEN

EXPONENTIALFUNKTION, LOGARITHMUS UND ALLGEMEINE POTENZ

Überblick

Der Wertebereich der Exponentialfunktion wird mit Hilfe des Zwischenwertsatzes bestimmt. Danach kann die Logarithmusfunktion als Umkehrfunktion der Exponentialfunktion definiert werden. Über den Logarithmus schließlich können wir die allgemeine Potenz a^x erklären.

Lesen Sie noch einmal Satz (9.10), der wichtige Eigenschaften der Exponentialfunktion zusammenfaßt.

Wertebereich von exp

Der Wertebereich W_{exp} der Exponentialfunktion können Sie jetzt selbst bestimmen, Sie brauchen dazu nur frühere Ergebnisse wie folgt zu verbinden.
Im Beweis von (9.10) steht, daß sich aus der Potenzreihendarstellung der Exponentialfunktion ergibt:
$\exp(n) \geq 1 + n$ für alle n. Daraus folgt

$$\lim_{n\to\infty} \exp(n) = \infty$$

(Diese symbolische Schreibweise meint: zu jeder Zahl R gibt es ein N so, daß $\exp(n) > R$ für alle $n \geq N$. Man sagt: mit wachsendem n strebt exp gegen unendlich) (*). Andererseits folgt aus $\exp(-n) = \frac{1}{\exp(n)}$ und aus $\lim\limits_{n\to\infty} \exp(n) = \infty$, daß

$$\lim_{n\to\infty} \exp(-n) = 0.$$

Lesen Sie jetzt noch einmal Aufgabe 7 in Kapitel 9 und die Antwort im Anhang durch.

Nach dem Zwischenwertsatz kommt jede reelle Zahl $y > 0$ als Wert der Exponentialfunktion vor: aus $\lim\limits_{n\to\infty} \exp(-n) = 0$ und $\lim\limits_{n\to\infty} \exp(n) = \infty$ folgt nämlich, daß es ganze Zahlen n_1 und n_2 gibt mit $e^{n_1} < y < e^{n_2}$:
Die auf $[n_1, n_2]$ eingeschränkte Funktion $\exp: [n_1, n_2] \longrightarrow \mathbb{R}$ ist stetig und streng monoton wachsend. Nach der Folgerung (10.26) aus dem Zwischenwertsatz gilt dann, daß es zur Zahl y zwischen $\exp(n_1)$ und $\exp(n_2)$ eine eindeutig bestimmte Zahl x gibt mit $\exp(x) = y$.

(*) Sicher ist die suggestive symbolische Schreibweise leichter verständlich als die nachfolgende Definition. Sie müssen die Verbindung zwischen beiden herstellen.

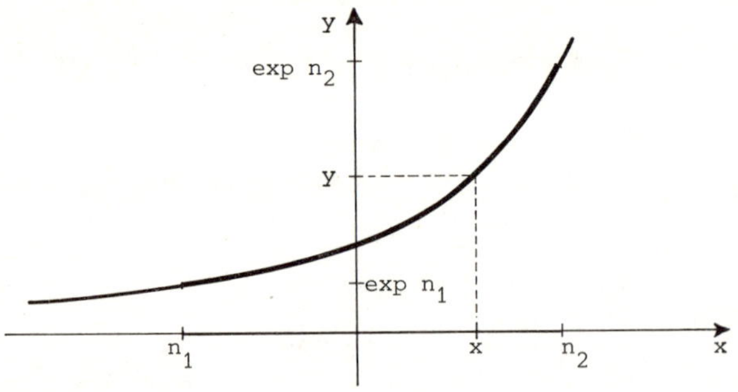

Bild 24.- Wertebereich der Exponentialfunktion

Da diese Argumentation für jedes $y > 0$ gilt, lautet das Ergebnis

Der Wertebereich der Exponentialfunktion ist gleich der Menge aller positiven reellen Zahlen:

$$\exp(\mathbb{R}) = \{x \in \mathbb{R} \mid x > 0\} \quad (=: \mathbb{R}_+^*)$$

Damit wissen Sie, daß der Graph der Exponentialfunktion wie in Kapitel 9 angegeben aussieht. Wie schnell (**) der Graph für positive Zahlen ansteigt, beschreibt der nächste Satz.

(10.28) Wachstum von exp

SATZ.- Es gilt für alle $k \in \mathbb{N}$

$$\lim_{x \to \infty} \frac{e^x}{x^k} = \infty .$$

Man sagt: die Exponentialfunktion wächst für x gegen ∞ stärker als jede Potenz von x.

BEWEIS.- Für $x > 0$ gilt

$$e^x = \sum_{n=0}^{\infty} \frac{x^n}{n!} > \frac{x^{k+1}}{(k+1)!} \quad \text{für jedes } k \in \mathbb{N}.$$

Aus $\frac{e^x}{x^k} > \frac{1}{(k+1)!}\, x$ folgt die Behauptung.

Die Logarithmusfunktion soll als Umkehrfunktion der Exponentialfunktion definiert werden.

Lesen Sie noch einmal die Definition der Umkehrfunktion in Kapitel 1.

Die Exponentialfunktion ist streng monoton wachsend, also ist $\exp: \mathbb{R} \to \mathbb{R}_+^*$ injektiv: zu jedem $y \in \mathbb{R}_+^*$ gibt es genau ein $x \in \mathbb{R}$ mit $\exp(x) = y$ (siehe Seite 8 und 54). Die folgende Definition ist deshalb sinnvoll.

(**) Der Graph von $x \mapsto x^3$ liegt für große x über dem Graphen von $x \mapsto x^2$, allgemein steigt $x \mapsto x^{n+1}$ schneller als $x \mapsto x^n$.
Der Satz (10.28) sagt, daß (wie groß auch der Exponent k ist) e^x größer wird als x^k für genügend großes x.

(10.29) natürlicher Logarithmus

DEFINITION.- Die Umkehrfunktion $\ln: W_{\exp} \to \mathbb{R}$ der Exponentialfunktion heißt *natürliche Logarithmusfunktion:*

$$\ln := \exp^{-1}. \quad (*)$$

Aus der Definition als Umkehrfunktion können Sie ableiten:

(10.30) Eigenschaften des Logarithmus

FOLGERUNG.- (1) Der Logarithmus ist nur für positve reelle Zahlen definiert, $\ln: \mathbb{R}_+^* \to \mathbb{R}$.

(2) Es ist $x = \ln y$ für $y > 0$ genau dann, wenn $e^x = y$.

(3) Es gilt $e^{\ln x} = x$ für alle $x > 0$
$\ln(e^x) = x$ für alle $x \in \mathbb{R}$.

(4) Schließlich folgt aus dem nächsten Satz, daß ln eine stetige Funktion ist.

(10.31) Umkehrfunktion stetig

SATZ.- Sei $f: I \to \mathbb{R}$ eine stetige, streng monoton wachsende (oder fallende) Funktion, I ein beliebiges Intervall in $\mathbb{R}$. Dann ist die Umkehrfunktion $f^{-1}: f(I) \to \mathbb{R}$ stetig und ebenfalls streng monoton wachsend (oder fallend); f(I) ist wieder ein Intervall. (*)

BEWEIS.- Lassen wir aus (siehe Blatter, Analysis I, Seite 129).

BEISPIEL.- Das Beispiel soll Ihnen zeigen, daß Sie in (10.31) eine weitere Methode zur Hand haben, stetige Funktionen zu erkennen. Die Funktion $g: \mathbb{R}_+ \to \mathbb{R}$,

$$g(x) := \sqrt[n]{x}$$

ist die Umkehrfunktion der Funktion $f: \mathbb{R}_+ \to \mathbb{R}$, $f(x) := x^n$. f ist streng monoton wachsend und stetig auf jedem Intervall $[a,b] \subset \mathbb{R}_+$. Also ist auch $g = f^{-1}$ streng monoton wachsend und stetig auf jedem Intervall $[c,d] \subset \mathbb{R}$ mit $c \geq 0$.

Zurück zum Logarithmus: auch alle weiteren Eigenschaften des natürlichen Logarithmus ergeben sich aus seiner Definition als Umkehrfunktion. Der nächste Satz zum Beispiel folgt aus der Funktionalgleichung der Exponentialfunktion. Er ist die Grundlage des Rechnens mit Logarithmentafeln und Rechenschiebern.

(10.32)

FOLGERUNG.- Für alle $x, y \in \mathbb{R}_+^*$ gilt

$$\ln(x \cdot y) = \ln(x) + \ln(y)$$

(*) Die Umkehrfunktion f^{-1} hat NICHTS mit der reziproken Funktion $x \mapsto \frac{1}{f(x)}$ zu tun! — Achtung!

BEWEIS.- Sei $\ln x =: t$, $\ln y =: s$. D.h. es ist $x = \exp(t)$ und $y = \exp(s)$.

$\ln(x \cdot y) = \ln(e^t \cdot e^s) = \ln(e^{t+s}) = t + s = \ln x + \ln y$

Prägen Sie sich vor allem den Graphen des Logarithmus ein:

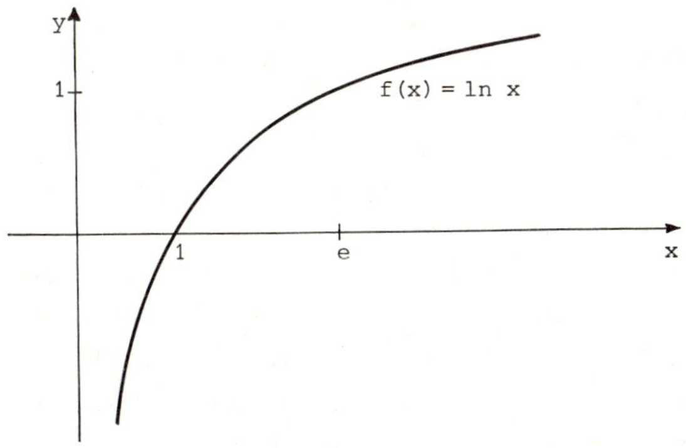

Bild 25.- Logarithmusfunktion

Mit Hilfe des Logarithmus kann man Potenzen mit beliebigen reellen Exponenten erklären.

Sei $a > 0$. *Es ist* $a = e^{\ln a}$ *nach der Definition des Logarithmus als Umkehrfunktion.*

(10.33) a^x DEFINITION.- Sei $a > 0$ und $x \in \mathbb{R}$.

$$a^x := e^{x \cdot \ln a}$$

heißt *allgemeine Potenz* (genauer: allgemeine Potenz der Basis a mit Exponent x). Sie definiert die *Exponentialfunktion zur Basis a*, $\exp_a: \mathbb{R} \to \mathbb{R}$

$$\exp_a(x) := a^x.$$

Die Definition (10.33) müssen Sie sich gut merken, denn Zahlen wie zum Beispiel $2^{\sqrt{2}}$ *sind durch* $a^b := e^{b \cdot \ln a}$ *überhaupt erst erklärt:* $2^{\sqrt{2}} = e^{\sqrt{2} \cdot \ln 2}$.

(10.34) Rechenregeln BEMERKUNG.- Die Rechenregeln für die allgemeine Potenz folgen unmittelbar aus der Definition. Sie können in den Rechenregeln für die Exponentialfunktion e durch a ersetzen, zum Beispiel gilt für $a > 0$

$$a^{x+y} = a^x \cdot a^y \quad \text{für alle } x,y \in \mathbb{R}.$$

Als Beispiel der Beweis von $(a^x)^y = a^{xy}$: aus $a^x = e^{x \cdot \ln a}$ folgt

$$(a^x)^y = e^{y \cdot \ln(e^{x \cdot \ln a})} = e^{y(x \cdot \ln a)} = e^{(xy)\ln a} = a^{xy}.$$

A 7 *AUFGABE 7.- Zeigen Sie, daß für alle* $x,y \in \mathbb{R}_+^*$ *gilt*

$$\ln\left(\frac{x}{y}\right) = \ln x - \ln y.$$

Zeigen Sie, daß aus der Eigenschaft (2) und (10.30)

$$\ln x^r = r \cdot \ln x \quad \text{für alle } r \in \mathbb{Q}.$$

Ebenso $\ln 1 = 0$ *und* $\ln e = 1$.

BEMERKUNG.- Die Funktion $\exp_a: \mathbb{R} \to \mathbb{R}$ ist stetig. (10.35)

BEWEIS.- Kurz aufgeschrieben:

$$\lim_{x \to x_0} \exp_a(x) = \lim_{x \to x_0} \exp(x \cdot \ln a) = \exp(x_0 \cdot \ln a) = \exp_a(x_0).$$

Nebenbei bemerkt: aus dem letzten Satz folgt ein Ihnen wohlbekannter Grenzwert einer Folge:

BEHAUPTUNG.- Es gilt $\lim_{n\to\infty} \sqrt[n]{a} = 1$ für $a > 0$.

BEWEIS.- $\lim_{n\to\infty} \sqrt[n]{a} = \lim_{n\to\infty} \exp_a\left(\frac{1}{n}\right) = \exp_a(0) = 1$.

Sie haben gesehen, daß die Funktion $\exp_a$ stetig ist, weil sie die Komposition der stetigen Funktionen exp und $x \mapsto x \cdot \ln a$ ist. Aus dem gleichen Grund ist $\exp_a$ streng monoton wachsend (fallend) für $a > 1$ (für $a < 1$) (*). Deshalb läßt sich schließlich auch noch zu $\exp_a$ die Umkehrfunktion definieren.

DEFINITION.- Sei $a > 0$ und $a \neq 1$. Die Umkehrfunktion der Funktion $\exp_a: \mathbb{R} \to \mathbb{R}$ heißt *allgemeine Logarithmusfunktion zur Basis a*. (10.36) $\log_a$

Man schreibt: $\log_a: \mathbb{R}_+^* \to \mathbb{R}$.

BEMERKUNG.- $\log_a$ hat die gleichen Eigenschaften wie ln. Den Zusammenhang beschreibt: Eigenschaften des allgemeinen Logarithmus

$$\log_a(x) = \frac{\ln x}{\ln a}.$$

Diese Gleichung folgt aus

$$e^{\ln x} = x = a^{\log_a(x)} = e^{(\log_a x) \cdot \ln a}$$

(wieso folgt aus $e^c = e^d$, *daß* $c = d$? *Injektiv!).*

In der Praxis verwendete man früher meistens Logarithmentafeln mit den Logarithmen zur Basis 10 wegen der einfachen Beziehung zu dekadischen System:

$$\log_{10}(10^r\, x) = r + \log_{10} x, \quad r \in \mathbb{Q}.$$

Zum Beispiel: $\log_{10}(0{,}082) = -2 + \log_{10}(8{,}2)$.

Der letzte Satz dieses Abschnitts beschreibt das Verhalten der Logarithmusfunktion im Unendlichen.

(*) Für $a > 1$ ist $\ln a > 0$, für $a < 1$ ist $\ln a < 0$.

(10.37) Logarithmus im Unendlichen

SATZ.- Es gilt

$$\lim_{x\to\infty} (\ln x) = \infty \quad \text{und} \quad \lim_{\substack{x\to 0\\ x>0}} (\ln x) = -\infty.$$

BEWEIS.- Für die erste Aussage ist zu zeigen, daß es zu jeder Zahl $R>0$ eine Zahl K gibt mit $\ln x > R$ für $x > K$.
Sei $R>0$ vorgegeben. Dann wählen Sie $x > e^R =: K$. Mit der Exponentialfunktion ist auch der Logarithmus streng monoton wachsend - siehe (10.31). Also bleibt die letzte Ungleichung erhalten, wenn Sie auf beiden Seiten logarithmieren:

$$\ln x > \ln (e^R) = R.$$

Das war zu zeigen! Daraus folgt dann auch die zweite Aussage:

$$\lim_{\substack{x\to 0\\ x>0}} (\ln x) = \lim_{y\to\infty} (\ln \frac{1}{y}) = -\lim_{y\to\infty} (\ln y) = -\infty.$$

Es folgen noch einmal die wichtigsten Graphen

Potenzen

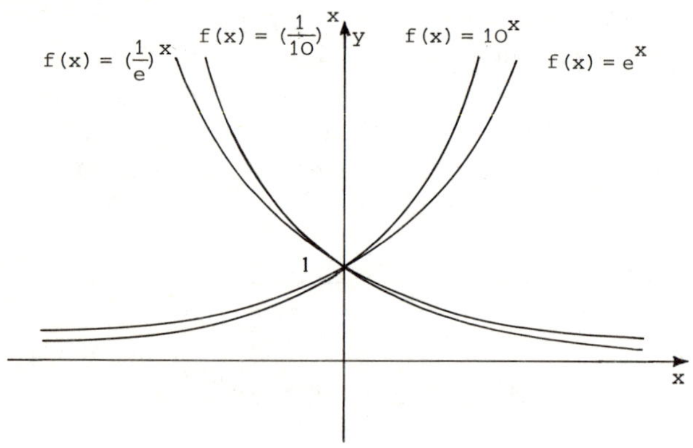

Logarithmen

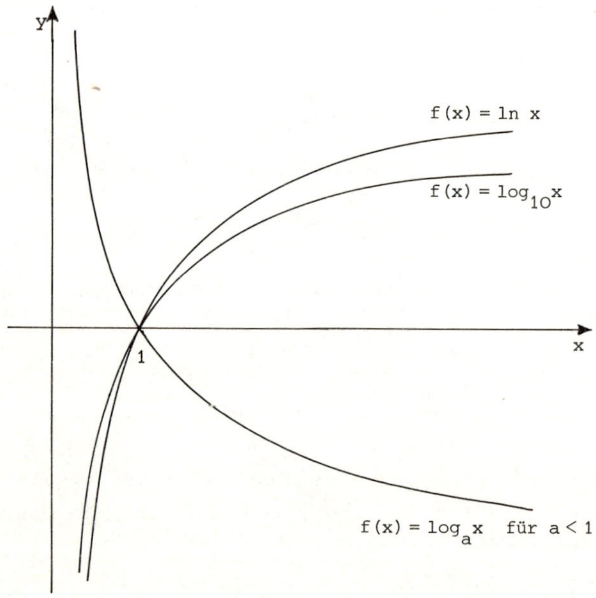

TRIGONOMETRISCHE FUNKTIONEN

Übersicht

Einige wichtige wohlbekannte Eigenschaften der trigonometrischen Funktionen stehen bislang noch aus. Nachdem man weiß, daß Sinus und Cosinus stetig sind, kann man mit Hilfe des Zwischenwertsatzes beweisen, daß die Cosinusfunktion eine Nullstelle hat. Daraus folgt dann auch, daß der Wertebereich von Sinus und Cosinus das Intervall $[-1,1]$ ist und daß diese Funktionen periodisch sind.
Insgesamt zeigt dieser Abschnitt, daß alle Ihnen schon bekannten Eigenschaften der trigonometrischen Funktionen aus ihrer Definition in Kapitel 9 folgen. Zum Abschluß werden Tangens, Cotangens und die Umkehrfunktionen der trigonometrischen Funktionen definiert.

(10.38) Nullstelle von cos

SATZ.- Die Cosinusfunktion hat im Intervall $[0,2]$ genau eine Nullstelle.

BEWEIS.- (1) Die Cosinusfunktion hat in $[0,2]$ mindestens eine Nullstelle, denn $\cos 0 = 1$ ist bekannt und im anderen Endpunkt des Intervalls $[0,2]$ gilt $\cos 2 \leq -\frac{1}{3}$. Sie wissen nämlich, daß die Cosinusfunktion durch eine alternierende Reihe definiert ist. Für x=2 ist Satz (8.22) anwendbar (prüfen Sie die Voraussetzungen nach!); es ergibt sich:

$$\cos 2 \leq 1 - \frac{2^2}{2!} + \frac{2^4}{4!} = -\frac{1}{3}.$$

(2) Bleibt zu zeigen, daß die Cosinusfunktion in $[0,2]$ nicht mehr als eine Nullstelle hat. Dazu dient die Behauptung, daß die Cosinusfunktion in $[0,2]$ streng monoton fallend ist. Diese Behauptung ist bewiesen, wenn für $0 \leq x_1 < x_2 \leq 2$ gilt

$$\cos x_1 - \cos x_2 > 0.$$

Zum Beweis verwendet man ein Additionstheorem:

(*) $$\cos x_1 - \cos x_2 = 2 \sin \frac{x_1 + x_2}{2} \sin \frac{x_2 - x_1}{2}$$

Wenn nun $\sin x > 0$ für alle $x \in]0,2]$ richtig ist, so folgt daraus die Behauptung.

(3) Es gilt tatsächlich $\sin x > 0$ für alle $x \in]0,2]$, denn wie im Beweis von (10.12) erhält

(*) Aus den Additionstheoremen (9.15) folgt, daß $\cos x - \cos y = -2 \sin \frac{x+y}{2} \sin \frac{x-y}{2}$ für $x,y \in \mathbb{R}$.

man für alle $x \in]0,2]$ die Abschätzung:

$$x - \frac{x^3}{3!} \leq \sin x .$$

Daraus folgt:

$$\sin x \geq x\left(1-\frac{x^2}{3!}\right) \geq x\cdot\frac{1}{3} > 0 \quad \text{für alle } x \in]0,2].$$

(10.39) Die Zahl $\frac{\pi}{2}$

DEFINITION.- Die eindeutig bestimmte Nullstelle der Cosinusfunktion im Intervall $[0,2]$ wird mit $\frac{\pi}{2}$ bezeichnet.

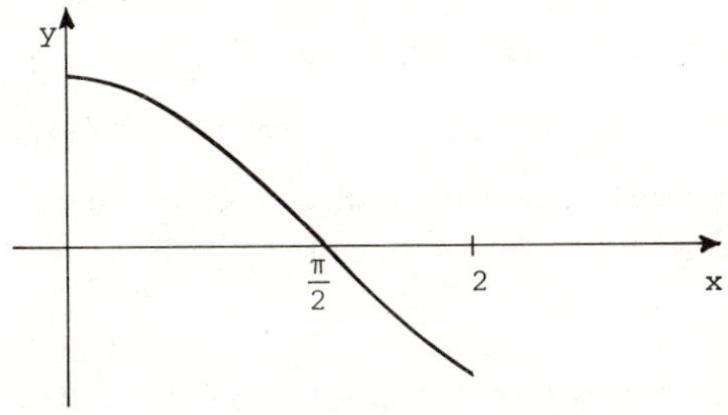

Bild 26.- Nullstelle der Cosinusfunktion.

A 8 Berechnung von $\frac{\pi}{2}$

AUFGABE 8.- Sie sollen die Zahl $\frac{\pi}{2}$ nach der folgenden Methode berechnen: Aus dem Zwischenwertsatz folgt, daß die Zahl $\frac{\pi}{2}$ zwischen x und y liegt, falls $\cos x > 0$, $\cos y < 0$ und $x, y \in [0,2]$. Berechnen Sie (am besten mit Taschenrechner) über die Reihendarstellung zum Beispiel $\cos 1{,}5 = 0{,}07074\ldots$ und $\cos 1{,}6 = -0{,}02920\ldots$.
Es folgt $1{,}5 < \frac{\pi}{2} < 1{,}6$.

Der Schnittpunkt der Graphen der Cosinusfunktion mit der x-Achse, d.h. die Zahl $\frac{\pi}{2}$, ist noch nicht genau bekannt, deshalb wählt man als Näherungslösung x_o den Schnittpunkt dieser Geraden mit der x-Achse:

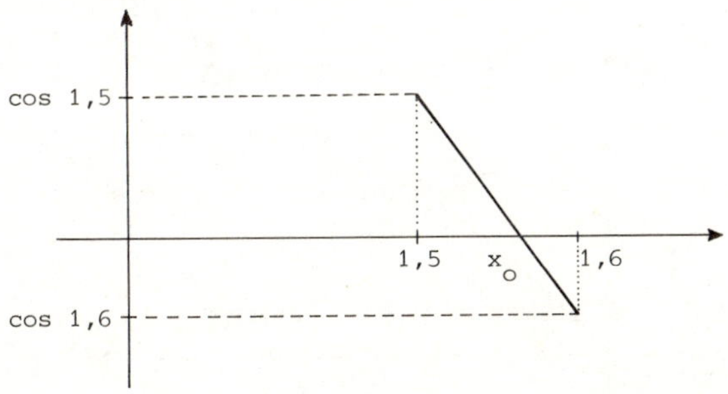

Überlegen Sie sich, daß aus dem Strahlensatz folgt:

$$x_o = 1{,}5 + 0{,}1 \; \frac{\cos 1{,}5}{\cos 1{,}5 - \cos 1{,}6} = ?$$

(Dieses Verfahren hat den Namen lineare Interpolation oder Regula falsi).
Überprüfen Sie jetzt, ob zum Beispiel $\cos x_o > 0$. Dann interpolieren Sie in gleicher Weise zwischen x_o und 1,6 usw. Es ist $\pi = 3{,}14159\ldots$.

Die charakteristischen Werte der trigonometrischen Funktionen und ihr Wertebereich insgesamt ergeben sich aus ihrer Definition als Real- und Imaginärteil von e^{ix}.
Sie wissen, daß die komplexen Zahlen e^{ix} für alle $x \in \mathbb{R}$ auf dem Einheitskreis liegen. Speziell gilt nun:

BEHAUPTUNG.- Es ist $e^{\frac{\pi}{2}i} = i$, $e^{\pi i} = -1$, $e^{\frac{3\pi}{2}i} = -i$, $e^{2\pi i} = 1$.

Einheitskreis

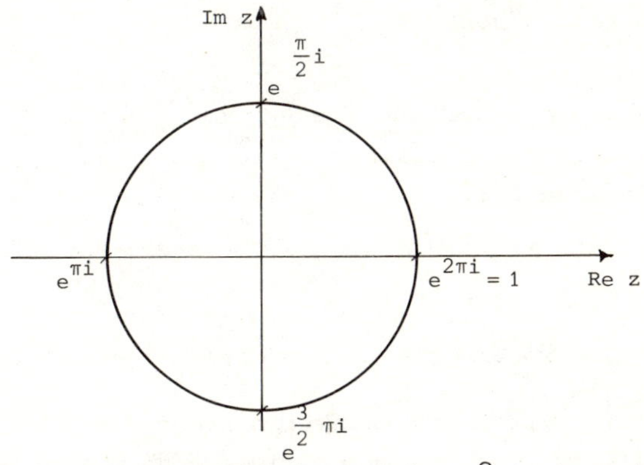

Wenn Sie auf dem Einheitskreis bei $1 = e^0$ starten und gegen den Uhrzeigersinn laufen, sind Sie "innerhalb von 2π" über $i, -1, -i$ wieder bei 1 angekommen.
Sie haben jetzt die Zahl $\frac{\pi}{2}$ als Nullstelle der durch eine Reihe definierten Cosinusfunktion kennengelernt. Sie werden später sehen, daß die Zahl 2π tatsächlich der Umfang des Einheitskreises ist.

BEWEIS.- Aus $\sin^2 \frac{\pi}{2} = 1 - \cos^2 \frac{\pi}{2} = 1$ und Teil 2 des letzten Beweises, daß nämlich $\sin x > 0$ in $]0,2]$, folgt $\sin \frac{\pi}{2} = 1$.
Also ist $e^{\frac{\pi}{2}i} = \cos\frac{\pi}{2} + i\cdot\sin\frac{\pi}{2} = i$ (Eulersche Formel!).

Weiterhin:

$$e^{\pi i} = \left(e^{\frac{\pi}{2}i}\right)^2 = i^2 = -1,$$

$$e^{\frac{3}{2}\pi i} = e^{\pi i} e^{\frac{\pi}{2}i} = -i,$$

$$e^{2\pi i} = \left(e^{\pi i}\right)^2 = 1.$$

A 9

AUFGABE 9.- Die noch nicht bewiesenen Werte der trigonometrischen Funktionen in der folgenden Liste sollen Sie aus der letzten Behauptung durch Vergleich mit der Eulerschen Formel ableiten:

$$\sin 0 = 0,\ \sin\frac{\pi}{2} = 1,\ \sin\pi = 0,\ \sin\frac{3}{2}\pi = -1,\ \sin 2\pi = 0,$$

$$\cos 0 = 1,\ \cos\frac{\pi}{2} = 0,\ \cos\pi = -1,\ \cos\frac{3}{2}\pi = 0,\ \cos 2\pi = 1.$$

Wertebereich von sin und cos

FOLGERUNG.- Einerseits liegen in den Wertebereichen der Funktionen sin und cos die Zahlen 1 und -1, weswegen nach dem Zwischenwertsatz

alle Zahlen zwischen 1 und -1 in den Wertebereichen liegen müssen. Andererseits haben Sie gesehen, daß unmittelbar aus der Definition in Kapitel 9 die Abschätzungen $|\sin x| \leq 1$ und $|\cos x| \leq 1$ für alle x folgen.
Also können keine größeren Zahlen als 1 und -1 in den Wertebereichen W_{sin} und W_{cos} liegen. Es gilt deshalb

$$W_{sin} = W_{cos} = [-1,1].$$

Periode 2π

ERLÄUTERUNG.- Der nächste Satz sagt, daß die Funktionen Sinus und Cosinus periodisch sind mit der Periode 2π:

$\cos x = \cos(x+2\pi)$ und $\sin x = \sin(x+2\pi)$ für alle x.

Zum Beispiel ist

$1 = \cos 0 = \cos 2\pi = \cos 4\pi = \ldots = \cos(-2\pi) = \cos(-4\pi)\ldots$

Man sagt: Die Cosinusfunktion nimmt den Wert 1 "unendlich oft" an, ebenso jede andere Zahl aus dem Wertebereich W_{cos}.

Allgemein heißt eine Funktion $f: \mathbb{R} \to \mathbb{R}$ *periodisch mit der Periode* T, wenn $T \neq 0$ und

$$f(x) = f(x+T) \qquad \text{für alle } x \in \mathbb{R}.$$

Zahlreiche Probleme der Praxis, zum Beispiel Schwingungen und Wellenbewegungen führen zu periodischen Funktionen, die sich mit Hilfe von Sinus, Cosinus und ihren Überlagerungen beschreiben lassen. (*)
Man kann zeigen, daß 2π die kleinste Periode der Funktionen Sinus und Cosinus ist. Deshalb entsteht das bekannte Bild:

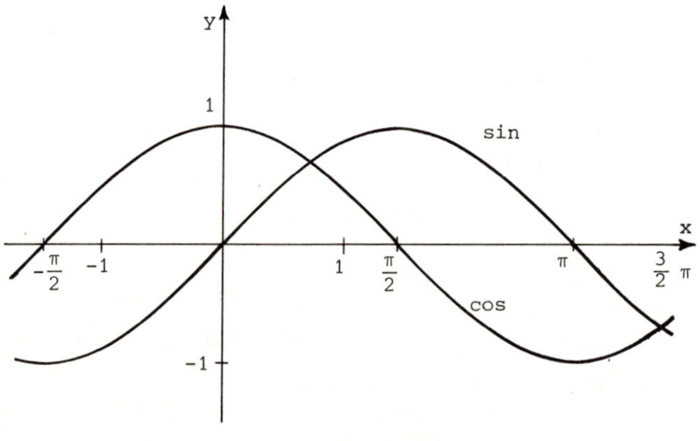

Bild 27.- Sinus und Cosinus.

Ausblick

(*) Sie werden später sehen, daß die Funktionen Sinus und Cosinus Lösungen der Differentialgleichung für die freie ungedämpfte Schwingung sind.

(10.40) sin und cos sind periodisch

SATZ.- Für alle $x \in \mathbb{R}$ gilt

$$\cos x = \cos(x+2\pi), \quad \sin x = \sin(x+2\pi).$$

Gleichungen dieser Art können Sie in Formelsammlungen finden.

BEWEIS.- Alle Aussagen folgen aus der vorangegangenen Bemerkung über die speziellen Werte von e^{ix} auf dem Einheitskreis und der Eulerschen Formel. Zum Beispiel:
Aus $e^{(x+2\pi)i} = e^{ix} \cdot e^{2\pi i} = e^{ix}$ für alle x folgt:
$\cos(x+2\pi) + i \cdot \sin(x+2\pi) = \cos x + i \cdot \sin x$.
Nun sind zwei komplexe Zahlen genau dann gleich, wenn Real- und Imaginärteil gleich sind, also gilt

$\cos(2\pi+x) = \cos x$ und $\sin(2\pi+x) = \sin x$ für alle x.

A 10

AUFGABE 10.- a) Beweisen Sie mit Hilfe der Gleichung $e^{(\pi+x)i} = e^{i\pi}e^{ix} = -e^{ix}$ und der entsprechenden Eulerschen Formel

$$\cos(\pi+x) = -\cos x, \quad \sin(\pi+x) = -\sin x$$
$$\cos(\pi-x) = -\cos x, \quad \sin(\pi-x) = \sin x.$$

b) Beweisen Sie in gleicher Weise

$$\cos x = \sin\left(\frac{\pi}{2}-x\right), \quad \sin x = \cos\left(\frac{\pi}{2}-x\right).$$

BEMERKUNG.- Aus Satz (10.40) und Aufgabe 10 folgt, daß die Funktionen Sinus und Cosinus nur für $0 \leq x \leq \frac{\pi}{4}$ berechnet werden müssen !

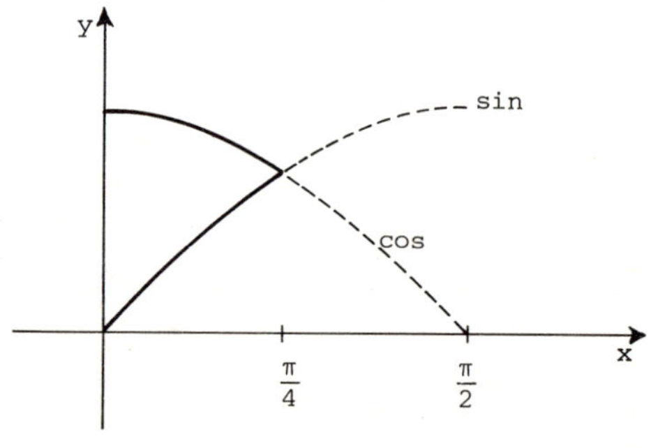

D.h. aus diesen beiden Kurvenstücken können Sie durch Verschieben und Spiegeln den gesamten Graphen der Sinus- und Cosinusfunktion zusammensetzen.

Durch Satz (10.40) sind auch alle Nullstellen der Sinus- und Cosinusfunktion beschrieben, die in der Definition von Tangens und Cotangens beachtet werden müssen.

(10.41) **DEFINITION.-** Die Funktionen *Tangens* und *Cotangens* werden durch die folgenden Gleichungen definiert:

tan x $$\tan x = \frac{\sin x}{\cos x} \quad \text{für alle } x \in \mathbb{R} \text{ mit } \cos x \neq 0.$$

cot x $$\cot x = \frac{\cos x}{\sin x} \quad \text{für alle } x \in \mathbb{R} \text{ mit } \sin x \neq 0.$$

BEMERKUNG.- Tangens ist also definiert für alle $x \neq \frac{\pi}{2} + k\pi$, $k \in \mathbb{Z}$; Cotangens für alle $x \neq k\pi$; $k \in \mathbb{Z}$.

Als Quotienten stetiger Funktionen sind auch Tangens und Cotangens stetige Funktionen. Sie sind periodisch mit Periode π.

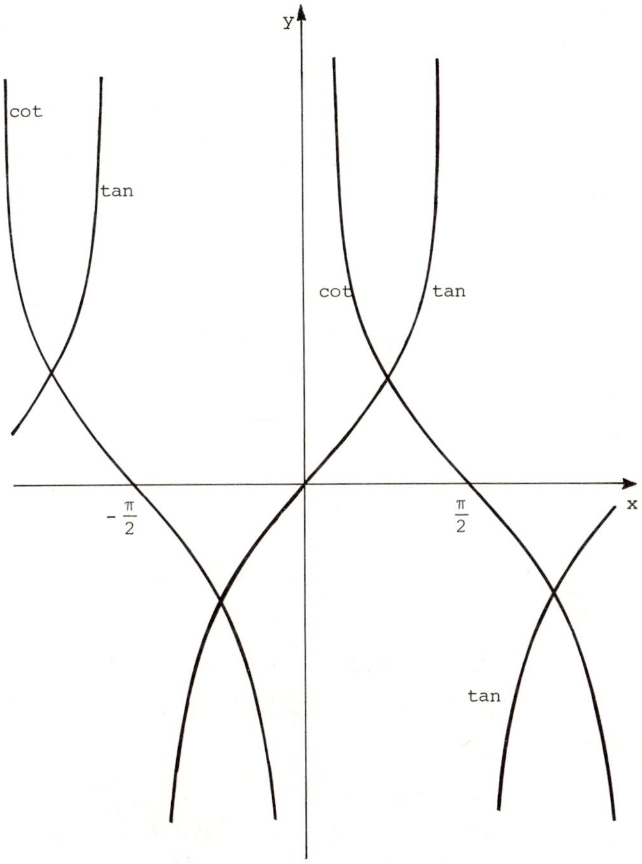

Bild 28.- Tangens und Cotangens.

Umkehrfunktionen (Arcusfunktionen) Die Umkehrfunktionen der trigonometrischen Funktionen - <u>Arcusfunktionen</u> genannt - sollen mit den gleichen Sätzen gewonnen werden wie die Logarithmusfunktion aus der Exponentialfunktion: Eine streng monoton wachsende (oder fallende) Funktion ist injektiv und läßt deshalb entsprechend Kapitel 1 eine Umkehrfunktion zu.

Problem Nun sind zunächst sin, cos, tan und cot nicht streng monoton (wachsend oder fallend) in ihren Definitionsbereichen. Dies zeigt Ihnen der Graph dieser Funktionen; es folgt auch daraus, daß die trigonometrischen Funktionen periodisch sind. Eine Gleichung wie

$$\cos x = \cos (x + 2\pi) = \cos (x + 4\pi) = \ldots$$

kann für eine streng monotone Funktion nicht gelten.

Man schränkt deshalb diese Funktionen ein auf Intervalle, in denen sie streng monoton sind. Lösung

Zum Beispiel haben Sie unter (10.38) gesehen, daß der Cosinus im Intervall [0,2] streng monoton fallend ist. Sie erkennen aber sofort an den Graphen der trigonometrischen Funktionen, daß es zahlreiche Intervalle gibt, in denen sin, cos, tan und cot streng monoton sind. Für den Sinus sind dies zum Beispiel die Intervalle $[-\frac{1}{2}\pi, \frac{1}{2}\pi]$ $[\frac{1}{2}\pi, \frac{3}{2}\pi], \ldots, [-\frac{3}{2}\pi, -\frac{1}{2}\pi], \ldots$.

Unter diesen vielen möglichen Intervallen wählt man üblicherweise die folgenden aus:

SATZ UND DEFINITION.- (1) Sinus ist im Intervall $[-\frac{\pi}{2}, \frac{\pi}{2}]$ streng monoton wachsend. Die Umkehrfunktion der Einschränkung des Sinus auf $[-\frac{\pi}{2}, \frac{\pi}{2}]$ (10.42)

$$\text{arc sin}: [-1,1] \longrightarrow \mathbb{R}$$

heißt *Arcus-Sinus*. Arcus-Sinus

(2) Cosinus ist im Intervall $[0,\pi]$ streng monoton fallend. Die entsprechende Umkehrfunktion

$$\text{arc cos}: [-1,1] \longrightarrow \mathbb{R}$$

heißt *Arcus-Cosinus*. Arcus-Cosinus

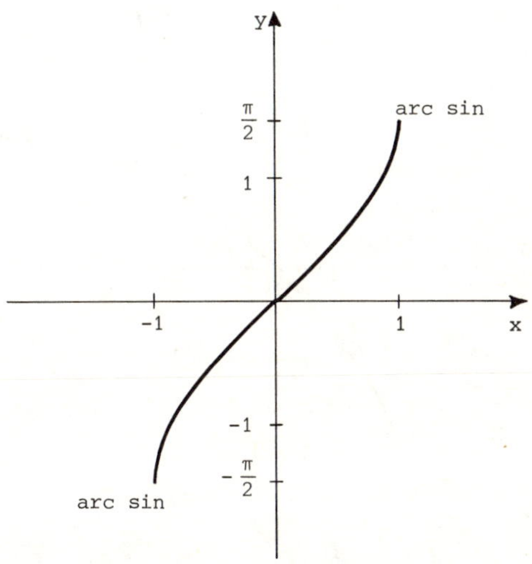

Bild 29.- Arcus-Sinus

BEWEIS.- (2) ist schon bewiesen unter (10.38): wenn cos im Intervall [0,2] streng monoton fallend ist, dann auch im Teilintervall $[0,\frac{\pi}{2}]$.

Wegen $\cos x = -\cos(\pi - x)$ ist cos auch in $[\frac{\pi}{2}, \pi]$ streng monoton fallend.

(1) Sei $-\frac{\pi}{2} \leq x_1 < x_2 \leq \frac{\pi}{2}$, d.h. $0 \leq \frac{\pi}{2} + x_1 < \frac{\pi}{2} + x_2 \leq \pi$.
Aus (2) folgt dann

$$-\sin x_1 = \sin(-x_1) = \cos(\frac{\pi}{2} + x_1) \overset{(*)}{>} \cos(\frac{\pi}{2} + x_2) = -\sin x_2$$

also

$$\sin x_1 < \sin x_2.$$

Sie sehen in diesem Beweis, wie arbeitssparend Sie die Beziehung (10.40) einsetzen können: Wenn einmal das Verhalten von sin oder cos in einem Intervall berechnet ist, so läßt sich oft allein mit (10.40) auch das Verhalten von cos oder sin in anderen Intervallen ermitteln.

(10.43) **SATZ UND DEFINITION.-** (1) Tangens ist im Intervall $]-\frac{\pi}{2}, \frac{\pi}{2}[$ streng monoton wachsend, $W_{tan} = \mathbb{R}$. Die Umkehrfunktion

$$\text{arc tan}: \mathbb{R} \longrightarrow \mathbb{R}$$

Arcus-Tangens

heißt *Arcus-Tangens*.

(2) Cotangens ist im Intervall $]0, \pi[$ streng monoton fallend, $W_{cot} = \mathbb{R}$. Die Umkehrfunktion

$$\text{arc cot}: \mathbb{R} \longrightarrow \mathbb{R}$$

Arcus-Cotangens

heißt *Arcus-Cotangens*.

BEWEIS.- Wir lassen den Beweis aus.

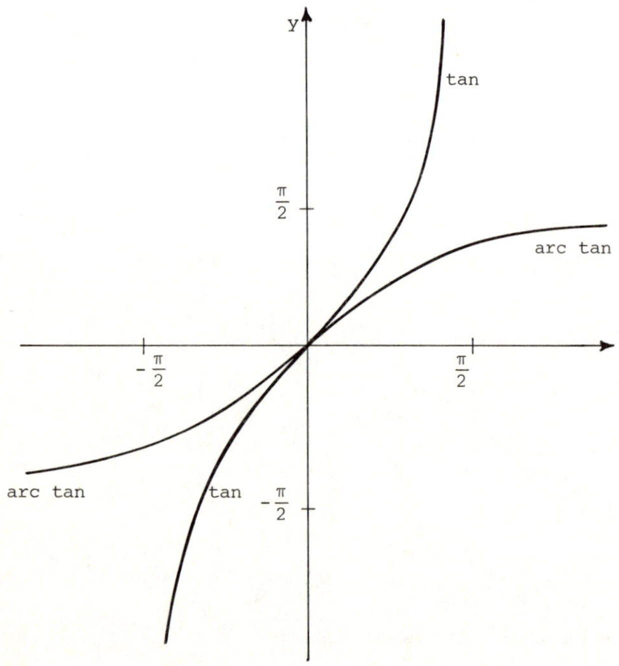

Bild 30.- Arcus-Tangens und Tangens

(*) folgt aus Aufgabe 10, (b).

BEMERKUNG.- Daß alle Arcusfunktionen stetig sind, folgt aus (10.31).

VORSCHLAG.- Zeichnen Sie auf dieser Seite wie in Bild 29 und Bild 30 die Graphen von Arcus-Cosinus und Arcus-Cotangens.

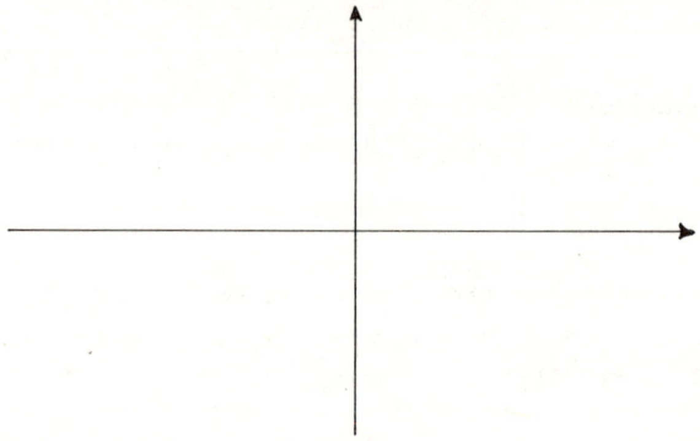

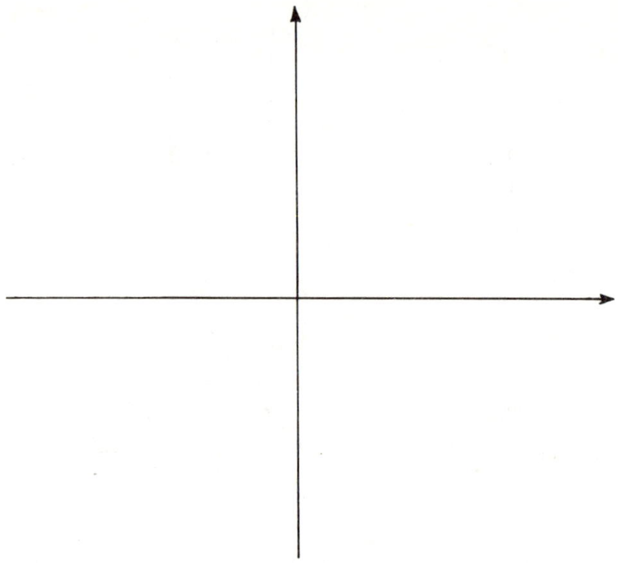

§ 3 DIE ε-δ-DEFINITION DER STETIGKEIT UND DIE LIPSCHITZ STETIGKEIT

In diesem Abschnitt wird gezeigt, daß unsere Definition der Stetigkeit äquivalent ist mit der sogenannten ε-δ-*Definition*, die in zahlreichen Lehrbüchern an erster Stelle steht. Sie wird später an einigen Stellen (Integration, Differentiation) in der einfachen Form der *Lipschitz-Stetigkeit* gebraucht.

Wiederholung und Interpretation der Stetigkeit

Eine Funktion f heißt stetig in x_0, wenn

(*) $\lim_{x \to x_0} f(x) = f(x_0)$

Das Symbol $\lim_{x \to x_0} f(x)$ ist dabei erklärt als der Grenzwert $\lim_{n \to \infty} f(x_n)$, wobei (x_n) eine beliebige gegen x_0 konvergente Folge ist. Im folgenden

Satz (10.44) wird der Ausdruck (*) so gelesen wie der entsprechende Ausdruck für den Grenzwert einer Folge:

$$\lim_{n\to\infty} a_n = a$$

meint doch, daß ab einem Index n_o alle a_n beliebig nahe bei a liegen, wenn n_o groß genug gewählt ist. Sie wissen, wie dieser Satz in mathematische Formeln übersetzt wird. Das gleiche jetzt für Funktionen statt Folgen:

$$\lim_{x\to x_o} f(x) = f(x_o)$$

meint, daß f(x) beliebig nahe bei $f(x_o)$ liegt, wenn x nahe genug bei x_o liegt.

ε-δ-Definition der Stetigkeit

$\lim_{n\to\infty} a_n = a$	$\lim_{x\to x_o} f(x) = f(x_o)$
bedeutet (definitionsgemäß):	bedeutet (ohne Beweis):
Zu jedem $\varepsilon > 0$ gibt es ein N so, daß gilt	Zu jedem $\varepsilon > 0$ gibt es ein $\delta > 0$ so, daß gilt
$\lvert a_n - a\rvert < \varepsilon$	$\lvert f(x) - f(x_o)\rvert < \varepsilon$
für alle n mit	für alle x mit
$n \geq N$.	$\lvert x - x_o\rvert < \delta$.

Die Gleichung $\lim_{x\to x_o} f(x) = f(x_o)$ bedeutet ja, daß die Funktion in x_o stetig ist.

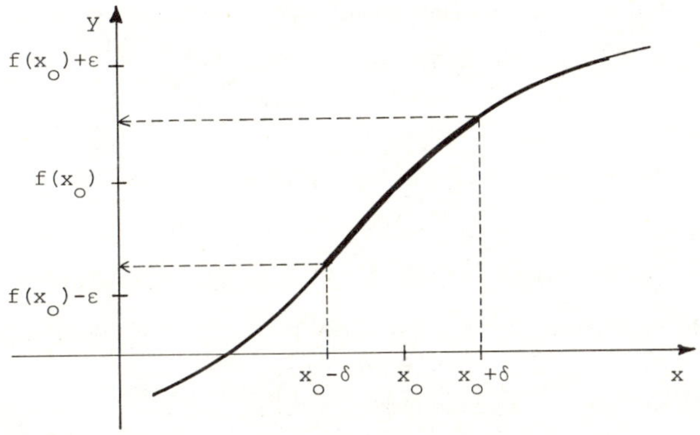

Bild 31.- Stetigkeit in x_o.

Die neue Interpretation sagt nun, daß f in x_o stetig ist, wenn folgendes richtig ist: Es wird Ihnen eine beliebige Zahl $\varepsilon > 0$ vorgegeben, die eine Umgebung von $f(x_o)$, nämlich das Intervall $]f(x_o) - \varepsilon, f(x_o) + \varepsilon[$ definiert; Sie können dann eine Zahl $\delta > 0$ finden, die eine Umgebung von x_o, das Intervall $]x_o - \delta, x_o + \delta[$ so definiert, daß für alle x aus diesem Intervall die Funktionswerte f(x) in $]f(x_o) - \varepsilon, f(x_o) + \varepsilon[$ liegen.

(10.44) ε-δ-Definition der Stetigkeit

SATZ.- Sei f: $[a,b] \longrightarrow \mathbb{R}$ eine Funktion und $x_o \in [a,b]$. (*)
f ist genau dann in x_o stetig, wenn es zu jedem $\varepsilon > 0$ ein $\delta > 0$ so gibt, daß

$$\lvert f(x) - f(x_o)\rvert < \varepsilon$$

für alle $x \in [a,b]$ mit $\lvert x - x_o\rvert < \delta$ (**)

BEMERKUNG.- Den Beweis von (10.44) lassen wir aus und rechnen stattdessen einige Beispiele. Außerdem ist die in (10.47) definierte Lipschitz-Stetigkeit meistens weit einfacher zu handhaben als die ε-δ-Definition. Jede Lipschitz-stetige Funktion ist stetig.

BEISPIEL.- Sie wissen, daß die Funktion (10.45)
$f: \mathbb{R} \longrightarrow \mathbb{R}$, $f(x) := 3x + 1$ stetig ist. Der Beweis, daß f zum Beispiel im Punkt $x_o = 1$ stetig ist, lautet in der ε-δ-Sprache folgendermaßen:

BEHAUPTUNG.- $f: \mathbb{R} \longrightarrow \mathbb{R}$, $f(x) := 3x + 1$ ist in $x_o = 1$ stetig.

BEWEIS.- Zu zeigen ist, daß es zu jedem $\varepsilon > 0$ ein $\delta > 0$ gibt mit

$\lvert f(x) - f(x_o)\rvert < \varepsilon$ für alle x mit $\lvert x - x_o\rvert < \delta$.

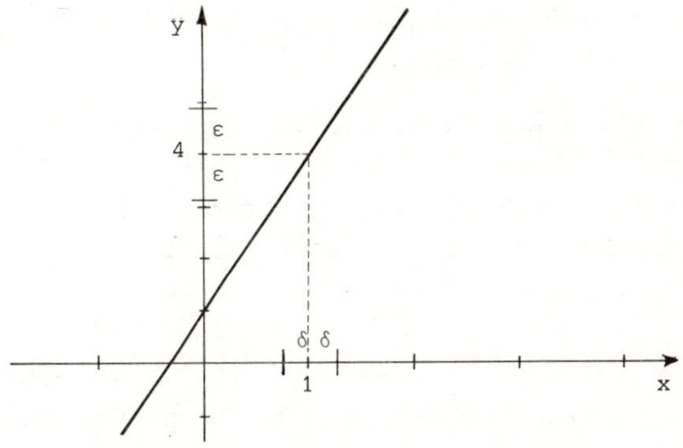

Sei also eine Zahl $\varepsilon > 0$ beliebig vorgegeben. Man formt als erstes den Ausdruck $\lvert f(x) - f(x_o)\rvert$ um, indem man die Definition von f einsetzt.

$\lvert f(x) - f(x_o)\rvert = \lvert(3x + 1) - (3x_o + 1)\rvert = 3\lvert x - x_o\rvert$.

Gesucht ist also ein $\delta > 0$, so daß

$\lvert f(x) - f(x_o)\rvert = 3\lvert x - x_o\rvert < \varepsilon$ für $\lvert x - x_o\rvert < \delta$.

Wählen Sie $\delta := \frac{\varepsilon}{3}$, dann ist wie verlangt

$\lvert f(x) - f(x_o)\rvert = 3\lvert x - x_o\rvert < 3 \cdot \frac{\varepsilon}{3} = \varepsilon$

für alle x mit $\lvert x - x_o\rvert < \delta$.

Entscheidender Schritt im Beweis ist, daß $\lvert f(x) - f(x_o)\rvert$ so umgeformt wird, daß der Faktor $\lvert x - x_o\rvert$ auftritt.

(*) Entsprechend für Funktionen, die auf halboffenen oder offenen Intervallen oder auf $\mathbb{R}$ definiert sind

(**) die Bedingung $x \in [a,b]$ ist nötig, damit f(x) definiert ist.

(10.46) **BEISPIEL.-** Jetzt soll eine unstetige Funktion betrachtet werden. Sei $f\colon \mathbb{R} \longrightarrow \mathbb{R}$,

$$f(x) := \begin{cases} x & \text{für } x < 1 \\ x+2 & \text{für } x \geq 1 \end{cases}$$

Wir studieren die offensichtliche Unstetigkeit in $x_o = 1$.

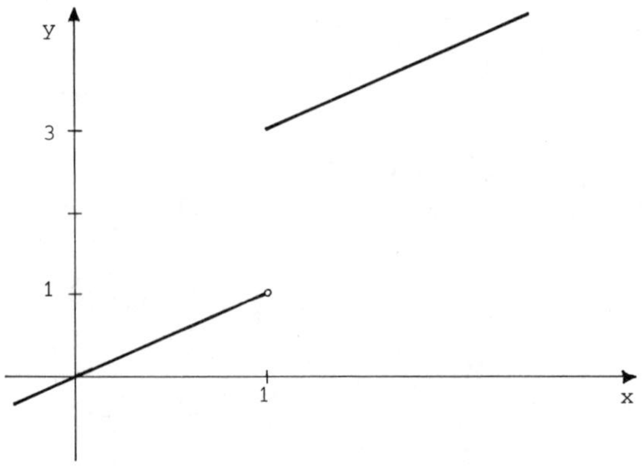

Sei $\varepsilon = 0{,}8$ vorgegeben, d.h. das Intervall $]3 - 0{,}8;\ 3 + 0{,}8[$ um $f(x_o)$. Sie können nun δ so klein wählen wie Sie wollen, immer wird das Intervall $]1 - \delta;\ 1 + \delta[$ um x_o Punkte mit $x < 1$ enthalten. Für diese Punkte aber ist $f(x) < 1$, diese $f(x)$ liegen also nicht im vorgegebenen Intervall um $f(x_o)$.

Diskussion

Die Zahl ε und damit die Umgebung von $f(x_o)$ sind bewußt so ungüngstig gewählt, daß es kein passendes δ gibt. Die ε-δ-Definition der Stetigkeit in (10.44) verlangt aber auch, daß es zu <u>jedem</u> $\varepsilon > 0$ ein $\delta > 0$ mit ... geben soll. Wir haben gesehen, daß die ε-δ-Bedingung für ein ganz bestimmtes ε, nämlich $\varepsilon = 0{,}8$ nicht erfüllt ist. Dieses eine Beispiel genügt dafür, daß die Funktion in $x_o = 1$ nicht stetig ist.

A 11

AUFGABE 11.- Sei $f\colon \mathbb{R} \longrightarrow \mathbb{R}$, $f(x) := \sqrt{1+x^2}$. Zeigen Sie mit Hilfe der ε-δ-Definition, daß f stetig ist in jedem Punkt $x_o \in \mathbb{R}$. Im Beweis können Sie die Ungleichung

$$|f(x) - f(x_o)| < |x - x_o| \qquad \text{für } x \neq x_o$$

verwenden. Wie kommt diese Abschätzung zustande?

In Beispiel (10.45) und in Aufgabe 11 haben Sie gesehen, wie man bei Stetigkeitsbeweisen mit Hilfe der ε-δ-Definition aus $|f(x) - f(x_o)|$ den Faktor $|x - x_o|$ zu gewinnen versucht. Dieses Verhalten wird in der folgenden Definition benannt:

(10.47) Lipschitz-stetig

DEFINITION.- Eine Funktion $f\colon [a,b] \longrightarrow \mathbb{R}$ heißt *Lipschitz-stetig* (*) *in einem Punkt* $x_o \in [a,b]$, wenn es eine Konstante $L \geq 0$ und ein $\delta > 0$ gibt mit

$$|f(x) - f(x_o)| \leq L|x - x_o|$$

für alle x mit $|x - x_o| < \delta$. (**)

(10.48) **BEISPIELE.-** (1) In (10.45) ist gezeigt, daß die Funktion $f\colon \mathbb{R} \longrightarrow \mathbb{R}$, $f(x) := 3x + 1$ Lipschitz-stetig ist in jedem Punkt $x_o \in \mathbb{R}$:

$$|f(x) - f(x_o)| = 3|x - x_o| \quad \text{für alle } x.$$

Lipschitz-Konstante

Die *Lipschitzkonstante* ist $L = 3$ (unabhängig von x); δ können Sie beliebig wählen, weil die Gleichung für alle x gilt.

(2) Auch die Funktion aus Aufgabe 11 ist Lipschitz-stetig in jedem Punkt $x_o \in \mathbb{R}$. Die Lipschitzkonstante L ist gleich 1, δ können Sie wieder beliebig wählen.

(3) **BEHAUPTUNG.-** Die Funktion $f\colon \mathbb{R} \longrightarrow \mathbb{R}$, $f(x) := x^2$ ist Lipschitz-stetig in jedem Punkt $x_o \in \mathbb{R}$.

BEWEIS.- *Wie in den letzten Beispielen müssen wir den Ausdruck $|f(x) - f(x_o)|$ so umformen, daß $|x - x_o|$ als Faktor auftritt.*

$$|f(x) - f(x_o)| = |x^2 - x_o^2| = |x + x_o| \cdot |x - x_o|.$$

Der Faktor $|x + x_o|$ kann abgeschätzt werden, wenn x in einer Umgebung $]x_o - \delta, x_o + \delta[$ von x_o liegt:

$$|x + x_o| < 2|x_o| + \delta, \text{ wenn } |x - x_o| < \delta.$$

Es gilt

$$|f(x) - f(x_o)| < (2|x_o| + \delta) \cdot |x - x_o|$$

für alle x mit $|x - x_o| < \delta$.

Wählen Sie für δ eine feste Zahl, zum Beispiel $\delta = 1$, dann ist f Lipschitz-stetig in x_o. Die Lipschitzkonstante ist $L = 2|x_o| + 1$:

$$|f(x) - f(x_o)| < L|x - x_o| \text{ für alle } x \text{ mit } |x - x_o| < 1.$$

Lipschitz-Stetigkeit geometrisch

BEMERKUNG.- Geometrisch bedeutet die Lipschitz-Stetigkeit in x_o, daß es ein Geradenpaar gibt, so daß der Graph der Funktion über einer Umgebung von x_o zwischen der Geraden $y - f(x_o) = L(x - x_o)$ mit der Steigung L und der Geraden $y - f(x_o) = -L(x - x_o)$ mit der Steigung $-L$ liegt (Graph siehe nächste Seite).

(*) Rudolf Lipschitz (1832-1903)

(**) Die Konstante L ist vom Punkt x_o abhängig.

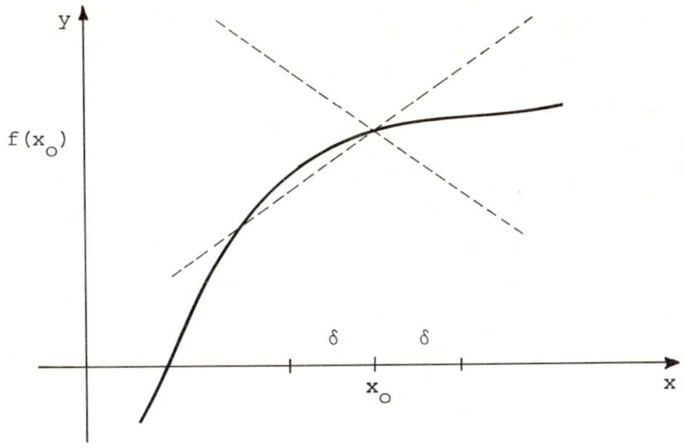

Bild 32.- Lipschitz-stetig in x_o.

A 12 *AUFGABE 12.- Zeichnen Sie die Graphen der Funktionen $x \mapsto 3x+1$ und $x \mapsto x^2$. Tragen Sie im ersten Fall die zwei Geraden mit der Steigung $L=3$ und $L=-3$ durch den Punkt (2,7) ein; im zweiten Fall die zwei Geraden mit der Steigung $L=2|x_o|+1$ und $-L=-(2|x_o|+1)$ durch den Punkt (x_o, x_o^2). Wählen Sie $x_o=0$ und $x_o=1$.*

Sie sollen nun erkennen, daß bei der ersten Funktion die Lipschitzkonstante L für alle $x_o \in \mathbb{R}$ gleich bleibt und daß als Umgebung $]x_o-\delta, x_o+\delta[$ die gesamte Zahlengerade gewählt werden kann.
Bei der zweiten Funktion ist L von x_o abhängig.

A 13 *AUFGABE 13.- Machen Sie sich anhand des Graphen dieser in x_o unstetigen Funktion klar, daß es keine zwei Geraden durch $(x_o, f(x_o))$ gibt, zwischen denen die Kurve liegt:*

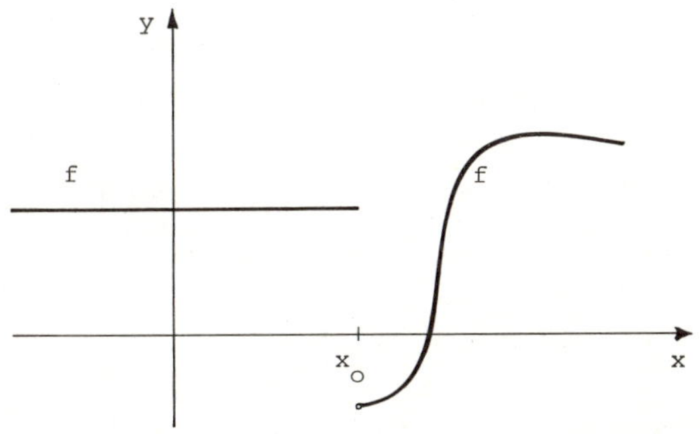

Der folgende Satz zeigt, warum es bei Stetigkeitsfragen oft genügt, die Lipschitz-Stetigkeit zu beweisen.

(10.49) SATZ.- Ist eine Funktion f in x_o Lipschitz-stetig, so ist f in x_o stetig. (*)

(*) Eine Funktion kann aber auch stetig sein, ohne Lipschitz-stetig zu sein, zum Beispiel die Funktion $x \mapsto \sqrt{x}$ im Punkt $x_o = 0$.

BEWEIS.- Der Beweis will Ihnen plausibel machen, daß aus der Lipschitz-Bedingung

$$|f(x) - f(x_o)| \leq L|x - x_o| \qquad (1)$$

die Stetigkeit in x_o folgt, d.h. daß folgt

$$\lim_{x \to x_o} f(x) = f(x_o). \qquad (2)$$

Wenn (x_n) eine gegen x_o konvergente Folge ist, dann ist $(|x_n - x_o|)$ eine Nullfolge. Die rechte Seite in (1) konvergiert also gegen null und deshalb auch die linke Seite dieser Ungleichung: $(|f(x_n) - f(x_o)|)$ ist eine Nullfolge. Das ist genau die Behauptung (2).

BEMERKUNG.- In späteren Paragraphen brauchen Sie eine Folgerung aus der ε-δ-Definition der Stetigkeit: eine stetige Funktion kann nicht "plötzlich" eine Nullstelle haben. Genauer gilt:

SATZ.- Sei $f: [a,b] \to \mathbb{R}$ stetig in x_o und $f(x_o) \neq 0$. Dann ist $f(x) \neq 0$ für alle x aus einer Umgebung von x_o, d.h. es gibt ein $\delta > 0$ so, daß (10.50)

$$f(x) \neq 0 \quad \text{für alle } x \text{ mit } |x - x_o| < \delta .$$

BEWEIS.- *Der knappe Beweis ist nur der Vollständigkeit halber angegeben.*

(10.44) sagt, daß es zu einer Zahl $\varepsilon := |f(x_o)| > 0$ ein $\delta > 0$ so gibt, daß

$$|f(x) - f(x_o)| < \varepsilon \quad \text{für alle } x \text{ mit } |x - x_o| < \delta.$$

Also

$$|f(x)| \geq |f(x_o)| - |f(x) - f(x_o)| > 0 \text{ für alle } x$$

mit $|x - x_o| < \delta$.

(Formulieren und beweisen Sie Satz (10.50) auch für den Fall, daß $f(x_o) > 0$).

§ 4 STETIGKEIT UND INTEGRATION

Der Abschnitt enthält zwei Ergebnisse: den Satz, daß jede auf einem abgeschlossenen Intervall stetige Funktion integrierbar ist, und den Mittelwertsatz der Integralrechnung.

SATZ.- Jede auf einem abgeschlossenen Intervall [a,b] stetige Funktion f ist integrierbar über [a,b]. (10.51)

BEWEIS.- Wir lassen den Beweis aus (siehe Blatter, Analysis II, Seite 5).

SATZ.- Sei f eine auf [a,b] stetige Funktion. Es gibt dann einen Punkt $c \in [a,b]$ mit (10.52) Mittelwertsatz der Integralrechnung

$$\int_a^b f(x)\,dx = f(c)\cdot(b-a).$$

ERLÄUTERUNG.- Wenn Sie das Integral als Flächeninhalt ansehen, so sagt der Satz, daß es ein Rechteck mit der Breite [a,b] und der Höhe f(c) gibt, dessen Flächeninhalt gleich $\int_a^b f(x)dx$ ist:

Mittelwertsatz geometrisch

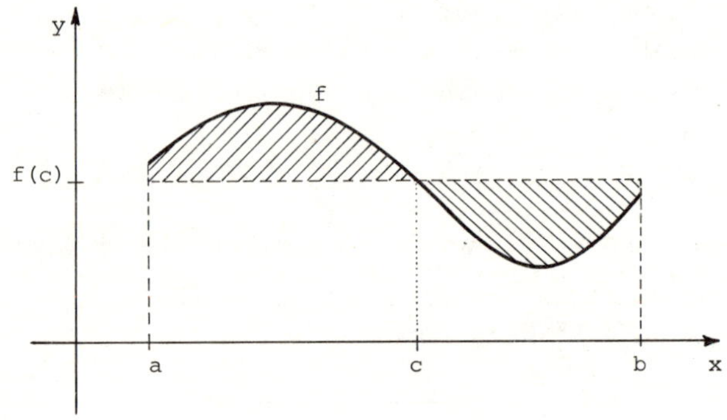

Bild 33.- Mittelwertsatz.
Die schraffierten Flächen haben gleichen Inhalt.

BEWEIS des Mittelwertsatzes.- Sie wissen aus Satz (10.22), daß f auf [a,b] ein Maximum M und ein Minimum m besitzt:

$$m \leq f(x) \leq M \quad \text{für alle } x \in [a,b].$$

Die Gleichungen werden integriert, Sie erhalten nacheinander (Satz (7.31)):

$$\int_a^b m\,dx \leq \int_a^b f(x)\,dx \leq \int_a^b M\,dx$$

$$m(b-a) \leq \int_a^b f(x)\,dx \leq M(b-a)$$

$$m \leq \underbrace{\frac{1}{b-a}\int_a^b f(x)\,dx}_{=:Z} \leq M$$

Die Zahl Z liegt zwischen dem Minimum und dem Maximum der stetigen Funktion f; der Zwischenwertsatz (10.25) sagt, daß es dann ein $c \in [a,b]$ gibt mit $f(c) = Z$. Das ist die Behauptung.

Den Mittelwertsatz gibt es noch in einer allgemeineren Form, die Sie sich aber im Augenblick nicht einprägen müssen:

(10.53) Mittelwertsatz

SATZ.- Die Funktionen f und g seien stetig auf [a,b]. Wenn $g(x) \geq 0$ für alle $x \in [a,b]$, dann gibt es einen Punkt $c \in [a,b]$ mit

$$\int_a^b f(x)\cdot g(x)\,dx = f(c)\cdot\int_a^b g(x)\,dx.$$

ODE AN DIE ARCUSTANGENS-SCHLANGE

Du schleichst seit undenklichen Zeiten
so leis und so sanft heran,
Du stiegst in Ewigkeiten
kaum um ein δ an.
Nur langsam beginnst Du zu wachsen,
wie zum Beweis Deines Seins,
erreichst beim Schnittpunkt der Achsen
Deine höchste Steigung, die Eins.
Dann duckst Du Dich wieder zierlich
in stiller Bescheidenheit
und wandelst weiter manierlich
in die Unendlichkeit.

Hier stock ich im Lobgesange,
mir schwant, er wird mir vermiest:
Oh, Arcustangens-Schlange,
beißt Du nicht doch, Du Biest?!

ZUSAMMENFASSUNG

Der Begriff "eine Funktion f ist stetig in x_o" wird definiert mit Hilfe des Symbols $\lim_{x\to x_o} f(x)$. Die Definition (10.1) müssen Sie deshalb auswendig aufschreiben können: es gilt $\lim_{x\to x_o} f(x) = c$, falls für jede gegen x_o konvergente Folge (x_n) gilt, daß $\lim_{n\to\infty} f(x_n) = c$. Ziel 1

Die an (10.1) anschließenden Beispiele sollen die zentrale Definition (10.5) vorbereiten: eine Funktion f heißt stetig in x_o, wenn

$$\lim_{x\to x_o} f(x) = f(x_o).$$ Ziel 2

Auswendig lernen!

Daß Polynome stetig sind, folgt aus den Rechenregeln (10.8) für stetige Funktionen. Potenzreihen sind stetig, insbesondere die Funktionen exp, sin und cos. Diese Beispiele müssen Sie kennen. Die Regeln (10.8) und (10.11) sollen Sie so beherrschen, daß Sie vorgegebene Funktionen auf bekannte stetige Funktionen zurückführen können. Ziel 3 Ziel 4

Jede auf einem abgeschlossenen Intervall stetige Funktion hat drei Eigenschaften: sie ist beschränkt, nimmt ihre Extrema an (Sätze (10.20) und (10.22)) und es gilt der Zwischenwertsatz (10.24).
Bei den ersten beiden Sätzen genügt es, daß Sie die entsprechenden Beispiele verstanden haben. Ziel 5

Den Zwischenwertsatz müssen Sie frei aufschreiben können: Sei $f\colon [a,b] \to \mathbb{R}$ stetig, sei $f(a) < 0$ und $f(b) > 0$; dann gibt es ein $x_0 \in [a,b]$ mit $f(x_0) = 0$.
Auch der Beweis des Zwischenwertsatzes ist
Ziel 6 wichtig. Sie sollen anhand einer Skizze erklären können, wie über eine Intervallschachtelung die Nullstelle x_0 als Grenzwert von Näherungslösungen konstruiert wird.

Ziel 7 Schließlich müssen Sie wissen, wie mit Hilfe des Zwischenwertsatzes der Wertebereich einer stetigen Funktion bestimmt werden kann. Es genügt, wenn Sie das am Beispiel der Exponentialfunktion verstanden haben.

Ziel 8 Bei den trigonometrischen Funktionen ist es neben den weiter unten aufgezählten Eigenschaften wichtig, daß die Zahl $\frac{\pi}{2}$ in (10.39) als Nullstelle definiert wird: die eindeutig bestimmte Nullstelle der Cosinusfunktion im Intervall $[0,2]$ wird mit $\frac{\pi}{2}$ bezeichnet.

Sie werden die Definition der Stetigkeit noch besser verstehen, wenn Sie den Abschnitt über die ε-δ-Definition und die Lip schitz-Stetigkeit durcharbeiten. Auf jeden Fall werden Sie in späteren Kapiteln mit diesen Begriffen noch umgehen müssen.

Ebenso wird der Satz (10.51), daß eine auf einem abgeschlossenen Intervall stetige Funktion dort integferbar ist, später häufig ge-
Ziel 9 braucht. Die Formel des Mittelwertsatzes müssen Sie sich merken: wenn f stetig auf $[a,b]$ ist, so gibt es ein $c \in [a,b]$ mit

$$\int_a^b f(x)\,dx = f(c)\cdot(b-a).$$

Weil sie häufig gebraucht werden, lernen sich die folgenden Eigenschaften der Exponential- und der Logarithmusfunktion, der Sinus- und der Cosinusfunktion "ganz von selbst". Wie sind exp, sin und cos eigentlich definiert? Ziel 10

exp ist streng monoton wachsend, der Wertebereich ist gleich $\mathbb{R}_+^*$,

$$\exp(x+y) = \exp(x)\cdot\exp(y),$$
$$\exp(0) = 1 \quad \text{und} \quad \exp(1) = e,$$
$$\exp(x) = e^x.$$

Die Umkehrfunktion der Exponentialfunktion heißt natürliche Logarithmusfunktion: $\ln = \exp^{-1}$. Der Logarithmus ist also nur für positive Zahlen definiert und ebenfalls streng monoton wachsend.

$e^{\ln x} = x$ für alle $x > 0$ und $\ln(e^x) = x$ für alle $x \in \mathbb{R}$.

$\ln(x\cdot y) = \ln x + \ln y$,
$\ln 1 = 0$ und $\ln e = 1$.

Die allgemeine Potenz ist für $a > 0$ definiert als

$$a^x := e^{x\cdot\ln a}.$$ Ziel 11

Auswendig lernen!

$\cos 0 = 1$ und $\sin 0 = 0$. Ziel 12
$\cos^2 x + \sin^2 x = 1$,
$\cos(-x) = \cos x$ und $\sin(-x) = -\sin x$,
$\cos(x+2\pi) = \cos x$, $\sin(x+2\pi) = \sin x$,
$\cos(x+y) = \cos x \cdot \cos y - \sin x \cdot \sin y$,
$\sin(x+y) = \sin x \cdot \cos y + \cos x \cdot \sin y$.

Kapitel 11. Differentialrechnung

EINLEITUNG

In diesem Kapitel geben wir Ihnen eine Einführung in die *Differentialrechnung*. Dieses Teilgebiet der Mathematik hat eine so große Bedeutung innerhalb der Analysis, daß man die Analysis oft auch als Differentialrechnung (*) bezeichnet. Darüberhinaus ist die Differentialrechnung das wesentliche Hilfsmittel in den Anwendungen der Mathematik in Naturwissenschaften und Technik. Sehr viele der in der Praxis entstehenden mathematischen Probleme benötigen zur Formulierung und Lösung die Differentialrechnung (Stichworte z.B. Differentialgleichungen, Extremwertprobleme).

Wir werden in diesem Kapitel auf den weiten Bereich der Anwendungen jedoch nur in geringem Maße eingehen können. Es geht zunächst darum, Sie mit den Grundbegriffen vertraut zu machen und Ihnen die wichtigsten Differentiationstechniken zu vermitteln (§§ 2 - 6). Wir werden in diesem Zusammenhang eine große Zahl der Ihnen bisher bekannten Funktionen auf Differenzierbarkeit untersuchen und ihre Ableitungen berechnen.

Bei der Lektüre werden Sie feststellen, daß wir auf zentrale Begriffe und Ergebnisse der bisherigen Kapitel (**) zurückgreifen müssen. Insbesondere sollten Sie den Begriff und die Bedeutung des *Grenzwertes von Funktionen* gut kennen.

Auch wenn Ihnen die Differentialrechnung schon von der Schule her bekannt ist, sollten Sie den ersten Abschnitt *Lineare Approximation* sehr sorgfältig lesen. Er enthält eine (anschauliche) Interpretation der Eigenschaft "differenzierbar", die Sie üblicherweise nicht kennenlernen. Diese ist jedoch von großer praktischer Bedeutung.

(*) oder als Differential- und Integralrechnung

(**) Ausgenommen Kapitel 7 Einführung in die Integralrechnung. Die Beziehungen zwischen der Integral- und der Differentialrechnung werden in den folgenden Kapiteln untersucht.

Am Schluß dieses Kapitels geht es bei den Folgerungen aus dem ersten Mittelwertsatz der Differentialrechnung um Anwendungen der Differentialrechnung zur Untersuchung und Beschreibung von Funktionen. Viele Eigenschaften einer Funktion lassen sich nämlich aus Eigenschaften der Ableitung folgern. So kann z.B. das Auftreten eines (lokalen) Maximums oder Minimums und die Monotonie mit Hilfe der Ableitung untersucht werden. Eine zentrale Bedeutung hierfür haben zwei (äquivalente) Sätze: der Satz von Rolle ((11.48), Seite 198) und der erste Mittelwertsatz der Differentialrechnung ((11.49), Seite 199).

§ 1 LINEARE APPROXIMATION

Um zu der für dieses Kapitel zentralen Definition (*Differenzierbarkeit einer Funktion an einer Stelle* x_o) zu gelangen, stellen wir uns die Aufgabe, eine gegebene Funktion durch eine Funktion von "besonders einfacher Gestalt anzunähern".

Diese Aufgabe ist nicht "aus der Luft gegriffen", denn die meisten in der Praxis zu untersuchenden Funktionen sind (nicht nur für Studenten) schwierig zu handhaben. Z.B. sind Funktionswerte nur schwer zu berechnen, oder Nullstellen sind nur schwer zu ermitteln. (Denken Sie etwa an eine Funktion wie $x \longmapsto x - \cos x$, $x \in \mathbb{R}$.)

Bevor wir an die Lösung der uns gestellten Aufgabe gehen, sind mindestens zwei Fragen zu klären:

- Was sind (besonders) "einfache" Funktionen?
- Was heißt in diesem Zusammenhang "annähern" oder "approximieren"?

Im Laufe der vorangegangenen Kapitel sind schon mehrfach Probleme untersucht worden, bei deren Behandlung bestimmte mathematische Größen durch andere ("einfachere") approximiert wurden:

- Lesen Sie z.B. noch einmal die Einleitung zu Kapitel 9 "Potenzreihen und spezielle Funktionen". Dort werden bestimmte reelle Funktionen durch Polynome, nämlich die Partialsummen der Potenzreihen, approximiert.
- Oder denken Sie an die Definition des Riemannschen Integrals in Kapitel 7. Dort wurde einleitend erläutert, wie man den Flächeninhalt bestimmter Flächen

durch die Flächeninhalte von Rechtecken approximiert. Die Bestimmung des Flächeninhalts eines Rechtecks sahen wir als "einfach" an. Ebenso betrachteten wir Polynome als "einfache" Funktionen.

einfache Funktionen

Wir werden in diesem Paragraphen ebenfalls gewisse Polynome als *einfache Funktionen* ansehen, und zwar beschränken wir uns auf Polynome (höchstens) ersten Grades. Solche Polynome haben den Vorteil, daß wir alle Daten (Funktionswerte, Nullstellen, Verlauf des Graphen usw.) gut überblicken.

Schreiben Sie sich die "allgemeine Form" eines Polynoms p ersten Grades auf und beschreiben Sie den Graphen von p.

Die Wahl gerade dieser Polynome als "einfache" Funktionen ist nicht für alle Probleme in Physik und Technik optimal. Für gewisse Probleme (z.B. Schwingungsvorgänge, Wechselströme) in Physik oder Elektrotechnik ist es nützlich (*), die Funktionen $\sin nx$ und $\cos mx$, $x \in \mathbb{R}$, $n,m \in \mathbb{N}$, als "einfache" Funktionen anzusehen. Dies führt auf die Theorie der Fourierreihen.

Es ist noch die Frage zu klären:

> Was bedeutet die Aussage: Das Polynom $p(x) = ax + b$, $x \in \mathbb{R}$, approximiert die Funktion $f : \mathbb{R} \longrightarrow \mathbb{R}$?

Ganz allgemein, aber immer noch unpräzise, können wir sagen:

> p approximiert f, wenn sich die Funktionswerte $p(x)$ und $f(x)$ "möglichst wenig" voneinander unterscheiden.

Man kann sicher nicht erwarten, eine beliebige Funktion f in ihrem gesamten Definitionsbereich durch ein lineares Polynom zu approximieren. Betrachten Sie z.B. die Funktion $x \longmapsto x^2$, $x \in \mathbb{R}$, in Bild 1.

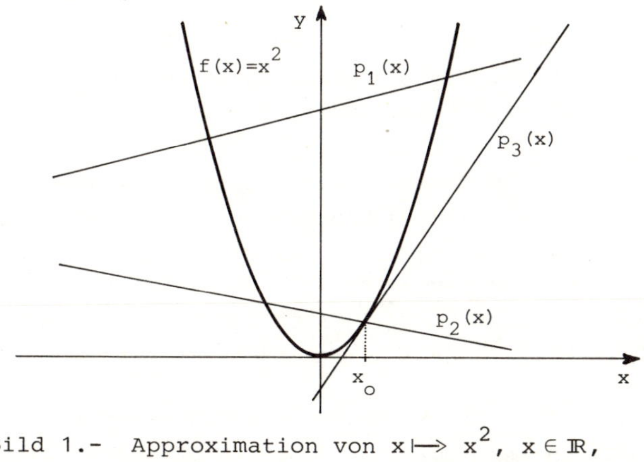

Bild 1.- Approximation von $x \longmapsto x^2$, $x \in \mathbb{R}$, durch lineare Polynome: p_1 und p_2 approximieren f "schlecht"; p_3 approximiert f zumindest "in der Nähe des Punktes x_o" gut.

(*) d.h. dem Problem angemessener

Approximation in der Nähe von x_o

Man wird sich darauf beschränken müssen, daß die Approximation von f durch ein lineares Polynom p nur "<u>in der Nähe eines festen Punktes x_o</u>" aus dem Definitionsbereich von f gilt.
Außerdem wird man an p die Forderung

$$p(x_o) = f(x_o)$$

stellen.

A 1

AUFGABE 1.- Berechnen Sie aus der Forderung $p(x_o) = f(x_o)$ den Koeffizienten b des Polynoms $p(x) = ax + b$. Sie erhalten damit

$p(x) =$

Sie sehen, der Koeffizient a von p ist immer noch frei wählbar. Wenn wir (zu f und x_o) den Koeffizienten a so wählen können, daß sich $p(x) = f(x_o) + a(x-x_o)$ und $f(x)$ (für x "in der Nähe" von x_o) "möglichst wenig" unterscheiden, ist unser Approximationsproblem gelöst.
Wir benötigen dazu noch eine mathematisch exakte Formulierung für: "in der Nähe von x_o möglichst wenig unterscheiden".

Eine Umformulierung ergibt: a ist so zu wählen, daß die Werte der Differenzfunktion

$$d(x) := f(x) - p(x) = f(x) - f(x_o) - a(x-x_o)$$

in der Nähe von x_o möglichst klein (*) werden. Für beliebiges a gilt $d(x_o) = 0$. Da wir aber an den Werten von d <u>in der Nähe von x_o</u> interessiert sind, müssen wir $\lim_{x \to x_o} d(x)$ untersuchen. Ist f stetig in x_o (**), so gilt immer noch für beliebiges a

(1) $$\lim_{x \to x_o} d(x) = \lim_{x \to x_o} (f(x) - f(x_o) - a(x-x_o)) = 0.$$

Es ist aber klar, daß für gewisse Koeffizienten a von p die Approximation gut, für andere dagegen schlechter ist.
Deshalb ist (1) immer noch keine brauchbare Bedingung zur Definition der "möglichst guten Approximation". Die entsprechende stärkere Bedingung enthält die folgende Definition.

(11.1) linear approximierbar in x_o

DEFINITION.- f sei auf dem Intervall I definiert, und es sei $x_o \in I$. f heißt *linear approximierbar in x_o*, wenn es ein $a \in \mathbb{R}$ gibt, so daß

(*) im Sinne von "möglichst nahe bei 0 liegen".
(**) d.h. $\lim_{x \to x_o} f(x) = f(x_o)$.

$$\text{(2)} \qquad \lim_{x\to x_o} \frac{f(x) - f(x_o) - a(x-x_o)}{x - x_o} = 0$$

ist.

Wir sagen dann auch: f wird in der Nähe von x_o durch das Polynom $p(x) = f(x_o) + a(x-x_o)$ approximiert. Wir nennen p <u>*approximierendes Polynom* (zu *f und* x_o)</u>.

approximierendes Polynom

Daß durch (2) tatsächlich eine starke Forderung an die Größe der Funktionswerte $d(x) = f(x) - f(x_o) - a(x-x_o)$ *in der Nähe von* x_o *gestellt wird, können Sie sich etwa so plausibel machen: Sind die Glieder einer gegen* x_o *konvergenten Folge* (x_n) *nahe bei* x_o*, so wird* $|x_n-x_o|$ *sehr klein, z.B.* $|x_n-x_o| < \frac{1}{10^n}$. *Dann wird der Quotient* $\left|\frac{d(x_n)}{x_n-x_o}\right|$ *im Vergleich zu* $|d(x_n)|$ *sehr groß; (in unserem Beispiel:* $\left|\frac{d(x_n)}{x_n-x_o}\right| > 10^n\,|d(x_n)|$*). Trotzdem soll nicht nur* $d(x)$ *gegen 0 streben, sondern auch der Quotient* $\frac{d(x)}{x-x_o}$ *für* x *gegen* x_o.

(11.2) BEISPIEL.- Wir untersuchen die Funktion $x \mapsto f(x) := x^2$, $x \in \mathbb{R}$, im Punkt $x_o := 1$ auf lineare Approximierbarkeit.

Für $x \neq 1$ gilt:

$$\frac{f(x)-f(1)-a(x-1)}{x-1} = \frac{x^2-1-a(x-1)}{x-1} = \frac{(x+1)(x-1)-a(x-1)}{x-1}$$

$$= x+1-a.$$

Also gilt

$$\lim_{x\to 1} \frac{f(x)-f(1)-a(x-1)}{x-1} = \lim_{x\to 1}(x+1-a) = 2-a,$$

und dieser Grenzwert ist gleich 0 genau für a=2. Für die Funktion $x \mapsto x^2$ und $x_o = 1$ ist also Definition (11.1) mit a=2 erfüllt. D.h. f ist in 1 linear approximierbar, und das approximierende Polynom ist

$$p(x) = 1 + 2(x-1) = 2x - 1.$$

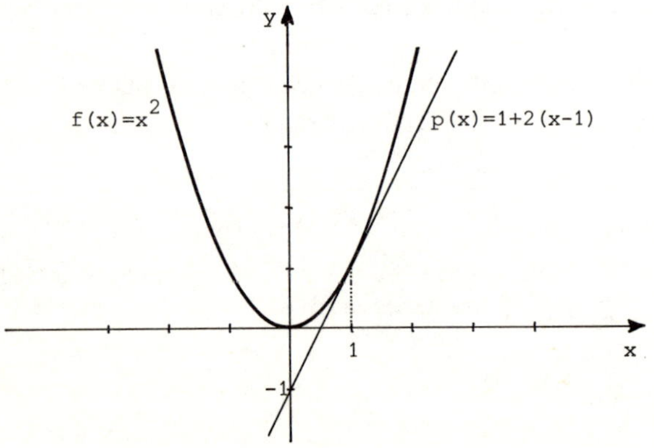

Bild 2.- Lineare Approximation von $x \mapsto x^2$ im Punkt 1.

<u>AUFGABE 2</u>.- *Zeigen Sie, daß die Funktion* $x \mapsto f(x) := x^2$, $x \in \mathbb{R}$, *in jedem Punkt* $x_o \in \mathbb{R}$ *linear approximierbar ist. Geben Sie jeweils das approximierende Polynom an. Skizzieren Sie den Fall* $x_o = -2$. A 2

Sie werden auf Seite 183 sehen, daß nicht jede reelle Funktion in allen Punkten ihres Definitionsbereiches linear approximierbar ist.

BEMERKUNG.- Aus der Definition des Begriffes "linear approximierbar in x_o" kann man eine Folgerung ziehen, die wir im nächsten Abschnitt (siehe Definition (11.5) auf Seite 177) brauchen: Wenn es (überhaupt) ein $a \in \mathbb{R}$ gibt, so daß (11.3)

$$\lim_{x\to x_o} \frac{f(x)-f(x_o)-a(x-x_o)}{x-x_o} = 0$$

ist, so ist a bereits eindeutig (durch f und den Punkt x_o) bestimmt.

Die Richtigkeit dieser Aussage sieht man so ein: Sei $\tilde{a}$ eine weitere reelle Zahl, so daß

$$\lim_{x\to x_o} \frac{f(x) - f(x_o) - \tilde{a}(x-x_o)}{x - x_o} = 0$$

ist. Dann ist auch die Differenz beider Grenzwerte (mit a bzw. $\tilde{a}$) gleich 0 und nach den Rechenregeln für Grenzwerte von Funktionen gilt

$$\lim_{x\to x_o}\left(\frac{f(x)-f(x_o)-a(x-x_o)}{x-x_o} - \frac{f(x)-f(x_o)-\tilde{a}(x-x_o)}{x-x_o}\right) = 0$$

Also nach Ausrechnen:

$$\lim_{x\to x_o}(\tilde{a}-a) = 0, \text{ d.h. } \tilde{a}-a = 0 \text{ bzw. } \tilde{a} = a.$$

Da der Koeffizient b des Polynoms $p(x) = ax + b$ schon durch die Bedingung $p(x_o) = f(x_o)$ eindeutig festgelegt ist, können wir folgern:

Ist f im Punkt x_o linear approximierbar, so ist das approximierende Polynom p eindeutig bestimmt.

Eindeutigkeit von p

Im nachfolgenden Beispiel wenden wir das Verfahren der linearen Approximation zur näherungsweisen Berechnung von Wurzeln an.

BEISPIEL.- Es ist $\sqrt{100{,}2}$ näherungsweise zu berechnen. (11.4)

D.h. es ist der Funktionswert von $x \mapsto f(x) := \sqrt{x}$, $x \geq 0$, an der Stelle $x = 100{,}2$ zu berechnen.

Da sich $\sqrt{100}$ leicht angeben läßt, ersetzen wir (falls das möglich ist) f in der Nähe von $x_o = 100$ durch das lineare approximierende Polynom $p(x) = f(x_o) + a(x-x_o)$ und berechnen statt $f(x) = \sqrt{x}$ die Zahl $p(x)$.

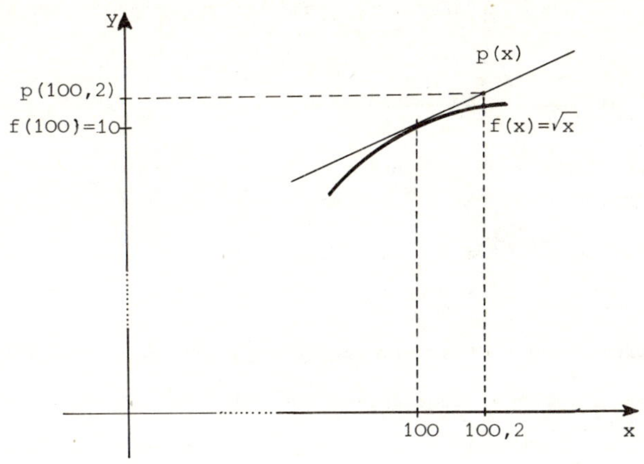

Bild 3.- Zur näherungsweisen Berechnung von $\sqrt{100{,}2}$.

Behauptung: Mit $a = \frac{1}{20}$ gilt

$$\lim_{x \to x_o} \frac{f(x) - f(x_o) - a(x - x_o)}{x - x_o} = 0. \quad (*)$$

Beweis: Für $x \neq 100$ ist

$$\frac{f(x) - f(100) - \frac{1}{20}(x-100)}{x - 100} = \frac{\sqrt{x} - 10}{x - 100} - \frac{1}{20}$$

$$= \frac{(\sqrt{x} - 10)(\sqrt{x} + 10)}{(x - 100)(\sqrt{x} + 10)} - \frac{1}{20}$$

$$= \frac{1}{\sqrt{x} + 10} - \frac{1}{20} .$$

Daher folgt

$$\lim_{x \to 100} \frac{f(x) - f(100) - \frac{1}{20}(x-100)}{x - 100} =$$

$$= \lim_{x \to 100} \frac{1}{\sqrt{x} + 10} - \frac{1}{20} = 0.$$

Also wird $f(x) = \sqrt{x}$ in der Nähe von $x_o = 100$ durch das Polynom

$$p(x) = \sqrt{100} + \frac{1}{20}(x-100) = 10 + \frac{x-100}{20}$$

approximiert.

Jetzt ist $p(100{,}2) = 10 + \frac{0{,}2}{20} = 10{,}01$ ein Näherungswert für $\sqrt{100{,}2}$. Dieser Näherungswert ist wegen $(10{,}01)^2 = 100{,}2001$ recht gut.

Im allgemeinen kann man natürlich nicht so leicht nachprüfen, wie gut der Näherungswert ist.

Bevor Sie mit dem nächsten Abschnitt beginnen, lesen Sie noch einmal Definition (11.1) auf Seite 175. Machen Sie sich die Bedeutung dieser Definition für die Funktion f klar, (etwa mit Hilfe von Beispiel (11.2)).

(*) Wie man die Zahl $\frac{1}{20}$ erhält, erfahren Sie in Aufgabe 3a auf Seite 179.

§ 2 DEFINITION DER DIFFERENZIERBARKEIT

In diesem Abschnitt wird definiert, wann eine Funktion in einem Punkt ihres Definitionsbereiches *differenzierbar* heißt. Wenn Sie den ersten Paragraphen gut verstanden haben, ist dies nichts Neues für Sie, denn "differenzierbar in x_o" ist nur eine andere Formulierung für "linear approximierbar in x_o".

Sei im weiteren $I \subseteq \mathbb{R}$ ein Intervall oder eine Vereinigung von Intervallen.

Um Ihnen Komplikationen beim Rechnen und Beweisen zu ersparen, setzen wir voraus, daß alle zu untersuchenden reellen Funktionen auf solchen Teilmengen I definiert sind. Z.B. hat die Funktion $x \mapsto \frac{1}{x}$, $x \neq 0$, als Definitionsbereich die Vereinigung $]-\infty,0[\cup]0,\infty[$.

DEFINITION.- Sei $x_o \in I$. Die Funktion $f : I \to \mathbb{R}$ heißt *differenzierbar in x_o*, wenn es ein $a \in \mathbb{R}$ gibt, so daß (11.5)

$$\lim_{x \to x_o} \frac{f(x) - f(x_o) - a(x - x_o)}{x - x_o} = 0$$

differenzierbar in x_o

ist. Die dann (durch die Funktion f und den Punkt x_o) eindeutig bestimmte Zahl a heißt *Ableitung von f in x_o*, (in Zeichen: $a =: f'(x_o)$), lies: f Strich von x_o).

Ableitung von f in x_o

Vergleichen Sie mit Definition (11.1) auf Seite 175. Sie sehen: Differenzierbarkeit in x_o ist lineare Approximierbarkeit in x_o.

BEISPIEL.- In Aufgabe 2 haben Sie gezeigt (wir verwenden dabei die in Definition (11.5) festgelegte Sprechweise): (11.6)

- Die Funktion $x \mapsto f(x) := x^2$, $x \in \mathbb{R}$, ist in jedem $x_o \in \mathbb{R}$ differenzierbar.
- Für $a := 2 \cdot x_o$ gilt $\lim_{x \to x_o} \frac{f(x) - f(x_o) - a(x - x_o)}{x - x_o} = 0.$

Also ist $f'(x_o) = 2 \cdot x_o$.

Außerdem können wir feststellen: In der Nähe des Punktes x_o wird f durch das (lineare oder konstante) Polynom $p(x) := x_o^2 + 2x_o(x - x_o) = 2x_o x - x_o^2$ approximiert.

Den Graphen von p haben Sie auf der Schule bereits als Tangente an den Graphen G_f im Punkt $(x_o, f(x_o))$ kennengelernt.

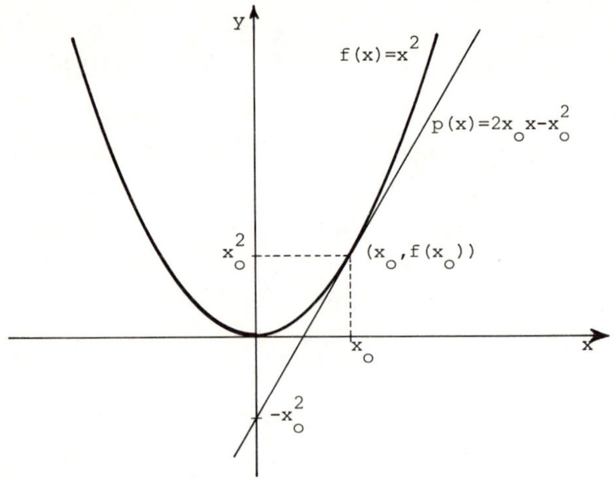

Bild 4.- Die Tangente an G_f im Punkt $(x_o,f(x_o))$.

Allgemeiner definieren wir

(11.7) **DEFINITION.-** Sei $f: I \longrightarrow \mathbb{R}$ differenzierbar in $x_o \in I$.
Dann heißt der Graph des (approximierenden) Polynoms $x \longmapsto p(x) := f(x_o) + f'(x_o)(x-x_o)$ die *Tangente* an den Graphen G_f von f im Punkt $(x_o,f(x_o))$. $f'(x_o)$ heißt in diesem geometrischen Zusammenhang *Steigung* der Tangente bzw. *Steigung von G_f im Punkt $(x_o,f(x_o))$* (noch kürzer: Steigung von f in x_o).

Tangente

Steigung

Bevor wir ein weiteres Beispiel durchrechnen bzw. bevor Sie selbst Funktionen auf Differenzierbarkeit untersuchen, ist es zweckmäßig, die Definition (11.5) so umzuformulieren, daß man besser mit ihr arbeiten kann. Dies leistet der nächste Satz.

Wenn Sie den Begriff der Differenzierbarkeit schon auf der Schule kennengelernt haben, werden Sie die (wahrscheinlich) von der Schule gewohnte Form des Grenzwertes hier wiederfinden:

(11.8) **SATZ.-** $f: I \longrightarrow \mathbb{R}$ sei eine reelle Funktion und $x_o \in I$. f ist differenzierbar in x_o genau dann, wenn der Grenzwert

$$\lim_{x\to x_o} \frac{f(x) - f(x_o)}{x - x_o}$$

existiert. Dieser Grenzwert ist dann gleich $f'(x_o)$.

differenzierbar in x_o

BEWEIS.- Der Beweis verwendet die Rechenregeln für Grenzwerte von Funktionen.

1) Ist f in x_o differenzierbar und setzen wir $a := f'(x_o)$, so erhält man nach Definition (11.5)

$$\lim_{x\to x_o} \frac{f(x)-f(x_o)-a(x-x_o)}{x - x_o} = 0.$$

Addiert man dazu den Grenzwert $\lim_{x\to x_o} \frac{a(x-x_o)}{x-x_o} = a$, so erhält man

$$\lim_{x\to x_o} \frac{f(x)-f(x_o)}{x - x_o} = a = f'(x_o).$$

2) Existiert der Grenzwert $\lim_{x\to x_o} \frac{f(x)-f(x_o)}{x-x_o}$, so bezeichnen wir ihn mit a. Subtrahiert man davon den Grenzwert $\lim_{x\to x_o} \frac{a(x-x_o)}{x-x_o} = a$, so erhält man

$$\lim_{x\to x_o} \frac{f(x)-f(x_o)-a(x-x_o)}{x - x_o} = 0,$$

d.h. f ist differenzierbar in x_o und $a = f'(x_o)$.

BEISPIEL.- Wir untersuchen für $n \in \mathbb{N}$ die Funktion $x \longmapsto f(x) := x^n$, $x \in \mathbb{R}$, auf Differenzierbarkeit. Dazu sei $x_o \in \mathbb{R}$ beliebig, aber fest gewählt. (11.9)

Es ergibt sich für $x \neq x_o$:

$$\frac{f(x)-f(x_o)}{x - x_o} = \frac{x^n-x_o^n}{x-x_o} = \sum_{k=0}^{n-1} x^{n-1-k}x_o^k \ . \ (*)$$

Auf der rechten Seite steht ein Polynom p, dessen Funktionswert an der Stelle x_o gleich

$$\sum_{k=0}^{n-1} x_o^{n-1-k}x_o^k = \sum_{k=0}^{n-1} x_o^{n-1} = n\cdot x_o^{n-1} \quad \text{ist. } (**)$$

Da Polynome stetige Funktionen sind, gilt

$$\lim_{x\to x_o} p(x) = p(x_o) = n\cdot x_o^{n-1}.$$

Also

$$\lim_{x\to x_o} \frac{f(x)-f(x_o)}{x - x_o} = n\cdot x_o^{n-1}.$$

(*) Die Gültigkeit des letzten Gleichheitszeichens können Sie zum Beispiel durch Ausrechnen der rechten Seite von $x^n-x_o^n = (x-x_o)\sum_{k=0}^{n-1} x^{n-1-k}x_o^k$ folgern. Es ist nämlich $(x-x_o)\sum_{k=0}^{n-1} x^{n-1-k}x_o^k =$

$$= x\sum_{k=0}^{n-1} x^{n-1-k}x_o^k - x_o\sum_{k=0}^{n-1} x^{n-1-k}x_o^k = \sum_{k=0}^{n-1} x^{n-k}x_o^k -$$

$$- \sum_{k=0}^{n-1} x^{n-1-k}x_o^{k+1} = (x^n+x^{n-1}x_o+x^{n-2}x_o^2+\ldots+xx_o^{n-1}) -$$

$$- (x^{n-1}x_o+x^{n-2}x_o^2+\ldots+xx_o^{n-1}+x_o^n) = x^n - x_o^n .$$

(**) Die Summe enthält n Summanden der Form x_o^{n-1}.

<u>Ergebnis</u>: $x \longmapsto f(x) = x^n$ ist in jedem $x_o \in \mathbb{R}$ differenzierbar.
Für die Ableitung gilt $f'(x_o) = n \cdot x_o^{n-1}$.

A 3 *AUFGABE 3.- a) Untersuchen Sie die Wurzelfunktion in $x_o > 0$ auf Differenzierbarkeit. Geben Sie gegebenenfalls die Ableitung in x_o an!*

b) Zeigen Sie, daß für $n \in \mathbb{N}$ die Funktion $x \longmapsto \frac{1}{x^n}$ in jedem Punkt x_o ihres Definitionsbereiches differenzierbar ist. Geben Sie jeweils die Ableitung in x_o an, sowie das approximierende Polynom 1. Grades im Fall $n = 1$.

Der folgende Satz spielt in den theoretischen Untersuchungen der Differenzierbarkeit eine wichtige Rolle. Er liefert eine besondere Darstellung einer in x_o differenzierbaren Funktion. Wir werden diesen Satz beim Beweis der Differenzierbarkeit der Umkehrfunktion (Seite 188) wieder benötigen.

(11.10) SATZ.- Sei $x_o \in I$. $f : I \longrightarrow \mathbb{R}$ ist genau dann in x_o differenzierbar, wenn es ein $a \in \mathbb{R}$ und eine in x_o stetige Funktion

$$r : I \longrightarrow \mathbb{R}$$

mit $r(x_o) = 0$ gibt, so daß

$$f(x) = f(x_o) + a(x-x_o) + r(x)(x-x_o) \quad \text{für alle } x \in I.$$

In diesem Fall ist $f'(x_o) = a$.

BEWEIS.- a) Es ist zu zeigen: Wenn f in x_o differenzierbar ist, gibt es ein $a \in \mathbb{R}$ und eine Funktion r mit den angegebenen Eigenschaften.

Sei also f differenzierbar in x_o. Dann gibt es nach Definition (11.5) ein $a \in \mathbb{R}$, so daß

$$\lim_{x \to x_o} \frac{f(x) - f(x_o) - a(x-x_o)}{x - x_o} = 0$$

ist. Setzen wir für $x \in I$, $x \neq x_o$:

$$(1) \qquad r(x) := \frac{f(x) - f(x_o) - a(x-x_o)}{x - x_o}$$

und $r(x_o) := 0$, so ist r auf I definiert. Wegen

$$\lim_{x \to x_o} r(x) = 0 = r(x_o)$$

ist r stetig in x_o. Durch Auflösen von (1) nach f(x) für $x \neq x_o$ folgt

$$f(x) = f(x_o) + a(x-x_o) + r(x)(x-x_o),$$

und diese Gleichung gilt offensichtlich auch für $x = x_o$. Nach (11.5) ist außerdem $a = f'(x_o)$.

b) Es ist zu zeigen: Wenn es ein $a \in \mathbb{R}$ und eine in x_o stetige Funktion r mit den angegebenen Eigenschaften gibt, dann ist f in x_o differenzierbar.

Aus $f(x) = f(x_o) + a(x-x_o) + r(x)(x-x_o)$ für alle $x \in I$ folgt durch Auflösen nach r(x) für $x \neq x_o$:

$$r(x) = \frac{f(x) - f(x_o) - a(x-x_o)}{x - x_o} .$$

Mit der Stetigkeit von r in x_o und $r(x_o) = 0$ ergibt sich

$$\lim_{x \to x_o} \frac{f(x) - f(x_o) - a(x-x_o)}{x - x_o} = \lim_{x \to x_o} r(x) = r(x_o) = 0.$$

D.h. nach Defintion (11.5): f ist in x_o differenzierbar und $f'(x_o) = a$.

BEMERKUNGEN.- (1) Als Begründer der Differentialrechnung sind Newton (*) und Leibniz (**) anzusehen. Beide sind unabhängig voneinander und auf verschiedenen Wegen zu den gleichen Ergebnissen gelangt. (11.11)

- Leibniz untersuchte das Problem, die Tangente in einem Punkt $(x_o, f(x_o))$ des Graphen einer Funktion f zu bestimmen. Dazu war es notwendig, die Steigung der Tangente zu bestimmen: Betrachtet man einen weiteren Punkt $(x, f(x))$ von G_f, so hat die Sekante S durch $(x_o, f(x_o))$ und $(x, f(x))$ die Steigung

$$\frac{f(x) - f(x_o)}{x - x_o} .$$

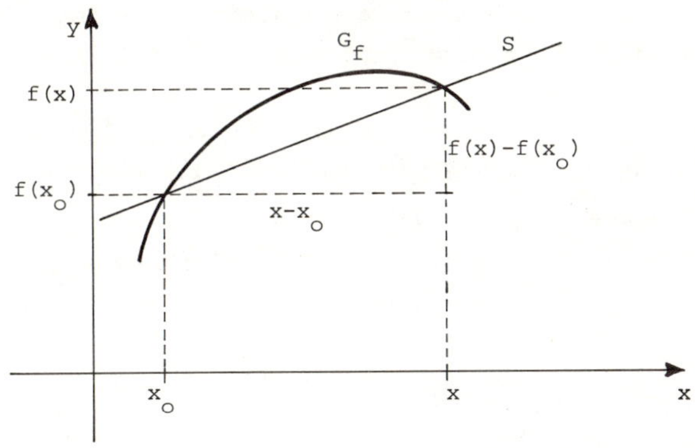

Man nimmt nun an, daß für x gegen x_o die Steigung der Sekanten gegen die Steigung der Tangente strebt. Es ist also die Existenz des Grenzwertes $\lim_{x \to x_o} \frac{f(x) - f(x_o)}{x - x_o}$ zu untersuchen und damit die Funktion f auf Differenzierbarkeit in x_o (vgl. Satz (11.8)).

(*) Sir Isaac Newton, 1643 - 1727. Sein einflußreichstes Werk ist die "Philosophiae Naturalis Principia Mathematica". Durch die Formulierung der Newtonschen Axiome der Mechanik, die Entdeckung der Bewegungsgleichungen und des Gravitationsgesetzes vollendet Newton den Aufbau der klassischen Mechanik.

(**) Gottfried Wilhelm Leibniz, 1646 - 1716, studierte Philosophie und Rechtswissenschaften und war stark mathematisch interessiert. Im Zusammenhang mit Veröffentlichungen über die Differentialrechnung (1684) geriet er in erbitterte Auseinandersetzungen mit Newton, die bis zu seinem Tode andauerten. Eine Prüfungskommission der Royal Society (London) ordnete auf Grund einseitiger Briefauswahl Newton das Prioritätsrecht zu (1712). Seit 1703 war Newton Präsident der Royal Society ...

- Newton untersuchte das Problem, die Momentangeschwindigkeit eines geradlinig bewegten Körpers zu bestimmen. Dazu beschreibt man die Bewegung des Körpers durch die Angabe seines Ortes s (auf der Geraden) in Abhängigkeit von der Zeit t, d.h. durch eine Funktion $t \longmapsto s(t)$, $t \geq 0$.

Ist s(t) ein lineares Polynom, etwa $s(t) = at+b$, so heißt die Bewegung *gleichförmig*. In diesem Fall ist der in jedem Zeitintervall $[t_1, t_2]$ zurückgelegte Weg proportional zu $t_2 - t_1$, d.h.

$$s(t_2) - s(t_1) = a(t_2 - t_1).$$

Die Geschwindigkeit des Körpers ist definiert als der Quotient von Weg durch Zeit und hat den (konstanten) Wert a.

Ist die Bewegung nicht gleichförmig, also die Weg-Zeit-Funktion s kein lineares Polynom, so nähert man die Bewegung in der Nähe eines gegebenen Zeitpunktes t_o möglichst gut durch eine gleichförmige Bewegung an. Die Geschwindigkeit $v(t_o)$ des ungleichförmig bewegten Körpers zur Zeit t_o definiert man dann als die Geschwindigkeit der angenäherten gleichförmigen Bewegung zur Zeit t_o.

In der Sprache der Funktionen bedeutet dies: Die Weg-Zeit-Funktion s wird in der Nähe von t_o durch ein lineares Polynom möglichst gut approximiert. Wir wissen, das geht genau dann, wenn es ein a gibt, so daß

$$\lim_{t \to t_o} \frac{s(t)-s(t_o)-a(t-t_o)}{t - t_o} = 0$$

ist. Die angenäherte gleichförmige Bewegung wird dann durch das lineare Polynom

$$t \longmapsto s(t_o)+a(t-t_o) = at + (s(t_o) - a \cdot t_o)$$

beschrieben. Also ist

$$v(t_o) = a = \lim_{t \to t_o} \frac{s(t)-s(t_o)}{t - t_o} = s'(t_o). \quad (*)$$

(2) Bedingt durch die verschiedenen Entdecker der Differentialrechnung werden auch heute noch verschiedene Schreib- und Bezeichnungsweisen verwendet.

Leibniz-Schreibweise für die Ableitung

- Für die Ableitung $f'(x_o)$ einer in x_o differenzierbaren Funktion f schreibt man auch

$\frac{df}{dx}(x_o)$ (lies: df nach dx an der Stelle x_o)

oder

$\left.\frac{df(x)}{dx}\right|_{x=x_o}$ (lies: df von x nach dx für $x=x_o$)

oder, wenn $y = f(x)$ ist, noch kürzer

$\left.\frac{dy}{dx}\right|_{x=x_o}$ (lies: dy nach dx für $x=x_o$).

- In der Leibniz-Schreibweise nennt man die Ableitung auch *Differentialquotient*. Differentialquotient

Achtung: Obwohl die Leibniz-Schreibweisen einen Bruchstrich verwenden, handelt es sich dabei nicht um einen Quotienten reeller Zahlen. Insofern sind diese Schreibweisen und die Bezeichnung leicht mißverständlich.

Dennoch müssen Sie sie kennen, da sie in Physik und Technik häufig verwendet werden. Darüberhinaus lassen sich mit ihrer Hilfe gut einige Merkregeln formulieren. Wir kommen später darauf zurück.

Auf die von Newton verwendete Schreibweise gehen wir nicht ein. Sie war unzweckmäßig und konnte sich daher nicht durchsetzen.

Bei Funktionen, bei denen die Argumente den Sinn einer Zeit haben, schreibt man aus historischen Gründen oft $\dot{f}(t_o)$ (lies: f Punkt von t_o) an Stelle von $f'(t_o)$ oder $\frac{df}{dx}(t_o)$. Z.B. im Falle der Weg-Zeit-Funktion s für die Geschwindigkeit zur Zeit t_o: $v = \dot{s}(t_o)$.

(3) Der Quotient $\frac{f(x)-f(x_o)}{x-x_o}$, $x \neq x_o$, heißt *Differenzenquotient*. Differenzenquotient

(4) Setzt man $x-x_o =: h$, so gilt $x = x_o + h$, und der Differenzenquotient nimmt die Gestalt

$$\frac{f(x_o+h)-f(x_o)}{h}$$

an. f ist also differenzierbar in x_o mit der Ableitung $f'(x_o)$, wenn

$$f'(x_o) = \lim_{h \to 0} \frac{f(x_o+h)-f(x_o)}{h}.$$

BEISPIEL.- Am Schluß der vorstehenden Bemerkung (1) haben Sie gesehen, daß man mit der Ableitung der Weg-Zeit-Funktion eines (geradlinig bewegten) Körpers dessen Geschwindigkeit erhält. Statt Geschwindigkeit kann man auch sagen: die Änderung des Weges pro Zeiteinheit. Wir wollen in diesem Beispiel andeuten, daß auch in anderen physikalischen Zusammenhängen die Ableitung von Funktionen eine Änderung physikalischer Zustände (Größen) beschreibt. (11.12)

Sei Q(t) der Ladungsinhalt eines Kondensators zur Zeit t. Wir setzen die Funktion $t \longmapsto Q(t)$, $t \geq t_o$ als differenzierbar voraus. Dann ist $\dot{Q}(t)$

(*) Der Tachometer eines auf geradliniger Straße fahrenden Autos zeigt also zu jedem Zeitpunkt t_o den Wert $s'(t_o)$ an, wenn s(t) die Weg-Zeit-Funktion dieses Autos ist.

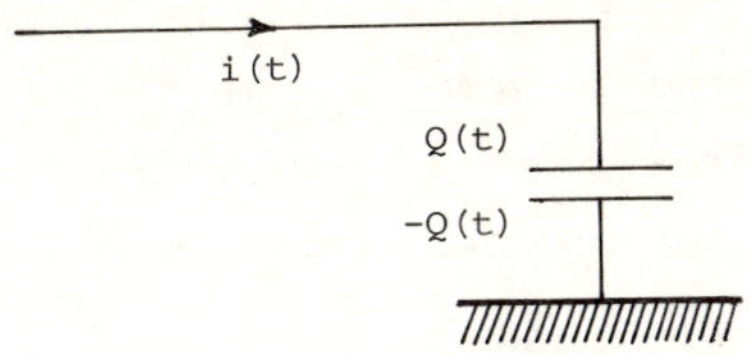

die Ladungszunahme je Zeiteinheit zur Zeit t. D.h. $\dot{Q}(t)$ ist gleich dem Ladestrom:

$$\dot{Q}(t) = i(t).$$

A 4 *AUFGABE 4.- Ein Draht der Länge ℓ (von unterschiedlicher Dicke) sei zwischen den Punkten 0 und ℓ eingespannt:*

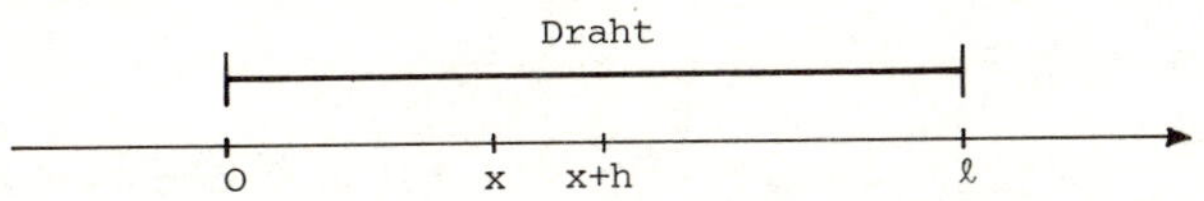

Für $x \in [0,\ell]$ sei $m(x)$ der Zahlenwert der zwischen 0 und x befindlichen Masse des Drahtes.
Die mittlere lineare Dichte des Drahtes zwischen den Punkten x und $x+h$ ist gegeben durch den Quotienten

$$\rho_{x,x+h} := \frac{m(x+h) - m(x)}{h}.$$

Wie würden Sie die (lineare) Dichte $\rho(x_0)$ des Drahtes in einem Punkt $x_0 \in [0,\ell]$ definieren? Welche Forderung muß an die Funktion $m : [0,\ell] \longrightarrow \mathbb{R}$ gestellt werden?

§ 3 DIFFERENZIERBARE FUNKTIONEN

In diesem Abschnitt soll Ihr "Vorrat" an Funktionen, die in allen (oder den meisten) Punkten ihres Definitionsbereiches differenzierbar sind, vergrößert werden. Außerdem lernen Sie einfache Beispiele von Funktionen kennen, die in einem Punkt nicht differenzierbar sind.
Als erstes wollen wir zeigen, daß die Exponentialfunktion in jedem $x_0 \in \mathbb{R}$ differenzierbar ist. Dazu benötigen wir die Aussage des nächsten Hilfssatzes.

(11.13) **HILFSSATZ.-** Es gilt $\lim\limits_{x\to 0} \frac{e^x - 1}{x} = 1.$

Arbeiten Sie den Beweis durch. Er wiederholt einige wichtige Begriffe und ist eine Übung in mathematischer Argumentation.

BEWEIS.- Nach der Definition des Grenzwertes einer Funktion ((10.1), Seite 149) ist zu zeigen: Die auf $\mathbb{R} \setminus \{0\}$ definierte Funktion f mit $f(x) = \frac{e^x - 1}{x}$ hat die Eigenschaft:

Für jede Nullfolge (x_n) mit $x_n \neq 0$ gilt $\lim\limits_{n\to\infty} f(x_n) = 1$.

Dazu ist zu zeigen: Zu jedem $\varepsilon > 0$ gibt es ein $n_0 \in \mathbb{N}$, so daß für alle $n \geq n_0$ gilt:

$$|f(x_n) - 1| < \varepsilon.$$

Sei also (x_n) eine Nullfolge mit $x_n \neq 0$ für alle $n \in \mathbb{N}$, und es sei $0 < \varepsilon < 1$ vorgegeben.

a) Reihendarstellung von f:

Für $x \neq 0$ ist $f(x) = \frac{-1+e^x}{x}$

$$= \frac{1}{x}\left(-1 + \sum_{n=0}^{\infty} \frac{x^n}{n!}\right) \qquad = \frac{1}{x}\left(-1+1+x+\frac{x^2}{2!}+\frac{x^3}{3!}+\dots\right)$$

$$= \frac{1}{x}\sum_{n=1}^{\infty} \frac{x^n}{n!} \qquad = \frac{1}{x}\left(x+\frac{x^2}{2!}+\frac{x^3}{3!}+\dots\right)$$

$$= \sum_{n=1}^{\infty} \frac{x^{n-1}}{n!} \qquad = 1+\frac{x}{2!}+\frac{x^2}{3!}+\dots \; .$$

Jetzt könnte man folgendermaßen im Beweis fortfahren: f stimmt also für $x \neq 0$ mit der (für alle $x \in \mathbb{R}$ konvergenten) Potenzreihe $g(x) := \sum\limits_{n=1}^{\infty} \frac{x^{n-1}}{n!}$ überein. Nach Satz (10.11a) auf Seite 154 sind durch Potenzreihen dargestellte Funktionen stetig. Mit $g(0) = 1$ folgt dann $\lim\limits_{x\to 0} f(x) = \lim\limits_{x\to 0} g(x) = g(0) = 1$, also die Behauptung.

Ohne diesen (in Kapitel 10 nicht bewiesenen) Satz kommen wir aber auch zum Ziel:

b) Abschätzung von $|f(x)-1|$:
Die "Exponentialreihe" konvergiert für alle $x \in \mathbb{R}$ absolut. Also folgt insbesondere für $0 < |x| < 1$ und mit Satz (8.28) auf Seite 131 sowie dem Ergebnis aus Teil a):

$$|f(x)-1| = \left|\sum_{n=2}^{\infty} \frac{x^{n-1}}{n!}\right| \qquad = \left|\frac{x}{2!}+\frac{x^2}{3!}+\frac{x^3}{4!}+\dots\right|$$

$$\leq \sum_{n=2}^{\infty} \frac{|x|^{n-1}}{n!} \qquad \leq \frac{|x|}{2!}+\frac{|x|^2}{3!}+\frac{|x|^3}{4!}+\dots$$

$$= |x| \sum_{n=2}^{\infty} \frac{|x|^{n-2}}{n!} \qquad = |x|\left(\frac{1}{2!}+\frac{|x|}{3!}+\frac{|x|^2}{4!}+\dots\right)$$

$$\leq |x| \sum_{n=2}^{\infty} |x|^{n-2} \quad (*) \qquad \leq |x|\,(1+|x|+|x|^2+\dots)$$

geometrische Reihe

$$= |x| \sum_{n=0}^{\infty} |x|^n$$

$$= |x| \cdot \frac{1}{1-|x|}$$

c) Nachweis der Konvergenz von $(f(x_n))$ gegen 1:
Da (x_n) eine Nullfolge ist, gibt es ein $n_0 \in \mathbb{N}$, so daß

$$|x_n| < \frac{\varepsilon}{2} \qquad \text{für alle } n \geq n_0.$$

(*) An dieser Stelle wird die Voraussetzung $|x| < 1$ benötigt, da die geometrische Reihe nur für $|x| < 1$ konvergiert.

Da wir $\varepsilon < 1$ vorausgesetzt haben, gilt für diese n auch: $|x_n| < \frac{1}{2}$. Wir können also für x_n mit $n \geq n_o$ die Abschätzung aus b) benutzen:

$$|f(x_n)-1| \leq |x_n| \cdot \frac{1}{1-|x_n|} < \frac{\varepsilon}{2} \cdot \frac{1}{1-\frac{1}{2}} = \varepsilon .$$

Das wollten wir zeigen.

(11.14) FOLGERUNG.- Die Exponentialfunktion exp ist in $x_o = 0$ differenzierbar, und es gilt

$$\exp'(0) = 1.$$

BEWEIS.- Die Behauptung ergibt sich mit Satz (11.8), Seite 178:

$$\lim_{x \to x_o} \frac{\exp(x) - \exp(x_o)}{x - x_o} = \lim_{x\to o} \frac{e^x - e^o}{x} = \lim_{x \to o} \frac{e^x - 1}{x} = 1.$$

Aus (11.13) ergibt sich als weitere Folgerung:

(11.15) Exponentialfunktion differenzierbar

FOLGERUNG.- Die Exponentialfunktion exp ist in jedem $x_o \in \mathbb{R}$ differenzierbar, und es gilt

$$\exp'(x_o) = \exp(x_o).$$

A 5

AUFGABE 5.- Beweisen Sie Folgerung (11.15).

(Hinweis: Berechnen Sie den Grenzwert $\lim_{h\to o} \frac{e^{x_o+h} - e^{x_o}}{h}$ *.)*

Um auch die trigonometrischen Funktionen sin und cos auf Differenzierbarkeit untersuchen zu können, benötigen wir zwei weitere Grenzwerte.

(11.16) HILFSSATZ.- Es gilt

$$\lim_{x\to o} \frac{\sin x}{x} = 1$$

und

$$\lim_{x \to o} \frac{\cos x - 1}{x} = 0.$$

Den BEWEIS lassen wir aus. Er kann mit Hilfe der Reihendarstellungen von sin und cos und der sich daraus ergebenden Abschätzungen

$$x - \frac{x^3}{3!} \leq \sin x \leq x \qquad \text{für } 0 \leq x < 1$$

und

$$1 - \frac{x^2}{2!} \leq \cos x \leq 1 - \frac{x^2}{2!} + \frac{x^4}{4!} \qquad \text{für } |x| < 1$$

geführt werden. Sie werden jedoch später Verfahren kennenlernen (Stichwort: Regeln von de L'Hôpital), mit deren Hilfe sich die obigen Grenzwerte erheblich einfacher bestimmen lassen, allerdings bei Kenntnis der Ableitungen von sin und cos im Nullpunkt (siehe Satz (11.60) und Beispiel (11.61) auf Seite 203).

FOLGERUNG.- Die trigonometrischen Funktionen sin und cos sind in jedem $x_o \in \mathbb{R}$ differenzierbar, und es gilt (11.17) sin' = cos, cos' = -sin

$$\sin' x_o = \cos x_o \quad \text{und} \quad \cos' x_o = -\sin x_o .$$

BEWEIS.- Der Beweis verwendet die Additionstheoreme (Satz (9.15) auf Seite 144).

Es ist mit $x_o \in \mathbb{R}$ und $h \neq 0$:

$$\frac{\sin(x_o+h) - \sin x_o}{h} = \frac{\sin x_o \cos h + \cos x_o \sin h - \sin x_o}{h} = \sin x_o \frac{\cos h - 1}{h} + \cos x_o \frac{\sin h}{h}$$

Also folgt mit Hilfssatz (11.16) und den Rechenregeln für Grenzwerte von Funktionen (Seite 153):

$$\lim_{h\to o} \frac{\sin(x_o+h) - \sin x_o}{h} = \sin x_o \cdot \lim_{h\to o} \frac{\cos h - 1}{h} + \cos x_o \cdot \lim_{h\to o} \frac{\sin h}{h} = \cos x_o .$$

Den Beweis für cos überlassen wir Ihnen als Aufgabe.

AUFGABE 6.- Zeigen Sie, daß die Funktion cos in jedem $x_o \in \mathbb{R}$ *differenzierbar ist und daß* $\cos' x_o = -\sin x_o$. A 6

Die folgende Aufgabe können Sie bei Zeitmangel überspringen. Die Lösung ist jedoch kurz und bedarf keinerlei Rechnung.

AUFGABE 7.- Begründen Sie, daß die Funktionen $f, g: \mathbb{R} \to \mathbb{R}$ *mit* A 7

$$f(x) := \begin{cases} \frac{\sin x}{x} & \text{für } x \neq 0 \\ 1 & \text{für } x = 0 \end{cases}$$

und

$$g(x) := \begin{cases} \frac{\cos x - 1}{x} & \text{für } x \neq 0 \\ 0 & \text{für } x = 0 \end{cases}$$

stetig sind.

Fast alle bisher in Beispielen und Aufgaben untersuchten Funktionen haben eine gemeinsame Eigenschaft: Sie sind in jedem Punkt ihres Definitionsbereiches differenzierbar. Solche Funktionen nennen wir differenzierbar.

(11.18) differenzierbar

DEFINITION.- Eine reelle Funktion $f : I \to \mathbb{R}$ heißt *differenzierbar*, wenn sie in jedem Punkt $x_o \in I$ differenzierbar ist.
Die durch $x_o \mapsto f'(x_o)$ definierte Funktion $f' : I \to \mathbb{R}$ heißt *Ableitungsfunktion* oder kurz: *Ableitung von f*

Ableitung

Ist f nur in allen Punkten einer Teilmenge $J \subseteq I$ differenzierbar, so heißt

$$f' : J \to \mathbb{R}$$
$$x_o \mapsto f'(x_o)$$

ebenfalls *Ableitung von f (auf J)*.

Für die Argumente der Ableitungsfunktion schreiben wir statt x_o wieder einfach x.

(11.19) differenzierbare Funktionen

BEISPIEL.- Im Sinne der vorstehenden Definition sind also die Funktionen

$x \mapsto x^n$, $x \in \mathbb{R}$, $(n \in \mathbb{N})$;

$x \mapsto \frac{1}{x^n}$, $x \neq 0$, $(n \in \mathbb{N})$;

$x \mapsto e^x$, $x \in \mathbb{R}$;

$x \mapsto \sin x$, $x \in \mathbb{R}$;

$x \mapsto \cos x$, $x \in \mathbb{R}$,

differenzierbar. Die Ableitung ist jeweils die Funktion (in derselben Reihenfolge)

und ihre Ableitungen

$x \mapsto nx^{n-1}$, $x \in \mathbb{R}$;

$x \mapsto \frac{-n}{x^{n+1}}$, $x \neq 0$;

$x \mapsto e^x$, $x \in \mathbb{R}$;

$x \mapsto \cos x$, $x \in \mathbb{R}$;

$x \mapsto -\sin x$, $x \in \mathbb{R}$.

Die Ableitungen der letzten drei Funktionen kann man kürzer auch so notieren:

$\exp' = \exp$

$\sin' = \cos$

$\cos' = -\sin$.

Um eine ähnliche Schreibweise auch für Funktionen ohne festgelegtes Funktionssymbol (wie exp oder sin) verwenden zu können, schreibt man gelegentlich auch

$$(x^n)' = nx^{n-1} \quad , x \in \mathbb{R}$$
$$\left(\frac{1}{x^n}\right)' = \frac{-n}{x^{n+1}} \quad , x \neq 0.$$

Sie sollten auch diese Schreibweisen kennen!

A 8

AUFGABE 8.- Zeigen Sie: Jede konstante Funktion $\mathbb{R} \to \mathbb{R}$ ist differenzierbar, und bestimmen Sie die Ableitung.

Bis jetzt sieht es für Sie so aus, als seien "alle" Funktionen differenzierbar. Das ist nicht der Fall!

(11.20)

BEISPIEL.- (1) Schon die recht einfache Betragsfunktion ist nicht differenzierbar, denn

Behauptung: Die Funktion $x \mapsto |x|$ ist in $x_o = 0$ nicht differenzierbar.

Anschauung

Anschaulich hat der Graph der Betragsfunktion im Nullpunkt eine "Spitze". Diese ist dafür verantwortlich, daß die Funktion dort nicht differenzierbar ist. - Es läßt sich keine eindeutige Tangente konstruieren.

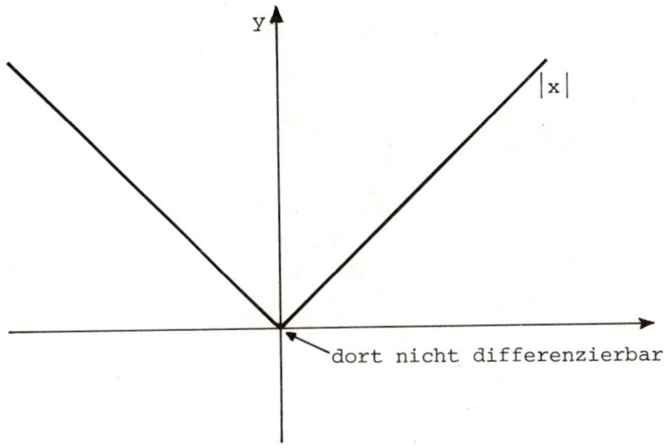

Bild 5.- Betragsfunktion im Nullpunkt nicht differenzierbar.

|x| in 0 nicht differenzierbar

Beweis: Wegen Satz (11.8) auf Seite 178 genügt es zu zeigen, daß der Grenzwert $\lim_{x \to x_o} \frac{|x| - |x_o|}{x - x_o}$ also der Grenzwert $\lim_{x \to 0} \frac{|x|}{x}$, nicht existiert.

Nun ist nach Definition des Betrages

- für $x > 0$: $\frac{|x|}{x} = \frac{x}{x} = 1$, also ist der rechtsseitige Grenzwert $\lim_{\substack{x \to 0 \\ x > 0}} \frac{|x|}{x} = 1$ und
- für $x < 0$: $\frac{|x|}{x} = \frac{-x}{x} = -1$, also ist der linksseitige Grenzwert $\lim_{\substack{x \to 0 \\ x < 0}} \frac{|x|}{x} = -1$.

Deshalb existiert der Grenzwert $\lim_{x \to 0} \frac{|x|}{x}$ nicht.

(2) Behauptung: Die Wurzelfunktion $x \mapsto \sqrt{x}$, $x \geq 0$, ist in $x_o = 0$ nicht differenzierbar (also keine differenzierbare Funktion).

Anschauung

Anschaulich hat der Graph der Wurzelfunktion im Nullpunkt eine "senkrechte Tangente". Und eine solche Tangente kann nicht der Graph eines Polynoms (höchstens) 1. Grades sein, ("unendlich viele Funktionswerte" über der Null).

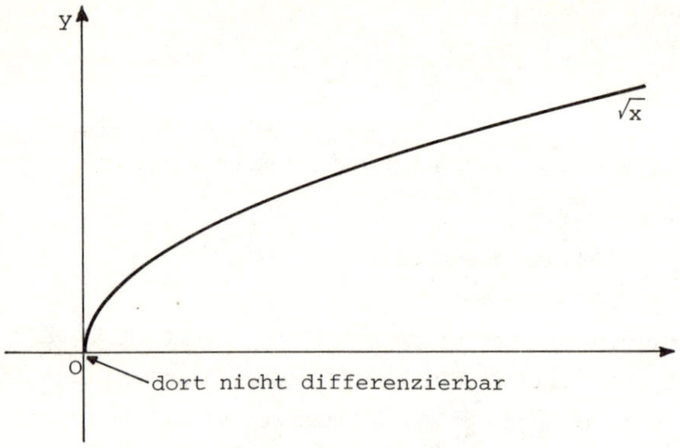

Bild 6.- Wurzelfunktion im Nullpunkt nicht differenzierbar.

Beweis: Der Grenzwert des Differenzenquotienten im Nullpunkt

$$\lim_{x\to 0} \frac{\sqrt{x}-\sqrt{0}}{x-0}\ , \text{ also } \lim_{x\to 0} \frac{1}{\sqrt{x}}\ ,$$

existiert nicht, da für jede Nullfolge (x_n) mit $x_n > 0$ die Folge $\left(\frac{1}{\sqrt{x_n}}\right)$ unbeschränkt ist.

Eine weitere Möglichkeit festzustellen, ob eine Funktion in einem Punkt <u>nicht</u> differenzierbar ist, liefert der folgende Satz:

(11.21) differenzierbar ⟹ stetig

SATZ.- Sei $f : I \Longrightarrow \mathbb{R}$ in $x_0 \in I$ differenzierbar. Dann ist f in x_0 stetig.

nicht stetig ⟹ nicht differenzierbar

BEMERKUNG.- Ist also eine Funktion f in x_0 nicht stetig, so ist f in x_0 nicht differenzierbar. Man sagt deshalb auch: Differenzierbarkeit ist eine "stärkere" Eigenschaft als Stetigkeit.

BEWEIS von (11.21).- Da f in x_0 differenzierbar ist, gibt es nach Satz (11.10) auf Seite 179 ein $a \in \mathbb{R}$ und eine in x_0 stetige Funktion $r : I \Longrightarrow \mathbb{R}$, so daß

$$f(x) = f(x_0) + a(x-x_0) + r(x)(x-x_0) \quad \text{für alle } x \in I.$$

Auf der rechten Seite dieser Gleichung stehen nur in x_0 stetige Funktionen.
Nach den Rechenregeln für stetige Funktionen (Satz (10.8.) auf Seite 153) ist f in x_0 stetig.

FRAGE.- Gilt die Umkehrung von Satz (11.21): stetig ⟹ differenzierbar?

(*Hinweis: Benutzen Sie die Betragsfunktion für Ihre Antwort.*)

Zusammenfassung

<u>Fassen Sie noch einmal zusammen</u>:

(Versuchen Sie, Ihre Antworten schriftlich zu formulieren!)

- Wann heißt eine Funktion differenzierbar, wann differenzierbar in x_0?
- Welche differenzierbaren Funktionen kennen Sie bisher? Wie lauten ihre Ableitungen?
- Welche Beispiele nicht differenzierbarer Funktionen kennen Sie?
- Welches "Aussehen" kann der Graph einer Funktion über einem Punkt x_0 haben, in dem die Funktion nicht differenzierbar ist?

§ 4 RECHENREGELN FÜR DIFFERENZIERB. FUNKTIONEN

SUMME, PRODUKT, QUOTIENT

Der nächste Satz erspart es uns in vielen Fällen, auf die Definition zurückzugreifen, um zu beweisen, daß eine Funktion differenzierbar ist.

SATZ.- Seien $f,g : I \Longrightarrow \mathbb{R}$ in $x_0 \in I$ differenzierbare Funktionen. Dann gilt (11.22)

(1) $f+g$ ist differenzierbar in x_0, und es gilt

$$(f+g)'(x_0) = f'(x_0) + g'(x_0).$$ Summenregel

(2) Für alle $c \in \mathbb{R}$ ist $c \cdot f$ differenzierbar in x_0, und es gilt

$$(c\cdot f)'(x_0) = c\cdot f'(x_0).$$

(3) $f\cdot g$ ist differenzierbar in x_0, und es gilt

$$(f\cdot g)'(x_0) = f'(x_0)\cdot g(x_0) + f(x_0)\cdot g'(x_0).$$ Produktregel

(4) Ist $g(x_0) \neq 0$, so ist $\frac{f}{g}$ differenzierbar in x_0, und es gilt

$$\left(\frac{f}{g}\right)'(x_0) = \frac{f'(x_0)\cdot g(x_0) - f(x_0)\cdot g'(x_0)}{(g(x_0))^2}.$$ Quotientenregel

Der BEWEIS verwendet wieder die Rechenregeln für Grenzwerte von Funktionen, so daß Sie wahrscheinlich die Beweise für (1) und (2) selber durchführen können. Wir bringen hier nur den Beweis für (3) und (4).

Zu (3): Um nachzuweisen, daß $f\cdot g$ in x_0 differenzierbar ist, muß gezeigt werden, daß der Grenzwert des Differenzenquotienten von $f\cdot g$ in x_0 existiert.
Der Differenzenquotient hat die Gestalt:

$$\frac{(f\cdot g)(x_0+h) - (f\cdot g)(x_0)}{h} = \frac{f(x_0+h)\cdot g(x_0+h) - f(x_0)\cdot g(x_0)}{h}$$

$$= \frac{(f(x_0+h) - f(x_0))\,g(x_0+h) + f(x_0)\,(g(x_0+h) - g(x_0))}{h}$$ Addition von O

$$= g(x_o+h)\,\frac{f(x_o+h)-f(x_o)}{h} + f(x_o)\,\frac{g(x_o+h)-g(x_o)}{h}$$

In der letzten Zeile existieren alle Grenzwerte für h gegen 0, denn:
g ist differenzierbar in x_o, also nach Satz (11.21) stetig in x_o, so daß

$$\lim_{h\to o} g(x_o+h) = \lim_{x\to x_o} g(x) = g(x_o)$$

ist; außerdem ist nach Satz (11.8) auf Seite 178

$$\lim_{h\to o} \frac{g(x_o+h)-g(x_o)}{h} = g'(x_o).$$

Da f differenzierbar in x_o ist, gilt

$$\lim_{h\to o} \frac{f(x_o+h)-f(x_o)}{h} = f'(x_o).$$

Also existiert der Grenzwert des Differenzenquotienten von $f\cdot g$ in x_o, und es gilt

$$\lim_{h\to o} \frac{(f\cdot g)(x_o+h)-(f\cdot g)(x_o)}{h} = g(x_o)\cdot f'(x_o)+f(x_o)\cdot g'(x_o).$$

Für den Grenzwert auf der linken Seite schreiben wir (vereinbarungsgemäß) $(f\cdot g)'(x_o)$. Damit ist die Produktregel bewiesen.

Zu (4): Wir betrachten zunächst den Fall, daß f die konstante Funktion $x \mapsto 1$, $x \in I$, ist. Wir werden hierfür zeigen, daß $\frac{f}{g}$, also $\frac{1}{g}$, in x_o differenzierbar ist und daß

Spezialfall $f = 1$

$$\boxed{\left(\frac{1}{g}\right)'(x_o) = -\frac{g'(x_o)}{(g(x_o))^2}}$$

gilt.

Nehmen wir an, wir hätten diesen Spezialfall $f = 1$ schon bewiesen. Dann folgt die allgemeine Quotientenregel aus der Produktregel und diesem Spezialfall.

Folgerung aus diesem Spezialfall

Denn: Es ist $\frac{f}{g} = f\cdot\frac{1}{g}$, also $\frac{f}{g}$ differenzierbar in x_o, und es gilt

$$\left(\frac{f}{g}\right)'(x_o) = \left(f\cdot\frac{1}{g}\right)'(x_o) = f'(x_o)\cdot\left(\frac{1}{g}\right)(x_o)+f(x_o)\cdot\left(\frac{1}{g}\right)'(x_o)$$

$$= \frac{f'(x_o)}{g(x_o)} - \frac{f(x_o)\cdot g'(x_o)}{(g(x_o))^2}$$

$$= \frac{f'(x_o)\cdot g(x_o)-f(x_o)\cdot g'(x_o)}{(g(x_o))^2}.$$

Beweis des Spezialfalles

Wir brauchen daher nur noch den Spezialfall $f = 1$ zu beweisen.
Da $g(x_o) \neq 0$ und g in x_o stetig ist, gilt für alle genügend kleinen h auch $g(x_o+h) \neq 0$ (Satz (10.50), Seite 171).
Wir erhalten

$$\frac{\left(\frac{1}{g}\right)(x_o+h)-\left(\frac{1}{g}\right)(x_o)}{h} = \frac{1}{h}\left(\frac{1}{g(x_o+h)} - \frac{1}{g(x_o)}\right)$$

$$= \frac{1}{h}\cdot\frac{g(x_o)-g(x_o+h)}{g(x_o+h)\cdot g(x_o)}$$

$$= -\frac{g(x_o+h)-g(x_o)}{h}\cdot\frac{1}{g(x_o+h)}\cdot\frac{1}{g(x_o)}.$$

Hieraus folgt

$$\left(\frac{1}{g}\right)'(x_o) = \lim_{h\to o}\frac{\left(\frac{1}{g}\right)(x_o+h) - \left(\frac{1}{g}\right)(x_o)}{h}$$

$$= -g'(x_o)\cdot\frac{1}{g(x_o)}\cdot\frac{1}{g(x_o)} = -\frac{g'(x_o)}{(g(x_o))^2}.$$

FOLGERUNG.- Jede der nachfolgenden Funktionen ist differenzierbar: (11.23)

(1) Polynome,
(2) rationale Funktionen,
(3) die trigonometrischen Funktionen tan und cot.

BEWEIS.- Zu (1): Jedes Polynom $p(x) = \sum_{k=0}^{n} a_k x^k$ ist Summe von Funktionen der Gestalt $x \mapsto a_k x^k$. Diese sind nach Beispiel (11.9) auf Seite 178 und (11.22)(2) in jedem $x \in \mathbb{R}$ differenzierbar. Mehrfache Anwendung von (11.22)(1) liefert, daß p in jedem $x \in \mathbb{R}$ differenzierbar ist.
Für die Ableitung gilt

Ableitung eines Polynoms

$$p'(x) = \sum_{k=1}^{n} k a_k x^{k-1}.$$

Zu (2): Eine rationale Funktion ist Quotient zweier Polynome. Sie ist außerhalb der Nullstellen des Nennerpolynoms definiert. Also ist eine rationale Funktion nach (11.22)(4) in jedem Punkt ihres Definitionsbereiches differenzierbar.

Zu (3): Vergleiche die folgende Aufgabe!

<u>*AUFGABE 9*</u>.- *a) Begründen Sie die Aussage (11.23)(3) und berechnen Sie die Ableitung von tan und cot.* A 9

b) Berechnen Sie die Ableitung der Funktionen

$$x \mapsto f_1(x) := \frac{1}{x(x^2+1)}, \quad x \neq 0;$$

$$x \mapsto f_2(x) := \sin^4(x), \quad x \in \mathbb{R}; \quad (*)$$

$$x \mapsto f_3(x) := x \sin x + \cos x, \quad x \in \mathbb{R}.$$

DIE KETTENREGEL

Sie können nun schon "ziemlich viele" Funktionen auf Differenzierbarkeit untersuchen und ihre Ableitungen berechnen. Aber Funktionen wie $e^{\lambda x}$, $\sin x^2$ oder $\sqrt{1-x^2}$ bereiten immer noch

---

(*) $\sin^4(x)$ bedeutet $(\sin x)^4$.

Schwierigkeiten. Diese Funktionen entstehen durch Komposition. So ist z.B. $x \mapsto \sqrt{1-x^2}$ die Komposition der Funktion

$$y \mapsto f(y) := \sqrt{y}\ ,\ y \geq 0,$$

mit $x \mapsto y := g(x) = 1-x^2,\ |x| \leq 1.$

Denn $f \circ g(x) = f(g(x)) = \sqrt{g(x)} = \sqrt{1-x^2}$.

Mit der folgenden Regel (*) werden Sie lernen, wie man die Differenzierbarkeit einer Komposition $f \circ g$ feststellt und wie man die Ableitung $(f \circ g)'$ durch die Ableitungen f' und g' ausdrückt.

(11.24) **SATZ.-** f und g seien reelle Funktionen, die Komposition $f \circ g$ sei definiert. g sei in x_o differenzierbar und f sei in $g(x_o)$ differenzierbar.
Dann ist $f \circ g$ in x_o differenzierbar, und es gilt

Kettenregel
$$(f \circ g)'(x_o) = f'(g(x_o)) \cdot g'(x_o).$$

f' ist an der Stelle $g(x_o)$ und g' an der Stelle x_o zu berechnen, denn so sind die Funktionen definiert:

$$x_o \longmapsto g(x_o) \longmapsto f(g(x_o)).$$

Wir beweisen die Kettenregel nicht, da es weniger darauf ankommt, den Beweis zu kennen, als die Kettenregel "wie im Schlaf" anwenden zu können.
Einen Beweis mit Hilfe von Satz (11.10) finden Sie bei Blatter, Analysis I, 2. Auflage, Aussage (10.3), Seite 157f.

(11.25) **BEISPIELE.-** (1) Wir betrachten noch einmal die Funktion $x \mapsto F(x) := \sqrt{1-x^2},\ |x| \leq 1$. Es ist $F = f \circ g$, wenn f und g die beiden Funktionen $y \mapsto f(y) := \sqrt{y},\ y \geq 0$, und $x \mapsto g(x) := 1-x^2$, $|x| \leq 1$, sind.

- Ist $|x| < 1$, so ist $g(x) > 0$ und folglich f in $g(x)$ differenzierbar (Vergleichen Sie mit Ihrem Ergebnis von Aufgabe 3a auf Seite 179).
  g ist als Polynom in jedem Punkt x differenzierbar.
  Damit sind die Voraussetzungen für die Anwendung der Kettenregel erfüllt. $f \circ g$ ist in x differenzierbar, und es gilt

$$F'(x) = (f \circ g)'(x) = f'(g(x)) \cdot g'(x) = \frac{1}{2\sqrt{g(x)}} \cdot (-2x)$$

$$= -\frac{x}{\sqrt{1-x^2}}\ .$$

- Ist $|x| = 1$, also $x = 1$ oder $x = -1$, so ist $g(x) = 0$. Da f nach Beispiel (11.20)(2), Seite 183, in $g(x) = 0$ nicht differenzierbar ist, ist die Kettenregel nicht anwendbar.

<u>Ergebnis</u>: F ist für alle x mit $|x| < 1$ differenzierbar, und es gilt für diese x

$$\frac{d}{dx}\left(\sqrt{1-x^2}\right) = -\frac{x}{\sqrt{1-x^2}}\ .$$

(2) Die in Aufgabe 9b) auf Seite 185 von Ihnen untersuchte Funktion

$$x \mapsto f_2(x) = \sin^4 x,\ x \in \mathbb{R}\ ,$$

kann man als Komposition von $y \mapsto f(y) := y^4$, $y \in \mathbb{R}$, und $x \mapsto g(x) := \sin x,\ x \in \mathbb{R}$, auffassen.
Denn $f \circ g(x) = f(g(x)) = f(\sin x) = (\sin x)^4$
$= \sin^4 x = f_2(x)$.

Also ist nach der Kettenregel

$$f_2'(x) = f'(g(x)) \cdot g'(x) = 4 \cdot \sin^3 x \cdot \cos x.$$

Bei der folgenden Aufgabe überlegen Sie sich zunächst, wie Sie die angegebene Funktion als Komposition zweier Funktionen schreiben können. Dann bilden Sie die Ableitung mit Hilfe der Kettenregel.

<u>AUFGABE 10</u>.- a) Begründen Sie, daß die Funktion A 10

$$x \mapsto \sin(\cos x),\ x \in \mathbb{R}\ ,$$

differenzierbar ist und berechnen Sie die Ableitung.

b) Berechnen Sie die Ableitungen der differenzierbaren Funktionen

1) $x \mapsto (x^2 + \cos x)^2\ ,\quad x \in \mathbb{R}$;
2) $x \mapsto a^x\ ,\quad x \in \mathbb{R},\ (a > 0,\ a \neq 1)$;
3) $x \mapsto \sqrt{\dfrac{x^2+x+1}{3x-9}}\ ,\quad x > 3.$

<u>AUFGABE 11</u>.- (Einschaltvorgang): In einen Gleichstromkreis sind ein Ohmscher Widerstand R, eine Spule mit der Induktivität L sowie eine Spannungsquelle mit der konstanten Spannung U_o geschaltet. A 11

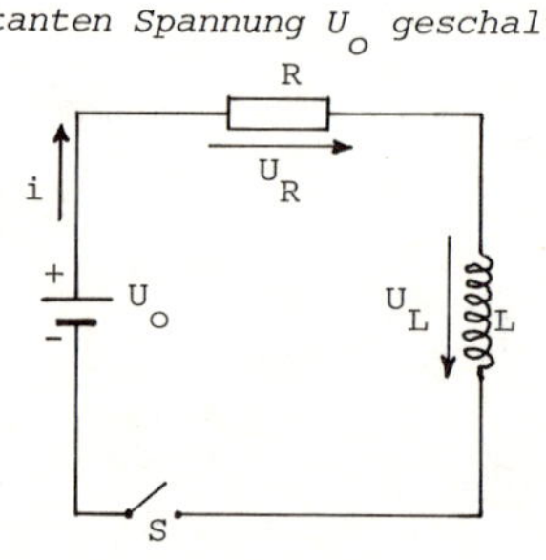

Nach Schließen des Schalters S zur Zeit $t = t_o$ beginnt ein Strom zu fließen, dessen Stärke i jedoch von der Zeit abhängt. Die Stromstärke steigt von 0 (zur Zeit $t = t_o$) auf den nach dem Ohmschen Gesetz

(*) Sie heißt "Kettenregel", weil man die Komposition von Funktionen gelegentlich auch Verkettung von Funktionen nennt.

zu erwartenden Wert $\frac{U_0}{R}$ an. Sie wird beschrieben durch die Funktion

$$i(t) := \frac{U_0}{R}\left(1-e^{-\frac{R(t-t_0)}{L}}\right),\quad t \geq t_0.$$

Hierbei sind z.B. U_0 in Volt, R in Ohm, L in Henry = Volt-sec/Amp und t in Sekunden zu messen.

a) Diskutieren Sie die Funktion i (für $t = t_0$, für $t > t_0$, für "sehr große" t).

b) Berechnen Sie die Änderung der Stromstärke während des Einschaltvorganges, d.h. $\frac{di(t)}{dt}$, $t \geq t_0$. Wann ist die Änderung der Stromstärke am größten?

c) Zeigen Sie: Für alle $t \geq t_0$ gilt $L \cdot \frac{di(t)}{dt} + R \cdot i(t) = U_0$.

d) Geben Sie eine physikalische Interpretation der Gleichung in c).

BEMERKUNG.- Zurück zur Kettenregel! Sie ist natürlich auch auf solche Funktionen anwendbar, die eine Komposition von mehr als zwei Funktionen sind, etwa

$$x \mapsto \sin(\sin(\sin(\sin(\sin x)))),\ x \in \mathbb{R}.$$

Kettenregel für mehr als zwei Funktionen

Wir überlegen uns zunächst, wie man die Ableitung einer Komposition von drei Funktionen erhält:
Seien f,g,h differenzierbare Funktionen, so daß $f \circ g \circ h$ definiert ist. Dann folgt wegen $f \circ g \circ h = f \circ (g \circ h)$ mit der Kettenregel (11.24), angewandt auf f und $g \circ h$:

$$(f \circ g \circ h)'(x) = f'(g \circ h(x)) \cdot (g \circ h)'(x).$$

$(g \circ h)'$ erhält man wieder mit (11.24):

$$(g \circ h)'(x) = g'(h(x)) \cdot h'(x).$$

Insgesamt ergibt sich also für die Ableitung von $f \circ g \circ h$:

$$(f \circ g \circ h)'(x) = f'(g \circ h(x)) \cdot g'(h(x)) \cdot h'(x).$$

Diese Formel ist leicht zu merken: Es ist $f \circ g \circ h(x) = f(g(h(x)))$; d.h. h(x) wird in g eingesetzt, das Ergebnis g(h(x)) wird in f eingesetzt. Man nennt deshalb h auch "innere" Funktion und f "äußere" Funktion.
Man erhält also die Ableitung der Komposition von mehreren Funktionen so:
Ableitung der äußeren Funktion (an der entsprechenden Stelle) mal
Ableitung der nächstfolgenden Funktion (an der entsprechenden Stelle) mal
Ableitung der nächstfolgenden Funktion (an der nun entsprechenden Stelle) mal ... mal
Ableitung der inneren Funktion an der Stelle x.

Kurz: "Äußere" Ableitung mal "innere" Ableitung (eventuell mehrfach).

BEISPIELE.- (1) Die oben angegebene Funktion (11.26)

$$x \mapsto \sin(\sin(\sin(\sin(\sin x)))),\ x \in \mathbb{R},\ (*)$$

können wir mit dem Funktionssymbol

$$\sin \circ \sin \circ \sin \circ \sin \circ \sin$$

bezeichnen. Diese Funktion ist differenzierbar, und es gilt wegen sin' = cos

$$(\sin \circ \sin \circ \sin \circ \sin \circ \sin)'(x) =$$
$$= \cos(\sin(\sin(\sin(\sin x)))) \cdot \cos(\sin(\sin(\sin x))) \cdot$$
$$\cdot \cos(\sin(\sin x)) \cdot \cos(\sin x) \cdot \cos x.$$

(2) Sie können auch schrittweise vorgehen: Gegeben ist die Funktion

$$x \mapsto f(x) := \exp \frac{1}{\sqrt{1+x^2}},\ x \in \mathbb{R}.$$

Dann ist $x \mapsto \frac{1}{\sqrt{1+x^2}}$, $x \in \mathbb{R}$, innere Funktion und

$$y \mapsto \exp y,\ y \in \mathbb{R},\ \text{äußere Funktion.}$$

<u>1. Schritt</u>: Also gilt

$$f'(x) = \exp\left(\frac{1}{\sqrt{1+x^2}}\right) \cdot \left(\frac{1}{\sqrt{1+x^2}}\right)'.$$

<u>2. Schritt</u>: Somit ist noch $\left(\frac{1}{\sqrt{1+x^2}}\right)'$ zu berechnen.

Nach der Quotientenregel (vgl. die eingerahmte Formel im Beweisteil (4) von Satz (11.22) auf Seite 185) ist

$$\left(\frac{1}{\sqrt{1+x^2}}\right)' = -\frac{(\sqrt{1+x^2})'}{(\sqrt{1+x^2})^2} = -\frac{(\sqrt{1+x^2})'}{1+x^2}.$$

<u>3. Schritt</u>: Es bleibt noch $(\sqrt{1+x^2})'$ zu berechnen. Hier ist $y \mapsto \sqrt{y}$, $y > 0$, die äußere und $x \mapsto 1+x^2$, $x \in \mathbb{R}$, die innere Funktion. Also liefert die Kettenregel und $\frac{d}{dy}(\sqrt{y}) = \frac{1}{2\sqrt{y}}$

$$(\sqrt{1+x^2})' = \frac{1}{2\sqrt{1+x^2}} \cdot 2x = \frac{x}{\sqrt{1+x^2}}.$$

Insgesamt gilt daher

$$f'(x) = -\exp\left(\frac{1}{\sqrt{1+x^2}}\right) \cdot \frac{1}{1+x^2} \cdot \frac{x}{\sqrt{1+x^2}}.$$

Lesen Sie Beispiel (2) noch einmal. Beachten Sie insbesondere wie sich die Notwendigkeit des 2. und 3. Schrittes ergibt.

(*) <u>Achtung</u>: Das ist <u>nicht</u> die Funktion $x \mapsto \sin^5 x$, $x \in \mathbb{R}$.

A 12

AUFGABE 12.- Die folgenden Funktionen sind differenzierbar. Bestimmen Sie jeweils die Ableitung.

a) $x \mapsto ((x+x^2)^3 + x^4)^5$, $x \in \mathbb{R}$.

b) $x \mapsto e^{-\frac{1}{x}} \cdot \sin(ax+b)$, $x \neq 0$, ($a,b \in \mathbb{R}$ fest).

c) $x \mapsto \sqrt{\sqrt[3]{x} + \sqrt[5]{x} + \sqrt[3]{x}}$, $x > 0$.

(11.27) BEMERKUNG.- Die Kettenregel läßt sich mit Hilfe der Leibniz-Schreibweise formulieren (vergleichen Sie mit (11.11) auf Seite 180 und Satz (11.24) auf Seite 186).

Unter den Voraussetzungen von Satz (11.24) gilt

$$\left.\frac{d(f \circ g)(x)}{dx}\right|_{x=x_o} = \left.\frac{df(y)}{dy}\right|_{y=g(x_o)} \cdot \left.\frac{dg(x)}{dx}\right|_{x=x_o} .$$

Setzt man $y = g(x)$ und $z = f(y)$, so geht diese Formel in die gut zu merkende, aber mathematisch unscharfe Merkregel

$$\left.\frac{dz}{dx}\right|_{x=x_o} = \left.\frac{dz}{dy}\right|_{y=g(x_o)} \cdot \left.\frac{dy}{dx}\right|_{x=x_o}$$

über. Noch kürzer:

Kettenregel in Leibniz-Schreibweise

$$\frac{dz}{dx} = \frac{dz}{dy} \cdot \frac{dy}{dx} .$$

Das z in $\frac{dz}{dx}$ hat also die Bedeutung von $f \circ g$, während das z in $\frac{dz}{dy}$ die Bedeutung von f hat.

Die Ableitung der Umkehrfunktion

Um Ihre Kenntnisse über differenzierbare Funktionen weiter abzurunden, sollen Sie in diesem Abschnitt erfahren, wie man Funktionen wie $\ln x$, $\arcsin x$, x^α auf Differenzierbarkeit untersucht und die Ableitung bestimmt.

Die Funktion ln ist die Umkehrfunktion der Exponentialfunktion (siehe Definition (10.29) auf Seite 162).

Die Funktion arcsin ist die Umkehrfunktion von $\sin\big|_{[-\frac{\pi}{2},\frac{\pi}{2}]}$ (siehe Satz und Definition (10.42) auf Seite 167).

Die Fragen sind:

- Unter welchen Voraussetzungen folgt aus der Differenzierbarkeit einer (injektiven) Funktion f die Differenzierbarkeit der Umkehrfunktion f^{-1}?
- Wie erhält man die Ableitung von f^{-1} aus der Ableitung von f?

Die Antworten gibt der folgende Satz.

SATZ.- I sei ein Intervall (*). $f: I \to \mathbb{R}$ sei stetig und streng monoton. Ferner sei $x_o \in I$, f differenzierbar in x_o und $f'(x_o) \neq 0$. (11.28)

Dann ist $f^{-1}: f(I) \to \mathbb{R}$ differenzierbar in $y_o := f(x_o)$, und es gilt

Ableitung der Umkehrfunktion

$$(f^{-1})'(y_o) = \frac{1}{f'(f^{-1}(y_o))} .$$

BEMERKUNG.- Aus $y_o = f(x_o)$ folgt $f^{-1}(y_o) = x_o$, und die Formel für die Ableitung der Umkehrfunktion nimmt die Gestalt an:

$$(f^{-1})'(f(x_o)) = \frac{1}{f'(x_o)} .$$

ZUSATZ.- Ist in Satz (11.28) f differenzierbar, so ist f^{-1} genau in allen Punkten $y = f(x) \in f(I)$ differenzierbar, für die $f'(x) \neq 0$ gilt.

BEWEIS von Satz (11.28).- Sei zur Abkürzung $f^{-1} =: g$. Es ist zu zeigen, daß für $y \in f(I)$ der Grenzwert

$$\lim_{y \to y_o} \frac{g(y) - g(y_o)}{y - y_o} \qquad (1)$$

existiert. Sein Wert ist dann gleich $(f^{-1})'(y_o)$.

1) f ist differenzierbar in x_o. Also gibt es nach Satz (11.10) auf Seite 179 eine in x_o stetige Funktion $r: I \to \mathbb{R}$ mit $r(x_o) = 0$, so daß

$$f(x) = f(x_o) + f'(x_o)(x-x_o) + r(x)(x-x_o) \quad \text{für alle } x \in I.$$

Mit $y_o := f(x_o)$ und $y := f(x)$, also $x_o = f^{-1}(y_o) = g(y_o)$ und $x = f^{-1}(y) = g(y)$, folgt daraus

$$y - y_o = (f'(x_o) + r(g(y)))(g(y) - g(y_o)). \qquad (2)$$

2) Untersuchung der Funktion $y \mapsto f'(x_o) + r \circ g(y)$, $y \in f(I)$: Aus den Voraussetzungen über f (stetige, streng monotone Funktion auf einem Intervall) folgt mit Satz (10.31) auf Seite 162:

Die Umkehrfunktion $f^{-1} = g$ ist stetig. Also ist g insbesondere stetig in y_o. Nach Teil 1) ist r stetig in $x_o = g(y_o)$. Der Satz über die Stetigkeit der Komposition von Funktionen (Satz (10.11)) liefert: $r \circ g$ ist stetig in y_o, und es gilt

$$\lim_{y \to y_o} r \circ g(y) = r(g(y_o)) = r(x_o) = 0.$$

Dann ist auch die Funktion (Addition der Konstanten $f'(x_o)$)

$$y \mapsto h(y) := f'(x_o) + r \circ g(y), \quad y \in f(I),$$

stetig in y_o, und der Wert dieser Funktion in y_o ist $f'(x_o) \neq 0$.

Es gibt also nach Satz (10.50), Seite 171, ein ganzes Intervall J mit $y_o \in J \subseteq f(I)$, so daß

$$h(y) \neq 0 \qquad \text{für alle } y \in J.$$

Wir können daher Gleichung (2) für $y \in J$ durch $f'(x_o) + r(g(y))$ dividieren.

(*) Wir schließen den Fall, daß I Vereinigung von (disjunkten, offenen) Intervallen ist, ausdrücklich aus.

3) Berechnung des Grenzwertes (1):
Aus Gleichung (2) folgt für $y \neq y_o$ und $y \in J$:

$$\frac{g(y)-g(y_o)}{y-y_o} = \frac{1}{f'(x_o) + r \circ g(y)} .$$

Der Grenzwert der rechten Seite für y gegen y_o existiert und ist gleich $\frac{1}{f'(x_o)}$, also gilt

$$(f^{-1})'(y_o) = g'(y_o) = \lim_{y \to y_o} \frac{g(y) - g(y_o)}{y - y_o} = \frac{1}{f'(x_o)} = \frac{1}{f'(f^{-1}(y_o))} .$$

(11.29) **BEISPIELE.-** (1) Die (natürliche) Logarithmusfunktion

$$y \longmapsto \ln y \;,\quad y > 0. \qquad (*)$$

Sie ist die Umkehrfunktion der (auf $\mathbb{R}$ stetigen und streng monoton wachsenden) Exponentialfunktion

$$x \longmapsto \exp(x) \;,\quad x \in \mathbb{R} .$$

Da für alle $x \in \mathbb{R}$ $e^x > 0$ ist, ist ln in jedem Punkt $y = e^x$ differenzierbar, und es gilt nach Satz (11.28)

$$\ln'(y) = \frac{1}{\exp'(\ln y)} = \frac{1}{\exp(\ln y)} = \frac{1}{y} .$$

Ergebnis: ln ist eine differenzierbare Funktion, und für jedes $y > 0$ gilt

Ableitung von ln

$$\ln'(y) = \frac{1}{y} .$$

(2) Sei $f := \sin\big|_{[-\frac{\pi}{2},\frac{\pi}{2}]}$. f ist stetig und streng monoton wachsend auf dem Intervall $[-\frac{\pi}{2},\frac{\pi}{2}]$. Da $f'(x) = \cos x \neq 0$ für alle $x \in]-\frac{\pi}{2},\frac{\pi}{2}[$ ist, ist $f^{-1} = \arcsin$ differenzierbar in allen Punkten $y \in]-1,1[$ und dort gilt:

$$\arcsin' y = \frac{1}{\sin'(\arcsin y)} = \frac{1}{\cos(\arcsin y)} .$$

Wir berechnen den Nenner: Aus $\cos^2 x + \sin^2 x = 1$ für alle $x \in \mathbb{R}$ folgt

$$|\cos x| = \sqrt{1-\sin^2 x} \;,$$

also

$$\cos(\arcsin y) = \sqrt{1-\sin^2(\arcsin y)} \qquad (**)$$

$$= \sqrt{1-(\sin(\arcsin y))^2} = \sqrt{1-y^2} .$$

Damit gilt

Ableitung von arcsin

$$\arcsin' y = \frac{1}{\sqrt{1-y^2}} \qquad \text{für alle } y \in]-1,1[.$$

(*) Wir bezeichnen hier und im folgenden zur besseren Unterscheidung die Argumente der Umkehrfunktion mit y.

(**) Es ist $|\cos(\arcsin y)| = \cos(\arcsin y)$, weil $\arcsin y \in]-\frac{\pi}{2},\frac{\pi}{2}[$, also $\cos(\arcsin y) \geq 0$ ist.

AUFGABE 13.- a) Bestimmen Sie alle Punkte, in denen die Umkehrfunktion von $f := \cos\big|_{[0,\pi]}$ differenzierbar ist, und berechnen Sie in diesen Punkten die Ableitung. A 13

b) Die folgenden Funktionen besitzen in den angegebenen Definitionsbereichen differenzierbare Umkehrfunktionen. Berechnen Sie jeweils die Ableitung der Umkehrfunktion.

$$x \longmapsto f_1(x) := x^n \;,\quad x > 0 \;(n \in \mathbb{N}).$$

$$f_2 := \tan\big|_{]-\frac{\pi}{2},\frac{\pi}{2}[} .$$

In Aufgabe 13b) haben Sie gesehen, daß die (relativ) komplizierte Funktion arctan eine recht einfache Funktion, nämlich die rationale Funktion $x \longmapsto \frac{1}{1+x^2}$, als Ableitung hat. Dies sollten Sie sich merken! Ähnlich ist die Situation bei den Funktionen arccot und ln.

BEMERKUNG.- Anschaulich bedeutet der Übergang von einer Funktion f zu ihrer Umkehrfunktion f^{-1} die Spiegelung des Graphen G_f an der Winkelhalbierenden W: (11.30)

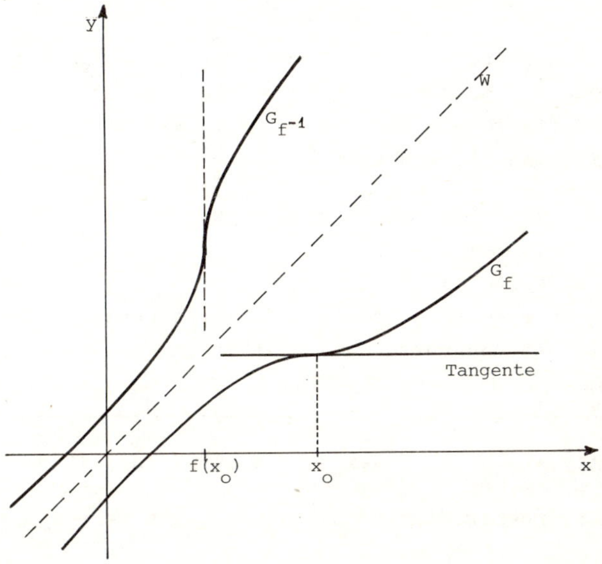

Bild 7.- Waagerechte Tangente von f in $x_o \Rightarrow f^{-1}$ nicht differenzierbar in $f(x_o)$.

Es erscheint plausibel, daß bei dieser Spiegelung Tangenten an G_f in Tangenten an $G_{f^{-1}}$ übergehen. Dies ist jedoch nicht so. Denn hat f in einem Punkt eine waagerechte Tangente (in Bild 7 im Punkt x_o), so geht diese bei der Spiegelung in eine "senkrechte Tangente" über; und das ist nach unserer Definition gleichbedeutend mit Nicht-Existenz einer Tangente. Warnung!
"Waagerechte Tangente in x_o" bedeutet $f'(x_o)=0$. Sie sehen, daß $f'(x_o) \neq 0$ eine notwendige Voraussetzung für die Existenz einer Tangente an f^{-1} im Punkt $f(x_o)$ ist bzw. eine notwendige

Voraussetzung für die Differenzierbarkeit von f^{-1} in $f(x_o)$.

(11.31) BEMERKUNG.- Mit der Leibniz-Schreibweise erhalten Sie wieder eine leicht zu merkende Formel für die Ableitung der Umkehrfunktion:

$$\left.\frac{dx}{dy}\right|_{y=y_o} = \frac{1}{\left.\frac{dy}{dx}\right|_{x=x_o}}$$

Ableitung der Umkehrfunktion in Leibniz-Schreibweise

oder noch kürzer

$$\frac{dx}{dy} = \frac{1}{\frac{dy}{dx}} .$$

DIFFERENZIERBARKEIT VON POTENZREIHEN

Sie wissen aus Kapitel 9, daß man mit Hilfe von Potenzreihen "neue" Funktionen definieren kann. Hat etwa die Potenzreihe

$$\sum_{n=0}^{\infty} a_n x^n$$

den Konvergenzradius $R > 0$, (d.h. die gegebene Potenzreihe konvergiert für jedes x mit $|x| < R$ und divergiert für jedes x mit $|x| > R$), so erhält man die Funktion

$$x \longmapsto f(x) := \sum_{n=0}^{\infty} a_n x^n , \quad |x| < R.$$

Aus Kapitel 10 (Seite 154) wissen Sie, daß jede durch eine Potenzreihe definierte Funktion stetig ist. Darüberhinaus gilt

(11.32) SATZ.- $\sum_{n=0}^{\infty} a_n x^n$ sei eine Potenzreihe mit dem Konvergenzradius $R > 0$. Dann hat die Potenzreihe

$$\sum_{n=0}^{\infty} (a_n x^n)' = \sum_{n=1}^{\infty} n a_n x^{n-1}$$

ebenfalls den Konvergenzradius R. Die durch

$$x \longmapsto f(x) := \sum_{n=0}^{\infty} a_n x^n , \quad |x| < R$$

definierte Funktion f ist differenzierbar, und es gilt

Ableitung einer Potenzreihe

$$f'(x) = \sum_{n=1}^{\infty} n a_n x^{n-1} \quad \text{für jedes x mit } |x| < R.$$

Merkregel: Potenzreihen dürfen im Konvergenzintervall gliedweise differenziert werden.

Wir verzichten auf den Beweis von (11.32) (*); wie nützlich der Satz ist, sehen Sie am nächsten Beispiel.

BEISPIEL.- Für alle $x \in \mathbb{R}$ ist (siehe Satz (9.16) auf Seite 144) (11.33)

$$\sin x = \sum_{n=0}^{\infty} (-1)^n \frac{x^{2n+1}}{(2n+1)!} .$$

Also ist die Funktion sin nach Satz (11.32) differenzierbar, und man erhält ihre Ableitung durch gliedweise Differentiation.

sin' = cos

$$\sin' x = \sum_{n=0}^{\infty} (-1)^n (2n+1) \frac{x^{2n+1-1}}{(2n+1)!}$$

$$= \sum_{n=0}^{\infty} (-1)^n (2n+1) \frac{x^{2n}}{(2n)!(2n+1)}$$

$$= \sum_{n=0}^{\infty} (-1)^n \frac{x^{2n}}{(2n)!} = \cos x , \quad x \in \mathbb{R} .$$

AUFGABE 14.- Man definiert für $k \geq 0$ die Besselfunktion k-ter Ordnung durch A 14

$$x \longmapsto J_k(x) := \sum_{n=0}^{\infty} (-1)^n \frac{1}{n!(n+k)!} \cdot \left(\frac{x}{2}\right)^{2n+k} .$$

a) Bestimmen Sie den Konvergenzradius R von J_k.

b) Zeigen Sie: Für alle $x \in]-R,R[$ und $k \geq 1$ gilt

$$\frac{d[x^k J_k(x)]}{dx} = x^k J_{k-1}(x) .$$

c) Folgern Sie aus b): Für $x \neq 0$ und $k \geq 1$ ist

$$J_k'(x) = J_{k-1}(x) - \frac{k}{x} J_k(x).$$

ZUSAMMENFASSUNG.- f und g seien differenzierbare Funktionen, so daß im folgenden jeweils die Verknüpfungen definiert sind (z.B.: $\frac{f}{g}$ oder $f \circ g$).
Ferner sei $c \in \mathbb{R}$. Dann gelten die Regeln:

$$(f+g)' = f' + g' ,$$

$$(c \cdot f)' = c \cdot f' ,$$

$$(f \cdot g)' = f' \cdot g + f \cdot g' ,$$

$$\left(\frac{f}{g}\right)' = \frac{f' \cdot g - f \cdot g'}{g^2} ,$$

$$(f \circ g)' = (f' \circ g) \cdot g'$$

$$(f^{-1})' = \frac{1}{f' \circ f^{-1}}$$ (f auf einem Intervall definiert, stetig und streng monoton).

Potenzreihen dürfen gliedweise differenziert werden.

(*) Einen Beweis von Satz (11.32) finden Sie bei Blatter, Analysis II, Seite 132. Dort werden allerdings Resultate verwendet, die uns nicht zur Verfügung stehen.

Tabelle differenzierbarer Funktionen und ihrer Ableitungen

f	definiert für alle	differenzierbar für alle	f'
c (Konstante)	$x \in \mathbb{R}$	$x \in \mathbb{R}$	0
x^n, $n \in \mathbb{N}$	$x \in \mathbb{R}$	$x \in \mathbb{R}$	$n \cdot x^{n-1}$
$\frac{1}{x^n}$, $n \in \mathbb{N}$	$x \neq 0$	$x \neq 0$	$-\frac{n}{x^{n+1}}$
$\sqrt{x}$	$x \geq 0$	$x > 0$	$\frac{1}{2\sqrt{x}}$
$\sqrt[n]{x}$, $n \in \mathbb{N}$	$x \geq 0$	$x > 0$	$\frac{1}{n \cdot \sqrt[n]{x^{n-1}}}$
e^x	$x \in \mathbb{R}$	$x \in \mathbb{R}$	e^x
$\ln x$	$x > 0$	$x > 0$	$\frac{1}{x}$
x^α, $\alpha \in \mathbb{R}$			
a^x, $a > 0$	$x \in \mathbb{R}$	$x \in \mathbb{R}$	$a^x \cdot \ln a$
$\log_a x$, $a > 0$	$x > 0$		
$\sin x$	$x \in \mathbb{R}$	$x \in \mathbb{R}$	$\cos x$
$\cos x$	$x \in \mathbb{R}$	$x \in \mathbb{R}$	$-\sin x$
$\tan x$	$x \neq \frac{\pi}{2} + k \cdot \pi, k \in \mathbb{Z}$	$x \neq \frac{\pi}{2} + k \cdot \pi, k \in \mathbb{Z}$	$\frac{1}{\cos^2 x}$
$\cot x$	$x \neq k \cdot \pi$, $k \in \mathbb{Z}$	$x \neq k \cdot \pi$, $k \in \mathbb{Z}$	$-\frac{1}{\sin^2 x}$
$\arcsin x$	$\|x\| \leq 1$	$\|x\| < 1$	$\frac{1}{\sqrt{1-x^2}}$
$\arccos x$	$\|x\| \leq 1$	$\|x\| < 1$	$-\frac{1}{\sqrt{1-x^2}}$
$\arctan x$	$x \in \mathbb{R}$	$x \in \mathbb{R}$	$\frac{1}{1+x^2}$
$\operatorname{arccot} x$			
$\sinh x$			
$\cosh x$			

A 15 *AUFGABE 15.- Füllen Sie die Leerstellen in der vorstehenden Tabelle aus.*

§ 5 Die Ableitung komplexer Funktionen

Wir werden in diesem Abschnitt die Definition der Differenzierbarkeit auf eine bestimmte Sorte komplexer Funktionen ausdehnen. Wir beschränken uns auf komplexe Funktionen mit reellen Argumenten, das sind Funktionen

$$f : I \longrightarrow \mathbb{C},$$

wobei $I \subseteq \mathbb{R}$ ist (siehe Kapitel 4, Seite 64f).

I sei wie bisher ein Intervall oder eine Vereinigung von Intervallen. Von diesen Funktionen wissen Sie aus Kapitel 4, daß Realteil und Imaginärteil reelle Funktionen sind. Für reelle Funktionen ist der Differenzierbarkeits-Begriff bekannt. Wir definieren daher:

Definition.- Sei $I \subseteq \mathbb{R}$ und $t_o \in I$. Die komplexe Funktion $f : I \longrightarrow \mathbb{C}$ heißt *differenzierbar in t_o*, wenn die beiden reellen Funktionen $\operatorname{Re} f : I \longrightarrow \mathbb{R}$ und $\operatorname{Im} f : I \longrightarrow \mathbb{R}$ in t_o differenzierbar sind. (11.34) differenzierbar in t_o

In diesem Fall heißt

$$\frac{df}{dt}(t_o) := f'(t_o) := (\operatorname{Re} f)'(t_o) + i(\operatorname{Im} f)'(t_o)$$ Ableitung von f in t_o

die *Ableitung von f in t_o*.

f heißt *differenzierbar*, wenn f in jedem $t_o \in I$ differenzierbar ist. Die Funktion differenzierbar

$$t \longmapsto f'(t), \; t \in I,$$

heißt dann *Ableitung von f*. Ableitung von f

Das folgende Beispiel verlangt bereits Ihre aktive Mitarbeit.

Beispiel.- Wir untersuchen die komplexe Funktion (11.35)

$$t \longmapsto f(t) := (1-\cos t) + i \sin t, \; 0 \leq t \leq \frac{\pi}{2}$$

auf Differenzierbarkeit.

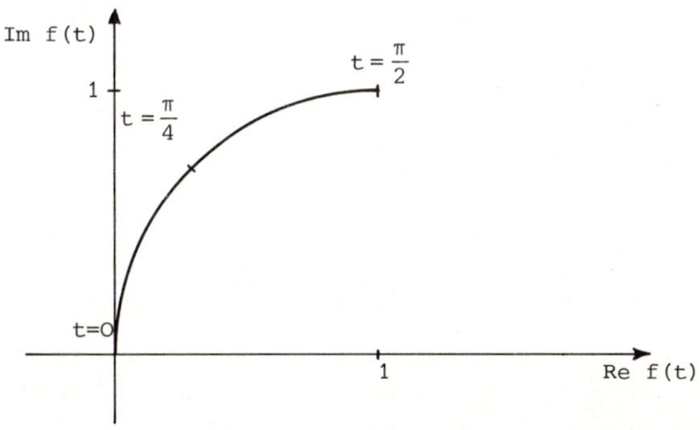

Bild 8.- Die Ortskurve W_f aus Beispiel (11.35)

Nach Definition (11.34) ist f dazu in Real- und Imaginärteil zu zerlegen. Für jedes $t \in [0,\frac{\pi}{2}]$ ist

$\operatorname{Re} f(t) =$

$\operatorname{Im} f(t) =$

Also sind $\operatorname{Re} f$ und $\operatorname{Im} f$ in jedem $t \in [0,\frac{\pi}{2}]$ differenzierbar, und es gilt (vgl. z.B. Tabelle auf dieser Seite):

$(\operatorname{Re} f)'(t) =$

$(\operatorname{Im} f)'(t) =$

Somit ist f differenzierbar und für jedes

$t \in [0,\frac{\pi}{2}]$ gilt

$$f'(t) =$$

Gehen Sie in der folgenden Aufgabe analog vor.

A 16 *AUFGABE 16.- Bestimmen Sie jeweils die Ableitung der folgenden differenzierbaren Funktionen*

a) $f : \mathbb{R} \longrightarrow \mathbb{C}$ *mit* $f(t) := t(1-it)$.

b) $f : [0,1] \longrightarrow \mathbb{C}$ *mit* $f(t) := 3e^{2\pi it}$.

Der Formel für die Ableitung einer differenzierbaren Funktion in Definition (11.34) entnehmen Sie unmittelbar die "Vertauschbarkeits-Regeln":

$$\operatorname{Re}\left(\frac{df}{dt}(t)\right) = \frac{d(\operatorname{Re} f)}{dt}(t) ,$$
$$\operatorname{Im}\left(\frac{df}{dt}(t)\right) = \frac{d(\operatorname{Im} f)}{dt}(t) ,$$
$$\frac{d\bar{f}}{dt}(t) = \overline{\left(\frac{df}{dt}(t)\right)} .$$

Darüberhinaus gelten für die von uns betrachteten komplexen Funktionen dieselben Rechenregeln wie für die reellen differenzierbaren Funktionen. Ersetzen Sie in Satz (11.22) auf Seite 184 überall $\mathbb{R}$ durch $\mathbb{C}$, so erhalten Sie Aussagen, die mit Hilfe von Definition (11.34) bewiesen werden können. (Die Beweise sind nicht schwer, erfordern jedoch wegen der jeweils notwendigen Zerlegung in Real- und Imaginärteil viel Schreibarbeit.)

§ 6 HÖHERE ABLEITUNGEN

Sehen Sie sich die Tabelle auf Seite 191 noch einmal an. Sie können feststellen, daß die dort aufgeführten Funktionen jeweils Ableitungen besitzen, die wieder differenzierbare Funktionen sind. Man kann diese Ableitungen also in gewissen (oder allen) Punkten ihres Definitionsbereiches noch einmal differenzieren und gelangt so zur "zweiten Ableitung".

(11.36) DEFINITION.- Die Funktion $f : I \longrightarrow \mathbb{R}$ sei differenzierbar.

(1) Falls die Ableitung $f' : I \longrightarrow \mathbb{R}$ ihrerseits im Punkt $x_o \in I$ differenzierbar ist, heißt f *zweimal differenzierbar in* x_o und

zweimal differenzierbar in x_o

$$\frac{d^2f}{dx^2}(x_o) := f''(x_o) := (f')'(x_o)$$

die *zweite Ableitung von f in* x_o (lies: d-zwei f nach dx Quadrat ... bzw. f zwei Strich ...).

(2) Ist f' selbst eine differenzierbare Funktion, so wird durch

$$x \longmapsto f''(x) , \quad x \in I,$$

die *zweite Ableitung von f* definiert, und f heißt *zweimal differenzierbar.*

zweite Ableitung

(3) Induktiv definiert man für jedes $k \in \mathbb{N}$, daß $f : I \longrightarrow \mathbb{R}$ *k-mal differenzierbar in* $x_o \in I$ heißt, wenn f (k-1)-mal differenzierbar ist und die (k-1)-te Ableitung von f differenzierbar in x_o ist.

k-mal differenzierbar in x_o

Für die k-te Ableitung von f in x_o verwendet man die folgenden Bezeichnungen:

$$f^{(k)}(x_o) := \frac{d^kf}{dx^k}(x_o)$$
$$:= \frac{d}{dx}\left(\frac{d^{k-1}f(x)}{dx^{k-1}}\right)\Bigg|_{x=x_o} = \left(f^{(k-1)}\right)'(x_o)$$

(lies: f k-mal abgeleitet ... bzw. f k Strich ... bzw. d k f nach dx hoch k ...).

Hierbei ist $f^{(0)}(x_o) := f(x_o)$ zu setzen. Für $f^{(1)}(x_o)$ schreiben wir wie bisher $f'(x_o)$ und für $f^{(2)}(x_o)$ auch $f''(x_o)$.

(4) $f : I \longrightarrow \mathbb{R}$ heißt *k-mal differenzierbar*, wenn f in jedem Punkt von I k-mal differenzierbar ist.

k-mal differenzierbar

(5) f heißt *beliebig oft differenzierbar*, wenn für jedes $k \in \mathbb{N}$ gilt: f ist k-mal differenzierbar.

beliebig oft differenzierbar

(11.37) BEISPIELE.- (1) Die Exponentialfunktion ist beliebig oft differenzierbar und für jedes $k \in \mathbb{N}$ gilt

$$\exp^{(k)} = \exp \quad (\text{oder } (e^x)^{(k)} = e^x).$$

(2) Die trigonometrischen Funktionen sin und cos sind beliebig oft differenzierbar. Es ist z.B. $\sin'' = (\sin')' = \cos' = -\sin$.

sin und cos beliebig oft differenzierbar

Folglich

$$\sin^{(3)} = (-\sin)' = -\cos \quad \text{und}$$
$$\sin^{(4)} = (-\cos)' = \sin.$$

Behauptung: $$\sin^{(k)} = \begin{cases} (-1)^m\cos & \text{für } k = 2m+1 \\ (-1)^m\sin & \text{für } k = 2m \end{cases}$$ für alle $k \in \mathbb{N}$.

Beweis: Durch vollständige Induktion nach k:

"k = 1": Es ist $k = 2\cdot 0+1$ und $\sin^{(1)} =$
$= \sin' = \cos = (-1)^0 \cos$.

"k ⟶ k+1": $\sin^{(k+1)} = (\sin^{(k)})' =$

$$= \begin{cases} (-1)^m(-\sin) & \text{für } k = 2m+1 \\ (-1)^m \cos & \text{für } k = 2m \end{cases}$$

$$= \begin{cases} (-1)^{m+1} \sin & \text{für } k+1 = 2m+2 \\ (-1)^m \cos & \text{für } k+1 = 2m+1 \end{cases}$$

$$\overset{(*)}{=} \begin{cases} (-1)^m \cos & \text{für } k+1 = 2m+1 \\ (-1)^{m+1} \sin & \text{für } k+1 = 2(m+1) \end{cases}$$

$(m+1 =: \ell)$

$$= \begin{cases} (-1)^m \cos & \text{für } k+1 = 2m+1 \\ (-1)^{\ell} \sin & \text{für } k+1 = 2\cdot\ell \ . \end{cases}$$

Nennt man ℓ nun wieder m, so ist dies die Behauptung für k+1.

Genauso erhält man

$$\cos^{(k)} = \begin{cases} (-1)^{m+1} \sin & \text{für } k = 2m+1 \\ (-1)^m \cos & \text{für } k = 2m \ . \end{cases}$$

A 17 *AUFGABE 17.- a) Bestimmen Sie alle Ableitungen der Funktion*

$$x \mapsto x^n \ , \quad x \in \mathbb{R} \ , \ (n \in \mathbb{N}) \ .$$

b) Berechnen Sie die zweite Ableitung der Funktion

$$x \mapsto \arcsin \sqrt{x^2-1} \ , \quad 1 < |x| < \sqrt{2} \ .$$

(11.38) **SATZ.-** Die folgenden Funktionen sind beliebig oft differenzierbar:

(1) Polynome,
(2) rationale Funktionen
(3) durch Potenzreihen darstellbare Funktionen (im Konvergenzintervall).

Der BEWEIS folgt aus der Tatsache, daß die Ableitung eines Polynoms wieder ein Polynom, die Ableitung einer rationalen Funktion wieder eine rationale Funktion mit demselben Definitionsbereich und die Ableitung einer Potenzreihe wieder eine Potenzreihe mit demselben Konvergenzradius ist. Vergleichen Sie mit Folgerung (11.23) auf Seite 185 und Satz (11.32) auf Seite 190.

Es gibt Funktionen, die in einem Punkt k-mal, aber nicht (k+1)-mal differenzierbar sind.

AUFGABEN ZUM EINÜBEN DER DIFFERENTIATIONSTECHNIKEN

Bestimmen Sie die Ableitungen der folgenden Funktionen. (Sie brauchen sich hierbei ausnahmsweise nicht zu überlegen, wo die Funktionen definiert und wo sie differenzierbar sind.)

a) $f(x) = \sin 3x + \cos 2x$

b) $f(x) = \tan 3x^2 + \cot 2x^3$

c) $f(x) = \left(\frac{x}{1+x}\right)^7$

d) $f(x) = x\sqrt{a^2-x^2} + a^2 \arcsin \frac{x}{a}$, $a \neq 0$

e) $f(x) = \operatorname{arccot} \frac{1+x}{1-x}$

f) $f(x) = \sqrt{1+\sqrt{x}}$

g) $f(y) = (y-1)\sqrt{y^2-2y+2}$

h) $f(t) = \frac{t^3+2}{2-t^3}$

i) $f(y) = (y-a)\sqrt{2ay-y^2} + a^2 \arcsin \frac{y-a}{a}$, $a \neq 0$

k) $f(x) = \ln^2[(x^3+2)(x^2+3)]$

l) $f(x) = x\cdot \ln x - x$

m) $f(x) = 4^{-x^2 e^x}$

n) $f = g \circ h$, wenn $g(y) = \frac{1}{4a^2} \ln y$ und $h(x) = \frac{a^2+x^2}{a^2-x^2}$, $a \neq 0$.

o) $f(x) = \frac{1}{2} \ln \frac{1+\sqrt{x}}{1-\sqrt{x}} + \arctan \sqrt{x}$

p) $f(x) = \frac{3}{8}x - \frac{1}{4}\sin 2x + \frac{1}{32} \sin 4x$

q) $f(t) = -\frac{1}{\omega} \ln \cos \omega t$, $\omega \neq 0$

r) $f(x) = x\cdot \ln^2 x - 2x \ln x + 2x$

s) $f(x) = \ln x \cdot \ln(\ln x) - \ln x$

t) $f(x) = \frac{1}{6}(\sinh 3x \cdot \sin 3x - \cosh 3x \cdot \cos 3x)$

u) $f(x) = \dfrac{1}{x - \dfrac{2}{x+\sin x}}$

v) $f(x) = \left[\arcsin\left(\frac{\sin x}{x}\right)\right]^{\ln(\sin e^x)}$

ERGÄNZENDE AUFGABE.- a) Sei $g : \mathbb{R} \to \mathbb{R}$ eine im Nullpunkt stetige Funktion. Für die Funktion $f : \mathbb{R} \to \mathbb{R}$ gelte $f(x) = x\cdot g(x)$ für alle $x \in \mathbb{R}$.
Zeigen Sie, daß f differenzierbar in 0 ist und bestimmen Sie die Ableitung von f in 0.

b) Begründen Sie mit Teil a), daß die Funktion

$$x \mapsto f(x) := \begin{cases} x^2 \sin \frac{1}{x} & \text{für } x \neq 0 \\ 0 & \text{für } x = 0 \end{cases}$$

differenzierbar in 0 ist.

(*) Vertauschung beider Zeilen

§ 7 BEISPIELE VON DIFFERENTIALGLEICHUNGEN UND LÖSUNGEN

In Aufgabe 11c, Seite 186/187, haben Sie gezeigt: In einem Gleichstromkreis mit Spule und Ohmschem Widerstand gilt für die Stromstärke i(t)

(1) $$L \cdot \frac{di(t)}{dt} + R \cdot i(t) = U_o \,.$$

Man nennt diese Gleichung eine *lineare Differentialgleichung 1. Ordnung* für die Funktion i. (*)

Schreibt man kürzer $y = i(t)$, so erhält die Differentialgleichung (1) die Gestalt

(2) $$L \cdot \dot{y} + R \cdot y = U_o \,.$$

Jede differenzierbare Funktion $y = f(t)$, für die

$$L \cdot \dot{f}(t) + R \cdot f(t) = U_o \quad \text{für alle } t \in \mathbb{R}$$

gilt, heißt *eine Lösung* dieser Differentialgleichung.

Allgemein definiert man

(11.39) Lineare Differentialgleichung 1. Ordnung; Lösung einer Differentialgleichung

DEFINITION.- Seien $p, q \in \mathbb{R}$. Eine Gleichung

$$y' + py + q = 0$$

heißt *lineare Differentialgleichung 1. Ordnung mit konstanten Koeffizienten* (p und q). Jede differenzierbare Funktion $f : I \longrightarrow \mathbb{R}$ mit

$$f'(x) + pf(x) + q = 0 \quad \text{für alle } x \in I$$

heißt *eine Lösung* dieser Differentialgleichung (auf I).

A 18

AUFGABE 18.- Zeigen Sie, daß

$$t \longmapsto i(t) := \frac{U_o}{R}\left(1 - e^{-\frac{Rt}{L}}\right) + I_o e^{-\frac{Rt}{L}} \,, \quad t \in \mathbb{R}$$

(I_o konstante Stromstärke) eine Lösung von (2) ist.

(11.40) Differentialgleichung für e^x

BEISPIEL.- Sie wissen, daß für $y = f(x) = e^x$ gilt $y' = f'(x) = e^x = f(x) = y$. Also ist die Exponentialfunktion eine Lösung der Differentialgleichung

$$y' - y = 0. \ (*)$$

Fragen:
- Gibt es weitere Funktionen, die Lösungen dieser Differentialgleichung sind?
- Wie lauten alle Lösungen dieser Differentialgleichung?

Nach kurzem Probieren werden Sie merken, daß die Funktionen $x \longmapsto f_c(x) := ce^x$, $c \in \mathbb{R}$ fest, ebenfalls Lösungen sind.

Die Antwort auf die zweite Frage ist identisch mit der Lösung des Problems:

> Man bestimme alle differenzierbaren Funktionen f mit
>
> $f'(x) = f(x)$ für alle $x \in \mathbb{R}$.

Dieses Problem werden wir in Band 2 lösen.

Wir interessieren uns hier für alle Lösungen, die einer bestimmten Bedingung genügen. Solche Bedingungen werden in der Praxis jeweils durch die physikalisch-technischen Gegebenheiten festgelegt. So ist es etwa notwendig, beim Einschaltvorgang zu verlangen, daß eine Lösung der Bedingung

$$i(t_o) = 0$$

genügt.(**) Für eine Lösung werden "Anfangswerte" festgelegt. Deshalb nennt man auch z.B. das Problem:

(3) Man bestimme alle Lösungen der Differentialgleichung

$$y' - y = 0 \text{ mit } y(0) = 2$$

ein *Anfangswertproblem*.

(11.41) Anfangswertproblem

BEZEICHNUNG.- Allgemein nennt man eine Differentialgleichung ein *Anfangswertproblem*, wenn für die Lösung(en) $y = f(x)$ oder für gewisse Ableitungen dieser Lösung(en) Anfangswerte an bestimmten Stellen vorgeschrieben (verlangt) werden; etwa

---

(*) 1. Ordnung: weil die (erste) Ableitung von i und keine höhere Ableitung in der Gleichung vorkommt. linear: weil $\frac{di(t)}{dt}$ und i(t) nur in 1. Potenz vorkommen.

(*) Auch dies ist wieder eine lineare Differentialgleichung 1. Ordnung (mit den konstanten Koeffizienten $p = -1$, $q = 0$).

(**) Dieser Bedingung genügt die in Aufgabe 18 angegebene Lösung im allgemeinen nicht.

$y_1 = f(x_1)$, $y_2 = f(x_2)$, $z_1 = f'(x_3)$, $z_2 = f'(x_4)$.

Die Anzahl der Anfangswerte darf, wie Sie später sehen werden, nicht beliebig groß sein, wenn es noch Lösungen geben soll.

Mit den Ergebnissen des nächsten Paragraphen werden wir beweisen, daß das Anfangswertproblem (3) genau eine Lösung besitzt (siehe (11.54), Seite 200).

A 19 *AUFGABE 19.- Betrachten Sie die Tabelle auf Seite 191. Geben Sie dann zu jedem $n \in \mathbb{Z}$ eine Lösung der Differentialgleichung*

$$y' = x^n$$

an, d.h. eine differenzierbare Funktion f, so daß $f'(x) = x^n$ für alle x gilt.

Lösung der Schwingungsgleichung durch Potenzreihenansatz

(11.42) BEISPIEL.- Eine Schraubenfeder sei an einem Ende fest eingespannt. Am freien Ende hänge ein Körper der Masse m. Bei Auslenkung des Körpers aus der Ruhelage vollführt er Schwingungen um diese Ruhelage.

Aufgabe: Man bestimme die Weg-Zeit-Funktion s des Körpers. Dabei sei die Skala zur Messung des jeweiligen Ortes s(t) so geeicht, daß in der Ruhelage s=0 ist, und die Versuchsanordnung und die Zeitskala seien derart, daß der Körper zur Zeit t=0 mit einer Geschwindigkeit $v_0 \neq 0$ durch die Ruhelage schwinge.

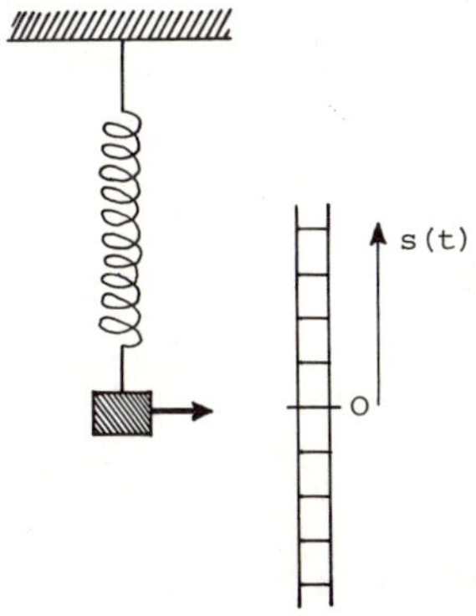

A) Wir stellen die Differentialgleichung (Bewegungsgleichung) für diese Bewegung auf:
Dazu bestimmen wir die auf den Körper wirkenden Kräfte: Nach dem Newtonschen Kraftgesetz (Kraft = Masse mal Beschleunigung) wirkt zu jedem Zeitpunkt t die Kraft

$$K_1 = m \cdot b = m \cdot \ddot{s}(t) .$$

Andererseits wirkt die Federkraft (Kraft proportional zur Auslenkung)

$$K_2 = D \cdot s(t) .$$

Hier ist D die Federkonstante, deren Zahlenwert positiv ist.

Nach dem d'Alembertschen Prinzip ist die Summe aller Kräfte gleich 0, also

$$K_1 + K_2 = m \cdot \ddot{s}(t) + D \cdot s(t) = 0$$

Division durch m ergibt die Differentialgleichung (Schwingungsgleichung)

$$\ddot{s} + \frac{D}{m} s = 0. \quad (*)$$ Schwingungsgleichung

Setzen wir noch $k := \sqrt{\frac{D}{m}}$, (k hat die physikalische Dimension einer Frequenz, also z.B. sec^{-1}), so ist das folgende Anfangswertproblem zu lösen:

$$\text{(AWP)} \qquad \begin{aligned} &\ddot{s} + k^2 s = 0 \\ &s(0) = 0 \\ &\dot{s}(0) = v_0 . \end{aligned}$$ Anfangswertproblem

B) Eine Methode, wenigstens eine Lösung zu erhalten, ist der Potenzreihenansatz. Dabei nehmen wir an, daß es eine Lösung gibt, die sich als Potenzreihe darstellen läßt. (Das geht natürlich nicht immer.) Potenzreihenansatz

Sei also

$$s(t) = \sum_{n=0}^{\infty} a_n t^n .$$

Die Koeffizienten a_n sind zu bestimmen.
Nach Satz (11.32) auf Seite 190 ist

$$\dot{s}(t) = \sum_{n=1}^{\infty} n a_n t^{n-1}$$

und dann

$$\ddot{s}(t) = \sum_{n=2}^{\infty} n(n-1) a_n t^{n-2} .$$

Einsetzen von $\ddot{s}(t)$ und $s(t)$ in die Differentialgleichung $0 = \ddot{s} + k^2 s$ ergibt

$$\begin{aligned} 0 &= \sum_{n=2}^{\infty} n(n-1) a_n t^{n-2} + k^2 \sum_{n=0}^{\infty} a_n t^n = \\ &= \sum_{n=0}^{\infty} (n+2)(n+1) a_{n+2} t^n + \sum_{n=0}^{\infty} k^2 a_n t^n = \\ &= \sum_{n=0}^{\infty} [(n+1)(n+2) a_{n+2} + k^2 a_n] t^n . \end{aligned}$$

Auf der linken Seite steht eine Potenzreihe, deren Koeffizienten sämtlich 0 sind. Also ergibt ein Koeffizientenvergleich (**) die Rekursionsformel

---

(*) Das ist eine lineare Differentialgleichung 2. Ordnung mit konstanten Koeffizienten.

(**) Wir benutzen hier die Aussage: Zwei Potenzreihen $\sum_{n=0}^{\infty} b_n t^n$ und $\sum_{n=0}^{\infty} c_n t^n$ sind genau dann gleich, wenn $b_n = c_n$ für alle $n \in \mathbb{N}_0$ gilt.

$(n+1)(n+2)a_{n+2} + k^2 a_n = 0 \quad$ für alle $n \in \mathbb{N}_0$,

bzw.

Rekursionsformel für die Koeffizienten

$$a_{n+2} = -\frac{k^2}{(n+1)(n+2)} a_n \quad \text{für alle } n \in \mathbb{N}_0 .$$

$n=0$: $a_2 = -\frac{k^2}{1\cdot 2} a_0$ $\qquad$ $n=1$: $a_3 = -\frac{k^2}{2\cdot 3} a_1$

$n=2$: $a_4 = -\frac{k^2}{3\cdot 4} a_2 = \frac{k^4}{1\cdot 2\cdot 3\cdot 4} a_0$ $\qquad$ $n=3$: $a_5 = -\frac{k^2}{4\cdot 5} a_3 = \frac{k^4}{1\cdot 2\cdot 3\cdot 4\cdot 5} a_1$

$n=4$: $a_6 = -\frac{k^2}{5\cdot 6} a_4 = -\frac{k^6}{6!} a_0$ $\qquad$ $n=5$: $a_7 = -\frac{k^2}{6\cdot 7} a_5 = -\frac{k^6}{7!} a_1$

usw.

Man vermutet deshalb die folgende Gesetzmäßigkeit:

Es ist für alle $n \in \mathbb{N}_0$

$$a_n = \begin{cases} (-1)^m \frac{k^{2m}}{(2m)!} a_0 & \text{für } n = 2m \\ (-1)^m \frac{k^{2m}}{(2m+1)!} a_1 & \text{für } n = 2m+1. \end{cases}$$

Diese Formel läßt sich durch vollständige Induktion nach n mit Hilfe der Rekursionsformel für die a_n beweisen. Wir tun dies hier nicht.

Wir erhalten also für s die Potenzreihe

$$s(t) = \sum_{m=0}^{\infty} \left((-1)^m \frac{k^{2m}}{(2m)!} a_0 t^{2m} + (-1)^m \frac{k^{2m}}{(2m+1)!} a_1 t^{2m+1} \right).$$

Bevor wir hiermit weiterrechnen, berücksichtigen wir die Anfangswerte

$$s(0) = 0 \quad \text{und} \quad \dot{s}(0) = v_0 .$$

Zusammen mit $s(t) = \sum_{n=0}^{\infty} a_n t^n$ und $\dot{s}(t) = \sum_{n=1}^{\infty} n a_n t^{n-1}$ ergibt sich:

$0 = s(0) = a_0$ und $v_0 = \dot{s}(0) = 1 \cdot a_1 = a_1$.

Daher sind in diesem Fall alle Koeffizienten a_n mit geradem Index n gleich 0 und $s(t)$ nimmt folgende Gestalt an:

$$\begin{aligned} s(t) &= \sum_{m=0}^{\infty} (-1)^m \frac{k^{2m}}{(2m+1)!} v_0 t^{2m+1} \\ &= \frac{v_0}{k} \sum_{m=0}^{\infty} (-1)^m \frac{k^{2m+1}}{(2m+1)!} \cdot t^{2m+1} \\ &= \frac{v_0}{k} \sum_{m=0}^{\infty} (-1)^m \frac{(kt)^{2m+1}}{(2m+1)!} = \frac{v_0}{k} \sin kt. \end{aligned}$$

Durch Einsetzen in $\ddot{s} + k^2 s = 0$ überzeugt man sich leicht davon, daß die gefundene Funktion $s(t) = \frac{v_0}{k} \sin kt$ tatsächlich eine Lösung ist. Außerdem gilt - wie verlangt -

$$s(0) = 0 \quad \text{und} \quad \dot{s}(0) = \frac{v_0}{k} \cdot k \cos k\cdot 0 = v_0 .$$

Auch hier bleibt zunächst offen, ob es weitere Lösungen dieses Anfangswertproblems gibt. (Siehe jedoch Aufgabe 26, Seite 200.)

A 20

AUFGABE 20.- Bestimmen Sie eine Lösung des Anfangswertproblems $\ddot{s} + k^2 s = 0$ mit

$$s(0) = s_0 \neq 0 \quad \text{und} \quad \dot{s}(0) = v_0 \neq 0.$$

A 21

AUFGABE 21.- Bestimmen Sie eine Lösung der Differentialgleichung

$$y' = \frac{4}{3} x^4 + 6x^5$$

durch Potenzreihenansatz.

§ 8 DER ERSTE MITTELWERTSATZ

Nach dem Satz vom Maximum (Satz (10.22) auf Seite 158) nimmt jede stetige Funktion auf einem abgeschlossenen Intervall $[a,b]$ ihr Supremum und ihr Infimum als Funktionswert an. Oftmals ist man jedoch nicht nur an diesen "Extrem"-Werten interessiert, sondern an allen Stellen x_0, an denen z.B. $f(x) \le f(x_0)$ wenigstens "für alle x in der Nähe von x_0" gilt. Dies führt auf den Begriff des lokalen Maximums.

LOKALE EXTREMA

Sei I wie bisher in Kapitel 11 ein Intervall oder eine Vereinigung von Intervallen.

DEFINITION.- Sei $x_0 \in I$. Die Funktion $f: I \to \mathbb{R}$ hat (11.43)

(1) ein *lokales Maximum in x_0*, wenn es ein $\delta > 0$ gibt, so daß $f(x) \le f(x_0)$ für alle $x \in I$ mit $|x - x_0| < \delta$, (lokales Maximum in x_0)

(2) ein *lokales Minimum in x_0*, wenn es ein $\delta > 0$ gibt, so daß $f(x) \ge f(x_0)$ für alle $x \in I$ mit $|x - x_0| < \delta$. (lokales Minimum in x_0)

Die Zahl $f(x_0)$ ist das *lokale Maximum* bzw. das *lokale Minimum*

Extremum

Extremum ist der gemeinsame Oberbegriff für Maximum und Minimum. Statt lokales Extremum sagt man auch *relatives Extremum*.

Im Unterschied zu den lokalen Extrema nennt man max f bzw. min f auch *globales* oder *absolutes Extremum*.

(11.44) BEISPIEL.- In Bild 9 sehen Sie den Graphen einer Funktion $f : [a,b] \longrightarrow \mathbb{R}$, die in den Punkten $a, x_1, x_2, x_3, x_4, x_5$ und b lokale Extrema hat, und zwar in a, x_2, x_4 und b lokale Minima und in x_1, x_3 und x_5 lokale Maxima.
(Außerdem sind $f(x_1) = \max f$ und $f(x_2) = \min f$ die absoluten Extrema von f.)

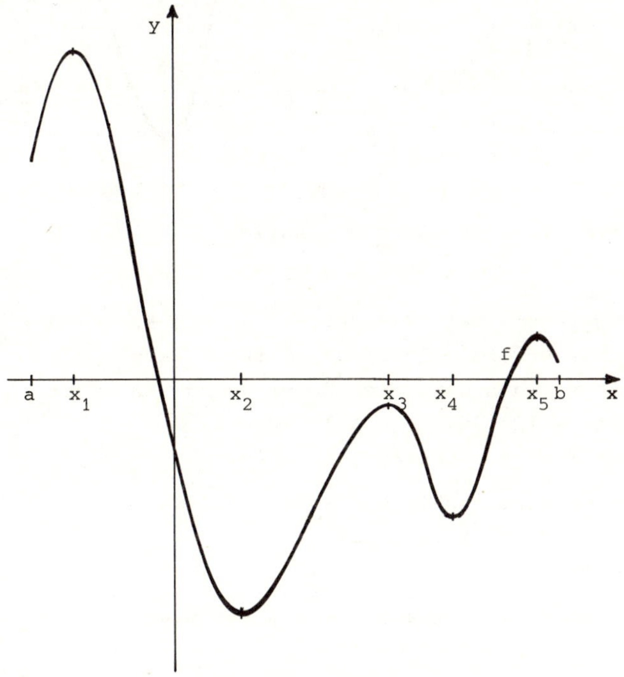

Bild 9.- Lokale Extrema der Funktion f.

A 22

AUFGABE 22.- Zeichnen Sie in Bild 9 ein möglichst grosses δ ein, so daß für alle $x \in [a,b]$ mit $|x-x_4| < \delta$ gilt:

$$f(x) \geq f(x_4).$$

Anschauung

lokale Extrema und Tangenten

Betrachten Sie noch einmal Bild 9: Wenn Sie in den lokalen Extrema der Funktion f, die über dem offenen Intervall $]a,b[$ liegen, die Tangenten an den Graphen von f zeichnen, sehen Sie, daß diese Tangenten waagerecht verlaufen. (*) Anders ausgedrückt: alle diese Tangenten haben die Steigung 0. D.h. in den Punkten x_1 bis x_5 ist $f'(x_i) = 0$, Differenzierbarkeit vorausgesetzt (siehe Definition (11.7) auf Seite 178).

Die eben erläuterte "Eigenschaft von lokalen Extrema" formulieren wir wegen ihrer Wichtigkeit als Satz.

(*) Die Aussage stimmt offensichtlich nicht für die lokalen Extrema in den Endpunkten a und b.

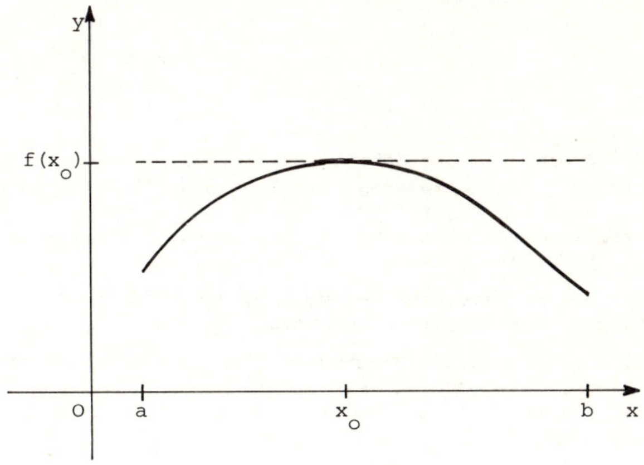

Bild 10.- Im lokalen Extremum hat f eine waagrechte Tangente.

SATZ.- Sei $f : [a,b] \longrightarrow \mathbb{R}$ differenzierbar in $x_0 \in]a,b[$. f habe in x_0 ein lokales Extremum. Dann gilt (11.45)

$$f'(x_0) = 0.$$

BEMERKUNG.- Die Gleichung $f'(x_0) = 0$ nennt man wegen Satz (11.45) eine notwendige Bedingung für lokale Extrema. Das heißt: Eine differenzierbare Funktion f hat höchstens in den Punkten $x_0 \in]a,b[$ lokale Extrema, in denen $f'(x_0)=0$ ist. Ob jedoch f in diesen Punkten tatsächlich lokale Extrema hat, ist damit nicht gesagt. (11.46) notwendige Bedingung für lokale Extrema
Beispiel: Für die Funktion $x \longmapsto f(x) := x^3$, $x \in \mathbb{R}$, gilt $f'(0) = 0$. Dennoch hat f in 0 kein lokales Extremum.
Beachten Sie: Die Aussage des Satzes gilt nur für innere Punkte $x_0 \in]a,b[$, also nicht für die Endpunkte (betrachten Sie Bild 9) und nur, falls f in x_0 differenzierbar ist.
In Kapitel 14 werden Sie auch hinreichende Bedingungen für lokale Extrema kennenlernen.

Lesen Sie noch einmal Satz (11.45)!

BEWEIS zu Satz (11.45): (1) Da f differenzierbar in x_0 ist, gibt es nach Satz (11.10) auf Seite 179 eine in x_0 stetige Funktion $r : [a,b] \longrightarrow \mathbb{R}$ mit $r(x_0) = 0$, so daß

$$f(x)-f(x_0) = (f'(x_0) + r(x))(x-x_0)$$

für alle $x \in [a,b]$ gilt.

(2) Die Funktion $x \longmapsto h(x) := f'(x_0) + r(x)$ ist dann auch stetig in x_0. Wegen $h(x_0) = f'(x_0) + r(x_0) = f'(x_0)$ genügt es, $h(x_0) = 0$ zu beweisen.

(3) Wir führen die Annahmen $h(x_0) > 0$ und $h(x_0) < 0$ zum Widerspruch.

Aus (1) folgt für $x \neq x_0$:

$$h(x) = \frac{f(x) - f(x_0)}{x - x_0}. \qquad (+)$$

Annahme: $h(x_0) > 0$. Dann gibt es nach Satz (10.50), Seite 171, ein $\delta > 0$, so daß

$$h(x) > 0 \text{ für alle } x \in [a,b] \text{ mit } |x-x_0| < \delta.$$

Für diese x ("in der Nähe von x_0") gilt,

- falls $x < x_0$, also $x - x_0 < 0$ ist, wegen (+): $f(x) - f(x_0) < 0$ also $f(x) < f(x_0)$ und
- falls $x > x_0$, also $x - x_0 > 0$ ist, wegen (+): $f(x) - f(x_0) > 0$ also $f(x) > f(x_0)$.

Diese beiden Resultate bedeuten: f hat in x_0 kein lokales Extremum im Widerspruch zur Voraussetzung.

Analog führt man die Annahme $h(x_0) < 0$ zum Widerspruch. Es bleibt daher nur $h(x_0) = 0$ übrig, also $f'(x_0) = 0$.

A 23 *AUFGABE 23.- An welchen Stellen kann die Funktion $x \mapsto p(x) := x^4 - 4x^2$, $x \in \mathbb{R}$, lokale Extrema haben? Begründen Sie, daß p an einer der gefundenen Stellen ein lokales Maximum hat. (Siehe Bild 8 auf Seite 59.)*

Der erste Mittelwertsatz der Differentialrechnung

(11.47) **Beispiel.-** Wenn Sie mit dem Auto in 50 Minuten eine Strecke von 80 km zurückgelegt haben, werden Sie sicherlich auch sagen, daß Sie mit einer Durchschnittsgeschwindigkeit von 96 km/h gefahren sind. Damit ist natürlich keine Aussage darüber gemacht worden, wie schnell Sie zu einem bestimmten Zeitpunkt tatsächlich gefahren sind.
Dennoch ist die folgende Feststellung richtig: Mindestens einmal muß das Auto mit einer Geschwindigkeit von genau 96 km/h gefahren sein. Sie werden sehen, daß dies bereits eine physikalische Interpretation des Mittelwertsatzes ist.

Wir beweisen zunächst einen Sonderfall, der bereits den "mathematischen Kern" des Mittelwertsatzes enthält und der als *Satz von Rolle* (*) bekannt ist.

(11.48) Satz von Rolle

Satz.- Die Funktion $f : [a,b] \longrightarrow \mathbb{R}$ sei stetig und im offenen Intervall $]a,b[$ differenzierbar. Es gelte $f(a) = f(b)$. Dann gibt es ein $x_0 \in]a,b[$ mit

$$f'(x_0) = 0.$$

(*) Der französische Mathematiker Michel Rolle, 1652 - 1719, formulierte diesen Satz im Jahre 1690 nur für Polynome.

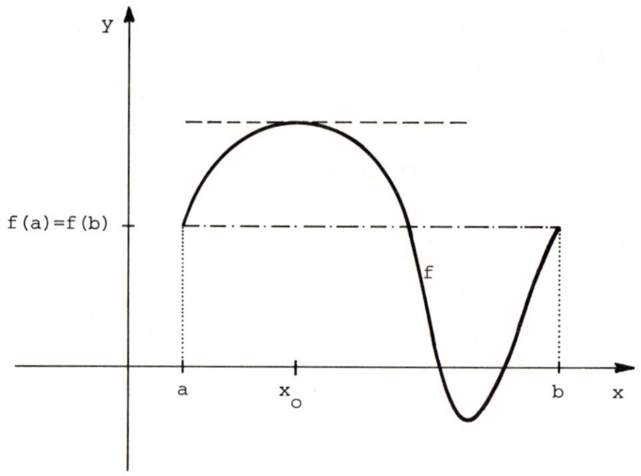

Bild 11.- Zum Satz von Rolle

Beweis von Satz (11.48).- Ist die Funktion f konstant, so gilt $f'(x) = 0$ für <u>alle</u> $x \in]a,b[$. Als x_0 kann dann also jeder Punkt des offenen Intervalls $]a,b[$ gewählt werden.
Ist f nicht konstant, so gilt:

1. es gibt Punkte $x \in]a,b[$, für die $f(x) > f(a) = f(b)$ ist, oder
2. es gibt Punkte $x \in]a,b[$, für die $f(x) < f(a) = f(b)$ ist.

Betrachten wir zunächst den 1. Fall: Nach dem Satz vom Maximum (Satz (10.22) auf Seite 158) gibt es ein $x_0 \in [a,b]$ mit $f(x_0) = \sup f$, d.h.

$$f(x) \leq f(x_0) \quad \text{für alle } x \in [a,b].$$

Wegen 1. kann x_0 keiner der Endpunkte von $[a,b]$ sein. Es gilt daher: f hat in $x_0 \in]a,b[$ ein lokales Maximum. (*) Mit Satz (11.45) folgt $f'(x_0) = 0$.

Im zweiten Fall verläuft die Argumentation analog, wenn Sie Satz (10.22) so anwenden: es gibt ein $x_0 \in [a,b]$ mit $f(x_0) = \inf f$.

AUFGABE 24.- Begründen Sie mit Hilfe des Satzes von Rolle die folgende Aussage: Zwischen zwei verschiedenen Nullstellen einer (auf einem Intervall definierten) differenzierbaren Funktion liegt eine Nullstelle der Ableitung. A 24

(*) Ein absolutes Extremum ist insbesondere ein lokales Extremum.

DISKUSSION.- Man kann Bild 11 auf Seite 198 so interpretieren:
Es gibt ein $x_o \in]a,b[$, so daß die Tangente an den Graphen von f im Punkt $(x_o, f(x_o))$ parallel zur Sekante durch $(a,f(a))$ und $(b,f(b))$ ist.

Läßt man die Bedingung $f(a) = f(b)$ fort, so gilt diese Aussage (unter geeigneten Voraussetzungen über f) immer noch. Vergleichen Sie mit Bild 12:

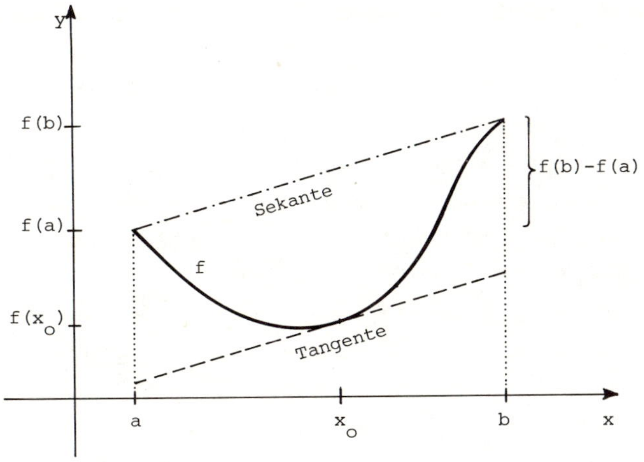

Bild 12.- Tangente in $(x_o, f(x_o))$ parallel zur Sekante durch $(a,f(a))$ und $(b,f(b))$.

Die Steigung von f in x_o ist $f'(x_o)$. Die Steigung der Sekante ist $\frac{f(b)-f(a)}{b-a}$. Die Anschauung in Bild 12 zeigt also: es gibt ein $x_o \in]a,b[$, so daß

$$\frac{f(b)-f(a)}{b-a} = f'(x_o).$$

Dies ist die Aussage des *ersten Mittelwertsatzes der Differentialrechnung*.

(11.49) 1. Mittelwertsatz der Differentialrechnung

SATZ.- Die Funktion $f : [a,b] \to \mathbb{R}$ sei stetig und im offenen Intervall $]a,b[$ differenzierbar. Dann gibt es ein $x_o \in]a,b[$, so daß

$$\frac{f(b)-f(a)}{b-a} = f'(x_o)$$

ist.

Der BEWEIS des ersten Mittelwertsatzes besteht darin, den Satz von Rolle auf eine zweckmäßig gewählte Hilfsfunktion h, die $h(a) = h(b)$ erfüllt, anzuwenden.
Und zwar sei $h : [a,b] \to \mathbb{R}$ definiert durch

$$h(x) := f(x) - \frac{f(b)-f(a)}{b-a}(x-a).$$

Dann gilt mit den Rechenregeln für stetige bzw. differenzierbare Funktionen: h ist stetig und im offenen Intervall $]a,b[$ differenzierbar.

Da außerdem $h(a) = f(a)$ und $h(b) = f(a)$, also $h(a) = h(b)$ gilt, erfüllt die Funktion h alle Voraussetzungen des Satzes von Rolle. Deshalb gibt es ein $x_o \in]a,b[$ mit

$$h'(x_o) = 0.$$

Aus

$$h'(x) = f'(x) - \frac{f(b)-f(a)}{b-a} \quad \text{für } x \in]a,b[$$

folgt durch Einsetzen von x_o

$$0 = h'(x_o) = f'(x_o) - \frac{f(b)-f(a)}{b-a},$$

also

$$\frac{f(b)-f(a)}{b-a} = f'(x_o).$$

Auf eine wichtige Verallgemeinerung des ersten Mittelwertsatzes, den zweiten Mittelwertsatz, kommen wir auf Seite 201 zu sprechen.

BEMERKUNG.- Lesen Sie noch einmal Beispiel (11.47) auf Seite 198. Sei $s(t)$ die Länge der Strecke, die Sie mit dem Auto bis zum Zeitpunkt t zurückgelegt haben. Dann ist (11.50)

$$\frac{s(b)-s(a)}{b-a}$$

die Durchschnittsgeschwindigkeit in der Zeit von a bis b. $s'(t)$ ist bekanntlich die Momentangeschwindigkeit zur Zeit t. Der erste Mittelwertsatz besagt: es gibt (mindestens) einen Zeitpunkt t_o zwischen a und b, in dem die Momentangeschwindigkeit gleich der Durchschnittsgeschwindigkeit ist.

physikalische Interpretation

AUFGABE 25.- Interpretieren Sie auch den Satz von Rolle als eine Aussage über Geschwindigkeiten. A 25

Im Satz von Rolle und im ersten Mittelwertsatz wird nicht gesagt (und kann im allgemeinen auch nicht gesagt werden), wo der Zwischenpunkt x_o genau liegt. Die Folgerungen, die sich aus diesen beiden Sätzen ziehen lassen, sowie die Bedeutung der Sätze selbst beruhen allein auf der Tatsache, daß es einen Punkt x_o mit $f'(x_o) = \ldots$ überhaupt gibt.

BEISPIEL.- Es gibt auch differenzierbare Funktionen, bei denen der (nach dem ersten Mittelwertsatz existierende) Zwischenpunkt eindeutig bestimmt ist und sich berechnen läßt. (11.51)
Sei f die Einschränkung der Funktion $x \mapsto x^2$, $x \in \mathbb{R}$, auf ein Intervall $[a,b]$. f erfüllt alle Voraussetzungen des ersten Mittelwertsatzes

(11.49). Also gibt es ein $x_o \in]a,b[$ mit

$$\frac{f(b)-f(a)}{b-a} = f'(x_o),$$

d.h.

$$\frac{b^2-a^2}{b-a} = 2x_o.$$

Hieraus folgt $x_o = \frac{b+a}{2}$, d.h. der Zwischenpunkt x_o ist gerade der Mittelpunkt von $[a,b]$.

ANWENDUNGEN DES ERSTEN MITTELWERTSATZES

Sie wissen aus Aufgabe 8, Seite 183, daß eine konstante Funktion differenzierbar ist und in jedem Punkt die Ableitung null hat.
Bisher fehlt uns noch ein Beweis der Umkehrung. Hierfür benötigt man den ersten Mittelwertsatz.

(11.52) $f' = 0 \Rightarrow$ f konstant

SATZ.- Die Funktion $f : [a,b] \Rightarrow \mathbb{R}$ sei stetig und im offenen Intervall $]a,b[$ differenzierbar. Es gelte $f'(x) = 0$ für alle $x \in]a,b[$. Dann ist f eine konstante Funktion.

BEWEIS.- *Wir zeigen, daß alle Funktionswerte* $f(x)$ *gleich der Zahl* $f(a)$ *sind.*
Sei $x \in]a,b]$. Dann erfüllt die Einschränkung von f auf das Intervall $[a,x]$ alle Voraussetzungen des ersten Mittelwertsatzes. Also gibt es ein $x_o \in]a,x[$, so daß

$$\frac{f(x)-f(a)}{x-a} = f'(x_o)$$

ist. Es ist jedoch $f'(x_o) = 0$, so daß $f(x) - f(a) = 0$, d.h.

$$f(x) = f(a)$$

ist. Also stimmt $f(x)$ für jedes $x \in]a,b]$ mit $f(a)$ überein. f ist konstant.

(11.53) BEMERKUNGEN.- (1) Sie haben gerade gelernt, daß die konstanten Funktionen die einzigen Lösungen der (sehr einfachen) linearen Differentialgleichung 1. Ordnung mit konstanten Koeffizienten (p=q=0)

$$y' = 0$$

sind.

(2) Satz (11.52) bleibt richtig, wenn $a = -\infty$ oder $b = \infty$ ist. Wesentlich ist, daß der Definitionsbereich von f ein Intervall ist.
Ist etwa $I := [-1,0] \cup [1,2]$ und $f : I \Rightarrow \mathbb{R}$ gegeben durch

$$f(x) := \begin{cases} 3 & \text{für } x \in [-1,0] \\ 4 & \text{für } x \in [1,2] \end{cases},$$

so ist f differenzierbar, und es gilt $f' = 0$. Aber f ist nicht konstant (f hat mehr als einen Funktionswert).

(3) Wir sind nun in der Lage, den auf Seite 195 angekündigten Eindeutigkeitsbeweis für das Anfangswertproblem $y'-y=0$ mit $y(0)=2$ zu führen. Wir zeigen etwas allgemeiner:

SATZ.- Sei $c \in \mathbb{R}$. Das Anfangswertproblem $y'-y=0$ mit $y(0)=c$ besitzt genau eine Lösung. (11.54)

Die Methode dieses Beweises sollten Sie sich einprägen.

BEWEIS.- 1) Daß es mindestens eine Lösung gibt, wissen wir schon. Denn $x \mapsto f(x) := c\cdot e^x$, $x \in \mathbb{R}$, hat die Eigenschaften $f'(x) - f(x) = c\cdot e^x - c\cdot e^x = 0$ für alle $x \in \mathbb{R}$ und $f(0) = c\cdot e^0 = c$.

2) Um nachzuweisen, daß es keine weiteren Lösungen gibt, nehmen wir eine <u>beliebige Lösung</u> g des Anfangswertproblems. Es gilt also

$$g'(x)-g(x) = 0 \text{ für alle } x \in \mathbb{R} \text{ und } g(0) = c.$$

Unter diesen Voraussetzungen werden wir folgern, daß g bereits mit f übereinstimmt, d.h. daß $g(x) = c\cdot e^x$ für alle x. Mit Hilfe von g definiert man die Hilfsfunktion $h : \mathbb{R} \Rightarrow \mathbb{R}$ durch

$$h(x) := e^{-x}\cdot g(x).$$

Dann ist $h(0) = e^{-0}\cdot g(0) = c$ und für alle $x \in \mathbb{R}$ gilt $h'(x) = -e^{-x}\cdot g(x) + e^{-x}\cdot g'(x)$

$$= -e^{-x}\cdot g(x) + e^{-x}\cdot g(x) = 0.$$

Hieraus folgt wegen Satz (11.52): h ist konstant. Da $h(0) = c$ ist, muß diese Konstante gleich c sein. Es folgt

$$c = h(x) = e^{-x}\cdot g(x) \quad \text{für alle } x \in \mathbb{R}.$$

Also

$$g(x) = \frac{c}{e^{-x}} = c\cdot e^x \quad \text{für alle } x \in \mathbb{R}.$$

<u>AUFGABE 26</u>.- Sie haben in Beispiel (11.42), ab Seite 195, mit der Methode des Potenzreihenansatzes festgestellt, daß $t \mapsto s(t) := \frac{v_o}{k} \sin kt$, $t \in \mathbb{R}$, *eine Lösung des Anfangswertproblems* $\ddot{s} + k^2 s = 0$ *mit* $s(0) = 0$ *und* $\dot{s}(0) = v_o \neq 0$ *ist. Zeigen Sie nun: Die angegebene Funktion s ist die einzige Lösung dieses Anfangswertproblems.* A 26
(Anleitung: 1. Nehmen Sie an, $u : \mathbb{R} \Rightarrow \mathbb{R}$ *ist eine weitere Lösung des Anfangswertproblems.*
2. Zeigen Sie, daß dann $g : \mathbb{R} \Rightarrow \mathbb{R}$ *mit* $g(t) := s(t)-u(t)$ *eine Lösung des Anfangswertproblems* $\ddot{y} + k^2 y = 0$ *mit* $y(0)=0$ *und* $\dot{y}(0) = 0$ *ist.*
3. Untersuchen Sie die Ableitung der Hilfsfunktion $h : \mathbb{R} \Rightarrow \mathbb{R}$ *mit* $h(t) := k^2\cdot g^2(t) + (\dot{g}(t))^2$.
4. Folgern Sie, daß u=s (die Lösung s also eindeutig be-

stimmt) ist.

Als weitere Folgerung aus dem ersten Mittelwertsatz formulieren und beweisen wir eine Aussage, die es gestattet, auf die Monotonie (*) differenzierbarer Funktionen aus Eigenschaften ihrer Ableitung zu schließen.

(11.55) Ableitung und Monotonie

SATZ.- Die Funktion $f:[a,b] \Longrightarrow \mathbb{R}$ sei stetig und im offenen Intervall differenzierbar. Wenn für alle $x \in]a,b[$ gilt

(1) $f'(x) \geq 0$, so ist f monoton wachsend;
(2) $f'(x) > 0$, so ist f streng monoton wachsend;
(3) $f'(x) \leq 0$, so ist f monoton fallend;
(4) $f'(x) < 0$, so ist f streng monoton fallend.

BEWEIS.- Wir behandeln nur den Fall, daß $f'(x) > 0$ für alle $x \in]a,b[$.
(Die übrigen Fälle lassen sich analog beweisen.)
Es ist zu zeigen: Aus $x_1, x_2 \in [a,b]$ mit $x_1 > x_2$ folgt

$$f(x_1) > f(x_2).$$

Seien also $x_1, x_2 \in [a,b]$ mit $x_1 > x_2$. Die Einschränkung von f auf das Intervall $[x_2, x_1]$ erfüllt alle Voraussetzungen des ersten Mittelwertsatzes. Also gibt es ein $x_0 \in]x_2, x_1[\subseteq]a,b[$, so daß

$$\frac{f(x_1) - f(x_2)}{x_1 - x_2} = f'(x_0).$$

Nach Voraussetzung ist $f'(x_0) > 0$ und $x_1 - x_2 > 0$, so daß auch $f(x_1) - f(x_2) > 0$, also $f(x_1) > f(x_2)$ ist.

Auch Satz (11.55) bleibt richtig, wenn $a = -\infty$ oder $b = \infty$ ist.

A 27

AUFGABE 27.- Bestimmen Sie mit Hilfe von Satz (11.55) das "Monotonieverhalten" von

a) $x \longmapsto e^{-x}$, $x \in \mathbb{R}$, *und*
b) $x \longmapsto x^3 + x - 7$, $x \in \mathbb{R}$.

Zusammenfassung

Fassen Sie noch einmal zusammen:

- Der erste Mittelwertsatz der Differentialrechnung besagt ...
- Der erste Mittelwertsatz läßt folgende physikalische Interpretation zu ...
- Der erste Mittelwertsatz läßt folgende geometrische Interpretation (Tangente, Sekante) zu ...
- Aus dem ersten Mittelwertsatz folgert man: Gilt für eine auf einem Intervall definierte diff erenzierbare Funktion $f' = 0$, so ist f konstant.
- Aus dem ersten Mittelwertsatz folgt ein Zusammenhang zwischen Monotonieverhalten und Ableitung einer Funktion. Welcher?
- Ein Spezialfall des ersten Mittelwertsatzes ist der Satz von Rolle. Er lautet ...
- Nennen Sie eine notwendige Bedingung dafür, daß eine differenzierbare Funktion $f:[a,b] \Longrightarrow \mathbb{R}$ in $x_0 \in]a,b[$ ein lokales Extremum hat.
- Wie ist ein lokales Minimum definiert?

(*) Siehe Seite 53.

§ 9 DIE REGELN VON DE L'HÔPITAL

Mit Hilfe der Regeln von de L'Hôpital (*) werden Sie zum Beispiel folgende Grenzwerte, auf die man die Rechenregeln für Grenzwerte von Funktionen nicht anwenden kann (warum?), einfach bestimmen können:

$$\lim_{x \to 0} \frac{\sin x}{x} \quad \text{und} \quad \lim_{x \to 0} x \cdot \ln x.$$

Zum Beweis der Regeln von de L'Hôpital benötigen wir den zweiten Mittelwertsatz, der jedoch auch in anderem Zusammenhang von Interesse ist.

(11.56) Zweiter Mittelwertsatz

SATZ.- Seien $f,g:[a,b] \Longrightarrow \mathbb{R}$ stetig und auf $]a,b[$ differenzierbar. Es sei ferner $g'(x) \neq 0$ für alle $x \in]a,b[$.
Dann ist $g(a) \neq g(b)$, und es gibt einen Punkt $\xi \in]a,b[$ mit

$$\frac{f(b) - f(a)}{g(b) - g(a)} = \frac{f'(\xi)}{g'(\xi)}.$$

BEWEIS.- *Sie brauchen diesen Beweis nur dann durchzuarbeiten, wenn Sie noch einmal üben wollen, den Satz von Rolle (11.48) anzuwenden.*

(*) Guillaume François Antoine Marquis de L'Hôpital, 1661-1704. Die Regeln von de L'Hôpital müßten eigentlich Regeln von Bernoulli heißen. Vor einiger Zeit wurde ein Briefwechsel zwischen L'Hôpital und Johann Bernoulli entdeckt, der zeigt, daß die Regeln, deren Beweise und mehrere Beispiele L'Hôpital im Jahre 1694 von Bernoulli mitgeteilt wurden. L'Hôpital durfte diese Resultate wie auch andere mathematische Ergebnisse Bernoullis gegen ein monatlich an Bernoulli zu zahlendes Entgelt veröffentlichen.

Zeigen Sie zuerst, daß die Aussage $g(a) \neq g(b)$ aus dem Satz von Rolle folgt. (*)
Zeigen Sie dann, daß die Hilfsfunktion $F : [a,b] \to \mathbb{R}$ mit

$$F(x) := f(x) - \frac{f(b) - f(a)}{g(b) - g(a)} (g(x) - g(a))$$

den Voraussetzungen des Satzes von Rolle genügt (also stetig, differenzierbar auf $]a,b[$ und $F(a) = F(b)$).
Es gibt daher ein $\xi \in]a,b[$, so daß $F'(\xi) = 0$ ist. Wegen

$$0 = F'(\xi) = f'(\xi) - \frac{f(b) - f(a)}{g(b) - g(a)} \cdot g'(\xi)$$

folgt hieraus die behauptete Gleichung.

BEMERKUNG.- Sie erhalten aus dem zweiten Mittelwertsatz wieder den ersten Mittelwertsatz (11.49), Seite 199, wenn Sie in (11.56) $g : [a,b] \to \mathbb{R}$ mit $g(x) := x$ wählen.

Wir können nun einen wichtigen Spezialfall der Regeln von de L'Hôpital formulieren und beweisen, und zwar geht es um die Bestimmung von Grenzwerten der Gestalt

$$\lim_{x \to a} \frac{f(x)}{g(x)},$$

wobei $f(a) = g(a) = 0$ ist.

(11.57) Regel von de L'Hôpital, $f(a)=g(a)=0$

SATZ.- Die Funktionen $f,g : [a,b] \to \mathbb{R}$ seien stetig und auf $]a,b[$ differenzierbar. Es sei $f(a) = g(a) = 0$, $g'(x) \neq 0$ für alle $x \in]a,b[$, und es existiere

$$\lim_{x \to a} \frac{f'(x)}{g'(x)}.$$

Dann existiert auch $\lim_{x \to a} \frac{f(x)}{g(x)}$, und es gilt

$$\lim_{x \to a} \frac{f(x)}{g(x)} = \lim_{x \to a} \frac{f'(x)}{g'(x)}.$$

BEWEIS.- *Der Beweis ist eine Übung in der Anwendung des zweiten Mittelwertsatzes und im Umgang mit Grenzwerten von Funktionen. Sie sollten ihn durcharbeiten.*

1. Wir zeigen zunächst, daß auch $g(x) \neq 0$ ist für alle $x \in]a,b[$. Angenommen, es gibt ein $x_o \in]a,b[$ mit $g(x_o) = 0$. Dann folgt nach dem Satz von Rolle, da auch $g(a) = 0$ ist: es gibt ein $\xi \in]a,x_o[$ mit $g'(\xi) = 0$ im Widerspruch zur Voraussetzung über g'.

2. Nach dem Ergebnis von 1. ist der Quotient $\frac{f(x)}{g(x)}$ für alle $x \in]a,b[$ definiert. Nach dem zweiten Mittelwertsatz gibt es zu jedem $x \in]a,b[$ ein $\xi = \xi(x)$ zwischen a und x, so daß

$$\frac{f(x)}{g(x)} = \frac{f(x) - f(a)}{g(x) - g(a)} = \frac{f'(\xi(x))}{g'(\xi(x))} \quad (**)$$

Nun sei (x_n) eine beliebige gegen a konvergente Folge in $]a,b[$ und $\xi_n := \xi(x_n)$ die nach dem zuvor Gesagten zu jedem x_n existierende Zahl zwischen a und x_n mit der Eigenschaft

$$\frac{f(x_n)}{g(x_n)} = \frac{f'(\xi_n)}{g'(\xi_n)}.$$

Da $a < \xi_n < x_n$ für alle $n \in \mathbb{N}$ und $\lim_{n\to\infty} x_n = a$ gilt, folgt: (ξ_n) ist konvergent und $\lim_{n\to\infty} \xi_n = a$.
Nach Voraussetzung existiert $\lim_{x\to a} \frac{f'(x)}{g'(x)}$. Also ist

$$\lim_{n\to\infty} \frac{f'(\xi_n)}{g'(\xi_n)} = \lim_{x\to a} \frac{f'(x)}{g'(x)}.$$

Dann gilt aber auch

$$\lim_{n\to\infty} \frac{f(x_n)}{g(x_n)} = \lim_{x\to a} \frac{f'(x)}{g'(x)},$$

und die Zahl (der Grenzwert) auf der rechten Seite ist unabhängig von der Folge (x_n). Daher folgt

$$\lim_{x\to a} \frac{f(x)}{g(x)} = \lim_{x\to a} \frac{f'(x)}{g'(x)}.$$

Prüfen Sie nach, an welchen Stellen des Beweises wir die (vielen) Voraussetzungen von (11.57) benötigt haben.

BEMERKUNG.- In Satz (11.56) kann der Definitionsbereich von f und g auch das Intervall $[a,\infty]$ sein. Der rechte Endpunkt b braucht aber auch "nur wenig größer" als a zu sein. Daran sollten Sie denken, wenn Sie die Voraussetzung: $g'(x) \neq 0$ für alle $x \in]a,b[$ überprüfen. (11.58)

BEISPIEL.- Der Grenzwert (11.59)

$$\lim_{\substack{x\to 0\\ x>0}} \frac{\sin x}{x}$$

ist zu bestimmen.
Prüfen Sie dazu zuerst nach, daß die Funktionen $f(x) := \sin x$ und $g(x) := x$ auf dem Intervall $[0,\pi]$ (***) alle Voraussetzungen von (11.57) erfüllen und daß

$$\lim_{\substack{x\to 0\\ x>0}} \frac{f'(x)}{g'(x)} = \lim_{\substack{x\to 0\\ x>0}} \frac{\cos x}{1} = \cos 0 = 1$$

ist. Also gilt mit Satz (11.57) auch
$\lim_{\substack{x\to 0\\ x>0}} \frac{\sin x}{x} = 1.$

Wir haben nur den rechtsseitigen Grenzwert $\lim_{\substack{x\to 0\\ x>0}} \frac{\sin x}{x}$ berechnet, da Satz (11.57) nur eine Aussage über den rechtsseitigen Grenzwert (x gegen a und $x \in]a,b[$) macht. Sie werden jedoch gleich sehen, daß man auf dieselbe

(*) Wäre $g(a) = g(b)$, so gäbe es nach dem Satz von Rolle ein $x_o \in]a,b[$ mit $g'(x_o) = 0$ im Widerspruch zur Voraussetzung, daß $g'(x) \neq 0$ für alle $x \in]a,b[$.

(**) Das erste Gleichheitszeichen ergibt sich wegen $f(a) = 0 = g(a)$. Das zweite Gleichheitszeichen folgt aus der Tatsache, daß für jedes $x \in]a,b[$ die Einschränkungen von f bzw. g auf $[a,x]$ die Voraussetzungen des zweiten Mittelwertsatzes erfüllen. Die Zahl ξ wird im allgemeinen von der Wahl von x abhängen. Daher die Schreibweise $\xi = \xi(x)$.

(***) Das Intervall $[0,\pi]$ ist relativ willkürlich gewählt. Jedes andere Intervall $[0,b]$ mit $b > 0$ könnten Sie auch verwenden.

Weise linksseitige bzw. "beidseitige" Grenzwerte berechnet (Satz (11.60)(2) bzw. (4)).

A 28 *AUFGABE 28.- Zeigen Sie, daß*

$$\lim_{\substack{x\to 0\\ x>0}} \frac{1-e^{-x}}{x} = 1 \quad \text{ist.}$$

Mit Hilfe von Satz (11.57) können Sie also (unter den genannten Voraussetzungen) Grenzwerte bestimmen, die formal auf Quotienten der Form $\frac{0}{0}$ führen. Quotienten der Form $\frac{\infty}{\infty}$ lassen sich in gleicher Weise behandeln. Wir formulieren diese Sachverhalte in den folgenden allgemeinen Regeln von de L'Hôpital.

(11.60) Regeln von de L'Hôpital

SATZ.- Die Funktionen $f,g :]a,b[\to \mathbb{R}$ seien differenzierbar, und es sei $g(x) \neq 0$ und $g'(x) \neq 0$ für alle $x \in]a,b[$.

(1) Ist

$\lim_{x\to a} f(x) = \lim_{x\to a} g(x) = 0$ oder

$\lim_{x\to a} f(x) = \lim_{x\to a} g(x) = \infty$

und existiert $\lim_{x\to a} \frac{f'(x)}{g'(x)}$ als eigentlicher oder uneigentlicher (*) Grenzwert, so existiert auch $\lim_{x\to a} \frac{f(x)}{g(x)}$, und es ist

$$\lim_{x\to a} \frac{f(x)}{g(x)} = \lim_{x\to a} \frac{f'(x)}{g'(x)} .$$

(2) Die Aussage (1) bleibt richtig, wenn man überall $\lim_{x\to a}$ durch $\lim_{x\to b}$ ersetzt.

(3) Aussage (1) ist auch richtig, falls $a = -\infty$ ist. Aussage (2) ist auch richtig, falls $b = \infty$ ist.

(4) Sei $a \in]c,b[$ und seien f,g auf $]c,b[\setminus \{a\}$ differenzierbar. Ist $g(x) \neq 0$ und $g'(x) \neq 0$ für alle $x \in]c,b[\setminus \{a\}$, so gilt Aussage (1) gleichlautend, d.h. die dort stehenden Grenzwerte sind nicht mehr einseitig.

Den BEWEIS von Satz (11.60) führen wir nicht aus; er erfolgt jeweils durch Zurückführung auf Satz (11.57).

Arbeiten Sie die folgenden Beispiele und Aufgaben sorgfältig durch!

(11.61) **BEISPIELE.-** (1) Die Funktionen $f(x) := \sin x$ und $g(x) := x$ erfüllen z.B. auf dem Intervall $]-1,1[$ und mit $a = 0$ alle Voraussetzungen von (11.60)(4). Also gilt mit den Überlegungen in Beispiel (11.59):

$$\lim_{x\to 0} \frac{\sin x}{x} = \lim_{x\to 0} \frac{\cos x}{1} = \cos 0 = 1.$$

(2) Der Grenzwert

$$\lim_{x\to 0} \frac{1-\cos x}{x^2}$$

läßt sich bestimmen, indem man die Regeln von de L'Hôpital zweimal anwendet:

Die Zähler- und die Nennerfunktion erfüllen alle Voraussetzungen von (11.60)(4) auf $\mathbb{R}\setminus\{0\}$. Ferner ist

$$\lim_{x\to 0} (1-\cos x) = 0 = \lim_{x\to 0} x^2 .$$

Deshalb ist der Grenzwert $\lim_{x\to 0} \frac{(1-\cos x)'}{(x^2)'} = \lim_{x\to 0} \frac{\sin x}{2x}$ zu bestimmen, falls er existiert.

Daß $\lim_{x\to 0} \frac{\sin x}{2x} = \frac{1}{2}$ ist, ergibt sich durch nochmalige Anwendung der Regel von de L'Hôpital oder durch Verwendung von (11.61)(1). Also gilt

$$\lim_{x\to 0} \frac{1-\cos x}{x^2} = \frac{1}{2} .$$

AUFGABE 29.- Es sei $\alpha \neq 0$, $\beta \neq 0$ und $\alpha \neq \beta$. Die Funktionen $f,g :]0,\infty[\to \mathbb{R}$ seien definiert durch A 29

$$f(x) := x^{\alpha} - x^{\beta} \quad \text{bzw.} \quad g(x) := x^{\frac{1}{\beta}} - x^{\frac{1}{\alpha}} .$$

Bestimmen Sie den Grenzwert

$$\lim_{x\to 1} \frac{f(x)}{g(x)} ,$$

falls er existiert.

BEISPIELE.- (1) Der Grenzwert (11.62)

$$\lim_{x\to 0} x \cdot \ln x$$

ist zu bestimmen, falls er existiert.

Um die Regeln von de L'Hôpital auch in diesem Fall anwenden zu können, schreibt man zunächst $x \cdot \ln x$ in der Form $\frac{\ln x}{\frac{1}{x}}$. Die Zählerfunktion strebt für x gegen 0 $(x > 0)$ gegen $-\infty$, die Nennerfunktion gegen ∞.

Setzt man also $f(x) = -\ln x$ und $g(x) := \frac{1}{x}$, $x \in]0,1[$, so gilt

$$\lim_{\substack{x\to 0\\ x>0}} f(x) = \infty = \lim_{\substack{x\to 0\\ x>0}} \frac{1}{x}$$

und $$\lim_{x\to 0} \frac{f'(x)}{g'(x)} = \lim_{x\to 0} \frac{-\frac{1}{x}}{-\frac{1}{x^2}} = \lim_{x\to 0} x = 0 \text{ für } x > 0.$$

Der gesuchte Grenzwert existiert nach (11.60)(1), und es gilt

$$\lim_{x\to 0} x \cdot \ln x = \lim_{x\to 0} -\frac{-\ln x}{\frac{1}{x}} = -\lim_{x\to 0} \frac{f(x)}{g(x)} = -0 = 0.$$

(*) Der Grenzwert heißt uneigentlich, wenn er gleich ∞ oder gleich $-\infty$ ist.

(2) Wir untersuchen

$$\lim_{x\to-\infty} x\cdot\tan\frac{1}{x}.$$

Zunächst schreiben wir wieder $x\cdot\tan\frac{1}{x}$ in der Quotientenform $\frac{\tan\frac{1}{x}}{\frac{1}{x}}$. Die Funktionen $f(x) := \tan\frac{1}{x}$ und $g(x) := \frac{1}{x}$ sind differenzierbar auf $]-\infty,-1[$ und dort ist auch $g(x) \neq 0$ und $g'(x) \neq 0$. Ferner gilt

$$\lim_{x\to-\infty} f(x) = \lim_{x\to-\infty}\tan\frac{1}{x} = \tan 0 = 0 = \lim_{x\to-\infty} g(x).$$

Ferner ist für $x < -1$

$$\frac{f'(x)}{g'(x)} = \frac{\frac{1}{\cos^2(\frac{1}{x})}\cdot(-\frac{1}{x^2})}{-\frac{1}{x^2}} = \frac{1}{\cos^2(\frac{1}{x})},$$

so daß wegen $\lim_{x\to-\infty}\frac{1}{x} = 0$ und der Stetigkeit der Cosinusfunktion

$$\lim_{x\to-\infty}\frac{f'(x)}{g'(x)} = \lim_{x\to-\infty}\frac{1}{\cos^2(\frac{1}{x})} = \frac{1}{\cos^2 0} = 1 \quad \text{ist.}$$

Also existiert der gesuchte Grenzwert nach (11.61)(3) und (1), und zwar gilt

$$\lim_{x\to-\infty} x\cdot\tan\frac{1}{x} = 1.$$

A 30 *AUFGABE 30.- a) Bestimmen Sie für $a,b > 0$*

$$\lim_{x\to 0}\frac{a^x - b^x}{x}.$$

b) Bestimmen Sie

$$\lim_{x\to\infty}\frac{\ln x}{x^2}.$$

c) Bestimmen Sie

$$\lim_{x\to\infty}\frac{x^2}{e^x}.$$

d) Sei $b > 0$ und seien $f,g : [0,b] \to \mathbb{R}$ definiert durch

$$f(x) := \sqrt{2b^3x - x^4} - b\cdot\sqrt[3]{b^2x} \quad \text{und}$$

$$g(x) := b - \sqrt[4]{bx^3}.$$

Bestimmen Sie den Grenzwert $\lim_{x\to b}\frac{f(x)}{g(x)}$.

Zum Schluß dieses Kapitels ein Beispiel aus der Mechanik.

(11.63) **BEISPIEL.** Ein Gewicht hängt an einer Feder und wird durch eine sinusförmige Kraft zu Schwingungen angeregt. Seine Lage $s(t)$ zur Zeit t wird beschrieben durch

$$s(t) = \frac{A}{c^2 - k^2}(\sin kt - \sin ct).$$

Hierbei haben A,c,k positive Zahlenwerte, und die Frequenzen c und k seien verschieden. Bestimmen Sie den Grenzwert von $s(t)$, wenn c gegen k strebt. Die Variable ist also c.
Für beliebiges t sei $f(c) := A(\sin kt - \sin ct)$ und $g(c) := c^2 - k^2$. Die Funktionen f und g erfüllen "bei k" (*) die Voraussetzungen zur Anwendung von (11.60)(4).
Prüfen Sie's nach!
Schließlich ist

$$\frac{df}{dc}(c) = -At\cos ct \quad \text{und}$$

$$\frac{dg}{dc}(c) = 2c,$$

so daß

$$\lim_{c\to k}\frac{f'(c)}{g'(c)} = \frac{-At\cos kt}{2k}$$

ist. Also gilt

$$\lim_{c\to k} s(t) = -\frac{At\cos kt}{2k}.$$

ZUSAMMENFASSUNG

Die Differentialrechnung wird eingeführt über den Begriff der linearen Approximation. Es ist sehr nützlich - auch für spätere Kapitel - wenn Sie die entsprechende Definition (11.1) auf Seite 175 auch von der Anschauung her ableiten können (Approximation durch ein Polynom höchstens ersten Grades, nur in der Nähe eines Punktes x_0, Differenz von Funktion und Polynom möglichst klein, Grenzwert $\lim_{x\to x_0}$, exakte Definition). Ziel 1

Die Definition (11.5) auf Seite 177 sagt: "differenzierbar in x_0" ist gleich "linear approximierbar in x_0". Definition (11.5) müssen Sie auswendig können, ebenso die Umformulierung in Satz (11.8) auf Seite 178: Ziel 2

f ist differenzierbar in x_0 genau dann, wenn

$$\lim_{x\to x_0}\frac{f(x) - f(x_0)}{x - x_0}$$

existiert. Dieser Grenzwert ist gleich $f'(x_0)$.

Tangente an den Graphen der Funktion und Momentangeschwindigkeit sind die historischen Probleme, die zur Differenzierbarkeit führten. Sie sollten die Darstellung in (11.11)(1), Seite 179 f, frei wiedergeben können. Ziel 3

In Beispiel (11.19) auf Seite 183 haben Sie einen ersten Vorrat an differenzierbaren Funktionen; Sie sollten sich die Ableitungen ein- Ziel 4

(*) d.h. auf einem Intervall um k, z.B. $]k-1,k+1[$ oder ganz $\mathbb{R}$.

prägen und gleichzeitig auch einige nicht differenzierbare Funktionen kennen. Die Eigenschaft "nicht differenzierbar" sollten Sie auch von der Anschauung her erklären können, z.B. bei der Betragsfunktion (11.20)(1), Seite 183.

Sie wissen: Differenzierbare Funktionen sind stetig (Satz (11.21), Seite 184). Diese Aussage
Ziel 5 sollten Sie auch in der folgenden Form anwenden können: Ist f in x_o unstetig, so ist f in x_o nicht differenzierbar.

Ziel 6 Von den Rechenregeln in Satz (11.22) auf Seite 184 lernen Sie am besten die Produkt- und die Quotientenregel auswendig:

$$(f\cdot g)'(x_o) = f'(x_o)\cdot g(x_o) + f(x_o)\cdot g'(x_o),$$

$$\left(\frac{f}{g}\right)'(x_o) = \frac{f'(x_o)\cdot g(x_o) - f(x_o)\cdot g'(x_o)}{(g(x_o))^2}.$$

Achten Sie dabei auf die Voraussetzungen!
Aus den Regeln (11.22) folgt: Polynome und rationale Funktionen sind differenzierbar.

Ziel 7 Auch die Kettenregel (11.24), Seite 186, dürfen Sie nicht mehr vergessen:

> g differenzierbar in x_o, f differenzierbar in $g(x_o)$; dann ist $f\circ g$ differenzierbar in x_o, und es gilt
>
> $$(f\circ g)'(x_o) = f'(g(x_o))\cdot g'(x_o).$$

Können Sie ein Beispiel einer differenzierbaren Funktion nennen, in dem die Kettenregel zur Bestimmung der Ableitung gebraucht wird?

Ziel 8 Die Rechenregeln in (11.22) sowie die Kettenregel sollten Sie ohne Schwierigkeiten bei der Bestimmung der Ableitung "zusammengesetzter" Funktionen anwenden können. Versuchen Sie es gleich noch einmal mit Beispiel v) auf Seite 193.

Ziel 9 Schließlich müssen Sie zumindest wissen, wo Sie (unter (11.28) auf Seite 188) die Ableitung der Umkehrfunktion nachschlagen können:

$$(f^{-1})'(y_o) = \frac{1}{f'(f^{-1}(y_o))}.$$

Achten Sie auf die Voraussetzungen!
Ziel 10 Mit Hilfe dieses Satzes sollten Sie zum Beispiel die Ableitung des Logarithmus bestimmen können: $\ln' y = ?$

Unter (11.32), Seite 190, finden Sie einen
Ziel 11 Satz, den Sie noch häufig brauchen werden und den Sie daher anwenden können sollten:

> Potenzreihen können in ihrem Konvergenzintervall gliedweise differenziert werden.

Stellen Sie sich eine Liste beliebig oft differenzierbarer Funktionen mit ihren Ableitungen zusammen.

Schließlich sollten Sie mit Hilfe von Defini- Ziel 12
tion (11.34), Seite 191, die Ableitung komplexer Funktionen mit reellem Argument bestimmen können.

Die Differentialrechnung, die Sie bisher kennengelernt haben, findet ihre erste Anwendung in den Differentialgleichungen (Seite 194 ff). Lineare Differentialgleichungen 1. Ordnung und die Schwingungsgleichung werden Ihnen in der Praxis häufig begegnen.
Als eine Methode zur Bestimmung einer Lösung eines Anfangswertproblems haben Sie den Potenz-
reihenansatz kennengelernt. Diese Methode soll- Ziel 13
ten Sie verstanden haben. Sie sollten in der Lage sein, Überlegungen und Rechnungen wie sie auf den Seiten 195/96 vorgeführt werden, in ähnlichem Zusammenhang selbständig durchzuführen. (Hierbei müssen Sie jeweils Satz (11.32), Seite 190, anwenden.)
Die Frage der Eindeutigkeit der Lösung eines Anfangswertproblems wird auf Seite 200 behandelt: Satz (11.54) und Aufgabe 26. Wesentliches Hilfsmittel für die dort durchgeführten Beweise war der Satz (11.52): Eine auf einem Intervall definierte, differenzierbare Funktion f mit $f' = 0$ ist konstant.
Diesen Satz sollten Sie anwenden können. Das Ziel 14
gleiche gilt für Satz (11.55), Seite 201, der das Monotonieverhalten einer differenzierbaren Funktion durch die Eigenschaften der Ableitung beschreibt.

Die beiden zuletzt genannten Sätze sind Folgerungen aus dem ersten Mittelwertsatz der Differentialrechnung (11.49), Seite 199:

> $f : [a,b] \to \mathbb{R}$ sei stetig und in $]a,b[$ differenzierbar. Dann gibt es ein $x_o \in]a,b[$, so daß
>
> $$f'(x_o) = \frac{f(b)-f(a)}{b-a}$$
>
> ist.

Diesen Satz sollten Sie exakt wiedergeben und Ziel 15
anwenden können. Dies wird Ihnen leichter fallen, wenn Sie auch physikalische oder geometrische Interpretationen des Mittelwertsatzes geben können.

In Definition (11.43) auf Seite 196 haben Sie die Begriffe "lokales Maximum" und "lokales Minimum" einer Funktion kennengelernt. Diese
Definition sollten Sie wiedergeben und die in Ziel 16
Satz (11.45) auf Seite 197 formulierte notwen-
dige Bedingung zur Bestimmung der lokalen Ex- Ziel 17
trema (im Innern des Definitionsbereiches) her-

anziehen können.

Aus dem zweiten Mittelwertsatz (11.56), Seite 201, haben wir die Regeln von de L'Hôpital gefolgert. Mit ihrer Hilfe können Sie Grenzwerte von Funktionen bestimmen, die formal auf Quotienten der Form $\frac{0}{0}$ oder $\frac{\infty}{\infty}$ führen. Für die Anwendung der Regeln ist es wichtig, daß Sie sich nicht nur merken: "Zähler und Nenner differenzieren", sondern auch: "alle Voraussetzungen überprüfen". Eine spezielle Regel, die man häufig anwenden kann lautet:

$f,g : [a,b] \longrightarrow \mathbb{R}$ seien stetig und in $]a,b[$ differenzierbar. Es sei $f(a) = g(a) = 0$ und $g'(x) \neq 0$ für alle $x \in]a,b[$. Dann ist

$$\lim_{x \to a} \frac{f(x)}{g(x)} = \lim_{x \to a} \frac{f'(x)}{g'(x)} ,$$

sofern der Grenzwert auf der rechten Seite existiert.

Diese Regel (Satz (11.57), Seite 202) wie auch die allgemeine Form der Regeln von de l'Hôpital in Satz (11.60), Seite 203, sollten Sie sicher anwenden können. Ziel 18

Kapitel 12. Integralrechnung-Integrationstechnik

EINLEITUNG

Rückblick

In Kapitel 7 haben Sie die Definition des Integrals einer beschränkten Funktion $f : [a,b] \longrightarrow \mathbb{R}$ kennengelernt. Und zwar ist

$$\int_a^b f(x)\,dx = \sup \mathfrak{U},$$

wenn $\sup \mathfrak{U} = \inf \mathfrak{O}$ ist, wobei $\mathfrak{U}$ die Menge aller Untersummen und $\mathfrak{O}$ die Menge aller Obersummen von f ist.

Obwohl Sie in Kapitel 7 auch schon Methoden zur Berechnung von Integralen bestimmter Funktionen - zum Beispiel von Polynomen - kennengelernt haben, blieb die Berechnung von Integralen wie $\int_0^1 e^x dx$ oder $\int_0^\pi \cos x\, dx$ mit den dortigen Methoden ein ungelöstes Problem. In Kapitel 10 können Sie nachlesen, daß stetige Funktionen integrierbar sind, aber diese Information - wie wichtig sie auch ist - sagt noch nichts über den Zahlenwert des Integrals.

Differentiation - Integration

Wir wollen jetzt einen Zusammenhang zwischen der Differentiation und der Integration herstellen. Diesen Zusammenhang wird der sogenannte *Hauptsatz der Differential- und Integralrechnung* liefern. Mit seiner Hilfe erhalten Sie insbesondere die Möglichkeit, Integrale bestimmter Funktionen erheblich leichter zu berechnen. Sie werden sehen (Satz (12.8)), daß die Berechnung eines Integrals im wesentlichen in der Berechnung zweier Funktionswerte einer Funktion besteht.

Wir betrachten zunächst ein Beispiel.

(12.1) BEISPIEL.- Ein Wagen bewege sich geradlinig mit einer positiven Geschwindigkeit v, die sich in einem Zeitraum $[0,T]$ stetig mit der Zeit ändern kann (*).

Problem

Das Problem ist: Bestimmen Sie die Weglänge $s = s(t)$, die der Wagen voı Zeitpunkt 0 bis zu einem beliebigen Zeitpunkt $t \in [0,T]$ zurücklegt.

(*) d.h. der Wagen fährt nur vorwärts und die Funktion $v : [0,T] \longrightarrow \mathbb{R}$, $t \longmapsto v = v(t)$, ist stetig.

Sie wissen, daß sich die Weglänge bei einer konstanten Geschwindigkeit v_0 als Produkt aus Geschwindigkeit und Zeit ergibt, also $s(t) = v_0 \cdot t$. Das machen wir uns zunutze, um das Problem wenigstens näherungsweise zu lösen.

Nehmen wir daher zunächst an, daß die Geschwindigkeit stückweise konstant ist, d.h. daß es eine Zerlegung von $[0,t]$ in n Teilintervalle $[t_{i-1}, t_i]$, $i = 1,\ldots,n$, gibt, so daß

$$v(\tau) = v_i \quad \text{für } t_{i-1} \le \tau \le t_i \qquad (*)$$

gilt (siehe Bild 1).

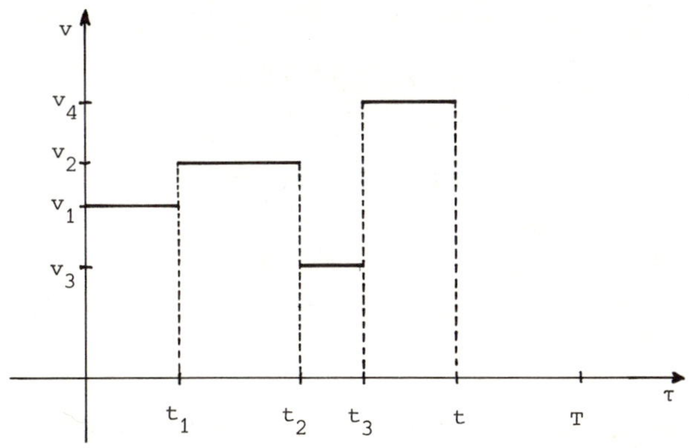

Bild 1.- Stückweise konstante Geschwindigkeit über $[0,t]$.

Dann ist die im Zeitintervall $[t_{i-1}, t_i]$ zurückgelegte Wegstrecke

$$s_i = v_i(t_i - t_{i-1}).$$

Es ergibt sich für die Weglänge s(t)

$$s(t) = \sum_{i=1}^{n} s_i = \sum_{i=1}^{n} v_i(t_i - t_{i-1}).$$

Diese Summe können wir auch in der Form

$$s(t) = \int_0^t v(\tau)\,d\tau$$

Weglänge als Integral über v

schreiben (**).

(*) Wir haben die Zeit-Variable hier mit τ bezeichnet, damit sich keine Verwechslung mit dem Zeitpunkt t ergibt, zu dem s(t) bestimmt werden soll.

(**) denn: $v_i(t_i - t_{i-1}) = \int_{t_{i-1}}^{t_i} v_i\, d\tau = \int_{t_{i-1}}^{t_i} v(\tau)\,d\tau$. Wegen $t_0 = 0$ und $t_n = t$ folgt durch Summation die Behauptg.

Andererseits wissen Sie, daß die Geschwindigkeit gleich der Ableitung der Weglänge s(t) nach der Zeit ist, falls die Ableitung existiert: $\dot{s}(t) = v(t)$. Auf jeden Fall gilt für $\tau \in]t_{i-1}, t_i[$ $\dot{s}(\tau) = v(\tau)$.
Sie haben in dieser speziellen Situation gesehen: Durch Integration der Geschwindigkeit erhält man die Weglänge, durch anschließendes Differenzieren erhält man wieder die Geschwindigkeit.

FRAGEN: Gilt dieses Ergebnis nur für stückweise konstante Funktionen?
Was ist, wenn v - wie in unserem ursprünglich gestellten Problem - eine stetige Funktion ist? Gilt das Ergebnis dann für alle $t \in [0,T]$?

Die Antworten darauf gibt der Hauptsatz der Differential- und Integralrechnung.

§ 1 DER HAUPTSATZ DER DIFFERENTIAL- UND INTEGRALRECHNUNG

Sei $f : [a,b] \rightarrow \mathbb{R}$ integrierbar und
$F : [a,b] \rightarrow \mathbb{R}$
definiert durch

$F(x) = \int_a^x f(t)dt$

$$F(x) := \int_a^x f(t)dt.$$

Sie kennen die Funktion F bereits aus der Einleitung. Ihr entsprach dort die Weglänge s. Der Funktion f entsprach die Geschwindigkeit v und dem Intervall [a,b] das Zeitintervall [0,T]. Sie haben dort gesehen, daß s jedem $t \in [0,T]$ die im Zeitraum [0,T] zurückgelegte Weglänge zuordnete. Hier ist F diejenige Funktion, die jedem $x \in [a,b]$ den Wert des Integrals von f über [a,x] zuordnet.

Wir hatten die Frage gestellt, für welche Funktionen die Aussage

$$\frac{d}{dx} F(x) = f(x) \quad \text{für alle } x \in [a,b]$$

richtig sei. Der nächste Satz zeigt, daß die Stetigkeit von f dafür bereits ausreicht.

(12.2)
Hauptsatz der Differential- und Integralrechnung

SATZ.- Sei $f : [a,b] \rightarrow \mathbb{R}$ stetig und $F : [a,b] \rightarrow \mathbb{R}$ definiert durch

$$F(x) := \int_a^x f(t)dt.$$

Dann ist F differenzierbar, und es gilt

$$F'(x) = f(x) \quad \text{für alle } x \in [a,b].$$

Die Aussage des Satzes kann auch in der Form

$$\frac{d}{dx}\left(\int_a^x f(t)dt\right) = f(x), \quad x \in [a,b],$$

geschrieben werden. Differentiation nach x hebt in diesem Sinne die Integration über [a,x] wieder auf.

BEWEIS.- Sei $x \in [a,b]$ beliebig, aber fest gewählt. Es ist zu zeigen:

$$\lim_{h \to 0} \frac{F(x+h) - F(x)}{h} = f(x) \quad (*).$$

Dazu berechnen wir zunächst die Differenz $F(x+h) - F(x)$. Es gilt für h mit $x+h \in [a,b]$:

$$(1) \quad F(x+h) - F(x) = \int_a^{x+h} f(t)dt - \int_a^x f(t)dt = \int_x^{x+h} f(t)dt$$

nach Satz (7.24), Seite 113.

Da f stetig ist, können wir auf $\int_x^{x+h} f(t)dt$ den Mittelwertsatz der Integralrechnung (10.52), Seite 171/72, anwenden. In Bild 2 ist er noch einmal graphisch dargestellt.

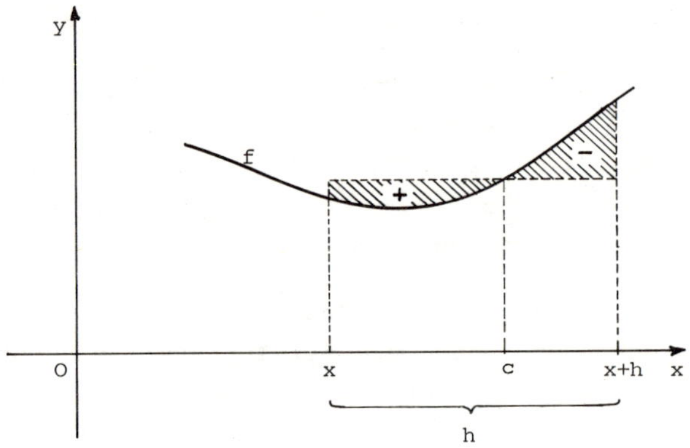

Bild 2.- Zur Anwendung des Mittelwertsatzes der Integralrechnung.

Nach diesem Satz gibt es ein $c = c(h)$ zwischen x und x+h, so daß

$$(2) \quad \int_x^{x+h} f(t)dt = f(c(h)) \cdot h.$$

Aus (1) und (2) folgt

$$F(x+h) - F(x) = f(c(h)) \cdot h$$

und hieraus für $h \neq 0$

$$\frac{F(x+h) - F(x)}{h} = f(c(h)).$$

Beim Grenzübergang h gegen 0 strebt c(h) gegen

(*) Dabei sind nur solche h zugelassen für die $x+h \in [a,b]$ ist; für $x = a$ sind nur positive h, für $x = b$ nur negative h zugelassen.

x, da c(h) zwischen x und x+h liegt. Damit konvergiert f(c(h)) gegen f(x) wegen der Stetigkeit von f.
Das bedeutet

$$\lim_{h\to 0} \frac{F(x+h) - F(x)}{h} = \lim_{h\to 0} f(c(h)) = f(x),$$

also $F'(x) = f(x)$.

(12.3) Unabhängigkeit von der unteren Integrationsgrenze

BEMERKUNGEN.- (1) Die Wahl des Punktes a als untere Integrationsgrenze von F spielt für die Aussage des Hauptsatzes keine Rolle. Definiert man nämlich für beliebiges $c \in [a,b]$ die Funktion $G: [a,b] \to \mathbb{R}$ durch

$$G(x) := \int_c^x f(t)\, dt ,$$

so gilt auch $G'(x) = f(x)$ für alle $x \in [a,b]$. Denn nach Satz (7.24), Seite 113, ist

$$\int_c^x f(t)\, dt = \int_a^x f(t)\, dt - \int_a^c f(t)\, dt .$$

Also folgt

$$G'(x) = \frac{d}{dx}(\int_c^x f(t)\, dt) = \frac{d}{dx}(\int_a^x f(t)\, dt) - \frac{d}{dx}(\int_a^c f(t) dt)$$
$$= f(x) - 0 ,$$

da $\int_a^c f(t)\, dt$ nicht von x abhängt.

(2) Es gilt

$$\frac{d}{dx}(\int_x^b f(t)\, dt) = -\frac{d}{dx}(\int_b^x f(t)\, dt) = -f(x).$$

(12.4) BEISPIELE.- (1) Eine Kraft F(x) bewegt einen Körper längs einer Geraden. Es sei x(t) die Weglänge, die der Körper bis zur Zeit t zurückgelegt hat. Der Startpunkt auf der Geraden sei a. Dann ist die Arbeit W(t) zur Zeit t gegeben durch

Arbeit

$$W(t) = \int_a^{x(t)} F(y)\, dy .$$

Hierbei sei die Funktion $y \mapsto F(y)$ stetig und die Funktion $t \mapsto x(t)$ differenzierbar.
Die Leistung P(t) zur Zeit t ist definiert als die Ableitung der Arbeit nach der Zeit:

Leistung

$$P(t) := \frac{dW(t)}{dt} .$$

Wir wollen P(t) bestimmen. Dazu definieren wir

$$W_1(z) := \int_a^z F(y)\, dy$$

und wissen nach dem Hauptsatz (12.2), daß $W_1'(z) = F(z)$ ist. Außerdem gilt

$$W(t) = W_1(x(t)) = (W_1 \circ x)(t).$$

Nach der Kettenregel ergibt sich also

$$W'(t) = W_1'(x(t))\cdot x'(t) = F(x(t))\cdot x'(t),$$

d.h.

$$P(t) = \frac{d}{dt}(\int_a^{x(t)} F(y)\, dy) = F(x(t))\cdot x'(t) .$$

Das bedeutet: Die Lösung hängt nur von der Kraft und der Geschwindigkeit am betrachteten Ort ab. Im Gegensatz dazu hängt die Arbeit von der Kraft während der gesamten Weglänge ab.

Aus dem Beispiel läßt sich folgende Merkregel ableiten:

Ableitung von $F(t) = \int_a^{g(t)} f(\tau)d\tau$

MERKREGEL.- *Man erhält die Ableitung einer zusammengesetzten Funktion* $F(t) := \int_a^{g(t)} f(\tau)\, d\tau$, *indem man erst die obere Grenze in den Integranden einsetzt und dann mit der Ableitung von g multipliziert, also*

$$\frac{d}{dt}F(t) = f(g(t)) \cdot g'(t).$$

Hierzu gleich noch das Beispiel:

(2) Gesucht ist die Ableitung der Funktion

$$x \mapsto F(x) := \int_{\sin x}^a \frac{1}{1+\sin^2 t} dt , \quad x \in \mathbb{R}; \quad a \in \mathbb{R} \text{ fest.}$$

Setzen wir

$$G(z) := \int_z^a \frac{1}{1+\sin^2 t} dt , \quad z \in \mathbb{R},$$

und

$$g(x) := \sin x, \quad x \in \mathbb{R},$$

so ist

$$F(x) = G(g(x)) \quad \text{für alle } x \in \mathbb{R}.$$

Da der Integrand $t \mapsto f(t) := \frac{1}{1+\sin^2 t}$, $t \in \mathbb{R}$, stetig ist, ist G nach dem Hauptsatz (12.2) differenzierbar. Da auch g differenzierbar ist, folgt mit der Kettenregel

$$F'(x) = G'(g(x))\cdot g'(x)$$
$$= (-\frac{1}{1+\sin^2(\sin x)})\cdot \cos x.$$

Bei der Bestimmung der Ableitung von G haben wir die Bemerkung (12.3)(2) benutzt.

Vergleichung Sie noch einmal mit der oben formulierten Merkregel !

AUFGABE 1.- Bestimmen Sie die Ableitung der Funktionen $F: \mathbb{R} \to \mathbb{R}$ *mit* A 1

a) $F(x) := \int_{x^3}^b \frac{1}{1+t^2+\sin^2 t} dt,$

b) $F(x) := \int_9^x (\int_7^y \frac{1}{1+t^2+\sin^2 t} dt)\, dy$

Wie lautet bei b) $F''(x)$ *?*

§ 2 DIE STAMMFUNKTION

Zu einer stetigen Funktion $f: [a,b] \to \mathbb{R}$ wird, wie Sie im Hauptsatz gesehen haben, durch

$F(x) := \int_a^x f(t)\,dt$ eine differenzierbare Funktion definiert, deren Ableitung wieder f ist. Sicher ist F nicht die einzige Funktion mit dieser Eigenschaft. Nach Bemerkung (12.3)(1) hat für beliebiges $c \in [a,b]$ auch die Funktion $G: [a,b] \to \mathbb{R}$ mit

$$G(x) := \int_c^x f(t)\,dt = \int_a^x f(t)\,dt - \int_a^c f(t)\,dt$$

die Eigenschaft $G' = f$.

Allgemein definieren wir:

(12.5) **DEFINITION.-** Sei I ein Intervall und $f: I \to \mathbb{R}$ gegeben. Eine differenzierbare Funktion $F: I \to \mathbb{R}$ mit

$$F'(x) = f(x) \quad \text{für alle } x \in I$$

Stammfunktion heißt *Stammfunktion von f auf I*.

Falls aus dem Zusammenhang klar ist, um welches Intervall I es sich handelt, sprechen wir kurz von einer *Stammfunktion von f*.

A 2 *AUFGABE 2.- Zeigen Sie: G: $]1,\infty[\to \mathbb{R}$ mit $G(x) := \frac{x}{1-x}$ ist eine Stammfunktion von f: $]1,\infty[\to \mathbb{R}$ mit $f(x) := \frac{1}{(1-x)^2}$. Gilt diese Aussage auch für den Definitionsbereich $]-\infty,1[$?*

Über die Vielfalt der Menge der Stammfunktionen zu gegebener Funktion f gibt der folgende Satz Auskunft. Sehen Sie sich auch den einfachen Beweis an.

(12.6) **SATZ.-** (1) Ist F eine Stammfunktion von f auf I, so ist F+c für beliebiges $c \in \mathbb{R}$ ebenfalls eine Stammfunktion von f (*).

(2) Je zwei Stammfunktionen F und G einer stetigen Funktion $f: I \to \mathbb{R}$ unterscheiden sich nur um eine Konstante, d.h. es gibt ein $c \in \mathbb{R}$, so daß

$$F(x) = G(x) + c \quad \text{für alle } x \in I.$$

(*) F+c ist die Funktion: $x \mapsto F(x)+c$, $x \in I$.

Dieser Satz besagt also (zusammen mit dem Hauptsatz), daß es zu jeder stetigen Funktion eine ganze Klasse von Stammfunktionen gibt, die sich jedoch untereinander jeweils nur um eine Konstante unterscheiden. Anders ausgedrückt: Kennt man eine Stammfunktion von f (z.B. die aus dem Hauptsatz), so kennt man bereits alle; man braucht nur alle möglichen Konstanten zu addieren.

BEWEIS.- (1) F ist Stammfunktion von f auf I, d.h. es gilt

$$F'(x) = f(x) \quad \text{für alle } x \in I.$$

Sei $c \in \mathbb{R}$, wegen

$$\frac{d}{dx}(F(x) + c) = F'(x) = f(x) \quad \text{für alle } x \in I$$

ist auch F+c eine Stammfunktion von f.

(2) F und G sind Stammfunktionen der stetigen Funktion f auf dem Intervall I. Deshalb gilt

$$F'(x) = f(x) \text{ und } G'(x) = f(x) \quad \text{für alle } x \in I.$$

Daher ist

$$\frac{d}{dx}(F(x) - G(x)) = f(x) - f(x) = 0$$

Nach Satz (11.52), Seite 200, ist die Funktion F-G konstant, d.h. es gibt ein $c \in \mathbb{R}$, so daß

$$F(x) - G(x) = c \quad \text{für alle } x \in I.$$

Hieraus folgt die Behauptung.

Zwei Beispiele zu Satz (12.6):

BEISPIELE.- (1) Es ist das Problem gegeben, eine Stammfunktion von $f: \mathbb{R} \to \mathbb{R}$ mit $f(x) := \sin 2x$ zu finden (*). (12.7)

Zwei verschiedene Bearbeiter A und B lösen dieses Problem.

Bearbeiter A: Ihm ist bekannt, daß sin x die Ableitung von (-cos x) ist. Durch Probieren findet er

$$\frac{d}{dx}\left(-\frac{\cos 2x}{2}\right) = \sin 2x.$$

Er erhält also die Stammfunktion $F_A: \mathbb{R} \to \mathbb{R}$ mit

$$F_A(x) := -\frac{\cos 2x}{2}.$$

Bearbeiter B: Er weiß, daß

$$\frac{d}{dx}(\sin^2 x) = \sin 2x$$

ist. Also lautet seine Stammfunktion $F_B: \mathbb{R} \to \mathbb{R}$ mit

$$F_B(x) = \sin^2 x.$$

(*) Prinzipiell kann dieses Problem nach dem Hauptsatz durch eine Funktion $x \mapsto F(x) := \int_a^x \sin 2t\,dt$, $x \in \mathbb{R}$, gelöst werden. Wir suchen bei solchen Fragestellungen jedoch nach einer Darstellung der Stammfunktion durch uns bisher bekannte Funktionen ohne Verwendung des Integralzeichens.

Die beiden Funktionen F_A und F_B sehen sehr verschieden aus. Da beide jedoch Stammfunktionen von f auf $\mathbb{R}$ sind, dürfen sie sich nach Satz (12.6) nur um eine Konstante unterscheiden. Das ist auch der Fall; es gilt nämlich

$$\cos 2x = \cos^2 x - \sin^2 x = 1 - 2\sin^2 x.$$

Daraus folgt:

$$F_A(x) = -\frac{\cos 2x}{2} = -\frac{1}{2} + \sin^2 x = -\frac{1}{2} + F_B(x).$$

Die beiden Stammfunktionen unterscheiden sich also um die Konstante $c = -\frac{1}{2}$.

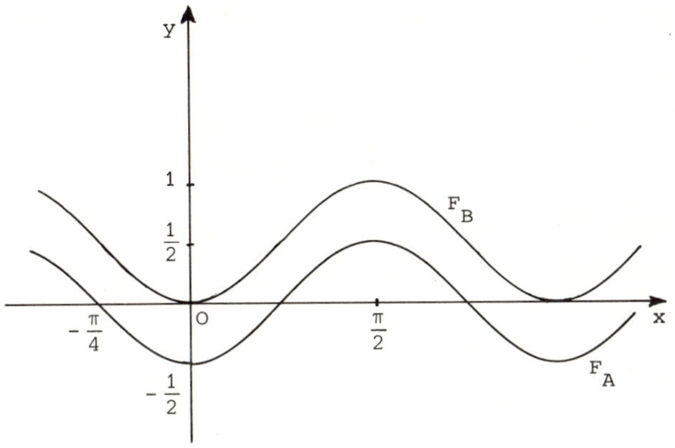

Bild 3.- Stammfunktionen von $f(x) = \sin 2x$, $x \in \mathbb{R}$.

(2) Gesucht ist eine Stammfunktion von $f : I \to \mathbb{R}$ mit

$$f(x) := \frac{1}{(1-x)^2}.$$

Achtung: Das Intervall I *muß hier so gewählt werden, daß* 1 *nicht in* I *liegt*, z.B. $I =]1,\infty[$.

Mit der Quotientenregel (11.22)(4) ergibt sich

$$\frac{d}{dx}\left(\frac{1}{1-x}\right) = \frac{1}{(1-x)^2}, \quad x \neq 1.$$

Somit ist $F : I \to \mathbb{R}$ mit

$$F(x) := \frac{1}{1-x}$$

Stammfunktion von f auf I.
Andererseits haben Sie in Aufgabe 2 gezeigt, daß auch $G : I \to \mathbb{R}$ mit

$$G(x) = \frac{x}{1-x} \left(= \frac{1}{1-x} - 1\right)$$

eine Stammfunktion von f ist (siehe Bild 4).

A 3 *AUFGABE 3.- a) Zeigen Sie, daß*

$F(x) := \ln|x+\sqrt{x^2-1}|$ *und* $G(x) = \ln(\pi \cdot |x+\sqrt{x^2-1}|)$

Stammfunktionen von

$$f(x) := \frac{1}{\sqrt{x^2-1}}$$

sind. Bestimmen Sie den maximalen Definitionsbereich D dieser Funktionen sowie eine Konstante c, um die sich F und G auf Intervallen $I \subseteq D$ höchstens unterscheiden.

b) Bestimmen Sie eine Stammfunktion von $f : \mathbb{R} \to \mathbb{R}$ mit

$$f(x) := 3\sin x + 2x^5.$$

(Hinweis: Nutzen Sie hierbei Ihre Kenntnisse der Ableitungen bekannter Funktionen aus.)

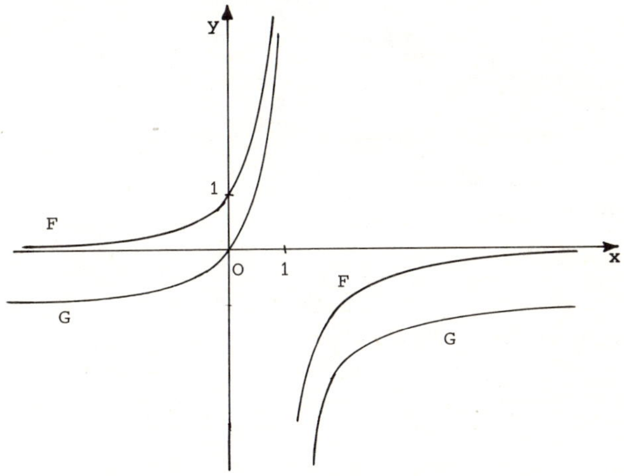

Bild 4.- Stammfunktionen von $f(x) = \frac{1}{(1-x)^2}$, $x \neq 1$.

§ 3 EINE ANDERE FORMULIERUNG DES HAUPTSATZES

Mit Hilfe des Hauptsatzes (12.2) und des Satzes (12.6) können wir zeigen, wie man ein Integral $\int_a^b f(t)\,dt$ einfach berechnen kann, ohne auf Ober- oder Untersummen zurückgehen zu müssen.

SATZ.- Sei $f : [a,b] \to \mathbb{R}$ stetig und F eine beliebige Stammfunktion von f auf $[a,b]$. Dann gilt (12.8) 2. Fassung des Hauptsatzes

$$\int_a^b f(t)\,dt = F(b) - F(a).$$

BEWEIS.- Sei $G : [a,b] \to \mathbb{R}$ definiert durch

$$G(x) := \int_a^x f(t)\,dt.$$

G ist die nach dem Hauptsatz existierende Stammfunktion von f, und es gilt

$$G(b) = \int_a^b f(t)\,dt.$$

Unsere weiteren Überlegungen dienen dazu zu zeigen, daß $G(b) = F(b) - F(a)$ *für jede beliebige Stammfunktion* F *von* f *ist.*

Nach Satz (12.6) unterscheiden sich zwei Stammfunktionen nur um eine Konstante, also gibt es zu F und G ein $c \in \mathbb{R}$, so daß

$G(x) = F(x) + c$ für alle $x \in [a,b]$.

Diese Konstante können wir leicht bestimmen, indem wir $x = a$ einsetzen:

$0 = G(a) = F(a) + c.$

Also ist $c = -F(a)$ und daher

$G(x) = F(x) - F(a)$ für alle $x \in [a,b]$.

Setzen wir nun $x = b$ ein, so folgt

$$\int_a^b f(t)dt = G(b) = F(b) - F(a).$$

Das war zu zeigen.

Schreibweisen

$[F(x)]_a^b$

Für die Aussage von Satz (12.8) werden wir auch folgende Schreibweisen verwenden:

$$\int_a^b f(t)dt = F(x)\Big|_a^b = [F(x)]_a^b ,$$

d.h. zum Beispiel $[F(x)]_a^b = F(b) - F(a)$.

Interpretation

Noch einmal: Mit Satz (12.8) sind Sie in der Lage, das Integral einer stetigen Funktion f über einem Intervall $[a,b]$ ganz einfach als Differenz aus den Werten einer Stammfunktion an der oberen und der unteren Integrationsgrenze zu erhalten. Damit ist der Berechnung eines Integrals auf die Bestimmung einer (beliebigen) Stammfunktion von f zurückgeführt. Das Problem der Bestimmung einer Stammfunktion zu einer stetigen Funktion werden wir in diesem Kapitel noch ausführlich behandeln.

Im folgenden Beispiel bestimmen wir u.a. Stammfunktionen für $x \mapsto x^n$, $x \in \mathbb{R}$.

(12.9) BEISPIEL.- Gesucht ist $\int_a^b x^n dx$ mit $n \in \mathbb{Z}$.

(Für negatives n sei $x = 0$ nicht im Integrationsintervall $[a,b]$.)

Wir wenden jetzt Satz (12.8) an, müssen also zunächst eine Stammfunktion von $x \mapsto x^n$, $x \in [a,b]$, bestimmen.

Sie wissen, daß die Funktion $x \mapsto x^n$, $x \in [a,b]$, stetig ist. Aus Kapitel 11 (vgl. z.B. die Tabelle auf Seite 191) ist Ihnen bekannt:

$$\frac{d}{dx}(x^{n+1}) = (n+1)\cdot x^n, \text{ falls } n \neq -1.$$

Stammfunktion von $x \mapsto x^n$, $n \neq -1$

Daraus erhält man für $n \neq -1$

$$\frac{d}{dx}\left(\frac{x^{n+1}}{n+1}\right) = \frac{1}{n+1}\cdot\frac{d}{dx}(x^{n+1}) = x^n.$$

Wir haben für $n \neq -1$ eine Funktion $F : [a,b] \to \mathbb{R}$ gefunden mit $F'(x) = x^n$, also eine Stammfunktion von $x \mapsto x^n$. Mit Satz (12.8) folgt daher

$$\int_a^b x^n dx = F(b) - F(a) = \frac{b^{n+1} - a^{n+1}}{n+1}, \quad n \in \mathbb{Z} \setminus \{-1\}.$$

Dieses Ergebnis kennen Sie bereits aus Kapitel 7. Jedoch hatten wir dort viel mehr Mühe, das Resultat zu erhalten.

Es bleibt noch der Fall $n = -1$ zu untersuchen. Diesen Fall müßten wir vorher ausschließen, da sonst $n+1 = 0$ ist.

Aus Kapitel 11 wissen Sie auch, daß

$$\frac{d}{dx}(\ln x) = \frac{1}{x} \quad \text{für alle } x > 0$$

ist. Mit Hilfe der Kettenregel erhalten Sie ferner (prüfen Sie's nach):

$$\frac{d}{dx}(\ln|x|) = \frac{1}{x} \quad \text{für alle } x \neq 0.$$

Stammfunktion von $x \mapsto \frac{1}{x}$, $x \neq 0$

Das bedeutet: $F : \mathbb{R}\setminus\{0\} \to \mathbb{R}$ mit

$F(x) := \ln|x|$

ist eine Stammfunktion von $x \mapsto \frac{1}{x}$ in jedem Intervall, das $x = 0$ nicht enthält. Mit Satz (12.8) erhalten wir daher für den Fall $n = -1$:

$$\int_a^b \frac{1}{x}dx = \ln|b| - \ln|a| = \ln\left|\frac{b}{a}\right| , \quad 0 \notin [a,b].$$

§ 4 INTEGRATION ZUR LÖSUNG EINFACHSTER DIFFERENTIALGLEICHUNGEN

Sie wissen: Bei geradliniger Bewegung eines Körpers sind seine Geschwindigkeit $v(t)$ und die zurückgelegte Weglänge $s(t)$ verknüpft durch die Gleichung

(1) $s'(t) = v(t)$.

Ist die Geschwindigkeits-Funktion $t \mapsto v(t)$ bekannt, so ist (1) eine *Differentialgleichung* für die (unbekannte) Funktion $t \mapsto s(t)$. Jede differenzierbare Funktion $t \mapsto s(t)$, die (1) erfüllt, ist eine Lösung dieser Differentialgleichung. Wir behandeln im folgenden Beispiel den mathematischen Kern des Problems, alle Lösungen zu bestimmen.

BEISPIEL.- Gegeben sei eine stetige Funktion $f : [a,b] \to \mathbb{R}$. Gesucht sind alle differenzierbaren Funktionen $y : [a,b] \to \mathbb{R}$ mit (12.10)

$y'(x) = f(x)$ für alle $x \in [a,b]$.

Die Differentialgleichung $y' = f$

Lösungsweg: Nach dem Hauptsatz erhält man durch Integration die Stammfunktion

$$F(x) = \int_a^x f(t)dt$$

der stetigen Funktion f auf $[a,b]$.
Diese Stammfunktion ist bereits eine Lösung der Differentialgleichung $y' = f$, denn es gilt $F'(x) = f(x)$ für alle $x \in [a,b]$.
Nach Satz (12.6)(1), Seite 210, ist auch jede Funktion $y : [a,b] \longrightarrow \mathbb{R}$ mit

$$y(x) := \int_a^x f(t)\,dt + c, \qquad (+)$$

$c \in \mathbb{R}$ beliebig, eine Lösung dieser Differentialgleichung. Nach (12.6)(2) hat jede Lösung die Gestalt (+). Damit gibt es eine *Lösungsschar* (*)

Lösungsschar

$$y(x) = \int_a^x f(t)\,dt + c, \quad c \in \mathbb{R} \text{ beliebig,}$$

für die Differentialgleichung $y' = f$.

Meist will man jedoch nur bestimmte Lösungen haben, und zwar solche, die an einer vorgegebenen Stelle (etwa $x = a$) einen bestimmten Funktionswert (etwa α) haben. Dies führt auf ein Anfangswertproblem (siehe Seite 194).

(12.11) BEISPIEL.- Zu der stetigen Funktion $f : [a,b] \longrightarrow \mathbb{R}$ werden alle differenzierbaren Funktionen $y : [a,b] \longrightarrow \mathbb{R}$ gesucht, so daß

Anfangswertproblem

$$y'(x) = f(x) \quad \text{für alle } x \in [a,b] \text{ und}$$
$$y(a) = \alpha.$$

Aus dem Beispiel (12.10) wissen Sie, daß jede Funktion y auf $[a,b]$ mit

$$y(x) = \int_a^x f(t)\,dt + c, \quad c \in \mathbb{R} \text{ beliebig,}$$

eine Lösung der Differentialgleichung $y' = f$ ist. Wir brauchen nur noch alle $c \in \mathbb{R}$ zu bestimmen, so daß die Bedingung $y(a) = \alpha$ erfüllt ist. Es ist

$$\alpha = y(a) = \int_a^a f(t)\,dt + c = 0 + c = c,$$

d.h. durch den Anfangswert α ist c eindeutig bestimmt. Wir erhalten daher die eindeutig bestimmte Lösung $y : [a,b] \longrightarrow \mathbb{R}$ mit

$$y(x) = \int_a^x f(t)\,dt + \alpha$$

oder

$$y(x) = \int_a^x f(t)\,dt + y(a).$$

Das nächste Beispiel behandelt eine physikalische Anwendung des Anfangswertproblems (12.11).

(*) Das Wort "Schar" wird in diesem Zusammenhang anstelle von "Menge" gebraucht.

BEISPIEL.- Ein Kondensator mit der Kapizität C werde zur Zeit $t = 0$ an einen Wechselstromgenerator angeschlossen. Man bestimme zu jeder Zeit $t \geq 0$ die Spannung $u(t)$, wenn die Stromstärke $i(t)$ des Generators gegeben ist durch $i(t) = I_0 \sin(\omega t)$, wobei I_0 und ω konstant sind. (12.12)

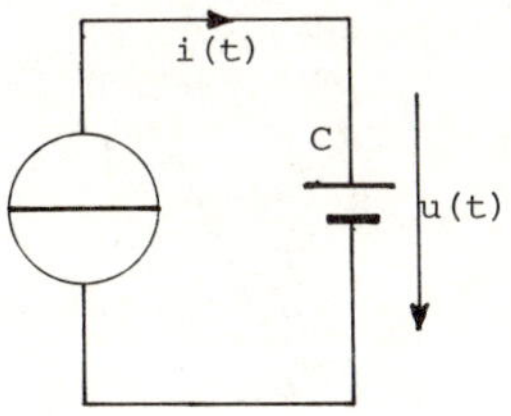

Die Beziehung zwischen Spannung und Stromstärke lautet

$$\frac{du}{dt}(t) = \frac{1}{C}i(t),$$

wie Sie aus der Physik wissen. Beim Einschalten sei $u(0) = 0$.
Sie sehen, daß hier ein Anfangswertproblem vorliegt: $t \longmapsto i(t)$, $t \geq 0$, ist eine stetige Funktion. Gesucht ist die Funktion $t \longmapsto u(t)$, $t \geq 0$, die

$$u'(t) = \frac{1}{C}i(t) \quad \text{für alle } t \geq 0 \text{ und } \quad u(0) = 0$$

erfüllt.
Nach dem Ergebnis von Beispiel (12.11) können wir die Lösung sofort hinschreiben:

$$u(t) = \int_0^t \frac{1}{C}i(\tau)\,d\tau + u(0)$$
$$= \int_0^t \frac{1}{C}I_0 \sin(\omega\tau)\,d\tau + 0 = \frac{I_0}{C}\int_0^t \sin(\omega\tau)\,d\tau$$

Damit ist das Problem prinzipiell gelöst. Wir wollen jedoch, da es hier einfach möglich ist, die Funktion $t \longmapsto \int_0^t \sin(\omega\tau)\,d\tau$, $t \geq 0$, *explizit bestimmen.*

Es ist

$$\frac{d}{dt}(\cos \omega t) = -\omega \sin \omega t$$

und daher

$$\frac{d}{dt}\left(-\frac{1}{\omega}\cos \omega t\right) = \sin \omega t.$$

Die Funktion $t \longmapsto -\frac{1}{\omega}\cos \omega t$, $t \geq 0$, ist also eine Stammfunktion von $t \longmapsto \sin \omega t$. Mit Satz (12.8), Seite 211, folgt für $u(t)$:

$$u(t) = \frac{I_0}{C}\left(-\frac{1}{\omega}\cos \omega t - \left(-\frac{1}{\omega}\cos \omega\cdot 0\right)\right)$$
$$= \frac{I_0}{C}\left(-\frac{1}{\omega}\cos \omega t + \frac{1}{\omega}\right)$$
$$= \frac{I_0}{\omega C}(1 - \cos \omega t) \quad \text{(siehe Bild 5).}$$

AUFGABE 4.- Ein Teilchen bewege sich auf einer Geraden, wobei $x(t) = at^2 + bt \sin \omega t$ *mit* $a = \frac{1}{2}\frac{m}{sec^2}$, $b = 2\frac{m}{sec}$ *und* $\omega = \frac{1}{sec}$ *den Ort zur Zeit t angibt. Ab dem Zeitpunkt* $t = \pi\, sec$ *bewege es sich nur noch mit konstanter Geschwindigkeit.* A 4

a) Bestimmen Sie die Entfernung des Teilchens zur Zeit

$t = \frac{5\pi}{2}$ sec vom Nullpunkt der Geraden.

b) Finden Sie eine Zeit $t > \pi$ sec, nach der das Teilchen in den Nullpunkt zurückkehrt, oder beweisen Sie, daß es für keinen Zeitpunkt $t > \pi$ nach O zurückkehrt.

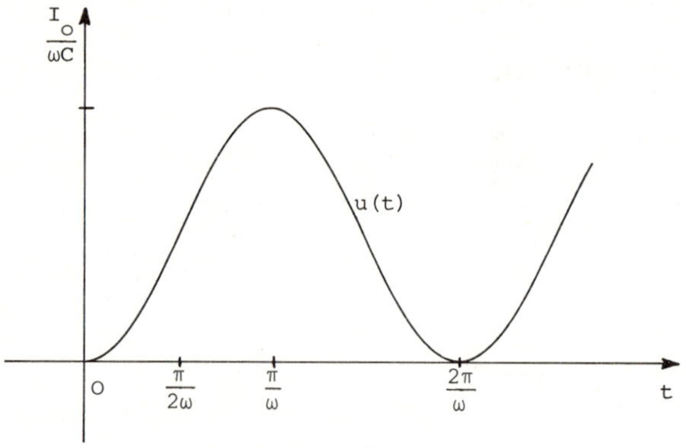

Bild 5.- Spannungsverlauf am Kondensator.

A 5 *AUFGABE 5.- Ein Fahrstuhl beschleunigt vom Zeitpunkt O bis zum Zeitpunkt $t_1 > 0$, zu dem er die Geschwindigkeit v_1 erreicht. In diesem Zeitraum nimmt die Beschleunigung b(t) linear bis auf null ab (d.h. b(t) hat die Gestalt $b(t) = \alpha t + \beta$).*
Bestimmen Sie Beschleunigung, Geschwindigkeit und Ort als Funktionen von t (in Abhängigkeit von t_1 und v_1). Wählen Sie den Ort zur Zeit t=O als x(O) = O.

§ 5 DAS UNBESTIMMTE INTEGRAL

Wir führen in diesem Abschnitt für die Stammfunktion einer Funktion f eine neue Bezeichnung ein. Diese Bezeichnung wird in der mathematischen wie auch in der anwendungsorientierten Literatur häufig verwendet. Sie sollten daher Ihre Bedeutung kennen und damit umgehen können.

(12.13) BEZEICHNUNG.- Sei f eine auf dem Intervall I definierte Funktion. Dann bezeichnen wir mit

$$\int f(x)\, dx$$

unbestimmtes Integral $\int f(x)\,dx$

eine beliebige Stammfunktion von f auf I und nennen $\int f(x)\, dx$ das *unbestimmte Integral von f auf I*.

(12.14) BEMERKUNGEN.- (1) Ist also F eine Stammfunktion von f auf I, so verwenden wir die Schreibweise

$$\int f(x)\, dx = F(x).$$

In diesem Zusammenhang müssen Sie allerdings mit dem Gleichheitszeichen "besonders vorsichtig" umgehen. Ist etwa G eine weitere Stammfunktion von f, so schreiben wir auch

Vorsicht beim Gleichheitszeichen!

$$\int f(x)\, dx = G(x).$$

Aus beiden Gleichungen folgt natürlich nicht $F(x) = G(x)$ für alle $x \in I$ sondern wegen Satz (12.6) nur

$$F(x) = G(x) + c,$$

wobei $c \in \mathbb{R}$ eine bestimmte Konstante ist.

(2) Das Intervall I, das in (12.13) zwar noch vorkommt, jedoch in dem Symbol $\int f(x)\, dx$ nicht mehr erscheint, sei - wenn nichts anderes gesagt wird - ein größtmögliches Integrationsintervall. Oft wird I sogar der größtmögliche Definitionsbereich sein, auf dem die Ableitung der Stammfunktion $\int f(x)\, dx$ mit f übereinstimmt.

(3) Im Gegensatz zum unbestimmten Integral heißt das in Kapitel 7 eingeführte Integral auch *bestimmtes Integral* von f über [a,b]. Noch einmal zur Erinnerung: Das bestimmte Integral ordnet jeder integrierbaren Funktion f über [a,b] die reelle Zahl $\int_a^b f(x)\, dx$ zu. Beim unbestimmten Integral wird der Funktion f eine Stammfunktion also ein Element aus der Menge aller Stammfunktionen von f zugeordnet.

bestimmtes Integral

(4) Lesen Sie den Hauptsatz in der Fassung (12.8) auf Seite 211 noch einmal. Dann sehen Sie: Zur Berechnung eines bestimmten Integrals kommt es nicht darauf an, welche Stammfunktion des Integranden man hat. Hauptsache man hat eine.

BEISPIEL.- Sei $f: [0,\pi] \to \mathbb{R}$ mit $f(x) := \sin x$ gegeben. Sie wissen, daß $F: [0,\pi] \to \mathbb{R}$ mit $F(x) := -\cos x$ eine Stammfunktion von f ist. (12.15)

(1) Wegen (12.13) erhalten Sie für das unbestimmte Integral von f

$$\int \sin x\, dx = -\cos x.$$

(2) Das bestimmte Integral von f über $[0,\pi]$ ergibt sich daher mit dem Hauptsatz (12.8):

$$\int_0^\pi \sin x\, dx = \left[\int \sin x\, dx\right]_0^\pi = \left[-\cos x\right]_0^\pi = -\cos\pi + \cos 0 = 2.$$

Im nächsten Satz geben wir eine Rechenregel für den Umgang mit unbestimmten Integralen an, die wir bei der Bestimmung von Stammfunktionen oft anwenden werden.

SATZ.- Seien f und g stetige Funktionen auf I und $a,b \in \mathbb{R}$. Dann gilt (12.16)

Stammfunktion von Vielfachen und Summen

$$\int (a\, f(x) + bg(x))\, dx = a \int f(x)\, dx + b \int g(x)\, dx .$$

BEWEIS.- Seien F bzw. G beliebige Stammfunktionen von f bzw. g, d.h. es gilt $F' = f$ und $G' = g$. Dann gilt

$$(aF + bG)' = aF' + bG' = af + bg.$$

Also ist $aF + bG$ eine Stammfunktion von $af + bg$. Deshalb können wir schreiben

$$\int (a\, f(x) + b\, g(x))\, dx = a\, F(x) + b\, G(x) = = a \int f(x)\, dx + b \int g(x)\, dx .$$

Anschließend stellen wir noch einige Funktionen mit den zugehörigen unbestimmten Integralen zusammen. Diese Sammlung ist natürlich unvollständig und beruht nur auf Ihnen schon bekannten Ableitungen (siehe Tabelle auf Seite 191). Jedoch enthält sie später oft benötigte unbestimmte Integrale, sogenannte *Grundintegrale*. Es empfiehlt sich diese Integrale auswendig zu wissen; das Nachschlagen in Tabellen dauert bestimmt länger.

Grundintegrale

(12.17) INTEGRATIONSTABELLE.-

a) $\int x^\alpha dx = \frac{x^{\alpha+1}}{\alpha+1}$, $\alpha \neq -1$,

b) $\int \frac{1}{x}\, dx = \ln |x|$,

c) $\int e^x dx = e^x$,

d) $\int \sin x\, dx = -\cos x$,

e) $\int \cos x\, dx = \sin x$

f) $\int \frac{1}{1+x^2}\, dx = \arctan x$ (oder $= -\operatorname{arccot} x$).

Nützlich, wenn auch nicht unbedingt auswendig zu lernen sind noch folgende Formeln, die Sie durch Differentation leicht nachprüfen können:

g) $\int \tan x\, dx = -\ln|\cos x|$,

h) $\int \cot x\, dx = \ln |\sin x|$,

i) $\int \frac{1}{\cos^2 x}\, dx = \tan x$,

j) $\int \frac{1}{\sin^2 x}\, dx = -\cot x$,

k) $\int \frac{1}{\sqrt{1-x^2}}\, dx = \arcsin x$ (oder $= -\arccos x$) .

Achtung !

Denken Sie daran: Bei den in der Tabelle stehenden unbestimmten Integralen kann auf der rechten Seite der Gleichung jeweils eine beliebige reelle Konstante addiert werden.

A 6

AUFGABE 6.- Geben Sie jeweils einen maximalen Definitionsbereich an, in dem die Formeln a) - k) der Tabelle (12.17) gelten.

Zur Anwendung von (12.17) noch folgende Aufgabe:

A 7

AUFGABE 7.- Ein ideales Gas nehme bei der Temperatur t_i das Volumen V_i ein ($i = 0$ oder 1). Findet kein Wärmeaustausch mit der Umgebung statt, so gilt für den Druck P und für das Volumen V die adiabatische Zustandsgleichung:

$$PV^\alpha = P_o V_o^\alpha = \text{const. mit einem Exponenten } \alpha \geq 1.$$

Berechnen Sie die Arbeit W, die das Gas verrichtet, wenn sich das Volumen von V_o auf V_1 ändert. Dabei ist

$$W := \int_{V_o}^{V_1} P\, dV .$$

§ 6 DIE INTEGRATION KOMPLEXER FUNKTIONEN

Wir übertragen in diesem Abschnitt die Begriffe des bestimmten Integrals und des unbestimmten Integrals auf komplexe Funktionen. Dabei beschränken wir uns auf Funktionen mit reellem Definitionsbereich, wie sie etwa in der Elektrotechnik häufig vorkommen.

In Kapitel 4, Seite 64, haben Sie gesehen, daß für Funktionen

$$f: I \longrightarrow \mathbb{C},$$

wobei $I \subseteq \mathbb{R}$ ist, gilt

Re f und Im f sind reelle Funktionen.

Nun ist für reelle Funktionen der Begriff des Integrals bereits bekannt. Wir definieren daher (analog zur Ableitung komplexer Funktionen in (11.34), Seite 191):

(12.18) Integral komplexer Funktionen

DEFINITION.- Seien $a, b \in \mathbb{R}$ gegeben. Eine komplexe Funktion $f: [a,b] \longrightarrow \mathbb{C}$ heißt *integrierbar über* $[a,b]$, wenn die reellen Funktionen

$$\operatorname{Re} f: [a,b] \longrightarrow \mathbb{R} \quad \text{und} \quad \operatorname{Im} f: [a,b] \longrightarrow \mathbb{R}$$

über $[a,b]$ integrierbar sind.

Dann heißt die komplexe Zahl

$$\int_a^b f(t)\, dt := \int_a^b [\operatorname{Re} f(t)]\, dt + i \int_a^b [\operatorname{Im} f(t)]\, dt$$

Integral von f über $[a,b]$.

Mit den Definitionen (12.18) und (11.34) können wir auch die Begriffe Stammfunktion und unbestimmtes Integral auf komplexe Funktionen mit reellem Definitionsbereich ausdehnen.

A 8

AUFGABE 8.- Schreiben Sie die Definitionen einer Stammfunktion von $f: I \to \mathbb{C}$, $I \subseteq \mathbb{R}$ ein Intervall, und des unbestimmten Integrals von f einmal selbst auf.

(12.19) Stammfunktion

DEFINITION.-
a)

unbestimmtes Integral

b)

Zerlegt in Real- und Imaginärteil lautet damit die Schreibweise eines unbestimmten Integrals:

$$\int f(t)\,dt = \ldots\ldots\ldots\ldots\ldots\ldots$$

A 9

AUFGABE 9.- a) Wenden Sie Definition (12.19) an bei der Bestimmung eines unbestimmten Integrals von

$$f(t) = \frac{1}{t-i}, \quad t \in \mathbb{R}.$$

b) Zeigen Sie

$$\int e^{it}\,dt = \frac{e^{it}}{i}.$$

Es sollen jetzt noch einige spezielle Eigenschaften der Integration komplexer Funktionen mit reellem Argument erwähnt werden.

(12.20) **EIGENSCHAFTEN.-** Sei f eine komplexe Funktion mit reellem Argument. Dann gelten:

(1) $\operatorname{Re}\left(\int f(t)\,dt\right) = \int [\operatorname{Re} f(t)]\,dt$

(2) $\operatorname{Im}\left(\int f(t)\,dt\right) = \int [\operatorname{Im} f(t)]\,dt$

(3) $\overline{\int f(t)\,dt} = \int \overline{f(t)}\,dt.$

Die Beweise können Sie sich mit Hilfe von (12.19) leicht selbst hinschreiben.

Darüberhinaus gelten für die komplexen integrierbaren Funktionen mit reellem Argument analoge Rechenregeln wie für reelle integrierbare Funktionen. Wir wollen darauf jedoch nicht weiter eingehen.

Lösen Sie zum Abschluß die folgende Aufgabe.

AUFGABE 10.- Bestimmen Sie A 10

a) $\int_0^{\frac{\pi}{2}} (3 \cosh it + (2-i) \sinh it)\,dt$ (*),

b) $\operatorname{Re}\left(\overline{\int \frac{e^{it} - 2t \cos t}{2i \cos t}\,dt}\right)$ und

$\operatorname{Im}\left(\overline{\int \frac{e^{it} - 2t \cos t}{2i \cos t}\,dt}\right)$.

§ 7 INTEGRATIONSMETHODEN

Mit dem Hauptsatz (12.8), Seite 211, haben Sie gelernt, daß sich ein bestimmtes Integral $\int_a^b f(t)\,dt$ dann einfach berechnen läßt, wenn eine Stammfunktion F von f bekannt ist. Es gilt dann

$$\int_a^b f(t)\,dt = F(b) - F(a).$$

In den bisherigen Beispielen haben wir zu gegebenem f mehr oder weniger geraten, wie eine Stammfunktion F von f lautet. In diesem Paragraphen werden wir mehrere Verfahren und Regeln aufstellen, die es gestatten, Stammfunktionen (oder unbestimmte Integrale) zu berechnen. Sie werden feststellen, daß wir diese Regeln aus entsprechenden Regeln für die Differentation herleiten können.

INTEGRANDEN DER FORM $\frac{f'}{f}$

SATZ.- Sei I ein Intervall und $f: I \to \mathbb{R}$ differenzierbar, f' sei stetig. Ferner sei $f(x) \neq 0$ für alle $x \in I$. Dann ist (12.21)

$$\int \frac{f'(x)}{f(x)}\,dx = \ln |f(x)|.$$

$\int \frac{f'(x)}{f(x)}\,dx$

BEWEIS.- Der Beweis ergibt sich mit Hilfe der Kettenregel. Ist $x \in I$, so daß $f(x) > 0$ ist, so gilt

$$\frac{d}{dx} \ln |f(x)| = \frac{d}{dx} \ln f(x) = \frac{1}{f(x)} \cdot f'(x).$$

Ist $x \in I$, so daß $f(x) < 0$ ist, so gilt

(*) Für $z \in \mathbb{C}$ ist $\cosh z := \frac{e^z + e^{-z}}{2}$ und $\sinh z := \frac{e^z - e^{-z}}{2}$.

$$\frac{d}{dx}\ \ln|f(x)| = \frac{d}{dx}\ \ln(-f(x)) = \frac{1}{-f(x)}\cdot(-f'(x)).$$

In beiden Fällen ergibt sich $\frac{f'(x)}{f(x)}$; d.h.

$\ln|f(x)|$ ist eine Stammfunktion von $\frac{f'(x)}{f(x)}$.

Das war die Behauptung.

(12.22) BEISPIEL.- Gesucht ist die Stammfunktion von $x \mapsto \tan x$, also $\int \tan x\, dx$.

Da $\tan x = \frac{\sin x}{\cos x}$ ist, hat der Integrand die Form $-\frac{f'(x)}{f(x)}$ mit $f(x) = \cos x$. f erfüllt die Voraussetzungen von Satz (12.21).

Daher gilt

$$\int \tan x\, dx = -\int \frac{-\sin x}{\cos x}\, dx$$

$$= -\ln|\cos x| = \ln\left|\frac{1}{\cos x}\right|$$

mit Satz (12.21).

Denken Sie daran, daß das Ergebnis nur für Intervalle $I \subseteq \left]\,(2k+1)\frac{\pi}{2},\ (2k+3)\frac{\pi}{2}\right[$, $k \in \mathbb{Z}$, *gilt.*

Versuchen Sie bei der folgenden Aufgabe einmal selbst den "Trick" zu finden, um sie mit Satz (12.21) lösen zu können.

A 11 *AUFGABE 11.- Bestimmen Sie*

a) $\int \frac{x}{4x^2-8}\, dx$

b) $\int_e^5 \frac{1}{x \ln x}\, dx$.

Wie sehen die Definitionsbereiche der Stammfunktionen in a) und in b) aus?

Da wir die Voraussetzungen an die Funktion f in Satz (12.21) häufig benötigen, legen wir folgende Bezeichnung fest:

(12.23) stetig differenzierbar

BEZEICHNUNG.- Die Funktion $f: I \to \mathbb{R}$ sei differenzierbar. Ist die Ableitung $f': I \to \mathbb{R}$ stetig, so heißt f *stetig differenzierbar*.

PARTIELLE INTEGRATION

Die nächste wichtige Integrationsregel beruht auf der Produktregel der Differentiation (11.22).

Sie erinnern sich: Sind f und g stetig differenzierbar auf I, so ist $\frac{d}{dx}(f\cdot g) = f'g + g'f$.

$f\cdot g$ ist also Stammfunktion von $f'g + g'f$. Das bedeutet:

$$f(x)\cdot g(x) = \int (f'(x)g(x) + g'(x)f(x))dx$$

$$= \int f'(x)g(x)dx + \int g'(x)f(x)dx,$$

wobei das letzte Gleichheitszeichen aus Satz (12.16), Seite 214, folgt. Daraus ergibt sich unmittelbar:

SATZ.- Seien f,g stetig differenzierbar auf I. Dann ist (12.24) partielle Integration

$$\int f'(x)\cdot g(x)dx = f(x)g(x) - \int g'(x)f(x)dx$$

Denken Sie bei Satz (12.24) daran, wie diese Gleichheit zu verstehen ist. Schauen Sie sich dazu noch einmal Bemerkung (12.14)(1) auf Seite 214 an. Wir werden in Beispiel (12.27) darauf näher eingehen.

Wir wollen zunächst ein Rechenbeispiel betrachten, an dem gleichzeitig die Vorgehensweise deutlich gemacht wird.

BEISPIEL.- Berechnen Sie $\int x e^x dx$. (12.25) $\int xe^x dx$

Dazu setzen wir für $x \in \mathbb{R}$:

$$g(x) := x,\quad f'(x) := e^x.$$

Sie wissen nun, daß $g'(x) = 1$ für alle $x \in \mathbb{R}$ gilt. Da e^x eine Stammfunktion von e^x ist, können wir $f(x) = e^x$ wählen.

Mit Satz (12.24) folgt daher:

(1) $\underbrace{\int xe^x dx}_{gf'} = \underbrace{xe^x}_{gf} - \underbrace{\int 1\cdot e^x dx}_{g'f} = xe^x - \int e^x dx = xe^x - e^x$

$= (x-1)e^x$.

In diesem Beispiel haben wir am Anfang

$$g(x) = x,\quad f'(x) = e^x \quad \textit{gewählt.}$$

Die Wahl ist zunächst einmal willkürlich. Jedoch zeigte es sich, daß das Integral dadurch einfacher zu berechnen war. Wir hätten auch

$$g(x) := e^x,\quad f'(x) := x$$

wählen können. Dann hätten wir wegen $g'(x) = e^x$ *und* $f(x) = \frac{1}{2}x^2$

$$\int xe^x dx = \frac{1}{2}x^2e^x - \int\left(\frac{1}{2}x^2e^x\right)dx$$

erhalten und wären der Bestimmung des Integrals nicht näher gekommen.

Es kommt also auf die geeignete Wahl der Funktionen f' und g an. Versuchen Sie jeweils den Integranden zur Anwendung der partiellen Integration so in zwei Faktoren zu zerlegen, daß der eine sich durch Differentiation vereinfacht (ihn setzen Sie dann gleich g), während vom anderen eine Stammfunktion bekannt oder leicht zu berechnen ist (ihn setzen Sie gleich f').

Am besten erläutern wir dies an Hand weiterer Beispiele.

(12.26) $\int \ln x\,dx$

BEISPIEL.- Zu berechnen ist $\int \ln x\,dx$.

Wir schreiben dazu ln x als $1 \cdot \ln x$ und setzen

$$f'(x) := 1 \quad \text{und} \quad g(x) := \ln x \text{ für } x > 0.$$

Dann ist $f(x) = x$ und $g'(x) = \frac{1}{x}$ (*).

Wenden wir Satz (12.24) an, so ergibt sich:

$$\int \ln x\,dx = \int (\underset{f'}{1} \cdot \underset{g}{\ln x})dx = \underset{f}{x} \cdot \underset{g}{\ln x} - \int (\underset{f}{x} \cdot \underset{g'}{\tfrac{1}{x}})dx$$

$$= x \cdot \ln x - \int 1dx = x \ln x - x.$$

Also lautet das gesuchte Integral:

$$\int \ln x\,dx = x(\ln x - 1).$$

Denken Sie daran, daß die angegebenen Stammfunktionen nur bis auf eine additive Konstante bestimmt sind (Bemerkung (12.14)). Dazu ein Beispiel.

(12.27)

BEISPIEL.- Wir versuchen, $\int \tan x\,dx$ mit Hilfe partieller Integration zu berechnen.

Es ist wieder

$$\int \tan x\,dx = \int \frac{\sin x}{\cos x}\,dx.$$

Wir setzen

$$f'(x) := \sin x, \quad g(x) := \frac{1}{\cos x}$$

und damit

$$f(x) = -\cos x, \quad g'(x) = \frac{\sin x}{\cos^2 x}.$$

Es folgt mit partieller Integration:

$$\int \tan x\,dx = \int (\sin x \cdot \frac{1}{\cos x})dx$$

$$= -\cos x \frac{1}{\cos x} - \int (-\cos x)\frac{\sin x}{\cos^2 x}dx$$

$$= -1 + \int \frac{\sin x}{\cos x}dx = -1 + \int \tan x\,dx.$$

Folgern Sie daraus nicht $0 = -1$! Die hergeleitete Gleichung ist wertlos, da sie nur besagt, daß, falls F eine Stammfunktion von tan ist, auch F-1 diese Eigenschaft hat.

Manchmal kann es aber doch nützlich sein, wenn bei der partiellen Integration das gesuchte Integral wieder auftritt. Auch hierzu ein Beispiel.

BEISPIEL.- Gesucht ist $\int \sin^2 x\,dx$. (12.28) $\int \sin^2 x\,dx$

Wir schreiben dazu den Integranden als $\sin x \cdot \sin x$ und setzen $f'(x) := \sin x$, $g(x) := \sin x$. Dann ist $f(x) = -\cos x$, $g'(x) = \cos x$. Das führt auf

$$(1) \quad \int \sin^2 x\,dx = -\cos x \cdot \sin x + \int \cos^2 x\,dx.$$

Mit $\cos^2 x = 1 - \sin^2 x$ erhalten wir

$$(2) \quad \int \cos^2 x\,dx = \int (1 - \sin^2 x)dx$$

$$= \int 1dx - \int \sin^2 x\,dx$$

$$= x - \int \sin^2 x\,dx.$$

Setzen wir (2) in (1) ein, so folgt

$$\int \sin^2 x\,dx = -\cos x \sin x + x - \int \sin^2 x\,dx.$$

Es entsteht also wieder das zu berechnende Integral allerdings mit negativem Vorzeichen. Addieren wir auf beiden Seiten $\int \sin^2 x\,dx$, dann ergibt sich

$$2\int \sin^2 x\,dx = x - \cos x \sin x$$

oder

$$\int \sin^2 x\,dx = \frac{x - \sin x \cos x}{2}.$$

BEMERKUNG.- Statt $\cos^2 x = 1 - \sin^2 x$ zu verwenden, hätten wir versuchen können, auch $\cos^2 x\,dx$ mittels partieller Integration zu berechnen. Wir wären dabei zu keinem befriedigenden Ergebnis gekommen. Warum?

Versuchen Sie jetzt einmal selbst einige Integrale mit Hilfe partieller Integration zu lösen.

AUFGABE 12.- Bestimmen Sie A 12

a) $\int x \cdot \sin x\,dx$ *b)* $\int e^x \sin x\,dx$

c) $\int (\ln x)^2 dx$

BEMERKUNG.- Aus dem Hauptsatz (12.8) folgt für die bestimmte Integration aus der partiellen Integration sofort die Gleichung: (12.29) Partielle Integration bestimmter Integrale

$$\int_a^b f'(x)g(x)dx = \Big[f(x)g(x)\Big]_a^b - \int_a^b f(x)g'(x)dx.$$

(*) Daß f die Gestalt $f(x) = x$ hat, ist nicht zwingend sondern nur bequem. Sie könnten z.B. auch mit $f(x) = x-7$ rechnen.

A 13

AUFGABE 13.- Berechnen Sie

a) $\int_0^{\pi/2} \cos^2 x \, dx$ *b)* $\int_0^{\pi/2} x \sin x \cos x \, dx.$

Manchmal vereinfacht die partielle Integration das zu berechnende Integral, ohne direkt die gesuchte Stammfunktion zu liefern. Führt dann eine mehrfache Anwendung der partiellen Integration zum Ziel, so spricht man von einer "*Reduktionsformel*" oder "*Rekursionsformel*".

Reduktionsformeln

Wir wollen dies an einem Beispiel erläutern.

(12.30) $\int (\sin x)^n dx$

BEISPIEL.- Zu berechnen ist

$$\int (\sin x)^n dx \ , \quad n \in \mathbb{N} \ , \ n \geq 2.$$

Wir gehen zur Lösung dieses Problems genauso vor wie im Beispiel (12.28). Dazu schreiben wir $(\sin x)^n$ als Produkt $(\sin x)^{n-1} \cdot \sin x$ und setzen

$$f'(x) := \sin x, \ g(x) := (\sin x)^{n-1}$$

und damit

$$f(x) = -\cos x, \ g'(x) = (n-1)(\sin x)^{n-2} \cdot \cos x.$$

Mit partieller Integration folgt:

$$\int (\sin x)^n dx = \int (\sin x)^{n-1} \cdot \sin x \, dx =$$
$$= (-\cos x)(\sin x)^{n-1} - \int (-\cos x)(n-1)(\sin x)^{n-2} \cos x \, dx$$

oder

$$(1) \quad \int (\sin x)^n dx = -\cos x (\sin x)^{n-1} + (n-1) \int \cos^2 x \cdot (\sin x)^{n-2} dx.$$

Zur Berechnung von $\int \cos^2 x (\sin x)^{n-2} dx$ setzen wir wieder $\cos^2 x = 1 - \sin^2 x$ und erhalten

$$(2) \quad \int \cos^2 x (\sin x)^{n-2} dx = \int (\sin x)^{n-2} dx - \int (\sin x)^n dx.$$

Wir setzen (2) in (1) ein:

$$\int (\sin x)^n dx =$$
$$= -\cos x (\sin x)^{n-1} + (n-1) \int (\sin x)^{n-2} dx - (n-1) \cdot \int (\sin x)^n dx$$

und erhalten daraus durch Addition von $(n-1) \int (\sin x)^n dx$ auf beiden Seiten

$$n \cdot \int (\sin x)^n dx = -\cos x (\sin x)^{n-1} + (n-1) \int (\sin x)^{n-2} dx$$

oder

$$\int (\sin x)^n dx = \frac{-\cos x (\sin x)^{n-1}}{n} + \frac{n-1}{n} \int (\sin x)^{n-2} dx \quad \text{für } n \geq 2.$$

Wir haben also eine Reduktionsformel erhalten, die das Integral über $(\sin x)^n$ auf ein Integral über $(\sin x)^{n-2}$ zurückführt.

$\int \sin^4 x \, dx$

Als Anwendung dieser Formel wollen wir etwa $\int \sin^4 x \, dx$ bestimmen.

Mit der Formel folgt (n=4)

$$(3) \quad \int \sin^4 x \, dx = \frac{-\cos x (\sin x)^3}{4} + \frac{3}{4} \int (\sin x)^2 dx.$$

Auf das auf der rechten Seite stehende unbestimmte Integral $\int \sin^2 x \, dx$ können wir die Formel noch einmal anwenden (n=2):

$$(4) \quad \int \sin^2 x \, dx = \frac{-\cos x (\sin x)^1}{2} + \frac{1}{2} \int (\sin x)^0 dx$$
$$= \frac{-\cos x \sin x}{2} + \frac{1}{2} x$$

$(\int (\sin x)^0 dx = \int 1 dx = x)$.

Durch Einsetzen von (4) in (3) folgt:

$$\int \sin^4 x \, dx = \frac{-\cos x (\sin x)^3}{4} + \frac{3}{4} \frac{-\cos x \sin x}{2} + \frac{3}{4} \cdot \frac{x}{2}$$
$$= -\frac{\cos x \sin x}{4} (\sin^2 x + \frac{3}{2}) + \frac{3}{8} x \ .$$
$$[= \frac{3}{8} x - \frac{1}{4} \sin 2x + \frac{1}{32} \sin 4x$$

mit ein paar Umformungen] .

AUFGABE 14.- Bestimmen Sie Reduktionsformeln für A 14

a) $\int (\ln x)^n dx$ *und* *b)* $\int x^n \cos x \, dx.$

SUBSTITUTION

Die Methode der Substitution (des "Einsetzen") geht auf die Kettenregel zurück.

Sei H Komposition zweier stetig differenzierbarer Funktionen F und g, also $H(x) = F(g(x))$ für alle x aus einem Intervall I und sei $F'(y) = f(y)$ für y aus einem Intervall J. (*) Für die Ableitung von $H = F \circ g$ folgt nach der Kettenregel für alle $x \in I$:

$$H'(x) = F'(g(x)) \cdot g'(x) = f(g(x)) \cdot g'(x).$$

Das heißt: Ist F Stammfunktion von f, so ist $F \circ g = H$ Stammfunktion von $(f \circ g) \cdot g'$.

In Formeln: Ist

$$\int f(y) dy = F(y),$$

so gilt

$$\int f(g(x)) g'(x) dx = F(g(x)) \quad [= H(x)].$$

Wir formulieren diese "*Substitutionsregel*" als Satz.

(*) Damit alle auftretenden Kompositionen von Funktionen definiert sind, muß $g(I) \subseteq J$ vorausgesetzt werden.

(12.31) Substitutionsregel

SATZ.- Ist $g: I \to \mathbb{R}$ stetig differenzierbar und $f: g(I) \to \mathbb{R}$ stetig, so gilt mit einer Stammfunktion $F(y) = \int f(y)dy$, daß für alle $x \in I$

$$\int f(g(x))g'(x)dx = F(g(x))$$

ist.

Bei der Anwendung der Substitutionsregel werden wir die Formel in (12.31) häufig in der folgenden Form benutzen:

$$\int f(g(x))\cdot g'(x)dx = \int f(y)dy \Big|_{y=g(x)}.$$

(12.32) Merkregel

BEMERKUNG.- *Als Merkregel kann man die Aussage formal so formulieren:*
Läßt sich der Integrand eines zu berechnenden unbestimmten Integrals in der Form $f(g(x))\cdot g'(x)$ *schreiben, so substituiert man* $g(x) = y$.
Dann ist $g'(x) = \frac{dy}{dx}$, *und es ergibt sich:*

$$\int f(g(x))g'(x)dx = \int f(y)\frac{dy}{dx}\,dx.$$

Rechnet man jetzt mit den Symbolen dy, dx *formal wie mit reellen Zahlen (kürzen!), so ergibt sich:*

$$\int f(y)\frac{dy}{dx}\,dx = \int f(y)dy = F(y).$$

Also ist

$$\int f(g(x))g'(x)dx = \int f(y)dy\Big|_{y=g(x)}.$$

Dazu ein erstes Beispiel:

(12.33)

BEISPIEL.- Gesucht ist $\int(\sin x^3)\cdot 3x^2dx$. Substituieren wir hier $x^3 = y = g(x)$, so ist $\frac{dy}{dx} = 3x^2$, also der Integrand $(\sin x^3)3x^2 = \sin(g(x))\cdot g'(x)$. Da $-\cos$ Stammfunktion von sin ist, folgt

$$\int(\sin x^3)3x^2dx = -\cos y\Big|_{y=x^3} = -\cos x^3.$$

Hinweis

Sind Integrale zu berechnen, bei denen der Integrand das Aussehen $f(ax+b)$ hat, so gehen wir folgendermaßen vor: Der Integrand ist die Komposition der Funktion f mit dem Polynom ax+b. Hier kann man sich die Substitution mit Hilfe der folgenden Regel ersparen:

(12.34) $\int f(ax+b)dx$

REGEL.- Sei F eine Stammfunktion von f. Dann gilt:

$$\int f(ax+b)dx = \frac{1}{a}F(ax+b), \quad a \neq 0.$$

A 15

AUFGABE 15.- Beweisen Sie (12.34) mit Hilfe der Substitutionsregel.

Als Beispiel für die Verwendung von (12.34) können Sie die folgende Aufgabe ansehen.

A 16

AUFGABE 16.- Ein Kondensator mit der Kapazität C werde an einen Wechselstromgenerator angeschlossen. Bestimmen Sie die Spannung u als Funktion der Zeit t, wenn für die Stromstärke i des Generators gilt $i(t) = I_0\sin(\omega t+\varphi)$ *und Spannung und Stromstärke durch* $\frac{du}{dt} = \frac{i(t)}{C}$ *verknüpft sind.*

Wir bringen noch zwei Beispiele, in denen der Integrand nicht unmittelbar die Form $f(g(x))g'(x)$ hat.

BEISPIELE.- (1) Gesucht ist $\int\cos^2x\,\sin x\,dx$. (12.35)
Hier ist es naheliegend $y = g(x) := \cos x$ und $f(y) := y^2$ zu wählen.
Nun ist aber $g'(x) = -\sin x$.
Um genau die Form von (12.31) zu erhalten, schreiben wir das Integral um und wenden dann die Substitutionsregel an:

$$\int\cos^2x\,\sin x\,dx = -\int(\cos^2x)(-\sin x)dx = -\int f(g(x))\cdot g'(x)dx = -\int f(y)dy\Big|_{y=g(x)}.$$

Wegen

$$\int f(y)dy = \int y^2dy = -\frac{1}{3}y^3$$

erhalten wir

$$\int\cos^2x\,\sin x\,dx = -\frac{1}{3}y^3\Big|_{y=\cos x} = -\frac{1}{3}\cos^3x.$$

(2) Bestimmen Sie $\int t^ne^{at^{n+1}}dt$, $a \in \mathbb{R}\setminus\{0\}$ fest, $n \in \mathbb{N}$.
Wir wollen das Verfahren hier ein bißchen abkürzen. Wir setzen $g(t) := at^{n+1}$ und damit $g'(t) = a(n+1)t^n$ und $f(y) := e^y$. Wir formen den Integranden um (erweitern mit $a(n+1)$):

$$\int t^ne^{at^{n+1}}dt = \frac{1}{a(n+1)}\int a(n+1)t^ne^{at^{n+1}}dt$$

und erhalten mit der Substitutionsregel

$$\int t^ne^{at^{n+1}}dt = \frac{1}{a(n+1)}\int a(n+1)t^ne^{at^{n+1}}dt = \frac{1}{a(n+1)}\int g'(t)\cdot f(g(t))dt = \frac{1}{a(n+1)}\int e^ydy\Big|_{y=at^{n+1}} = \frac{1}{a(n+1)}e^y\Big|_{y=at^{n+1}} = \frac{1}{a(n+1)}e^{at^{n+1}}.$$

A 17 *AUFGABE 17.- Bestimmen Sie mit der Substitutionsregel*

a) $\int (ax+b)^n dx$

b) $\int \theta \cos \theta^2 d\theta$

c) $\int (\cos x - \cos^3 x)dx.$

(12.36) BEMERKUNG.- Das Ergebnis von Satz (12.21), Seite 216, über die Berechnung von unbestimmten Integralen der Form

Zu Satz (12.21) $\int \frac{g'(x)}{g(x)}dx$, wobei $g(x) \neq 0$ ist für alle $x \in I$, ist ein Spezialfall der Substitutionsregel:

Setzt man nämlich $f(y) = \frac{1}{y}$, $y \neq 0$, so ist

$$\int \frac{g'(x)}{g(x)}dx = \int f(g(x)) \cdot g'(x)dx = \int f(y)dy \Big|_{y=g(x)}$$
$$= \int \frac{1}{y} dy \Big|_{y=g(x)} = \ln|y| \Big|_{y=g(x)}$$
$$= \ln|g(x)|.$$

Integrale der Form $\int \frac{1}{ax^2+bx+c} dx$

(12.37) BEISPIEL.- Dieses Beispiel soll zeigen, wie Sie unbestimmte Integrale der Form

$$\int \frac{1}{ax^2+bx+c} dx \quad \text{mit } a,b,c \in \mathbb{R}\,,\ a \neq 0,$$

bestimmen können. Wir setzen voraus, daß das Nennerpolynom ax^2+bx+c keine reellen Nullstellen hat. Warum wir diese Bedingung stellen, wird nachher klar.

Betrachten Sie die Tabelle (12.17) auf Seite 215. Das einzige dort vorkommende Integral, das die hier betrachtete Gestalt hat, ist:

(1) $$\int \frac{1}{y^2+1} dy = \arctan y.$$

Die Kenntnis dieses Grundintegrals wollen wir jetzt ausnutzen. Dazu formen wir das Polynom mit Hilfe *quadratischer Ergänzung* um. Wegen $a \neq 0$ gilt

(2) $$ax^2+bx+c = a(x^2 + \frac{b}{a}x + \frac{c}{a}) .$$

In der Klammer ergänzen wir $x^2 + \frac{b}{a}x$ durch Addition von $(\frac{b}{2a})^2$ zu einem vollständigen Quadrat:

quadratische Ergänzung (3) $$(x^2 + \frac{b}{a}x + \frac{c}{a}) = (x^2 + \frac{b}{a}x + \frac{b^2}{4a^2} - \frac{b^2}{4a^2} + \frac{c}{a}) =$$
$$= (x + \frac{b}{2a})^2 + (\frac{c}{a} - \frac{b^2}{4a^2})$$

Durch Einsetzen von (3) in (2) erhalten wir daher

(4) $$ax^2+bx+c = a((x + \frac{b}{2a})^2 + (\frac{c}{a} - \frac{b^2}{4a^2}))$$
$$= a((x + \frac{b}{2a})^2 + \frac{4ac - b^2}{4a^2})$$

Dieser Darstellung entnehmen Sie: Das Polynom $p(x) := ax^2+bx+c$ hat genau dann keine reelle Nullstelle, wenn $\frac{4ac-b^2}{4a^2} > 0$ ist (*). Da wir vorausgesetzt haben, daß p keine reelle Nullstelle besitzt, ist also $\frac{4ac-b^2}{4a^2} > 0$, und wir können zur Abkürzung definieren:

$$\beta := \sqrt{\frac{4ac - b^2}{4a^2}} \quad \text{und} \quad \alpha := \frac{b}{2a} .$$

Damit lautet (4):

$$ax^2+bx+c = a((x + \alpha)^2 + \beta^2).$$

Wir erhalten:

(5) $$\int \frac{1}{ax^2+bx+c} dx = \int \frac{1}{a((x+\alpha)^2+\beta^2)} dx$$
$$= \frac{1}{a} \int \frac{1}{(x+\alpha)^2+\beta^2} dx.$$

Das ist eine Integraldarstellung, die der gesuchten Form $\int \frac{1}{y^2+1} dy$ schon wesentlich mehr entspricht. Wir klammern im Nenner des Integranden β^2 aus und erhalten:

$$\frac{1}{a} \int \frac{1}{(x+\alpha)^2+\beta^2} dx = \frac{1}{a\beta^2} \int \frac{1}{(\frac{x+\alpha}{\beta})^2 + 1} dx .$$

Jetzt substituieren wir $y = \frac{x+\alpha}{\beta} = \frac{x}{\beta} + \frac{\alpha}{\beta}$. Substitution

Damit ist $\frac{dy}{dx} = \frac{1}{\beta}$, und es folgt mit der Substitutionsregel und mit (1):

$$\frac{1}{a\beta^2} \int \frac{1}{(\frac{x+\alpha}{\beta})^2 + 1} dx = \frac{1}{a\beta^2} \cdot \beta \int \frac{1}{(\frac{x+\alpha}{\beta})^2 + 1} \cdot \frac{1}{\beta} dx$$
$$= \frac{\beta}{a\beta^2} \int \frac{1}{y^2 + 1} dy \Big|_{y=\frac{x+\alpha}{\beta}}$$
$$= \frac{1}{a\beta} \int \frac{1}{y^2 + 1} dy \Big|_{y=\frac{x+\alpha}{\beta}}$$
$$= \frac{1}{a\beta} \arctan y \Big|_{y=\frac{x+\alpha}{\beta}}$$
$$= \frac{1}{a\beta} \arctan \frac{x+\alpha}{\beta} .$$

Mit $\frac{1}{a\beta} = \frac{2}{\sqrt{4ac-b^2}}$ und $\frac{x+\alpha}{\beta} = \frac{2ax+b}{\sqrt{4ac-b^2}}$ (nachrechnen!) folgt

(6) $$\boxed{\int \frac{1}{ax^2+bx+c} dx = \frac{2}{\sqrt{4ac-b^2}} \arctan \frac{2ax+b}{\sqrt{4ac-b^2}}} .$$ $\int \frac{1}{ax^2+bx+c}dx$, falls $4ac-b^2 > 0$

BEMERKUNGEN.- (1) Wir konnten die Rechnungen im Beispiel (12.37) nur deshalb durchführen, (12.38)

(*) Der Darstellung von p entnimmt man außerdem: p besitzt eine 2-fache Nullstelle bei $x = -\frac{b}{2a}$, wenn $4ac-b^2 = 0$ ist, und p besitzt zwei verschiedene Nullstellen, wenn $4ac-b^2 < 0$ ist.

weil $4ac-b^2 > 0$ war, d.h. ax^2+bx+c keine reellen Nullstellen besaß.

(2) Der Fall eines quadratischen Nennerpolynoms mit reellen Nullstellen führt im allgemeinen zu einem Integral der Art

$$\int \frac{1}{y^2-1}\,dy\,.$$

Das können wir im Augenblick noch nicht berechnen.

$\int \frac{1}{ax^2+bx+c}dx$, falls $4ac-b^2=0$

(3) Im Fall einer doppelten (reellen) Nullstelle, d.h. falls $4ac-b^2=0$ ist, ergibt sich für das in (12.37) untersuchte Integral

$$\frac{1}{a}\left(\int \frac{1}{y^2}dy\right)\Big|_{y=x+\frac{b}{2a}} = \frac{1}{a}\left(-\frac{1}{y}\right)\Big|_{y=x+\frac{b}{2a}} = -\frac{2}{2ax+b}\,,$$

$x \neq -\frac{b}{2a}$. Rechnen Sie es nach!

A 18

AUFGABE 18.- Berechnen Sie

a) $\int \frac{1}{x^2+2x+5}\,dx,$

b) $\int \frac{1}{3x^2-6x+5}\,dx,$

indem Sie die entsprechenden Überlegungen von (12.37) bei diesen "Zahlenbeispielen" noch einmal nachvollziehen. Überprüfen Sie Ihr Ergebnis mit Hilfe der Formel (6) von (12.37).

EINE UMFORMULIERUNG DER SUBSTITUTIONSREGEL

Die bisherigen Beispiele zur Anwendung der Substitutionsregel

$$\int f(g(x))\cdot g'(x)dx = \int f(y)dy\Big|_{y=g(x)}$$

waren von der Art, daß wir das Integral $\int f(y)dy$ angeben konnten, während sich das unbestimmte Integral auf der linken Seite nicht direkt berechnen ließ. Um auch in der umgekehrten Situation - d.h. $\int f(g(x))\cdot g'(x)dx$ läßt sich berechnen, nicht aber $\int f(y)dy$ - eine ähnliche Technik verwenden zu können, schreiben wir die Regel um.

Existiert in Satz (12.31), Seite 220, die Umkehrfunktion g^{-1}: $g(I) \to \mathbb{R}$ von g, so erhält man aus (12.31) durch Einsetzen von $x=g^{-1}(y)$:

$$F(y) = \int f(g(x))\cdot g'(x)dx\Big|_{x=g^{-1}(y)}$$

oder

$$\int f(y)dy = \int f(g(x))\cdot g'(x)dx\Big|_{x=g^{-1}(y)}\,,$$

$y \in g(I)$.

Wir erhalten, wenn wir noch die Argumente x und y umbenennen, die Folgerung:

FOLGERUNG.- Ist g: $I \to \mathbb{R}$ injektiv und stetig differenzierbar und ist f: $g(I) \to \mathbb{R}$ stetig, so gilt: (12.39) Substitutionsregel

$$\int f(x)dx = \int f(g(u))g'(u)du\Big|_{u=g^{-1}(x)}\,.$$

BEMERKUNG.- Im Unterschied zum Satz (12.31) substituieren wir jetzt $x=g(u)$. Danach ersetzen wir im Ergebnis u durch $g^{-1}(x)$. Das ist möglich wegen der Injektivität von g. (12.40) Unterschied zu (12.31)

Der Erfolg dieser Substitution hängt von der geeigneten Wahl von g ab. Wir sind damit imstande, Integrale etwa der Form $\int\sqrt{1+x^2}\,dx$ zu lösen. Dabei helfen uns vor allem die trigonometrischen Funktionen und deren Beziehungen untereinander.

Konzentrieren Sie sich wieder auf die Beispiele zu dieser Regel!

BEISPIELE.- (1) Zuerst einmal ein einfacheres Beispiel. Es ist (12.41)

$$\int e^{\sqrt{x}}dx\,,\quad x \geq 0,$$

$\int e^{\sqrt{x}}dx$

zu bestimmen.

Besonders störend ist die Wurzel im Exponenten. Also versuchen wir durch die Substitution $x=g(u):=u^2$, $u \geq 0$, die Wurzel zu beseitigen.

Damit erhalten wir wegen $\frac{dx}{du}=2u$ und $u=g^{-1}(x)=\sqrt{x}$

$$\int e^{\sqrt{x}}dx = \int e^{\sqrt{u^2}}\cdot 2u\,du\Big|_{u=\sqrt{x}} = 2\int ue^u du\Big|_{u=\sqrt{x}}.$$

Nach Beispiel (12.25), Seite 217, gilt:

$$\int ue^u du = e^u(u-1)\,.$$

Setzen wir dieses Ergebnis ein, dann folgt

$$\int e^{\sqrt{x}}dx = 2e^u(u-1)\Big|_{u=\sqrt{x}} = 2e^{\sqrt{x}}(\sqrt{x}-1)\,.$$

(2) Gesucht ist

$$\int \frac{1}{\sqrt{1-x^2}}dx\,,\quad x \in\,]-1,1[\,.$$

$\int \frac{1}{\sqrt{1-x^2}}dx$

(Für $x \notin\,]-1,1[$ ist der Integrand nicht definiert!)

Dieses Integral haben Sie schon in Tabelle (12.17) auf Seite 215 kennengelernt. Wir wollen es jetzt mit Hilfe von (12.39) berechnen. Die dabei benutzte Substitution kann man wirklich als "Trick" bezeichnen. Sie sollten sich diesen Trick merken.

Substitution $x = \sin u$

Wir setzen

$$x = \sin u, \quad -\frac{\pi}{2} < u < \frac{\pi}{2} .$$

Dann ist

$$\frac{dx}{du} = \cos u .$$

Ferner ist wegen $\sin^2 u + \cos^2 u = 1$

$$\sqrt{1-x^2} = \sqrt{1-\sin^2 u} = \sqrt{\cos^2 u} = \cos u.$$

(Deshalb diese Substitution! Beachten Sie: wegen $-\frac{\pi}{2} < u < \frac{\pi}{2}$ ist $\cos u > 0$, also $\sqrt{\cos^2 u} = |\cos u| = \cos u$.)

Es folgt

$$\frac{1}{\sqrt{1-x^2}} = \frac{1}{\cos u} .$$

Außerdem ist natürlich wegen $x = \sin u$, $u \in]-\frac{\pi}{2},\frac{\pi}{2}[$,

$$u = \arcsin x.$$

Setzen wir diese Substitution ein, dann erhalten wir

$$\int \frac{1}{\sqrt{1-x^2}} dx = \int \frac{1}{\cos u} \cdot \cos u \, du \Big|_{u=\arcsin x} = \int 1 du$$

$$= u = \arcsin x.$$

Natürlich ist es das gleiche Ergebnis wie in der Tabelle (12.17).

$\sqrt{1+x^2}$

(3) Bestimmen Sie $\int \sqrt{1+x^2}\, dx$.

Hier führt uns die Substitution aus Beispiel (2) $x = \sin u$ oder auch $x = \cos u$ nicht weiter, denn wie könnten Sie etwa $\sqrt{1+\sin^2 u}$ oder $\sqrt{1+\cos^2 u}$ weiter vereinfachen? Erinnern Sie sich aber an die Beziehungen für die Hyperbelfunktionen (9.18), Seite 145:

$$\cosh^2 u - \sinh^2 u = 1 \quad \text{für alle } u \in \mathbb{R} .$$

Daraus folgt

$$\cosh^2 u = 1 + \sinh^2 u.$$

Sie sehen, daß wir mit dieser Beziehung hier weiterkommen. Wir setzen:

Substitution $x = \sinh u$

$$x = \sinh u$$

und damit

$$\frac{dx}{du} = \cosh u.$$

Aus $x = \sinh u$ folgt außerdem

$$u = \operatorname{Arsinh} x. \quad (*)$$

Mit dieser Substitution ergibt sich:

$$\int \sqrt{1+x^2} dx = \int \sqrt{1+\sinh^2 u} \cdot \cosh u \, du \Big|_{u=\operatorname{Arsinh} x}$$

$$= \int \sqrt{\cosh^2 u} \cdot \cosh u \, du \Big|_{u=\operatorname{Arsinh} x}$$

$$= \int \cosh^2 u \, du \Big|_{u=\operatorname{Arsinh} x} .$$

Jetzt ist die Frage: Wie gehen wir weiter vor? Das Integral $\int \cosh^2 u \, du$ bestimmen wir analog zu Beispiel (12.28), Seite 218, mit Hilfe partieller Integration. Der Integrand wird umgeschrieben zu $\cosh u \cdot \cosh u$. Wir setzen

$$f'(u) := \cosh u, \quad g(u) := \cosh u.$$

Und damit

$$f(u) = \sinh u, \quad g'(u) = \sinh u.$$

Es folgt:

$$\int \cosh u \cosh u \, du = \sinh u \cosh u - \int \sinh^2 u \, du.$$

Mit $\sinh^2 u = \cosh^2 u - 1$ ergibt sich daraus

$$\int \cosh^2 u \, du = \sinh u \cosh u - \int (\cosh^2 u - 1) du$$

$$= \sinh u \cosh u - \int \cosh^2 u \, du + \int 1 du$$

$$= \sinh u \cosh u + u - \int \cosh^2 u \, du$$

oder

$$\int \cosh^2 u \, du = \frac{1}{2} (\sinh u \cosh u + u) .$$

Damit erhalten wir für das gesuchte Integral

$$\int \sqrt{1+x^2} dx = \int \cosh^2 u \, du \Big|_{u=\operatorname{Arsinh} x}$$

$$= \frac{1}{2} (\cosh u \cdot \sinh u + u) \Big|_{u=\operatorname{Arsinh} x}$$

$$= \frac{1}{2} (\sqrt{1+x^2} \cdot x + \operatorname{Arsinh} x),$$

da $\cosh u = \sqrt{1+\sinh^2 u} = \sqrt{1+x^2}$ ist.

AUFGABE 19.- Bestimmen Sie A 19

a) $\int \sqrt{x^2-1}\, dx$

b) $\int \frac{\sqrt{1-x}}{1-\sqrt{x}}\, dx$.

Sie werden jetzt noch einen weiteren Substitutionstrick kennenlernen. Dieser wird häufig angewandt, wenn der Integrand nur von den trigonometrischen Funktionen sin oder cos abhängt, wobei diese durch Addition, Multiplikation oder Division kombiniert sein können. (Man sagt dann auch: der Integrand ist ein "rationaler Ausdruck in cos und sin".)

Es handelt sich hierbei um die Substitution:

(*) Die Funktionen sinh und $\cosh|_{[0,\infty[}$ sind streng monoton wachsend, besitzen also Umkehrfunktionen. Die Umkehrfunktion von sinh heißt Area-Sinus, in Zeichen:

$$\operatorname{Arsinh} : \mathbb{R} \to \mathbb{R} .$$

Die Umkehrfunktion von $\cosh|_{[0,\infty[}$ heißt Area-Cosinus in Zeichen:

$$\operatorname{Arcosh} : [1,\infty[\to \mathbb{R} .$$

Die Areafunktionen sind stetig differenzierbare Funktionen (Arcosh für $x > 1$).

$u = \tan \frac{x}{2}$

$$u = \tan \frac{x}{2} \; ;$$

das heißt:

$$x = 2 \arctan u \quad \text{und}$$

$$\frac{dx}{du} = \frac{2}{1+u^2} \; .$$

Das Entscheidende bei dieser Substitution ist, daß sich sin x bzw. cos x als rationale Ausdrücke in $u = \tan \frac{x}{2}$ schreiben lassen.

Es gilt nämlich

$$\sin x = \frac{2u}{1+u^2} \quad \text{und}$$

$$\cos x = \frac{1-u^2}{1+u^2} \; .$$

A 20

<u>*AUFGABE 20.*</u>*- Zeigen Sie die Richtigkeit dieser Formeln.*

(12.42) $\int \frac{1}{1+\sin x} dx$

BEISPIEL.- Gesucht ist

$$\int \frac{1}{1+\sin x}\, dx, \quad -\frac{\pi}{2} < x < \frac{3}{2}\pi \; .$$

Wir wenden die Substitution $u = \tan \frac{x}{2}$ an. Es folgt mit (12.39):

$$\int \frac{1}{1+\sin x} dx = \int \frac{1}{1+\frac{2u}{1+u^2}} \cdot \frac{2}{1+u^2} du \,\Bigg|_{u=\tan\frac{x}{2}}$$

$$= \int \frac{2}{1+u^2+2u} du \,\Bigg|_{u=\tan\frac{x}{2}}$$

$$= \int \frac{2}{(u+1)^2} du \,\Bigg|_{u=\tan\frac{x}{2}}$$

$$= -\frac{2}{u+1}\Bigg|_{u=\tan\frac{x}{2}} \quad \text{(nach Regel (12.34))}$$

$$= -\frac{2}{1+\tan\frac{x}{2}} \; .$$

Sie sehen, wie schnell wir mit dieser doch auf den ersten Blick so sonderbar aussehenden Substitution zu einer Lösung kommen. Allerdings ist zu bemerken, daß bei Integranden der betrachteten Art häufig auch eine einfachere Substitution der Form $u = \sin x$ oder $u = \cos x$ zum Ziel führt. Es gibt aber Fälle, bei denen nur die besprochene Substitution $u = \tan \frac{x}{2}$ erfolgreich ist.

A 21

<u>*AUFGABE 21.*</u>*- Bestimmen Sie*

$$\int \frac{1}{\sin x} dx.$$

SUBSTITUTION BEI BESTIMMTEN INTEGRALEN

Wir müssen bei der Substitution bestimmter Integrale vorsichtiger sein als etwa im Fall der partiellen Integration bestimmter Integrale. Natürlich könnten wir genauso wie dort das unbestimmte Integral berechnen und anschließend den Hauptsatz (12.8) anwenden. Wenn wir aber die Integrationsgrenzen gleich mitsubstituieren und auf das substituierte Integral den Hauptsatz anwenden, so ist das im allgemeinen weniger aufwendig.

Dieses Verfahren liefert uns den folgenden Satz.

SATZ.- Sei g stetig differenzierbar auf dem Intervall $I := [a,b]$ und $f : g(I) \longrightarrow \mathbb{R}$ sei stetig. Dann ist (12.43) Substitution bestimmter Integrale

$$\int_a^b f(g(x))g'(x)dx = \int_{g(a)}^{g(b)} f(u)du.$$

BEWEIS.- Sei F Stammfunktion von f. Sie wissen aus Satz (12.31), daß dann $F \circ g$ Stammfunktion von $(f \circ g)\cdot g'$ ist. Wenden wir jetzt den Hauptsatz (12.8) an, so erhalten wir:

$$\int_a^b f(g(x))g'(x)dx = (F \circ g)\Big|_a^b = F(g(b)) - F(g(a)).$$

Andererseits gilt

$$\int_{g(a)}^{g(b)} f(u)du = F\Big|_{g(a)}^{g(b)} = F(g(b)) - F(g(a)).$$

Da beide Ergebnisse gleich sind, folgt die Behauptung.

BEISPIEL.- Berechnen Sie $\int_2^3 \frac{x}{\sqrt{1+x^2}} dx$. (12.44)

Wir setzen:

$$u = g(x) := 1 + x^2, \; x \in [2,3].$$

Damit gilt

$$g'(x) = \frac{du}{dx} = 2x.$$

Jetzt müssen die Grenzen substituiert werden. Da $a = 2$ und $b = 3$ ist, erhalten wir

$$g(a) = 1 + 2^2 = 5,$$

$$g(b) = 1 + 3^2 = 10.$$

Es folgt:

$$\int_2^3 \frac{x}{\sqrt{1+x^2}} dx = \frac{1}{2}\int_2^3 \frac{1}{\sqrt{1+x^2}} 2x\, dx = \frac{1}{2} \cdot \int_5^{10} \frac{1}{\sqrt{u}} du$$

$$= \frac{1}{2} \int_5^{10} u^{-\frac{1}{2}} du = \sqrt{u}\Big|_5^{10}$$

$$= \sqrt{10} - \sqrt{5} = \sqrt{5}(\sqrt{2} - 1)$$

A 22 *AUFGABE 22.- Bestimmen Sie*

a) $\int_1^2 e^{3x} dx$

b) $\int_0^{\frac{\pi}{2}} \sin\theta \cos^2\theta \, d\theta.$

c) Bestimmen Sie den Flächeninhalt einer Ellipse mit der kleinen Halbachse b und der großen Halbachse a.

(12.45) BEMERKUNG.- Wir wollen für den Fall, daß g injektiv ist, die Aussage des Satzes (12.43) noch ein wenig umformulieren, damit Ihnen später entsprechende Überlegungen mehrdimensionaler Integrale leichter fallen.

Wegen der Injektivität von g ist das Bild g(I) des Intervalls $I = [a,b]$ unter der Abbildung g das Intervall mit den Endpunkten g(a) und g(b). Dabei ist, falls $g'(x) \geq 0$ für alle $x \in [a,b]$, sicher $g(a) < g(b)$ (*) und daher $g(I) = [g(a), g(b)]$. Ist $g'(x) \leq 0$ für alle $x \in I$, so ist $g(I) = [g(b), g(a)]$.

Wir können also schreiben (**)

$$\int_{g(I)} f(u)\,du = \begin{cases} \int_{g(a)}^{g(b)} f(u)\,du, & \text{falls } g'(x) \geq 0 \text{ für alle } x \in I \\ \int_{g(b)}^{g(a)} f(u)\,du = -\int_{g(a)}^{g(b)} f(u)\,du, & \text{falls } g'(x) \leq 0 \text{ für alle } x \in I. \end{cases}$$

Andererseits ist auch

$$\int_I f(g(x))\,|g'(x)|\,dx = \begin{cases} \int_a^b f(g(x))g'(x)\,dx, & \text{falls } g'(x) \geq 0 \text{ für alle } x \in I \\ -\int_a^b f(g(x))g'(x)\,dx, & \text{falls } g'(x) \leq 0 \text{ für alle } x \in I. \end{cases}$$

Setzt man diese beiden Aussagen nach Satz (12.43) zusammen, so erhalten wir in jedem Fall

$$\int_I f(g(x))\,|g'(x)|\,dx = \int_{g(I)} f(u)\,du.$$

Diese Formel "transformiert" also ein Integral über das Intervall I in ein Integral über das Bildintervall g(I).

Bevor wir im letzten Paragraphen dieses Kapitels die Frage beantworten, wie die Stammfunktionen zu beliebigen rationalen Funktionen aussehen, beschäftigen wir uns mit einer speziellen Differentialgleichung, deren Lösungen sich durch Anwendung der Substitutionsregel ergeben.

(*) Siehe Satz (11.55), Seite 201, zu Ableitung und Monotonie.

(**) dabei sei $\int_I h(u)\,du := \int_a^b h(u)\,du$, falls $I = [a,b]$ ist.

§ 8 SEPARABLE DIFFERENTIALGLEICHUNGEN

In § 4 haben wir mit Hilfe der Integration Differentialgleichungen der Gestalt $y' = f$ gelöst. Bei der Differentialgleichung, mit der wir uns jetzt beschäftigen wollen, kommt zusätzlich eine Funktion vor, die von der gesuchten Lösung abhängt. Es handelt sich um die sogenannte <u>*separable Differentialgleichung*</u>:

(1) $y'(x) = \dfrac{f(x)}{g(y(x))}$, kurz: $y' = \dfrac{f(x)}{g(y)}$. spezielle Differentialgleichung

Hierbei sind f und g auf gewissen Intervallen stetige Funktionen, und es muß gelten: $g(y) \neq 0$. Gesucht ist dann eine stetig differenzierbare Funktion y, die (1) erfüllt.

Genau müßte hier stehen:
Seien I_1, I_2 Intervalle und $f\colon I_1 \to \mathbb{R}$, $g\colon I_2 \to \mathbb{R}$ stetige Funktionen mit $g(y) \neq 0$ für alle $y \in I_2$. Gesucht ist eine stetig differenzierbare Funktion $y\colon I \subseteq I_1 \to I_2$, die für alle $x \in I$ die Gleichung (1) erfüllt.

Lösungsmethode

Gleichung (1) ist äquivalent zu

(1') $g(y(x)) \cdot y'(x) = f(x)$.

Die gesuchte Funktion y steht jetzt nur noch auf der linken Seite der Gleichung.

Nehmen Sie an, wir hätten eine Funktion y, die (1') in einem gewissen Intervall I erfüllt. Die linke Seite von (1') erinnert an die Kettenregel. Denn da g stetig ist, existiert eine Stammfunktion G. Die Ableitung der Komposition von G mit y ergibt:

$$\frac{d}{dx}(G(y(x))) = G'(y(x)) \cdot y'(x) = g(y(x)) \cdot y'(x),$$

$x \in I$.

Das ist genau die linke Seite der Gleichung (1'). Ist darüberhinaus F eine Stammfunktion von f, so liefert (1'):

$$\frac{d}{dx}(G(y(x))) = \frac{d}{dx} F(x).$$

Also

(2) $G(y(x)) = F(x) + C$, C Konstante.

Jede Lösung y von (1) oder (1') muß daher

dieser Gleichung (2) genügen.
Nehmen wir weiter an, G habe eine Umkehrfunktion G^{-1}, so ergibt sich aus (2):

(3) $y(x) = G^{-1}(G(y(x))) = G^{-1}(F(x)+C)$.

Jede Lösung y muß also diese Gestalt haben. Umgekehrt ist jedes so konstruierte y auch tatsächlich eine Lösung von (1).

Wir fassen zusammen:

(12.46) Lösungen der separablen Differentialgleichung

SATZ.- Seien f und g stetige Funktionen, wobei g nirgends verschwindet. F sei eine Stammfunktion von f, G sei eine Stammfunktion von g. Dann ist jede differenzierbare Funktion y, die die Gleichung

$$G(y(x)) = F(x) + C$$

erfüllt, Lösung der Differentialgleichung

$$y'(x) = \frac{f(x)}{g(y(x))} .$$

BEMERKUNG.- Wie schon früher gesagt, ist in der Formulierung von (12.46) stillschweigend vorausgesetzt, daß der Wertebereich von y im Definitionsbereich von g und somit im Definitionsbereich von G liegt.

Der BEWEIS des Satzes ergibt sich durch Differentiation. Sei y eine differenzierbare Funktion mit $G(y(x)) = F(x)+C$.
Differenzieren ergibt:

$$G'(y(x))\cdot y'(x) = F'(x).$$

Das heißt aber:

$$g(y(x))\cdot y'(x) = f(x).$$

Da g nirgends verschwindet, genügt y auch der Gleichung: $y'(x) = \frac{f(x)}{g(y(x))}$.

MERKREGEL

Wir wollen jetzt eine Merkregel für die Behandlung einer separablen Differentialgleichung aufstellen. Weil $G(y(x))$ eine Stammfunktion von $g(y(x))\cdot y'(x)$ ist, läßt sich Gleichung (2) in folgender Form schreiben:

$$\int g(y(x))y'(x)dx = \int f(x)dx.$$

Wir substituieren nun auf der linken Seite $u = y(x)$ (die Voraussetzungen von Satz (12.31) sind erfüllt, wenn y stetig differenzierbar ist) und erhalten

$$\int g(u)du\Big|_{u=y(x)} = \int f(x)dx.$$

Damit reduziert sich die Lösung der separablen Differentialgleichung auf die Bestimmung von Stammfunktionen zu f und g und anschließendes Auflösen nach $u = y(x)$, falls das möglich ist. Vergessen Sie dabei die Konstante C nicht.

Formal schreibt man oft - und dieser Schreibweise schließen wir uns auch an - :

$$\int g(y)dy = \int f(x)dx,$$ Merkregel

d.h. man behält y direkt als Variable im ersten Integral und muß dann nur noch nach y auflösen. (*)

BEISPIEL.- Die Lösungen y von $y' = x\cdot y^2$ sind zu bestimmen. Welchen Definitionsbereich haben die Lösungen? (12.47)

Wir haben hier $f(x) := x$ und $g(y) := \frac{1}{y^2}$. Nach der Merkregel erhalten wir aus $y' = x\cdot y^2$:

$$\int \frac{1}{y^2}\, dy = \int x\, dx.$$

Aus Tabelle (12.17) folgt:

$$-y^{-1} = \frac{1}{2}x^2 + C.$$

Diese Gleichung wird nach y aufgelöst:

$$\frac{1}{y} = -(\frac{x^2}{2} + C),$$

also

$$y(x) = \frac{-1}{\frac{x^2}{2} + C} .$$

Die Probe durch Differenzieren zeigt:

$$\frac{dy}{dx}(x) = \frac{0 + x}{(\frac{x^2}{2} + C)^2} = x\cdot y^2(x).$$

Also erfüllt y die Differentialgleichung.

In welchen Intervallen ist die Lösung (in Abhängigkeit von C) definiert?
Es muß gelten:

$$\frac{x^2}{2} + C \neq 0 \quad \text{also} \quad \frac{x^2}{2} \neq -C.$$

Daraus folgt:

$$y(x) = \frac{-1}{\frac{x^2}{2} + C}$$

(*) In dieser Gleichung hat man sozusagen die "Variablen" x und y getrennt - daher der Name separable Differentialgleichung.

ist Lösung der Differentialgleichung für jedes Intervall $I \subseteq]-\infty,\infty[$ falls $C > 0$ und für jedes Intervall I mit $\frac{x^2}{2} \neq -C$ für alle $x \in I$, falls $C \leq 0$ ist.

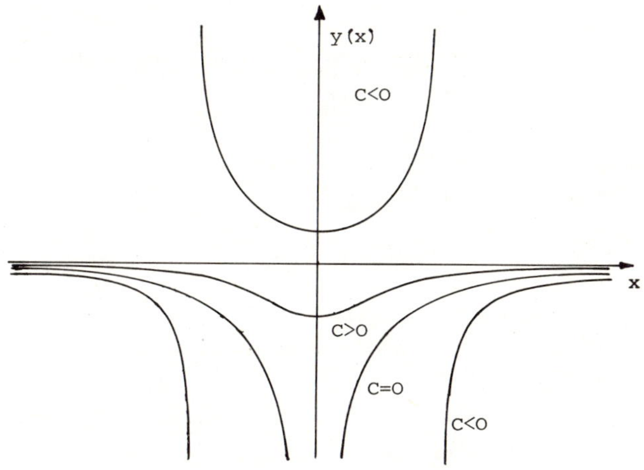

Bild 6.- Lösungen von $y' = x \cdot y^2$ in Abhängigkeit von C

Die Gleichung $y' = x \cdot y^2$ hat auch noch die Lösung $y(x) = 0$ für alle $x \in \mathbb{R}$. $y = 0$ liegt aber nicht im Definitionsbereich von $g(y) = \frac{1}{y^2}$ - daher wird diese Lösung nicht erfaßt.

A 23 *AUFGABE 23.- Lösen Sie die folgenden Differentialgleichungen. Gibt es außerdem Lösungen, die Sie nicht mit der "Separation der Variablen" finden? Wo existieren die Lösungen in Abhängigkeit von der Konstanten?*

a) $y' = y \cdot \sin x$

b) $y' = \frac{y}{x}$.

Anfangswertprobleme

Auch für die separable Differentialgleichung läßt sich ein Anfangswertproblem formulieren. Dies ist der Typ von Differentialgleichungen wie er in den Anwendungen meist auftritt:

Gesucht sind alle Lösungen y von

Anfangswertproblem

$$y' = \frac{f(x)}{g(y(x))} \quad \text{mit} \quad y(x_0) = y_0.$$

Wir erhalten die Lösung des Anfangswertproblems, indem wir zuerst nach der im vorigen Abschnitt beschriebenen Methode alle Lösungen y von $y' = \frac{f(x)}{g(y(x))}$ berechnen und dann mit Hilfe des Anfangswertes die Integrationskonstante bestimmen.

(12.48) **Beispiel.**- Ein Wagen bewegt sich mit der Geschwindigkeit v auf einer Schiene. Wir nehmen an, daß die einzige Kraft, die auf ihn wirkt, der Luftwiderstand ist. Dieser sei proportional zu seiner Geschwindigkeit, d.h. die Kraft ist gegeben durch $F = -kv$ mit einer Proportionalitätskonstanten k. Mit Hilfe des Newtonschen Gesetzes $F = mv'$ (Kraft gleich Masse mal Beschleunigung) ist die Geschwindigkeit $v(t)$ zu berechnen, wenn zur Zeit $t = 0$ die Geschwindigkeit v_0 beträgt, d.h. $v(0) = v_0$. Wir wollen $v_0 > 0$ voraussetzen.

Zunächst erhalten wir aus

$$-kv = mv'$$

die separable Differentialgleichung

$$v' = -\frac{k}{m}v$$

(hier ist $f(t) = -\frac{k}{m}$ konstant und $g(v) = \frac{1}{v}$)

Wegen $v_0 > 0$ liegt v_0 im Definitionsbereich von g.

Wir lösen die Differentialgleichung. Mit der Merkregel folgt:

$$\int \frac{1}{v}\,dv = \int -\frac{k}{m}\,dt$$

und daraus

$$\ln|v| = -\frac{k}{m}t + C$$

Daher ist

$$|v(t)| = e^{-\frac{k}{m}t + C} = e^C \cdot e^{-\frac{k}{m}t} .$$

Da $v(0) = v_0 > 0$ und die rechte Seite nirgends verschwindet, ist

$$|v(t)| = v(t).$$

Wir haben jetzt noch die Konstante e^C in

$$v(t) = e^C e^{-\frac{k}{m}t}$$

zu bestimmen. Mit $v(0) = v_0$ folgt

$$v(0) = v_0 = e^C \cdot 1,$$

d.h. $e^C = v_0$.

Unsere Lösung lautet daher:

$$v(t) = v_0 e^{-\frac{k}{m}t}, \quad t \geq 0.$$

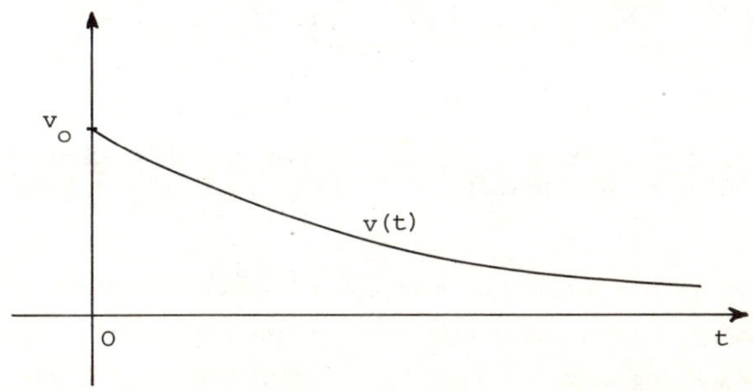

Bild 7.- Geschwindigkeit des Wagens in Abhängigkeit von der Zeit.

A 24 *AUFGABE 24.- Bestimmen Sie v(t) in Beispiel (12.48) unter der Annahme, daß der Luftwiderstand proportional zur Quadratwurzel der Geschwindigkeit ist.*

(12.49) ERGÄNZUNG.- Beispiel (12.48) zeigte eine Möglichkeit, wie wir eine Lösung des Anfangswertproblems erhalten können.
Mit Hilfe von Satz (12.43), Seite 224, kann dieses Verfahren aber vereinfacht werden.

Sei also $y'(x) = \frac{f(x)}{g(y(x))}$, oder $g(y(x))y'(x) = f(x)$ mit dem Anfangswert $y(x_o) = y_o$.

Dann ergibt sich durch Integration über $[x_o, x]$:

$$\int_{x_o}^{x} g(y(t))y'(t)\,dt = \int_{x_o}^{x} f(t)\,dt.$$

(*Integrationsvariable* t *zur besseren Unterscheidung!*)

Wenden wir auf die linke Seite der Gleichung Satz (12.43) an, so erhalten wir mit $y(t) = u$:

Lösung des Anfangswertproblems

$$\int_{x_o}^{x} g(y(t))y'(t)\,dt = \int_{y(x_o)}^{y(x)} g(u)\,du = \int_{y_o}^{y(x)} g(u)\,du.$$

Daraus folgt für die Lösung des Anfangswertproblems:

$$\int_{x_o}^{x} f(t)\,dt = \int_{y_o}^{y(x)} g(u)\,du \quad .$$

Sie können also sofort den Anfangswert in die Berechnung hereinnehmen.

A 25 *AUFGABE 25.- Lösen Sie zum Vergleich Aufgabe 24 mit dem Ergebnis von (12.49), also indem Sie den Anfangswert in die Berechnung nehmen.*

A 26 *AUFGABE 26.- Berechnen Sie den Strom i(t) des im Bild 8 gezeigten Stromkreises, wenn zur Zeit t = 0 kein Strom fließt.*

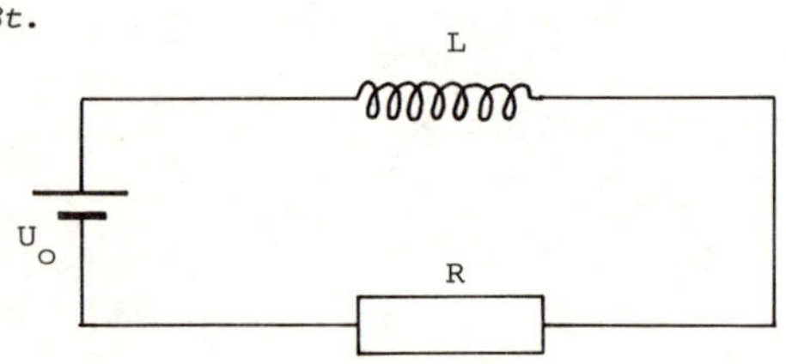

Bild 8.- Stromkreis mit Spule und Ohmschem Widerstand

Hinweis: Die Summe der Spannung $i(t)\cdot R$ am Ohmschen Widerstand R und der Spannung $L\cdot\frac{di(t)}{dt}$ an der Spule (Induktion) L ist nach den Kirchhoffschen Regeln gleich der Quellenspannung U_o.

Damit verlassen wir die separablen Differentialgleichungen und wenden uns dem Problem der Integration rationaler Funktionen zu, einem Problem, das im Prinzip immer lösbar ist ...

§ 9 INTEGRATION RATIONALER FUNKTIONEN

Rationale Funktionen sind Quotienten zweier Polynome p und q:

$$x \mapsto R(x) = \frac{p(x)}{q(x)} \ .$$

Der Definitionsbereich ist $\mathbb{R}$ ohne die Nullstellen des Nennerpolynoms q, also eine Vereinigung von endlich vielen offenen Intervallen.
Wir beschäftigen uns nun mit unbestimmten Integralen der Form

$$\int \frac{p(x)}{q(x)}\,dx$$

und werden dafür Berechnungsverfahren angeben. Die notwendigen theoretischen Hilfsmittel werden wir nicht immer beweisen.

1. SCHRITT: POLYNOMDIVISION

1. SCHRITT.- Seien p,q Polynome. Ist grad p ≥ grad q, so wird zunächst dividiert. Das heißt: Es werden Polynome u und r berechnet, so daß (12.50) Polynomdivision

$$\frac{p(x)}{q(x)} = u(x) + \frac{r(x)}{q(x)}$$

gilt, wobei nun grad r < grad q ist.

Es folgt dann

$$\int \frac{p(x)}{q(x)}\,dx = \int u(x)\,dx + \int \frac{r(x)}{q(x)}\,dx \ .$$

Das erste Integral auf der rechten Seite ist einfach zu bestimmen (u ist ein Polynom!). Damit ist das Problem, $\int \frac{p(x)}{q(x)}\,dx$ zu bestimmen, darauf reduziert worden, Integrale solcher rationalen Funktionen $\frac{r(x)}{q(x)}$ zu bestimmen, wo grad r < grad q ist.

BEISPIEL.- Die rationale Funktion R mit (12.51)
$R(x) := \frac{x^2+x}{x-1}$, $x \neq 1$, sei gegeben. Dann ist
$R(x) = \frac{p(x)}{q(x)}$ mit

$$p(x) := x^2+x \quad \text{und} \quad q(x) := x-1,$$
$$\text{grad}\, p = 2 > 1 = \text{grad}\, q \ .$$

Wir dividieren:

$$\begin{array}{l} (x^2+x):(x-1) = x+2+\frac{2}{x-1} \\ \underline{x^2-x} \\ \quad 2x \\ \quad \underline{2x-2} \\ \quad\quad 2 \end{array}$$

d.h. $\frac{x^2+x}{x-1} = x+2+\frac{2}{x-1}$.

Dabei ist $u(x) = x+2$ und $r(x) = 2$, also

$$\operatorname{grad} r = 0 < 1 = \operatorname{grad} q .$$

Die Bestimmung des unbestimmten Integrals ist nun sehr einfach:

$$\begin{aligned} \int \frac{x^2+x}{x-1}\,dx &= \int (x+2)\,dx + \int \frac{2}{x-1}\,dx \\ &= \frac{x^2}{2} + 2x + 2\int \frac{1}{x-1}\,dx \\ &= \frac{x^2}{2} + 2x + 2\ln|x-1| . \end{aligned}$$

A 27 *AUFGABE 27.- Führen Sie die Polynomdivision bei $R(x) := \frac{2x^3}{x^2+3}$ durch.*

2. Schritt: Polynomzerlegung

Nach Satz (4.22), Seite 60, läßt sich aus einem Polynom q der Faktor $x-x_1$ ausklammern, wenn x_1 eine Nullstelle von q ist. Sind $x_1,\ldots,x_k$ alle reellen Nullstellen von q, so ergibt die mehrfache Anwendung dieses Satzes, daß

$$q(x) = (x-x_1)^{r_1}\cdot(x-x_2)^{r_2}\cdot\ldots\cdot(x-x_k)^{r_k}\cdot t(x)$$

mit einem Polynom t ohne reelle Nullstellen. Dabei ist die natürliche Zahl r_i die Vielfachheit der Nullstelle x_i (siehe Bemerkung (4.27), Seite 62/63). Das Polynom t läßt sich nicht mehr als Produkt von Linearfaktoren schreiben. Es gilt aber:

t(x) ist ein Produkt von quadratischen Polynomen ohne reelle Nullstellen. Faßt man in diesem Produkt gleiche Faktoren zu Potenzen zusammen, so hat t die Gestalt

$$t(x) = (x^2+\beta_1x+\gamma_1)^{s_1}\cdot(x^2+\beta_2x+\gamma_2)^{s_2}\cdot\ldots\cdot(x^2+\beta_mx+\gamma_m)^{s_m}.$$

Hierbei ist für $i=1,\ldots,m$

$$4\gamma_i - \beta_i^2 > 0.$$

(Das ist die Bedingung für den Sachverhalt, daß die quadratischen Polynome keine reellen Nullstellen haben; siehe die Überlegungen hinter Gleichung (4) von Beispiel (12.37) auf Seite 221.)

2. Schritt.- Ist die rationale Funktion in der Form $\frac{r(x)}{q(x)}$ mit $\operatorname{grad} r < \operatorname{grad} q$ gegeben, so wird das Nennerpolynom q in Faktoren der Form (12.52)

Zerlegung des Nennerpolynoms

$$(x-\alpha)^r \quad\text{und}\quad (x^2+\beta x+\gamma)^s$$

zerlegt. Dabei sind $\alpha,\beta,\gamma \in \mathbb{R}$ mit $4\gamma-\beta^2 > 0$ und $r,s \in \mathbb{N}_0$ (*).

Wie erhält man eine solche Polynomzerlegung? Sie wissen, daß man die Linearfaktoren durch fortgesetztes Ausklammern von $(x-\alpha)$ erhält, wobei α eine Nullstelle von q ist. Man muß also alle Nullstellen von q kennen.

Die quadratischen Faktoren kann man so erhalten: Ist t das "übriggebliebene" Polynom ohne reelle Nullstellen, so läßt sich t nach Satz (4.26), Seite 62, vollständig in Linearfaktoren $(x-z_i)$ zerlegen, wobei $z_i \in \mathbb{C}\setminus\mathbb{R}$ ist. Nach Aufgabe 18, Seite 63, ist auch $\bar z_i$ eine der komplexen Nullstellen von t. Dann ist

$$(x-z_i)(x-\bar z_i) = x^2-(z_i+\bar z_i)\cdot x+z_i\bar z_i .$$

ein "reeller quadratischer Faktor" von t und damit von q.

An diesen Bemerkungen sehen Sie bereits, daß unser angestrebtes Verfahren nur im Prinzip durchführbar ist, denn für beliebige Polynome ist es nicht möglich, die Nullstellen exakt anzugeben. Denken Sie dabei etwa an Polynome eines Grades größer als 4. In günstigen Fällen kann man jedoch Nullstellen erraten und damit schrittweise den Grad des Nennerpolynoms reduzieren.

Beispiele.- (1) Für das Polynom $q(x) := x^3-x^2-x+1$ ist die Zerlegung nach Satz (12.52) zu bestimmen. (12.53)

Durch Einsetzen errät man die Nullstelle $x_1 = 1$ von q. Mit Hilfe von Satz (4.22), Seite 60, oder durch Polynomdivision erhalten Sie

$$(x^3-x^2-x+1):(x-1) = x^2-1 .$$

Also ist

$$q(x) = (x-1)(x^2-1) .$$

(*) Wir haben hier vorausgesetzt, daß der höchste Koeffizient des Nennerpolynoms q gleich 1 ist. Dies läßt sich stets erreichen, wenn man den höchsten Koeffizienten, etwa a, aus q ausklammert und schreibt $\frac{r(x)}{q(x)} = \frac{r(x)}{aq^*(x)} = \frac{\frac{1}{a}r(x)}{q^*(x)}$.

Wegen $x^2-1=(x-1)(x+1)$ sind $x_2=1$ und $x_3=-1$ die weiteren Nullstellen von q. Bei $x=1$ liegt also eine doppelte (2-fache) Nullstelle von q. Die Zerlegung von q lautet damit

$$q(x) = x^3-x^2-x+1 = (x-1)^2(x+1),$$

d.h. quadratische Faktoren ohne reelle Nullstellen treten nicht auf.

(2) Wir bestimmen die Polynomzerlegung von $q(x) := x^4+x^3-2x$. Sie sehen sofort, daß $q(x) = x(x^3+x^2-2)$ gilt, der Linearfaktor x-0 ist also bereits ausgeklammert. Durch Probieren findet man auch leicht, daß

$$x^3+x^2-2=0 \quad \text{für } x=1$$

ist. Division durch x-1 liefert:

$$(x^3+x^2-2):(x-1) = x^2+2x+2 \; .$$

Wir erhalten ein quadratisches Polynom mit $\beta=\gamma=2$. Wegen $4\gamma-\beta^2 = 8-4 = 4 > 0$ besitzt x^2+2x+2 keine reellen Nullstellen mehr, und die Zerlegung von q lautet:

$$q(x) = x(x-1)(x^2+2x+2).$$

A 28 *AUFGABE 28.- Bestimmen Sie die Polynomzerlegung von*

a) $q(x) := x^3+2x^2+2x+1$,

b) $q(x) := x^4-x$.

3. Schritt: Partialbruchzerlegung

Nachdem für eine gegebene rationale Funktion $\frac{p(x)}{q(x)}$ die Schritte 1 und 2 durchgeführt worden sind, haben wir eine rationale Funktion $R(x) = \frac{r(x)}{q(x)}$ erhalten, wobei $\text{grad}\, r < \text{grad}\, q$ ist, und q(x) ein Produkt von Faktoren der Form $(x-\alpha)^r$ und $(x^2+\beta x+\gamma)^s$ ist. Im nächsten Schritt wird R(x) in eine Summe von Partialbrüchen zerlegt; diese Partialbrüche stehen in engem Zusammenhang mit den Faktoren des Nennerpolynoms q.

(12.54) **3. Schritt.-** Die rationale Funktion $R(x)=\frac{r(x)}{q(x)}$ sei wie zuvor beschrieben. Zu jedem Faktor $(x-\alpha)^r$ in der Zerlegung des Nennerproblems q gehört in der Darstellung von R eine Summe

$$(1) \qquad \frac{A_1}{x-\alpha} + \frac{A_2}{(x-\alpha)^2} + \dots + \frac{A_r}{(x-\alpha)^r},$$

wobei die reellen Zahlen $A_1, A_2, \dots, A_r$ zu bestimmen sind.
Zu jedem Faktor $(x^2+\beta x+\gamma)^s$ von q gehört in der Darstellung von R eine Summe

$$(2) \qquad \frac{B_1x+C_1}{x^2+\beta x+\gamma} + \frac{B_2x+C_2}{(x^2+\beta x+\gamma)^2} + \dots + \frac{B_sx+C_s}{(x^2+\beta x+\gamma)^s}$$

mit zu bestimmenden reellen Zahlen $B_1,\dots,B_s$ und $C_1,\dots,C_s$. Schließlich ist die rationale Funktion $R(x) = \frac{r(x)}{q(x)}$ (entsprechend der Zerlegung von q) eine Summe von Ausdrücken der Gestalt (1) und (2).

Wegen der Brüche, die in (1) und (2) stehen, nennt man die Darstellung von R nach Schritt 3 auch die *Partialbruchzerlegung* von R. Partialbruchzerlegung

In den folgenden Beispielen werden Sie sehen, wie man die Koeffizienten A_i und B_j, C_j bestimmt.

Beispiel.- Die Partialbruchzerlegung der rationalen Funktion R mit (12.55)

$$R(x) = \frac{2x^2+2x+1}{x^4+x^3-2x}$$

ist zu bestimmen.
Hier ist $p(x) := 2x^2+2x+1$ und $q(x) := x^4+x^3-2x$. Wegen $\text{grad}\, p = 2 < 4 = \text{grad}\, q$ erübrigt sich die Durchführung von Schritt 1; Schritt 2, nämlich die Zerlegung des Nennerpolynoms q wurde bereits in Beispiel (12.53)(2) durchgeführt:

$$q(x) = x(x-1)(x^2+2x+2)$$

Gemäß Schritt 3 machen wir den Ansatz

$$\frac{p(x)}{q(x)} = \frac{2x^2+2x+1}{x^4+x^3-2x} = \frac{2x^2+2x+1}{x(x-1)(x^2+2x+2)} = \frac{A_1}{x} + \frac{A_2}{x-1} + \frac{Bx+C}{x^2+2x+2},$$

weil die Linearfaktoren x und x-1 sowie das quadratische Polynom x^2+2x+2 nur mit dem Exponenten 1 in der Zerlegung von q vorkommen.
Noch einmal: Wichtig ist, daß Sie im Zähler des zu x^2+2x+2 gehörenden Partialbruchs ein lineares Polynom Bx+C (und nicht etwa nur C) ansetzen.
Die Frage ist jetzt: Wie bestimmen wir die Koeffizienten A_1, A_2, B und C?
Erste Methode: *Koeffizientenvergleich.* Koeffizientenvergleich

Dazu wird die für alle $x \neq 0$ und $x \neq 1$ gültige Gleichung

$$\frac{2x^2+2x+1}{x(x-1)(x^2+2x+2)} = \frac{A_1}{x} + \frac{A_2}{x-1} + \frac{Bx+C}{x^2+2x+2}$$

mit dem Nennerpolynom $q(x) = x(x-1)(x^2+2x+2)$ multipliziert.
Es ergibt sich:

$$2x^2+2x+1 = A_1(x-1)(x^2+2x+2) + A_2x(x^2+2x+2) + (Bx+C)x(x-1)$$

$$= A_1(x^3+2x^2+2x-x^2-2x-2)+A_2(x^3+2x^2+2x)+Bx^3-Bx^2+Cx^2-Cx$$

$$= (A_1+A_2+B)x^3+(A_1+2A_2-B+C)x^2+(2A_2-C)x-2A_1$$

Die Polynomgleichung

$$2x^2+2x+1 = (A_1+A_2+B)x^3+(A_1+2A_2-B+C)x^2+(2A_2-C)x-2A_1$$

gilt nach dem Satz vom Koeffizientenvergleich (4.17), Seite 58, genau dann, wenn die Koeffizienten bei gleichen Potenzen von x übereinstimmen:

I) $A_1+A_2+B = 0$

II) $A_1+2A_2-B+C = 2$

III) $2A_2-C = 2$

IV) $-2A_1 = 1.$

Dieses (lineare) Gleichungssystem ist zu lösen. Aus IV) folgt

V) $A_1 = -\frac{1}{2}$

Damit folgt aus I):

VI) $A_2 = \frac{1}{2} - B.$

Die Ergebnisse V) und VI) in II) und III) eingesetzt, ergeben

VII) $-3B+C = \frac{3}{2}$ und

VIII) $-2B-C = 1.$

Durch Addition von VII) und VIII) erhält man $-5B = \frac{5}{2}$, also $B = -\frac{1}{2}$. Jetzt folgt mit VI): $A_2 = 1$ und dann aus VIII): $C = 0$.

Damit erhalten wir die Partialbruchzerlegung

$$R(x) = \frac{2x^3+2x+1}{x^4+x^3-2x} = \frac{-\frac{1}{2}}{x} + \frac{1}{x-1} + \frac{-\frac{1}{2}x}{x^2+2x+2} .$$

Die Richtigkeit Ihres Ergebnisses können Sie durch Zusammenfassen der Summanden überprüfen (also Hauptnenner q, erweitern, alle Zähler addieren).

Im nächsten Beispiel beschreiben wir eine zweite Methode zur Koeffizientenbestimmung in der Partialbruchzerlegung.

(12.56) BEISPIEL.- Gesucht ist die Partialbruchzerlegung der rationalen Funktion R mit

$$R(x) = \frac{p(x)}{q(x)} = \frac{2x^2+x+1}{x^3+x^2-5x+3} .$$

Die Durchführung des 1. Schrittes (Polynomdivision) erübrigt sich wieder, da $\operatorname{grad} p < \operatorname{grad} q$ ist. Nun muß das Nennerpolynom q gemäß (12.52) zerlegt werden. Man sieht sofort: x=1 ist eine Nullstelle von q. Die Division durch x-1 ergibt:

$$(x^3+x^2-5x+3):(x-1) = x^2+2x-3.$$

Das Polynom x^2+2x-3 hat die beiden Nullstellen 1 und -3. (x=1 ist also doppelte Nullstelle von q.)

Die Zerlegung von q lautet damit

$$q(x) = (x-1)^2(x+3).$$

Nach Schritt 3 machen wir deshalb den Ansatz

$$(1) \quad \frac{2x^2+x+1}{x^3+x^2-5x+3} = \frac{A_1}{x-1} + \frac{A_2}{(x-1)^2} + \frac{A_3}{x+3} .$$

(Wichtig ist hierbei, daß Sie einen Summanden mit x-1 als Nenner <u>und</u> einen Summanden mit $(x-1)^2$ als Nenner ansetzen!)

Als zweite Methode zur Bestimmung der Koeffizienten (hier: A_1,A_2,A_3) verwenden wir jetzt die *Einsetzmethode*: Einsetzmethode

Die Gleichung (1) wird mit dem Nenner q(x) multipliziert:

$$(2) \quad 2x^2+x+1 = A_1(x-1)(x+3)+A_2(x+3)+A_3(x-1)^2.$$

Die rechte Seite dieser Gleichung wird nicht ausmultipliziert.

Zunächst gilt Gleichung (2) nur für alle $x \neq 1$ und $\neq -3$. Da auf beiden Seiten dieser Gleichung Polynome (also stetige Funktionen, die auch an den Stellen 1 und -3 definiert sind) stehen, kann man aus der Stetigkeit folgern: (2) gilt für <u>alle</u> $x \in \mathbb{R}$.

Wir setzen nun nacheinander drei (= Anzahl der unbekannten Koeffizienten A_1,A_2,A_3) verschiedene x-Werte in die Gleichung (2) ein. Wir erhalten in diesem Beispiel drei Gleichungen mit drei Unbekannten, die wir lösen. Unter den x-Werten, die wir einsetzen, sind auf jeden Fall die Nullstellen von q, da sich dann besonders einfache Gleichungen ergeben.

Wir setzen also die Nullstellen $x_1 = 1$ und $x_2=-3$ und als dritten x-Wert etwa $x_3 = 0$ in die Gleichung (2) ein und erhalten

für $x_1=1$:

$$2+1+1 = A_1(1-1)(1+3)+A_2(1+3)+A_3(1-1)^2,$$

also $4 = 4A_2$, woraus bereits $A_2 = 1$ folgt;

für $x_2=-3$ ebenso:

$$16 = 16A_3, \text{ also } A_3 = 1$$

und für $x_3=0$:

$$1 = -3A_1+3A_2+A_3 = -3A_1+4,$$

also auch $A_1 = 1$.

Die Partialbruchzerlegung lautet somit:

$$\frac{2x^2+x+1}{(x-1)^2(x+3)} = \frac{1}{x-1} + \frac{1}{(x-1)^2} + \frac{1}{x+3}$$

Das Ergebnis überprüfen Sie wie im vorigen Beispiel.

A 29 *AUFGABE 29.- Bestimmen Sie mit Hilfe des Koeffizientenvergleichs die Partialbruchzerlegung der rationalen Funktion*

$$\frac{p(x)}{q(x)} = \frac{3x^2+3x+1}{x^3+2x^2+2x+1}.$$

A 30 *AUFGABE 30.- Bestimmen Sie die Partialbruchzerlegung der rationalen Funktion*

$$\frac{p(x)}{q(x)} = \frac{x^4+4x^3+3x^2+3x+2}{x^3(x+1)}$$

mit der Einsetzmethode.

4. Schritt: Integration rationaler Funktionen

Nach dem 3. Schritt sind wir soweit, daß die Integration von rationalen Funktionen zurückgeführt ist auf die Integration von drei Arten von Integranden, und zwar:

Integralarten

a) $\int u(x)dx$, wobei u ein Polynom ist,

b) $\int \frac{A}{(x-\alpha)^r}dx$, $r \in \mathbb{N}$,

c) $\int \frac{Bx+C}{(x^2+\beta x+\gamma)^s}dx$, $s \in \mathbb{N}$.

Sehen Sie sich die Partialbruchzerlegungen in den vorigen Beispielen an. Sie bemerken, daß immer Integrale dieser Art übrig bleiben.

Integrale der Form a) sind leicht zu berechnen. Die Berechnung von Integralen der Form b) ist ebenfalls einfach:

(12.57) $\int \frac{A}{(x-\alpha)^r}dx$

Satz.- Es gilt

$$\int \frac{A}{(x-\alpha)^r}dx = \begin{cases} \frac{A}{1-r}(x-\alpha)^{1-r}, & \text{falls } r>1 \text{ ist,} \\ A\ln|x-\alpha|, & \text{falls } r=1 \text{ ist.} \end{cases}$$

Den Beweis können Sie sich sofort mit (12.34), Seite 220, und mit Tabelle (12.17) herleiten.

Schwieriger ist die Bestimmung der Integrale vom Typ

$$\int \frac{Bx+C}{(x^2+\beta x+\gamma)^s}dx.$$

Zunächst kann man das Problem auf den etwas einfacheren Fall $B=0$ zurückführen. Dazu formen wir den Zähler des Integranden so um, daß wir - bis auf zwei Konstanten - die Ableitung von $x^2+\beta x+\gamma$, also $2x+\beta$, erhalten. Es gilt (Addition von 0):

$$Bx+C = Bx + \frac{\beta\cdot B}{2} + C - \frac{\beta\cdot B}{2} = \frac{B}{2}(2x+\beta)+(C-\frac{\beta\cdot B}{2}).$$

Also erhält man die Formel

$$\int \frac{Bx+C}{(x^2+\beta x+\gamma)^s}dx = \frac{B}{2}\int \frac{2x+\beta}{(x^2+\beta x+\gamma)^s}dx + (C-\frac{\beta\cdot B}{2})\cdot \int \frac{1}{(x^2+\beta x+\gamma)^s}dx. \quad (12.58)$$

Das erste Integral auf der rechten Seite hat die Gestalt

$$\int \frac{f'(x)}{(f(x))^s}dx.$$

Mit Hilfe der Substitutionsregel (12.31), Seite 220, läßt es sich schnell berechnen:

Satz.- Es gilt (12.59) $\int \frac{f'(x)}{(f(x))^s}dx$

$$\int \frac{2x+\beta}{(x^2+\beta x+\gamma)^s}dx = \begin{cases} \frac{1}{1-s}(x^2+\beta x+\gamma)^{1-s}, & \text{falls } s>1, \\ \ln|x^2+\beta x+\gamma|, & \text{falls } s=1 \text{ ist.} \end{cases}$$

Beispiel.- Gesucht ist $\int \frac{x+3}{(x^2+2x+2)^s}dx$. (12.60)

Dieses Integral formen wir gemäß (12.58) um. Dazu muß, wie oben, zunächst x+3 so umgeformt werden, daß die Ableitung von x^2+2x+2, also $2x+2$, auftaucht:

$$x+3 = \frac{1}{2}(2x+2)+2.$$

Damit erhalten wir:

$$(1) \quad \int \frac{x+3}{(x^2+2x+2)^s}dx = \frac{1}{2}\int \frac{2x+2}{(x^2+2x+2)^s}dx + 2\int \frac{1}{(x^2+2x+2)^s}dx.$$

Für das erste Integral auf der rechten Seite gilt nach (12.59):

$$\int \frac{2x+2}{(x^2+2x+2)^s}\,dx = \begin{cases} \frac{1}{1-s}(x^2+2x+2)^{1-s}, & \text{falls } s>1, \\ \ln|x^2+2x+2|, & \text{falls } s=1 \text{ ist.} \end{cases}$$

Es bleibt also nur noch ein Integral der Form

$$\int \frac{1}{(x^2+\beta x+\gamma)^s}\,dx$$

zu bestimmen. Erinnern Sie sich: Den Fall $s=1$ haben wir schon in Beispiel (12.37), Seite 221, gelöst. Wir erhielten dort:

(12.61) $$\int \frac{1}{x^2+\beta x+\gamma}\,dx = \frac{2}{\sqrt{4\gamma-\beta^2}} \arctan \frac{2x+\beta}{\sqrt{4\gamma-\beta^2}}, \quad 4\gamma-\beta^2>0$$

Setzen wir also in unserem Beispiel $s=1$, so erhalten wir für das zweite Integral auf der rechten Seite von (1):

$$\int \frac{1}{x^2+2x+2}\,dx = \frac{2}{\sqrt{8-4}} \arctan \frac{2x+2}{\sqrt{8-4}} = \arctan(x+1)$$

und damit insgesamt $(s=1)$:

$$\int \frac{x+3}{x^2+2x+2}\,dx = \frac{1}{2}\cdot\ln|x^2+2x+2| + 2\cdot\arctan(x+1).$$

Als letzter Fall bleibt

$$\int \frac{1}{(x^2+\beta x+\gamma)^s}\,dx \quad \text{mit } s>1$$

zu bestimmen. Wir geben hierfür eine (durch partielle Integration herleitbare) Reduktionsformel an, die den Exponenten s um 1 erniedrigt:

(12.62) $\int \frac{1}{(x^2+\beta x+\gamma)^s}dx$

$$\int \frac{1}{(x^2+\beta x+\gamma)^s}\,dx = \frac{1}{(s-1)(4\gamma-\beta^2)}\cdot\frac{2x+\beta}{(x^2+\beta x+\gamma)^{s-1}} + \frac{2(2s-3)}{(s-1)(4\gamma-\beta^2)}\int \frac{1}{(x^2+\beta x+\gamma)^{s-1}}\,dx, \quad s>1.$$

Damit haben wir den 4. Schritt und gleichzeitig die Bestimmung von Stammfunktionen zu rationalen Funktionen abgeschlossen. Wir fassen das Verfahren noch einmal zusammen:

Integration rationaler Funktionen

Das Integral $\int \frac{p(x)}{q(x)}\,dx$ ist zu bestimmen.

1. Schritt (12.50): Falls $\operatorname{grad} p > \operatorname{grad} q$ gilt, dividieren wir p durch q, so daß Polynome u und r entstehen mit

$$\frac{p(x)}{q(x)} = u(x) + \frac{r(x)}{q(x)} \quad \text{und } \operatorname{grad} r < \operatorname{grad} q.$$

2. Schritt: Das Nennerpolynom q wird zerlegt in Faktoren der Form $(x-\alpha)^r$ beziehungsweise $(x^2+\beta x+\gamma)^s$ gemäß (12.52).

3. Schritt: Die Partialbruchzerlegung von $\frac{r(x)}{q(x)}$ wird gemäß (12.54) mit Hilfe von Koeffizienvergleich oder Einsetzmethode bestimmt.

4. Schritt: Integration des Polynoms u und der entstandenen rationalen Funktionen (Partialbrüche): bei Nennerpolynomen der Art $(x-\alpha)^r$ nach (12.57); bei Nennerpolynomen der Art $(x^2+\beta x+\gamma)^s$ zunächst Aufspaltung nach (12.58), dann Integration nach (12.59) und (12.61) oder (12.62).

AUFGABE 31.- Berechnen Sie A 31

a) $\displaystyle\int \frac{x^4+4x^3+3x^2+3x+2}{x^3(x+1)}\,dx,$

b) $\displaystyle\int \frac{1}{x^3-1}\,dx.$

Die Notwendigkeit, das unbestimmte Integral einer rationalen Funktion zu bestimmen, ergibt sich oft im Anschluß an eine Substitution. Als Beispiel dazu:

AUFGABE 32.- Bestimmen Sie A 32

$$\int \frac{1+e^t}{1-e^t}\,dt.$$

Kurze Merkregelsammlung

Im folgenden sollen noch einmal ein paar Merkregeln zusammengestellt werden, mit deren Hilfe Sie in vielen Fällen unbestimmte Integrale bestimmen können. Teilweise sind sie nur eine Wiederholung schon beschriebener Sachverhalte.

Sei dazu $R(x)$ stets eine rationale Funktion in x. Ausdrücke der Form $R(x, \sin x)$ oder ähnliches bedeuten, daß es sich um rationale Funktionen etwa in x und $\sin x$ handelt.

Merkregeln.- (12.63)

(1) $\int R(x, \sqrt[k]{\frac{ax+b}{cx+d}})\,dx$: Substitution $t=\sqrt[k]{\frac{ax+b}{cx+d}}$ führt auf eine rationale Funktion in t (Bedingung $ad-bc \neq 0$).

(2) $\int R(e^{ax})\,dx$: Substitution $t=e^{ax}$ führt auf eine rationale Funktion in t.

(3) $\int R(\sin x, \cos x)dx$: Substitution $t = \tan \frac{x}{2}$ führt auf eine rationale Funktion in t.

(4) $\int R(x, \sqrt{1+x^2})dx$: Substitution $x = \sinh t$ führt auf (2).

(5) $\int R(x, \sqrt{x^2-1})dx$: Substitution $x = \cosh t$ führt auf (2)

(6) $\int R(x, \sqrt{1-x^2})dx$: Substitution $x = \cos t$ oder $x = \sin t$ führt auf (3).

(7) $\int R(x, \sqrt{ax^2+bx+c})dx$: Quadratische Ergänzung führt auf einen der Fälle (4), (5), (6).

(8) $\int P(x) \cdot \begin{Bmatrix} e^{ax} \\ \sin ax \\ \cos ax \end{Bmatrix} dx$: Partielle Integration

(P Polynom) $g(x) = P(x)$, $f'(x) = \begin{Bmatrix} e^{ax} \\ \sin ax \\ \cos ax \end{Bmatrix}$.

Zur Verdeutlichung noch zu jedem Fall ein Rückverweis oder eine Aufgabe.

Zu (1):

A 33 *AUFGABE 33.- Berechnen Sie*

$$\int \frac{1}{(x-1)^2} \sqrt[3]{\frac{x+1}{x-1}}\, dx.$$

Zu (2) haben Sie ein Beispiel in Aufgabe 32 gerechnet.

Für die Fälle (3) - (6) gilt:
Sehen Sie sich zu (3) noch einmal die Ausführungen über die spezielle Substitution $t = \tan \frac{x}{2}$ vor und im Beispiel (12.42), Seite 224, an und zu (4) - (6) den Abschnitt über die Substitutionsregel in der Fassung (12.39) mit den Beispielen (12.41)(2) und (3) und Aufgabe 19.

Zur Übung können Sie sich noch mit der

A 34 *AUFGABE 34.- Berechnen Sie* $\int x\sqrt{1+x^2}\, dx$.

beschäftigen.

Zu (7) bieten wir Ihnen folgende Aufgabe an:

A 35 *AUFGABE 35.- Bestimmen Sie*

$$\int \frac{x}{\sqrt{\frac{1}{3}x^2 - 2x}}\, dx.$$

Regel (8) ist klar, wenn Sie sich noch einmal Beispiel (12.25), Seite 217, oder Aufgabe 12a) und b) ansehen.

ZUSAMMENFASSUNG

Zu Beginn dieses Kapitels haben wir einen Zusammenhang zwischen Differentiation und Integration hergestellt. Dieser Zusammenhang sollte Ihnen klar geworden sein, und Sie sollten seine Grundlage, den Hauptsatz der Differential- und Integralrechnung (12.2), Seite 208, exakt wiedergeben und interpretieren können: Ziel 1

Sei $f : [a,b] \to \mathbb{R}$ stetig und $F : [a,b] \to \mathbb{R}$ definiert durch

$$F(x) := \int_a^x f(t)dt.$$

Dann ist F differenzierbar, und es gilt

$$F'(x) = f(x) \quad \text{für alle } x \in [a,b].$$

Dies bedeutet unter anderem: F ist eine Stammfunktion von f auf [a,b] und <u>jede</u> stetige Funktion f auf [a,b] besitzt eine Stammfunktion.
Beim Umgang mit Stammfunktionen sollten Sie Satz (12.6), Seite 210, anwenden können. Dieser Satz beschreibt die Menge aller Stammfunktionen einer gegebenen Funktion f. Ziel 2
Sie sollten wissen, daß das unbestimmte Integral $\int f(x)dx$ eine nützliche Bezeichnung für <u>eine</u> (beliebige) Stammfunktion von f ist und den Unterschied zu einem bestimmten Integral kennen. Ziel 3 Sie sollten ferner wissen, wie man bei Kenntnis von Stammfunktionen bestimmte Integrale einfach berechnet, d.h. Sie sollten den Hauptsatz in der Fassung des Satzes (12.8), Seite 211, anwenden können: Ziel 4

Sei $f : [a,b] \to \mathbb{R}$ stetig und F eine beliebige Stammfunktion von f auf [a,b]. Dann gilt

$$\int_a^b f(t)dt = F(b) - F(a).$$

Der Paragraph 7 stand ganz im Zeichen der verschiedenen Methoden, eine Stammfunktion zu finden. Die Methode der partiellen Integration, Satz (12.24), Seite 217:

f,g stetig differenzierbar auf I. Dann ist Ziel 5

$$\int f'(x)g(x)dx = f(x)g(x) - \int g'(x)f(x)dx$$

und die Methoden der Substitution, Satz (12.31), Seite 220:

$g : I \to \mathbb{R}$ stetig differenzierbar und
$f : g(I) \to \mathbb{R}$ stetig. Dann gilt Ziel 6

$$\int f(g(x))\cdot g'(x)\,dx = \int f(y)\,dy\Big|_{y=g(x)}.$$

oder Satz (12.39), Seite 222:

Ziel 7 Ist g zusätzlich injektiv, so gilt

$$\int f(x)\,dx = \int f(g(u))\cdot g'(u)\,du\Big|_{u=g^{-1}(x)}.$$

sollten Sie auswendig können und anwenden können.

Es ist eine Kunst, jeweils zu wissen, welche Methode bei welchem Integral mit welchen Funktionen anzuwenden ist. Es wäre vermessen, diese
Ziel 8 Kunstfertigkeit von Ihnen zu verlangen. Sie sollten jedoch wissen, daß Ihnen die Merkregelsammlung (12.63), Seite 233/34, für einige Ty-
Ziel 9 pen von Integranden wichtige Hinweise gibt. Ferner sollten Sie mindestens die Grundintegrale der Tabelle (12.17), Seite 215, auswendig wissen.

Ziel 10 Mit Hilfe der Methode der Partialbruchzerlegung sollten Sie die unbestimmten Integrale solcher rationalen Funktionen berechnen können, deren Nennerpolynom sich (nicht nur prinzipiell) in Linearfaktoren und quadratische Faktoren zerlegen läßt. Dies ist ausführlich beschrieben in § 9 von (12.50), Seite 228, bis (12.62), Seite 233, und noch einmal zusammengefaßt auf Seite 233.

Als eine Anwendung des Hauptsatzes haben wir alle Lösungen der Differentialgleichung $y' = f$ zu gegebenem f bzw. die eindeutig bestimmte Lösung des Anfangswertproblems

$$y' = f \quad \text{mit } y(a) = \alpha$$

durch Integration bestimmt (§ 4, Seite 212f). Ziel 11
Sie sollten diese Methode bei ähnlichen Beispielen nachvollziehen können.

Eine weitere Anwendung der Integralrechnung bestand in der Untersuchung der separablen Differentialgleichung $y' = \frac{f(x)}{g(y)}$ (§ 8 ab Seite 225). Sie haben gesehen: wenn man beide Seiten der Gleichung

$$\int g(y)\,dy = \int f(x)\,dx$$

berechnet und anschließend nach $y = y(x)$ auflöst, erhält man eine Lösungsschar der separablen Differentialgleichung. Vergessen Sie dabei die Konstanten nicht, um die sich Stammfunktionen derselben Funktion unterscheiden.
Sie sollten Anfangswertprobleme zur separablen Ziel 12
Differentialgleichung analog zu Beispiel (12.48), Seite 227, und Aufgabe 24 oder mit (12.49), Seite 228, lösen können.

Kapitel 13. Uneigentliche Integrale

EINLEITUNG

Bei der Definition des Integrals in Kapitel 7 haben wir nur abgeschlossene Integrationsintervalle $[a,b]$ und nur beschränkte Integranden zugelassen. Diese Einschränkungen gelten auch in dem vorangegangenen Kapitel. Daher sind Integrale wie zum Beispiel $\int_0^\infty e^{-x}\,dx$ oder $\int_0^1 \frac{1}{\sqrt{x}}\,dx$ noch nicht definiert.

Integrale der Gestalt $\int_a^\infty$ *treten zum Beispiel auf, wenn Sie die Arbeit ermitteln wollen, die mindestens nötig ist, um mit einer Rakete das Schwerefeld der Erde zu verlassen.*

Wir wollen jetzt *den Integralbegriff erweitern*. Zuerst werden wir als Integrationsintervalle unbeschränkte Intervalle, etwa $[a,\infty[$, zulassen. Anschließend wird ein Integrand, der in einem Punkt eines abgeschlossenen Intervalls unbeschränkt ist, betrachtet. In beiden Fällen wird das neu definierte Integral als *uneigentliches Integral* bezeichnet.

Anwendungen dieser Erweiterung werden Sie vor allem im zweiten Teil dieses Kapitels kennenlernen.

§ 1 UNBESCHRÄNKTES INTEGRATIONSINTERVALL

(13.1) SPRECHWEISE.- Wir betrachten ein unbeschränktes Intervall der Form $[a,\infty[$ und eine Funktion f mit der Eigenschaft:

$$\int_a^x f(t)\,dt \text{ existiert für alle } x \text{ mit } a \le x < \infty.$$

lokal integrierbar

Wir nennen f dann *lokal integrierbar*.

Entsprechend wird lokale Integrierbarkeit für Funktionen $f\colon]b,a] \longrightarrow \mathbb{R}$ definiert, falls $b \in \mathbb{R}$ oder $b = -\infty$.

Wir wollen uns an einem Beispiel überlegen, wie man ein Integral der Form $\int_a^\infty f(t)\,dt$ sinnvoll definieren könnte.

BEISPIEL.- (1) Wie kann man den Flächeninhalt I_f einer Fläche, die durch die t-Achse, die y-Achse und den Graphen der Funktion $f(t) = \frac{1}{1+t^2}$, $t \in [0,\infty[$, begrenzt ist, definieren? (13.2) $\int_0^\infty \frac{1}{1+t^2}\,dt$

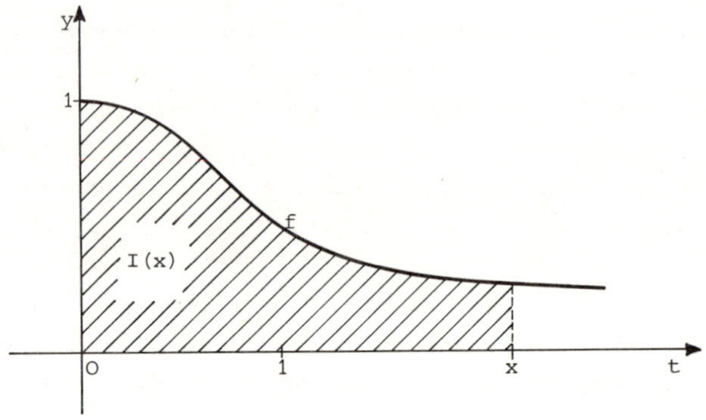

Bild 1.- $I(x) := \int_0^x \frac{1}{1+t^2}\,dt$

Bisher ist dieser Flächeninhalt nicht definiert, da die Ordinatenmenge nicht beschränkt ist. Jedoch können wir für jedes $x \ge 0$ das Integral $I(x)$ über $[0,x]$ berechnen.
($f(t) = \frac{1}{1+t^2}$ *ist lokal integrierbar über* $[0,\infty[$).

Es gilt mit (12.17):

$$I(x) := \int_0^x \frac{1}{1+t^2}\,dt = \arctan x - \arctan 0 = \arctan x.$$

Es liegt nun nahe, den gesuchten Flächeninhalt I_f durch

$$I_f := \lim_{x\to\infty} I(x) = \lim_{x\to\infty} \arctan x = \frac{\pi}{2}$$

zu definieren.

(2) Versuchen wir dasselbe Vorgehen für $f(t) = \frac{1}{1+t}$, $t \in [0,\infty[$.

Wenn Sie eine grobe Skizze des Graphen dieser Funktion machen, werden Sie keinen großen qualitativen Unterschied zu dem oben betrachteten Fall feststellen.

Wir erhalten dabei:

$$I(x) = \int_0^x \frac{1}{1+t}\,dt = \ln(1+x)$$ $\int_0^\infty \frac{1}{1+t}\,dt$

und sehen, daß der Grenzwert von $\ln(1+x)$ für x gegen ∞ nicht existiert.

Es gibt also Funktionen, für die sich der gesuchte Flächeninhalt I_f als Grenzwert definieren läßt; bei anderen Funktionen ist dies nicht möglich. Die im Beispiel gewonnene Idee wollen wir nun zu einer allgemeinen Defininition verwenden.

(13.3) uneigentliches Integral

$\int_a^\infty f(t)\,dt$

$\int_{-\infty}^a f(t)\,dt$

DEFINITION.- a) Es sei f lokal integrierbar über $[a,\infty[$. Existiert dann $\lim_{x\to\infty} \int_a^x f(t)\,dt$, so sagt man, daß das *uneigentliche Integral* $\int_a^\infty f(t)\,dt$ *konvergiert*. f heißt dann *über* $[a,\infty[$ *uneigentlich integrierbar*. Der Grenzwert wird mit $\int_a^\infty f(t)\,dt$ bezeichnet.
Existiert der Grenzwert nicht, so sagt man, daß das *uneigentliche Integral* $\int_a^\infty f(t)\,dt$ *divergiert*.

b) Formulieren Sie entsprechend für $\int_{-\infty}^a f(t)\,dt$.

(13.4) $\int_1^\infty \frac{1}{t^r}\,dt$

BEISPIELE.- (1) Das uneigentliche Integral $\int_1^\infty \frac{1}{t^r}\,dt$ konvergiert für $r>1$ und divergiert für $r \leq 1$. Für $r>1$ gilt $\int_1^\infty \frac{1}{t^r}\,dt = \frac{1}{r-1}$.

Es gilt, $\lim_{x\to\infty} \int_1^x \frac{1}{t^r}\,dt$ zu untersuchen. Sie wissen bereits aus (12.17)(a):

$$\int_1^x \frac{1}{t^r}\,dt = \begin{cases} \frac{x^{1-r}-1}{1-r}, & r \neq 1 \\ \ln x, & r = 1. \end{cases}$$

Wir unterscheiden drei Fälle:

a) Sei $r>1$, d.h. $1-r<0$. Dann ist

$$\lim_{x\to\infty}\left(\int_1^x \frac{1}{t^r}\,dt\right) = \lim_{x\to\infty}\left(\frac{x^{1-r}-1}{1-r}\right) = \frac{-1}{1-r} = \frac{1}{r-1},$$

da $\lim_{x\to\infty}(x^{1-r}) = 0$ für $1-r<0$.

b) Für $r=1$ folgt wegen $\lim_{x\to\infty}(\ln x) = \infty$, daß $\int_1^\infty \frac{1}{t}\,dt$ divergiert.

c) Für $r<1$, d.h. $1-r>0$ ist $\lim_{x\to\infty}\left[\frac{1}{1-r}(x^{1-r}-1)\right] = \infty$, also divergiert in diesem Fall $\int_1^\infty \frac{1}{t^r}\,dt$.

Aus a) bis c) folgt dann die Behauptung.

$\int_a^\infty \frac{1}{(t+c)^r}\,dt$

BEMERKUNG.- Das Konvergenz- bzw. Divergenzverhalten des wichtigen Beispiels (1) überträgt sich auch auf das Integral

$$\int_a^\infty \frac{1}{(t+c)^r}\,dt,$$

falls $-c<a$ ist. (Warum?)

(2) Konvergiert $\int_0^\infty \cos t\,dt$? Zu untersuchen ist:

$$\lim_{x\to\infty}\int_0^x \cos t\,dt = \lim_{x\to\infty}(\sin x - \sin 0) = \lim_{x\to\infty}\sin x.$$

Behauptung: $\lim_{x\to\infty}(\sin x)$ existiert nicht !
Für Konvergenz muß gelten: $\lim_{x\to\infty} f(x)$ *konvergiert genau dann gegen ein* $c \in \mathbb{R}$, *wenn für jede Folge* (x_n) *mit* $\lim_{n\to\infty} x_n = \infty$ *gilt:*

$$\lim_{n\to\infty} f(x_n) = c.$$

Nehmen wir die spezielle Folge $(x_n)_{n\in\mathbb{N}}$ mit $x_n = n\cdot\frac{\pi}{2}$. Dann ist $\lim_{n\to\infty} x_n = \infty$, aber die Folge der Funktionswerte ist divergent:

$$(\sin x_n)_{n\in\mathbb{N}} = (\sin n\cdot\tfrac{\pi}{2})_{n\in\mathbb{N}} = (1,0,-1,0,1,0,-1,0,\ldots),$$

weil $\sin n\cdot\frac{\pi}{2} = 0$ für n gerade,

$\sin n\cdot\frac{\pi}{2} = 1$ für $n \in \{1,5,9,\ldots\}$,

$\sin n\cdot\frac{\pi}{2} = -1$ für $n \in \{3,7,11,\ldots\}$.

Daher divergiert auch das uneigentliche Integral $\int_0^\infty \cos t\,dt$.

(3) Im Nullpunkt eines Koordinatensystems befindet sich eine Masse M. Diese zieht eine Masse m an, die sich im Abstand r auf der x-Achse befindet. Die Anziehungskraft beträgt Arbeit in Abhängigkeit vom Abstand zweier Massen

$$F(x) = \gamma\,\frac{mM}{x^2},$$

γ ist eine Proportionalitätskonstante. Diese Gleichung ist das Newtonsche Gesetz.
Wie groß ist die Arbeit W, die geleistet werden muß, um die Masse m längs der x-Achse von $x=r$ nach Unendlich zu verschieben ?

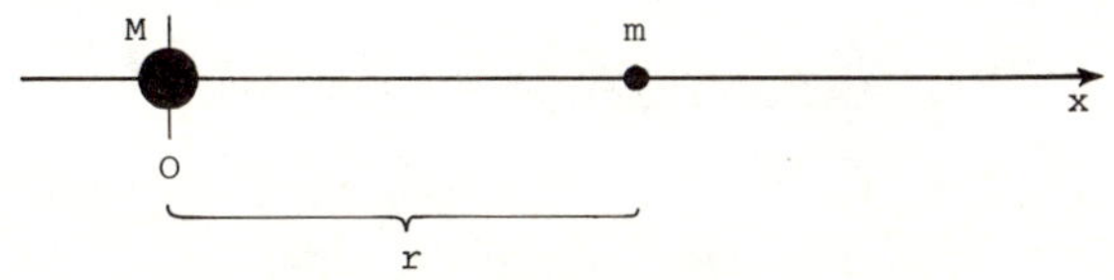

Bild 2.- Massen im Abstand r

Die Kraft F_1, die benötigt wird, um m von M weg zu bewegen, ist der oben angegebenen Kraft F entgegengesetzt, d.h. $F_1(x) = -F(x) = -\gamma\frac{mM}{x^2}$.
Analog zu Kapitel 7, Seite 97 gilt:

$$W(r) = \int_r^\infty F_1(x)\,dx = -\gamma mM \int_r^\infty \frac{1}{x^2}\,dx$$

$$= -\gamma mM\cdot\lim_{k\to\infty}\int_r^k \frac{1}{x^2}\,dx$$

$$= -\gamma mM\cdot\lim_{k\to\infty}\left[-\frac{1}{k}+\frac{1}{r}\right] = -\gamma mM\frac{1}{r}.$$

D.h. die aufzuwendende Arbeit ist umgekehrt

proportional zu dem ursprünglichen Abstand. (*)

A 1 *AUFGABE 1.- a) Untersuchen Sie*

$$\int_0^{\infty} e^{-t}\,dt \qquad \text{und} \qquad \int_{-\infty}^{-\frac{2}{\pi}} \frac{1}{t^2}\sin\frac{1}{t}\,dt$$

auf Konvergenz.

b) Bestimmen Sie die Arbeit W in Aufgabe 7 von Kapitel 12, wenn sich das Gas unendlich ausdehnt.

INTEGRATIONSINTERVALL $]-\infty,\infty[$

(13.5) $\int_{-\infty}^{\infty} f(t)\,dt$

DEFINITION.- Es sei $f:]-\infty,\infty[\longrightarrow \mathbb{R}$ gegeben. Gibt es ein $c \in \mathbb{R}$ so, daß die uneigentlichen Integrale $\int_{-\infty}^{c} f(t)\,dt$ und $\int_{c}^{\infty} f(t)\,dt$ konvergieren, dann *konvergiert* $\int_{-\infty}^{\infty} f(t)\,dt$, und wir setzen

$$\int_{-\infty}^{\infty} f(t)\,dt := \int_{-\infty}^{c} f(t)\,dt + \int_{c}^{\infty} f(t)\,dt\,.$$

Anderenfalls *divergiert* $\int_{-\infty}^{\infty} f(t)\,dt$. (**)

ERGÄNZUNG.- Das uneigentliche Integral kann auch so geschrieben werden:

$$\int_{-\infty}^{\infty} f(t)\,dt = \lim_{y\to-\infty}\left(\int_{y}^{c} f(t)\,dt\right) + \lim_{x\to\infty}\left(\int_{c}^{x} f(t)\,dt\right).$$

Achtung! unabhängiger Grenzübergang

Wichtig ist hierbei, daß beide uneigentlichen Integrale unabhängig voneinander konvergieren müssen; d.h. x und y müssen unabhängig voneinander gegen $-\infty$ und ∞ streben.

(13.6) $\int_{-\infty}^{\infty} \frac{1}{1+t^2}\,dt$

BEISPIEL.- Gesucht ist

$$\int_{-\infty}^{\infty} \frac{1}{1+t^2}\,dt$$

Aus Beispiel (13.2) ist bekannt:

$$\int_0^{\infty} \frac{1}{1+t^2}\,dt = \lim_{x\to\infty} \arctan x = \frac{\pi}{2}\,.$$

Wir müssen also nur noch $\int_{-\infty}^{0} \frac{1}{1+t^2}\,dt$ auf Konvergenz untersuchen. Es gilt:

$$\lim_{y\to-\infty} \int_y^0 \frac{1}{1+t^2}\,dt = \lim_{y\to-\infty} (\arctan 0 - \arctan y) = \frac{\pi}{2}\,,$$

weil $\lim_{y\to-\infty} \arctan y = -\frac{\pi}{2}$ ist. Damit folgt, daß $\int_{-\infty}^{\infty} \frac{1}{1+t^2}\,dt$ konvergiert und

$$\int_{-\infty}^{\infty} \frac{1}{1+t^2}\,dt = \int_{-\infty}^{0} \frac{1}{1+t^2}\,dt + \int_{0}^{\infty} \frac{1}{1+t^2}\,dt = \frac{\pi}{2} + \frac{\pi}{2} = \pi.$$

(*) Die Rechnung zeigt, daß die obere Integrationsgrenze ∞ dem Problem angemessener ist als eine beliebig große Zahl.

(**) Wenn $\int_{-\infty}^{\infty} f(t)\,dt$ konvergiert, konvergieren die uneigentlichen Integrale $\int_{-\infty}^{c} f(t)\,dt$ und $\int_{c}^{\infty} f(t)\,dt$ für jedes $c \in \mathbb{R}$. Die Zahl $\int_{-\infty}^{\infty} f(t)\,dt$ ist unabhängig von der Wahl von c. Warum?

$\int_{-\infty}^{\infty} f(t)\,dt$ ist divergent, falls es ein $c \in \mathbb{R}$ so gibt, daß $\int_{-\infty}^{c} f(t)\,dt$ oder $\int_{c}^{\infty} f(t)\,dt$ divergiert.

AUFGABE 2.- a) Konvergiert $\int_{-\infty}^{\infty} e^{-a|t|}\,dt$, *falls* $a > 0$ *ist?* A 2

b) Im Bild 3 (unten) ist ein stromdurchflossener Leiter der Länge $s = l_2 - l_1$ *dargestellt. Fließt durch den Leiter der Strom I, so ergibt sich die magnetische Feldstärke nach dem Gesetz von Biot-Savart im Punkt P zu*

$$H = \frac{I}{4\pi}\int_{l_1}^{l_2} \frac{a}{(a^2+l^2)^{3/2}}\,dl\,.$$

Untersuchen Sie den Fall, daß der Leiter nach beiden Seiten unendlich ausgedehnt ist. Überprüfen Sie das Ergebnis mit Hilfe des Durchflutungssatzes

$$\int_0^{2\pi} H(r)\cdot r\,d\varphi = I,\quad r = a.$$

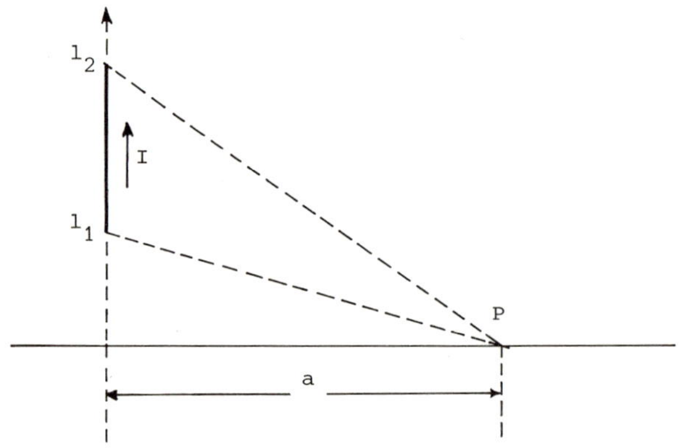

Bild 3.- Stromdurchflossener Leiter

HINWEIS.- *Wie schon erwähnt, ist es wichtig, daß die Grenzwerte gegen die beiden Integralgrenzen unabhängig gebildet werden. Beachtet man das nicht, indem man z.B.* $\lim_{x\to\infty} \int_{-x}^{x} f(t)\,dt$ *untersucht, so kann sich für diesen Ausdruck Konvergenz ergeben, obwohl das uneigentliche Integral* $\int_{-\infty}^{\infty} f(t)\,dt$ *divergiert.* Achtung

BEISPIEL.- Betrachten wir dazu das uneigentliche Integral (13.7)

$$\int_{-\infty}^{\infty} t\,dt.$$

$\int_{-\infty}^{\infty} t\,dt$

Es gilt (mit $c = 0$):

$$\lim_{x\to\infty} \int_0^x t\,dt = \lim_{x\to\infty} \left(\frac{1}{2}x^2\right) = \infty$$

(und $\lim_{y\to-\infty} \int_y^0 t\,dt = \lim_{y\to-\infty} (-\frac{1}{2}y^2) = -\infty$).
Das uneigentliche Integral divergiert. Daher divergiert auch $\int_{-\infty}^{\infty} t\,dt$.

<u>Aber</u>:

$$\lim_{x\to\infty} \int_{-x}^{x} t\,dt = \lim_{x\to\infty} (\frac{1}{2}x^2 - \frac{1}{2}(-x)^2) = \lim_{x\to\infty} 0 = 0 ,$$

also existiert $\lim_{x\to\infty} \int_{-x}^{x} t\,dt$.

Dieser letzte Grenzwert, der <u>nicht</u> das uneigentliche Integral darstellt, hat, weil er manchmal sinnvoll genutzt werden kann, einen eigenen Namen: Existiert $\lim_{x\to\infty} \int_{-x}^{x} f(t)\,dt$, so spricht man vom "Cauchy'schen Hauptwert des Integrals".

Konvergenzkriterien

Oft genügt es - wie für Reihen -, von einem uneigentlichen Integral zu sagen, ob es konvergiert oder divergiert. Im Kapitel 8 hatten Sie für Reihen mehrere Konvergenzkriterien kennengelernt - unter anderem ein Vergleichskriterium. Etwas Entsprechendes gibt es auch für uneigentliche Integrale.

A 3 *<u>AUFGABE 3</u>.- Sehen Sie sich das Majorantenkriterium für Reihen noch einmal an und versuchen Sie selbst, ein entsprechendes Kriterium für uneigentliche Integrale zu formulieren.*

Um den Weg zum Beweis des Vergleichskriteriums möglichst überschaubar zu halten, wird zuerst der Fall betrachtet, daß f positiv und beschränkt ist. Danach wird eine Beziehung zwischen den uneigentlichen Integralen über eine Funktion f und über ihrem Absolutbetrag |f| hergestellt. Mit Hilfe dieser Aussagen kann dann ein Vergleichskriterium schnell hergeleitet werden.

(13.8) **Hilfssatz.-** Es sei f lokal integrierbar über $[a,\infty[$ und nicht negativ. Ferner existiere eine Konstante $M > 0$ so, daß

$$I(x) := \int_a^x f(t)\,dt \le M$$

für alle $x \ge a$ ist. Dann konvergiert $\int_a^\infty f(t)\,dt$.

Beweis.- Für jede monoton wachsende Folge (x_n) mit $\lim_{n\to\infty} x_n = \infty$ ist die Folge $(I(x_n))$ monoton wachsend und beschränkt. Daher existiert $\lim_{n\to\infty} I(x_n)$.
Überlegen Sie: $x \mapsto I(x)$ ist stetig in $[0,\infty[$, also ist dieser Grenzwert unabhängig von der Wahl der Folge (x_n), deshalb existiert $\lim_{x\to\infty} I(x)$ und daher konvergiert $\int_a^\infty f(t)\,dt$. (Wieso genügt es, monoton wachsende Folgen (x_n) zu betrachten?)

Wir kommen jetzt zu der Beziehung zwischen der Konvergenz von $\int_a^\infty f(t)\,dt$ und $\int_a^\infty |f(t)|\,dt$.

Hilfssatz.- Es sei f lokal integrierbar über $[a,\infty[$ und es konvergiere $\int_a^\infty |f(t)|\,dt$. Dann konvergiert auch $\int_a^\infty f(t)\,dt$. (13.9)

Beweis.- Mit f ist auch |f| lokal integrierbar über $[a,\infty[$ (nach Satz (7.31)(a)).

Es geht jetzt darum, eine Situation so zu schaffen, daß Hilfssatz (13.8) angewendet werden kann.

Wir definieren dazu eine Hilfsfunktion

$$g(t) := f(t) + |f(t)| \quad \text{für alle } t \ge a.$$

Dann gilt:

$$0 \le g(t) \le 2|f(t)| \quad \text{für alle } t \ge a.$$

Daraus folgt:

(1) $\int_a^x g(t)\,dt \le 2 \int_a^x |f(t)|\,dt$ für alle $x \ge a$, (7.31)(c).

Aus der vorausgesetzten Konvergenz von $\int_a^\infty |f(t)|dt$ folgt:

(2) $2 \int_a^x |f(t)|dt \le 2 \int_a^\infty |f(t)|\,dt =: M.$

Aus (1) und (2) erhält man:

$$\int_a^x g(t)\,dt \le M \quad \text{für alle } x \ge a.$$

g erfüllt also die Voraussetzungen von Hilfssatz (13.8). Daher konvergiert $\int_a^\infty g(t)\,dt$.

Wegen $\int_a^x g(t)\,dt = \int_a^x (f(t) + |f(t)|)\,dt = \int_a^x f(t)\,dt + \int_a^x |f(t)|\,dt$ ist

$$\int_a^x f(t)\,dt = \int_a^x g(t)\,dt - \int_a^x |f(t)|\,dt .$$

Da die rechte Seite für x gegen ∞ konvergiert, konvergiert auch $\int_a^\infty f(t)\,dt$.

Satz (13.9) steht in Analogie zu dem entsprechenden Satz (8.28) im Kapitel 8. Jede absolut uneigentlich integrierbare Funktion ist uneigentlich integrierbar. absolut uneigentlich integrierbar

Wir kommen jetzt zum Vergleichskriterium.

Satz.- Es seien f,g zwei auf $[a,\infty[$ definierte lokal integrierbare Funktionen. (13.10) Vergleichskriterium

(a) Ist $|f(t)| \le g(t)$ für alle $t \in [a,\infty[$ und konvergiert $\int_a^\infty g(t)\,dt$, dann konvergiert auch $\int_a^\infty f(t)\,dt$ und es gilt: Konvergenz

$$\left|\int_a^\infty f(t)\,dt\right| \le \int_a^\infty |f(t)|\,dt \le \int_a^\infty g(t)\,dt .$$

Divergenz

(b) Gilt $0 \leq g(t) \leq f(t)$ für alle $t \in [a,\infty[$ und divergiert $\int_a^\infty g(t)\,dt$, dann divergiert auch $\int_a^\infty f(t)\,dt$.

BEWEIS.- (a) Aus $|f(t)| \leq g(t)$ für alle $t \in [a,\infty[$ folgt:

(1) $\int_a^x |f(t)|\,dt \leq \int_a^x g(t)\,dt$ für alle $x \geq a$ (7.31)(c).

Ferner gilt:

(2) $\int_a^x g(t)\,dt \leq \int_a^\infty g(t)\,dt =: M$ für alle $x \geq a$,

weil g nicht-negativ ist und weil $\int_a^\infty g(t)\,dt$ konvergiert. Es folgt aus (1) und (2):

$$\int_a^x |f(t)|\,dt \leq M \quad \text{für alle } x \geq a,$$

d.h. $\int_a^\infty |f(t)|\,dt$ konvergiert nach Hilfssatz (13.8).

Damit konvergiert auch $\int_a^\infty f(t)\,dt$ nach Hilfssatz (13.9).

Die Ungleichung ergibt sich sofort mit Satz (7.31) (a) und (c) und den Eigenschaften von Grenzwerten.

(b) Nehmen wir an, daß $\int_a^\infty f(t)\,dt$ konvergiert. Dann konvergiert wegen $|g(t)| = g(t)$ nach Teil (a) auch $\int_a^\infty g(t)\,dt$. Das ist ein Widerspruch zur Voraussetzung.

BEMERKUNG.- Satz (13.10) gilt entsprechend auch für $\int_{-\infty}^a f(t)\,dt$.

Das Vergleichskriterium ist sehr hilfreich bei der Feststellung von Konvergenz oder Divergenz uneigentlicher Integrale. Wichtig ist nur, Vergleichsfunktionen zu haben.

(13.11) BEISPIEL.- Behauptung:

$$\int_0^\infty \frac{t}{t^2+2t+5}\,dt \quad \text{divergiert.}$$

(Sie können leicht selbst überprüfen, daß der Integrand lokal integrierbar ist!)

BEWEIS.- Für $t \geq 5$ gilt:

$$\frac{t}{t^2+2t+5} = \frac{1}{t+2+\frac{5}{t}} \geq \frac{1}{t+3}.$$

Da $\int_5^\infty \frac{1}{t+3}\,dt$ nach Beispiel (13.2) divergiert, divergiert auch $\int_5^\infty \frac{1}{t^2+2t+5}\,dt$ nach Satz (13.10)

(b) und damit auch $\int_0^\infty \frac{t}{t^2+2t+5}\,dt$.

BEMERKUNG.- Im Beispiel (13.11) ist verwendet: Falls f lokal integrierbar über $[a,\infty[$ und $a<b$ ist, dann konvergieren bzw. divergieren $\int_a^\infty f(t)\,dt$ und $\int_b^\infty f(t)\,dt$ immer gleichzeitig. (13.12)

Denken Sie daran, daß sich beide uneigentlichen Integrale nur um die Zahl $\int_a^b f(t)\,dt$ *unterscheiden).*

Genau wie in Beispiel (13.11) werden oft die aus Beispiel (13.4) bekannten Funktionen $g = \frac{c}{t^r}$ $(c>0)$ als Vergleichsfunktionen herangezogen.

Vergleichsfunktionen $g(t) = \frac{c}{t^r}$

AUFGABE 4.- Untersuchen Sie auf Konvergenz A 4

a) $\int_0^\infty e^{-t}\sin t\,dt$ b) $\int_0^\infty \frac{1}{\sqrt{t^3+1}}\,dt$

c) $\int_0^\infty \frac{t}{\sqrt{t^4+1}}\,dt$ d) $\int_{-\infty}^0 \frac{t\cdot\arctan t}{t^3-1}\,dt$.

Wir betrachten jetzt Integranden, die in einem Punkt eines abgeschlossenen Intervalls unbeschränkt sind.

§ 2 UNBESCHRÄNKTER INTEGRAND

An einem Beispiel wollen wir überlegen, wie man ein Integral der Form $\int_a^b f(t)\,dt$, wenn f für x gegen a unbeschränkt wird, sinnvoll definieren kann.

SPRECHWEISE.- Die Funktion f heißt *unbeschränkt in a*, wenn $\lim_{x\to a} f(x)$ gleich ∞ oder $-\infty$ ist.

unbeschränkt in a

BEISPIEL.- Wie kann der Flächeninhalt I_f einer Fläche, die durch die t-Achse, die y-Achse, die Gerade durch $t=1$ und den Graph der Funktion $f(t) = \frac{1}{t^\alpha}$ $(\alpha>0)$ gegeben ist, definiert werden? (13.13) $\int_0^1 \frac{1}{t^\alpha}\,dt$

(Bild siehe nächste Seite).

Dieser Flächeninhalt ist zunächst nicht definiert, weil die Ordinatenmenge nicht beschränkt ist. Jedoch kann für jedes x mit $0 < x \leq 1$ das Integral I(x) über $[x,1]$ berechnet werden.

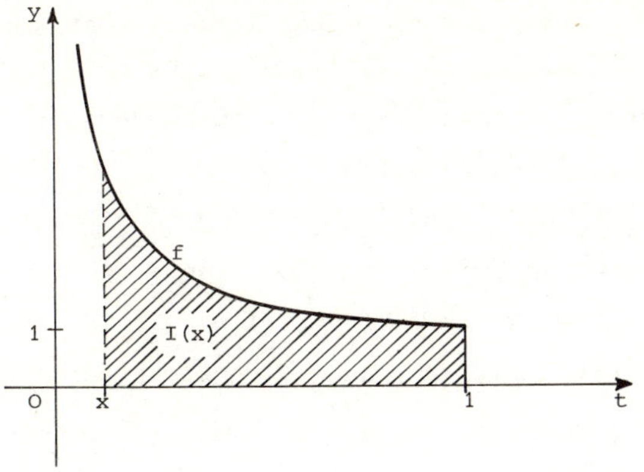

Bild 4.- $I(x) := \int_x^1 \frac{1}{t^\alpha}\,dt,\ \alpha = \frac{1}{2}$

Es gilt nach (12.17):

$$I(x) := \int_x^1 \frac{1}{t^\alpha}\,dt = \begin{cases} \left[\frac{1}{1-\alpha}\, t^{1-\alpha}\right]_x^1, & \alpha \neq 1 \\ [\ln t]_x^1, & \alpha = 1 \end{cases}$$

$$= \begin{cases} \frac{1}{1-\alpha}\,(1-x^{1-\alpha}), & \alpha \neq 1 \\ -\ln x, & \alpha = 1. \end{cases}$$

Es liegt wieder nahe, den gesuchten Flächeninhalt I_f durch den rechtsseitigen Grenzwert für x gegen 0 zu definieren.

Dann erhalten wir für $0 < \alpha < 1$ und $x > 0$.

$$I_f := \lim_{x\to 0} \int_x^1 \frac{1}{t^\alpha}\,dt = \lim_{x\to 0} \left(\frac{1}{1-\alpha}\,(1-x^{1-\alpha})\right) = \frac{1}{1-\alpha},$$

weil $\lim_{x\to 0}(-x^{1-\alpha}) = 0$ ist.

Für $\alpha \geq 1$ existiert dieser Grenzwert jedoch nicht, weil

für $\alpha = 1$ $\quad \lim_{x\to 0}(-\ln x) = \infty$ und

für $\alpha > 1$ $\quad \lim_{x\to 0}\left(\frac{1}{1-\alpha}\,(1-x^{1-\alpha})\right) = -\infty$ wegen

$\lim_{x\to 0}(x^{1-\alpha}) = \infty$.

(13.14) **DEFINITION.-** Es sei f lokal integrierbar über]a,b] und unbeschränkt in a. Existiert dann $\lim_{\substack{x\to a\\x>a}} \int_x^b f(t)\,dt$, so sagt man: das *uneigentliche Integral* $\int_a^b f(t)\,dt$ *konvergiert*. f heißt dann *über*]a,b] *uneigentlich integrierbar*. Der Grenzwert wird mit $\int_a^b f(t)\,dt$ bezeichnet.

Existiert der Grenzwert nicht, dann sagt man, daß das *uneigentliche Integral* $\int_a^b f(t)\,dt$ *divergiert*.

uneigentliches Integral

Konvergenz

Divergenz

Entsprechend definiert man das uneigentliche Integral, falls f in b unbeschränkt ist.

BEMERKUNGEN.- (1) Wir werden im Falle des unbeschränkten Integranden oft von einem *uneigentlichen Integral der zweiten Art* sprechen. (13.15)

uneigentliches Integral zweiter Art

(2) Falls f beschränkt ist auf [a,b], dann stimmt natürlich das uneigentliche Integral zweiter Art mit dem bestimmten ("eigentlichen") Integral überein.

(3) Wenn Sie Definition (13.14) mit Definition (13.3) vergleichen, stellen Sie vielleicht fest, daß beide zusammengefaßt werden könnten. Dazu muß nur in Definition (13.14) $a = -\infty$ zugelassen werden.

Zusammenhang zwischen uneigentlichen Integralen erster und zweiter Art

Man kann auch ein uneigentliches Integral der 2. Art ohne weiteres mittels Substitution in ein uneigentliches Integral der 1. Art überführen (und umgekehrt). Nehmen Sie etwa das uneigentliche Integral $\int_0^1 \frac{1}{\sqrt{t}}\,dt$. Wir substituieren $t = \frac{1}{z^2}$ $\left(z = \frac{1}{\sqrt{t}}\right)$, $\frac{dt}{dz} = -2\,\frac{1}{z^3}$, dann

geht $t = 1$ in $z = 1$

und $t = 0$ in $z = \infty$

über. Somit folgt

$$\int_0^1 \frac{1}{\sqrt{t}}\,dt = \int_\infty^1 (-2)\frac{1}{z^3}\,z\,dz = 2\int_1^\infty \frac{1}{z^2}\,dz.$$

(4) Ein uneigentliches Integral zweiter Art haben Sie schon kennengelernt in (13.13):

$$\int_0^b \frac{1}{t^\alpha}\,dt$$

ist für $0 < \alpha < 1$ konvergent und für $\alpha \geq 1$ divergent.

Diese Aussagen können wir allgemeiner fassen.

Es gilt:

$$\int_a^b \frac{1}{(b-t)^\alpha}\,dt$$

ist konvergent für $\alpha < 1$ und divergent für $\alpha \geq 1$.

$\int_a^b \frac{1}{(b-t)^\alpha}\,dt$

Sie können die Aussage nachprüfen (Substitution) und das uneigentliche Integral für $\alpha < 1$ berechnen! Ferner haben Sie bestimmt schon gemerkt, daß bei unendlichen Intervallen $\alpha > 1$ der Konvergenzfall ist, bei unbeschränkten Integranden $\alpha < 1$ der Konvergenzfall. Warum das so ist, ergibt sich aus der Bemerkung (3).

AUFGABE 5.- Bestimmen Sie, falls die uneigentlichen Integrale konvergieren, ihren Wert. A 5

a) $\int_0^1 \frac{1}{\sqrt{1-t^2}}\,dt$ *b)* $\int_1^2 \frac{1}{t\ln t}\,dt$

Liegt die "Unendlichkeitsstelle" im Inneren des Integrationsintervalls, so trifft man die folgende Definition.

DEFINITION.- Es sei $a < c < b$ und $f\colon [a,b]\setminus\{c\} \longrightarrow \mathbb{R}$ lokal integrierbar über (13.16)

unbeschränkter Integrand im Innern

$[a,c[$ und $]c,b]$. Im Punkte c sei f unbeschränkt. Konvergieren dann die uneigentlichen Integrale $\int_a^c f(t)\,dt$ und $\int_c^b f(t)\,dt$, so *konvergiert* $\int_a^b f(t)\,dt$, und wir setzen

$$\int_a^b f(t)\,dt := \int_a^c f(t)\,dt + \int_c^b f(t)\,dt\,.$$

SCHREIBWEISE.- Mit Hilfe einseitiger Grenzwerte wird diese Aussage auch oft geschrieben als:

$$\int_a^b f(t)\,dt = \lim_{\substack{x\to c\\ x<c}} \int_a^x f(t)\,dt + \lim_{\substack{y\to c\\ y>c}} \int_y^b f(t)\,dt =$$

$$= \lim_{\substack{\varepsilon_1\to 0\\ \varepsilon_1>0}} \int_a^{c-\varepsilon_1} f(t)\,dt + \lim_{\substack{\varepsilon_2\to 0\\ \varepsilon_2>0}} \int_{c+\varepsilon_2}^b f(t)\,dt\,.$$

(13.17) Achtung!

BEMERKUNGEN.- (1) Wichtig ist in (13.16) wiederum, daß beide uneigentlichen Integrale unabhängig voneinander konvergieren: $\varepsilon_1, \varepsilon_2$ müssen unabhängig voneinander gegen Null konvergieren.

(2) Beachtet man dieses nicht, indem man etwa

$$\lim_{\varepsilon\to 0}\left(\int_a^{c-\varepsilon} f(t)\,dt + \int_{c+\varepsilon}^b f(t)\,dt\right)$$ betrachtet, so

kann sich Konvergenz ergeben, obwohl das uneigentliche Integral $\int_a^b f(t)\,dt$ divergiert.

Als Beispiel für die Wichtigkeit von Bemerkung (2) können Sie die nächste Aufgabe betrachten.

A 6

AUFGABE 6.- Konvergiert $\int_a^b \frac{1}{t-\alpha}\,dt$, $a<\alpha<b$?

Was geschieht bei gleichzeitigem Grenzübergang (d.h. $\varepsilon_1=\varepsilon_2$)?

endlich viele Unendlichkeitsstellen

HINWEIS.- Das uneigentliche Integral 2. Art kann - auf gleiche Weise wie es in Definition (13.16) geschehen ist - auf Integranden mit endlich vielen Unendlichkeitsstellen in einem Intervall $[a,b]$ ausgedehnt werden. Jedes Teilintervall muß dann gemäß Definition (13.14) gesondert betrachtet werden.

KONVERGENZKRITERIUM

Das Konvergenzkriterium für uneigentliche Integrale zweiter Art stimmt bis auf das Integrationsintervall wörtlich mit dem für uneigentliche Integrale erster Art (13.10) überein. Daher geben wir den entsprechenden Satz ohne Beweis an und nur für den Fall eines an der oberen Grenze unbeschränkten Integranden.

(13.18)

SATZ.- Es seien f,g lokal integrierbar über $[a,b[$. a) Es sei $|f(t)| \le g(t)$ für alle $t\in[a,b[$

Vergleichskriterium

Konvergenz

Konvergiert dann $\int_a^b g(t)\,dt$, so konvergiert auch $\int_a^b f(t)\,dt$ und es gilt:

$$\left|\int_a^b f(t)\,dt\right| \le \int_a^b |f(t)|\,dt \le \int_a^b g(t)\,dt\,.$$

Divergenz

b) Gilt $0\le g(t)\le f(t)$ für alle $t\in[a,b[$ und divergiert $\int_a^b g(t)\,dt$, dann divergiert auch $\int_a^b f(t)\,dt$.

(13.19) $\int_0^1 \frac{\ln t}{\sqrt{t}}\,dt$

BEISPIELE.- (1) $\int_0^1 \frac{\ln t}{\sqrt{t}}\,dt$ konvergiert! Der Integrand ist unbeschränkt bei $t=0$. Wir müssen $\frac{\ln t}{\sqrt{t}}$ abschätzen, um Satz (13.18) anwenden zu können.

a) Dazu verwendet man, daß $|t^\alpha \ln t|$ beschränkt ist für $t\in]0,1]$ und $\alpha>0$.
Die stetige Funktion $t^\alpha\ln t$ kann nur in $t=0$ unbeschränkt werden. Es gilt jedoch (siehe Kapitel 10):

$$\lim_{t\to 0} t^\alpha \ln t = 0\,.$$

Also folgt: Es gibt ein $C_\alpha>0$ (d.h. eine Konstante, die von α abhängt) mit

$$|t^\alpha \ln t| \le C_\alpha \quad \text{für alle } t\in[0,1].$$

b) Aus a) folgt:

$$|\ln t| \le C_\alpha\cdot t^{-\alpha} \quad \text{für } \alpha>0.$$

Damit gilt:

$$\left|\frac{\ln t}{\sqrt{t}}\right| \le C_\alpha\cdot t^{-\alpha}\cdot\frac{1}{\sqrt{t}} = C_\alpha\cdot t^{-\alpha-\frac{1}{2}} \quad \text{für } \alpha>0.$$

c) Setzen wir nun in b) $\alpha=\frac{1}{4}$, $C_{1/4} =: C$, so erhalten wir

$$\left|\frac{\ln t}{\sqrt{t}}\right| \le C\cdot t^{-\frac{3}{4}}\,.$$

Nach Beispiel (13.13) gilt:

$$\int_0^1 t^{-\frac{3}{4}}\,dt \quad \text{ist konvergent.}$$

Also konvergiert nach Satz (13.18) $\int_0^1 \frac{\ln t}{\sqrt{t}}\,dt$.

Vergleichsfunktionen $g(t)=\frac{1}{(b-t)^\alpha}$

HINWEIS.- Als Vergleichsfunktionen werden - genau wie in Beispiel (13.19) - oftmals die Funktionen $g(t)=\frac{1}{(b-t)^\alpha}$ herangezogen. Dazu das folgende Beispiel.

(2) Konvergiert $\int_0^2 \frac{t}{\sqrt[3]{(t-1)}}\,dt$? Da bei $t=1$ eine Unendlichkeitsstelle liegt, müssen wir gemäß Definition (13.16) die beiden uneigentlichen Integrale

(a) $\int_0^1 \frac{t}{\sqrt[3]{t-1}}\,dt$ und (b) $\int_1^2 \frac{t}{\sqrt[3]{t-1}}\,dt$ betrachten.

a) Es gilt für $t \in [0,1[$

$$\left|\frac{t}{\sqrt[3]{t-1}}\right| \le \frac{1}{|\sqrt[3]{t-1}|} = \frac{1}{\sqrt[3]{1-t}}.$$

Da $\int_0^1 \frac{1}{\sqrt[3]{1-t}}\,dt$ nach Beispiel (13.13) konvergiert, konvergiert (a) nach Satz (13.18).

b) Für $t \in]1,2]$ gilt:

$$\left|\frac{t}{\sqrt[3]{t-1}}\right| \le \frac{2}{|\sqrt[3]{t-1}|} = \frac{2}{\sqrt[3]{t-1}}.$$

Ebenso wie in (a) konvergiert $\int_1^2 \frac{1}{\sqrt[3]{t-1}}\,dt$ nach (13.13) und damit auch (b) nach Satz (13.18).

Zusammengenommen folgt, daß $\int_0^2 \frac{t}{\sqrt[3]{t-1}}\,dt$ konvergiert.

A7 *AUFGABE 7.- Konvergieren*

a) $\int_0^1 \ln\left(\frac{1}{1-t}\right) dt$ *b)* $\int_0^1 \frac{1}{\sqrt[4]{1-t^4}}\,dt$?

Es gibt uneigentliche Integrale, in denen der Integrand im Integrationsintervall unbeschränkt wird und das Integrationsintervall unbeschränkt ist, etwa $\int_0^\infty \frac{\cos x}{\sqrt{x}}\,dx$.

(13.20) $\int_a^\infty f(t)\,dt$

DEFINITION.- Es sei f lokal integrierbar über $]a,\infty[$ und unbeschränkt in a. Konvergieren dann für ein beliebiges $c \in]a,\infty[$ die Integrale $\int_a^c f(t)\,dt$ und $\int_c^\infty f(t)\,dt$, so *konvergiert* $\int_a^\infty f(t)\,dt$, und man setzt

$$\int_a^\infty f(t)\,dt := \int_a^c f(t)\,dt + \int_c^\infty f(t)\,dt.$$

Das Integral wird also aufgespalten und jeder Fall getrennt untersucht. Am besten sehen Sie das an Beispielen.

(13.21) $\int_0^\infty \frac{1}{t^\alpha}\,dt$

BEISPIEL.- 1) Wir betrachten $\int_0^\infty \frac{1}{t^\alpha}\,dt$. Behauptung: Dieses Integral konvergiert nicht für $\alpha > 0$. Es liegt ein unbeschränktes Integrationsintervall und ein in 0 unbeschränkter Integrand vor.

Sei $c = 1$ gewählt. Wir spalten auf:

$$(*) \quad \int_0^\infty \frac{1}{t^\alpha}\,dt = \int_0^1 \frac{1}{t^\alpha}\,dt + \int_1^\infty \frac{1}{t^\alpha}\,dt.$$

Aus Beispiel (13.4) wissen Sie:

$$\int_1^\infty \frac{1}{t^\alpha}\,dt$$

konvergiert für $\alpha > 1$ und divergiert für $\alpha \le 1$. Ferner ist aus Beispiel (13.13) bekannt:

$$\int_0^1 \frac{1}{t^\alpha}\,dt$$

divergiert für $\alpha \ge 1$ und konvergiert für $\alpha < 1$.

Daraus folgt: Jeweils ein uneigentliches Integral in (*) (im Fall $\alpha = 1$ sogar beide) divergiert. Damit divergiert auch $\int_0^\infty \frac{1}{t^\alpha}\,dt$.

2) $\int_0^\infty \frac{\cos t}{\sqrt{t}}\,dt$ konvergiert. Wir spalten das uneigentliche Integral bei $c = \pi$ auf in

$$\int_0^\infty \frac{\cos t}{\sqrt{t}}\,dt = \int_0^\pi \frac{\cos t}{\sqrt{t}}\,dt + \int_\pi^\infty \frac{\cos t}{\sqrt{t}}\,dt.$$

(a) $\int_0^\pi \frac{\cos t}{\sqrt{t}}\,dt$ konvergiert: Es gilt, daß $\left|\frac{\cos t}{\sqrt{t}}\right| \le \frac{1}{\sqrt{t}}$ und $\int_0^\pi \frac{1}{\sqrt{t}}\,dt$ konvergiert nach Beispiel (13.13). Also konvergiert auch $\int_0^\pi \frac{\cos t}{\sqrt{t}}$ nach Satz (13.18)(a).

(b) $\int_\pi^\infty \frac{\cos t}{\sqrt{t}}\,dt$ konvergiert. Es gilt mit partieller Integration ($\pi \le x < \infty$):

$$\int_\pi^x \frac{\cos t}{\sqrt{t}}\,dt = \left[\frac{\sin t}{\sqrt{t}}\right]_\pi^x + \frac{1}{2}\int_\pi^x \frac{\sin t}{t^{3/2}}\,dt$$

$$= \frac{\sin x}{\sqrt{x}} + \frac{1}{2}\int_\pi^x \frac{\sin t}{t^{3/2}}\,dt.$$

Die rechte Seite konvergiert für x gegen ∞. Denn $\lim_{x\to\infty} \frac{\sin x}{\sqrt{x}} = 0$ und $\frac{1}{2}\lim_{x\to\infty}\int_\pi^x \frac{\sin t}{t^{3/2}}\,dt = \frac{1}{2}\int_\pi^\infty \frac{\sin t}{t^{3/2}}\,dt$ konvergiert nach Satz (13.10)(a). Es gilt nämlich $\left|\frac{\sin t}{t^{3/2}}\right| \le \frac{1}{t^{3/2}}$ und $\int_\pi^\infty \frac{1}{t^{3/2}}dt$ konvergiert nach Beispiel (13.4). Also konvergiert auch $\int_\pi^\infty \frac{\cos t}{\sqrt{t}}\,dt$. Aus (a) und (b) folgt die Konvergenz von $\int_0^\infty \frac{\cos t}{\sqrt{t}}\,dt$.

AUFGABE 8.- Konvergieren A 8

a) $\int_0^\infty \frac{e^{-\sqrt{t}}}{\sqrt{t}}\,dt$ *b)* $\int_0^\infty \frac{1}{(1+t)\sqrt{t}}\,dt$?

§ 3 DIE GAMMAFUNKTION

Wir werden nicht sehr weit in die Theorie der sogenannten Gammafunktion eindringen. Sie soll uns hier als Beispiel für die Diskussion uneigentlicher Integrale dienen. Sie ist aber auch oft bei der Berechnung von Integralen nützlich. Wir werden dazu am Schluß dieses Abschnitts eine Aufgabe betrachten.

Für $\alpha > 0$ definiert man

$\Gamma(\alpha)$

$$\boxed{\Gamma(\alpha) := \int_0^\infty t^{\alpha-1}\, e^{-t}\, dt.}$$

Für $0 < \alpha < 1$ ist dieses Integral ein uneigentliches Integral der ersten und zweiten Art, für $\alpha \geq 1$ nur ein uneigentliches Integral der ersten Art.

(13.22) **SATZ.-** $\Gamma(\alpha)$ konvergiert für alle $\alpha > 0$.

Konvergenz von Γ

BEWEIS.- Wir haben zuerst einmal - siehe Definition (13.20) - nachzuweisen, daß die beiden Integrale

$$\text{(a)} \int_0^1 t^{\alpha-1}\, e^{-t}\, dt \quad \text{und} \quad \text{(b)} \int_1^\infty t^{\alpha-1}\, e^{-t}\, dt$$

konvergieren.

Die Aufspaltung des Integrals bei der Zwischengrenze 1 ist willkürlich. Es könnte auch jedes andere $c \in \,]0,\infty[$ gewählt werden.

$\int_0^1 t^{\alpha-1}e^{-t}dt$

a) Behauptung: $\int_0^1 t^{\alpha-1}\, e^{-t}\, dt$ konvergiert. Für $\alpha \geq 1$ ist dies ein eigentliches Integral und damit natürlich konvergent. Für $0 < \alpha < 1$ wenden wir das Vergleichskriterium (13.18) an.
Da $0 < e^{-t} < 1$ für $t \in \,]0,1]$ ist, gilt:

$$0 < t^{\alpha-1}\, e^{-t} < t^{\alpha-1} = \frac{1}{t^{1-\alpha}} \quad \text{für } t \in \,]0,1].$$

Da $1-\alpha < 1$ ist, konvergiert nach Beispiel (13.13)

$$\int_0^1 \frac{1}{t^{1-\alpha}}\, dt.$$

Aus Satz (13.18) folgt die Konvergenz von

$$\int_0^1 t^{\alpha-1}\, e^{-t}\, dt.$$

$\int_1^\infty t^{\alpha-1}e^{-t}dt$

b) Um die Konvergenz zu zeigen, benötigen wir für das Vergleichskriterium (13.10) eine geeignete Vergleichsfunktion. Wir verwenden dazu Satz (10.28):

Für alle $\alpha \in \mathbb{R}$ gilt:

$$\lim_{t\to\infty} t^{\alpha-1}\, e^{-\frac{t}{2}} = 0. \quad (*)$$

Daraus folgt sicher für festes, aber beliebiges $\alpha \in \mathbb{R}$: Es gibt ein $t_0 \in [1,\infty[$, so daß

$$t^{\alpha-1}\, e^{-\frac{t}{2}} \leq 1 \quad \text{für alle } t \geq t_0.$$

(*) Satz (10.28) hätte anstelle von $k \in \mathbb{N}$ auch direkt für $\alpha \in \mathbb{R}$ bewiesen werden können, also $\lim_{x\to\infty} \frac{e^x}{x^\alpha} = \infty$, $\alpha \in \mathbb{R}$. Daraus ergibt sich die Aussage oben mit $\lim_{x\to\infty} \frac{x^\alpha}{e^x} = \lim_{x\to\infty} \frac{1}{\frac{e^x}{x^\alpha}} = 0$.

Damit ist

$$t^{\alpha-1}e^{-t} = t^{\alpha-1}e^{-\frac{t}{2}} \cdot e^{-\frac{t}{2}} \leq e^{-\frac{t}{2}} \quad \text{für } t \geq t_0.$$

Nun konvergiert, wie Sie selbst leicht nachrechnen können,

$$\int_{t_0}^\infty e^{-\frac{t}{2}}\, dt.$$

(Das hätten wir auch aus Aufgabe 1 und 2 folgern können!)

Somit konvergiert nach Satz (13.10) auch $\int_{t_0}^\infty t^{\alpha-1}e^{-t}dt$ und damit auch $\int_1^\infty t^{\alpha-1}e^{-t}dt$. Aus (a) und (b) folgt dann die Konvergenz von $\Gamma(\alpha)$ für $\alpha > 0$.

Man bezeichnet die nach (13.22) für alle $\alpha > 0$ definierte Funktion $\Gamma\colon \mathbb{R}^+ \to \mathbb{R}^+$,

$$\Gamma(\alpha) := \int_0^\infty t^{\alpha-1}e^{-t}dt$$

als *Gammafunktion*. Gammafunktion

(13.23) **EIGENSCHAFT 1.-** Es gilt für alle $\alpha > 0$:

$$\Gamma(\alpha+1) = \alpha\,\Gamma(\alpha). \quad (*)$$

$\Gamma(\alpha+1) = \alpha\Gamma(\alpha)$

BEWEIS.- Wir berechnen:

$$\Gamma(\alpha+1) = \int_0^\infty t^\alpha e^{-t}dt = \lim_{x\to\infty}\int_0^x t^\alpha\, e^{-t}\, dt = \lim_{x\to\infty}\int_{\frac{1}{x}}^x t^\alpha e^{-t}dt.$$

Da das Integral an der unteren Grenze nicht uneigentlich ist, können wir 0 durch $\lim_{x\to\infty}\frac{1}{x}$ ersetzen. Diese Koppelung erweist sich als zweckmäßig, wenn wir jetzt die partielle Integration auf $\int_{\frac{1}{x}}^x t^\alpha e^{-t}dt$ anwenden.

Mit $f(t) = t^\alpha$, $g'(t) = e^{-t}$, $f'(t) = \alpha t^{\alpha-1}$, $g(t) = -e^{-t}$ folgt nämlich mit partieller Integration

$$\int_{\frac{1}{x}}^x t^\alpha e^{-t}dt = \Big[t^\alpha(-e^{-t})\Big]_{\frac{1}{x}}^x + \alpha\int_{\frac{1}{x}}^x t^{\alpha-1}e^{-t}dt$$

$$= -x^\alpha e^{-x} + \frac{e^{-\frac{1}{x}}}{x^\alpha} + \alpha\int_{\frac{1}{x}}^x t^{\alpha-1}e^{-t}dt.$$

Es gilt (vergleiche Kapitel 10):

$$\lim_{x\to\infty}\frac{e^{-\frac{1}{x}}}{x^\alpha} = 0 \quad \text{und} \quad \lim_{x\to\infty} x^\alpha e^{-x} = 0.$$

Ferner ist aus Satz (13.22) bekannt, daß $\int_0^\infty t^{\alpha-1}e^{-t}dt = \Gamma(\alpha)$ konvergent ist. Daher konvergiert für x gegen ∞ auch $\int_{\frac{1}{x}}^x t^{\alpha-1}e^{-t}dt$ gegen $\Gamma(\alpha)$,

(*) Wegen dieser Eigenschaft kann man die Gammafunktion als eine Verallgemeinerung der Fakultät auf die positiven reellen Zahlen ansehen.

obwohl die Grenzen gekoppelt sind. (Die Koppelung der beiden Grenzübergänge ist zulässig, weil wir schon wissen, daß das Integral konvergiert). Also folgt für x gegen ∞ :

$$\Gamma(\alpha+1) = \int_0^\infty t^\alpha e^{-t} dt = \alpha \int_0^\infty t^{\alpha-1} e^{-t} dt = \alpha\Gamma(\alpha).$$

(13.24) **EIGENSCHAFT 2.-** Es gilt für $n \in \mathbb{N}$

$\Gamma(n) = (n-1)!$

$$\Gamma(n) = (n-1)!$$

BEWEIS.- Ein Induktionsbeweis:

$A(1)$: $\Gamma(1) = \int_0^\infty e^{-t} dt = 1$ (Aufgabe 1), d.h.

$\Gamma(1) = 0!$

$A(n)$: $\Gamma(n) = (n-1)!$

$A(n+1)$: $\Gamma(n+1) \underset{(13.23)}{=} n\Gamma(n) \underset{A(n)}{=} n(n-1)! = n!$

BEMERKUNG.- Im Bild 5 ist die Gammafunktion auch für negative α dargestellt. Für negative $\alpha \in \mathbb{R}$ wird die Gammafunktion über die in (13.23) genannte Funktionalgleichung $\Gamma(\alpha+1) = \alpha\Gamma(\alpha)$ definiert.

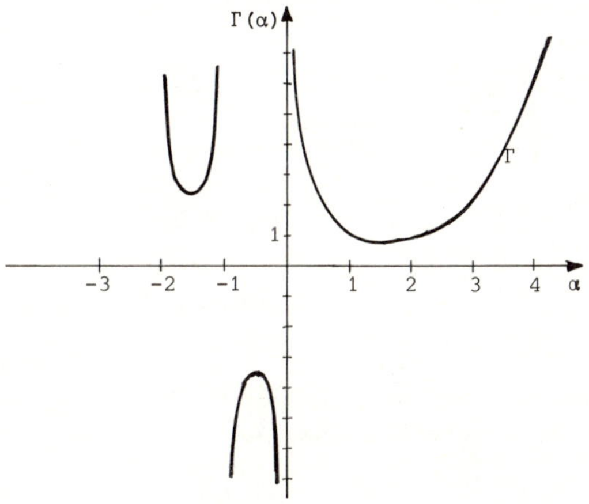

Bild 5.- Skizze der Gammafunktion

A 9 *AUFGABE 9.- Verwenden Sie den sogenannten "Ergänzungssatz der Gammafunktion":*

$$\Gamma(\alpha)\ \Gamma(1-\alpha) = \frac{\pi}{\sin \alpha\pi} \qquad (\alpha \notin \mathbb{N})$$

zur Berechnung von

$$\int_0^\infty e^{-t^2} dt.$$

A 10 *AUFGABE 10.- Nach dem Boltzmannschen e-Satz gilt für die Verteilung der Energie auf die Teilchen eines idealen Gases:*

$$f(E) = \frac{2}{\sqrt{\pi}} \left(\frac{1}{kT}\right)^{3/2} \sqrt{E}\, \exp\left(-\frac{E}{kT}\right).$$

Diese muß als Verteilungsdichtefunktion die Normierungsbedingung

$$\int_0^\infty f(E)\, dE = 1$$

erfüllen. Dafür muß ein Integral des Typs

$$(*) \qquad \int_0^\infty \sqrt{x}\, e^{-ax} dx$$

berechnet werden. Berechnen Sie das uneigentliche Integral (*).

§ 4 DIE LAPLACE - TRANSFORMATION

Gegeben sei eine lokal integrierbare Funktion $f: [0,\infty[\longrightarrow \mathbb{R}$ mit der Eigenschaft:
Es existieren Zahlen $C, \alpha \in \mathbb{R}$ so, daß

$$|f(t)| \le Ce^{\alpha t} \quad \text{für alle } t \in [0,\infty[.$$

Für welche s konvergiert jetzt das uneigentliche Integral

$$\int_0^\infty f(t)\, e^{-st} dt\ ?$$

SATZ.- Es sei $f: [0,\infty[\longrightarrow \mathbb{R}$ eine lokal integrierbare Funktion. Existieren Zahlen $C, \alpha \in \mathbb{R}$ mit $|f(t)| \le Ce^{\alpha t}$ für alle $t \in [0,\infty[$, so konvergiert (13.25)

$$\int_0^\infty f(t)\, e^{-st} dt \quad \text{für } s > \alpha.$$

Konvergenz von $\int_0^\infty f(t)\, e^{-st} dt$

BEWEIS.- Es ist für $t \in [0,\infty[$

$$|f(t)\, e^{-st}| = |f(t)|\,|e^{-st}| \le Ce^{\alpha t} e^{-st} = Ce^{(\alpha-s)t}.$$

Nun gilt mit $s > \alpha$

$$\int_0^\infty e^{(\alpha-s)t} dt = \lim_{x\to\infty} \int_0^x e^{(\alpha-s)t} dt =$$

$$= \lim_{x\to\infty} \left(\frac{1}{\alpha-s} \left[e^{(\alpha-s)t} \right]_0^x \right) =$$

$$= \lim_{x\to\infty} \frac{1}{\alpha-s} \left(e^{(\alpha-s)x} - 1 \right) = \frac{1}{s-\alpha}.$$

Daraus folgt mit Satz (13.10) die Behauptung.

DEFINITION.- Es sei $f: [0,\infty[\longrightarrow \mathbb{R}$ lokal integrierbar, und es gelte für $C, \alpha \in \mathbb{R}$ (13.26)

$$|f(t)| \le Ce^{\alpha t} \quad \text{für alle } t \in [0,\infty[.$$

Dann heißt die Funktion

$$\mathcal{L}[f] :]\alpha,\infty[\longrightarrow \mathbb{R} \quad \text{mit}$$

$$\mathcal{L}[f](s) := \int_0^\infty f(t)\, e^{-st} dt, \quad s > \alpha$$

Laplace-Transformierte $\mathcal{L}[f]$

Laplace-Transformierte von f.

Auf Grund der Konvergenz von $\int_0^\infty f(t)\, e^{-st} dt$ *für* $s > \alpha$ *ist* $\mathcal{L}[f]$ *definiert.*

Oft finden Sie auch die Schreibweise $\hat{f}$ für $\mathcal{L}[f]$, also

Schreibweise $\hat{f}$
$$\hat{f}(s) = \int_0^\infty f(t)\, e^{-st}\, dt.$$

Die praktische Bedeutung der Laplace-Transformation, beispielsweise in der Elektrotechnik oder beim Lösen von Differentialgleichungen, ergibt sich aus ihren Eigenschaften, mit denen wir uns jetzt beschäftigen werden.

Linearität und elementare Laplace-Transformationen

Aus den Eigenschaften uneigentlicher Integrale ergibt sich sofort die erste Eigenschaft der Laplace-Transformation.

(13.27) **Satz.-** Es seien $f,g\colon [0,\infty[\,\to \mathbb{R}$ lokal integrierbar, und es gebe ferner $C, D, \alpha, \beta \in \mathbb{R}$ so, daß

$$|f(t)| \le Ce^{\alpha t}, \quad |g(t)| \le De^{\beta t} \quad \text{für } t \in [0,\infty[\,.$$

$\mathcal{L}[af+bg](s) = a\,\mathcal{L}[f](s) + b\,\mathcal{L}[g](s)$ Es seien $a, b \in \mathbb{R}$. Dann ist $\mathcal{L}[af+bg](s)$ definiert für $s > \max(\alpha, \beta)$, und es gilt:

$$\mathcal{L}[af+bg](s) = a\,\mathcal{L}[f](s) + b\,\mathcal{L}[g](s).$$

Diese Aussage können Sie aus Satz (13.25) und Ihren Kenntnissen vom uneigentlichen Integral ableiten.

Wir werden im folgenden die Laplace-Transformationen einiger spezieller Funktionen berechnen.

(13.28) **Beispiele.-** (1) Im Beweis für die Konvergenz der Laplace-Transformierten (13.25) haben Sie bereits $\mathcal{L}[e^{\alpha t}]$ kennengelernt.

$\mathcal{L}[e^{\alpha t}](s)$
$$\mathcal{L}[e^{\alpha t}](s) = \int_0^\infty e^{\alpha t} e^{-st}\, dt = \frac{1}{s-\alpha} \quad \text{für } s > \alpha.$$

$\mathcal{L}[1](s)$ (2) Gesucht ist die Laplace-Transformierte der konstanten Funktion f mit $f(t) = 1$ für alle t. Wir bezeichnen diese Funktion mit 1.
In (1) ist für $\alpha = 0$ für alle t: $e^{\alpha t} = 1$ und daher $\mathcal{L}[1](s) = \frac{1}{s}$ für $s > 0$.

$\mathcal{L}[\cosh \alpha t](s)$ (3) Zu bestimmen ist die Laplace-Transformierte von $f(t) = \cosh \alpha t$, $\alpha \in \mathbb{R}$. Es ist

$$\cosh \alpha t = \frac{e^{\alpha t} + e^{-\alpha t}}{2}$$

Nach (1):

$$\mathcal{L}[e^{\alpha t}](s) = \frac{1}{s-\alpha} \quad \text{für } s > \alpha$$

$$\mathcal{L}[e^{-\alpha t}](s) = \frac{1}{s+\alpha} \quad \text{für } s > -\alpha.$$

Mit Satz (13.27) folgt daher:

$$\mathcal{L}[\cosh \alpha t](s) = \mathcal{L}[\tfrac{1}{2}e^{\alpha t} + \tfrac{1}{2}e^{-\alpha t}](s)$$

existiert für $s > \max(\alpha, -\alpha) = |\alpha|$ und

$$\mathcal{L}[\cosh \alpha t](s) = \mathcal{L}[\tfrac{1}{2}e^{\alpha t} + \tfrac{1}{2}e^{-\alpha t}](s)$$

$$= \frac{1}{2}\,\frac{1}{s-\alpha} + \frac{1}{2}\,\frac{1}{s+\alpha} = \frac{1}{2}\,\frac{s+\alpha+s-\alpha}{s^2-\alpha^2} = \frac{s}{s^2-\alpha^2} \quad \text{für } s > |\alpha|.$$

(4) Wir wollen nun die Laplace-Transformierte von $f(t) = \cos \alpha t$ bestimmen. $\mathcal{L}[\cos \alpha t](s)$
Wegen

$$|\cos \alpha t| \le 1 = 1\cdot e^{0\cdot t}$$

(d.h. $C = 1$, $\alpha = 0$) existiert $\mathcal{L}[\cos \alpha t](s)$ für $s > 0$. Ebenso für $\mathcal{L}[\sin \alpha t](s)$.
Nach Definition der Laplace-Transformierten und des uneigentlichen Integrals ist

$$\mathcal{L}[\cos \alpha t](s) = \lim_{x\to\infty} \left(\int_0^x \cos \alpha t \cdot e^{-st}\, dt \right).$$

Mit partieller Integration folgt:

$$\int_0^x \cos \alpha t \cdot e^{-st}\, dt = \left[-\frac{1}{s} e^{-st} \cos \alpha t\right]_0^x - \frac{\alpha}{s} \int_0^x e^{-st} \sin \alpha t\, dt.$$

Da für $s > 0$

$$\lim_{x\to\infty} \left(-\frac{1}{s} e^{-sx} \cos \alpha x\right) = 0$$

ist, folgt

$$\mathcal{L}[\cos \alpha t](s) =$$

$$= \lim_{x\to\infty} \left(\left[-\frac{1}{s} e^{-st} \cos \alpha t\right]_0^x \right) - \lim_{x\to\infty} \left(\frac{\alpha}{s} \int_0^x e^{-st} \sin \alpha t\, dt \right)$$

$$= \frac{1}{s} - \frac{\alpha}{s}\, \mathcal{L}[\sin \alpha t](s).$$

Ebenso folgt (siehe Aufgabe 11 !)

$$\mathcal{L}[\sin \alpha t](s) = \frac{\alpha}{s}\, \mathcal{L}[\cos \alpha t](s).$$

Daraus ergibt sich

$$\mathcal{L}[\cos \alpha t](s) = \frac{1}{s} - \frac{\alpha}{s}\, \mathcal{L}[\sin \alpha t](s).$$

$$= \frac{1}{s} - \frac{\alpha}{s}\left[\frac{\alpha}{s}\, \mathcal{L}[\cos \alpha t](s)\right]$$

$$= \frac{1}{s} - \frac{\alpha^2}{s^2}\, \mathcal{L}[\cos \alpha t](s)$$

oder

$$\left(1 + \frac{\alpha^2}{s^2}\right) \mathcal{L}[\cos \alpha t](s) = \frac{1}{s}.$$

Daher ist

$$\mathcal{L}[\cos \alpha t](s) = \frac{1}{s}\left(\frac{s^2}{s^2+\alpha^2}\right) = \frac{s}{s^2+\alpha^2} \quad \text{für } s > 0.$$

<u>*Aufgabe 11.*</u>*-* *a) Für welche s existiert die Laplace-Transformierte von $\sinh \alpha t$, $\alpha \in \mathbb{R}$? Bestimmen Sie $\mathcal{L}[\sinh \alpha t](s)$!* A 11

$\mathcal{L}[\sinh \alpha t](s)$

b) Zeigen Sie die Beziehung:

$\mathcal{L}[\sin \alpha t](s)$

$\mathcal{L}[\sin \alpha t](s) = \frac{\alpha}{s}\, \mathcal{L}[\cos \alpha t](s) \qquad (s > 0)$

und bestimmen Sie $\mathcal{L}[\sin \alpha t](s)$ *für* $s > 0$.

Als letzte einfache Laplace-Transformierte sei noch angegeben:

$\mathcal{L}[t^n](s)$

$$\mathcal{L}[t^n](s) = \frac{n!}{s^{n+1}}, \quad s > 0, \ n \in \mathbb{N}_0.$$

BEMERKUNG.- Die Existenz von $\mathcal{L}[t^n](s)$ für $s > 0$ folgt so:
Da die Funktion $(e^{-\alpha t}\, t^n)$ mit t gegen ∞ gegen Null strebt für jedes $n \in \mathbb{N}$ und jedes $\alpha > 0$ (vgl. Kapitel 10), ist

$$|t^n| \leq C e^{\alpha t} \quad \text{für } t \in [0,\infty[\text{ und beliebiges } \alpha > 0.$$

Also existiert $\mathcal{L}[t^n](s)$ in jedem Intervall der Form $]\alpha,\infty[$ mit $\alpha > 0$ und daher in $]0,\infty[$.

A 12

AUFGABE 12.- a) Zeigen Sie

$$\mathcal{L}[t^n](s) = \frac{n!}{s^{n+1}}, \quad s > 0, \ n \in \mathbb{N}_0.$$

b) Bestimmen Sie

$$\mathcal{L}\left[\frac{\cos \alpha t - \cos \beta t}{\beta^2 - \alpha^2}\right](s), \quad \alpha^2 \neq \beta^2, \ s > 0.$$

(13.29) BEMERKUNG zur Beziehung zwischen $\mathcal{L}[t^n](s)$ und der Γ-Funktion: Die Γ-Funktion lautet:

$$\Gamma(\alpha) = \int_0^\infty t^{\alpha-1} e^{-t}\, dt.$$

Setzen wir hier $\alpha = n+1$, so folgt

$$\Gamma(n+1) = \int_0^\infty t^n e^{-t}\, dt = \mathcal{L}[t^n](1) \qquad (s = 1).$$

Mit der Beziehung $\Gamma(n+1) = n!$ (vgl. (13.23)) heißt das:

$$\mathcal{L}[t^n](1) = n!$$

Das ist natürlich auch das Ergebnis für $s = 1$ *in* $\mathcal{L}[t^n](s) = \frac{n!}{s^{n+1}}$.

Allgemein ergibt sich für $\alpha > 0$, $\alpha \in \mathbb{R}$ und $s > 0$:

$$\mathcal{L}[t^\alpha](s) = \lim_{x\to\infty} \int_0^x t^\alpha e^{-st}\, dt = \lim_{x\to\infty} \int_0^{sx} \left(\frac{\tau}{s}\right)^\alpha e^{-\tau} \frac{1}{s}\, d\tau$$

mit der Substitution $\tau = st$, $\frac{dt}{d\tau} = \frac{1}{s}$. Also ist

$\mathcal{L}[t^\alpha](s) = \frac{\Gamma(\alpha+1)}{s^{\alpha+1}}$

$$\mathcal{L}[t^\alpha](s) = \lim_{x\to\infty} \left(\frac{1}{s^{\alpha+1}} \int_0^{sx} \tau^\alpha \cdot e^{-\tau}\, d\tau \right)$$
$$= \frac{1}{s^{\alpha+1}} \int_0^\infty \tau^\alpha e^{-\tau}\, d\tau = \frac{\Gamma(\alpha+1)}{s^{\alpha+1}}.$$

BEMERKUNGEN ZUM UMKEHRPROBLEM

Damit haben wir eine kleine Anzahl von Laplace-Transformierten zur Verfügung, mit deren Hilfe wir einige Lösungen des sogenannten *Umkehrproblems* konstruieren können. Dieses lautet:

Gegeben ist eine Laplace-Transformierte $\mathcal{L}[f]$. Gesucht ist die Ausgangsfunktion f, also das Urbild von $\mathcal{L}[f]$ unter der Transformation $\mathcal{L}$. Wir wollen diese Zuordnung in umgekehrter Richtung als $\mathcal{L}^{-1}$-Transformation bezeichnen. Umkehrproblem $\mathcal{L}^{-1}$

Dieses Problem ist nicht einfach zu lösen. Einmal ist nicht klar, welche Funktionen überhaupt Laplace-Transformierte anderer Funktionen sein können, wie also die Menge der Laplace-Transformierten aussieht. Zum zweiten muß dieses Problem nicht eindeutig lösbar sein. Es könnten zwei Funktionen f und g existieren mit $f \neq g$ und $\mathcal{L}[f] = \mathcal{L}[g]$, d.h.,"$\mathcal{L}$ braucht nicht injektiv zu sein". $\mathcal{L}$ nicht injektiv

Es sei beispielsweise

$$f(t) = 0 \quad \text{für } t \geq 0 \quad \text{und } g(t) = \begin{cases} 0 & \text{für } t \geq 0,\ t \neq 1 \\ 1 & \text{für } t = 1 \end{cases}.$$

Dann können Sie leicht selbst feststellen, daß $\mathcal{L}[f] = \mathcal{L}[g]$. Aus $\mathcal{L}[f] = \mathcal{L}[g]$ folgt nicht, daß $f = g$ ist.

Eine Lösung dieser Probleme können wir mit unserem bisherigen Wissensstand noch nicht erreichen. Jedoch gilt, (wir beweisen es nicht):

SATZ.- Sind $f,g : [0,\infty[\longrightarrow \mathbb{R}$ stetig, dann folgt aus $\mathcal{L}[f] = \mathcal{L}[g]$, daß $f = g$ ist, also die Injektivität der Laplace-Transformation. (13.30) Injektivität, Eindeutigkeit des Umkehrproblems

BEMERKUNG.- Sie sehen, daß das Umkehrproblem eindeutig gelöst werden kann, wenn der Definitionsbereich der Transformation $\mathcal{L}$ *auf stetige Funktionen eingeschränkt* wird.
Im Gegenbeispiel oben ist, wie Sie sofort erkennen, g nicht stetig.

Im folgenden sollen die Argumente von $\mathcal{L}$ immer stetige Funktionen sein.
Wir werden die bisher bekannten Laplace-Transformierten dazu verwenden, das Umkehrproblem für Laplace-Transformierte $\mathcal{L}[f]$ zu lösen, die rationale Funktionen in s sind.

Am besten sehen Sie das Verfahren an einem Beispiel.

BEISPIEL.- Gegeben sei die Laplace-Transformierte einer Funktion f: (13.31)

$$\mathcal{L}[f](s) = \frac{(1+\beta)s - \alpha\beta}{s(s-\alpha)} \qquad \alpha,\beta \in \mathbb{R}^+, \quad s > \alpha.$$

Gesucht ist die Funktion f. Partialbruchzerlegung von $\mathcal{L}[f](s)$ ergibt: Partialbruchzerlegung

$$\frac{(1+\beta)s - \alpha\beta}{s(s-\alpha)} = \beta \cdot \frac{1}{s} + \frac{1}{s-\alpha}.$$

Aus Beispiel (13.28) wissen Sie

$$\mathcal{L}[1](s) = \frac{1}{s} \quad \text{und} \quad \mathcal{L}[e^{\alpha t}](s) = \frac{1}{s-\alpha}.$$

Daraus folgt:

$$\mathcal{L}[f](s) = \beta \cdot \frac{1}{s} + \frac{1}{s-\alpha} = \beta\,\mathcal{L}[1](s) + \mathcal{L}[e^{\alpha t}](s) =$$

$$= \mathcal{L}[\beta \cdot 1 + e^{\alpha t}](s) \qquad \text{(nach Satz (13.27)).}$$

Also lautet die gesuchte Funktion (siehe (13.30)):

$$f(t) = \mathcal{L}^{-1}\left[\frac{(1+\beta)s - \alpha\beta}{s(s-\alpha)}\right](t) = \beta + e^{\alpha t}.$$

A 13 *AUFGABE 13.- Bestimmen Sie die Funktionen, deren Laplace-Transformierte gegeben sind durch:*

a) $\mathcal{L}[f](s) = \dfrac{s+\alpha}{s(s^2+\alpha^2)}$, $s > 0$,

b) $\mathcal{L}[f](s) = \dfrac{s}{(s+\alpha)(s+\beta)}$, $s > \max\{-\alpha, -\beta\}$.

Wir gehen jetzt über zu <u>den</u> Eigenschaften der Laplace-Transformation, die sie für die Praxis so wichtig macht. Dabei wird uns das Umkehrproblem weiterhin begleiten.

Transformation von Ableitungen

(13.32) $\mathcal{L}[f'](s)$ **Satz.-** Es sei $f\colon [0,\infty[\longrightarrow \mathbb{R}$ differenzierbar und $|f(t)| \leq Ce^{\alpha t}$ für $\alpha, C \in \mathbb{R}$. Außerdem sei f' lokal integrierbar über $[0,\infty[$. Dann existiert $\mathcal{L}[f'](s)$ für $s > \alpha$, und es gilt:

$$\mathcal{L}[f'](s) = s\,\mathcal{L}[f](s) - f(0).$$

Beweis.- Für beliebiges $x > 0$ gilt mit partieller Integration:

$$\text{(a)} \int_0^x f'(t)e^{-st}dt = \left[f(t)e^{-st}\right]_0^x - \int_0^x (-s)e^{-st}f(t)\,dt$$

$$= f(x)e^{-sx} - f(0) + s\int_0^x f(t)e^{-st}dt.$$

Wir bilden den Grenzwert x gegen ∞ . Es gilt:

$$\text{(b)} \quad \lim_{x\to\infty} (f(x)e^{-sx}) = 0,$$

weil für $s > \alpha$ $\quad |f(x)e^{-sx}| \leq Ce^{(\alpha-s)x}$ und $\lim\limits_{x\to\infty} e^{(\alpha-s)x} = 0.$

Ferner ist

$$\text{(c)} \quad \lim_{x\to\infty} \int_0^x f(t)e^{-st}dt = \mathcal{L}[f](s) \quad \text{für } s > \alpha.$$

Fassen wir (a), (b) und (c) zusammen, so ergibt sich wegen

$$\lim_{x\to\infty} \int_0^x f'(t)e^{-st}dt = -f(0) + s\,\mathcal{L}[f](s)$$

die Behauptung.

Wie brauchbar die Laplace-Transformation auf Grund dieser Eigenschaft gerade für Anfangswertprobleme bei linearen Differentialgleichungen mit konstanten Koeffizienten ist, wollen wir uns anhand eines einfachen Beispiels verdeutlichen.

Beispiel.- Gegeben ist ein Netzwerk aus einem Widerstand R und einem Kondensator C. Nach den Kirchhoffschen Gesetzen gilt für die Spannung u die Differentialgleichung (13.33) $y' = \alpha y$, $y(0) = y_0$

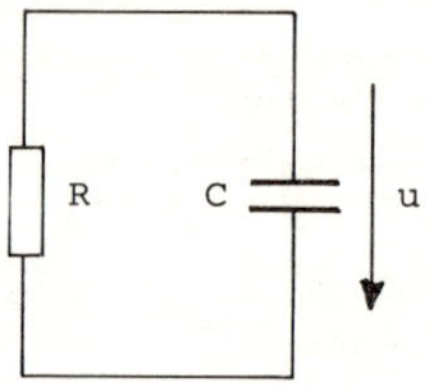

$$\dot{u} = -\frac{1}{RC}u.$$

Ferner sei zur Zeit $t = 0$ $u(0) = U_0$.

Bestimmen Sie die Spannung $u(t)$.

Gesucht ist also eine Lösung des Anfangswertproblems

$$\dot{u} = -\frac{1}{RC}u, \quad u(0) = U_0.$$

Wir wollen untersuchen, ob es Lösungen gibt, die die Voraussetzungen von Satz (13.32) erfüllen. Falls also u eine Lösung ist, die diese Voraussetzungen erfüllt, so können wir auf beide Seiten der Differentialgleichung die Laplace-Transformation anwenden, und es folgt:

$$\mathcal{L}[u'](s) = -\frac{1}{RC}\,\mathcal{L}[u](s)$$

oder (Satz (13.32))

$$s\,\mathcal{L}[u](s) - u(0) = -\frac{1}{RC}\,\mathcal{L}[u](s).$$

Wir haben die Differentialgleichung in eine algebraische Gleichung, die viel leichter zu lösen ist, umgewandelt. Das ist einer der Gründe, die Laplace-Transformation zu studieren!

Die Gleichung wird nach $\mathcal{L}[u](s)$ aufgelöst:

$$s\,\mathcal{L}[u](s) + \frac{1}{RC}\,\mathcal{L}[u](s) = u(0) = U_0$$

oder

$$(*) \quad \mathcal{L}[u](s) = \frac{U_0}{s + \frac{1}{RC}} \quad \left(\text{für } s > -\frac{1}{RC}\right).$$

Um jetzt die Lösung $u(t)$ zu erhalten, müssen wir "rücktransformieren". Aus Beispiel (13.28) ist bekannt, daß mit $\alpha = -\frac{1}{RC}$

$$\mathcal{L}\left[e^{-\frac{1}{RC}t}\right](s) = \frac{1}{s+\frac{1}{RC}}.$$

Vergleichen wir dieses Ergebnis mit (*), so folgt:

$$u(t) = \mathcal{L}^{-1}\left[\frac{U_0}{s+\frac{1}{RC}}\right](t) = U_0 e^{-\frac{1}{RC}t}.$$

Sie sehen, daß die Anwendung der Laplace-Transformation die Lösung der Differentialgleichung ergibt, die Sie schon in Kapitel 12 kennengelernt haben.

A 14 *AUFGABE 14.- Bestimmen Sie mit Hilfe von $\mathcal{L}[\cos \alpha t](s) = \frac{s}{s^2+\alpha^2}$, $s > 0$, und Satz (13.32) die Transformierte $\mathcal{L}[\sin \alpha t](s)$.*

Aus Satz (13.32) kann durch Induktion schnell eine wichtige Folgerung gezogen werden.

(13.34) $\mathcal{L}[f^{(n)}](s)$

FOLGERUNG.- Es sei f n-mal differenzierbar in $[0,\infty[$ und $|f(t)| \leq Ce^{\alpha t}$ für $\alpha, C \in \mathbb{R}$. Außerdem sei $f^{(n)}$ lokal integrierbar über $[0,\infty[$, und es gelte ebenfalls $|f^{(n)}(t)| \leq Ce^{\alpha t}$.

Dann existiert für $s > \alpha$ $\mathcal{L}[f^{(n)}](s)$, und es gilt:

$$\mathcal{L}[f^{(n)}](s) = s^n \mathcal{L}[f](s) - s^{n-1}f(0) - s^{n-2}f'(0) - \ldots - sf^{(n-2)}(0) - f^{(n-1)}(0).$$

Als Beispiel für diese Folgerung wollen wir uns die Schwingungsgleichung ansehen.

(13.35) Schwingungsgleichung $m\ddot{x} + kx = 0$

BEISPIEL.- Die Schwingungsgleichung für eine schwingende Feder mit der Federkonstanten k, an der eine Masse m befestigt ist, lautet (vgl. Kapitel 12):

$$m\ddot{x} + kx = 0.$$

Sei $x(0) = 0$ und $\dot{x}(0) = v_0$. Gesucht ist eine Lösung $x(t)$ dieses Anfangswertproblems, die den Voraussetzungen von Folgerung (13.34) genügt. Wir wenden also die Laplace-Transformation gemäß Folgerung (13.34) an:

$$m\,\mathcal{L}[\ddot{x}](s) + k\,\mathcal{L}[x](s) = 0$$

oder

transformierte Gleichung

$$ms^2\,\mathcal{L}[x](s) - msx(0) - m\dot{x}(0) + k\,\mathcal{L}[x](s) = 0.$$

Daraus folgt mit den Anfangswerten:

$$s^2\,\mathcal{L}[x](s) - v_0 + \frac{k}{m}\mathcal{L}[x](s) = 0.$$

Auflösen nach $\mathcal{L}[x](s)$ ergibt:

$$(*)\quad \mathcal{L}[x](s) = \frac{v_0}{s^2 + \frac{k}{m}}, \quad s > 0.$$

Setzen wir in (*) $\alpha := \sqrt{\frac{k}{m}}$ und erweitern wir mit α, so folgt:

$$\mathcal{L}[x](s) = \frac{v_0}{\alpha}\,\frac{\alpha}{s^2+\alpha^2}.$$

Jetzt haben wir genau die Form von $\mathcal{L}[\sin \alpha t](s)$ vorliegen, und es folgt:

$$x(t) = \mathcal{L}^{-1}\left[\frac{v_0}{\alpha}\cdot\frac{\alpha}{s^2+\alpha^2}\right](t) = \sqrt{\frac{m}{k}}\,v_0 \sin\sqrt{\frac{k}{m}}\,t.$$

AUFGABE 15.- Betrachten Sie den Einschaltvorgang bei A 15

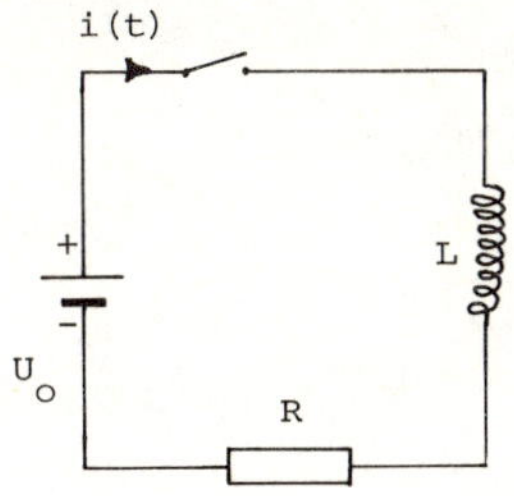

$t = 0$ des LR-Netzwerks aus Aufgabe 11, Kapitel 12. Die Stromstärke $i(t)$ ist gegeben durch

$$L\frac{di(t)}{dt} + Ri(t) = U_0,$$

$U_0 > 0$ konstante Quellenspannung. Ferner sei $i(0) = 0$.

Bestimmen Sie mit Hilfe der Laplace-Transformation eine Lösung $i(t)$.

TRANSFORMATION VON $f(at \pm b)$

Wir setzen nun in den folgenden Abschnitten stets voraus, daß die Urbildfunktionen f lokal integrierbar auf $[0,\infty[$ sind und daß $|f(t)| \leq Ce^{\alpha t}$ für $\alpha, C \in \mathbb{R}$ gilt. Die Laplace-Transformierten $\mathcal{L}[f]$ sollen also stets existieren.

Die nächste Eigenschaft betrifft das Verhalten der Laplace-Transformation, wenn man das Argument der Urbildfunktion verändert.

(13.36)

SATZ.- (a) Sei $f_1(t) = f(a\cdot t - b)$, $a > 0$, $b \geq 0$, und $f_1(t) = 0$ für $0 \leq t < \frac{b}{a}$. Dann folgt:

$$\mathcal{L}[f_1](s) = \frac{e^{-\frac{b}{a}s}}{a}\,\mathcal{L}[f](\tfrac{s}{a}), \quad s > a\cdot\alpha.$$ $\mathcal{L}[f(a\cdot t-b)](s)$

(b) Sei $f_1(t) = f(a\cdot t + b)$, $a, b > 0$. Dann ist

$$\mathcal{L}[f_1](s) = \frac{e^{\frac{b}{a}s}}{a}\left(\mathcal{L}[f](\tfrac{s}{a}) - \mathcal{L}[f_b](\tfrac{s}{a})\right) \quad \text{für } s > a\cdot\alpha,$$ $\mathcal{L}[f(a\cdot t+b)](s)$

wobei $f_b(t) = \begin{cases} f(t) & \text{für } 0 \leq t \leq b \\ 0 & \text{sonst} \end{cases}$.

Die folgenden Kurzbeweise werden auch das Verständnis dieser Aussagen verbessern.

BEWEIS.- Zu (a): $\mathcal{L}[f_1](s) = \int_0^\infty f(at-b)e^{-st}\,dt =$

nach Voraussetzung an f_1:

$$= \int_{\frac{b}{a}}^\infty f(at-b)e^{-st}\,dt.$$

Wir substituieren: $u = at - b$, $t = \frac{u}{a} + \frac{b}{a}$, $\frac{du}{dt} = a$. Das heißt für die Grenzen:

$t = \frac{b}{a}$ führt auf $u = 0$

$t = \infty$ führt auf $u = \infty$

oder die Substitution führt das Intervall $[\frac{b}{a},\infty[$ in das

Intervall $[0,\infty[$ über. (*)

Damit folgt:

$$\begin{aligned}\mathcal{L}[f_1](s) &= \frac{1}{a}\int_0^\infty f(u)e^{-s(\frac{u}{a}+\frac{b}{a})}du\\ &= \frac{1}{a}\int_0^\infty f(u)e^{-\frac{s}{a}u}\, e^{-s\frac{b}{a}}\,du\\ &= \frac{e^{-\frac{b}{a}s}}{a}\int_0^\infty f(u)\, e^{-\frac{s}{a}u}\,du\\ &= \frac{e^{-\frac{b}{a}s}}{a}\,\mathcal{L}[f](\tfrac{s}{a}).\end{aligned}$$

(b) $\mathcal{L}[f_1](s) = \int_0^\infty f(at+b)\, e^{-st}\,dt.$

Substitution: $u = at+b$, $t = \frac{u}{a}-\frac{b}{a}$, $\frac{dt}{du} = \frac{1}{a}$. Hier führt die Substitution das Intervall $[0,\infty[$ über in das Intervall $[b,\infty[$. (Siehe Fußnote!) . Das liefert:

$$\begin{aligned}\mathcal{L}[f_1](s) &= \frac{1}{a}\int_b^\infty f(u)\, e^{-s(\frac{u}{a}-\frac{b}{a})}\,du\\ &= \frac{e^{\frac{b}{a}s}}{a}\int_b^\infty f(u)\, e^{-\frac{s}{a}u}\,du\\ &= \frac{e^{\frac{b}{a}s}}{a}\left(\int_0^\infty f(u)\, e^{-\frac{s}{a}u}\,du - \int_0^b f(u)\, e^{-\frac{s}{a}u}\,du\right)\\ &= \frac{e^{\frac{b}{a}s}}{a}\left(\mathcal{L}[f](\tfrac{s}{a}) - \int_0^\infty f_b(u)\, e^{-\frac{s}{a}u}\,du\right)\\ &= \frac{e^{\frac{b}{a}s}}{a}\left(\mathcal{L}[f](\tfrac{s}{a}) - \mathcal{L}[f_b](\tfrac{s}{a})\right).\end{aligned}$$

A 16 *AUFGABE 16.- Bestimmen Sie die Laplace-Transformierten von*

a) $f(t) = \cos(\omega t + \varphi)$, $\omega,\varphi > 0$.

b) $f(t) = (at+b)^2$, $a,b > 0$.

(*) Eigentlich können wir die Substitution nur auf einem abgeschlossenen Intervall durchführen. Für

$$\int_{\frac{b}{a}}^\infty f(at-b)\, e^{-st}\,dt = \lim_{x\to\infty}\left(\int_{\frac{b}{a}}^x f(at-b)\, e^{-st}\,dt\right)$$

folgt mit der Substition $u = at-b$:

$$\int_{\frac{b}{a}}^x f(at-b)\, e^{-st}\,dt = \frac{1}{a}\int_0^{ax-b} f(u)\, e^{-s(\frac{u}{a}+\frac{b}{a})}\,du.$$

Wegen der Konvergenz des Integrals folgt dann

$$\begin{aligned}\int_{\frac{b}{a}}^\infty f(at-b)\, e^{-st}\,dt &= \lim_{x\to\infty}\left(\frac{1}{a}\int_0^{ax-b} f(u)\, e^{-s(\frac{u}{a}+\frac{b}{a})}\,du\right)=\\ &= \frac{1}{a}\int_0^\infty f(u)\, e^{-s(\frac{u}{a}+\frac{b}{a})}\,du.\end{aligned}$$

Wir können uns also diese Zwischenschritte ersparen und direkt die Grenze ∞ substituieren. Es handelt sich aber um einen Grenzwert!

Verschiebung des Arguments in der Bildfunktion

Mit den üblichen Voraussetzungen an f gilt:

Satz.- (13.37) $\mathcal{L}[f](a\cdot s+b)$

$$\mathcal{L}\left[\frac{e^{-\frac{b}{a}t}}{a}\, f(\tfrac{t}{a})\right](s) = \mathcal{L}[f](a\cdot s+b),\quad s > \frac{\alpha-b}{a}\ .$$

Den Beweis können Sie selbst hinschreiben! Die Eigenschaft ist für die Rücktransformation wichtig:

Beispiel.- Sei $F(s) = \dfrac{\alpha}{(s-\beta)^2+\alpha^2}$ $(s>\beta)$. (13.38)

Gesucht ist die Funktion f mit $\mathcal{L}[f] = F$ oder $\mathcal{L}^{-1}[F] = f$.

Wegen $\mathcal{L}[\sin\alpha t](s) = \dfrac{\alpha}{s^2+\alpha^2}$

ist

$$F(s) = \mathcal{L}[\sin\alpha t](s-\beta).$$

Nach Satz (13.37) (mit $a = 1$, $b = -\beta$) ist also

$$\mathcal{L}\left[\frac{e^{\beta t}}{1}\sin\alpha t\right](s) = \frac{\alpha}{(s-\beta)^2+\alpha^2}\ .$$

Als gesuchte Funktion ergibt sich daher

$$f(t) = \mathcal{L}^{-1}\left[\frac{\alpha}{(s-\beta)^2+\alpha^2}\right](t) = e^{\beta t}\sin\alpha t.$$

AUFGABE 17.- a) Bestimmen Sie die Funktion, deren Laplace-Transformierte gegeben ist durch A 17

$$\mathcal{L}[f](s) = \frac{(s-\beta)}{(s-\beta)^2+\alpha^2}\ ,\quad s>\beta.$$

b) Bestimmen Sie $\mathcal{L}[\sinh\alpha t\cdot\sin\alpha t](s)$.

In dem abschließenden Beispiel wollen wir noch ein Problem aus der Elektrotechnik betrachten. Darin werden auch die früheren Eigenschaften der Laplace-Transformation benötigt.

Beispiel.- (1) Gegeben sei ein spezielles RLC-Netzwerk (*) - ein Reihenschwingkreis. Auf Grund der Kirchhoffschen Gesetze gilt für die Stromstärke (13.39) RLC-Netzwerk

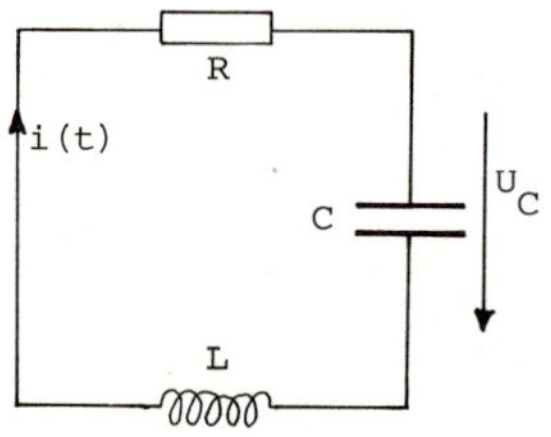

$$L\frac{di(t)}{dt} + R\cdot i(t) + \frac{1}{C}\int_0^t i(t')\,dt' + u_C(0) = 0\ .$$

Differenzieren wir nochmals nach t, so ergibt sich:

(*) Ein RCL-Netzwerk ist ein Netzwerk, in dem als Schaltelemente nur Widerstände R, Kapazitäten C und Induktivitäten L vorkommen.

(*) $L\frac{d^2i(t)}{dt^2} + R\frac{di(t)}{dt} + \frac{1}{C}i(t) = 0$.

Sei ferner $i(0) = I_o$, $\left.\frac{di(t)}{dt}\right|_{t=0} = 0$. Ferner werden Sie im Lauf der Rechnung sehen, daß $4\frac{L}{C} > R^2$ sein muß. Gesucht ist die Stromstärke $i(t)$.

(2) Wir suchen eine stetige Lösung $i(t)$, so daß $\mathcal{L}[i]$ definiert ist. Damit können wir auf die Differentialgleichung (*) die Laplace-Transformation anwenden.

$$\mathcal{L}[L\frac{d^2i(t)}{dt^2}](s) + \mathcal{L}[R\frac{di(t)}{dt}](s) + \mathcal{L}[\frac{1}{C}i(t)](s) = 0$$

Daraus ergibt sich mit Satz (13.27) und Folgerung (13.34):

$$L(s^2\mathcal{L}[i](s) - si(0) - i'(0)) +$$
$$+ R(s\mathcal{L}[i](s) - i(0)) + \frac{1}{C}\mathcal{L}[i](s) = 0$$

transformierte Gleichung

oder mit den Anfangswerten und $I(s) := \mathcal{L}[i](s)$ die transformierte Gleichung:

$$L(s^2I(s) - sI_o) + R(sI(s) - I_o) + \frac{1}{C}I(s) = 0 .$$

(3) Diese Gleichung wird nach $I(s)$ aufgelöst:

$$I(s)(Ls^2 + Rs + \frac{1}{C}) - (sLI_o + RI_o) = 0$$

oder

$$I(s) = I_o\frac{sL + R}{s^2L + sR + \frac{1}{C}} = I_o\frac{s + \frac{R}{L}}{s^2 + \frac{R}{L}s + \frac{1}{LC}}$$

nach Erweiterung mit $\frac{1}{L}$. Im Nenner verwenden wir die quadratische Ergänzung:

$$s^2 + \frac{R}{L}s + \frac{1}{CL} = (s + \frac{R}{2L})^2 + (\frac{1}{LC} - \frac{R^2}{4L^2}) .$$

Bezeichnen wir zur Vereinfachung ferner

$$\alpha := \frac{R}{2L},\quad \omega_o^2 := \frac{1}{LC},\quad \omega_d := \sqrt{\omega_o^2 - \alpha^2}\quad (= \sqrt{\frac{1}{LC} - \frac{R^2}{4L^2}})$$

so erhalten wir:

$$I(s) = I_o\frac{s + 2\alpha}{(s+\alpha)^2 + \omega_d^2} =$$
$$= I_o\frac{s + \alpha}{(s+\alpha)^2 + \omega_d^2} + I_o\frac{\alpha}{(s+\alpha)^2 + \omega_d^2} =$$
$$=: \quad I_1(s) \quad + \quad I_2(s)$$

(4) Wir kommen jetzt wieder zu dem Problem, die ursprüngliche Funktion zu bestimmen.

Aus Aufgabe 17 ist bekannt:

$$\mathcal{L}[e^{\beta t}\cos\gamma t](s) = \frac{s - \beta}{(s-\beta)^2 + \gamma^2} .$$

Mit $\beta = -\alpha$ und $\gamma = \omega_d$ folgt daher

$$\mathcal{L}[e^{-\alpha t}\cos\omega_d t](s) = \frac{s + \alpha}{(s+\alpha)^2 + \omega_d^2} .$$

Also ist die Funktion $f_1(t)$ mit $\mathcal{L}[f_1](s) = I_1(s)$ gegeben durch

$$f_1(t) = I_o e^{-\alpha t}\cos\omega_d t.$$

(5) Sie wissen aus Beispiel (13.38):

$$\mathcal{L}[e^{\beta t}\sin\gamma t](s) = \frac{\gamma}{(s-\beta)^2 + \gamma^2} .$$

Durch Erweitern mit ω_d folgt in $I_2(s)$:

$$I_2(s) = \frac{I_o\alpha}{\omega_d}\frac{\omega_d}{(s+\alpha)^2 + \omega_d^2} .$$

Mit Beispiel (13.38) folgt daher ($\beta = -\alpha$, $\gamma = \omega_d$):

$$\mathcal{L}[e^{-\alpha t}\sin\omega_d t](s) = \frac{\omega_d}{(s+\alpha)^2 + \omega_d^2} .$$

Somit lautet die gesuchte Funktion $f_2(t)$ mit $\mathcal{L}[f_2](s) = I_2(s)$:

$$f_2(t) = \frac{I_o\alpha}{\omega_d}e^{-\alpha t}\sin\omega_d t.$$

(6) Für die Stromstärke $i(t)$ ergibt sich

$$i(t) = \mathcal{L}^{-1}[I(s)](t) = \mathcal{L}^{-1}[I_1(s)](t) + \mathcal{L}^{-1}[I_2(s)](t) =$$
$$= f_1(t) + f_2(t)$$
$$= I_o e^{-\alpha t}[\cos\omega_d t + \frac{\alpha}{\omega_d}\sin\omega_d t].$$

Dieses Beispiel werden Sie vielleicht im Laufe Ihres Studiums wiederfinden.
Nach dem gleichen Prinzip berechnet sich beispielsweise die Lösung des gedämpften harmonischen Oszillators, dessen Gleichung gegeben ist durch

$$m\ddot{x}(t) + b\dot{x}(t) + kx(t) = 0;$$

dabei bedeutet m die Masse, b die Proportionalitätskonstante der Dämpfung und k die Federkonstante.
Außerdem sind die Anfangswerte

$$x(0) = x_o,\quad \dot{x}(0) = 0$$

gegeben. Durch Vergleichen mit Beispiel (13.39) können Sie die Lösung dieses Problems direkt hinschreiben.

Kurze Übersicht

Es soll hier noch erwähnt werden, daß auch Regeln für die Ableitung $(\mathcal{L}[f])^{(n)}$ der Laplace-Transformierten existieren.
Damit ist der Exkurs in den Bereich der Laplace-Transformation beendet. Eine kleine Tabelle soll Ihnen helfen, später ohne vieles Blättern das Richtige zu finden.

(13.40) **LAPLACE-TRANSFORMATIONEN.-**

$f(t)$	$\mathcal{L}[f](s)$	für welche s ?	wo ?
1	$\frac{1}{s}$	$s>0$	(13.28)
$e^{\alpha t}$	$\frac{1}{s-\alpha}$	$s>\alpha$	(13.28)
t^n	$\frac{n!}{s^{n+1}}$	$s>0,\ n\in\mathbb{N}_0$	(A 12) (a)
$\sin\alpha t$	$\frac{\alpha}{s^2+\alpha^2}$	$s>0$	(A 11) (b)
$\cos\alpha t$	$\frac{s}{s^2+\alpha^2}$	$s>0$	(13.28)
$\sinh\alpha t$	$\frac{\alpha}{s^2-\alpha^2}$	$s>\lvert\alpha\rvert$	(A 11) (a)
$\cosh\alpha t$	$\frac{s}{s^2-\alpha^2}$	$s>\lvert\alpha\rvert$	(13.28)
$e^{\beta t}\sin\alpha t$	$\frac{\alpha}{(s-\beta)^2+\alpha^2}$	$s>\beta$	(13.38)
$e^{\beta t}\cos\alpha t$	$\frac{s-\beta}{(s-\beta)^2+\alpha^2}$	$s>\beta$	(A 17) (a)

(13.41) **LAPLACE-TRANSFORMATIONS-REGELN.-**

a) Linearität

$$\mathcal{L}[af+bg](s)=a\,\mathcal{L}[f](s)+b\,\mathcal{L}[g](s) \qquad (13.27)$$

b) Transformation der Ableitung

$$\mathcal{L}[f'](s)=s\,\mathcal{L}[f](s)-f(0) \qquad (13.32)$$

$$\mathcal{L}[f^{(n)}](s)=s^n\mathcal{L}[f](s)-s^{n-1}f(0)-\ldots-sf^{(n-2)}(0)-f^{(n-1)}(0) \qquad (13.34)$$

c) Transformation von $f(at\pm b)$

$$\mathcal{L}[f_1](s)=\frac{e^{-\frac{b}{a}s}}{a}\mathcal{L}[f]\left(\frac{s}{a}\right),\quad f_1(t)=\begin{cases} f(at-b), & t\geq\frac{b}{a}\\ 0, & 0\leq t<\frac{b}{a}\end{cases} \qquad (13.36)$$

$$\mathcal{L}[f_1](s)=\frac{e^{\frac{b}{a}s}}{a}\left(\mathcal{L}[f]\left(\frac{s}{a}\right)-\mathcal{L}[f_b]\left(\frac{s}{a}\right)\right),\quad f_1(t)=f(at+b)$$

$$f_b(t)=\begin{cases} f(t) & \text{für } 0\leq t\leq b\\ 0 & \text{sonst.}\end{cases} \qquad (13.36)$$

d) Verschiebung des Arguments in der Bildfunktion

$$\mathcal{L}\left[\frac{e^{-\frac{b}{a}t}}{a}f\left(\frac{t}{a}\right)\right](s)=\mathcal{L}[f](as+b) \qquad (13.37)$$

ZUSAMMENFASSUNG

Diese Studieneinheit brachte Ihnen eine Erweiterung des Integralsbegriffs und damit verbundene Anwendungen.

Zu Anfang wurden Ihnen zwei Fälle, nämlich die Erweiterung des Integralbegriffs auf unbeschränkte Integrationsintervalle und auf am Rande eines Intervalls unbeschränkte Integranden nahegebracht. Der erste Fall führte zur Definition der Konvergenz bzw. Divergenz des uneigentlichen Integrals der ersten Art, (13.3), der zweite zur Definition der Konvergenz bzw. Divergenz des uneigentlichen Integrals der zweiten Art, (13.14). Diese beiden Fälle müssen Sie kennen und uneigentliche Integrale - wie in den Beispielen und Aufgaben geschehen - auf Konvergenz untersuchen können. Ziel 1

Im weiteren Verlauf wurden dann uneigentliche Integrale mit unbeschränktem Integrationsintervall $]-\infty,\infty[$, (13.5), mit unbeschränktem Integrand im Innern eines Intervalls, (13.16), und uneigentliche Integrale der ersten und zweiten Art gleichzeitig, (13.20), auf Konvergenz und Divergenz untersucht.
Sie sollten wissen, wie diese uneigentlichen Integrale zu behandeln sind. Ziel 2 Dabei sollten Sie vor allem daran denken, daß die getrennt zu betrachtenden uneigentlichen Integrale jeweils unabhängig voneinander konvergieren müssen!

Eine gute Möglichkeit zum Erkennen von Konvergenz oder Divergenz eines uneigentlichen Integrals brachte das Majoranten- oder Vergleichskriterium ((13.10) oder (13.18)). Dieses sollten Sie kennen und anwenden können, vor allem auch mit den meist gebrauchten Vergleichsfunktionen $g(t)=\frac{C}{t^r}$ und $g(t)=\frac{1}{(b-t)^\alpha}$. Ziel 3

Ein spezielles Beispiel eines uneigentlichen Integrals war dann die Γ-Funktion:

$$\Gamma(\alpha)=\int_0^\infty t^{\alpha-1}e^{-t}dt$$

(für $\alpha>0$ konvergent, (13.22)), mit den Eigenschaften

$$\Gamma(\alpha+1)=\alpha\Gamma(\alpha) \qquad (13.23)$$

$$\Gamma(n)=(n-1)! \qquad (13.24).$$

Da Sie die Γ-Funktion später vielleicht noch benötigen, sollten Sie sie wenigstens im Gedächtnis behalten. Ziel 4

Der Rest des Kapitels beschäftigte sich mit der Laplace-Transformation, ebenfalls ein Beispiel für uneigentliche Integrale. Wichtig besonders für Anfangswertprobleme bei linearen Differentialgleichungen mit konstanten Koeffizienten.
Merken Sie sich die Laplace-Transformation gut. Ziel 5 Ihre Eigenschaften und gewisse elementare Transformationen stehen in der "kurzen Übersicht".

Kapitel 14. Taylorpolynome und Taylorreihen

§ 1 APPROXIMATION DURCH POLYNOME

In den vorangegangenen Kapiteln haben Sie *Differentation* und *Integration* kennengelernt. Diese Techniken verwenden wir nun dazu, die Fragen von Kapitel 9, Potenzreihen, umfassender zu behandeln.

Wiederholung Kapitel 10

In Satz (14.15) wird die Frage beantwortet, welche Funktionen durch Potenzreihen darstellbar sind. Sie haben schon in Kapitel 9 an Beispielen gesehen, daß Funktionen, die durch Potenzreihen dargestellt sind, gut zu handhaben sind: Zum Beispiel ist die Zahl $\sin x_o$ der Grenzwert der Partialsummen

$$\sin x_o = \lim_{n\to\infty} \left(\sum_{k=0}^{n} (-1)^k \frac{x_o^{2k+1}}{(2k+1)!} \right).$$

Um $\sin x_o$ zu berechnen, genügt es also, die Polynome

$$p_n(x) = \sum_{k=0}^{n} (-1)^k \frac{x^{2k+1}}{(2k+1)!}$$

an der Stelle x_o zu berechnen und dann den Grenzwert zu bestimmen.

Man sagt: *Die Funktion* sin *wird durch Polynome approximiert.*

Ziele von Kapitel 14

Dieses Kapitel "Taylorpolynome und Taylorreihen" hat nun zwei Ziele. Erstens soll die Redeweise "eine Funktion wird durch Polynome approximiert" genau gefaßt werden; das führt zum Begriff des *Taylorpolynoms einer Funktion*.

In Kapitel 9, Seite 135, ist beschrieben, wie man Polynome als Partialsummen einer Reihe ansehen kann. Diese Reihe heißt dann *Potenzreihe*, und es entsteht die Frage (Kapitel 9, Seite 135): Eine Funktion ist vorgegeben. Gibt es eine Potenzreihe, die diese Funktion darstellt? (*)

Die Taylorpolynome einer Funktion sind die Partialsummen der *Taylorreihe dieser Funktion*. Die Taylorreihe ist eine Potenzreihe. Das zweite Ziel des Kapitels ist es, für Taylorreihen die schon in Kapitel 9, Seite 135, genannten Fragen zu beantworten: Wann existiert die Taylorreihe einer Funktion, für welche x konvergiert sie, stellt Sie die Funktion dar?

(*) "darstellt" ist in Kapitel 9, Seite 140 definiert.

Ergebnis

Ergebnis wird sein, daß für eine beliebig oft differenzierbare Funktion (die einer bestimmten Bedingung genügt) die Taylorreihe eine Potenzreihe ist, die in ihrem Konvergenzbereich die Funktion darstellt.

Übersicht

Das Kapitel beschreibt, wie eine Funktion durch Polynome approximiert werden kann und welche Konsequenzen das für die Funktion hat. Die Überschriften der einzelnen Abschnitte und ihre Gliederung geben Ihnen schon einen groben Überblick über die Anwendungen der Begriffe *Taylorpolynom* und *Taylorreihe*.

- Die Zahl sin 2 wird mit einer vorgeschriebenen Genauigkeit berechnet.

- Sie erhalten in Satz (14.6) ein Kriterium dafür, wann in einem Punkt x_o ein lokales Extremum einer Funktion liegt.

- Die Taylorreihen für die Beispiele Logarithmus, arc tan und $(1+x)^\alpha$ erlauben, Zahlen wie ln 10, $\frac{\pi}{4}$ und $\sqrt[3]{28}$ zu berechnen.

APPROXIMATION

Bild 1 zeigt die Sinusfunktion und die "approximierenden" Polynome

$$p_o(x) = x,\quad p_1(x) = x - \frac{1}{6}x^3,\quad p_2(x) = x - \frac{1}{6}x^3 + \frac{1}{120}x^5,$$

$$p_3(x) = x - \frac{1}{3!}x^3 + \frac{1}{5!}x^5 - \frac{1}{7!}x^7,$$

$$p_4(x) = x - \frac{1}{3!}x^3 + \frac{1}{5!}x^5 - \frac{1}{7!}x^7 + \frac{1}{9!}x^9 \qquad (*).$$

Diese Polynome sind die ersten fünf Partialsummen der Reihe, die die Sinusfunktion definiert.

(Bild 1 siehe nächste Seite!).

Schreiben Sie die ersten sechs Partialsummen der Reihe auf, die die Cosinusfunktion definiert. Diese Polynome $p_o,\ldots,p_5$ sind in Bild 2

(*) Wir werden später diese Polynome anders numerieren.

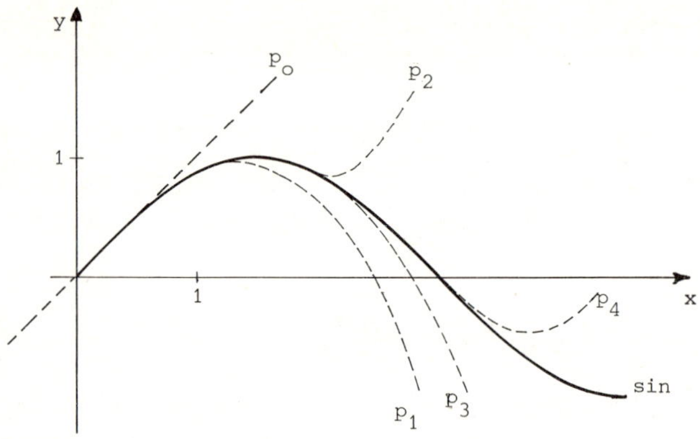

Bild 1.- Sinus und approximierende Polynome

eingezeichnet.

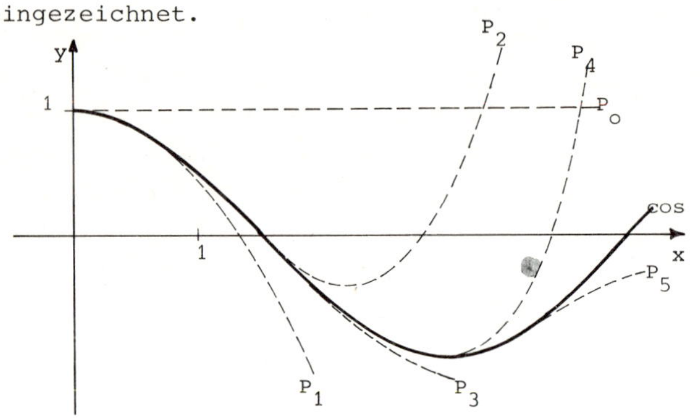

Bild 2.- Cosinus und approximierende Polynome

Schreiben Sie auch noch die ersten drei Partialsummen der Potenzreihe auf, die die Exponentialfunktion definiert:

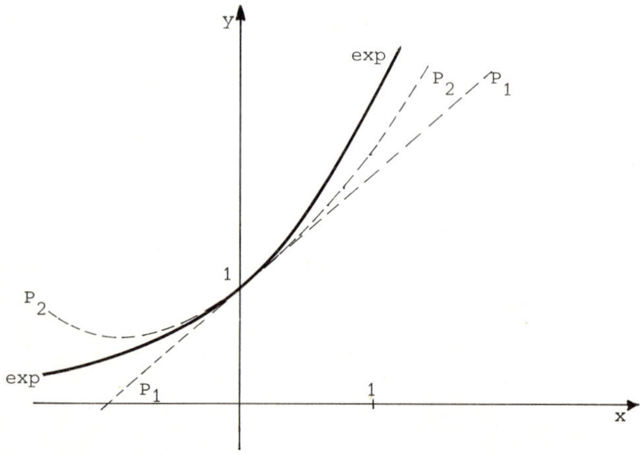

Bild 3.- Exp und approximierende Polynome

Diskussion der Approximation

In welcher Weise approximieren nun die eingezeichneten Polynome die Funktionen sin, cos oder exp ?

Anschaulich: Die Polynome stimmen mit den gegebenen Funktionen im Punkt $x_o = 0$ überein und ihre Graphen "schmiegen" sich in einer *Umgebung* von x_o an den Graphen der Funktion an. Sie schmiegen sich umso enger und über eine weitere Strecke an den Graphen an, je höher der Grad des Polynoms ist.

Im Kapitel "Differenzierbarkeit" haben Sie folgende Situation kennengelernt: Eine Funktion heißt differenzierbar, wenn sie durch ein Polynom ersten Grades (durch eine Gerade) approximiert werden kann. Sei f eine in x_o differenzierbare Funktion. Dann kann man das approximierende Polynom ersten Grades p dadurch charakterisieren, daß p und f in x_o übereinstimmen,

$$p(x_o) = f(x_o)$$

und daß p und f in x_o dieselbe erste Ableitung haben,

$$p'(x_o) = f'(x_o).$$

Dies folgt aus der Gleichung

$$p(x) = f(x_o) + (x - x_o)\, f'(x_o) ,$$

die Sie aus Kapitel 11 kennen müssen!

Die Graphen von f und p laufen beide mit derselben Steigung durch denselben Punkt $(x_o, f(x_o))$. Für einen Punkt x, der nicht nahe bei x_o liegt, können jedoch f(x) und p(x) weit auseinander liegen, denn die Graphen der Funktionen f und p werden sich von den Tangenten in $(x_o, f(x_o))$ entfernen.

Eine genauere Approximation läßt sich deshalb erreichen, wenn das Polynom p auch dieselbe Krümmung wie die Funktion f im Punkt x_o hat: man verlangt, daß noch

$$p''(x_o) = f''(x_o)$$

gilt.

Diese Situation läßt sich verallgemeinern (Man hofft auf eine umso bessere Approximation, je größer n ist): f sei eine in x_o n-mal differenzierbare Funktion. Gesucht ist dann ein Polynom höchstens n-ten Grades, das mit f und den ersten n Ableitungen $f^{(\nu)}$ in x_o übereinstimmt:

$$p^{(\nu)}(x_o) = f^{(\nu)}(x_o) \quad \text{für } \nu = 0,1,\ldots,n.$$

Das gesuchte Polynom wird das *Taylorpolynom* sein.

AUFGABE 1.- Rechnen Sie nach, daß das Polynom A 1

$$p(x) = 1 + x + \frac{x^2}{2!} + \ldots + \frac{x^n}{n!}$$

mit der Exponentialfunktion und ihren ersten n Ableitungen im Punkt $x_o = 0$ übereinstimmt.

TAYLORPOLYNOME

Die Frage, *eine Funktion in der Umgebung eines Punktes* x_o *durch ein Polynom zu approximieren*, ist jetzt auf folgendes Problem zurückgeführt:

approximierendes Polynom

PROBLEM.- Gegeben ist eine in x_o n-mal differenzierbare Funktion, gesucht ist ein Polynom p von höchstens Grad n mit

(*) $p^{(\nu)}(x_o) = f^{(\nu)}(x_o)$ für $\nu = 0,1,\ldots,n$.

LÖSUNG.- Zunächst der Fall $x_o = 0$. Die Lösungsidee ist: jedes Polynom p eines Grades $\leq n$ hat die Form

$$p(x) = \sum_{\nu=0}^{n} a_\nu x^\nu .$$

Jetzt wird nachgerechnet, wie die Koeffizienten a_ν gewählt werden müssen, damit p die Bedingungen (*) erfüllt. Es ist $p(0) = a_o$; wenn also $p(0) = f(0)$ gelten soll, so muß

$$a_o = f(0)$$

sein. Die Bedingungen (*) verlangen weiter, daß wir das Polynom p ν-mal differenzieren und die Ableitung an der Stelle $x_o = 0$ betrachten. Es ist $p'(0) = a_1$; wenn also $p'(0) = f'(0)$ gelten soll, so muß

$$a_1 = f'(0)$$

sein. Es ist $p''(0) = 2a_2$, also

$$a_2 = \frac{1}{2} f''(0) .$$

Ebenso

$$a_3 = \frac{1}{3!} f'''(0) .$$

Und so weiter zum allgemeinen Glied

$$a_\nu = \frac{1}{\nu!} f^{(\nu)}(0) \qquad \text{für } \nu = 0,1,\ldots,n.$$

A 2

AUFGABE 2.- Die vorangegangene Lösung des Approximationsproblems sagt: wenn ein Polynom n-ten Grades die Bedingungen (*) für $x_o = 0$ erfüllt, dann muß es so aussehen:

$$p(x) = f(0) + \frac{f'(0)}{1!} x + \frac{f''(0)}{2!} x^2 + \ldots + \frac{f^{(n)}(0)}{n!} x^n .$$

Rechnen Sie nun noch nach, daß umgekehrt dieses Polynom p die Bedingungen (*) für $x_o = 0$ wirklich erfüllt, d.h., überprüfen Sie $p(0), p'(0), \ldots, p^{(n)}(0)$.

Damit gilt nun das folgende Zwischenergebnis.

ZWISCHENERGEBNIS.- Sei f eine im Nullpunkt n-mal differenzierbare Funktion (*). Dann gibt es genau ein Polynom p vom Grad n, das den Bedingungen

$$p^{(\nu)}(0) = f^{(\nu)}(0) \qquad \text{für } \nu = 0,1,\ldots,n$$

genügt. Dieses Polynom ist

$$p(x) = \sum_{\nu=0}^{n} \frac{f^{(\nu)}(0)}{\nu!} x^\nu .$$

Für einen beliebigen Punkt $x_o \in \mathbb{R}$ gilt entsprechend der

SATZ.- Es sei f eine in einem Punkt x_o n-mal differenzierbare Funktion. Dann gibt es genau ein Polynom p vom Grad $\leq n$. das den Bedingungen (14.1)

Existenz des approximierenden Polynoms

(*) $p^{(\nu)}(x_o) = f^{(\nu)}(x_o)$ für $\nu = 0,1,\ldots,n$

genügt. Dieses Polynom ist

$$p(x) = \sum_{\nu=0}^{n} \frac{f^{(\nu)}(x_o)}{\nu!} (x - x_o)^\nu .$$

BEWEIS.- Die Beweisidee ist wie im Fall $x_o = 0$: jedes Polynom p eines Grades $\leq n$ läßt sich in der Form

$$p(x) = \sum_{\nu=0}^{n} a_\nu (x - x_o)^\nu$$

schreiben. Es bleibt nachzurechnen, wie die Koeffizienten a_ν gewählt werden müssen, damit p den Bedingungen (*) an seine Ableitung genügt. Sie erhalten wie oben, daß

$$a_\nu = \frac{f^{(\nu)}(x_o)}{\nu!} \qquad \text{für } \nu = 0,1,\ldots,n$$

gelten muß, und müssen jetzt nur noch nachprüfen, daß das Polynom p mit diesen Koeffizienten auch den Bedingungen (*) genügt.

Das Polynom p aus Satz (14.1) heißt *Taylorpolynom* (**), genauer:

DEFINITION.- Sei f eine in x_o n-mal differenzierbare Funktion. Das Polynom (14.2)

$$p_n(x) := \sum_{\nu=0}^{n} \frac{f^{(\nu)}(x_o)}{\nu!} (x - x_o)^\nu$$

Taylorpolynom

heißt *n-tes Taylorpolynom* (*mit Entwicklungspunkt* x_o) *der Funktion* f.

BEISPIEL.- In Aufgabe 1 haben Sie gezeigt, daß das Polynom (14.3)

Taylorpolynom von exp

$$p_n(x) := \sum_{\nu=0}^{n} \frac{1}{\nu!} x^\nu$$

(*) d.h. f soll in jedem Punkt des Intervalls n-mal differenzierbar sein.

(**) Brook Taylor (1685 - 1731)

das n-te Taylorpolynom (mit Entwicklungspunkt x_o) der Exponentialfunktion ist.

Rechnen Sie anhand der Definition (14.2) nach, daß

$$p_n(x) := \sum_{\nu=0}^{n} \frac{e}{\nu!} (x-1)^\nu$$

das n-te Taylorpolynom mit Entwicklungspunkt $x_o = 1$ der Exponentialfunktion ist.

BEMERKUNG.- Ein Taylorpolynom (mit Entwicklungspunkt x_o) der Funktion f approximiert die Funktion f in einer Umgebung von x_o, die Approximation ist *lokal*. Zu verschiedenen Entwicklungspunkten gibt es voneinander verschiedene Taylorpolynome einer Funktion.

(14.4) BEISPIEL.- Wie sieht das Taylorpolynom p_n der Sinusfunktion mit Entwicklungspunkt $x_o = 0$ aus?

Sie haben recht, wenn Sie mit leichtem Seufzen meinen, daß Sie p_n schon längst aus dem Abschnitt "Approximation" kennen: p_n ist die n-te Partialsumme der Potenzreihe der Sinusfunktion. Der Begriff "Taylorpolynom" ist aber erst in (14.2) definiert! Der Definition entsprechend müssen wir über die Ableitungen des Sinus die Koeffizienten dieses Polynoms bestimmen.

Die allgemeine Form des Taylorpolynoms steht in der Definition (14.2),

$$p_n(x) = \sum_{\nu=0}^{n} \frac{\sin^{(\nu)}(0)}{\nu!} x^\nu$$

(sin ist beliebig oft differenzierbar !). Wir müssen uns nur noch an die Ableitungen $\sin^{(\nu)}(0)$ erinnern.

Es gilt nach (11.37):

$$\sin^{(k)} = \begin{cases} (-1)^m \cos & \text{für } k = 2m+1 \\ (-1)^m \sin & \text{für } k = 2m. \end{cases}$$

Es erscheinen deshalb nur ungerade Potenzen von x im Taylorpolynom mit Entwicklungspunkt 0,

Taylorpolynom von sin

$$p_{2n+1}(x) = x - \frac{x^3}{3!} + \frac{x^5}{5!} + \ldots + (-1)^n \frac{x^{2n+1}}{(2n+1)!} .$$

Bestimmen Sie in gleicher Weise das Taylorpolynom vom Grad 2n mit Entwicklungspunkt 0 der Cosinusfunktion. Hier treten nur gerade Potenzen von x auf,

Taylorpolynom von cos

$$p_{2n}(x) = 1 - \frac{x^2}{2!} + \frac{x^4}{4!} - \frac{x^6}{6!} + \ldots + (-1)^n \frac{x^{2n}}{(2n)!} .$$

Nicht immer lassen sich die Koeffizienten des Taylorpolynoms einer Funktion f, d.h. die Ableitungen $f^{(\nu)}(x_o)$, so leicht bestimmen wie in den letzten Beispielen. Die Diskussion weiterer Beispiele bleibt aber leer, solange wir uns nicht mit dem zweiten Problem der Approximation einer Funktion f durch Polynome p_n beschäftigen: Wie läßt sich die Differenz $f(x) - p_n(x)$ abschätzen? Wie gut ist die Approximation des Funktionswertes f(x) durch den Wert $p_n(x)$?

Der nächste Abschnitt untersucht deshalb das *Restglied*

$$R_{n+1}(x) := f(x) - p_n(x).$$

§ 2 RESTGLIED

RESTGLIED NACH TAYLOR

Das Taylorpolynom p_n (mit Entwicklungspunkt x_o) einer n-mal differenzierbaren Funktion f approximiert diese Funktion in einer Umgebung von x_o. Das Taylorpolynom ist die eindeutig bestimmte Lösung des Problems von Seite 255. Offen ist noch das Problem, wie gut diese Approximation ist. Der Fehler in der Approximation ist definiert durch

$$R_{n+1}(x) := f(x) - p_n(x).$$ Restglied

Diese Differenz R_{n+1} wird *Restglied* genannt; es gibt zahlreiche Formeln, mit deren Hilfe man das Restglied bestimmen und abschätzen kann. Die erste lernen Sie in dem folgenden *Satz von Taylor (Taylorsche Formel)* kennen:

SATZ.- Es sei $f: [a,b] \to \mathbb{R}$ eine (n+1)-mal stetig differenzierbare Funktion. Dann gilt für alle $x_o \in [a,b]$ und alle $x \in [a,b]$ die *Taylorsche Formel* (14.5)

Satz von Taylor

$$f(x) = f(x_o) + \frac{f'(x_o)}{1!}(x-x_o) + \frac{f''(x_o)}{2!}(x-x_o)^2 + \ldots + \frac{f^{(n)}(x_o)}{n!}(x-x_o)^n + R_{n+1}(x). \quad (*)$$

Dabei ist

Integralform des Restgliedes

$$R_{n+1}(x) = \frac{1}{n!} \int_{x_o}^{x} (x-t)^n f^{(n+1)}(t)\, dt.$$

(*) Noch einmal in dieser Form:

$$f(x) = \sum_{\nu=0}^{n} \frac{f^{(\nu)}(x_o)}{\nu!} (x-x_o)^\nu + R_{n+1}(x).$$

Die Taylorsche Formel wiederholt zunächst nur die Definition des Restgliedes: $R_{n+1}(x)$ *ist die Differenz der Funktion f und des Taylorpolynoms* p_n *(mit Entwicklungspunkt* x_o*) an der Stelle x. Wichtig ist die Darstellung von* R_{n+1} *durch das Integral. Der Beweis ist eine Übung im Integrieren.*

BEWEIS.- Der Beweis geschieht durch Induktion nach n, dem Grad des Taylorpolynoms. Für $n = 0$ gilt

$$f(x) = f(x_o) + \int_{x_o}^{x} f'(t)\,dt .$$

Überprüfen Sie diese Gleichung, indem Sie das Integral ausrechnen. (Hauptsatz der Integralrechnung).

Für $n = 0$ ist deshalb wie behauptet

$$R_1(x) = \int_{x_o}^{x} f'(t)\,dt .$$

Nun zum Schritt von n auf n + 1. Zunächst gilt nach Induktionsvoraussetzung

$$R_n(x) = \frac{1}{(n-1)!} \int_{x_o}^{x} (x-t)^{n-1} f^{(n)}(t)\,dt \quad (*)$$

$$= \int_{x_o}^{x} f^{(n)}(t) \frac{d}{dt}\left(-\frac{(x-t)^n}{n!}\right) dt \quad \textit{partielle Integration!}$$

$$= -f^{(n)}(t)\frac{(x-t)^n}{n!}\Bigg|_{x_o}^{x} + \int_{x_o}^{x} \frac{(x-t)^n}{n!} f^{(n+1)}(t)\,dt$$

$$= \frac{f^{(n)}(x_o)}{n!}(x-x_o)^n + \int_{x_o}^{x} \frac{(x-t)^n}{n!} f^{(n+1)}(t)\,dt.$$

Nach Definition der Restglieder gilt aber

$$R_n(x) = \frac{f^{(n)}(x_o)}{n!} (x-x_o)^n + R_{n+1}(x)$$

(Das können Sie aus der Taylorschen Formel ablesen).

Die beiden letzten Zeilen zusammengenommen ergeben die Behauptung

$$R_{n+1}(x) = \frac{1}{n!} \int_{x_o}^{x} (x-t)^n f^{(n+1)}(t)\,dt .$$

Das folgende Beispiel zeigt, wie sich mit Hilfe der Integralform (14.5) des Restglieds Funktionswerte näherungsweise berechnen lassen.

ANWENDUNG: FUNKTIONSWERTE BERECHNEN

(14.6) BEISPIEL.- Aufgabe: Berechnen Sie die Zahl sin 2 mit einem Fehler kleiner als 10^{-4}.

(*) Berechnen Sie $\frac{d}{dt}\left(-\frac{(x-t)^n}{n!}\right)$, wobei Sie x als Konstante ansehen.

Lösungsidee: nach Satz (14.5) ist die Sinusfunktion darstellbar als Summe ihres n-ten Taylorpolynoms p_n *(mit einem bestimmten Entwicklungspunkt* x_o*) und des Restgliedes* R_{n+1}.

$$\sin x = p_n(x) + R_{n+1}(x).$$

Aus dieser Gleichung können Sie ablesen, daß $p_n(2)$ *bis auf den Fehler* $R_{n+1}(2)$ *die Zahl* sin 2 *bestimmt. Wir suchen deshalb eine Zahl n so, daß*

$$|R_{n+1}(2)| < 10^{-4}.$$

Zuvor müssen wir noch einen geeigneten Entwicklungspunkt x_o *für das Taylorpolynom* p_n *der Sinusfunktion wählen!* Entwicklungspunkt wählen
Die Wahl $x_o = 2$ *führt nach der Bedingung in (14.1) zu der Gleichung* $p_n(2) = \sin 2$ *und hilft deshalb nicht, die Berechnung von* sin 2 *auf die einfachere Berechnung eines Polynoms zurückführen.*
Eine Wahl wie $x_o = 1{,}5$ *bedeutet, daß wir die Koeffizienten des Taylorpolynoms durch die Zahlen* $\sin^{(\nu)}(1{,}5)$ *ausdrücken müssen, deren genauen Wert wir nicht kennen.*
Im Beispiel (14.4) haben Sie aber gesehen, daß die Koeffizienten des Taylorpolynoms der Sinusfunktion mit dem Entwicklungspunkt $x_o = 0$ *leicht zu bestimmen sind.*

Ausführung: p_n sei das Taylorpolynom der Sinusfunktion mit Entwicklungspunkt $x_o = 0$. Nach Satz (14.5) gilt dann für alle $x \in \mathbb{R}$,

$$\sin x = p_{2n+1}(x) + R_{2n+2}(x) = x - \frac{x^3}{3!} + \ldots + (-1)^n \frac{x^{2n+1}}{(2n+1)!} + \frac{1}{(2n+1)!}\int_0^x \sin^{(2n+2)}(t)(x-t)^{2n+1}\,dt.$$

Für alle $t \in \mathbb{R}$ ist $|\sin^{(2n+2)}(t)| \le 1$ *(warum?)*, deshalb kann man das Restglied so abschätzen:

$$|R_{2n+2}(x)| \le \frac{1}{(2n+1)!}\left|\int_0^x (x-t)^{2n+1}\,dt\right| .$$

Für das Integral gilt

$$\int_0^x (x-t)^{2n+1}\,dt = \frac{-(x-t)^{2n+2}}{2n+2}\Bigg|_{t=0}^{t=x} = \frac{x^{2n+2}}{2n+2} .$$

Also

$$|R_{2n+2}(x)| \le \frac{|x|^{2n+2}}{(2n+2)!} .$$

Diese Ungleichung ist die gesuchte *Abschätzung des Restglieds*. Sie folgt für $x = 2$ auch aus dem Leibnizkriterium.

Zu jeder Zahl $\varepsilon > 0$ gibt es ein n mit $\frac{x^n}{n!} < \varepsilon$. (*).
Um $R_{2n+2}(2)$ abzuschätzen, suchen wir deshalb ein n mit

$$\frac{2^{2n+2}}{(2n+2)!} < 10^{-4}.$$

Wenn Sie in einer Tabelle einer Logarithmenta-

(*) Weil die Folge $(\frac{x^n}{n!})$ für jedes feste x eine Nullfolge ist.

fel die Werte für 2^n und $n!$ vergleichen (oder einen Taschenrechner verwenden), sehen Sie, daß diese Ungleichung ab $n = 5$ gilt. Das Ergebnis ist

$$\sin 2 = p_{11}(2) + R_{12}(2) =$$
$$= 2 - \frac{2^3}{3!} + \frac{2^5}{5!} - \frac{2^7}{7!} + \frac{2^9}{9!} - \frac{2^{11}}{11!} + R_{12}(2).$$

Die Zahl $p_{11}(2)$ können Sie mit Rundungen erst nach der fünften oder sechsten Stelle angeben, der Fehler zu sin 2 ist wie verlangt $|R_{12}(2)| < 10^{-4}$.

A 3 *AUFGABE 3.- Berechnen Sie sin 0,1 auf 10^{-10} genau.*

Restglied nach Lagrange

Das Beispiel (14.6) soll Ihnen auch zeigen, daß es nicht darauf ankommt, das Restglied (in seiner Integralform) auszurechnen: verlangt ist nur eine geeignete Abschätzung. Diese kann man oft in der Lagrangeschen (*) Form des Restglieds erzielen.

(14.7) **Satz.-** Es sei $f: [a,b] \longrightarrow \mathbb{R}$ eine $(n+1)$-mal stetig differenzierbare Funktion, es sei $x_o \in [a,b]$.
Dann gilt für alle $x \in [a,b]$: es gibt einen Punkt ξ zwischen x und x_o mit

$$f(x) = \sum_{\nu=0}^{n} \frac{f^{(\nu)}(x_o)}{\nu!}(x-x_o)^{\nu} + R_{n+1}(x),$$

wobei

$$R_{n+1}(x) = \frac{f^{(n+1)}(\xi)}{(n+1)!}(x-x_o)^{n+1}.$$

Lagrangesches Restglied

Merkregel: die Lagrangesche Form des Restglieds R_{n+1} entspricht dem (n+1)-ten Summanden des Taylorpolynoms, nur ist die Ableitung nicht in x_o, sondern in einem Punkt ξ zwischen x_o und x zu nehmen.

Zum Beweis. Die Sätze (14.7) und (14.5) beginnen beide mit der Taylorschen Formel: Funktion gleich Taylorpolynom plus Restglied. Sie unterscheiden sich nur in der Darstellung des Restgliedes.
Können Sie die Lagrangesche Form der Restgliedes aus der Integralform in (14.5) ableiten? Erinnern Sie sich an einen Satz, in dem ein Integral durch den Funktionswert an einer Zwischenstelle beschrieben wird?

(*) Joseph Louis Lagrange (1736 - 1813)

Beweis von (14.7).- Man wendet auf die Integraldarstellung des Restgliedes in Satz (14.5) den Mittelwertsatz der Integralrechnung an.

Sei $x \geq x_o$ (der Beweis für $x < x_o$ verläuft analog). Dann gibt es nach Satz (10.53) einen Punkt $\xi \in [x_o, x]$ mit

$$R_{n+1}(x) = \frac{1}{n!}\int_{x_o}^{x}(x-t)^n f^{(n+1)}(t)\,dt$$
$$= f^{(n+1)}(\xi)\int_{x_o}^{x}\frac{(x-t)^n}{n!}\,dt$$
$$= -f^{(n+1)}(\xi)\frac{1}{(n+1)!}(x-t)^{n+1}\Big|_{x_o}^{x}$$
$$= \frac{f^{(n+1)}(\xi)}{(n+1)!}(x-x_o)^{n+1}.$$

Bemerkung.- Die Sätze (14.7) und (14.5) beschreiben das Restglied mit Hilfe eines Punktes ξ zwischen x_o und x. Sie sagen nur, daß es ξ gibt; sie sagen nicht, wo ξ liegt oder wie Sie es finden können. In den Anwendungen werden deshalb die Restglieder nicht ausgerechnet, sondern nur abgeschätzt.

Restglied abschätzen

Folgerung.- In dieser Bemerkung wird die Frage von Seite 256, wie gut die Approximation der Funktion f durch ein Taylorpolynom p_n ist, dadurch beantwortet, daß man das Restglied (14.8)

$$R_{n+1}(x) = f(x) - p_n(x)$$

abschätzt. Wir betrachten dazu unter den Voraussetzungen von (14.7) die Lagrangesche Form des Restgliedes R_{n+1},

$$R_{n+1}(x) = \frac{f^{(n+1)}(\xi)}{(n+1)!}(x-x_o)^{n+1}.$$

Nach Voraussetzung ist $f^{(n+1)}$ eine stetige Funktion auf dem abgeschlossenen Intervall $[a,b]$.

Können Sie auf Anhieb drei wichtige Sätze nennen, die sich mit Funktionen beschäftigen, die auf einem abgeschlossenen Intervall stetig sind?

Satz (10.20): Eine auf einem abgeschlossenen Intervall stetige Funktion ist beschränkt! Die Funktion $f^{(n+1)}$ genügt deshalb einer Ungleichung (oder Abschätzung)

$$|f^{(n+1)}(x)| \leq M \quad \text{für alle } x \in [a,b],$$

wobei $M \in \mathbb{R}$ eine positive Konstante ist. Für das Lagrangesche Restglied folgt daraus die

Abschätzung

$$|R_{n+1}(x)| \leq M \cdot \frac{|x-x_o|^{n+1}}{(n+1)!} \quad \text{für alle } x \in [a,b]$$

(Vergleichen Sie mit der Abschätzung des Restgliedes in Beispiel (14.6)).

(14.9) BEISPIEL.- Wie genau wird $\cos\left(\frac{\pi}{3}+\frac{\pi}{180}\right)$ durch das zweite Taylorpolynom p_2 (mit Entwicklungspunkt $x_o=\frac{\pi}{3}$) der Cosinusfunktion approximiert ? (*)

Das Taylorpolynom p_2 (mit Entwicklungspunkt $x_o=\frac{\pi}{3}$) lautet nach der Definition (14.2)

$$p_2(x) = \sum_{\nu=0}^{2} \frac{\cos^{(\nu)}(x_o)}{\nu!}(x-x_o)^{\nu}$$

$$= \frac{\cos\frac{\pi}{3}}{0!} - \frac{\sin\frac{\pi}{3}}{1!}(x-\tfrac{\pi}{3}) - \frac{\cos\frac{\pi}{3}}{2!}(x-\tfrac{\pi}{3})^2$$

$$= \frac{1}{2} - \frac{\sqrt{3}}{2}(x-\tfrac{\pi}{3}) - \frac{1}{4}(x-\tfrac{\pi}{3})^2 .$$

Daraus folgt

$$p_2\left(\tfrac{\pi}{3}+\tfrac{\pi}{180}\right) = \frac{1}{2} - \frac{\sqrt{3}}{2}\cdot\frac{\pi}{180} - \frac{1}{4}\cdot\left(\frac{\pi}{180}\right)^2 =$$

$$= 0{,}48480886\ldots \quad .$$

Wie nahe dieser Wert bei $\cos\left(\frac{\pi}{3}+\frac{\pi}{180}\right)$ liegt, läßt sich mit (14.8) ermitteln:

$$|R_3(x)| \leq 1\cdot\frac{1}{3!}\left(\frac{\pi}{180}\right)^3 \leq 0{,}000001.$$

(Wieso kann man M = 1 wählen ?)

Der Wert 0,484808 für $\cos\left(\frac{\pi}{3}+\frac{\pi}{180}\right)$ ist also auf fünf Stellen genau.

A 4 *AUFGABE 4.- (a) Berechnen Sie $\sin\frac{\pi}{10}$, indem Sie die Sinusfunktion durch ihr fünftes Taylorpolynom (mit Entwicklungspunkt $x_o=0$) approximieren. Wie genau ist der Wert für $\sin\frac{\pi}{10}$, den Sie auf diese Weise erhalten ?*

(b) Berechnen Sie mit Hilfe eines Taylorpolynoms die Zahl $e^{0,3}$ mit einem Fehler unter 0,0001.

Hinweis zu (b).- Betrachten Sie die Funktion e^x auf dem Intervall [0,1]. Dort hat die Exponentialfunktion (und alle ihre Ableitungen !) als größten Wert die Zahl e ... .

(*) Es ist $\frac{\pi}{3}+\frac{\pi}{180} \hat{=} 61^o$. Der Entwicklungspunkt $\frac{\pi}{3} \hat{=} 60^o$ ist gewählt, weil er nahe bei 61° liegt und weil die Zahlen $\cos\frac{\pi}{3}$ und $\sin\frac{\pi}{3}$, die im Taylorpolynom auftreten, wohlbekannt sind.

(14.10) BEMERKUNG.- Wenn Sie die Abschätzung (14.8) durch $(x-x_o)^n$ dividieren, so erhalten Sie (für $x \neq x_o$)

$$0 \leq \left|\frac{R_{n+1}(x)}{(x-x_o)^n}\right| \leq \frac{M}{(n+1)!}|x-x_o| .$$

Daraus folgt

$$\lim_{x\to x_o} \frac{R_{n+1}(x)}{(x-x_o)^n} = 0.$$

Man sagt: das Taylorpolynom p_n *vom Grad* n (mit Entwicklungspunkt x_o) approximiert in einer Umgebung von x_o die Funktion f mit einem Fehler, der klein ist im Vergleich zu $(x-x_o)^n$, wenn x nahe bei x_o ist.

Vergleichen Sie mit der Bemerkung hinter Definition (11.1) auf Seite 176. Die Definition (11.1),

$$\lim_{x\to x_o} \frac{f(x)-(f(x_o)+f'(x_o)(x-x_o))}{x-x_o} = 0,$$

bedeutet, daß das *lineare* Polynom $f(x_o)+f'(x_o)(x-x_o)$ die Funktion f im Punkt x_o mit einem Fehler approximiert, der klein ist im Vergleich zu $(x-x_o)$.

Der Fehler bei der Approximation durch ein Taylorpolynom ist also umso kleiner, je höher der Grad des Polynoms ist.

ANWENDUNG: LOKALE EXTREMA

Ein Taylorpolynom (mit einem bestimmten Entwicklungspunkt) approximiert eine n-mal differenzierbare Funktion lokal; die entsprechenden Sätze (14.5) und (14.7) können deshalb lokale Eigenschaften der Funktion beschreiben. Zum Beispiel lassen sich mit Hilfe des Lagrangeschen Restglieds die Bedingungen für ein *lokales Extremum* einer Funktion zusammenfassen und verbessern.

WIEDERHOLUNG.- Der Begriff "lokales Extremum einer Funktion" ist in (11.43) definiert. In Satz (11.45) haben Sie eine notwendige Bedingung für ein lokales Extremum kennengelernt: lokales Extremum

> Sei $f: [a,b] \longrightarrow \mathbb{R}$ differenzierbar in $x_o \in\,]a,b[$. Wenn f in x_o ein lokales Extremum hat, dann gilt
>
> $$f'(x_o) = 0.$$

Diese Bedingung ist noch unbefriedigend, denn aus $f'(x_o)=0$ folgt im allgemeinen nicht, daß in x_o ein lokales Extremum vorliegt. Beispiel: die Funktion $f: \mathbb{R} \longrightarrow \mathbb{R}$, $f(x)=x^3$ hat im Nullpunkt die Ableitung null. f hat aber kein Extremum in Nullpunkt, sondern einen *Wendepunkt*.

Der folgende Satz gibt eine Bedingung an, wann in einem Punkt x_o ein Extremum liegt.

(14.11) Kriterium für lokales Extremum

SATZ.- Es sei $f: [a,b] \longrightarrow \mathbb{R}$ eine n-mal stetig differenzierbare Funktion, sei $x_o \in]a,b[$. Wenn f die Eigenschaft hat, daß $f^{(n)}$ die erste in x_o nicht verschwindende Ableitung ist, d.h. wenn

$$f'(x_o) = f''(x_o) = \ldots = f^{(n-1)}(x_o) = 0$$

und $f^{(n)}(x_o) \neq 0$,

dann gilt: f hat in x_o genau dann ein lokales Extremum, wenn die Zahl n gerade ist.

ERLÄUTERUNG.- *Wie können Sie mit Hilfe von (14.11) die lokalen Extrema einer Funktion f bestimmen? Sie bilden die Ableitung f' und rechnen ihre Nullstellen aus, zum Beispiel* $f'(x_1) = 0$, $f'(x_2) = 0$, $f'(x_3) = 0$.

Danach prüfen Sie, wie sich f" in diesen Punkten verhält. Sei etwa $f''(x_1) \neq 0$, $f''(x_2) \neq 0$, $f''(x_3) = 0$.

Aus (14.11) folgt, daß f in x_1 *und in* x_2 *lokale Extrema hat. Für* x_3 *müssen Sie weiter rechnen. Sei etwa* $f'''(x_3) \neq 0$. *Aus (14.11) folgt, daß f in* x_3 *kein lokales Extremum hat.*
Um lokale Extrema am Rand festzustellen, rechnen Sie die Funktionswerte an den Intervallgrenzen gesondert aus.
Im Beweis (14.11) lernen Sie auch noch ein Kriterium dafür kennen, ob in x_1 *und in* x_2 *ein lokales Maximum oder ein lokales Minimum vorliegt.*

BEWEIS von (14.11).- Zuerst soll die Aussage bewiesen werden: wenn n gerade ist, dann hat f in x_o ein lokales Extremum. Nach Satz (14.7) gibt es für f eine Darstellung als Summe des (n-1)-ten Taylorpolynoms in x_o und des Restglieds R_n:

$$f(x) = \sum_{\nu=0}^{n-1} \frac{f^{(\nu)}(x_o)}{\nu!}(x-x_o)^{\nu} + \frac{f^{(n)}(\xi)}{n!}(x-x_o)^n$$

für alle $x \in [a,b]$, wobei $\xi = \xi(x)$ ein Punkt zwischen x_o und x sei. Wegen der Voraussetzung $f'(x_o) = \ldots = f^{(n-1)}(x_o) = 0$ bleibt vom Taylorpolynom nur der Summand $f(x_o)$, also

$$(\Delta) \quad f(x) = f(x_o) + f^{(n)}(\xi(x)) \cdot \frac{(x-x_o)^n}{n!}$$

für alle $x \in [a,b]$.

Bisher haben wir die Voraussetzung ausgenutzt, daß f differenzierbar ist und daß die ersten (n-1) Ableitungen in x_o *verschwinden. Zwischenergebnis ist die Gleichung* (Δ). *In einem neuen Ansatz wird jetzt die Voraussetzung* $f^{(n)}(x_o) \neq 0$ *untersucht.*

Nach Voraussetzung ist $f^{(n)}$ stetig, die Bedingung $f^{(n)}(x_o) \neq 0$ gilt deshalb auch in einer Umgebung von x_o (*) : es gibt ein $\delta > 0$ mit

$$f^{(n)}(x) \neq 0 \quad \text{für alle x mit } |x-x_o| < \delta.$$

Wir unterscheiden die Fälle $f^{(n)}(x_o) > 0$ und $f^{(n)}(x_o) < 0$. Zuerst der Fall $f^{(n)}(x_o) > 0$. Es gilt dann für alle $x \in]x_o-\delta, x_o+\delta[$, daß $f^{(n)}(x) > 0$, denn $f^{(n)}$ kann in diesem Intervall keine Nullstelle haben *(warum?)*. Insbesondere gilt für diese x, daß im Punkt $\xi(x)$ zwischen x und x_o:

$$f^{(n)}(\xi(x)) > 0.$$

Mit dieser Abschätzung zurück zur Gleichung (Δ):

$$f(x) - f(x_o) = \frac{(x-x_o)^n}{n!} \cdot f^{(n)}(\xi(x))$$

für alle x mit $|x-x_o| < \delta$.
Da n gerade sein soll, ist stets $(x-x_o)^n > 0$. Also ist für alle $x \in]x_o-\delta, x_o+\delta[$ die Differenz $f(x) - f(x_o)$ positiv, d.h. f hat in x_o ein lokales Minimum:

Ergänzung zu (14.11).- Wenn $f^{(n)}(x_o) > 0$, dann hat f in x_o ein lokales Minimum. Kriterium für lokales Minimum

In gleicher Weise erhalten Sie für den Fall $f^{(n)}(x_o) < 0$:

Ergänzung zu (14.11).- Wenn $f^{(n)}(x_o) < 0$, dann hat f in x_o ein lokales Maximum. Kriterium für lokales Maximum

Die umgekehrte Aussage in (14.11) - wenn f in x_o ein lokales Extremum hat, dann ist n gerade - läßt sich ebenfalls aus der Gleichung (Δ) ablesen:
Ist n ungerade, so hat die Differenz $f(x)-f(x_o)$ für $x > x_o$ sicher nicht dasselbe Vorzeichen wie für $x < x_o$. Also liegt in x_o kein lokales Extremum vor.

BEISPIEL.- Sei $f: [0,2\pi] \longrightarrow \mathbb{R}$ gegeben durch (14.12)

$$f(x) = \sin x + \frac{1}{2}\sin 2x.$$

Bestimmen Sie die lokalen Extrema!

Wir gehen entsprechend der Erläuterung nach (14.11) vor.

Zunächst ist

$$f'(x) = \cos x + \cos 2x = \cos x + 2\cos^2 x - 1$$
$$= (2\cos x - 1)(\cos x + 1).$$

(*) Eine stetige Funktion kann nicht "plötzlich" eine Nullstelle haben, siehe Seite 171 in Kapitel 10.

In dieser Form erkennen Sie leicht, daß $f'(x) = 0$ genau dann, wenn $\cos x = \frac{1}{2}$ oder $\cos x = -1$, d.h.

$$f'(x) = 0 \quad \text{für } x_1 = \frac{\pi}{3},\ x_2 = \frac{5\pi}{3},\ x_3 = \pi \ .$$

Wie verhält sich f'' in diesen Punkten?

$$f''(x) = -\sin x - 2\sin 2x = -\sin x - 4\sin x\cos x$$

$$= -\sin x\,(1 + 4\cos x)\,.$$

Rechnen Sie nach (mit Hilfe von $\sin\frac{\pi}{3} = \frac{\sqrt{3}}{2}$ und $\sin\frac{5\pi}{3} = -\frac{\sqrt{3}}{2}$), daß

$$f''(x_1) = -\frac{3\sqrt{3}}{2},\quad f''(x_2) = \frac{3\sqrt{3}}{2},\quad f''(x_3) = 0.$$

Nach Satz (14.11) und seinen Ergänzungen hat f in $x_1 = \frac{\pi}{3}$ ein lokales Maximum und in $x_2 = \frac{5\pi}{3}$ ein lokales Minimum.

Im Punkt x_3 ist f''' die erste nichtverschwindende Ableitung:

$$f'''(x) = -\cos x - 4\cos 2x$$

$$f'''(x_3) = -3.$$

Also hat f in $x_3 = \pi$ kein lokales Extremum.

Untersuchen Sie noch die Randpunkte 0 und 2π.

A 5 *AUFGABE 5.- Sei $f: \mathbb{R} \to \mathbb{R}$ gegeben durch*

$$f(x) = (x-a)^n, \quad a \in \mathbb{R}.$$

Untersuchen Sie mit (14.11) diese Funktion auf lokale Extrema für den Fall, daß n gerade ist und für den Fall, daß n ungerade ist. Skizzieren Sie beidesmal den Graphen von f.

A 6 *AUFGABE 6.- Versuchen Sie mit Hilfe von (14.11) zu entscheiden, ob die Funktion $f: \mathbb{R} \to \mathbb{R}$,*

$$f(x) = \begin{cases} e^{-\frac{1}{x^2}} & \text{für } x \neq 0 \\ 0 & \text{für } x = 0 \end{cases}$$

in $x_0 = 0$ ein lokales Extremum hat.

Sie dürfen voraussetzen, daß f beliebig oft differenzierbar ist. Welchen Wert haben die Ableitungen $f^{(k)}(0)$?

Skizzieren Sie den Graphen. (Diese Funktion wird in Beispiel (14.14) auf Seite 262 ausführlich behandelt).

BEMERKUNG.- Das letzte Beispiel zeigt die Grenzen des Satzes (14.11). Die Funktion f hat die Eigenschaft, daß $f^{(k)}(0) = 0$ für alle k ist; mit Hilfe von (14.11) können Sie also nicht erkennen, daß f im Nullpunkt ein lokales Minimum hat. (Sie erkennen es jedoch unmittelbar aus $\exp(-\frac{1}{x^2}) > 0 = f(0)$ für alle $x \neq 0$).

Wenn Sie sich in der Anwendung von (14.11) noch unsicher fühlen, können Sie eine oder mehrere der folgenden Aufgaben lösen. A

Gesucht sind die lokalen Extrema der Funktionen

(1) $f: [-1,1] \to \mathbb{R}.\ f(x) = \sqrt{20 - 3x^2}$
($f'(0) = 0$ und $f''(0) < 0$, also relatives Maximum in $x_0 = 0$).

(2) $f: [-2,2] \to \mathbb{R},\ f(x) = 3 + 2x^2 - x^4$
(lokale Extrema in 0, 1 und -1).

(3) $f: \mathbb{R} \to \mathbb{R},\ f(x) = x^3 - 11$
($f'''(0) \neq 0$, keine lokalen Extrema).

(4) $f: [1,10] \to \mathbb{R},\ f(x) = x^2 + \frac{128}{x}$
(lokales Minimum in 4).

§ 3 TAYLORREIHEN

DEFINITION

Taylorreihen sind Potenzreihen. In (9.7) ist erklärt, was es heißt, daß eine Funktion f durch eine Potenzreihe dargestellt wird: Problem

Es sei $\sum_{n=0}^{\infty} a_n x^n$ eine reelle Potenzreihe mit dem Konvergenzradius R, es sei $I_R := \{x \in \mathbb{R} \mid |x| < R\}$ das Konvergenzintervall. Dann ist eine Funktion $f: I_R \to \mathbb{R}$ definiert durch

$$f(x) := \sum_{n=0}^{\infty} a_n x^n.$$

Taylorreihen beantworten nun das Problem (2) für Potenzreihen - siehe Kapitel 9, Seite 135:

Eine Funktion ist vorgegeben. Gibt es eine Potenzreihe, die diese Funktion darstellt?

Im ersten Schritt wird der Funktion eine Potenzreihe, ihre *Taylorreihe*, zugeordnet; im zweiten Schritt untersucht man, unter welchen Bedingungen die Taylorreihe die Funktion *darstellt*.

Als erstes sagt die Definition (14.2) des Taylorpolynoms: Wenn eine Funktion f in einem Punkt x_0 beliebig oft differenzierbar ist, so können Sie das n-te Taylorpolynom Lösung

$$p_n(x) = \sum_{\nu=0}^{n} \frac{f^{(\nu)}(x_0)}{\nu!}(x-x_0)^\nu$$

für jedes n aufschreiben.

Vorschlag: Schreiben Sie sich die n-ten Taylorpolynome (mit Entwicklungspunkt $x_0 = 0$) der Funktionen exp, sin und cos heraus. Schreiben Sie daneben, wie exp, sin und cos in Kapitel 9 durch Potenzreihen dargestellt werden. Sehen Sie, daß n-tes Taylorpolynom und n-te Partialsumme der Potenzreihe jeweils übereinstimmen? Gewiß.

(14.13) Taylorreihe

DEFINITION.- Es sei $f\colon [a,b] \to \mathbb{R}$ eine beliebig oft differenzierbare Funktion, es sei $x_0 \in [a,b]$. Dann heißt die Potenzreihe

$$p(x) = \sum_{\nu=0}^{\infty} \frac{f^{(\nu)}(x_0)}{\nu!}(x-x_0)^{\nu}$$

die *Taylorreihe von f mit Entwicklungspunkt x_0*.

Vorsicht! Diese Definition sagt nicht, für welche x die Taylorreihe definiert ist. Zunächst gilt nur, daß die Reihe für $x = x_0$ konvergiert.

DISKUSSION.- Wann ist eine Funktion durch eine Potenzreihe darstellbar? Sie wissen im Augenblick: wenn eine Funktion f beliebig oft differenzierbar ist, so läßt sich die Taylorreihe von f bilden. Beispiele für Taylorreihen sind, wie sie gesehen haben, die Potenzreihen der Funktionen exp, sin und cos. Trotz dieser Beispiele wissen Sie im allgemeinen nicht, daß die Taylorreihen einer Funktion eine Potenzreihe ist, die diese Funktion *darstellt*.

Vergleiche die Probleme in Kapitel 9, Seite 135:

(a) Für welche $x \in \mathbb{R}$ konvergiert die Taylorreihe? Wir werden an Beispielen sehen, daß der Konvergenzradius einer Taylorreihe null oder eine positive Zahl oder unendlich sein kann.

(b) Sei nun x ein Punkt aus dem Konvergenzintervall der Taylorreihe einer Funktion f. Es existiert dann die Zahl

$$\sum_{\nu=0}^{\infty} \frac{f^{(\nu)}(x_0)}{\nu!}(x-x_0)^{\nu}.$$

Diese Zahl muß nicht gleich dem Wert der Funktion f im Punkt x sein - Beispiel dazu im nächsten Abschnitt.

Die Frage lautet: unter welcher Bedingung (an f und an x) konvergiert die Taylorreihe im Punkt x gegen f(x)? D.h., wann gilt

$$f(x) = \sum_{\nu=0}^{\infty} \frac{f^{(\nu)}(x_0)}{\nu!}(x-x_0)^{\nu} \quad ? \ (*)$$

EIN GEGENBEISPIEL

Daß die Taylorreihe einer Funktion f zwar für alle $x \in \mathbb{R}$ konvergiert, aber in keinem Punkt x - mit Ausnahme des Nullpunktes - gegen f(x) konvergiert, also nicht die Funktion darstellt, wird in der Literatur stets an diesem einen Beispiel dargestellt:

BEISPIEL.- Die Funktion $f\colon \mathbb{R} \to \mathbb{R}$ sei definiert durch (14.14)

$$f(x) = \begin{cases} \exp(-\frac{1}{x^2}) & \text{für } x \neq 0 \\ 0 & \text{für } x = 0 \end{cases} \qquad (**)$$

Den Graphen dieser Funktion kennen Sie aus Aufgabe 6:

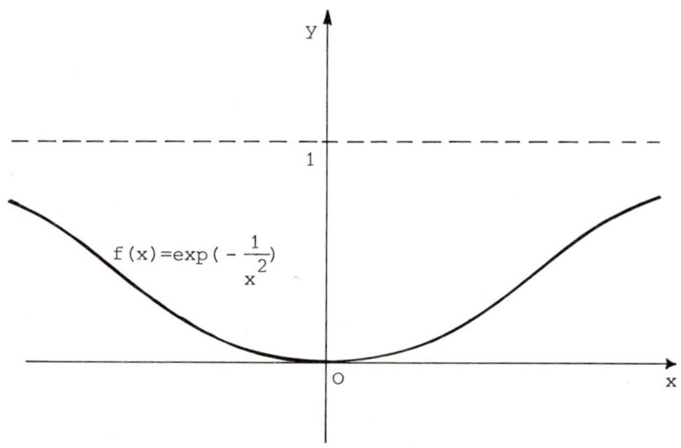

Bild 5.- $\exp(-\frac{1}{x^2})$

Die Funktion f ist beliebig oft differenzierbar, und ihre sämtlichen Ableitungen verschwinden im Nullpunkt:

(Δ) $f^{(\nu)}(0) = 0$ für alle ν.

(Die Beweise folgen)

Diese Eigenschaft der Funktion sollten Sie sich merken und ihre Konsequenzen:

(*) Diese beiden Probleme werden fortan mit (a) und (b) bezeichnet.

(**) Siehe Kapitel 9, Seite 142: $\exp(-\frac{1}{x^2}) = e^{-\frac{1}{x^2}}$

ERGEBNIS.- Die Taylorreihe p von f mit Entwicklungspunkt $x_o = 0$ ist definiert durch

$$p(x) = \sum_{\nu=0}^{\infty} \frac{f^{(\nu)}(0)}{\nu!} x^{\nu}.$$

Funktion ≠ Taylorreihe

Aus (Δ) folgt, daß die Taylorreihe von f identisch null ist,

$$p(x) = 0 \quad \text{für alle } x \in \mathbb{R}.$$

(a) Das Konvergenzintervall der Taylorreihe ist ganz $\mathbb{R}$. Auch die Funktion f ist für alle $x \in \mathbb{R}$ definiert.

(b) Funktion und Taylorreihe stimmen jedoch nur im Nullpunkt überein: die Taylorreihe stellt in ihrem Konvergenzbereich <u>nicht</u> die Funktion dar.

Es bleibt noch nachzurechnen, daß f beliebig oft differenzierbar ist, und daß $f^{(\nu)}(0) = 0$ für alle ν gilt. Der Beweis ist nicht ganz einfach und nur dann interessant für Sie, wenn Sie sich mit Aufgabe 5 eine Weile beschäftigt haben. Sie können ihn auch überschlagen.

Der Beweis von (Δ) geschieht durch vollständige Induktion; er verwendet bekannte Regeln der Differentiation und Grenzwerte der Exponentialfunktion.

(1) Als erstes haben Sie in Aufgabe 5 sicher die erste Ableitung ausgerechnet:

für $x \neq 0$ $\qquad f'(x) = \frac{2}{x^3} \exp(-\frac{1}{x^2})$,

für $x = 0$ $\qquad f'(x) = \lim\limits_{x\to 0} \frac{f(x) - f(0)}{x - 0} =$

$$= \lim_{x\to 0} \frac{1}{x} \exp(-\frac{1}{x^2}) = 0.$$

Das letzte Gleichheitszeichen folgt aus der Beziehung

(+) $\qquad \lim\limits_{x\to 0} \frac{1}{x^n} \exp(-\frac{1}{x^2}) = 0$ für alle n.

Die Gleichung ergibt sich ähnlich wie (10.28). Aus (+) folgt auch

$$\lim_{x\to 0} f'(x) = 0 = f'(0),$$

d.h., f' ist im Nullpunkt stetig (in allen Punkten $x \neq 0$ ist f' von vorneherein stetig).

(2) Wiederholte Differentation führt dann zu der Vermutung, daß für jedes n eine rationale Funktion Q_n existiert mit

$$f^{(n)}(x) = \begin{cases} Q_n \cdot \exp(-\frac{1}{x^2}) & \text{für } x \neq 0 \\ 0 & \text{für } x = 0 \end{cases}.$$

Der Induktionsanfang n = 0 ist klar: Definition der Funktion f. Beim Schluß von n auf n+1 unterscheiden wir die Fälle $x \neq 0$ und $x = 0$.

(3) Sei $x \neq 0$. Nach Induktionsvoraussetzung über $f^{(n)}$ gilt

$$f^{(n+1)}(x) = (f^{(n)}(x))' = (Q_n(x) \exp(-\frac{1}{x^2}))' =$$

$$= [Q_n'(x) + \frac{2}{x^3} Q_n(x)] \exp(-\frac{1}{x^2}).$$

Als gesuchte rationale Funktion Q_{n+1} definiert man deshalb

$$Q_{n+1}(x) := Q_n'(x) + \frac{2}{x^3} Q_n(x) \qquad \text{für } x \neq 0.$$

<u>Zwischenergebnis</u>: Ist $x \neq 0$, so existiert für alle ν die Ableitung $f^{(\nu)}(x)$, denn das Produkt einer rationalen Funktion und der Exponentialfunktion ist differenzierbar.

(4) Sei x = 0.

$$f^{(n+1)}(0) = \lim_{x\to 0} \frac{f^{(n)}(x) - f^{(n)}(0)}{x} = \lim_{x\to 0} \frac{Q_n(x) \exp(-\frac{1}{x^2})}{x} =$$

$$= \lim_{x\to 0} \frac{Q_n(x)}{x} \cdot \exp(-\frac{1}{x^2}) = 0.$$

<u>Ergebnis</u>: Für alle ν existiert wie behauptet $f^{(\nu)}$ mit $f^{(\nu)}(0) = 0$.

KONVERGENZ DER TAYLORREIHE

Unter welcher Bedingung an eine beliebig oft differenzierbare Funktion f gilt Frage (b), Seite 262

(*) $$f(x) = \sum_{\nu=0}^{\infty} \frac{f^{(\nu)}(x_o)}{\nu!} (x - x_o)^{\nu} \quad ?$$

Die Antwort beginnt mit dem Satz von Taylor: da f beliebig oft differenzierbar ist, gilt für <u>alle</u> n

$$f(x) = \sum_{\nu=0}^{n} \frac{f^{(\nu)}(x_o)}{\nu!} (x - x_o)^{\nu} + R_{n+1}(x).$$

Betrachten Sie nun die Folge der Restglieder

$$R_{n+1}(x) = f(x) - \sum_{\nu=0}^{n} \frac{f^{(\nu)}(x_o)}{\nu!} (x - x_o)^{\nu}.$$

Aus dem Vergleich mit (*) gewinnen Sie die gesuchte Bedingung: die Funktion f läßt sich an der Stelle x durch die Taylorreihe mit Entwicklungspunkt x_o darstellen, falls

$$\lim_{n\to\infty} R_n(x) = 0. \qquad (*)$$

ist.

Zusammengefaßt:

SATZ.- Es sei $f: [a,b] \to \mathbb{R}$ eine beliebig oft differenzierbare Funktion, es sei $x_o \in\ ]a,b[$. Die Taylorreihe (mit Entwicklungspunkt x_o) konvergiert genau dann gegen f(x), wenn $\lim\limits_{n\to\infty} R_{n+1}(x) = 0$. Der Punkt $x \in [a,b]$ soll dabei im Konvergenzintervall der Taylorreihe liegen. (14.15)

Funktion = Taylorreihe

Wir haben schon gesehen, daß die Potenzreihen, die die Funktionen exp, sin und cos definieren,

(*) Im Beispiel (14.14) gilt $\lim\limits_{n\to\infty} R_n(x) \neq 0$.

auch die Taylorreihen dieser Funktionen mit dem Entwicklungspunkt $x_0 = 0$ sind. Das gilt für alle Potenzreihen:

(14.16) Potenzreihe = Taylorreihe

SATZ.- Es sei $f: [a,b] \to \mathbb{R}$ eine Funktion, die für alle $x \in [a,b]$ durch die Potenzreihe

$$f(x) = \sum_{n=0}^{\infty} a_n (x - x_0)^n, \quad x_0 \in [a,b],$$

dargestellt wird. Dann ist die Taylorreihe von f (mit Entwicklungspunkt x_0) gleich dieser Potenzreihe.

A 7

AUFGABE 7.- Beweisen Sie (14.16).

(Lösungsweg: Sie differenzieren gliedweise die Potenzreihe, die f darstellt. Aus der allgemeinen Gleichung für $f^{(n)}$ erhalten Sie $f^{(n)}(x_0) = n!\,a_n$. Die Koeffizienten a_n haben also die Form der Koeffizienten der Taylorreihe.)

(14.17) **BEISPIEL.-** Wie lautet die Taylorreihe (mit Entwicklungspunkt $x_0 = 0$) der Funktion $f: \mathbb{R} \to \mathbb{R}$,

$$f(x) = \frac{1}{1+x^2} \quad ?$$

Diese Aufgabe können Sie sofort mit Hilfe von (14.16) lösen, wenn Sie sich daran erinnern, daß in Kapitel 9 eine Potenzreihendarstellung für diese Funktion angegeben ist! Das Ergebnis von Aufgabe 5 in Kapitel 9 lautet: Für alle $x \in]-1,1[$ gilt

$$(*) \quad \frac{1}{1+x^2} = \sum_{n=0}^{\infty} (-1)^n x^{2n}.$$

Das ist die gesuchte Taylorreihe.

Ergebnis.- (a) Die angegebene Taylorreihe konvergiert im Intervall $]-1,1[$.

(b) Sie stellt dort die Funktion f dar.

A 8

AUFGABE 8.- Die Aufgabe zeigt, wie Sie mit Hilfe der Taylorreihe die Ableitungen einer Funktion bestimmen können.

Die Taylorreihe mit Entwicklungspunkt $x_0 = 0$ einer Funktion f hat nach Definition die Gestalt

$$p(x) = \sum_{n=0}^{\infty} \frac{f^{(n)}(0)}{n!} x^n.$$

Die Koeffizienten der Reihe sind also durch die Ableitungen gegeben:

$$a_n = \frac{f^{(n)}(0)}{n!} \quad \text{für alle } n.$$

Nun haben wir für das Beispiel (14.17) in (*) die Taylorreihe gefunden, insbesondere kennen Sie also die Koeffizienten dieser Reihe. Rechnen Sie für dieses Beispiel die Ableitungen $f^{(n)}(0)$ aus!

BEMERKUNG.- Die Funktion f aus Beispiel (14.17),

$$f(x) = \frac{1}{1+x^2},$$

ist für alle $x \in \mathbb{R}$ beliebig oft differenzierbar. Wieso konvergiert die Taylorreihe dieser Funktion nur im Intervall $]-1,1[$?:

$$f(x) = \sum_{n=0}^{\infty} (-1)^n x^{2n}.$$

Die Antwort auf diese Frage führt über den Rahmen eines Anfangskurses in Mathematik hinaus; es genügt, wenn Sie sich merken, daß das Konvergenzintervall einer Taylorreihe angegeben werden muß und im allgemeinen nicht mit dem Bereich zusammenfällt, in dem die zugehörige Funktion beliebig oft differenzierbar ist.

Sie brauchen deshalb diese Bemerkung nicht weiter zu lesen, es sei denn, Sie sind neugierig auf eine sehr einfache Begründung ...

(1) Man betrachtet die Funktion $x \mapsto \frac{1}{1+x^2}$ *im Komplexen*, $z \mapsto \frac{1}{1+z^2}$.

Diese Funktion ist für i und -i nicht definiert (Nullstellen des Nenners):

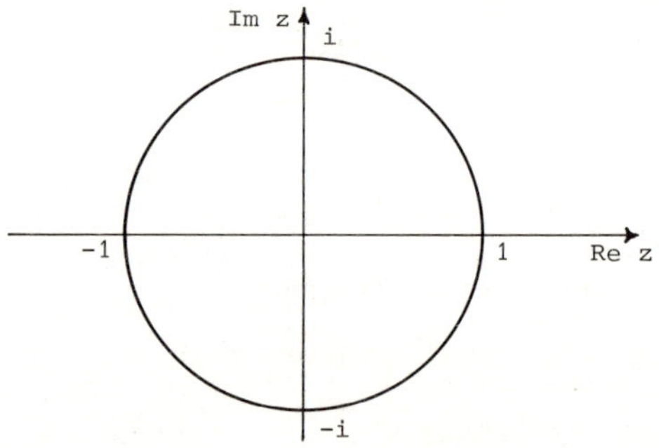

Die entsprechende komplexe Potenzreihe

$$\sum_{n=0}^{\infty} (-1)^n z^{2n}$$

muß wegen (9.3) in einem Kreis konvergieren, sie kann aber wegen der "Unstetigkeit" in i und -i nicht in einem Kreis mit Radius > 1 konvergieren. Der so festgelegte Konvergenzkreis schneidet auf der reellen Achse gerade das Intervall $]-1,1[$ aus!

(2) Auch das Gegenbeispiel (14.14) läßt sich im Komplexen erklären. Sei $f: \mathbb{C} \to \mathbb{C}$ die Funktion

$$f(z) = \begin{cases} \exp(-\frac{1}{z^2}) & \text{für } z \neq 0 \\ 0 & \text{für } z = 0 \end{cases}.$$

Für Punkte auf der imaginären Achse gilt

$$f(iy) = \exp(-\frac{1}{(iy)^2}) = \exp(\frac{1}{y^2}),$$

wobei $y \in \mathbb{R}$, $y \neq 0$. Aus dieser Gleichung folgt
$\lim_{y \to 0} f(iy) = \infty$,

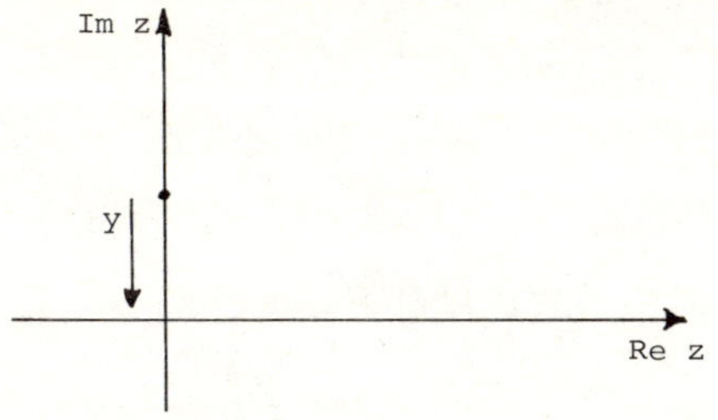

obwohl doch $f(0) = 0$ definiert ist. Die Funktion f ist also im Komplexen noch nicht einmal stetig im Nullpunkt. Eine Taylorreihe ist aber (als Potenzreihe !) in ihrem Konvergenzbereich stetig. Die Funktion f kann deshalb mit ihrer Taylorreihe nur im Nullpunkt übereinstimmen.

Beispiel Logarithmus

Die Funktion $\ln:]0,\infty[\longrightarrow \mathbb{R}$ ist beliebig oft differenzierbar. Wie lautet die Taylorreihe, zum Beispiel mit Entwicklungspunkt $x_0 = 1$? (Für $x_0 = 0$ ist ln nicht definiert).

Statt ln betrachtet man bei dieser Aufgabe üblicherweise die Funktion $f:]-1,\infty[\longrightarrow \mathbb{R}$,

$$f(x) := \ln(1+x) .$$

(Die Taylorreihe für f kann wieder den Entwicklungspunkt $x_0 = 0$ haben). Es ist

$$f'(x) = \frac{1}{1+x}, \quad f''(x) = -\frac{1}{(1+x)^2}, \ldots,$$

$$f^{(\nu)}(x) = (-1)^{\nu-1} \frac{(\nu-1)!}{(1+x)^{\nu}} \quad \text{für alle } \nu.$$

Die drei Pünktchen deuten an, daß auch Mathematiker manchmal einen genauen Beweis durch vollständige Induktion auslassen.

A 9 *AUFGABE 9.- Bestimmen Sie das n-te Taylorpolynom p_n (mit Entwicklungspunkt x_0) der Funktion $f(x) = \ln(1+x)$.*

Nach Aufgabe 9 sind die Taylorpolynome, d.h. die Partialsummen der Taylorreihe für den Logarithmus bekannt. Es bleibt noch zu untersuchen: (a) wo konvergiert diese Reihe, (b) wie verhält sich das Restglied, d.h. stellt die Reihe die Funktion dar ?

(14.18) **Satz.-** Für $-1 < x \leq 1$ gilt

$$\ln(1+x) = \sum_{\nu=1}^{\infty} (-1)^{\nu-1} \frac{x^{\nu}}{\nu} \qquad (*)$$

(*) Vielleicht prägen Sie sich die Taylorreihe in dieser Form besser ein: $\ln(1+x) = x - \frac{x^2}{2} + \frac{x^3}{3} \pm \ldots$

Beweis.- *Zur Frage (a): Das angegebene Konvergenzintervall $]-1,1]$ läßt sich leicht vermuten. Warum divergiert die Reihe für $x = -1$? Warum divergiert sie für $x > 1$? Für $x = 1$? Die Antworten stehen in Kapitel 9.*

Zur Frage (b): Der Beweis unterscheidet die Fälle (1) $|x| < 1$ und (2) $x = 1$. In (1) wird eine Potenzreihe für $f(x)$ gefunden (über die geometrische Reihe), nach (14.16) ist dann die Taylorreihe gleich dieser Reihe. In (2) untersucht man die Konvergenz des Restgliedes. Der Beweis ist eine erste Anwendung von (14.15), Sie sollten ihn nicht auslassen.

(1) Wir bestimmen die Taylorreihe von $f(x) = \ln(1+x)$, $x > -1$, mit dem Entwicklungspunkt $x_0 = 0$. Es ist

$$f'(x) = \frac{1}{1+x} = \frac{1}{1-(-x)} = \sum_{k=0}^{\infty} (-x)^k = \sum_{k=0}^{\infty} (-1)^k x^k$$

für $|x| < 1$.

Nun ist aber auch die Reihe

$$\sum_{k=0}^{\infty} \frac{(-1)^k}{k+1} x^{k+1}$$

für $|x| < 1$ konvergent und definiert eine differenzierbare Funktion, es gilt

$$\frac{d}{dx}\left(\sum_{k=0}^{\infty} \frac{(-1)^k}{k+1} x^{k+1}\right) = \sum_{k=0}^{\infty} \frac{(-1)^k}{k+1} (k+1) x^k = \sum_{k=0}^{\infty} (-1)^k x^k = f'(x) .$$

Nach Satz (12.6) unterscheiden sich Funktionen mit gleicher Ableitung nur um eine Konstante. Es gibt also ein $C \in \mathbb{R}$ mit

$$\sum_{k=0}^{\infty} \frac{(-1)^k}{k+1} x^{k+1} = f(x) + C.$$

Diese Gleichung gilt für alle $|x| < 1$, also auch für $x = 0$:

$$0 = f(0) + C = \ln(1) + C = C$$

Aus $C = 0$ folgt dann

$$f(x) = \ln(x+1) = \sum_{k=0}^{\infty} \frac{(-1)^k}{k+1} x^{k+1} \quad \text{für } |x| < 1.$$

Diese Taylorreihe konvergiert für $|x| < 1$ gegen $f(x)$.

(2) Für $x = 1$ ist die gefundene Reihe gleich

$$\sum_{k=0}^{\infty} \frac{(-1)^k}{k+1} ,$$

also gleich der - konvergenten - alternierenden harmonischen Reihe. Um die Konvergenz gegen $\ln(1+1) = \ln 2$ zu prüfen, betrachten wir das Restglied nach (14.7):

$$R_{n+1}(x) = \frac{f^{(n+1)}(\xi)}{(n+1)!} x^{n+1} =$$

$$= (-1)^n \frac{x^{n+1}}{n+1} \frac{1}{(1+\xi)^{n+1}} .$$

Die Zahl ξ zwischen 0 und 1 ist positiv, deshalb $\left|\frac{1}{(1+\xi)^{n+1}}\right| < 1$. Also ist

$$|R_{n+1}(1)| < \frac{1}{n+1} .$$

Daraus folgt $\lim_{n\to\infty} R_{n+1}(1) = 0$, nach (14.15) konvergiert die Taylorreihe auch für $x = 1$ gegen $f(1) = \ln 2$.

ln 2 = ?

BEISPIEL.- Wie können wir mit Hilfe der Taylorreihe des Logarithmus zum Beispiel die Zahl ln 2 bestimmen ?

Aus Satz (14.18) folgt zunächst

$$\ln 2 = \sum_{\nu=1}^{\infty} (-1)^{\nu-1} \cdot \frac{1}{\nu} = 1 - \frac{1}{2} + \frac{1}{3} - \frac{1}{4} \pm \ldots$$

Diese Formel ist für die praktische Berechnung von ln 2 recht ungeeignet: Für einen Fehler $< \frac{1}{n}$ müssen Sie die ersten n Glieder berücksichtigen. Eine bessere konvergente Reihe entsteht folgendermaßen: Für $|x| < 1$ ist

$$\ln (1+x) = x - \frac{x^2}{2} + \frac{x^3}{3} - \frac{x^4}{4} \pm \ldots$$

$$\ln (1-x) = -x - \frac{x^2}{2} - \frac{x^3}{3} - \frac{x^4}{4} - \ldots$$

Potenzreihen darf man gliedweise subtrahieren:

$$\ln (1+x) - \ln (1-x) = \ln \frac{1+x}{1-x} = 2(x + \frac{x^3}{3} + \frac{x^5}{5} + \ldots)$$

$$= 2 \sum_{\nu=0}^{\infty} \frac{x^{2\nu+1}}{2\nu+1} .$$

Wir wollen ln 2 berechnen und müssen deshalb $\frac{1+x}{1-x} = 2$ nach x auflösen: $x = \frac{1}{3}$. Für $x = \frac{1}{3}$ erhalten wir also

$$\ln 2 = 2(\frac{1}{3} + \frac{1}{3 \cdot 3^3} + \frac{1}{5 \cdot 3^5} + \frac{1}{7 \cdot 3^7} + \ldots).$$

Die ersten sechs Summanden liefern schon eine Genauigkeit von 10^{-5},

$$\ln 2 = 0{,}693147\ldots .$$

ln 10 = ?

BEISPIEL.- Der Konvergenzbereich der Taylorreihe für ln (1+x) ist $-1 < x \leq 1$. Deshalb ist 2 zunächst die größte positive Zahl, für die wir ln 2 mit Hilfe von (14.18) berechnen können. Um Logarithmen größerer Argumente, zum Beispiel ln 10 zu berechnen, schreibt man $10 = e^2 \cdot x$. Dann ist $x = \frac{10}{e^2} = 1{,}35353283\ldots$, und in der Gleichung

$$\ln 10 = 2 + \ln x$$

läßt sich ln x wie im letzten Beispiel berechnen:

$$\ln x = \ln \frac{1+y}{1-y} \quad \text{mit} \quad y = \frac{x-1}{x+1} = 0{,}15014868\ldots .$$

AUFGABE 10.- Berechnen Sie ln 10 auf 10^{-6} genau. A 10

BEISPIEL ARCUS-TANGENS

Die Taylorreihe für die Funktion arctan gewinnt man in der gleichen Weise wie die Reihe für den Logarithmus in Teil (1) des Beweises von Satz (14.18). Der folgende Beweis ist deshalb knapp gehalten.

SATZ.- Für $|x| < 1$ gilt (14.19) Taylorreihe arctan

$$\arctan x = x - \frac{x^3}{3} + \frac{x^5}{5} - \frac{x^7}{7} \pm \ldots = \sum_{\nu=0}^{\infty} (-1)^\nu \frac{x^{2\nu+1}}{2\nu+1}.$$

BEWEIS.- Für $|x| < 1$ gilt

$$(\arctan x)' = \frac{1}{1+x^2} = \sum_{\nu=0}^{\infty} (-x^2)^\nu .$$

Man sucht die Potenzreihe, die die gleiche Ableitung wie arctan hat. Die Potenzreihe

$$g(x) := \sum_{\nu=0}^{\infty} (-1)^\nu \frac{x^{2\nu+1}}{2\nu+1}$$

hat den Konvergenzradius 1 (*warum?*). Es gilt für $|x| < 1$

$$g'(x) = \sum_{\nu=0}^{\infty} (-1)^\nu x^{2\nu} = (\arctan x)'.$$

Deshalb

$$g(x) - \arctan x = C \qquad \text{für } |x| < 1.$$

Für $x = 0$ ist $g(0) - \arctan 0 = 0$, also $C = 0$.

BEISPIEL BINOMISCHE REIHE

Sie kennen aus dem Kapitel 2 die Binomische (*) Formel (2.24). Für beliebige Exponenten hat sie die folgende Gestalt:

SATZ.- Sei $\alpha \in \mathbb{R}$. Dann gilt für $|x| < 1$ (14.20) Binomische Reihe

$$(1+x)^\alpha = \sum_{n=0}^{\infty} \binom{\alpha}{n} x^n ,$$

wobei $\binom{\alpha}{0} := 1$ und für $n \in \mathbb{N}$

(*) Cesare Binomi (1812 - 1704)

$\binom{\alpha}{n} := \frac{\alpha\cdot(\alpha-1)\cdot(\alpha-2)\cdot\ldots\cdot(\alpha-n+1)}{n!}$ ist.

Bemerkung: Für $\alpha \in \mathbb{N}$ bricht die Reihe ab, denn für $n > \alpha$ ist dann $\binom{\alpha}{n} = 0$ (*warum?*). Die Formel (14.20) folgt dann unmittelbar aus (2.24).

BEWEIS von (14.20).- *Der Beweis für die Taylorreihe der Funktion* $x \mapsto (1+x)^\alpha$ *zeigt noch einmal deutlich das Schema dieser Beweise:*

(1) Man bildet die Ableitungen $f^{(k)}$ *und gewinnt Taylorpolynom und Taylorreihe.*

(2) Man sucht das Konvergenzintervall der Reihe.

(3) Man beweist, daß die Taylorreihe gegen die Funktion konvergiert.

(1) Es ist

$$f^{(k)}(x) = \alpha(\alpha-1) \ \ldots \ (\alpha-k+1)(1+x)^{\alpha-k}$$

$$= k!\binom{\alpha}{k}(1+x)^{\alpha-k}.$$

Also

$$\frac{f^{(k)}(0)}{k!} = \binom{\alpha}{k}.$$

Die Taylorreihe mit Entwicklungspunkt 0 lautet deshalb

$$p(x) = \sum_{k=0}^{\infty}\binom{\alpha}{k}x^k.$$

A 11 *(2) AUFGABE 11.- Beweisen Sie mit dem Quotientenkriterium, daß die Taylorreihe für $|x| < 1$ konvergiert.*

(3) Es bleibt zu zeigen, daß das Restglied von Satz (14.5) gegen Null konvergiert für $|x| < 1$.

$$R_{n+1}(x) = \frac{1}{n!}\int_0^x (x-t)^n f^{(n+1)}(t)\,dt =$$

$$= (n+1)\binom{\alpha}{n+1}\int_0^x (x-t)^n(1+t)^{\alpha-n-1}\,dt.$$

Dieser Teil wird nicht weiter ausgeführt; die Stichworte Fallunterscheidung in $0 \le x < 1$ und $-1 < x < 0$, Abschätzung des Integranden sollen genügen.

BEISPIEL.- Für $\alpha = \frac{1}{2}$ können Sie mit (14.20) Wurzeln näherungsweise berechnen: Sei $\alpha = \frac{1}{2}$, dann ist

$$\binom{\frac{1}{2}}{0} = 1, \quad \binom{\frac{1}{2}}{1} = \frac{1}{2}, \quad \binom{\frac{1}{2}}{2} = -\frac{1}{8},$$

$$\binom{\frac{1}{2}}{3} = \frac{1}{16}, \quad \binom{\frac{1}{2}}{4} = -\frac{5}{128}, \ \ldots \ .$$

Für $|x| < 1$ gilt also

$$\sqrt{1+x} = 1 + \frac{1}{2}x - \frac{1}{8}x^2 + \frac{1}{16}x^3 - \frac{5}{128}x^4 + \ \ldots \ .$$

Zum Beispiel ist dann

$$\sqrt{10} = \sqrt{9\cdot\frac{10}{9}} = 3\sqrt{1+\frac{1}{9}} =$$

Mit dieser Umformung ist $\sqrt{10}$ *in die für (14.20) geeignete Form gebracht.*

$$= 3\left(1 + \frac{1}{2\cdot 9} - \frac{1}{8\cdot 9^2} + \ldots\right) =$$

$$= 3 + \frac{1}{6} - \frac{1}{8\cdot 27} + \ldots = 3{,}162 \ \ldots \ .$$

AUFGABE 12.- Berechnen Sie $\sqrt[3]{28}$ auf drei Stellen genau. A 12

ZUSAMMENFASSUNG

Die Redeweise *ein Polynom* p *approximiert eine Funktion* f *in einer Umgebung eines Punktes* x_0 ist so festgelegt: f sei eine in x_0 n-mal differenzierbare Funktion; p ist ein Polynom, das mit f und den ersten n Ableitungen $f^{(\nu)}$ in x_0 übereinstimmt:

$$p^{(\nu)}(x_0) = f^{(\nu)}(x_0) \quad \text{für } \nu = 0,1,\ldots,n \ .$$

Es gibt genau ein Polynom vom Grad ≤ n, das diese Bedingungen erfüllt, das *n-te Taylorpolynom mit Entwicklungspunkt* x_0 Ziel 1

$$p_n(x) := \sum_{\nu=0}^{n}\frac{f^{(\nu)}(x_0)}{\nu!}(x-x_0)^\nu \ .$$

Die Definition des Taylorpolynoms in (14.2) und seine Beschreibung in (14.1) müssen Sie auswendig lernen!

Den Fehler in der Approximation der Funktion durch das Taylorpolynom beschreibt das *Restglied*

$$f(x) = p_n(x) + R_{n+1}(x).$$

Im Satz von Taylor (14.5) finden Sie die *Integralform des Restglieds*

$$R_{n+1}(x) = \frac{1}{n!}\int_{x_0}^{x}(x-t)^n f^{(n+1)}(t)\,dt,$$

in (14.7) die *Lagrangesche Form*

$$R_{n+1}(x) = \frac{f^{(n+1)}(\xi)}{(n+1)!}(x-x_o)^{n+1}.$$

Ziel 2

Indem man das Restglied abschätzt, kann man Funktionswerte mit einer vorgegebenen Genauigkeit berechnen. Lesen Sie dazu das entsprechende Beispiel (14.6), bis Sie es vollständig verstanden haben, und (14.8) mit den entsprechenden Beispielen und Aufgaben.

Ziel 3

Mit dem Restglied nach Lagrange läßt sich ein Kriterium für lokale Extrema beweisen - (14.11) - Prägen Sie sich nicht so sehr die Formulierungen des Satzes (14.11) ein, sondern lernen Sie, die auf (14.11) folgende Erläuterung anzuwenden:

Sie finden die lokalen Extrema einer Funktion f, indem Sie die Nullstellen von f' bestimmen und dann prüfen, wie sich die höheren Ableitungen in diesen Punkten verhalten.

Das n-te Taylorpolynom einer Funktion ist die n-te Partialsumme der in (14.13) definierten *Taylorreihe*

$$p(x) = \sum_{\nu=0}^{\infty} \frac{f^{(\nu)}(x_o)}{\nu!}(x-x_o)^{\nu}.$$

Ziel 4

Vergessen Sie nicht, daß zu jeder Taylorreihe zwei Fragen gehören.

(a) Für welche $x \in \mathbb{R}$ *konvergiert die Taylorreihe?*

(b) Unter welchen Bedingungen (an f und an x) konvergiert die Taylorreihe im Punkt x gegen f(x)?

Frage (b) beantwortet allgemein der Satz (14.15):

Aus $\lim_{n\to\infty} R_n(x) = 0$ *folgt*

$$f(x) = \sum_{\nu=0}^{\infty} \frac{f^{(\nu)}(x_o)}{\nu!}(x-x_o)^{\nu}.$$

Wird eine Funktion durch eine Potenzreihe dargestellt, so ist diese auch die Taylorreihe der Funktion.

Schreiben Sie sich noch einmal die Taylorreihen der Funktionen exp, sin, cos, ln (Entwicklungspunkt!) und die Binomische Reihe heraus.

Lösungen der Aufgaben

KAPITEL 1 DIE REELLEN ZAHLEN

A 1
Seite 3

AUFGABE 1.- 1) Hinweise: Lesen Sie noch einmal die Definitionen der Vereinigung (Seite 2, (1.7)), des Durchschnitts (Seite 2, (1.8)) und der Differenz (1.9) zweier Mengen.

2) Lösung: Es ist

$A \cup B = \{1,2,3,4,5,6,7\}$;

$A \cap B = \{3,5\}$, denn nur die Zahlen 3 und 5 gehören sowohl zu A als auch zu B;

$A \setminus B = \{1,7\}$;

$B \setminus A = \{2,4,6\}$.

A 2
Seite 4

AUFGABE 2.- 1) Hinweis: Lesen Sie noch einmal die Definition der Produktmenge (1.12).

2) Lösung:

$$A \times B = \{(a,b) \mid a \in \{2,3,4\} \text{ und } b \in \{2,3,4\}\}$$

Also sind folgende geordnete Paare die Elemente von $A \times B$:

$(2,2)$; $(2,3)$; $(2,4)$;
$(3,2)$; $(3,3)$; $(3,4)$;
$(4,2)$; $(4,3)$; $(4,4)$;

In der Ebene mit kartesischem Koordinatensystem erhält man also die Punkte:

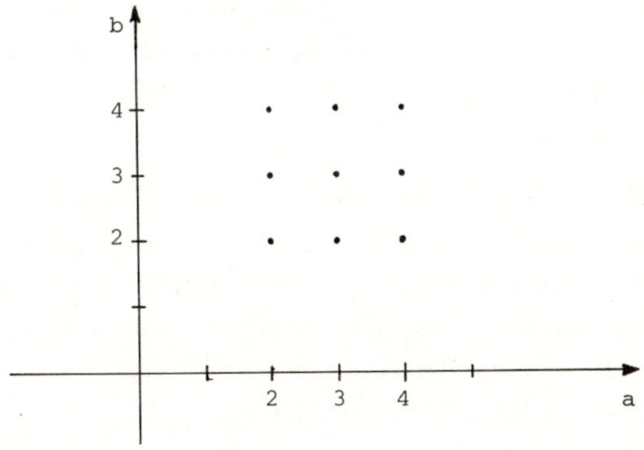

A 3
Seite 6

AUFGABE 3.- 1) Hinweise: Zu a): Da h(t) die Höhe des Körpers über der Erdoberfläche (zur Zeit t) angibt, ist also der Zeitpunkt t zu ermitteln, für den $h(t) = 0$ ist. Zu b): Nach dem in a) ermittelten Zeitpunkt kann der Körper nicht mehr weiter fallen.

2) Lösung: a) Es muß $h(t) = 0$, also $490{,}5 - \frac{1}{2}gt^2 = 0$ sein. Mit $g = 9{,}81$ (m/sec^2) ergibt sich durch Multiplikation mit $\frac{2}{g}$

$$\frac{981}{9{,}81} - t^2 = 0$$

also $$100 - t^2 = 0.$$

Hieraus folgt die Gleichung $t^2 = 100$, woraus man $t = 10$ (sec) folgert.

Ergebnis: Nach 10 Sekunden erreicht der Körper die Erdoberfläche.

b) Ein physikalisch sinnvoller Definitionsbereich für die Funktion $t \longmapsto h(t)$ enthält also alle t zwischen 0 und 10.

A 4
Seite 6

AUFGABE 4.- 1) Hinweis: Zeigen Sie durch Ausrechnen, daß $g(x) = f(x)$ für jedes $x \in \mathbb{R}$ gilt.

2) Lösung: Nach Definition der Gleichheit von Funktionen (1.19) ist zu beweisen: $f(x) = g(x)$ für alle $x \in \mathbb{R}$. Sei also $x \in \mathbb{R}$, dann gilt

$$g(x) = \frac{1}{2}(x + 1 + \sqrt{5})(x + 1 - \sqrt{5}) = \frac{1}{2}((x+1)^2 - (\sqrt{5})^2)$$
$$= \frac{1}{2}(x^2 + 2x + 1 - 5) = \frac{1}{2}(x^2 + 2x - 4)$$
$$= \frac{1}{2}x^2 + x - 2 = f(x).$$

Da x beliebig war, gilt $g(x) = f(x)$ für alle $x \in \mathbb{R}$ und daher $f = g$.

A 5
Seite 7

AUFGABE 5.- 1) Hinweise: Lesen Sie Definition (1.20). Damit $f \circ g$ definiert ist, muß W_g im Definitionsbereich von f enthalten sein, also muß $W_g \subseteq B$ gelten. Berechnen Sie die vier Elemente des Wertbereichs W_g und überprüfen Sie, ob $W_g \subseteq B$ gilt.

2) Lösung: Zu a): Der Definitionsbereich von g, also die Menge A, enthält die vier Zahlen 0,1,3,-4. Deshalb ist

$$W_g = \{g(x) \mid x \in A\} = \{g(0), g(1), g(3), g(-4)\}$$
$$= \{0,-1,3,24\}.$$

Da diese vier Funktionswerte 0,-1,3,24 Elemente von B sind, gilt $W_g \subseteq B$, so daß $f \circ g$ definiert ist.
Für $x \in A$ gilt dann

$(f \circ g)(x) = f(g(x)) = g(x) + 2 = x(x-2) + 2$, *also*
$(f \circ g)(0) = 2$; $(f \circ g)(1) = 1$; $(f \circ g)(3) = 5$;
$(f \circ g)(-4) = 26$.

Zu b): Es ist $W_g = \{-22\}$, da g für jedes $x \in \mathbb{R}$ denselben Funktionswert, nämlich -22, annimmt. Da -22 keine natürliche Zahl ist, ist $W_g \nsubseteq \mathbb{N}$ und folglich $f \circ g$ in diesem Fall nicht definiert.

A 6 Seite 8

AUFGABE 6.- 1) Hinweise: Zu a): Benutzen Sie Bemerkung (1.23) und gehen Sie genauso wie in Beispiel (1.24) vor. Zu b): Ordnet g verschiedenen Argumenten verschiedene Funktionswerte zu?

2) Lösung: a) Behauptung: Die Funktion $f\colon \mathbb{R} \longrightarrow \mathbb{R}$, $x \longmapsto f(x) := \frac{-4x+5}{7}$, ist injektiv.
Beweis: Seien $x_1, x_2 \in \mathbb{R}$, so daß $f(x_1) = f(x_2)$, also

$$\frac{-4x_1 + 5}{7} = \frac{-4x_2 + 5}{7}$$

gilt. (Es ist $x_1 = x_2$ zu zeigen). Aus der letzten Gleichung folgt durch Multiplikation mit 7:

$$-4x_1 + 5 = -4x_2 + 5.$$

Hieraus folgt $-4x_1 = -4x_2$ und daraus $x_1 = x_2$.

b) Vergleichen Sie mit der Lösung von Aufgabe 5a).
Da die Funktion g den vier Argumenten 0,1,3,-4 (das sind alle Elemente des Definitionsbereichs von g) die vier verschiedenen Funktionswerte 0,-1,3,24 zuordnet, gilt für alle $x_1, x_2 \in A$ mit $x_1 \neq x_2$, daß $g(x_1) \neq g(x_2)$ ist. D.h. g ist injektiv.

A 7 Seite 9

AUFGABE 7.- 1) Hinweise: Gehen Sie analog zu Beispiel (1.26) vor.

2) Lösung: Nach Aufgabe 6a) ist $f: \mathbb{R} \longrightarrow \mathbb{R}$, $x \longmapsto f(x) = \frac{-4x+5}{7}$, injektiv. Also existiert die Umkehrfunktion $f^{-1}: W_f \longrightarrow \mathbb{R}$.
Zur Bestimmung der Zuordnungsvorschrift ist zu $y \in W_f$ ein $x \in \mathbb{R}$ zu finden, so daß $f(x) = y$, also $\frac{-4x+5}{7} = y$ ist.

Lösen wir die letzte Gleichung nach x auf, so erhalten wir

$$x = \frac{5-7y}{4} .$$

Für diese reelle Zahl x gilt

$$f(x) = f(\tfrac{5-7y}{4}) = \tfrac{1}{7}\,(-4\cdot\tfrac{5-7y}{4} + 5) = \tfrac{1}{7}\,(7y - 5 + 5) = y.$$

Deshalb erhalten wir mit Definition (1.25):

$$f^{-1}: W_f \longrightarrow \mathbb{R}$$
$$y \longmapsto f^{-1}(y) = \frac{5-7y}{4} .$$

Damit gilt für $x \in \mathbb{R}$:

$$f^{-1} \circ f(x) = f^{-1}(f(x)) = \frac{5-7\cdot f(x)}{4} = \frac{1}{4}\,(5-7\cdot\frac{-4x+5}{7})$$
$$= \frac{1}{4}\,(5+4x-5) = x;$$

und für $y \in W_f$ gilt

$$f \circ f^{-1}(y) = f(f^{-1}(y)) = \frac{-4\cdot f^{-1}(y)+5}{7} = \frac{1}{7}\,(-4\frac{5-7y}{4} + 5) = y.$$

Die letzten beiden Ergebnisse sind in bester Übereinstimmung mit den allgemeinen Resultaten im Anschluß an Definition (1.25).
Als graphische Darstellungen der Funktionen

$$x \longmapsto f(x) = \frac{-4x+5}{7} = -\frac{4}{7}x + \frac{5}{7}, \quad x \in \mathbb{R}, \text{ und}$$

$$x \longmapsto f^{-1}(x) = \frac{5-7x}{4} = -\frac{7}{4}x + \frac{5}{4}, \quad x \in \mathbb{R},$$

erhält man

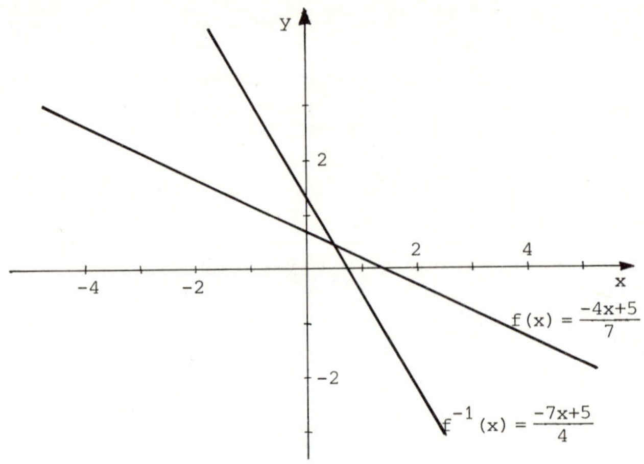

A 8 Seite 12

AUFGABE 8.- Der Fehler steckt im Übergang von der Gleichung $x(x-x) = 2x(x-x)$ zur Gleichung $x = 2x$. Hierbei wurde durch $x-x = 0$ dividiert, und das ist verboten.
Dagegen ist die Division durch x beim Übergang von $x = 2x$ zu $1 = 2$ erlaubt, da wir $x \neq 0$ vorausgesetzt haben. Aber die Gleichung $x = 2x$ ist bereits falsch.

A 9 Seite 13

AUFGABE 9.- Wählen Sie zum Beispiel $z = -2$, so liegt z links von 0 (alle negativen Zahlen liegen links von 0). Nach der Multiplikation mit z liegt $4(-2) = -8$ links von $3(-2) = -6$. Also $4z \leqq 3z$.

Allgemeine Regel: Multiplikation mit negativen Zahlen kehrt Ungleichungen um.

A 10 Seite 15

AUFGABE 10.- 1) Hinweis: Ist a-b positiv oder negativ?

2) Lösung: Daß aus $a^2 < ab$ die Ungleichung $a^2-b^2 < ab-b^2$ folgt, ergibt sich aus (1.40)(1), (Addition von $-b^2$). Auch die Aufspaltung der rechten und linken Seite ist richtig, also

$$(a-b)(a+b) < (a-b)b. \qquad (1)$$

Um jetzt jedoch durch a-b dividieren zu können, genügt nicht die Information $a-b \neq 0$. Um (1.40)(6) oder (7) anwenden zu können, müssen wir wissen, ob $a-b > 0$ oder $a-b < 0$ ist. Aus der Voraussetzung $a < b$ folgt $a-b < 0$, so daß aus (1) folgt (Multiplikation mit $\frac{1}{a-b} < 0$)

$$a+b > b$$

(und nicht $a+b < b$).

A 11 Seite 15

AUFGABE 11.- 1) Hinweis: Welche Voraussetzung brauchen die Zahlen c,d in Aufgabe 11 gegenüber den Zahlen c und d in Beispiel (1.41) nicht mehr zu erfüllen?

2) Lösung: Sei etwa $a := 3$, $b := 7$, $c := -4$, $d := -2$.
Dann gilt $0 \leqq a < b$ und $c < d$. Es ist $ac = -12$ und $bd = -14$, also $ac > bd$. D.h. $ac < bd$ ist für die gewählten Zahlen falsch.

(Sie werden im allgemeinen andere Zahlen gewählt haben. Z.B. kommt man mit $a=0$, $b=1$, $c=-2$, $d=-1$ ebenfalls zum Ziel.)

A 12
Seite 15

AUFGABE 12.- 1) Hinweise: Addieren Sie zur vorausgesetzten Ungleichung $a<b$ die Zahl a bzw. die Zahl b.

2) Lösung: Behauptung: Für $a<b$ gilt $a<\frac{a+b}{2}<b$.

Beweis: Addition von a zur Ungleichung $a<b$ ergibt

$$2a<a+b.$$

Durch Multiplikation mit $\frac{1}{2}>0$ folgt

$$a<\frac{a+b}{2}\ .$$

Analog folgt durch Addition von b zur Ungleichung $a<b$

$$a+b<2b$$

und hieraus

$$\frac{a+b}{2}<b.$$

Insgesamt also

$$a<\frac{a+b}{2}<b.$$

A 13
Seite 15

AUFGABE 13.- 1) Hinweise: Da $a<b+\varepsilon$ für jedes $\varepsilon>0$ gilt, ist $a\leqq b$ nach Beispiel (1.42). Zeigen Sie analog zu diesem Beispiel, daß aus $b-\varepsilon<a$ für jedes $\varepsilon>0$ folgt: $b\leqq a$. Wenden Sie dann Axiom (1.35)(11) auf Seite 13 an.

2) Lösung: Behauptung: Gilt für $a,b\in\mathbb{R}$ $b-\varepsilon<a<b+\varepsilon$ für jedes $\varepsilon>0$, so ist $a=b$.

Beweis: 1. Nach Voraussetzung ist $a<b+\varepsilon$ für jedes $\varepsilon>0$. Also ist $a\leqq b$ nach Beispiel (1.42), Seite 15.

2. Wir zeigen: Aus $b-\varepsilon<a$ für jedes $\varepsilon>0$ folgt $b\leqq a$. Angenommen, es gilt $b>a$. Dann ist $b-a>0$. Da $b-\varepsilon<a$ für jedes $\varepsilon>0$ gilt, gilt diese Ungleichung insbesondere für die positive reelle Zahl $\varepsilon:=b-a$. Also

$$a>b-\varepsilon=b-(b-a)=b-b+a=a.$$

Wir haben damit den Widerspruch $a>a$ erhalten. Die Annahme $b>a$ ist daher falsch, und es gilt das Gegenteil: $b\leqq a$.

3. Aus den Ergebnissen $a\leqq b$ und $b\leqq a$ folgt mit Axiom (1.35)(11) auf Seite 13 die Behauptung $a=b$.

A 14
Seite 17

AUFGABE 14.- 1) Hinweise: Gehen Sie ähnlich wie in Beispiel (1.44) auf den Seiten 16/17 vor. Nehmen Sie also zunächst an, daß es ein $x\in\mathbb{R}$ gibt, das der gegebenen Ungleichung genügt und leiten Sie "notwendige" Bedingungen für diese Zahl x her. Zeigen Sie dann umgekehrt, daß jede Zahl x, die den gefundenen Bedingungen genügt, auch die Ungleichung erfüllt.

2) Lösung: Es gebe ein $x\in\mathbb{R}$, so daß

$$x(x+1)<24-x$$

gilt. Diese Ungleichung gilt genau dann, wenn

$$x^2+x-24+x<0$$

ist, also wenn $x^2+2x-24<0$ bzw. wenn

$$(x+6)(x-4)<0$$

ist. Jetzt sind nach Satz (1.43)(2) auf Seite 15 zwei Fälle möglich:

1. Fall: $x+6>0$ und $x-4<0$, also $x>-6$ und $x<4$.
In diesem Fall erhalten wir für x die Bedingungen

$$-6<x<4.$$

2. Fall: $x+6<0$ und $x-4>0$, also $x<-6$ und $x>4$.
Solche $x\in\mathbb{R}$ gibt es nicht.

Wir haben erhalten: Eine reelle Zahl x, die der gegebenen Ungleichung genügt, liegt zwischen -6 und 4.

Behauptung: Für alle $x\in\mathbb{R}$ mit $-6<x<4$ gilt

$$x(x+1)<24-x.$$

Beweis: Sei $x\in\mathbb{R}$ mit $-6<x<4$. Wegen $-6<x$ ist $x+6<0$ und wegen $x<4$ ist $x-4<0$. Also gilt $(x+6)(x-4)<0$, und diese Ungleichung gilt (wie wir uns oben überlegt haben) genau dann, wenn

$$x(x+1)<24-x \text{ ist.}$$

A 15
Seite 17

AUFGABE 15.- Die Ungleichung $x(x+1)<24-x$ gilt für alle $x\in\mathbb{R}$ mit $-6<x<4$, also

$$\text{für alle } x\in\,]-6,4[\,=\{x \mid -6<x<4\}.$$

Die Länge des Intervalls $]-6,4[$ ist $4-(-6)=10$.

A 16
Seite 18

AUFGABE 16.- 1) Hinweise: Machen Sie die Annahme $y\neq z$. Dann sind die beiden Fälle $y<z$ und $y>z$ möglich, die Sie beide mit Satz (1.45)(2) auf Seite 17 zum Widerspruch führen.

2) Lösung: Behauptung: Aus $y,z\in\mathbb{R}$, $y\geqq 0$, $z\geqq 0$ und $y^2=z^2$ folgt $y=z$.

Beweis: Annahme: $y\neq z$. Dann sind zwei Fälle möglich.

1. Fall: $y<z$. Dann folgt mit Satz (1.45)(2) auf Seite 17 $y^2<z^2$ im Widerspruch zu $y^2=z^2$.

2. Fall: $z<y$. Dann folgt ebenfalls mit Satz (1.45)(2) $z^2<y^2$ im Widerspruch zu $y^2=z^2$.

Also war die Annahme falsch, und es gilt $y=z$.

A 17
Seite 18

AUFGABE 17.- a) Richtig, weil $(2,5)^2=6,25$.

b) Falsch, weil $(1,1)^2=1,21$.

c) Falsch, weil $\sqrt{-4}$ gar nicht definiert ist.

d) Falsch, weil $\sqrt{\frac{1}{9}}$ eine eindeutig bestimmte positive Zahl, nämlich $\frac{1}{3}$, ist.

e) Richtig, weil $\sqrt{(-5)^2}=\sqrt{25}=5$ und deshalb $-\sqrt{(-5)^2}=-5$ ist.

f) Richtig, falls $a,b\in\mathbb{R}$ so sind, daß $a+b\geqq 0$ ist.

Falsch, falls $a,b \in \mathbb{R}$ so sind, daß $a+b < 0$ ist.

Also: Für $a \geq -b$ ist $\sqrt{(a+b)^2} = a+b$.

Für $a < -b$ ist $\sqrt{(a+b)^2} = -(a+b) = -a-b$.

A 18
Seite 18

AUFGABE 18.- 1) Hinweise: Multiplizieren Sie die vorausgesetzte Ungleichung mit a bzw. mit b und überlegen Sie sich, daß Sie danach Wurzeln ziehen können.

2) Lösung: Behauptung: Für $0 \leq a \leq b$ gilt

$$a \leq \sqrt{ab} \leq b.$$

Beweis: Da $a \geq 0$ ist, ist auch $b \geq 0$ und aus $a \leq b$ folgt durch Multiplikation mit a bzw. b

$$a^2 \leq ab \quad \text{und} \quad ab \leq b^2.$$

Da $a \geq 0$ und $b \geq 0$ ist, ist auch $ab \geq 0$ und mit (1.48) ergibt sich

$$a \leq \sqrt{ab} \quad \text{und} \quad \sqrt{ab} \leq b, \text{ zusammen also } a \leq \sqrt{ab} \leq b.$$

A 19
Seite 19

AUFGABE 19.- 1) Hinweise: Die Länge des Intervalls $[a,\sqrt{ab}]$ ist $\sqrt{ab} - a$, und die Länge des Intervalls $[\sqrt{ab},b]$ ist $b - \sqrt{ab}$. Es ist also zu untersuchen, ob (unter der Voraussetzung $0 < a < b$) $\sqrt{ab} - a < b - \sqrt{ab}$ oder ob $b - \sqrt{ab} < \sqrt{ab} - a$ gilt, (falls beide Intervalle nicht die gleiche Länge haben).

2) Lösung: Lesen Sie die Hinweise.
Nehmen wir an, es ist $\sqrt{ab} - a < b - \sqrt{ab}$. Dann folgt

$$2\sqrt{ab} < a+b$$

und hieraus die als richtig bekannte Ungleichung

$$\sqrt{ab} < \frac{a+b}{2}, \text{ da } 0 < a < b.$$

Wir behaupten deshalb: Für $0 < a < b$ hat das Intervall $[\sqrt{ab},b]$ eine größere Länge als das Intervall $[a,\sqrt{ab}]$.
Beweis: Es ist zu zeigen, daß $\sqrt{ab} - a < b - \sqrt{ab}$ ist.
Da für $0 < a < b$ gilt

$$\sqrt{ab} < \frac{a+b}{2},$$

folgt

$$2\sqrt{ab} < a+b.$$

Und hieraus

$$\sqrt{ab} - a < b - \sqrt{ab}.$$

Vgl. Sie mit Bild 20 auf Seite 19.

A 20
Seite 19

AUFGABE 20.- 1) Hinweise: Sie müssen für $0 \leq a \leq b$ die beiden Ungleichungen

$$\frac{a+b}{2} \leq \sqrt{\frac{a^2+b^2}{2}}$$

und

$$\sqrt{\frac{a^2+b^2}{2}} \leq b$$

beweisen. Beim Beweis einer der beiden Ungleichungen benötigen Sie die Voraussetzung $a \leq b$ nicht. Diese Ungleichung gilt daher für beliebige $a \geq 0$ und $b \geq 0$.

2) Lösung: Behauptung: Für $0 \leq a \leq b$ gilt

$$\frac{a+b}{2} \leq \sqrt{\frac{a^2+b^2}{2}} \leq b\ .$$

Beweis: (1) Wir zeigen zunächst:

$$\frac{a+b}{2} \leq \sqrt{\frac{a^2+b^2}{2}}\ .$$

Nach (1.45)(2) auf Seite 17 gilt diese Ungleichung genau dann, wenn

$$\left(\frac{a+b}{2}\right)^2 \leq \frac{a^2+b^2}{2}\ ,$$

denn es ist $\frac{a+b}{2} \geq 0$ und natürlich $\sqrt{\frac{a^2+b^2}{2}} \geq 0$.

Nach Ausrechnen der linken Seite lautet die Ungleichung

$$\frac{a^2}{4} + \frac{2ab}{4} + \frac{b^2}{4} \leq \frac{a^2}{2} + \frac{b^2}{2}\ ,$$

diese gilt genau dann, wenn

$$0 \leq \frac{a^2}{4} - \frac{2ab}{4} + \frac{b^2}{4} = \left(\frac{a-b}{2}\right)^2\ ,$$

und das ist bekanntlich richtig ((1.45)(1)).
Für den Beweis der ersten Ungleichung haben wir die Voraussetzung $a \leq b$ nicht benötigt. Deshalb gilt für beliebige nicht-negative Zahlen a und b die Ungleichung

$$\frac{a+b}{2} \leq \sqrt{\frac{a^2+b^2}{2}}\ .$$

(2) Es bleibt zu zeigen: $\sqrt{\frac{a^2+b^2}{2}} \leq b$.

Um den Beweis hierfür aufzufinden, gehen wir von der Gültigkeit der Ungleichung aus und wenden wieder (1.45)(2) an:

$$\frac{a^2}{2} + \frac{b^2}{2} \leq b^2\ .$$

Daraus folgt $\frac{a^2}{2} \leq \frac{b^2}{2}$ und $a^2 \leq b^2$, also wegen $a \geq 0$ und $b \geq 0$: $a \leq b$. Das ist die vorausgesetzte Bedingung an a und b. Der eigentliche Beweis (und nur den brauchen Sie aufzuschreiben) lautet jetzt:

Aus $0 \leq a \leq b$ folgt mit Satz (1.45)(2)

$$a^2 \leq b^2\ .$$

Dann ist auch $\frac{a^2}{2} \leq \frac{b^2}{2}$ und nach Addition von $\frac{b^2}{2}$

$$\frac{a^2+b^2}{2} \leq b^2\ .$$

Da $\frac{a^2+b^2}{2} \geq 0$ und $b \geq 0$ folgt mit Satz (1.48) auf Seite 18

$$\sqrt{\frac{a^2+b^2}{2}} \leq b\ .$$

AUFGABE 21.- 1) Hinweise: Verwenden Sie die Definition des Betrages für Ihre Antwort. A 21 Seite 20

2) Lösung: Je nachdem, ob $x \geq 0$ oder $x < 0$ ist, gilt $|x| > a$ genau dann, wenn $x > a$ oder wenn $-x > a$, also wenn $x > a$ oder $x < -a$ ist.
Auf der Zahlengeraden finden Sie alle $x \in \mathbb{R}$ mit $|x| > a$ links von $-a$ und rechts von a: (siehe Skizze auf der nächsten Seite):

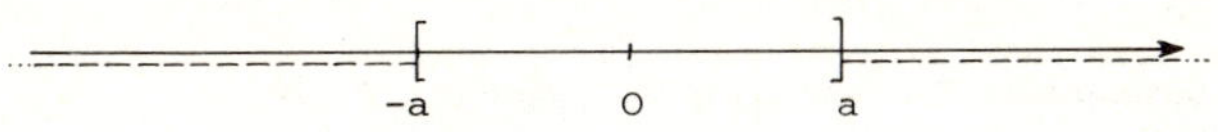

A 22 Seite 20

AUFGABE 22.- *1) Hinweise: (1.53) und Bild 22, Seite 20.*

2) Lösung:

a) $\{x \in \mathbb{R} \mid |x-3| \leq 2\} = \{x \in \mathbb{R} \mid 3-2 \leq x \leq 3+2\} = [1,5]$.

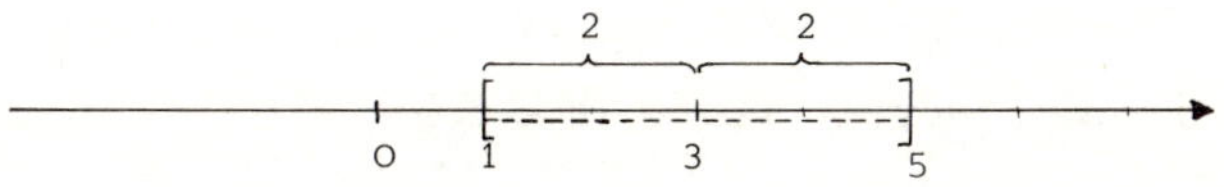

b) $\{x \in \mathbb{R} \mid |x+2| < 2\} = \{x \in \mathbb{R} \mid (-2)-2 < x < (-2)+2\} =]-4,0[$.

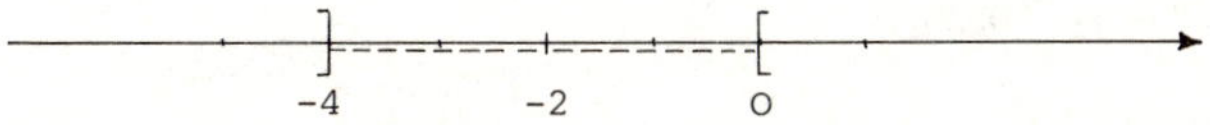

c) $\{x \in \mathbb{R} \mid |x+1| < 4\} = \{x \in \mathbb{R} \mid (-1)-4 < x < (-1)+4\} =]-5,3[$.

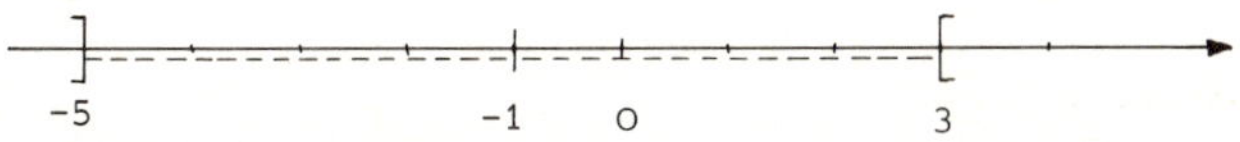

d) $\{x \in \mathbb{R} \mid |x-1| \leq 3\} = \{x \in \mathbb{R} \mid 1-3 \leq x \leq 1+3\} = [-2,4]$.

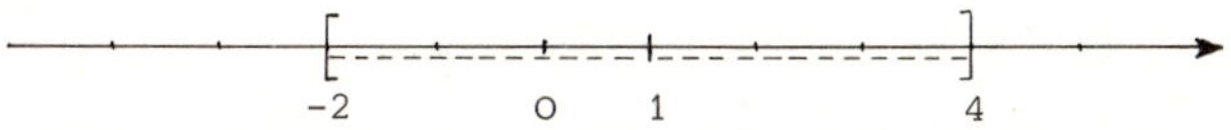

A 23 Seite 21

AUFGABE 23.- *1) Hinweise: Definition des Betrages (1.51), Seite 19 und Eigenschaften der Wurzel, Seite 18.*

2) Lösung: Behauptung: Für alle $x \in \mathbb{R}$ *gilt* $\sqrt{x^2} = |x|$.

Beweis: Ist $x \geq 0$, *so ist* $|x| = x$ *und* $\sqrt{x^2} = x$. *(Vgl. Seite 19 und 18). Also* $\sqrt{x^2} = |x|$ *für* $x \geq 0$.

Ist $x < 0$, *so ist* $|x| = -x$ *und* $\sqrt{x^2} = -x$. *(Vgl. wieder Seite 19 und 18). Also gilt* $\sqrt{x^2} = |x|$ *auch für* $x < 0$.

A 24 Seite 21

AUFGABE 24.- *a) Nach Definition des Betrages sind bei der Untersuchung der gegebenen Ungleichungen vier Fälle zu unterscheiden:*

1. Fall: $x-5 \geq 0$ *und* $x+1 \geq 0$,

2. Fall: $x-5 \geq 0$ *und* $x+1 < 0$,

3. Fall: $x-5 < 0$ *und* $x+1 \geq 0$.

4. Fall: $x-5 < 0$ *und* $x+1 < 0$.

Hieraus ergeben sich der Reihe nach die Bedingungen

1. $x \geq 5$ *und* $x \geq -1$, *also* $x \geq 5$.
2. $x \geq 5$ *und* $x < -1$, *das ist nicht möglich.*
3. $x < 5$ *und* $x \geq -1$, *also* $-1 \leq x < 5$.
4. $x < 5$ *und* $x < -1$, *also* $x < -1$.

b)

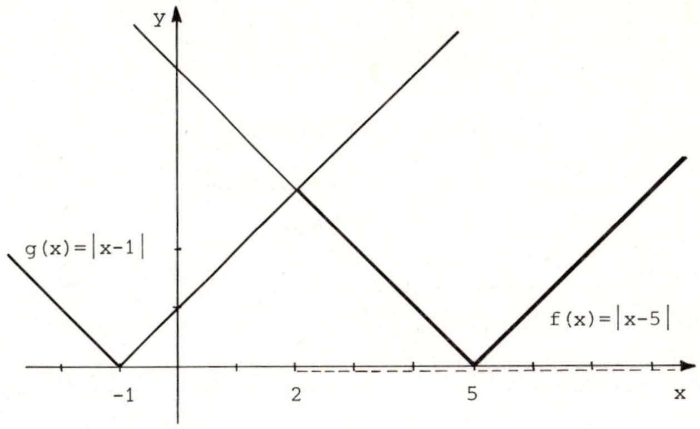

Für $x > 2$ *ist* $f(x) < g(x)$, *also* $|x-5| < |x+1|$.
Damit haben wir auf eine dritte Art dasselbe Ergebnis wie in (1.56) erhalten.

AUFGABE 25.- *1) Hinweise: Da die Nenner auf beiden Seiten der Ungleichung nicht Null werden dürfen, scheiden die Zahlen* $x = 9$ *und* $x = -2$ *von vornherein aus. Sie sollten daher nacheinander* A 25 Seite 22

1. *alle* $x \in \{x \mid x < -2\}$,
2. *alle* $x \in]-2,9[$ *und*
3. *alle* $x \in \{x \mid x > 9\}$

daraufhin untersuchen, ob sie die Ungleichung

(U) $$\frac{3}{|x-9|} > \frac{2}{x+2}$$

erfüllen. Schreiben Sie sich auf, welche Gestalt die Ungleichung (U) in den genannten drei Abschnitten der Zahlengeraden annimmt.

2) Lösung: Lesen Sie zunächst die Hinweise. Wir fahren dann fort:

Zu 1.: Sei $x < -2$. *Hier kann man einfach so argumentieren: Da für* $x < -2$ *sicher* $x \neq 9$ *ist, ist* $|x-9| > 0$ *und dann auch* $\frac{3}{|x-9|} > 0$. *Andererseits folgt aus* $x < -2$ *die Ungleichung* $x+2 < 0$ *und deshalb* $\frac{2}{x+2} < 0$. *Zusammen erhalten wir*

$$\frac{3}{|x-9|} > 0 > \frac{2}{x+2} .$$

Also gilt (U) für alle $x < -2$.

Zu 2.: Sei $-2 < x < 9$, *und es gelte (U). Da jetzt* $x-9 < 0$ *und* $x+2 > 0$ *ist, lautet (U)*

$$\frac{3}{9-x} > \frac{2}{x+2} ,$$

woraus durch Multiplikation mit $9-x > 0$ *und mit* $x+2 > 0$ *nach (1.40)(6) auf Seite 14 folgt*

$$3(x+2) > 2(9-x),$$

also $$3x+6 > 18-2x$$

Daraus ergibt sich

$$5x > 12 \quad \text{bzw.} \quad x > \frac{12}{5} .$$

Wir haben erhalten, wenn ein $x \in]-2,9[$ *die Ungleichung (U) erfüllt, dann ist* $x > \frac{12}{5}$.

Wir behaupten nun: Für alle $x \in]\frac{12}{5},9[$ *gilt (U).*

Beweis: Sei $x \in]\frac{12}{5},9[$. Dann ist $x > \frac{12}{5}$, also

$$5x > 12.$$

Hieraus folgt $3x+6 > 18-2x$ und

$$3(x+2) > 2(9-x).$$

Da $x > \frac{12}{5} > -2$ ist, ist $x+2 > 0$, und es folgt

$$3 > \frac{2(9-x)}{x+2} .$$

Da $x < 9$ ist, ist $9-x > 0$, und es folgt

$$\frac{3}{9-x} > \frac{2}{x+2} .$$

Wegen $9-x = |9-x| = |x-9|$ ist (U) bewiesen.

Zu 3.: Sei $x > 9$, und es gelte (U), also wegen $x-9 > 0$

$$\frac{3}{x-9} > \frac{2}{x+2} .$$

Da auch $x+2 > 0$ ist, folgt

$$3(x+2) > 2(x-9)$$
$$3x+6 > 2x-18$$
$$x > -24$$

Diese Behauptung widerspricht keiner anderen Aussage. Deshalb

Behauptung: Für alle x mit $x > 9$ gilt (U).

Beweis: Sei $x > 9$, dann ist erst recht $x > -24$ oder

$$3x-2x > -6-18, \text{ also}$$
$$3x+6 > 2x-18 \quad \text{und}$$
$$3(x+2) > 2(x-9).$$

Da $x+2 > 0$ und $x-9 > 0$ folgt mit $|x-9| = x-9$

$$\frac{3}{|x-9|} > \frac{2}{x+2} .$$

Insgesamt stellen wir fest: Alle reellen Zahlen x mit $x < -2$ oder $\frac{12}{5} < x < 9$ oder $x > 9$ erfüllen (U).

A 26
Seite 22

AUFGABE 26.- 1) Hinweise: Aufgabe 21, Seite 20.

2) Lösung: Nach Aufgabe 21 auf Seite 20 ist $|x| > a$ genau dann, wenn $x > a$ oder $x < -a$ ist. Also gilt

$$\{x \in \mathbb{R} \mid |x| > a\} = \{x \mid x > a\} \cup \{x \mid x < -a\}$$
$$=]a,\infty[\cup]-\infty,-a[.$$

KAPITEL 2 VOLLSTÄNDIGE INDUKTION

A 1
Seite 26

AUFGABE 1.- 1) Hinweise: Zu a): Es ist ein Induktionsbeweis zu führen. Zeigen Sie also zuerst die Richtigkeit der Aussage B(1). Dann müssen Sie zeigen: Gilt für ein $n \in \mathbb{N}$

$$1^2 + 2^2 + \ldots + n^2 > \frac{n^3}{3} ,$$

so gilt auch

$$1^2 + 2^2 + \ldots + (n+1)^2 > \frac{(n+1)^3}{3} .$$

Addieren Sie dazu auf beiden Seiten der vorausgesetzten Ungleichung die Zahl $(n+1)^2$.

Zu b): Hier können Sie auch einen Induktionsbeweis führen. Einfacher ist es jedoch, das Ergebnis von Beispiel (2.3), Seite 25, anzuwenden.

2) Lösung: a) Behauptung: Für jedes $n \in \mathbb{N}$ gilt

$$B(n): \quad 1^2 + 2^2 + \ldots + n^2 > \frac{n^3}{3} .$$

Beweis: Durch vollständige Induktion über n.

INDUKTIONSANFANG: Es ist

$$1^2 = 1 > \frac{1}{3} = \frac{1^3}{3} , \text{ also } 1^2 > \frac{1^3}{3} , \text{ und dies ist } B(1).$$

INDUKTIONSVORAUSSETZUNG: Für ein $n \in \mathbb{N}$ gelte

$$B(n): \quad 1^2 + 2^2 + \ldots + n^2 > \frac{n^3}{3} .$$

INDUKTIONSBEHAUPTUNG: Dann gilt auch

$$B(n+1): \quad 1^2 + 2^2 + \ldots + (n+1)^2 > \frac{(n+1)^3}{3} .$$

INDUKTIONSSCHLUSS: Aus der Induktionsvoraussetzung ergibt sich durch Addition der Zahl $(n+1)^2$ auf beiden Seiten der Ungleichung:

$$1^2 + 2^2 + \ldots + n^2 + (n+1)^2 > \frac{n^3}{3} + (n+1)^2 .$$

Wegen $\frac{n^3}{3} + (n+1)^2 = \frac{n^3}{3} + n^2 + 2n + 1 = \frac{1}{3}(n^3 + 3n^2 + 6n + 3)$

$$= \frac{1}{3}(n^3 + 3n^2 + 3n + 1) + \frac{1}{3}(3n + 2) = \frac{1}{3}(n+1)^3 + (n + \frac{2}{3})$$

gilt daher

$$1^2 + 2^2 + \ldots + (n+1)^2 > \frac{(n+1)^3}{3} + (n + \frac{2}{3}) > \frac{(n+1)^3}{3} ,$$

da $n + \frac{2}{3} > 0$ ist. Also ist

$$1^2 + 2^2 + \ldots + (n+1)^2 > \frac{(n+1)^3}{3} ,$$

und das war die Induktionsbehauptung.

b) Ein Induktionsbeweis verläuft völlig analog zu dem in Beispiel (2.3) auf Seite 25 geführten Beweis.

Wir kommen ohne vollständige Induktion auch (und schneller) zum Ziel. Denn wir wissen aus Beispiel (2.3) bereits, daß

$$1 + 2 + \ldots + (n-1) + n = \frac{n(n+1)}{2} \quad \text{für alle } n \in \mathbb{N}$$

gilt. Multiplizieren Sie diese Gleichung mit 2, und Sie erhalten

$$2 + 4 + \ldots + 2(n-1) + 2n = n(n+1) \quad \text{für alle } n \in \mathbb{N} .$$

Das war die behauptete Gleichung.

AUFGABE 2.- 1) Hinweise: Lesen Sie gegebenenfalls Beispiel (2.4) auf Seite 26 noch einmal sorgfältig durch. Zu c): Schreiben Sie sich alle vier Summen ausführlich hin. A 2
Seite 26/27

2) Lösung:

aa) $$\sum_{k=1}^{5} (3k-9) = (3\cdot1-9)+(3\cdot2-9)+(3\cdot3-9)+(3\cdot4-9)+(3\cdot5-9)$$
$$= -6-3+0+3+6 = 0.$$

ab) $$\sum_{k=3}^{5} \frac{k+1}{k-2} = \frac{3+1}{3-2} + \frac{4+1}{4-2} + \frac{5+1}{5-2} = 4 + \frac{5}{2} + \frac{6}{3} = \frac{17}{2} .$$

ac) $\sum_{k=1}^{1400} 5 = 1400 \cdot 5 = 7000.$

ad) $\sum_{j=1}^{2} (j^3+2j^2-j+4) = (1^3+2\cdot1^2-1+4) + (2^3+2\cdot2^2-2+4)$

$= 6 + 18 = 24.$

ae) $\sum_{i=1}^{6} (1+(-1)^i) = (1+(-1)^1) + (1-(-1)^2) + (1+(-1)^3) +$

$+ (1+(-1)^4) + (1+(-1)^5) + (1+(-1)^6)$

$= 0 + 2 + 0 + 2 + 0 + 2 = 6.$

ba) $2^3 + 3^3 + 4^3 + 5^3 = \sum_{k=2}^{5} k^3$ oder auch $= \sum_{k=1}^{4} (k+1)^3.$

bb) $1 + \frac{1}{2} + \frac{1}{3} + \frac{1}{4} + \frac{1}{5} + \frac{1}{6} = \sum_{k=1}^{6} \frac{1}{k}.$

bc) $\frac{2}{1\cdot3} + \frac{3}{2\cdot4} + \frac{4}{3\cdot5} + \ldots + \frac{n}{(n-1)(n+1)} = \sum_{k=2}^{n} \frac{k}{(k-1)(k+1)}.$

bd) $1 + \sqrt{2} + \sqrt{3} + \sqrt{4} = \sum_{j=1}^{4} \sqrt{j}.$

c) Es gilt

$\sum_{k=1}^{n} a_k = a_1 + a_2 + \ldots + a_n,$

$\sum_{s=0}^{n-1} a_{s+1} = a_{0+1} + a_{1+1} + a_{2+1} + \ldots + a_{(n-1)+1}$

$= a_1 + a_2 + a_3 + \ldots + a_n,$

$\sum_{j=2}^{n+1} a_{j-1} = a_{2-1} + a_{3-1} + a_{4-1} + \ldots + a_{(n+1)-1}$

$= a_1 + a_2 + a_3 + \ldots + a_n,$

$a_1 + \sum_{k=0}^{n-2} a_{n-k} = a_1 + a_n + a_{n-1} + \ldots + a_{n-(n-2)}$

$= a_1 + a_n + a_{n-1} + \ldots + a_2$

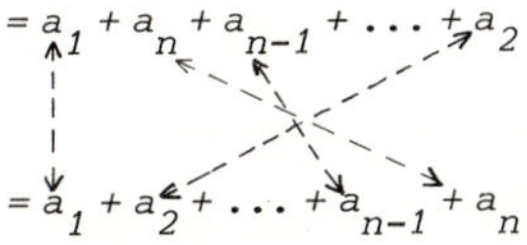

$= a_1 + a_2 + \ldots + a_{n-1} + a_n.$

Also sind alle vier Summen gleich.

A 3
Seite 27

AUFGABE 3.- 1) Hinweise: Es ist $\sum_{k=1}^{n} (2k-1) = \sum_{k=1}^{n} 2k - \sum_{k=1}^{n} 1$

2) Lösung: Aus der Rechenregel

$$\sum_{k=1}^{n} (a_k - b_k) = \sum_{k=1}^{n} a_k - \sum_{k=1}^{n} b_k$$

folgt mit $a_k := 2k$ und $b_k := 1$ für $k = 1,\ldots,n$:

$$\sum_{k=1}^{n} (2k-1) = \sum_{k=1}^{n} 2k - \sum_{k=1}^{n} 1 .$$

Aus der Rechenregel

$$\sum_{k=1}^{n} (a\cdot c_k) = a \cdot \sum_{k=1}^{n} c_k$$

folgt

$$\sum_{k=1}^{n} 2k = 2 \cdot \sum_{k=1}^{n} k .$$

Insgesamt erhält man

$$\sum_{k=1}^{n} (2k-1) = 2 \cdot \sum_{k=1}^{n} k - \sum_{k=1}^{n} 1$$

$$= 2 \cdot \frac{n(n+1)}{2} - n \cdot 1$$ nach Beispiel (2.3), S.25 und Beispiel (2.4)(5),S.26

$$= n(n+1) - n = n^2 + n - n = n^2.$$

A 4
Seite 28

AUFGABE 4.- a) Es ist $g(1) = 1$. Dann ist

$$g(2) = g(1+1) = \frac{(g(1))^2}{1+g(1)} = \frac{1^2}{1+1} = \frac{1}{2},$$

$$g(3) = g(2+1) = \frac{(g(2))^2}{1+g(2)} = \frac{(\frac{1}{2})^2}{1+\frac{1}{2}} = \frac{1}{6},$$

$$g(4) = g(3+1) = \frac{(g(3))^2}{1+g(3)} = \frac{(\frac{1}{6})^2}{1+\frac{1}{6}} = \frac{1\cdot6}{36\cdot7} = \frac{1}{42}.$$

b) $g(1) = 1$. Dann ist

$$g(2) = g(1+1) = \frac{(g(1))^2}{1+g(1)} + \frac{g(1)}{2} = \frac{1}{2} + \frac{1}{2} = 1,$$

$$g(3) = g(2+1) = \frac{(g(2))^2}{1+g(2)} + \frac{g(2)}{2} = \frac{1}{2} + \frac{1}{2} = 1,$$

$$g(4) = g(3+1) = \frac{(g(3))^2}{1+g(3)} + \frac{g(3)}{2} = \frac{1}{2} + \frac{1}{2} = 1.$$

Es liegt die Vermutung nahe, daß $g(n) = 1$ für alle $n \in \mathbb{N}$. Diese Vermutung läßt sich (leicht) durch vollständige Induktion über n beweisen.

A 5
Seite 28

AUFGABE 5.- 1) Hinweise: Zu a): Es gibt zwei Möglichkeiten, die geometrische Summenformel zu beweisen:
(1) durch vollständige Induktion über n. Gehen Sie dabei formal analog zu Beispiel (2.3) auf Seite 25 vor. Beim Induktionsanfang (n=1) benötigen Sie, daß $1-q^2 = (1+q)(1-q)$ ist.
(2) durch die Anwendung der Rechenregeln für das Summenzeichen zum Ausrechnen der linken Seite von

$$(1-q) \sum_{k=0}^{n} q^k = 1 - q^{n+1}, \quad q \neq 1.$$

Zu b): Setzen Sie in a) $q = 2$. Beachten Sie: Die Summation beginnt erst mit $k = 1$.

2) Lösung: a) Behauptung: Für alle $q \in \mathbb{R}$, $q \neq 1$, und alle $n \in \mathbb{N}$ gilt

$$\sum_{k=0}^{n} q^k = \frac{1-q^{n+1}}{1-q}.$$

1. Beweis: Durch vollständige Induktion über n. Sei $q \in \mathbb{R}$, $q \neq 1$.

INDUKTIONSANFANG: Wegen $q \neq 1$ ist $1-q \neq 0$. Also gilt

$$\sum_{k=0}^{1} q^k = q^0 + q^1 = 1+q = \frac{(1+q)(1-q)}{1-q} = \frac{1-q^2}{1-q},$$

und das ist die geometrische Summenformel für $n = 1$.

INDUKTIONSVORAUSSETZUNG: Für ein $n \in \mathbb{N}$ gelte

$$\sum_{k=0}^{n} q^k = \frac{1-q^{n+1}}{1-q} .$$

INDUKTIONSBEHAUPTUNG: Dann gilt auch

$$\sum_{k=0}^{n+1} q^k = \frac{1-q^{(n+1)+1}}{1-q} .$$

INDUKTIONSSCHLUSS: Aus der Induktionsvoraussetzung folgt durch Addition von q^{n+1}:

$$\sum_{k=0}^{n} q^k + q^{n+1} = \frac{1-q^{n+1}}{1-q} + q^{n+1} ,$$

also

$$\sum_{k=0}^{n+1} q^k = \frac{1-q^{n+1}+q^{n+1}(1-q)}{1-q} = \frac{1-q^{n+1}+q^{n+1}-q^{n+2}}{1-q}$$

$$= \frac{1-q^{(n+1)+1}}{1-q} .$$ Das war zu zeigen.

2. Beweis: Wegen $q \neq 1$ gilt die geometrische Summenformel genau dann, wenn

$$(1-q) \sum_{k=0}^{n} q^k = 1-q^{n+1}$$

ist. Wir beweisen diese Gleichung. Es ist nach den Rechenregeln für das Summenzeichen auf Seite 27:

$$(1-q) \sum_{k=0}^{n} q^k = \sum_{k=0}^{n} (1-q)q^k = \sum_{k=0}^{n} (q^k - q^{k+1}) =$$

$$= \sum_{k=0}^{n} q^k - \sum_{k=0}^{n} q^{k+1}$$

$$= 1 + q^1 + q^2 + \ldots + q^{n-1} + q^n$$

$$- q^1 - q^2 - \ldots - q^{n-1} - q^n - q^{n+1}$$

$$= 1 - q^{n+1} .$$

Die geometrische Summenformel ist auch für $n = 0$ richtig, denn die linke Seite lautet dann

$$\sum_{k=0}^{0} q^k = q^0 = 1,$$

und die rechte Seite ist

$$\frac{1-q^{0+1}}{1-q} = \frac{1-q}{1-q} = 1,$$

da $1-q \neq 0$ ist.

b) Mit $q = 2$ und $\sum_{k=0}^{n} q^k = 1 + \sum_{k=1}^{n} q^k$ folgt aus a):

$$\sum_{k=1}^{7} 2^k = -1 + \sum_{k=0}^{7} 2^k = -1 + \frac{1-2^8}{1-2} = -1 + \frac{-255}{-1}$$

$$= 254.$$

A 6 Seite 30

AUFGABE 6.- Behauptung: Für alle $n \in \mathbb{N}$, $n \geq 2$, gilt

$$\left(1+\frac{1}{n-1}\right)^{n-1} < \left(1+\frac{1}{n}\right)^n .$$

Beweis: Weil $n \geq 2$ und daher $-\frac{1}{n^2} > -1$ und $\neq 0$ ist, liefert die strikte Bernoullische Ungleichung (siehe (2.12) auf Seite 29):

$$\left(1-\frac{1}{n^2}\right)^n = \left(1+\left(-\frac{1}{n^2}\right)\right)^n > 1 + n \cdot \left(-\frac{1}{n^2}\right) = 1 - \frac{1}{n} .$$

Wegen

$$1 - \frac{1}{n^2} = 1 - \left(\frac{1}{n}\right)^2 = \left(1+\frac{1}{n}\right)\left(1-\frac{1}{n}\right)$$

gilt mit (2.10)(3) auf Seite 28

$$\left(1+\frac{1}{n}\right)^n \cdot \left(1-\frac{1}{n}\right)^n > 1 - \frac{1}{n} .$$

Da $\left(1-\frac{1}{n}\right)^n > 0$ ist (es ist $n \geq 2$), folgt

$$\left(1+\frac{1}{n}\right)^n > \frac{1-\frac{1}{n}}{\left(1-\frac{1}{n}\right)^n} = \frac{1}{\left(1-\frac{1}{n}\right)^{n-1}} = \frac{1^{n-1}}{\left(1-\frac{1}{n}\right)^{n-1}} =$$

$$= \left(\frac{1}{1-\frac{1}{n}}\right)^{n-1} = \left(\frac{n}{n-1}\right)^{n-1} = \left(\frac{n-1+1}{n-1}\right)^{n-1}$$

$$= \left(1+\frac{1}{n-1}\right)^{n-1} .$$

AUFGABE 7.- 1) Hinweise: Lesen Sie Definition (2.15) auf Seite 30 noch einmal sorgfältig durch. A 7 Seite 30

2) Lösung: a) richtig, da $3^3 = 27$;
b) richtig, da $(-3)^3 = -27$;
c) richtig; folgt aus b) durch Multiplikation mit -1;
d) falsch, da $3^3 \neq -27$ (vgl. b));
e) falsch, da 6-te Wurzel aus negativer Zahl nicht definiert ist;
f) richtig, da $2^6 = 64$;
g) richtig, wegen f) und $\sqrt[n]{x^n} = |x|$, falls n gerade;
h) richtig, da $(1{,}1)^4 = 1{,}4641$;
i) Es ist $\sqrt[4]{(a-b)^4} = |a-b|$. Die angegebene Gleichung ist also richtig, wenn $a-b \leq 0$, d.h. wenn $a \leq b$ ist, und falsch, wenn $a-b > 0$, d.h. wenn $a > b$ ist.

AUFGABE 8.- 1) Hinweise: Benutzen Sie die fünfte Zeile des Pascalschen Dreiecks von Seite 31 oben rechts und die auf Seite 31 Mitte formulierte Gesetzmäßigkeit. A 8 Seite 31

2) Lösung:

5. Zeile:		1	5	10	10	5	1	
6. Zeile:		1	6	15	20	15	6	1
7. Zeile:	1	7	21	35	35	21	7	1.

Die binomische Formel für $n = 7$ müßte also lauten:

$$(a+b)^7 = a^7+7a^6b+21a^5b^2+35a^4b^3+35a^3b^4+21a^2b^5+7ab^6+b^7 .$$

AUFGABE 9.- a) $\binom{5}{0} = 1$ nach (2.22)(1), Seite 32. A 9 Seite 32

$\binom{5}{1} = 5$ ebenfalls nach (2.22)(1).

$\binom{5}{2} = \frac{5 \cdot 4}{1 \cdot 2} = 10$ mit (2.21).

$\binom{5}{3} = \frac{5 \cdot 4 \cdot 3}{1 \cdot 2 \cdot 3} = 10.$

$\binom{5}{4} = 5$ nach (2.22)(2).

$\binom{5}{5} = 1$ nach (2.22)(1).

Die Binomialkoeffizienten $\binom{5}{k}$ sind also für $k = 0,1,\ldots,5$ gerade die Zahlen in der fünften Zeile des Pascalschen Dreiecks.

b) Es ist

$$\sum_{k=0}^{2}\binom{2}{k}a^{2-k}b^k = \binom{2}{0}a^{2-0}b^0 + \binom{2}{1}a^{2-1}b^1 + \binom{2}{2}a^{2-2}b^2$$
$$= a^2 + 2ab + b^2 = (a+b)^2.$$

Ferner ist

$$\sum_{k=0}^{3}\binom{3}{k}a^{3-k}b^k = \binom{3}{0}a^{3-0}b^0 + \binom{3}{1}a^{3-1}b^1 + \binom{3}{2}a^{3-2}b^2 + \binom{3}{3}a^{3-3}b^3$$
$$= a^3 + 3a^2b + 3ab^2 + b^3 = (a+b)^3.$$

A 10
Seite 33

AUFGABE 10.- 1) Hinweise: Setzen Sie in der binomischen Formel in Satz (2.24) auf Seite 33 zunächst $x = y = 1$ und dann $x = 1$ und $y = -1$.

2) Lösung: Für alle $x,y \in \mathbb{R}$ und alle $n \in \mathbb{N}$ gilt

$$(x+y)^n = \sum_{k=0}^{n}\binom{n}{k}x^{n-k}y^k .$$

Also gilt insbesondere für $x = 1$ und $y = 1$:

$$2^n = (1+1)^n = \sum_{k=0}^{n}\binom{n}{k}1^{n-k}1^k = \sum_{k=0}^{n}\binom{n}{k}.$$

Ebenso gilt insbesondere für $x = 1$ und $y = -1$:

$$0 = 0^n = (1+(-1))^n = \sum_{k=0}^{n}\binom{n}{k}1^{n-k}(-1)^k = \sum_{k=0}^{n}(-1)^k\binom{n}{k}.$$

A 11
Seite 34

AUFGABE 11.- 1) Hinweise: Beweisen Sie für beliebiges, aber festes $p \in \mathbb{N}$ die Ungleichung durch vollständige Induktion über n.
Nachdem Sie den Hinweis in der Aufgabenstellung durchgeführt haben, spalten Sie von der Summe den vorletzten und den letzten Summanden ab. Von der Summe der übrigen Summanden benötigen Sie lediglich die Tatsache, daß sie ≥ 0 ist. Wenden Sie auf den (oben genannten) letzten Summanden die Induktionsvoraussetzung an. Der (oben genannte) vorletzte Summand ist n^p und läßt sich in der Form $n^p = ((n+1)-1)^p$ schreiben.

2) Lösung: Behauptung: Für alle $n,p \in \mathbb{N}$ gilt

$$\sum_{k=1}^{n}(k-1)^p \leq \frac{n^{p+1}}{p+1} .$$

Beweis: Sei $p \in \mathbb{N}$. Wir führen den Beweis durch vollständige Induktion über n.

"$n = 1$": $\displaystyle\sum_{k=1}^{1}(k-1)^p = (1-1)^p = 0^p = 0 \leq \frac{1}{p+1} = \frac{1^{p+1}}{p+1}$.

"$n \longrightarrow n+1$": Aus der Induktionsvoraussetzung

$$\sum_{k=1}^{n}(k-1)^p \leq \frac{n^{p+1}}{p+1}$$

für ein $n \in \mathbb{N}$ muß

$$\sum_{k=1}^{n+1}(k-1)^p \leq \frac{(n+1)^{p+1}}{p+1}$$

gefolgert werden. Dazu beginnen wir mit der rechten Seite dieser Ungleichung

$$\frac{(n+1)^{p+1}}{p+1} = \frac{(1+n)^{p+1}}{p+1} = \frac{1}{p+1}\sum_{k=0}^{p+1}\binom{p+1}{k}1^{p+1-k}n^k \quad \text{nach der binomischen Formel}$$

$$= \frac{1}{p+1}\sum_{k=0}^{p+1}\binom{p+1}{k}n^k$$

$$= \frac{1}{p+1}\sum_{k=0}^{p-1}\binom{p+1}{k}n^k + \frac{1}{p+1}\binom{p+1}{p}n^p + \frac{1}{p+1}\binom{p+1}{p+1}n^{p+1}$$

Abspalten der letzten beiden Summanden

$$= \frac{1}{p+1}\sum_{k=0}^{p-1}\binom{p+1}{k}n^k + n^p + \frac{n^{p+1}}{p+1} \quad \text{weil } \binom{p+1}{p} = p+1 \text{ und } \binom{p+1}{p+1} = 1 \text{ ist}$$

$$\geq \frac{1}{p+1}\sum_{k=0}^{p-1}\binom{p+1}{k}n^k + n^p + \sum_{k=1}^{n}(k-1)^p \quad \text{nach Induktionsvoraussetzung}$$

$$= \frac{1}{p+1}\sum_{k=0}^{p-1}\binom{p+1}{k}n^k + ((n+1)-1)^p + \sum_{k=1}^{n}(k-1)^p$$

$$= \frac{1}{p+1}\sum_{k=0}^{p-1}\binom{p+1}{k}n^k + \sum_{k=1}^{n+1}(k-1)^p$$

$$\geq \sum_{k=1}^{n+1}(k-1)^p , \quad \text{weil } \frac{1}{p+1}\sum_{k=0}^{p-1}\binom{p+1}{k}n^k \geq 0 \text{ ist.}$$

Also haben wir erhalten

$$\frac{(n+1)^{p+1}}{p+1} \geq \sum_{k=1}^{n+1}(k-1)^p ,$$

und das war zu zeigen.

KAPITEL 3 DIE KOMPLEXEN ZAHLEN

A 1
Seite 37

AUFGABE 1.-

a)

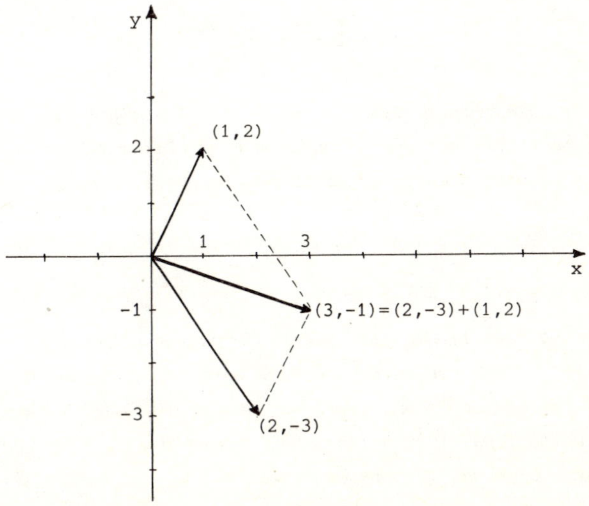

b)

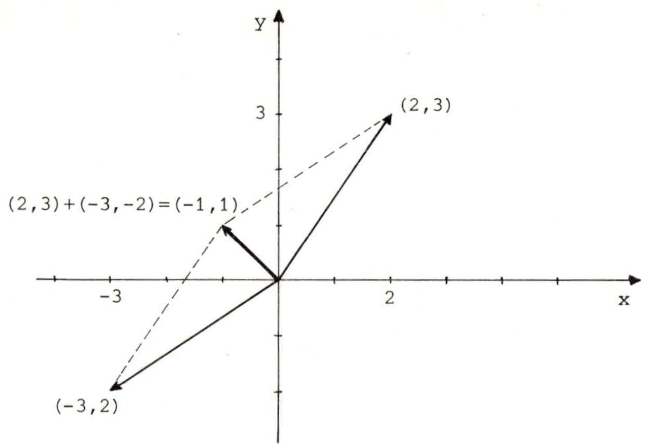

A 2
Seite 37

AUFGABE 2.- 1) Hinweise: Setzen Sie $z=(a,b)$ und $w=(c,d)$. Rechnen Sie dann mit Definition (3.1) auf Seite 36 die Produkte $z\cdot w$ und $w\cdot z$ aus.

2) Lösung: Behauptung: Für alle $z,w\in\mathbb{C}$ gilt

$$z\cdot w = w\cdot z.$$

Beweis: Sei $z=(a,b)$ und $w=(c,d)$. Dann gilt nach Definition der Multiplikation für komplexe Zahlen (siehe (3.1), Seite 36)

$$z\cdot w=(a,b)\cdot(c,d)=(ac-bd,ad+bc) \quad \text{und}$$
$$w\cdot z=(c,d)\cdot(a,b)=(ac-db,da+cb)$$
$$=(ac-bd,ad+bc)$$

Also $z\cdot w = w\cdot z$.

A 3
Seite 39

AUFGABE 3.- Es ist $a-ib=(a,-b)\neq 0$ genau dann, wenn $a\neq 0$ oder $-b\neq 0$. Das ist genau dann der Fall, wenn $a\neq 0$ oder $b\neq 0$. Also folgt aus $a+ib\neq 0$ auch $a-ib\neq 0$, und es darf mit $a-ib$ erweitert werden.
Durch Ausrechnen (wie bei den reellen Zahlen unter Berücksichtigung von $i^2=-1$) ergibt sich

$$\frac{c+id}{a+ib}=\frac{c+id}{a+ib}\cdot\frac{a-ib}{a-ib}=\frac{(c+id)(a-ib)}{(a+ib)(a-ib)}=\frac{ca-icb+ida-i^2db}{a^2-iab+iba-i^2b^2}$$

$$=\frac{ac+bd+i(ad-bc)}{a^2+b^2}=\frac{ac+bd}{a^2+b^2}+i\,\frac{ad-bc}{a^2+b^2}$$

Der Vergleich mit (3.3)(5) auf Seite 38 ergibt: Die eben durchgeführte Art des Rechnens mit komplexen Zahlen führt auch beim Quotienten zu demselben Ergebnis, wie das Rechnen mit Paaren reeller Zahlen unter Verwendung der Definition der Multiplikation in (3.1) auf Seite 36.

A 4
Seite 40

AUFGABE 4.- 1) Hinweis: Die Frage "Was stellen Sie fest?" können Sie am besten nach Berechnung von $z\cdot\overline{z}$ für die "allgemeine" komplexe Zahl $z=a+ib$ mit $a,b\in\mathbb{R}$ beantworten. Was für Zahlen erhalten Sie als Ergebnis? Welche Eigenschaften haben diese Zahlen?
2) Lösung: $z_1:=-2+i$. Dann ist $\overline{z}_1=-2-i$ und

$$z_1\cdot\overline{z}_1=(-2+i)(-2+i)=4+2i-2i-i^2=4+1=5.$$

$z_2:=4i-3+5i=-3+9i$. Dann ist $\overline{z}_2=-3-9i$ und

$$z_2\cdot\overline{z}_2=(-3+9i)(-3-9i)=(-3)^2-i^29^2=(-3)^2+9^2=90.$$

$z_3:=i$. Dann ist $\overline{z}_3=-i$ und $z_3\cdot\overline{z}_3=i(-i)=-i^2=1$.

$z_4:=7-i$. Dann ist $\overline{z}_4=7+i$ und $z_4\cdot\overline{z}_4=49+1=50$.

Für $z:=a+ib$ mit $a,b\in\mathbb{R}$ ist $\overline{z}=a-ib$ und

$$z\overline{z}=(a+ib)(a-ib)=a^2-i^2b^2=a^2+b^2.$$

Hieran können Sie feststellen: Für jede komplexe Zahl $z=a+ib$ ist $z\cdot\overline{z}$ eine reelle Zahl, diese reelle Zahl ist $\geqq 0$. Es gilt $z\cdot\overline{z}>0$ genau dann, wenn $z\neq 0$ ist, da dann $a\neq 0$ oder $b\neq 0$ ist.

A 5
Seite 40

AUFGABE 5.- 1) Hinweis: Zur Bestimmung von Real- und Imaginärteil der angegebenen komplexen Zahlen müssen Sie diese in die Form $a+ib$ mit $a,b\in\mathbb{R}$ bringen. Dann ist a der Realteil und b der Imaginärteil.

2) Lösung: $z_1:=2(1-i)+3(2+i)=2-2i+6+3i=8+i=8+i\cdot 1$.
Also ist $\operatorname{Re} z_1=8$ und $\operatorname{Im} z_1=1$.

$$z_2:=\frac{1}{i}=\frac{1}{i}\cdot\frac{-i}{-i}=\frac{-i}{-i^2}=-i=0+i(-1) \quad \text{(mit der Konjugierten des Nenners erweitert!)}$$

Also ist $\operatorname{Re} z_2=0$ und $\operatorname{Im} z_2=-1$.

$$z_3:=\frac{1}{1-\sqrt{3}\,i}=\frac{1+\sqrt{3}\,i}{(1-\sqrt{3}\,i)(1+\sqrt{3}\,i)}=\frac{1+\sqrt{3}\,i}{1^2+(\sqrt{3})^2}=\frac{1}{4}+\frac{\sqrt{3}}{4}i.$$

Also ist $\operatorname{Re} z_3=\frac{1}{4}$ und $\operatorname{Im} z_3=\frac{\sqrt{3}}{4}$.

$$z_4:=\frac{(-2+5i)(1+3i)}{2+3i}-\left(\frac{2}{13}-\frac{3}{13}i\right)=\frac{-2-6i+5i+i^2 15}{2+3i}-\frac{2-3i}{13}=$$
$$=\frac{-17-i}{2+3i}-\frac{2-3i}{13}=\frac{(-17-i)(2-3i)}{(2+3i)(2-3i)}-\frac{2-3i}{13}=$$
$$=\frac{-34-2i+51i+i^2 3}{2^2+3^2}-\frac{2-3i}{13}=\frac{-37+49i}{13}-\frac{2-3i}{13}=$$
$$=\frac{-37+49i-2+3i}{13}=\frac{-39+52i}{13}=-3+4i.$$

Also ist $\operatorname{Re} z_4=-3$ und $\operatorname{Im} z_4=4$.

A 6
Seite 41

AUFGABE 6.- 1) Hinweise: Zu a): Setzen Sie $z=a+ib$ und $w=c+id$ und berechnen Sie beide Seiten der zu beweisenden Gleichung. Zu b): Wenn Sie der Meinung sind, daß i.a. $\operatorname{Re}(z\cdot w)\neq\operatorname{Re} z\cdot\operatorname{Re} w$ ist, so genügt es, wenn Sie zwei komplexe Zahlen z und w angeben, für die $\operatorname{Re}(z\cdot w)\neq\operatorname{Re} z\cdot\operatorname{Re} w$. Analog für den Imaginärteil. Andernfalls ist ein Beweis mit beliebigen $z,w\in\mathbb{C}$ zu führen.

2) Lösung: a) Behauptung: Für alle $z,w\in\mathbb{C}$ gilt

$$\operatorname{Im}(z+w)=\operatorname{Im} z+\operatorname{Im} w.$$

Beweis: Seien $z,w\in\mathbb{C}$ und $z=a+ib$, $w=c+id$ mit $a,b,c,d\in\mathbb{R}$. Dann gilt

$$z+w=(a+c)+i(b+d)$$

also $\operatorname{Im}(z+w)=b+d$.
Andererseits ist $\operatorname{Im} z=b$ und $\operatorname{Im} w=d$, also

$$\operatorname{Im} z+\operatorname{Im} w=b+d.$$

Damit gilt $Im(z+w) = Im\, z + Im\, w$.

b) Es gibt komplexe Zahlen z und w, für die

$Re(z \cdot w) \neq Re\, z \cdot Re\, w$ *und*

$Im(z \cdot w) \neq Im\, z \cdot Im\, w$.

und zwar sei z.B. $z := 1+i$ *und* $w := 2-3i$.

Dann ist $z \cdot w = 5-i$ *und daher*

$Re(z \cdot w) = 5$ *und* $Im(z \cdot w) = -1$, *aber*

$Re\, z \cdot Re\, w = 1 \cdot 2 = 2$ *und* $Im\, z \cdot Im\, w = 1 \cdot (-3) = -3$.

(Sie haben wahrscheinlich andere Zahlen z und w gewählt.)

A 7 Seite 41

AUFGABE 7.- $z_1 := 1-i\sqrt{3}$, $z_2 := i+i^2+i^3+i^4+i^5 = i-1-i+1+i = i$, $z_3 := \frac{3+i\sqrt{7}}{4} = \frac{3}{4}+i\frac{\sqrt{7}}{4}$, $z_4 := -2-\frac{3}{2}i$

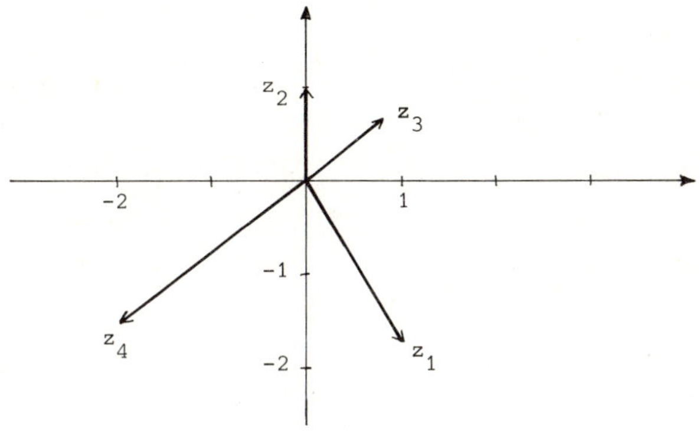

$$|z_1| = \sqrt{1^2+(-\sqrt{3})^2} = \sqrt{4} = 2\,, \quad |z_2| = \sqrt{0^2+1^2} = 1\,,$$

$$|z_3| = \sqrt{\left(\frac{3}{4}\right)^2 - \left(\frac{\sqrt{7}}{4}\right)^2} = \frac{1}{4}\sqrt{3^2+7} = \frac{1}{4}\sqrt{16} = 1\,,$$

$$|z_4| = \sqrt{(-2)^2+\left(-\frac{3}{2}\right)^2} = \sqrt{4+\frac{9}{4}} = \frac{1}{2}\sqrt{16+9} = \frac{5}{2}\,.$$

A 8 Seite 43

AUFGABE 8.- 1) Hinweis: Benutzen Sie die für jedes $w \in \mathbb{C}$ *gültigen Gleichungen* $|w|^2 = w \cdot \bar{w}$, *(3.9)(1) in der Form:* $2 \cdot Re\, w = w + \bar{w}$, *(3.9)(5):* $w = \bar{\bar{w}}$.

2) Lösung:
$$|a-b|^2 = (a-b)\overline{(a-b)} = (a-b)(\bar{a}-\bar{b})$$
$$= a\bar{a} - a\bar{b} - b\bar{a} + b\bar{b} = |a|^2 + |b|^2 - (a\bar{b} + \bar{a}b)$$
$$= |a|^2+|b|^2-(a\bar{b}+\bar{a}\bar{\bar{b}}) = |a|^2+|b|^2-(a\bar{b}+\overline{a\bar{b}})$$
$$= |a|^2 + |b|^2 - 2 \cdot Re(a\bar{b})$$

A 9 Seite 43

AUFGABE 9.- 1) Hinweise: Skizzieren Sie zunächst die Menge aller Punkte $z \in \mathbb{C}$, *für die* $|z-1-i| \leq \sqrt{2}$, *also* $|z-(1+i)| \leq \sqrt{2}$ *ist. Skizzieren Sie dann (in demselben Koordinatensystem) die Menge aller* $z \in \mathbb{C}$, *für die* $|z-1| < 1$ *ist. Jeder Punkt z im Durchschnitt dieser beiden Punktmengen (Kreise) erfüllt sowohl* $|z-1-i| \leq \sqrt{2}$ *als auch* $|z-1| < 1$.

2) Lösung:

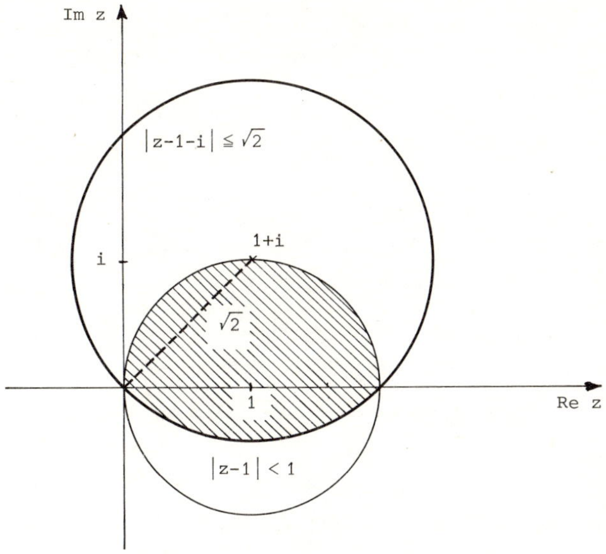

Die Menge $\{z \in \mathbb{C} \mid |z-1-i| \leq \sqrt{2}$ *und* $|z-1| < 1\}$ *wurde schraffiert.*

AUFGABE 10.- 1) Hinweis: Es sind jeweils zwei Folgerungen zu begründen, nämlich "⟹" und "⟸". A 10 Seite 44

2) Lösung: 1. "⟹"-Zeichen: Aus $|z+1| = |z-1|$ *folgt durch Quadrieren* $|z+1|^2 = |z-1|^2$.
Andererseits folgt aus $|z+1|^2 = |z+1|^2$ *durch Wurzelziehen wieder* $|z+1| = |z-1|$, *da* $|z+1| \geq 0$ *und* $|z-1| \geq 0$ *ist.*
2. "⟸"-Zeichen: Die rechte bzw. linke Seite der Gleichung $|z+1|^2 = |z-1|^2$ *oder der Gleichung* $(z+1)\overline{(z+1)} = (z-1)\overline{(z-1)}$ *wurden mit Hilfe der Identität* $|w|^2 = w \cdot \bar{w}$ *umgeformt.*
3. "⟸"-Zeichen: Die rechte bzw. linke Seite der beiden Gleichungen wurde mit Hilfe der Rechenregel $\overline{z-w} = \bar{z}-\bar{w}$ *umgeformt. Außerdem wurde die für die reelle Zahl 1 geltende Regel* $\bar{1} = 1$ *benutzt.*

AUFGABE 11.- 1) Hinweis: (3.16), Seite 43. A 11 Seite 44

2) Lösung: Auf Grund der geometrischen Interpretation des Betrages $|z-z_o|$ *als Abstand des Punktes z vom Punkt* z_o, *enthält die Menge* $M := \{z \in \mathbb{C} \mid |z+3-3i| = |z-1-3i|\}$ *genau alle Punkte z der Ebene, die von -3+3i denselben Abstand haben wie von 1+3i. Das sind alle Punkte auf der gestrichelten Geraden.*
(Die gestrichelte Linie erhalten Sie z.B. als Schnittpunkte aller möglichen Kreise von jeweils gleichem Radius um die Punkte -3+3i und 1+3i bzw. als Mittelsenkrechte auf der Verbindungsstrecke der Punkte -3+3i und 1+3i.)
Siehe Skizze auf der nächsten Seite.

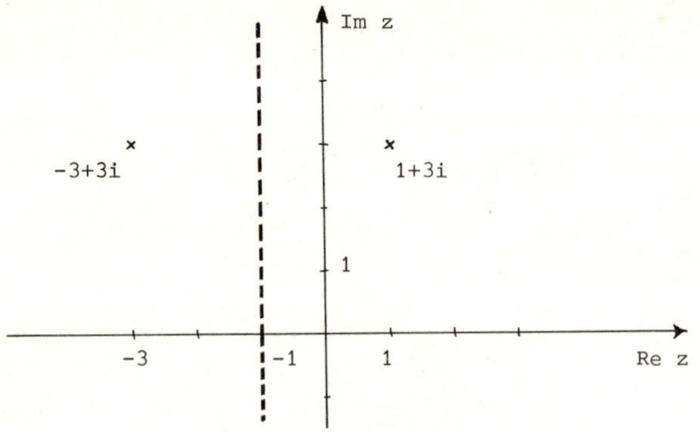

Behauptung: $M = \{z \in \mathbb{C} \mid \operatorname{Re} z = -1\}$.

Beweis: (Analog zum Beweis in (3.16)). Sei $z \in \mathbb{C}$.

$|z+3-3i| = |z-1-3i| \iff |z+3-3i|^2 = |z-1-3i|^2$

$\iff (z+3-3i)(\overline{z+3-3i}) = (z-1-3i)(\overline{z-1-3i})$

$\iff (z+3-3i)(\overline{z}+3+3i) = (z-1-3i)(\overline{z}-1+3i)$

$\iff$ *durch Ausrechnen:* $z\overline{z}+3z+3iz+3\overline{z}+9+9i-3i\overline{z}-9i-9i^2 =$

$= z\overline{z} - z + 3iz - \overline{z} + 1 - 3i - 3i\overline{z} + 3i - 9i^2$

$\iff$ *durch Zusammenfassen:* $3(z+\overline{z}) + 18 = -(z+\overline{z}) + 10$

$\iff 4(z+\overline{z}) = -8 \iff z+\overline{z} = -2 \iff 2 \operatorname{Re} z = -2$

$\iff \operatorname{Re} z = -1$.

(Weil sich jede komplexe Zahl z mit Re z = -1 auch in der Form $z = -1+iy$ *mit* $y \in \mathbb{R}$ *schreiben läßt, hätte Ihre Behauptung auch lauten können:* $M = \{-1+iy \mid y \in \mathbb{R}\}$ *.)*

A
Seite 44

KLEINE AUFGABE.-

Winkel in Grad	30	45	60	90	120	180
Winkel in Bogenmaß	$\frac{\pi}{6}$	$\frac{\pi}{4}$	$\frac{\pi}{3}$	$\frac{\pi}{2}$	$\frac{2}{3}\pi$	π

A 12
Seite 46

AUFGABE 12.- 1) Hinweis: Zu b): Sie benötigen zur Lösung die Gleichungen $(\cos\psi)^2 + (\sin\psi)^2 = 1$ *und die Additionstheoreme:* $\cos(\varphi-\psi) = \ldots$ *und* $\sin(\varphi-\psi) = \ldots$ *, die Sie aus den Additionstheoremen auf Seite 44 erhalten, wenn Sie dort* ψ *durch* $-\psi$ *ersetzen und* $\cos(-\psi) = \cos\psi$ *und* $\sin(-\psi) = -\sin\psi$ *berücksichtigen.*

2) Lösung: a) Nach (3.20) auf Seite 45 ist

$$i = \cos\frac{\pi}{2} + i\sin\frac{\pi}{2}.$$

Zu i gehört also der Betrag 1 und der Winkel $\frac{\pi}{2}$.
Nach der Regel (Seite 46), daß bei der Multiplikation die Beträge multipliziert und die Winkel addiert werden, gehört zu $i^2 = i \cdot i$ *der Betrag* $1 \cdot 1 = 1$ *und der Winkel* $\frac{\pi}{2} + \frac{\pi}{2} = \pi$, *also*

$$i^2 = \cos\pi + i\sin\pi = -1.$$

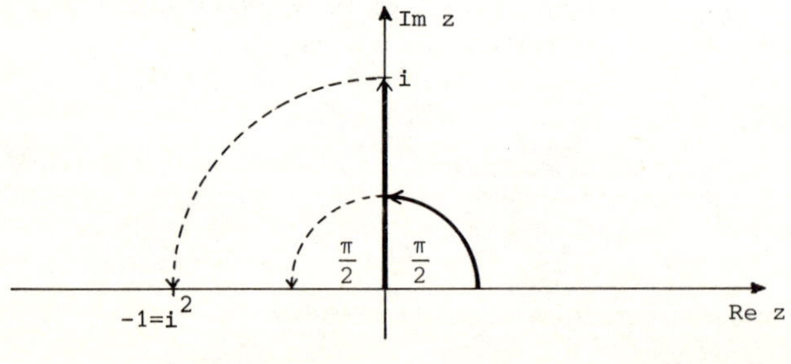

b) Mit $\cos(\varphi-\psi) = \cos\varphi \cdot \cos\psi + \sin\varphi \cdot \sin\psi$ *und*

$\sin(\varphi-\psi) = \sin\varphi \cdot \cos\psi - \cos\varphi \cdot \sin\psi$

erhalten Sie:

$$\frac{z}{w} = \frac{|z|(\cos\varphi + i\sin\varphi)}{|w|(\cos\psi + i\sin\psi)} = \frac{|z|}{|w|} \cdot \frac{(\cos\varphi + i\sin\varphi)(\cos\psi - i\sin\psi)}{(\cos\psi + i\sin\psi)(\cos\psi - i\sin\psi)}$$

$$= \frac{|z|}{|w|} \cdot \frac{\cos\varphi \cdot \cos\psi + \sin\varphi \cdot \sin\psi + i(\sin\varphi\cos\psi - \cos\varphi\sin\psi)}{(\cos\psi)^2 + (\sin\psi)^2}$$

$$= \frac{|z|}{|w|}(\cos(\varphi-\psi) + i\sin(\varphi-\psi)).$$

In Worten: Man erhält den Quotienten zweier komplexer Zahlen (≠ 0), indem man die Beträge durch einander dividiert und vom Argument (= Winkel) des Zählers das Argument des Nenners subtrahiert.

AUFGABE 13.- 1) Hinweis: (3.20), (3.23)(1) und Aufgabe 12 b). A 13 Seite 46

2) Lösung: Nach Beispiel (3.20) auf Seite 45 ist

$$1-i = \sqrt{2}\,(\cos(-\tfrac{\pi}{4}) + i\sin(-\tfrac{\pi}{4})) \text{ und}$$

$$\sqrt{3}+i = 2(\cos\tfrac{\pi}{6} + i\sin\tfrac{\pi}{6}).$$

Mit (3.23)(1) auf Seite 46 ergibt sich dann

$$(1-i)^6 = (\sqrt{2})^6 \cdot (\cos(-\tfrac{6\pi}{4}) + i\sin(-\tfrac{6\pi}{4})) = 8 \cdot (\cos(-\tfrac{3}{2}\pi) + i\sin(-\tfrac{3}{2}\pi))$$

und

$$(\sqrt{3}+i)^5 = 2^5 \cdot (\cos\tfrac{5\pi}{6} + i\sin\tfrac{5\pi}{6}) = 32\,(\cos\tfrac{5}{6}\pi + i\sin\tfrac{5}{6}\pi).$$

Mit dem Ergebnis von Aufgabe 12 b) folgt hieraus

$$\frac{(1-i)^6}{(\sqrt{3}+i)^5} = \frac{8}{32} \cdot (\cos(-\tfrac{3}{2}\pi - \tfrac{5}{6}\pi) + i\sin(-\tfrac{3}{2}\pi - \tfrac{5}{6}\pi))$$

$$= \tfrac{1}{4}(\cos(-\tfrac{14}{6}\pi) + i\sin(-\tfrac{14}{6}\pi))$$

$$= \tfrac{1}{4}(\cos(-\tfrac{14}{6}\pi + 2\pi) + i\sin(-\tfrac{14}{6}\pi + 2\pi)) \quad \text{wegen Periode } 2\pi$$

$$= \tfrac{1}{4}(\cos(-\tfrac{\pi}{3}) + i\sin(-\tfrac{\pi}{3})).$$

Dies ist die verlangte Polarform, da $-\pi < \varphi := -\frac{\pi}{3} \le \pi$ *gilt.*

AUFGABE 14.- 1) Hinweis: Verwenden Sie die Polarform von i in (3.20) auf Seite 45 und Satz (3.26) auf Seite 47 sowie Bemerkung (3.27) auf Seite 47. A 14 Seite 48

2) Lösung: Es ist $i = 1 \cdot (\cos\frac{\pi}{2} + i\sin\frac{\pi}{2})$ *die Polarform von i. Mit* $\alpha = \frac{\pi}{2}$ *und* $n = 3$ *liefert Satz (3.26) die drei 3-ten Wurzeln aus i:*

$$z_1 := \cos\frac{\frac{\pi}{2} + 2\pi}{3} + i\sin\frac{\frac{\pi}{2} + 2\pi}{3} = \cos\tfrac{5}{6}\pi + i\sin\tfrac{5}{6}\pi,$$

$$z_2 := \cos\frac{\frac{\pi}{2} + 4\pi}{3} + i\sin\frac{\frac{\pi}{2} + 4\pi}{3} = \cos\tfrac{9}{6}\pi + i\sin\tfrac{9}{6}\pi$$

$$= \cos\tfrac{3}{2}\pi + i\sin\tfrac{3}{2}\pi,$$

$$z_3 := \cos\frac{\frac{\pi}{2} + 6\pi}{3} + i\sin\frac{\frac{\pi}{2} + 6\pi}{3} = \cos\tfrac{13}{6}\pi + i\sin\tfrac{13}{6}\pi$$

$$= \cos\tfrac{\pi}{6} + i\sin\tfrac{\pi}{6}.$$

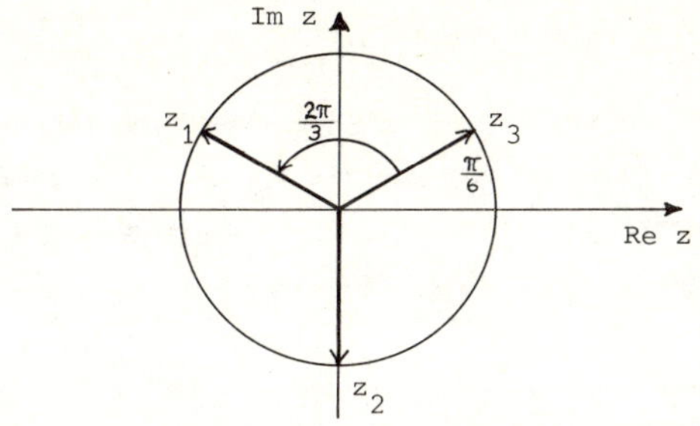

Um die komplexen Zahlen z_1, z_2, z_3 zeichnerisch ermitteln zu können, müssen Sie die Formel für die z_k in Satz (3.26) gut verstanden haben: - Zunächst sehen Sie, daß alle z_k denselben Betrag, also denselben Abstand vom Nullpunkt haben, nämlich $\sqrt[n]{|a|}$ (in dieser Aufgabe = 1). Die 3-ten Wurzeln z_1, z_2, z_3 aus i liegen also auf einem Kreis um den Nullpunkt mit dem Radius 1. - Jetzt ist für jedes z_k nur noch der Winkel zu ermitteln, und das geht nach (3.26) bzw. (3.27) so: Man nehme $\frac{\alpha}{n}$ (in unserem Fall $\frac{\pi/2}{3} = \frac{\pi}{6}$) und addiere jeweils Vielfache von $\frac{2\pi}{n}$. In unserem Fall addiere man zu $\frac{\pi}{6}$ ($\hat{=}$ 30°) den Winkel $\frac{2\pi}{3} = \frac{2}{3}\pi$ ($\hat{=}$ 120°) und erhält z_1, dann zu $\frac{\pi}{6}$ den Winkel $\frac{2\pi}{3} \cdot 2 = \frac{4}{3}\pi$ ($\hat{=}$ 240°) und erhält z_2, schließlich zu $\frac{\pi}{6}$ den Winkel $\frac{2\pi}{3} \cdot 3 = 2\pi$ ($\hat{=}$ 360°) und erhält z_3.

Klar? Wenn nicht, lesen Sie's noch einmal und fertigen gleichzeitig selbst eine Skizze an.

A 15
Seite 49

<u>AUFGABE 15</u>.- a) Nach den Ausführungen auf Seite 49 erhält man den komplexen Gesamtwiderstand $\underline{Z}$ aus den komplexen "Einzel"-Widerständen R, jωL und $\frac{1}{j\omega C}$ mit der zweiten Kirchhoffschen Regel:

$$\frac{1}{\underline{Z}} = \frac{1}{R} + \frac{1}{j\omega L} + j\omega C.$$

Daraus folgt

$$\underline{Z} = \frac{1}{\frac{1}{R} + \frac{1}{j\omega L} + j\omega C} = \frac{1}{\frac{1}{R} + j(\omega C - \frac{1}{\omega L})}.$$

b) Analog zu Teil (2) von Beispiel (3.29) und Bild 17 auf Seite 49 erhält man

$$\frac{1}{\underline{Z}} = \frac{1}{R} + \frac{1}{j\omega L} + j\omega C = \frac{1}{R} + j\omega C - j\frac{1}{\omega L}$$

zeichnerisch so:

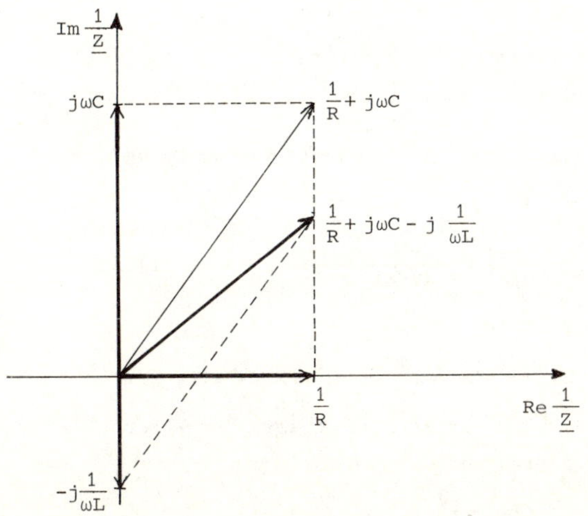

c) Durch Übergang zu den komplexen Augenblickswerten von Spannung und Strom (siehe Seite 48)

$$\underline{u} = \hat{\underline{u}}\,(\cos \omega t + j \sin \omega t) \quad \text{und}$$
$$\underline{i} = \hat{\underline{i}}\,(\cos \omega t + j \sin \omega t),$$

erhält man aus dem Ohmschen Gesetz (Seite 48)

$$\hat{\underline{u}} = \underline{Z} \cdot \hat{\underline{i}}$$

mit dem in a) berechneten komplexen Gesamtwiderstand die Gleichung

$$\hat{\underline{i}} = \frac{\hat{\underline{u}}}{\underline{Z}} = \hat{\underline{u}}\left(\frac{1}{R} + j(\omega C - \frac{1}{\omega L})\right).$$

Daraus ergibt sich wegen $|\hat{\underline{i}}| = \hat{i}$ und $|\hat{\underline{u}}| = \hat{u}$ durch Betragsbildung:

$$\hat{i} = \hat{u} \cdot \left|\frac{1}{R} + j(\omega C - \frac{1}{\omega L})\right| = \hat{u} \cdot \sqrt{\frac{1}{R^2} + (\omega C - \frac{1}{\omega L})^2}.$$

KAPITEL 4 REELLE UND KOMPLEXE FUNKTIONEN

SKIZZE DES GRAPHEN DER BETRAGSFUNKTION

Seite 52

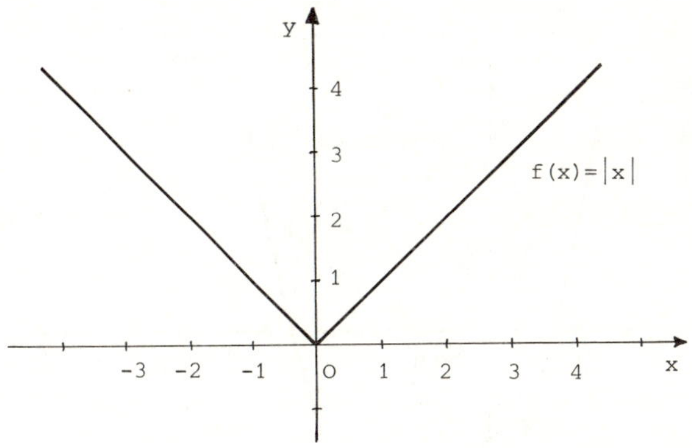

Betrags-
funktion

A 1
Seite 53

<u>AUFGABE 1</u>.- Satz (1.49) auf Seite 18 lautet: Für nichtnegative reelle Zahlen x und y gilt

$$\sqrt{x} < \sqrt{y} \quad \text{genau dann, wenn } x < y.$$

Setzen Sie $x_1 := y$ und $x_2 := x$, so folgt insbesondere aus $x_1 > x_2$, daß $\sqrt{x_1} > \sqrt{x_2}$ ist. Also ist die Funktion $x \mapsto f(x) := \sqrt{x}$, $x \geq 0$, streng monoton wachsend.

A 2
Seite 53

<u>AUFGABE 2</u>.- 1) Hinweis: Sie wollen zeigen, daß $x \mapsto f(x) = -2x+1$, $x \in [0,3]$, streng monoton fallend ist. Also müssen Sie nach Definition (4.5) auf Seite 53 zeigen: Aus $x_1, x_2 \in [0,3]$ mit $x_1 > x_2$ folgt $-2x_1+1 < -2x_2+1$.

2) Lösung: Behauptung: Die Funktion $x \mapsto f(x) := -2x+1$, $x \in [0,3]$, ist streng monoton fallend.

Beweis: Seien $x_1, x_2 \in [0,3]$ mit $x_1 > x_2$. Dann folgt

$$-2x_1 < -2x_2$$

und daraus

$$-2x_1+1 < -2x_2+1 \quad \text{d.h. } f(x_1) < f(x_2).$$

Also ist f streng monoton fallend.

(Vgl. Satz (1.40)(7) und (1), Seite 14.)

A 3
Seite 53

AUFGABE 3.- 1) Hinweis: Skizzieren Sie notfalls die Graphen!

2) Lösung: a) streng monoton fallend,
b) streng monoton wachsend,
c) monoton wachsend,
d) weder ... noch ...,
e) streng monoton fallend,
f) weder ... noch ... .

A 4
Seite 54

AUFGABE 4.- Behauptung: Die reelle Funktion $f: A \longrightarrow \mathbb{R}$ sei streng monoton fallend. Dann ist f injektiv.

Beweis: Es ist zu zeigen:

aus $x_1, x_2 \in A$ und $x_1 \neq x_2$ folgt: $f(x_1) \neq f(x_2)$.

Seien also $x_1, x_2 \in A$ und $x_1 \neq x_2$. Dann ist

entweder $x_1 > x_2$ oder $x_2 > x_1$.

Da f streng monoton fallend ist, gilt daher

entweder $f(x_1) < f(x_2)$ oder $f(x_2) < f(x_1)$.

In beiden Fällen also $f(x_1) \neq f(x_2)$. Das war's.

A 5
Seite 55

AUFGABE 5.-

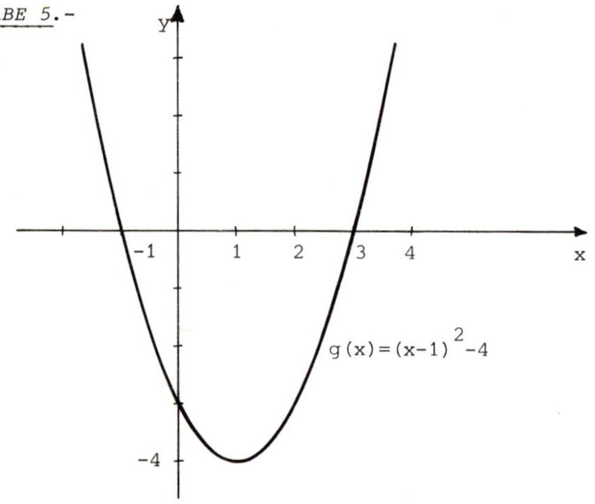

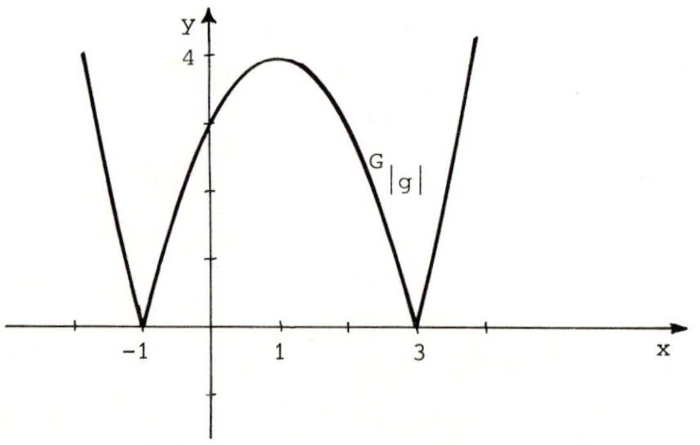

A 6
Seite 55

AUFGABE 6.- 1. Fall: $g(t) \geq 0$ (das sind alle Funktionswerte "oberhalb der x-Achse"), dann ist $|g(t)| = g(t)$ und folglich dort: $g_+(t) = \frac{1}{2}(g(t) + g(t)) = g(t)$.

2. Fall: $g(t) < 0$ (das sind alle Funktionswerte "unterhalb der x-Achse"), dann ist $|g(t)| = -g(t)$ und

$$g_+(t) = \frac{1}{2}(g(t) - g(t)) = 0.$$

D.h. überall dort, wo g nicht-negative Funktionswerte hat, ist $g_+(t) = g(t)$; und überall dort, wo g negative Funktionswerte hat, ist $g_+(t) = 0$. Also erhält man aus dem Graphen von $t \longmapsto g(t) = \sin \omega t$, $t \geq 0$,

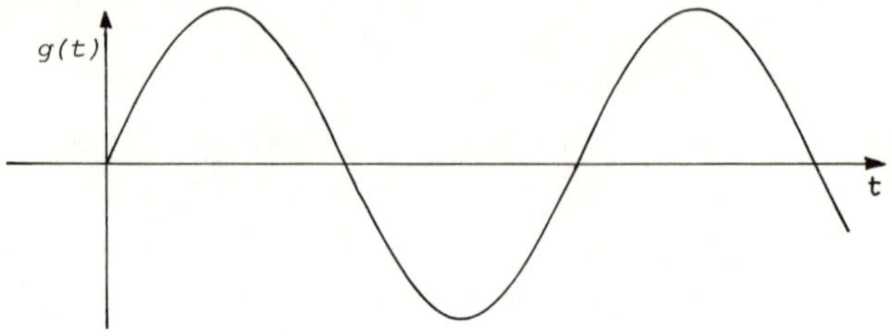

den von $t \longmapsto g_+(t)$:

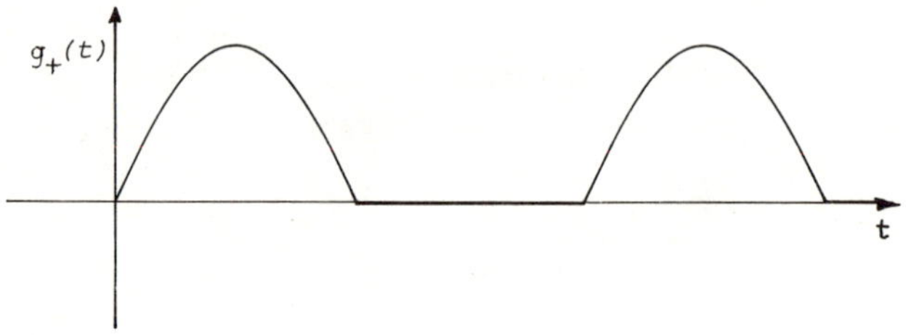

Dies ist gerade der Graph, den wir nach Einsetzen des Einweggleichrichters in einen Wechselstromkreis (auf Seite 54) gefolgert hatten. Man kann deshalb sagen: Die Funktion g_+ beschreibt mathematisch das "Arbeitsergebnis des Einweggleichrichters".

A 7
Seite 56

AUFGABE 7.- a) Es ist

$$(f+g)(x) = f(x) + g(x) = x - x = 0,$$

also ist $f+g: \mathbb{R} \longrightarrow \mathbb{R}$ die konstante Funktion $x \longmapsto 0$ für alle $x \in \mathbb{R}$.

Da $A^* = \{x \in \mathbb{R} \mid g(x) \neq 0\} = \{x \in \mathbb{R} \mid x \neq 0\}$ ist, gilt für den Quotienten $\frac{f}{g}: A^* \longrightarrow \mathbb{R}$ für $x \in A^*$:

$$x \longmapsto \left(\frac{f}{g}\right)(x) = \frac{f(x)}{g(x)} = \frac{x}{-x} = -1.$$

$\frac{f}{g}$ ist ebenfalls eine konstante Funktion; sie ist aber nur auf $A^* = \mathbb{R} \setminus \{0\}$ definiert!!

b) Für $x \neq 0$ ist

$$(f+g)(x) = f(x) + g(x) = \frac{8}{x} + \frac{2x-2}{x^2} = \frac{10x-2}{x^2}.$$

Also: $x \longmapsto (f+g)(x) = \frac{10x-2}{x^2}$, $x \neq 0$.

Wegen

$A^* = \{x \in \mathbb{R} \mid x \neq 0$ und $g(x) \neq 0\} = \{x \in \mathbb{R} \mid x \neq 0$ und $x \neq 1\}$

ist $\frac{f}{g}: A^* \longrightarrow \mathbb{R}$ gegeben durch

$$x \longmapsto \left(\frac{f}{g}\right)(x) = \frac{f(x)}{g(x)} = \frac{8 \cdot x^2}{x(2x-2)} = \frac{4x}{x-1}, \quad x \in \mathbb{R} \setminus \{0,1\}.$$

c) Für $x \in \mathbb{R}$ gilt

$$(f+g)(x) = f(x) + g(x) = x^4 - 1 + 1 + x^2 = x^2(x^2+1).$$

Da $g(x) = 1 + x^2 > 0$ für alle $x \in \mathbb{R}$ ist, ist $\frac{f}{g}$ für alle $x \in \mathbb{R}$ definiert, und es gilt

$$\left(\frac{f}{g}\right)(x) = \frac{f(x)}{g(x)} = \frac{x^4-1}{1+x^2} = \frac{(x^2+1)(x^2-1)}{x^2+1} = x^2 - 1.$$

A 8
Seite 56

AUFGABE 8.- 1) *Hinweis:* Seien f und g die beiden monoton wachsenden Funktionen. Es ist dann zu beweisen: aus $x_1, x_2 \in A$ mit $x_1 > x_2$ folgt

$$(f+g)(x_1) \geqq (f+g)(x_2).$$

2) *Lösung:* SATZ.- Seien $f, g : A \longrightarrow \mathbb{R}$ monoton wachsende Funktionen. Dann ist auch $f+g : A \longrightarrow \mathbb{R}$ monoton wachsend.

Beweis: Es ist zu zeigen, daß aus $x_1, x_2 \in A$ mit $x_1 > x_2$ folgt:

$$(f+g)(x_1) \geqq (f+g)(x_2).$$

Seien also $x_1, x_2 \in A$ mit $x_1 > x_2$. Wir nutzen aus, daß f und g monoton wachsende Funktionen sind und erhalten mit Definition (4.5) auf Seite 53

$$f(x_1) \geqq f(x_2) \quad \text{und} \quad g(x_1) \geqq g(x_2).$$

Die Addition beider Ungleichungen ergibt

$$f(x_1) + g(x_1) \geqq f(x_2) + g(x_2).$$

Hieraus folgt mit Definition (4.9)(1) auf Seite 56:

$$(f+g)(x_1) \geqq (f+g)(x_2).$$

Seite 56

ANTWORT auf die FRAGE auf Seite 56: Das Produkt zweier monoton wachsender Funktionen ist im allgemeinen <u>keine</u> monoton wachsende Funktion.

Beispiel: Man wähle etwa $x \longmapsto f(x) := x,\ x \in \mathbb{R}$, und $g := f$. Dann gilt $(f \cdot g)(x) = x^2$ und $x \longmapsto x^2$ ist keine monoton wachsende Funktion.

Anderes Beispiel: $x \longmapsto f(x) := x,\ x \in \mathbb{R}$,

$x \longmapsto g(x) := -1,\ x \in \mathbb{R}$.

Seite 57

ANTWORT auf die FRAGE auf Seite 57: Ist K eine obere Schranke von f, so ist jede reelle Zahl K^*, die größer als K ist, ebenfalls eine obere Schranke von f.

Denn es gilt dann $f(x) \leqq K < K^*$, also auch

$$f(x) \leqq K^* \quad \text{für alle } x \in A.$$

A 9
Seite 57

AUFGABE 9.- 1) *Hinweis:* Skizzieren Sie die Graphen!

2) *Lösung:* a) *Behauptung:* Die reelle Funktion $x \longmapsto f(x) := \frac{1}{x},\ x \geqq 2$, ist beschränkt.

Beweis: Es ist $\frac{1}{x} > 0$ für alle $x \geqq 2$. Also ist 0 eine untere Schranke von f, und f ist nach unten beschränkt.

Andererseits folgt aus $x \geqq 2$ mit (1.40)(8) auf Seite 14: $\frac{1}{x} \leqq \frac{1}{2}$, d.h. $\frac{1}{2}$ ist eine obere Schranke von f, und f ist damit nach oben beschränkt.

Insgesamt folgt mit Definition (4.12)(3) auf Seite 56: f ist beschränkt.

b) g ist beschränkt.

c) h ist nicht beschränkt, da h (zwar nach unten, aber) nicht nach oben beschränkt ist.

A 10
Seite 57

AUFGABE 10.-

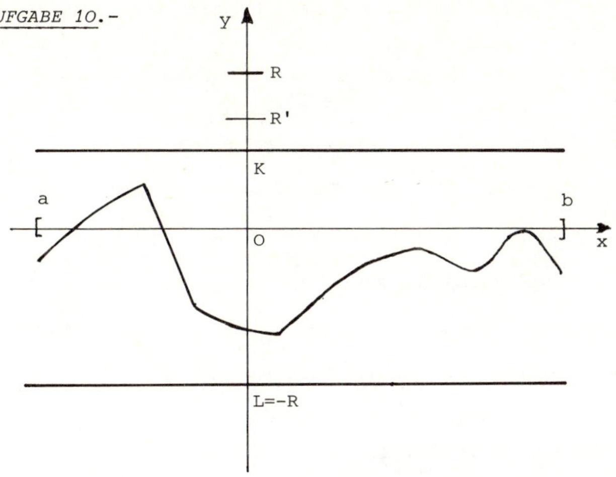

A 11
Seite 58

AUFGABE 11.- 1) *Hinweis:* Sie müssen in Ihrem Beweis eine Zahl R angeben, so daß $|(f \cdot g)(x)| \leqq R$ für alle $x \in A$ gilt.

2) *Lösung:* SATZ.- Seien $f, g : A \longrightarrow \mathbb{R}$ beschränkte Funktionen, dann ist auch $f \cdot g : A \longrightarrow \mathbb{R}$ beschränkt.

Beweis: Wegen Satz (4.14) auf Seite 57 müssen wir zeigen: Es gibt eine reelle Zahl $R \geqq 0$, so daß $|(f \cdot g)(x)| \leqq R$ für alle $x \in A$. ("Da R nicht vom Himmel fällt", schätzen wir zunächst $|(f \cdot g)(x)|$ ab und hoffen, dabei die Zahl R zu finden. Zuvor schreiben wir uns die Informationen auf, die wir haben.)

Da f beschränkt ist, gibt es nach Satz (4.14) eine Zahl $R_1 > 0$, so daß $|f(x)| \leqq R_1$ für alle $x \in A$.

Da g beschränkt ist, gibt es nach Satz (4.14) eine Zahl $R_2 \geqq 0$, so daß $|g(x)| \leqq R_2$ für alle $x \in A$.

Dann gilt für $x \in A$:

$$|(f \cdot g)(x)| = |f(x) \cdot g(x)| = |f(x)| \cdot |g(x)| \leqq R_1 \cdot |g(x)| \leqq R_1 \cdot R_2.$$

Setzen wir nun $R := R_1 \cdot R_2$, so haben wir eine gesuchte Zahl R mit $R \geqq 0$ und $|(f \cdot g)(x)| \leqq R$ für alle $x \in A$.

Seite 58

ANTWORT auf die FRAGE auf Seite 58:

Ist $x \longmapsto r(x)$ eine rationale Funktion, so gibt es zwei reelle Polynome p und q, so daß $r(x) = \frac{p(x)}{q(x)}$ für alle $x \in A^* = \{x \in \mathbb{R} \mid q(x) \neq 0\}$.

Also ist q überall dort definiert, wo das Nennerpolynom ungleich 0 ist.

A 12
Seite 60

AUFGABE 12.-

$x_0 = 2$					
	1	-5	5	5	-6
		2	-6	-2	6
	1	-3	-1	3	$0 = p(2)$

$x_0 = -2$					
	1	-5	5	5	-6
		-2	14	-38	66
	1	-7	19	-33	$60 = p(-2)$.

A 13 Seite 60

<u>AUFGABE 13</u>.- Nach dem Satz zum Horner-Schema (4.21), Seite 60, gilt im Fall $p(x_o) = 0$: $p(x) = (x-x_o)\cdot q(x)$ mit einem Polynom q, das einen um 1 kleineren Grad als p hat und dessen Koeffizienten (mit dem höchsten Koeffizienten beginnend) in der 3. Zeile des Horner-Schemas stehen.

Also gilt für $p(x) = x^4 - 5x^3 + 5x^2 + 5x - 6$ und $x_o = 2$:

$$x^4 - 5x^3 + 5x^2 + 5x - 6 = (x-2)(x^3 - 3x^2 - x + 3).$$

Ausmultiplizieren können Sie selber.

A 14 Seite 61

<u>AUFGABE 14</u>.- 1) Hinweis: Durchbeißen!

2) Lösung: Nach dem auf Seite 6 angebenen Absatz (1) des §32a EStG erhält man die tarifliche Einkommensteuer für ein zu versteuerndes Einkommen von 36 316 DM mit Hilfe der Funktion

$$y \mapsto \{[(10{,}86y - 154{,}42)y + 925]y + 2200\}y + 2708.$$

Dabei ist y ein Zehntausendstel des 16 000 DM übersteigenden Teils des abgerundeten zu versteuernden Einkommens.

Nach Absatz (2) des §32a EStG (Seite 61) ist 36 316 auf den nächsten durch 30 ohne Rest teilbaren vollen DM-Betrag abzurunden, also auf

36 300 DM.

Hiervon beträgt ein Zehntausendstel des 16 000 DM übersteigenden Teils: 2,03.

Die tarifliche Einkommensteuer ergibt sich also als Funktionswert des Polynoms

$$t \mapsto p(t) := 10{,}86t^4 - 154{,}42t^3 + 925t^2 + 2200t + 2708$$

an der Stelle $t_o = 2{,}03$.

Wie und mit welcher Genauigkeit die Berechnung des Funktionswertes $p(t_o)$ vorzunehmen ist, steht in Absatz (3) des §32a EStG (Seite 61).

Daher gilt

2,03	10,86	-154,42	925	2200	2708
		22,045	-268,721	1332,246	7170,459
	10,86	-132,375	656,279	3532,246	9878,459.

Nach dem letzten Satz von §32a EStG beträgt also der Steuerbetrag (in völliger Übereinstimmung mit dem Tabellenwert) 9878 DM. Ziemlich viel oder?

A 15 Seite 61

<u>AUFGABE 15</u>.- 1) Hinweise: Durch "quadratische Ergänzung" (zur Anwendung der binomischen Formel mit $n = 2$) läßt sich leicht zeigen, daß p_1 keine Nullstellen besitzt:

$$x^2 + x + 1 = x^2 + 2\cdot\tfrac{1}{2}x + (\tfrac{1}{2})^2 + \tfrac{3}{4} = (x + \tfrac{1}{2})^2 + \tfrac{3}{4}\ .$$

2) Lösung: a) Durch "quadratische Ergänzung" zeigen wir, daß $p_1(x) = x^2 + x + 1$ <u>keine</u> Nullstelle hat.

Für jedes $x \in \mathbb{R}$ gilt:

$$x^2 + x + 1 = x^2 + 2\cdot\tfrac{1}{2}x + (\tfrac{1}{2})^2 + \tfrac{3}{4} = (x + \tfrac{1}{2})^2 + \tfrac{3}{4} \geq \tfrac{3}{4} > 0.$$

Also ist $x^2 + x + 1 > 0$ für alle $x \in \mathbb{R}$ und p_1 kann keine Nullstelle besitzen.

b) Es ist $p_2(x) = 2x^2 + 6x - 20 = 0$ genau dann, wenn $x^2 + 3x - 10 = 0$. Wegen $x^2 + 3x - 10 = x^2 + 2\cdot\frac{3}{2}x + (\frac{3}{2})^2 - \frac{9}{4} - 10 = (x + \frac{3}{2})^2 - \frac{49}{4}$ ist $x^2 + 3x - 10 = 0$ genau dann, wenn $(x + \frac{3}{2})^2 = \frac{49}{4}$ und dies ist genau dann der Fall, wenn $|x + \frac{3}{2}| = \frac{7}{2}$ ist. Die letzte Gleichung gilt genau dann, wenn $x + \frac{3}{2} = \frac{7}{2}$ oder wenn $-x - \frac{3}{2} = \frac{7}{2}$, d.h. wenn $x = 2$ oder wenn $x = -5$. Also hat p_2 die beiden Nullstellen -5 und 2.

c) Wegen $x^2 - 2x + 1 = (x-1)^2$ gilt $p_3(x) = 0$ genau dann, wenn $x-1 = 0$, d.h. wenn $x = 1$ ist. p_3 hat also nur die Nullstelle $x_o = 1$.

A 16 Seite 61/62

<u>AUFGABE 16</u>.- 1) Hinweis: Quadratische Ergänzung und Vorgehen wie in der Lösung zu Aufgabe 15, b).

2) Lösung: $x^2 + px + q = x^2 + 2\cdot\frac{p}{2}x + (\frac{p}{2})^2 - (\frac{p}{2})^2 + q$

$$= (x + \tfrac{p}{2})^2 - \tfrac{p^2}{4} + q\ .$$

Deshalb ist $x^2 + px + q = 0 \iff (x + \frac{p}{2})^2 = \frac{p^2}{4} - q$.

Hier erkennen Sie: Es gibt <u>keine</u> Lösung, wenn $\frac{p^2}{4} - q < 0$ ist, da auf der linken Seite das Quadrat einer reellen Zahl (≥ 0) steht.

Sei also $\frac{p^2}{4} - q \geq 0$. Dann geht es genauso wie in der Lösung von Aufgabe 15 weiter, und man erhält:

$$x^2 + px + q = 0 \iff x = -\frac{p}{2} + \sqrt{\frac{p^2}{4} - q} \quad \text{oder} \quad x = -\frac{p}{2} - \sqrt{\frac{p^2}{4} - q}\ .$$

Daran erkennen Sie: Es gibt genau eine Lösung, nämlich $x = -\frac{p}{2}$, wenn $\frac{p^2}{4} - q = 0$ ist, und es gibt genau zwei Lösungen, wenn $\frac{p^2}{4} - q > 0$ ist.

A 17 Seite 63

<u>AUFGABE 17</u>.- 1) Hinweis: Gehen Sie mittels quadratischer Ergänzung analog zum reellen Fall vor, bis Sie eine Gleichung der Gestalt $(z+z_o)^2 = a$, $z, z_o, a \in \mathbb{C}$, erhalten. Bestimmen Sie dann die beiden 2-ten Wurzeln z_1 und z_2 aus a (hierauf bezieht sich der Hinweis auf (3.26), Seite 47). Die gesuchten Nullstellen sind dann $z = -z_o + z_1$ bzw. $z = -z_o + z_2$.

2) Lösung: Es gilt $4z^2 + (8 + 12i)z - 5 + 11i = 0 \iff$

$$z^2 + (2+3i)z - \frac{5}{4} + \frac{11}{4}\,i = 0 \iff$$

$$z^2 + 2\cdot\frac{2+3i}{2}\,z + \left(\frac{2+3i}{2}\right)^2 - \left(\frac{2+3i}{2}\right)^2 - \frac{5}{4} + \frac{11}{4}\,i = 0 \iff$$

$$\left(z + \frac{2+3i}{2}\right)^2 - \frac{4+12i-9}{4} - \frac{5}{4} + \frac{11}{4}\,i = 0 \iff$$

$$\left(z + \frac{2+3i}{2}\right)^2 = \frac{1}{4}\,i\ .$$

Setzen wir $w := z + \frac{2+3i}{2}$, so sind zunächst die beiden Lösungen w_1 und w_2 der Gleichung $w^2 = \frac{1}{4}\,i$ zu bestimmen.

Nach (3.20) auf Seite 45 ist $\frac{1}{4}\,i = \frac{1}{4}(\cos\frac{\pi}{2} + i\,\sin\frac{\pi}{2})$. Mit Satz (3.26), Seite 47, erhalten Sie die beiden 2-ten Wurzeln aus $\frac{1}{4}\,i$ zu

$w_1 = \frac{1}{2}(\cos \frac{5}{4}\pi + i \sin \frac{5}{4}\pi) = \frac{1}{2}(-\frac{1}{2}\sqrt{2} - i\ \frac{1}{2}\sqrt{2}) = -\frac{1}{4}(\sqrt{2} + i\sqrt{2})$

$w_2 = \frac{1}{2}(\cos \frac{\pi}{4} + i \sin \frac{\pi}{4}) = \frac{1}{2}(\frac{1}{2}\ \sqrt{2} + i\ \frac{1}{2}\ \sqrt{2}) = \frac{1}{4}(\sqrt{2} + i\ \sqrt{2})$

Aus $w_1 = z_1 + \frac{2+3i}{2}$ *bzw.* $w_2 = z_2 + \frac{2+3i}{2}$ *erhalten Sie die beiden Nullstellen von p:*

$z_1 = -\frac{2+3i}{2} - \frac{1}{4}(\sqrt{2} + i\ \sqrt{2}) = -\frac{1}{4}((\sqrt{2}+4) + i\ (\sqrt{2}+6))$ und

$z_2 = -\frac{2+3i}{2} + \frac{1}{4}(\sqrt{2} + i\sqrt{2}) = \frac{1}{4}((\sqrt{2}-4) + i\ (\sqrt{2}-6)),$

wie Sie durch (mühsames) Ausrechnen von $p(z_1)$ *bzw.* $p(z_2)$ *nachgeprüft haben(!?).*

A 18
Seite 63

AUFGABE 18.- 1) Hinweis: Zeigen Sie, daß $p(\bar{z}_o) = \overline{p(z_o)}$ *ist.*

2) Lösung: Behauptung: Ist $z_o \in \mathbb{C}$ *eine Nullstelle des Polynoms* $p(z) = \sum_{k=0}^{n} a_k z^k$, *wobei* $a_k \in \mathbb{R}$ *für* $k = 0,1,\ldots,n$, *so ist auch*

$$p(\bar{z}_o) = 0.$$

Beweis: Wir benutzen die Eigenschaften (3), (6) und (7) von Satz (3.9), Seite 41, für das Rechnen mit Konjugierten komplexer Zahlen.

Danach ist wegen $p(z_o) = 0$:

$$p(\bar{z}_o) = \sum_{k=0}^{n} a_k \bar{z}_o^{\mathbf{k}} \underset{(3)}{=} \sum_{k=0}^{n} \bar{a}_k \bar{z}_o^{\mathbf{k}} \underset{(7)}{=} \sum_{k=0}^{n} \overline{a_k z_o^{\mathbf{k}}}$$

$$\underset{(6)}{=} \overline{\sum_{k=0}^{n} a_k z_o^{\mathbf{k}}} = \overline{p(z_o)} = \bar{0} = 0$$

Seite 63

ANTWORTEN auf die Fragen in Beispiel (4.29):

- *Der Wertebereich der (komplexen) Betragsfunktion ist* $[0,\infty[$.
- *Trägt man über jedem Punkt z der Gauß'schen Zahlenebene den Funktionswert* $|z|$ *senkrecht darüber ab, so erhält man einen auf der Spitze (im Nullpunkt des Koordinatensystems) stehenden Kreiskegel.*

Seite 63
rechts unten

ANTWORTEN und Hinweise zu den FRAGEN auf Seite 63 rechts unten: a) Ist $|z| < 1$, *so liegt z im Innern des Einheitskreises. Man verbindet z mit dem Nullpunkt und errichtet auf dieser Strecke im Punkt z die Senkrechte. Diese schneidet die Kreislinie in zwei Punkten, den Berührpunkten zweier Tangenten. Der Schnittpunkt der beiden Tangenten ist* $\frac{1}{\bar{z}}$.

b) Ist $|z| > 1$ *und entfernt sich z vom Nullpunkt, so nähert sich* $g(z) = \frac{1}{\bar{z}}$ *dem Nullpunkt. Nähert sich z dem Nullpunkt, so entfernt sich* $g(z) = \frac{1}{\bar{z}}$ *von diesem.*

c) Ist G eine Gerade durch den Nullpunkt, so ist $g(G') = G'$, *wobei* $G' = G \setminus \{0\}$.

d) $g(E) = E$ *wegen* $g(z) = z$ *für alle* $z \in E$.

e) Das Bild einer Geraden, die nicht durch den Nullpunkt geht, ist eine Kreislinie.

f) $g: \mathbb{C}\setminus\{0\} \to \mathbb{C}\setminus\{0\}$ *ist bijektiv.*

Denn g ist injektiv, weil aus $z_1, z_2 \in \mathbb{C}\setminus\{0\}$ *und* $z_1 \neq z_2$ *folgt* $\frac{1}{\bar{z}_1} \neq \frac{1}{\bar{z}_2}$.

g ist surjektiv, da jedes $w \in \mathbb{C}\setminus\{0\}$ *ein Funktionswert von g ist. Man wähle zu w die komplexe Zahl* $z := \frac{1}{\bar{w}}$, *dann ist* $g(z) = w$.

AUFGABE 19.- 1) Hinweis: Erweitern mit der Konjugierten des Nenners. $z\bar{z}$ *ist eine reelle Zahl.* A 19 Seite 64

2) Lösung: a) Für $z \in \mathbb{C}\setminus\{1\}$ *ist*

$$f_1(z) = \frac{1}{1-z} = \frac{1-\bar{z}}{(1-z)(1-\bar{z})} = \frac{1-\bar{z}}{1-\bar{z}-z+z\bar{z}} = \frac{1-(\mathrm{Re}\,z - i\,\mathrm{Im}\,z)}{1-2\cdot\mathrm{Re}\,z + z\bar{z}} =$$

$$= \frac{1-\mathrm{Re}\,z}{1-2\cdot\mathrm{Re}\,z + z\bar{z}} + i\ \frac{\mathrm{Im}\,z}{1-2\cdot\mathrm{Re}\,z + z\bar{z}}$$

Da $1-2\cdot\mathrm{Re}\,z + z\bar{z}$ *reell und (wegen* $z \neq 1$*) auch* $\neq 0$ *ist, gilt für* $z \neq 1$:

$$(\mathrm{Re}\ f_1)(z) = \frac{1-\mathrm{Re}\,z}{1-2\cdot\mathrm{Re}\,z + z\bar{z}} \quad \text{und}$$

$$(\mathrm{Im}\ f_1)(z) = \frac{\mathrm{Im}\ z}{1-2\cdot\mathrm{Re}\,z + z\bar{z}}\ .$$

(Falls Sie z in der Form x+iy mit $x,y \in \mathbb{R}$ *geschrieben haben, hätte Ihr Ergebnis auch lauten können:*

$$(\mathrm{Re}\ f_1)(z) = \frac{1-x}{x^2+y^2-2x+1} \quad \text{und}$$

$$(\mathrm{Im}\ f_1)(z) = \frac{y}{x^2+y^2-2x+1}\ .)$$

b) Für $z \in \mathbb{C}\setminus\{-2\}$ *ist*

$$f_2(z) = \frac{z+2i}{z+2} = \frac{(z+2i)(\bar{z}+2)}{(z+2)\ \overline{(z+2)}} = \frac{z\bar{z} + 2z + 2i\bar{z} + 4i}{|z+2|^2} =$$

$$= \frac{|z|^2 + 2\,\mathrm{Re}\,z + 2i\,\mathrm{Im}\,z + 2i(\mathrm{Re}\,z - i\,\mathrm{Im}\,z) + 4i}{|z+2|^2}$$

$$= \frac{|z|^2 + 2\,\mathrm{Re}\,z + 2\,\mathrm{Im}\,z}{|z+2|^2} + i\ \frac{2\,\mathrm{Im}\,z + 2\,\mathrm{Re}\,z + 4}{|z+2|^2}$$

Also gilt für $z \neq -2$:

$$(\mathrm{Re}\ f_2)(z) = \frac{|z|^2 + 2(\mathrm{Re}\,z + \mathrm{Im}\,z)}{|z+2|^2} \quad \text{und}$$

$$(\mathrm{Im}\ f_2)(z) = 2\ \frac{\mathrm{Re}\,z + \mathrm{Im}\,z + 2}{|z+2|^2}\ .$$

AUFGABE 20.- a) A 20 Seite 65

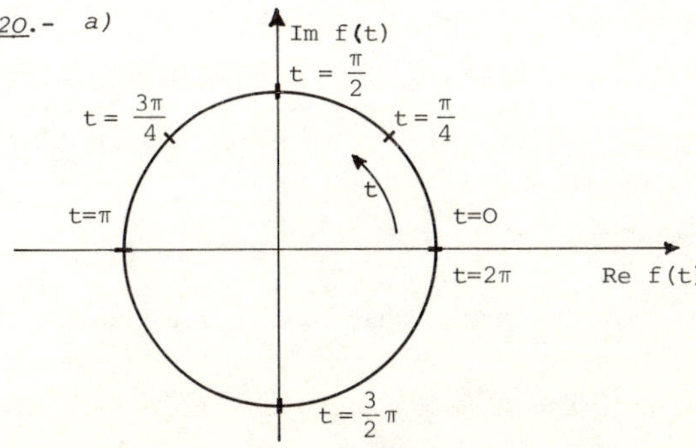

b) Für $t \in \mathbb{R}$ ist

$$f(t) = \frac{1}{t-i} = \frac{t+i}{(t-i)(t+i)} = \frac{t+i}{t^2+1} = \frac{t}{1+t^2} + i\,\frac{1}{1+t^2}$$

Also gilt $\operatorname{Re} f(t) = \frac{t}{1+t^2}$, $t \in \mathbb{R}$, und

$$\operatorname{Im} f(t) = \frac{1}{1+t^2}, \quad t \in \mathbb{R}.$$

KAPITEL 5 DAS SUPREMUM

A 1 Seite 68

AUFGABE 1.- 1) Hinweis: Es ist die definierende Eigenschaft (aus Definition (5.1)(1) auf Seite 68) für eine obere Schranke zu verneinen.

2) Lösung: Eine Zahl K^* ist keine obere Schranke von A $\mathbb{R}$, wenn nicht mehr für alle $x \in A$ gilt, daß $x \leq K^*$ ist. D.h. (K^* ist keine obere Schranke von A), wenn es wenigstens ein $x \in A$ gibt mit $x > K^*$.
Kurz: K^* ist keine obere Schranke von $A \Longleftrightarrow$ es gibt ein $x \in A$ mit $x > K^*$.

A 2 Seite 69/70

AUFGABE 2.- 1) Hinweis: Skizzieren Sie die Mengen auf der Zahlengeraden.

2) Lösung: Besitzt eine Menge ein Maximum bzw. ein Minimum, so genügt es, dieses anzugeben, denn nach Definition (5.6) auf Seite 69 ist dieses dann auch Supremum bzw. Infimum und insbesondere eine obere bzw. untere Schranke.
a) Minimum ist 0; nicht nach oben beschränkt.
b) Minimum ist -17; Maximum ist $\frac{3}{4}$.
c) Maximum ist 5; Infimum ist 1, kein Minimum.
d) Supremum ist $-\frac{12}{7}$; nicht nach unten beschränkt.
e) Maximum ist 2; Infimum ist 1.
f) Maximum ist $\frac{1}{4}$; Minimum ist $-\frac{1}{2}$.
g) Maximum ist 1; Minimum ist -1.
h) Minimum ist 2; nicht nach oben beschränkt.

A 3 Seite 71

AUFGABE 3.- Die Zahlen $a \in [2,3[$ und $b \in]3,4]$ sind natürlich nicht eindeutig bestimmt, so daß Sie in Ihrer Lösung wahrscheinlich andere Zahlen angegeben haben.
Ist z.B. $a := 2{,}999$ und $b := 3{,}006$, so gilt $a \in A$ und $b \in B$ und

$$b-a = 0{,}007 < 0{,}01 = \varepsilon.$$

(Beachten Sie jedoch den Hinweis hinter Aufgabe 3 auf Seite 71!)

A 4 Seite 72

AUFGABE 4.- (Lesen Sie den ersten Satz in der Lösung von Aufgabe 2.)
(1) $\max f = \min f = 2$.
(2) $\max f = 1$, $\min f = -5$.
(3) $\min f = 0$; kein Supremum, da nicht nach oben beschränkt.
(4) $\min f = 0$; kein Supremum, da nicht nach oben beschränkt.
(5) $\max f = 3$; $\inf f = -\frac{3}{2}$, kein Minimum.
(6) $\max F = 2{,}8$; $\min F = 1$.

A 5 Seite 73

AUFGABE 5.-

2	1	1	0	0	0	1	1	0
		2	6	12	24	48	98	198
	1	3	6	12	24	49	99	198

Also: $11000110|_2 = 198|_{10}$.

2	1	0	0	0	0	1
		2	4	8	16	32
	1	2	4	8	16	33

Also: $100001|_2 = 33|_{10}$.

A 6 Seite 73

AUFGABE 6.-

77 : 2 = 38 Rest 1
38 : 2 = 19 Rest 0
19 : 2 = 9 Rest 1
9 : 2 = 4 Rest 1
4 : 2 = 2 Rest 0
2 : 2 = 1 Rest 0
1 : 2 = 0 Rest 1

Also: $77|_{10} = 1001101|_2$.

2989 : 16 = 186 Rest 13
186 : 16 = 11 Rest 10
11 : 16 = 0 Rest 11

Also: $2989|_{10} = BAD|_{16}$.

Wenn Sie hier die Antwort suchen, warum die Teppichhändler mit ihrer komischen Methode richtig multiplizieren, werden Sie enttäuscht sein. Überlegen Sie selber!

KAPITEL 6 FOLGEN

A 1 Seite 76

AUFGABE 1.- Die Funktionswerte erhalten Sie durch "Einsetzen",
für $f(n) = n^2 - n$: $f(1) = 0$, $f(2) = 2$, $f(3) = 6$, ...
für $f(n) = 2^n$: $f(1) = 2$, $f(2) = 4$, $f(3) = 8$, ...

A 2 Seite 76

AUFGABE 2.- Die Folge $(n^2 - n)$ ist - wie schon Ihre Skizze zeigt - nicht nach oben beschränkt. Für alle $n \geq 2$ gilt

$$n^2 - n \geq n$$

(Beweis mit vollständiger Induktion). Diese Ungleichung zeigt, daß es keine Zahl K mit $n^2 - n \leq K$ geben kann, denn dann wäre auch $n \leq K$. Die Folge (n) ist aber nicht nach oben beschränkt, siehe Beispiel (6.7).

Die Folge $(n^2 - n)$ ist nach unten beschränkt, denn für alle n gilt

$$0 \leq n^2 - n$$

(weil $n^2 \geq n$ für alle n).

Die Folge (2^n) ist ebenfalls nicht nach oben beschränkt, denn es gilt für alle n

$$2^n \geq n$$

(Beweis mit vollständiger Induktion).

Die Folge (2^n) ist nach unten beschränkt:

$$0 \leq 2^n \quad \text{für alle } n.$$

Wenn Sie Schwierigkeiten mit den Beweisen durch vollständige Induktion haben, so müssen Sie noch einmal die entsprechenden Seiten in Kapitel 2 lesen. Das Rechnen mit Ungleichungen ist auf den Seiten 13ff erklärt.

A 3
Seite 76

AUFGABE 3.- Die Folge (a_n), $a_n = -4n$ ist ein Beispiel.

A 4
Seite 78

AUFGABE 4.- Ihre Skizze zeigt Ihnen schon, daß die Folge (2^n) monoton wachsend sein wird: die Behauptung $2^{n+1} \geq 2^n$ folgt sofort, wenn Sie die bekannte Ungleichung $2 \geq 1$ mit 2^n multiplizieren.

A 5
Seite 78

AUFGABE 5.- Wieder zeigt als erstes die Skizze, daß die Folge $(1 - \frac{1}{n})$ nach oben beschränkt ist;

$$1 - \frac{1}{n} \leq 1 \quad \text{für alle } n$$

folgt daraus, daß $\frac{1}{n}$ stets positiv ist!

Für die Monotonie müssen Sie $1 - \frac{1}{n+1} \geq 1 - \frac{1}{n}$ zeigen.

A 6
Seite 80

AUFGABE 6.- Zunächst ist es günstig, a_n auszurechnen:

$$a_n := -\frac{2n^2 + n}{n^2} = -2 - \frac{1}{n}.$$

Die ersten Glieder $a_1 = -3$, $a_2 = -2\frac{1}{2}$, $a_3 = -2\frac{1}{3}$, ... machen Monotonie und Beschränktheit plausibel.

Monotonie: $a_{n+1} \geq a_n$ meint $-2 - \frac{1}{n+1} \geq -2 - \frac{1}{n}$.

Diese Ungleichung können Sie sicher beweisen (zum Beispiel wenn Sie von $\frac{1}{n+1} \leq \frac{1}{n}$ ausgehen).

Beschränktheit: die Folge (a_n) ist nach oben beschränkt, denn es gilt

$$-2 - \frac{1}{n} \leq -2 \quad \text{für alle } n.$$

Es ist $\alpha = \sup(a_n) = -2$.

Schließlich ist n_ε so zu bestimmen, daß gilt

$$|a_n - \alpha| < 0{,}01 \quad \text{für alle } n \geq n_\varepsilon.$$

Setzen Sie a_n und α ein, dann sehen Sie, daß n_ε so groß sein soll, daß gilt

$$\left|-2 - \frac{1}{n} + 2\right| = \frac{1}{n} < \frac{1}{100} \quad \text{für alle } n \geq n_\varepsilon.$$

Diese Ungleichung ist erfüllt, wenn $n_\varepsilon > 100$ gewählt wird:

$$n \geq n_\varepsilon > 100 \Longrightarrow \frac{1}{n} < \frac{1}{100} \Longrightarrow |a_n - \alpha| < 0{,}01.$$

AUFGABE 7.- (1) 0 ist eine untere Schranke der Folge (h_n). Beweis durch vollständige Induktion: $h_0 > 0$ nach Definition. Sei $h_n > 0$. Dann gilt A 7 Seite 81

$$h_{n+1} = h_0 \cdot (\tfrac{3}{4})^{n+1} = h_0 \cdot (\tfrac{3}{4})^n \cdot \tfrac{3}{4} = h_n \cdot \tfrac{3}{4} > 0,$$

weil $h_n > 0$.

h_0 ist eine obere Schranke der Folge (h_n), denn die Kugel springt beim ersten Mal am höchsten. Beweis durch vollständige Induktion: $h_1 \leq h_0$ durch Ausrechnen.
Sei $h_n \leq h_0$. Dann gilt

$$h_{n+1} = h_0 \cdot (\tfrac{3}{4})^{n+1} = h_n \cdot \tfrac{3}{4} < h_0,$$

weil $h_n \leq h_0$.

Die Folge (h_n) ist also nach oben und unten beschränkt. Sie besitzt einen Grenzwert, weil sie monoton fallend ist. Wir zeigen mit vollständiger Induktion, daß $h_{n+1} < h_n$ für alle n.
Zunächst gilt $h_1 < h_0$ durch Ausrechnen. Sei nun $h_n < h_{n-1}$. Zu zeigen ist $h_{n+1} < h_n$. Diese Ungleichung ist äquivalent zu

$$h_0 \, (\tfrac{3}{4})^{n+1} - h_0 \, (\tfrac{3}{4})^n < 0.$$

Das ist gleichbedeutend mit

$$h_n \cdot \tfrac{3}{4} - h_{n-1} \cdot \tfrac{3}{4} < 0$$

Daraus folgt mit Division durch $\frac{3}{4}$: $h_n < h_{n-1}$. Das ist die Induktionsvoraussetzung, im Zurückgehen folgt die Behauptung.
Aus $\inf(h_n) = 0$ folgt

$$\lim_{n\to\infty} h_0 \cdot (\tfrac{3}{4})^n = 0.$$

(2) Behauptung: $\lim\limits_{n\to\infty} \frac{1}{n} = 0$.

Beweis: Zu zeigen ist, daß es zu jedem $\varepsilon > 0$ ein n_ε gibt mit

$$\left|\frac{1}{n} - 0\right| = \frac{1}{n} < \varepsilon \quad \text{für alle } n \geq n_\varepsilon.$$

Die letzte Ungleichung zeigt, daß Sie am einfachsten $n_\varepsilon > \frac{1}{\varepsilon}$ wählen:

$$n \geq n_\varepsilon > \frac{1}{\varepsilon} \Longrightarrow \frac{1}{n} < \varepsilon \Longrightarrow \left|\frac{1}{n} - 0\right| < \varepsilon.$$

AUFGABE 8.- (1) Die Folge (a_n) entspricht für gerades n der bekannten Folge $(\frac{1}{n})$, für ungerades n der aus Aufgabe 6 bekannten Folge $(-3 - \frac{1}{n})$. A 8 Seite 82

Sie sollten eine Skizze wie zum Beispiel in (6.3) ge-

macht haben! Die ersten Glieder der Folge sind

$a_1=-4,\ a_2=\frac{1}{2},\ a_3=-3\frac{1}{3},\ a_4=\frac{1}{4},\ a_5=-3\frac{1}{5},\ a_6=\frac{1}{6},\ \ldots$

Wegen der Ungleichung: $-3-\frac{1}{n}<\frac{1}{n}$ *für alle n ist eine obere Schranke für die Folge* $(\frac{1}{n})$, *zum Beispiel 1, auch eine obere Schranke für die Folge* (a_n). *Ebenso eine untere Schranke für* $(-3-\frac{1}{n})$, *zum Beispiel -4:*

$$-4 \leq -3-\frac{1}{n}<\frac{1}{n}\leq 1 \quad \text{für alle } n.$$

Die im Betrag größere Schranke schätzt dann auch $|a_n|$ *ab:*

$$|a_n| \leq 4 \quad \text{für alle } n.$$

Das beweist, daß (a_n) *beschränkt ist.*

Daß (a_n) *divergent ist, zeigt schon Ihre Skizze. Der Abstand zweier aufeinanderfolgender Glieder (gerade und ungerade) ist immer größer als 3:*

$$|a_{2n}-a_{2n-1}| = \left|\frac{1}{2n}+3+\frac{1}{2n-1}\right| \geq 3 \quad \text{für alle } n.$$

Daraus folgt wie im Beweis von (6.19) ein Widerspruch zur Konvergenz.

A 9
Seite 84

AUFGABE 9.- Behauptung: (a_n) *sei eine Nullfolge,* (b_n) *eine Folge. Es sei* $|b_n| \leq |a_n|$ *für alle n. Dann ist* (b_n) *eine Nullfolge.*
Beweis: (a_n) *ist Nullfolge, also gibt es zu jedem* $\varepsilon > 0$ *ein* n_ε *mit* $|a_n| < \varepsilon$ *für alle* $n \geq n_\varepsilon$.
Die Voraussetzung $|b_n| \leq |a_n|$ *davorgesetzt:*

$$|b_n| \leq |a_n| < \varepsilon \quad \text{für alle } n \geq n_\varepsilon .$$

Das ist genau die Definition einer Nullfolge (b_n).

A 10
Seite 85

AUFGABE 10.-

(1) $\lim\limits_{n\to\infty} \frac{6n^2+5n}{4n^2+n-1} = \lim\limits_{n\to\infty} \frac{6+\frac{5}{n}}{4+\frac{1}{n}-\frac{1}{n^2}} = \frac{6}{4}$

(2) $\lim\limits_{n\to\infty} \frac{8n^5+9n^3+7}{n^6+3n} = 0$

(3) $\lim\limits_{n\to\infty} \left(\frac{8n}{3n+1}\right)^3 = \left(\lim\limits_{n\to\infty} \frac{8}{3+\frac{1}{n}}\right)^3 = \left(\frac{8}{3}\right)^3$

(4) $\lim\limits_{n\to\infty} \left(\frac{2n(n+1)}{n+2} - \frac{2n^3}{n^2+2}\right) = \lim\limits_{n\to\infty} \frac{-2n^3+4n^2+4n}{(n+2)(n^2+2)} = -2$

(5) $\lim\limits_{n\to\infty} (\sqrt{n+1}-\sqrt{n}) = \lim\limits_{n\to\infty} \frac{1}{\sqrt{n+1}+\sqrt{n}} = 0$

(Vergleiche mit Aufgabe 7, (2).)

A 11
Seite 86

AUFGABE 11.- Der Grenzwert läßt sich wie in (6.26) veranschaulichen durch die Graphen der Funktionen $f(x)=x^n$ *für wachsendes n:*

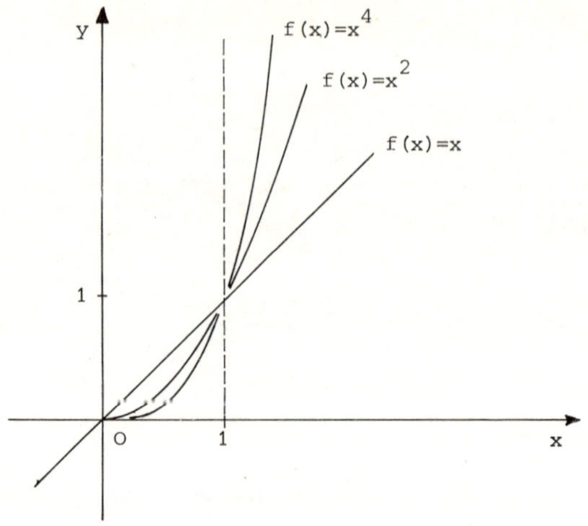

Die Graphen gehen durch Spiegelung an der Diagonalen $y=x$ *in die Graphen von Bild 6 über (wenn wir uns auf den Fall* $x \leq 0$ *beschränken), denn die Funktionen* $x \mapsto x^n$ *sind die Umkehrfunktionen von* $x \mapsto \sqrt[n]{x}$.

Die Skizze zeigt, daß es sinnvoll ist, die Fälle $0 \leq x < 1$, $x=1$ *und* $x>1$ *zu unterscheiden. Betrachten Sie einen festen Punkt x zwischen 0 und 1. Da die Graphen über dem Intervall (0,1) sich immer stärker der x-Achse nähern, können Sie vermuten, daß*

$$\lim_{n\to\infty} x^n = 0 \quad \text{für } 0 \leq x < 1.$$

Da alle Graphen durch den Punkt (1,1) laufen, können Sie vermuten, daß

$$\lim_{n\to\infty} x^n = 1 \quad \text{für } x=1.$$

Da die Graphen für $x>1$ *sich immer mehr der Geraden* $x=1$ *anschmiegen, können Sie vermuten, daß die Folge* (a_n) *für* $x>1$ *divergent (weil nicht beschränkt) ist.*

Nun zum eigentlichen Beweis:
(a) Sei $|x|<1$: *die Folge* $(|x|^n)$ *ist monoton fallend und durch 0 nach unten beschränkt. Also existiert* $\lim\limits_{n\to\infty} |x|^n$ *für* $|x|<1$.
Nach der Produktregel aus (6.23) konvergiert dann auch die Folge $(|x|\cdot|x|^n)$ *und es gilt*

$$\lim_{n\to\infty} |x|\cdot|x|^n = |x|\cdot \lim_{n\to\infty} |x|^n .$$

Diese Gleichung ist genau dann erfüllt, wenn $|x|=1$ *oder wenn* $\lim\limits_{n\to\infty} |x|^n = 0$.
Für den Fall $|x|<1$ *folgt also, daß* $(|x|^n)$ *eine Nullfolge ist. Wieso ist dann auch* (x^n) *eine Nullfolge?*

(b) offensichtlich.

(c) Daß die Folge $(-1)^n$ *divergent ist, wissen Sie seit (6.19). Für* $|x|>1$ *ist die Folge* $(|x|^n)$ *nicht beschränkt.*

AUFGABE 12.- A 12
Seite 86

(1) $\sqrt{9n^4+3}-3n^2 = \frac{9n^4+3-9n^4}{\sqrt{9n^4+3}+3n^2} \leq \frac{1}{n^2}$

(2) Die Folge (a_n) ist nicht beschränkt, denn

$$\frac{n^4+1}{8n^3+2} \geq \frac{n^4}{8n^3+2n^3} = \frac{n}{10}$$

(3) $0 \leq \frac{1}{n^p} \leq \frac{1}{n}$ und Satz (6.25).

(4) $0 \leq \frac{n!}{n^n} = \frac{1 \cdot 2 \cdot \ldots \cdot n}{n \cdot n \cdot \ldots \cdot n} \leq \frac{1}{n}$ und Satz (6.25).

A 13 Seite 87

AUFGABE 13.- (1) (a_n) ist monoton wachsend: $a_{n+1} \geq a_n \Longleftrightarrow \sqrt{2a_n} \geq a_n \Longleftrightarrow 2a_n \geq a_n^2 \Longleftrightarrow 0 \geq a_n^2 - 2a_n \Longleftrightarrow 0 \geq (a_n-1)^2-1 \Longleftrightarrow 1 \geq (a_n-1)^2 \Longleftrightarrow 1 \geq a_n - 1$ (da $a_n \geq 1$ für alle n) $\Longleftrightarrow a_n \leq 2$. Die letzte Aussage ist für alle $n \in \mathbb{N}$ richtig, wenn wir gezeigt haben: (a_n) ist nach oben (durch 2) beschränkt. Es ist $a_1 = 1 \leq 2$. Und wenn $a_n \leq 2$ ist, dann gilt
$a_{n+1} = \sqrt{2a_n} \leq \sqrt{2 \cdot 2} = 2$.
Also ist (a_n) nach (6.12) konvergent; sei $a := \lim_{n\to\infty} a_n$.
Aus $a_{n+1} = \sqrt{2a_n}$ folgt (wie?): $a = \sqrt{2a}$ und hieraus a=0 oder a=2. Wegen $a_n \geq 1$ für alle $n \in \mathbb{N}$ kann a=0 nicht der Grenzwert der Folge (a_n) sein. Ergebnis: $\lim_{n\to\infty} a_n = 2$.

(2) Die Folge der Fibonacci-Zahlen konvergiert nicht, denn Sie können mit vollständiger Induktion zeigen, daß $a_n \geq n-1$ für alle $n \in \mathbb{N}$.

A 14 Seite 89

AUFGABE 14.-

a) Bestimmung der Folge (p_n):

Volumen V steht unter dem Druck p_o. Volumen R steht unter dem Druck p_o. Nach dem Gesetz von Boyle-Mariotte gilt

$$p_o \cdot V = m_V \cdot C$$

$$p_o \cdot R = m_R \cdot C$$

(m_V und m_R sind dabei die Werte für die Masse in R und V.)

Nach Mischung der Gase ergibt sich

$$p_o'(V+R) = p_oV + p_oR.$$

Selbstverständlich folgt hier $p_o' = p_o$. Der Kolben wird von a nach b bewegt, dabei vergrößert sich das Volumen um Z, die Masse des Gases bleibt erhalten.

1. Kolbenhub:

$$p_o'(V+R) = p_1(V+R+Z) \quad \text{oder} \quad p_1 = \frac{p_oV+p_oR}{V+Z+R}$$

2. Kolbenhub:

$$p_2 = \frac{p_1V+p_oR}{V+Z+R}$$

n-ter Kolbenhub:

$$p_n = \frac{p_{n-1}V+p_oR}{V+Z+R}$$

b) Untersuchung auf Konvergenz.

Vermutung: (p_n) ist monoton fallend und nach unten beschränkt.

Monotonie

Behauptung: $p_{n+1} < p_n$ für alle $n \in \mathbb{N}_o$. $p_1 < p_o$ durch Nachrechnen.

Sei $p_n < p_{n-1}$.

Folgende Ungleichungen sind äquivalent:

$$p_{n+1} < p_n$$

$$\frac{p_nV+p_oR}{V+Z+R} - \frac{p_{n-1}V+p_oR}{V+Z+R} < 0$$

$$p_nV + p_oR - p_{n-1}V - p_oR < 0$$

$$p_n < p_{n-1}.$$

Aus der letzten Ungleichung läßt sich durch Umkehrung der Reihenfolge die Behauptung entwickeln:

Beschränktheit:

Da (p_n) monoton fallend ist, ist p_o obere Schranke.

Untere Schranke:

Behauptung: $p_n > 0$ für alle $n \in \mathbb{N}_o$. $p_o > 0$ nach Definition. Sei $p_n > 0$.

Es folgt $p_{n+1} = \frac{p_nV+p_oR}{V+Z+R} > 0$, da alle Koeffizienten >0.

(c) Grenzwert

$$\lim_{n\to\infty} p_{n+1} = \frac{\lim_{n\to\infty} p_nV + \lim_{n\to\infty} p_oR}{V+Z+R}$$

Daraus folgt: $\lim_{n\to\infty} p_n = p = \frac{p_oR}{Z+R}$.

d) Bei der Evakuierung muß der Druck möglichst niedrig werden. Daraus folgt, daß das Volumen R besonders klein gegenüber dem Zylindervolumen Z der Pumpe sein muß.

AUFGABE 15.- (a) divergent, (b) $\lim_{n\to\infty} a_n = 1 + i \cdot 0$, (c) $\lim_{n\to\infty} a_n = 0$, (d) divergent. A 15 Seite 91

KAPITEL 7 EINFÜHRUNG IN DIE INTEGRALRECHNUNG

AUFGABE 1.- Hinweis: Beachten Sie das Vorgehen in Beispiel (7.1). Benutzen oder beweisen Sie durch vollständige Induktion die Formeln A 1 Seite 98

$$\sum_{k=1}^{n} k^2 = \frac{n(n+1)(2n+1)}{6} \quad \text{und} \quad \sum_{k=1}^{n-1} k^2 = \frac{(n-1)n(2n-1)}{6}$$

Lösung: Wie in der Aufgabenstellung verlangt wurde - und auch in Beispiel (7.1) bereits durchgeführt wurde - zerlegen wir die Strecke $[0,b]$ in n gleichlange Teilstrecken. Damit haben die Teilstrecken jeweils die Länge $\frac{b}{n}$ und es gilt für die Eckpunkte x_k die Beziehung

$$x_k = k \cdot \frac{b}{n} \quad \text{für } k \in \{0,1,\ldots,n\}.$$

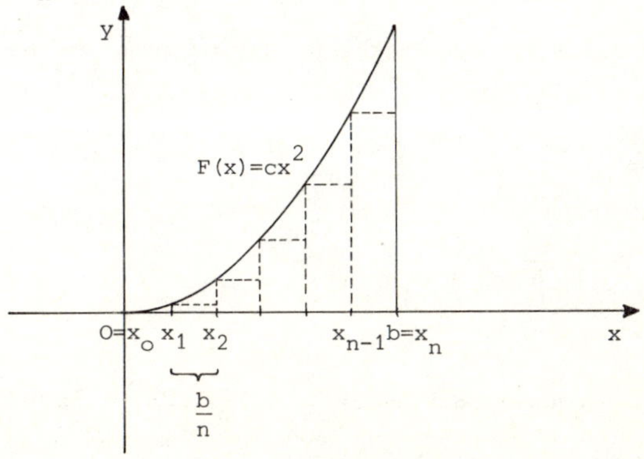

Als Näherung an die gesuchte Arbeit W hatten wir bereits die allgemeine Ungleichung

$$\sum_{k=1}^{n} F(x_{k-1})(x_k - x_{k-1}) \le W \le \sum_{k=1}^{n} F(x_k)(x_k - x_{k-1})$$

erhalten. Mit $(x_k - x_{k-1}) = \frac{b}{n}$ *und* $F(x_k) = cx_k^2 = c(k\cdot\frac{b}{n})^2 =$

$= c\,\frac{b^2}{n^2}\,k^2$ *folgt:*

$$(1)\quad \sum_{k=1}^{n} F(x_k)(x_k - x_{k-1}) = \sum_{k=1}^{n} c\,\frac{b^2}{n^2}\,k^2\cdot\frac{b}{n} = c\,\frac{b^3}{n^3}\sum_{k=1}^{n} k^2$$

und ebenso

$$(2)\quad \sum_{k=1}^{n} F(x_{k-1})(x_k - x_{k-1}) = \sum_{k=1}^{n} c\,\frac{b^2}{n^2}\,(k-1)^2\cdot\frac{b}{n}$$

$$= c\,\frac{b^3}{n^3}\sum_{k=1}^{n}(k-1)^2$$

$$= c\,\frac{b^3}{n^3}\sum_{k=0}^{n-1} k^2 \quad \textit{(Indexverschiebung)}$$

$$= c\,\frac{b^3}{n^3}\sum_{k=1}^{n-1} k^2 \quad \textit{(da für } k=0 : k^2=0\textit{)}.$$

Setzen wir die Summen

$$\sum_{k=1}^{n} k^2 = \frac{n(n+1)(2n+1)}{6} \quad \text{und} \quad \sum_{k=1}^{n-1} k^2 = \frac{(n-1)n(2n-1)}{6}$$

ein, so erhalten wir für (1) und (2):

$$(1')\quad \sum_{k=1}^{n} F(x_k)(x_k - x_{k-1}) = c\,\frac{b^3}{n^3}\,\frac{n(n+1)(2n+1)}{6}$$

$$= c\,\frac{b^3}{6}\,\frac{2n^3 + 3n^2 + n}{n^3}$$

$$= c\,\frac{b^3}{6}\,(2 + \frac{3}{n} + \frac{1}{n^2})$$

und analog.

$$(2')\quad \sum_{k=1}^{n} F(x_{k-1})(x_k - x_{k-1}) = c\,\frac{b^3}{6}\,(2 - \frac{3}{n} + \frac{1}{n^2}).$$

Mit (1') und (2') ergibt sich als Ungleichung für die Arbeit:

$$c\,\frac{b^3}{6}\,(2 - \frac{3}{n} + \frac{1}{n^2}) \le W \le c\,\frac{b^3}{6}\,(2 + \frac{3}{n} + \frac{1}{n^2}) \quad \textit{für jedes } n.$$

Wie in Beispiel (7.1) ist nun W eine obere Schranke von

$$\{c\,\frac{b^3}{6}\,(2 - \frac{3}{n} + \frac{1}{n^2})\,|\,n \in \mathbb{N}\}\ .$$

Es folgt mit Hilfe der Ergebnisse für monotone und beschränkte Folgen:

$$\sup\,\{c\,\frac{b^3}{6}\,(2 - \frac{3}{n} + \frac{1}{n^2})\,|\,n \in \mathbb{N}\} = \lim_{n\to\infty}\,[c\,\frac{b^3}{6}\,(2 - \frac{3}{n} + \frac{1}{n^2})]$$

$$= c\,\frac{b^3}{6}\cdot 2 = c\,\frac{b^3}{3}$$

und daher $c\,\frac{b^3}{3} \le W$.

Analog ist W untere Schranke von $\{c\,\frac{b^3}{6}\,(2 + \frac{3}{n} + \frac{1}{n^2})\,|\,n \in \mathbb{N}\}$

und es folgt mit $\inf\,\{c\,\frac{b^3}{6}\,(2 + \frac{3}{n} + \frac{1}{n^2})\,|\,n \in \mathbb{N}\}$

$$= \lim_{n\to\infty}\,[c\,\frac{b^3}{6}\,(2 + \frac{3}{n} + \frac{1}{n^2})] = c\,\frac{b^3}{6}\cdot 2 = c\,\frac{b^3}{3}\ :$$

$$W \le c\,\frac{b^3}{3}\ .$$

Also gilt nun $c\,\frac{b^3}{3} \le W \le c\,\frac{b^3}{3}$ *und daher* $W = c\,\frac{b^3}{3}$.

<u>*AUFGABE 2.*</u>*- Für den Abstand zwischen zwei Zerlegungspunkten gilt:* A 2 Seite 99

$$x_k - x_{k-1} = \frac{b-a}{n} = \frac{1-(-1)}{6} = \frac{1}{3}\ ,\ k \in \{1,2,\ldots,6\}\ .$$

Mit $x_k = a + k\cdot\frac{b-a}{n} = -1 + k\cdot\frac{1}{3}$, $k \in \{0,1,2,\ldots,6\}$,

erhalten wir:

$$Z = \{-1, -\frac{2}{3}, -\frac{1}{3}, 0, \frac{1}{3}, \frac{2}{3}, 1\}\ .$$

<u>*AUFGABE 3.*</u>*- Hinweis: Verläuft analog zu Beispiel (7.7).* A 3 Seite 100
Lösung: Sei f eine auf $[a,b]$ *monoton fallende Funktion und a)* $Z = \{x_0,\ldots,x_n\}$ *eine Zerlegung von* $[a,b]$*. Da die Funktion monoton fällt, nimmt sie in jedem Teilintervall ihr Infimum im rechten Randpunkt und ihr Supremum im linken Randpunkt ein. (Machen Sie sich zur Verdeutlichung eine Skizze!) Also gilt:*

$$m_k = f(x_k),\ M_k = f(x_{k-1}),\ k \in \{1,2,\ldots,n\}.$$

Die Länge der Teilintervalle ist $(x_k - x_{k-1})$*. Damit lauten Unter- und Obersumme:*

$$U(Z,f) = \sum_{k=1}^{n} m_k(x_k - x_{k-1}) = \sum_{k=1}^{n} f(x_k)(x_k - x_{k-1})$$

$$O(Z,f) = \sum_{k=1}^{n} M_k(x_k - x_{k-1}) = \sum_{k=1}^{n} f(x_{k-1})(x_k - x_{k-1}).$$

b) Für eine äquidistante Zerlegung gilt:

$$(x_k - x_{k-1}) = \frac{b-a}{n} \quad \textit{für } k \in \{1,\ldots,n\}\ .$$

Damit lauten jetzt Unter- und Obersumme:

$$U(Z,f) = \sum_{k=1}^{n} f(x_k)\,\frac{b-a}{n} = \frac{b-a}{n}\sum_{k=1}^{n} f(x_k)$$

$$O(Z,f) = \sum_{k=1}^{n} f(x_{k-1})\,\frac{b-a}{n} = \frac{b-a}{n}\sum_{k=1}^{n} f(x_{k-1}).$$

<u>*AUFGABE 4.*</u>*- Bei der äquidistanten Zerlegung* A 4 Seite 101
$Z_n = \{x_0,\ldots,x_n\}$ *mit* $(x_k - x_{k-1}) = \frac{b-a}{n}$ *sind die Randpunkte* x_k *gegeben durch:*

$$x_k = a + k\,\frac{b-a}{n},\ k \in \{0,\ldots,n\}\ .$$

Es handelt sich bei Z_n *nicht um eine Folge feiner werdender Zerlegungen. Wäre das der Fall, so müßte etwa gelten:* $Z_2 \subset Z_3$.

Nun ist $Z_2 = \{a, a + \frac{b-a}{2}, b\}$ *und*

$$Z_3 = \{a, a + \frac{b-a}{3}, a + 2\cdot\frac{b-a}{3}, b\}\ .$$

Es müßte entweder $a + \frac{b-a}{2} = a + \frac{b-a}{3}$ oder

$a + \frac{b-a}{2} = a + 2 \cdot \frac{b-a}{3}$ sein,

d.h. $\frac{1}{2} = \frac{1}{3}$ oder $\frac{1}{2} = \frac{2}{3}$. Das ist aber falsch. Somit ist $Z_2 \not\subset Z_3$.

A 5
Seite 102

AUFGABE 5.- Sei $Z = \{x_o, \ldots, x_n\}$ eine Zerlegung von $[a,b]$ und sei wieder ohne Einschränkung der Allgemeinheit Z' eine Zerlegung, die einen zusätzlichen Zwischenpunkt u mehr als die Zerlegung Z enthält. Dieser liege etwa im Intervall $]x_{k-1}, x_k[$.

Sei $M_k' := \sup\,\{f(x) \,|\, x_{k-1} \leq x \leq u\}$ und

$M_k'' := \sup\,\{f(x) \,|\, u \leq x \leq x_k\}$.

Nach Bemerkung (5.19), Seite 72 gilt:

(α) $M_k' \leq M_k$ und $M_k'' \leq M_k$.

Daher ist

$O(Z,f) - O(Z',f) = M_k(x_k - x_{k-1}) - M_k'(u - x_{k-1}) - M_k''(x_k - u)$

$= M_k(x_k - u) + M_k(u - x_{k-1}) - M_k'(u - x_{k-1}) - M_k''(x_k - u)$

$= (M_k - M_k'')(x_k - u) + (M_k - M_k')(u - x_{k-1}) \geq 0$ wegen (α).

Also gilt die Behauptung.

A 6
Seite 103

AUFGABE 6.- Sei $Z = \{x_o, \ldots, x_n\}$ eine beliebige Zerlegung von $[a,b]$. Da f konstant ist, gilt für jedes Teilintervall $[x_{k-1}, x_k]$, $k \in \{1, \ldots, n\}$: $m_k = M_k = c$.

Also ist die Untersumme gegeben durch:

$$U(Z,f) = \sum_{k=1}^{n} m_k(x_k - x_{k-1})$$

$$= \sum_{k=1}^{n} c(x_k - x_{k-1}) = c \sum_{k=1}^{n} (x_k - x_{k-1}) = c(b-a), \text{ da}$$

$$\sum_{k=1}^{n} (x_k - x_{k-1}) = (x_1 - x_o) + (x_2 - x_1) + \ldots + (x_{n-1} - x_{n-2}) + (x_n - x_{n-1})$$

$$= -x_o + x_n = -a + b \quad \text{ist.}$$

Ebenso ergibt sich für die Obersumme:

$$O(Z,f) = \sum_{k=1}^{n} M_k(x_k - x_{k-1}) = c(b-a).$$

Da Z beliebig war, folgt daraus: $\sup \mathfrak{U} = c(b-a) = \inf \mathfrak{O}$.

Also ist $f(x) = c$ über $[a,b]$ nach Definition (7.12) integrierbar und

$$\int_a^b f(x)dx = \int_a^b c\,dx = c(b-a).$$

Das Ergebnis stimmt mit der elementaren Definition des Flächeninhaltes eines Rechtecks mit den Seiten c und $(b-a)$ überein.

AUFGABE 7.- 1) Hinweis: Vorgehen wie in Beispiel (7.13) unter Verwendung der Ergebnisse aus Aufgabe 1. A 7
Seite 104

2) Lösung: In Aufgabe 1 hatten wir nur äquidistante Zerlegungen $Z_n = \{0 \cdot \frac{b}{n}, 1 \cdot \frac{b}{n}, \ldots, (n-1) \cdot \frac{b}{n}, b\}$ betrachtet.

Dabei ergab sich:

$$\sup\{U(Z_n,f) \,|\, n \in \mathbb{N}\} = \sup\,\{\frac{cb^3}{6}\,(2 - \frac{3}{n} + \frac{1}{n^2}) \,|\, n \in \mathbb{N}\} = \frac{cb^3}{3}$$

α)

$$\inf\{O(Z_n,f) \,|\, n \in \mathbb{N}\} = \inf\,\{\frac{cb^3}{6}\,(2 + \frac{3}{n} + \frac{1}{n^2}) \,|\, n \in \mathbb{N}\} = \frac{cb^3}{3}\,.$$

Wie in Beispiel (7.13) gilt mit $f = id$:

$\sup\{U(Z_n,f) \,|\, n \in \mathbb{N}\} \leq \sup \mathfrak{U}$ und

β)

$\inf\{O(Z_n,f) \,|\, n \in \mathbb{N}\} \geq \inf \mathfrak{O}$.

Es folgt aus α) und β):

$$\inf \mathfrak{O} \overset{(\beta)}{\leq} \inf\{O(Z_n,f) \,|\, n \in \mathbb{N}\} \overset{(\alpha)}{=} \frac{cb^3}{3}$$

$$\overset{(\alpha)}{=} \sup\{U(Z_n,f) \,|\, n \in \mathbb{N}\} \overset{(\beta)}{\leq} \sup \mathfrak{U}\,.$$

oder

γ) $\inf \mathfrak{O} \leq \frac{cb^3}{3} \leq \sup \mathfrak{U}$.

Da aber immer gilt: δ) $\sup \mathfrak{U} \leq \inf \mathfrak{O}$, folgt aus γ) und δ):

$$\sup \mathfrak{U} = \inf \mathfrak{O} = \frac{cb^3}{3}\,.$$

Also ist nach Definition (7.12) $f(x) = cx^2$ über $[0,b]$ integrierbar und es gilt:

$$\int_0^b cx^2 dx = \frac{cb^3}{3}\,.$$

AUFGABE 8.- 1) Hinweis: Unterscheiden Sie die Fälle α) $a \geq 0$, β) $b \leq 0$, γ) $a < 0 < b$. Im Fall 3 vorgehen wie in (7.15). A 8
Seite 106

2) Lösung: Wir unterscheiden 3 Fälle: α) Sei $0 \leq a \leq b$. Dann gilt: $g(x) = 1$ ist integrierbar über $[a,b]$ nach Aufgabe 6. Also ist auch $f(x) = \operatorname{sgn} x$ integrierbar über a,b da f höchstens für $a = 0$ in einem Punkte gegenüber g abgeändert ist (Bemerkung 3 nach (7.15)).

β) Sei $a \leq b \leq 0$. Dann gilt analog zu α) mit $g(x) = -1$: $f(x) = \operatorname{sgn} x$ ist integrierbar über $[a,b]$.

γ) Sei $a < 0 < b$. Für die Integrierbarkeit müssen wir nach Satz (7.14) zu beliebigem $\varepsilon > 0$ eine Zerlegung Z_ε so finden, daß

$$O(Z_\varepsilon, f) - U(Z_\varepsilon, f) < \varepsilon.$$

Sei also $\varepsilon > 0$ vorgegeben. Sei $Z = \{x_o, \ldots, x_n\}$ eine Zerlegung von $[a,b]$ und es gelte, daß 0 im i-ten Zeilintervall liege, also $0 \in \,]x_{i-1}, x_i[$.

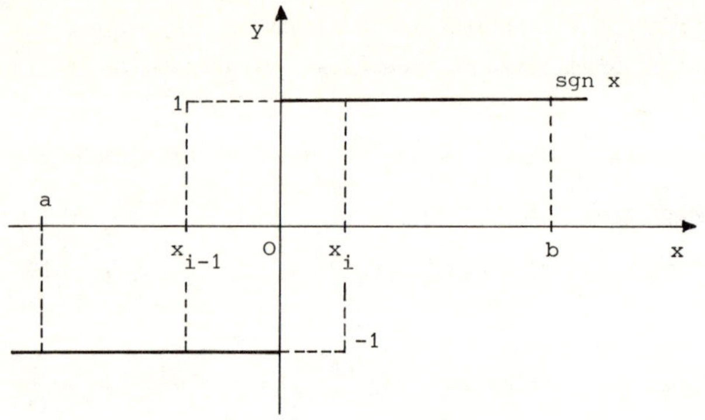

Für die Infima und Suprema gilt: $m_k = M_k = -1$ für $1 \le k \le i-1$, $m_k = M_k = 1$ für $i+1 \le k \le n$ und im i-ten Teilintervall $m_i = -1$, $M_i = 1$.

Daraus folgt:

$$U(Z,f) = \sum_{k=1}^{n} m_k(x_k - x_{k-1})$$

$$= \sum_{k=1}^{i-1} m_k(x_k - x_{k-1}) + m_i(x_i - x_{i-1}) + \sum_{k=i+1}^{n} m_k(x_k - x_{k-1})$$

$$= -\sum_{k=1}^{i-1} (x_k - x_{k-1}) - (x_i - x_{i-1}) + \sum_{k=i+1}^{n} (x_k - x_{k-1})$$

und analog

$$O(Z,f) = \sum_{k=1}^{i-1} M_k(x_k - x_{k-1}) + M_i(x_i - x_{i-1}) + \sum_{k=i+1}^{n} M_k(x_k - x_{k-1})$$

$$= -\sum_{k=1}^{i-1} (x_k - x_{k-1}) + (x_i - x_{i-1}) + \sum_{k=i+1}^{n} (x_k - x_{k-1}).$$

Also ist die Differenz gegeben durch:

$$(*)\quad O(Z,f) - U(Z,f) = (x_i - x_{i-1}) + (x_i - x_{i-1}) = 2(x_i - x_{i-1}).$$

Wir wählen jetzt zu $\varepsilon > 0$ die Zerlegung Z_ε so, daß

$$(x_i - x_{i-1}) < \frac{\varepsilon}{2}.$$

Damit folgt dann:

$$O(Z_\varepsilon,f) - U(Z_\varepsilon,f) \overset{(*)}{=} 2(x_i - x_{i-1}) < 2 \cdot \frac{\varepsilon}{2} = \varepsilon.$$

Wir haben eine Zerlegung Z_ε zu $\varepsilon > 0$ gefunden mit

$$O(Z_\varepsilon,f) - U(Z_\varepsilon,f) < \varepsilon.$$

$f(x) = \operatorname{sgn} x$ ist somit über $[a,b]$ integrierbar.

A 9
Seite 106

AUFGABE 9.- Für monoton fallende Funktionen gilt:

$$\sup\{f(x) \mid x_{k-1} \le x \le x_k\} = f(x_{k-1})$$

$$\inf\{f(x) \mid x_{k-1} \le x \le x_k\} = f(x_k).$$

Also ist:

$$U(Z,f) = \frac{b-a}{n} \sum_{k=1}^{n} f(x_k), \quad O(Z,f) = \frac{b-a}{n} \sum_{k=1}^{n} f(x_{k-1})$$

und daher

$$\sum_{k=1}^{n} (f(x_{k-1}) - f(x_k)) = f(a) - f(b).$$

Man wählt das im Beweis von (7.16) vorkommende $c = (b-a)(f(a) - f(b))$. Der Rest des Beweises verläuft genauso.

AUFGABE 10.- Wie im Beweis von: $\lim_{n\to\infty} U(Z_n,f) = \int_a^b f(x)dx$ haben wir - wegen der Integrierbarkeit von f - A 10
Seite 107

$$U(Z_n,f) \le \int_a^b f(x)dx \le O(Z_n,f).$$

Die Ungleichung wird mit (-1) multipliziert und anschließend $O(Z_n,f)$ addiert. Damit gilt:

$$O(Z_n,f) - U(Z_n,f) \ge O(Z_n f) - \int_a^b f(x)dx \ge 0.$$

Es gilt (siehe Beweis 7.17):

$$O(Z_n,f) - U(Z_n,f) \le \rho(Z_n)(f(b) - f(a))$$

und daher

$$0 \le O(Z_n,f) - \int_a^b f(x)dx \le \rho(Z_n)(f(b) - f(a)).$$

Durch Grenzwertbildung ergibt sich:

$$0 \le \lim_{n\to\infty} O(Z_n,f) - \int_a^b f(x)dx \le \lim_{n\to\infty} [\rho(Z_n)(f(b) - f(a))] = 0,$$

also die Behauptung.

AUFGABE 11.- A 11
Seite 108

1) $f(x) = \sqrt{x}$ ist über $[0,b]$ nach Satz (7.16) integrierbar, da f monoton wachsend auf $[0,b]$ ist.

2) Es gilt $\int_0^b \sqrt{x}\,dx$ mit Satz (7.17) zu bestimmen. Wir wählen dazu die im Hinweis angegebene Zerlegungsfolge $Z_n = \{x_0,\dots,x_n\}$ mit

$$x_k = b \cdot \frac{k^2}{n^2}, \quad k \in \{0,1,\dots,n\}.$$

Diese erfüllt die Bedingung $\lim_{n\to\infty} \rho(Z_n) = 0$. Denn es ist

$$(x_k - x_{k-1}) = b \cdot \frac{k^2}{n^2} - b \cdot \frac{(k-1)^2}{n^2} = b \cdot \frac{2k-1}{n^2} \quad \text{für } k \in \{1,\dots,n\}.$$

Daraus folgt:

$$\rho(Z_n) = \max\{(x_k - x_{k-1}) \; k \in \{1,\dots,n\}\} = b \cdot \frac{2n-1}{n^2}$$

und damit

$$\lim_{n\to\infty} \rho(Z_n) = \lim_{n\to\infty} b \cdot \left(\frac{2}{n} - \frac{1}{n^2}\right) = 0$$

Wir bestimmen jetzt das Integral als Grenzwert der Obersummen.

$$O(Z_n,f) = \sum_{k=1}^{n} f(x_k)(x_k - x_{k-1}) \qquad (\text{vgl. } (7.7\,))$$

$$= \sum_{k=1}^{n} \sqrt{b \cdot \frac{k^2}{n^2}} \left(b\, \frac{2k-1}{n^2}\right) = \sum_{k=1}^{n} \sqrt{b} \cdot \frac{k}{n} \left(b\, \frac{2k-1}{n^2}\right)$$

$$= b\sqrt{b}\cdot\frac{1}{n^3}\sum_{k=1}^{n}(2k^2-k)$$

$$= \frac{\sqrt{b^3}}{n^3}\left(2\sum_{k=1}^{n}k^2-\sum_{k=1}^{n}k\right)$$

$$= \frac{\sqrt{b^3}}{n^3}\left(2\,\frac{n(n+1)(2n+1)}{6}-\frac{n(n+1)}{2}\right)$$

$$= \frac{\sqrt{b^3}}{n^3}\left(\frac{4n^3+3n^2-n}{6}\right) = \frac{2\sqrt{b^3}}{3}\left(1+\frac{3}{4n}-\frac{1}{4n^2}\right).$$

Daraus folgt:

$$\int_0^b \sqrt{x}\,dx = \lim_{n\to\infty} O(Z_n,f) = \lim_{n\to\infty}\left[\frac{2\sqrt{b^3}}{3}\left(1+\frac{3}{4n}-\frac{1}{4n^2}\right)\right] = \frac{2\sqrt{b^3}}{3}.$$

A 12
Seite 109

AUFGABE 12.- Sei $Z_n = \{x_o,\dots,x_n\}$ Zerlegungsfolge mit $x_k = a+k\cdot\frac{b-a}{n}$, $k\in\{0,1,\dots,n\}$ und T_{Z_n} Folge der zugehörigen Zwischenpunkte mit

$$t_k = x_{k-1}+\frac{b-a}{2n},\ k\in\{1,\dots,n\}.$$

(Das sind genau die Mittelpunkte der jeweiligen Teilungsintervalle). Es ist

$$t_k = x_{k-1}+\frac{b-a}{2n} = a+(k-1)\frac{b-a}{n}+\frac{b-a}{2n}$$

Damit ergibt sich:

$$S(Z_n,T_{Z_n},f) = \sum_{k=1}^{n} f(t_k)(x_k-x_{k-1}) = \sum_{k=1}^{n}(\alpha t_k+\beta)\left(\frac{b-a}{n}\right)$$

$$= \frac{b-a}{n}\sum_{k=1}^{n}\left\{\alpha\left[a+(k-1)\frac{b-a}{n}+\frac{b-a}{2n}\right]+\beta\right\}$$

(t_k eingesetzt)

$$= \frac{b-a}{n}\left[\sum_{k=1}^{n}\alpha\left(a+\frac{b-a}{2n}\right)+\sum_{k=1}^{n}\alpha(k-1)\frac{b-a}{n}+\sum_{k=1}^{n}\beta\right]$$

(durch Auseinanderziehen der Summe)

$$= \frac{b-a}{n}\left[n\cdot\alpha\left(a+\frac{b-a}{2n}\right)+\alpha\frac{b-a}{n}\sum_{k=1}^{n}(k-1)+n\cdot\beta\right]$$

$$= \frac{b-a}{n}\left[\alpha a n+\alpha\frac{b-a}{2}+\alpha\frac{b-a}{n}\,\frac{(n-1)(n)}{2}+\beta\cdot n\right] \quad (*)$$

$$= \alpha\cdot a(b-a)+\alpha\frac{(b-a)^2}{2n}+\alpha\frac{(b-a)^2}{n}\cdot\frac{n-1}{2}+\beta(b-a)$$

$$= \alpha\cdot a(b-a)+\alpha\frac{(b-a)^2}{2n}+\alpha\frac{(b-a)^2}{2}-\alpha\frac{(b-a)^2}{2n}+\beta(b-a)$$

$$= \alpha\cdot a(b-a)+\alpha\frac{(b-a)^2}{2}+\beta(b-a)$$

$$= \alpha\frac{b^2-a^2}{2}+\beta(b-a).$$

Daraus ergibt sich sofort:

$$\lim_{n\to\infty} S(Z_n,T_{Z_n},f) = \beta(b-a)+\alpha\frac{b^2-a^2}{2}.$$

Auffällig ist, daß Sie hier den Grenzübergang wegen der speziellen Wahl der zugehörigen Zwischenpunkte gespart haben. Das Ergebnis steht direkt da.

(*) $\sum_{k=1}^{n}\left(a+\frac{b-a}{2n}\right)$ *und* $\sum_{k=1}^{n}\beta$ *unabhängig von k*

und $\sum_{k=1}^{n}(k-1) = \frac{(n-1)n}{2}$.

A 13
Seite 110

AUFGABE 13.- Es ist $\int_0^3 x^2dx = \frac{27}{3} = 9$ nach Aufgabe 7.

Für $n=6$ gilt: $\frac{b-a}{n}=\frac{1}{2}$ und $x_k = k\cdot\frac{1}{2}$ für $k=\{0,1,\dots,6\}$.

Damit folgen als Näherungen nach der Rechteckregel:

1) $t_k = x_{k-1}$:

$$\frac{b-a}{n}\sum_{k=1}^{n}f(t_k) = \frac{1}{2}\sum_{k=1}^{6}\left(\frac{k-1}{2}\right)^2 = \frac{1}{8}\sum_{k=1}^{6}(k-1)^2$$

$$= \frac{1}{8}\sum_{k=1}^{5}k^2 = \frac{1}{8}\,\frac{5(5+1)(10+1)}{6} = 6{,}875.$$

2) $t_k = x_k$:

$$\frac{b-a}{n}\sum_{k=1}^{n}f(t_k) = \frac{1}{2}\sum_{k=1}^{6}\left(\frac{k}{2}\right)^2 = \frac{1}{8}\sum_{k=1}^{6}k^2$$

$$= \frac{1}{8}\,\frac{6(6+1)(12+1)}{6} = 11{,}375.$$

3) $t_k = \frac{x_k+x_{k-1}}{2} = \frac{k+(k-1)}{4} = \frac{2k-1}{4}$:

$$\frac{b-a}{n}\sum_{k=1}^{n}f(t_k) = \frac{1}{2}\sum_{k=1}^{6}\left(\frac{2k-1}{4}\right)^2 = \frac{1}{32}\sum_{k=1}^{6}(2k-1)^2$$

$$= \frac{286}{32} = 8{,}9375.$$

Vergleichen Sie nun die Fehler zum richtigen Wert, so sehen Sie, daß in den Fällen 1) und 2) der Fehler mit ca. 2,4 sehr groß ist. Im Fall 3) ist die Näherung mit einem Fehler von etwa 0,063 schon sehr gut.

A 14
Seite 111

AUFGABE 14.- Es ist $a=0$, $b=1$, $f(x) = \frac{1}{2-x^2}$ für $x\in[0,1]$. Damit folgt:

1) $n = 2$:

$$T\left(\frac{b-a}{n}\right) = T\left(\frac{1}{2}\right) = \frac{1}{2}\left(\frac{1}{2}f(0)+\sum_{k=1}^{1}f\left(0+k\cdot\frac{1}{2}\right)+\frac{1}{2}f(1)\right)$$

$$= \frac{1}{2}\left(\frac{1}{2}\cdot\frac{1}{2-0^2}+\frac{1}{2-(\frac{1}{2})^2}+\frac{1}{2}\,\frac{1}{2-1^2}\right) = 0{,}6607143\dots$$

Fehler ca. $4\cdot10^{-2}$.

2) $n = 4$:

$$T\left(\frac{1}{4}\right) = \frac{1}{4}\left(\frac{1}{2}f(0)+\sum_{k=1}^{3}f\left(0+k\cdot\frac{1}{4}\right)+\frac{1}{2}f(1)\right) = 0{,}6330244\dots$$

Fehler ca. 10^{-2}.

3) $n = 8$:

$$T\left(\frac{1}{8}\right) = \frac{1}{8}\left(\frac{1}{2}f(0)+\sum_{k=1}^{7}f\left(0+k\cdot\frac{1}{8}\right)+\frac{1}{2}f(1)\right) = 0{,}6258060\dots$$

Fehler ca. $3\cdot10^{-3}$.

Sie sehen, wie langsam hier die Annäherung an den rich-

tigen Wert mit der Trapezregel vor sich geht. Erst für $n=8$ ist der Wert auf 2 Stellen hinter dem Komma genau, also der Fehler kleiner als 10^{-2}.

A 15 Seite 112

AUFGABE 15.-

a) Es ist $a=0$, $b=1$ und $f(x)=\frac{1}{2-x^2}$ für $x\in[0,1]$.

α) Für $n=2$ gilt (mit den Ergebnissen aus Aufgabe 14)

$$S(\tfrac{1}{2}) = \tfrac{1}{3}\,(4T(\tfrac{1}{4}) - T(\tfrac{1}{2})) = 0{,}623794\ldots$$

d.h. der Fehler beträgt nur noch ca. $6\cdot 10^{-4}$, ist also schon kleiner als 10^{-3}.

β) Für $n=4$ folgt:

$$S(\tfrac{1}{4}) = \tfrac{1}{3}(4T(\tfrac{1}{8}) - T(\tfrac{1}{4})) = 0{,}6233998\ldots$$

Jetzt ist der Fehler auf ca. $2\cdot 10^{-4}$ geschrumpft.

Sie sehen hier, daß die Simpsonregel im allgemeinen viel schneller konvergiert als die Trapezregel. Hier ist der Fehler für $n=2$ schon kleiner als 10^{-3}, bei der Trapezregel war er für $n=8$ erst kleiner als 10^{-2}.

b) 1) Hinweis: Verwenden Sie, wenn möglich, einen Rechner!

2) Lösung: Es ist $a=0$, $b=2$ und $f(x)=\frac{x}{(x^2+4)^2}$. Wir bestimmen zuerst die erforderlichen Trapezsummen.
Dafür ergeben sich die Werte:

α) $n=2$ $\quad T(\frac{2}{2}) = T(1) = 0{,}055625$

β) $n=4$ $\quad T(\frac{2}{4}) = T(\frac{1}{2}) = 0{,}06085333$

γ) $n=8$ $\quad T(\frac{2}{8}) = T(\frac{1}{4}) = 0{,}06209194$

δ) $n=16$ $\quad T(\frac{2}{16}) = T(\frac{1}{8}) = 0{,}06239820$

Aus den Trapezsummen läßt sich bisher höchstens auf die ersten 3 Stellen hinter dem Komma 0,062... schließen.

Bestimmen wir nun die Simpsonsummen:

1) mit α) und β) für n=2

$$S(\tfrac{2}{2}) = S(1) = \tfrac{1}{3}(4T(\tfrac{1}{2}) - T(1)) = 0{,}06259611$$

2) mit β) und γ) für n=4

$$S(\tfrac{2}{4}) = S(\tfrac{1}{2}) = \tfrac{1}{3}(4T(\tfrac{1}{4}) - T(\tfrac{1}{2})) = 0{,}06250481$$

3) mit γ) und δ) für n=8

$$S(\tfrac{2}{8}) = S(\tfrac{1}{4}) = \tfrac{1}{3}(4T(\tfrac{1}{8}) - T(\tfrac{1}{4})) = 0{,}06250029.$$

Hieraus geht schon zumindest hervor, daß die ersten 5 Stellen hinter dem Komma gegeben sind durch 0,06250... . Sollten Sie jetzt vermutet haben, daß der genaue Wert 0,0625 ist, so stimmt Ihre Vermutung. Sie sehen daran auch noch einmal, wieviel schneller die Simpsonregel konvergiert.

A 16 Seite 114

AUFGABE 16a.- 1) Hinweis: Untersuchen Sie die Fälle α) $a\geq 0$, β) $b\leq 0$, γ) $a<0<b$. Verwenden Sie (7.24), (7.25), (7.18) und (7.16).

2) Lösung: ($p=0$ ist in Aufgabe 6 behandelt!)

α) Sei $0\leq a\leq b$. Dann ist x^p monoton wachsend auf $[a,b]$ und daher nach Satz (7.16) integrierbar über $[a,b]$. Es gilt nun nach Satz (7.24) in der erweiterten Form ($c=0$)

$$\int_a^b x^p dx = \int_a^0 x^p dx + \int_0^b x^p dx \qquad (7.24)$$

$$= -\int_b^a x^p dx + \int_0^b x^p dx \qquad (7.25)$$

$$= -\frac{a^{p+1}}{p+1} + \frac{b^{p+1}}{p+1} = \frac{b^{p+1}-a^{p+1}}{p+1} \qquad (7.18).$$

β) Sei $a\leq b\leq 0$. Dann ist x^p für p gerade monoton fallend, für p ungerade monoton wachsend auf $[a,b]$. Daher folgt nach Satz (7.16) die Integrierbarkeit von x^p über $[a,b]$. Nach Satz (7.24) gilt wieder:

$$\int_a^b x^p dx = \int_a^0 x^p dx + \int_0^b x^p dx \qquad (7.24)$$

$$= \int_a^0 x^p dx - \int_b^0 x^p dx \qquad (7.25)$$

$$= -\frac{a^{p+1}}{p+1} - \left(-\frac{b^{p+1}}{p+1}\right) \quad \text{(Bemerkung nach Beispiel (7.18))}$$

$$= \frac{b^{p+1}-a^{p+1}}{p+1}.$$

γ) Sei $a<0<b$. Da x^p über $[a,0]$ und über $[0,b]$ integrierbar ist, ist x^p nach Satz (7.24) über $[a,b]$ integrierbar, und es gilt:

$$\int_a^b x^p dx = \int_a^0 x^p dx + \int_0^b x^p dx \qquad (7.24)$$

$$= \frac{a^{p+1}}{p+1} + \frac{b^{p+1}}{p+1} = \frac{b^{p+1}-a^{p+1}}{p+1} \quad \text{(Beispiel (7.18))}.$$

Aus α), β) und γ) folgt:

$f(x)=x^p$ ist integrierbar über $[a,b]$ und

$$\int_a^b x^p dx = \frac{b^{p+1}-a^{p+1}}{p+1}.$$

AUFGABE 16b.- Da sich $i(t)$ wie die 3. Potenz von t verhält, gilt: $i(t)=t^3[A]$ für $t\in[t_1,t_2]$.

Damit ergibt sich ($t_1=2$, $t_2=4$) für die Ladung:

$$\int_{t_1}^{t_2} i(t)dt = \int_2^4 t^3 dt = \frac{4^{3+1}-2^{3+1}}{3+1} = 60[As]. \qquad (A\ 16a)$$

AUFGABE 16c.- 1) Hinweis: Sehen Sie sich noch einmal Beispiel (7.26) an, auch bezüglich $f(x)=[x]$.

2) Lösung:

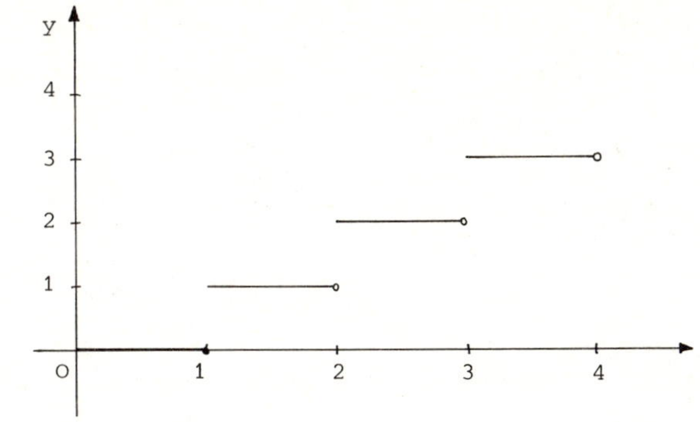

Bild. f(x) = [x] auf [0,4].

Betrachten wir f(x) auf den Teilintervallen [0,1], [1,2], [2,3], [3,4], so ist f dort bis auf den rechten Randpunkt konstant. Da sich die Abänderung in einem Punkt nicht auf die Integrierbarkeit und das Integral auswirkt, ist f über jedem Teilintervall integrierbar und es gilt nach Satz (7.24): f ist integrierbar über [0,4] und

$$\int_0^4 [x]dx = \int_0^1 [x]dx + \int_1^2 [x]dx + \int_2^3 [x]dx + \int_3^4 [x]dx$$

$$\underset{(7.15)}{=} \int_0^1 0\, dx + \int_1^2 1\, dx + \int_2^3 2\, dx + \int_3^4 3\, dx$$

$$= 1(2-1) + 2(3-2) + 3(4-3) \qquad \text{(A 6)}$$

$$= 6.$$

A 17
Seite 114

AUFGABE 17.-

1a) Mit $c = -4$ und $f(x) = x^4$ ist

$$\int_2^6 (x+4)^4 dx = \int_{a+(-4)}^{b+(-4)} (x-(-4))^2 dx, \text{ d.h. } a=6 \text{ imd } b=10.$$

Nach Satz (7.27)(a) folgt:

$$\int_2^6 (x+4)^4 dx = \int_6^{10} x^4 dx = \frac{10^5-6^5}{5} = 18444{,}8 \quad \text{(nach A 16(a))}.$$

1b) 1) Hinweis: Zuerst Satz (7.27(b), dann (7.27)(a).

2) Lösung: Mit k=4 und $f(x) = (x+\frac{3}{4})^2$ ist

$$\int_{-1}^{2} (\frac{4}{4}+\frac{3}{4})dx = \int_{4a}^{4b} (\frac{4}{4}+\frac{3}{4})dx, \text{ d.h. } a = -\frac{1}{4} \text{ und } b = \frac{1}{2}.$$

Nach Satz (7.27)(b) folgt:

$$\alpha) \int_{-1}^{2} (\frac{x}{4}+\frac{3}{4})dx = 4\cdot \int_{-\frac{1}{4}}^{\frac{1}{2}} (x+\frac{3}{4})^2 dx \qquad \text{((7.27)(b) mit k multipliziert}$$

Nun setzen wir für Satz (7.27)(a): $c = -\frac{3}{4}$, $f(x) = x^2$.

Es ist

$$\int_{-\frac{1}{4}}^{\frac{1}{2}} (x+\frac{3}{4})^2 dx = \int_{a+(-\frac{3}{4})}^{b+(-\frac{3}{4})} (x-(-\frac{3}{4}))^2 dx, \text{ d.h. } a = \frac{1}{2} \text{ und } b = \frac{5}{4}.$$

Damit folgt nach Satz (7.27)(a):

$$\beta) \int_{-\frac{1}{4}}^{\frac{1}{2}} (x+\frac{3}{4})^2 dx = \int_{\frac{1}{2}}^{\frac{5}{4}} x^2 dx$$

$$= \frac{(\frac{5}{4})^3 - (\frac{1}{2})^3}{3} = \frac{117}{3\cdot 4^3} = \frac{39}{4^3} \quad \text{(nach A 16(a))}.$$

Aus α) und β) ergibt sich:

$$\int_{-1}^{2} (\frac{x+3}{4})^2 dx = 4\cdot\frac{39}{4^3} = \frac{39}{16} = 2{,}4375 .$$

AUFGABE 18.- Sei $Z = \{x_0, \ldots, x_n\}$ eine Zerlegung von [a,b]. A 18 Seite 115
Seien m_k, M_k die jeweiligen Infima und Suprema. Nach Satz (5.20) gilt:

$$\sup\,\{\lambda f(x)\,|\,x_{k-1} \le x \le x_k\} = \begin{cases} \lambda \sup\{f(x)\,|\,x_{k-1} \le x \le x_k\}, & \lambda \ge 0 \\ \lambda \inf\{f(x)\,|\,x_{k-1} \le x \le x_k\}, & \lambda \le 0 \end{cases}$$

$$\inf\,\{\lambda f(x)\,|\,x_{k-1} \le x \le x_k\} = \begin{cases} \lambda \inf\{f(x)\,|\,x_{k-1} \le x \le x_k\}, & \lambda \ge 0 \\ \lambda \sup\{f(x)\,|\,x_{k-1} \le x \le x_k\}, & \lambda \le 0. \end{cases}$$

Daraus folgt

für $\lambda \ge 0$: $U(Z,\lambda f) = \lambda U(Z,f)$, $O(Z,\lambda f) = \lambda O(Z,f)$

für $\lambda \le 0$: $U(Z,\lambda f) = \lambda O(Z,f)$, $O(Z,\lambda f) = \lambda U(Z,f)$.

An dieser Stelle sehen Sie, warum es zweckmäßig ist, die beiden Fälle zu unterscheiden. Durch Multiplikation der Funktion f mit negativem λ werden aus Untersummen Obersummen und umgekehrt.

Um Satz (7.14) anzuwenden, zeigen wir jetzt, daß zu $\varepsilon > 0$ eine Zerlegung Z von [a,b] so existiert, daß

$$O(Z,\lambda f) - U(Z,\lambda f) < \varepsilon .$$

Sei also $\varepsilon > 0$ vorgegeben.

1) Für den Fall $\lambda = 0$ ist die Integrierbarkeit sofort klar, da dann $O(Z,\lambda f) - U(Z,\lambda f) = 0 < \varepsilon$ für jede beliebige Zerlegung Z von [a,b].

2) Sei nun $\lambda > 0$. Aus (7.14) folgt wegen der Integrierbarkeit von f: Es existiert eine Zerlegung Z von [a,b] mit

$$O(Z,f) - U(Z,f) < \frac{\varepsilon}{\lambda} .$$

Damit erhalten wir:

$$O(Z,\lambda f) - U(Z,\lambda f) = \lambda O(Z,f) - \lambda U(Z,f) = \lambda(O(Z,f) - U(Z,f))$$

$$< \lambda \cdot \frac{\varepsilon}{\lambda} = \varepsilon .$$

Also ist λf mit $\lambda > 0$ integrierbar.

3) Sei $\lambda < 0$. Dann gilt ebenfalls nach (7.14): Es existiert ein Z mit

$$O(Z,f) - U(Z,f) < \frac{\varepsilon}{-\lambda} .$$

Und damit folgt:

$$O(Z,\lambda f) - U(Z,\lambda f) = \lambda(U(Z,f) - O(Z,f))$$

$$= -\lambda(O(Z,f) - U(Z,f)) < -\lambda \cdot \frac{\varepsilon}{-\lambda} = \varepsilon .$$

Daher ist auch λf mit $\lambda < 0$ integrierbar.

4) Es bleibt zu zeigen:

$$\int_a^b \lambda f(x)dx = \lambda \int_a^b f(x)dx.$$

Sei dazu Z_n *eine Zerlegungsfolge von* $[a,b]$ *mit* $\lim_{n\to\infty} \rho(Z_n) = 0$ *und* (T_{Z_n}) *eine Folge von zugehörigen Zwischenpunkten.*

Mit Satz (7.20) folgt dann:

$$\int_a^b \lambda f(x)dx = \lim_{n\to\infty} S(Z_n, T_{Z_n}, \lambda f)$$

$$= \lim_{n\to\infty} \sum_{k=1}^{n} (\lambda f(t_k))(x_k - x_{k-1})$$

$$= \lambda \lim_{n\to\infty} \sum_{k=1}^{n} f(t_k)(x_k - x_{k-1})$$

$$= \lambda \lim_{n\to\infty} S(Z_n, T_{Z_n}, f) = \lambda \int_a^b f(x)dx.$$

Das ist die Behauptung.

A 19
Seite 115

AUFGABE 19.-

a) 1) Hinweis: Die jeweiligen Flächenstücke müssen zur Vereinfachung der Rechnung geeignet in das Koordinatensystem gelegt werden.

2) Lösung:

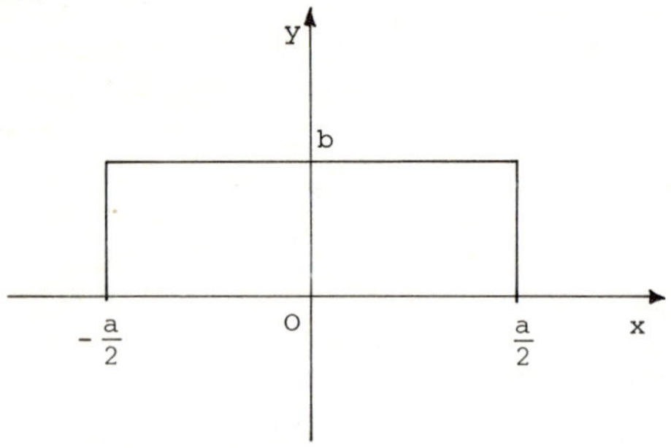

Aus der Aufgabenstellung ergibt sich:

$f(x) = b \quad x \in [-\frac{a}{2}, \frac{a}{2}]$ *(oder* $f(x) = a \quad x \in [-\frac{b}{2}, \frac{b}{2}]$.*)*

Also folgt für das Trägheitsmoment M_2:

$$M_2 = \int_{-\frac{a}{2}}^{\frac{a}{2}} x^2 \cdot f(x)dx = \int_{-\frac{a}{2}}^{\frac{a}{2}} x^2 \cdot b\, dx = b \cdot \frac{(\frac{a}{2})^3 - (-\frac{a}{2})^3}{3} \quad \text{(nach (7.29))}$$

$$= b \cdot \frac{a^3}{12} \quad (\text{oder } a \cdot \frac{b^3}{12})$$

b) Die Funktion f(x) (integrierbar, weil Polynom) wird in die Formel für die Formänderungsarbeit W eingesetzt. Es folgt:

$$W = \frac{1}{2EI} \int_0^{\ell} f^2(x)dx$$

$$= \frac{1}{2EI} \int_0^{\ell} (F \cdot (\ell - x))^2 dx = \frac{1}{2EI} \cdot F^2 \int_0^{\ell} (\ell^2 - 2\ell x + x^2)dx$$

$$= \frac{F^2}{2EI} [\ell^2 \frac{\ell}{1} - 2\ell \frac{\ell^2}{2} + \frac{\ell^3}{3}] \qquad \text{(nach (7.29))}$$

$$= \frac{F^2}{2EI} [\ell^3 - \ell^3 + \frac{\ell^3}{3}] = \frac{F^2 \ell^3}{6EI}.$$

A 20
Seite 116

AUFGABE 20.- *Es ist* $p(x) = \alpha x^2 + \beta x + \gamma$ *und es gilt*

$$\alpha a^2 + \beta a + \gamma = f(a)$$

$$\text{I)} \quad \alpha b^2 + \beta b + \gamma = f(b)$$

$$\alpha(\frac{a+b}{2})^2 + \beta(\frac{a+b}{2}) + \gamma = f(\frac{a+b}{2}).$$

Zu zeigen: (*) Es gibt ein p(x) mit Bedingung I), so daß

$$\int_a^b (\alpha x^2 + \beta x + \gamma)dx = \frac{b-a}{2} [f(a) + 4f(\frac{a+b}{2}) + f(b)] = S(\frac{b-a}{1}).$$

Nun ist nach Beispiel (7.29)

$$\int_a^b (\alpha x^2 + \beta x + \gamma)dx = \alpha \cdot \frac{b^3 - a^3}{3} + \beta \cdot \frac{b^2 - a^2}{2} + \gamma(b-a)$$

$$= \frac{b-a}{6} [2\alpha(b^2 + ab + a^2) + 3\beta(b+a) + 6\gamma],$$

d.h. es bleibt zu zeigen

$$(**) \quad 2\alpha(b^2 + ab + b^2) + 3\beta(b+a) + 6\gamma = f(a) + 4f(\frac{a+b}{2}) + f(b).$$

Setzen wir in die rechte Seite die Bedingung I) ein, dann folgt:

$$f(a) + 4f(\frac{a+b}{2}) + f(b)$$

$$= \alpha a^2 + \beta a + \gamma + 4[\alpha(\frac{a+b}{2})^2 + \beta(\frac{a+b}{2}) + \gamma] + \alpha b^2 + \beta b + \gamma$$

$$= \alpha(a^2 + b^2) + \beta(a+b) + 2\gamma + \alpha(a^2 + 2ab + b^2) + 2\beta(a+b) + 4\gamma$$

$$= \alpha(2a^2 + 2ab + 2b^2) + 3\beta(a+b) + 6\gamma.$$

Also ist Gleichung (**) erfüllt und deshalb auch (*).

A 21
Seite 116

AUFGABE 21.- *Teil 1.*

a) Zu bestimmen ist der Flächeninhalt zwischen $f_1(x) = x^2$ *und* $f_2(x) = 2x+3$.

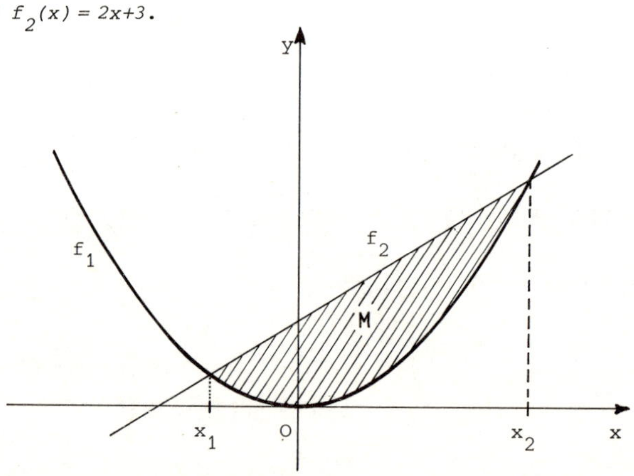

Wir gehen in zwei Schritten vor:

1) Bestimmung der Schnittpunkte von f_1 *und* f_2*. Es muß gelten:* $x^2 = 2x+3$*. Daraus folgt dann* $x^2 - 2x - 3 = 0$*, also:* $x_{1,2} = 1 \pm \sqrt{1+3} = 1 \pm 2$*, also:* $x_1 = -1$, $x_2 = 3$.

2) Bestimmung des Flächeninhaltes. Es gilt:

$$I(M_{f_1,f_2}) = I(M_{f_2}) - I(M_{f_1}) = \int_{-1}^{3} (2x+3)dx - \int_{-1}^{3} x^2 dx$$

$$= \int_{-1}^{3} (-x^2+2x+3)\,dx \qquad \text{(nach (7.28)(a))}$$

$$= -1\,\frac{3^3-(-1)^3}{3} + 2\,\frac{3^2-(-1)^2}{2} + 3\,\frac{3-(-1)}{1} \quad \text{(nach 7.29)}$$

$$= -\frac{28}{3} + 20 = \frac{32}{3}\ .$$

b)

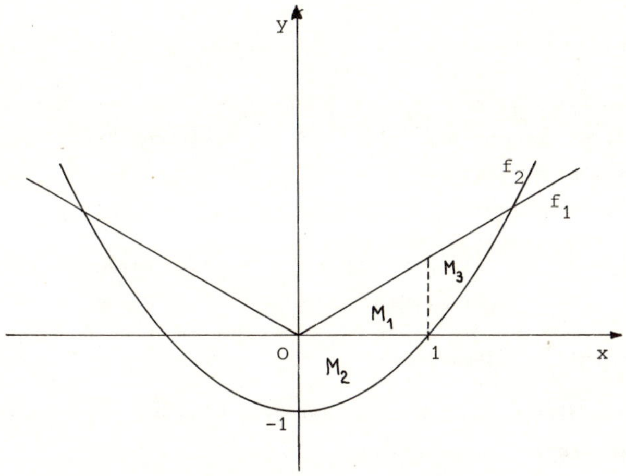

Diese Fläche ist symmetrisch zur y-Achse. Es genügt daher den Flächeninhalt für positive x zu berechnen und zu verdoppeln.

1) Bestimmung des Schnittpunktes fon f_1 und f_2 $(x \geq 0)$:

Es gilt: $x^2-1 = x$, *d.h.* $x = \frac{1}{2}(1+\sqrt{5})$.

2) Die Fläche setzt sich zusammen aus

$M_1 = \{(x,y)\,|\,0 \leq x \leq 1,\ 0 \leq y \leq x\}$

$M_2 = \{(x,y)\,|\,0 \leq x \leq 1,\ x^2-1 \leq y \leq 0\}$

$M_3 = \{(x,y)\,|\,1 \leq x \leq \frac{1}{2}(1+\sqrt{5}),\ x^2-1 \leq y \leq x\}$.

Daraus folgt:

$$I(M_{f_1,f_2}) = 2[I(M_1) + I(M_2) + I(M_3)]$$

$$= 2[\int_0^1 x\,dx + \int_0^1 [-(x^2-1)]dx + \int_1^{\frac{1}{2}(1+\sqrt{5})} [x-(x^2-1)]dx]$$

$$= 2[\int_0^1 (x-x^2+1)dx + \int_1^{\frac{1}{2}(1+\sqrt{5})} (x-x^2+1)dx] \qquad \text{(Satz 7.28)}$$

$$= 2\int_0^{\frac{1}{2}(1+\sqrt{5})} (-x^2+x+1)dx \qquad \text{(Satz 7.24)}$$

$$= 2\left(-\frac{[\frac{1}{2}(1+\sqrt{5})]^3}{3} + \frac{[\frac{1}{2}(1+\sqrt{5})]^2}{2} + \frac{1}{2}(1+\sqrt{5})\right) \qquad (7.29)$$

$$= (1+\sqrt{5})\left[-\frac{[\frac{1}{2}(1+\sqrt{5})]^2}{3} + \frac{\frac{1}{2}(1+\sqrt{5})}{2} + 1\right]$$

$$= (1+\sqrt{5})\left[-\frac{1+2\sqrt{5}+5}{12} + \frac{1+\sqrt{5}}{4} + 1\right]$$

$$= \frac{7+5\sqrt{5}}{6}\ .$$

Teil 2.

1) Hinweis: Verwenden Sie die bisher bekannten Eigenschaften des Integrals und vor allem Satz (7.27)(b).

2) Lösung: Der Flächeninhalt eines Kreises mit Radius r ist das r^2-fache des Flächeninhaltes des Einheitskreises.

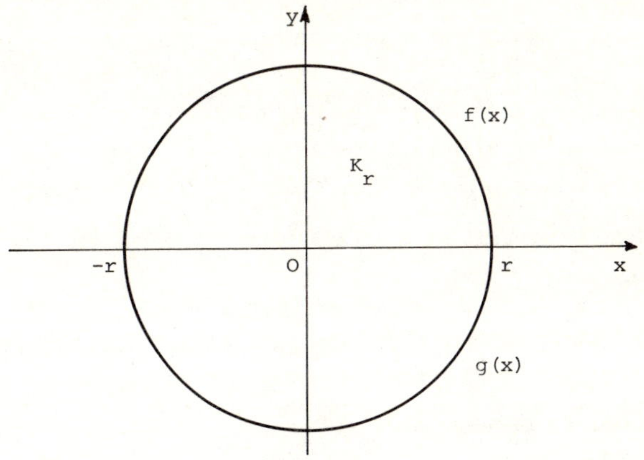

Die Fläche eines Kreises mit Radius $r > 0$ um den Nullpunkt ist eingeschlossen durch die Funktion

$$f(x) = \sqrt{r^2 - x^2} \quad \text{und} \quad g(x) := -\sqrt{r^2 - x^2}\ .$$

Diese Funktionen sind integrierbar aus Monotoniegründen! Das ergibt sich aus Satz (7.24) in Verbindung mit Satz (7.16). Es folgt für den Flächeninhalt:

$I(K_r) = \int_{-r}^{r} [f(x) - g(x)]dx$, *wobei K_r den Kreis mit Radius r bezeichnet. Es ist zu zeigen* $I(K_r) = r^2 \cdot I(K_1)$. *Es gilt*

$$I(K_r) = \int_{-r}^{r} [\sqrt{r^2-x^2} - (-\sqrt{r^2-x^2})]dx = 2\int_{-r}^{r} \sqrt{r^2-x^2}\,dx$$

$$= 2\int_{-r}^{r} f(x)dx \qquad \text{(nach Satz (7.28)(b))}$$

und

$$I(K_1) = 2\int_{-1}^{1} \sqrt{1-x^2}\,dx.$$

Wir setzen in Satz (7.27)(b) $k = \frac{1}{r}$. *Damit folgt:*

$$\int_{-r}^{r} f(x)dx = r\int_{-1}^{1} f(rx)dx\ .$$

Setzen wir das ein, dann erhalten wir

$$\frac{1}{r^2}\,I(K_r) = \frac{1}{r^2}\cdot 2\int_{-r}^{r} f(x)dx \overset{(7.27)(b)}{=} \frac{1}{r^2}\cdot 2\cdot (r\cdot \int_{-1}^{1} f(rx)dx)$$

$$= \frac{2}{r}\int_{-1}^{1} f(rx)dx = \frac{2}{r}\int_{-1}^{1} \sqrt{r^2 - r^2x^2}\,dx$$

$$= \frac{2}{r}\int_{-1}^{1} r\cdot\sqrt{1-x^2}\,dx = 2\int_{-1}^{1} \sqrt{1-x^2}\,dx = I(K_1)$$

(mit Satz (7.28)(b))

d.h. $I(K_r) = r^2 I(K_1)$.

AUFGABE 22.- A 22 Seite 116

a) Da $f(t) = [t]$ nach Aufgabe 16(c) und $g(t) = t-[t]$ nach Beispiel (7.26) über $[0,4]$ integrierbar sind, ist nach Satz (7.30) auch $f\cdot g$ über $[0,4]$ integrierbar und

$$\int_0^4 f(t)\cdot g(t)dt \text{ existiert.}$$

Bestimmen wir nun $f\cdot g$. Es gilt:

$$f(t)\cdot g(t) = \begin{cases} 0 & \text{für } 0 \le t < 1 \quad (f(t)=0) \\ t-[t] & \text{für } 1 \le t < 2 \quad (f(t)=1) \\ 2(t-[t]) & \text{für } 2 \le t < 3 \quad (f(t)=2) \\ 3(t-[t]) & \text{für } 3 \le t < 4 \quad (f(t)=3) \\ 0 & \text{für } t=4 \quad (f(t)=4,\ g(t)=0). \end{cases}$$

Damit folgt (mit Satz (7.24), Satz (7.28)(b) und Bemerkung nach (7.15))

$$\int_0^4 f(t)\cdot g(t)dt = \int_0^1 0\,dt + \int_1^2 (t-[t])dt + 2\int_2^3 (t-[t])dt + 3\int_3^4 (t-[t])dt.$$

Nun gilt die Beziehung:

$$\int_0^1 (t-[t])dt = \int_n^{n+1} (t-[t])dt \text{ für alle } n \in \mathbb{Z} \quad \text{(Beweis über Satz (7.27)(a)).}$$

Damit folgt, da für $0 \le t < 1 \quad g(t) = t$ ist:

$$\int_0^4 f(t)\cdot g(t)dt = \int_0^1 (t-[t])dt + 2\int_0^1 (t-[t])dt + 3\int_0^1 (t-[t])dt$$
$$= 6\int_0^1 (t-[t])dt = 6\int_0^1 t\,dt = 6\cdot\frac{1^2}{2} = 3.$$

b) Es gilt die Beziehung $u(t) = R\cdot i(t)$ für $t \in [0,T]$.

Damit folgt für die Energie

$$\int_0^T u(t)\cdot i(t)dt = R\int_0^T i^2(t)dt \text{ [Ws] (Satz (7.28)(b).}$$

Da $i(t)$ integrierbar ist, ist auch $i^2(t)$ nach Satz (7.30) integrierbar.

Es folgt mit Satz (7.24):

$$R\int_0^3 i^2(t)dt = R\left(\int_0^1 i^2(t)dt + \int_1^2 i^2(t)dt + \int_2^3 i^2(t)dt\right)$$
$$= R\left(\int_0^1 \sqrt{t^2}\,dt + \int_1^2 1^2 dt + \int_2^3 (t^2-6t+9)^2 dt\right.$$
$$= R\left(\int_0^1 t\,dt + \int_1^2 1\,dt + \int_2^3 (t^4-12t^3+54t^2-108t+81)dt\right.$$
$$= R\left(\frac{1}{2} + 1 + \frac{3^5-2^5}{5} - 12\frac{3^4-2^4}{4} + 54\frac{3^3-2^3}{3} - 108\frac{3^2-2^2}{2} + 81(3-2)\right)$$
$$= R\cdot 1{,}699\ldots \text{ [Ws].}$$

KAPITEL 8 REIHEN

A 1
Seite 120

<u>AUFGABE 1</u>.- Wie im vorher ausgeführten Beispiel ergibt sich

$$s_n = T + \frac{T}{2} + \frac{T}{3} + \frac{T}{4} + \ldots + \frac{T}{n}.$$

Die Gesamtzeit wird durch $\lim_{n\to\infty} s_n$ bestimmt. Ob dieser Grenzwert existiert, wird in Beispiel (8.4) untersucht.

A 2
Seite 122

<u>AUFGABE 2</u>.- Hinweis: Probieren Sie $x=0$ und $y=1$. Für $x=0$ ist $\sum_{k=1}^{\infty} x^{k-1}$ sicher konvergent, denn alle Partialsummen s_n sind dann gleich null. Die Reihe $\sum_{k=1}^{\infty} x^{k-1}$ ist die konstante Folge (s_n), $s_n = 0$.

Für $y=1$ ist die Reihe $\sum_{k=1}^{\infty} y^{k-1}$ sicher divergent, denn für die Partialsummen s_n gilt dann: $s_n = n$. Von der Folge (n) wissen Sie aus Kapitel 6, daß sie divergent (weil nicht beschränkt) ist.

A 3
Seite 122

<u>AUFGABE 3</u>.- Hinweis: Betrachten Sie die geraden und die ungeraden Partialsummen. Behauptung: Die Reihe

$$\sum_{k=1}^{\infty} (-1)^{k-1} \text{ divergiert.}$$

Beweis: Rechnen Sie nach, daß die ungeraden Partialsummen stets 1, die geraden stets 0 sind:

$$s_{2n-1} = 1 \quad \text{und} \quad s_{2n} = 0 \quad \text{für alle } n.$$

Von Kapitel 6 her wissen Sie, daß die Folge (s_n) nicht konvergent sein kann - siehe dort das Beispiel (a_n), $a_n = (-1)^n$.

A 4
Seite 125

<u>AUFGABE 4</u>.- Hinweis: Die Aufgabe bezieht sich auf Satz (8.9).

a) Nach (8.9)(2) ist $\sum_{k=1}^{\infty} \frac{2}{3^{k-1}}$ konvergent, es gilt

$$\sum_{k=1}^{\infty} \frac{2}{3^{k-1}} = 2\cdot\sum_{k=1}^{\infty} \frac{1}{3^{k-1}} = 2\cdot\frac{1}{1-\frac{1}{3}} = 3,$$

siehe (8.7).

b) Die Reihe muß zunächst in die allgemeine Form $\sum_{k=1}^{\infty} x^{k-1}$ einer geometrischen Reihe gebracht werden:

$$\sum_{k=1}^{\infty} \frac{2^k+3^k}{6^k} = \sum_{k=1}^{\infty} \frac{2\cdot 2^{k-1} + 3\cdot 3^{k-1}}{6\cdot 6^{k-1}}$$

Die Konvergenz folgt aus (8.9)(1), für die Summe gilt nach (8.7):

$$\sum_{k=1}^{\infty} \frac{2^k+3^k}{6^k} = \frac{2}{6}\cdot\sum_{k=1}^{\infty}\left(\frac{2}{6}\right)^{k-1} + \frac{3}{6}\cdot\sum_{k=1}^{\infty}\left(\frac{3}{6}\right)^{k-1} = \frac{3}{2}$$

A 5
Seite 126

<u>AUFGABE 5</u>.- Hinweis: a) Nach Aufgabe 2 ist die Reihe $\sum_{k=1}^{\infty} a_k$, $a_n = 1$ für alle n, divergent. Es ist $\lim_{n\to\infty} a_n = 1$.

b) Für $|x| > 1$ existiert kein Grenzwert der Folge (x^{n-1}).

c) Verwenden Sie Satz (8.9) und die Divergenz der harmonischen Reihe. Die harmonische Reihe $\sum_{k=1}^{\infty} a_k := \sum_{k=1}^{\infty} \frac{1}{k}$ divergiert, die geometrische Reihe $\sum_{k=1}^{\infty} b_k := \sum_{k=1}^{\infty} \frac{1}{3^k}$

konvergiert. Die gesuchte Reihe ist $\sum_{k=1}^{\infty}(a_k+b_k)$. *Betrachten Sie die Gleichung* $a_n = (a_n+b_n)-b_n$.

$\sum_{k=1}^{\infty} b_k$ *ist konvergent; wenn auch* $\sum_{k=1}^{\infty}(a_k+b_k)$ *konvergiert, dann folgt aus der Rechenregel (8.9)(1) die Konvergenz von* $\sum_{k=1}^{\infty} a_k$. $\sum_{k=1}^{\infty} a_k$ *ist aber divergent, also ist auch* $\sum_{k=1}^{\infty}(a_k+b_k)$ *divergent.*

Notieren Sie sich das allgemein gültige Ergebnis:

$\sum_{k=1}^{\infty} a_k$ *divergent und* $\sum_{k=1}^{\infty} b_k$ *konvergent* $\Rightarrow \sum_{k=1}^{\infty}(a_k+b_k)$ *divergent.*

A 6 Seite 126 *AUFGABE 6.- a) Sie können das eben beschriebene Verfahren - abschätzen, indem Sie den Nenner verkleinern - nicht sofort anwenden:* $2^n - 1$ *ist kleiner als* 2^n. *Trotzdem gilt die gleiche Arbeitsmethode; dies wird Ihnen sicher die folgende Ungleichung zeigen:*

$$0 \le \frac{1}{2^n-1} \le \frac{1}{2^{n-1}} \quad \text{für alle } n.$$

b) Aus $n! \ge 2^{n-1}$ *folgt* $\frac{1}{n!} \le \frac{1}{2^{n-1}}$.

c) $\frac{1}{k^k} \le \frac{1}{2^{k-1}}$.

A 7 Seite 126 *AUFGABE 7.- a)* $\frac{k+3}{k(k+1)} \ge \frac{k}{k(k+1)} = \frac{1}{k+1}$

b) $\frac{k}{8k^2-2} \ge \frac{k}{8k^2} = \frac{1}{8}\cdot\frac{1}{k}$

c) $\frac{n+2}{n\sqrt{4n-1}} \ge \frac{n}{n\sqrt{4n}} = \frac{1}{2}\cdot\frac{1}{\sqrt{n}}$, *siehe Beispiel (8.14).*

A 8 Seite 127 *AUFGABE 8.- a) Wegen* $\lim\limits_{n\to\infty} \sqrt[n]{n^2} = 1$ *folgt*

$$\lim_{n\to\infty} \sqrt[n]{a_n} = \lim_{n\to\infty} \sqrt[n]{\frac{n^2}{2^n}} = \lim_{n\to\infty} \frac{1}{2}\sqrt[n]{n^2} = \frac{1}{2} < 1.$$

Die Reihe konvergiert nach (8.15)(1).

b) $\sum_{k=1}^{\infty} \frac{a^{2k}}{(1+a^2)^{k-1}} = a^2 \cdot \sum_{k=0}^{\infty} \left(\frac{a^2}{1+a^2}\right)^k$. *Wegen* $0 \le \frac{a^2}{1+a^2} < 1$ *für alle* $a \in \mathbb{R}$ *ist die gegebene Reihe für alle* $a \in \mathbb{R}$ *konvergent.*

A 9 Seite 128 *AUFGABE 9.-*

a) $\lim\limits_{n\to\infty} \frac{a_{n+1}}{a_n} = \lim\limits_{n\to\infty} \left(\frac{(n+1)!}{(n+1)^{n+1}} \cdot \frac{n^n}{n!}\right) = \lim\limits_{n\to\infty} \frac{n^n}{(n+1)^n}$

$$= \lim_{n\to\infty} \left(1+\frac{1}{n}\right)^{-n} = \frac{1}{e} < 1.$$

b) $\lim\limits_{k\to\infty} \frac{a_{k+1}}{a_k} = \lim\limits_{k\to\infty} \frac{x}{k+1} = x \cdot \lim\limits_{k\to\infty} \frac{1}{k+1} = 0$ *für alle* $x > 0$.

Die Reihe konvergiert für alle $x > 0$.

c) $\lim\limits_{k\to\infty} \frac{a_{k+1}}{a_k} = \lim\limits_{k\to\infty} \frac{k+1}{3k} = \frac{1}{3} < 1$.

d) $\frac{a_{k+1}}{a_k} = \frac{k+1}{2}$ *; da die Folge* $(\frac{k+1}{2})$ *divergiert, ist auch die gegebene Reihe nach (8.18)(2) divergent.*

AUFGABE 10.- a) $\sum_{k=1}^{\infty} (-1)^k \cdot \frac{1}{\sqrt{k}}$ *ist alternierend und* A 10 Seite 128

$\left(\frac{1}{\sqrt{k}}\right)$ *ist eine monoton fallende Nullfolge. Mit dem Leibniz-Kriterium folgt die Konvergenz.*

b) Wegen $\lim\limits_{k\to\infty} \frac{k^2}{1+k^2} = 1$ *kann die gegebene Reihe nicht konvergieren - siehe (8.10).*

AUFGABE 12.- a) Die Glieder der Reihe existieren für A 12 Seite 132
alle $a \neq -1, -2, -3, \ldots$ *. Wie in Beispiel (8.31) gilt*

$$\frac{1}{(k+a)(k+a+1)} = \frac{1}{k+1} - \frac{1}{k+a+1}.$$

Für die Partialsummen der Reihe ergibt sich

$$s_n = \frac{1}{1+a} - \frac{1}{n+1+a} \quad \text{für alle } n.$$

Ergebnis: Die Reihe konvergiert für alle $a \neq -1, -2, -3, \ldots$ *und hat die Summe* $\frac{1}{1+a}$.

b) Vergleichskriterium! Für alle $k \ge 2$ *gilt*

$$\frac{1}{k^2} < \frac{1}{(k-1)k}.$$

Die Reihe $\sum_{k=2}^{\infty} \frac{1}{(k-1)k} = \sum_{n=1}^{\infty} \frac{1}{n(n+1)}$ *ist konvergent.*

c) Die Reihen $\sum_{k=1}^{\infty} \frac{1}{k^a}$, $a \in \mathbb{Z}$, *konvergieren für alle* $a \in \mathbb{Z}$ *mit* $a \ge 2$ *und divergieren für alle* $a \in \mathbb{Z}$ *mit* $a \le 1$.

Das folgt aus den Ungleichungen

$$\frac{1}{k^a} \le \frac{1}{k^2} \quad \text{für alle } a \ge 2$$

und

$$\frac{1}{k} \le \frac{1}{k^a} \quad \text{für alle } a \le 1.$$

KAPITEL 9 POTENZREIHEN UND SPEZIELLE FUNKTIONEN

AUFGABE 1.- Zum Beispiel in (8.27). A 1 Seite 136

A 2 Seite 136

AUFGABE 2.-

$$\left|\frac{a_{n+1}}{a_n}\right| = \left|\frac{z^{n+1}}{(n+1)!} \cdot \frac{n!}{z^n}\right| = |z| \cdot \frac{1}{n+1} .$$

Die Behauptung folgt aus $\lim\limits_{n\to\infty} \left|\frac{a_{n+1}}{a_n}\right| = |z| \cdot \lim\limits_{n\to\infty} \frac{1}{n} = 0.$

A 3 Seite 136

AUFGABE 3.- *Für* $x \neq 0$ *ist* $(n^n x^n)$ *keine Nullfolge.*

A 4 Seite 139

AUFGABE 4.- *Es ist* $a_n = 1$, *also*

$$R = \frac{1}{\lim\limits_{n\to\infty} \sqrt[n]{a_n}} = 1.$$

Die Reihe konvergiert für alle $x \in]-1,1[$.

A 5 Seite 139

AUFGABE 5.- *Sie setzen* $y = x^2$ *und prüfen die Reihe* $\sum\limits_{n=0}^{\infty} (-1)^n y^n$ *mit der Formel von Hadamard. Aus* $a_n = (-1)^n$ *folgt* $R = 1$. *Die Reihe konvergiert für alle* $y \in]-1,1[$, *d.h. für* $-1 < x^2 < 1$, *also für* $-1 < x < 1$.

Jetzt brauchen Sie nur noch die Formel für die Summe einer geometrischen Reihe:

$$\sum_{n=0}^{\infty} \left(-x^2\right)^n = \frac{1}{1+x^2} \quad \text{für } |x| < 1.$$

A 6 Seite 141

AUFGABE 6.- *Für* $n = 1$ *ist* $\exp(1) = e$ *bekannt. Schluß von* n *auf* $n+1$:

$$\exp(n+1) = \exp(n) \cdot \exp(1) = e^n \cdot e = e^{n+1} .$$

Sei nun $r = \frac{p}{q}$ *mit* $p,q \in \mathbb{N}$.

$$e = \exp(1) = \exp(q \cdot \tfrac{1}{q}) = \exp\,(\underbrace{\tfrac{1}{q} + \ldots + \tfrac{1}{q}}_{q\text{-mal}}) = \exp(\tfrac{1}{q})^q .$$

Es folgt zunächst

$$\exp(\tfrac{1}{q}) = e^{\frac{1}{q}} .$$

Schließlich

$$\exp(\tfrac{p}{q}) = \exp(p \cdot \tfrac{1}{q}) = \exp(\underbrace{\tfrac{1}{q} + \ldots + \tfrac{1}{q}}_{p\text{-mal}}) = \exp(\tfrac{1}{q})^p = e^{\frac{p}{q}} .$$

A 7 Seite 142

AUFGABE 7.- *Wenn der Graph nicht so verlaufen soll:*

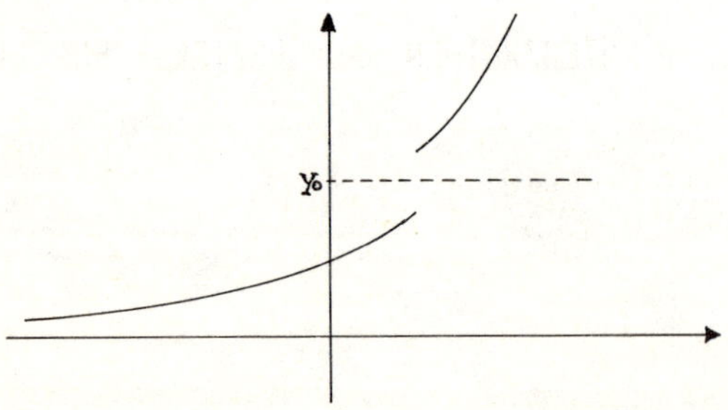

so heißt das insbesondere, daß wir zu jedem $y_o > 0$ *ein* x_o *finden müssen mit* $\exp(x_o) = y_o$. *Tatsächlich werden wir erst im nächsten Kapitel beweisen können, daß alle* $y_o > 0$ *als Werte der Exponentialfunktionen auftreten (⟶ Zwischenwertsatz).*

A 8 Seite 144

AUFGABE 8.- *Hinweis: Alles folgt aus der Gleichung für die Exponentialfunktion:*

$$e^{i(x+y)} = e^{ix+iy} = e^{ix} \cdot e^{iy}.$$

Benutzen Sie die Eulersche Formel, dann

$$\cos(x+y) + i \sin(x+y) = (\cos x + i \sin x)(\cos y + i \sin y)$$
$$= (\cos x \cos y - \sin x \sin y) + i\,(\sin x \cos y + \cos x \sin y).$$

Jetzt schreiben Sie Real- und Imaginärteil getrennt auf:

$$\cos(x+y) = \cos x \cos y - \sin x \sin y$$
$$\sin(x+y) = \sin x \cos y + \cos x \sin y .$$

Auch alle übrigen Additionstheoreme für die trigonometrischen Funktionen, die Sie in Formelsammlungen bei Bedarf finden können, lassen sich in dieser Art beweisen.

A 9 Seite 145

AUFGABE 9.- *Für alle* $x \in \mathbb{R}$ *gilt*

$$\cosh(ix) = \tfrac{1}{2}(e^{ix} + e^{-ix}) = \cos x$$
$$\cos(ix) = \tfrac{1}{2}(e^{iix} + e^{-iix}) = \tfrac{1}{2}(e^{-x} + e^{x}) = \cosh x$$
$$\sinh(ix) = \tfrac{1}{2}(e^{ix} - e^{-ix}) = i\,\tfrac{1}{2i}(e^{ix} - e^{-ix}) = i \sin x$$
$$\sin(ix) = \tfrac{1}{2i}(e^{iix} - e^{-iix}) = -\tfrac{1}{2}(e^{-x} - e^{x}) = i \sinh x.$$

Daraus folgt dann

$$1 = \cos^2 ix + \sin^2 ix = \cosh^2 x - \sinh^2 x.$$

KAPITEL 10 STETIGE FUNKTIONEN

A 1 Seite 150

AUFGABE 1.- *Zu bestimmen ist* $\lim\limits_{x\to x_o} f(x)$. *Nach Definition (10.1) gilt*

$$\lim_{x\to x_o} f(x) = \lim_{n\to\infty} f(x_n),$$

wobei (x_n) *eine beliebige Folge mit* $\lim\limits_{n\to\infty} x_n = x_o$ *ist.*

$$\lim_{n\to\infty} f(x_n) = \lim_{n\to\infty} (x_n^2) = (\lim_{n\to\infty} x_n)^2 = x_o^2 .$$

Es gilt also auch hier $\lim\limits_{x\to x_o} f(x) = f(x_o)$.

A 2 Seite 153

AUFGABE 2.- *Sie müssen zeigen, daß* $\lim\limits_{x\to x_o} f(x) = f(x_o)$; *in diesem Beispiel also, daß* $\lim\limits_{x\to x_o} a = a$.

Nach Definition von f gilt $f(x_n) = a$ *für alle n und deshalb*

$$\lim_{n\to\infty} f(x_n) = \lim_{n\to\infty} a = a.$$

A 3
Seite 155

AUFGABE 3.- *Alle folgenden Ungleichungen sind äquivalent.*

$$\begin{array}{lll} \sin x & \le x & \text{für } 0 \le x < 1 \\ -\sin x & \ge -x & \text{für } 0 \le x < 1 \\ \sin(-x) & \ge -x & \text{für } 0 \le x < 1 \\ \sin x & \ge x & \text{für } 0 \le -x < 1 \\ \sin x & \ge x & \text{für } 0 \ge x > -1 \ . \end{array}$$

A 4
Seite 155

AUFGABE 4.- *Für $x = y$ folgt aus (9.15)*

$$\cos(x+x) = \cos^2 x - \sin^2 x = \cos^2 x + \sin^2 x - 2\sin^2 x$$
$$\cos(2x) = 1 - 2\sin^2 x$$
$$\cos x = 1 - 2\sin^2(\tfrac{x}{2})$$

Wenn $x \mapsto \sin x$ in 0 stetig ist, dann sind nach den Sätzen über Addition, Multiplikation und Komposition stetiger Funktionen nacheinander auch die Funktionen

$$x \mapsto \sin\frac{x}{2}\ ,\ x \mapsto \sin^2(\tfrac{x}{2})\ ,\ x \mapsto 2\sin^2(\tfrac{x}{2}) \text{ und}$$
$$x \mapsto 1 - 2\sin^2(\tfrac{x}{2}) \text{ stetig.}$$

A 5
Seite 156

AUFGABE 5.- *Die Behauptung lautet*

$$\lim_{n\to\infty} \exp(x_n) = 1$$

für eine beliebige Nullfolge (x_n). Nach der Definition einer konvergenten Folge ist zu zeigen: zu jedem $\varepsilon > 0$ gibt es eine Zahl N mit

$$|\exp(x_n) - 1| < \varepsilon \quad \text{für alle } n \ge N.$$

Nun ist aber nach (10.17)

$$|\exp(x_n) - 1| \le 2|x_n| \ .$$

(x_n) ist eine Nullfolge, also gibt es zu $\frac{\varepsilon}{2}$ eine Zahl N mit $|x_n| < \frac{\varepsilon}{2}$ für alle $n \ge N$. Es gilt deshalb

$$|\exp(x_n) - 1| \le 2|x_n| < \varepsilon \quad \text{für alle } n \ge N.$$

Das war zu zeigen.

A 6
Seite 159

AUFGABE 6.- *(a_n) ist nach oben durch 2 beschränkt, (b_n) nach unten durch 1 beschränkt - siehe Eigenschaft (1) im Beweis von (10.24). Die Monotonie folgt aus Eigenschaft (2).*

A 7
Seite 163

AUFGABE 7.- *Wie in (10.32):*

$$\ln(\tfrac{x}{y}) = \ln\left(\frac{e^t}{e^s}\right) = \ln(e^{t-s}) = t - s = \ln x - \ln y.$$

Die Eigenschaft (2) sagt, daß $r\cdot\ln x = \ln(x^r)$ genau dann, wenn $e^{r\cdot\ln x} = x^r$. Diese Gleichung ist richtig, weil $e^{r\cdot\ln x} = (e^{\ln x})^r$ nach den Regeln für Potenzen und $e^{\ln x} = x$ nach der Definition des Logarithmus als Umkehrfunktion.

A 10
Seite 166

AUFGABE 10.- *a) Aus $e^{(\pi+x)i} = -e^{ix}$ folgt*

$\cos(\pi+x) + i\sin(\pi+x) = -\cos x - i\sin x$, also
$\cos(\pi+x) = -\cos x$, $\sin(\pi+x) = -\sin x$.

Die anderen Aussagen erhalten Sie, wenn Sie x durch -x ersetzen und sich an $\cos(-x) = \cos x$ und $\sin(-x) = -\sin x$ erinnern.

b) $e^{(\frac{\pi}{2}-x)i} = e^{\frac{\pi}{2}i}\, e^{-ix} = i\, e^{-ix}$. *Es folgt*

$$\cos(\tfrac{\pi}{2} - x) + i\sin(\tfrac{\pi}{2} - x) = i(\cos(-x) + i\sin(-x))$$
$$= \sin x + i\cos x \ .$$

A 11
Seite 170

AUFGABE 11.- *Zunächst die Abschätzung: es gilt für $x \ne x_0$*

$$|f(x) - f(x_0)| = \left|\sqrt{1+x^2} - \sqrt{1+x_0^2}\right|$$
$$= \left|\frac{(1+x^2) - (1+x_0^2)}{\sqrt{1+x^2} + \sqrt{1+x_0^2}}\right| = |x - x_0| \left|\frac{x + x_0}{\sqrt{1+x^2} + \sqrt{1+x_0^2}}\right|$$
$$< |x - x_0| \left|\frac{|x| + |x_0|}{\sqrt{|x|^2} + \sqrt{|x_0|^2}}\right| = |x - x_0|$$

Sei nun $\varepsilon > 0$ vorgegeben. Dann gilt für $\delta := \varepsilon$

$$|f(x) - f(x_0)| < |x - x_0| = \varepsilon \text{ für alle } x \text{ mit } |x - x_0| < \delta.$$

KAPITEL 11 DIFFERENTIALRECHNUNG

Seite 175

Die "allgemeine Form" eines Polynoms p ersten Grades hat die Gestalt $p(x) = ax + b$ mit $a \ne 0$. Läßt man die Forderung $a \ne 0$ fort, so hat man ein Polynom höchstens ersten Grades.

A 1
Seite 175

AUFGABE 1.- *Aus $f(x_0) = p(x_0) = ax_0 + b$ folgt $b = f(x_0) - ax_0$. Damit gilt $p(x) = ax + b = ax + f(x_0) - ax_0 = f(x_0) + a(x - x_0)$. Also hat p die Gestalt*

$$p(x) = f(x_0) + a(x - x_0).$$

A 2
Seite 176

AUFGABE 2.- *1) Hinweis: Gehen Sie analog zum Fall $x_0 = 1$ in Beispiel (11.2) vor. Formen Sie also zunächst den Quotienten $\frac{x^2 - x_0^2 - a(x - x_0)}{x - x_0}$, $x \ne x_0$, um.*

2) Lösung: Behauptung: Die Funktion $x \mapsto f(x) := x^2$, $x \in \mathbb{R}$, ist in jedem $x_0 \in \mathbb{R}$ linear approximierbar, und das approximierende Polynom hat jeweils die Gestalt

$$p(x) = x_0^2 + 2\cdot x_0(x - x_0) = 2x_0 x - x_0^2 \ .$$

Beweis: Sei $x_0 \in \mathbb{R}$. Dann gilt für alle $x \ne x_0$

$$\frac{f(x) - f(x_0) - a(x - x_0)}{x - x_0} = \frac{x^2 - x_0^2 - a(x - x_0)}{x - x_0} = \frac{(x + x_0)(x - x_0) - a(x - x_0)}{x - x_0}$$
$$= x + x_0 - a.$$

Also folgt

$$\lim_{x\to x_0} \frac{f(x)-f(x_0)-a(x-x_0)}{x-x_0} = \lim_{x\to x_0}(x+x_0-a) = 2x_0-a,$$

und dieser Grenzwert ist gleich 0 genau für $a=2x_0$. Also ist f in x_0 linear approximierbar und das approximierende Polynom hat die angegebene Gestalt.

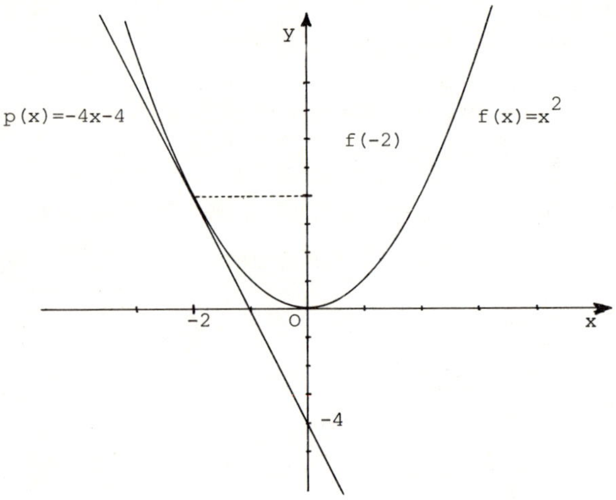

A 3 Seite 179

AUFGABE 3.- a) 1) Hinweis: Benutzen Sie Satz (11.8), Seite 178. Berechnen Sie dazu zunächst für $x_0 > 0$ und $x \neq x_0$, $x > 0$, den Quotienten $\frac{\sqrt{x}-\sqrt{x_0}}{x-x_0}$. Erweitern Sie diesen Quotienten mit $\sqrt{x}+\sqrt{x_0}$.

2) Lösung: Behauptung: Die Funktion $x \mapsto f(x) := \sqrt{x}$, $x \geq 0$, ist in jedem $x_0 > 0$ differenzierbar, und es gilt $f'(x_0) = \frac{1}{2\sqrt{x_0}}$.

Beweis: Sei $x_0 \in \mathbb{R}$, $x_0 > 0$. Dann gilt für $x \neq x_0$, $x > 0$:

$$\frac{f(x)-f(x_0)}{x-x_0} = \frac{\sqrt{x}-\sqrt{x_0}}{x-x_0} = \frac{(\sqrt{x}-\sqrt{x_0})(\sqrt{x}+\sqrt{x_0})}{(x-x_0)(\sqrt{x}+\sqrt{x_0})} = \frac{x-x_0}{(x-x_0)(\sqrt{x}+\sqrt{x_0})}$$

$$= \frac{1}{\sqrt{x}+\sqrt{x_0}} .$$

Da die Funktion $x \mapsto \frac{1}{\sqrt{x}+\sqrt{x_0}}$ in x_0 stetig ist (Rechenregeln für stetige Funktionen), folgt

$$\lim_{x\to x_0} \frac{f(x)-f(x_0)}{x-x_0} = \lim_{x\to x_0} \frac{1}{\sqrt{x}+\sqrt{x_0}} = \frac{1}{2\sqrt{x_0}} .$$

Also ist $f'(x_0) = \frac{1}{2\sqrt{x_0}}$.

b) 1) Hinweis: Formen Sie zunächst $\dfrac{\frac{1}{x^n}-\frac{1}{x_0^n}}{x-x_0}$ für x, $x_0 \neq 0$ und $x \neq x_0$ um. Gehen Sie dabei ähnlich wie in Beispiel (11.9), Seite 178 vor. Verwenden Sie dann, daß rationale Funktionen stetig sind.

2) Lösung: Behauptung: Die Funktion $x \mapsto f(x) := \frac{1}{x^n}$, $x \neq 0$, ist in jedem $x_0 \neq 0$ differenzierbar, und es gilt $f'(x_0) = -\frac{n}{x_0^{n+1}}$.

Beweis: Sei $x_0 \in \mathbb{R}$, $x_0 \neq 0$. Für $x \neq x_0$, $x \neq 0$, gilt dann (mit dem Ergebnis der Fußnote (*) auf Seite 178):

$$\frac{f(x)-f(x_0)}{x-x_0} = \frac{\frac{1}{x^n}-\frac{1}{x_0^n}}{x-x_0} = \frac{x_0^n-x^n}{x_0^n x^n (x-x_0)}$$

$$= \frac{(x_0-x)}{x_0^n x^n (x-x_0)} \sum_{k=0}^{n-1} x_0^{n-1-k}x^k = -\frac{1}{x_0^n x^n} \sum_{k=0}^{n-1} x_0^{n-1-k}x^k$$

$$= -\sum_{k=0}^{n-1} \frac{x_0^{n-1-k}x^k}{x_0^n x^n} = -\sum_{k=0}^{n-1} \frac{1}{x_0^{k+1}x^{n-k}} .$$

Wir haben eine endliche Summe rationaler Funktionen von der Gestalt $x \mapsto \frac{1}{x_0^{k+1}x^{n-k}}$ erhalten. Diese sind jeweils in $x_0 \neq 0$ definiert und stetig mit dem Funktionswert $\frac{1}{x_0^{k+1}x_0^{n-k}} = \frac{1}{x_0^{n+1}}$. Also folgt

$$\lim_{x\to x_0} \frac{f(x)-f(x_0)}{x-x_0} = \lim_{x\to x_0} -\sum_{k=0}^{n-1} \frac{1}{x_0^{k+1}x^{n-k}} = -\sum_{k=0}^{n-1} \frac{1}{x_0^{n+1}}$$

$$= -n \cdot \frac{1}{x_0^{n+1}} .$$

D.h. f ist in x_0 differenzierbar und $f'(x_0) = -\frac{n}{x_0^{n+1}}$.

Das approximierende Polynom 1. Grades zu einem Punkt $x_0 \neq 0$ lautet im Fall $n=1$:

$$p(x) = \frac{1}{x_0} - \frac{1}{x_0^2}(x-x_0) = \frac{1}{x_0^2}(2x_0-x).$$

A 4 Seite 181

AUFGABE 4.- (Vgl. Sie mit Bemerkung (11.11)(1)-Newton ..., Seite 180). Ist $m(x)$ eine lineare Funktion, (d.h. die Massenzunahme ist proportional zu x), so hat die mittlere lineare Dichte $\rho_{x,x+h}$ für jedes Punktepaar $x, x+h \in [0,\ell]$ denselben (konstanten) Wert, etwa ρ_0. Man wird in diesem Fall für jedes $x_0 \in [0,\ell]$ $\rho(x_0) := \rho_0$ setzen.

Ist m nicht linear, so approximiert man m in der Nähe von x_0 durch ein lineares Polynom und definiert

$$\rho(x_0) := \lim_{h\to 0} \frac{m(x_0+h)-m(x_0)}{h} = m'(x_0),$$

sofern der Grenzwert existiert. Es muß also Differenzierbarkeit von m in x_0 gefordert werden.

A 5 Seite 182

AUFGABE 5.- Beweis: Es ist zu zeigen, daß für jedes $x_0 \in \mathbb{R}$ der Grenzwert $\lim_{h\to 0} \frac{e^{x_0+h}-e^{x_0}}{h}$ existiert und gleich e^{x_0} ist. Für $h \neq 0$ erhält man

$$\frac{e^{x_0+h}-e^{x_0}}{h} = \frac{e^{x_0}\cdot e^h - e^{x_0}}{h} = e^{x_0} \cdot \frac{e^h-1}{h} .$$

Mit den Rechenregeln für Grenzwerte von Funktionen und Hilfssatz (11.13), Seite 181, folgt

$$\lim_{h\to 0} \frac{e^{x_0+h}-e^{x_0}}{h} = e^{x_0} \cdot \lim_{h\to 0} \frac{e^h-1}{h} = e^{x_0}\cdot 1 = e^{x_0}.$$

A 6
Seite 182

AUFGABE 6.- 1) Hinweis: Analog zu (11.17), Seite 182, mit dem Additionstheorem für cos.

2) Lösung: Behauptung: Die Funktion cos ist in jedem $x_o \in \mathbb{R}$ differenzierbar, und es gilt $\cos' x_o = -\sin x_o$.

Beweis: Sei $x_o \in \mathbb{R}$, dann gilt mit $h \neq 0$:

$$\frac{\cos(x_o+h) - \cos x_o}{h} = \frac{1}{h}(\cos x_o \cos h - \sin x_o \sin h - \cos x_o)$$
$$= \cos x_o \frac{\cos h - 1}{h} - \sin x_o \frac{\sin h}{h}.$$

Mit (11.16), Seite 182, und den Rechenregeln für Grenzwerte von Funktionen folgt

$$\lim_{h\to 0} \frac{\cos(x_o+h) - \cos x_o}{h} = \cos x_o \cdot \lim_{h\to 0} \frac{\cos h - 1}{h} - \sin x_o \cdot \lim_{h\to 0} \frac{\sin h}{h} = -\sin x_o.$$

Also ist $\cos' x_o = -\sin x_o$.

A 7
Seite 182

AUFGABE 7.- 1) Hinweis: Lediglich der Nachweis der Stetigkeit von f bzw. g im Nullpunkt könnte Schwierigkeiten bereiten. Lesen Sie dann noch einmal die Definition der Stetigkeit und Hilfssatz (11.16) auf Seite 182.

2) Lösung: Die Funktionen $x \mapsto \sin x$ und $x \mapsto x$ sind stetig. Also ist (nach den Rechenregeln für stetige Funktionen, Satz (10.8) auf Seite 153) der Quotient $\frac{\sin x}{x}$ stetig für $x \neq 0$. D.h. f ist stetig in jedem Punkt $x \neq 0$. Für den Nachweis der Stetigkeit von f in 0 ist nach Definition der Stetigkeit auf Seite 151 zu zeigen

$$\lim_{x\to 0} f(x) = f(0) \quad (=1)$$

also

$$\lim_{x\to 0} \frac{\sin x}{x} = 1.$$

Dies gilt jedoch nach Hilfssatz (11.16).
Völlig analog verläuft die Argumentation für die Funktion g.

A 8
Seite 183

AUFGABE 8.- 1) Hinweis: Sei $c \in \mathbb{R}$ und $f(x) = c$ für alle $x \in \mathbb{R}$ (f ist also eine konstante Funktion). Sei $x_o \in \mathbb{R}$. Dann ist der Grenzwert $\lim_{x\to x_o} \frac{f(x)-f(x_o)}{x-x_o}$ zu berechnen.

2) Lösung: Da $f(x) = c$ für alle $x \in \mathbb{R}$, gilt für $x \neq x_o$

$$\frac{f(x)-f(x_o)}{x-x_o} = \frac{c-c}{x-x_o} = 0.$$

Also ist

$$\lim_{x\to x_o} \frac{f(x)-f(x_o)}{x-x_o} = 0,$$

und f ist differenzierbar mit der Ableitung $f'(x_o) = 0$.
Ergebnis: Jede konstante Funktion ist differenzierbar und hat als Ableitung die Nullfunktion $x \mapsto 0$, $x \in \mathbb{R}$.

Seite 184

ANTWORT auf die FRAGE auf Seite 184: Die Umkehrung von Satz (11.21) gilt nicht, denn die Betragsfunktion (z.B.) ist im Nullpunkt stetig, aber nicht differenzierbar.

A 9
Seite 185

AUFGABE 9.- 1) Hinweis: Zu a): Es ist $\tan = \frac{\sin}{\cos}$ und $\cot = \frac{\cos}{\sin}$. Überprüfen Sie, ob die Voraussetzungen der Quotientenregel erfüllt sind. Wenden Sie dann die Quotientenregel an. - Zu b): Zur Berechnung von f_1' benutzen Sie am besten den Spezialfall der Quotientenregel von Seite 185 links, Mitte. f_2' erhalten Sie durch mehrfache Anwendung der Produktregel. (Wenn Sie die Kettenregel schon kennen, ist es natürlich zweckmäßiger, f_2' mit Hilfe der Kettenregel zu berechnen.)

2) Lösung: a) Behauptung: tan und cot sind differenzierbare Funktionen, und es gilt

$$\tan' = \frac{1}{\cos^2} \quad \text{und} \quad \cot' = -\frac{1}{\sin^2}.$$

Beweis: Es ist $\tan x = \frac{\sin x}{\cos x}$ für alle $x \neq \frac{\pi}{2} + k\cdot\pi$, $k \in \mathbb{Z}$. sin und cos sind in jedem Punkt des Definitionsbereiches von tan differenzierbar. Dort ist auch $\cos x \neq 0$. Also folgt mit der Quotientenregel: tan ist differenzierbar in jedem $x \neq \frac{\pi}{2} + k\cdot\pi$, $k \in \mathbb{Z}$, und es gilt

$$\tan' x = \left(\frac{\sin}{\cos}\right)'(x) = \frac{\sin' x \cos x - \sin x \cos' x}{(\cos x)^2}$$
$$= \frac{\cos x \cdot \cos x + \sin x \cdot \sin x}{\cos^2 x}$$
$$= \frac{\cos^2 x + \sin^2 x}{\cos^2 x} = \frac{1}{\cos^2 x}.$$

Mit $\cot x = \frac{\cos x}{\sin x}$ für alle $x \neq k\cdot\pi$, $k \in \mathbb{Z}$, folgt bei analoger Argumentation:
cot ist differenzierbar in jedem $x \neq k\cdot\pi$, $k \in \mathbb{Z}$, und es gilt

$$\cot' x = \left(\frac{\cos}{\sin}\right)'(x) = \frac{\cos' x \sin x - \cos x \sin' x}{(\sin x)^2}$$
$$= \frac{-\sin^2 x - \cos^2 x}{\sin^2 x} = -\frac{1}{\sin^2 x}.$$

b) - Es ist $f_1(x) = \frac{1}{x^3+x}$, $x \neq 0$. Mit dem Spezialfall der Quotientenregel (Seite 185) folgt:

$$f_1'(x) = -\frac{(x^3+x)'}{(x^3+x)^2} = -\frac{3x^2+1}{x^2(x^2+1)^2}.$$

- Es ist $f_2(x) = \sin^2 x \cdot \sin^2 x$. Deshalb ergibt sich durch mehrmalige Anwendung der Produktregel:

$$f_2'(x) = (\sin^2 x)' \cdot \sin^2 x + \sin^2 x \cdot (\sin^2 x)'.$$

Da $\sin^2 x = \sin x \cdot \sin x$, gilt $(\sin^2 x)' = \sin' x \cdot \sin x + \sin x \cdot \sin' x = \cos x \cdot \sin x + \sin x \cdot \cos x = 2 \cos x \sin x$.
Man erhält also $f_2'(x) = 2 \cos x \cdot \sin x \cdot \sin^2 x + \sin^2 x \cdot 2 \cos x \cdot \sin x = 4 \sin^3 x \cdot \cos x$.
- Mit der Produkt- und der Summenregel folgt
$f_3'(x) = 1 \cdot \sin x + x \sin' x + \cos' x = \sin x + x \cdot \cos x - \sin x$
$= x \cdot \cos x$.

A 10
Seite 186

AUFGABE 10.- a) Behauptung: Die Funktion $x \mapsto f(x) := \sin(\cos x)$, $x \in \mathbb{R}$, *ist differenzierbar, und es gilt* $f'(x) = -\cos(\cos x)\cdot \sin x$ *für alle* $x \in \mathbb{R}$.

Beweis: Es ist zu zeigen, daß f in jedem Punkt $x_o \in \mathbb{R}$ *differenzierbar ist.*

Sei also $x_o \in \mathbb{R}$. *Es ist* $f = \sin \circ \cos$. *Da sin eine differenzierbare Funktion ist, ist sin insbesondere in* $\cos x_o$ *differenzierbar. Außerdem ist cos insbesondere in* x_o *differenzierbar. Damit sind alle Voraussetzungen der Kettenregel erfüllt.*

Es folgt: $f = \sin \circ \cos$ *ist in* x_o *differenzierbar, und für die Ableitung gilt*

$$f'(x_o) = \sin'(\cos x_o)\cdot \cos' x_o = \cos(\cos x_o)\cdot(-\sin x_o)$$
$$= -\cos(\cos x_o)\cdot \sin x_o .$$

b) Zu 1): Setzt man $g(y) := y^2$ *und* $h(x) := x^2 + \cos x$, *so gilt* $g \circ h(x) = g(h(x)) = (h(x))^2 = (x^2+\cos x)^2$. *Also folgt mit der Kettenregel:*

$$\frac{d[(x^2+\cos x)^2]}{dx} = g'(h(x))\cdot h'(x) = 2(x^2+\cos x)\cdot(2x-\sin x).$$

Zu 2): Es ist $a^x = e^{x\cdot \ln a}$. *Deshalb ergibt die Komposition der Funktionen* $y \mapsto f(y) := e^y$ *und* $x \mapsto g(x) := x\cdot \ln a$:

$f \circ g(x) = f(g(x)) = e^{g(x)} = e^{x\cdot\ln a} = a^x$. *Also ist*

$$(a^x)' = f'(g(x))\cdot g'(x) = e^{g(x)}\cdot \ln a = e^{x\cdot \ln a}\cdot \ln a = a^x \cdot \ln a .$$

Zu 3): Hier ist $\sqrt{\frac{x^2+x+1}{3x-9}} = h \circ f(x)$, *wenn man* $f(x) := \frac{x^2+x+1}{3x-9}$ *und* $h(y) := \sqrt{y}$ *setzt.*

Die Kettenregel liefert

$$\left(\sqrt{\frac{x^2+x+1}{3x-9}}\right)' = \frac{1}{2\sqrt{f(x)}}\cdot f'(x)$$
$$= \frac{1}{2\sqrt{\frac{x^2+x+1}{3x-9}}}\cdot \frac{(2x+1)(3x-9)-(x^2+x+1)\cdot 3}{(3x-9)^2}$$
$$= \frac{3}{2}\cdot \frac{(x^2-6x-4)\sqrt{3x-9}}{(3x-9)^2\sqrt{x^2+x+1}} .$$

A 11
Seite 186/187

AUFGABE 11.- 1) Hinweis: Zu a): Versuchen Sie den Graphen von i zu skizzieren. Berücksichtigen Sie $\lim_{x\to\infty} e^{-x} = 0$ *und* $x \mapsto e^{-x}$ *ist streng monoton fallend (vgl. Kapitel 9). Zu c):* $L\cdot \frac{di(t)}{dt}$ *ist die an der Spule durch Selbstinduktion induzierte Spannung.*

2) Lösung: a) Wegen $e^0 = 1$ *ist* $i(t_o) = 0$. *Dies entspricht der physikalischen Tatsache, daß im Augenblick des Schließens des Schalters noch kein Strom fließt. Für* $t > t_o$ *ist* $\frac{R}{L}(t-t_o) > 0$. *Mit Satz (9.10) auf Seite 142 ergibt sich:* $e^{-\frac{R(t-t_o)}{L}} < 1$, *so daß* $i(t) < \frac{U_o}{R}$. *Andererseits ist* $t \mapsto e^{-\frac{R(t-t_o)}{L}}$ *streng monoton fallend und* $\lim_{t\to\infty} e^{-\frac{R(t-t_o)}{L}} = 0$, *so daß* $\lim_{t\to\infty} i(t) = \frac{U_o}{R}$ *ist.* $i(t)$ *ist also streng monoton wachsend (vom Wert 0 bis zum theoretisch nicht angenommenen Wert* $\frac{U_o}{R}$*).*

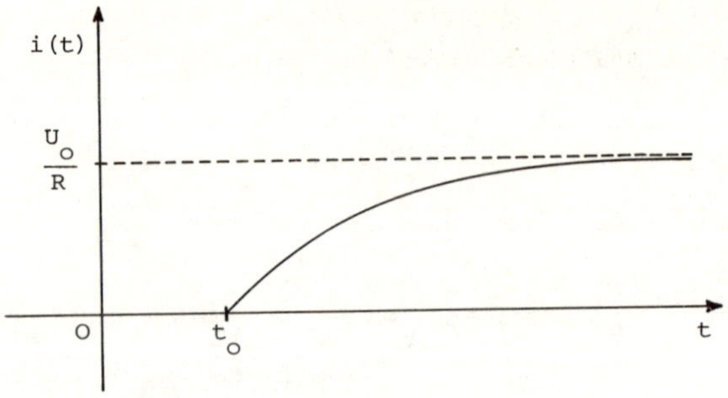

b) Es ist $i(t) = \frac{U_o}{R} - \frac{U_o}{R}\, e^{-\frac{R(t-t_o)}{L}}$, *also*

$$\frac{di(t)}{dt} = -\frac{U_o}{R}\, e^{-\frac{R(t-t_o)}{L}}\cdot\left(-\frac{R}{L}\right) = \frac{U_o}{L}\, e^{-\frac{R(t-t_o)}{L}} .$$

Da $e^{-\frac{R(t-t_o)}{L}}$ *streng monoton fällt, ist die Stromänderung* $\frac{di(t)}{dt}$, $t \geq t_o$, *für* $t = t_o$ *am größten. Dort ist* $\frac{di(t)}{dt} = \frac{U_o}{L}$.

c) Wir setzen das Ergebnis von b) ein und erhalten für $t \geq t_o$:

$$L\cdot\frac{di(t)}{dt} + R\cdot i(t) = L\cdot \frac{U_o}{L}\, e^{-\frac{R(t-t_o)}{L}} + R\cdot\left(\frac{U_o}{R} - \frac{U_o}{R}\, e^{-\frac{R(t-t_o)}{L}}\right)$$
$$= U_o\cdot e^{-\frac{R(t-t_o)}{L}} + U_o - U_o\cdot e^{-\frac{R(t-t_o)}{L}} = U_o .$$

d) Betrachten Sie den auf Seite 186 skizzierten Stromkreis bei geschlossenem Schalter S. Die an der Spule induzierte Spannung u_L *ist proportional zur Stomänderung:*

$$u_L = L\cdot\frac{di(t)}{dt} .$$

Am Ohmschen Widerstand mißt man die Spannung

$$u_R = R\cdot i(t).$$

Nach Festlegung der Stromrichtung (von + nach -) gilt mit dem Kirchhoffschen Gesetz:

$$u_L + u_R - U_o = 0,$$

also

$$L\cdot\frac{di(t)}{dt} + R\cdot i(t) = U_o .$$

A 12
Seite 188

AUFGABE 12.- 1) Hinweis: Gehen Sie analog zu Beispiel (11.26)(2), Seite 187, schrittweise vor.

2) Lösung: a) Sei $f(x) := ((x+x^2)^3 + x^4)^5$. *Dann ist*

$$f'(x) = 5((x+x^2)^3 + x^4)^4 \cdot ((x+x^2)^3 + x^4)'$$
$$= 5((x+x^2)^3 + x^4)^4 \cdot (3(x+x^2)^2\cdot(x+x^2)' + 4x^3)$$
$$= 5((x+x^2)^3 + x^4)^4 \cdot (3(x+x^2)^2\cdot(1+2x) + 4x^3).$$

b) Sei $g(x) := e^{-\frac{1}{x}}\cdot \sin(ax+b)$, $x \neq 0$. *Dann gilt mit der Produkt- und Kettenregel*

$$g'(x) = e^{-\frac{1}{x}} \cdot \left(-\frac{1}{x}\right)' \cdot \sin(ax+b) + e^{-\frac{1}{x}} \cdot \cos(ax+b) \cdot (ax+b)'$$

$$= e^{-\frac{1}{x}} \cdot \frac{1}{x^2} \cdot \sin(ax+b) + a\, e^{-\frac{1}{x}} \cdot \cos(ax+b).$$

c) Sei $h(x) := \sqrt{x^3 + \sqrt{x^5 + \sqrt{x^3}}}$, $x > 0$. Dann folgt mit

$$(\sqrt{y})' = \frac{1}{2\sqrt{y}}$$

$$h'(x) = \frac{1}{2\sqrt{x^3 + \sqrt{x^5 + \sqrt{x^3}}}} \cdot \left(3x^2 + \frac{1}{2\sqrt{x^5 + \sqrt{x^3}}} \cdot \left(5x^4 + \frac{1}{2\sqrt{x^3}} \cdot 3x^2\right)\right).$$

A 13 Seite 189

<u>AUFGABE 13</u>.- 1) Hinweis: Zu a): Sie müssen überprüfen, in welchen Punkten des Intervalls $[0,\pi]$ die Funktion $\cos|_{[0,\pi]}$ <u>alle</u> Voraussetzungen von Satz (11.28) auf Seite 188 erfüllt. Die Umkehrfunktion ist arccos: $[-1,1] \to \mathbb{R}$. (Vgl. Satz und Definition (10.42) auf Seite 167.)

Zu b): Die Umkehrfunktion von f_1 ist die Funktion $y \mapsto \sqrt[n]{y}$, $y > 0$.

Die Umkehrfunktion von f_2 ist die Funktion $y \mapsto \arctan y$, $y \in \mathbb{R}$. Zur Berechnung von $\cos^2(\arctan y)$ müssen Sie die Gleichung $\cos^2 x = \dfrac{1}{1+\tan^2 x}$ beweisen.

2) Lösung: a) Behauptung: Die Funktion arccos: $[-1,1] \to \mathbb{R}$ ist in allen Punkten des <u>offenen</u> Intervalls $]-1,1[$ differenzierbar. Dort gilt

$$\arccos' y = -\frac{1}{\sqrt{1-y^2}}.$$

Beweis: $[0,\pi]$ ist ein Intervall und $\cos|_{[0,\pi]}$ nach Satz (10.42) stetig und streng monoton. Wir benutzen den Zusatz zu Satz (11.28) auf Seite 188.

$\cos|_{[0,\pi]}$ ist differenzierbar. Dann ist arccos genau in allen Punkten $y = \cos x \in [-1,1]$ differenzierbar, für die $\cos' x = -\sin x \neq 0$ gilt. Für $x \in [0,\pi]$ gilt: $\sin x \neq 0$ genau dann, wenn $x \in\,]0,\pi[$.

Daher ist arccos genau in allen Punkten $y = \cos x$ mit $x \in\,]0,\pi[$ differenzierbar, also in allen Punkten $y \in\,]-1,1[$. Dort gilt

$$\arccos' y = \frac{1}{\cos'(\arccos y)} = -\frac{1}{\sin(\arccos y)}.$$

Wie in Beispiel (11.29)(2), Seite 189, ergibt sich jetzt: Für $y \in\,]-1,1[$ ist $\arccos y \in\,]0,\pi[$, also $\sin(\arccos y) > 0$. Deshalb gilt $\sin(\arccos y) = \sqrt{1-\cos^2(\arccos y)} = \sqrt{1-y^2}$, so daß

$$\arccos' y = -\frac{1}{\sqrt{1-y^2}}.$$

b) $f_1^{-1}(y) = \sqrt[n]{y}$, $y > 0$. Dann ist

$$(\sqrt[n]{y})' = (f_1^{-1})'(y) = \frac{1}{f_1'(f_1^{-1}(y))} = \frac{1}{n \cdot (f_1^{-1}(y))^{n-1}} = \frac{1}{n \cdot (\sqrt[n]{y})^{n-1}}$$

$$= \frac{1}{n \cdot \sqrt[n]{y^{n-1}}}.$$

$f_2^{-1}(y) = \arctan y$, $y \in \mathbb{R}$. Es gilt mit Satz (11.28) und mit

$$\tan' = \frac{1}{\cos^2}$$

$$\arctan' y = (f_2^{-1})'(y) = \frac{1}{f_2'(f_2^{-1}(y))} = \frac{1}{\tan'(\arctan y)}$$

$$= \cos^2(\arctan y).$$

Wegen $\cos^2 x = \dfrac{\cos^2 x}{\cos^2 x + \sin^2 x} = \dfrac{1}{\frac{\cos^2 x}{\cos^2 x} + \frac{\sin^2 x}{\cos^2 x}} = \dfrac{1}{1+\tan^2 x}$

folgt

$$\arctan' y = \frac{1}{1+\tan^2(\arctan y)} = \frac{1}{1+y^2}.$$

A 14 Seite 190

<u>AUFGABE 14</u>.- 1) Hinweis: Zu a): Schreiben Sie $J_k(x)$ in der Form $J_k(x) = x^k \sum_{n=0}^{\infty} (-1)^n \dfrac{1}{n!(n+k)!2^{2n+k}} x^{2n}$ und setzen Sie $x^2 =: y$. Dann können Sie den Konvergenzradius der Reihe $\sum_{n=0}^{\infty} (-1)^n \dfrac{1}{n!(n+k)!2^{2n+k}} y^n$ mit der Formel von Hadamard bestimmen. $\left(\dfrac{1}{\sqrt[n]{n!}}\right)$ ist eine Nullfolge. Oder: Untersuchen Sie $J_k(x)$ für $x \neq 0$ mit dem Quotientenkriterium auf absolute Konvergenz.

Zu b): Bevor Sie die Potenzreihe differenzieren, multiplizieren Sie alle Glieder mit x^k.

Zu c): Berechnen Sie die linke Seite der Gleichung in b) nach der Produktregel. Dividieren Sie dann durch eine geeignete Potenz von x.

2) Lösung: a) Behauptung: $J_k(x)$ hat für jedes $k \geq 0$ den Konvergenzradius $R = \infty$.

Beweis: Es ist $J_k(x) = \sum_{n=0}^{\infty} (-1)^n \dfrac{1}{n!(n+k)!} \cdot \dfrac{1}{2^{2n+k}} \cdot x^{2n} \cdot x^k$

$$= x^k \sum_{n=0}^{\infty} (-1)^n \frac{1}{n!(n+k)!2^{2n+k}} x^{2n}.$$

Setzt man $x^2 =: y$, so ist der Konvergenzradius der Potenzreihe

$$\sum_{n=0}^{\infty} (-1)^n \frac{1}{n!(n+k)!2^{2n+k}} y^k \qquad (1)$$

zu bestimmen. Hierfür gilt

$$\sqrt[n]{|a_n|} = \frac{1}{\sqrt[n]{n!(n+k)!2^{2n+k}}} < \frac{1}{\sqrt[n]{n!}}.$$

Da $\left(\dfrac{1}{\sqrt[n]{n!}}\right)$ eine Nullfolge ist, ist auch $\left(\sqrt[n]{|a_n|}\right)$ eine Nullfolge. Nach der Formel von Hadamard (Satz (9.4) auf Seite 138) gilt dann $R = \infty$. D.h. die Potenzreihe (1) konvergiert für alle $y \in \mathbb{R}$. Also ist $J_k(x)$ für alle $x \in \mathbb{R}$ konvergent.

Alternativ: Sei für $x \in \mathbb{R}$ und $k \in \mathbb{N}_0$:

$b_n := (-1)^n \dfrac{1}{n!(n+k)!2^{2n+k}} x^{2n+k}$. Dann gilt $J_k(x) = \sum_{n=0}^{\infty} b_n$

und für $x \neq 0$ ist $b_n \neq 0$, und es gilt

$$\frac{|b_{n+1}|}{|b_n|} = \frac{n!(n+k)!2^{2n+k}}{(n+1)!(n+1+k)!2^{2n+2+k}} \cdot \frac{|x|^{2n+2+k}}{|x|^{2n+k}} = \frac{1}{(n+1)(n+1+k)\cdot 4}|x|^2 .$$

$\left(\frac{|x|^2}{4(n+1)(n+1+k)}\right)$ ist eine Nullfolge. Also liefert das Quotientenkriterium: $J_k(x)$ ist für jedes $x \neq 0$ absolut konvergent und daher für alle $x \in \mathbb{R}$ konvergent, so daß der Konvergenzradius $R = \infty$ ist.

b) Sei $k \geq 1$ und $x \in \mathbb{R}$. Dann ist

$$x^k \cdot J_k(x) = \sum_{n=0}^{\infty} (-1)^n \frac{1}{n!(n+k)!2^{2n+k}} \cdot x^{2n+2k} .$$

Hieraus folgt mit Satz (11.32) (Ableitung einer Potenzreihe):

$$\frac{d[x^k J_k(x)]}{dx} = \sum_{n=0}^{\infty} (-1)^n \frac{2n+2k}{n!(n+k)!2^{2n+k}} \cdot x^{2n+2k-1}$$

$$= \sum_{n=0}^{\infty} (-1)^n \frac{(n+k)\cdot 2}{n!(n+k)!2^{2n+k}} \cdot x^{2n+k-1} \cdot x^k$$

$$= \sum_{n=0}^{\infty} (-1)^n \frac{1}{n!(n+k-1)!2^{2n+k-1}} x^{2n+k-1} \cdot x^k$$

$$= x^k \cdot \sum_{n=0}^{\infty} (-1)^n \frac{1}{n!(n+(k-1))!} \left(\frac{x}{2}\right)^{2n+(k-1)}$$

$$= x^k \cdot J_{k-1}(x).$$

c) Es ist nach der Produktregel

$$\frac{d[x^k J_k(x)]}{dx} = \frac{dx^k}{dx} \cdot J_k(x) + x^k \cdot \frac{dJ_k(x)}{dx} = kx^{k-1} \cdot J_k(x) + x^k \cdot J_k'(x).$$

Deshalb gilt mit b):

$$kx^{k-1} \cdot J_k(x) + x^k \cdot J_k'(x) = x^k \cdot J_{k-1}(x).$$

Division durch x^k für $x \neq 0$ liefert

$$J_k'(x) = J_{k-1}(x) - \frac{k}{x} J_k(x).$$

A 15
Seite 191

AUFGABE 15.- 1) Hinweise: (10.33), Seite 163; (10.36), Seite 163; (10.43), Seite 168, und (11.28), Seite 188; (9.17), Seite 144.

2) Lösung: a) Nach Definition (10.33) auf Seite 163 ist $x \mapsto x^\alpha$ für alle $x > 0$ definiert. Wegen $x^\alpha = e^{\alpha \cdot \ln x}$ ist x^α in jedem $x > 0$ differenzierbar, und es gilt mit der Kettenregel:

$(x^\alpha)'$

$$(x^\alpha)' = e^{\alpha \cdot \ln x} \cdot (\alpha \cdot \ln x)' = x^\alpha \cdot \alpha \cdot \frac{1}{x} = \alpha \cdot x^{\alpha - 1} .$$

(Die Formeln für die Ableitung von x^n, $n \in \mathbb{Z}$, sind Spezialfälle hiervon. Vergleichen Sie!)

b) Nach Kapitel 10, Seite 163, ist $\log_a x = \frac{\ln x}{\ln a}$. Also ist $\log_a x$ in jedem $x > 0$ differenzierbar, und es gilt

$(\log_a x)'$

$$(\log_a x)' = \frac{1}{\ln a} \cdot (\ln x)' = \frac{1}{x \ln a} \left(= \frac{1}{\ln a^x}\right).$$

c) arccot ist nach (10.43) für alle $x \in \mathbb{R}$ definiert und wegen $\cot' x = -\frac{1}{\sin^2 x} \neq 0$ für alle $x \in\,]0,\pi[$ nach Satz (11.28) differenzierbar für alle $x \in \mathbb{R}$. Es gilt

$$\operatorname{arccot}' x = \frac{1}{\cot'(\operatorname{arccot} x)} = -\sin^2(\operatorname{arccot} x).$$

Mit $\sin^2 y = \frac{\sin^2 y}{\sin^2 y + \cos^2 y} = \frac{1}{\frac{\sin^2 y}{\sin^2 y} + \frac{\cos^2 y}{\sin^2 y}} = \frac{1}{1 + \cot^2 y}$

ergibt sich

$$\operatorname{arccot}' x = -\frac{1}{1 + \cot^2(\operatorname{arccot} x)} = \frac{-1}{1+x^2} .$$ arccot'

d) sinh und cosh sind nach Definition (9.17) auf Seite 144 für alle $x \in \mathbb{R}$ definiert.

Da die Exponentialfunktion differenzierbar ist, sind sinh und cosh differenzierbar. Es gilt

$$\sinh' x = \frac{1}{2}(e^x - e^{-x})' = \frac{1}{2}(e^x + e^{-x}) = \cosh x \quad \text{und}$$ sinh'

$$\cosh' x = \frac{1}{2}(e^x + e^{-x})' = \frac{1}{2}(e^x - e^{-x}) = \sinh x.$$ cosh'

AUFGABE 16.- a) Es ist $f(t) = t - it^2$, so daß $\operatorname{Re} f(t) = t$ und $\operatorname{Im} f(t) = -t^2$ ist. Re f und Im f sind (als Polynome) differenzierbare Funktionen mit den Ableitungen A 16 Seite 192

$(\operatorname{Re} f)'(t) = 1$ und

$(\operatorname{Im} f)'(t) = -2t$

für alle $t \in \mathbb{R}$.

Daher gilt: f ist differenzierbar, und die Ableitung lautet

$$f'(t) = 1 - 2it, \quad t \in \mathbb{R}.$$

b) Nach der Eulerschen Formel ist

$$e^{i2\pi t} = \cos 2\pi t + i \sin 2\pi t.$$

Also gilt für $t \in [0,1]$

$$f(t) = 3 \cos 2\pi t + i \cdot 3 \sin 2\pi t.$$

Real- und Imaginärteil sind differenzierbare Funktionen. Man erhält

$$f'(t) = 3 \cdot \frac{d}{dt} \cos 2\pi t + i \cdot 3 \frac{d}{dt} \sin 2\pi t$$

$$= -3 \cdot 2\pi \cdot \sin 2\pi t + i \cdot 3 \cdot 2\pi \cos 2\pi t$$

$$= 6\pi(-\sin 2\pi t + i \cos 2\pi t)$$

$$= 6\pi i\left(-\frac{1}{i} \sin 2\pi t + \cos 2\pi t\right)$$

$$= 6\pi i(\cos 2\pi t + i \sin 2\pi t)$$

$$= 6\pi i\, e^{i2\pi t} .$$

Anmerkung: Sie haben an einem Beispiel gesehen, daß man die Ableitung der komplexen Exponentialfunktion $t \mapsto e^{\gamma t}$, $t \in \mathbb{R}$, bei festem $\gamma \in \mathbb{C}$ genauso wie im Reellen erhält. Die Ableitung ist die Funktion $t \mapsto \gamma e^{\gamma t}$, $t \in \mathbb{R}$.

AUFGABE 17.- 1) Hinweis: Zu a): Berechnen Sie zunächst mehrere Ableitungen von x^n. Versuchen Sie dann, eine Gesetzmäßigkeit für die k-te Ableitung zu entdecken. Beweisen Sie Ihr Ergebnis durch vollständige Induktion nach k. A 17 Seite 193

2) Lösung: a) Es ist

$$(x^n)^{(1)} = n\,x^{n-1}$$

$$(x^n)^{(2)} = (n\,x^{n-1})^{(1)} = n(n-1)x^{n-2}$$

$$(x^n)^{(3)} = n(n-1)(n-2)x^{n-3}\ .$$

Behauptung: $(x^n)^{(k)} = n(n-1)\cdot\ldots\cdot(n-(k-1))\cdot x^{n-k}$ *für* $1 \leq k \leq n$

$(x^n)^{(k)} = 0$ *für alle* $k > n$.

Beweis: Durch vollständige Induktion nach k.

"k=1": $\quad (x^n)^{(1)} = n\,x^{n-1} = (n-(1-1))x^{n-1}$.

"k ⟶ k+1": *Es gelte für ein* $k < n$:

$$(x^n)^{(k)} = n(n-1)\cdot\ldots\cdot(n-(k-1))x^{n-k}\ .$$

Dann gilt

$$(x^n)^{(k+1)} = n(n-1)\cdot\ldots\cdot(n-(k-1))(n-k)x^{n-k-1}$$

$$= n(n-1)\cdot\ldots\cdot(n-k)x^{n-(k+1)}\ .$$

Damit ist die erste Aussage bewiesen.

Hieraus folgt für $k = n$:

$$(x^n)^{(n)} = n(n-1)\cdot\ldots\cdot(n-(n-1)) = n!$$

Also sind alle weiteren Ableitungen gleich 0, d.h. $(x^n)^{(k)} = 0$ *für alle* $k > n$.

b) Es gilt

$$\frac{d \arcsin\sqrt{x^2-1}}{dx} = \frac{1}{\sqrt{1-(\sqrt{x^2-1})^2}}\cdot(\sqrt{x^2-1})'$$

$$= \frac{1}{\sqrt{1-(x^2-1)}}\cdot\frac{1}{2\sqrt{x^2-1}}\cdot 2x$$

$$= \frac{1}{\sqrt{2-x^2}}\cdot\frac{x}{\sqrt{x^2-1}} = \frac{x}{\sqrt{3x^2-2-x^4}}\ .$$

Also ist

$$\frac{d^2 \arcsin\sqrt{x^2-1}}{dx^2} = \left(\frac{\cdot\ x}{\sqrt{3x^2-2-x^4}}\right)'$$

$$= \frac{\sqrt{3x^2-2-x^4} - x\cdot\frac{1}{2\sqrt{3x^2-2-x^4}}\cdot(6x-4x^3)}{3x^2-2-x^4}$$

$$= \frac{3x^2-2-x^4-x(3x-2x^3)}{(3x^2-2-x^4)\sqrt{3x^2-2-x^4}} = \frac{x^4-2}{(3x^2-2-x^4)\sqrt{3x^2-2-x^4}}$$

Seite 193

AUFGABEN *ZUM EINÜBEN DER DIFFERENTIATIONSTECHNIKEN*

a) $f'(x) = 3\cos 3x - 2\sin 2x$.

b) $f'(x) = \frac{1}{\cos^2 3x^2}\cdot 6x - \frac{1}{\sin^2 2x^3}\cdot 6x^2$

c) $f'(x) = 7\left(\frac{x}{1+x}\right)^6\cdot\frac{1+x-x}{(1+x)^2} = \frac{7x^6}{(1+x)^8}$

d) $f'(x) = \sqrt{a^2-x^2} + x\cdot\frac{1}{2\sqrt{a^2-x^2}}(-2x) + a^2\frac{1}{\sqrt{1-(\frac{x}{a})^2}}\cdot\frac{1}{a} = \ldots$

$= 2\sqrt{a^2-x^2}$

e) $f'(x) = -\frac{1}{1+\left(\frac{1+x}{1-x}\right)^2}\cdot\left(\frac{1+x}{1-x}\right)'$

$$= \frac{(1-x)^2}{(1-x)^2+(1+x)^2}\cdot\frac{(1-x)-(1+x)(-1)}{(1-x)^2}$$

$$= \ldots = -\frac{1}{1+x^2}$$

f) $f'(x) = \frac{1}{2\sqrt{1+\sqrt{x}}}\cdot(1+\sqrt{x})' = \frac{1}{2\sqrt{1+\sqrt{x}}}\cdot\frac{1}{2\sqrt{x}} = \frac{1}{4\sqrt{x+\sqrt{x}}}$

g) $f'(y) = 1\cdot\sqrt{y^2-2y+2} + (y-1)\frac{1}{2\sqrt{y^2-2y+2}}\cdot(2y-2) = \ldots$

$= \frac{2y^2-4y+3}{\sqrt{y^2-2y+2}}$

h) $f'(t) = \frac{3t^2(2-t^3)-(t^3+2)(-3t^2)}{(2-t^3)^2} = \frac{12t^2}{(2-t^3)^2}$

i) $f'(y) = 1\cdot\sqrt{2ay-y^2} + (y-a)\frac{1}{2\sqrt{2ay-y^2}}(2a-2y) + a^2\frac{1}{\sqrt{1-\left(\frac{y-a}{a}\right)^2}}\cdot\frac{1}{a}$

$= 2\sqrt{2ay-y^2}$

k) $f'(x) = 2\cdot\ln[(x^3+2)(x^2+3)]\cdot\frac{1}{(x^3+2)(x^2+3)}\cdot(3x^2(x^2+3)+ +(x^3+2)2x)$

l) $f'(x) = 1\cdot\ln x + x\cdot\frac{1}{x} - 1 = \ln x$

m) $f'(x) = 4^{-x^2e^x}\cdot\ln 4\cdot((-2x)e^x+(-x^2)e^x)$

$= -(x^2+2x)e^x 4^{-x^2e^x}\cdot\ln 4$

n) $f'(x) = (g\circ h)'(x) = g'(h(x))\cdot h'(x)$

$= \frac{1}{4a^2}\cdot\frac{a^2-x^2}{a^2+x^2}\cdot\frac{2x(a^2-x^2)-(a^2+x^2)(-2x)}{(a^2-x^2)^2} = \ldots$

$= \frac{x}{a^4-x^4}$

o) $f'(x) = \frac{1-\sqrt{x}}{1+\sqrt{x}}\cdot\frac{1}{2}\cdot\frac{\frac{1}{2\sqrt{x}}(1-\sqrt{x})-(1+\sqrt{x})(-\frac{1}{2\sqrt{x}})}{(1-\sqrt{x})^2} + \frac{1}{1+(\sqrt{x})^2}\cdot\frac{1}{2\sqrt{x}} = \ldots$

$= \frac{1}{\sqrt{x}(1-x^2)}$

p) $f'(x) = \frac{3}{8} - \frac{1}{4}\cdot 2\cos 2x + \frac{1}{32}\cdot 4\cos 4x$

$= \frac{3}{8} - \frac{1}{2}\cos 2x + \frac{1}{8}\cos 4x = \ldots = \sin^4 x$

q) $f'(t) = -\frac{1}{\omega}\cdot\frac{1}{\cos\omega t}\cdot(-\sin\omega t)\cdot\omega = \tan\omega t$

r) $f'(x) = 1\cdot\ln^2 x + x\cdot 2\ln x\cdot\frac{1}{x} - 2\ln x - 2x\cdot\frac{1}{x} + 2 = \ln^2 x$

s) $f'(x) = \frac{1}{x}\cdot\ln(\ln x) + \ln x\cdot\frac{1}{\ln x}\cdot\frac{1}{x} - \frac{1}{x} = \frac{\ln(\ln x)}{x}$

t) $f'(x) = \frac{1}{6}(3\cosh 3x\cdot\sin 3x + \sinh 3x\cdot 3\cos 3x$

$\quad -3\sinh 3x\cdot\cos 3x - \cosh 3x(-3\sin 3x))$

$= \cosh 3x\cdot\sin 3x$

u) $f'(x) = -\frac{(x-\frac{2}{x+\sin x})'}{(x-\frac{2}{x+\sin x})^2} = -\frac{1+2\cdot\frac{(x+\sin x)'}{(x+\sin x)^2}}{(x-\frac{2}{x+\sin x})^2}$

$= -\frac{1+2\cdot\frac{1+\cos x}{(x+\sin x)^2}}{(x-\frac{2}{x+\sin x})^2}$

v) *f ist eine Funktion vom Typ* $f(x) = g(x)^{h(x)} = e^{h(x)\cdot\ln g(x)}$.

Deshalb ist

$$f'(x) = \left[\arcsin\left(\frac{\sin x}{x}\right)\right]^{\ln(\sin e^x)} \cdot \left[(\ln(\sin e^x))' \cdot \ln\left(\arcsin\left(\frac{\sin x}{x}\right)\right) + \ln(\sin e^x)\frac{\left(\arcsin\left(\frac{\sin x}{x}\right)\right)'}{\arcsin\left(\frac{\sin x}{x}\right)}\right]$$

$$= f(x)\cdot \left[\frac{1}{\sin e^x}\cdot\cos e^x\cdot e^x\cdot\ln\left(\arcsin\left(\frac{\sin x}{x}\right)\right) + \right.$$

$$\left. + \frac{\ln(\sin e^x)}{\arcsin\left(\frac{\sin x}{x}\right)}\cdot\frac{1}{\sqrt{1-\frac{\sin^2 x}{x^2}}}\cdot\frac{x\cos x - 1\cdot\sin x}{x^2}\right].$$

Seite 193

ERGÄNZENDE AUFGABE.- 1) Hinweis: Zu a): Sie kommen mit Satz (11.8) von Seite 178 schnell zum Ziel. Berechnen Sie $f(0)$. Nutzen Sie aus, daß g in 0 stetig ist.
Zu b): Wie müssen Sie hier $g(x)$ definieren und welche Eigenschaft von g müssen Sie dann nachweisen, um a) anwenden zu können?

2) Lösung: a) Aus $f(x) = x\cdot g(x)$ für alle $x \in \mathbb{R}$ folgt $f(0) = 0\cdot g(0) = 0$. Deshalb gilt für $x \neq 0$:

$$\frac{f(x)-f(0)}{x-0} = \frac{x\cdot g(x)}{x} = g(x).$$ Da g stetig in 0 ist, gilt $\lim_{x\to 0} g(x) = g(0)$. Also ist f differenzierbar, und es gilt

$$f'(0) = \lim_{x\to 0}\frac{f(x)-f(0)}{x-0} = \lim_{x\to 0} g(x) = g(0).$$

b) Setzt man hier

$$g(x) := \begin{cases} x\sin\frac{1}{x} & \text{für } x \neq 0 \\ 0 & \text{für } x = 0 \end{cases},$$

so gilt $f(x) = x\cdot g(x)$. Wenn nun gezeigt werden kann, daß g stetig in 0 ist, folgt mit a): f ist differenzierbar in 0, und es gilt $f'(0) = g(0) = 0$.
Behauptung: g ist stetig in 0.
Beweis: Nach der ε-δ-Charakterisierung der Stetigkeit ist zu zeigen: Zu jedem $\varepsilon > 0$ gibt es ein $\delta > 0$, so daß für alle x mit $|x-0| < \delta$ folgt $|g(x)-g(0)| < \varepsilon$.

Sei also $\varepsilon > 0$ vorgegeben. Dann gilt für $x \neq 0$

$$|g(x)-g(0)| = |g(x)-0| = |g(x)| = \left|x\cdot\sin\frac{1}{x}\right| = |x|\cdot\left|\sin\frac{1}{x}\right| \leq |x|\cdot 1 = |x|.$$

An dieser Stelle sehen Sie, daß man mit $\delta := \varepsilon$ zum Ziel gelangt. Denn dann folgt für alle x mit $|x| < \delta$:

$$|g(x)-g(0)| \leq |x| < \delta = \varepsilon.$$

Das war zu zeigen.

A 18
Seite 194

AUFGABE 18.- 1) Hinweis: Differenzieren Sie $i(t)$ und setzen Sie in (2) auf Seite 194 ein.

2) Lösung: Es ist

$$\frac{di}{dt}(t) = -\frac{U_o}{R}\cdot\left(-\frac{R}{L}\right)\cdot e^{-\frac{Rt}{L}} + I_o\left(-\frac{R}{L}\right)\cdot e^{-\frac{Rt}{L}}$$

$$= \frac{U_o}{L}e^{-\frac{Rt}{L}} - \frac{I_oR}{L}e^{-\frac{Rt}{L}} = \frac{U_o - I_oR}{L}e^{-\frac{Rt}{L}}.$$

Einsetzen in (2) auf Seite 194 ergibt:

$$L\cdot\frac{di}{dt}(t) + R\cdot i(t) = (U_o - I_oR)e^{-\frac{Rt}{L}} + U_o - U_o e^{-\frac{Rt}{L}} + I_oRe^{-\frac{Rt}{L}}$$

$$= U_o.$$

A 19
Seite 195

AUFGABE 19.- 1) Hinweis: Für $n \in \mathbb{N}$ ist

$$(x^n)' = nx^{n-1}$$

und

$$(x^{-n})' = -nx^{-n-1}.$$

2) Lösung: Für $n \in \mathbb{N}$ ist $\left(\frac{1}{n+1}x^{n+1}\right)' = \frac{n+1}{n+1}x^{n+1-1} = x^n$.
Ebenso gilt $\left(\frac{1}{-n+1}x^{-n+1}\right)' = \frac{-n+1}{-n+1}x^{-n+1-1} = x^{-n}$. Im zweiten Fall muß jedoch $n \neq 1$ sein.
Es fehlt also noch eine Lösung der Differentialgleichung

$$y' = x^{-1} = \frac{1}{x}.$$

Ein Blick auf die Tabelle zeigt, daß $f(x) = \ln x$ eine Lösung ist. Diese Lösung ist allerdings nur für $x > 0$ definiert.
Ergebnis: Setzt man

$$f_n(x) := \begin{cases} \frac{1}{n+1}x^{n+1} & \text{für } n \in \mathbb{Z},\ n \neq -1, \\ \ln x & \text{für } n = -1, \end{cases}$$

so ist f_n jeweils eine Lösung der Differentialgleichung $y' = x^n$. Diese Lösung ist definiert für alle $x \in \mathbb{R}$, falls $n \in \mathbb{N}_0$; für alle $x \in \mathbb{R}\setminus\{0\}$, falls $-n \in \mathbb{N}\setminus\{1\}$; für alle $x > 0$, falls $n = -1$ ist.

A 20
Seite 196

AUFGABE 20.- 1) Hinweis: Der Potenzreihenansatz führt auf die Gestalt von $s(t)$ auf Seite 196 links, Mitte. Aus den Anfangswerten sind nun a_o und a_1 zu bestimmen.

2) Lösung: Es ist das Anfangswertproblem

$$\ddot{s} + k^2 s = 0$$
$$s(0) = s_o,\ \dot{s}(0) = v_o$$

zu lösen.

Der Potenzreihenansatz $s(t) = \sum_{n=0}^{\infty} a_n t^n$ führt auf (vgl. Seite 196)

$$s(t) = \sum_{m=0}^{\infty}\left((-1)^m\frac{k^{2m}}{(2m)!}a_o t^{2m} + (-1)^m\frac{k^{2m}}{(2m+1)!}a_1 t^{2m+1}\right).$$

Aus den Anfangswerten erhält man

$$s_o = s(0) = a_o \quad\text{und}\quad v_o = \dot{s}(0) = 1\cdot a_1 = a_1.$$

Hiermit gilt

$$s(t) = \sum_{m=0}^{\infty}(-1)^m\frac{k^{2m}}{(2m)!}s_o t^{2m} + \sum_{m=0}^{\infty}(-1)^m\frac{k^{2m}}{(2m+1)!}v_o t^{2m+1}$$

$$= s_o\sum_{m=0}^{\infty}(-1)^m\frac{(kt)^{2m}}{(2m)!} + \frac{v_o}{k}\sum_{m=0}^{\infty}(-1)^m\frac{(kt)^{2m+1}}{(2m+1)!}$$

$$= s_o\cos kt + \frac{v_o}{k}\sin kt.$$

Wir behaupten: $s(t) = s_o \cos kt + \frac{v_o}{k} \sin kt$ *ist eine Lösung des Anfangswertproblems.*

Beweis: $s(0) = s_o \cdot \cos k\cdot 0 + \frac{v_o}{k} \sin k\cdot 0 = s_o$.

$\dot{s}(t) = -s_o \cdot k \sin kt + \frac{v_o}{k} \cdot k \cos kt = -s_o \cdot k \sin kt + v_o \cos kt.$

$\dot{s}(0) = v_o$. *Also hat s die verlangten Anfangswerte.*

Es ist noch $\ddot{s}(t) + k^2 \cdot s(t) = 0$ *zu zeigen.*

$$\ddot{s}(t) = -s_o \cdot k^2 \cos kt - v_o \cdot k \sin kt = -k^2 (s_o \cos kt + \frac{v_o}{k} \sin kt)$$
$$= -k^2 \cdot s(t).$$

A 21
Seite 196

AUFGABE 21.- Wir setzen eine Lösung f als Potenzreihe an:

$$f(x) := \sum_{n=0}^{\infty} a_n x^n .$$

Damit ist $f'(x) = \sum_{n=1}^{\infty} n a_n x^{n-1}$. *Durch Koeffizientenvergleich (vgl. Fußnote (**) auf Seite 195) in*

$$\sum_{n=1}^{\infty} n a_n x^{n-1} = \frac{4}{3} x^4 + 6x^5$$

erhält man

$$1\cdot a_1 = 0,\ 2a_2 = 0,\ 3a_3 = 0,\ 4a_4 = 0$$
$$5a_5 = \frac{4}{3}$$
$$6a_6 = 6$$
$$n a_n = 0 \quad \text{für alle } n > 6.$$

Daraus folgt $a_n = 0$ *für* $1 \le n \le 4$ *und alle* $n > 6$.

$$a_5 = \frac{4}{15} \quad \text{und} \quad a_6 = 1.$$

Damit hat die Potenzreihe $f(x) = \sum_{n=0}^{\infty} a_n x^n$ *die einfache Gestalt*

$$f(x) = a_o + \frac{4}{15} x^5 + x^6.$$

Wegen $f'(x) = \frac{4}{15} \cdot 5x^4 + 6\cdot x^5 = \frac{4}{3} x^4 + 6x^5$ *ist f tatsächlich eine Lösung der gegebenen Differentialgleichung. (Da* a_o *jede reelle Zahl sein kann, haben wir nicht nur eine sondern "viele" Lösungen erhalten. Man spricht auch von einer Lösungsschar.)*

A 22
Seite 197

AUFGABE 22.- Skizze siehe rechte Seite.

A 23
Seite 198

AUFGABE 23.- 1) Hinweis: Sie müssen alle Stellen $x_o \in \mathbb{R}$ *bestimmen, für die* $p'(x_o) = 0$ *gilt.*

2) Lösung: Es ist $p'(x) = 4x^3 - 8x = 4x(x^2-2)$, $x \in \mathbb{R}$. *Also gilt* $p'(x) = 0$ *genau dann, wenn* $4x(x^2-2) = 0$ *ist. Dies gilt genau dann, wenn* $x = 0$ *oder wenn* $x^2 = 2$ *ist. Deshalb kann p höchstens an den Stellen* $x_1 = 0$, $x_2 = -\sqrt{2}$, $x_3 = \sqrt{2}$ *lokale Extrema haben.*

Wenn Sie sich Bild 8 auf Seite 59 angesehen haben, ist nun noch zu zeigen, daß p in $x_1 = 0$ *ein lokales Maximum hat. Dem genannten Bild 8 konnten Sie weiter entnehmen, daß es mit* $\delta := 1$ *gelingen müßte, Definition (11.43)(1) zu erfüllen.*

Behauptung: Für alle $x \in \mathbb{R}$ *mit* $|x| < 1$ *gilt*

$$p(x) \le p(0)$$

Beweis: Aus $|x| < 1$ *folgt*

1.) $0 \le x^2 = |x|^2 < 1$ *und hieraus*

2.) $x^2 - 4 < 0.$

Mit 1.) und 2.) ergibt sich durch Multiplikation der Ungleichungen

$$x^2(x^2 - 4) \le 0,$$

d.h. $p(x) = x^4 - 4x^2 \le 0 = p(0)$.

Zu AUFGABE 22.-

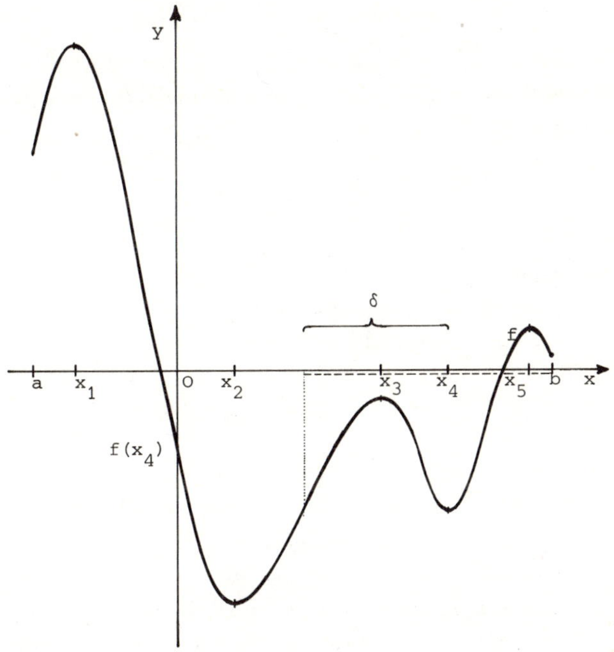

A 24
Seite 198

AUFGABE 24.- 1) Hinweis: Formulieren Sie die zu begründende Aussage zunächst mit Hilfe von Symbolen. Also: Sei $f\colon [a,b] \to \mathbb{R}$ *die gegebene differenzierbare Funktion. Ferner seien* $x_1, x_2 \in [a,b]$ *die ...*

2) Lösung: Sei $f\colon [a,b] \to \mathbb{R}$ *differenzierbar. Seien* $x_1, x_2 \in [a,b]$ *mit* $x_1 \ne x_2$, *so daß* $f(x_1) = 0$ *und* $f(x_2) = 0$ *gilt. (*x_1 *und* x_2 *sind also zwei verschiedene Nullstellen von f.) Wir dürfen* $x_1 < x_2$ *voraussetzen.*

Behauptung: Es gibt ein $x_o \in]x_1, x_2[$, *so daß* $f'(x_o) = 0$ *ist. (*x_o *ist dann die Nullstelle der Ableitung zwischen* x_1 *und* x_2.*)*

Beweis: Weil f als differenzierbar vorausgesetzt ist, ist f insbesondere stetig. Die Einschränkung von f auf das Intervall $[x_1, x_2]$ *erfüllt daher alle Voraussetzungen des Satzes von Rolle; insbesondere auch* $f(x_1) = f(x_2)$. *Also gibt es ein* $x_o \in]x_1, x_2[$ *mit* $f'(x_o) = 0$. *Das war zu zeigen.*

A 25
Seite 199

AUFGABE 25.- 1)*Hinweis: Die Interpretation von* $f'(t)$ *als Geschwindigkeit ist nur dann richtig, wenn f eine geradlinige Bewegung beschreibt.*

2) Lösung: Die Voraussetzung des Satzes von Rolle $f(a) = f(b)$ *sagt, daß Sie zum Zeitpunkt a genauso weit gefahren sind wie zum Zeitpunkt b.*
Entweder sind Sie die ganze Zeit stehengeblieben oder Sie sind vor und zurück gefahren. In beiden Fällen war Ihre Geschwindigkeit wenistens einmal zwischen a und b gleich null.

A 26
Seite 200

AUFGABE 26.- *1) Hinweis: Wenn Sie bei der Berechnung von* h' *berücksichtigen, daß g eine Lösung des unter 2. genannten Anfangswertproblems ist, erhalten Sie* $h'(t) = 0$ *für alle* $t \in \mathbb{R}$. *Die Funktion h ist also konstant. Bestimmen Sie diese Konstante und denken Sie dann daran, daß* $h(t)$ *eine Summe von Quadratzahlen ist.*

2) Lösung: Wir gehen, wie in der Anleitung auf Seite 199 beschrieben, vor. Sei u irgendeine Lösung des Anfangswertproblems $\ddot{s} + k^2 s = 0$ *mit* $\dot{s}(0) = 0$ *und* $s(0) = v_o \neq 0$. *D.h. für u gilt*

$$\ddot{u}(t) + k^2 u(t) = 0 \quad \text{für alle } t \in \mathbb{R} \text{ und}$$
$$\dot{u}(0) = 0, \ u(0) = v_o.$$

Sei $g: \mathbb{R} \longrightarrow \mathbb{R}$ *definiert durch* $g(t) := s(t) - u(t)$, *wobei* $s(t) := \frac{v_o}{k} \sin kt$ *die bekannte Lösung des obigen Anfangswertproblems ist. (Alle weiteren Überlegungen zielen darauf ab zu zeigen, daß* $g(t) = 0$ *für alle* $t \in \mathbb{R}$ *ist. Denn dann folgt* $u(t) = s(t)$, *also die Eindeutigkeit der Lösung s.)*
Für die Funktion g gilt

$$\ddot{g}(t) + k^2 g(t) = \ddot{s}(t) - \ddot{u}(t) + k^2(s(t) - u(t))$$
$$= \ddot{s}(t) + k^2 s(t) - (\ddot{u}(t) + k^2 u(t)) = 0$$

und $\dot{g}(0) = \dot{s}(0) - \dot{u}(0) = 0 - 0 = 0$, $g(0) = s(0) - u(0) = v_o - v_o = 0$, *da s und u Lösungen desselben Anfangswertproblems sind.*
Also erfüllt g das Anfangswertproblem

$$\ddot{y} + k^2 y = 0 \quad \text{mit } \dot{y}(0) = 0 \quad \text{und} \quad y(0) = 0.$$

Nun gilt für die Hilfsfunktion $h: \mathbb{R} \to \mathbb{R}$ *mit* $h(t) := k^2 \cdot g^2(t) + (\dot{g}(t))^2$:
h ist differenzierbar und mit der Kettenregel gilt

$$h'(t) = 2k^2 g(t)\cdot\dot{g}(t) + 2\cdot\dot{g}(t)\cdot\ddot{g}(t)$$
$$= 2k^2 g(t)\cdot\dot{g}(t) + 2\dot{g}(t)(-k^2 g(t)) = 0 \text{ für alle } t \in \mathbb{R}.$$

Also gibt es nach Satz (11.52), Seite 200, ein $c \in \mathbb{R}$, *so daß* $h(t) = c$ *für alle* $t \in \mathbb{R}$. *Wegen* $h(0) = k^2 \cdot g^2(0) + (\dot{g}(0))^2 = 0$ *ist* $c = 0$. *Das bedeutet:*

$$k^2 \cdot g^2(t) + (\dot{g}(t))^2 = 0 \quad \text{für alle } t \in \mathbb{R},$$

Hieraus folgt insbesondere $k^2 \cdot g^2(t) = 0$, *also* $g^2(t) = 0$ *und damit* $g(t) = 0$ *für alle* $t \in \mathbb{R}$.
Das war zu zeigen.

A 27
Seite 201

AUFGABE 27.- *a) Sei* $f(x) = e^{-x}$, $x \in \mathbb{R}$. *f ist differenzierbar, und es gilt* $f'(x) = -e^{-x}$.
Da $e^{-x} > 0$ *für alle* $x \in \mathbb{R}$ *ist, gilt*

$$f'(x) < 0 \quad \text{für alle } x \in \mathbb{R}.$$

Damit folgt aus Satz (11.55)(4): f ist streng monoton fallend.

b) Sei $g(x) := x^3 + x - 7$, $x \in \mathbb{R}$. *g ist differenzierbar, und es gilt* $g'(x) = 3x^2 + 1$.
Weil $3x^2 \geq 0$ *für alle* $x \in \mathbb{R}$ *ist, gilt*

$$g'(x) \geq 1 > 0 \quad \text{für alle } x \in \mathbb{R}.$$

Also ist nach Satz (11.55)(2) g streng monoton wachsend.

A 28
Seite 203

AUFGABE 28.- *Die Funktionen* $f, g: [0,\infty[\longrightarrow \mathbb{R}$ *mit* $f(x) := 1 - e^{-x}$ *und* $g(x) := x$ *erfüllen alle Voraussetzungen von Satz (11.57), Seite 202: Sie sind stetig und auf* $]0,\infty[$ *differenzierbar; es ist* $f(0) = 0 = g(0)$ *und* $g'(x) = 1 \neq 0$ *für alle* $x > 0$; *schließlich ist für* $x > 0$

$$\frac{f'(x)}{g'(x)} = \frac{e^x}{1} = e^x,$$

so daß wegen der Stetigkeit der Exponentialfunktion

$$\lim_{\substack{x\to 0\\ x>0}} \frac{f'(x)}{g'(x)} = \lim_{\substack{x\to 0\\ x>0}} e^x = e^0 = 1$$

ist. Also existiert auch der gesuchte Grenzwert, und es gilt

$$\lim_{\substack{x\to 0\\ x>0}} \frac{f(x)}{g(x)} = \lim_{\substack{x\to 0\\ x>0}} \frac{1-e^{-x}}{x} = 1.$$

A 29
Seite 203

AUFGABE 29.- *Satz (11.60)(4) auf Seite 203 soll angewendet werden: f und g sind differenzierbare Funktionen. Wegen* $\alpha \neq \beta$ *ist* $\frac{1}{\alpha} \neq \frac{1}{\beta}$ *und daher* $g(x) \neq 0$ *für alle* $x \in]0,\infty[\setminus\{1\}$. *Wegen* $g'(x) = \frac{1}{\beta} x^{\frac{1}{\beta}-1} - \frac{1}{\alpha} x^{\frac{1}{\alpha}-1}$ *ist* $g'(1) = \frac{1}{\beta} - \frac{1}{\alpha} \neq 0$. *Da g' stetig ist, gibt es ein offenes Intervall* $]c,b[\subseteq]0,\infty[$ *mit* $1 \in]c,b[$, *so daß* $g'(x) \neq 0$ *für alle* $x \in]c,b[$ *ist.*
Da auch $\lim_{x\to 1} f(x) = f(1) = 0$ *und* $\lim_{x\to 1} g(x) = g(1) = 0$ *ist, ist der Grenzwert des Quotienten der Ableitungen zu untersuchen:*

$$\lim_{x\to 1} \frac{f'(x)}{g'(x)} = \lim_{x\to 1} \frac{\alpha x^{\alpha-1} - \beta x^{\beta-1}}{\frac{1}{\beta} x^{\frac{1}{\beta}-1} - \frac{1}{\alpha} x^{\frac{1}{\alpha}-1}} = \frac{\alpha - \beta}{\frac{1}{\beta} - \frac{1}{\alpha}} = \alpha\cdot\beta.$$

Also gilt auch $\lim_{x\to 1} \frac{f(x)}{g(x)} = \alpha\cdot\beta$.

A 30
Seite 204

AUFGABE 30.- *a) Sei* $f(x) := a^x - b^x$ *und* $g(x) := x$, $x \in \mathbb{R}$. *Es ist dann* $g(x) \neq 0$ *und* $g'(x) \neq 0$ *für alle* $x \neq 0$; *ferner gilt* $\lim_{x\to 0} f(x) = f(0) = 0$ *und* $\lim_{x\to 0} g(x) = 0$. *Jetzt erst können Sie anfangen zu rechnen!*

$$\lim_{x\to 0} \frac{f'(x)}{g'(x)} = \lim_{x\to 0} (a^x \cdot \ln a - b^x \cdot \ln b) = \ln a - \ln b = \ln \frac{a}{b}.$$

Also gilt

$$\lim_{x\to 0} \frac{a^x - b^x}{x} = \ln \frac{a}{b}.$$

b) Zähler und Nenner sind differenzierbare Funktionen für $x > 0$ *(haben Sie die Differenzierbarkeits-Voraussetzung auch in a) überprüft?). Es ist* $\lim_{x\to\infty} \ln x = \infty = \lim_{x\to\infty} x^2$. *Die Funktion* $x \longmapsto x^2$ *ist ungleich null für alle* $x > 0$, *dasselbe gilt für ihre Ableitung. Schließlich ist*

$$\lim_{x\to\infty} \frac{\ln' x}{(x^2)'} = \lim_{x\to\infty} \frac{\frac{1}{x}}{2x} = \lim_{x\to\infty} \frac{1}{2x^2} = 0,$$

so daß auch

$$\lim_{x\to\infty} \frac{\ln x}{x^2} = 0$$

ist.

c) Wir geben eine Lösung in Kurzform. Überprüfen Sie - wie wir es getan haben - die Voraussetzungen.

$$\lim_{x\to\infty} \frac{x^2}{e^x} = \lim_{x\to\infty} \frac{f'(x)}{g'(x)} = \lim_{x\to\infty} \frac{2x}{e^x} = \lim_{x\to\infty} \frac{f''(x)}{g''(x)} = \lim_{x\to\infty} \frac{2}{e^x} = 0.$$

(Die Exponentialfunktion wächst schneller, der Logarithmus langsamer als jede Potenz $x \longmapsto x^n$).

d) Da für alle $x \in [0,b]$ gilt $2b^3x - x^4 \geq 0$, ist f stetig; g ist ebenfalls stetig. f,g sind auf $]0,b[$ differenzierbar. Es gilt $\lim\limits_{x\to b} f(x) = f(b) = \sqrt{2b^4 - b^4} - b\sqrt[3]{b^3} = 0$ und $\lim\limits_{x\to b} g(x) = g(b) = b - \sqrt[4]{b^4} = 0$.
Es ist $g(x) \neq 0$ für alle $x \in\,]0,b[$.

Wegen $g'(x) = -\dfrac{3bx^2}{4\sqrt[4]{b^3x^9}} = -\dfrac{3\sqrt[4]{b}}{4\sqrt[4]{x}}$ *ist auch $g'(x) \neq 0$ für alle $x \in\,]0,b[$.*

Nun ist

$$f'(x) = \frac{2b^3 - 4x^3}{2\sqrt{2b^3x - x^4}} - \frac{b^3}{3\sqrt[3]{b^4x^2}} = \frac{b^3 - 2x^3}{\sqrt{2b^3x - x^4}} - \frac{b^3}{3\sqrt[3]{b^4x^2}},$$

so daß

$$\lim_{x\to b} f'(x) = \frac{b^3 - 2b^3}{\sqrt{2b^4 - b^4}} - \frac{b^3}{3\sqrt[3]{b^6}} = \frac{-b^3}{\sqrt{b^4}} - \frac{b^3}{3b^2} = -b - \frac{1}{3}b = -\frac{4}{3}b.$$

Außerdem ist

$$\lim_{x\to b} g'(x) = -\frac{3\sqrt[4]{b}}{4\sqrt[4]{b}} = -\frac{3}{4}.$$

Also gilt

$$\lim_{x\to b} \frac{f'(x)}{g'(x)} = \frac{-\frac{4}{3}b}{-\frac{3}{4}} = \frac{16}{9}b.$$

Daher liefert (11.60)(2)

$$\lim_{x\to b} \frac{\sqrt{2b^3x - x^4} - b\sqrt[3]{b^2x}}{b - \sqrt[4]{bx^3}} = \frac{16}{9}b.$$

Das Beispiel d) stammt übrigens aus der Originalarbeit von de L'Hôpital aus dem Jahre 1696: Analyse des infiniments petits pour l'intelligence des lignes courbes.

KAPITEL 12 INTEGRALRECHNUNG-INTEGRATIONSTECHNIK

A 1
Seite 209

AUFGABE 1.- 1) Hinweise: Zu a): Setzen Sie z.B.

$$G(y) := \int_y^b \frac{1}{1+t^2+\sin^2 t}\,dt \quad \text{und} \quad y = h(x) := x^3.$$

Zu b): Setzen Sie hier $G(y) := \int_7^y \frac{1}{1+t^2+\sin^2 t}\,dt,\ y \in \mathbb{R}$.

2) Lösung: a) Setzt man $G(y) := \int_y^b \frac{1}{1+t^2+\sin^2 t}\,dt$ *und $h(x) := x^3$, so sind $G,h\colon \mathbb{R} \longrightarrow \mathbb{R}$ differenzierbare Funktionen mit*

$$F(x) = G(h(x)) \quad \text{für alle } x \in \mathbb{R}.$$

Mit der Kettenregel erhalten wir als Ableitung

$$F'(x) = G'(h(x))\cdot h'(x) = -\frac{1}{1+(x^3)^2 + \sin^2(x^3)}\cdot 3x^2 =$$

$$= -\frac{3x^2}{1+x^6+\sin^2(x^3)},$$

wobei wir für die Ableitung von G die Bemerkung (12.3)(2) auf Seite 209 benutzt haben.

b) Setzt man für $y \in \mathbb{R}$

$$G(y) := \int_7^y \frac{1}{1+t^2+\sin^2 t}\,dt,$$

so ist

$$F(x) = \int_9^x G(y)\,dy.$$

Der Integrand $t \longmapsto \frac{1}{1+t^2+\sin^2 t}$, $t \in \mathbb{R}$, ist stetig. Also ist G nach dem Hauptsatz (12.2), Seite 209, differenzierbar und damit erst recht stetig. Also ist wieder nach dem Hauptsatz (12.2) die Funktion F differenzierbar, und es gilt

$$F'(x) = G(x) = \int_7^x \frac{1}{1+t^2+\sin^2 t}\,dt.$$

Wenden Sie den Hauptsatz (12.2) noch einmal an:

$$F''(x) = G'(x) = \frac{1}{1+x^2+\sin^2 x} \quad \text{für alle } x \in \mathbb{R}.$$

AUFGABE 2.- Um nachzuweisen, daß G eine Stammfunktion von f auf $]1,\infty[$ ist, ist nur zu zeigen, daß $G'(x) = f(x)$ für alle $x > 1$. Nach der Quotientenregel gilt für alle $x \neq 1$: A 2 Seite 210

$$G'(x) = \frac{1\cdot(1-x) - x\cdot(-1)}{(1-x)^2} = \frac{1}{(1-x)^2} = f(x).$$

Also ist $G\colon \mathbb{R}\setminus\{1\} \longrightarrow \mathbb{R}$ mit $G(x) := \frac{x}{1-x}$ Stammfunktion von $f\colon \mathbb{R}\setminus\{1\} \longrightarrow \mathbb{R}$ sowohl auf dem Intervall $]1,\infty[$ als auch auf dem Intervall $]-\infty,1[$.

AUFGABE 3.- a) Damit $F(x) = \ln|x+\sqrt{x^2-1}|$ Stammfunktion von $f(x) = \frac{1}{\sqrt{x^2-1}}$ ist, muß nach Definition (12.5), Seite 210 gelten: A 3 Seite 211

$$F'(x) = f(x) \quad \text{für alle } x \text{ mit } |x| > 1.$$

Nach Differenzieren erhalten wir:

$$F'(x) = \frac{1}{x+\sqrt{x^2-1}}\left(1+\frac{1}{2\sqrt{x^2-1}}\cdot 2x\right) =$$

$$= \frac{1}{x+\sqrt{x^2-1}} \cdot \left(1 + \frac{x}{\sqrt{x^2-1}}\right)$$

$$= \frac{1}{x+\sqrt{x^2-1}} \cdot \left(\frac{x+\sqrt{x^2-1}}{\sqrt{x^2-1}}\right) = f(x)$$

F ist somit Stammfunktion, und zwar in jedem abgeschlossenen Intervall im Definitionsbereich D von f. Hier ist $D = \;]-\infty,-1[\; \cup \;]1,\infty[$.

Nach den Rechenregeln für die Logarithmusfunktion gilt:

$$G(x) = \ln(\pi \cdot |x + \sqrt{x^2 - 1}\,|) = \ln \pi + \ln\, |x + \sqrt{x^2 - 1}\,| = F(x) + \ln \pi.$$

Da $G(x) = F(x) + c$, *mit* $c = \ln \pi$ *ist, folgt nach Satz (12.6), Seite 211: G ist ebenfalls Stammfunktion von f.*

b) Sie wissen, daß $\frac{d}{dx}(-\cos x) = \sin x$ *ist. Damit folgt:*

$$\frac{d}{dx}(-3 \cos x) = 3 \sin x.$$

Ferner ist Ihnen bekannt, daß

$$\frac{d}{dx}(x^6) = 6x^5 \quad \text{ist.}$$

Daraus folgt: $\frac{d}{dx}(\frac{1}{3}x^6) = \frac{6}{3}x^5 = 2x^5.$

Beide Ergebnisse liefern:

$$\frac{d}{dx}(-3 \cos x + \tfrac{1}{3}x^6) = 3 \sin x + 2x^5 = f(x) \text{ für alle } x \in \mathbb{R}.$$

Eine Stammfunktion von f ist damit $F\colon \mathbb{R} \to \mathbb{R}$ *mit*

$$F(x) := -3 \cos x + \tfrac{1}{3}x^6 .$$

A 4
Seite 213

AUFGABE 4.- Aus der Aufgabenstellung folgt:
Der Ort für $0 \leq t \leq \pi$ *ist gegeben durch:*

$$x(t) = \tfrac{1}{2}\, t^2 + 2t \sin t \quad [m].$$

Die Geschwindigkeit ist für $t \geq \pi$ *konstant, und zwar gleich der Geschwindigkeit, die das Teilchen zur Zeit* $t = \pi$ *erreicht hat.*
Da die Geschwindigkeit die Ableitung des Ortes nach der Zeit ist, gilt:

$$x'(t) = t + 2 \sin t + 2t \cos t \quad [\tfrac{m}{sec}]$$

für $t \leq \pi$.
Nach Voraussetzung gilt für $t \geq \pi$:

$$x'(t) = x'(\pi) = \pi + 0 - 2\pi = -\pi \quad [\tfrac{m}{sec}].$$

a) Die Entfernung vom Nullpunkt der Geraden zur Zeit $t = \frac{5}{2}\pi$ *ist zu bestimmen. Bis zur Zeit* $t = \pi$ *beträgt die Entfernung*

$$x(\pi) = \tfrac{1}{2}\,\pi^2 + 0 = \frac{\pi^2}{2} \quad [m].$$

Für die Bewegung danach wissen wir:

$$(1) \qquad x'(t) = -\pi \;[\tfrac{m}{sec}] , \; x(\pi) = \frac{\pi^2}{2} \;[m],\; t \geq \pi \;[sec] .$$

Damit haben wir ein Anfangswertproblem für die unbekannte Funktion x und die vorgegebene konstante Funktion $t \mapsto -\pi$ *wie in Beispiel (12.11), Seite 213, vorliegen.*
Als Lösung von (1) erhalten wir demnach:

$$x(t) = x(\pi) + \int_\pi^t (-\pi)\, d\tau = \frac{\pi^2}{2} - \pi \int_\pi^t 1\, d\tau = \frac{\pi^2}{2} - \pi(t-\pi) \quad [m].$$

Also gilt

$$(2) \qquad x(t) = \tfrac{3}{2}\,\pi^2 - \pi t \quad [m] \quad \text{für } t \geq \pi.$$

Wir erhalten damit für $t = \frac{5}{2}\pi$:

$$x(\tfrac{5}{2}\pi) = \tfrac{3}{2}\pi^2 - \tfrac{5}{2}\pi^2 = -\pi^2 \quad [m] .$$

b) Gesucht ist eine Zeit $t > \pi$ *mit* $x(t) = 0$ $[m]$, *falls sie existiert. Setzen wir also einfach in Gleichung (2)*

$$0 = \tfrac{3}{2}\,\pi^2 - \pi t .$$

Daraus folgt:

$$t = \tfrac{3}{2}\pi .$$

Also kehrt das Teilchen zur Zeit $t = \frac{3}{2}\pi$ $[sec]$ *in den Nullpunkt zurück.*

A 5
Seite 214

AUFGABE 5.- 1) Hinweise: Gehen Sie davon aus, daß der Fahrstuhl zum Zeitpunkt $t = 0$ *stillsteht. Wenn* $x(t)$ *der Ort zur Zeit t ist, so ist* $x'(t)$ *die Geschwindigkeit und* $x''(t)$ *die Beschleunigung zur Zeit t. Schreiben Sie sich alle gegebenen Daten der Bewegung in Form von Gleichungen für* x, x' *und* x'' *auf. Beginnen Sie mit der Lösung des Anfangswertproblems* $x''(t) = \alpha t + \beta$, $x'(0) = 0$. *Nachdem Sie* α *und* β *bestimmt haben, ist ein weiteres Anfangswertproblem zu lösen, und zwar wieder mit dem Ergebnis von (12.11), Seite 213.*

2) Lösung: Es bezeichne $x(t)$ *den Ort als Funktion der Zeit. Nach der Problemstellung ist:*

a)	$x(0) = 0$	(Ort zur Zeit $t = 0$ ist Null),
b)	$x'(0) = 0$	(Geschwindigkeit zur Zeit $t = 0$ ist Null),
c)	$x'(t_1) = v_1$	(Geschwindigkeit zur Zeit $t = t_1$ ist v_1),
d)	$x''(t) = \alpha t + \beta$	für $0 \leq t \leq t$ (Beschleunigung hat liares Verhalten),
e)	$x''(t_1) = 0$	(Beschleunigung zur Zeit $t = t_1$ ist Null).

Mit diesen Angaben können wir das Problem lösen.
Bekannt ist aus b) und d):

$$x''(t) = \alpha t + \beta , \; t \in [0,t_1] , \; x'(0) = 0.$$

Wir haben ein Anfangswertproblem wie in (12.11), Seite 213, vorliegen. Die gesuchte Funktion ist x'. Es gilt für die Lösung:

$$x'(t) = x'(0) + \int_0^t (\alpha\tau + \beta)\, d\tau$$

$$(1) \qquad = [\, \alpha \frac{\tau^2}{2} + \beta\tau \,]_0^t = \frac{\alpha}{2}\, t^2 + \beta t$$

mit Satz (12.8), Seite 211.

Jetzt können wir α *und* β *bestimmen.*

Aus $x''(t_1) = 0$ *folgt:*

(2) $\alpha t_1 + \beta = 0.$

Da nach c) $x'(t_1) = v_1$ *ist, ergibt sich mit (1):*

(3) $\frac{\alpha}{2} t_1^2 + \beta t_1 = v_1.$

Aus (2) ergibt sich $\beta = -\alpha t_1$; *und in (3) eingesetzt:*

$$\frac{\alpha}{2} t_1^2 - \alpha t_1^2 = v_1.$$

Also ist $-\frac{\alpha}{2} t_1^2 = v_1$ *und daher*

$$\alpha = -\frac{2v_1}{t_1^2}.$$

Damit ist

$$\beta = \frac{2v_1}{t_1}.$$

Die Funktion x' für die Geschwindigkeit und x" für die Beschleunigung lauten daher:

$$x''(t) = -\frac{2v_1}{t_1^2} t + \frac{2v_1}{t_1}$$

$$x'(t) = -\frac{v_1}{t_1^2} t^2 + \frac{2v_1}{t_1} t.$$

Nun ist noch die Funktion x(t) zu bestimmen:

Bekannt ist die Geschwindigkeit und $x(0) = 0$. *Also ist das Anfangswertproblem*

$$x'(t) = -\frac{v_1}{t_1^2} t^2 + \frac{2v_1}{t_1} t, \quad x(0) = 0,$$

für die Funktion x zu lösen. Die Lösung lautet mit (12.11):

$$x(t) = x(0) + \int_0^t \left(-\frac{v_1}{t_1^2} z^2 + \frac{2v_1}{t_1} z \right) dz.$$

Mit dem Hauptsatz (12.8) folgt

$$x(t) = \left[-\frac{v_1}{t_1^2} \frac{1}{3} z^3 + \frac{2v_1}{t_1} \frac{1}{2} z^2 \right]_0^t$$

$$= -\frac{v_1}{3t_1^2} t^3 + \frac{v_1}{t_1} t^2.$$

A 6

Seite 215

<u>*AUFGABE 6.-*</u>

a) $]-\infty,\infty[$	falls	$\alpha \in \mathbb{N}$
$]-\infty,0[\cup]0,\infty[$	falls	$\alpha \in \mathbb{Z} \setminus \{\mathbb{N} \cup \{-1\}\}$
$[0,\infty[$	falls	$\alpha \in \mathbb{R}, \alpha > 0$
$]0,\infty[$	falls	$\alpha \in \mathbb{R}, \alpha < 0, \alpha \neq -1$

b) $]-\infty,0[\cup]0,\infty[$

c) $]-\infty,\infty[$

d) $]-\infty,\infty[$

e) $]-\infty,\infty[$

f) $]-\infty,\infty[$

g) $]-\frac{\pi}{2}+k\pi, \frac{\pi}{2}+k\pi[$, $k \in \mathbb{Z}$

h) $]k\pi, (k+1)\pi[$, $k \in \mathbb{Z}$

i) $]-\frac{\pi}{2}+k\pi, \frac{\pi}{2}+k\pi[$, $k \in \mathbb{Z}$

j) $]k\pi, (k+1)\pi[$, $k \in \mathbb{Z}$

k) $]-1,1[$.

A 7

Seite 215

<u>*AUFGABE 7.-*</u> *1) Hinweise: Bestimmen Sie aus der Zustandsgleichung die Funktion* $P = P(V)$. *Unterscheiden Sie bei der Berechnung von W die Fälle* $\alpha = 1$ *und* $\alpha > 1$.

2) Lösung: Gesucht ist die Arbeit $W := \int_{V_0}^{V_1} P\,dV$. *(Hierbei sind* V_0, V_1 *positiv).*

Wegen $PV = P_0 V_0^\alpha$, $\alpha \geq 1$, *gilt:*

$$P = \frac{P_0 V_0^\alpha}{V^\alpha}.$$

Zwei Fälle müssen unterschieden werden:

a) $\alpha = 1$:

Mit der Tabelle (12.17) auf Seite 215 und Satz (12.8) folgt:

$$W = \int_{V_0}^{V_1} \frac{P_0 V_0}{V} dV = P_0 V_0 \int_{V_0}^{V_1} \frac{1}{V} dV =$$

$$= P_0 V_0 [\ln V]_{V_0}^{V_1} = P_0 V_0 (\ln V_1 - \ln V_0) =$$

$$= P_0 V_0 \ln \left(\frac{V_1}{V_0} \right).$$

b) $\alpha > 1$:

Es folgt ebenfalls mit Tabelle (12.17) und Satz (12.8):

$$W = \int_{V_0}^{V_1} \frac{P_0 V_0^\alpha}{V^\alpha} dV = P_0 V_0^\alpha \int_{V_0}^{V_1} V^{-\alpha} dV =$$

$$= P_0 V_0^\alpha \left[\frac{1}{-\alpha+1} V^{-\alpha+1} \right]_{V_0}^{V_1} =$$

$$= P_0 V_0^\alpha \frac{1}{1-\alpha} (V_1^{1-\alpha} - V_0^{1-\alpha}) =$$

$$= P_0 V_0^\alpha \frac{1}{\alpha-1} \left(\frac{1}{V_0^{\alpha-1}} - \frac{1}{V_1^{\alpha-1}} \right) =$$

$$= \frac{P_0 V_0}{\alpha-1} \left(1 - \left(\frac{V_0}{V_1} \right)^{\alpha-1} \right).$$

A 8

Seite 216

<u>*AUFGABE 8.-*</u> *a) Sei* $I \subseteq \mathbb{R}$ *ein Intervall und* $f: I \to \mathbb{C}$ *eine komplexe Funktion mit reellem Argument. Eine komplexe Funktion* $F: I \to \mathbb{C}$ *mit*

$$F'(t) = f(t)$$

heißt <u>*Stammfunktion*</u> *von f auf I.*

Bemerkung: Die Bedeutung von F'(t) ergibt sich aus Definition (11.34), Seite 191, also $F'(t) = (\mathrm{Re}\,F(t))' + i\,(\mathrm{Im}\,F(t))'$. *F ist Stammfunktion von f genau dann, wenn*

$$(\mathrm{Re}\,F(t))' = \mathrm{Re}\,f(t) \quad \text{und} \quad (\mathrm{Im}\,F(t))' = \mathrm{Im}\,f(t)$$

für alle $t \in I$.

b) Sei $I \subseteq \mathbb{R}$ ein Intervall, $f: I \longrightarrow \mathbb{C}$ eine komplexe Funktion. Dann bezeichnen wir mit

$$\int f(t)\,dt$$

eine beliebige Stammfunktion von f auf I und nennen $\int f(t)\,dt$ das unbestimmte Integral von f auf I.

Bemerkung: Aus a) folgt

$$\int f(t)\,dt = \int (\operatorname{Re} f(t))\,dt + i \int (\operatorname{Im} f(t))\,dt\,.$$

A 9 Seite 216

AUFGABE 9.- 1) Hinweise: Zerlegen Sie den Integranden jeweils in Real- und Imaginärteil und bestimmen Sie von diesen reellen Funktionen unbestimmte Integrale. Berechnen Sie $\frac{d}{dt}\left(\frac{1}{2}\ln(1+t^2)\right)$.

2) Lösung: a) Es ist für $t \in \mathbb{R}$

$$f(t) = \frac{1}{t-i} = \frac{t+i}{(t-i)(t+i)} = \frac{t+i}{t^2+1}$$

$$= \frac{t}{t^2+1} + i\,\frac{1}{t^2+1}\,.$$

Also ist

$$\operatorname{Re} f(t) = \frac{t}{t^2+1} \quad \text{und} \quad \operatorname{Im} f(t) = \frac{1}{t^2+1}\,.$$

Wegen $\frac{d}{dt}\left(\frac{1}{2}\ln(1+t^2)\right) = \frac{1}{2}\cdot\frac{1}{1+t^2}\cdot 2t = \frac{t}{t^2+1} = \operatorname{Re} f(t)$ folgt mit (12.17) f), Seite 215, und Definition (12.19), Seite 216:

$$\int f(t)\,dt = \int \operatorname{Re} f(t)\,dt + i \int \operatorname{Im} f(t)\,dt$$

$$= \int \frac{t}{t^2+1}\,dt + i \int \frac{1}{t^2+1}\,dt$$

$$= \frac{1}{2}\ln(1+t^2) + i \arctan t,\quad t \in \mathbb{R}\,.$$

b) Zu zeigen ist: $\int e^{it}\,dt = \frac{e^{it}}{i}$.

Es ist nach der Eulerschen Formel:

$$e^{it} = \cos t + i \sin t\,.$$

Also folgt nach Definition (12.19)(b), Seite 216:

$$\int e^{it}\,dt = \int \cos t\,dt + i \int \sin t\,dt$$

$$= \sin t - i\cos t \qquad \text{(Tabelle (12.17))}$$

$$= \frac{1}{i}(i \sin t + \cos t) \qquad \text{(Erweitern mit i)}$$

$$= \frac{1}{i}\,e^{it}$$

A 10 Seite 216

AUFGABE 10.- 1) Hinweise: Zu a): Berechnen Sie mit Hilfe der Eulerschen Formel zunächst cosh it und sinh it. Zu b): Benutzen Sie die Eigenschaften (12.20) auf Seite 216. Berechnen Sie $\overline{\left(\frac{e^{it}-2t\cos t}{2t\cos t}\right)}$.

2) Lösung: a) Zerlegung des Integranden in Real- und Imaginärteil:

Dazu verwenden wir die Definitionen der komplexen Hyperbelfunktionen in der Fußnote auf Seite 220:

$$\cosh it = \frac{e^{it}+e^{-it}}{2} = \frac{1}{2}(\cos t + i\sin t + \cos t - i \sin t) = \cos t$$

$$\sinh it = \frac{e^{it}-e^{-it}}{2} = \frac{1}{2}(\cos t + i\sin t - \cos t + i \sin t) = i \sin t$$

Damit erhalten wir

$$3\cosh it + (2-i)\sinh it = 3\cos t + (2-i)\,i\sin t =$$

$$= 3\cos t + \sin t + 2i\sin t\,.$$

Es gilt nach Definition (12.18):

$$\int_0^{\frac{\pi}{2}} [3\cosh it + (2-i)\sinh it]\,dt =$$

$$\int_0^{\frac{\pi}{2}} [(3\cos t + \sin t) + i\,2\sin t]\,dt =$$

$$\int_0^{\frac{\pi}{2}} (3\cos t + \sin t)\,dt + i\int_0^{\frac{\pi}{2}} 2\sin t\,dt =$$

$$3\int_0^{\frac{\pi}{2}} \cos t\,dt + \int_0^{\frac{\pi}{2}} \sin t\,dt + i\,2\int_0^{\frac{\pi}{2}} \sin t\,dt =$$

$$3\,[\sin t]_0^{\frac{\pi}{2}} + [-\cos t]_0^{\frac{\pi}{2}} + i\,2\,[-\cos t]_0^{\frac{\pi}{2}} =$$

$$3 + 1 + i\cdot 2 = 4 + 2i.$$

b) Nach (12.20)(3), Seite 216, gilt:

$$\overline{\int \frac{e^{it}-2t\cos t}{2i\cos t}\,dt} = \int \overline{\left(\frac{e^{it}-2t\cos t}{2i\cos t}\right)}\,dt\,.$$

Mit den Rechenregeln für Konjungierte komplexer Zahlen folgt für den Integranden auf der rechten Seite:

$$\overline{\left(\frac{e^{it}-2t\cos t}{2i\cos t}\right)} = \frac{\overline{e^{it}} - \overline{2t\cos t}}{\overline{2i\cos t}}$$

$$= \frac{e^{-it}-2t\cos t}{-2i\cos t}$$

$$= \frac{\cos t - i\sin t - 2t\cos t}{-2i\cos t}$$

$$= \frac{i\cos t + \sin t - 2t\,i\cos t}{2\cos t} \qquad \text{(Erweitern mit i)}$$

$$= i\left(\frac{1}{2} - t\right) + \frac{1}{2}\tan t\,.$$

Es folgt mit (12.20)(1):

$$\operatorname{Re}\left(\overline{\int \frac{e^{it}-2t\cos t}{2i\cos t}\,dt}\right) = \int \operatorname{Re}\left(\frac{e^{-it}-2t\cos t}{-2i\cos t}\right)dt$$

$$= \int \frac{1}{2}\tan t\,dt = \frac{1}{2}\int \tan t\,dt = \frac{1}{2}(-\ln|\cos t|) =$$

$$= -\ln\sqrt{|\cos t|} \qquad \text{(Tabelle (12.17))}.$$

Ebenso ergibt sich

$$\operatorname{Im}\left(\overline{\int \frac{e^{it}-2t\cos t}{2i\cos t}\,dt}\right) = \int \left(\frac{1}{2} - t\right)dt = \frac{1}{2}\int 1\,dt - \int t\,dt$$

$$= \frac{1}{2}t - \frac{1}{2}t^2 = \frac{1}{2}t\,(1-t).$$

A 11

Seite 217

AUFGABE 11.- 1) Hinweis: Überlegen Sie sich, für welche Funktion f der Integrand auf die Form $\frac{f'(x)}{f(x)}$ gebracht werden kann.

2) Lösung: a) $\int \frac{x}{4x^2-8}\,dx$ wird mit 8 erweitert, d.h.

$$\int \frac{x}{4x^2-8}\,dx = \frac{1}{8}\int \frac{8x}{4x^2-8}\,dx.$$

Mit $f(x) := 4x^2-8$, folgt $f'(x) = 8x$ und Satz (12.21), Seite 216, ist anwendbar:

$$\int \frac{x}{4x^2-8}\,dx = \frac{1}{8}\int \frac{8x}{4x^2-8}\,dx = \frac{1}{8}\ln|4x^2-8|\,.$$

Für das Integrationsintervall I muß gelten (wegen $4x^2-8 \neq 0$): $\pm\sqrt{2} \notin I$.

b) 1) Hinweis: $\frac{1}{x\ln x} = \frac{\frac{1}{x}}{\ln x}$.

2) Lösung: Wir berechnen das bestimmte Integral, indem wir eine Stammfunktion berechnen und dann den Hauptsatz (12.8) anwenden.

Wird nun $f(x) := \ln x$, $x > 0$, gesetzt, so gilt $f'(x) = \frac{1}{x}$.

Wieder folgt mit Satz (12.21):

$$\int \frac{1}{x\ln x}\,dx = \int \frac{\frac{1}{x}}{\ln x}\,dx = \ln|\ln x|\,.$$

Es gilt für das Integrationsintervall I:

$$I \subseteq\,]0,1[\, \cup\,]1,\infty[.$$

Nach dem Hauptsatz gilt daher ($[e,5] \subset\,]1,\infty[$)

$$\int_e^5 \frac{1}{x\ln x}\,dx = [\ln|\ln x|]_e^5$$
$$= \ln\ln 5 - \ln\ln e$$
$$= \ln\ln 5.$$

A 12

Seite 218

AUFGABE 12.- a) Setze $g(x) := x$, $f'(x) := \sin x$ und damit $g'(x) = 1$, $f(x) = -\cos x$.

Es folgt mit partieller Integration (12.24), Seite 217:

$$\int x\cdot\sin x\,dx = x\cdot(-\cos x) - \int 1(-\cos x)\,dx$$
$$= -x\cos x + \int \cos x\,dx$$
$$= -x\cos x + \sin x.$$

b) Setzten wir:

$$g(x) := \sin x,\quad f'(x) := e^x,$$

so ist

$$g'(x) = \cos x\,,\quad f(x) = e^x.$$

Dann folgt mit partieller Integration

$$(1)\quad \int e^x \sin x\,dx = e^x\sin x - \int e^x\cos x\,.$$

Auf $\int e^x\cos x$ wird noch einmal die partielle Integration angewandt:

$$g_1(x) := \cos x,\quad f_1'(x) := e^x,$$
$$g_1'(x) = -\sin x,\quad f_1(x) = e^x,$$

und es folgt

$$(2)\quad \int e^x\cos x\,dx = e^x\cos x - \int e^x(-\sin x)\,dx =$$
$$= e^x\cos x + \int e^x\sin x\,dx.$$

Durch Einsetzen von (2) in (1) erhält man:

$$\int e^x\sin x\,dx = e^x\sin x - (e^x\cos x + \int e^x\sin x\,dx) =$$
$$= e^x(\sin x - \cos x) - \int e^x\sin x\,dx.$$

Daraus ergibt sich

$$2\int e^x\sin x\,dx = e^x(\sin x - \cos x),$$

also

$$\int e^x\sin x\,dx = \frac{1}{2}e^x(\sin x - \cos x)\,.$$

c) Wie in Beispiel (12.26), Seite 218, setzen wir

$$f'(x) := 1,\quad g(x) := (\ln x)^2,$$
$$f(x) = \ ,\quad g'(x) = 2(\ln x)\cdot\frac{1}{x}\,.$$

Es folgt durch partielle Integration

$$\int 1\,(\ln x)^2 dx = x(\ln x)^2 - \int x\cdot 2(\ln x)\cdot\frac{1}{x}\,dx$$
$$= x(\ln x)^2 - 2\int \ln x\,dx$$
$$= x(\ln x)^2 - 2\,x(\ln x - 1)\quad \text{nach Beispiel (2.26)}$$
$$= x(\ln x)^2 - 2x\ln x + 2x.$$

AUFGABE 13.- 1) Hinweis: Beispiel (12.28), Seite 218, und Bemerkung (12.29). A 13

Seite 219

2) Lösung: Wie in Beispiel (12.28) wird $\cos^2 x = \cos x\cdot\cos x$ geschrieben und

$$f'(x) := \cos x,\quad g(x) := \cos x$$

gesetzt. Dann ist

$$f(x) = \sin x,\quad g'(x) = -\sin x.$$

Es folgt mit Bemerkung (12.29) und partieller Integration

$$\int_0^{\frac{\pi}{2}} \cos^2 x\,dx = [\sin x\cos x]_0^{\frac{\pi}{2}} + \int_0^{\frac{\pi}{2}} \sin^2 x\,dx$$
$$= \int_0^{\frac{\pi}{2}} \sin^2 x\,dx\,,$$

da $\sin 0 = 0$ und $\cos\frac{\pi}{2} = 0$ ist.

Es bleibt $\int_0^{\frac{\pi}{2}} \sin^2 x\,dx$ zu berechnen. Nach Beispiel (12.28) ist $x \mapsto \frac{x-\sin x\cos x}{2}$ eine Stammfunktion von $x \mapsto \sin^2 x$, so daß mit dem Hauptsatz (12.8) folgt:

$$\int_0^{\frac{\pi}{2}} \sin^2 x\,dx = \left[\frac{x-\sin x\cos x}{2}\right]_0^{\frac{\pi}{2}} = \frac{\pi}{4}\,.$$

Also ist

$$\int_0^{\frac{\pi}{2}} \cos^2 x\,dx = \frac{\pi}{4}\,.$$

b) Setze $g(x) := x \sin x$, $f'(x) := \cos x$

$g'(x) = \sin x + x \cos x$, $f(x) = \sin x$.

Dann folgt mit partieller Integration:

$$\int_0^{\frac{\pi}{2}} x \sin x \cdot \cos x \, dx = \Big[x \sin^2 x\Big]_0^{\frac{\pi}{2}} - \int_0^{\frac{\pi}{2}} (\sin x + x \cos x)\sin x \, dx$$

$$= \frac{\pi}{2} - \int_0^{\frac{\pi}{2}} \sin^2 x \, dx - \int_0^{\frac{\pi}{2}} x \sin x \cos x \, dx .$$

Daraus folgt

$$\int_0^{\frac{\pi}{2}} x \sin x \cos x \, dx = \frac{\pi}{4} - \frac{1}{2}\int_0^{\frac{\pi}{2}} \sin^2 x \, dx = \frac{\pi}{4} - \frac{1}{2}\cdot\frac{\pi}{4}$$

mit einem Ergebnis aus Teil a).

Damit ergibt sich $\int_0^{\frac{\pi}{2}} x \sin x \cos x \, dx = \frac{\pi}{8}$.

A 14
Seite 219

AUFGABE 14.- a) Wir setzen

$f'(x) := 1$, $g(x) := (\ln x)^n$

und damit $f(x) = x$, $g'(x) = n(\ln x)^{n-1}\cdot\frac{1}{x}$.

Es folgt mit partieller Integration:

$$\int 1\cdot(\ln x)^n dx = x(\ln x)^n - \int x\cdot n(\ln x)^{n-1}\,\frac{1}{x}\,dx$$

$$= x(\ln x)^n - n\int(\ln x)^{n-1} dx.$$

Damit haben wir schon eine Reduktionsformel erhalten, die das Integral über $(\ln x)^n$ auf ein Integral über $(\ln x)^{n-1}$ zurückführt, also

$$\int(\ln x)^n dx = x(\ln x)^n - n\int(\ln x)^{n-1}dx,\ n \in \mathbb{N}.$$

b) Setze $f'(x) := \cos x$, $g(x) := x^n$,

$f(x) = \sin x$, $g'(x) = nx^{n-1}$.

Es folgt:

$$\int x^n \cos x \, dx = x^n \sin x - \int nx^{n-1} \sin x \, dx$$

$$= x^n \sin x - n\int x^{n-1}\sin x \, dx,\ n \geq 1.$$

Damit haben wir schon eine Reduktionsformel. Um aber das neu entstandene Integral $\int x^{n-1}\sin x \, dx$ weiter reduzieren zu können, wird eine zweite Reduktionsformel benötigt.

Genauso wie bei $\int x^n \cos x \, dx$ können Sie zeigen:

$$\int x^n \sin x \, dx = -x^n \cos x + n\int x^{n-1}\cos x \, dx,\ n \geq 1.$$

Durch abwechselndes Anwenden dieser beiden Reduktionsformeln kommen Sie dann zum Ergebnis:

$$\int x^n \cos x \, dx = x^n \sin x + nx^{n-1}\cos x - n(n-1)\int x^{n-2}\cos x \, dx, n \geq 2.$$

A 15
Seite 220

AUFGABE 15.- $\int f(ax+b)dx$ wird umformuliert durch Erweitern mit a:

$$\int f(ax+b)dx = \frac{1}{a}\int f(ax+b)\cdot a \, dx.$$

Mit $g(x) := ax+b$, gilt $g'(x) = a$.

Also können wir auf das Integral Satz (12.31), Seite 220, anwenden:

$$\frac{1}{a}\int f(ax+b)\cdot a \, dx = \frac{1}{a}\int f(g(x))\cdot g'(x)dx$$

$$= \frac{1}{a} F(g(x)) = \frac{1}{a} F(ax+b).$$

Damit ist die Behauptung bewiesen.

A 16
Seite 220

AUFGABE 16.- 1) Hinweis: Beispiel (12.12), Seite 213.

2) Lösung: Aus der Aufgabenstellung erhalten wir die Differentialgleichung:

$$\frac{du}{dt} = \frac{I_0}{C}\sin(\omega t+\varphi).$$

Aus (12.10) wissen Sie, daß dann

$$u(t) = \int \frac{I_0}{C}\sin(\omega\tau+\varphi)d\tau + K$$

alle Lösungen dieser Differentialgleichung sind.

Also

$$u(t) = \frac{I_0}{C}\int\sin(\omega\tau+\varphi)d\tau + K$$

$$= \frac{I_0}{C}\left(-\frac{1}{\omega}\cos(\omega t+\varphi)\right) + K$$

nach Regel (12.34) mit $F(x) = -\cos x$.

Wir erhalten also:

$$u(t) = -\frac{I_0}{\omega C}\cos(\omega t+\varphi) + K.$$

(K Integrationskonstante, die etwa durch Vorgabe von $u(0)$ bestimmt werden könnte.)

A 17
Seite 221

AUFGABE 17.- 1) Hinweise: Zu a): Regel (12.34), Seite 220. Zu b) $g(\theta) := \theta^2$. Zu c): Es ist $\cos x - \cos^3 x = \cos x\cdot\sin^2 x$.

2) Lösung: a) Setzen wir $f(x) := x^n$, so läßt sich das Integral mit Regel (12.34) lösen.

Mit $F(x) = \frac{1}{n+1}x^{n+1}$ als Stammfunktion von f folgt daher:

$$\int(ax+b)^n dx = \frac{1}{a}F(ax+b) = \frac{1}{a}\cdot\frac{1}{n+1}(ax+b)^{n+1}.$$

b) Bekanntlich ist $\frac{d}{d\theta}(\theta^2) = 2\theta$.

Wir setzen $g(\theta) := \theta^2$, $g'(\theta) = 2\theta$, $f(y) := \cos y$.

Mit der Substitutionsregel (12.31) folgt:

$$\int\theta\cos\theta^2 d\theta = \frac{1}{2}\int\cos\theta^2\cdot 2\theta \, d\theta$$

$$= \frac{1}{2}\int\cos y \, dy\Big|_{y=\theta^2} = \frac{1}{2}\sin y\Big|_{y=\theta^2}$$

$$= \frac{1}{2}\sin\theta^2.$$

c) Es gilt:

$$\int(\cos x - \cos^3 x)dx = \int\cos x(1-\cos^2 x)dx$$

$$= \int\cos x \sin^2 x \, dx.$$

Sie wissen, daß $\frac{d}{dx}(\sin x) = \cos x$ ist. Also setzen wir $g(x) := \sin x$, $g'(x) = \cos x$, $f(y) := y^2$.

Es folgt mit der Substitutionsregel

$$\int \cos x \sin^2 x \, dx = \int y^2 dy \Big|_{y=\sin x} = \frac{1}{3} y^3 \Big|_{y=\sin x}$$

$$= \frac{1}{3} \sin^3 x.$$

A 18
Seite 222

AUFGABE 18.- a) Der Nenner wird mit quadratischer Ergänzung umgeformt ($a=1$, $b=2$, $c=5$):

$$x^2 + 2x + 5 = (x^2 + 2x + 1) + 4 = (x+1)^2 + 4.$$

Wir haben also $\alpha = 1$, $\beta^2 = 4$.

Das Integral lautet damit:

$$\int \frac{1}{x^2+2x+5} dx = \int \frac{1}{(x+1)^2+4} dx$$

$$= \frac{1}{4} \int \frac{1}{\left(\frac{x+1}{2}\right)^2 + 1} dx$$

Jetzt wird $y = \frac{x+1}{2}$ substituiert und damit ist

$$\frac{dy}{dx} = \frac{1}{2}.$$

Es folgt:

$$\frac{1}{4} \int \frac{1}{\left(\frac{x+1}{2}\right)^2 + 1} dx = \frac{1}{4} \cdot 2 \int \frac{1}{\left(\frac{x+1}{2}\right)^2 + 1} \cdot \frac{1}{2} dx$$

$$= \frac{1}{2} \int \frac{1}{y^2+1} dy \Big|_{y=\frac{x+1}{2}} = \frac{1}{2} \arctan y \Big|_{y=\frac{x+1}{2}} = \frac{1}{2} \arctan \frac{x+1}{2}.$$

Also lautet das Ergebnis:

$$\int \frac{1}{x^2+2x+5} dx = \frac{1}{2} \arctan \frac{x+1}{2}.$$

Mit der Formel (6) aus Beispiel (12.37), Seite 221, folgt ($a=1$, $b=2$, $c=5$) das gleiche Ergebnis:

$$\int \frac{1}{x^2+2x+5} dx = \frac{2}{\sqrt{20-4}} \arctan \frac{2x+2}{\sqrt{20-4}}$$

$$= \frac{1}{2} \arctan \frac{x+1}{2}.$$

b) Es gilt:

$$3x^2 - 6x + 5 = 3\left(x^2 - 2x + \frac{5}{3}\right)$$

$$= 3\left((x^2-2x+1) + \frac{2}{3}\right)$$

$$= 3\left((x-1)^2 + \frac{2}{3}\right).$$

Es folgt damit:

$$\int \frac{1}{3x^2-6x+5} dx = \frac{1}{3} \int \frac{1}{(x-1)^2 + \frac{2}{3}} dx$$

$$= \frac{1}{2} \int \frac{1}{\left((x-1)\sqrt{\frac{3}{2}}\right)^2 + 1} dx$$

nach Ausklammern von $\frac{2}{3}$ im Nenner des Integranden:

Substitution $y = (x-1)\sqrt{\frac{3}{2}}$; $\frac{dy}{dx} = \sqrt{\frac{3}{2}}$:

$$\frac{1}{2} \int \frac{1}{\left((x-1)\sqrt{\frac{3}{2}}\right)^2 + 1} dx = \frac{1}{2} \int \frac{\sqrt{\frac{2}{3}}}{y^2+1} dy \Big|_{y=(x-1)\sqrt{\frac{3}{2}}}$$

$$= \frac{1}{2}\sqrt{\frac{2}{3}} \arctan y \Big|_{y=(x-1)\sqrt{\frac{3}{2}}} =$$

$$= \frac{1}{2}\sqrt{\frac{2}{3}} \arctan (x-1)\sqrt{\frac{3}{2}}.$$

Also: $$\int \frac{1}{3x^2-6x+5} dx = \frac{1}{\sqrt{6}} \arctan \sqrt{\frac{3}{2}}\,(x-1).$$

Nach Formel (12.37)(6) folgt ($a=3$, $b=-6$, $c=5$):

$$\int \frac{1}{3x^2-6x+5} dx = \frac{2}{\sqrt{60-36}} \arctan \frac{6x-6}{\sqrt{60-36}}$$

$$= \frac{2}{\sqrt{4}\sqrt{6}} \arctan \frac{6(x-1)}{\sqrt{4}\sqrt{6}}$$

$$= \frac{1}{\sqrt{6}} \arctan \sqrt{\frac{3}{2}}\,(x-1).$$

AUFGABE 19.- 1) Hinweise: Zu a): Beispiel (12.41)(3). Zu b): Zwei Substitutionen sind nacheinander nötig; ferner gibt es mindestens zwei verschiedene Möglichkeiten für die erste Substitution, die beide zum Ziel führen: $x = u^2$ oder $x = 1-u^2$. A 19
Seite 223

2) Lösung: a) Sie kennen aus Beispiel (12.41)(3) die Beziehung

$$\sinh^2 u = \cosh^2 u - 1.$$

Es wird $x = \cosh u$, $u > 0$, und damit $\frac{dx}{du} = \sinh u$ substituiert. Es gilt dann $u = \operatorname{Arcosh} x$, $x > 1$.

Mit dieser Substitution folgt mit (12.39), Seite 222:

$$\int \sqrt{x^2-1}\, dx = \int \sqrt{\cosh^2 u - 1} \sinh u \, du \Big|_{u=\operatorname{Arcosh} x}$$

$$= \int \sinh^2 u \, du \Big|_{u=\operatorname{Arcosh} x}$$

Wie in Beispiel (12.41)(3) wenden wir jetzt die partielle Integration an mit

$$f'(u) := \sinh u, \quad g(u) := \sinh u$$
$$f(u) = \cosh u, \quad g'(u) = \cosh u.$$

Es folgt

$$\int \sinh u \sinh u \, du = \cosh u \sinh u - \int \cosh^2 u \, du$$

$$= \cosh u \sinh u - \frac{1}{2}(\cosh u \sinh u + u)$$

$$= \frac{1}{2}(\cosh u \sinh u - u)$$

nach Beispiel (12.41)(3).

Es folgt für das gesuchte Integral:

$$\int \sqrt{x^2-1}\, dx = \int \sinh^2 u \, du \Big|_{u=\operatorname{Arcosh} x}$$

$$= \frac{1}{2}(\cos h \cdot \sinh u - u) \Big|_{u=\operatorname{Arcosh} x}$$

$$= \frac{1}{2}\left(x \cdot \sqrt{x^2-1} - \operatorname{Arcosh} x\right)$$

da $\sinh u = \sqrt{\cosh^2 u - 1} = \sqrt{x^2-1}$ ist.

b) 1. Möglichkeit:

Wir setzen $x = u^2$, $0 \le u < 1$, (d.h. $u = \sqrt{x}$) und damit $\frac{dx}{du} = 2u$. Damit folgt für das Integral:

$$\int \frac{\sqrt{1-x}}{1-\sqrt{x}} dx = \int \frac{\sqrt{1-u^2}}{1-u} \cdot 2u \, du \Big|_{u=\sqrt{x}}.$$

Nun muß ein zweites Mal substituiert werden. Das Vorkom-

men von $\sqrt{1-u^2}$ erinnert an Beispiel (12.41)(2).

Setzen wir also $u = \sin z$, $z \in \,]-\frac{\pi}{2},\frac{\pi}{2}[$, (d.h. $z = \arcsin u$) und damit $\frac{du}{dz} = \cos z$.

Es folgt für das Integral:

$$\int \frac{\sqrt{1-u^2}}{1-u}\cdot 2u\,du = \int \frac{\cos z}{1-\sin z}\cdot 2\sin z\cdot\cos z\,dz\Big|_{z=\arcsin u}$$

$$= 2\int \frac{\cos^2 z\cdot\sin z}{1-\sin z}\,dz\Big|_{z=\arcsin u}$$

$$= 2\int \frac{(1-\sin^2 z)\sin z}{1-\sin z}\,dz\Big|_{z=\arcsin u}$$

$$= 2\int \frac{(1-\sin z)(1+\sin z)\sin z}{1-\sin z}\,dz\Big|_{z=\arcsin u}$$

$$= 2\int (1+\sin z)\sin z\,dz\Big|_{z=\arcsin u}.$$

Also ist

$$\int \frac{\sqrt{1-u^2}}{1-u}\cdot 2u\,du = 2\int \sin z\,dz + 2\int \sin^2 z\,dz\Big|_{z=\arcsin u}$$

$$= -2\cos z + 2\,\frac{z-\sin z\cos z}{2}\Big|_{z=\arcsin u}$$

nach Beispiel (12.28), Seite 218.

Einsetzen von $z = \arcsin u$ ergibt:

$$\int \frac{\sqrt{1-x}}{1-\sqrt{x}}\,dx = -2\sqrt{1-u^2} + \arcsin u - u\sqrt{1-u^2}\Big|_{u=\sqrt{x}},$$

da $\cos z = \sqrt{1-\sin^2 z} = \sqrt{1-u^2}$ ist.

Jetzt muß noch $u = \sqrt{x}$ gesetzt werden. Es folgt:

$$\int \frac{\sqrt{1-x}}{1-\sqrt{x}}\,dx = -2\sqrt{1-x} + \arcsin\sqrt{x} - \sqrt{x}\sqrt{1-x}\,.$$

2. Möglichkeit (im Schnellverfahren):

Die erste Substitution $u = \sqrt{1-x}$, $0 \le x < 1$, d.h. $x = 1-u^2$ und $\frac{dx}{du} = -2u$ ergibt:

$$\int \frac{\sqrt{1-x}}{1-\sqrt{x}} = \int \frac{-2u^2}{1-\sqrt{1-u^2}}\,du\Big|_{u=\sqrt{1-x}}.$$

Jetzt wie vorher die zweite Substitution:

$u = \sin z$ ($z = \arcsin u$), $\frac{du}{dz} = \cos z$

führt zu:

$$\int \frac{-2u^2}{1-\sqrt{1-u^2}}\,du = \int \frac{-2\sin^2 z\cos z}{1-\cos z}\,dz\Big|_{z=\arcsin u}$$

$$= -2\int (1+\cos z)\cos z\,dz$$

$$= -2\int \cos z\,dz - 2\int \cos^2 z\,dz$$

$$= -2\sin z - z - \sin z\cos z\Big|_{z=\arcsin u}.$$

Einsetzen liefert:

$$\int \frac{\sqrt{1-x}}{1-\sqrt{x}}\,dx = -2\sin z - z - \sin z\cos z\Big|_{z=\arcsin\sqrt{1-x}}$$

$$= -2u - \arcsin u - u\sqrt{1-u^2}\Big|_{u=\sqrt{1-x}}$$

$$= -2\sqrt{1-x} - \arcsin\sqrt{1-x} - \sqrt{1-x}\sqrt{x}\,.$$

Achtung: Es kann gezeigt werden, daß

$$\arcsin\sqrt{x} = \frac{\pi}{2} - \arcsin\sqrt{1-x} \text{ ist.}$$

Damit unterscheiden sich die beiden Stammfunktionen nur um eine Konstante.

AUFGABE 20.- 1) Es gilt: $\sin x = \frac{2u}{1+u^2}$ mit $u = \tan\frac{x}{2}$, $-\pi < x < \pi$, denn: A 20 Seite 224

$$\frac{2u}{1+u^2} = \frac{2\tan\frac{x}{2}}{1+(\tan\frac{x}{2})^2} = \frac{2\,\frac{\sin(x/2)}{\cos(x/2)}}{1+\frac{\sin^2(x/2)}{\cos^2(x/2)}} = \frac{2\sin\frac{x}{2}\cos\frac{x}{2}}{\sin^2\frac{x}{2}+\cos^2\frac{x}{2}} = \sin x,$$

da $\sin^2\frac{x}{2}+\cos^2\frac{x}{2} = 1$ und $2\sin\frac{x}{2}\cos\frac{x}{2} = \sin 2\frac{x}{2} = \sin x$ nach dem Additionstheorem für sin.

2) Es gilt: $\cos x = \frac{1-u^2}{1+u^2}$ mit $u = \tan\frac{x}{2}$, $-\pi < x < \pi$,

denn:

$$\frac{1-u^2}{1+u^2} = \frac{1-(\tan\frac{x}{x})^2}{1+(\tan\frac{x}{2})^2} = \frac{1-\frac{\sin^2(x/2)}{\cos^2(x/2)}}{1+\frac{\sin^2(x/2)}{\cos^2(x/2)}} = \frac{\cos^2\frac{x}{2}-\sin^2\frac{x}{2}}{\cos^2\frac{x}{2}+\sin^2\frac{x}{2}}$$

$$= \cos^2\frac{x}{2}-\sin^2\frac{x}{2} = \cos\frac{x}{2}\cos\frac{x}{2}-\sin\frac{x}{2}\sin\frac{x}{2} = \cos 2\frac{x}{2} = \cos x$$

da $\cos\frac{x}{2}\cos\frac{x}{2}-\sin\frac{x}{2}\sin\frac{x}{2} = \cos x$ nach Additionstheorem für cos.

AUFGABE 21.- Substitution $x = 2\arctan u$, d.h. $u = \tan\frac{x}{2}$, A 21 Seite 224

$$\frac{dx}{du} = \frac{2}{1+u^2} \quad\text{und}\quad \sin x = \frac{2u}{1+u^2}\,.$$

Damit folgt für das Integral:

$$\int \frac{1}{\sin x}\,dx = \int \frac{1}{\frac{2u}{1+u^2}}\cdot\frac{2}{1+u^2}\,du\Big|_{u=\tan\frac{x}{2}} = \int \frac{1}{u}\,du\Big|_{u=\tan\frac{x}{2}}$$

$$= \ln|u|\,\Big|_{u=\tan\frac{x}{2}} = \ln\left|\tan\frac{x}{2}\right|.$$

AUFGABE 22.- 1) Hinweise: Zu b): $y = g(\theta) = \cos\theta$, $f(y) = y^2$. Zu c): Lösen Sie die Ellipsengleichung $\frac{x^2}{a^2}+\frac{y^2}{b^2} = 1$ nach y auf (2 Lösungen!). Denken Sie an die Flächenberechnung unter dem Graphen einer nichtnegativen Funktion. A 22 Seite 225

2) Lösung: a) Es wird $y = g(x) := 3x$ gesetzt. Damit ist $\frac{dy}{dx} = 3$. Für die Grenzen gilt:

aus $a = 1$ folgt $g(1) = 3$ und aus $b = 2$ folgt $g(2) = 6$.

Also gilt für das Integral:

$$\int_1^2 e^{3x}dx = \frac{1}{3}\int_3^6 e^y dy = \frac{1}{3}\left[e^y\right]_3^6 = \frac{1}{3}(e^6 - e^3).$$

(Bemerkung: Dieser Teil geht schneller mit Regel (12.34), Seite 220:

$$\int_1^2 e^{3x}dx = \frac{1}{3}\left[e^{3x}\right]_1^2 = \frac{1}{3}(e^6 - e^3).)$$

b) Substitution $y = g(\theta) := \cos\theta$ *und damit* $\frac{dy}{d\theta} = -\sin\theta$.

Es gilt für die Grenzen:

aus $a = 0$ *folgt* $g(0) = \cos 0 = 1$ *und*

aus $b = \frac{\pi}{2}$ *folgt* $g(\frac{\pi}{2}) = \cos\frac{\pi}{2} = 0$.

Damit lautet das substituierte Integral:

$$\int_0^{\frac{\pi}{2}} \sin\theta \cos^2\theta \, d\theta = -\int_1^0 y^2 dy = \int_0^1 y^2 dy = \left[\frac{1}{3} y^3\right]_0^1 = \frac{1}{3}.$$

c)

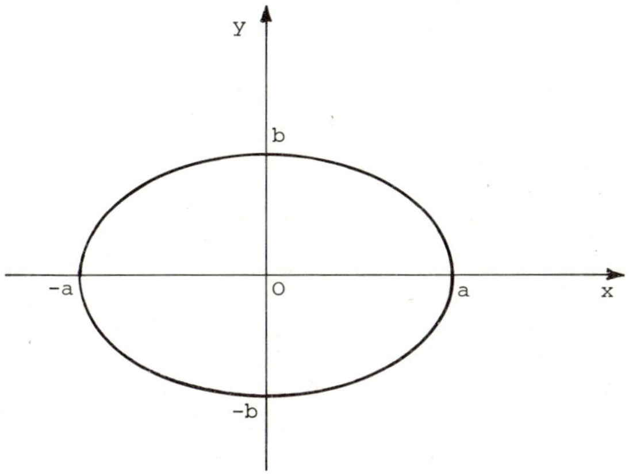

Es gilt: Aus $\frac{x^2}{a^2} + \frac{y^2}{b^2} = 1$ *folgt:*

$$y = \pm\sqrt{b^2 - \frac{b^2}{a^2} x^2} = \pm b\sqrt{1 - \frac{x^2}{a^2}}$$

(Der Graph von $x \mapsto b\sqrt{1 - (\frac{x}{a})^2}$ *ergibt den Bogen oberhalb der x-Achse, der Graph von* $x \mapsto -b\sqrt{1 - (\frac{x}{a})^2}$ *den Bogen unterhalb der x-Achse.)*

Zur Bestimmung des Flächeninhaltes I nutzen wir die Symmetrie der Ellipse bezüglich der x-Achse aus. Dann ist

$$I = 2 \cdot \int_{-a}^{a} b\sqrt{1 - (\frac{x}{a})^2}\, dx .$$

(Der Faktor 2 ergibt sich aus der Tatsache, daß das Integral den Inhalt der oberen Hälfte der Fläche angibt.)

Substitution: $\frac{x}{a} = \cos u$, $\frac{dx}{du} = -a \sin u$.

Da $u = g(x) = \arccos\frac{x}{a}$ *ist, folgt für die Grenzen:*

aus $-a$ *wird* $g(-a) = \arccos\frac{-a}{a} = \arccos(-1) = \pi$,

aus a *wird* $g(a) = \arccos\frac{a}{a} = \arccos 1 = 0$.

Damit ist der Flächeninhalt $I = 2b\int_{-a}^{a}\sqrt{1 - (\frac{x}{a})^2}\, dx$

$$= 2b\int_{\pi}^{0}\sqrt{1-\cos^2 u}\,(-a \sin u)\,du$$

$$= -2ab\int_{\pi}^{0} \sin u \cdot \sin u \, du = 2ab\int_0^{\pi} \sin^2 u \, du.$$

Nach Beispiel (12.28), Seite 218, ist:

$$\int \sin^2 u \, du = \frac{u - \sin u \cos u}{2}$$

Damit folgt:

$$I = 2ab\int_0^{\pi} \sin^2 u \, du = 2ab\left[\frac{u - \sin u \cos u}{2}\right]_0^{\pi}$$

$$= 2ab \cdot \frac{\pi}{2} = ab\pi.$$

Damit ist der Flächeninhalt der Ellipse πab*, was Sie sicher schon vorher wußten.*

<u>*AUFGABE 23.*</u>*-* *a)* $y' = y \sin x$. A 23 Seite 227

Hier ist $f(x) := \sin x$, $g(y) := \frac{1}{y}$, $y \neq 0$.

Mit der Merkregel auf Seite 226 folgt aus

$$y' = \frac{\sin x}{\frac{1}{y}} :$$

$$\int \frac{1}{y}\, dy = \int \sin x \, dx.$$

Daraus ergibt sich mit Tabelle (12.17), Seite 215, und Bemerkung (12.14)(1), Seite 214:

$$\ln|y| = -\cos x + C .$$

Wir lösen nach y auf:

$$|y| = e^{-\cos x + C} = e^C e^{-\cos x} =: d\, e^{-\cos x}.$$

Also $y(x) = \pm d\, e^{-\cos x}$, $d > 0$

und zwar für alle Intervalle $I \subset\,]-\infty,\infty[$.

Außerdem existiert aber noch die Lösung $y(x) = 0$ *für alle x (siehe dazu den Schluß von Beispiel (12.47), Seite 227).*

b) $y' = \frac{y}{x}$

Hier ist $f(x) := \frac{1}{x}$, $x \neq 0$, $g(y) := \frac{1}{y}$, $y \neq 0$.

Mit der Merkregel ist

$$\int \frac{1}{y}\, dy = \int \frac{1}{x}\, dx$$

zu lösen. Es ist dann

$$\ln|y| = \ln|x| + C =: \ln|x| + \ln d = \ln(d \cdot |x|)$$

mit $C = \ln d$, $d > 0$, *und daraus*

$$|y| = d|x| \quad \text{d.h.} \quad y(x) = \pm dx, \; d > 0.$$

Die Graphen dieser Funktionen y sind alle Geraden durch den Nullpunkt außer der x- und der y-Achse und die Lösung existiert in jedem Intervall $I \subset\,]-\infty,\infty[$.

Außerdem ist wieder $y = 0$ *eine Lösung.*

<u>*AUFGABE 24.*</u>*-* *Wir haben hier die Ausgangsgleichungen* A 24 Seite 228

$$F = mv' \quad \text{und} \quad F = -k\sqrt{v}$$

mit dem Anfangswert $v(0) = v_0 > 0$. *Das Anfangswertproblem lautet:*

$$v' = -\frac{k}{m}\sqrt{v}, \quad v(0) = v_0.$$

d.h. $f(t) := -\frac{k}{m}$, $g(v) = v^{-\frac{1}{2}} = \frac{1}{\sqrt{v}}$, $v > 0$.

Mit der Merkregel folgt:

$$\int v^{-\frac{1}{2}}\, dv = \int (-\frac{k}{m})\,dt$$

und daraus

$$2v^{\frac{1}{2}} = -\frac{k}{m}t + C.$$

Also ist

(1) $$\sqrt{v} = -\frac{k}{2m}t + \frac{C}{2}$$

oder

$$v(t) = (-\frac{k}{2m}t + \frac{C}{2})^2 .$$

Mit $v(0) = v_0$ folgt

$$v_0 = v(0) = (\frac{C}{2})^2$$

oder

$$|C| = 2\sqrt{v_0} .$$

Aus (1) folgt für $t=0$, daß $C \geq 0$ sein muß. Also gilt $C = 2\sqrt{v_0}$.

Damit ist die Lösung:

$$v(t) = (-\frac{k}{2m}t + \sqrt{v_0})^2, \quad t \geq 0.$$

A 25 Seite 228

AUFGABE 25.- In Aufgabe 24 lautete das Anfangswertproblem:

$$v' = -\frac{k}{m}\sqrt{v} , \quad v(0) = v_0 .$$

Es ergibt sich mit der Formel aus (12.49), Seite 228, die Gleichung:

$$\int_{v_0}^{v(t)} u^{-\frac{1}{2}} du = \int_0^t (-\frac{k}{m})d\tau.$$

Daher folgt:

$$\left[2u^{\frac{1}{2}}\right]_{v_0}^{v(t)} = \left[-\frac{k}{m}\tau\right]_0^t .$$

Also ist

$$2\sqrt{v(t)} - 2\sqrt{v_0} = -\frac{k}{m}t ,$$

$$2\sqrt{v(t)} = -\frac{k}{m}t + 2\sqrt{v_0} ,$$

so daß wie in Aufgabe 24: $v(t) = \left(-\frac{k}{2m}t + \sqrt{v_0}\right)^2$ ist.

A 26 Seite 228

AUFGABE 26.- 1) Hinweise: Aufgabe 18 aus Kapitel 11, Seite 194; Satz (12.21), Seite 216, und die richtige Wahl der Funktion $g(i)$.

2) Lösung: Mit Aufgabe 18 aus Kapitel 11 lautet das Anfangswertproblem:

$$R\,i(t) + L\frac{d\,i(t)}{dt} = U_0 \quad \text{mit } i(0) = 0.$$

Diese Differentialgleichung schreiben wir geeignet um:

$$\frac{d\,i(t)}{dt} = \frac{1}{L}(U_0 - R\,i(t)) \quad \text{mit } i(0) = 0$$

und erhalten ein Anfangswertproblem einer separablen Differentialgleichung mit

$$g(i) := \frac{1}{U_0 - Ri} , \quad i \neq \frac{U_0}{R} , \quad \text{und } f(t) := \frac{1}{L} .$$

Daraus ergibt sich mit (12.49), Seite 228, die Integralgleichung:

$$\int_0^t \frac{1}{L}d\tau = \int_{i(0)}^{i(t)} \frac{1}{U_0 - Ri}di$$

$$= -\frac{1}{R}\int_0^{i(t)} \frac{-R}{U_0 - Ri}di.$$

Mit Hilfe von Satz (12.21), Seite 216, folgt nun:

$$\left[\frac{1}{L}\tau\right]_0^t = -\frac{1}{R}\left[\ln|U_0 - Ri|\right]_0^{i(t)}$$

oder

$$-\frac{1}{R}(\ln|U_0 - Ri(t)| - \ln|U_0|) = \frac{1}{L}t.$$

Daraus folgt:

$$\ln|U_0 - Ri(t)| = -\frac{R}{L}t + \ln U_0, \quad (U_0 > 0)$$

$$U_0 - Ri(t) = U_0 e^{-\frac{R}{L}t}$$

$$i(t) = -\frac{U_0}{R}e^{-\frac{R}{L}t} + \frac{U_0}{R}$$

als Lösung des Anfangswertproblems.

AUFGABE 27.- Es ist A 27 Seite 229

$$2x^3 : (x^2+3) = 2x - \frac{6x}{x^2+3}$$

$$\frac{2x^3+6x}{-6x}$$

Also $$\frac{2x^3}{x^2+3} = 2x - \frac{6x}{x^2+3} .$$

AUFGABE 28.- 1) Hinweise: Erraten Sie eine ganzzahlige Nullstelle x_0 und dividieren Sie das Polynom durch $x-x_0$. A 28 Seite 230

2) Lösung: a) Nach einigem Probieren stellen Sie fest: $x_1 = -1$ ist eine Nullstelle von x^3+2x^2+2x+1. Die Division durch $x+1$ ergibt:

$$(x^3+2x^2+2x+1):(x+1) = x^2+x+1$$

$$\underline{x^3+x^2}$$

$$x^2+2x+1$$

$$\underline{x^2+x}$$

$$x+1$$

Das entstandene quadratische Polynom x^2+x+1 erfüllt die Bedingung $4\gamma-\beta^2 = 4-1 = 3 > 0$ und besitzt damit keine reellen Nullstellen. Die Zerlegung von q lautet

$$q(x) = x^3+2x^2+2x+1 = (x+1)\cdot(x^2+x+1).$$

b) Man sieht sofort, daß $q(x) = x^4-x = x(x^3-1)$ ist und daß $x=1$ eine Nullstelle von x^3-1 ist. Wegen

$$
\begin{array}{l}
(x^3-1):(x-1) = x^2+x+1 \\
\underline{x^3-x^2} \\
\quad x^2-1 \\
\quad \underline{x^2-x} \\
\qquad x-1
\end{array}
$$

und da x^2+x+1 nach Teil a) dieser Aufgabe keine reellen Nullstellen hat, gilt

$$q(x) = x(x-1)(x^2+x+1).$$

A 29 Seite 232

AUFGABE 29.- Schritt 1 (12.50), Seite 228, erübrigt sich: grad p < grad q . Schritt 2 (12.52), Seite 229, muß für $g(x) = x^3+2x^2+2x+1$ durchgeführt werden. Dies ist bereits in Aufgabe 28 geschehen. Es ist

$$(x^3+2x^2+2x+1) = (x+1)(x^2+x+1).$$

Nun lautet der Ansatz für die Partialbruchzerlegung nach (12.54), Seite 230:

$$\frac{3x^2+3x+1}{x^3+2x^2+2x+1} = \frac{A}{x+1} + \frac{Bx+C}{x^2+x+1} .$$

Nach Multiplikation mit $q(x) = (x+1)(x^2+x+1)$ und anschließendem Kürzen ergibt sich die Gleichung:

$$
\begin{aligned}
3x^2+3x+1 &= A(x^2+x+1) + (Bx+C)(x+1) \\
&= Ax^2+Ax+A+Bx^2+Bx+Cx+C \\
&= (A+B)x^2 + (A+B+C)x + (A+C) .
\end{aligned}
$$

Koeffizientenvergleich ergibt:

1) $3 = A+B$ (Koeffizienten von x^2)
2) $3 = A+B+C$ (Koeffizienten von x^1)
3) $1 = A+C$ (Koeffizienten von x^0).

Aus 1) und 3) folgt $B = 3-A$ und $C = 1-A$.

Damit ergibt sich in 2):

$$3 = A + (3-A) + (1-A) = 4 - A,$$

also $A = 1$ und daher

$$B = 2, \ C = 0.$$

Die Partialbruchzerlegung lautet:

$$\frac{3x^2+3x+1}{x^3+2x^2+2x+1} = \frac{1}{x+1} + \frac{2x}{x^2+x+1} .$$

A 30 Seite 232

AUFGABE 30.- Schritt 1 (12.50), Seite 228, muß zuerst durchgeführt werden, da grad p = 4 = grad q ist.
Es gilt:

$$(x^4+4x^3+3x^2+3x+2):(x^4+x^3) = 1 + \frac{3x^3+3x^2+3x+2}{x^3(x+1)} .$$

Die rationale Funktion $\frac{3x^3+3x^2+3x+2}{x^3(x+1)}$ wird weiter untersucht.
Schritt 2 (12.52), Seite 229, erübrigt sich, da q bereits in der gewünschten Form vorliegt.

Die Partialbruchzerlegung lautet jetzt:

$$\frac{3x^3+3x^2+3x+2}{x^3(x+1)} = \frac{A_1}{x} + \frac{A_2}{x^2} + \frac{A_3}{x^3} + \frac{B}{x+1} .$$

Multiplikation mit q und anschließendes Kürzen ergibt:

$$3x^3+3x^2+3x+2 = A_1x^2(x+1) + A_2x(x+1) + A_3(x+1) + Bx^3 .$$

Da diese Gleichung wieder für alle x (nachträglich auch für die Nullstellen des Nenners) gilt, werden wieder spezielle x-Werte (d.h. hier vier) eingesetzt.
Nehmen wir also die Nullstellen $x_1 = 0$ und $x_2 = -1$ sowie $x_3 = 1$, $x_4 = 2$. Dann ergeben sich die 4 Gleichungen:

I) $\underline{2 = A_3}$ $(x = 0)$

II) $\underline{-1 = -B}$ $(x = -1)$

III) $11 = 2A_1 + 2A_2 + 2A_3 + B$ $(x = 1)$

IV) $44 = 12A_1 + 6A_2 + 3A_3 + 8B$ $(x = 2)$.

Setzt man die Werte aus I) und II) in III) und IV) ein, so erhält man:

$11 = 2A_1 + 2A_2 + 4 + 1$, also

V) $6 = 2A_1 + 2A_2$,

$44 = 12A_1 + 6A_2 + 6 + 8$, also

VI) $30 = 12A_1 + 6A_2$.

Aus V) folgt (Auflösen nach A_2)

VII) $A_2 = 3 - A_1$

und eingesetzt in VI) ergibt das

$$
\begin{aligned}
30 &= 12A_1 + 18 - 6A_1 \\
&= 6A_1 + 18
\end{aligned}
$$

d.h. $6A_1 = 12$ oder $\underline{A_1 = 2}$

Damit folgt in VII)

$$\underline{A_2 = 3 - 2 = 1.}$$

Die Partialbruchzerlegung der gegebenen rationalen Funktion lautet damit (einschließlich des Schrittes 1)

$$\frac{x^4+4x^3+3x^2+3x+2}{x^3(x+1)} = 1 + \frac{2}{x} + \frac{1}{x^2} + \frac{2}{x^3} + \frac{1}{x+1} .$$

AUFGABE 31.- a) Die Schritte 1 und 2 sind bereits in Aufgabe 30 durchgeführt worden. A 31 Seite 233
Mit der Partialbruchzerlegung ergibt sich:

$$
\begin{aligned}
\int \frac{x^4+4x^3+3x^2+3x+2}{x^3(x+1)}\,dx &= \int \left(1 + \frac{2}{x} + \frac{1}{x^2} + \frac{2}{x^3} + \frac{1}{x+1}\right) dx \\
&= \int 1dx + \int \frac{2}{x}\,dx + \int \frac{1}{x^2}\,dx + \int \frac{2}{x^3}\,dx + \int \frac{1}{x+1}\,dx \\
&= x + 2\ln|x| - \frac{1}{1}\cdot\frac{1}{x} - \frac{2}{2}\cdot\frac{1}{x^2} + \ln|x+1|
\end{aligned}
$$

nach Satz (12.57), Seite 232.
Also gilt:

$$\int \frac{x^4+4x^3+3x^2+3x+2}{x^3(x+1)}\,dx = x - \frac{1}{x} - \frac{1}{x^2} + \ln(x^2|x+1|).$$

b) Schritt 1 erübrigt sich wieder: $\operatorname{grad} p = 0 < \operatorname{grad} q = 3$.

Schritt 2: Zerlegung des Nennerpolynoms. Der Lösung von Aufgabe 28 b) entnehmen Sie:

$$x^3 - 1 = (x-1)(x^2+x+1).$$

Es folgt Schritt 3: Partialbruchzerlegung.

$$\frac{1}{x^3-1} = \frac{A}{x-1} + \frac{Bx+C}{x^2+x+1}.$$

Daraus ergibt sich:

$$1 = A(x^2+x+1) + (Bx+C)(x-1).$$

Mit der Einsetzmethode folgt für die Nullstelle $x_1 = 1$:

$$1 = A \cdot 3, \text{ also } A = \frac{1}{3}.$$

Für $x_2 = 0$:

$$1 = A + C\cdot(-1), \text{ also } C = -\frac{2}{3}.$$

Für $x_3 = -1$:

$$1 = A + (-B+C)(-2) = A + 2B - 2C = \frac{1}{3} + 2B + \frac{4}{3}, \text{ sodaß}$$

$$B = \frac{1}{2}\left(1 - \frac{5}{3}\right) = -\frac{1}{3}.$$

Die Partialbruchzerlegung lautet

$$\frac{1}{x^3-1} = \frac{1}{3}\left(\frac{1}{x-1}\right) - \frac{1}{3}\,\frac{x+2}{x^2+x+1}.$$

Zu berechnen ist jetzt noch nach Schritt 4:

$$(1) \quad \int \frac{1}{x^3-1}\,dx = \frac{1}{3}\int \frac{1}{x-1}\,dx - \frac{1}{3}\int \frac{x+2}{x^2+x+1}\,dx.$$

Es gilt:

$$(2) \quad \int \frac{1}{x-1}\,dx = \ln|x-1| \quad \text{nach (12.57), Seite 232.}$$

$\int \frac{x+2}{x^2+x+1}\,dx$ *wird zerlegt nach (12.58):*

$$(3) \quad \int \frac{x+2}{x^2+x+1}\,dx = \frac{1}{2}\int \frac{2x+1}{x^2+x+1}\,dx + \frac{3}{2}\int \frac{1}{x^2+x+1}\,dx,$$

da $\frac{1}{2}(2x+1) + \frac{3}{2} = x + \frac{1}{2} + \frac{3}{2} = x+2$ ist.

Es gilt

$$(4) \quad \frac{1}{2}\int \frac{2x+1}{x^2+x+1}\,dx = \frac{1}{2}\ln|x^2+x+1| \quad \text{nach (12.59), Seite 232,}$$

und

$$(5) \quad \frac{3}{2}\int \frac{1}{x^2+x+1}\,dx = \frac{3}{2}\,\frac{2}{\sqrt{4-1}}\arctan\frac{2x+1}{\sqrt{4-1}} = \sqrt{3}\arctan\frac{2x+1}{\sqrt{3}}$$

nach (12.61), Seite 233.
Mit (4) und (5) lautet dann (3):

$$(6) \quad \int \frac{x+2}{x^2+x+1}\,dx = \frac{1}{2}\ln|x^2+x+1| + \sqrt{3}\arctan\frac{2x+1}{\sqrt{3}}.$$

Setzen wir jetzt (2) und (6) in (1) ein, so heißt das gesuchte Integral

$$\int \frac{1}{x^3-1}\,dx = \frac{1}{3}\ln|x-1| - \frac{1}{6}\ln(x^2+x+1) - \frac{1}{\sqrt{3}}\arctan\frac{2x+1}{\sqrt{3}}.$$

AUFGABE 32.- Substitution $t = \ln u$, $u > 0$, $\frac{dt}{du} = \frac{1}{u}$. Dann ist $u = e^t$, und es folgt mit der Substitutionsregel (12.39), Seite 222: A 32 Seite 233

$$\int \frac{1+e^t}{1-e^t}\,dt = \int \frac{1+u}{1-u}\cdot\frac{1}{u}\,du\Big|_{u=e^t} = -\int \frac{1+u}{u(u-1)}\,du\Big|_{u=e^t}.$$

Es bleibt ein Integral mit dem rationalen Integranden $\frac{1+u}{u(u-1)}$ zu berechnen.

Die Schritte 1) und 2) erübrigen sich hier.
Die Partialbruchzerlegung ergibt:

$$\frac{u+1}{u(u-1)} = \frac{A}{u} + \frac{B}{u-1}$$

und damit

$$u+1 = A(u-1) + Bu,$$

woraus durch Einsetzen von $u_1 = 0$ und $u_2 = 1$ unmittelbar folgt:

$$A = -1, \; B = 2.$$

Damit lautet das gesuchte Integral

$$\int \frac{1+u}{u(u-1)}\,du = \int \frac{-1}{u}\,du + \int \frac{2}{u-1}\,du$$

$$= -\ln|u| + 2\ln|u-1| = -\ln|u| + \ln(u-1)^2.$$

Damit erhalten wir

$$\int \frac{1+e^t}{1-e^t}\,dt = \ln|u| - \ln(u-1)^2\Big|_{u=e^t}$$

$$= \ln e^t - \ln(e^t-1)^2 = t - \ln(e^t-1)^2.$$

AUFGABE 33.- Wir setzen wie in (12.63)(1), Seite 233, verlangt: A 33 Seite 234

$$t = \sqrt[3]{\frac{x+1}{x-1}}.$$

Für $x \neq 1$ und $t \neq 1$ gilt

$$t = \sqrt[3]{\frac{x+1}{x-1}} \iff x = \frac{t^3+1}{t^3-1} \quad \text{(Auflösen nach x).}$$

Deshalb gilt mit

$$\frac{dx}{dt} = \frac{(t^3-1)\cdot 3t^2 - 3t^2(t^3+1)}{(t^3-1)^2} = \frac{-6t^2}{(t^3-1)^2}$$

und

$$\frac{1}{(x-1)^2} = \frac{1}{\left(\frac{t^3+1}{t^3-1} - 1\right)^2} = \frac{(t^3-1)^2}{(t^3+1-t^3+1)^2} = \frac{1}{4}(t^3-1)^2$$

sowie der Substitutionsregel (12.39) mit $x = x(t) = \frac{t^3+1}{t^3-1}$:

$$\int \frac{1}{(x-1)^2}\cdot\sqrt[3]{\frac{x+1}{x-1}}\,dx = \int \frac{1}{4}(t^3-1)^2\cdot t\cdot\frac{-6t^2}{(t^3-1)^2}\,dt\Big|_{t=\sqrt[3]{\frac{x+1}{x-1}}}$$

$$= -\frac{3}{2}\int t^3\,dt\Big|_{t=\sqrt[3]{\frac{x+1}{x-1}}} = -\frac{3}{8}\left(\sqrt[3]{\frac{x+1}{x-1}}\right)^4.$$

A 34
Seite 234

AUFGABE 34.- Vorgehen wie in (12.63)(4), Seite 234, beschrieben.

Substitution $x = \sinh t$, $\frac{dx}{dt} = \cosh t$ *führt auf:*

$$\int x\sqrt{1+x^2}\,dx = \int \sinh t\cdot\sqrt{1+\sinh^2 t}\cdot\cosh t\,dt\Big|_{t=\text{Arsinh}\,x}$$

$$= \int \sinh t\cosh^2 t\,dt\Big|_{t=\text{Arsinh}\,x}$$

Wir könnten jetzt mit der Exponentialfunktion weiterrechnen, doch führt hier die partielle Integration schneller zum Ziel. (Sie können den Weg über die Exponentialfunktion ja einmal versuchen!)

Wir setzen dazu

$$f'(t) = \sinh t,\ g(t) = \cosh^2 t$$

$$f(t) = \cosh t,\ g'(t) = 2\cosh t\sinh t.$$

Damit folgt:

$$\int \sinh t\cosh^2 t\,dt = \cosh t\cdot\cosh^2 t - \int \cosh t\cdot 2\cosh t\sinh t\,dt$$

$$= \cosh^3 t - 2\int \sinh t\cosh^2 t\,dt$$

oder

$$\int \sinh t\cosh^2 t\,dt = \frac{1}{3}\cosh^3 t.$$

Also ist mit $t = \text{Arsinh}\,x$

$$\int x\sqrt{1+x^2}\,dx = \frac{1}{3}\cosh^3 t\Big|_{t=\text{Arsinh}\,x}$$

$$= \frac{1}{3}\left(\sqrt{1+x^2}\right)^3$$

wegen $\cosh t = \sqrt{1+\sinh^2 t}$.

A 35
Seite 234

AUFGABE 35.- Zur Vereinfachung erweitern wir das Integral mit $\sqrt{3}$

$$(1)\quad \int \frac{x}{\sqrt{\frac{1}{3}x^2 - 2x}}\,dx = \sqrt{3}\int \frac{x}{\sqrt{x^2 - 6x}}\,dx\ .$$

Es gilt mit

$$x^2-6x = x^2-6x+9-9 = (x-3)^2 - 9:$$

$$\int \frac{x}{\sqrt{x^2-6x}}\,dx = \int \frac{x}{\sqrt{(x-3)^2 - 9}}\,dx$$

$$= \frac{1}{3}\int \frac{x}{\sqrt{\left(\frac{x-3}{3}\right)^2 - 1}}\,dx$$

nach Erweitern mit $\frac{1}{3}$.

Substitution $\frac{x-3}{3} = t$, *also* $x = 3t+3$ *und* $\frac{dx}{dt} = 3$ *führt auf*

$$\int \frac{x}{\sqrt{x^2-6x}}\,dx = \int \frac{3t+3}{\sqrt{t^2-1}}\,dt\Big|_{t=\frac{x-3}{3}}$$

Substitution $t = \cosh y$ *nach (12.63)(5) ergibt dann mit* $\frac{dt}{dy} = \sinh y$:

$$\int \frac{3t+3}{\sqrt{t^2-1}}\,dt = 3\int \frac{\cosh y + 1}{\sinh y}\sinh y\,dy\Big|_{y=\text{Arcosh}\,t}$$

$$= 3\int \cosh y\,dy + 3\int 1dy\Big|_{y=\text{Arcosh}\,t}$$

$$= 3\sinh y + 3y\Big|_{y=\text{Arcosh}\,t}\ .$$

Einsetzen: zuerst $y = \text{Arcosh}\,t$, *dann* $t = \frac{x-3}{3}$ *führt auf:*

$$\int \frac{x}{\sqrt{x^2-6x}}\,dx = 3\sinh(\text{Arcosh}\,t) + 3\,\text{Arcosh}\,t\Big|_{t=\frac{x-3}{3}}$$

$$= 3\sqrt{t^2-1} + 3\,\text{Arcosh}\,t\Big|_{t=\frac{x-3}{3}}$$

$$= 3\sqrt{\left(\frac{x-3}{3}\right)^2 - 1} + 3\,\text{Arcosh}\,\frac{x-3}{3}$$

$$= \sqrt{x^2-6x} + 3\,\text{Arcosh}\,\frac{x-3}{3}\ .$$

Eingesetzt in (1) ergibt sich daraus:

$$\int \frac{x}{\sqrt{\frac{1}{3}x^2 - 2x}}\,dx = \sqrt{3x^2-18x} + 3\sqrt{3}\,\text{Arcosh}\,\frac{x-3}{3}$$

$$= 3\sqrt{\frac{1}{3}x^2-2x} + 3\sqrt{3}\,\text{Arcosh}\,\frac{x-3}{3}\ .$$

KAPITEL 13 UNEIGENTLICHE INTEGRALE

A 1
Seite 238

AUFGABE 1.- a) (1) (e^{-t} *ist lokal integrierbar über* $[0,\infty[$ *!). Es gilt*

$$\int_0^x e^{-t}dt = [-e^{-t}]\Big|_0^x = 1 - e^{-x} \text{ und } \lim_{x\to\infty} e^{-x} = 0.$$

Somit ist:

$$\lim_{x\to\infty}\left(\int_0^x e^{-t}dt\right) = \lim_{x\to\infty}(1 - e^{-x}) = 1$$

und daher

$$\int_0^\infty e^{-t}dt \quad \text{konvergent nach Definition (13.3).}$$

(2) $\frac{1}{t^2}\sin\frac{1}{t}$ *ist lokal integrierbar über* $[-\infty, -\frac{2}{\pi}]$. *Zu untersuchen ist nach Definition (13.3):*

$$\lim_{y\to-\infty}\int_y^{-\frac{2}{\pi}} \frac{1}{t^2}\sin\frac{1}{t}\,dt.$$

Mit der Substitution

$z = \frac{1}{t}$, $dz = -\frac{1}{t^2}dt$ *und den Grenzen* $z = \frac{1}{y}$ *für* $t = y$ *und* $z = -\frac{\pi}{2}$ *für* $t = -\frac{2}{\pi}$ *folgt:*

$$\int_y^{-\frac{2}{\pi}} \frac{1}{t^2}\sin\frac{1}{t}\,dt = -\int_{\frac{1}{y}}^{-\frac{\pi}{2}} \sin z\,dz$$

$$= \int_{-\frac{\pi}{2}}^{\frac{1}{y}} \sin z\,dz \qquad \left(\text{da } \frac{1}{y} > -\frac{\pi}{2}\ !\right)$$

$$= [-\cos z]\Big|_{-\pi/2}^{1/y}$$

$$= -\cos\frac{1}{y} + \cos\left(-\frac{\pi}{2}\right) = -\cos\frac{1}{y}\ .$$

Ferner gilt

$$\lim_{y\to-\infty} \cos\frac{1}{y} = \cos 0 = 1.$$

Also ist

$$\lim_{y\to-\infty} \int_y^{-\frac{2}{\pi}} \frac{1}{t^2}\sin\frac{1}{t}\,dt = \lim_{y\to-\infty}\left(-\cos\frac{1}{y}\right) = -1$$

und

$$\int_{-\infty}^{-\frac{2}{\pi}} \frac{1}{t^2}\sin\frac{1}{t}\,dt \quad \textit{konvergiert.}$$

b) Gemäß Aufgabenstellung ist gesucht:

$$W := \int_{V_0}^{\infty} P\,dV \qquad \text{mit } P = \frac{P_0V_0^{\alpha}}{V^{\alpha}},\ \alpha \geq 1.$$

Dazu müssen wir $\lim\limits_{x\to\infty}\int_{V_0}^{x} P\,dV$ *untersuchen.*

Wir unterscheiden wie in Aufgabe 7 zwei Fälle:

1) $\alpha = 1$*: Nach Aufgabe 7 gilt*

$$\int_{V_0}^{x} \frac{P_0V_0}{V}\,dV = P_0V_0\ln\left(\frac{x}{V_0}\right).$$

Da $\lim\limits_{x\to\infty}\ln\left(\frac{x}{V_0}\right) = \infty$ *ist, divergiert auch* $\int_{V_0}^{\infty}\frac{P_0V_0}{V}\,dV$.

2) $\alpha > 1$*: Nach Aufgabe 7 ist*

$$\int_{V_0}^{x} \frac{P_0V_0^{\alpha}}{V^{\alpha}}\,dV = \frac{P_0V_0}{\alpha-1}\left(1-\left(\frac{V_0}{x}\right)^{\alpha-1}\right)$$

und außerdem ist $\lim\limits_{x\to\infty}\left(\frac{V_0}{x}\right)^{\alpha-1} = 0.$

Daher konvergiert

$$W = \int_{V_0}^{\infty}\frac{P_0V_0^{\alpha}}{V^{\alpha}}\,dV = \lim_{x\to\infty}\left[\frac{P_0V_0}{\alpha-1}\left(1-\left(\frac{V_0}{x}\right)^{\alpha-1}\right)\right] = \frac{P_0V_0}{\alpha-1}.$$

(vgl. Beispiel (13.4)).

A 2 Seite 238 <u>AUFGABE 2</u>.- *a) Gemäß Definition (13.5) müssen wir*

$$\int_{-\infty}^{c} e^{-a|t|}\,dt \quad \text{und} \quad \int_{c}^{\infty} e^{-a|t|}\,dt \quad \textit{untersuchen.}$$

Wir wählen $c = 0$*, damit's einfacher wird.*

1) $\int_0^{\infty} e^{-a|t|}\,dt$ *konvergiert, denn für* $t \geq 0$ *gilt:*

$$\int_0^x e^{-a|t|}\,dt = \int_0^x e^{-at}\,dt = \left[-\frac{1}{a}e^{-at}\right]\Big|_0^x = \frac{1}{a} - \frac{1}{a}e^{-ax}$$

und $\lim\limits_{x\to\infty} e^{-ax} = 0.$

Also ist

$$\lim_{x\to\infty}\int_0^x e^{-a|t|}\,dt = \lim_{x\to\infty}\left(\frac{1}{a}-\frac{1}{a}e^{-ax}\right) = \frac{1}{a}$$

und $\int_0^{\infty} e^{-a|t|}\,dt$ *konvergiert.*

2) $\int_{-\infty}^{0} e^{-a|t|}\,dt$ *konvergiert, denn für* $t \leq 0$ $(y \leq 0)$ *ist*

$$\int_y^0 e^{-a|t|}\,dt = -\int_{-y}^{0} e^{-a|z|}\,dz = \int_0^{-y} e^{-a|z|}\,dz \quad \text{mit der}$$

Substitution $t = -z$*. Es liegt Fall 1) vor und damit auch hier Konvergenz mit*

$$\lim_{y\to-\infty}\left(\int_y^0 e^{-a|t|}\,dt\right) = \frac{1}{a}.$$

Aus 1) und 2) folgt die Konvergenz von $\int_{-\infty}^{\infty} e^{-a|t|}\,dt = \frac{2}{a}$.

b) Hinweis: Bestimmen Sie zuerst eine Stammfunktion von $\int\frac{1}{(1+z^2)^{3/2}}\,dz$ *entsprechend dem Vorgehen aus Kapitel 12 .* *Verwenden Sie die Beziehung* $\frac{d}{dt}\tanh t = \frac{1}{\cosh^2 t}$.

Zeigen Sie danach die Konvergenz.

Lösung: Wir bestimmen zuerst eine Stammfunktion von $\frac{I}{4\pi}\int\frac{a}{(a^2+l^2)^{3/2}}\,dl$ *. Es gilt:*

$$(1)\quad \frac{I}{4\pi}\int\frac{a}{(a^2+l^2)^{3/2}}\,dl = \frac{aI}{4\pi}\int\frac{1}{(a^2+l^2)^{3/2}}\,dl$$

$$= \frac{aI}{a^3 4\pi}\int\frac{1}{\left(1+\left(\frac{l}{a}\right)^2\right)^{3/2}}\,dl\,.$$

Substitution $z = \frac{l}{a}$, $a\,dz = dl$ *führt auf*

$$(2)\quad \frac{I}{4\pi}\int\frac{a}{(a^2+l^1)^{3/2}}\,dl = \frac{I}{4\pi a^2}\int\frac{a}{(1+z^2)^{3/2}}\,dz$$

$$= \frac{I}{4\pi a}\int\frac{1}{(1+z^2)^{3/2}}\,dz\,.$$

Wir betrachten jetzt nur noch $\int\frac{1}{(1+z^2)^{3/2}}\,dz$.

Substitution $z = \sinh t$, $1+z^2 = \cosh^2 t$, $dz = \cosh t\,dt$ *ergibt:*

$$(3)\quad \int\frac{1}{(1+z^2)^{3/2}}\,dz = \int\frac{\cosh t}{(\cosh^2 t)^{3/2}}\,dt$$

$$= \int\frac{1}{\cosh^2 t}\,dt.$$

Nun gilt: $\frac{d}{dt}\tanh t = \frac{1}{\cosh^2 t}$ *. Also folgt:*

$$(4)\quad \int\frac{1}{\cosh^2 t}\,dt = \tanh t = \frac{\sinh t}{\cosh t}\,.$$

Rücktransformation mit $z = \sinh t$, $\sqrt{1+z^2} = \cosh t$ *ergibt dann - mit (4) eingesetzt in (3):*

$$(5)\quad \int\frac{1}{(1+z^2)^{3/2}}\,dz = \frac{\sinh t}{\cosh t} = \frac{z}{\sqrt{1+z^2}}\,.$$

Damit lautet jetzt (2):

$$(6)\quad \frac{I}{4\pi}\int\frac{a}{(a^2+l^2)^{3/2}}\,dl = \frac{I}{4\pi a}\,\frac{z}{\sqrt{1+z^2}}$$

$$= \frac{I}{4\pi a}\,\frac{\frac{l}{a}}{\sqrt{1+\frac{l^2}{a^2}}} \quad \text{mit } z = \frac{l}{a}$$

$$= \frac{I}{4\pi a}\,\frac{l}{\sqrt{a^2+l^2}}\,.$$

Mit Hilfe dieser Stammfunktion werden wir jetzt

$$\frac{I}{4\pi}\int_{-\infty}^{\infty}\frac{a}{(a^2+l^2)^{3/2}}\,dl$$

untersuchen, d.h. wir müssen die Konvergenz von

$$(\alpha)\ \frac{I}{4\pi}\int_{0}^{\infty}\frac{a}{(a^2+l^2)^{3/2}}\,dl \quad \text{und} \quad (\beta)\ \frac{I}{4\pi}\int_{-\infty}^{0}\frac{a}{(a^2+l^2)^{3/2}}\,dl$$

zeigen.

(α) Es gilt

$$\frac{I}{4\pi}\int_{0}^{x}\frac{a}{(a^2+l^2)^{3/2}}\,dl \overset{(6)}{=} \left(\frac{I}{4\pi a}\,\frac{l}{\sqrt{a^2+l^2}}\right)\Bigg|_{0}^{x} = \frac{I}{4\pi a}\,\frac{x}{\sqrt{a^2+x^2}}$$

und

$$\lim_{x\to\infty}\left(\frac{I}{4\pi a}\,\frac{x}{\sqrt{a^2+x^2}}\right) = \frac{I}{4\pi a}\lim_{x\to\infty}\frac{x}{\sqrt{a^2+x^2}} = \frac{I}{4\pi a}\,,$$

weil $\lim_{x\to\infty}\frac{x}{\sqrt{a^2+x^2}} = 1$ *ist.*

Also ist

$$\frac{I}{4\pi}\int_{0}^{\infty}\frac{a}{(a^2+l^2)^{3/2}}\,dl = \lim_{x\to\infty}\left(\frac{I}{4\pi}\int_{0}^{x}\frac{a}{(a^2+l^2)^{3/2}}\,dl\right) = \frac{I}{4\pi a}\,.$$

(β) Es gilt mit der Substitution $t=-l$, $dt=-dl$:

$$\frac{I}{4\pi}\int_{y}^{0}\frac{a}{(a^2+l^2)^{3/2}}\,dl = -\frac{I}{4\pi}\int_{-y}^{0}\frac{a}{(a^2+t^2)^{3/2}}\,dt = \frac{I}{4\pi}\int_{0}^{-y}\frac{a}{(a^2+t^2)^{3/2}}\,dt\,.$$

Nach (α) ist

$$\lim_{y\to-\infty}\frac{I}{4\pi}\left(\int_{0}^{-y}\frac{a}{(a^2+t^2)^{3/2}}\,dt\right) = \frac{I}{4\pi a} \quad \text{und damit}$$

$$\frac{I}{4\pi}\int_{-\infty}^{0}\frac{a}{(a^2+l^2)^{3/2}}\,dl = \lim_{y\to-\infty}\left(\frac{I}{4\pi}\int_{y}^{0}\frac{a}{(a^2+l^2)^{3/2}}\,dl\right) = \frac{I}{4\pi a}.$$

Aus (α) und (β) folgt die Konvergenz von

$$H = \frac{I}{4\pi}\int_{-\infty}^{\infty}\frac{a}{(a^2+l^2)^{3/2}}\,dl = \frac{I}{2\pi a}\,.$$

Mit dem Durchflutungssatz ergibt sich

$$\int_{0}^{2\pi}H(r)\cdot r\,d\varphi \overset{r=a}{=} \int_{0}^{2\pi}\frac{I}{2\pi a}\cdot a\,d\varphi = \frac{I}{2\pi}\int_{0}^{2\pi}d\varphi = \frac{I}{2\pi}\cdot 2\pi = I.$$

A 3 Seite 239

AUFGABE 3.- Lösung ist Satz (13.10).

A 4 Seite 240

AUFGABE 4.-

(a) $\int_{0}^{\infty}e^{-t}\sin t\,dt$ *konvergiert, denn wegen* $|\sin t|\le 1$ *ist* $|e^{-t}\sin t|\le e^{-t}$ *für alle* $t\ge 0$ *und* $\int_{0}^{\infty}e^{-t}\,dt$ *ist konvergent nach Aufgabe 1(a).*

Also folgt die Konvergenz von $\int_{0}^{\infty}e^{-t}\sin t\,dt$ *nach Satz (13.10)(a).*

(b) $\int_{0}^{\infty}\frac{1}{\sqrt{t^3+1}}\,dt$ *konvergiert. Es gilt nämlich:*

$$\left|\frac{1}{\sqrt{t^3+1}}\right| \le \left|\frac{1}{\sqrt{t^3}}\right| = \frac{1}{t^{3/2}} \quad \text{für } t>0.$$

Ferner ist für $a>0$ $\int_{a}^{\infty}\frac{1}{t^{3/2}}\,dt$ *konvergent nach Beispiel (13.4).*

Somit ist nach Satz (13.10)(a)

$$\int_{a}^{\infty}\frac{1}{\sqrt{t^3+1}}\,dt \text{ und damit auch } \int_{0}^{\infty}\frac{1}{\sqrt{t^3+1}}\,dt \text{ konvergent.}$$

(c) $\int_{0}^{\infty}\frac{t}{\sqrt{t^4+1}}\,dt$ *divergiert im Gegensatz zu (b), denn es ist für* $t>1$ *auch* $t^4>1$ *und daher*

$$\left|\frac{t}{\sqrt{t^4+1}}\right| \ge \left|\frac{t}{\sqrt{t^4+t^4}}\right| = \left|\frac{t}{\sqrt{2t^4}}\right| = \frac{1}{\sqrt{2}}\cdot\frac{1}{t}$$

Nun ist $\int_{a}^{\infty}\frac{1}{t}\,dt$ *divergent nach Beispiel (13.4) für* $a>0$.

Also auch $\int_{a}^{\infty}\frac{1}{\sqrt{t^4+1}}\,dt$ *bzw.* $\int_{0}^{\infty}\frac{t}{\sqrt{t^4+1}}\,dt$ *nach Satz (13.10)(b)*

(d) $\int_{-\infty}^{0}\frac{t\arctan t}{t^3-1}\,dt$ *ist konvergent. Es gilt für* $t<0$

$$\left|\frac{t\arctan t}{t^3-1}\right| \le \frac{\pi}{2}\left|\frac{t}{t^3-1}\right|, \text{ weil } |\arctan t|\le\frac{\pi}{2} \text{ ist.}$$

$$= \frac{\pi}{2}\left|\frac{1}{t^2-\frac{1}{t}}\right|$$

$$\le \frac{\pi}{2}\left|\frac{1}{t^2}\right| \qquad \text{weil } \left(-\frac{1}{t}\right)>0 \text{ für } t<0 \text{ ist.}$$

Da $\int_{\infty}^{b}\frac{1}{t^2}\,dt$ *konvergiert, folgt die Behauptung nach Satz (13.10)(a).*

[Bemerkung: $\int_{-\infty}^{b}\frac{1}{t^2}\,dt = -\int_{\infty}^{-b}\frac{1}{z^2}\,dz = \int_{-b}^{\infty}\frac{1}{z^2}\,dz$ *für* $b<0$ *und die Substitution* $z=-t$. *Konvergenz des Integrals ergibt sich dann nach Beispiel (13.4)].*

A 5 Seite 241

AUFGABE 5.- (a) Der Integrand ist unbeschränkt in $t=1$. *Wir betrachten also*

$$\lim_{x\to 1}\int_{0}^{x}\frac{1}{\sqrt{1-t^2}}\,dt.$$

Nach Beispiel (12.4)(2) gilt:

$$\int_{0}^{x}\frac{1}{\sqrt{1-t^2}}\,dt = [\arcsin t]\Big|_{0}^{x} = \arcsin x.$$

Weiterhin ist $\lim\limits_{\substack{x\to 1\\ x<1}} \arcsin x = \frac{\pi}{2}$. *Gemäß Definition (13.14) konvergiert*

$$\int_0^1 \frac{1}{\sqrt{1-t^2}}\,dt = \frac{\pi}{2}.$$

(b) Hier ist der Integrand unbeschränkt für $t = 1$, *also an der unteren Grenze.*

Behauptung: $\int_1^2 \frac{1}{t \ln t}\,dt$ *divergiert.*

Nach Aufgabe 1(b) aus Kapitel 12 ist für $1 < y \leq 2$

$$\int_y^2 \frac{1}{t \ln t}\,dt = [\ln|\ln t|]\Big|_y^2$$

$$= \ln(\ln 2) - \ln(\ln y).$$

Da aber $\lim\limits_{\substack{y\to 1\\ y>1}} \ln(\ln y) = -\infty$, *also divergent, ist, divergiert nach Definition (13.14) auch* $\int_1^2 \frac{1}{\ln(\ln t)}\,dt$.

A 6
Seite 242

AUFGABE 6.- Entsprechend Definition (13.16) werden die uneigentlichen Integrale

$$\int_a^\alpha \frac{1}{t-\alpha}\,dt \quad \text{und} \quad \int_\alpha^b \frac{1}{t-\alpha}\,dt \quad \text{betrachtet.}$$

(Integrand in α *unbeschränkt!) Aus Bemerkung (4), (13.15) ist aber bereits bekannt, daß beide uneigentlichen Integrale divergieren. Somit divergiert auch* $\int_a^b \frac{1}{t-\alpha}\,dt$.

Bilden wir jetzt den gleichzeitigen Grenzübergang, so ergibt sich jedoch ein Wert für dieses Integral, denn

$$\int_a^{\alpha-\varepsilon} \frac{1}{t-\alpha}\,dt + \int_{\alpha+\varepsilon}^b \frac{1}{t-\alpha}\,dt =$$

$$= [\ln|t-\alpha|]\Big|_a^{\alpha-\varepsilon} + [\ln|t-\alpha|]\Big|_{\alpha+\varepsilon}^b$$

$$= \ln|-\varepsilon| - \ln|a-\alpha| + \ln|b-\alpha| - \ln|\varepsilon|$$

$$= \ln\frac{|b-\alpha|}{|a-\alpha|} + \ln\frac{|-\varepsilon|}{|\varepsilon|} = \ln\frac{b-\alpha}{\alpha-a} + \ln 1 = \ln\frac{b-\alpha}{\alpha-a}$$

[Denken Sie daran, daß es sich hierbei nicht um das uneigentliche Integral handelt und nehmen Sie diese Aufgabe als Hinweis dafür, wie wichtig der unabhängige Grenzübergang ist.]

A 7
Seite 243

AUFGABE 7.- (a) Hinweis: Siehe Vorgehen in Beispiel (13.19)(1). Ergebnis analog Kapitel 11 für den Logarithmus: $\lim\limits_{z\to\infty} \frac{\ln z}{z^\alpha} = 0$.

Lösung: Der Integrand ist unbeschränkt für $t = 1$. *Wir müssen für Satz (13.18)* $\ln(\frac{1}{1-t})$ *abschätzen. Dazu benötigen wir eine Aussage über das Verhalten von* $\ln z$ *mit* $z \to \infty$, *denn für* $t \to 1$ *geht* $z = \frac{1}{1-t} \to \infty$.

Es gilt nun, daß $\frac{\ln z}{z^\alpha}$ *beschränkt in* $[1,\infty[$ *für* $\alpha > 1$ *ist. Die stetige Funktion* $\frac{\ln z}{z^\alpha}$ *könnte nur im Unendlichen unbeschränkt werden. Aus Kapitel 11 können Sie jedoch*

$$\lim_{z\to\infty} \frac{\ln z}{z^\alpha} = 0 \quad \text{für } \alpha > 0$$

gewinnen.

Daraus folgt: Es gibt ein $C_\alpha > 0$ *mit*

$$\left|\frac{\ln z}{z^\alpha}\right| \leq C_\alpha \quad \text{für alle } z \in [1,\infty[.$$

Daraus folgt: $|\ln z| \leq C_\alpha \cdot z^\alpha$ *für alle* $\alpha > 0$, $z \in [1,\infty[$.

Mit $z = \frac{1}{1-t}$ *ergibt sich daraus die Abschätzung:*

$$\left|\ln\left(\frac{1}{1-t}\right)\right| \leq C_\alpha \left(\frac{1}{1-t}\right)^\alpha \quad \text{für } t \in [0,1[.$$

Nun ist $\int_0^1 (1-t)^{-\alpha}dt$ *konvergent für alle* $\alpha < 1$ *wegen Bemerkung 4, (13.15).*

Wir wählen ein α *mit* $0 < \alpha < 1$, *etwa* $\alpha = \frac{1}{2}$. *Dann ist nach Satz (13.18) auf Grund der Konvergenz von* $\int_0^1 (1-t)^{-\frac{1}{2}}dt$ *auch* $\int_0^1 \ln(\frac{1}{1-t})dt$ *konvergent.*

(b) Es gilt die Abschätzung

$$\frac{1}{\sqrt[4]{1-t^4}} \leq \frac{1}{\sqrt[4]{1-t}} \quad \text{für } t \in [0,1[.$$

Denn für $t \in [0,1[$ *ist wegen* $t^4 \leq t$: $(1-t^4) \geq (1-t)$ *und daher* $(1-t^4)^{1/4} \geq (1-t)^{1/4}$.

Da nach Bemerkung (4), (13.15), $\int_0^1 \frac{1}{(1-t)^{1/4}}\,dt$ *konvergent ist, folgt nach Satz (13.18) die Konvergenz von*

$$\int_0^1 \frac{1}{(1-t^4)^{1/4}}\,dt.$$

A 8
Seite 243

AUFGABE 8.- (a) Behauptung:

$$\int_0^\infty \frac{e^{-\sqrt{t}}}{\sqrt{t}}\,dt \quad \text{konvergiert.}$$

Wir spalten auf bei $c = 1$, *d.h. wir müssen*

(α) $\int_0^1 \frac{e^{-\sqrt{t}}}{\sqrt{t}}\,dt$ *und* (β) $\int_1^\infty \frac{e^{-\sqrt{t}}}{\sqrt{t}}\,dt$ *auf Konvergenz überprüfen.*

(α) Es gilt:

$$\left|\frac{e^{-\sqrt{t}}}{\sqrt{t}}\right| \leq \frac{1}{\sqrt{t}} \quad \text{für } t \in]0,1].$$

Nach Beispiel (13.13) ist $\int_0^1 \frac{1}{\sqrt{t}}\,dt$ *konvergent. Also konvergiert auch* $\int_0^1 \frac{e^{-\sqrt{t}}}{\sqrt{t}}\,dt$.

(β) Substitution $\sqrt{t} = z$, $(z^2 = t)$, $2zdz = dt$ *mit den Grenzen* $z = 1$ *für* $t = 1$ *und* $z = \infty$ *für* $t = \infty$ *ergibt:*

$$\int_1^\infty \frac{e^{-\sqrt{t}}}{\sqrt{t}}\,dt = \int_1^\infty \frac{2z\,e^{-z}}{z}\,dz = 2\int_1^\infty e^{-z}\,dz.$$

Nach Aufgabe 1 ist $\int_1^\infty e^{-z}\,dt$ *konvergent und daher auch*

$\int_1^\infty \frac{e^{-\sqrt{t}}}{\sqrt{t}}\,dt$. *Aus (α) und (β) folgt die Behauptung.*

(b) Behauptung: $\int_0^\infty \frac{1}{(1+t)\sqrt{t}}\,dt$ *konvergiert.*

Wir spalten wieder auf bei $c=1$ *und betrachten*

$$(\alpha)\ \int_0^1 \frac{1}{(1+t)\sqrt{t}}\,dt \quad \text{und} \quad (\beta)\ \int_1^\infty \frac{1}{(1+t)\sqrt{t}}\,dt.$$

(α) Für $t \in\,]0,1]$ *gilt:* $\left|\frac{1}{(1+t)\sqrt{t}}\right| \le \frac{1}{\sqrt{t}}$ *und* $\int_0^1 \frac{1}{\sqrt{t}}\,dt$ *ist konvergent nach Beispiel (13.13).*

Also konvergiert $\int_0^1 \frac{1}{(1+t)\sqrt{t}}\,dt$ *nach Satz (13.18).*

(β) Für $t \in [1,\infty[$ *gilt:* $\left|\frac{1}{(1+t)\sqrt{t}}\right| \le \frac{1}{t\sqrt{t}} = \frac{1}{t^{3/2}}$ *und* $\int_1^\infty \frac{1}{t^{3/2}}\,dt$ *ist konvergent nach Beispiel (13.4)(1). Daher konvergiert* $\int_1^\infty \frac{1}{(1+t)\sqrt{t}}\,dt$ *nach Satz (13.10).*

A 9
Seite 245

AUFGABE 9.- Hinweis: Setzen Sie im Ergänzungssatz $\alpha = \frac{1}{2}$.

Lösung: Setzen wir $\alpha = \frac{1}{2}$, *so folgt aus dem Ergänzungssatz:*

$$\Gamma(\tfrac{1}{2})\,\Gamma(1-\tfrac{1}{2}) = (\Gamma(\tfrac{1}{2}))^2 = \frac{\pi}{\sin\frac{\pi}{2}} = \pi$$

und daher

$$(1)\quad \Gamma(\tfrac{1}{2}) = \sqrt{\pi}\,.$$

Mit Hilfe der Integraldarstellung erhalten wir für $\Gamma(\frac{1}{2})$:

$$\Gamma(\tfrac{1}{2}) = \int_0^\infty t^{\frac{1}{2}-1}\, e^{-t}\,dt = \int_0^\infty \frac{e^{-t}}{\sqrt{t}}\,dt\,.$$

Substitution $t = z^2$, $2z\,dz = dt$ $(z=\sqrt{t})$ *mit den Grenzen* $z=0$ *für* $t=0$ *und* $z=\infty$ *für* $t=\infty$ *führt auf:*

$$\Gamma(\tfrac{1}{2}) = \int_0^\infty \frac{e^{-t}}{\sqrt{t}}\,dt = \int_0^\infty \frac{e^{-z^2}\,2z}{z}\,dz \quad \text{oder}$$

$$(2)\quad \Gamma(\tfrac{1}{2}) = 2\int_0^\infty e^{-z^2}\,dz\,.$$

Gleichsetzen von (1) und (2) liefert:

$$2\int_0^\infty e^{-z^2}\,dz = \sqrt{\pi} \quad \text{oder} \quad \int_0^\infty e^{-z^2}\,dz = \frac{\sqrt{\pi}}{2}\,.$$

A 10
Seite 245

AUFGABE 10.- Hinweis: Verwenden Sie Aufgabe 9 und die Funktionalgleichung.

Lösung: Es ist die Lösung von $\int_0^\infty \sqrt{x}\, e^{-ax}\,dx$ *gesucht. Die Substitution* $t = ax$ $(x = \frac{1}{a}t)$, $\frac{1}{a}\,dt = dx$ *mit den Grenzen* $t=0$ *für* $x=0$ *und* $t=\infty$ *für* $x=\infty$ *führt auf:*

$$(1)\quad \int_0^\infty \sqrt{x}\, e^{-ax}\,dx = \frac{1}{a}\int_0^\infty \sqrt{\frac{t}{a}}\, e^{-t}\,dt = \frac{1}{a\sqrt{a}}\int_0^\infty t^{\frac{1}{2}}\, e^{-t}\,dt$$

$$= \frac{1}{a\sqrt{a}}\int_0^\infty t^{\frac{3}{2}-1}\, e^{-t}\,dt = \frac{1}{a\sqrt{a}}\,\Gamma(\tfrac{3}{2})\,.$$

Wir müssen jetzt $\Gamma(\frac{3}{2})$ *bestimmen. Mit der Funktionalgleichung (13.23)* $\Gamma(\alpha+1) = \alpha\Gamma(\alpha)$ *gilt - wenn wir* $\alpha = \frac{1}{2}$ *einsetzen -:*

$$(2)\quad \Gamma(\tfrac{3}{2}) = \tfrac{1}{2}\,\Gamma(\tfrac{1}{2}).$$

Nun ist aus Aufgabe 9 bekannt:

$$\Gamma(\tfrac{1}{2}) = \sqrt{\pi}.$$

Setzen wir dieses Ergebnis in (2) ein, so folgt:

$$\Gamma(\tfrac{3}{2}) = \frac{\sqrt{\pi}}{2}\,.$$

Eingesetzt in (1) lautet daher unsere Lösung:

$$\int_0^\infty \sqrt{x}\, e^{-ax}\,dx = \frac{1}{a\sqrt{a}}\,\Gamma(\tfrac{3}{2}) = \frac{1}{a\sqrt{a}}\,\frac{\sqrt{\pi}}{2} = \frac{1}{2a}\sqrt{\frac{\pi}{a}}\,.$$

AUFGABE 11.- a) Es ist $\sinh \alpha t = \frac{e^{\alpha t}-e^{-\alpha t}}{2}$ *und nach Beispiel (13.28)(1)* A 11
Seite 246

$$\mathcal{L}[e^{\alpha t}](s) = \frac{1}{s-\alpha} \quad \text{für } s>\alpha$$

$$\mathcal{L}[e^{-\alpha t}](s) = \frac{1}{s+\alpha} \quad \text{für } s>-\alpha.$$

Mit Satz (13.27) folgt daher:

$\mathcal{L}[\sinh \alpha t](s) = \mathcal{L}[\frac{1}{2}e^{\alpha t} + \frac{1}{2}e^{-\alpha t}](s)$ *existiert für* $s > \max(\alpha,-\alpha) = |\alpha|$ *und*

$$\mathcal{L}[\sinh \alpha t](s) = \frac{1}{2}\,\frac{1}{s-\alpha} - \frac{1}{2}\,\frac{1}{s+\alpha} = \frac{1}{2}\,\frac{s+\alpha-s+\alpha}{s^2-\alpha^2} = \frac{\alpha}{s^2-\alpha^2}$$

für $s > |\alpha|$.

b) Nach Definition ist

$$\mathcal{L}[\sin \alpha t](s) = \lim_{x\to\infty}\left(\int_0^x \sin \alpha t\cdot e^{-st}\,dt\right).$$

Da mit partieller Integration

$$\int_0^x \sin \alpha t\cdot e^{-st}\,dt = \left[-\frac{1}{s}\,e^{-st}\cdot\sin \alpha t\right]\Big|_0^x + \frac{\alpha}{s}\int_0^x e^{-st}\cos \alpha t\,dt$$

ist und für $s>0$: $\lim_{x\to\infty}\left(-\frac{1}{s}\,e^{-sx}\sin \alpha x\right) = 0$ *gilt, folgt:*

$$\mathcal{L}[\sin \alpha t](s) = \lim_{x\to\infty}\left(\left[-\frac{1}{s}\,e^{-st}\sin \alpha t\right]\Big|_0^x + \right.$$

$$\left. + \lim_{x\to\infty}\frac{\alpha}{s}\int_0^x e^{-st}\cos \alpha t\,dt = \frac{\alpha}{s}\,\mathcal{L}[\cos \alpha t](s).\right.$$

Mit $\mathcal{L}[\cos \alpha t](s) = \frac{s}{s^2+\alpha^2}$ *für* $s>0$ *ergibt sich daraus*

$$\mathcal{L}[\sin \alpha t](s) = \frac{\alpha}{s}\cdot\frac{s}{s^2+\alpha^2} = \frac{\alpha}{s^2+\alpha^2} \quad \text{für } s>0.$$

AUFGABE 12.- (a) Hinweis: Vollständige Induktion. A 12
Seite 247

Lösung: $A[0]$: $\mathcal{L}[t^0](s) = \mathcal{L}[1](s) = \frac{1}{s} = \frac{0!}{s^{0+1}}$ *für* $s>0$ *nach Beispiel (13.28)(2).*

$A[1]$: *Es ist*

$$\mathcal{L}[t](s) = \lim_{x\to\infty}\int_0^x t\, e^{-st}\,dt$$

$$= \lim_{x\to\infty} \left[-\frac{1}{s}\, t\, e^{-st}\right]\Big|_0^x + \frac{1}{s}\int_0^x 1\cdot e^{-st}dt$$

mit partieller Integration $f(t)=t$, $g'(t)=e^{-st}$

$$f'(t)=1,\quad g(t)=-\frac{1}{s}e^{-st}.$$

Da $\lim_{x\to\infty}\left(-\frac{1}{s}\, x\, e^{-sx}\right)=0$ *ist, folgt daraus*

$$\mathcal{L}[t](s) = \frac{1}{s}\int_0^\infty e^{-st}dt = \frac{1}{s}\cdot\frac{1}{s}$$

nach Beispiel (13.28)(2).

Also gilt:

$$\mathcal{L}[t](s) = \frac{1!}{s^{1+1}} \quad \text{für } s>0.$$

A[n]: $\mathcal{L}[t^n](s) = \frac{n!}{s^{n+1}}$ *für* $s>0$.

A[n+1]: Es ist

$$\mathcal{L}[t^{n+1}](s) = \lim_{x\to\infty}\int_0^x t^{n+1}e^{-st}dt$$

$$= \lim_{x\to\infty}\left[-\frac{1}{s}\, t^{n+1}e^{-st}\right]\Big|_0^x + \frac{n+1}{s}\int_0^x t^n e^{-st}dt$$

mit der partiellen Integration

$$f(t)=t^{n+1},\quad g'(t)=e^{-st}.$$

Da wieder $\lim_{x\to\infty}\left(-\frac{1}{s}\, x^{n+1}e^{-sx}\right)=0$ *ist, folgt:*

$$\mathcal{L}[t^{n+1}](s) = \frac{n+1}{s}\int_0^\infty t^n e^{-st}dt$$

$$= \frac{n+1}{s}\,\mathcal{L}[t^n](s) = \frac{n+1}{s}\,\frac{n!}{s^{n+1}} = \frac{(n+1)!}{s^{n+2}}.$$

Also gilt

$$\mathcal{L}[t^n](s) = \frac{n!}{s^{n+1}}.$$

(b) Aus Satz (13.27) folgt:

$$\mathcal{L}\left[\frac{\cos\alpha t - \cos\beta t}{\beta^2-\alpha^2}\right](s) =$$

$$= \frac{1}{\beta^2-\alpha^2}\Big[\mathcal{L}[\cos\alpha t](s) - \mathcal{L}[\cos\beta t](s)\Big].$$

Daraus ergibt sich mit Beispiel (13.28)(4):

$$\mathcal{L}\left[\frac{\cos\alpha t - \cos\beta t}{\beta^2-\alpha^2}\right](s) =$$

$$= \frac{1}{\beta^2-\alpha^2}\left[\frac{s}{s^2+\alpha^2} - \frac{s}{s^2+\beta^2}\right] = \frac{s}{(s^2+\alpha^2)(s^2+\beta^2)}.$$

A 13
Seite 248

AUFGABE 13.- Hinweis: Wir brauchen Satz (13.37).

(a) Wir wenden die Partialbruchzerlegung an:

$$\frac{s+\alpha}{s(s^2+\alpha^2)} = \frac{A}{s} + \frac{Bs+C}{s^2+\alpha^2}.$$

Daraus ergibt sich $s+\alpha = (A+B)s^2 + Cs + A\alpha^2$ *oder*

$$A=\frac{1}{\alpha},\quad B=-\frac{1}{\alpha},\quad C=1.$$

Damit lautet die Laplace-Transformierte

$$\frac{s+\alpha}{s(s^2+\alpha^2)} = \frac{1}{\alpha}\cdot\frac{1}{s} - \frac{1}{\alpha}\,\frac{s-\alpha}{s^2+\alpha^2}$$

$$= \frac{1}{\alpha}\cdot\frac{1}{s} - \frac{1}{\alpha}\,\frac{s}{s^2+\alpha^2} + \frac{1}{\alpha}\,\frac{\alpha}{s^2+\alpha^2}.$$

Aus Beispiel (13.28) (2) ist bekannt:

$$\mathcal{L}[1](s) = \frac{1}{s},\quad \text{d.h. } \mathcal{L}^{-1}\left[\frac{1}{s}\right](t) = 1,$$

aus Beispiel (13.28)(4):

$$\mathcal{L}[\cos\alpha t](s) = \frac{s}{s^2+\alpha^2},\quad \text{d.h. } \mathcal{L}^{-1}\left[\frac{s}{s^2+\alpha^2}\right](t) = \cos\alpha t,$$

und aus Aufgabe 11(b):

$$\mathcal{L}[\sin\alpha t](s) = \frac{\alpha}{s^2+\alpha^2},\quad \text{d.h. } \mathcal{L}^{-1}\left[\frac{\alpha}{s^2+\alpha^2}\right](t) = \sin\alpha t.$$

Damit folgt:

$$f(t) = \mathcal{L}^{-1}\left[\frac{s+\alpha}{s(s^2+\alpha^2)}\right](t) =$$

$$= \frac{1}{\alpha}\cdot 1 - \frac{1}{\alpha}\cos\alpha t + \frac{1}{\alpha}\sin\alpha t$$

$$= \frac{1}{\alpha}(1+\sin\alpha t - \cos\alpha t).$$

(b) 1) Es sei $\alpha \neq \beta$.

Mit Partialbruchzerlegung folgt:

$$\frac{s}{(s+\alpha)(s+\beta)} = +\frac{\alpha}{\alpha-\beta}\cdot\frac{1}{s+\alpha} + \frac{-\beta}{\alpha-\beta}\cdot\frac{1}{s+\beta}.$$

Nach Beispiel (13.28)(1) ist

$$\mathcal{L}[e^{-\alpha t}](s) = \frac{1}{s+\alpha},\quad \text{d.h. } \mathcal{L}^{-1}\left[\frac{1}{s+\alpha}\right](t) = e^{-\alpha t}.$$

Damit folgt:

$$f(t) = \mathcal{L}^{-1}\left[\frac{s}{(s+\alpha)(s+\beta)}\right](t)$$

$$= \frac{\alpha}{\alpha-\beta}e^{-\alpha t} - \frac{\beta}{\alpha-\beta}e^{-\beta t}.$$

2) Es sei $\alpha=\beta$, *d.h.* $\frac{s}{(s+\alpha)(s+\beta)} = \frac{s}{(s+\alpha)^2}$.

Mit Partialbruchzerlegung folgt

$$\frac{s}{(s+\alpha)^2} = \frac{1}{s+\alpha} - \frac{\alpha}{(s+\alpha)^2}.$$

Es gilt:

$$\mathcal{L}^{-1}\left[\frac{1}{s+\alpha}\right](t) = e^{-\alpha t} \qquad \text{(Beispiel (13.28)(1)).}$$

Für den zweiten Teil, $\frac{1}{(s+\alpha)^2}$, *müssen wir einen Vorgriff auf Satz (13.37) machen. Danach gilt:*

$$\mathcal{L}[e^{-\alpha t}f(t)](s) = \mathcal{L}[f(t)](s+\alpha).$$

Nun ist aus Aufgabe 12 (a) bekannt: $\mathcal{L}[t](s) = \frac{1}{s^2}$.

Mit Satz (13.37) folgt daraus:

$$\mathcal{L}[e^{-\alpha t}t](s) = \mathcal{L}[t](s+\alpha) = \frac{1}{(s+\alpha)^2}$$

d.h. $\mathcal{L}^{-1}\left[\frac{1}{(s+\alpha)^2}\right](t) = e^{-\alpha t}t.$

Daraus folgt:

$$f(t) = \mathcal{L}^{-1}\left[\frac{s}{(s+\alpha)^2}\right](t) = e^{-\alpha t} - \alpha t e^{-\alpha t} = e^{-\alpha t}(1-\alpha t).$$

A 14
Seite 249

<u>AUFGABE 14</u>.- Für $f(t) = -\frac{1}{\alpha}\cos\alpha t$ gilt: $f'(t) = \sin\alpha t$. Nach Satz (13.32) folgt:

$$\mathcal{L}[f'(t)](s) = s\mathcal{L}[f(t)](s) - f(0),$$

d.h.

$$\mathcal{L}[\sin\alpha t](s) = s\mathcal{L}[-\frac{1}{\alpha}\cos\alpha t](s) + \frac{1}{\alpha}\cos 0$$

$$= -\frac{s}{\alpha}\,\frac{s}{s^2+\alpha^2} + \frac{1}{\alpha} = \frac{1}{\alpha}\left(\frac{-s^2+s^2+\alpha^2}{s^2+\alpha^2}\right) = \frac{\alpha}{s^2+\alpha^2},$$

d.h.: $\mathcal{L}[\sin\alpha t](s) = \frac{\alpha}{s^2+\alpha^2}$, wie Ihnen aus Aufgabe 11 bereits bekannt ist.

A 15
Seite 249

<u>AUFGABE 15</u>.- Gesucht ist eine Funktion $i(t)$, die den Bedingungen von Satz (13.32) genügt. Dazu wenden wir auf

$$L\,\frac{di(t)}{dt} + R\cdot i(t) = U_o$$

die Laplace-Transformation an und erhalten:

$$L\,\mathcal{L}\left[\frac{di(t)}{dt}\right](s) + R\,\mathcal{L}[i(t)](s) = U_o\mathcal{L}[1](s),$$

oder mit Satz (13.32):

$$I(s) := \mathcal{L}[i(t)](s) \quad \text{und} \quad \mathcal{L}[1](s) = \frac{1}{s}$$

$$L(s\cdot I(s) - i(0)) + R\cdot I(s) = \frac{U_o}{s}.$$

Setzen wir jetzt den Anfangswert ein, so erhalten wir:

$$s\cdot L\cdot I(s) + R\cdot I(s) = \frac{U_o}{s}$$

und daraus

$$I(s) = \frac{U_o}{s(s\cdot L + R)}.$$

Erweitern mit $\frac{1}{L}$ und Einsetzen von $\alpha := \frac{R}{L}$ führt auf

$$I(s) = \frac{U_o}{L}\cdot\frac{1}{s(s+\alpha)}.$$

Es folgt wieder die Rücktransformation. Dazu verwenden wir wieder die Partialbruchzerlegung. Es ist

$$\frac{1}{s(s+\alpha)} = \frac{1}{\alpha}\left(\frac{1}{s} - \frac{1}{s+\alpha}\right).$$

Daraus ergibt sich mit Beispiel (13.28)

$$\mathcal{L}^{-1}\left[\frac{1}{s(s+\alpha)}\right](t) = \frac{1}{\alpha}\left(1-e^{-\alpha t}\right).$$

Daraus folgt für die Stromstärke $i(t)$:

$$i(t) = \mathcal{L}^{-1}[I(s)](t) = \frac{U_o}{L}\,\mathcal{L}^{-1}\left[\frac{1}{s(s+\alpha)}\right](t)$$

$$= \frac{U_o}{L}\cdot\frac{1}{\alpha}\left(1-e^{-\alpha t}\right)$$

oder wieder mit $\alpha = \frac{R}{L}$:

$$i(t) = \frac{U_o}{R}\left(1-e^{-\frac{R}{L}t}\right).$$

(vgl. Aufgabe 11 in Kapitel 12 für $t_o = 0$!)

A 16
Seite 250

<u>AUFGABE 16</u>.- Hinweis:

$$\int e^{at}\cos bt\,dt = \frac{e^{at}}{a^2+b^2}(a\cos bt + b\sin bt).$$

(a) Um Satz (13.36)(b) anwenden zu können, setzen wir $f_1(t) := f(\omega t + \varphi)$ mit $f(t) = \cos t$.

Es folgt:

$$(1)\quad \mathcal{L}[f_1](s) = \frac{e^{\frac{\varphi}{\omega}s}}{\omega}\left(\mathcal{L}[f](\tfrac{s}{\omega}) - \mathcal{L}[f_b](\tfrac{s}{\omega})\right)$$

$$\text{mit}\quad f_b(t) = \begin{cases}\cos t & \text{für } 0 \le t \le \varphi\\ 0 & \text{sonst.}\end{cases}$$

Nun müssen noch $\mathcal{L}[f](\frac{s}{\omega})$ und $\mathcal{L}[f_b](\frac{s}{\omega})$ bestimmt werden.

Aus Beispiel (13.28)(4) ist bekannt:

$$\mathcal{L}[\cos\alpha t](s) = \frac{s}{s^2+\alpha^2}.$$

Übertragen auf den hier vorliegenden Fall ergibt das:

$$(2)\quad \mathcal{L}[f](\tfrac{s}{\omega}) = \frac{\frac{s}{\omega}}{\frac{s^2}{\omega^2}+1} = \frac{\omega s}{s^2+\omega^2}.$$

$\mathcal{L}[f_b](\frac{s}{\omega})$ berechnen wir direkt:

$$\mathcal{L}[f_b](\tfrac{s}{\omega}) = \int_0^\infty f_b(t)e^{-\frac{s}{\omega}t}\,dt = \int_0^\varphi \cos t\; e^{-\frac{s}{\omega}t}\,dt.$$

Verwenden Sie

$$\int e^{at}\cos bt\,dt = \frac{e^{at}}{a^2+b^2}(a\cos bt + b\sin bt).$$

Mit $a = -\frac{s}{\omega}$ und $b = 1$ folgt:

$$\int e^{-\frac{s}{\omega}t}\cos t\,dt = \frac{e^{-\frac{s}{\omega}t}}{\frac{s^2}{\omega^2}+1}\left(-\frac{s}{\omega}\cos t + \sin t\right)$$

$$= \frac{\omega^2 e^{-\frac{s}{\omega}t}}{s^2+\omega^2}\left(-\frac{s}{\omega}\cos t + \sin t\right).$$

Daraus folgt für das gesuchte Integral $\mathcal{L}[f_b](\frac{s}{\omega})$:

$$(3)\quad \mathcal{L}[f_b](\tfrac{s}{\omega}) = \int_0^\varphi \cos t\; e^{-\frac{s}{\omega}t}\,dt$$

$$= \left[\frac{\omega^2 e^{-\frac{s}{\omega}t}}{s^2+\omega^2}\left(-\frac{s}{\omega}\cos t + \sin t\right)\right]_0^\varphi$$

$$= \frac{\omega s}{s^2+\omega^2}\left(1 - e^{-\frac{s}{\omega}\varphi}\cos\varphi + \frac{\omega}{s}e^{-\frac{s}{\omega}\varphi}\sin\varphi\right).$$

Einsetzen von (2) und (3) in (1) ergibt dann:

$$\mathcal{L}[f_1](s) =$$

$$= \frac{e^{\frac{\varphi}{\omega}s}}{\omega}\left(\frac{\omega s}{s^2+\omega^2} - \frac{\omega s}{s^2+\omega^2}\left(1 - e^{-\frac{s}{\omega}\varphi}\cos\varphi + \frac{\omega}{s}e^{-\frac{s}{\omega}\varphi}\sin\varphi\right)\right)$$

$$= \frac{s}{s^2+\omega^2}\,e^{\frac{\varphi}{\omega}s}\left(e^{-\frac{s}{\omega}\varphi}\cos\varphi - \frac{\omega}{s}e^{-\frac{s}{\omega}\varphi}\sin\varphi\right)$$

$$= \frac{s}{s^2+\omega^2}\left(\cos\varphi - \frac{\omega}{s}\sin\varphi\right) \quad \left[= \cos\varphi\cdot\frac{s}{s^2+\omega^2} - \sin\varphi\cdot\frac{\omega}{s^2+\omega^2}\right].$$

Wenn wir auf $\cos \omega t + \varphi$ die Additionstheoreme angewendet *hätten, wäre die Aufgabe leichter geworden. Sie können das an der letzten, in der Klammer stehenden Zeile erkennen, wenn Sie an die Laplace-Transformierten von sin und cos denken.*

(b) Wir setzen:

$$f_1(t) := f(at+b) \quad \text{mit } f(t) = t^2.$$

Mit Satz (13.36)(b) folgt:

$$(1) \quad \mathcal{L}[f_1](s) = \frac{e^{\frac{b}{a}s}}{a}\left(\mathcal{L}[f](\tfrac{s}{a}) - \mathcal{L}[f_b](\tfrac{s}{a})\right)$$

$$\text{mit } f_b(t) = \begin{cases} t^2 & \text{für } 0 \leq t \leq b \\ 0 & \text{sonst.} \end{cases}$$

Aus Aufgabe 12 (a) ist bekannt:

$$\mathcal{L}[t^n](s) = \frac{n!}{s^{n+1}}.$$

Damit folgt für $\mathcal{L}[t^2](\frac{s}{a})$:

$$(2) \quad \mathcal{L}[t^2](\tfrac{s}{a}) = \frac{2!}{(\frac{s}{a})^3} = \frac{2a^3}{s^3}.$$

Nun gilt es, $\mathcal{L}[f_b](\frac{s}{a})$ *zu bestimmen:*

$$\mathcal{L}[f_b](\tfrac{s}{a}) = \int_0^\infty f_b(t)\, e^{-\frac{s}{a}t}\, dt = \int_0^b t^2\, e^{-\frac{s}{a}t}\, dt.$$

Es gilt:

$$\int t^2 e^{\alpha t} dt = e^{\alpha t}\left(\frac{t^2}{\alpha} - \frac{2t}{\alpha^2} + \frac{2}{\alpha^3}\right).$$

(Überzeugen Sie sich durch zweimalige partielle Integration!)

Mit $\alpha := -\frac{s}{a}$ *folgt daher:*

$$(3) \quad \mathcal{L}[f_b](\tfrac{s}{a}) = \int_0^b t^2 e^{-\frac{s}{a}t}\, dt$$

$$= \left[e^{-\frac{s}{a}t}\left(-\frac{at^2}{s} - \frac{2a^2t}{s^2} - \frac{2a^3}{s^3}\right)\right]_0^b$$

$$= e^{-\frac{s}{a}b}\left(-\frac{ab^2}{s} - \frac{2a^2b}{s^2} - \frac{2a^3}{s^3}\right) + \frac{2a^3}{s^3}.$$

Einsetzen von (2) und (3) in (1) ergibt:

$$\mathcal{L}[f_1](s) = \frac{e^{\frac{b}{a}s}}{a}\left(\frac{2a^3}{s^3} - e^{-\frac{s}{a}b}\left(-\frac{ab^2}{s} - \frac{2a^2b}{s^2} - \frac{2a^3}{s^3}\right) - \frac{2a^3}{s^3}\right)$$

$$= \frac{1}{a}\left(\frac{ab^2}{s} + \frac{2a^2b}{s^2} + \frac{2a^3}{s^3}\right)$$

$$= \frac{2a^2 + 2abs + b^2s^2}{s^3}.$$

A 17
Seite 250

AUFGABE 17.- (a) Aus Beispiel (13.28)(4) ist bekannt, daß

$$\mathcal{L}[\cos \alpha t](s) = \frac{s}{s^2+\alpha^2}.$$

Somit ist $\dfrac{s-\beta}{(s-\beta)^2+\alpha^2} = \mathcal{L}[\cos \alpha t](s-\beta)$.

Nach Satz (13.37) mit $a = 1$, $b = -\beta$ *ist daher*

$$\mathcal{L}[\tfrac{e^{\beta t}}{1} \cos \alpha t](s) = \frac{s-\beta}{(s-\beta)^2+\alpha^2},$$

d.h. die gesuchte Funktion ist $f(t) = e^{\beta t}\cos \alpha t$.

(b) Mit $\sinh \alpha t = \dfrac{e^{\alpha t} - e^{-\alpha t}}{2}$ *ergibt sich:*

$$\mathcal{L}[\sinh \alpha t \sin \alpha t](s) =$$

$$= \tfrac{1}{2}\left(\mathcal{L}[e^{\alpha t}\sin \alpha t](s) - \mathcal{L}[e^{-\alpha t}\sin \alpha t](s)\right).$$

Wir verwenden Satz (13.37) oder auch Beispiel (13.38). Damit folgt:

$$\mathcal{L}[e^{\alpha t}\sin \alpha t](s) = \frac{\alpha}{(s-\alpha)^2+\alpha^2},$$

$$\mathcal{L}[e^{-\alpha t}\sin \alpha t](s) = \frac{\alpha}{(s+\alpha)^2+\alpha^2}.$$

Setzt man diese Ergebnisse ein, so erhält man:

$$\mathcal{L}[\sinh \alpha t \sin \alpha t](s) =$$

$$= \frac{1}{2}\left(\frac{\alpha}{(s-\alpha)^2+\alpha^2} - \frac{\alpha}{(s+\alpha)^2+\alpha^2}\right)$$

$$= \frac{\alpha}{2}\left(\frac{s^2+2\alpha s+2\alpha^2-s^2+2\alpha s-2\alpha^2}{(s^2-2\alpha s+2\alpha^2)(s^2+2\alpha s+2\alpha^2)}\right) = \frac{2\alpha^2 s}{s^4+4\alpha^4}.$$

KAPITEL 14 TAYLORPOLYNOME UND TAYLORREIHEN

AUFGABE 3.- Genau wie in Beispiel (14.4) ist A 3 Seite 258

$$\sin 0{,}1 = p_{2n+1}(0{,}1) + R,$$

wobei $|R| < \dfrac{1}{10^{2n+2}\cdot(2n+2)!}$. *Für* $n = 4$ *ist* $|R| < 10^{-10}$.

AUFGABE 4.- (a) Es gilt A 4 Seite 259

$$p_5(\tfrac{\pi}{10}) = \frac{\pi}{10} - \frac{\pi^3}{3!10^3} + \frac{\pi^5}{5!10^5} = 0{,}3090171\ldots$$

und

$$|R_6(x)| \leq \frac{\pi^6}{720\cdot 10^6} = 0{,}0000013\ldots\ .$$

(b) Wenn Sie $x_0 = 0$ *als Entwicklungspunkt des Taylorpolynoms wählen, so ist*

$$|R_{n+1}(0{,}3)| \leq e \cdot \frac{(0{,}3)^{n+1}}{(n+1)!}.$$

Sie müssen also eine Zahl n finden mit

$$e \cdot \frac{(0{,}3)^{n+1}}{(n+1)!} < 0{,}0001\ .$$

$n = 4$ *tut's.*

A 5 Seite 261

AUFGABE 5.- Ist n ungerade, so liegt in a kein lokales Extremum:

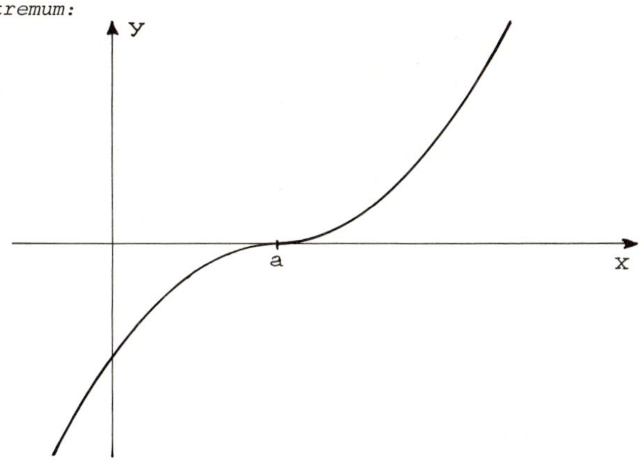

Ist n gerade, so liegt in a ein lokales Minimum:

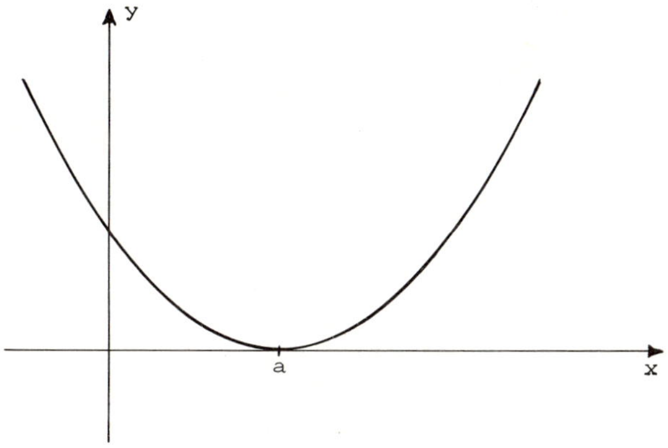

A 7 Seite 264

AUFGABE 7.-

$$(*) \qquad f(x) = \sum_{k=0}^{\infty} a_k (x-x_o)^k$$

$$f^{(n)}(x) = \sum_{k=n}^{\infty} k(k-1)\dots(k-n+1)a_k(x-x_o)^{k-n} .$$

Aus $f^{(\nu)}(x_o) = \nu! a_\nu$ folgt $a_\nu = \frac{1}{\nu!} f^{(\nu)}(x_o)$ für alle ν.

Dies wird wieder in (*) eingesetzt:

$$f(x) = \sum_{n=0}^{\infty} \frac{f^{(n)}(x_o)}{n!} (x-x_o)^n .$$

A 8 Seite 264

AUFGABE 8.- Es ist $f^{(n)}(0) = a_n \cdot n!$. Aus (*) folgt, daß Sie gerade und ungerade Exponenten unterscheiden müssen:

$$f^{(2n+1)}(0) = 0 \quad \text{und} \quad f^{(2n)}(0) = (-1)^n n! .$$

A 9 Seite 265

AUFGABE 9.- Aus der allgemeinen Form

$$p_n(x) = \sum_{\nu=0}^{n} \frac{f^{(\nu)}(0)}{\nu!} x^\nu$$

und der Gleichung für $f^{(\nu)}(x)$ folgt

$$p_n(x) = \sum_{\nu=0}^{n} (-1)^{\nu-1} \frac{x^\nu}{\nu} .$$

A 10 Seite 266

AUFGABE 10.-

$$\ln \frac{1+y}{1-y} = 2(y + \frac{y^3}{3} + \frac{y^5}{5}) + \text{Rest}$$

$$= 0{,}302\ 584\ 58\ \dots + \text{Rest}$$

Der "Rest" läßt sich mit Hilfe der Summe einer geometrischen Reihe abschätzen:

$$|\text{Rest}| = 2\left|\frac{y^7}{7} + \frac{y^9}{9} + \frac{y^{11}}{11} + \dots\right|$$

$$\le \frac{2}{7} |y|^7 (1 + y^2 + y^4 + \dots)$$

$$= \frac{2}{7} |y|^7 \cdot \frac{1}{1-y^2} \le 10^{-6}$$

Ergebnis: $\ln 10 = 2{,}302\ 585 \pm 10^{-6}$.

A 11 Seite 267

AUFGABE 11.- Sei $a_n := \binom{\alpha}{n} x^n$. Dann gilt

$$\left|\frac{a_{n+1}}{a_n}\right| = \left|\frac{\binom{\alpha}{n+1} x^{n+1}}{\binom{\alpha}{n} x^n}\right| = |x| \cdot \left|\frac{\alpha-n}{n+1}\right| .$$

$$\lim_{n\to\infty} \left|\frac{a_{n+1}}{a_n}\right| = |x| \cdot \lim_{n\to\infty} \left|\frac{\alpha-n}{n+1}\right| = |x| < 1.$$

A 12 Seite 267

AUFGABE 12.- Wählen Sie in (14.20) $x = \frac{1}{27}$ und $\alpha = \frac{1}{3}$:

$$\sqrt[3]{28} = \sqrt[3]{27 \cdot \frac{28}{27}} = 3 \cdot (1 + \frac{1}{27})^{\frac{1}{3}} = 3{,}036\dots$$

Sachverzeichnis

Springer-Verlag und Umwelt

Als internationaler wissenschaftlicher Verlag sind wir uns unserer besonderen Verpflichtung der Umwelt gegenüber bewußt und beziehen umweltorientierte Grundsätze in Unternehmensentscheidungen mit ein.

Von unseren Geschäftspartnern (Druckereien, Papierfabriken, Verpackungsherstellern usw.) verlangen wir, daß sie sowohl beim Herstellungsprozeß selbst als auch beim Einsatz der zur Verwendung kommenden Materialien ökologische Gesichtspunkte berücksichtigen.

Das für dieses Buch verwendete Papier ist aus chlorfrei bzw. chlorarm hergestelltem Zellstoff gefertigt und im ph-Wert neutral.